Cadence印制电路板设计

Allegro PCB Editor设计指南（第3版）

吴均　王辉　等著

陈兰兵　汤昌茂　审校

電子工業出版社

Publishing House of Electronics Industry

北京·BEIJING

内 容 简 介

本书基于 Cadence Allegro PCB 最新的设计平台，通过设计行业相关专家的经验分享、实例剖析，详细介绍了整个印制电路设计的各个环节，以期对提高整个行业的设计水平有所帮助。

本书介绍了 Cadence Allegro PCB 平台下对于 PCB 设计的所有工具，既介绍了基本的 PCB 设计工具，也介绍了新工具，如全局布线环境（GRE）等。此外，本书还介绍了 Cadence 新的设计方法，如任意角度布线和对 Intel 的 Romely 平台下 BGA 弧形布线的支持，以及埋阻、埋容技术。

本书适合从事 PCB 设计的工程师参考学习。

图书在版编目（CIP）数据

Cadence 印制电路板设计：Allegro PCB Editor 设计指南 / 吴均等著. —3 版. —北京：电子工业出版社，2022.9

ISBN 978-7-121-44123-3

Ⅰ. ①C… Ⅱ. ①吴… Ⅲ. ①印刷电路－计算机辅助设计－指南 Ⅳ. ①TN410.2-62

中国版本图书馆 CIP 数据核字（2022）第 144240 号

责任编辑：孙学瑛　　特约编辑：田学清
印　　刷：北京七彩京通数码快印有限公司
装　　订：北京七彩京通数码快印有限公司
出版发行：电子工业出版社
　　　　　北京市海淀区万寿路 173 信箱　　邮编：100036
开　　本：787×1092　1/16　印张：35.25　字数：858 千字
版　　次：2012 年 8 月第 1 版
　　　　　2022 年 9 月第 3 版
印　　次：2023 年 11 月第 4 次印刷
定　　价：150.00 元

凡所购买电子工业出版社图书有缺损问题，请向购买书店调换。若书店售缺，请与本社发行部联系，联系及邮购电话：（010）88254888，88258888。

质量投诉请发邮件至 zlts@phei.com.cn，盗版侵权举报请发邮件至 dbqq@phei.com.cn。

本书咨询联系方式：（010）51260888-819，faq@phei.com.cn。

编委会

推荐序一

随着计算机、通信和消费类电子产品的发展，电子产品遍及我们生活的方方面面。电子工业在全球得到了快速的发展，电子工业的发展也带动了电子设计自动化技术的发展。电子设计自动化技术（EDA）是在电子 CAD 技术基础上发展起来的计算机软件系统，是指以计算机为工作平台，融合了应用电子技术、计算机技术、信息处理及智能化技术的最新成果，进行电子产品的自动设计。利用电子设计自动化工具，电子工程师可以从概念、算法、协议等开始设计电子系统，电子产品从系统设计、电路设计、性能分析到设计出 IC 版图、封装或 PCB 版图的整个过程都可以在计算机上自动处理完成。新的工艺决定了电子设计自动化工具的发展，同时，电子设计自动化工具也决定了电子设计的周期和设计的复杂度。好的设计工具可以帮助客户节约大量的时间，帮助客户缩短产品成熟的周期。

对当下的电子设计来说，电子产品朝着小型化、绿色设计和更加时尚的方向发展。新产品、新技术的出现，带动了电子工业的发展。目前，电子工业向小型化、低功耗、高性能的方向转变，对电子自动化设计工具的要求越来越高。因此，当前的电子工业领域迫切需要一批能满足电子设计各环节需求的电子工程师。本书主要通过对实例、设计流程和 Cadence Allegro PCB 最新设计平台的介绍，来说明封装和印制电路板电子设计的整个过程，帮助读者快速进入 PCB 设计领域。

本书的主要特点如下。

- 内容完整，体系性强：本书包括从封装设计到原理图设计、印制电路板设计的整个硬件开发流程。
- 理论与实践相结合：本书不仅包括实际工具的应用、设计案例和相关基础理论，还结合实际的制造工艺要求对实际工程进行有针对性的介绍。

邱善勤　博士

推荐序二

“PCB 设计是一门遗憾的艺术！”这是我投身到这个领域以来最深切的感悟。PCB 作为产品硬件开发中物理实现的关键载体，其设计交付是电、热、结构、可制造性、成本、周期等多方面需求实现的综合博弈和相互妥协的结果。对已设计交付使用的 PCB 进行检视，都可发现，只要某需求方降低规格，PCB 就可以设计得更完美。“没有最好，只有更好！”我相信这是业界优秀工程师的追求和境界。

随着电子行业的蓬勃发展，现在中国不但成为 PCB 的制造中心，而且是 PCB 的设计中心。要说国内 PCB 行业最缺什么？我认为是人，有沉淀、积累、不浮躁及富有钻研精神的人。在我参加的多次国内外 PCB 相关研讨交流活动中，最大的感触是：“我们的工程师都很年轻，而国外同行多为头发花白的老者！”年轻代表着朝气、有闯劲，具有持续发展的潜力，后继有人；但明显缺乏与科技发展同步的沉淀与传承，总体上感觉基础薄弱。

简单、智能、安全、准确及高清的信息交互是人们的持续追求，导致 PCB 设计在高速、高频、高密度、高可靠性、环保等方面面临着挑战，一个个心理设计极限和认识被打破。PCB 设计仍是充满挑战的岗位！为了获得最优化的 PCB 工程解决方案，必须培养具有扎实的综合技能和极强的 PCB 设计能力的 PCB 设计工程师。

PCB 设计工程师培养的最佳途径是设计实践。在国内电子行业蓬勃发展的大环境下，实践机会并不缺乏，但能指导实践的书却不多见。

当我第一次看到这本书的书名时，本以为它只是常规的工具软件使用指导书，然而读完后，我的想法改变了——这是一本专门写给 PCB 设计工程师的“红宝书”！书中以 Cadence Allegro PCB 设计平台的使用为主线，以对 PCB 基础设计知识的介绍为辅助，融入实践、流程、理念和经验，图文并茂，将设计并交付 PCB 的流程完整、系统地呈现出来。我认为无论是对 PCB 设计的初学者还是对经验丰富的 PCB 设计高手，本书都具有非常好的指导作用。

有幸与本书的陈兰兵先生、汤昌茂先生及其他所有作者相识多年，他们在 PCB 设计行业均奋斗了十几年，常常为极具挑战和代表性的 PCB 设计提供工程解决方案。他们在繁忙的本职工作之余，精心打造了本书。本书不仅是他们的心血结晶，也是对 PCB 设计行业的一种分享和回馈。

在这里，我想将此书推荐给正在从事或有志于从事 PCB 设计的广大读者，希望它能为读者打开一扇了解和掌握 PCB 设计的大门。同时，我也希望中国 PCB 设计工程师的队伍不断壮大，担起科技发展的重任，迎接信息技术革命的挑战！

IPC 设计师理事会中国分会主席

黄文强于深圳

前 言

1936 年，奥地利人保罗·爱斯勒（Paul Eisler）首次在收音机装置内实现了印制电路板，从而奠定了后来印制电路板的制造基础。在其发展过程中，随着新材料、新工艺的不断应用，相应的制造技术越来越成熟。当前，绿色环保成为当今世界关注的主题，在实现了高密度互连和嵌入式元器件后，印制电路板设计技术和方法似乎走到了一个“瓶颈”阶段，面临更多的挑战。

21 世纪，人类进入了信息化社会，印制电路板是电子元器件的主要支撑体，电子信息领域中的一切互连和装备必须依赖印制电路板得以实现。传统印制电路板设计以电路原理图为基础，实现电路设计者所需要的连接和功能。当今电子设备要求高性能化、多功能化和小型化，高速大容量电路设计、低功耗设计和高密度互连设计等变得更加重要，因而融合多学科的印制电路板设计技术成为开发高端电子产品的关键技术之一，并成为整个产品开发设计中的一个重要环节。因此，印制电路板不是画出来的，是基于产品功能和性能要求设计出来的，在实现产品功能和降低成本的同时，更加注重可制造性、可测试性和可靠性。尤其是近代 EDA 设计工具的发展，让印制电路板设计的理念和方法得以不断丰富和完善，从而把部分印制电路板设计工作提到原理图设计的前面，成为产品的系统级设计的一部分，这使印制电路板设计变得更加复杂，也显得更加重要。另一个重要的趋势是，芯片、封装和印制电路板的协同设计，形成紧密配合的硬件设计和物理实现的产业链。专业的设计团队还面临不断缩短的设计周期压力，从而推动印制电路板设计从个人设计向平台化设计发展，印制电路板设计平台的建设也变得更加重要。

中国印制电路板产业已在世界印制电路板发展史上写下了光辉的一页。中国印制电路板产值几乎占全球一半的市场份额。中国已经成为全球印制电路板第一生产大国。更重要的是，随着本土通信公司、消费电子产品公司的飞速发展，以及全球化设计发展的推动，中国已经成为全球的印制电路板设计中心，这将推动整个行业的技术发展和设计水平的提升。

本书基于 Cadence Allegro PCB 最新的设计平台，通过设计行业相关专家的经验分享、实例剖析，详细介绍了整个印制电路板设计的各个环节，以期对提高整个行业的设计水平有所帮助，可供广大设计工程师参考。在此特别对 Cadence 和一博科技的大力支持表示感谢！

本书第 1~6、8~12、14、16、17 章由一博科技公司的吴均、汤昌茂及该公司相关技术专家主持编写，第 13 章及第 15 章的部分内容由周佳永编写，第 7、18、19 章、附录及第 15 章的部分内容由王辉编写。在本书的两次改版修订过程中，李方和戴维做了很多工作，第20章是全新内容，基本由李方完成，戴维完成了很多软件新功能的内容。

由于时间有限，书中可能有些不足的地方，欢迎广大读者指正，电子邮箱地址为sip.apd@gmail.com。

陈兰兵

2022年夏于南京

目录

第 1 章　PCB 设计介绍

本章导读：

- PCB 设计的发展趋势。
- PCB 设计流程介绍。
- Cadence PCB 设计平台。

PCB（Printed Circuit Board，印制电路板），是电子产品中电子元器件的载体，也是电子元器件线路连接的提供者。传统的电路板的线路及图面采用的是印制蚀刻阻剂的方法。

21 世纪，人类进入了信息化社会，电子设备呈现高性能、高速、高密度、轻薄的趋势，而 PCB 作为多学科行业的集合产物，已成为电子设备关键的技术之一，在电子互连技术中具有十分重要的地位。

1.1　PCB 设计的发展趋势

1.1.1　PCB 的历史

1925 年，美国的 Charles Ducas 在绝缘基板上印制出线路图案，再以电镀的方式建立导线。这是开启现代 PCB 技术的一个标志。

1947 年，环氧树脂开始用来制造基板。

1953 年，Motorola 开发出用电镀贯穿孔法制作的双面板，后来应用到多层电路板上。

1960 年，V. Dahlgreen 以印有电路的金属箔膜贴在塑胶中，制作出软性 PCB。

1961 年，美国的 Hazeltine Corporation 参考了电镀贯穿孔法，制作出多层板。

1995 年，松下电器开发了 ALIVH 的增层 PCB。

1996 年，东芝开发了 B2IT 的增层 PCB。

20 世纪末，Rigid-Flex、埋阻、埋容、金属基板等新技术不断涌现，PCB 不仅是完成互连功能的载体，而且作为所有电子产品中一个极为重要的部件，在当今的电子产品中起到举足轻重的作用。

1.1.2　PCB 设计的发展方向

电子产业在摩尔定律的驱动下，产品的功能越来越强大，集成度越来越高，信号的速率越来越快，产品的研发周期也越来越短。由于电子产品不断微小化、精密化、高速化，PCB 设计不仅要完成各元器件的线路连接，还要考虑高速、高密度带来的各种挑战。

PCB设计不再是硬件开发的附属，而成为产品硬件开发中“前端IC，后端PCB，SE集成”中的重要一环。

IC公司不仅完成芯片的开发，同时给出典型应用原理图。

系统工程师根据产品功能需要，完成IC选型、功能定义，按照IC公司给出的典型应用原理图完成产品的原理图开发；传统硬件工程师电路开发的工作逐渐减少，电路开发工作逐渐转到IC工程师、PCB设计工程师（以下简称PCB工程师）身上。

PCB工程师根据系统工程师提供的原理图，在结构工程师的配合下，在整体考虑SI、PI、EMI、结构、散热的情况下，根据当前主流PCB工厂的加工能力、工艺参数完成PCB设计。

PCB设计将呈现如下趋势。

1. 研发周期不断缩短

电子产品的更新换代加快，新功能层出不穷，缩短了消费类电子产品的使用寿命。上市机会窗的缩短，迫使产品研发加速，PCB的开发周期也相应被压缩。

PCB工程师的解决对策如下：

- 采用一流的EDA工具软件。
- 综合考虑各方面因素，力争一次成功。
- 多人并行设计，分工合作。
- 模块重用，重视技术沉淀。

此外，PCB工程师提前介入产品研发流程，可以减少后续返工，这也是非常重要且必要的。

2. 信号速率的不断提高

随着信号速率的不断提升，信号完整性不断困扰着研发人员，包括总线驱动能力、信号的反射、串扰、时序等。

PCB工程师的解决对策如下：

- 专业SI工程师参与。
- PCB工程师掌握一定的高速PCB设计技能。

3. 单板密度加大

从面包板到单面板，再到双面板、多层板、HDI板，电子产品的小型化加剧了PCB设计的高密度、精细化。50～75μm微细导线已逐渐成为主流，在智能终端设备上被广泛使用。

PCB工程师的解决对策如下：

- 紧跟业界前沿，了解并采用新材料、新工艺，如埋阻技术、埋容技术、HDI技术等。
- 采用能支撑高密度PCB设计的一流EDA软件。
- 封装基板技术将被逐渐引入常规PCB设计中。

4. 门电路工作电压越来越低

电子技术的发展，使得电路的工作电压越来越低、电流越来越大。低电压工作有利于降低电路的整体功耗，但也给PCB的电源设计提出了新的难题。

PCB工程师的解决对策：理清电源通道，不仅要满足载流能力的需要，还要适当增加去耦电容，必要时采用电源地平面相邻、紧耦合的方式，以降低电源地平面阻抗，减少电源地噪声。此外，埋容技术能有效降低电源地平面阻抗，在高密度终端电子设备中正逐渐受到青睐。为了应对低电压时代的电源地噪声问题，专业 PI 工程师参与 PCB 设计成为必要。

门电路翻转提供电源供给路径，如图 1-1 所示。

5．SI、PI、EMI 问题趋于复杂

高速信号衍生的高次谐波，使频带宽度增大；不同信号之间的串扰、共阻抗通道增加了信号之间的干扰。产品小型化、高度集成化带来 PCB 设计的高密度，这进一步加剧了 SI、PI、EMI 问题。

PCB 工程师的解决对策：PCB 工程师需具备高速 PCB 的 SI、PI、EMI 设计基本技能。此外，专业 SI、PI、EMI 工程师参与 PCB 设计非常有必要。

随着信号速率的进一步提升，使用传统电路的方式解决高速问题已逐渐吃力，借助近场探头测出的 RE 指标及特定频率的 EMI 物理空间分布图，如图 1-2 所示。从磁场的角度分析 SI、PI、EMI 成为必然。

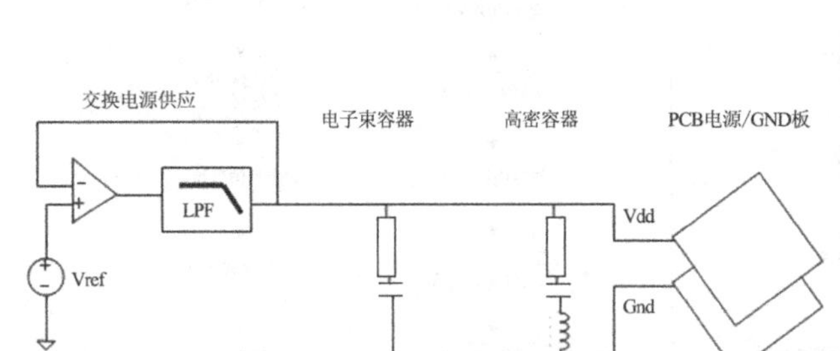

图 1-1 门电路翻转提供电源供给路径

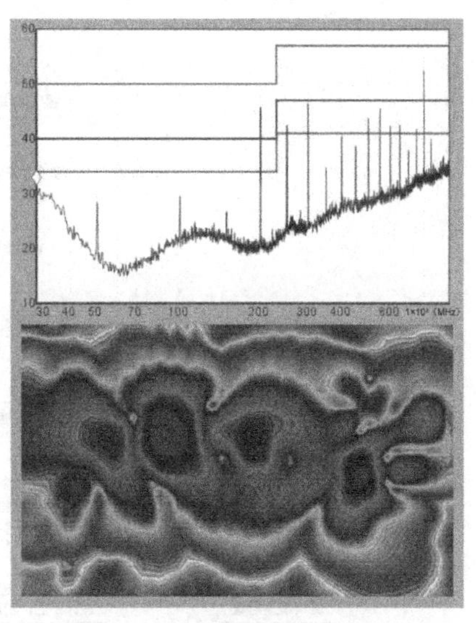

图 1-2 借助近场探头测出的 RE 指标及特定频率的 EMI 物理空间分布图

6．新工艺、新材料的使用，埋阻、埋容将得到推广

电子产品的小型化，带来单板的高密化、精细化，除需要结构工程师、DFM 工程师参与 PCB 设计外，PCB 工程师还需要了解最新 PCB 加工工艺和新材料（如 HDI、埋阻和埋容、ALIVH、金属基板、特殊板材等）。

打开现在的计算机主板或网络设备的主板，发现滤波电容的数量远远超过功能电路元器件的数量，加上匹配电阻等，单板上已布满了很多功能电路之外的辅助元器件。随着单板的高密化、小型化，01005 等微小元器件的使用越来越频繁，但由于其质量过小，在回流焊接时极易被回流炉的风吹偏而导致焊接不良。近年来，逐渐推广的埋阻和埋容技术可有效解决这些电阻、电容元件的密度和贴装问题，埋容还能为电源完整性提供有效解决方案，降低电源噪声。

综上所述，在以上趋势的驱动下，PCB 设计将彻底从硬件工程师的工作内容中剥离出来，并将逐渐细分。专业的 PCB 工程师、专业的 PCB 设计公司将发挥更加重要的作用。

1.2 PCB 设计流程简介

常规 PCB 设计包括建库、调入网表、布局、布线、设计资料输出等几个步骤，常规 PCB 设计流程如图 1-3 所示。

在实际 PCB 设计中，往往 SI 仿真、PI 仿真、EMC 设计、单板工艺嵌入其中，而且企业为了控制品质，普遍在各环节中增加评审环节，实际的 PCB 设计流程要比图 1-3 所示复杂得多。图 1-4 所示为专业 PCB 设计公司一博科技比较典型的 PCB 设计流程，供各位读者学习参考。

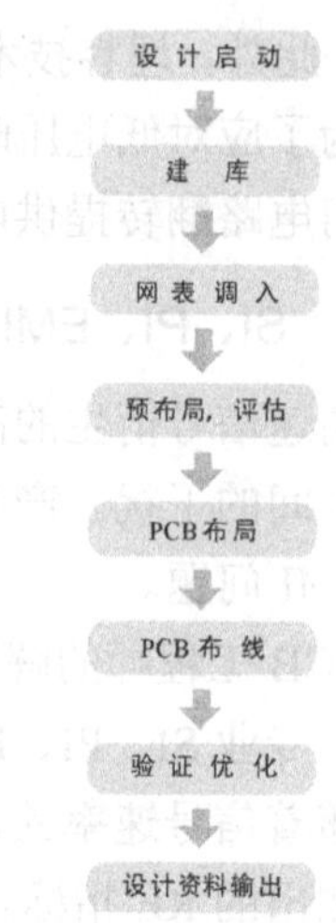

图 1-3 常规 PCB 设计流程

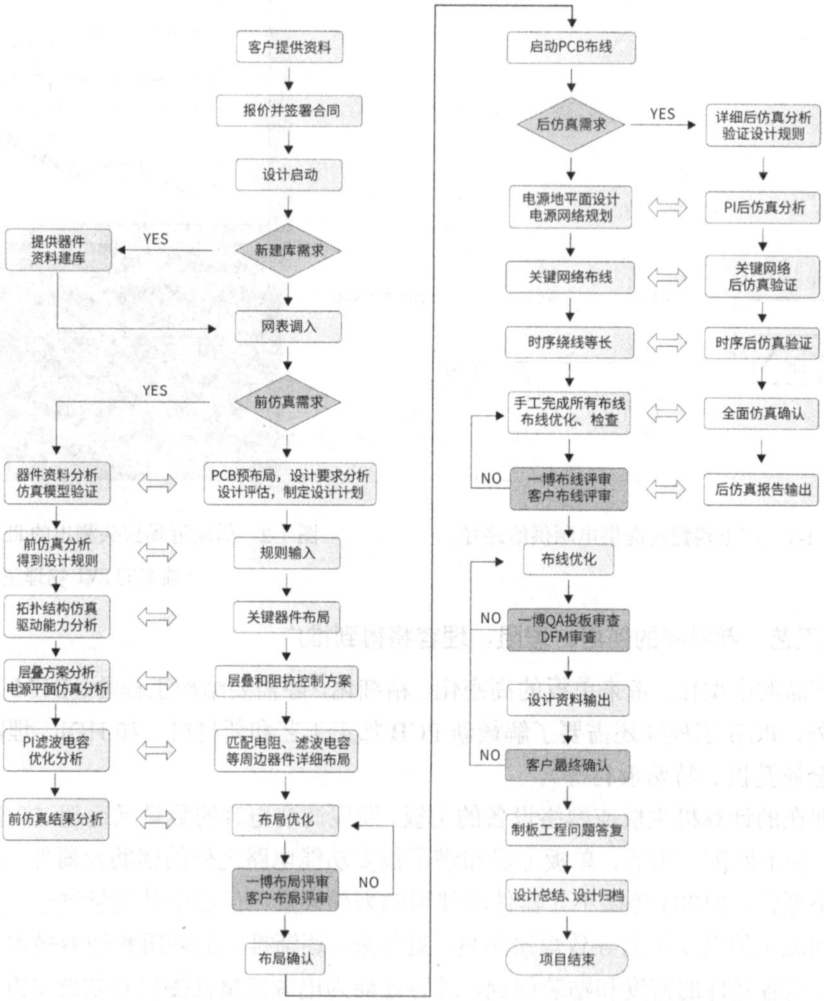

图 1-4 一博科技典型的 PCB 设计流程

1.3　高级 PCB 工程师必备知识

电子产品的高速化、高密化，给 PCB 工程师带来新的挑战。PCB 设计不再是产品硬件开发的附属，而是根据系统工程师提供的原理图，通盘考虑 SI、PI、EMI、结构、散热等因素，并了解当前主流 PCB 工厂的加工能力、工艺来完成 PCB 设计。高级 PCB 工程师不仅要完成传统的布局布线工作，还要处理好高速背景下的传输线效应带来的“隐藏的原理图”。

笔者认为，一个高级 PCB 工程师需要同时具备以下知识和经验：

（1）电路的基本知识，如高频、低频、数字电路、微波、电磁场与电磁波等。

（2）熟悉并了解所设计产品的基本功能及硬件基础知识。

（3）具备 SI 基础知识和实际高速 PCB 的信号完整性设计经验。

（4）具备 EMC 基础知识和实际高速 PCB 的 EMC 设计经验。

（5）具备 PI 基础知识和实际高速 PCB 的电源完整性设计经验。

（6）具备热设计基础知识和实际高密度 PCB 的热设计经验。

（7）了解 PCB 生产、焊接加工常识，了解最新的加工工艺和新材料。

（8）综合应用以上知识设计实际 PCB 产品的经验，协调应用，全局把握。

1.4　基于 Cadence 平台的 PCB 设计

目前，PCB 的设计呈现高速、高密度的趋势。设计中需要复杂的物理和电气规则进行约束，高密度的元器件布局，以及日益增长的高速度要求，这一切都增加了当今 PCB 设计的复杂性。不管在设计过程的哪一个阶段，PCB 工程师都需要能够轻松地定义、管理和确认简单的物理/间距规则，以及管控关键信号；同时，他们还要确保最终的 PCB 能达到传统制造、安装，以及测试所要求的性能指标。

作为业内领先的 EDA 设计软件提供商，Cadence 致力于引导业内的标准化设计流程。图 1-5 是 Cadence 推荐的 PCB 设计流程。这种先进完善的 PCB 设计流程随着软件的推广也慢慢地被广大 PCB 工程师接受。业内诸多优秀的设计团队和 PCB 工程师，也基于 Cadence 推荐的流程，结合实际的设计需求及自己的经验，建立起各自完善的板级设计流程。本书就是按典型的印制电路板设计流程进行编排的，这个设计流程是全球最大的 PCB 设计服务公司——深圳市一博科技所采用的。

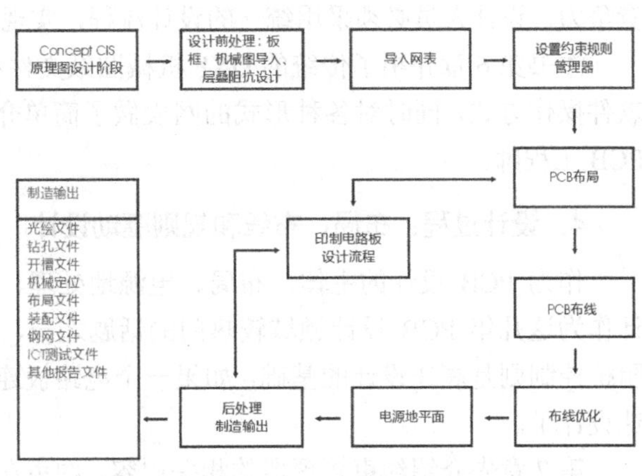

图 1-5　Cadence 推荐的 PCB 设计流程

下面详细介绍流程的各个环节。

1．原理图的设计

SPB平台的原理图设计工具包括Concept HDL和Capture CIS。本书第3章将介绍利用Capture CIS进行原理图设计的一般方法，以及原理图设计的一些注意事项及原则。

作为设计意图的体现，原理图的正确性非常重要，这一点得到广大硬件工程师的认同，大家都投入精力，认真对待。而对于原理图的可读性，有些硬件工程师却会忽略，比如，一些硬件工程师习惯了从前到后，从原理图到PCB全部包办，一旦需要改变流程，和专业的PCB工程师合作设计的时候，由于他们的原理图可读性比较差，容易引起PCB工程师的误解，在沟通上浪费了很多时间，严重的甚至导致设计错误。

而如之前所说的，随着系统设计越来越复杂，设计速率越来越高，在大多数公司，PCB设计已经从传统的硬件电路设计部门中独立出来，并在硬件设计中扮演着越来越重要的角色。

跨地域、跨公司及跨国的合作都已经屡见不鲜，外包设计也变得越来越普遍。在这样的背景下，原理图的可读性、规范性，以及和PCB工具之间的接口都变得非常重要。

2．封装库的建立和管理

封装库作为PCB设计的基本元素，重要性不言而喻。封装设计一定要保证正确性，一个小小的封装错误有可能带来无可挽回的重大损失。

封装库管理是企业ERP管理的一部分。成熟完善的封装库管理可以带来很多便利，可以节约大量的成本。企业达到一定的规模之后，都会着手进行元器件信息库的整理。

本书第5章将主要介绍封装库的设计方法及管理知识。

3．设计前处理：机械定位、尺寸、网表处理

PCB作为硬件设计的唯一载体及实现，其外形尺寸和结构定位关系到PCB能否安装应用。近年来，ECAD和MCAD协同设计的讨论越来越热烈，随着电子产品及其设计流程的不断发展，电子设计和机械设计这两个完全不同的领域间需要协调合作。为了在当今市场中保持竞争力，设计人员必须采用统一的设计流程，实现设计数据跨电子、机械领域的平稳传递。

本书第6章介绍了传统的DXF机械图纸文件和PCB之间的信息协同传递及机械定位的软件操作方式，同时对各种形式的网表做了简单介绍，以便原理图工程师把网表准确传递给PCB工程师。

4．设计过程：布局、布线和规则驱动设计

作为PCB设计的主体，布局、电源地处理、布线是完成设计的三部曲。而规则驱动设计作为这几年PCB设计领域较热门的话题之一，是高速设计不可或缺的组成部分。层叠与阻抗控制则是高速设计的基础，如果一个电路板连基本的阻抗控制都不做，也谈不上什么高速设计了。

第7章先介绍约束管理器的相关内容，约束在布局布线流程中是非常重要的，在设计之初就要做到心里有数，并进行尽量全面的约束设定。同时约束贯穿整个设计流程，在设计中应根据需要不断优化，并在设计结束之后进行严格检查。

一个有经验的PCB工程师知道，合理正确的布局，是设计成功的根本保障，第8章将介绍一博科技的PCB设计专家分享的各种布局经验，从工程实践的角度，详细介绍布局的

各个注意事项。希望这些宝贵的经验能对大家的 PCB 布局设计有所帮助。

有人说，电源、地是 PCB 的心脏和血管，为系统的稳定工作提供强有力的支持。一个不成熟的电源、地供电网络设计，无法支撑系统工作所需要的能量。第 10 章将全面介绍电源、地处理的经验技巧。将这一章独立出来，也是提醒读者要重视电源、地的设计。

在一些人的眼中，布线是一项烦琐的工作，尤其是多层板的布线。而优秀的布线工程师，甚至能把布线变成一门艺术。在高速 PCB 设计中，布线绝对不仅仅是连通，布线需要考量各种相关因素，才能实现一个完美的布线设计。第 11 章将为读者分享一博科技的资深专家大量的布线经验，供读者在实际工作中参考。

自动布线作为另一个 PCB 设计领域较热门的话题之一，被广大 PCB 工程师及 EDA 工具提供商关注，并津津乐道。Cadence 的 GRE 被称为下一代 EDA 设计平台，它到底和传统的自动布线工具有什么不同？在第 12 章的 GRE 高级布局布线规划一节中，你能找到答案。

5．设计结束：后处理、光绘等

PCB 设计结束之后，就进入后处理阶段，这个阶段需要小心谨慎，避免错误，同时要有大量的生产、制造、加工方面的知识。Allegro 提供了完善的后处理流程和相关的工具，结合一博科技在设计、制板、焊接全流程服务的经验，第 14 章将介绍常见的加工制作要求。

一个良好的设计，除电气性能外，可生产性、可加工性也是非常重要的因素。尤其是现在的产品，成本压力越来越大，一个好的 PCB 工程师会兼顾各种 DFX 的需求，从而全面降低各种生产加工的成本，助力产品上市。

第2章　Allegro SPB 平台简介

本章导读：

- 介绍 Cadence Allegro 平台的 PCB 解决方案。
- 如何安装 Cadence Allegro 软件。

2.1　Cadence PCB 设计解决方案

Cadence Allegro 设计平台是一个从原理图设计到 PCB 设计和生产加工输出的完整、高性能的产品开发平台。通过顶尖的技术，它为创建和编辑复杂、多层、高速、高密度的 PCB 设计提供了一个交互式、约束驱动的设计环境。该设计解决方案集成了从原型设计至最终产品所需要的一切设计流程，包含原理图工具、元件库工具、PCB 设计工具和一个自动/交互式的强大的布线器，以及用于制造、测试和机械设计的接口。它允许用户在设计过程的任意阶段定义、管理和验证关键的高速信号，提高设计效率和缩短设计周期，让产品尽快量产。

Allegro PCB Designer 是一个可扩展且可靠的 PCB 设计环境，不但能够解决新技术和新方法所带来的设计难题，而且能够缩短设计周期，并且使设计周期可量化预计。Cadence PCB 设计解决方案，由基础设计工具包+可选功能模块这种形式进行产品方案配置。该方案产品包含生成 PCB 设计所需要的所有工具，以及一个完全一体化的完整设计流程。基础设计工具产品 Allegro PCB Designer 包含一个多工具通用且界面统一的设计约束管理解决方案：PCB Editor、自动/交互式布线器，以及与制造和机械设计的接口。PCB Editor 提供了一个完整的布局布线环境，包含一个基本的布线规划、PCB 布局、布线到布局复用、高级布线互连规划，适用于无论简单还是复杂的各种类型的 PCB 设计。Cadence PCB 设计解决方案集成在以下产品中。

- Allegro PCB Designer：PCB 设计基本套件。
- Allegro PCB High-Speed Option：高速 PCB 设计选件。
- Allegro PCB Miniaturization Option：小型化设计选件。
- Allegro PCB Design Planning Option：设计规划选件。
- Allegro PCB Analog/RF Option：模拟/射频设计选件。
- Allegro PCB Symphony Team Design Option：PCB 团队协作选件。
- Allegro PCB Design Planning Option：全局规划设计选件。
- Allegro PCB Productivity Toolbox Option：PCB 设计高级功能工具箱。
- Allegro Design Publisher：PDF 输出设计选件。
- Allegro Venture PCB Designer：全能 PCB 设计套件。

➢ Orcad EE Designer Orcad：PCB 设计工具包。

Cadence PCB 设计解决方案的优点如下。

- Cadence Allegro PCB 是一种可靠的、可扩展的、低成本、高效的 PCB 设计解决方案。它可根据设计需求自由配置，采用基础设计工具包+可选功能模块的组模形式。
- 通过约束驱动方式进行 PCB 设计，以避免不必要的设计反复。
- 支持以下各种规则：物理、间距、制造、装配和测试的设计（DFx）、高密度互连（HDI）及电气约束（高速设计）。
- 多工具通用且界面统一的约束管理系统，可以创建、管理和验证从前端设计到后端设计实现的约束。
- 开放式设计环境，能够兼容第三方应用程序以提高设计效率，并且支持导入其他格式的设计文件。

2.1.1 PCB Editor 技术

1. 约束驱动式 PCB 设计环境

Allegro PCB Designer 的核心是 PCB Editor，它是一个直观易用的约束驱动式环境，用于创建和编辑从简单到复杂的 PCB，如图 2-1 所示。它具有众多特性，可解决广泛的设计和可制造性难题。

- 强大的平面规划和布局工具，包括可加速设计布局的布局复制功能。
- 强大的基于形状的推挤、紧贴交互式编辑功能，在建立高效互连设计环境的同时，能实时显示长度和时序余量。
- 动态覆铜，能够在布局和布线过程中，根据约束实时自动避让并自动修改覆铜形状。PCB Editor 还能生成完整的用以 PCB 生产和制造的光绘、裸板制造和测试输出数据，如 Gerber274x、NCdrill、IPC2581 等各种格式的生产数据。

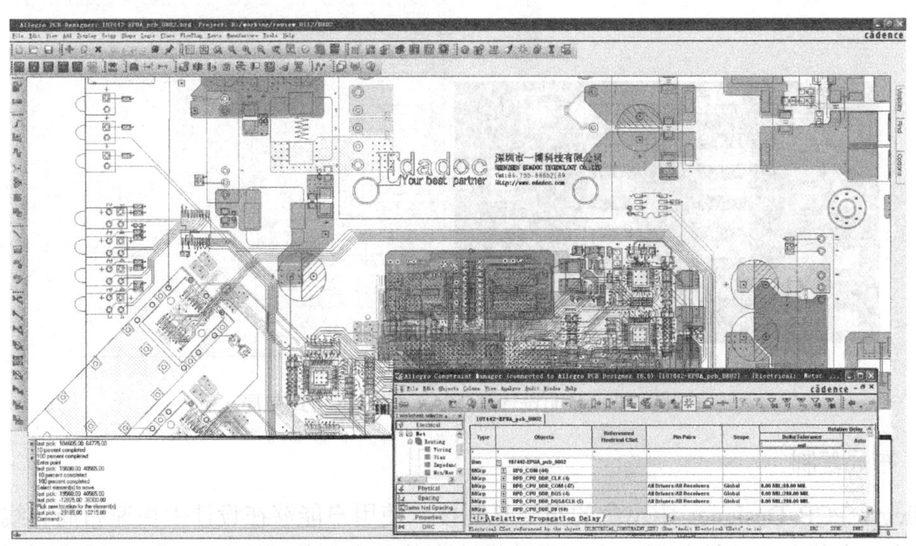

图 2-1 Allegro PCB Editor 和集成的工具

2. 约束管理

约束管理系统在整个设计过程的所有阶段均可实时显示物理规则/间距规则、高速规则及其状态（基于设计的当前状态）。各工作表提供电子表格式界面，使用户可以以分层的方式规定、管理和验证不同的规则。通过这种强大的应用，设计师能将约束集创建为图形式拓扑，并进行编辑和查看。这些图形式拓扑可作为理想的实现策略的电子蓝图。它们一旦存在于数据库，约束即可针对受约束信号驱动布局布线过程。

约束管理系统与 PCB Editor 完美集成，可随着设计过程的推进对约束进行实时验证。验证结果以图形化方式显示约束是否通过（绿色表示通过，红色表示未通过）。这种方法可以让设计师立即在电子表格中看到设计过程，以及设计更改的影响。

3. 平面规划与布局

Cadence 基于约束和规则驱动的 PCB 设计解决方案，不但强大而且灵活，支持手工交互式和算法自动的布局功能。无论在设计之初，还是平面布线规划过程中，工程师或设计师可将元件或子电路模块分配给特定的“区域”，可以通过元件封装/引脚类型、相关网络名、元件号或原理图页编号对元件进行过滤和筛选，以方便元件布局。

当今的设计，由于一块电路板上的元器件会有成千上万个，所以，精准选择、摆放元件变得至关重要。元件摆放位置的实时分析和结果反馈，有助于更加合理合规的布局。例如，根据企业或 EMS 的规定，对元件进行布局时，设计师应及时准确地进行元件摆放。实时动态的装配设计（DFA）规则驱动式布局，在交互式元件布局过程中提供实时的封装到封装间距检查（见图 2-2）。二维封装电子布局规则列表，可以实时反馈并提示最小间隙要求。设计师可根据封装的边到边、边到端，进行元件布局约束设置，便于在布局器件的同时，满足最佳可布线性、可制造性及信号时序等设计要求。

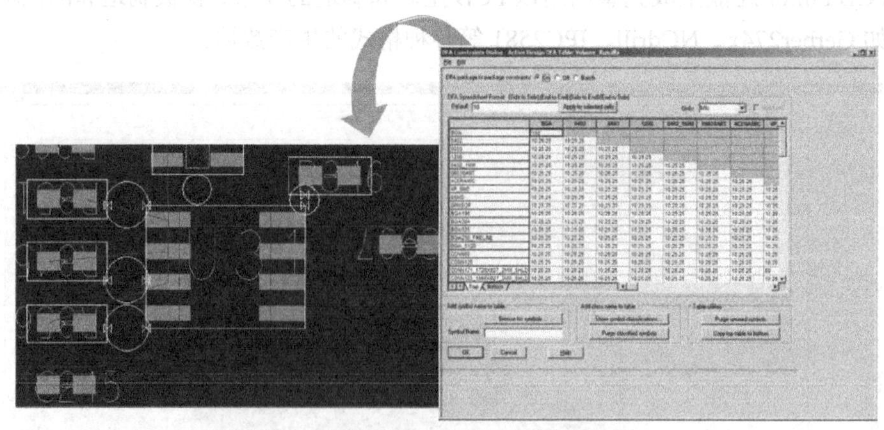

图 2-2　装配设计（DFA）规则驱动式布局

4. 布局复制

Allegro PCB Designer 中出色的布局复制技术使用户能够在设计中快速布局布线多个相似的电路。它使用户能够使用一个可用于设计内其他实例的已布局布线电路实例作为模板。已保存的布局模板还可用于使用相似电路的其他设计。复制布局时，用户可以从顶层到底层翻转或镜像电路。当电路被从顶层移动到底层时，所有相关布线层，包括埋盲孔，都会被映射到正确的层。

5. 显示和可视化

所有 PCB Editor 产品均内置三维查看器（见图 2-3），允许通过平移、缩放、旋转等功能对电路板某部分或复杂通道结构进行检查，减少了机械设计团队或 PCB 装配企业的重复工作，同时可避免引入错误。该三维环境支持数个过滤选项，相机视图，实心、透明、线框等图形显示选项，以及用于平移、缩放和旋转显示内容的鼠标驱动式控件。三维视图还支持复杂孔结构或电路板绝缘层部分的显示。使用命令行可打开多个显示窗口，并且可以捕获三维图像并将其保存成 JPEG 格式。

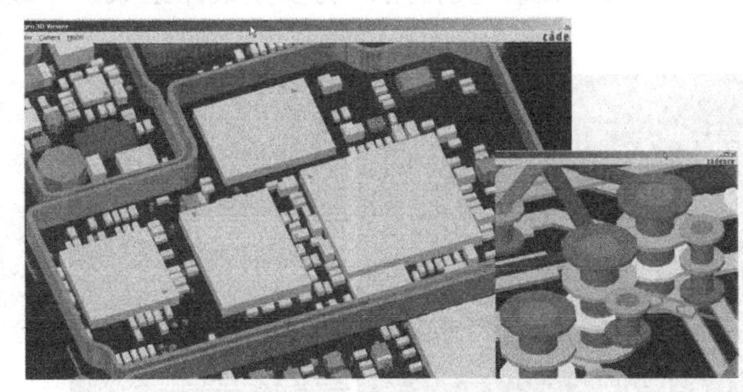

图 2-3 内置三维查看器

翻转电路板功能可将设计围绕其 Y 轴“翻转”。这种“翻转”重新组织设计的显示方式，使原来的从顶部至底部显示变为从底部至顶部显示。对于在实验室调试电路板的硬件工程师或制造车间的装配/测试工程师来说，在 CAD 系统内部有一个真正的底侧视图是非常重要的。翻转电路板不仅限于查看用途，处于该模式时还能进行设计、编辑。

6. 交互式布线功能

PCB Editor 提供强大的、交互式的布线功能，在提供最大化布线效率的同时保持用户对全局的控制。实时的基于形状的、任何角度的推挤布线使用户可以在“推挤优先”“hug-preferred”或“hug-only”模式间选择。动态推挤功能让交互式布线变得非常容易，如图 2-4 所示。

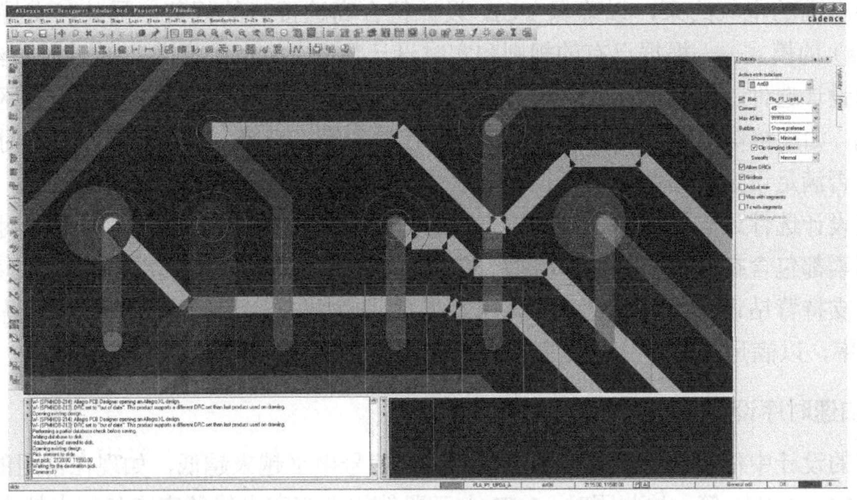

图 2-4 动态推挤

在布线过程中，设计师可实时、图形化地查看对于具有高速约束的互连，还剩下多少时序裕量。交互式布线还能对具有高速的长度约束或延迟约束的网络，实现多条网络的成组布线及交互式微调。

7．多线路布线

多线路布线，支持用户将多条线路组成一个线路组，进行快速布线。配合“紧贴轮廓”选项，能帮助设计师在刚性-柔性设计中的柔性板部分上，一次布置多条线，时间仅需数分钟。相较于传统的一次布一条线的方式，能够节省数小时的时间。“紧贴轮廓”选项，能够确保走线紧贴所需的设计轮廓，如图 2-5 所示。

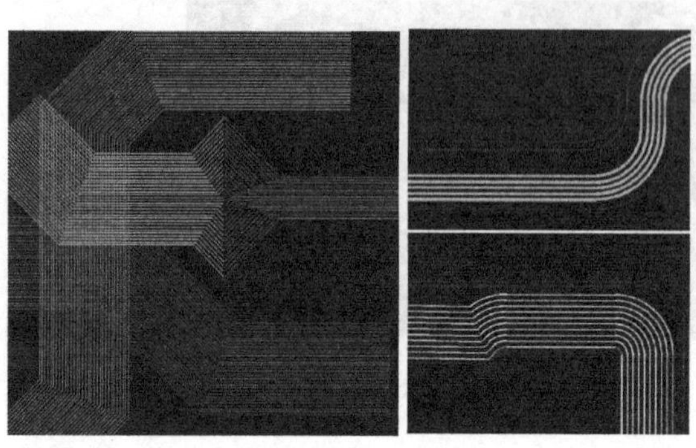

图 2-5 多线路布线

8．PCB 制造

PCB Editor 能生成一系列光绘、裸板制造和测试数据，包括 Gerber 274x、NC Drill 等各种格式的裸板测试数据。更重要的是，通过包含 Valor Universal Viewer 的 Valor ODB++接口，Cadence 支持业界朝无 Gerber 制造的方向发展。利用 ODB++数据格式可以创建精确可靠的制造数据，从而实现高品质的无 Gerber 制造。

2.1.2 高速设计

现在的设计中越来越多地使用 DDR3、DDR4、PCI Express、USB 3.0 等标准化高速接口，从而一整套的高速约束成为 PCB 设计时必须遵循的设计规则。

通过其高速设计选件（High Speed Option），Allegro PCB Designer 可以快速实现满足高速接口的约束条件的设计。

支持全面的电气约束，以确保 PCB 设计符合高速接口的规范。另外，支持使用方程（Formulas）的模式——根据已有的规则和实时设计数据（如布线长度），创建扩展约束规则。

高速设计选件（High Speed Option）支持布线拓扑约束检查。布线拓扑设置网络连接的布线形式，如端接电阻到底是在驱动端，还是在接收端。设置完成后，系统会实时检测并反馈布线是否满足设定的拓扑结构，以确保信号连接准确。

高速设计选件还支持信号延迟的检查。过孔的长度、连接器的长度、半导体封装内部的长度等因素都包含在约束中。即使是回流平面不完整导致的延时，也会被包含在约束检查中。另外，还支持背钻设置（消除过孔的天线效应）。在这样一个设计环境中，能够提高 60%～70%的效率，以满足时序设计的要求。

1．加速时序设计

现在的设计中信号传输的速率越来越高，但信号电平越来越低，如现在常用的 DDR3、DDR4、PCIe、SATA 等。与此同时，PCB 上元器件的密度和走线的密度却越来越大。PCB 工程师需要花费大量的时间来调整设计，以满足设计的时序要求。是否有新的工具帮助他们迎接挑战？

2．Timing Vision

Timing Vision 是一种全新的显示环境，如图 2-6 所示，可显示时序及差分度相位信息。用传统方式查看这些时序信息，需要打开约束管理器或者做绕线操作。而现在的嵌入式时序检查显示引擎，能够迅速直观地把信息传递出来。以 DDRx 一个通道或者整个接口为例，时序信息根据 PCB 工程师定义的颜色和花纹，就能直接显示每个信号延时的大小（走线的长短）、相位的误差、目标长度的定义。这样一来，把复杂的时序设计环境变得简单而又直观。

Timing Version 根据当前走线的状态，实时地使用直观的方式反馈时序信息。在含有大量总线的设计中，如含有 DDRx、PCIe 等的电路中，如果配套使用自动相位调整（AiPT）和自动等长调整（AiDT）这两个工具，则能够加速设计。以 DDRx 电路设计为例，相较于传统方式，能够节省 1/3 的时间。

3．AiPT（自动相位调整）

在 DDRx 电路中的差分线对，一定会有静态相位差及动态相位差的设计要求。通常在调整时序前，先要调整差分线对的静/动态相位差。AiPT 能够根据用户的参数设置，自动调整差分线对的相位，如图 2-7 所示。用户可以设置布线的方式，是否允许在焊盘处调整……使用 AiPT 能够大大节省调整相位差的时间。

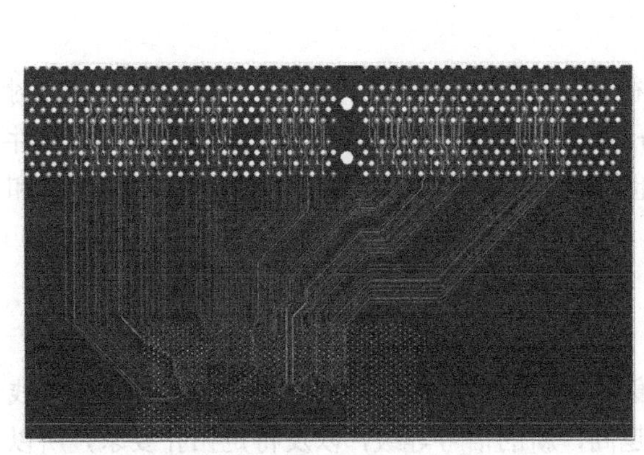

图 2-6　Timing Vision

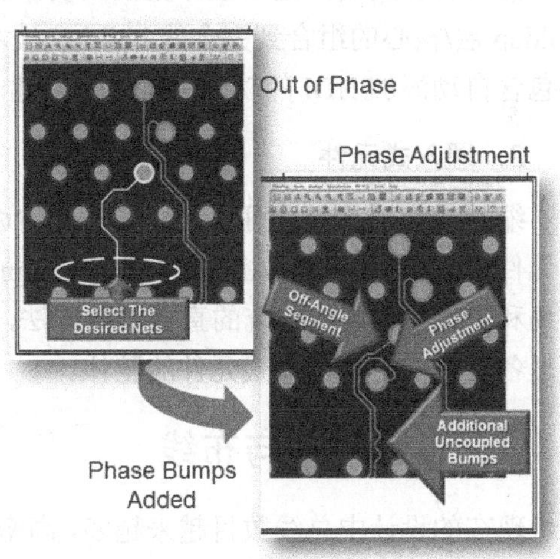

图 2-7　AiPT（自动相位调整）

4．AiDT（自动绕等长）

在 DDRx 电路中，必定会遇到需要调整信号延迟的情况，用传统的手工方式去调整，费时费力。AiDT 根据用户的参数设定，可以自动绕等长，如图 2-8 所示。等长的条件可以基于约束管理器中的设置，也可以根据智能算法进行等长绕线。

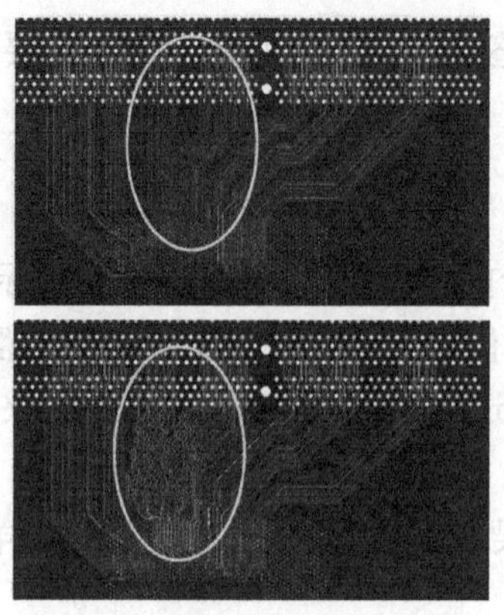

图 2-8　AiDT（自动绕等长）

2.1.3　小型化

1. 约束驱动式 HDI 设计流程

随着 BGA 引脚间距减小至 0.8mm 以下，用户被迫使用通过高密度互连（HDI）技术实现的一种表面积层 PCB。

虽然小型化在许多细分市场未必是首要目标，但向表面积层技术的转型对扇出 BGA 是必要的，特别是当它在每一侧都有 3～4 排引脚的时候。

Allegro PCB Designer 可通过其小型化选件提供经验证的约束驱动式 HDI 设计流程及一套全面的设计规则，这些设计流程及设计规则可被应用于各种类型的 HDI 设计，从厚模的 buildup 层/核心的组合到完全的 buildup 技术流程，如任意层过孔技术（ALIVH）。此外，它还包含自动添加 HDI 的功能，可缩短创建一个正确结构的设计的时间。

2. 埋入式元件

缩减最终产品尺寸可通过许多不同的途径来实现。设计师目前采取的一种方法是将已封装元件埋入内部各层。Allegro PCB Designer 通过其小型化选件提供约束驱动式嵌入式元件布局和布线。它支持传统的直接安装方法，也支持新的间接安装方法。此外，它还能创建和管理各层上指定给嵌入式元件的腔体。

2.1.4　设计规划与布线

现在的设计中总线数目越来越多，高密度的设计可能需要花费大量的时间才能完成布线规划和布线。再加上如今元件布局密度越来越高，新的信号等级，以及特定拓扑要求，所以传统 CAD 工具难以捕获设计师的特定布线意图，并遵守设计意图。Global Route Environment 提供捕获并遵守设计师意图的技术和功能。通过内部互连规划架构和全局布线引擎，设计师便能够自然地将设计经验和设计意图注入他们的设计工具。

用户可以抽取互连数据（通过内部互连规划架构），并快速设定一个解决方案，使用全局布线引擎使其生效。互连抽取减少了系统必须处理的元件的数量——从可能的数万个减少到几百个——从而大幅减少了必需的手动操作。

使用抽取的数据可得到可视化的用户设计意图，据此设定布线规划区域，进行快速的规划和布线。自动化的布线引擎根据设计规划，对设计进行快速布线细节处理。上述功能大大简化了当前设计工作，使设计规划到成功互连的过程变得更快、更容易，从而提升效率，缩短设计周期。蚀刻编辑过程中的动态泪滴如图 2-9 所示。

Allegro Interconnect Flow Planner 技术允许用户通过设计规划减少层数并缩短设计周期，如图 2-10 所示。

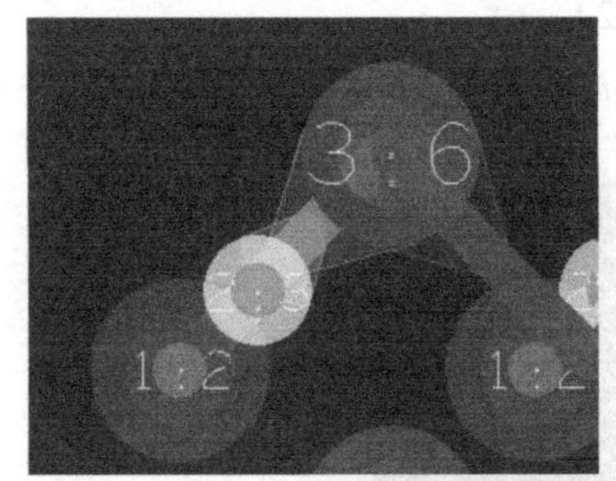

图 2-9　蚀刻编辑过程中的动态泪滴

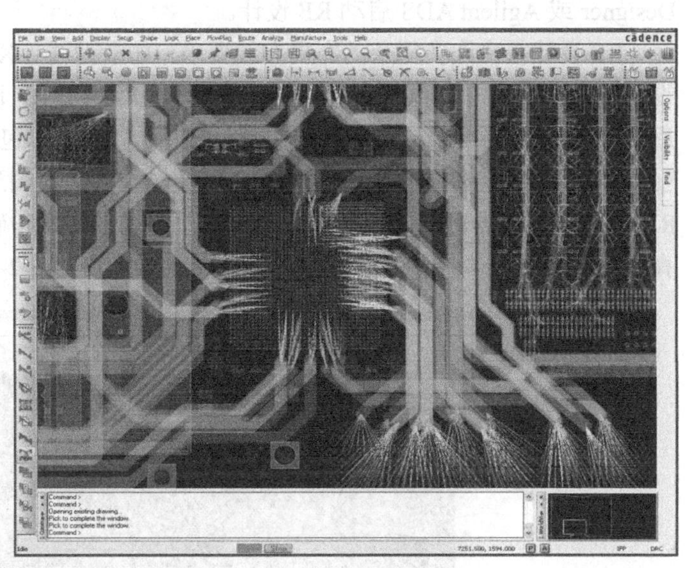

图 2-10　Allegro Interconnect Flow Planner 技术允许用户通过设计规划减少层数

在高密度 BGA 元件的 PCB 上布线，通常是 Layout 工程师的噩梦。随着 BAG 引脚数目的增加，引脚间距越来越小，耗费在 BGA 扇出走线的时间越来越多。传统的在 BGA 上布线的方式是，先把走线从两个互联的 BGA 中扇出，再绞尽脑汁地把交叉的走线调顺。这样反复的扇出、调整，修改扇出，再调整，一而再、再而三地重复工作，耗费了大量的时间。

AiBT（Auto-interactive Breakout Technology，自动互连扇出技术，如图 2-11 所示），是一种快速走线扇出的工具，支持用户同时兼顾出线的两端，进行规划出线。AiBT 支持分屏显示，在不同的屏幕上分别同时显示出线两端的情形；序列出线连接（Bundle Sequence），正确有序地显示了扇出走线的排列及两端的互连关系。

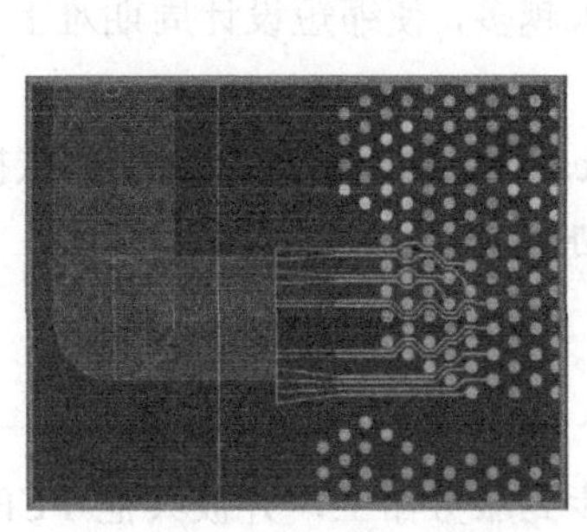

图 2-11　AiBT（自动互连扇出技术）

2.1.5　模拟/射频设计

Allegro PCB Designer 通过其模拟/射频设计选件，可提供混合信号设计环境，从原理图到 PCB 设计，带反标功能，经过验证可提高 50%的设计效率。它允许工程师在 Allegro PCB 设计环境中创建、整合并使用数字/模拟电路更新模拟/RF/微波电路。丰富的 PCB 设计功能和强大的与 RF 模拟工具的接口，允许工程师从 Allegro Design Authoring、Allegro PCB Designer 或 Agilent ADS 启动 RF 设计。

RF 设计带来许多复杂的布局布线要求，如渐近线连接、切角微带线等。为了实现对 RF 设计的特殊要求，PCB Editor 的 RF 选项模块为 PCB RF 设计提供了一套完整的、从前端到后端，从原理图到布局，再到制造的解决方案。RF 技术包含了高级的 RF 性能，包括参数化创建和编辑 RF 器件的智能布局功能，以及一种灵活的图形编辑器。在双向的 IFF 界面中，RF 电路中的数据可以快速而有效地传输，并进行仿真和确认。这种双向流程避免了电路仿真和布局之间手动和易于出错的操作和数据传递（见图 2-12）。

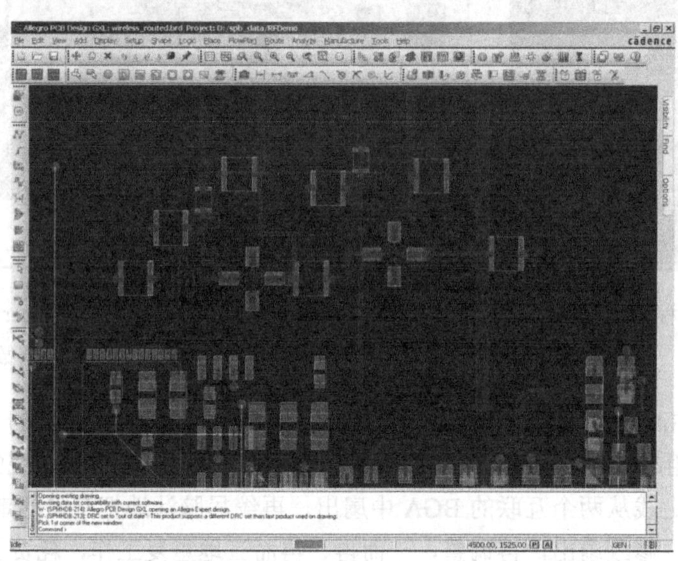

图 2-12　PCB RF 设计提供完整的从前端到后端的解决方案

2.1.6　团队协作设计

全球分布的设计团队越来越多，使缩短设计周期难上加难。人工处理多用户问题的权宜措施非常耗时并且容易出错。

Allegro PCB Symphony Team Design 为 PCB 设计团队提供两种协作方式：一种是实时共享方式；另一种是分区团队协同方式。

1. 实时共享方式

该方式可让多用户（多个 PCB 工程师）实时设计同一 PCB。每个 PCB 工程师在 PCB 上所做的任何更改都会实时同步到服务器上，并被其他 PCB 工程师看到。团队成员可以随时加入和离开，所完成的设计会实时更新到服务器上。也可以将不同身份的 PCB 工程师或项目经理引入工程中，实时给出建议。

2. 分区团队协同方式

该方式提供一种多用户、并行式设计方法，可加快上市时间、缩短设计周期。无论团队地理距离的远近，并行工作于一个 PCB 的多个工程师均可访问同一数据库。工程师可以将设计分为几个部分或区域，可以由设计团队的几个成员同时进行布线和编辑。设计既可通过软边界进行垂直分割（部分），也可以水平分割（层），从而使各位设计师均能看到所有划分的部分，并更新设计视图，监控其他设计师部分的状态和进度。这种分割能加速设计过程，大幅缩短整体设计周期。

2.1.7 PCB Autorouter 技术

PCB Autorouter 技术与 PCB Editor 紧密集成。通过 PCB Router 接口，所有设计信息和约束都自动从 PCB Editor 传出。布线一旦完成，所有布线信息又自动传回 PCB Editor。

设计复杂性、密度的增加和高速布线约束使人工 PCB 布线变得困难和耗时。复杂布线中已有的难题通过强大、自动化的技术得到了有效解决。PCB Autorouter 技术提供批量布线功能，可进行用户自定义布线策略控制及内置式自动化策略控制。

1. DFM 规则驱动式自动布线

Allegro PCB Router 内的可制造性设计功能可以大幅提高制造成品率。制造算法提供散布功能，以基于可用空间的方式自动增大导体间隙。通过重新放置导体，在导体和引脚、导体和 SMD 盘，以及相邻导体间产生额外空间，实现导体自动散布，提高可制造性。用户在定义一系列间距值或使用默认值方面具有一定的灵活性。

可在整个布线过程中添加斜角和测试点。制造算法自动使用最佳的阻断范围，从最大值开始到最小值。测试点插入功能自动添加可测试的孔或盘，作为测试点。可以在 PCB 的正面、反面或正反两面检测可测试孔，支持单面和 clamshell 测试仪。设计师有一定的灵活度，可以选择符合其制造要求的测试点。可以“固定”测试点，避免测试仪器的调整。测试点约束条件包含测试表面、孔尺寸、孔格栅及两孔中心间的最小距离。

2. 高速约束驱动式自动布线

高速布线约束和算法可处理差分线对、网络拓扑规划、时序、串扰、布线层指定，以及当今高速电路所需的特殊要求。自动布线算法可智能地处理孔周围或通过孔的布线，并自动遵守预定长度或时序条件。自动网络屏蔽用于减少对噪声敏感的网络上的噪声。不同的设计规则可能应用到不同的设计区域，例如，用户可以在设计的互连区域指定严格的间距要求，而在其他地方指定不太严格的规则。

2.2 Allegro SPB 软件安装

（1）双击 Setup.exe 打开安装文件，弹出安装界面，如图 2-13 所示。

（2）选择 OrCAD and Allegro Products Installation 选项，单击 Install 按钮，弹出 License Agreement 界面，选择 I Accept 单选按钮，单击 Next 按钮，如图 2-14 所示。

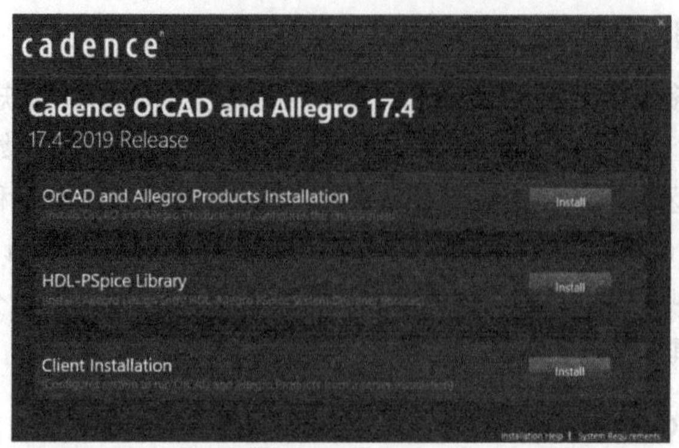

图 2-13　Cadence 安装界面

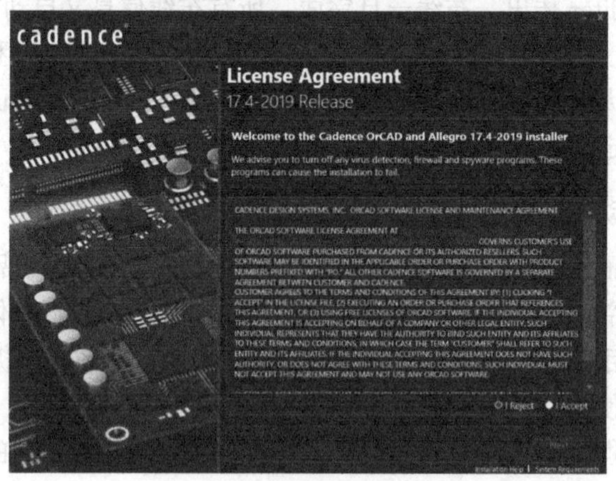

图 2-14　License Agreement 界面

（3）弹出 Installation Settings 界面，Install this application for 下面有两个选项：Only for me(Recommended)和 Anyone who uses this computer(all users)。如果安装在自己的机器上选第 1 项，如果安装在服务器上选第 2 项。根据需要修改安装路径，完成后，单击 Next 按钮，如图 2-15 所示。

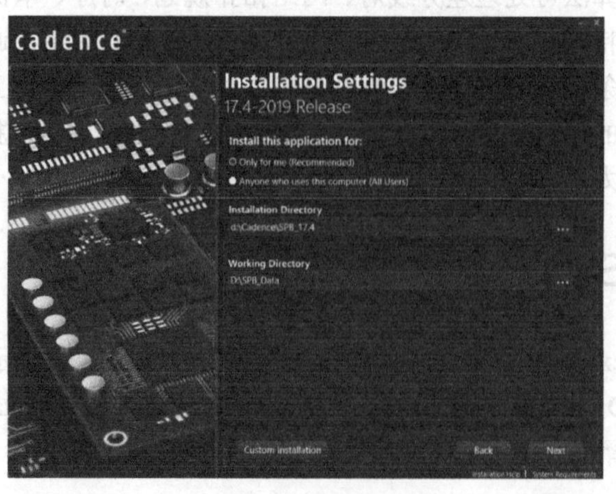

图 2-15　设置安装选项

（4）弹出 Cadence OrCAD and Allegro 17.4 界面，如图 2-16 所示。确认硬盘空间满足要求后，单击 Yes 按钮。

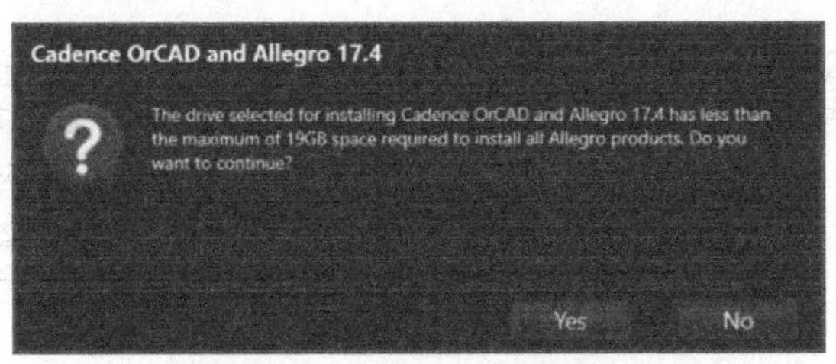

图 2-16 确认硬盘空间是否足够

（5）指定 License 文件及所在的目录，如图 2-17 所示，如果 License 已经在服务器上安装完成，选择 Connect to Existing License Server 单选按钮。如果需要在本机安装 License Sever，在 License File 框中选择 License 文件（Cadence 公司给的原始文件，不需要修改）。

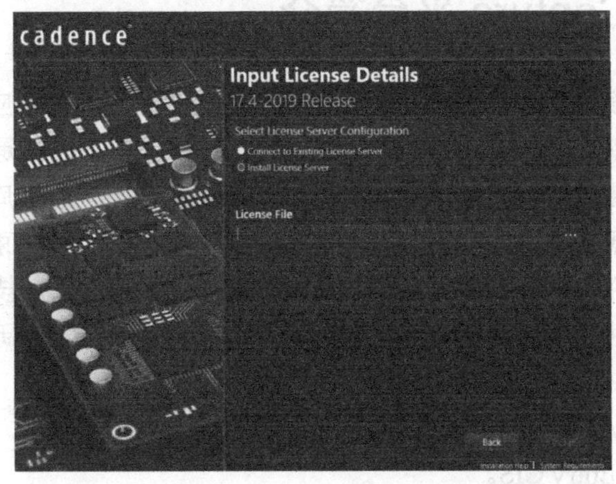

图 2-17 指定 License 及所在的目录

（6）单击 Install 按钮，开始安装，如图 2-18 所示。

图 2-18 开始安装

第 3 章　原理图和 PCB 交互设计

本章导读：

- Capture CIS 原理图简介。
- 原理图设计流程介绍。
- 如何产生符合 PCB 设计的原理图。

3.1　OrCAD Capture 平台简介

随着设计复杂程度的提高，软件开发工程师对原理图的要求也相应提升。为了在竞争激烈的市场环境下开发新产品，工程师面临巨大的挑战。设计者不仅仅是通过原理图阐明电路的连接情况和将原理图设计投入版图设计就可以，还需要使用优选的库元件，重用之前设计的某些部分，从而降低开发风险和缩短开发时间，要尽早添加设计约束，避免仅复改板，并执行仿真和信号完整性分析，确保其准确运行。Cadence 原理图输入技术提供了全面、完善的解决方案，用于迅速且节约成本地输入、修改和检验复杂的设计原理图。

Cadence 公司提供了三个原理图输入平台：

- Allegro Design Authoring。
- Allegro Design Entry CIS。
- Allegro System Capture。

从这三个平台又各自衍生出很多强大的工具，如表单化原理图输入工具 Allegro Design Authoring Multi-Style Option、FPGA 设计工具 Allegro FPGA System Planner Option，还有面向大众的 OrCAD Capture 平台 Cadence OrCAD Capture、Cadence OrCAD Capture CIS。

关于原理图设计的详细介绍，请参考相关资料。

本节将简单介绍比较流行的 OrCAD Capture 平台的使用方法和设计规范。

1. OrCAD Capture 平台原理图输入技术

Cadence 提供了完整的、可调整的技术，应用于印制电路板（PCB）的创建、管理和重用。将原理图设计输入功能与广泛的仿真和电路板布局技术相结合，Cadence 能够帮助工程师一开始就抓住设计意图。不管是设计新的模拟电路，还是为现有的 PCB 修改原理图，或是设计一个带有 HDL 模块的数字块图表，Cadence 原理图输入技术都为工程师提供了极大的便利。它还增加了强大的元件信息系统（CIS），促进首选元件和已知有用数据的重用。

这种易于使用的技术让原理图设计工程师能够将他们的创造力用于设计，而不是工具操作。分层式原理图页面编辑器具有 Windows 的用户界面，并拥有专门面向设计输入任务和发布设计数据的功能特性。集中化的项目管理实现了原理图数据的完美交换、电路仿真、电路板布局和信号完整性分析。可配置的设计规则检查（DRC）机制有助于减少错误。可以根据原理图数据库中的数据创建出一份基本的物料清单（BOM）。

以下产品内含 Cadence 原理图输入技术：

- Cadence Allegro Design Entry CIS。
- Cadence OrCAD Capture。
- Cadence OrCAD Capture CIS。

优点：

- 提供高速直观的原理图编辑方式。
- 通过设计重用提高原理图编辑效率。
- 让可编程门阵列（FPGA）和可编程逻辑器件（PLD）的合成自动进行。
- 通过单个电子数据表编辑器实现快速改动。
- 导入和导出所有常用设计文件的格式。
- 与强大的元件信息系统（CIS）结合，促进首选、现有元件的重用。

2. 功能特色

1）原理图编辑器

功能完整的原理图编辑器让工程师可以在工作界面（见图 3-1）中放置和连接各元件。它将各元件进行独特的封包，保证设计完整性，并为 Cadence 支持的任意格式创建设计网表。工程师可以在单次会话中浏览和编辑多个原理图设计，并且在原理图之间复制和粘贴设计数据，实现数据重用。该原理图编辑器还支持为 PCB 编辑流程加入设计的关键约束。

2）项目管理器

项目管理器（见图 3-1）让工程师可以在整个设计流程中收集和整理项目所需的所有资源。该项目管理器展开的树状结构使得设计文件（由 PSpice 和 Allegro AMS 仿真器、OrCAD Capture CIS、Allegro Design Entry CIS 和其他插件生成的文件）易于查找。它有一个向导，为工程师提供特定设计流程的指引；它还有一个层级浏览器，显示设计模块之间的层级关系。

3）层次化设计和重用

不需要进行多重复制的子电路重用功能可提高原理图编辑效率。使用层次化模块，工程师只需要多次参考相同的子电路即可。层级端口的自动创建，消除了可能出现的设计连接错误。端口和引脚可以根据层次化模块和底层原理图动态更新。附加的导航功能可使用快捷键识别块边界。

4）库编辑器与局部编辑器

库编辑器可从用户界面直接访问。工程师可以在库里面创建和编辑各个部分，或者直接在原理图页面进行而不会干扰工作流程。直观的图形化控制，加快了原理图局部的创建与编辑。新的部分可以通过对已有的部分进行修改而迅速创建；新的部分还可以从电子数据表中创建。库元件生成器将 FPGA 和 PLD 自动放置到系统原理图中，还可以为多引脚的 IC 如 FPGA 等自动生成元件库。大的元件还可以被分拆为多个部分。

5）简易数据输入

PCB 工程师可以调用所有元件、线网、引脚和工程图明细表或者任何子集，并通过电子数据表属性编辑器进行更改。只需选择电路元件、群组地区或者整个页面，然后编辑元件、线网或引脚属性即可。

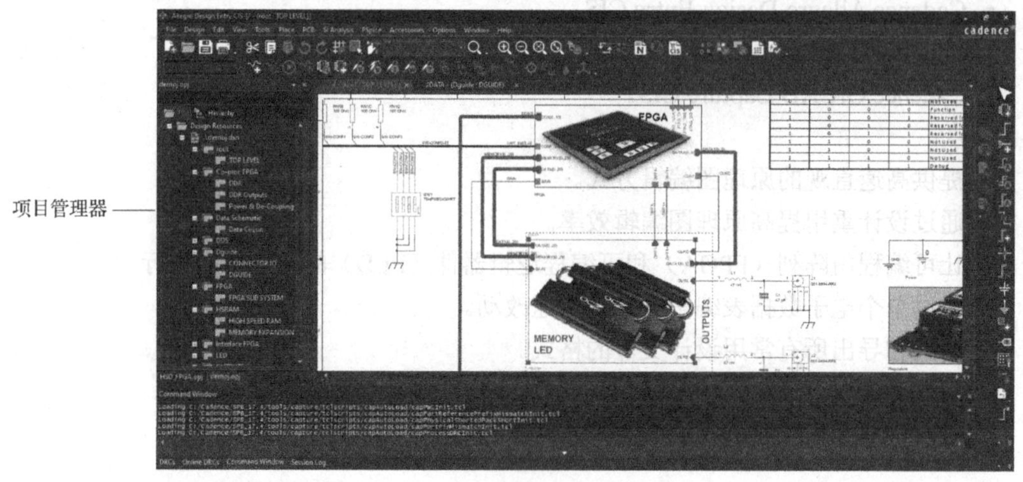

图 3-1　Cadence Capture CIS 的工作界面

6）元件信息系统

Allegro Design Entry CIS 和 OrCAD Capture CIS 将元件信息系统（CIS）的功能特性与 Cadence 原理图输入技术相结合。CIS 通过对元件的有效管理，省时、省费用、方便搜索、易于重用，也减少了手动输入元件信息和维护元件数据的时间。用户可以根据元件的电气属性搜索元件，而 CIS 会自动取回相关元件（见图 3-2）。

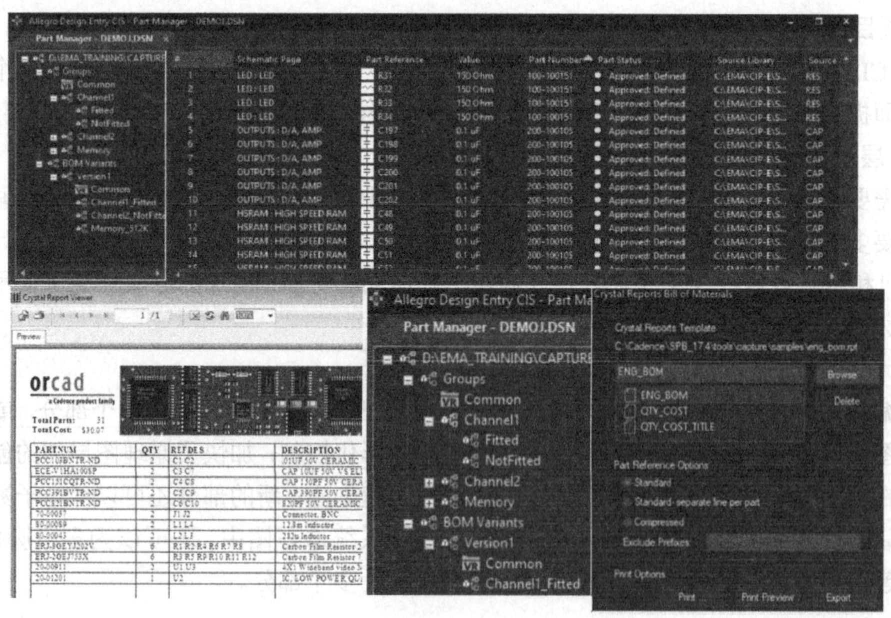

图 3-2　元件信息系统（CIS）

CIS 非常适合单个设计团队或者需要跨多个地区合作的多个团队。它让硬件设计工程师在设计流程的初期就可以调用正确的元件资料，并且可以将完整的规格传递到 Layout 工程师和其他设计组员的手中，减少下行错误的可能性。它还提供了成本信息以供调用，让工程师能够使用优选的、低成本的、尚有库存的元件。内嵌的元件选择器可以调用存储在 MRP 或 ERP 系统及工程数据库中的信息，还可以让外部源数据与原理图数据库同步，从而自动生成 BOM。

7）在线元件库

Active Parts 全面集成了在线元件库，让工程师可以从 200 多万种元件中选择需要的元件。这种对元件调用方式的巨大改进，给设计开创了具有极大灵活性的全新境界。

8）拓展的 CIS 文件

CIS 还提供了强大的报告生成功能。CIS 不仅可以使用原理图的内容，它还可以引用存在于元件数据库中的各种丰富信息，让报告生成功能进化到新的层次。工程师可以使用最新、最全面及最完整的信息生成 BOM，并通过 Crystal 报告引擎创建报告。

9）数据库集成

- 接收插件进行可编程的逻辑设计和模拟仿真。
- 允许在相同的环境中进行设计创建和仿真。
- 可与兼容微软 ODBC（开放数据库互联）的数据库配合。
- 工程师可以直接调用 MRP、ERP 和 PDM 系统中的数据。

3.2　OrCAD Capture 平台原理图设计流程

OrCAD 作为应用最广的原理图设计工具，具有简单、易上手、功能强大的特点。自从被 Cadence 公司收购之后，OrCAD 与 Allegro 设计流程上的整合日益完善。

Cadence 推荐的 OrCAD Capture 设计流程如图 3-3 所示。这是一个经典的平铺式原理图设计流程，层次化的设计流程限于篇幅关系，本书不做详细介绍，读者可阅读有关资料。

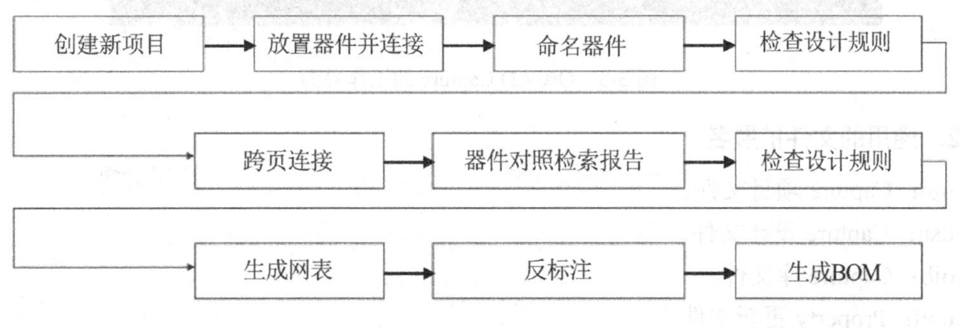

图 3-3　OrCAD Capture 设计流程

以 OrCAD Capture 为核心，相关的工具平台也日益完善（见图 3-4）。除了被业内广泛认可的 PSpice 功能级仿真工具、CIS 库管理工具，最近新增加的 FPGA 协同设计工具也是一大亮点，可以大幅增强 OrCAD 的 FPGA 协同设计能力，在大规模 FPGA 的设计中，能减少 Pin 定义、调节带来的反复修改过程。

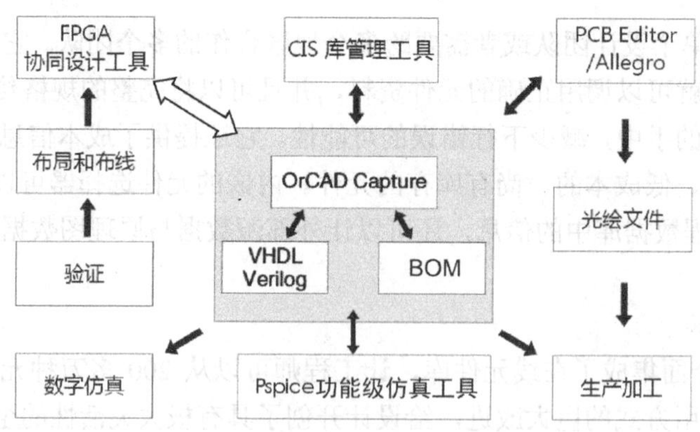

图 3-4　OrCAD Capture 相关工具

3.2.1　OrCAD Capture 设计环境

1．OrCAD Capture 的工作界面

OrCAD Capture 的工作界面如图 3-5 所示，由于界面简单明了，因此使用起来非常容易，下面简单介绍设计流程和注意事项，对大部分的界面和菜单不做详细解释。

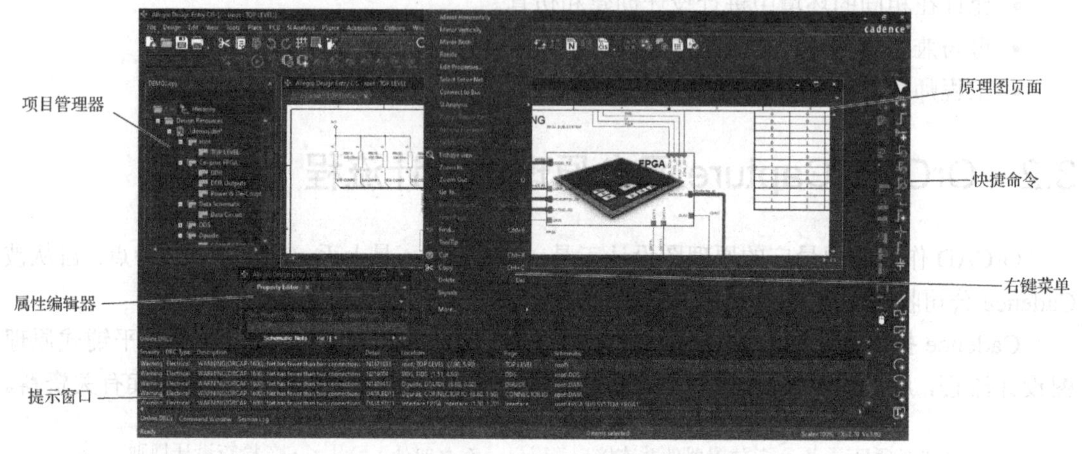

图 3-5　OrCAD Capture 的工作界面

2．通用的文件扩展名

.opj：Capture 项目文件。

.dsn：Capture 设计文件。

.olb：Capture 库文件。

.upd：Property 更新文件。

.drc：设计规则检查文件。

.bom：BOM 文件。

.xrf：器件对照检索报告。

.edf：EDIF 2.0 格式网表。

.dat：OrCAD 网表文件。

.swp：Capture 反标注文件。

.net：第三方网表文件（PADS、PCAD 等）。

3．设计环境设置

OrCAD Capture 的环境变量设置可在 Perferences 对话框（选择 Option→Preferences 菜单命令，可打开该对话框）中进行，主要的设置内容有颜色设置、格点设置、放大或缩小、字体选项、仿真选项以及其他一些设置，在相应的界面中，单击“帮助”（Help）按钮，可以看到每个设置项目的详细解释，如图 3-6 所示。

Cadence 系列软件的一个非常方便的设计就是，相应界面下的“帮助”（Help）功能，通过该功能比较容易找到各个选项的详细描述。

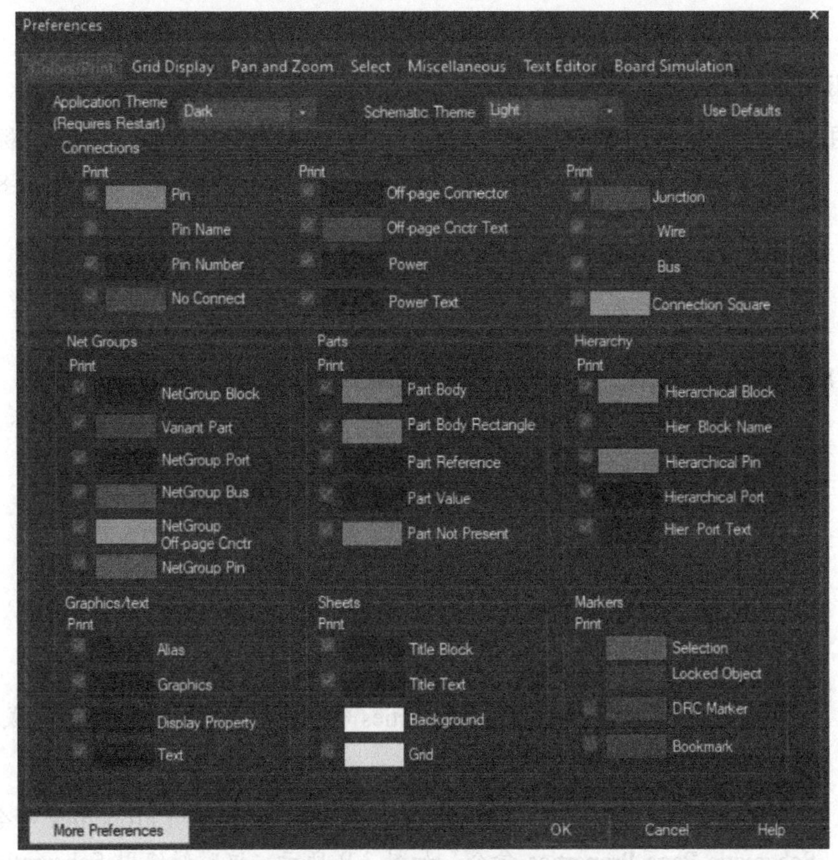

图 3-6　Preferences 对话框

4．设置自动备份

自动备份是一个好习惯，可以避免正在操作的文件或数据因异常死机或者断电而丢失，OrCAD 可以非常方便地设置自动备份，如图 3-7 所示。

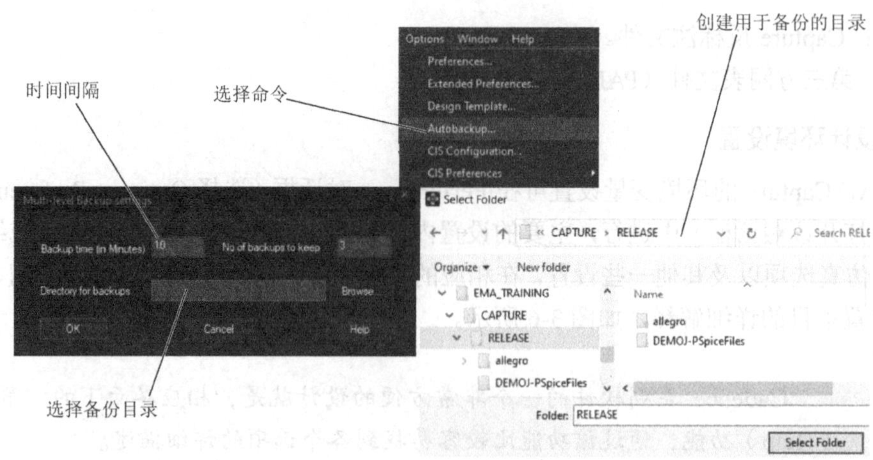

图 3-7　自动备份

5. 创建模板

原理图设计需要标准化，设计模板可以帮助创建公司的标准化规范，包括字体、标题、图框、页面大小、布局等，确保每一位工程师设计出来的原理图风格一致。创建模板如图 3-8 所示。

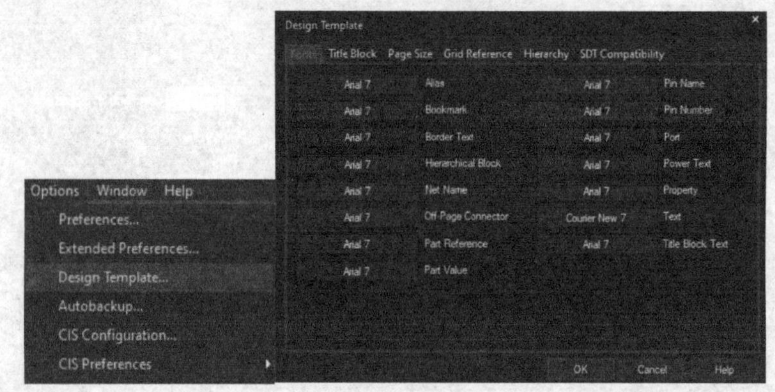

图 3-8　创建模板

Options 菜单下的 Design Properties 命令可以在设计创建甚至完成之后，对设置进行修改。

在打开原理图特定页面时，Option 菜单中的 Design Properties 命令变为 Schematic Page Properties 命令，如图 3-9 所示，这时候使用 Schematic Page Properties 命令，可以对特定页面的设置和属性进行修改。

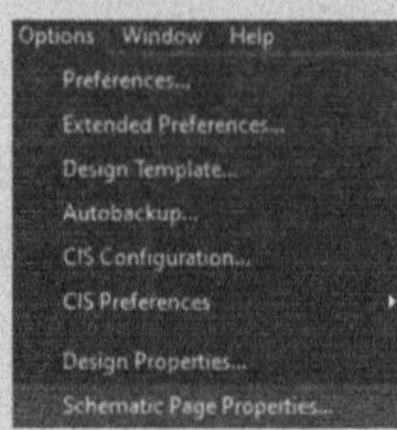

图 3-9　Schematic Page Properties 命令

3.2.2　创建新项目

如图 3-10 所示，在 New Project 对话框中，设置项目的名称和保存路径，就可以新建一个项目。数/模混合仿真项目需要勾选 Enable Pspise Simulation 复选框。

创建新项目的时候可以创建以下 4 种类型设计，分别如下。

- Analog or Mixed A/D：用于数/模混合仿真。
- PC Board Wizard：用于 PCB 设计。
- Programmable Logic Wizard：用于可编程器件的设计。
- Schematic：只用于原理图设计。

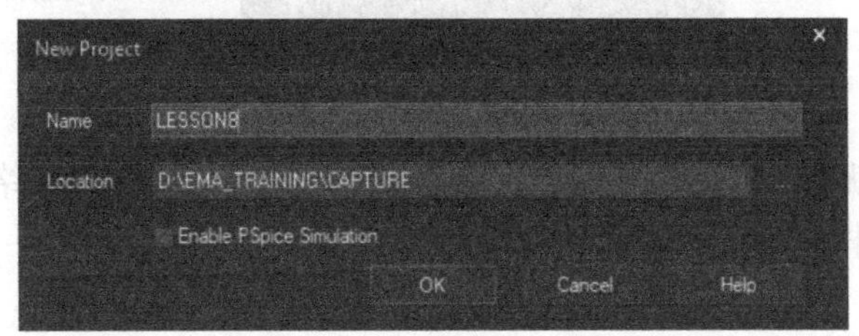

图 3-10　创建新项目

新项目创建之后，需要设置库路径及相关的颜色、字体等，然后开始原理图设计。

3.2.3　放置器件并连接

图 3-11 所示是放置器件的方法，可以使用下拉菜单、快捷键、快捷图标或者 Place Part 面板来放置器件。

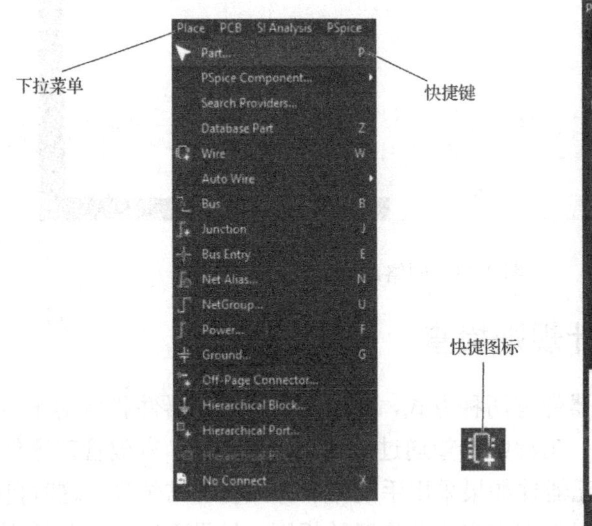

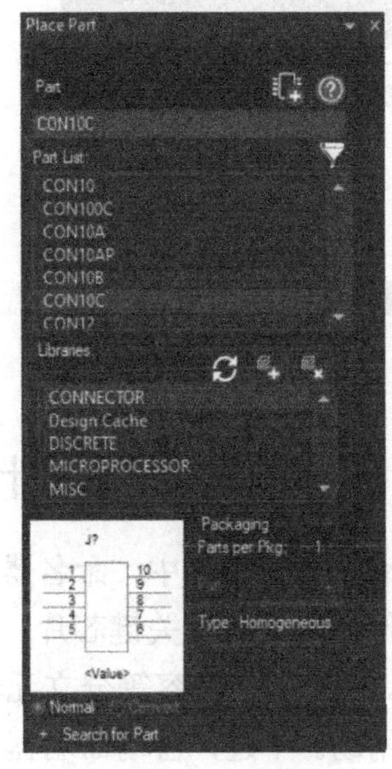

图 3-11　放置器件

图 3-12 所示是放置器件时的搜索选项设置，配置了 CIS 库之后，还能使用更加高级的搜索方式，方便工程师找到目标器件，库管理的流程和方法会在第 5 章介绍。

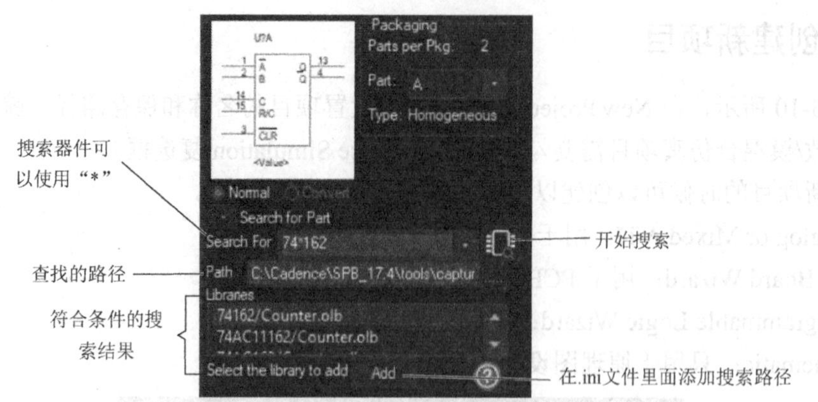

图 3-12 放置器件时的搜索选项设置

放置器件之后，就要连接网络了，可以使用直接连接方式或者为网络命名的方式，OrCAD Capture 的网络连接非常方便，如图 3-13 所示。

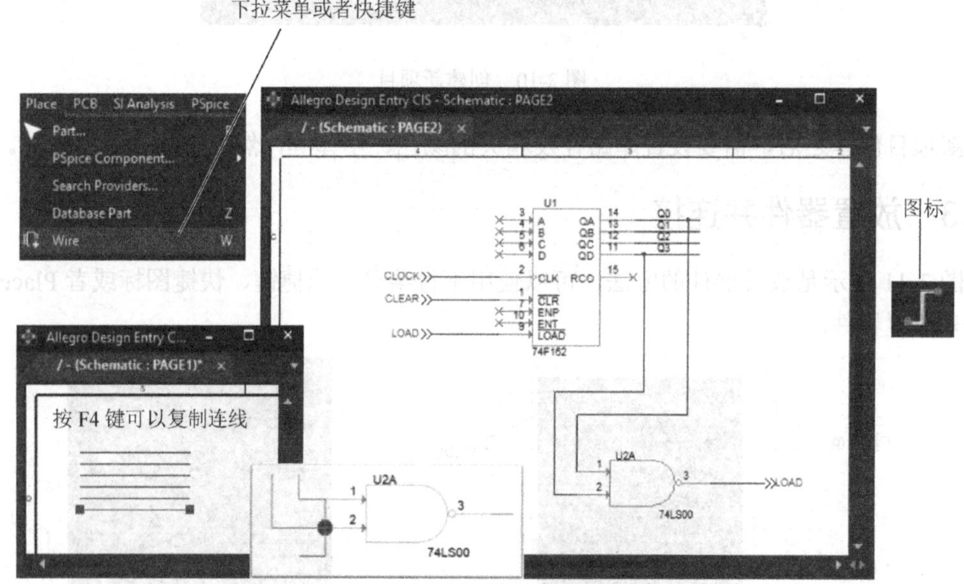

图 3-13 网络连接

3.2.4 器件的命名和设计规则检查

在 OrCAD Capture 中，命名器件有两种方式，分别是手动命名器件和自动命名器件。手动命名器件的方式适合关键芯片，工程师希望通过手动命名的方式，有效管理器件名称，方便查找等。而电阻、电容等分立元器件如果采用手动命名方式会非常烦琐，这时自动命名器件就派上用场。不过，自动命名器件有许多需要注意的规则，如果不遵守这些规则，会给后期 PCB 设计带来很大的麻烦甚至需要经常返工，具体的规则请参考 3.3 节。

1. 手动命名器件

双击器件标号上面的文字，或者选中文字后右击，在弹出的快捷菜单中选择 Edit

Properties 命令，就可以打开显示属性（Display Properties）对话框，如图 3-14 所示。在 Value 文本框中可以修改器件标号，同时设置显示选项、字体、颜色、旋转方向等。

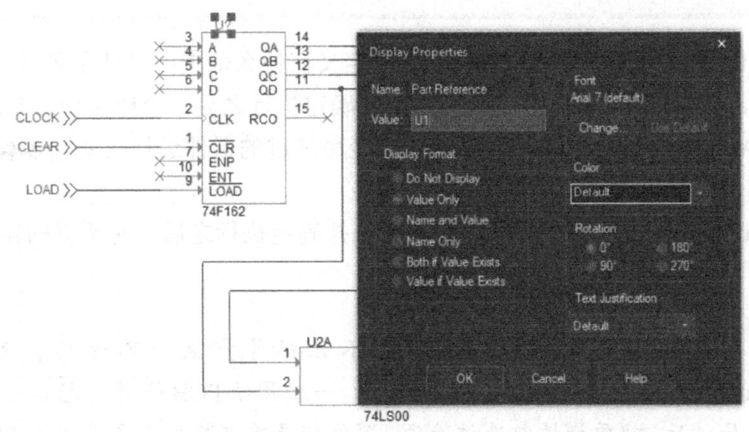

图 3-14　手动命名器件

2. 自动命名器件

自动命名器件则要使用 Tools 下的 Annotate 命令，如图 3-15 所示。

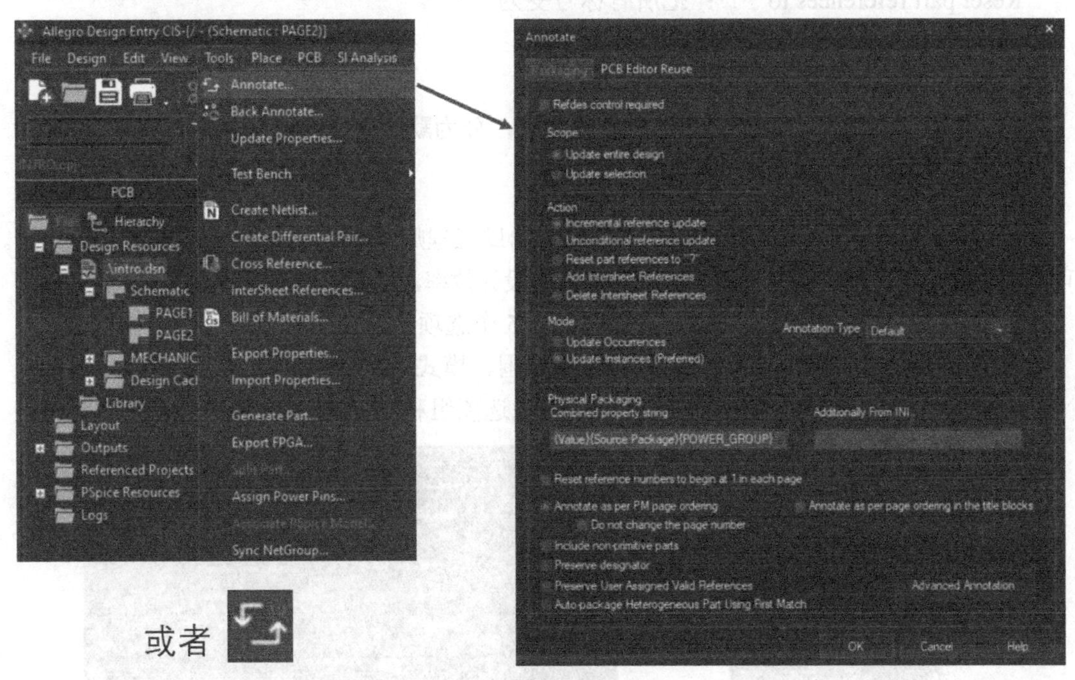

图 3-15　自动命名器件

Annotate 对话框中有很多选项，其中部分选项需要特别关注。

Refdes control required：这是一个高级选项，如果需要按照原理图页面或者层次图的模块（Block）来创建自动命名器件的规则，就要勾选这个选项。

在模块重用设计的时候，可能需要更加复杂的命名方式，具体的设置方法详见有关原理图设计的图书。

Update entire design 和 Update selection：定义在什么范围内自动命名器件。

Incremental reference update：勾选该选项并确定执行之后，会把原来为 U?A 的器件，自动命名为 U1A、U1B、U1C、……但不会对已经命名过的器件进行改动，即不会影响已经存在的器件名。

Unconditional reference update：勾选该选项并确定执行之后，对所有的器件按照顺序强制重新命名。

在原理图设计阶段，为了不让标号空缺而不连续，可以勾选 Unconditional reference update 选项，一旦开始 PCB 设计，尤其是已经开始布局之后，就要谨慎勾选该选项，器件标号重新排序会严重影响 PCB 布局。建议这时候以 PCB 上的需要为依据，需要时可以对 PCB 上的器件进行自动重命名，然后反标回原理图。

Reset part references to “?”：把所有标号变为“？”。

Add intersheet references：增加跨页标注。

Delete intersheet references：移除跨页标注。

Annotation Type：指定自动命名器件的顺序，分为默认、从左到右和从上到下。

3．设计规则检查

设计规则检查是一个非常有用的功能，可以协助工程师进行快速检查，并定位错误和原因。可以说灵活、合理地运用设计规则检查器是提高设计效率，避免无谓错误的一种有效的方法。

如图 3-16 所示，设计规则检查对话框包括 5 个选项卡。

（1）Options 选项卡主要用于设置检查的范围、模式、方法等。

（2）Rules Setup 选项卡包括 Electrical Rules 选项组和 Physical Rules 选项组。

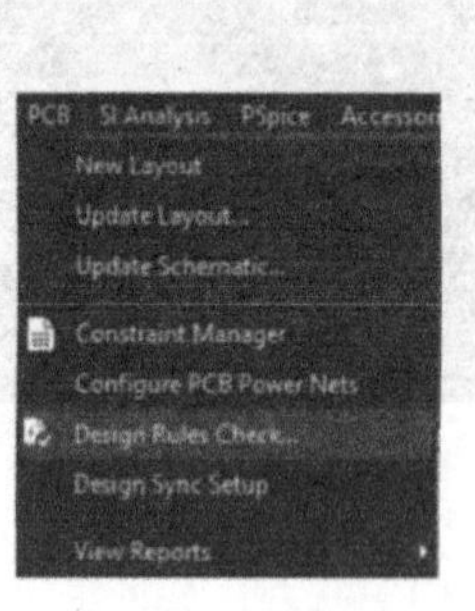

或者

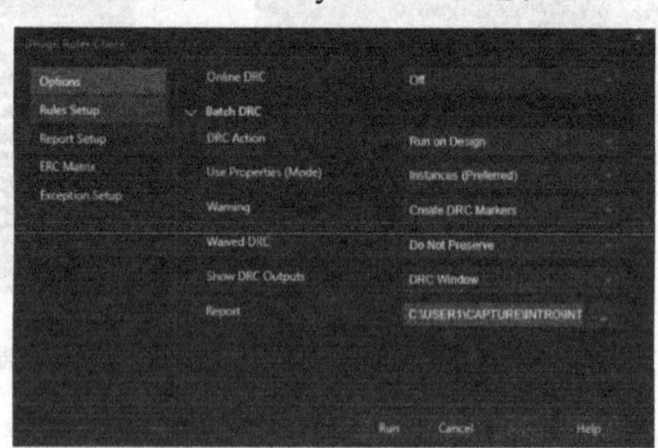

（a）

图 3-16　设计规则检查（1）

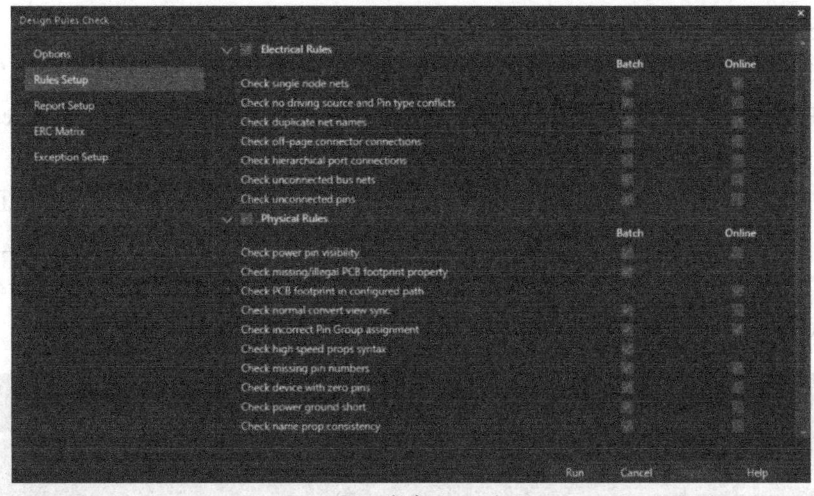

（b）

图 3-16　设计规则检查（1）（续）

- Electrical Rules（电气规则）选项组的主要选项如下。
    - ➢ Check single node nets：检查单节点网络。
    - ➢ Check no driving source and Pin type conflicts：检查驱动、接收等引脚类型（Pin Type）的特性，这些在高速仿真时需要用到，PCB 设计新增加的一些规则也需要确定信号驱动、接收，比如动态相位规则检查。
    - ➢ Check duplicate net names：检查重复的网络名，在 OrCAD 中，如果不同页面有重复的网络名，而没有做相应设置的时候，会在其中一个网络名后面加上随机的数字。网络名重复一直是很困扰原理图设计者和 PCB Layout 工程师的一个典型问题，可以通过这个检查得到报告。
    - ➢ Check off-page connector connections：检查跨页连接的正确性。
    - ➢ Check hierarchical port connections：检查层次图的连接性。
    - ➢ Check unconnected bus nets：检查没有连接的总线网络。
    - ➢ Check unconnected pins：检查没有连接的 Pin（引脚）。
- Physical Rules（物理规则）选项组的主要选项如下。
    - ➢ Check power pin visibility：检查电源 Pin 的可视性。
    - ➢ Check missing/illegal PCB footprint property：检查缺失或者不符合规则的 PCB 封装库定义。如果不想在原理图导入 PCB 时出现大量错误，导致设计延误，最好在原理图完成后运行这个检查。
    - ➢ Check PCB footprint in configured path：检查库上的 PCB 封装库属性是否丢失，或者定义的属性是否非法。此检查仅对在线 DRC 有效。
    - ➢ Check normal convert view sync：检查不同视图下的 Pin numbers 的一致性。
    - ➢ Check incorrect Pin_Group assignment：检查 Pin_Group 属性的正确性。
    - ➢ Check missing pin numbers：检查是否有 Pin numbers。
    - ➢ Check device with zero pins：检查库是否没有 Pin。

Check power ground short：检查电源地是否短路。

Check name prop consistency：检查 occurrences 层次化 Block 是否具有相同的“Name”属性。

（3）Report Setup（报告设置）选项卡，包括 Electrical DRC Reports 和 Physical DRC Report 两个选项组，如图 3-17（a）所示，支持将勾选的内容加入报告中。

（4）ERC Matrix（电子规则检查矩阵）选项卡，用于检查引脚的定义是否正确，“W”表示警告，“E”表示错误，如图 3-17（b）所示。

（5）Exception Setup（例外设置）选项卡，用于设置忽略指定的错误/警告代码或记下错误/警告代码，如图 3-17（c）所示。

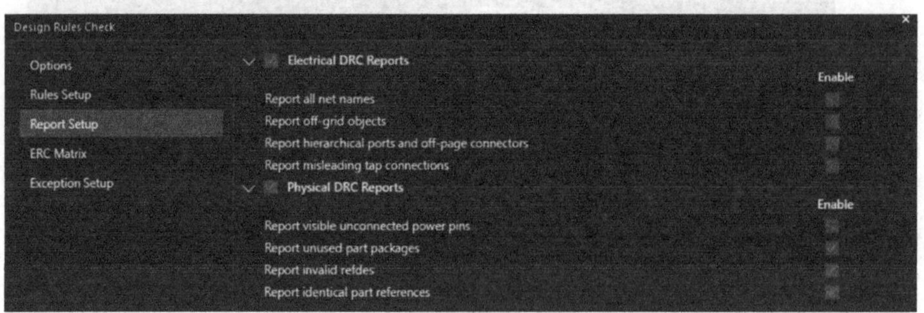

（a）

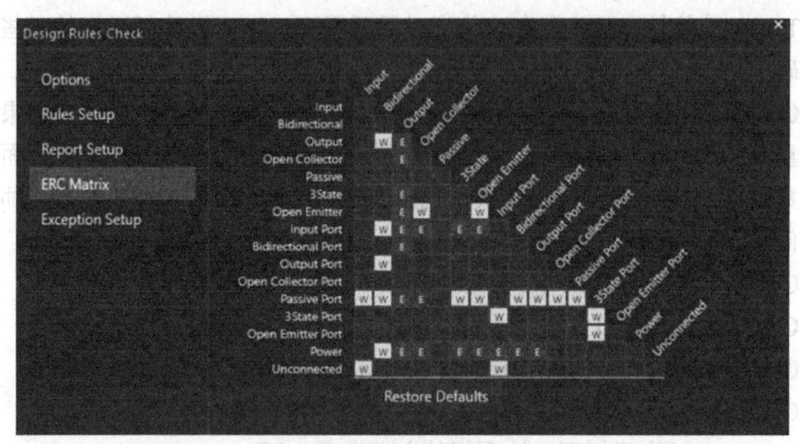

（b）

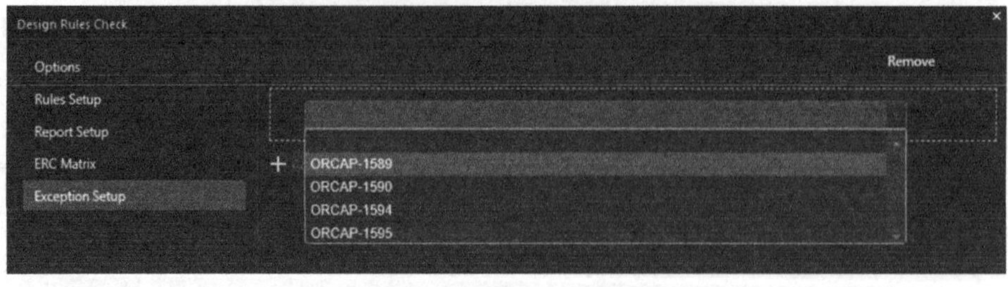

（c）

图 3-17　设计规则检查（2）

3.2.5　跨页连接

不同页面之间同一网络的相互连接需要指定跨页连接符，如图 3-18 所示。通过跨页连接符告诉软件不同页面之间是同一网络。这是特别需要注意的设计细节，如果遗漏，会在其中一个网络后面添加随机数字以区分。

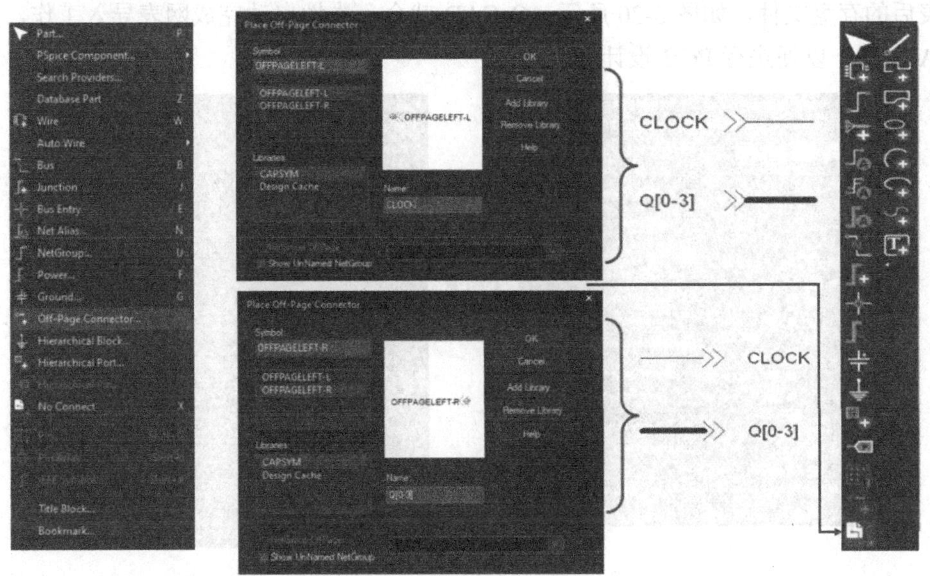

图 3-18　跨页连接符

能够跨页连接的还有“电源地”符号、层次图符号等。先通过 Tools→Intersheet References 命令设定标注的格式，当原理图设计结束时，再运行 Tools 下的 Annotate 命令来自动标注跳转页面，选择 Add Intersheet References 单选按钮，运行即可，如图 3-19 所示。

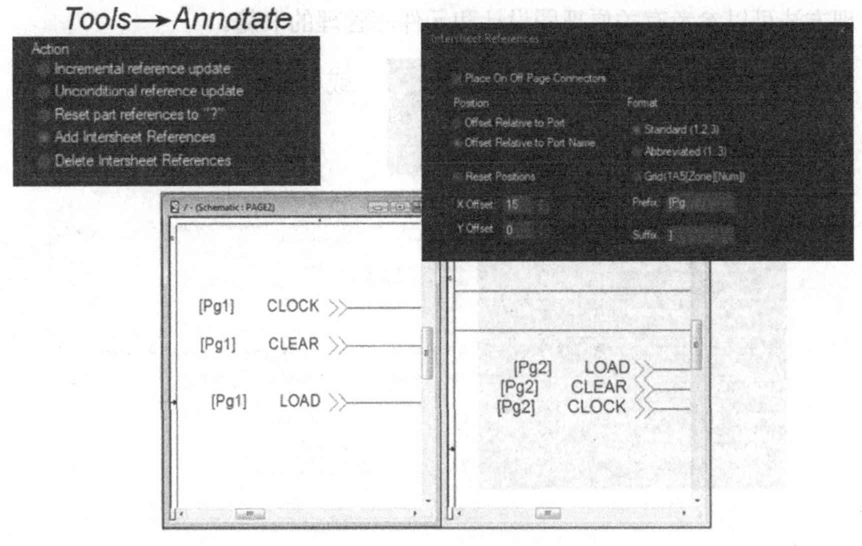

图 3-19　自动标注跳转页面

3.2.6　网表和 BOM

OrCAD 可以生成 Allegro 所需格式的网表，如图 3-20 所示，结果生成 3 个扩展名为.dat 的文件。网表文件可以被 Allegro 识别并导入，也可以在 OrCAD 界面选择 PCB→New Layout 命令，然后选择要导入的.brd 文件，即用于更新网表的.brd 文件，再指定输出文件，即调用完网表后的存盘文件，如图 3-20 所示，OrCAD 就会一次性自动完成网表导入工作，并自动打开 Allegro，以便进行 PCB 设计。

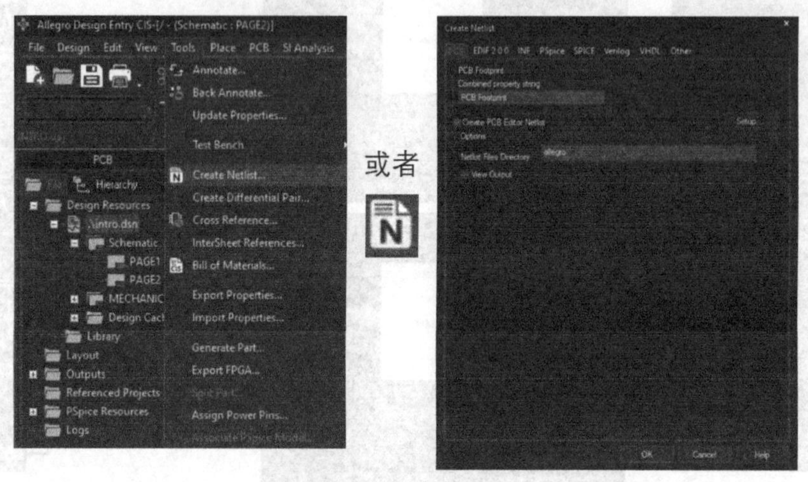

图 3-20　创建网表

OrCAD 还支持 Telesis 格式的第三方网表，配合 Device 文件一起工作。

生成 BOM 模块是原理图工具的必备模块，如图 3-21 所示。对于某些工程师来说，生成 BOM 是比较烦琐且耗费精力的工作，OrCAD 的 CIS 模块可以很好地完成这项工作，通过和企业 PDM 系统同步数据，能够标准化所有的器件管理工作。这是一个复杂且长期的工作，具体的管理方法可以参考有关原理图设计和元件库管理的书籍。

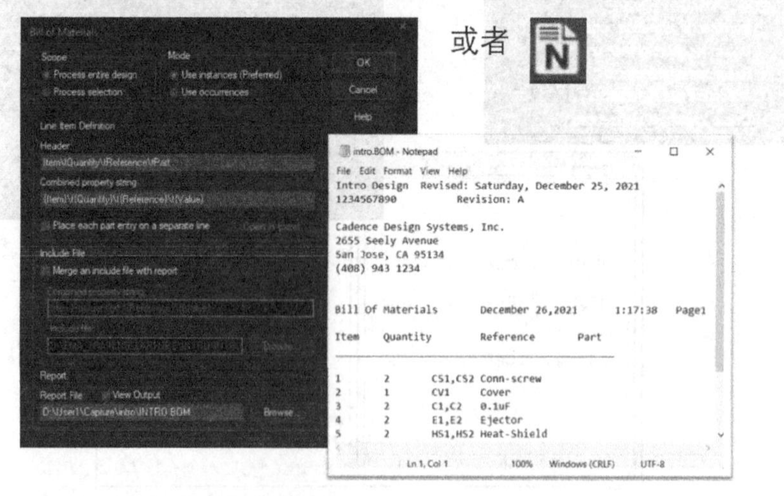

图 3-21　生成 BOM

3.3 OrCAD Capture 平台原理图设计规范

如前面所述，在 Capture 中可以生成多种格式的网表（共 39 种），以满足各种不同 EDA 软件的要求。我们把可被 Allegro PCB Editor 直接调用的网表，称为第一方网表。一个设计能够产生第一方网表，意味着原理图设计满足 Cadence 默认的要求，DRC 检查能全部通过。如果 PCB 设计工具选择 Allegro PCB Editor，建议生成第一方网表。这样的好处有以下几点。

- 安全：原理图设计符合 Cadence 默认的规范。
- 方便：后期调网表到 Allegro PCB 设计软件较方便，不容易出错。
- 快捷：可以实现原理图与 PCB 设计的互动，利于布局布线。
- 整合：可以随时实现正标和反标，真正把原理图设计和 PCB 设计结合成一个整体。

为了保证原理图能正确产生第一方网表，设计过程必须符合各种规范，包括引脚设计规范，网络、器件命名规范等。

3.3.1 元器件、引脚、网络命名规范

在 Allegro 的手册里面，明确定义了以下字符不建议使用：

!　:　“　‘　,　~　*　<>　空格

实际设计中，为了保持好的兼容性，“.”和“#”也建议不要使用。

引脚、器件和网络的名称推荐使用由 A～Z、0～9 和下画线“_”组成的字符串。下画线作为唯一推荐使用的标点符号，可以替代“.”。

元器件封装的引脚不可重名，如两个 GND，要命名为 GND_1，GND_2。

关键信号不要使用默认网络名。

网络名是传递设计要求的重要手段，一些良好的习惯，可以避免后期大量的沟通和反复修改，甚至可避免发生一些不可预期的遗漏和错误。比如，所有的时钟网络并且仅有时钟网络具有“*CLK*”的名称；所有的复位网络并且仅有复位网络具有“*RESET*”的名称。

差分网络的定义清晰、明确并且统一，可以使用“XXX_P”“XXX_N”或者“XXX_+”“XXX_-”。如果差分网络命名规则混乱，则后期需反复确认，甚至出现差分网络定义错乱，最后不得不重新布线。引脚编号最好使用数字，如三极管的引脚定义为 1，2，3 而不是 b，e，c。原理图上的引脚数和实际器件的引脚数应一致。

Capture 的元器件库中有两个“地”容易混淆。虽然它们的符号一样，但一个称为 GND_POWER，另一个称为 GND，在使用中需要注意。

3.3.2 确定封装

在元器件属性中，设置 PCB Footprint 为封装，封装名称要与 Allegro 库中的名称对应，还要生成正确的网表条件。

每个出现在原理图中的元器件都要有指定的封装。如果此条件不满足，生成网表的过程就会产生错误。

原理图的封装引脚要与 Allegro 库中元器件封装的引脚相对应。如果此条件不满足，在

Allegro 中将无法放置该元器件。导致这种现象还有另外的原因，如 Allegro 库里没有这个封装，或者没有这个封装所用到的焊盘文件，或者封装库的搜索路径设置错误。

3.3.3 关于改板时的元器件命名问题

通常，原理图工程师希望原理图上的元器件标号是连续的，并且按顺序排列，这样检视原理图比较方便。在设计流程没有导入 PCB 的时候，原理图工程师可以按照自己的想法设定元器件标号，也可以使用 OrCAD 的 Annotate 功能重排所有的元器件标号。但是一旦设计流程进入 PCB 环节，就要小心谨慎，一旦元器件标号被改变，就可能需要重新布局，严重的甚至由于忘记了而重新放置已经在 PCB 上的元器件，导致布局不符合设计意图，从而影响到信号质量甚至功能实现。

所以在改板的时候要特别关注这个问题，新增加的器件一定要从之前最后的标号开始往后排序。比如，之前版本的 PCB 上放置了 220 个电阻，标号为 R1~R220。其中 R5、R6 原来是用于 CPU 侧的串联匹配电阻，经过测试验证可以取消这两个电阻，但是 FPGA 侧需要增加两个上拉电阻。这时候，推荐的方式是删除 R5、R6，然后将新增加的电阻命名为 R221、R222。这样做的好处是，新增加的电阻会在后台被手动放置或者自动放置到板外，Layout 工程师知道这是个新元器件，会检查原理图进行布局。如果删除原先的电阻之后，把新加的电阻命名为 R5、R6，那么网表更新之后，R5、R6 会保留在 CPU 侧原来的位置上，如果没有特别提醒，Layout 工程师很可能不知道这个改动，不会把这两个上拉电阻移动到 FPGA 侧。而如果加入两个 R 之后，强制对所有元器件重新命名（在 Annotate 对话框里面勾选 Unconditional reference update 选项），那么可能大部分的电阻标号会被改变，已经放置的器件变得混乱，布局错位。

3.3.4 原理图的可读性与布局

在 PCB 设计行业，现在已由之前一个人单打独斗全流程搞定，变为细化流程分工合作。一个人负责全流程时，因为自己清楚设计思路，所以原理图怎么画都没有关系。分工合作之后，需要在公司内部跨部门甚至跨区域合作（或者现在流行的外包设计），原理图工程师和 PCB 工程师之间需要沟通设计意图和要求。这个时候，原理图的可读性就变得非常重要，需要让 PCB 工程师更加容易、准确地把握原理图的设计意图，确保设计思路准确无误的传递。

从 PCB 工程师的角度，原理图的可读性分为以下几个方面。

1. 分立元器件的位置信息

电阻、电容等分立元器件在布局的时候从属于哪个芯片，在原理图中就要相应放置在这个芯片附近，并且用连接引线直接相连，这样的指示就比较清晰。

举例来说，如图 3-22 所示，R81 的位置和连接方式表示这是一个必须靠近 U14 芯片放置的电阻，需要的话，也可以给 R81 和 U14 手动命名，避免系统随机命名。对于 R80，PCB 工程师在布局的时候就会疑惑，无法确定是靠近 JP1 还是靠近 U14 放置（在这个设计中，JP1 是定位器件，实际位置离 U14 较远）。

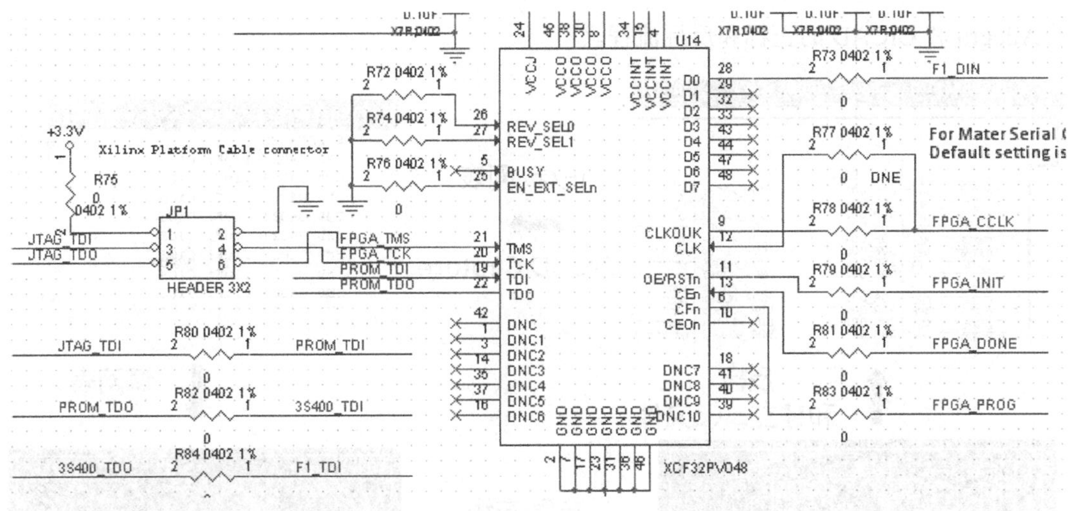

图 3-22　分立元器件同主元器件的相对位置图

2. 信号流向信息

开关电源电路等在原理上对信号输入/输出有严格定义，同时要求“先防护后滤波”，对相关元器件的位置也有严格要求。如果布局的时候没有按照要求放置，会影响电路的性能，或者导致 EMC 出现问题。这种类型的电路需要在原理图中就明确指示相关信号的关系及器件的相对位置关系，这样才能让 PCB 工程师更准确地把握设计意图。图 3-23 所示为一个开关电源的电路图。

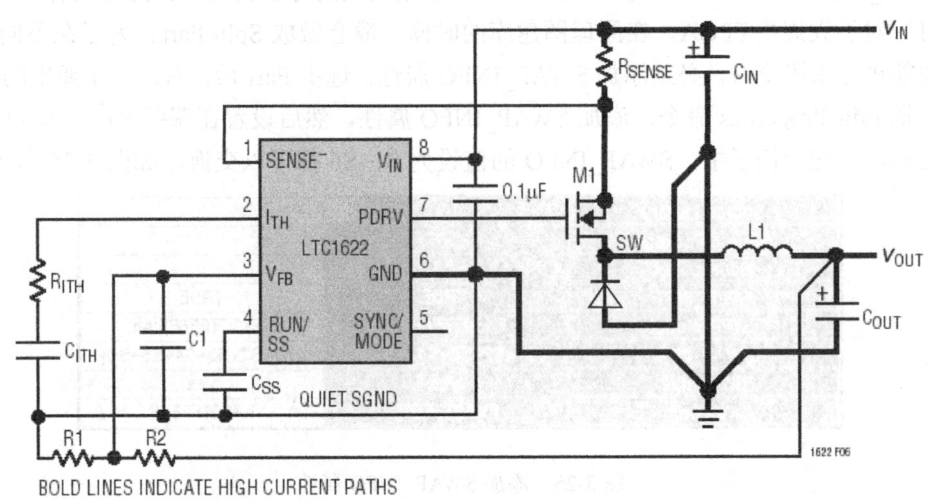

图 3-23　开关电源的电路图

3.4　正标与反标

我们一般把原理图到 PCB 的标注，也就是通常说的调网表称为正标。把在 PCB 上所做的修改，比如引脚交换、元器件序号重排等信息标注回原理图，称为反标。图 3-24 所示为基于 Allegro 和 OrCAD 的正标和反标流程。

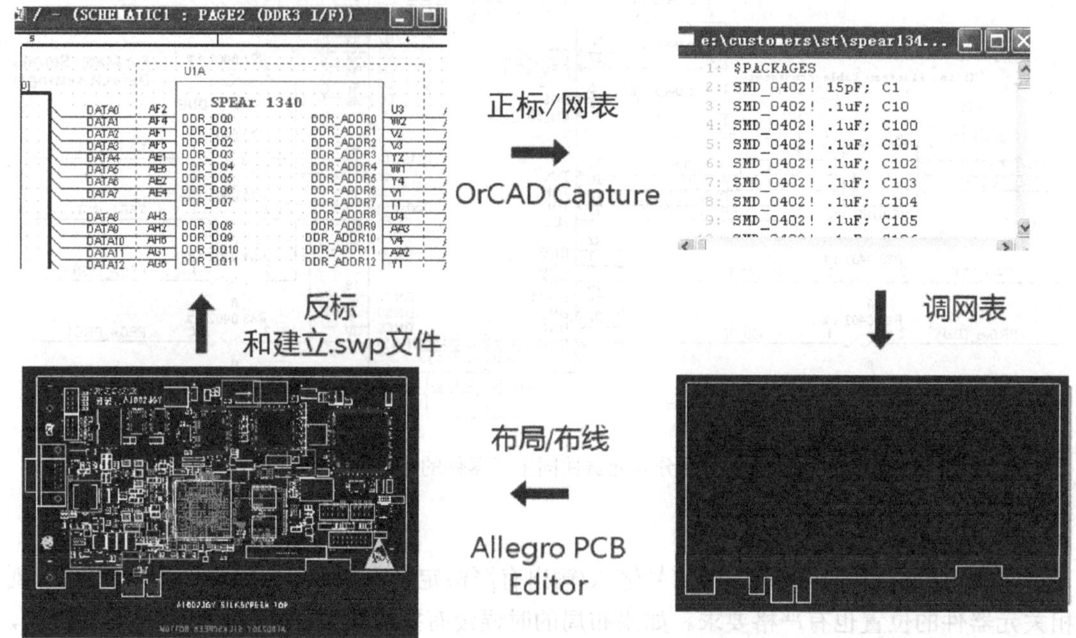

图 3-24　正标和反标

下面用一个实例来讲解在实际工作中应用广泛的 FPGA 设计，在原理图中设置 Pin Group 和 SWAP_INFO 属性，调入网表，PCB 布线时根据需要进行引脚交换，然后反标回原理图。

（1）对于大规模 FPGA，在原理图建库的时候一般会做成 Split Part。为了在不同的 Part 之间也能进行引脚交换，必须添加 SWAP_INFO 属性。选中 Part 后，右击，在弹出的快捷菜单中选择 Edit Properties 命令，添加 SWAP_INFO 属性，然后设置在哪些 Part 之间可以进行引脚交换，在这个例子中，SWAP_INFO 的值设为 S1~S6 都可以交换，如图 3-25 所示。

Source Library	E:\FLOWCAD_LIBRAR	E:\FLOWCAD_LIBRAR
Source Package	V5_FX30TFF665	V5_FX30TFF665
Source Part	V5_FX30TFF665-6.Normal	V5_FX30TFF665-6.Normal
SPLIT_INST	TRUE	TRUE
STEP_Model	I_FX30TFF665.stp	I_FX30TFF665.stp
SWAP_INFO	(S1+S2+S3+S4+S5+S6)	(S1+S2+S3+S4+S5+S6)
UL_Status	yes	yes
Value	FX30TFF665	FX30TFF665

图 3-25　添加 SWAP_INFO 属性

（2）添加 Pin Group 信息，操作步骤如下。

右击器件，在弹出的快捷菜单中选择 Edit Part 命令，在 Part 界面右侧 Property Sheet 对话框下，单击 Edit Pins 按钮，如图 3-26 所示。

调出 Edit Pins 界面后，在 Pin Group 栏中填写数值，如图 3-27 所示。相同数值的 Pin，在 PCB 设计的时候，可以进行引脚交换。

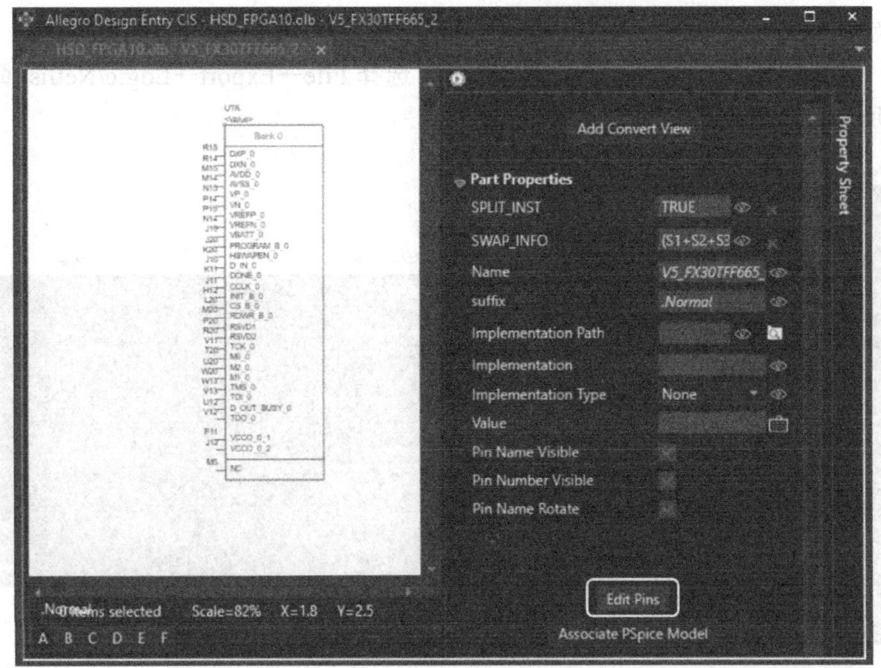

图 3-26　单击 Edit Pins 按钮

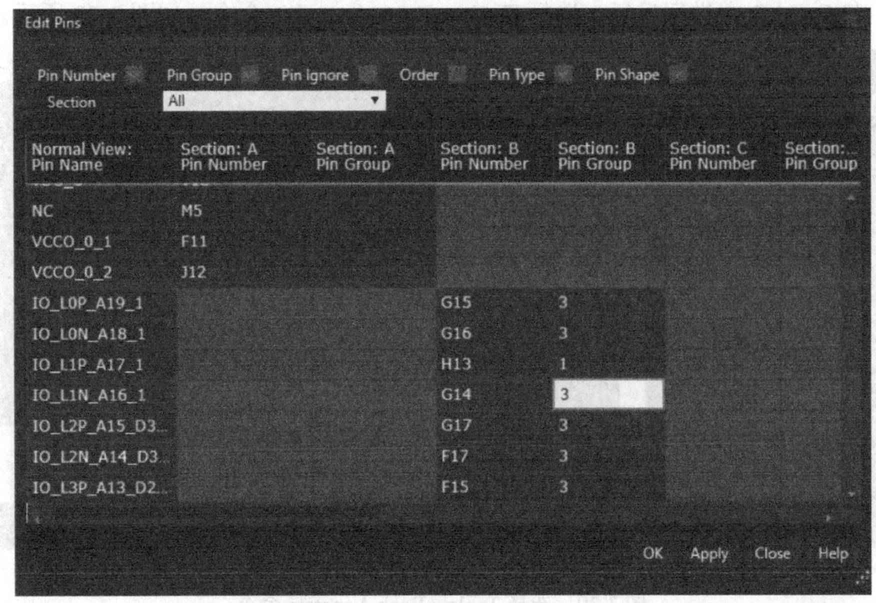

图 3-27　在 Pin Group 栏中填写数值

（3）原理图完成之后，生成网表，在 Allegro PCB Editor 里面选择 File→Import→Logic 命令，调入网表。

（4）在 Allegro PCB Editor 中选择 Place→Swap→Pin 命令，在布线的时候进行引脚交换，执行命令的时候，按照 Pin Group 属性，属于同一 Group 的 Pin 会高亮显示，让 PCB 工程师进行交换选择。

（5）PCB 引脚交换方案确定并完成之后，选择 File→Export→Logic/Netlist 命令，如图 3-28 所示。

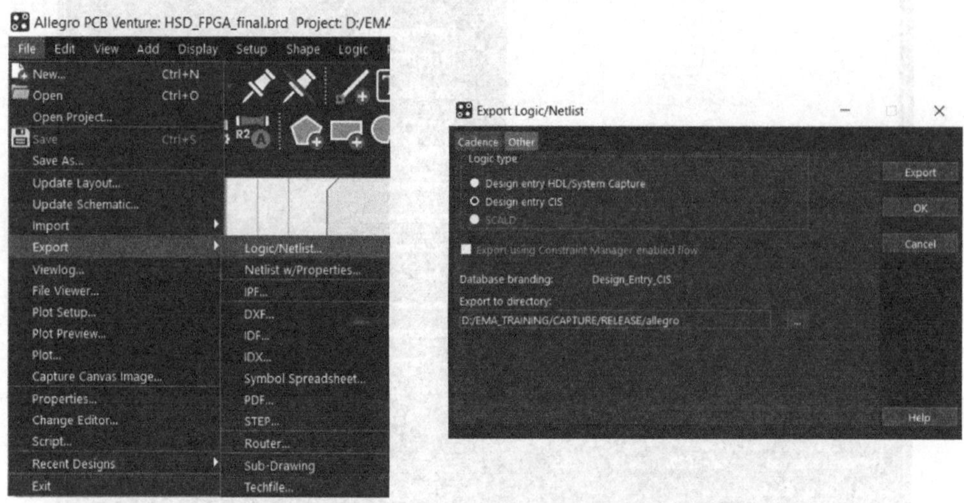

图 3-28　选择 File→Export→Logic/Netlist 命令

（6）在 OrCAD 中进行反标，选择 Tools→Back Annotate 命令，如图 3-29 所示。

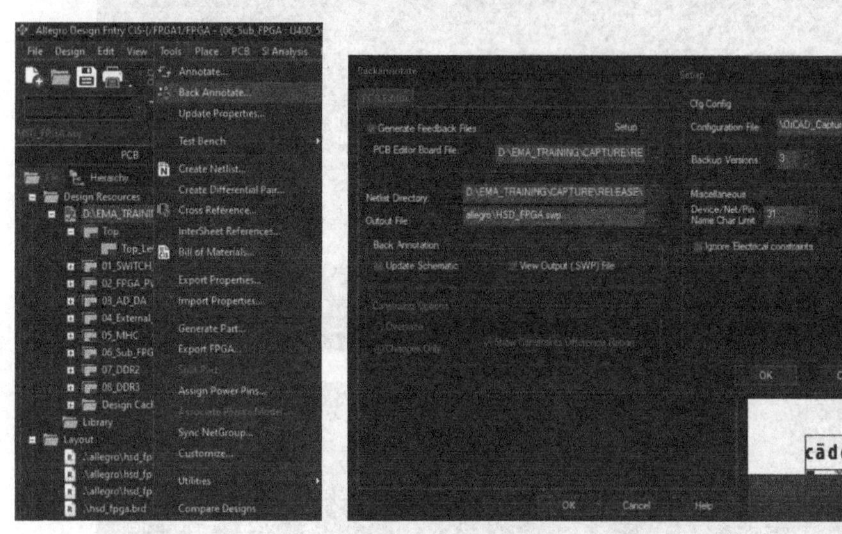

图 3-29　选择 Tools→Back Annotate 命令

以上步骤就是一个典型的 FPGA 交换引脚的设计流程，这个流程相对于传统的口头交流，从书面反馈交换引脚的要求，到原理图工程师修改，FPGA 设计工程师确认，再导入 PCB，然后发现 PCB 上还是有部分引脚定义不合理，继续交流沟通的流程，能大大提高设计效率。而这个 FPGA 设计流程的局限在于同一款 FPGA，在不同的应用模式下，有不同的 PinGroup 设置，不同的设计可能需要重新设置，对原理图库的管理会带来困难。

3.5　设计交互

进行 PCB 设计的时候，尤其是布局阶段，需要参考原理图。这时候 PCB 工程师希望能实现原理图和 PCB 的交互，即原理图选中器件或者网络，PCB 上也自动进行相应的选择，这样可大大提高设计效率和准确性。下面的实例就介绍了 OrCAD 和 Allegro 的交互设计。

（1）原理图正确生成第一方网表。这是交互设计最快捷的方式，第三方网表的设计经过设置也可以实现交互，就不在本书中进行讨论了。

（2）在 OrCAD 中，选择 Option→Preferences 命令，在弹出的 Preferences 对话框中，选择 Miscellaneous 选项卡，勾选 Enable Intertool Communication 复选框，如图 3-30 所示（有时需要重启 OrCAD，使设置生效）。

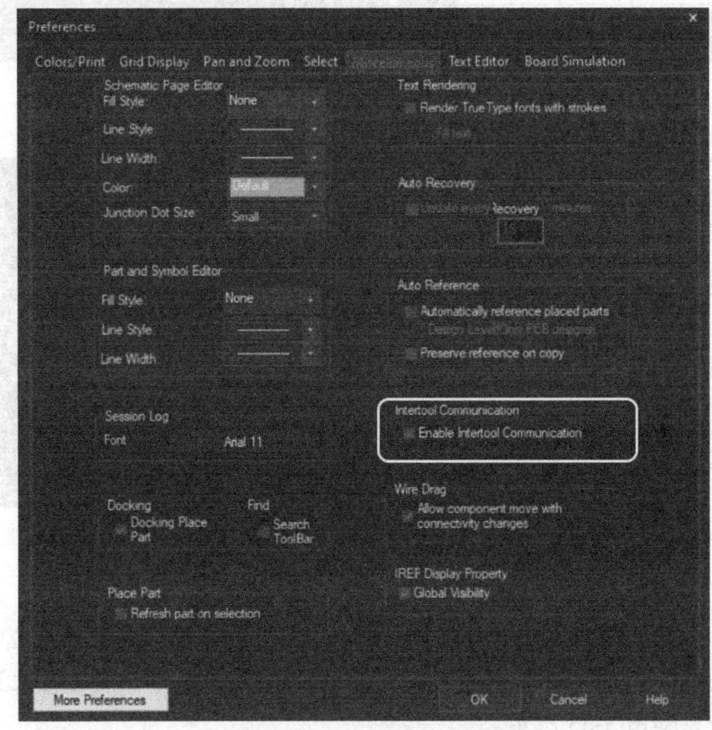

图 3-30　Preferences 对话框

（3）Allegro 正常调入网表后，保持 OrCAD 和 Allegro 打开，这时候两个工具之间就可以实现交互设计了。

交互设计主要有如下两种应用模式。

Place-Manually 模式。在 Allegro 中选择手动放置命令，保持 Place 面板处于打开状态或者将其隐藏，但是当前命令依旧处于激活状态，这时候在 OrCAD 中选中任何元器件，相应元器件就会在 Allegro 界面被选中并处于可放置状态，方便进行布局，如图 3-31 所示。

Highlight 模式。该模式适用于在 Allegro 中使用 Auto Place 命令将元器件放置到板框之外再进行布局的情形，也可用于查找已经完成布局的元器件或者布线。如图 3-32 所示，在 OrCAD 中选中器件之后，Allegro 中的器件高亮显示。

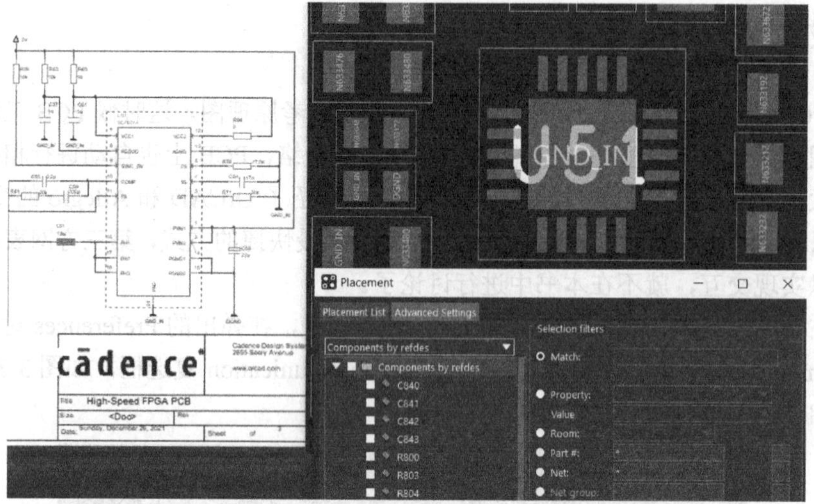

图 3-31　交互设计（Place-Manually 模式）

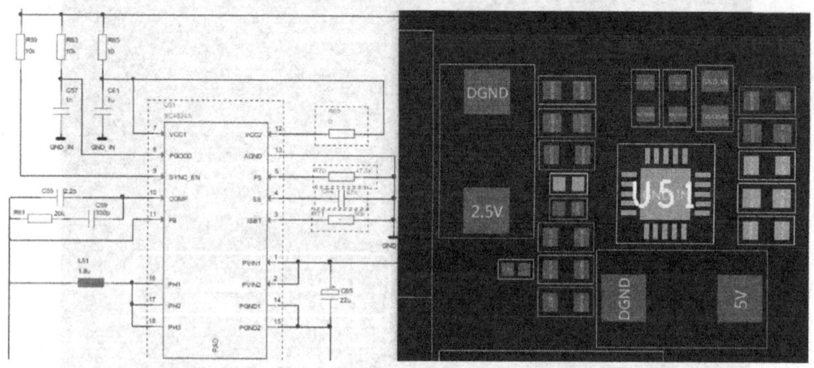

图 3-32　交互设计（Highlight 模式）

如果觉得被选中的内容比较杂乱，比如选择器件的时候，发现网络也被高亮显示了，可以在 OrCAD 的 Selection Filter 对话框中进行设置，只选择器件，如图 3-33 所示。

图 3-33　Selection Filter 对话框

第 4 章　PCB Editor 设计环境和设置

本章导读：

- Allegro PCB Editor 工作界面介绍。
- Allegro PCB Editor 基本参数设置。
- Allegro PCB Editor 环境设置。

4.1　Allegro SPB 工作界面

2019 年，Cadence 公司正式推出 Allegro SPB 17.4。按照惯例，Allegro SPB 17.4 版本作为 Allegro SPB 17 大版本的中间版本，是比较重要的一次更新。与以前的版本相比，Allegro SPB 17.4 版本更加稳定，功能也更贴合 PCB 工程师的要求。下面详细介绍 Allegro SPB 17.4 的工作界面及相应的环节设置。

4.1.1　工作界面与产品说明

本书基于 Windows 系统来介绍 Allegro SPB 17.4 软件的使用。选择 Programs→Cadence PCB 17.4-2019→PCB Editor 命令，可以打开 PCB Editor 的工作界面，如图 4-1 所示。

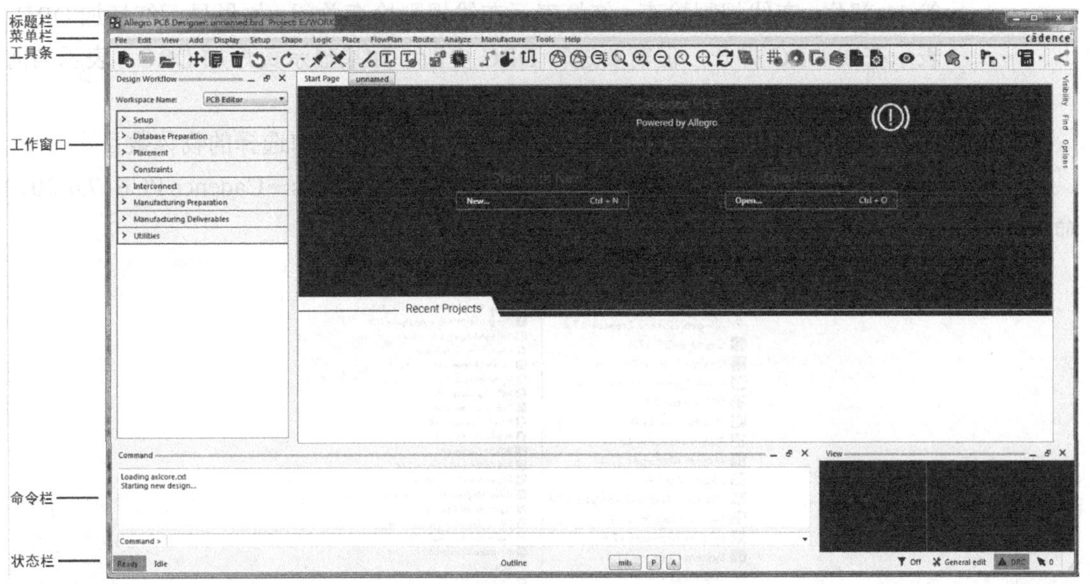

图 4-1　PCB Editor 的工作界面

- 标题栏：当前所用 Product 和当前项目所在的位置及名称。
- 菜单栏：提供所有命令的菜单。
- 工具条：提供常用的工具按钮。鼠标指针放到工具条上，可拖动工具条。
- 工作窗口：正常工作时使用的区域。
- 命令栏：选择命令的窗口，如果命令要分次选择，可在这个窗口看到提示。
- 状态栏：分为以下几部分。
  - 第 1 部分：指示当前的工作命令，没有命令时标记为 Idle。
  - 第 2 部分：指示当前应用的状态，分为三个灯，绿灯表明现在处于空闲状态，可选择任何命令；黄灯表明选择当前工作命令，如果需要停止，可单击 STOP 按钮；红灯表明现在处于工作状态，当前不能选择任何命令，需要等红灯变绿或变黄才可选择下一个命令。
  - 第 3 部分：如果当前是 Add connect 和 Slide，显示网络名。
  - 第 4 部分：当前有效的层，使用 Add connect 命令时，可在此单击来选择需要切换的层。
  - 第 5 部分：当前鼠标指针所在的坐标。
  - 第 6 部分：P 选择目的坐标点；A 绝对坐标。
  - 第 7 部分：选择 Script 的文件提示栏。
  - 第 8 部分：选择 Flip Broad 的提示栏。如果出现 Flip_Y，表示当前在镜像状态下。
  - 第 9 部分：当前的工作模式，分为 EE（Etch Mode）、GEN（General Mode）和 PLC（Placement Mode）。
  - 第 10 部分：超级过滤器（Super Filter）。如果选择状态栏，显示 SF，没有选择则为空白。
  - 第 11 部分：在线规则检查，红灯表示在线规则检查关闭。如果显示红灯加 DRC，表示在线 DRC 打开，但需要进行 DRC 更新；如果显示黄灯加 DRC，表示当前有 DRC；如果显示绿灯加 DRC，表示当前没有 DRC。
  - 第 12 部分：在 General Edit/Etch Edit 模式下，显示当前选择的物体数目。

除 PCB Editor 外，还有一些常用的工具，选择 Start→Programs→Cadence PCB17.4-2019 命令即可看到，如图 4-2 所示。

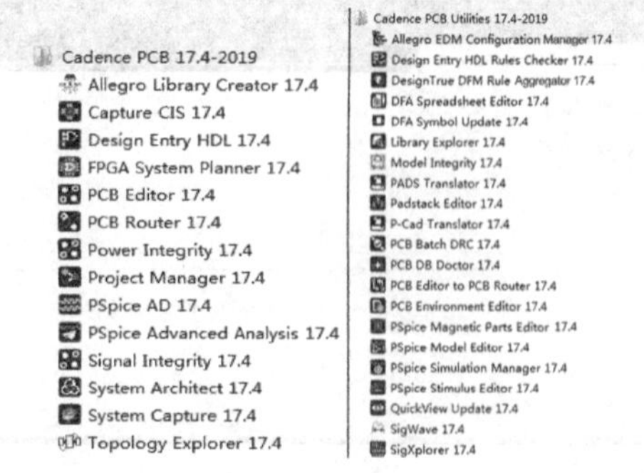

图 4-2 Allegro SPB 17.4 的其他一些重要的工具

- Allegro EDM Configuration Manager 17.4：产品开发团队提供工程数据管理环境，软件包含工作过程库和设计数据管理模块，并与 Allegro PCB 设计和分析工具无缝集成，能有效地提高团队的设计效率。Allegro EDM Configuration Manager 17.4 简化了 PCB 设计过程中元器件管理、库管理和数据管理的流程。
- Design Entry HDL Rules Checker 17.4：设计输入 HDL 规则检查器，提取和管理约束。
- DesignTrue DFM Rule Aggregator：设计中设置制造规则，减少迭代并提高设计效率。
- DFA Spreadsheet Editor 17.4（规则表编辑器）和 DFA Symbol Update 17.4：两个和 DFA 相关的工具，会在第 15 章进行详细介绍。
- Library Explorer 17.4：器件库管理器。
- Model Integrity 17.4：信号完整性模型。
- PADS Translator 17.4：PADS 转换器。
- P-Cad Translator 17.4：P-Cad 转换器。
- PCB Batch DRC 17.4：可让工程师不启动 PCB Editor 界面而直接运行 DRC 规则检查。
- PCB DB Doctor 17.4：一个非常重要的功能，可对设计的底层数据进行检查并自动修复。在设计出现一些无法解释原因的错误时，运行 PCB DB Doctor 17.4 有可能帮你解决问题。在工程被异常关闭，或者错误操作导致工作不正常时，建议先运行 PCB DB Doctor 17.4 进行数据检查。新的工程文件在出 Gerber 文件之前，已经要求强制运行 PCB DB Doctor 17.4 了。
- PCB Editor to PCB Router 17.4：不启动 Editor 或 Router 界面即可进行自动布线工作。
- PCB Environment Editor 17.4：环境变量设置工具，可设置 Allegro 设计相关的变量。Allegro 常用的环境变量如图 4-3 所示。
- PSpice Magnetic Parts Editor 17.4：磁性器件编辑器。
- PSpice Model Editor 17.4：模型编辑器。
- PSpice Simulation Manager 17.4：仿真管理器。
- PSpice Stimulus Editor 17.4：激励管理器。
- QuickView Update 17.4：快速查看更新。
- SigWave 17.4：波形查看工具。
- SigXplorer 17.4：工具选择器。

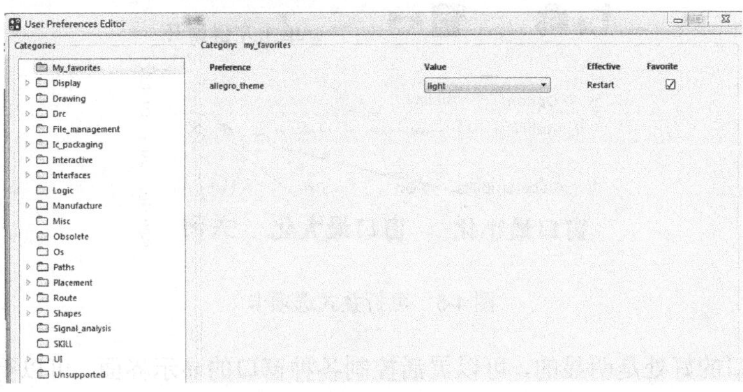

图 4-3　Allegro 常用的环境变量

启动 Allegro PCB Editor，弹出 Cadence 17.4 ALLEGRO Product Choices 对话框，在 Select a Product 列表框中选择 Allegro PCB Designer 工具，如图 4-4 所示。

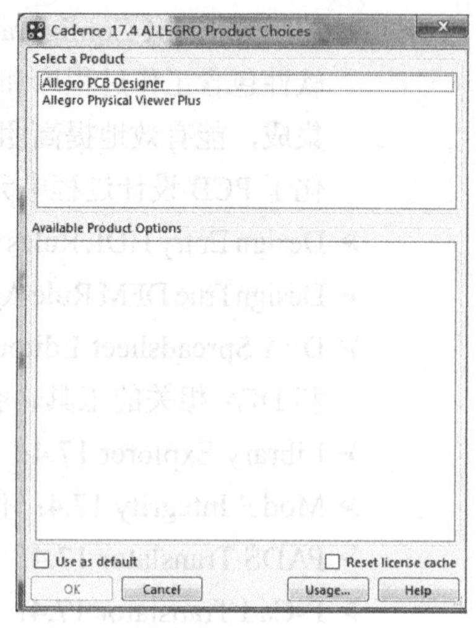

图 4-4　选择 Allegro PCB Designer 工具

4.1.2　选项面板

Allegro SPB 17.4 的控制面板与 Allegro SPB 17.2 系列相比内容变化不大，变化最大的是工具条及快捷方式图标风格，习惯了 Allegro SPB 17.2 及之前版本的用户需要熟悉一下才能熟练使用。

Allegro SPB 17.4 的选项面板为可折叠窗口选项卡，允许用户定制自己喜欢的方式。加上命令显示窗口和全局导览窗口，总共有 5 个可折叠窗口可供用户定制，如果把 5 个窗口都关闭，可以得到最大化的工作界面。有 3 个小按钮可控制折叠或者展开功能，如图 4-5 所示。

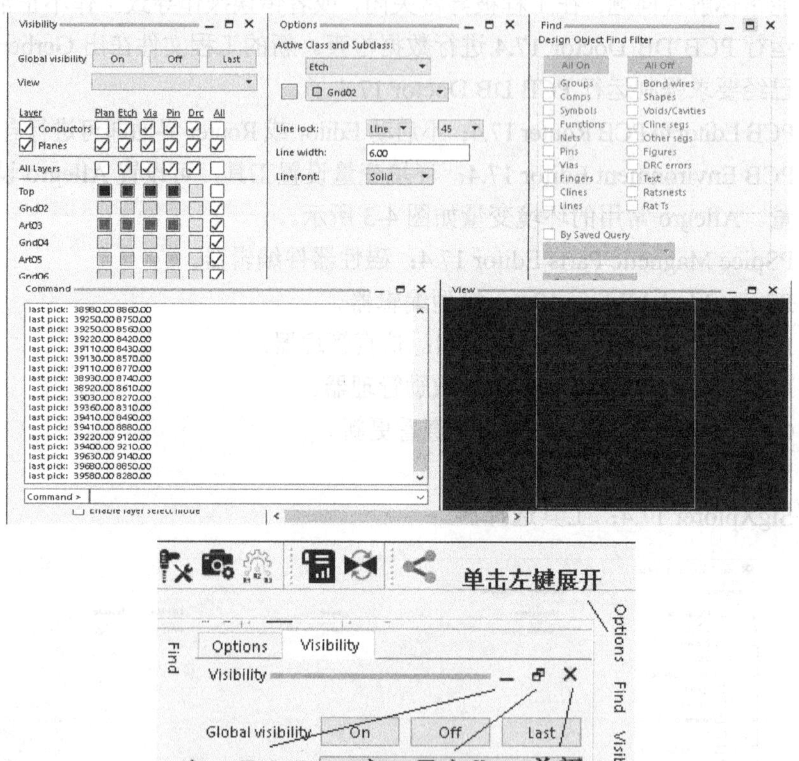

图 4-5　可折叠式选项卡

可折叠窗口的好处是明显的，可以灵活控制各种窗口的显示界面，可以得到最大的工作界面或者方便使用的工作界面。

现在，计算机的屏幕越来越大，显示工作窗口已经不是问题，有些工程师更在意的是易用性，能随时找到相应的选项卡并进行设置。图 4-6 所示是一种推荐给宽屏显示器用户的窗口排列方式，这种排列方式下，所用选项卡一目了然，方便各种设置。

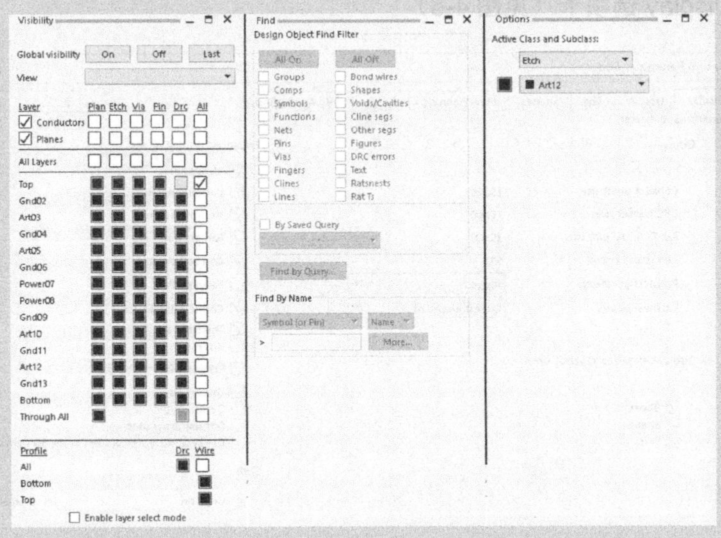

图 4-6　推荐给宽屏显示器用户的窗口排列方式

重置 UI 是一个非常有用的功能，当前期用户操作不熟练导致各种选项卡被设置得面目全非，甚至引起系统不稳定时，使用重置 UI 命令，一切可恢复正常。该功能支持 UI 设置的导出与导入。通过菜单选择重置 UI 命令，如图 4-7 所示。

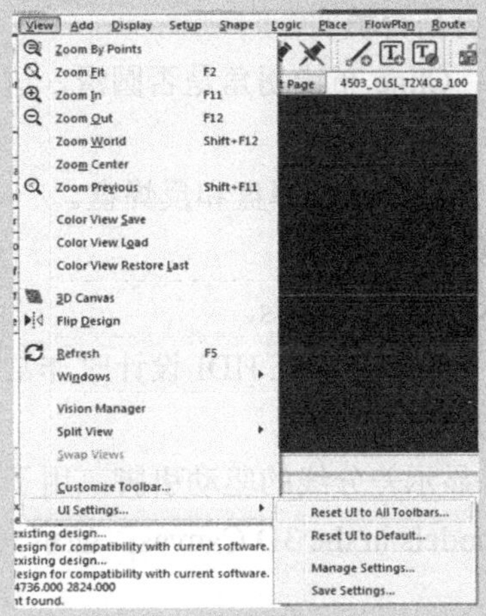

图 4-7　重置 UI

4.2 Allegro SPB 参数设置

Design Parameter Editor 作为 SPB 16.0 版本出现的新功能，可以让工程师在统一的界面下对常用的参数进行设置。

1. Display 选项卡（见图 4-8）

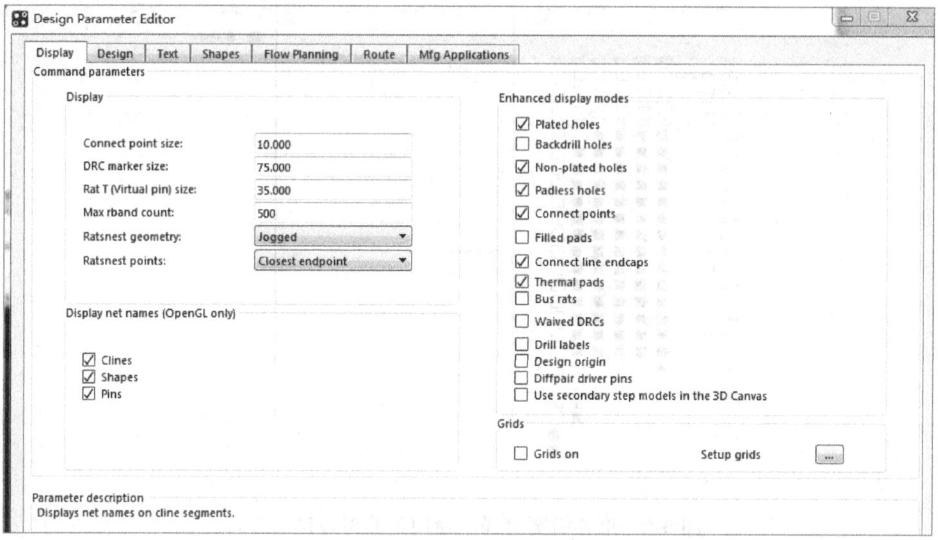

图 4-8 Display 选项卡

Plated holes：钻孔和焊盘一起显示。

Backdrill holes：显示背钻孔，检查背钻非常方便，避免高速信号遗漏背钻的尴尬。

Non-plated holes：显示非金属化孔的钻孔。

Padless holes：无盘设计时显示相应的通孔，即使上两项没有被勾选（详见 15.4 节）。

Connect points：显示连接点。

Filled pads：设置焊盘是否填实。

Connect line endcaps：Cline 布线拐角是否圆滑，这个仅用于设置显示的状态，与光绘结果无关。

Thermal pads：在负片层显示热焊盘和反焊盘。

Bus rats：同组飞线集中显示。

Waived DRCs：显示 Waived DRCs。

Drill labels：显示钻孔连接层，在 HDI 设计时非常有用。

Design origin：显示原点（零点）。

Diffpair driver pins：显示差分线的驱动引脚，用于动态相位设置。

Use secondary step models in the 3D Canvas：显示三维设计中使用的辅助三维模型。

Grids on：显示格点。

Setup grids：打开格点设置界面。

当鼠标指针移到每个选项上面时，在 Parameter description（参数描述）栏会显示相应命令的具体介绍及使用方法。这是 Allegro 非常方便的取得帮助的方式。

其他关于显示的选项如图 4-9 所示。

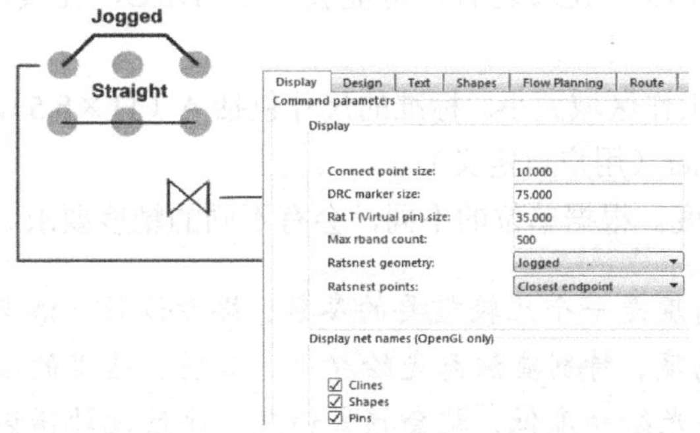

图 4-9　其他关于显示的选项

Display 选项卡还包括以下设置。

Connect point size：连接点规格。

DRC marker size：为 DRC 符号的显示大小设置一个合适的值，方便 DRC 的确认，又不影响 PCB 在设计时正常显示。

Rat T (Virtual pin) size：Rat T 点符号的大小。

Max rband count：指定在编辑会话期间的行数上限，默认是 500。

Ratsnest geometry：飞线的显示方式，有 Jogged 和 Straight 两个选项，如图 4-9 所示。

Ratsnest points：设置在布线完成一部分的时候，飞线是从走线的端点开始显示，还是按照引脚到引脚显示，默认设置为从走线端点显示。

2. Design 选项卡（见图 4-10）

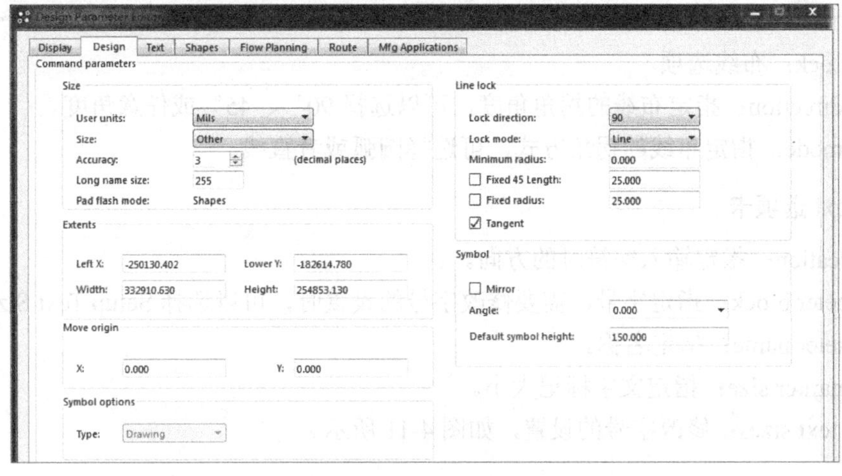

图 4-10　Design 选项卡

这是一个关键的选项卡，用于 Symbol 部分的设置，灵活运用该选项卡可以节约布局的时间。设计有效工作区域的设置也是需要关注的，一味设置超大的工作区域，会带来一些不可预知的错误。我们需要的是合理的工作区域设置。

User units：设计的单位，有 Mils、Inches（英寸）、Microns（微米）、Millimeters（毫米）和 Centimeters（厘米）可供选择。PCB 常用的单位是毫米和英寸。由于不同单位换算存在误差，多次末位四舍五入之后，可能会产生 DRC，在实际使用中最好不要切换单位。

Size：指定设计的工作区域大小。标准的尺寸包括 A（11×8.5）、B（17×11）、C（22×17）、D（34×22）、Other（用户自定义）。

Accuracy：设计精度。根据单位的不同，会有不同的精度要求。

设计精度是一个比较重要的参数，焊盘设计、格点设置、线宽设置等都会涉及精度，特别要注意光绘精度，必须和这里的设置对应，如果设计精度高，而光绘精度低，就会损失精度，导致设计错误。精度需要根据设计的实际情况来设置，随着小型化设计的普及，对设计精度的要求会越来越高。

Long name size：当原理图生成网表后，如果相关的网络名、器件名太长，则需要设置这个参数，默认值是 31，可设置范围是 1～255。

Extents：自定义工作区域的大小。设置技巧具体可见第 6 章。

Move Origin：移动坐标原点。当用户需要改变工作原点时，输入目标点的坐标即可。

关于器件的一些选项，有以下几个参数。

- Angle：手工放置器件时的初始角度。
- Mirror：设置手工放置器件时，器件是否要镜像。

合理利用这两个选项，可以在布局的时候提升效率，节约使用鼠标命令或者快捷命令来旋转或者镜像操作的烦琐时间支出。

Line Lock：布线选项。

Lock direction：指定布线的拐角角度，可以选择 90°、45°或任意角度。

Lock mode：指定布线的拐角方式，可选择圆弧或者直线。

3. Text 选项卡

Justification：指定输入字符时的方向。

Parameter block：指定字号，需要修改字号的设置时，可以选择 Setup Text Sizes。

Parameter name：指定名称。

Text marker size：指定文字标记大小。

Setup text sizes：修改字号的设置，如图 4-11 所示。

4．设计参数的导入/导出

使用 File→Export/Import→Parameters 命令可以方便地对设计参数进行导入/导出。导入参数对话框如图 4-12 所示。参数的复用减少了 PCB 工程师重复设置的烦琐工作，有利于设计环境的一致性。

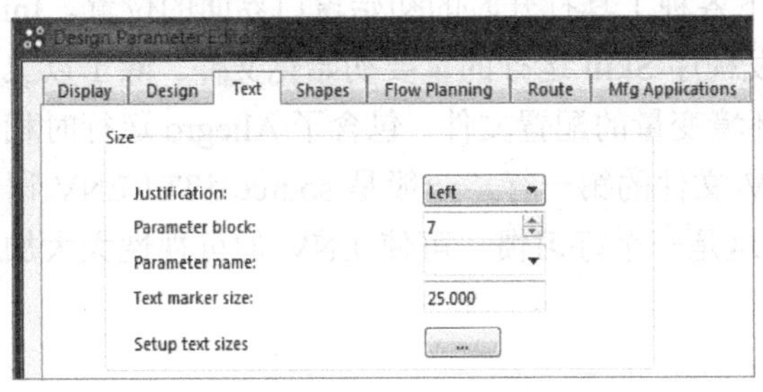

图 4-11　Text 选项卡

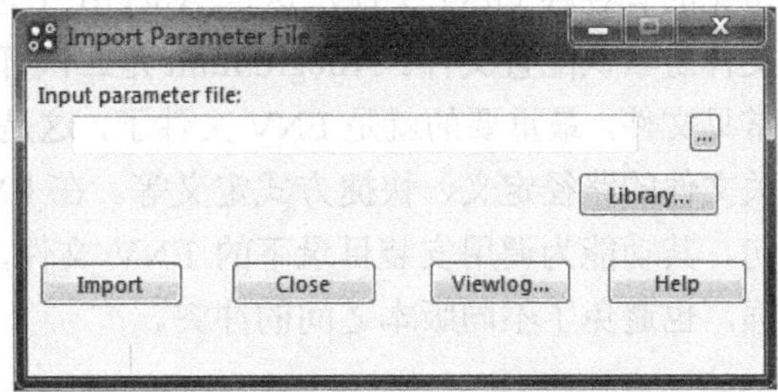

图 4-12　导入参数对话框

4.3　Allegro SPB 环境设置

Allegro 具有很好的可定制性，这一点也体现在环境设置上，从界面到使用习惯，再到快捷方式等，都可以灵活方便地进行个性化定制。毫不夸张地说，一个经验丰富的 Allegro 高手，换个陌生的应用环境，操作会变得生涩。所以有些高手会把直接的环境设置复制到 U 盘随身携带，以便将新的环境快速地设置为自己习惯的环境。也有些公司会限制工程师任意定制，甚至锁住定制的权限，由公司制定统一的环境来确保大家的使用习惯一致。

早期的高手们擅长编写 ENV 文件，现在大部分的定制化功能集成到 User Preferences Editor 界面，如图 4-13 所示。所有在这个界面下对设计环境的设置，都会在当前 Home 目录的 ENV 文件中留下相应的记录。

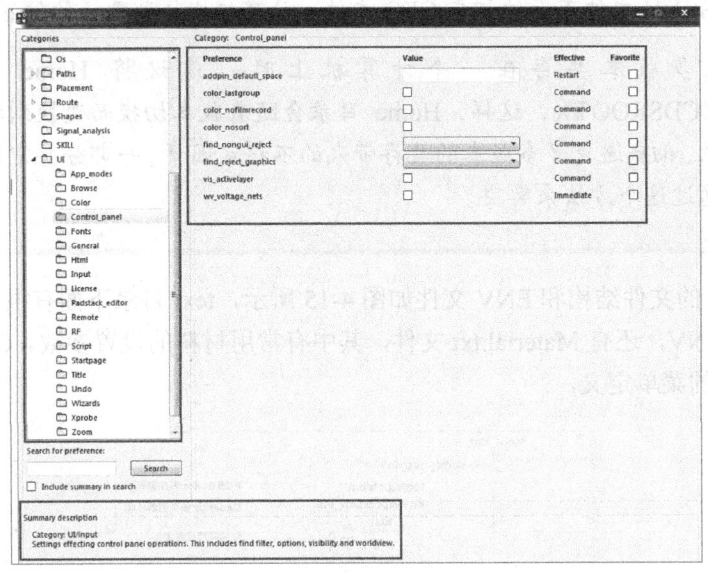

图 4-13　用户环境设置界面

在介绍界面设置的用户变量之前，先看一下传统的 ENV 设置，在某些场合，精通 ENV 设置也是高手的表现之一。安装 Allegro 的时候，会设置 Home 目录，也可以随时在用户“环境变量”对话框中修改，如图 4-14 所示。Home 是 Allegro 中非常重要的目录。运行 Allegro 之后，在 Home 目录下会产生一个 PCBENV 的文件夹，这里保存了当前用户的环境设置。常见的有各种 GEO 文件，这是 Allegro 平台下各种工具打开时的初始窗口界面的位置。Ini 文件是默认配置文件。Allegro.ilinit 是二次开发程序 Skill 运行的重要初始化文件。除了以上常见文件，最重要的就是 ENV 文件了，这是环境变量的配置文件，包含了 Allegro 运行时相关文件的路径定义、快捷方式定义等。在 ENV 文件的第一行，一般是 source $TELENV 语句，其功能为调用安装目录下的 ENV 文件，这是一个好习惯，可使 ENV 的可视性大大加强，也避免了不同版本之间的冲突。

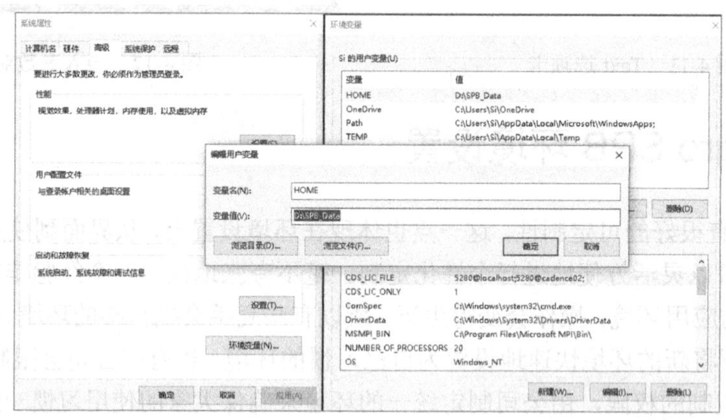

图 4-14　环境变量和 Home 目录设置

如果发现窗口初始化不正常，打开后由于各种原因无法修改，可以删除 PCBENV 文件下面的相应 GEO 文件，让窗口恢复到默认的位置。

多版本共存在一个计算机上时，建议将 Home 的值定义为%CDSROOT%，这样，Home 目录会随着版本切换而变换到相应的安装目录，彻底避免了多版本的共存带来的不稳定因素。一部分异常死机问题可以通过这个方法来解决。

安装目录下的文件结构和 ENV 文件如图 4-15 所示，text 目录下面有很多设置文件，比较重要的除了 ENV，还有 Material.txt 文件，其中有常用材料的设置参数。Cuimenus 目录下面则是 Allegro 的菜单定义。

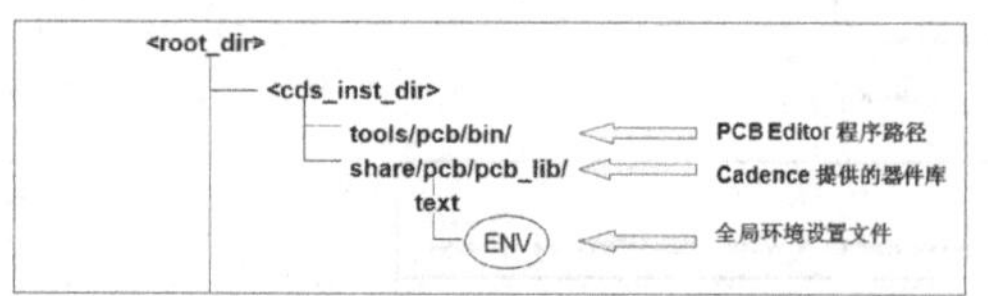

图 4-15　安装目录下的文件结构和 ENV 文件

安装目录下的 ENV 文件的主要内容如图 4-16 所示，常用的是路径设置和快捷方式，路径设置包括了封装库路径 PSMPATH、焊盘库路径 PADPATH、第三方网表 DEV 文件路径 DEVPATH、模块路径 MODULEPATH 等。快捷方式是无数 Allegro 高手提高效率的法宝。

```
# The following variables are set by the software if not preset by user:
#     CDS_SITE, ALLEGRO_SITE, TELENV, ALLEGRO_INSTALL_DIR,
#     ALLEGRO_INSTALL_TOOLS, ALLEGRO_INSTALL_ROOT, ALLEGRO_TYPE,
#     __UNIX (if UNIX), _PROGRAM, HOME
#
# You may set the Operating System variable:
#     ALLEGRO_PCBENV <alternative directory>
# to overwrite the default of the user's pcbenv directory. This variable
# must be set at the OS level and has no effect if set in an Allegro env file.
# The directory given must exist. If no directory is found the system will
# fallback to its default location.
#
# The following variables are preset at startup, direct settings in env
# files will be overridden
#     LOCALENV: seeded based upon <HOME>/pcbenv (or if set ALLEGRO_PCBENV)
#     LOCALPATH: seeded based upon . LOCALENV, ALLEGRO_SITE, GLOBALPATH
# Variable names are case insensitive

#------------------------------------------------------------------
# System Variables
set GLOBAL = $ALLEGRO_INSTALL_DIR/text

# change from LIBPATH because it conflicts with IBM's shared library
# environment variable
set ALIBPATH = $ALLEGRO_INSTALL_DIR/pcb_lib

set COMPLIBPATH = $ALLEGRO_INSTALL_DIR/allegrolib

set GLOBALPATH = . $GLOBAL

# Allegro Data Services Variable
set ADSPATH = $GLOBALPATH
```

```
# F1 is normally reserved by the system
alias F2 zoom fit
alias F3 add connect
alias F4 show element
alias F5 redraw
alias F6 done
alias F7 next
alias F8 oops
alias F9 cancel
alias F10 grid toggle
alias F11 zoom in
alias F12 zoom out
alias SF2 property edit
alias SF3 slide
alias SF4 show measure
alias SF5 copy
alias SF6 move
alias SF7 dehilight all
alias SF8 hilight pick
alias SF9 vertex
alias SF10 save_as temp
alias SF11 zoom previous
alias SF12 zoom world
```

图 4-16　ENV 文件的主要内容

自从有了 User Preferences Editor，用户自定义环境变量变得更加简单。如果界面下的设置太多，不方便寻找，可以使用 Search for preference 功能，还可以在常用的设置条目下勾选右边的 Favorite 复选框，那么以后需要时，就可以在 My_favorites 栏里快速找到，如图 4-17 所示。

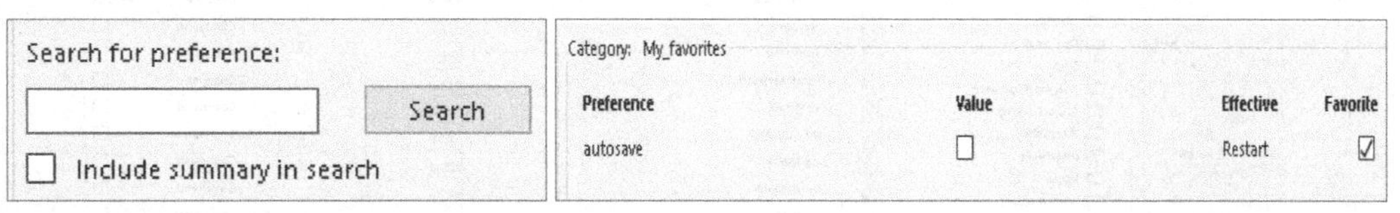

图 4-17　搜索及 My_favorites 栏的使用

User Preferences Editor 里面设置项目非常多，在鼠标指针移到每个设置条目上的时候，在 Summary description 栏里都会有其功能及相应的参数如何设置的描述，如图 4-18 所示。这里根据笔者的使用经验，对常用的一些设置项目进行介绍。

- autosave：表示系统按一定时间进行自动备份。
- autosave_dbcheck：表示在自动备份前是否需要进行数据检查。
- autosave_name：设置自动备份时文件的名称，不设置表示用默认的名称。
- autosave_time：设置自动备份的时间间隔，默认值是 30 分钟，最小值为 10 分钟，最大值为 300 分钟。

- Restart：表示需要 Allegro PCB Editor 重新启动，这个设置才生效。需要用户注意的是，只有当状态栏中为 Idle 时，自动备份才能起作用。如果用户需要强制备份，建议在 Allegro PCB Editor 命令行中直接输入“write filename”，表示自动存盘文件为 filename.brd。这样就可快捷地产生 filename. brd 文件。这个文件名可根据用户需要改动。

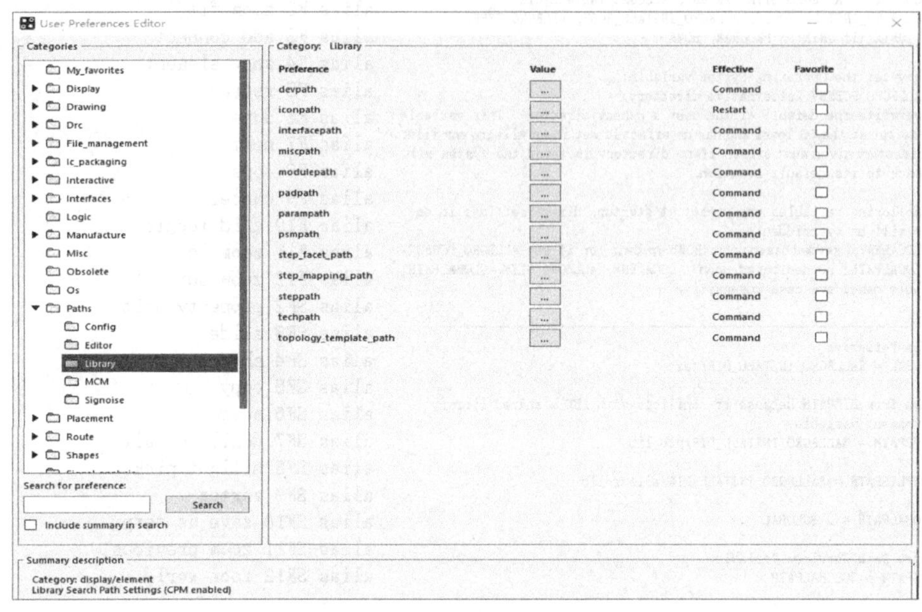

图 4-18　Summary description 栏

设置 psmpath、padpath 等路径时可以勾选 Expand 复选框，能看到设置的所有路径，通过上下箭头可以指定路径的优先级别，如图 4-19 所示。

图 4-19　设置库路径

关于快捷方式的定义，可使用 alias 命令，例如在命令窗口里输入：alias F7 zoom out，就可以定义 F7 为缩小的快捷键。选择 Tools→Utilities→Aliases/Function Keys 命令，可以看到所有当前的快捷方式定义。使用 unalias 命令，可以取消定义的快捷键，如 unalias F7。

在 Allegro PCB Editor 命令窗口中输入 set，可以看到当前的设置。

以下是一些功能键如 Shift、Ctrl 和 Alt 的定义方式，如 SF1 就是 Shift+F1。

Key	替代字母
Shift	S
Alternate (Alt)	A
Control	C
Ctrl/Shift	CS

1. 颜色的设置

颜色的设置可以说很简单，但对于初学者也可以说很难，因为设置颜色时，需要对 Allegro 很关键的一个概念 Class 和 Subclass 很熟悉，这样才能准确迅速地找到相应的设置位置。对于初学者，可以通过对颜色的设置来学习 Class 和 Subclass 的定义。图 4-20 所示为颜色设置对话框。

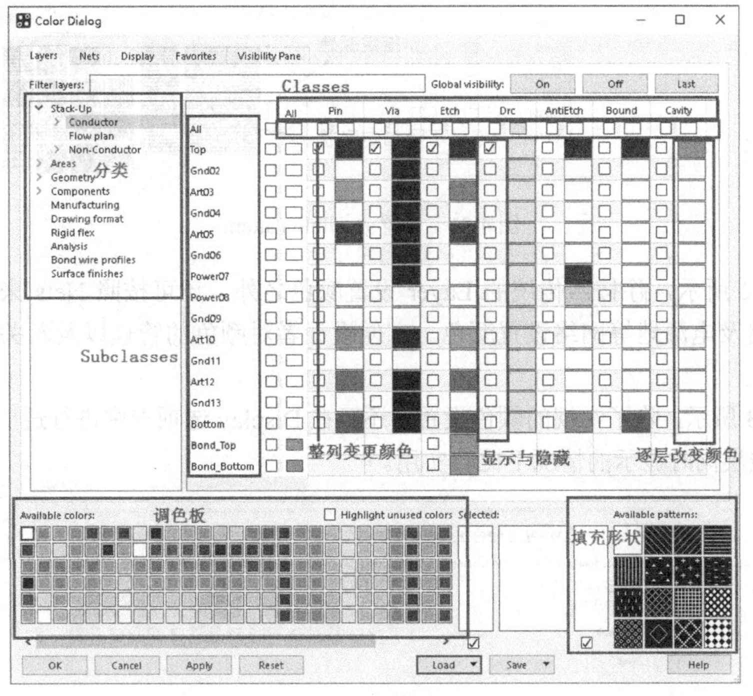

图 4-20　颜色设置对话框

首先介绍和设计关系最密切的 Stack-Up 的 Classes 和 Subclasses，设置都和层叠相关，包括每一层的 Pad（焊盘）、Via（过孔）、Etch（蚀刻，包括布线和铜皮）、DRC（错误提示）、Anti-Etch（反蚀刻，用于负片层标识捕捉蚀刻的部分，也有布线和铜皮）、Flow plan（布线规划）、Bound（铜皮外形）。下面会直接使用这些名词的英文名称，更方便大家理解。图 4-20 显示了 Stack-Up 选项卡的全部内容。如果觉得 Flow plan 的参数影响大家理解的话，可以选择 Conductor 和 Non-Conductor，这样显示的内容更加直观，关于 Flow plan 部分的使用情况，会在第 12 章详细介绍。

使用 Availble Pattern 功能，可以定义颜色填充的形状，如图 4-21 所示。Global Visibility 的功能则和之前一样，可设置全部显示和关闭。

随着层数增加，颜色的选择和凸显成为设计师困惑的问题。某些颜色差异性不大，可识别性不好，这时候通过设置 Stipple Pattern，可以很好地解决。

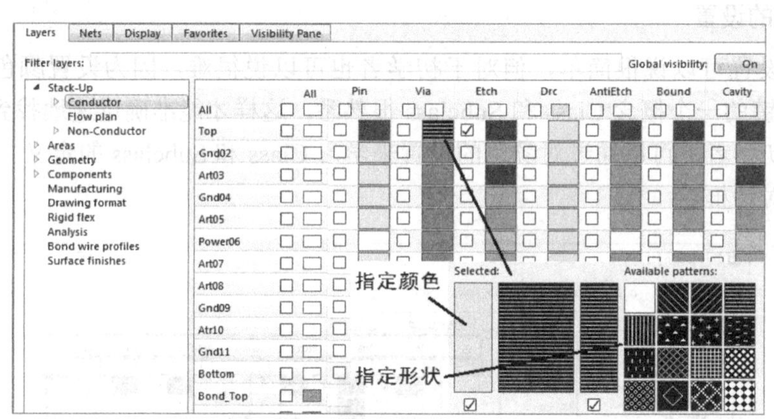

图 4-21　设置 Availble Pattern

如图 4-22 所示，除按照传统的 Layer 设置颜色之外，还可按照 Nets 来设置颜色，如针对关键网络及电源地等网络设置颜色。方便设计者对颜色的管理以及对关键网络的关注和把控。

如图 4-23 所示，除了常规的颜色设置，还可在 Display 选项卡中进行透明度设置，该功能在多个布线层同时显示的情况下比较实用。

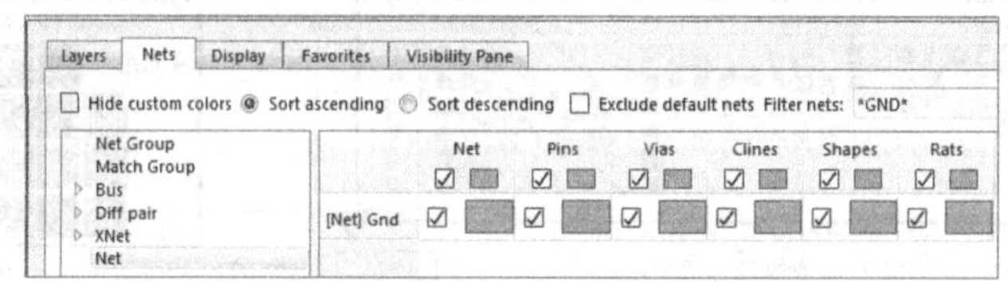

图 4-22　对关键网络设置颜色

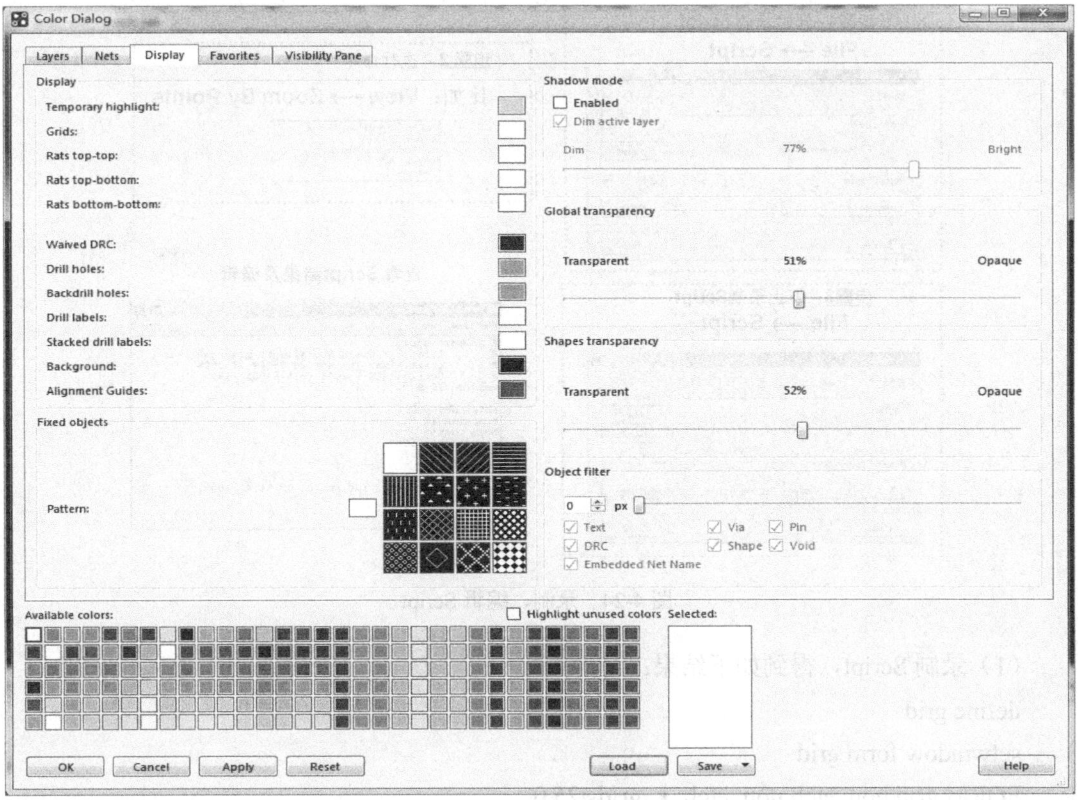

图 4-23　Display 选项卡

限于篇幅关系，还有其他的一些选项卡就不一一介绍了，这些选项卡有 Areas（区域规则，包括布线限制区域、布局限制区域、过孔限制区域等）、Board Geometry（和板子相关的一些 Class 和 Subclass，包括板框，标注等）、Package Geometry（封装级 Class 和 Subclass，包括丝印、阻焊、钢网等）、Component（器件级的丝印字符等）、Manufacturing（生产加工的一些 Class，包括钻孔信息等）、Analysis（仿真分析相关）等。这些选项卡在使用中就会慢慢熟悉，老用户对这些都了如指掌了。

2. Script

Script 是一个非常有用的功能，有些高手把这个功能用得出神入化，大大提高了设计效率。这里简单介绍 Script 的录制和使用方式，大家在实际工作中可以发挥自己的想象力，把一些重复烦琐的工作通过录制、编辑和播放 Script 来完成。如图 4-24 所示，任何执行的命令都可以通过 Script 录制下来，然后通过文本编辑的方式进行整理。

下面介绍利用 Script 和 ENV 快捷设置格点，在设计中经常需要改变格点，通过 Grid 界面来设置效率低下，快捷键就成为一个最好的选择。

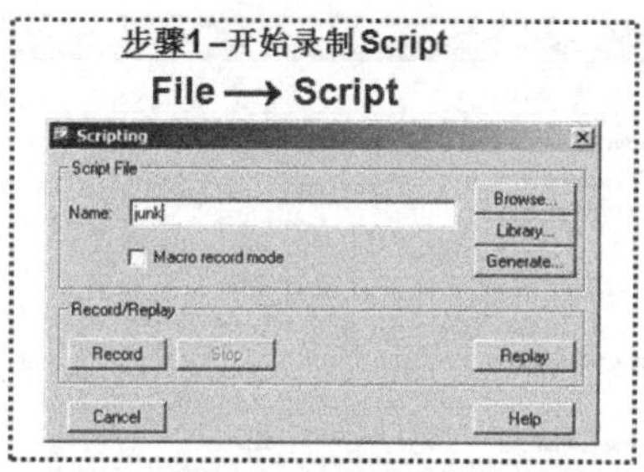

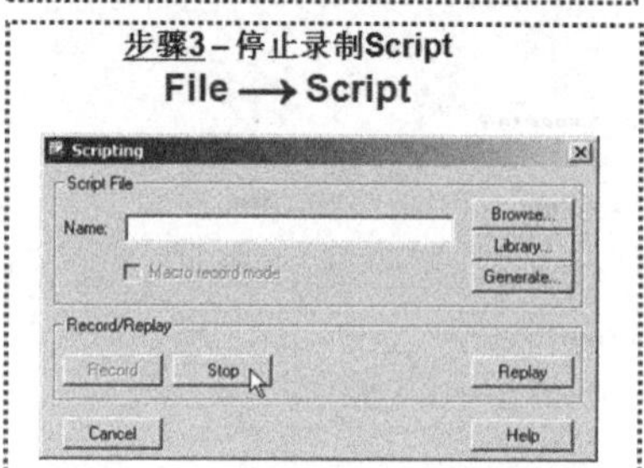

查看Script结果及编辑

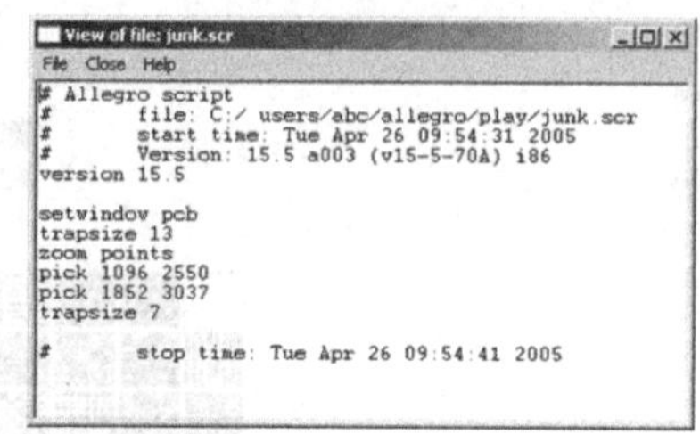

图 4-24 录制、编辑 Script

（1）录制 Script，得到如下结果：

define grid

setwindow form grid

FORM grid non_etch non_etch_x_grids 25.0

FORM grid non_etch non_etch_y_grids 25.0

FORM grid all_etch all_etch_x_grids 25

FORM grid all_etch all_etch_y_grids 25

FORM grid done

（2）将 Script 保存在 pcbenv 的 scr 目录下，文件名为 Grid25.scr。

（3）修改格点数值，将修改 5mil 格点和 1mil 格点的语句分别保存为 Grid5.scr、Grid1.scr。

（4）在 ENV 文件中添加以下内容：

alias ~1 D:\Cadence\SPB_17.4\pcbenv\scr\grid25.scr

alias ~2 D:\Cadence\SPB_17.4\pcbenv\scr\grid5.scr

alias ~3 D:\Cadence\SPB_17.4\pcbenv\scr\grid1.scr

（5）重启 Allegro，按快捷键 Ctrl+1 就自动设置格点为 25，按快捷键 Ctrl+2 就自动设置格点为 5。

更加复杂的格点设置也可以参考以上做法，把自己常用的设置格点的方式都做成快捷键。其他的一些设置，比如颜色、图框大小等的设置，都可以通过 Script 做成自己的快捷方式，可提高设计效率。

3. 应用模式（Application Modes）

作为 Allegro SPB 16 推出来的新功能，随着版本升级，Application Modes 的功能越来越强大。到了 Allegro SPB 17.4 版本，其支持的应用模式如图 4-25 所示。

General Edit：常规模式，这也是 Allegro 打开时的默认模式，这个模式适合常规的编辑，包括布局布线。

Placement Edit：布局模式，该模式使得工作界面和操作方式更加适合布局需要，同时一些新加入的布局功能也需要在这个模式下使用，比如器件对齐、模块重用等。

Etch Edit: 布线编辑模式，该模式使得工作界面和操作方式更加适合布线需要，比如单击飞线即启动布线功能，在进行大量布线工作时省去单击命令的操作等。

Flow Planning：GRE 的规划模式，详见第 12 章。

Signal Integrity: 信号完整性分析模式，用于集成仿真需要的快捷功能，提升可操作性。

None：选择这个模式可以关闭预选功能，保留了 Allegro SPB 16.x 之前版本的操作模式。

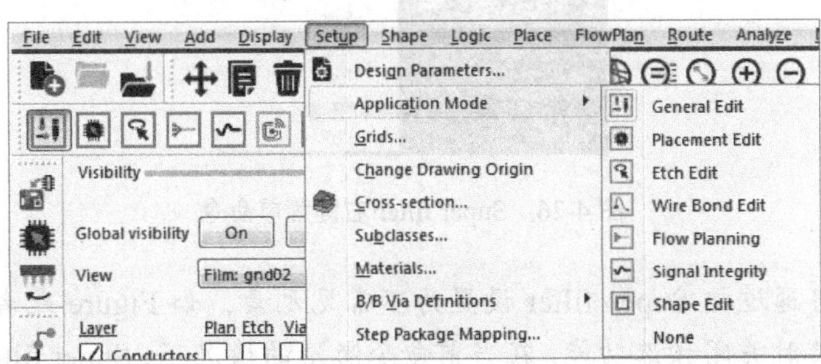

图 4-25　Application Modes

通过帮助文件可以查到在不同模式下的快捷命令及操作方式，如表 4-1 所列就是在布线模式下的一些命令及操作方式，熟悉这些操作方式，可以大大提高设计效率。

表 4-1　Etch Edit 模式下的命令及操作方式

Element Type	Drag	Shift Drag	Ctrl Drag	Double Click
Symbol	Move	Spin	Copy	Move
Pin				Add connect
Via	Slide	Slide	Copy	Add connect
Cline	Move	Move	Copy	
Shape	Move	Move	copy	
Cline Seg	Slide		Delay tune*	Slide
Rat				Add connect
Rat Tee	Slide	Move		

4．预选模式下的 Super filter

作为可操作性增强的核心部分，预选模式肩负着提升效率的重任。Super filter 和 Option 面板的 Find 选项卡，是预选模式下的重要内容。

Super filter 让用户方便地定义预选的内容。通过右键菜单可以对 Super filter 进行设置，如图 4-26 所示，要注意 Off 不是关闭预选模式，而是关闭选择内容的过滤器。也就是说，当设置为 Off 时，Super filter 不对选择的内容进行任何过滤，这时候只要是在 Option 面板的

Find 选项卡中勾选的元素，都会在鼠标指针经过的时候被选择。

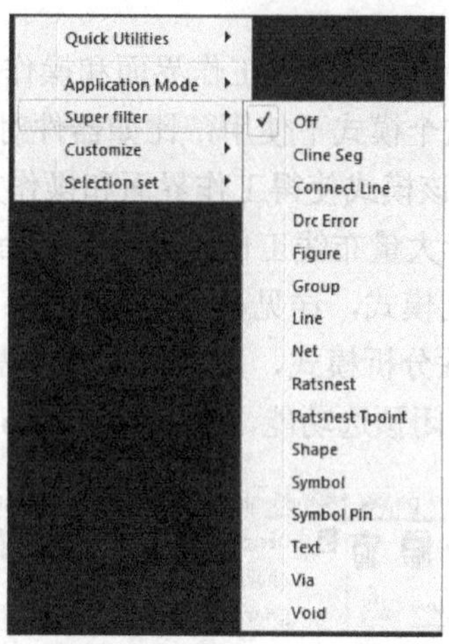

图 4-26　Super filter 右键菜单命令

可通过把 Super filter 设置为不常见元素，如 Figure 或者 T 点等，变相地临时关闭预选功能。在当前命令激活的情况下，Super filter 不起作用，这时候激活的对象由 Find 选项卡控制。如果要永久关闭命令激活状态下的预选功能，可在设置中关掉。选择 Setup→User Preferences 命令，在打开的对话框中选择 display→datatips，勾选 disable_hover_over 复选框，关闭此预选功能。

第 5 章　封装库的管理和设计方法

本章导读：

- PCB 封装库介绍。
- PCB 封装库的命名规则。
- PCB 封装库的设计方法。
- PCB 封装库管理。

5.1 PCB 封装库简介

所谓封装，是指安装半导体集成电路（IC）芯片用的外壳，它起着安放、固定、密封、保护芯片和增强电热性能的作用。封装还是沟通芯片 Die 与外部系统电路的桥梁——Die 上的接点用导线连接到封装外壳的引脚上，这些引脚又通过 PCB 上的导线与其他器件建立连接。

Die 到封装外壳引脚的主要连接方式有 Lead Frame（引线框架方式）、Wire Bond（金线键合方式）、Flip Chip（倒装芯片方式），如图 5-1 所示。此外，还有 TVS（硅穿孔）等引领当今技术潮流的 3D IC 方式。

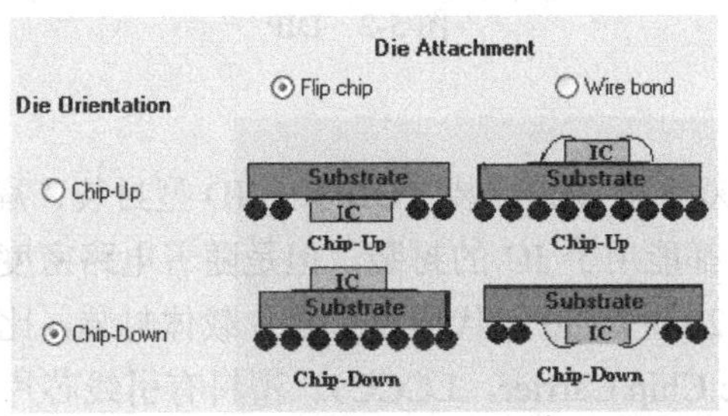

图 5-1　Flip Chip 和 Wire Bond

芯片的封装技术已历经了好几代，封装类型从 DIP、QFP、PGA、BGA 到 CSP，再到 MCM、SIP，封装技术一代比一代先进，芯片面积与封装面积之比越来越接近 1，适用频率越来越高，耐温性能越来越好，同时引脚数增多，引脚间距减小，质量减小，可靠性提高，使用起来更加方便。

下面将对具体的封装技术做详细说明。

1．DIP

DIP（Dual In-line Package），也称为双列直插式封装，是早期的一种简单的封装方式，如

图 5-2 所示。20 世纪 70～80 年代，绝大多数中小规模集成电路采用这种封装形式，其引脚数一般不超过 100。DIP 封装的结构形式有多层陶瓷双列直插式 DIP、单层陶瓷双列直插式 DIP、引线框架式 DIP（又分为玻璃陶瓷封接式、塑料包封结构式、陶瓷低熔玻璃封装式）等。

其特点如下：

- 适合 PCB 的穿孔安装，在 PCB 不复杂且密度较低的时候可以有效节约成本。
- 比 TO 型封装易于进行 PCB 布线。
- 操作方便，焊接贴片相对方便，安装成本低，焊接品质比较容易控制。

衡量一个芯片封装技术先进与否的重要指标是芯片面积与封装面积之比，这个比值越接近 1 越好。以采用 40 个 I/O 引脚塑料包封双列直插式封装（PDIP）的 CPU 为例，其芯片面积/封装面积=3×3/15.24×50=1：86，离 1 很远。不难看出，这种封装尺寸远比芯片大，说明封装效率很低，占去了很多的有效安装面积。Intel 公司生产的 8086、8088 等 CPU 都采用 PDIP 封装。

图 5-2　DIP

2. QFP

传统的 TO 型封装、双列直插式封装（DIP）、LID 型封装、扁平型封装等单纯起固定、密封、保存芯片的作用，都能用于 IC 的封装，但是随着电路密度的显著提高，业界迫切需要一种高占空比的封装。20 世纪 80 年代出现了芯片载体封装，比较典型的有陶瓷无引线芯片载体（Leadless Ceramic Chip Carrier，LCCC）、塑料有引线芯片载体（Plastic Leaded Chip Carrier，PLCC）、小尺寸封装（Small Outline Package，SOP）、塑料四边引出扁平封装（Plastic Quad Flat Package，PQFP）。

以焊区中心距为 0.5mm，208 个 I/O 引脚的 QFP 封装的 CPU 为例，外形尺寸为 28mm×28mm，芯片尺寸为 10mm×10mm，则芯片面积/封装面积=（10×10）/（28×28）=1：7.8，由此可见，QFP 比 DIP 的封装尺寸大大减小。QFP 如图 5-3 所示，其特点如下：

- 使用表面贴装技术（SMT）进行贴片安装。
- 封装外形尺寸小，寄生参数小，适合高频应用。
- 在焊接的时候，可靠性较高，操作也相对方便。

例如，Intel 80386 就采用塑料四边引出扁平封装（PQFP）。

3．BGA 封装

20 世纪 90 年代，随着大规模集成技术的进一步发展，以及设备的改进和深亚微米技术的应用，LSI、VLSI、ULSI 等相继出现，单芯片集成度不断提高，对集成电路封装的要求更加严格，I/O 引脚数急剧增加，功耗也增大。为了满足发展的需要，在原有封装类型的基础上，又增添了新的类型——球栅阵列封装（Ball Grid Array，BGA）封装，如图 5-4 所示。

图 5-3　QFP

图 5-4　BGA 封装

BGA 封装一出现便成为 CPU、"南桥""北桥"等 VLSI 芯片的高密度、高性能、多功能及多 I/O 引脚封装的最佳选择。BGA 封装的特点如下：

- I/O 引脚数虽然增多，但引脚间距（Pitch）远大于 QFP，从而提高了焊接加工成品率。
- 虽然功耗增加，但 BGA 的封装方式能有效改善电热性能。
- 厚度比 QFP 减少 1/2 以上，质量减小 3/4 以上。
- 寄生参数减小，信号传输延迟小，支持的电路频率大大提高。
- 在占用基板面积方面，BGA 封装虽然比 QFP、PGA 有所提升，但还是过大。

Intel 公司对这种集成度很高（单芯片中晶体管达 300 万只以上）、功耗很大的 CPU 芯片，如 Pentium、Pentium Pro、Pentium Ⅱ采用陶瓷针栅阵列封装（CPGA）和陶瓷球栅阵列封装（CBGA），并在外壳上安装微型排风扇散热，从而实现电路的稳定可靠工作。

4．面向未来新的封装技术

BGA 封装比 QFP、PGA 封装先进，但它的芯片面积与封装面积的比值仍然很低。

Tessera 公司在 BGA 封装基础上做了改进，研制出另一种称为 μBGA 的封装技术，焊区中心距为 0.5mm，芯片面积/封装面积的值为 1∶4，比 BGA 封装前进了一大步。

1994 年，日本三菱公司研究出一种芯片面积/封装面积=1∶1.1 的封装结构，其封装外形尺寸只比裸芯片大一点点，也就是说，单个 IC 芯片有多大，封装尺寸就有多大，从而诞生了一种新的封装形式，命名为芯片尺寸封装（Chip Size Package 或 Chip Scale Package，CSP），如图 5-5 所示。CSP 具有以下特点：

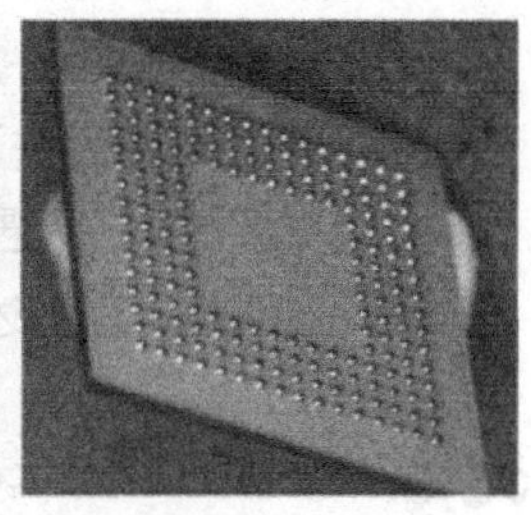

图 5-5　CSP

- 满足了 LSI 等大规模芯片引脚不断增加的需要。
- 解决了 IC 裸芯片不能进行 AC 参数测试和

老化筛选的问题。

- 封装面积缩小到 BGA 的 1/4～1/10，相应的封装延迟时间缩短。

更进一步，当单一芯片达不到多种芯片的集成度时（受限于单一公司知识产权及芯片工艺等因素），可以将高集成度、高性能、高可靠的 CSP 芯片（SOC）和专用集成电路芯片（ASIC）在高密度多层互连基板上用表面安装技术（SMT）设计成为模块、子系统或系统。由这种想法产生出多芯片模块（Multi Chip Module，MCM），如图 5-6 所示。它对现代化的计算机、自动化、通信等领域产生了重大影响。MCM 有以下特点：

- 封装延迟时间缩短，易于实现组件高速化。
- 缩小整机/组件的封装尺寸和质量，一般体积减小 1/4，质量减小 1/3。
- 可靠性大大提高。

图 5-6 MCM

而 MCM 技术的延伸，就成为 SIP（System in a Package）技术。

通常高密度内存和模拟器件难以完全集成在 SOC 中，既有单一公司很难整合不同 IP 的原因，也有芯片集成度及研发周期的因素。SIP 却能将它们整合在一起，所以 SIP 是 SOC 的一种很好的补充，它与 SOC 相比具有如下优点：

- 可采用市售的商用电子元器件，降低产品的制造成本。
- 上市周期短，风险小。
- 可采用混合组装技术安装各类 IC 和各类无源元件，这些元器件间可采用 Wire Bond（键合）、Flip Chip（倒装芯片）等技术来进行互连。甚至可以采用最新的 TSV（硅穿孔）技术。
- 可采用混合设计技术，带来灵活性。
- 封装内的元器件向垂直方向发展，可互相堆叠，极大地提高了封装密度。
- 埋置型无源元件可集成到各类基板中。
- 能克服 SOC 所遇到的各种困难。

SIP 正因为具有上述优点，越来越受到业界的青睐，如图 5-7 所示。

Cadence Allegro 平台的名称就是 SPB(Silicon Package Board Co-design)。作为 PCB 技术很好的延伸，一个有经验的 PCB 工程师可以很快掌握 SIP 的设计技巧。

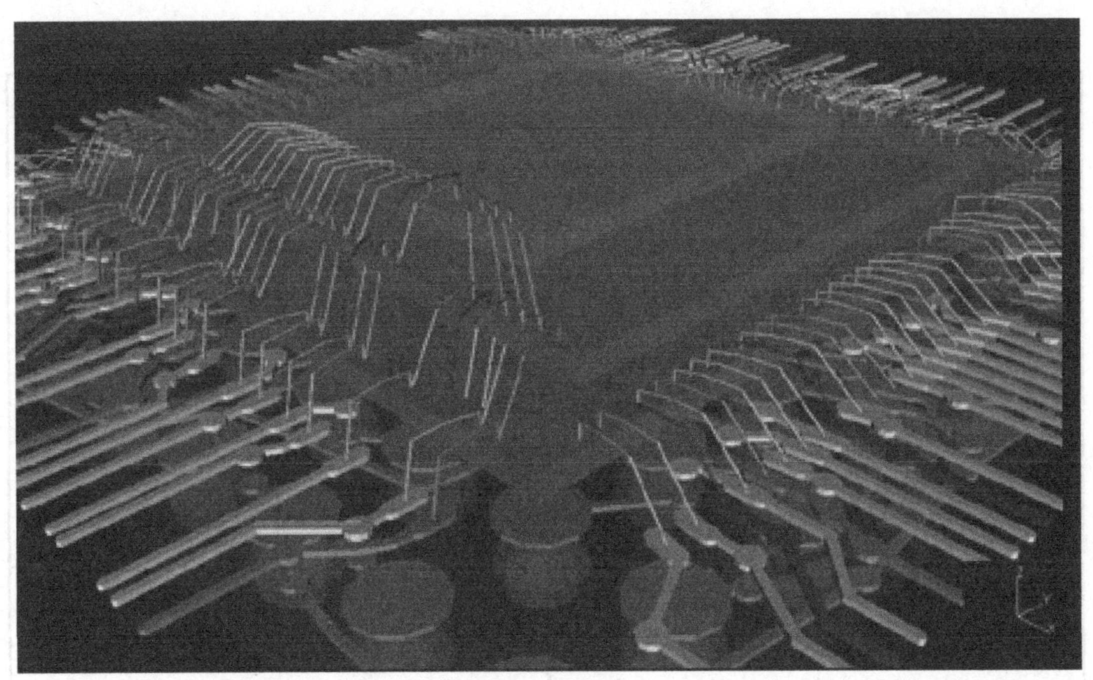

图 5-7　SIP

随着 CPU 性能和其他 ULSI 电路的进步，集成电路的封装形式将有相应的发展，而封装形式的进步又将反过来促进芯片技术向前发展。

除了芯片的封装，PCB 上常用的还有分立器件，分立器件的尺寸通常是很规则的。表 5-1 所列为常见的规则电容的尺寸。

表 5-1　规则电容的尺寸

尺寸代号（mm）[in]	外形尺寸/mm		
	长	宽	高
（1005）[0402]	0.90/1.10	0.40/0.60	0.60
（1310）[0504]	1.02/1.32	0.77/1.27	1.02
（1608）[0603]	1.45/1.75	0.65/0.95	0.85
（2012）[0805]	1.80/2.20	1.05/1.45	1.10
（3216）[1210]	3.00/3.40	1.40/1.80	1.35
（3225）[1210]	3.00/3.40	2.30/2.70	1.35
（4532）[1812]	4.20/4.80	3.00/3.40	1.35
（4564）[1825]	4.20/4.80	6.00/6.80	1.10

表 5-2 所列是常见的封装图示，供大家参考。

表 5-2　常见的封装图示

图示	封装类型	图示	封装类型
	BGA （Ball Grid Array）		QFP （Quad Flat Package）
	EBGA 680L		TQFP 100L
	LBGA 160L		SBGA
	PBGA 217L （Plastic Ball Grid Array）		SC-70 5L
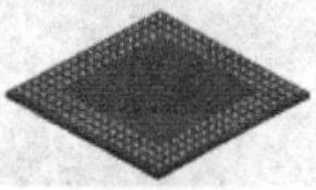	SBGA 192L		SDIP
	TSBGA 680L	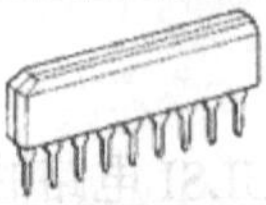	SIP （Single Inline Package）
	CLOC		SOP （Small Outline Package）
	CNR （Communication and Networking Riser Specification Revision 1.2）		SOJ 32L
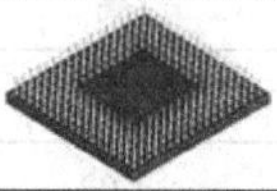	CPGA （Ceramic Pin Grid Array）		SOJ
	DIP （Dual Inline Package）		SOPEIAJ TYPE II 14L
	DIP-tab （Dual Inline Package with Metal Heatsink）		SOT220
	FBGA		SSOP 16L
	FDIP		SSOP

5.2 PCB 封装命名规则

规范的 PCB 封装命名有助于封装库管理标准化。企业元器件管理包括原理图库管理和封装库管理，其中封装库管理的重点内容之一就是确定标准化的封装命名规则。

各企业的内部封装命名规范大同小异，乍一看可能不一样，但是基本的原则却是通用的。首先是给各类型封装归类，之后是给每个类别分配特定的字符，比如电阻为 R，电容为 C，还有 BGA、SOP 等。再按照不同的引脚数、尺寸等信息，来进行详细命名。下面介绍一博科技的部分详细的封装命名规范。

1. 分立元器件

电阻（R），例如，R0402 实体大小为 40mil×20mil。

电容（C），例如，C0402 实体大小为 40mil×20mil。

钽电容（TC），例如，TC3528 实体大小为 3.5mm×2.8mm。

铝电解电容（AEC），例如，AEC1010 实体大小为 10mm×10mm。

电感（L），例如，L0603 实体大小为 60mil×30mil。

功率电感（PL），例如，PL0505 实体大小为 5mm×5mm。

二极管（D），例如，D0805 实体大小为 80mil×50mil。

发光二极管（LED），例如，LED0603 实体大小为 60mil×30mil。

熔管及其插座（F），例如，F6127 实体大小为 6.1mm×2.7mm。

排阻（RN），例如，RN8-0805 实体大小为 5.08mm×2.20 mm，等效于 4 个电阻。

电池（SBAT），例如，SBAT2-1922 实体大小为 19mm×22mm。

开关及按键（SW），例如，SW4-0606 的引脚数为 4，器件实体大小为 6mm×6mm。

小外形贴装晶体管（SOT），例如，SOT23-5 的封装代号为 23，引脚数为 5。

2. 芯片类

球形触点阵列（BGA）：*BGA+引脚数+引脚间距（mil）+球的列数×球的行数，“*”代表 BGA 的类型（VBGA、FBGA 等），例如 FBGA256-40-1616，封装类型为 FBGA，引脚数为 256，引脚间距 1mm 代表 40mil（1.27/50，0.8/32），16×16 阵列，若引脚间距是公制的，封装名中的间距用 mm 表示，例如 FCBGA1088-1_092mm-3333。

J 引线小外形封装器件（SOJ），例如 SOJ20-50-300，引脚数为 20，引脚间距为 50mil，引脚列间距为 300mil。

小外形封装器件（SOIC/SSOIC/SSOP/TSOP/TSSOP）：引脚数+间距（mil）-外形宽度。例如 SOP8-50-150 SOP8-50-150A，引脚数为 8，引脚间距为 50mil，器件实体宽度为 150mil，A 表示分类。

塑封有引线载体/插座（PLCC/JPLCC），例如 PLCC32R/PLCC32S、JPLCC32R/ JPLCC32S，引脚数为 32，R 为矩形，S 为方形。

四方扁平封装（英文简写为 QFP，主要有 PQFP、CQFP、SQFP、TQFP 几种）：引脚数-间距（mm）-外形宽度-M/L。例如 QFP32-080-0707L、QFP32-080-0707M、QFP32A-080-0707L，引脚数为 32，引脚间距为 0.8mm，L 表示引脚 1 在左边，M 表示引脚 1 在中间，A 表示分

类，器件实体大小为 7.00mm×7.00 mm。

焊盘盘内缩四方扁平封装（英文简写为 QFN，主要有 QFN、DFN、WFN、TSOC 几种）：引脚数-引脚间距（mm）-外形宽度-LH。例如 QFN40-050-0606LH，引脚数为 40，引脚间距为 0.5mm，器件实体大小为 6.00mm×6.00mm。L 表示引脚 1 在左边，H 表示带有散热盘。

贴装变压器（TFM），例如 TFM50-40-297，引脚数为 50，引脚间距为 40mil，器件实体宽度为 297mil。

3. 插装元件

插装电阻（DR），例如 DR-600，引脚间距为 600mil。

电位器（DRT），例如 DRT3-100，引脚数为 3，引脚间距为 100mil。

无极性电容（DC），例如 DC-300，引脚间距为 300mil。

极性电容 DCR（方）/DCC（圆柱），例如 DCR-300，引脚间距为 300mil；DCC-100-300，引脚间距为 100mil，圆柱直径为 300mil。

二极管（DD），例如 DD-400-36，引脚间距为 400mil，钻孔大小为 36mil。

发光二极管（DLED），例如 DLED2-100、DLED2-100A，引脚数为 2，引脚间距为 100mil，A 表示分类。

电感器 DL/DLC（圆）/DLR（方），例如 DL-400，引脚间距为 400mil；DLC-300，引脚间距为 300mil；DLR4-1424，引脚数为 4，器件实体大小为 14mm×24mm。

晶体管、晶振（DX），例如 DX2-200，引脚数为 2，引脚间距为 200mil；DX4-1313，引脚数为 4，器件实体大小为 13.00mm×13.00mm。

电池（BAT），例如 BAT2-22C，表示引脚数为 2，直径为 22mm 的圆形电池；BAT2-1815 表示引脚数为 2，器件实体大小为 18mm×15mm 的方形电池。

双列直插器件（DIP），例如 DIP 10-100-300，引脚数为 10，引脚间距为 100mil，引脚列间距为 300mil。

单列插针（SIP）：SIP+引脚数-/R，例如 SIP2，引脚数为 2，引脚间距为 100mil。

单列插座：SIP+引脚数+Pitch(mil) /R，例如 SIP2-100、SIP2-100-R。

4. 连接器类

普通连接器的命名格式：con(P)p(R)r_(Q)。

其他连接器按照数据手册给出的命名规范命名。

5.3 PCB 封装创建方法实例

Cadence Allegro 平台的封装库对应的文件比较多，初学者可能会感到困惑，图 5-8 是一个封装库文件详解。我们可以看到，首先是 Flash（热风焊盘）和 Shape（特殊形状焊盘）设置，组成了焊盘库文件。焊盘、丝印文字和图形及边界区域，就组成了 PCB 封装库（元器件）文件。最后把元器件（封装库）放置到 PCB 上，布局形成 PCB 文件。不同的组成元素所对应的文件扩展名可以参考图 5-8。

有了各种文件扩展名的概念之后，在设置库路径的时候就要留意，路径设置要包含所有以上文件，任何文件缺失，都会影响设计或者输出。

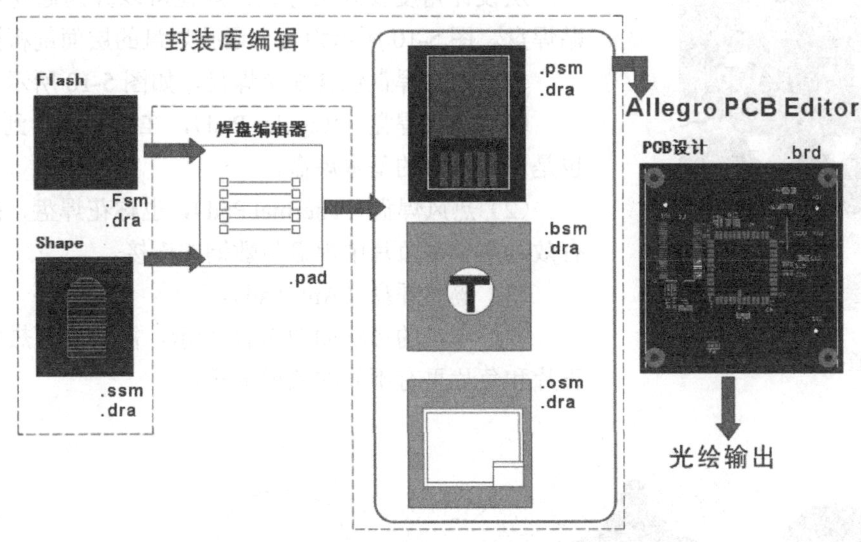

图 5-8　封装库文件详解

虽然文件种类比较多，不过大部分的文件都包含在 BRD 文件中，只要选择 File→Export→libraries 命令就可以把这些文件导出并复用。

以“.*sm”结尾的比较多，为了避免混淆，可以参考图 5-9，这是各种.*sm 文件的对照。

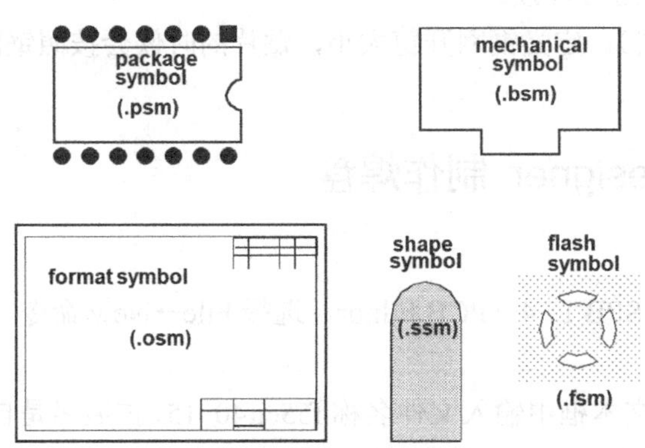

图 5-9　各种.*sm 文件的对照

下面会从建一个库的实际流程出发，介绍建库的基本指令和流程。

5.3.1 创建焊盘库

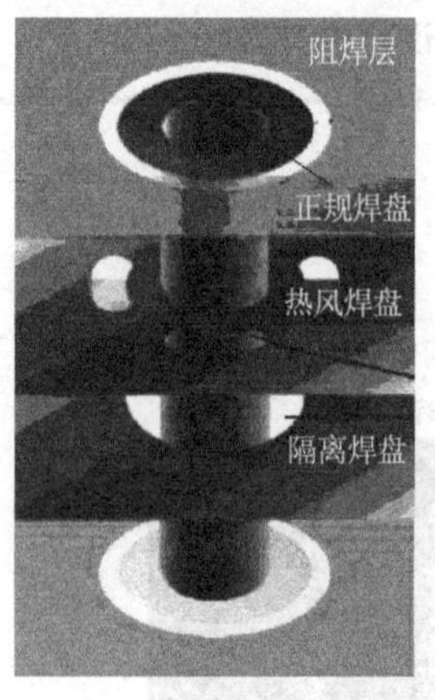

图 5-10 通孔焊盘的层面剖析图

焊盘的种类很多，包括圆形焊盘、矩形焊盘、方形焊盘、六角形焊盘、椭圆形焊盘等。

从设计角度及焊接方式，焊盘可以分为通孔焊盘和表贴焊盘。图 5-10 所示为一个通孔焊盘的层面剖析图。

一个通孔焊盘包含 3 个焊盘，如图 5-10 所示。

（1）规则焊盘（Regular Pad），在正片中看到的焊盘，也是通孔焊盘的基本焊盘。

（2）热风焊盘（Thermal Pad），也称花焊盘，在负片中有效，用于在负片中焊盘与敷铜的连接。

（3）隔离焊盘（Anti Pad）。

各种焊盘的形状如图 5-11 所示，需要注意热风焊盘在正片和负片里有不同的表现形式。

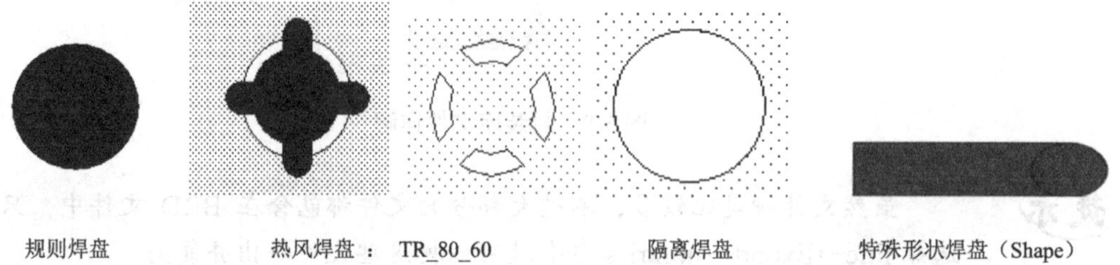

图 5-11 各种焊盘的形状

Soldermask（阻焊层）：定义阻焊的大小，是一个开窗的概念，有阻焊的地方不涂覆绿油，铜皮会裸露出来，以便进行焊接。

Pastemask（钢网层）：定义钢网开窗大小，贴片的时候会按照钢网的位置和大小，进行锡膏涂敷。

5.3.2 用 Pad Designer 制作焊盘

1. 建立 Flash

打开程序 Cadence SPB 17.4→PCB Editor，选择 File→New 命令，弹出 New Drawing 对话框，如图 5-12 所示。

在 Drawing Name 文本框中输入文件名称 f55cir40_15，扩展名是自动产生的。在 Drawing Type 列表框中选择 Flash symbol，单击 OK 按钮。

选择 Setup→Design parameters 命令，打开参数设置对话框，单击 Design 选项卡，在 User Units 处选择单位 mil，Accuracy 用来设置小数的位数，默认两位即可。在 Width 文本框中输入 200，在 Height 文本框中输入 200，设置画图区域的大小，可以根据要做的焊盘适当调整大小，然后在 Left X 文本框中输入-100，Lower Y 文本框中输入-100，设置画图区域的左下角坐标，这样原点（0,0）就在画图区域的中心，否则就有错误。其他参数都用默认值即可，然后单击 OK 按钮退出。

选择 Add→Flash 命令，弹出热风焊盘参数设置对话框，如图 5-13 所示。

New Drawing

Project Directory: E:/test

Drawing Name: f55cir40_15　Browse...

Drawing Type: Flash symbol　Template...

Board
Board (wizard)
Module
Package symbol
Package symbol (wizard)
Mechanical symbol
Format symbol
Shape symbol
Flash symbol

OK　Cancel　Help

图 5-12　New Drawing 对话框

Thermal Pad Symbol...

Thermal Pad Definition

Inner diameter: 40.00

Outer diameter: 50.00

Spoke definition

Spoke width: 15.00

Number of spokes: 4

Spoke angle: 45

Center Dot Option

Add center dot

Dot diameter: 0.00

OK　Cancel　Help

图 5-13　热风焊盘参数设置对话框

在 Inner diameter 文本框中输入内径 40，在 Outer diameter 文本框中输入外径 50，在 Spoke width 文本框中输入连接口的宽度 15，最好不要小于板子的最小线宽。在 Number of spokes 框中设置开口数量，使用默认的 4 即可，在 Spoke angle 框中输入开口的角度，使用默认的 45° 即可。其他用默认值，单击 OK 按钮后就会自动生成一个热风焊盘，如图 5-14 所示。

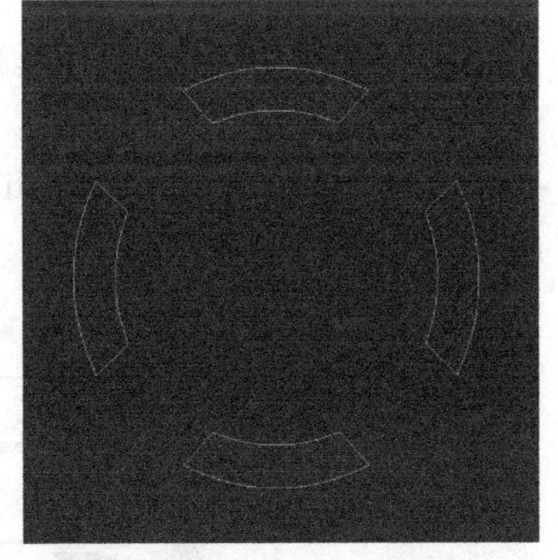

图 5-14　Allegro 的热风焊盘

2. 建立 Shape

打开程序 Cadence SPB 17.4→PCB Editor，选择 File→New 命令，弹出 New Drawing 对话框，在 Drawing Name 文本框中输入文件名称 Shape30x20，扩展名是自动产生的。在 Drawing Type 列表框中选择 Shape symbol，单击 OK 按钮。

选择 Setup→Design parameters 命令，打开参数设置对话框，单击 Design 选项卡，在 User Units 处选择单位 mil，Accuracy 用来设置小数的位数，默认两位即可。在 Width 文本框中输入 200，在 Height 文本框中输入“200”，设置画图区域的大小，可以根据要做的焊盘适当调整大小，然后在 Left X 文本框中输入“-100”，Lower Y 文本框中输入“-100”，设置画图区域的左下角坐标，这样原点（0,0）就在画图区域的中心，否则就有错误。其他参数都用默认值即可，然后单击 OK 按钮退出。

设置好需要的 Class 和 Subclass，在 Shape 菜单中选择所要画的形状，如图 5-15 所示，然后画出即可。

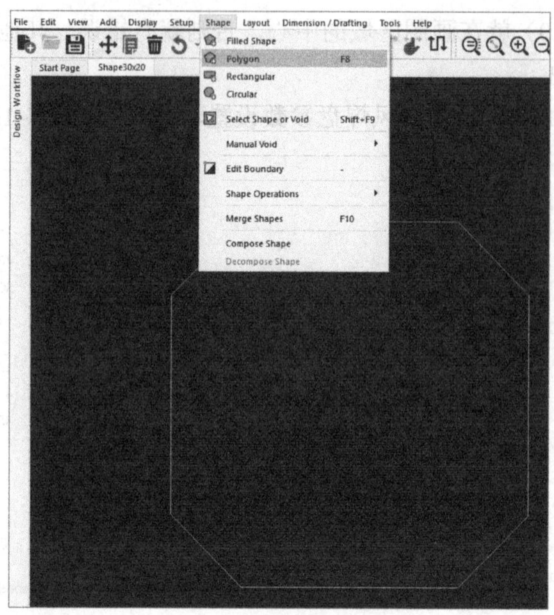

图 5-15　Shape 菜单

3. 焊盘创建工具介绍

Allegro 中制作焊盘的工具称为 Padstack Editor，所有 SMD 焊盘、通孔焊盘及过孔都用该工具来制作。

打开程序 Cadence PCB Utilities 17.4→Padstack Editor，Padstack Editor 界面如图 5-16 所示。

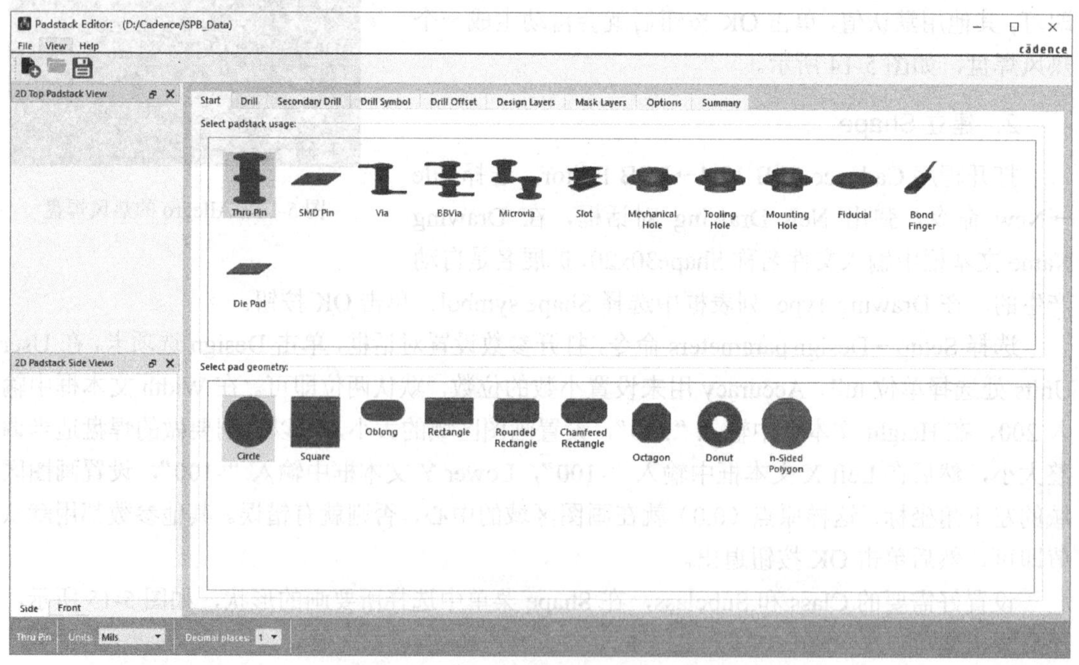

图 5-16　Padstack Editor 界面

在 Units 下拉列表中选择单位，常用的有 Mils（毫英寸）、Millimeter（毫米）。根据实际情况选择。在 Select padstack usage 栏中选择钻孔和 pad 的类型，同时在 Select pad geometry 栏中还可以选择 pad 的形状。

在 Drill 选项卡中可以选择孔的金属化类型，常用的有以下两种：

- Plated：金属化。
- Non-Plated：非金属化。

一般通孔元件的引脚焊盘要选择金属化，而元件安装孔或者定位孔则选择非金属化。

对非金属化孔，请正确设置焊盘。早期 Allegro 版本，由于孔的颜色和背景无法区分，部分工程师会把非金属化孔也设置成焊盘，造成加工上的误解，在新版本中可以设置通孔颜色，并且在设置孔到走线还有铜皮的距离等功能推出之后，需要改变这一设计习惯。

还有一个和以上设置相关的更新就是 Route Keepout 层的参数设置，合理设置该参数可以避免非金属化孔和正片铜皮短路。

在 Finished diameter 文本框中输入钻孔的直径。如果选择的是正方形孔，则需要设置 Finished size 参数，对应正方形的边长。在 Drill 界面，一般情况下只要设置上述几个参数即可，其他参数用默认值就可以。设置好以后，还需要设置 Design Layers 选项卡和 Mask Layers 选项卡中的参数，Designer Layers 选项卡如图 5-17 所示。

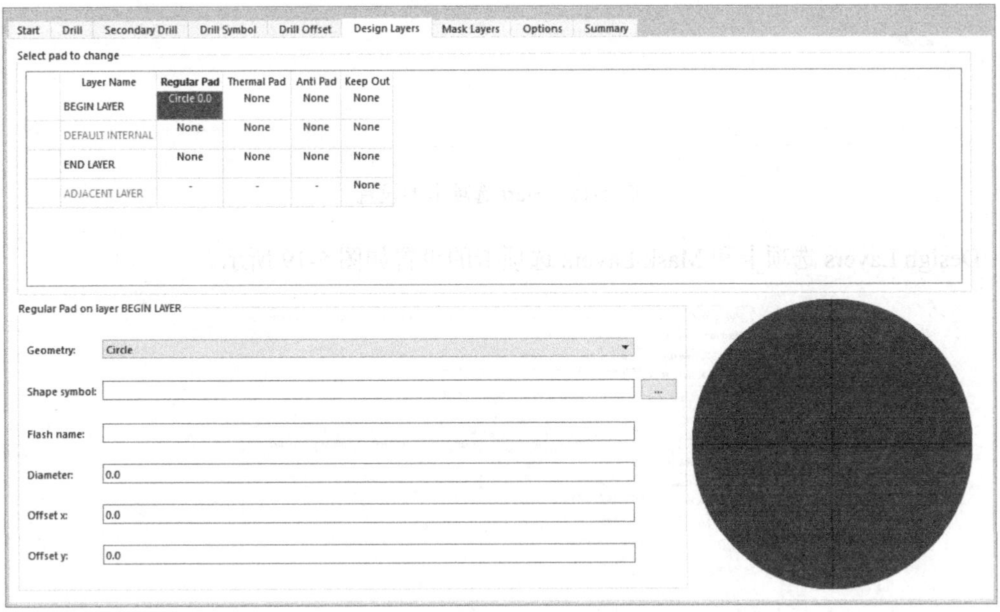

图 5-17　Designer Layers 选项卡

如果制作的是表贴元件的焊盘，需要设置的参数如下。

- BEGIN LAYER 层的 Regular Pad、Anti Pad。
- SOLDERMASK_TOP 层的 Regular Pad。
- PASTEMASK_TOP 层的 Regular Pad。

如果是通孔焊盘，需要设置的参数如下。

- BEGIN LAYER 层的 Regular Pad（注意，常规的通孔不需要设置钢网，特殊情况才设置这个参数）、Anti Pad。
- DEFAULT INTERNAL 层的 Regular Pad、Thermal Pad、Anti Pad。
- END LAYER 层的 Regular Pad、Anti Pad。
- SOLDERMASK_TOP 层的 Regular Pad。
- PASTEMASK_TOP 层的 Regular Pad。

在内层 Pad 的 Thermal Pad 处可以选择系统提供的默认连接方式，即 Circle、Square、Oblong、Rectangle、Octagon、Rounded rectangle、Chamfered rectangle、N-sided polygon 8 种，在 PCB 中这几种连接方式为简单的"+"形或者"X"形。也可以选用自己画的热风焊盘连接方式，即选择 Flash，这需要事先做好一个 Flash 文件。

4. 创建表贴焊盘

例如，创建 28×10 的矩形表贴焊盘，Start 选项卡的设置如图 5-18 所示。

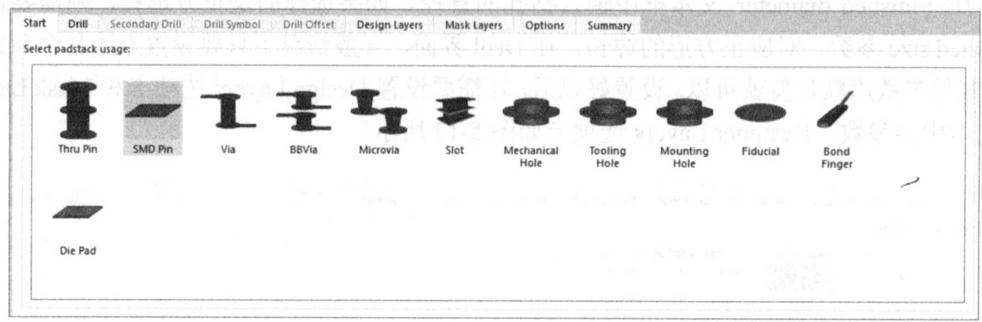

图 5-18　Start 选项卡的设置

Design Layers 选项卡和 Mask Layers 选项卡的设置如图 5-19 所示。

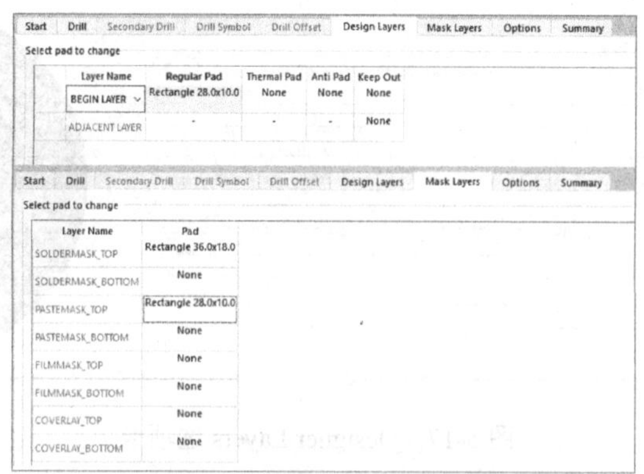

图 5-19　Design Layers 选项卡和 Mask Layers 选项卡的设置

设置完，将文件保存即可。

保存选项有 3 个，如图 5-20 所示，根据需要选用。

- Update to Design：对当前设计进行更新，不保存焊盘库文件。
- Save：存储到原文件。
- Save As：另存为新文件。

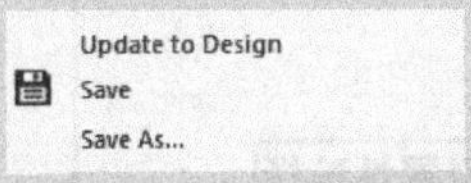

Update to Design
Save
Save As...

图 5-20　保存选项

后面两个选项只是编辑完保存，不对设计进行更新，需要留意。如果需要更新当前文件，需要先选择 Update to Design，再保存。如果这次修改只针对当前设计文件，修改内容不影响标准库，就可以只选择 Update to Design，不进行保存。

从标准库管理的角度，建议所有对焊盘的修改，都在库中进行，再更新库到当前设计。只针对当前设计进行的修改，会对库管理产生一定的风险。

库不规范的修改和更新比较容易导致异常退出，要记得在修改之前存盘。

5. 创建通孔焊盘

例如，创建一个孔径为 36mil、面积为 60mil 的圆孔焊盘，参数设置如图 5-21 所示。
Design Layers 选项卡和 Mask Layers 选项卡的设置如图 5-22 所示。
焊盘的参数设置完成后，将其保存下来即可。

6. 创建盲孔焊盘

盲孔焊盘的设置类似通孔焊盘，以一个 8 层板、采用孔径为 4mil 的过孔、7 层到 8 层盲孔为例，Start 选项卡和 Drill 选项卡的设置如图 5-23 所示。

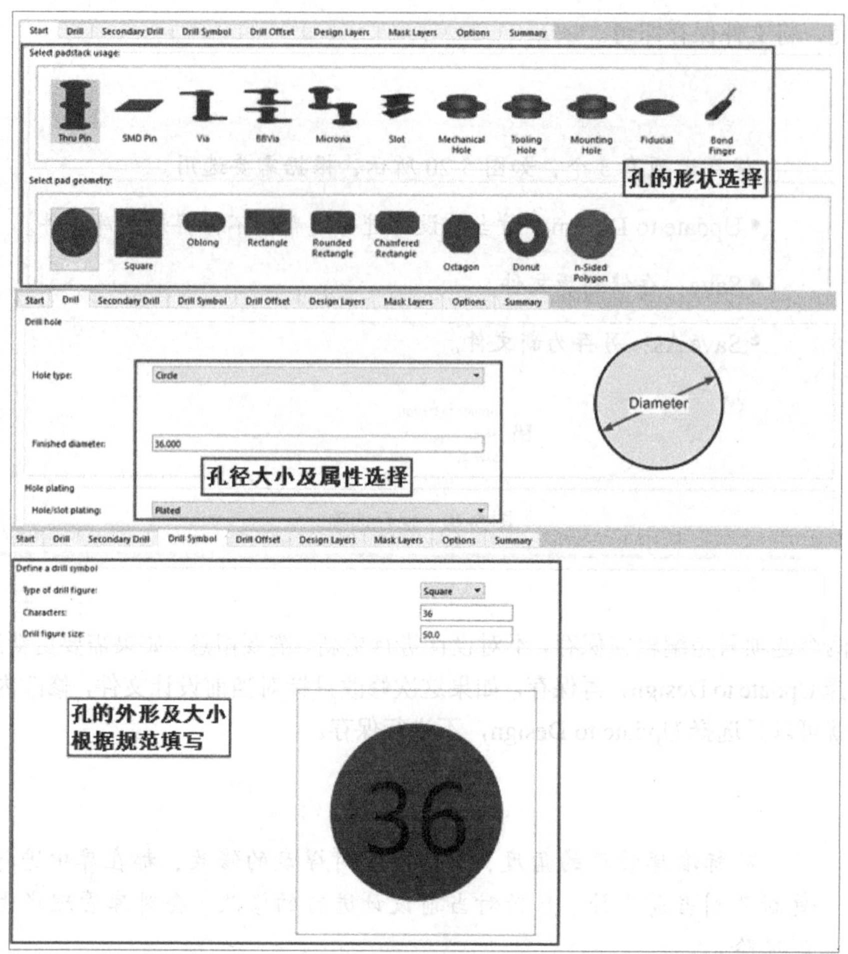

图 5-21　通孔焊盘参数设置

Start | Drill | Secondary Drill | Drill Symbol | Drill Offset | Design Layers | Mask Layers | Options | Summary

Select pad to change

Layer Name	Regular Pad（盘大小）	Thermal Pad（热盘）	Anti Pad（反盘）	Keep Out（禁布区）
BEGIN LAYER	Square 60.0	None	None	None
DEFAULT INTERNAL	Circle 60.0	Circle 66.0	Circle 66.0	Circle 66.0
END LAYER	Square 60.0	None	None	None
ADJACENT LAYER	-	-	-	None

Start | Drill | Secondary Drill | Drill Symbol | Drill Offset | Design Layers | Mask Layers | Options | Summary

Select pad to change

Layer Name	Pad
SOLDERMASK_TOP	Square 60.0
SOLDERMASK_BOTTOM	Square 60.0
PASTEMASK_TOP	None
PASTEMASK_BOTTOM	None
FILMMASK_TOP	None
FILMMASK_BOTTOM	None
COVERLAY_TOP	None
COVERLAY_BOTTOM	None

图 5-22　通孔焊盘 Design Layers 选项卡和 Mask Layers 选项卡的设置

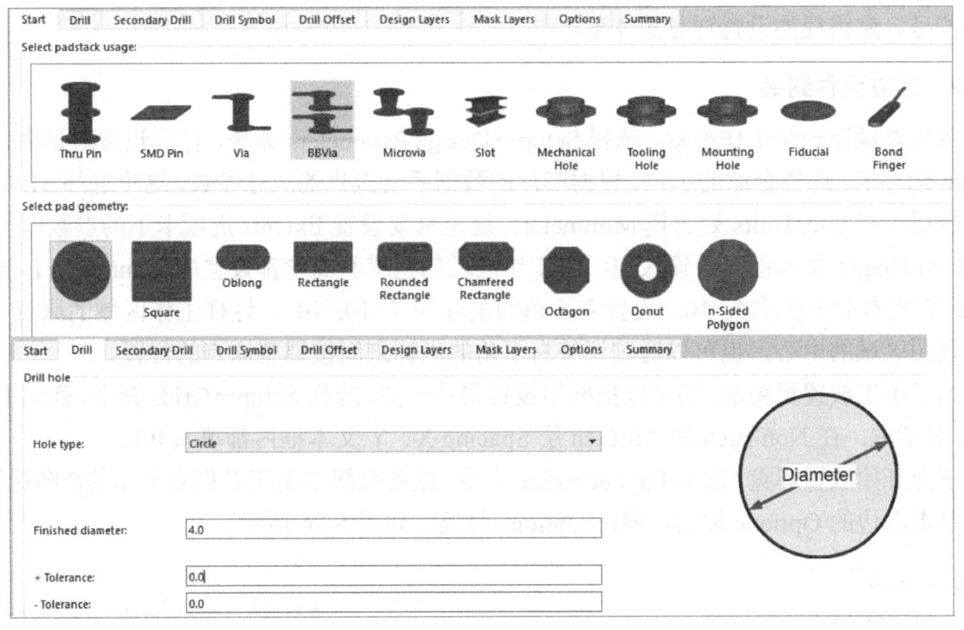

图 5-23 Start 选项卡和 Drill 选项卡的设置

创建盲孔更好的方式是使用菜单命令：Setup→B/B Via Definitions→Define B/B Via。

如图 5-24 所示，使用 VIA12-GEN 为模板，在定义了起始层和结束层，并给 B/B Via 命名之后，就非常方便地得到两种 B/B Via。

	BBVia Padstack	Padstack to Copy		Start Layer	End Layer
Delete	VIA12GRN_1-3	VIA12-GEN	...	TOP	ART03
Delete	VIA12GRN_10-12	VIA12-GEN	...	ART10	BOTTOM

图 5-24 B/B Via 的定义方式（图中 BBVia 的正确写法为 B/B Via）

5.3.3 手工创建 PCB 封装

下面用实例来介绍用 Allegro 创建 PCB 封装的方法。

打开程序 Cadence SPB 17.4→PCB Editor，选择 File→New 命令，弹出 New Drawing 对话框，如图 5-25 所示。在 Drawing Type 列表框中选择 Package symbol，然后单击 Browse 按钮，选择保存路径并输入文件名 bga63。回到 New Drawing 对话框，单击 OK 按钮退出，就会自动生成一个 bga63.dra 文件。

创建新封装有两种方式：手工方式和向导方式。向导方式可以大大提高建库的效率，会在后面部分进行介绍。

1. 设置库路径

在创建封装之前需要在 Allegro 中设计正确的库路径，以便能正确调出做好的焊盘或者其他符号。库路径的设置详见第 4 章。

2．建立元件封装

首先要设计一个工作参数，选择 Setup→Design Parameters 命令，打开设置对话框，单击 Design 选项卡，选择合适的单位，根据芯片的数据手册提供的尺寸参数，这里选择 Millimeter 比较合适，在 User Units 处选择 Millimeter。这里只要设置 Extents 选项卡下的参数即可。在 Width 和 Height 文本框中各输入 20，将工作区域的宽度和高度都设置成 20mm，在 Left X 和 Lower Y 文本框中各输入-10，设置右下角的坐标为（-10,-10），这样工作区域的原点（0,0）就在画图区域的中心，也可以通过调整右下角的坐标来间接调整原点的位置。

为了手工放置更精确，还可以把网络设置得小一点，选择 Setup→Grids 命令，弹出 Define Grids 对话框，在 Non-Etch 和 All Etch 层 Spacing X、Y 文本框内都填入 0.1。

下面开始放置焊盘，选择 Layout→Pins 命令，或者直接单击工具栏右上角的图标按钮。然后单击右边的 Options 按钮，弹出 Options 面板，如图 5-26 所示。

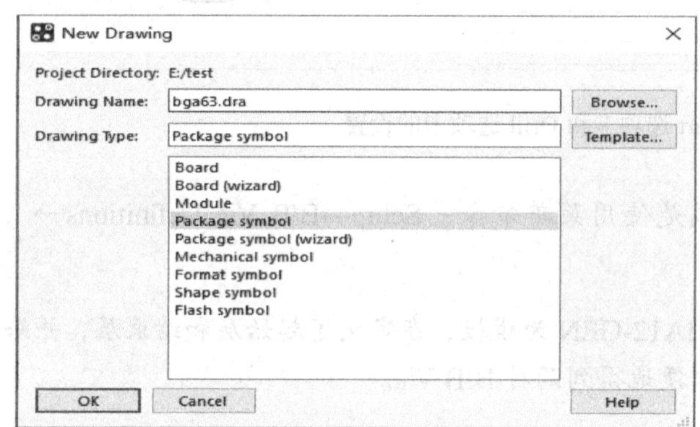

图 5-25 New Drawing 对话框

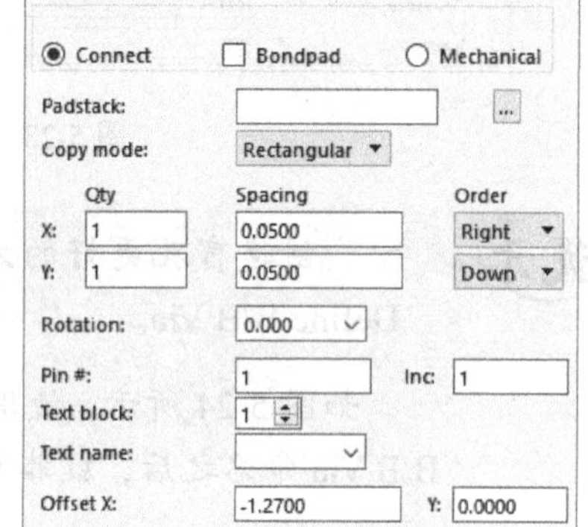

图 5-26 Options 面板

选择事先制作好的焊盘，单击 Padstack 右边的按钮，弹出 Select a padstack 对话框，如图 5-27 所示，将 Database、Library 两个复选框勾选上。左边的列表框中会把库路径中的所有焊盘都列出来，如果没有你要的焊盘，则检查路径设置是否正确。在列表框中单击所要放置的焊盘，也可以在左上角文本框中直接输入需要放置的焊盘名称，选择好以后单击 OK 按钮退出。这时候，在 Options 面板中的 Padstack 右边的文本框内会出现刚才选的焊盘名称。

这时候，把鼠标指针移到 Allegro 工作界面中，就会发现选中的焊盘吸附在鼠标指针上面，检查焊盘没有错误，就可以单击工作区域的任何位置，放置焊盘。精确定位可以在 Command 界面中输入坐标，如 x 0 0，就可以把当前焊盘放置在（0,0）的位置。这时候序号自动加 1，然后继续输入坐标，放置下一个焊盘。

还可以一次性放一行或者一列焊盘，而不必一个一个地放置。这在制作引脚很多和排列有序的元器件封装的时候非常方便，根据元器件数据手册上提供的尺寸参数，将 Options 面板中的其他参数设置为图 5-28 所示的值。

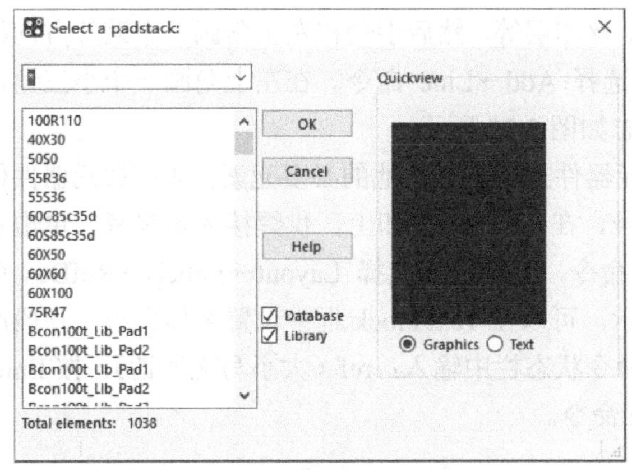

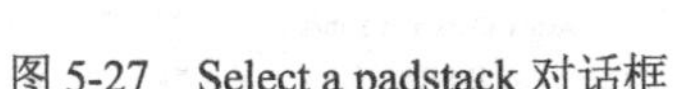
图 5-27　Select a padstack 对话框

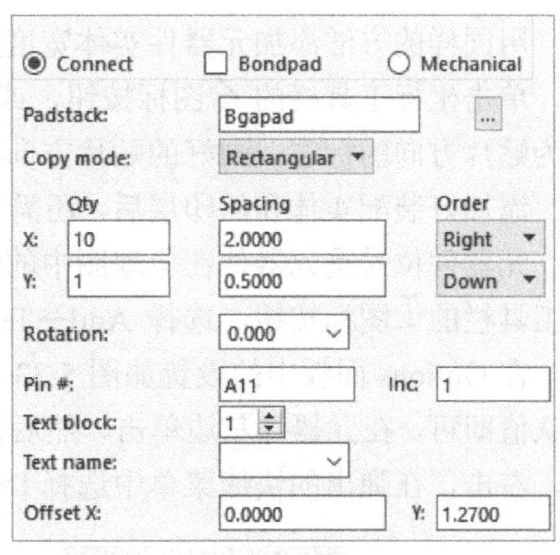

图 5-28　焊盘放置参数

这里 X、Y 的 Qty、Spacing、Order 等参数表示共放置 1 行 10 列焊盘（1×10=10 个），焊盘的 X 方向间距为 2mm，Y 方向间距无效，X 轴的放置方向为从左到右，Y 轴的方向忽略。Pin#指焊盘编号从 A1 开始，按 1 增加，即 A1，A2，A3…Text block 设置的是焊盘编号字体的大小。Offset X、Y 设置的是焊盘编号相对于焊盘的偏移量。

放置下一列的时候，把 Pin 的序号改为 B1，从 B1 开始标号，依此类推，直到 K1，如图 5-29 所示，放置的时候计算起始点的坐标，这个需要根据元器件手册进行。同时注意原点的位置，常见的做法是把原点放置到器件体的中心。

还需要将中间多余的 4 列删除，单击工具栏的图标按钮，或者选择 Edit→Delete 命令来删除，如图 5-30 所示。

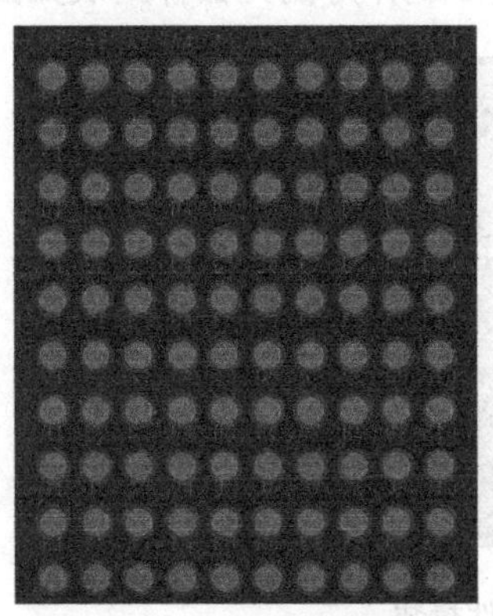

图 5-29　放置好的焊盘

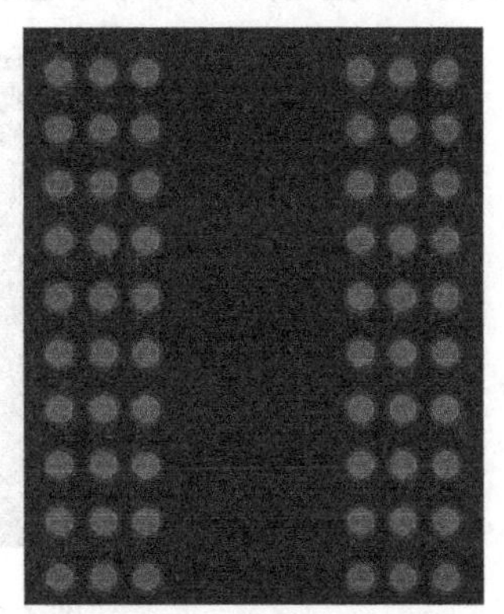

图 5-30　删除多余的焊盘

添加丝印和其他层，单击工具栏的图标按钮，或者选择 Shape→Rectangular 命令。在 Options 面板中选择如图 5-31 所示的装配层。

在命令状态栏中输入：x -4 5，按 Enter 键，再输入 x 4 -5，按 Enter 键。右击，在弹出的快捷菜单中选择 Done 命令。

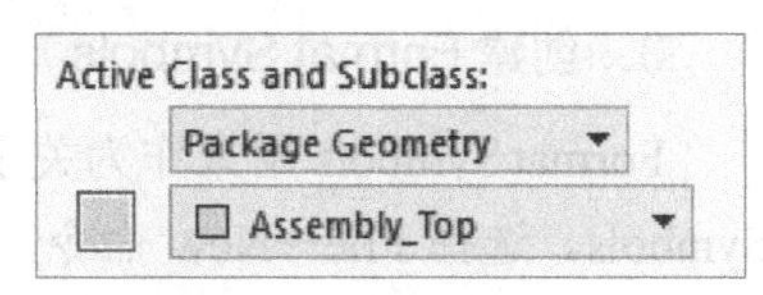

图 5-31　添加装配层

用同样的方法添加元器件实体宽度层、丝印层等。然后手动在左上角画一个贴片方向标志，单击坐标工具栏的图标按钮，或者选择 Add→Line 命令。在左上角画一个小三角形作为贴片方向的标志。画好的贴片方向标志如图 5-32 所示。

添加好装配实体和丝印层后，还需为元器件封装添加其他的必要元素，如添加元器件位号。元器件位号是元器件在原理图中的编号，在 PCB 的丝印上，供焊接人员参考。单击右边工具栏的图标按钮，选择 Add→Text 命令，或者直接选择 Layout→Labels→RefDes 命令，在 Options 面板中的设置如图 5-33 所示。可以在 Text block 框中设置字体大小，一般用默认值即可，在元器件左边单击，然后在命令状态栏中输入：ref（大小写无所谓），按 Enter 键，右击，在弹出的快捷菜单中选择 Done 命令。

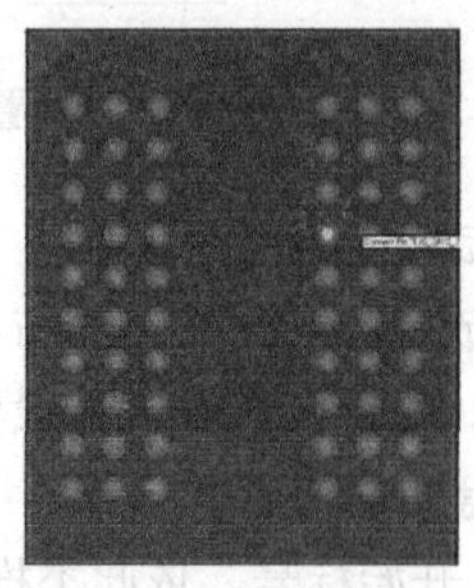

图 5-32　画好的贴片方向标志

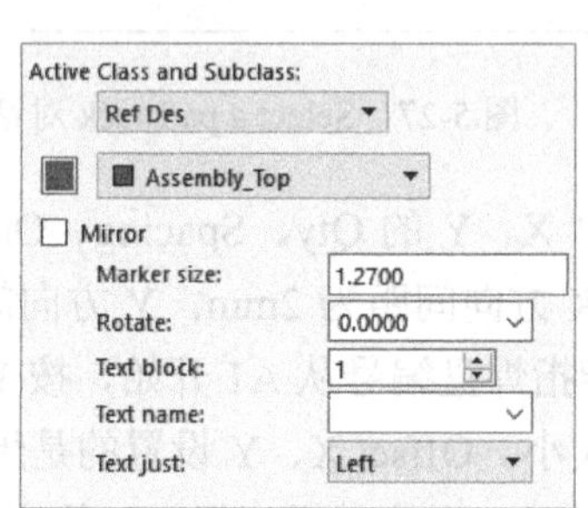

图 5-33　添加元器件位号

用同样的方法，可以添加元器件参数值、元器件类型、装配层位号等信息。

至此，一个元器件封装就算制作完成了，保存文件后退出即可，Allegro 自动生成一个.dra 和一个.psm 文件，把这两个文件一起放在封装库文件中。制作好的元器件封装如图 5-34 所示。

图 5-34　制作好的元器件封装

通孔器件和表贴器件封装的创建，只需要在其焊盘放置时选用通孔类型的焊盘即可。

3．创建 Format Symbols

Format Symbols 用来作为关于电路板的 Logo、装配的注释。下面将介绍如何创建 Format Symbols。选择 File→New 命令，在 Drawing Name 文本框中输入 ash-bin，注意格式要修改为 Mechanical Symbol，单击 OK 按钮。

设置绘图区，选择 Setup→Design Parameters 命令，合理设置工作区大小和工作格点。

绘制 Logo 信息，选择 Add→Line 命令，注意层面必须为 Board Geometry/Silkscreen_Top，

按相关的信息将 Logo 画出来，如图 5-35 所示。

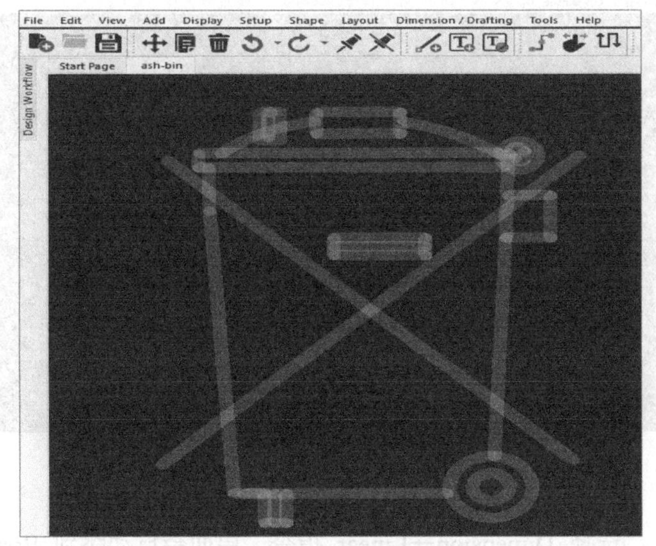

图 5-35　创建 Format Symbols

保存文件，选择 File→Create Symbol 命令，输入文件名如 ash-bin 后，单击 Save 按钮，会存为名为 ash-bin.osm 的 Board Symbol 文件，再选择 File→Save 命令，保存为名为 ash-bin.dra 的图形文件。

4．创建 Mechanical Symbols

由板外框及螺钉孔所组成的机构符号，其扩展名为.bsm。有时我们设计不同 PCB 的外框及螺钉孔位置都是一样的，比如显卡、电脑主板，每次设计 PCB 时要画一次板外框及确定螺钉孔位置，显得较麻烦。这时我们可以将 PCB 的外框及螺钉孔建成一个 Mechanical Symbol，在设计 PCB 时，将此 Mechanical Symbol 调出即可。

下面将介绍如何创建板外框。

（1）选择 File→New 命令，在 Drawing Name 文本框中输入 CDS_Outline，注意格式要修改为 Mechanical Symbol。

（2）设置绘图区，选择 Setup→Design Parameters 命令，合理设置工作区大小和工作格点。

（3）画板外框，选择 Add→Line 命令，注意层面必须为 Board Geometry/Outline。按相关的尺寸，将板外框画出来，如图 5-36 所示。

图 5-36　创建 Mechanical Symbol 的板外框

（4）创建定位孔，选择 Add→Pin 命令，在右侧的 Padstack 框中输入 MTG125，再按 Tab 键，在命令状态栏中输入工具坐标。完毕后单击 Done 按钮结束，如图 5-37 所示。

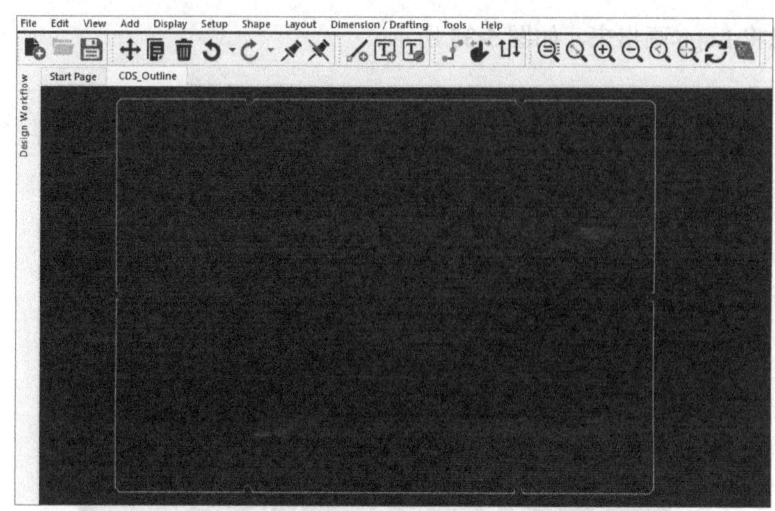

图 5-37　创建 Mechanical Symbol 的定位孔

（5）标注尺寸，选择 Dimension→Linear 指令，层面会自动跳到 Board Geometry 下的 Dimension，单击被测线段就可拖出其尺寸标注线，如图 5-38 所示。

（6）设置布线区及摆零件区，定位到图框的左下角，选择 Setup→Area→Route Keepin（布线区）命令，在板外框内的 50mil（两个格点）处画出其布线限制区（绘制在 Route Keepin 下的 ALL 中）。选择 Setup→Area→Package Keepin（摆零件）命令，画出相同的限制区。如果需要确定禁止摆零件及布线区，可选择 Setup→Area→Route Keepout 命令，画上不能布线的范围，其显示为一填实的区域。可以选择 Edit→Delete 命令来删除（在 Find 中要勾选 Shape 复选框）。其他如 Viakeepout 则为禁打过（贯）孔区命令。

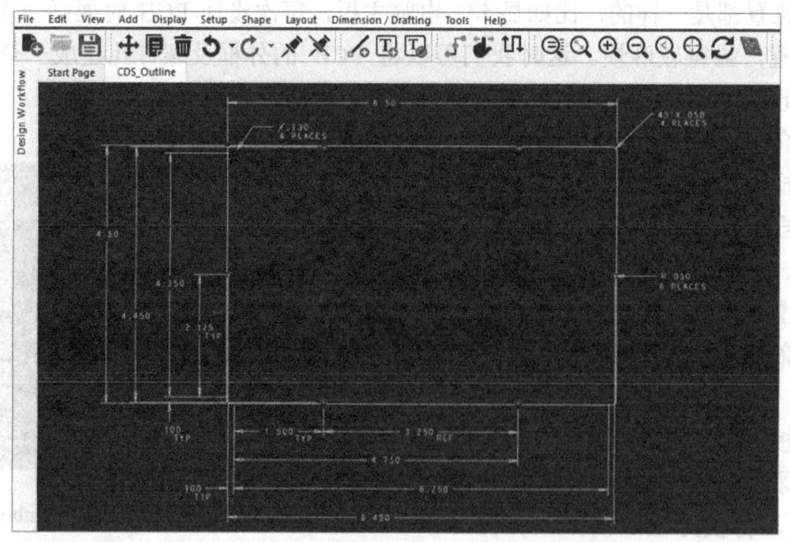

图 5-38　标注尺寸

（7）保存文件，选择 File→Create Symbol 命令，输入文件名如 CDS_Outline 后，单击 Save 按钮，会存为名为 CDS_Outline.bsm 的 Broad Symbol 文件，选择 File→Save 命令，存

为名为 CDS_Outline.dra 的图形文件。

5.3.4　自动创建 PCB 封装

Allegro 还提供向导来自动创建 Symbol，如果需要建立的封装是标准的，那么使用向导可以大大提高效率和准确性。图 5-39 所示为向导支持的一些封装类型。

Allegro 的初学者可以使用向导来创建一些封装，然后研究封装所必需的一些元素属于 Class 还是 Subclass，这样可以快速积累标准化的基于 Allegro 平台的封装创建经验。

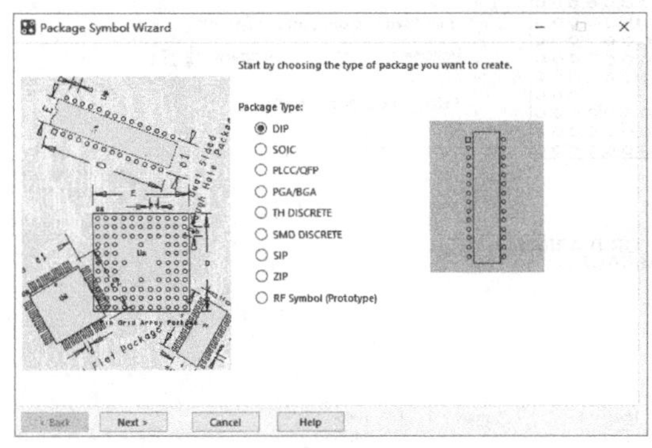

图 5-39　向导支持的封装类型

下面以飞思卡尔的 MPC7448 为例来创建封装。图 5-40 所示为芯片器件手册上提供的封装要求。

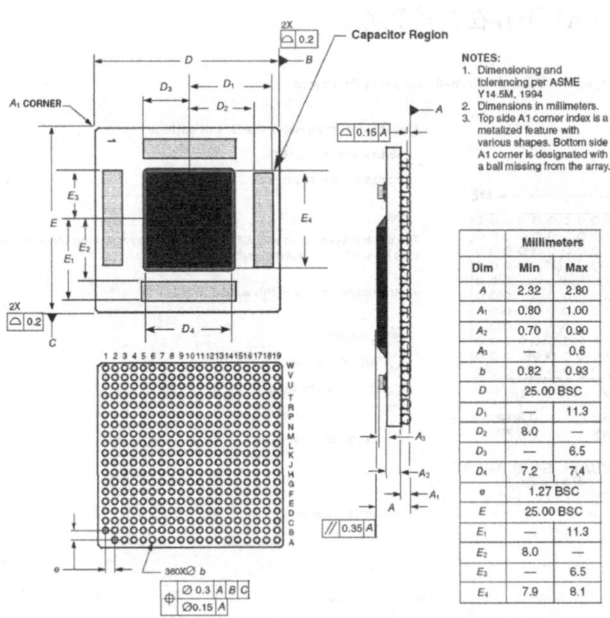

Dim	Millimeters Min	Millimeters Max
A	2.32	2.80
A_1	0.80	1.00
A_2	0.70	0.90
A_3	—	0.6
b	0.82	0.93
D	25.00 BSC	
D_1	—	11.3
D_2	8.0	—
D_3	—	6.5
D_4	7.2	7.4
e	1.27 BSC	
E	25.00 BSC	
E_1	—	11.3
E_2	8.0	—
E_3	—	6.5
E_4	7.9	8.1

图 5-40　MPC7448 的封装要求

首先确定要创建封装的一些关键参数，如引脚间距 e=1.27mm=50mil。封装的外形 D=E=25mm。

打开图 5-39 所示的向导，选择 PGA/BGA，单击 Next 按钮，接着单击 Load Template 按钮，调入模板。然后设置单位和精度，确定 BGA 的 Reference designator prefix 是 U*，如图 5-41 所示。

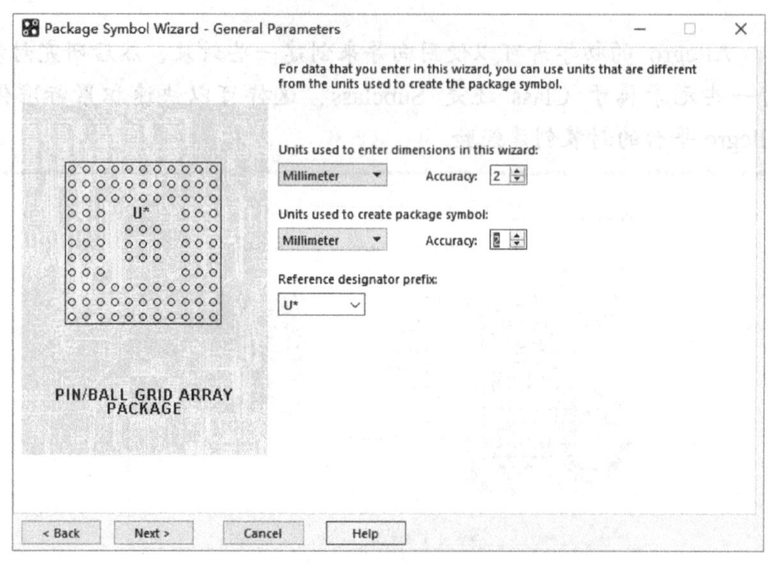

图 5-41　封装向导的单位设定

下一步设定 BGA 球阵列及排布方式，先设置行和列，然后确定是满阵列的还是中间空缺的，通过这些设置，最后向导会自动统计出总共的引脚数目，本例统计结果是 361 个引脚，如图 5-42 所示，实际 A1 不存在会被删除。

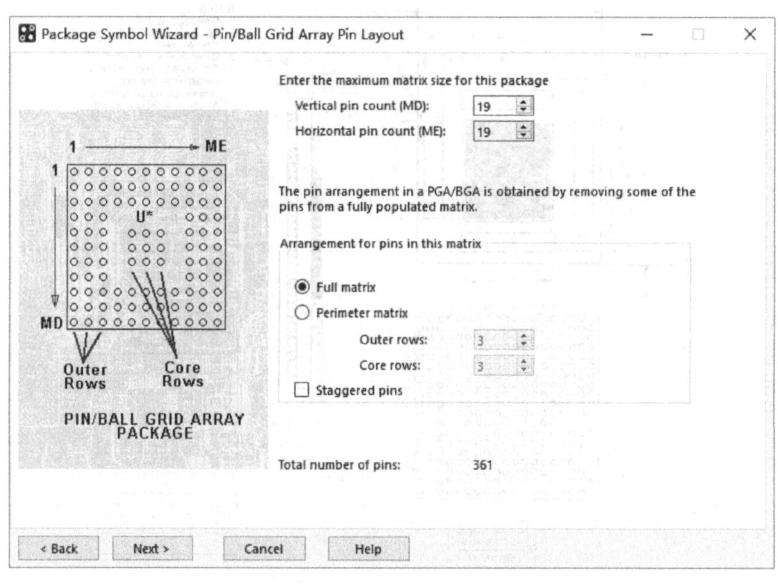

图 5-42　封装向导的球阵列设定

接着设置引脚的顺序，向导提供了种类丰富的引脚排序方式，如图 5-43 所示，可以设置为符合 JEDEC 标准。本例设置为 Number Right Letter Down。

之后设置引脚间距和封装体大小。按照之前取得的参数进行设置，如图 5-44 所示。

接着选择 BGA 封装焊盘，使用已经创建好的焊盘库，如果需要的话，1 脚可以设置成不同的焊盘类型。然后选择器件体中心为 Symbol 的中心。设置完后确认，一个 360 个引脚的 BGA 库就创建完成，并自动在 Allegro 工作界面中显示出来，如图 5-45 所示。再根据需要，删除 A1 脚，添加 1 脚标记，存盘即可。

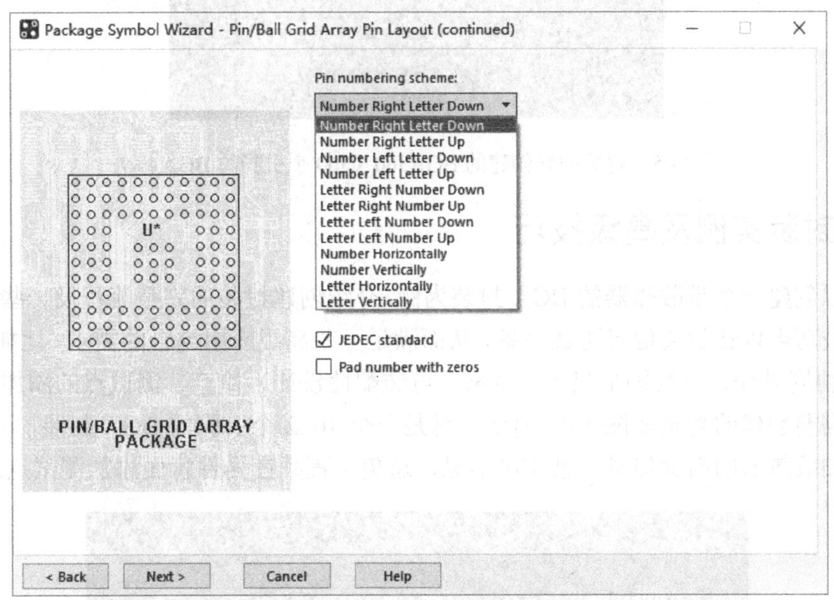

图 5-43　封装向导的引脚顺序设定

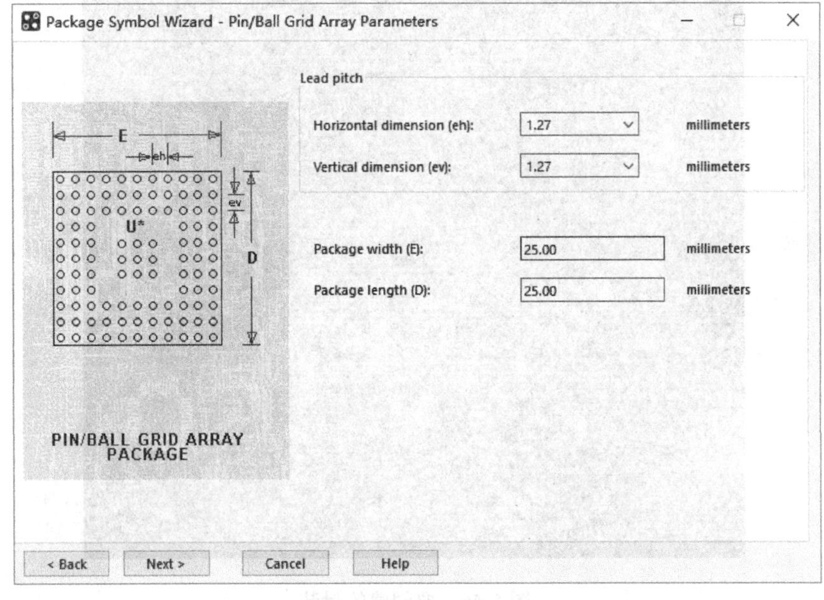

图 5-44　封装向导的引脚间距和封装体大小设置

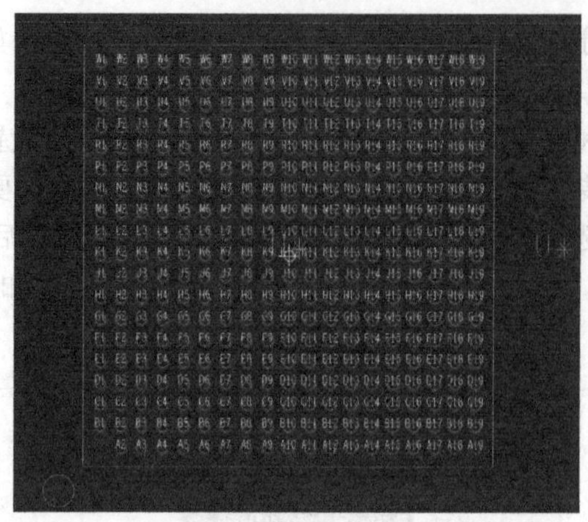

图 5-45　封装向导创建的 BGA360（360 个引脚的 BGA 库）

5.3.5　封装实例及高级技巧

下面以创建一个带散热器的 BGA 封装为例，介绍创建封装的完整流程及一些高级技巧。利用这些技巧可以让封装信息更加完备，从而满足一些高级应用场合的需求，比如 ECAD 和 MCAD 的协同设计、三维图形显示、DFA（可装配性设计）检查、测试点的添加与检查等。

我们需要创建的封装如图 5-46 所示，这是一个 1022 个引脚的 BGA 封装，并且带有散热器，添加散热器的高度信息、禁布区信息，避免工程师在器件背面添加测试点。

图 5-46　要创建的封装

按照上文的介绍，设置库路径，创建需要的焊盘之后新建一个封装（DRA）文件，开始这个封装的创建工作，将原点设置为器件的中心，然后计算每一行引脚的起点坐标，添加器件焊盘引脚，如图 5-47 所示。其中第一、二两列需要空开几个引脚，起始引脚可以分别从 A3、B2 开始，当然也可以统一从 1 脚开始，以横坐标统一的方式放置 33×33 的引脚矩阵，然后按照 Datasheet 删除相关引脚即可。

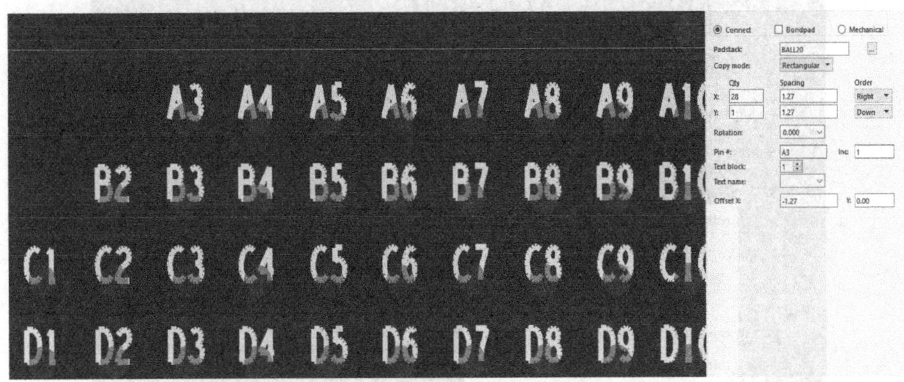

图 5-47　添加器件焊盘引脚

用同样的方式，计算坐标，放置散热器的定位引脚 MTH1~4，引脚放置好后的效果如图 5-48 所示。

图 5-48　引脚放置好后的效果

在 Package Geometry 的 Silkscreen_Top 层添加丝印外框和引脚序号索引，本例由于引脚较密，没有把所有序号都标出来。1 脚位置用缺角的方式做出标记，如图 5-49 所示。

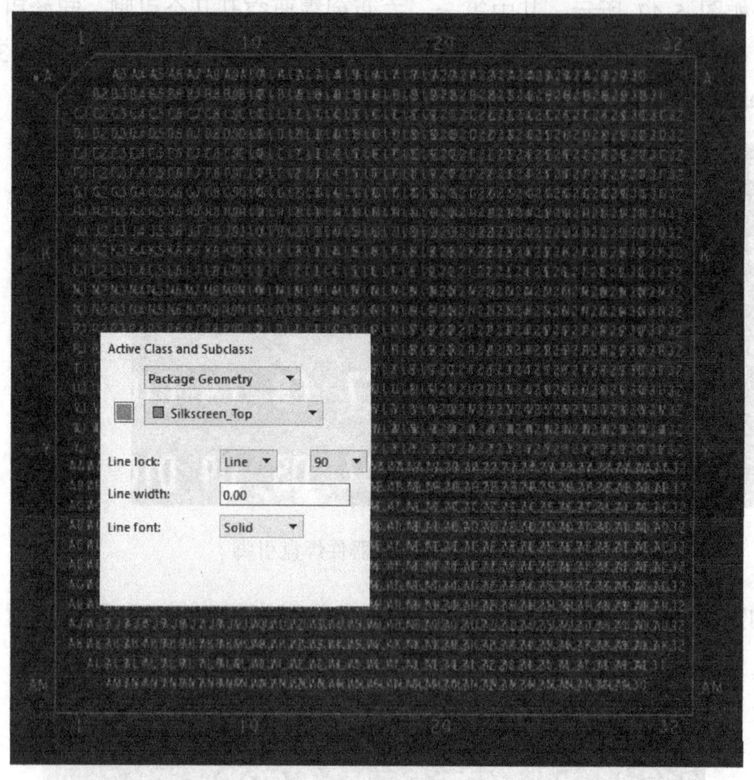

图 5-49　用缺角做出标记

下一步是按照上面介绍的方法，添加丝印符号，分别在 REF DES 的 Assembly Top 层和 SilkScreen Top 层写上 U*，本例还有一个特殊的地方就是添加散热器的外形，按照相关数据手册，把外形画在 Package Geometry 的 Assembly Top 层，如图 5-50 所示。

一般 BGA 都有一个返修间距的要求，通常是 5mm，部分较密的设计，返修间距可以缩小到 3mm，本例在 Package Geometry 的 Display Top 层按照返修间距为 3mm 和 5mm 画了示意框，以供 PCB 工程师参考。

在建库的时候，需要按照器件的实物大小，在 Package Geometry 的 DFA Bound Top 层创建相应的 Shape，在进行 DFA 检查时，会使用这个边界。

下一步是添加 Place Bound，本例的 Place Bound 设置比较复杂，通过把不同高度的区域分别设置 Place Bound 并且添加高度属性的方式，来实现对 PCB 设计中限高区域的管理，以及三维视图的真实高度显示效果。在画出常规的 Place Bound 区域之后，选择 Edit→Property 命令，编辑铜皮的属性，添加 PACKAGE_HEIGHT_MAX 和 PACKAGE_HEIGHT_MIN 属性，来定义相关区域的限高要求，如图 5-51 所示，将各不同高度区域分别绘制并指定属性。

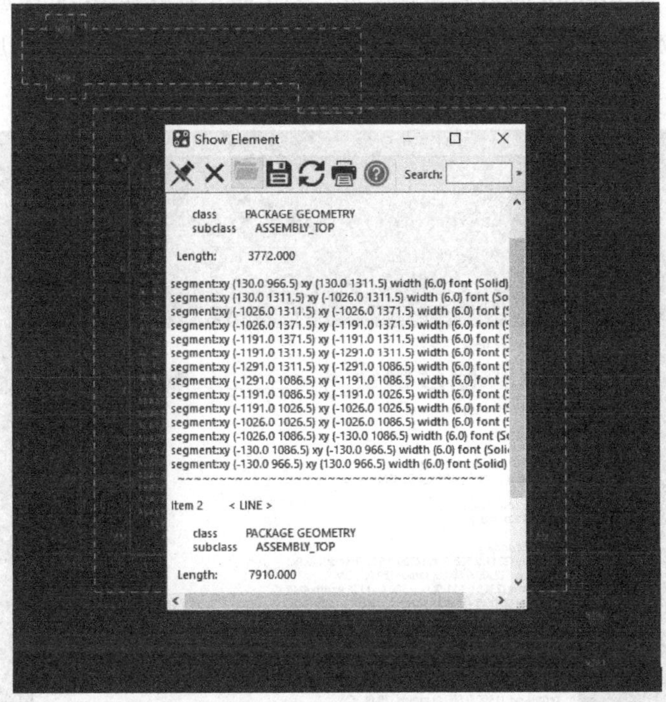

图 5-50　画散热器的外形

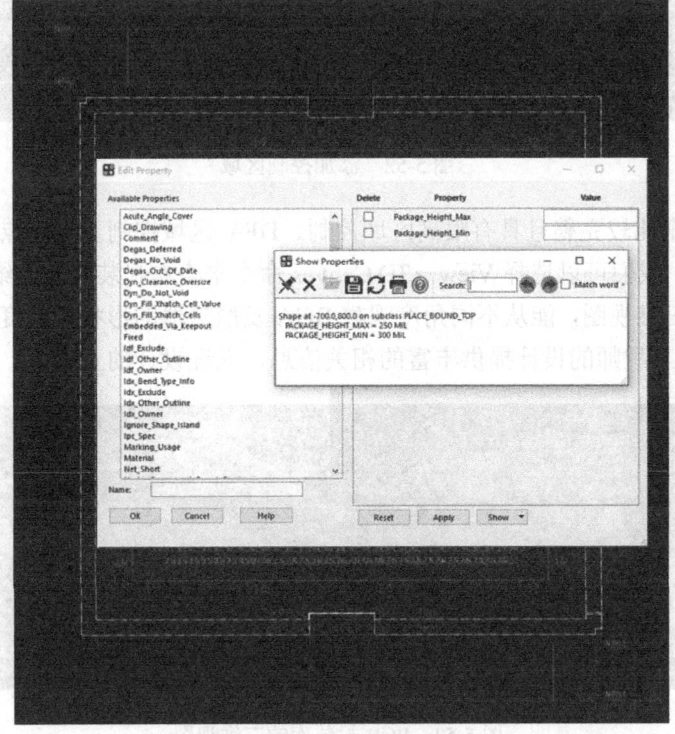

图 5-51　定义相关区域的限高要求

BGA 区域是否添加测试点，需要根据板子的实际情况决定，在空间和密度允许的情况下，建议在 BGA 的 Bottom 面不添加测试点。为了防止软件在 BGA 区域的背面自动添加测试点，本例在 MANUFACTURING 的 NO_PROBE_BOTTOM 层添加相应的控制区域，如图 5-52 所示。

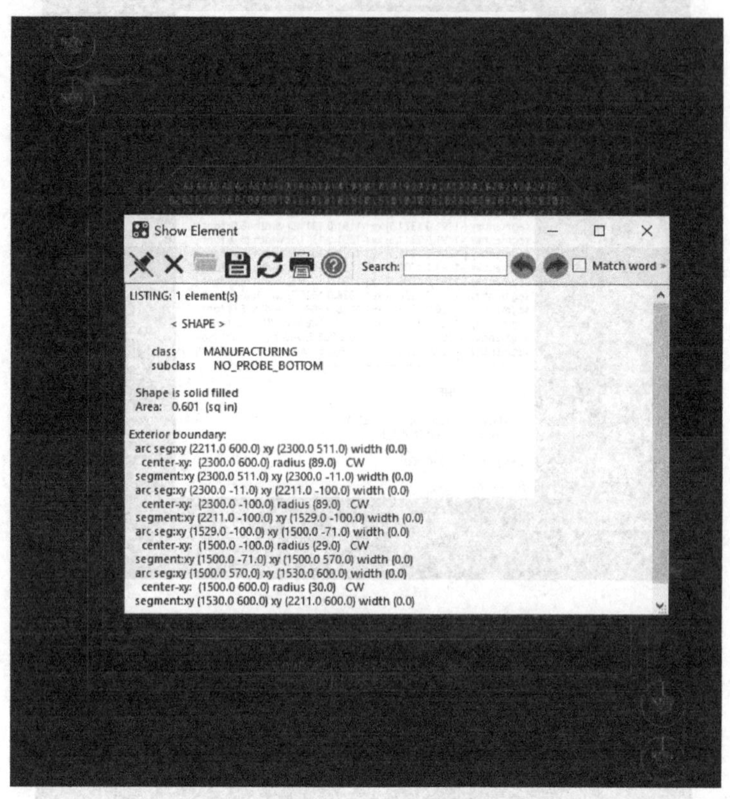

图 5-52 添加控制区域

到这里，一个比较完整且具有限高区域控制、DFA 区域控制及测试点区域控制的 PCB 封装库就建好了，我们可以选择 View→3D Canvas 命令来查看封装库的三维视图，如图 5-53 所示。通过旋转三维视图，能从不同角度观察 BGA 及散热器的形状和高度。这样的 PCB 封装库，能给 PCB 工程师的设计提供丰富的相关信息，保证设计的正确性。

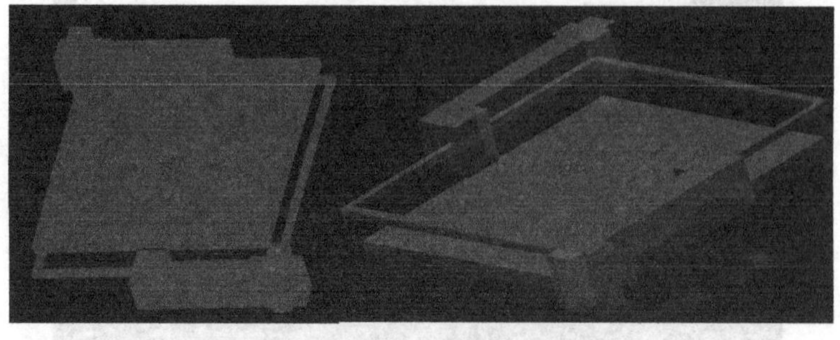

图 5-53 PCB 封装库的三维视图

5.4　PCB 封装库管理

封装库的管理属于企业元器件信息管理的一部分。对于小规模团队来说，主要使用标准化的封装库命名规则来进行管理。硬件设计人员在熟悉了这些命名原则之后，通过打印的封装图例，寻找所需要的封装，并填写到原理图中，然后通过导入网表开始 PCB 设计。在设计过程中，甚至到设计结束之后，都会对封装是否正确产生怀疑，直到焊接完成。同时每个设计的物料清单（BOM）处理工作都是一个烦琐耗时且容易出错的工作。

硬件工程师在选用元器件的时候，不清楚哪些是公司推荐的优选元器件，哪些在公司有大量库存，需要设计人员逐步消耗，哪些已经到了生命周期的最后阶段，马上就要退出。这些关键信息的缺失，既带来了设计的盲目性，也产生了一定的后果。

随着企业规模的扩大，元器件的采购和管理开始采用正规的 ERP 系统。硬件工程师可以登录企业的 ERP 或者 PDM 系统寻找元器件，但是这些系统并没有和设计软件关联起来，需要手工确认封装信息。一些元器件在选用的时候可能还是优选的，但在设计过程中由于突发原因变为不推荐元器件，如果硬件工程师没有得到通知，继续采用这些元器件，那么物料清单需要手工进行烦琐的处理。

关于电子元器件管理，特别是原理图库和 PCB 封装库管理存在的问题，总结在图 5-54 中。

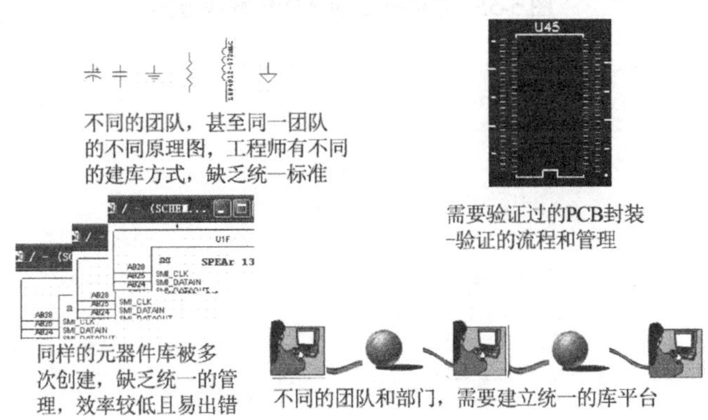

图 5-54　电子元器件管理中存在的问题

这个时候，我们需要更加有效的电子元器件信息管理方式，Cadence 的 ADW（Allegro Design Workbench）就是一个优秀的管理平台。如图 5-55 所示，ADW 可以把企业内外的合作者有机地结合起来，同时可以通过防火墙设置一定的权限。

ADW 可以有效地和企业 ERP 系统关联，从 ERP 系统取得必需的价格、库存、优先级别等信息。这些信息在设计之初就能被 PCB 工程师有效采用。在设计过程中随时进行同步，任何变化都会被工程师捕捉到。在工程师的工作界面下，工程师就可了解当前零件的实时状态，如是否优选、能否选用、当前项目是否可以加入等信息。而这些信息，创建元器件库的工程师是不可能加入库中的，因为这些信息经常会变化。采用 ADW 后，生成真正有效的物料清单再也不是难事，由于所有的数据都来自 ERP 系统并直接同步，所以物料清单中的数据都是从 ERP 系统中取得的最精确、最直接的数据，基本上不需要做任何修改。

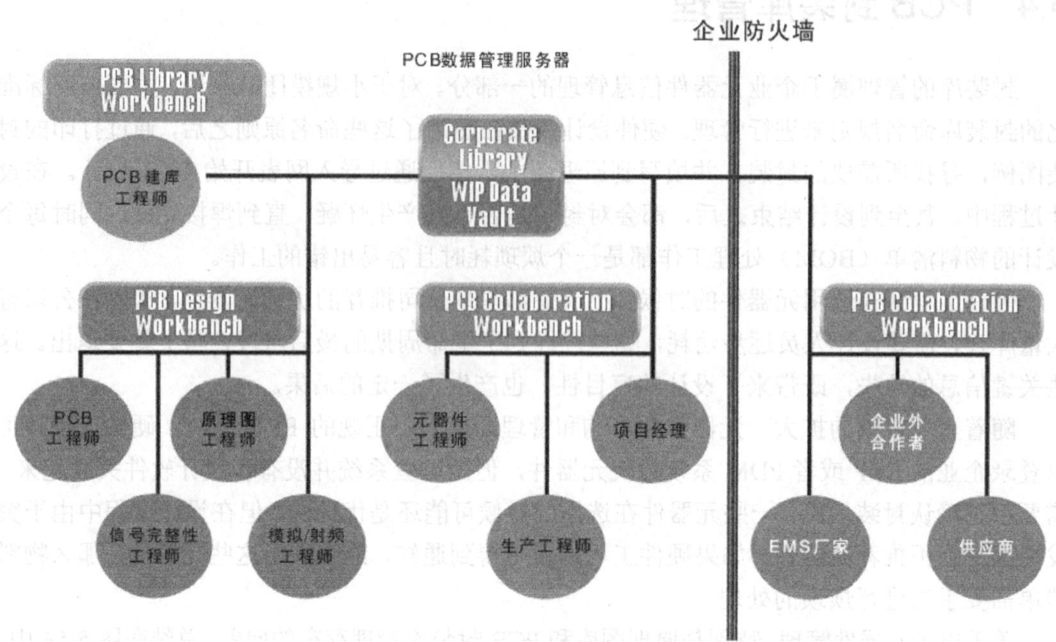

图 5-55　Cadence 的 ADW 解决方案

第 6 章　PCB 设计前处理

本章导读：

- 网表文件的导入。
- PCB 框及外形结构。
- MCAD-ECAD 协同设计。

6.1　PCB 设计前处理概述

本章的主要内容是介绍 PCB 设计的前处理，包含网表的调入、外形结构的添加，以及禁布区域信息的添加。

网表是原理图设计和 PCB 设计之间的桥梁。网表主要记录元器件电气连接关系和各个元器件的封装类型，以及与 PCB 设计相关的物理规则和电气规则。

对于一些遵守某些工业规范的 PCB 和已经有明确结构的产品，在开始进行 PCB 设计时，首先需要把结构图导入或手工添加到 PCB 设计图中。标准的结构图一般包括 PCB 对应的外形尺寸、安装孔的尺寸和位置、接口元器件和连接器的位置及方向，以及布线禁布区域等结构参数。

6.2　网表调入

常见网表调入方式有两种：一种是原理图直接更新到 PCB 工程上，另一种是原理图产生第三方的网表，再导入 PCB 工程上。这两种网表调入方式各有优缺点。Cadence 推荐第一种网表调入方式，这种方式的操作比较简单，而且支持在原理图中添加 PCB 设计的规则。通过原理图直接更新到 PCB 工程上的方式，不容易产生错误，比较容易实现原理图和 PCB 设计的同步，大大提升了设计效率，但是对原理图的要求会比较严格，在原理图完成后进行 DRC 检查时不能有任何问题。

第二种网表调入方式常用来满足一些特殊需求，例如对于一些原理图设计不充分，而又需要提前导入 PCB 图中进行评估的项目会非常适合。要生成第三方网表，需要提供 Device 文件，对于一些封装库比较完善的项目来说，通过第三方网表调入会比较便捷。而且第三方网表内容比较简单，容易手动编辑，提高了 PCB 设计的便利性。

6.2.1　封装库路径的指定

在网表导入前，需要告知软件从哪里获取元器件的封装信息，所以要指定封装库路径，以便网表成功导入后能成功地把器件放到设计工程图中。

需要设置的路径有 devpath、padpath、psmpath。

- devpath 是寻找 Device 文件的路径，主要用于第三方网表文件的调入。
- padpath 是寻找 Padstack 文件的路径。
- psmpath 是寻找 Symbol 文件的路径。

操作步骤如下：

（1）启动 SPB 16.5，新建一个设计文件。选择 Setup→User Preferences 命令，弹出 User Preferences Editor 对话框，如图 6-1 所示。

（2）在 User Preferences Editor 对话框中的 Paths 选项下选择 Library。

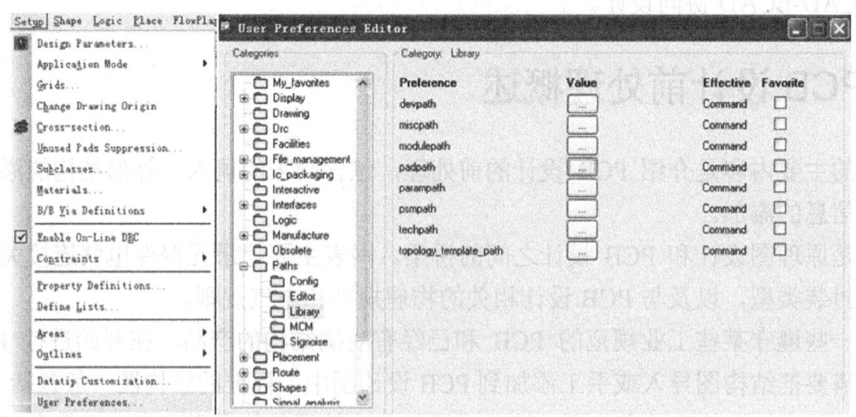

图 6-1　Setup 菜单和 User Preferences Editor 对话框

（3）根据实际库文件的位置，分别指定 devpath、padpath、psmpath。库路径可以同时指定多个，如图 6-2 所示。其优先顺序是从上往下的。

在设计时，可以采用一些便捷的方式，如“.”表示当前目录；“..”表示上级目录。也可以直接指定具体目录。还有一个方法是，直接编辑%home%pcbenv/env 文件，从而加入库的路径。

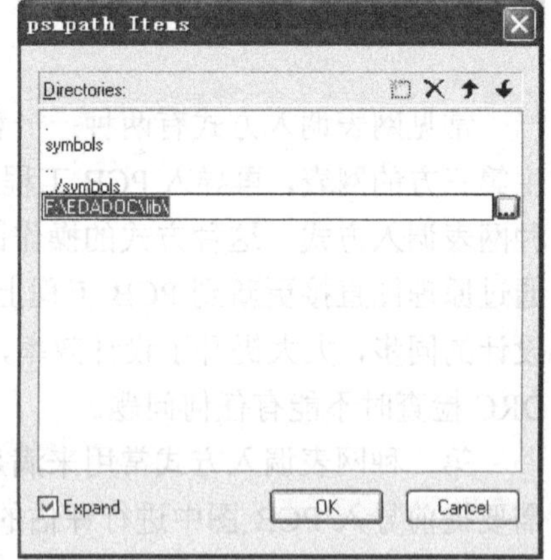

图 6-2　设置 psmpath

6.2.2　Allegro Design Authoring/Capture CIS 网表调入

在原理图设计完成，并且原理图的 DRC 检查没什么问题后，就可以直接产生网表文件。Cadence Allegro 平台有两个原理图工具，即 Capture CIS 和 Allegro Design Authoring，它们都可以产生 Allegro 可直接识别的网表文件。网表文件主要有

pstxnet.dat、pstxprt.dat、pstchip.dat 3 个，Allegro Design Authoring 还有两个和约束管理器相关的.dat 文件。

- pstxnet.dat 中记录了各个器件引脚的电气连接关系，如图 6-3 所示。

```
FILE_TYPE = EXPANDEDNETLIST;
{ Using PSTWRITER 10.5.0 p001Aug-28-2010 at 09:51:43 }
NET_NAME
'RST_SRC12'
 '@PDE924_A0_0716.PDE924(SCH_1):RST_SRC12':
 C_SIGNAL='@pde924_a0_0716.pde924(sch_1):rst_src12';
NODE_NAME    U10 G12
```

图 6-3　pstxnet.dat 文件内容

- pstxprt.dat 中记录了各个器件对应的封装类型，如图 6-4 所示。

```
FILE_TYPE = EXPANDEDPARTLIST;
{ Using PSTWRITER 10.5.0 p001Aug-28-2010 at 09:51:50 }
DIRECTIVES
 PST_VERSION='PST_HDL_CENTRIC_VERSION_0';
 ROOT_DRAWING='PDE924_A0_0716';
 POST_TIME='Jun 17 2005 00:56:10';
 SOURCE_TOOL='CAPTURE_WRITER';
END_DIRECTIVES;
```

图 6-4　pstxprt.dat 文件内容

- pstchip.dat 中记录了各个封装的相关参数，如图 6-5 所示。

```
FILE_TYPE=LIBRARY_PARTS;
{ Using PSTWRITER 10.5.0 p001Aug-28-2010 at 09:51:50}
primitive 'H5120NL_SOJ24-50-290_PULSE-H512';
  pin
    'TCT1':
      PIN_NUMBER='(3)';
      PINUSE='UNSPEC';
    'TD1+':
```

图 6-5　pstchip.dat 文件内容

以 Capture CIS 原理图工具为例，介绍第一方网表产生及调入的操作步骤。

（1）启动 OrCAD Capture，打开已画好的原理图，选中原理图的.dsn 文件，如图 6-6 所示。

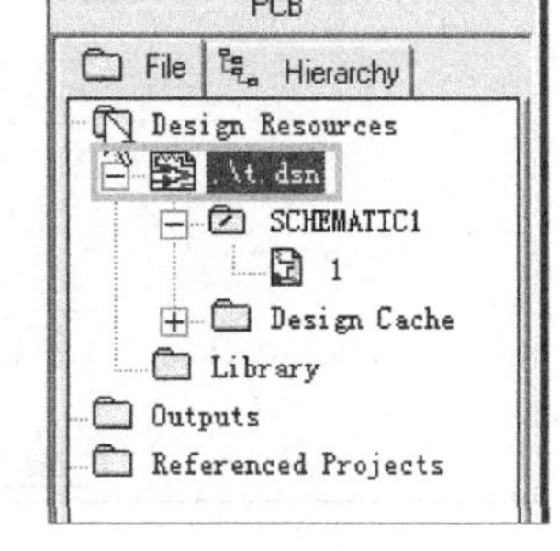

图 6-6　选中原理图的.dsn 文件

（2）选择 Tools→Create Netlist 命令，弹出 Create Netlist 对话框。

（3）在该对话框中选择 PCB Editor 选项卡，如图 6-7 所示。

- 单击 Setup 按钮，可以指定文件保存路径。
- 在 Netlist Files 文本框中可以更改网表路径。

（4）设置完毕后单击“确定”按钮，pstchip.dat、pstxnet.dat、pstxprt.dat 就出现在指定的路径下面。如果路径采用默认设置，网表文件会保存在本级目录下。

（5）启动 Allegro，选择 File→Import→Logic 命令，弹出 Import Logic 对话框，如图 6-8 所示。

（6）选择 Cadence 选项卡，其中：

- Branding 表示当前所用的原理图的文件类型。
- Import logic type 选项组中各选项的功能如下。
  - ➢ Design entry HDL：是 Allegro Design Authoring 网表。
  - ➢ Design entry CIS(Capture)：是 OrCAD Capture 网表。
- Place changed component 选项组中各选项的功能如下。
  - ➢ Always：选择该选项，表示全部元器件无论在原理图中是否被修改过，均放置在网表导入前原位置。
  - ➢ Never：选择该选项，表示如果元器件在原理图中修改过，Allegro 会将其放入后台，等待重新放置。
  - ➢ If same symbol：选择该选项，表示只变更原理图中有改变的元器件的封装，没有改变的放于原处。
  - ➢ Allow etch removal during ECO：勾选该选项，表示重新导入网表时，允许删除多余的布线。
  - ➢ Ignore FIXED property：勾选该选项，表示忽略固定属性元素。
  - ➢ Create user-defined properties：勾选该选项，表示把原理图中用户自定义属性更新到 PCB 设计中。
  - ➢ Create PCB XML from input data：勾选该选项，表示创建 XML 格式文件。
  - ➢ Import directory：用于设置从原理图产生的网表路径。

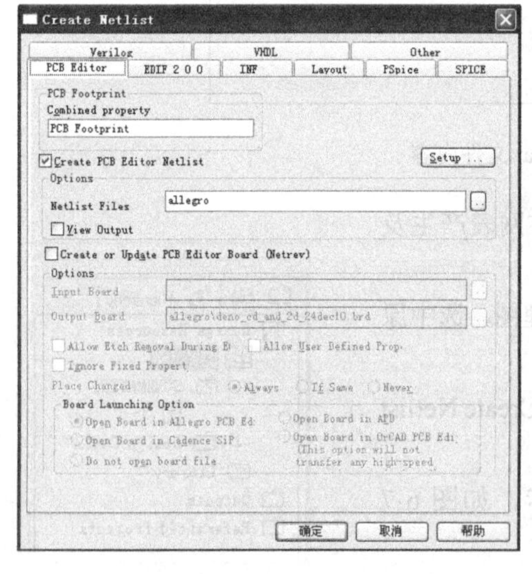

图 6-7 Create Netlist 对话框

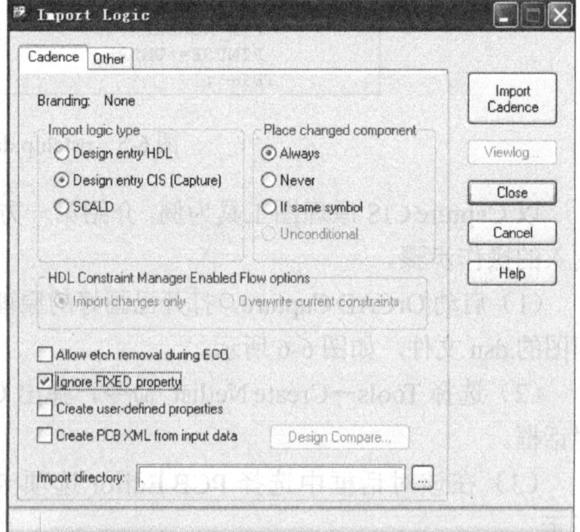

图 6-8 Import Logic 对话框

（7）各项设置好后，单击 Import Cadence 按钮，第一方网表调入完成。

（8）如果调入网表时报错，请留意查看.log 文件。

6.2.3 第三方网表

Allegro 也支持第三方网表，这是一种固定格式的纯文本文件，扩展名一般为.net，第三方网表的具体格式如图 6-9 所示。

以 Capture CIS 原理图工具为例，介绍第三方网表产生及调入的操作步骤。

（1）启动 OrCAD Capture，打开已画好的原理图，选中原理图的.dsn 文件，如图 6-6 所示。

（2）选择 Tools→Create Netlist 命令，弹出 Create Netlist 对话框。

（3）在该对话框中选择 Other 选项卡，如图 6-10 所示。

- 在 Formatters 列表框中选择 orTelesis.dll。
- 如果需要指定网表路径，单击 Browse 按钮即可。

```
$PACKAGES
soj24-50-290!soj24-50-290! PULSE-H5120NL; B1
SC0603!SC0603! 10uF/6.3V; C3
TP40!TP40! TestPoint; TP88
sop16_173_26!sop16_173_26! PI3L110LE; U1
$NETS
RST_SRC12;  U10.G12
N3595816;  R382.2 R380.1
$END
```

图 6-9 第三方网表的具体格式

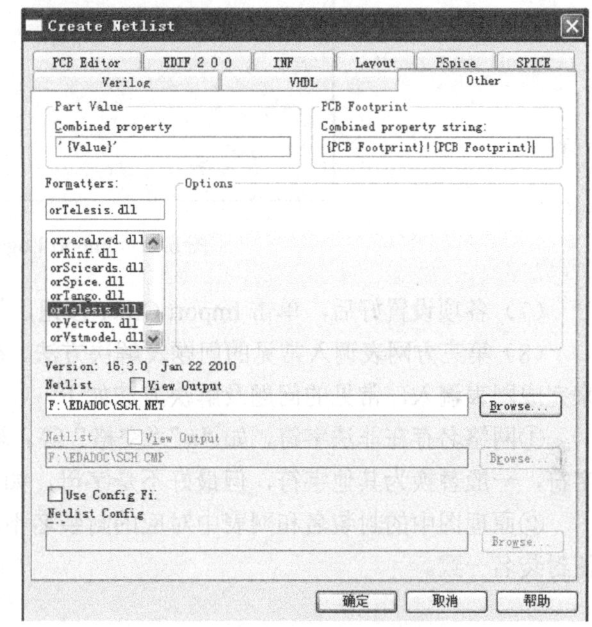

图 6-10 创建第三方网表文件

（4）设置完毕后单击“确定”按钮，*.net 网表文件就出现在指定的路径下。

（5）启动 Allegro，选择 File→Import→Logic 命令，弹出 Import Logic 对话框，如图 6-11 所示。

（6）选择 Other 选项卡。在 Import netlist 文本框中指定网表所在的位置。

- Syntax check only：检查导入文件的语法结构是否正确及检查包含的每个零件的网表。
- Supersede all logical data：覆盖当前工程中所有的逻辑。
- Allow etch removal during ECO：如果有改动，在调入网表的时候删除原有的布线。
- Place changed component：如果元器件有改动，按照以下选项执行。
  - ➢ Always：当零件库有变化时，将工程中的元器件封装更新，软件默认选择该选项。
  - ➢ Never：若零件库有变化，则将其删除，再将新的元器件作为一个没有放置的元器件填入工程中。

➢ If same symbol：如果网表中元器件的.psm 文件没有改变，就用网表中的元器件替换工程中的元器件。如果改变了，就把工程中的元器件去除，把新的元器件加到零件库中替换工程中原有的元器件。

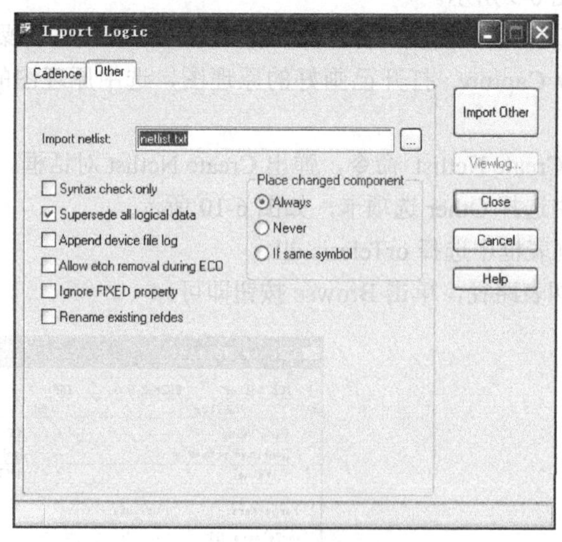

图 6-11 Import Logic 对话框

（7）各项设置好后，单击 Import Other 按钮，第三方网表调入完成。

（8）第三方网表调入常见的问题及解决方法。在不修改原理图的前提下，通过修改网表来完成网表调入，常见的问题及解决方法如下。

①网络名存在非法字符，如“#”“空格”等。解决方法是把非法字符去掉或替换为其他字符，一般替换为其他字符，但最好不是字母，如“/”。

②原理图中的封装名和网表中对应的封装名不匹配。解决方法是修改原理图或修改网表使封装名一致。

6.3 建立板框

在开始设计项目前需要先绘制单板外形，一般创建板框等机械结构的方法有两种：一种是通过导入的方式把已有的其他格式的结构文件导入 Allegro 中，对于一些标准板或者一些已经定义好工程结构图的产品，最好用导入已有结构的方式，避免手动按照结构要求去画；另一种是手动绘制的方式，这种方式不仅效率比较低，而且很容易出错。但是当结构很简单时，手动绘制也是一个不错的选择。

6.3.1 手动绘制板框

建立结构封装的操作步骤如下。

（1）启动 SPB 16.5，选择 File→New 命令，弹出 New Drawing 对话框。

- Drawing Name 文本框中输入结构封装的名称，如 demo。

- 单击 Browse 按钮，把 DXF-0701 存放在合适的目录。
- 在 Drawing Type 列表框中选择 Mechanical symbol，然后单击 OK 按钮。

（2）设定工作界面参数。

- 选择 Setup→Design Parameters 命令，或者在工作界面上任何地方右击，在弹出的快捷菜单中选择 Design Parameters 命令。
- 弹出 Design Parameter Editor 对话框，选择 Design 选项卡，如图 6-12 所示。

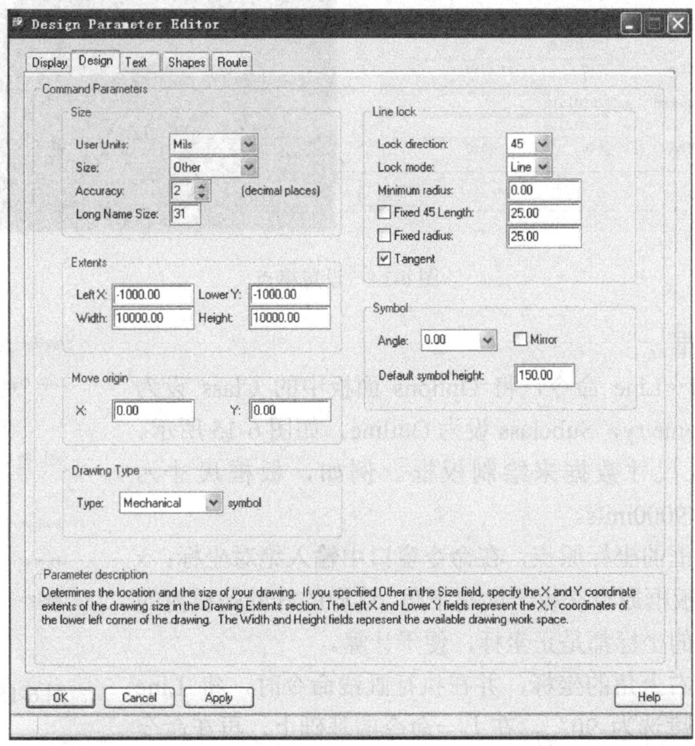

图 6-12　Design Parameter Editor 对话框

- 在 Size 选项组中，如果单位选择 Mils 时，精度为 2 位小数；如果单位选择 Millimeter 时，精度为 4 位小数。注意：在设计中不要经常更换单位，最好从始至终保持一种单位。
- Extents 选项组中的参数是用来设置工作区的大小的。图 6-12 中参数的意义如图 6-13 所示。

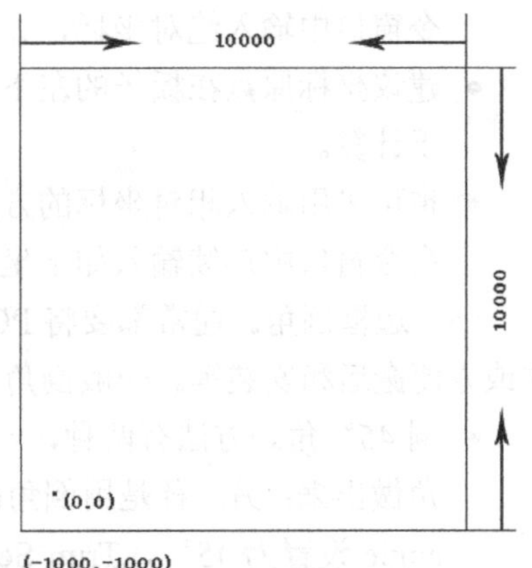

图 6-13　参数的意义

（3）设置格点。格点可以在绘制板框、布局和布线中帮助定位。选择 Setup→Grids 命令，弹出 Define Gird 对话框。在绘制板框时建议设置成 x 25 25，y 25 25，如图 6-14 所示。

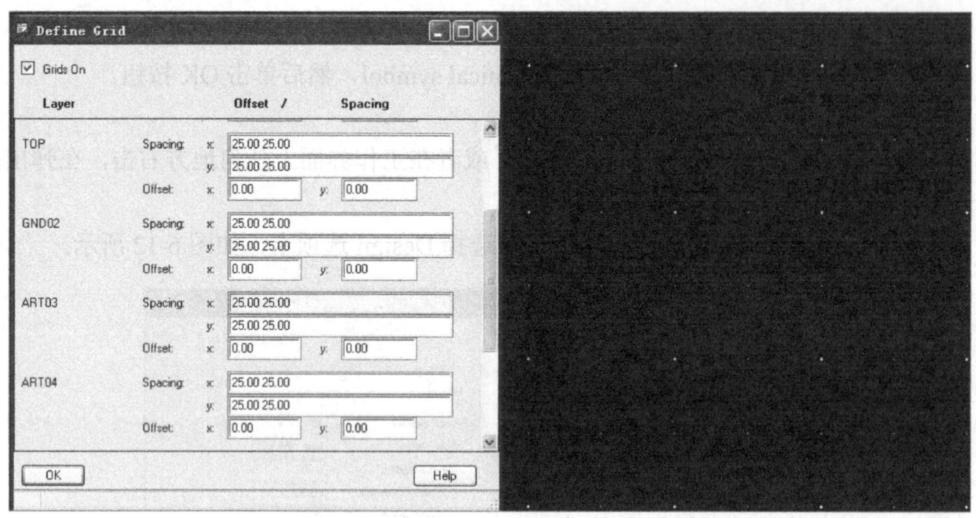

图 6-14　设置格点

（4）创建板框。

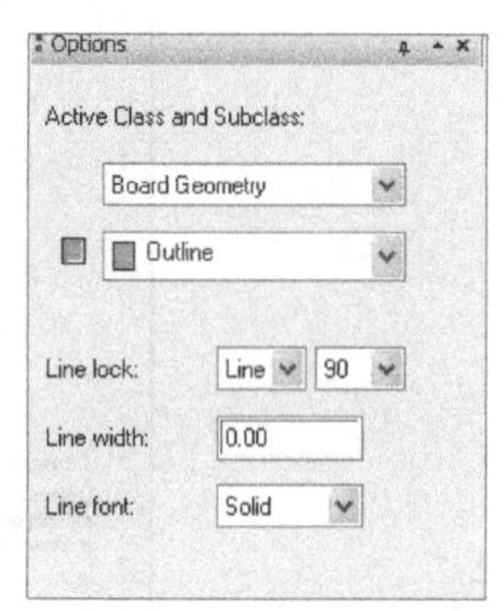

图 6-15　设置画线选项

- 选择 Add→Line 命令，将 Options 面板中的 Class 设为 Board Geometry，Subclass 设为 Outline，如图 6-15 所示。
- 通过输入尺寸数据来绘制板框。例如，板框尺寸为 7000mils×9000mils。
- 先确定板框的坐标原点，在命令窗口中输入绝对坐标：x 0 0。建议板框原点在板子的左下角，这样的好处是板内的所有元素的坐标都是正坐标，便于计算。
- 算出板框右上角的坐标，并在执行画线命令时，将 Line lock 的角度选为 90°，在上一命令的基础上，再在命令窗口中输入绝对坐标：x 7000 9000。
- 在执行画线命令时，保持 Line lock 的角度为 90°，同样在上一命令的基础上再在命令窗口中输入绝对坐标，如 x 0 0。
- 建议坐标原点在板子的左下角，这样的好处是板内的所有元素的坐标都是正坐标，便于计算。
- 也可采用输入相对坐标的方式来绘制板框。同样先设置 PCB 的左下角点为原点，在命令窗口中连续输入如下坐标：x 0 0　ix 7000　iy 9000　ix -7000　iy -9000。

（5）边框倒角。通常都要将 PCB 边缘进行倒圆角处理，这样在 PCB 装配上线时方便操作或方便搬运和安装等。一般倒角方式有两种：倒 45° 角和倒圆弧角。

- 倒 45° 角。方法有两种，一种是以计算坐标的方式，在开始画板框的时候就把 45° 角做出来；另一种是用倒角的方式去做，选择 Dimension→Chamfer 命令，将 Chamfer angle 设置为 45°，Trim Segments 常设的参数为 80mils，如图 6-16 所示，先后单击需要倒角的相邻的两个边。倒角完成后的效果如图 6-16 所示。

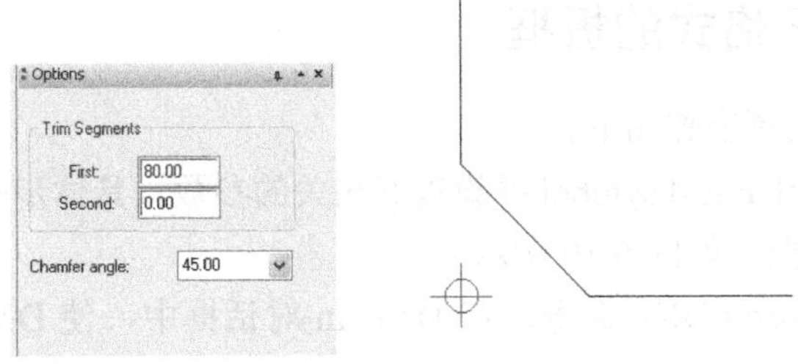

图6-16 倒45°角设置及效果

- 倒圆弧角。选择Dimension→fillet命令，将倒角半径设为80mils，先后单击需要倒角的相邻的两个边。指令完成后如图6-17所示。

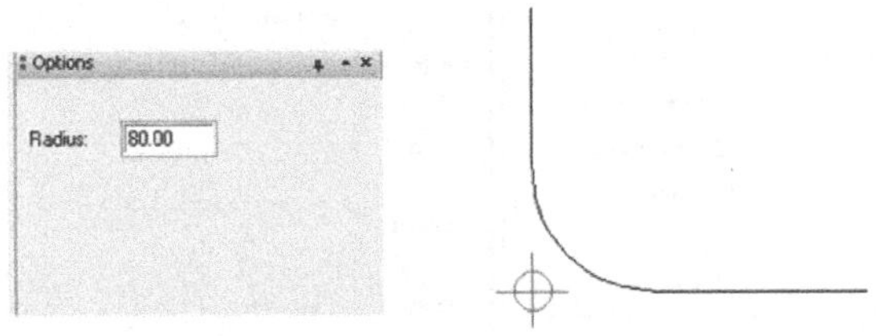

图6-17 倒圆弧角设置及效果

（6）放置定位孔，根据定位需求在所需位置放置定位孔。

（7）把已画好的结构封装存放在指定的库路径下，建议存放在与其他封装同样的路径下。

（8）启动SPB 16.5，打开已调入网表的设计文件，并确保库路径psmpath的指向是正确的。

（9）把结构封装放入板内。

- 选择Place→Manually命令，弹出Placement对话框，如图6-18所示。
- 选择Advanced Settings选项卡，勾选List construction选项组中的Library复选框。
- 选择Placement List选项卡，在下拉列表中选择Mechanical symbols，然后找到DXF-0701，将其放入板内。

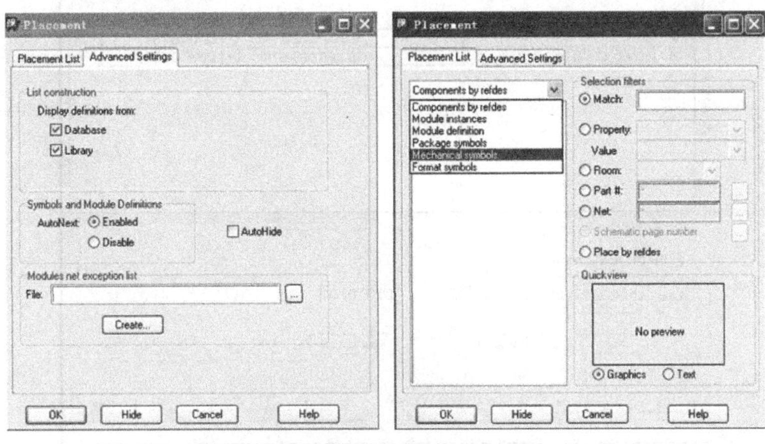

图6-18 放置结构封装

6.3.2　导入 DXF 格式的板框

建立结构封装，操作步骤如下。

（1）创建一个 Mechanical symbol 并设置好相关的参数，具体步骤参考 6.3.1 节内容。

（2）导入 DFX 板框，如图 6-19 所示。

- 选择 File→Import→DXF 命令。在 DXF In 对话框中，使 DXF file 指向已有的结构文件。
- 设置 DXF units，应和即将导入的 DXF 文件所用单位保持一致。例如，DXF 文件中所用单位是 mm，那么相应的 DXF units 处选择 mm（图 6-19 中“MM”应为“mm”）。

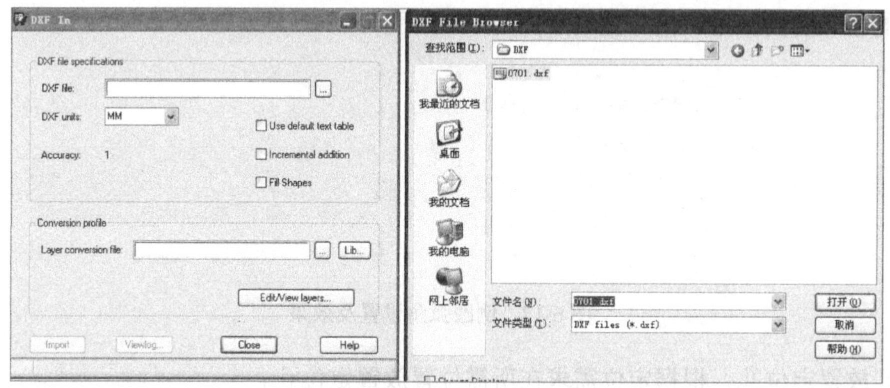

图 6-19　导入 DXF 板框

- 筛选 DXF 图形中所需要的图形层面。在图表中可以看到相应的 DXF layer 信息，先选择必要的层面，然后在 Use DXF layer as subclass name 下，在 Class 下拉列表中选择 BOARD GEOMETRY，新建一个 Subclass，最好以日期为名。单击 Map 按钮，再单击 OK 按钮，如图 6-20 所示。

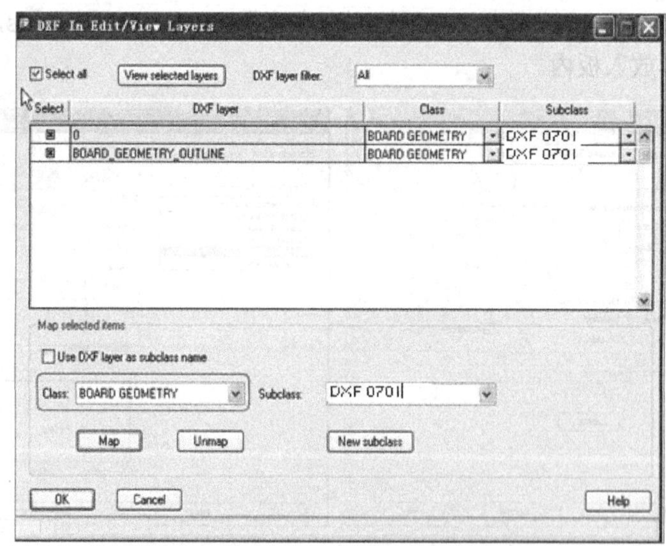

图 6-20　DXF In Edit/View Layers 对话框

- 设置好要导入的 DXF 层面后回到 DXF In 对话框，单击 Import 按钮，导入完成。

（3）打开相应层面 BOARD GEOMETRY→DXF0701，用 Z-copy 把相应的板框信息复制到 BOARD GEOMETRY→Outline。

（4）设置原点。

- 选择 Setup→Design Parameters 命令，或者在工作界面上任何地方右击，在弹出的快捷菜单中选择 Design Parameters 命令。
- 弹出 Design Parameter Editor 窗口，选择 Design 选项卡。
- 分别将 Move origin 选项组的 X、Y 值设置成目前板框左下角的坐标点，单击 OK 按钮，如图 6-21 所示。

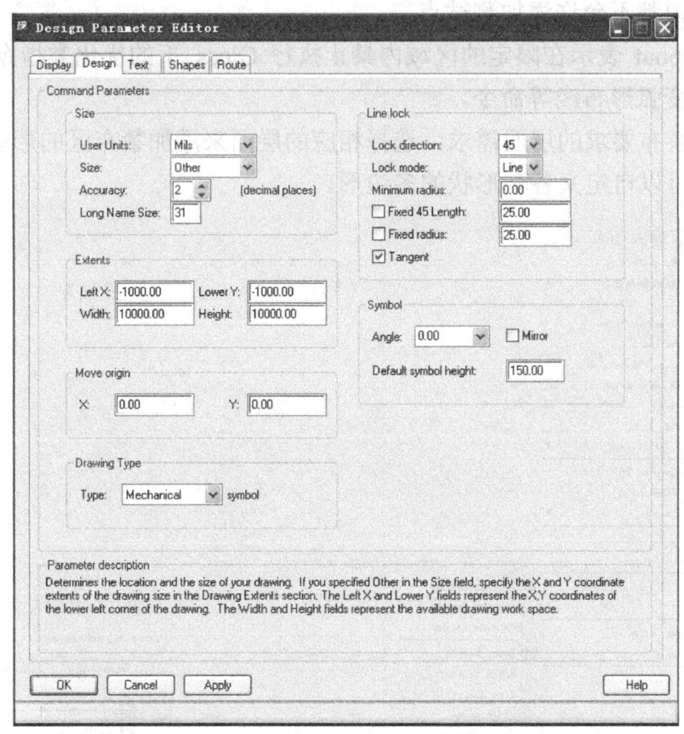

图 6-21　移动原点

（5）参考 6.3.1 节的操作放置定位孔并把结构封装调入所要设计的 PCB 文件中。

6.4　添加禁布区

在设计项目的不同区域，根据结构、散热或其他设计要求，会对布局布线及过孔有不同的禁布或限定要求。为了在设计时清楚地知道并遵循这些禁布要求，在设计前处理阶段，需要把各种区域限制信息添加到板内。常见的限制区域类型有禁止布线区、禁止打孔区、禁止布局区、布线限定区、布局限定区等。

（1）选择 Setup→Areas 命令，在 Areas 子菜单中可对许多参数进行设置，如图 6-22 所示。

- Package Keepin 表示在限定的区域内可以放置元器件。建议在每个项目上都设置布局限定区，所设值使板框每个边都内缩，以便后期装配的时候有足够的空间。

- Package Keepout 表示在限定的区域内禁止放置元器件。
- Route Keepin 表示在限定的区域内可以布置任何线或者图形。建议在每个项目上都设置布线限定区，所设值使板框每个边都内缩，给后期制板加工留足够余量。
- Route Keepout 表示在限定的区域内不可以布置任何线或者图形。建议在导电介质可能会接触到 PCB 面的区域设置相应层面的禁止布线区。
- Via Keepout 表示在限定的区域内不能布置过孔。建议在导电介质可能会接触到 PCB 面的区域设置禁止打孔区。
- Probe Keepout 表示在限定的区域内禁止放置测试点。一般在扣板区域内或者散热装置投影区内都不允许添加测试点。
- Gloss Keepout 表示在限定的区域内禁止执行 Gloss 下的优化类指令，如在焊盘处加泪滴、转变弧形布线等命令。

（2）根据对禁布要求的层面需求，选择相应的层面来添加禁布区的形状，如图 6-23 所示。其中，用户可以自定义各种形状的多边形。

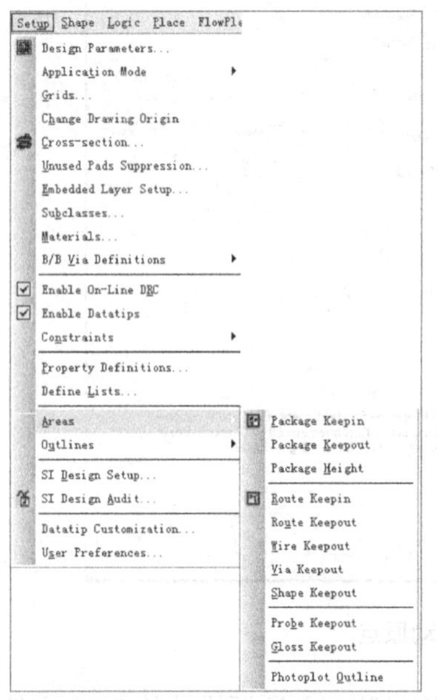

图 6-22　Areas 子菜单

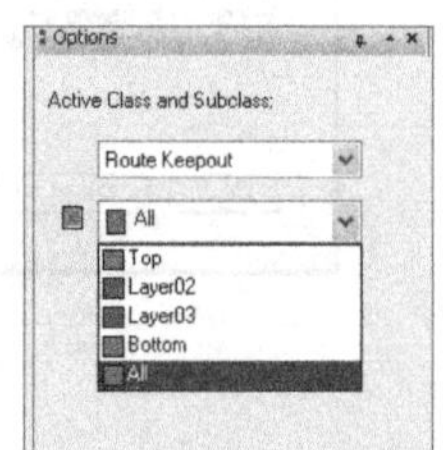

图 6-23　分层添加禁布区

在处理复杂形状的限制区域时，选择 Edit→Z-copy 命令，如沿着板框添加布线限定区，如图 6-24 所示。

图 6-24　通过 Z-copy 命令添加禁布区

（3）添加限高区域，需要同时添加高度参数。选择 Edit→Property 命令，在弹出的对话框中选择 Package_Height_Max，填入高度值，如图 6-25 所示。

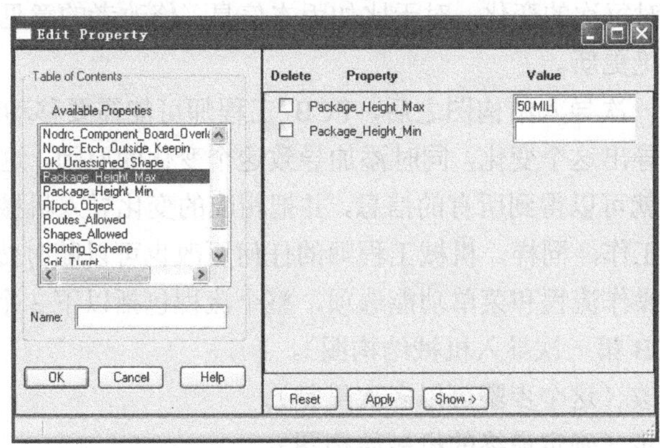

图 6-25　填入高度值

（4）违反禁布要求的 DRC 检查。前面小节中提到选择 Display→Color/Visibility 命令，在弹出的对话框中选择相应的 DRC 项。比如检查表层布局的禁布区，勾选 Package_Top 的 Drc 复选框，如图 6-26 所示，在违反 TOP 层布局禁布的位置就会出现 KC 的 DRC 报错。

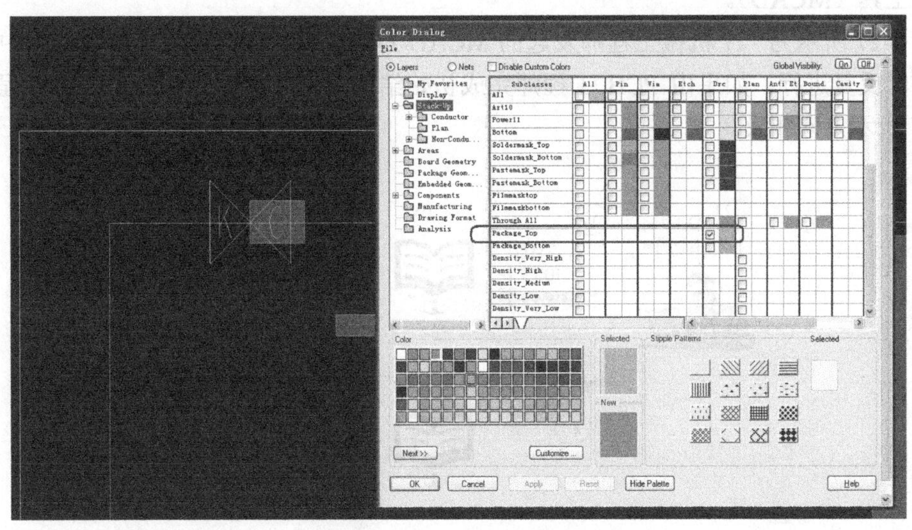

图 6-26　勾选 Drc 复选框

（5）禁止布线的 DRC 检查方法与上述方法类似，把相应层面的 DRC 显示功能打开，在 PCB 上就会显示相应的 DRC。

6.5　MCAD-ECAD 协同设计

Allegro PCB Editor 提供了基于 IDX 文件的 MCAD（PRO E）- ECAD（Allegro）协同设计流程，可以方便地实现交互设计时的增量（每一次导入、导出的差异）管理。这就意味着电子设计工具（ECAD）和机械设计工具（MCAD）可以在同一基准（Baseline）上工作，在设计过程中，两个工具的变化可以非常方便地进行互相传递，而不是每次必须把所有的数据覆盖而重新设计。针对每次的变化，对于比如版本信息、修改者的意见建议等信息，工程师可以选择接受或者拒绝更新。

举例来说，当第一次导入结构图之后，PCB 工程师可能需要移动结构定位器件，基于 IDX 的设计流程可以导出这个变化，同时添加导致这个变化的原因。这时候，机械工程师接收相应的 IDX 文件，就可以得到所有的信息，并把相应的变化导入机械设计软件，而不会影响他在此期间所做的工作，同样，机械工程师的任何更改也可以随时传递给 PCB 工程师。

下面介绍具体的操作流程和菜单功能选项，整个流程包括以下 3 个阶段。

- 建立基准（PCB 第一次导入机械结构图）。
- 基于变化的修改（这个步骤可以多次重复）。
- 最终的基准同步（确定最终的机械结构图）。

6.5.1 第一次导入基准的机械结构图

对于整个 ECAD\MCAD 设计流程来说，基准是最关键的，是对设计过程中所有的变化增量进行比较的参考。这个基准的结构图可以来源于 Allegro PCB Editor，更多的还是来自机械设计工具（MCAD）。

图 6-27 所示为一个机械工程师发起的 MCAD-ECAD 协同设计流程，设计过程中的修改迭代可以反复进行。如果由 PCB 工程师完成初始结构定位，并返回机械设计的流程，则与图 6-27 所示方向相反。

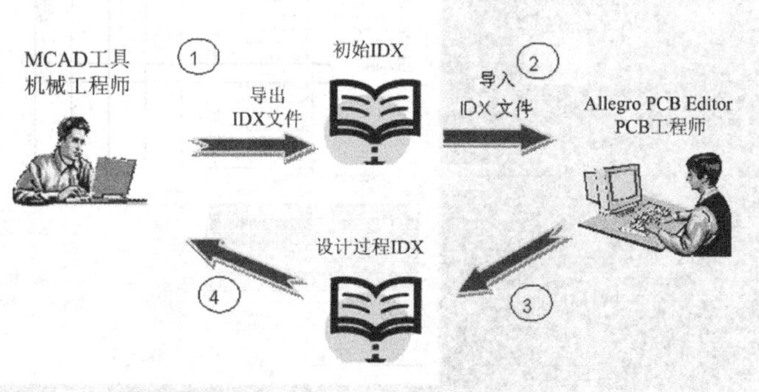

图 6-27　MCAD-ECAD 协同设计流程图

以下例子中，基准的机械图用 Pro/E 设计，我们首先要在 Allegro 中导入这个 IDX 文件。

- 准备工作：IDX 的流程可以支持结构定位器件的放置，所以这个例子的.brd 文件是已经导入的网表，同时设置好封装库路径，这也是 Cadence 基于 MCAD-ECAD 协同设计流程的推荐做法。
- 打开.brd 文件，选择 File→Import→IDX 命令，打开如图 6-28 所示的界面。选择 MCAD 设计好的 IDX 文件，第一次导入的时候，记得勾选 Use as baseline 复选框。

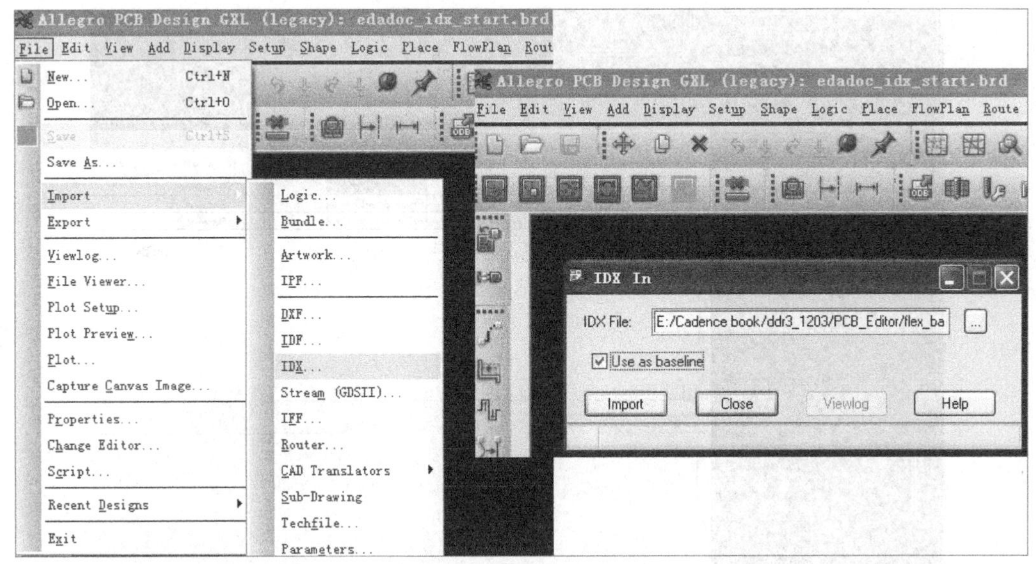

图 6-28　导入 IDX 文件

只在最初的基准版本调入和设计结束生成最终的基准版本时，才需要勾选 Use as baseline 复选框。

- 单击 Import 按钮，出现如图 6-29 所示的对话框，进行导入 IDX 所需的相关设置。

Import：勾选相应的条目进行导入操作，被选中的条目会显示在 Allegro 主窗口界面，供设计工程师检查核对。

Object Type：定义相应目标的类型，对应 Allegro 的 Class 和 Subclass。

Object Name：定义相应目标的名称，比如元器件位号等。

Comment：相应设计工程师的建议，这个在增量修改时非常有用。

Status：状态，可以是 Baseline、Deleted、Modified 和 Added。

Reject Comment：如果设计工程师拒绝接受相应条目，可以写出理由。

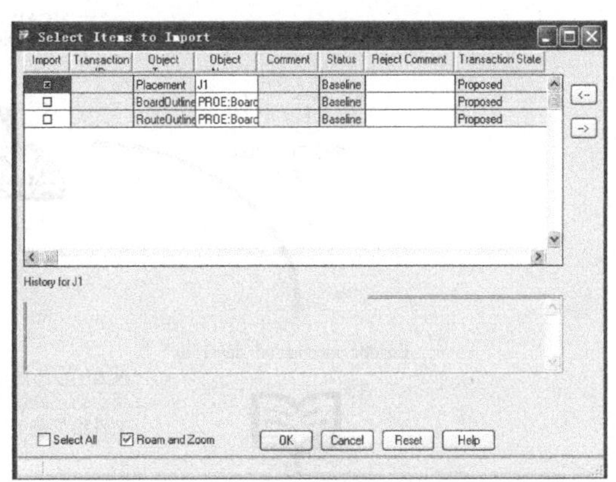

图 6-29　Select Items to Import 对话框

Transaction State：有 3 个选项 Proposed、Accepted 和 Rejected。

Roam and Zoom 复选框：勾选之后，并且 Import 中选择了相应的条目之后，Allegro 主窗口会相应缩放以显示所选对象。

- 本例勾选 Select All 复选框，然后单击 OK 按钮，相应的结构要素图就被成功导入，如图 6-30 所示。

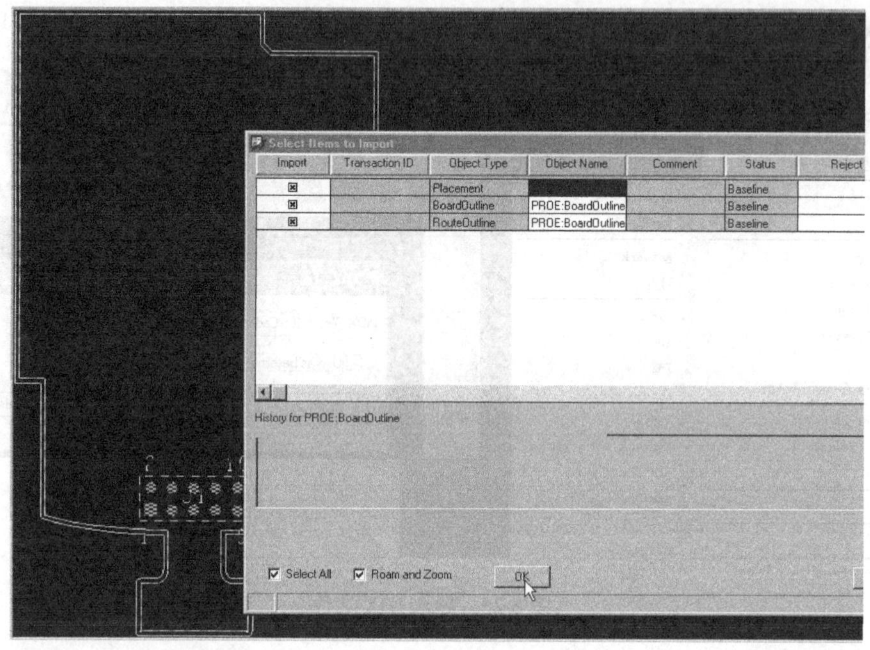

图 6-30 导入成功

6.5.2 设计过程中的机械结构修改

设计过程中的交互以及修改在所难免，交互设计流程如图 6-31 所示。

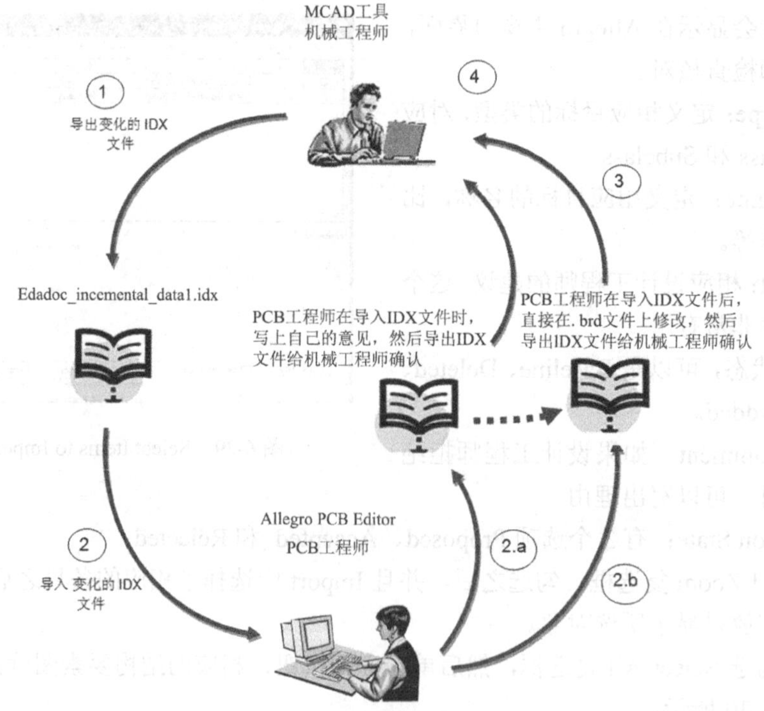

图 6-31 交互设计流程

2.a 和 2.b 两个流程的区别在于 PCB 工程师是否直接修改结构定位，Allegro 对两个流程的支持都很好，都能形成完整的闭环，保证设计质量。

设计过程中的机械结构修改的操作流程如下。

- 选择 File→Import→IDX 命令，在打开的 IDX In 对话框中选择机械工程师修改后的 IDX 文件，由于是增量修改，记住不要勾选 Use as baseline 复选框，如图 6-32 所示。

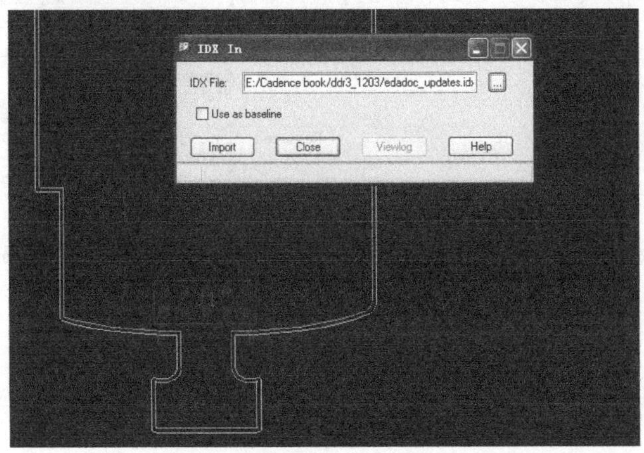

图 6-32 导入 IDX

- 在 Select Items to Import 对话框中查看并选择相应的修改项目，如图 6-33 所示。在本例中，机械工程师移动了连接器 J1 的位置，在选中了相应条目后，J1 被自动移动到新的位置上。PCB 工程师可以通过勾选和取消勾选的操作，来检查 J1 的新位置，从而确定是否接受这个改动。

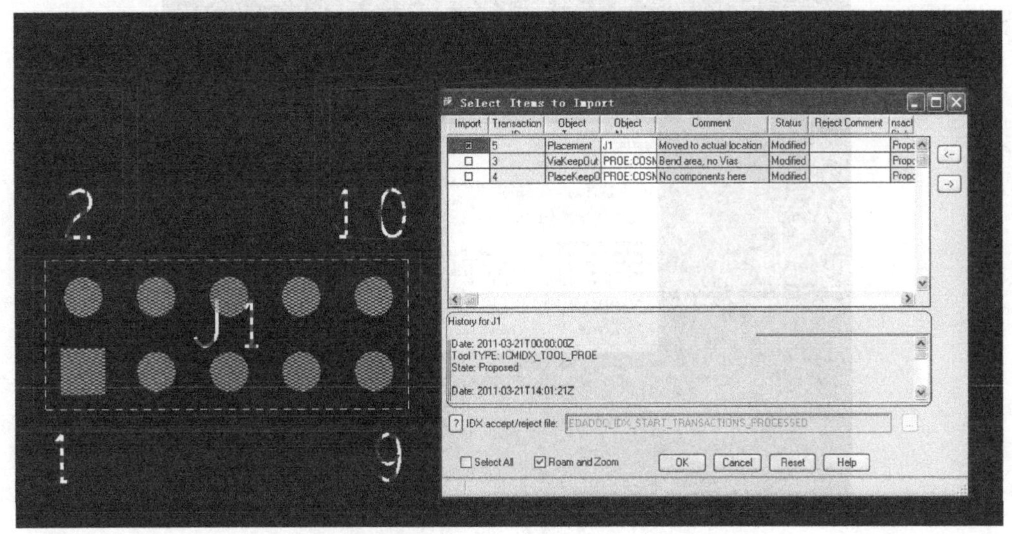

图 6-33 增量导入

- 选中相应条目后，会显示 History for J1，这是修改过程的信息记录，能看到修改的时间、工具等信息。

- 在 Comment 区域内能看到相应工程师对本次修改的建议。
- 如果拒绝接受相应的修改，在 Reject Comment 区域内可以写上理由。
- IDX accept/reject file 框中会生成相应的 LOG 文件，供大家参考，其格式如图 6-34 所示。

Transaction ID	Object Type	Object Name	State	History
Baseline	BoardOutline	PROE:BoardOutline	Accepted	Date: Mon Jan 30 10:50:20 2012 Login: Administrator Tool Name: CADENCE_ALLEGRO - 16.5 (P003) Comment: State: Accepted
Baseline	Placement (TOP)	J1	Rejected	Date: Mon Jan 30 10:50:20 2012 Login: Administrator Tool Name: CADENCE_ALLEGRO - 16.5 (P003) Comment: State: Rejected
Baseline	RouteOutline	PROE:BoardOutline	Accepted	Date: Mon Jan 30 10:50:20 2012 Login: Administrator Tool Name: CADENCE_ALLEGRO - 16.5 (P003) Comment: State: Accepted

图 6-34 LOG 文件的格式

有时候，PCB 工程师会直接修改元器件的定位或者一些禁布区的信息，Allegro 的 MCAD-ECAD 协同设计工具支持这样的操作。

在本例中，会删除机械工程师定义的 Package Keepout 区域，添加新的禁止布局区。

- 显示导入的禁止布局区，如图 6-35 所示，能看到 IDX_OWNER 属于 MECHANICAL。这个区域是被 FIXED 的，在删除的时候需要取消 FIX 属性。

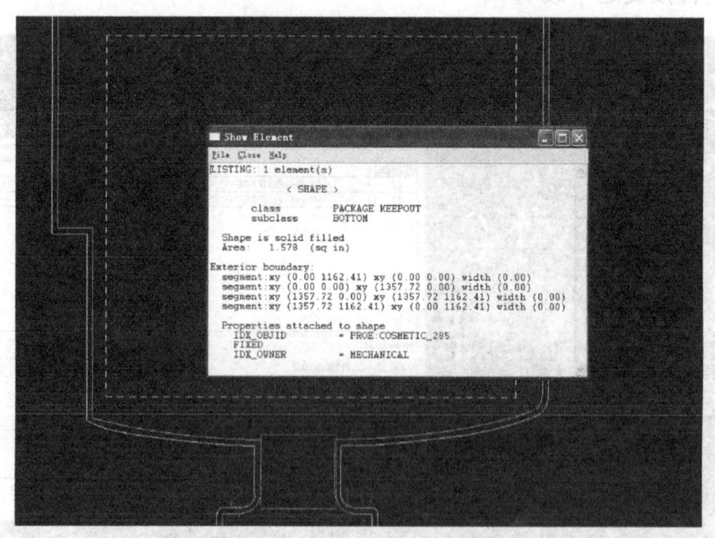

图 6-35 元器件属性

- 选择 Setup→Areas→Package Keepout 命令，添加新的禁止布局区，修改后的结果如图 6-36 所示。

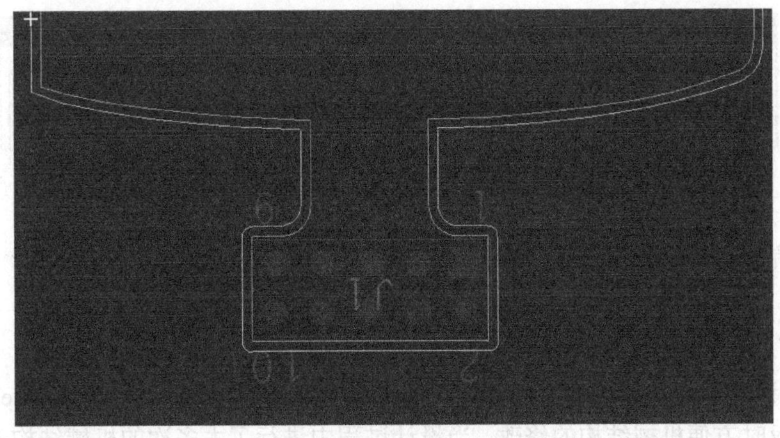

图 6-36　修改后的结果

- 存盘之后，选择 File→Export→IDX 命令，打开如图 6-37 所示的 IDX Out – Increment 对话框，相应的选项介绍如下。
  - ➢ Output file name：输出 IDX 文件名。
  - ➢ Design version：IDX 的版本，相当于机械结构修改的次数。
  - ➢ Source identification：所用的 Allegro 版本，Allegro 16.3 支持 IDX 1.2，Allegro 16.5 支持 IDX 2.0。
  - ➢ Export filter：输出项目的过滤器，这里需要注意被选中的项目是不输出的，同时注意一旦确认了选择并执行之后，就尽量不要再修改这个过滤器，否则会产生一些问题。

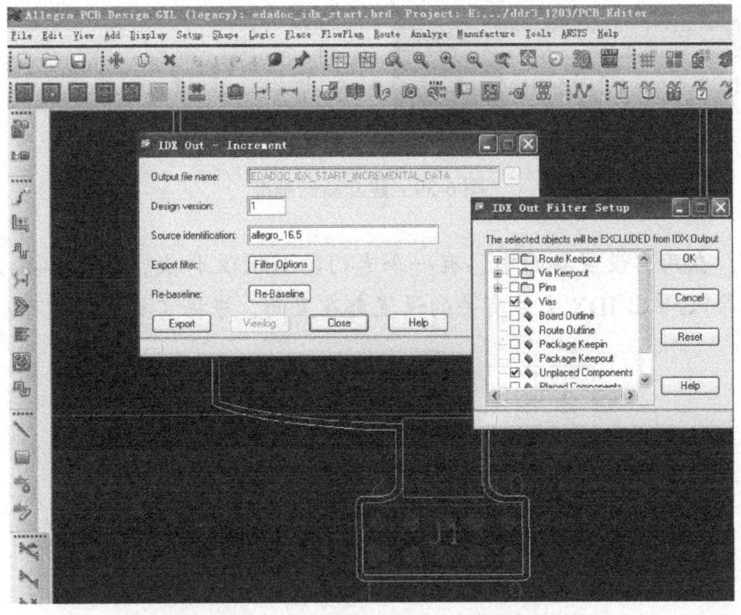

图 6-37　导出 IDX 设置和过滤选项

- 确定选项后单击 Export 按钮，在弹出的窗口中写入建议，如图 6-38 所示。

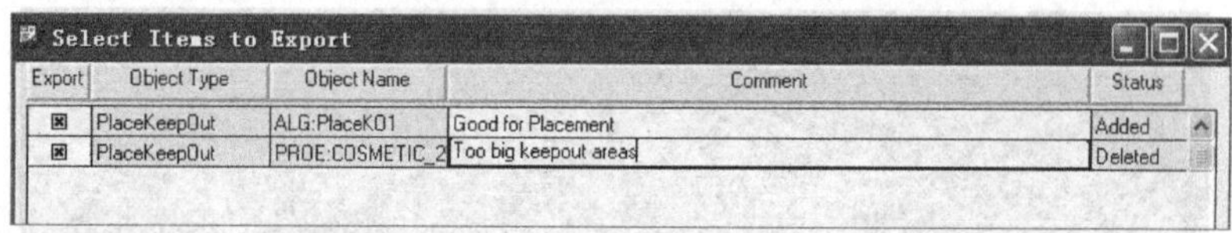

图 6-38 写入建议

- 导出完成之后，也会生成相应的 LOG 文件供参考。

6.5.3 设计结束后建立新的基准

在 PCB 设计结束之后，通常需要重新建立机械结构的基准，称为 Re-Baseline，这是为了在今后改板时方便机械结构的修改。当设计过程中进行了太多次的机械结构改动后，初始的基准已经不堪使用，在机械工程师和 PCB 工程师的一致同意下，可以在双方的工具中重新建立起始基准，也就是 Re-Baseline。

在 IDX Out-Increment 对话框中，单击 Re-Baseline 按钮，然后单击“是”按钮，IDX Out-Baseline 对话框的 Output file name 文本框会变成可操作状态，如图 6-39 所示，输入新的文件名之后单击 Export 按钮，即可生成新的 Baseline 版本的 IDX 文件。

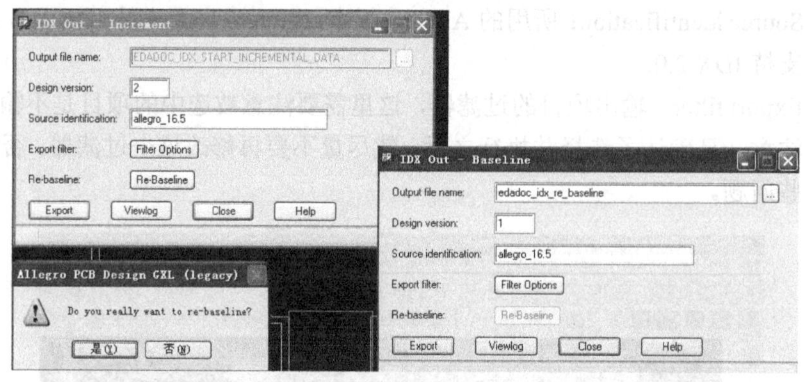

图 6-39 建立新的基准

在用户设置界面中，有一个专门的 IDX 文件夹，如图 6-40 所示。所有和导入/导出 IDX 文件有关的设置都在里面，根据需要设置即可。

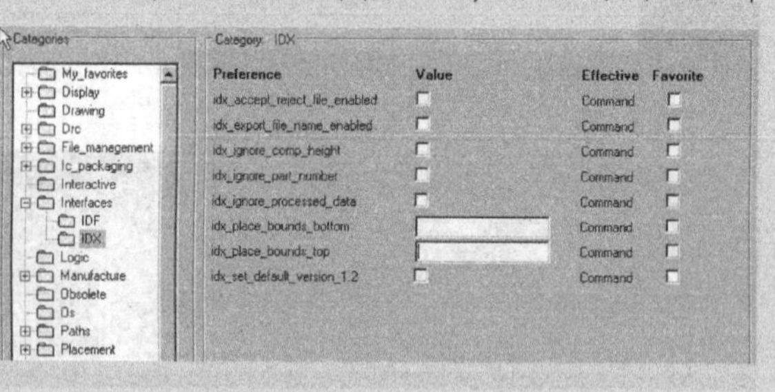

图 6-40 IDX 的导入/导出设置

第 7 章　约束管理器

本章导读：

- 使用约束管理器建立物理约束（Physical Constraint）和间距约束（Spacing Constraint）。
- 为高速布局布线设计建立电气约束（Electrical Constraint）和差分线对约束。

7.1　约束管理器介绍

约束管理器（Constraint Manager）是一个交叉的平台，以工作簿和工作表的形式管理 Cadence PCB 和 IC Package 设计流程中所有工具的约束。用户可通过约束管理器在设计流程中的任意一个环节进行约束的定义、查看和验证。当约束被设置完成后，PCB 工具会自动根据设定的约束对设计进行检查，不符合约束的地方会用 DRC Markers 标记出来。

启动 Allegro PCB Editor，并勾选 High-Speed 复选框，选择 Setup→Constraints→Constraint Manager 命令，弹出约束管理器窗口，如图 7-1 所示。约束管理器主要由菜单栏、工具栏、工作簿/工作表、选择区、状态栏 5 部分组成。

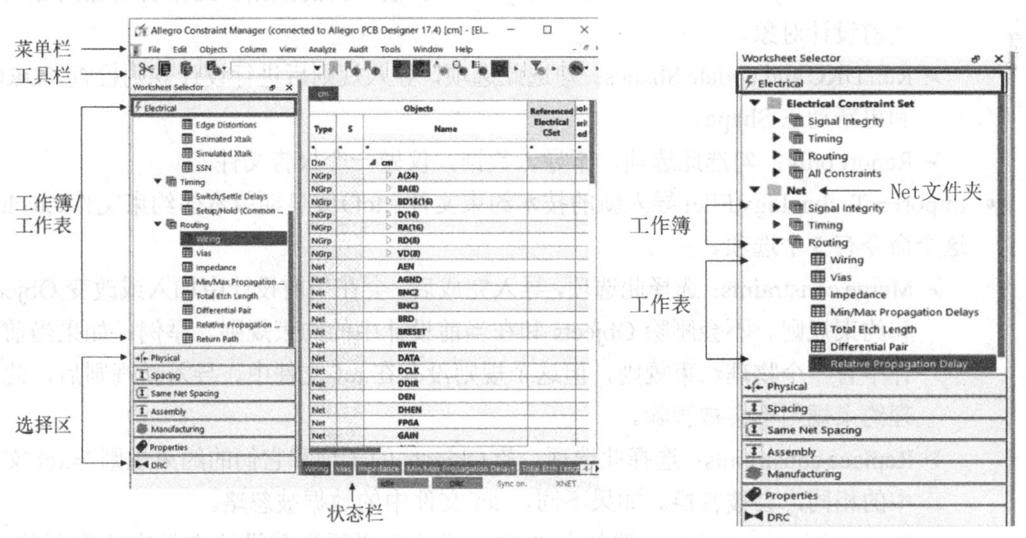

图 7-1　约束管理器

约束管理器菜单中的部分命令介绍如下。

1. File 菜单命令

- Import→Constraints：导入约束文件（.dcf）。此文件中含有用户自定义的属性，ECSsets 及相关约束和 Net 及相关约束的信息。这个命令有 5 个选项可供选择。
  - ➢ Merge constraints：选择此选项，表示保持当前设计文件的约束数据并读入新的约束数据。约束管理器将加入新的约束规则、新的对象（包括 ECSets）和叠层的信息。当前设计文件中的对象（Differential Pair 等）和约束规则，如果新的.dcf 文件中没有，会被保留，不会改变。如果当前设计文件中和新的.dcf 文件中都有约束规则，新的.dcf 文件中的约束规则会覆盖当前设计文件中的约束规则。如果对象在当前设计文件中有约束规则，但此对象在.dcf 文件中没有约束规则，选择此选项时，此对象的约束规则会保留。
  - ➢ Replace Constraints：选择此选项，表示覆盖所有在当前设计文件中存在同时在.dcf 文件中也存在的约束数据。约束管理器将按照.dcf 文件的设置加入新的约束规则、新的对象（包括 ECSets）和带约束规则的对象。当前设计文件中的对象的约束规则（总的电气规则），如果.dcf 中没有，此约束规则会被保留，不会改变。如果约束的值不同，.dcf 文件中的约束规则会覆盖当前设计文件中的约束规则。如果当前设计文件中被约束的对象在.dcf 文件中没有，约束管理器将清除当前设计文件中的约束规则。举例：如果 A0 在当前设计文件中有 60Ω 的特征阻抗的约束。同时在电气规则中也有这个规则，但.dcf 文件中没有电气规则，则具体的约束规则导入后，A0 的 60Ω 的规则被清除，但总的电气规则则保留。
  - ➢ Overwrite all Constraints：选择此选项，表示清除当前设计中所有数据（包括 ECSets、objects、constraints on objects）和读入新的数据。约束管理器清除所有当前设计对象。
  - ➢ Run DRC and update Shapes：勾选此选项，导入规则后进行设计规则检查（DRC）和更新动态 Shape。
  - ➢ Report only：勾选此选项，不导入数据，仅做一个报告文件。
- Import→Technology File：导入新的技术约束文件（.tcf）或早期版本的约束文件（.tech）。这个命令有 5 个选项。
  - ➢ Merge constraints：选择此选项，导入完成后，会在当前设计中加入或改变 Objects 和约束规则。不会删除 Objects 和在当前设计中的约束规则。举例：如果当前设计中有一个物理约束规则，但这个规则没有在.tcf 文件中。导入新规则后，此物理约束规则不会被删除。
  - ➢ Replace constraints：选择此选项，若 Objects 的子项和它们的约束规则与.tcf 文件中的相同，会被替换。如果不同，.tcf 文件中的数据被忽略。
  - ➢ Overwrite constraints：选择此选项，工具会更新当前设计文件来匹配新的.tcf 文件。
  - ➢ Run DRC and update Shapes：勾选此选项，导入规则后进行设计规则检查（DRC）和更新动态 Shape。
  - ➢ Report only：勾选此选项，不导入数据，仅做一个报告文件。

- Import→Electrical CSets：导入拓扑模板。
- Import→Analysis Results：导入先前保存的分析结果文件（.acf）。
- Import→Worksheet File：导入文本文件（.txt、.csv、.psn）至工作表。
- Import→Worksheet Customization：导入其他设计文件所定制好的工作表文件（.wcf）。
- Export→Constraints：导出约束文件（.dcf）。
- Export→Technology File：导出技术文件（.tcf）。
- Export→Electrical CSets：保存已有的电气约束至拓扑模板文件（.top）。
- Export→Analysis Results：导出分析结果文件（.acf）。
- Export→Worksheet File：导出当前工作表信息至扩展名为.txt、.csv、.psn 的 ASCⅡ文本文件。
- Export→Worksheet Customization：导出工作表定制文件（.wcf），以让其他的设计使用。
- Export→HTML File：导出当前工作表信息至 HTML 文本文件。
- File Viewer：显示当前工作目录下扩展名为.log、.rpt、.txt、.dat 的文件。
- Close：关闭并保存约束管理器，用于经 Allegro PCB Editor 打开的约束管理器。

2. Edit 菜单命令

- Undo：撤销。
- Redo：重做。
- Cut：剪切。
- Copy：复制。
- Paste：粘贴。
- Paste Special：选择性粘贴，与包含公式的单元格结合使用。
- Clear：清除所选表格内的值。
- Find：查找工作表中的某个对象。
- Find Next：查找工作表中下一个对象。
- Find Previous：查找工作表中上一个对象。
- Toggle Bookmark：标记在“Objects”列中选择的对象。
- Next Bookmark：定位至下一个在“Objects”列中标记的对象。
- Previous Bookmark：定位至上一个在“Objects”列中标记的对象。
- Go to Source：定位至所选对象所属的父对象。
- Change：在所选表格中输入或者更改数值。
- Formula：添加数学公式以定制某些属性或者约束。
- Dependencies：使用此命令配合 Formula 进行依赖关系设置。
- Calculate：计算一个公式。
- Calculate All：计算所有的公式。

3. Objects 菜单命令

- Filter：改变当前工作表中对象的显示。

- Select：选择约束管理器中的对象并在 Allegro PCB Editor 中对其定位。
- Select and Show Element：选择约束管理器中的对象，在 Allegro PCB Editor 中对其定位并执行 Show Element 命令。
- Deselect：不选择约束管理器中的对象。
- Expand：展开所选对象的子对象列表。
- Expand All：展开所有对象的子对象列表。
- Collapse: 收起所有对象的子对象列表。
- Create→Net Class：创建 Net Class。
- Create→Net Class-Class：定义两个 Net Class 之间的关系。
- Create→Region：创建约束区域。
- Create→Bus：创建总线。
- Create→Match Group：创建匹配群组。
- Create→Pin Pair：创建引脚对。
- Create→Differential Pair：创建差分线对。
- Create→Electrical CSet：建立电气约束。
- Create→Physical CSet：建立物理约束。
- Create→Spacing CSet：建立间距约束。
- Create→Same Net Spacing CSet：建立相同网络间距约束。
- Add to→Net Class：关联已存在的 Net 类。
- Add to→Bus：关联总线组。
- Add to→Match Group：关联匹配群组。
- Add to→Differential Pair：关联差分线对。
- Add to→Ratsnest Bundle: 关联飞线群组。
- Group members: 浏览、编辑群组成员。
- Remove：从总线或者匹配群组中移除 Nets、Xnets、引脚对。
- Rename：重命名总线、匹配群组、差分线对或者 Xnet。
- Delete：删除总线、匹配群组、差分线对、引脚对或者电气约束。
- Constraint Set References：关联约束。
- Change all design unit attributes：修改所选对象的所有属性单元值。

4．Column 菜单命令

- Analyze：约束管理器计算所选择的列，将实际值显示在 Actual 栏中，同时将实际值与约束值进行比较，计算出余量（Margin）值。
- Column Analysis Mode: 启用或关闭列分析模式，从而达到自定义分析检查范围的目的。
- Sort：按照递增或递减的顺序排列一列中的值。

5．View 菜单命令

- Options：用户控制界面。

- Hide Column：隐藏所选择的列。
- Show All Columns：显示所有的列。
- Expand All Rows：扩展所有的行。
- Collapse All Rows：隐藏所有的行。
- Display Priority: 列显示优先级。
- Refresh：重新加载当前工作表。
- Always on Top：保持约束管理器在顶层显示。

6. Analyze 菜单命令

- Initialize：配置多层板（系统）设计或者管理仿真进程。
- Settings：分析设置。
- Analysis Modes：设置设计规则检查（DRCs）、设计选项和定制测量。
- Analyze：分析所选择的对象。
- Show Worst Case：显示最差的仿真结果。

7. Audit 菜单命令

- Constraints：生成 Net 级的约束矛盾报告。
- SI Setup：生成信号完整性相关的报告。
- Obsolete Objects：审核约束管理器和 PCB、封装、原理图数据库中是否有不一致的信息，并生成报告，允许用户进行调整。
- Invalid Objects：生成无效对象（比如空的群组、总线，有 2 个以上网络的差分组）的报告。
- Electrical CSets：生成一个报告，其包含设计中的 ECSets 和所有与 ECSets 有关联的对象的状态。

8. Tools 菜单命令

- SigXplorer：启动 SigXplorer 工具以设置电路拓扑结构。
- SigWave：启动 SigWave 工具以观看波形。
- Constraint Compiler: 规则编译器，支持从外部规则库自动转换到管理器。
- Ravel-Delete All Markers: 删除所有由 Ravel 检查生成的 DRC。
- Setup Property Definitions: 创建用户自定义属性。
- Options：电气约束提取和应用的设置选项。
- Update Topology：更新拓扑。
- Uprev Topology：自动导入更新版本的拓扑文件。
- Update DRC：删除所有 DRC Markers，重新进行 DRC 检验并标记新的 DRC Markers。
- Customize Worksheet: 增加用户定义或预定义属性到默认的工作表中，并支持自定义工作簿和工作表。

- Report: 输出 HTML 格式的工作表。

9. Window 菜单命令

- New Window：在新窗口显示当前工作表中的内容。
- Cascade：叠层显示所有打开的工作表。
- Tile：平铺显示所有打开的工作表。
- Close All：关闭所有工作表。
- Arrange Icons: 在工作区的底部排列最小化的工作表。
- Previous Recent View: 在所有工作表中打开上一个视图。
- Next Recent View: 在所有工作表中打开下一个最近视图。
- Previous Worksheet Tab: 在工作簿中的工作表之间循环前进。

7.2 物理约束与间距约束

7.2.1 物理约束和间距约束介绍

Allegro PCB Editor 有一套预先定义的设计规则，比如 Line-to-Pin 间距规则、最小的 Line 宽度等，相同类型的设计规则组成了相应的约束。用户可通过设定约束内的各项数值来确定具体的设计规则。

基于 Net（网络）的设计约束与规则有以下 4 类。

- 物理约束（Physical Constraint）：管理线路的物理结构，如 Line（布线）线宽和 Layer（层）约束等。
- 间距约束（Spacing Constraint）：管理属于不同 Net 的 Lines、Pads、Vias、Shapes 之间的距离。
- 相同网络间距约束（Same Net Spacing Constraint）：管理属于相同 Net 的 Lines、Pads、Vias、Shapes 之间的距离。
- 电气约束（Electrical Constraint）：管理电路信号特性，如串扰和传输延迟。

对于物理设计规则、间距设计规则和相同网络间距设计规则而言，存在着两种不同类别的规则：

- 默认规则（Default 规则）。
- 扩展规则。

默认规则用于定义没有特殊布线要求的网络。若有些网络的设计规则不同于默认规则，用户则可将扩展规则赋予这些网络。

在设计的初始阶段，Allegro PCB Editor 将 Spacing 约束（间距约束）的 Default 规则、Physical 约束（物理约束）的 Default 规则和 Same Net Spacing 约束（相同网络间距约束）的 Default 规则赋予设计中的所有 Net。若设计中有些 Net 的设计规则不同于 Default 规则，用户则需先创建包含这些网络的 Net Class，再建立扩展的 Physical 约束、Spacing 约束和 Same Net Spacing 约束，最后将这些扩展的约束赋予 Net Class。

7.2.2　Net Group 和 Net Class

目前数字电路采用总线设计方式成为趋势，Cadence 沿用了自 SPB 16.5 中增加的 Net Group 的概念。在使用方法上 Net Group 和 Net Class 大同小异。但 Net Group 有一个明显的优势是 Net Class 不具备的，即 Net Group 可以进行嵌套。以 DDRX 的设计来说，图 7-2 所示为 Net Group 在约束管理器中的显示。我们可看到总的 Net Group 是 DDR_BANK[0] ，包括 BANK[0]_ADDR_CMD、BANK[0]_CLOCKS、BANK[0]_CTRL 和 BANK[0]_DATA。而在 BANK[0]_DATA 下又包含 BANK[0]_DATA_BYTE[0]～[3]。

Objects		
Type	S	Name
*	*	*
Dsn		⊟ EDADOC-DDR3-3
OTyp		⊟ NetGroups
NGrp		⊟ DDR_BANK[0] (4)
NGrp		⊞ BANK[0]_ADDR_CMD (20)
NGrp		⊞ BANK[0]_CLOCKS (1)
NGrp		⊞ BANK[0]_CTRL (4)
NGrp		⊟ BANK[0]_DATA (4)
NGrp		⊞ BANK[0]_DATA_BYTE[0] (10)
NGrp		⊞ BANK[0]_DATA_BYTE[1] (10)
NGrp		⊞ BANK[0]_DATA_BYTE[2] (10)
NGrp		⊞ BANK[0]_DATA_BYTE[3] (10)
OTyp		⊞ XNets/Nets

图 7-2 Net Group 在约束管理器中的显示

使用 Net Group 还有一个好处，即可以很方便地对 PCB 进行布局和布线的规划，如图 7-3 所示。

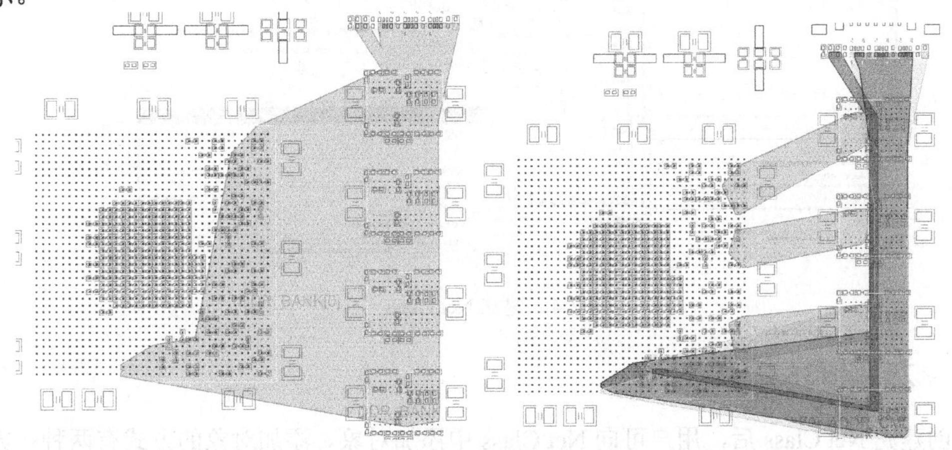

图 7-3　使用 Net Group 对 PCB 进行布局和布线的规划

Net Group 的创建方法与 Net Class 相类似，可以参考创建 Net Class 的方法。Net Group 最好从原理图创建。需要注意的是，创建可嵌套的 Net Group 需要 Allegro High Speed Option 的 License 才可以。

7.2.3　建立 Net Class

Net Class 是一些网络的集合，最终会被赋予 Physical 约束和 Spacing 约束。若用户没有创建 Net Class，以及将扩展的 Physical 约束和 Spacing 约束赋予此 Net Class，则设计中所有的网络都被赋予 Physical 约束和 Spacing 约束的 Default 规则。

用户创建 Net Class 后，在 Net 文件夹下 All Layers 工作簿/工作表内的 Objects 列中会立即显示所创建的 Net Class，如图 7-4 所示。操作步骤如下。

（1）启动 Allegro，选择 Setup→Constraints→ Constraint Manager 命令，弹出约束管理器。

（2）单击 Physical 域或者 Spacing 域中 Net 下的 All Layers 工作簿/工作表。

（3）在 Objects 列下选中一组 Net，右击，在弹出的快捷菜单中选择 Create→Class 命令，弹出 Create NetClass 对话框。

（4）在 Net Class 文本框中输入所要定义的 Net Class 名称，单击 OK 按钮完成操作。

（5）Net Class 默认属于 Physical、Spacing 和 Same Net Spacing 域，除非不勾选 Create for both physical and spacing 复选框。

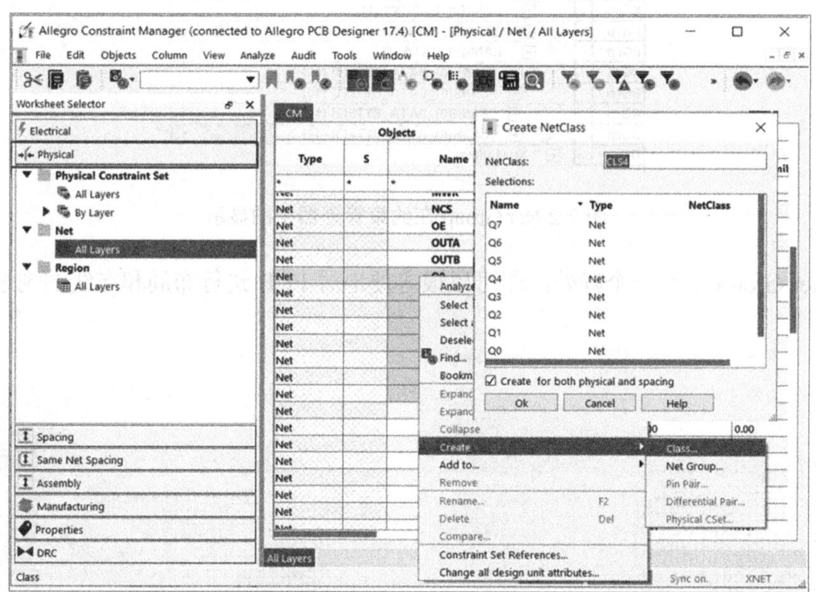

图 7-4　建立 Net Class

7.2.4　为 Class 添加对象

在创建完 Net Class 后，用户可向 Net Class 中添加对象。添加对象的方式有两种：方式一是选中 Net Class，再添加对象；方式二是选中对象，再将其加入指定的 Net Class。操作步骤如下，分别如图 7-5 和图 7-6 所示。

方式一

（1）选中 Net Class，右击，在弹出的快捷菜单中选择 Net Class members 命令，弹出 Net Class Membership for Q 对话框。

（2）在该对话框左上角的下拉列表中选择对象的类型，并在其下方的列表框中选择对象，将其添加到右边的 Current Members 列表框中。

（3）单击 OK 按钮，完成操作。

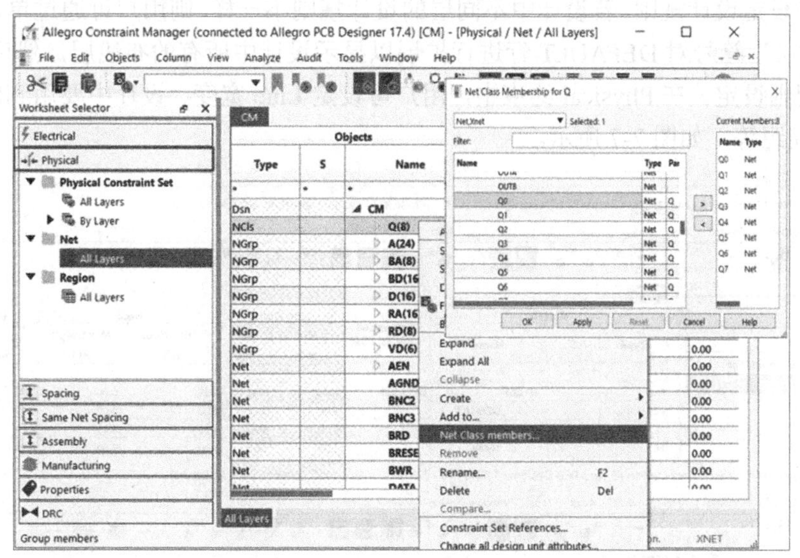

图 7-5　为 Net Class 添加对象

方式二

（1）选中对象（比如 Net、Bus、Differential Pair），右击，在弹出的快捷菜单中选择 Add to→ Class 命令，弹出 Add To NetClass 对话框。

（2）在该对话框上方的下拉列表中选择需要加入的 Net Class。

（3）单击 OK 按钮，完成操作。

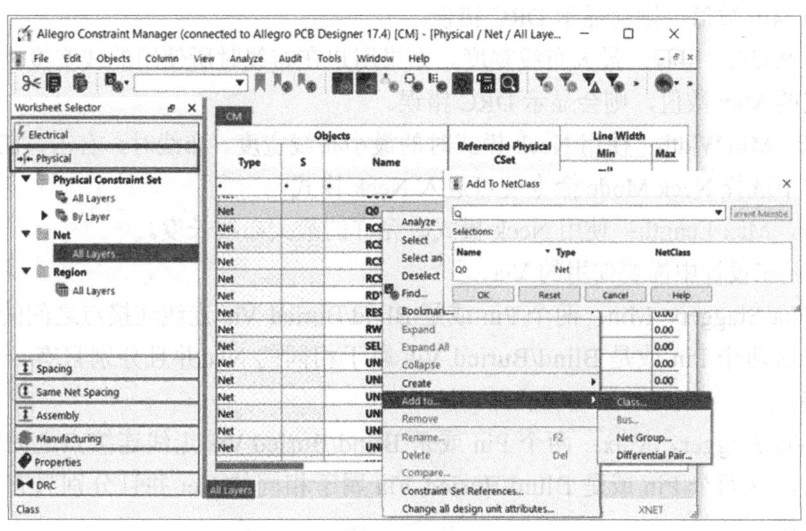

图 7-6　添加对象至 Net Class

7.2.5　设置物理约束的 Default 规则

创建 Physical 设计规则的第一步是设置 Default 规则，Default 规则被赋予没有特殊布线要求的网络。若设计中所有层的设计规则都一样，则用户可直接通过约束管理器中 DEFAULT 行内的值来设定设计规则。若设计中不同层的设计规则不一样，则用户可通过单击 DEFAULT 行左边的“▷”符号对 DEFAULT 行进行扩展以显示设计中所有的布线层，然后分别对各布线层进行规则设定。在 Physical 约束中，用户可设定 Line 宽度、设计中要用到的 Via、差分线对线宽/间距等，如图 7-7 所示。

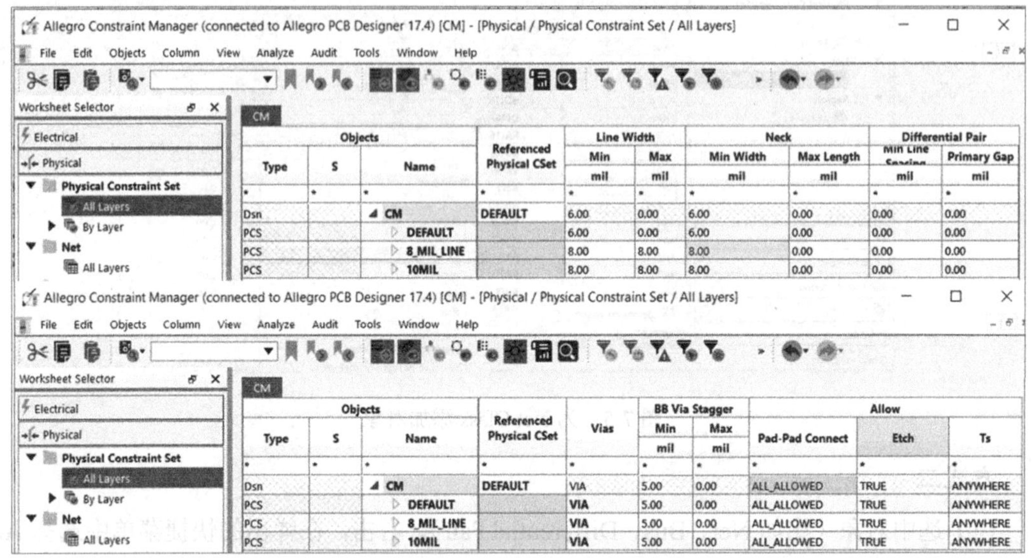

图 7-7 Physical 约束的 Default 规则

- Line Width，Min：最小布线宽度。如果用户在布线时所使用的线宽度小于该规则中设定的 Min 数值，则会显示 DRC 错误。
- Line Width，Max：最大布线宽度。如果用户在布线时所使用的线宽度大于该规则中设定的 Max 数值，则会显示 DRC 错误。
- Neck，Min Width：使用 Neck 模式时的最小布线宽度。布线时，右击，在弹出的快捷菜单中选择 Neck Mode 命令便可进入 Neck 模式。
- Neck，Max Length：使用 Neck 模式时允许的最大布线长度。
- Vias：在设计中需要使用的 Via。
- BB Via Stagger，Min：两个 Pin 或是 Blind/Buried Via 走线连接点之间的最小中心距离。这两个 Pin 或是 Blind/Buried Via 属于相同的 Net 并且分别只有一条走线与其连接。
- BB Via Stagger，Max：两个 Pin 或是 Blind/Buried Via 走线连接点之间的最大中心距离。这两个 Pin 或是 Blind/Buried Via 属于相同的 Net 并且分别只有一条走线与其连接。
- Allow，Etch：若设置成 TRUE，则允许在 Subclass/Layer 上布线；若设置成 FALSE，则不允许在 Subclass/Layer 上布线。
- Allow，Ts：设定 T-junctions（T 节点）存在的方式。选择 ANYWHERE 表示 T 节点能够从一个 Pin、Via 或 Cline 连出。PINS_ONLY 表示 T 节点只允许出现在 Pin 上。

PINS_VIAS_ONLY 表示允许 T 节点出现在 Pin 或 Via 上。NOT_ALLOWED 表示不允许有 T 节点。

- Allow，Pad-Pad Connect：设定 Pin 或者 Via 和其他的 Pin 或者 Via 连接的方式。All_ALLOWED 表示都允许。VIAS_ PINS_ ONLY 表示只有 Pin 与 Via 和 Pin 与 Microvia 相连允许。VIAS_ VIAS_ ONLY 表示只有 Via 与 Via 和 Via 与 microvia 相连允许。MICROVIAS_MICROVIAS_ONLY 表示只有 Microvia 与 Microvia 相连允许。MICROVIAS_ MICROVIAS_COINCIDENT_ONLY 表示在实际制造中允许此孔堆叠。NOT_ALLOWED 表示禁止。该参数是盲埋孔设计的关键。

7.2.6 建立扩展物理约束

用户可在设计中按需要建立若干个扩展的 Physical 约束，建立扩展的 Physical 约束的步骤如下。

（1）打开约束管理器，单击 Physical 域中 Physical Constraint Set 下的 All Layers 工作表。

（2）在 Objects 列中选择 DEFAULT 规则或者其他已存在的 Physical 约束，如图 7-8 所示。

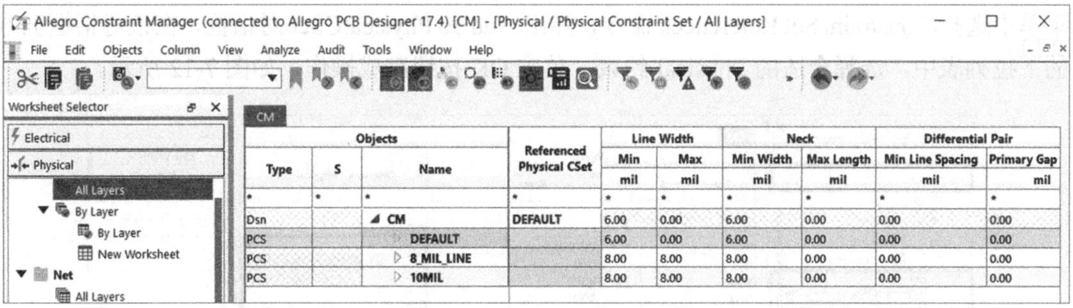

图 7-8 选择 DEFAULT 规则

（3）选择 Objects→Create→Physical CSet 命令，弹出 Create PhysicalCSet 对话框，输入要建立的 PhysicalCSet 的名称，单击 OK 按钮，如图 7-9 所示。用户可使用 Copy Constraints from 来复制已存在的约束，用户可在 Objects 列下看见所建立的新的 Physical 约束。

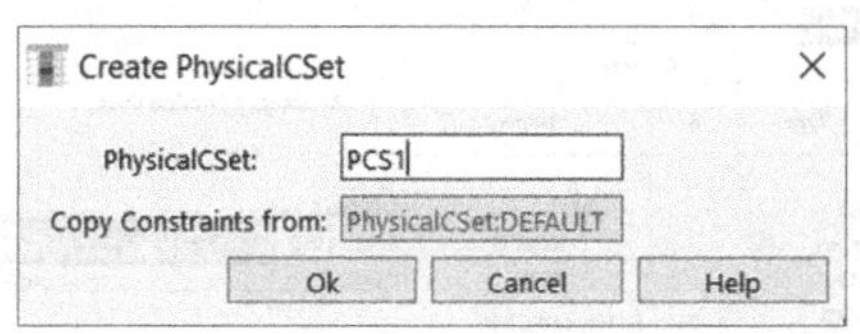

图 7-9 Create Physical CSet 对话框

（4）用户在新建立的 Physical 约束内设定数值以设置新的设计规则。可单击新建立的 Physical 约束（PCS1）左边的“▷”符号（单击后变为“◢”）对约束进行扩展以显示设计中所有的布线层，然后分别对各布线层进行规则设定，如图 7-10 所示。

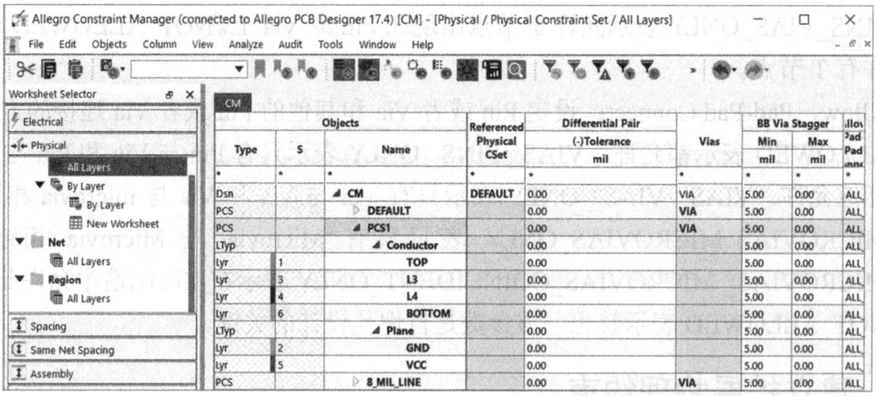

图 7-10　设置扩展 Physical 约束

7.2.7　为 Net Class 添加物理约束

当用户建立完 Net Class 和扩展的 Physical 约束后，用户需要为 Net Class 添加 Physical 约束，有两种操作方式：方式一，在 Referenced Physical CSet 列中单击 NClS（Net Class）行右侧的按钮，弹出下拉列表（此下拉列表包含所有已定义的 Physical 约束），在下拉列表中选择合适的约束，如图 7-11 所示；方式二，选中名为 SYNC(2)的 Net Class，右击，在弹出的快捷菜单中选择 Constraint Set References 命令，弹出 Add To PhysicalCSet 对话框，在该对话框上方的下拉列表中，选择合适的 Physical 约束，单击 OK 按钮完成操作，如图 7-12 所示。

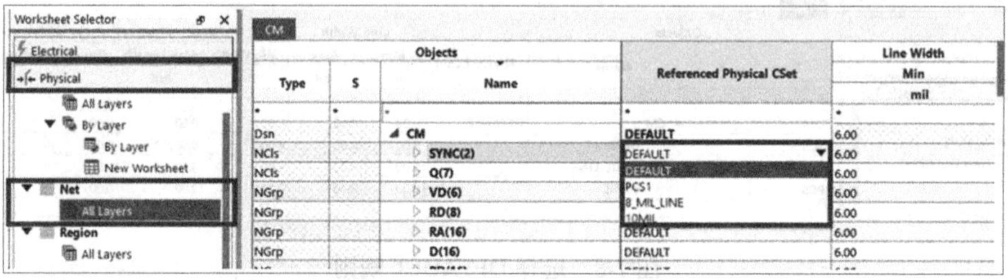

图 7-11　为 Net Class 添加 Physical 约束（方式一）

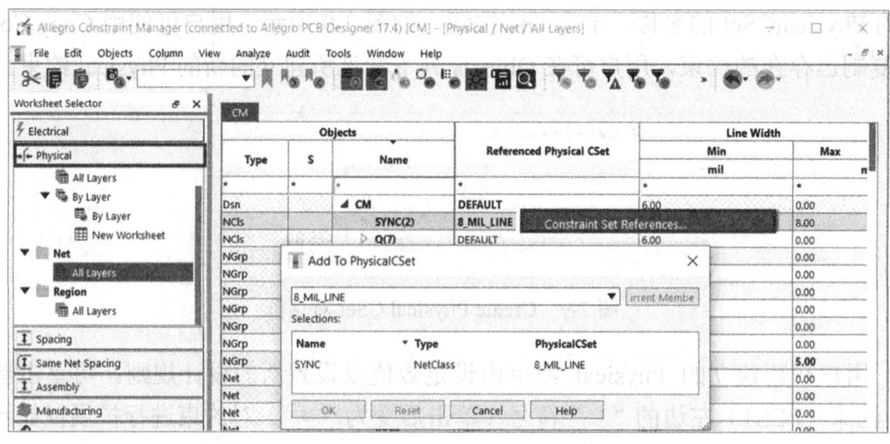

图 7-12　为 Net Class 添加 Physical 约束（方式二）

7.2.8　设置间距约束的 Default 规则

本章前面的内容已经介绍了设置 Physical 约束的 Default 规则、建立 Net Class、建立扩展 Physical 约束和为 Net Class 添加新的扩展 Physical 约束，本节开始介绍 Spacing 约束相关的操作。设置 Spacing 约束的操作与设置 Physical 约束的操作类似，首先设置 Spacing 约束的 Default 规则。若设计中所有层的设计规则都一样，则用户可直接通过约束管理器中 DEFAULT 行内的值来设定设计规则。若设计中不同层的设计规则不一样，则用户可通过单击 DEFAULT 行左边的“▷”符号对 DEFAULT 行进行扩展以显示设计中所有的布线层，然后分别对各布线层进行规则设定。

在 Spacing 约束中，可设定两个对象之间的距离，比如 Line、Pins、Vias、Shape、Bond Finger、Hole 之间的距离以及 BB Via Gap，如图 7-13 所示。对于 Pins 间距规则，用户可分别针对 Thru Pin、SMD Pin、Test Pin 设置不同的间距规则。对于 Vias 间距规则，用户可分别针对 Thru Via、Blind/Buried Via、Test Via 设置不同的间距规则。

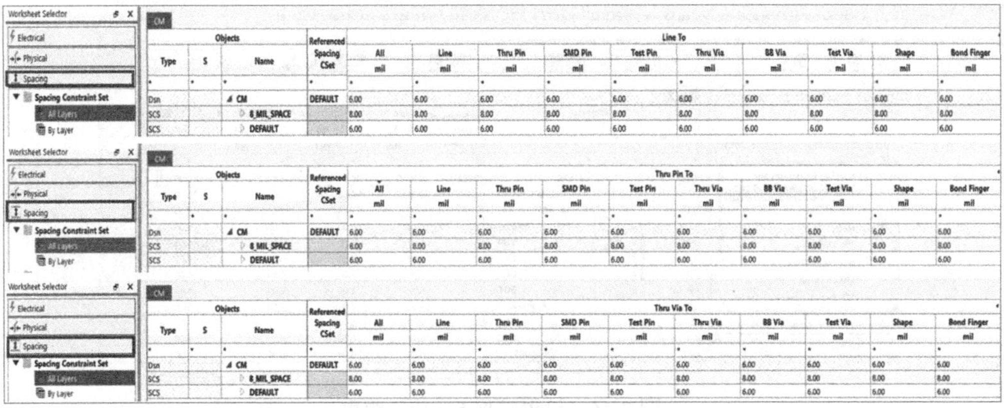

图 7-13　Spacing 约束

7.2.9　建立扩展间距约束

用户可在设计中按需要建立若干个 Spacing 约束，建立扩展的 Spacing 约束的步骤如下。

（1）打开约束管理器，单击 Spacing 域中 Spacing Constraint Set 下的 All Layers 工作簿。

（2）在 Objects 列中选择 Default 规则或者其他已存在的 Spacing 约束，如图 7-14 所示。

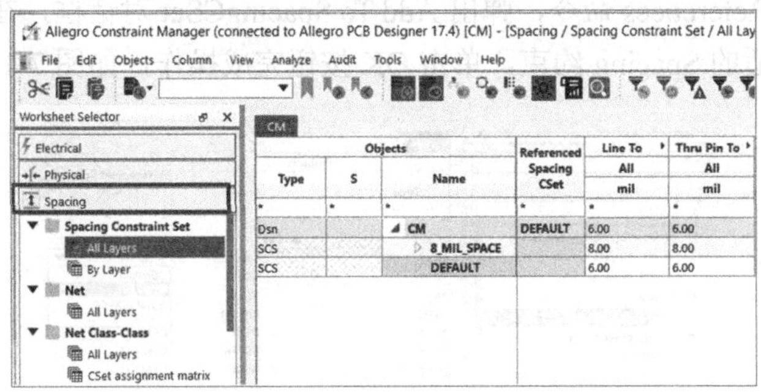

图 7-14　选择 Default 规则

（3）选择 Objects→Create→Spacing CSet 命令，弹出 Create SpacingCSet 对话框，输入要建立的 SpacingCSet 的名称，单击 OK 按钮，如图 7-15 所示。用户可使用 Copy Constraint from 来复制已存在的约束。用户可在 Objects 列下看见所建立的新的 Spacing 约束。

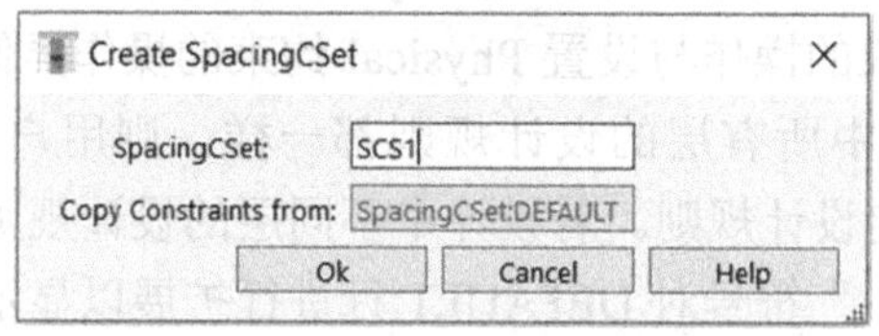

图 7-15　Create Spacing CSet 对话框

（4）用户在新建立的 Spacing 约束内设定数值以设置新的设计规则。用户可单击新建立的 Spacing 约束（SCSI）左边的“▷”符号（单击后变为“◢”）对新的约束进行扩展以显示设计中所有的布线层，然后分别对各布线层进行规则设定，如图 7-16 所示。

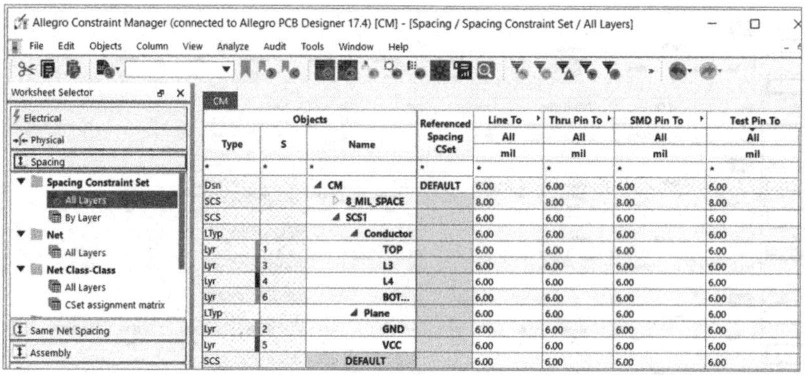

图 7-16　设置扩展 Spacing 约束

7.2.10　为 Net Class 添加间距约束

当用户建立完 Net Class 和扩展的 Spacing 约束后，用户需要为 Net Class 添加 Spacing 约束，有两种操作方式：方式一，在 Referenced Physical CSet 列中单击 NCls（Net Class）行，弹出下拉列表（此下拉列表包含所有已定义的 Spacing 约束），在下拉列表中选择合适的约束，如图 7-17 所示；方式二，选中名为 SYNC(2)的 Net Class，右击，在弹出的快捷菜单中选择 Constraint Set References 命令，弹出 Add To SpacingCSet 对话框，在该对话框上方的下拉列表中，选择合适的 Spacing 约束，单击 OK 按钮完成操作，如图 7-18 所示。

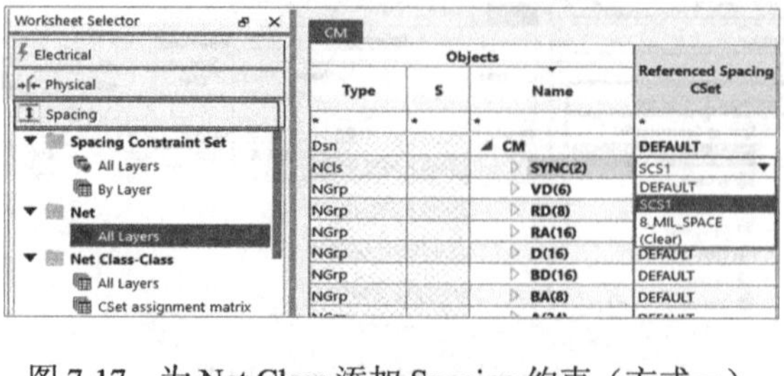

图 7-17　为 Net Class 添加 Spacing 约束（方式一）

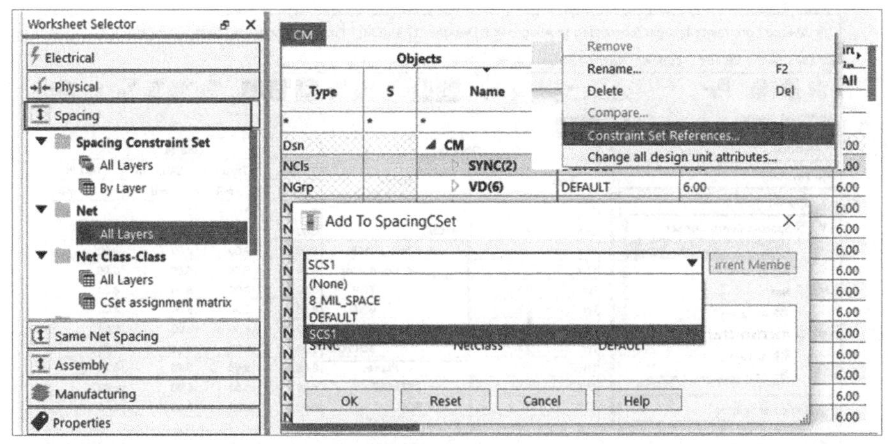

图 7-18　为 Net Class 添加 Spacing 约束（方式二）

7.2.11　建立 Net Class-Class 间距规则

在某些设计中，不同Net Class 的网络之间具有特殊的间距规则，这就需要用户建立 Net Class-Class 间距规则。首先，用户在约束管理器中选中 Net Class-Class 下的工作表，选择一个 Net Class 并右击，在弹出的快捷菜单中选择 Create→Net Class-Class 命令，此时弹出 Create Net ClassClasses 对话框，此对话框包含了所有的 Net Class，如图 7-19 所示。其次，用户在 Create Net ClassClasses 对话框中选择合适的 Net Class 并单击 Apply 按钮，此时在工作表中所选择的NCls（Net Class）下面将会出现新的一行，其类型为 CCls（Net Class-Class），如图 7-20 所示。最后，用户可对新建立的 Net Class-Class 添加约束。

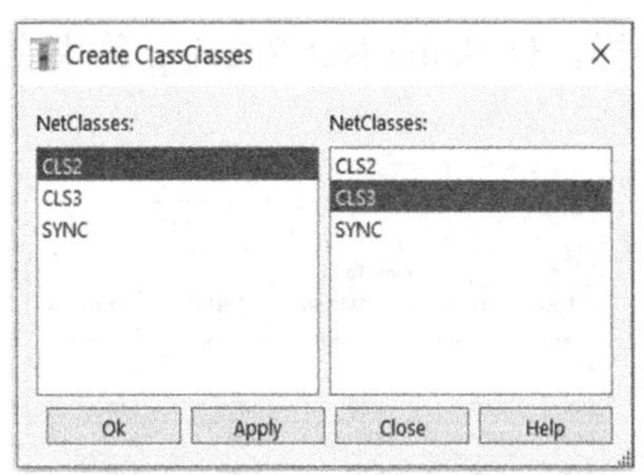

图 7-19　Create Net ClassClasses 对话框

Type	S	Name	Referenced Spacing CSet
*	*	*	*
Dsn		◢ CM	DEFAULT
NCls		◢ CLS2(1)	SCS1
CCls		CLS3	SCS1

图 7-20　建立 Net Class-Class 间距规则

7.2.12　层间约束

用户在 Physical 约束或 Spacing 约束中可对各布线层进行设计规则的设定，如图 7-21 所示。用户可在 Physical 约束或 Spacing 约束文件夹下的 By Layer 工作簿/工作表或者 All Layer 工作簿/工作表中检查每一层的设计规则设置。All Layer 工作簿/工作表显示当前设计中所有的约束，用户可单击“▷”符号（单击后变为“◢”）对选定的约束进行扩展以显示设计中所有的布线层，然后分别对各布线层进行规则设定。By Layer 工作簿/工作表显示当前设计中所有的布线层，用户可单击“▷”符号（单击后变为“◢”）对选定的层进行扩展以显示该层中所有的约束，然后对约束进行规则设定。

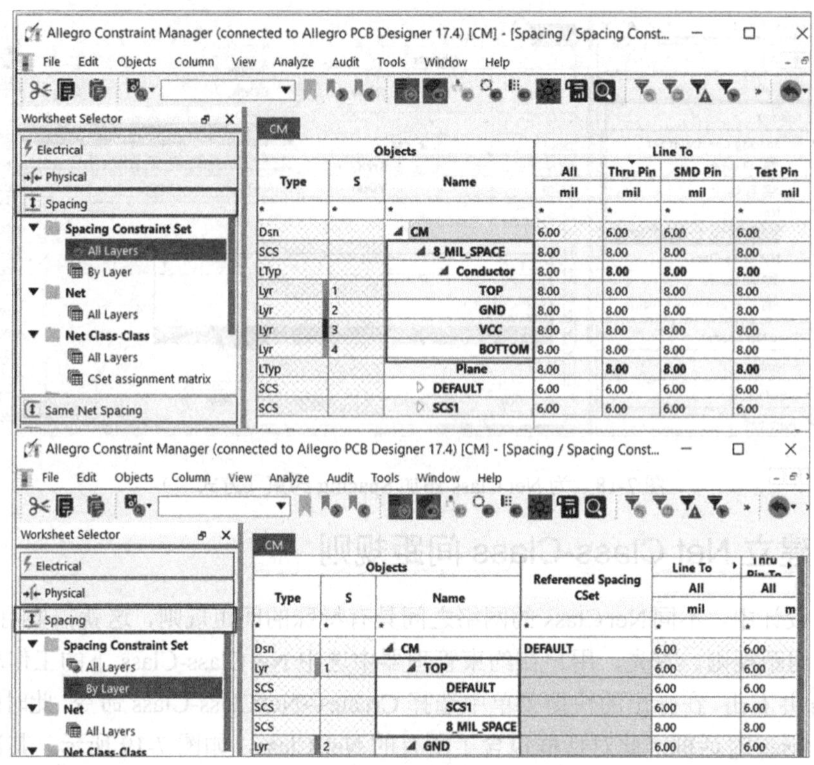

图 7-21　层间约束

7.2.13　相同网络间距约束

Same Net Spacing 约束的操作方式与 Spacing 约束一样，但 Same Net Spacing 约束定义的是具有相同网络的对象之间的距离，如图 7-22 所示。

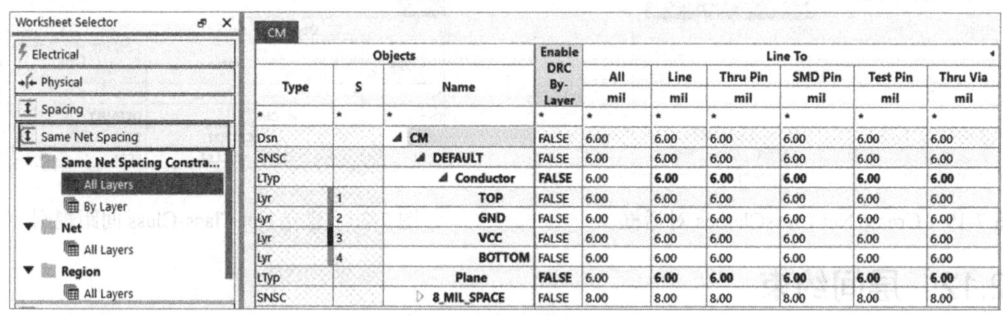

图 7-22　Same Net Spacing 约束

7.2.14　区域约束

在某些设计中，用户会在部分区域使用特殊的设计规则，比如设计中 BGA 附近的区域需要用到更小的 Line 宽度和间距等。用户可使用区域约束进行此类的设计以达到设计要求，如图 7-23 所示。首先，用户需根据设计需求建立新的扩展 Physical 约束、Spacing 约束或者 Same Net Spacing 约束；其次，用户使用 Shape 命令定义约束区域，然后为此区域添加新的约束；最后，如果约束区域中不同的 Net Class 需要不同的设计规则或者不同 Net Class 的网络之间需要不同的设计规则，则用户需要建立 Region-Classes 规则或者 Region-Class-Classes 规则，并对其添加约束。

1．定义约束区域

选择 Shape→Polygon 命令（可根据需要选择 Rectangular 命令、Circular 命令），在 Options 面板中的 Active Class and Subclass 栏内设置 Constraint Region Class 和约束区域所在的 Layer Subclass，在 Assign to Region 栏内设置 Region，最后在设计窗口中完成 Shape 的创建，如图 7-24 所示。在 Active Class and Subclass 栏内，用户可设置约束区域放置在指定的层、所有层、所有的外层或者所有的信号层和所有的内平面层上。在 Assign to Region 栏内，用户可从下拉列表中选择已存在的 Region 或者直接输入新的 Region 名称。

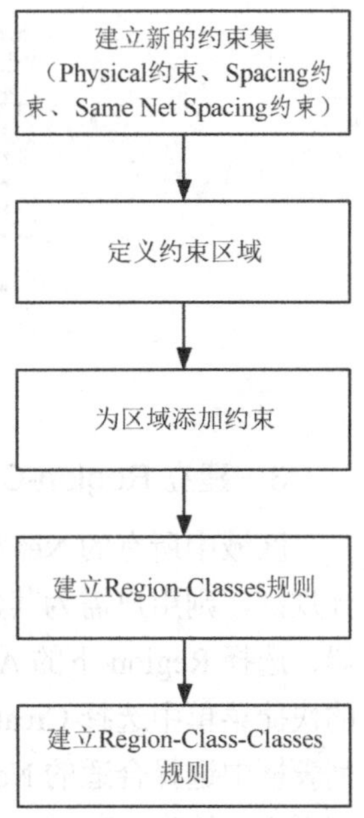

图 7-23 区域约束

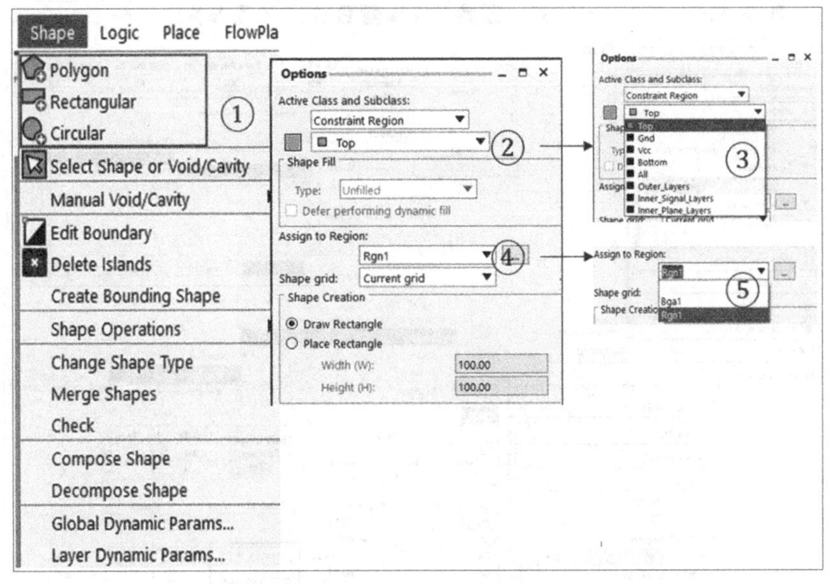

图 7-24 定义约束区域

2．为区域添加约束

建立完约束区域后，用户可为该区域添加约束。首先，打开约束管理器，选择 Region 下的 All Layers 工作簿，在 Objects 列中能找到新建立的约束区域。其次，用户可使用前文所介绍的方法为此约束区域添加合适的约束，如图 7-25 所示。

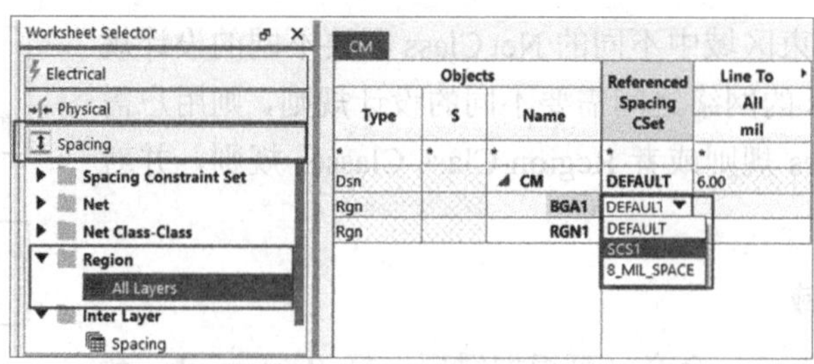

图 7-25　为区域添加约束

3. 建立 Region-Classes 规则

区域中所有的 Net 和 Net Class 都将采用区域约束，若区域内有些 Net Class 需要不同的设计规则，则用户需为其建立 Region-Classes 设计规则，如图 7-26 所示。首先，打开约束管理器，选择 Region 下的 All Layers 工作簿。其次，在 Objects 列中选择约束区域，右击，在弹出的快捷菜单中选择 Create→Region-Class 命令，弹出 Create RegionClasses 对话框，在 NetClasses 列表框中选择合适的 Net Classes，单击 OK 按钮完成操作。最后，对新建立的 Region-Classes 规则添加约束。Region-Class-Classes 规则的建立与 Region-Classes 规则的建立类似。

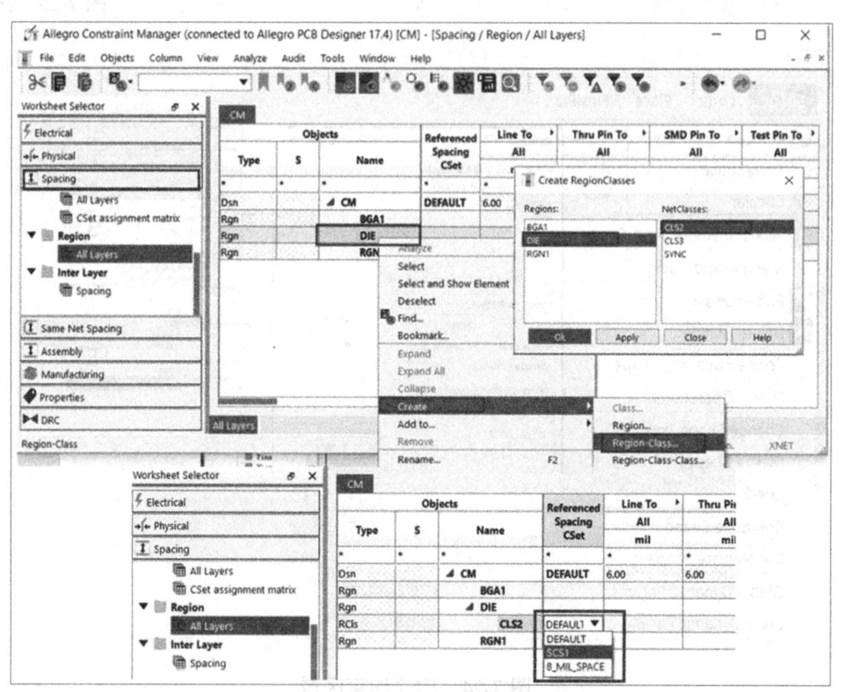

图 7-26　建立 Region-Classes 规则

7.2.15 Net 属性

约束管理器中 Properties 域包含一个 Net 文件夹和一个 Component 文件夹，Net 文件夹内包含了 Electrical Properties 工作表、General Properties 工作表、Ratsnest Bundle Properties 工作表和 Route/Vias Keepout Exception 工作表。这 4 个工作表显示了设计中所有的 Net 及其

属性，如图 7-27 所示。

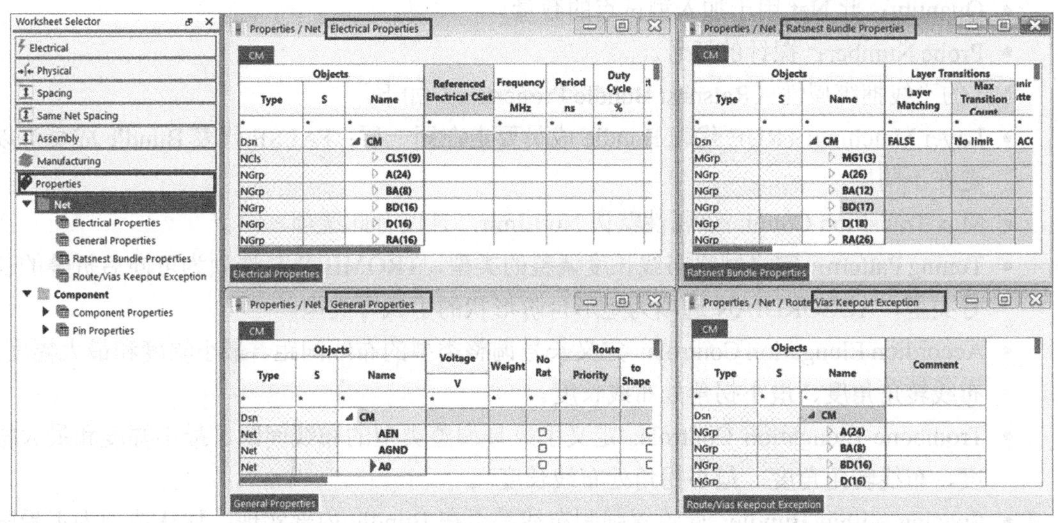

图 7-27　Net 属性

Net 的电气属性（Electrical Properties）如下。

- Frequency：指 Net 的频率或者网络的传输速率。如果输入此值，周期（Period）、占空比（Duty Cycle）、抖动（Jitter）会自动赋值。
- Period：指 Net 的周期，是频率的倒数。
- Duty Cycle(%)：占空比，指的是在一个周期中高电平和低电平的时间比。
- Jitter：表示时钟信号在高低电平转换时的抖动值（单位为 ps）。
- Cycle to Measrue：此值表示用设定的周期来测量数据。
- Offset：在 Bus 仿真时表示时钟的偏移量。
- Bit Pattern：表示仿真时的激励输入（如 1010）。
- Ingore (X)net for Library/Model DiffPairs：表示忽略此 Net 的 Xnet。

Net 的一般属性（General Properties）如下。

- Voltage：网络的电压，用在电源和地的网络上。
- Weight：网络的重要性，默认值是 0～100，值越高代表需要优先考虑此 Net，并尽快完成该 Net。自动布局和自动 Swapping 时会用到该属性。
- No Rat：表示没有“飞线”显示。
- Route Pirority：定义 Net 布线的优先级。
- Route to Shape：此属性已经废弃。
- Route Restrictions：布线选项。
- Fixed：阻止对 Net 的动作。
- No Route：定义该 Net 在自动布线模式下不需要布线。
- No Ripup：定义该 Net 在自动布线模式下不能自动断开已有的连接。
- No pin Esape：定义该 Net 自动布线时不产生扇出。
- Testpoint：测试选项。

- Prohibit：此 Net 可禁止加入测试点。
- Quantity：此 Net 用于加入测试点的数量。
- Probe Number：探针的标号。

Net 的飞线捆绑属性（Ratsnest Bundle Properties）如下。

- Layer Matching: TRUE 代表 Bundle 成员要走在同一层；FALSE 代表 Bundle 成员可以走在不同层。
- Max Transition Count: 该属性默认 No Limit，且仅有此选项。
- Tuning Pattern：定义网络布线长度调整的类型，TROMBONE 选项为可向后折叠的长号类型，ACCORDIAN 选项为矩形台阶形状的手风琴类型。
- Accordion Elongation Controls: 定义长号调整类型的布线间距、最小幅度和最大幅度、布线转角角度、最小拐角处布线长度。
- Trombone Elongation Controls: 定义手风琴调整类型的布线间距、最小幅度和最大幅度、布线转角角度、最小拐角处布线长度。
- Spacing within Bundle: 此设置强制布线是否在 Bundle 内部实现，默认选项为不受限制，MinDRC 选项表示表示强制满足最小 DRC 间距。
- Disable Automatic Ratsnest Bundle Creation: 此项可防止网络组的自动捆绑和可见性变更。

Net 的布线/过孔禁布例外（Route/Vias Keepout Exception）工作表，主要通过把网络归集到 RKO 群组实现在布线/过孔禁布区的布线/过孔不报告 DRC。

7.2.16　Components 属性和 Pin 属性

Properties 域内的 Component 文件夹包含 Component Properties 工作簿和 Pin Properties 工作簿。用户可通过这两个工作簿查看和编辑设计中 Component 与 Pin 的属性，如图 7-28 所示。

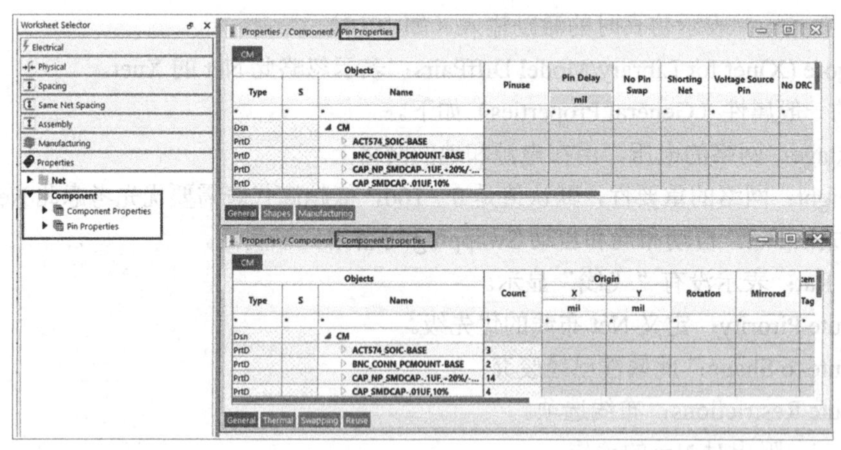

图 7-28　Component 与 Pin 的属性

7.2.17　DRC 工作表

用户可通过约束管理器中的 DRC 域进入 DRC 浏览器查看设计中所有的 DRC 错误，

DRC 工作表如图 7-29 所示。DRC 浏览器中有 10 个不同的工作表：Electrical、Physical、Spacing、Same Net Spacing、Design、Design for Fabricaton、Design for Test、Design for Assembly、Assembly、External。

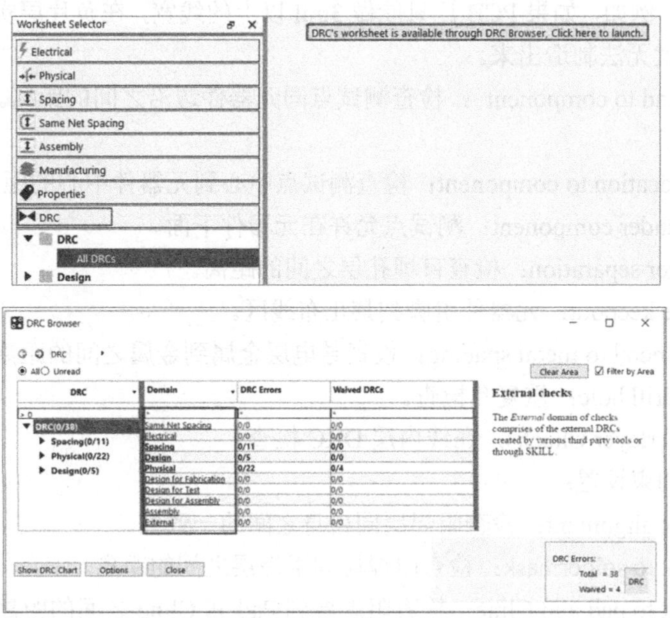

图 7-29　DRC 工作表

7.2.18　设计约束

在 Allegro PCB Editor 中，选择 Setup→Constraints→Modes 命令，在弹出的 Analysis Modes 对话框中选择 Design 选项卡，用户可在 Design 选项卡下调整对平面、机械孔、测试点、阻焊层、锐角检测、封装、SMD 引脚和间距的设计规则检查项，将鼠标指针指向信息图标，对话框最右侧显示相应的释义，如图 7-30 所示。

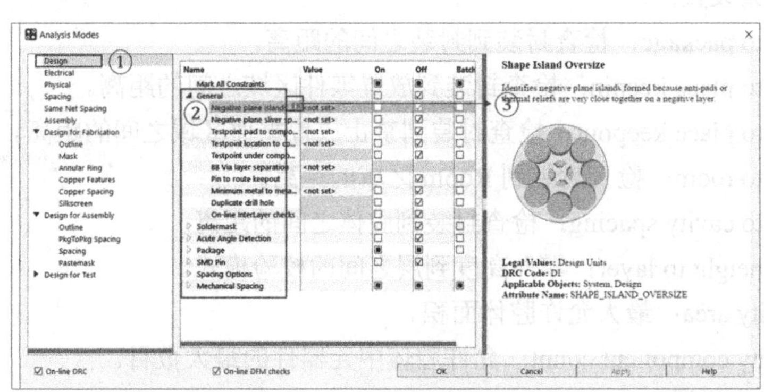

图 7-30　Analysis Modes 对话框

Design 选项卡内的规则检查属于全局检查，主要分为以下几类：

General 约束设置：

- Negative plane islands oversize：检查负片层"孤岛"。其值指的是形成孤岛之间的最小距离。
- Negative plane sliver spacing：检查负片层窄铜皮。在实际制造中这些窄的铜皮就无法制造出来。例如，如果 PCB 厂只能做 3mil 以上的线宽，在负片层实际上小于 3mil 的窄铜皮，就无法制造出来。
- Testpoint pad to component ：检查测试点同元器件边沿之间的距离。避免测试点离元器件过近。
- Testpoint location to component：检查测试点中心到元器件中心的距离。
- Testpoint under component：测试点允许在元器件下面。
- BB Via layer separation：检查盲埋孔层之间的距离。
- Pin to route keepout：元器件引脚到禁止布线区。
- Minimum metal to metal spacing：检查导电层金属到金属之间的距离。
- Duplicate drill hole：重复孔检查。
- On-line Interlayer Checks：在线内层 DRC 检查。

Soldermask 约束设置：

- Soldermask alignment：检查阻焊层同自身之间的一致性。
- Soldermask to soldermask：检查阻焊层同阻焊层之间的距离。
- Soldermask to pad and Cline：检查阻焊层到 Pad 和 Cline 之间的距离。
- Soldermask to shape：检查阻焊层到 Shape 之间的距离。
- Pastemask to pastemask：检查钢网之间的距离。

Acute Angle Detection 约束设置：

- Minimum shape edge to edge angle：检查 Shape 边沿与 Shape 边沿形成的锐角。
- Minmum line to pad angle：检查一段线进入 Pad 形成的锐角。
- Minimum line to shape angle：检查线进入 Shape 形成的锐角。
- Minimum line to line angle：线形成小于 90° 的角度。

Package 约束设置：

- Package to package：检查封装到封装之间的距离。
- Package to place keepin：检查封装到放置零件区域之间的距离。
- Package to place keepout：检查封装到禁止放置零件区域之间的距离。
- Package to room：检查封装到 Room 区域的距离。
- Package to cavity spacing：检查封装到腔体之间的距离。
- Package height to layer：零件高度到层之间的校验模式。
- Max cavity area：最大允许腔体面积。
- Max cavity component count：允许腔体中元器件的最大数目。

SMD Pin 约束设置：

- Via at SMD Pin：允许过孔上盘。
- Via at SMD fit required：允许过孔上盘，同时过孔必须在焊盘内。
- Via at SMD thru allowed：允许通孔上盘。

- Etch turn under SMD pin：允许在 SMD 焊盘上绕线。

Spacing Options 约束设置：

- Check holes with in pads：检查孔是否在焊盘内。
- Backdrill Min Space：背钻最小间距。
- Suppress DRC on exploded pins：取消同一个元器件上不同 Pin 之间的 DRC 提示。
- Enable Line based check for fillets：启用基于行的圆角检查。

Mechanical Spacing 约束设置：

- Mechanical Drill Hole to Mechanical Drill Hole Spacing：机械孔之间的距离检查。
- Mechanical Drill Hole to Conductor Spacing：机械孔和导体之间的距离检查。

7.3　实例：设置物理约束和间距约束

本节通过实例说明如何利用约束管理器进行物理约束和间距约束的设置。在本实例中，基板采用 8 层叠层结构，如图 7-31 所示。

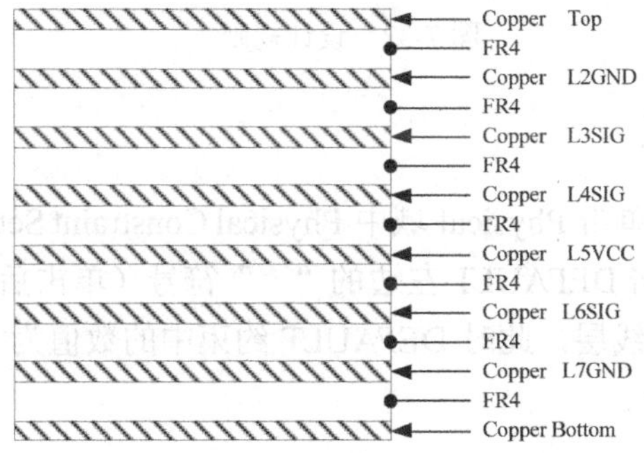

图 7-31　基板叠层结构

在进行物理约束和间距约束设置之前，用户需从 PCB 厂获得设计规则。表 7-1 和图 7-32 显示了物理约束和间距约束的部分设计规则。本节中的实例按表 7-1 所示的 Normal Rule 设计规则进行物理约束和间距约束的设置。

表 7-1　设计规则　（单位：mil）

Symbol	Description	Outer Layer		Inner Layer	
		Normal Rule	Special Rule	Normal Rule	Special Rule
A	Via land to land pad spacing	5	3	5	3
B	Via land to trace/shape spacing	5	3	5	3
C	PCB edge to via pad spacing	100	80	150	100
D	PCB edge to trace/shape spacing	100	80	150	100
E	Trace pitch	10	8	10	8
F	Trace to trace spacing	5	3	5	3
G	Trace width	5	3	5	3

续表

Symbol	Description	Outer Layer		Inner Layer	
		Normal Rule	Special Rule	Normal Rule	Special Rule
H	Through via hole	12	8	12	8
I	Blind/Buried via hole	6	4	6	4
J	Through via land	*H*+12	*H*+12	*H*+12	*H*+12
K	Blind/Buried via land	*H*+6	*H*+6	*H*+6	*H*+6

注：表中数据来自深南电路有限公司。

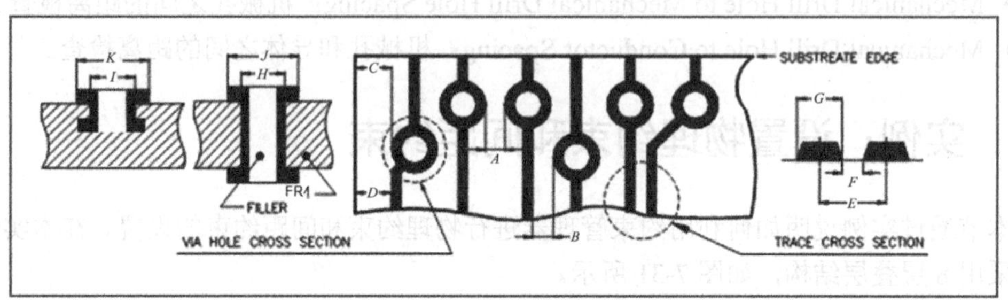

图 7-32　设计规则

7.3.1　物理约束设置

（1）打开约束管理器，单击 Physical 域中 Physical Constraint Set 下的 All Layers 工作表。

（2）在 Objects 列中单击 DEFAULT 左边的“▷”符号（单击后变为“◢”）对约束进行扩展以显示设计中所有的布线层，此时 DEFAULT 约束中的数值为 Allegro PCB Editor 默认的设计规则，如图 7-33 所示。

Worksheet Selector
Electrical
Physical
Physical Constraint Set
All Layers
By Layer
Net
All Layers
Region
All Layers
Spacing
Same Net Spacing

cm

Type	S	Name	Referenced Physical CSet	Line Width Min (mil)	Line Width Max (mil)	Neck Min Width (mil)	Neck Max Length (mil)	Differential Pair Min Line Spacing (mil)
*	*	*	*	*	*	*	*	*
Dsn		◢ cm	DEFAULT	5.00	0.00	5.00	0.00	0.00
PCS		◢ DEFAULT		5.00	0.00	5.00	0.00	0.00
LTyp		◢ Conductor		5.00	0.00	5.00	0.00	0.00
Lyr	1	TOP		5.00	0.00	5.00	0.00	0.00
Lyr	3	L3SIG		5.00	0.00	5.00	0.00	0.00
Lyr	4	L4SIG		5.00	0.00	5.00	0.00	0.00
Lyr	6	L6SIG		5.00	0.00	5.00	0.00	0.00
Lyr	8	BOTTOM		5.00	0.00	5.00	0.00	0.00
LTyp		◢ Plane		5.00	0.00	5.00	0.00	0.00
Lyr	2	L2GND		5.00	0.00	5.00	0.00	0.00
Lyr	5	L5VCC		5.00	0.00	5.00	0.00	0.00
Lyr	7	L7GND		5.00	0.00	5.00	0.00	0.00

图 7-33　物理约束的 DEFAULT 规则

（3）设置布线线宽。在 Line Width Min 列内，将 Top 和 Bottom 线宽的数值修改为表 7-1 中 Outer Layer 的 Trace width（Normal Rule）数值 5mil。同样，将 L2GND、L3SIG、L4SIG、L5VCC、L6SIG、L7GND 中线宽的数值修改为表 7-1 中 Inner Layer 的 Trace width（Normal Rule）数值 5mil。修改 Neck 的宽度为 4mil，此值在加工中允许最小值是 3mil。这里考虑成

品率，没有用最小的制造参数。Neck/Max Length 指的是在 Neck 模式下，允许布线的最大长度。修改后的布线线宽数值，如图 7-34 所示。

（4）设置过孔类型。在 PCB 设计开始之前，用户必须在物理约束中添加 Via 的类型，以方便用户在布线过程中随时调用 Via。单击 Vias 列中的 DEFAULT 行，如图 7-35 所示，弹出 Edit Via List 对话框，如图 7-36 所示。在 Edit Via List 对话框中的左侧列表框内，双击 VIA，在 Via list 列表框内，用户可看到已选择的 VIA，单击 OK 按钮，完成过孔类型的设置。完成过孔类型的设置后，用户可在 Vias 列的 DEFAULT 行内看到所设置的过孔类型，如图 7-37 所示。在基板的布线过程中，用户只能使用物理约束中 Vias 列内所定义的过孔类型。在物理约束中，盲/埋孔的设置方式与过孔的设置方式相同。

Objects			Referenced Physical CSet	Line Width		Neck	
Type	S	Name		Min mil	Max mil	Min Width mil	Max Length mil
*	*	*	*	*	*	*	*
Dsn		◢ cm	DEFAULT	5.00	0.00	4.00	3.00
PCS		◢ DEFAULT		5.00	0.00	4.00	3.00
LTyp		◢ Conductor		5.00	0.00	4.00	3.00
Lyr	1	TOP		5.00	0.00	4.00	3.00
Lyr	3	L3SIG		5.00	0.00	4.00	3.00
Lyr	4	L4SIG		5.00	0.00	4.00	3.00
Lyr	6	L6SIG		5.00	0.00	4.00	3.00
Lyr	8	BOTTOM		5.00	0.00	4.00	3.00
LTyp		◢ Plane		5.00	0.00	4.00	3.00
Lyr	2	L2GND		5.00	0.00	4.00	3.00
Lyr	5	L5VCC		5.00	0.00	4.00	3.00
Lyr	7	L7GND		5.00	0.00	4.00	3.00

图 7-34　设置 Line Width 数值

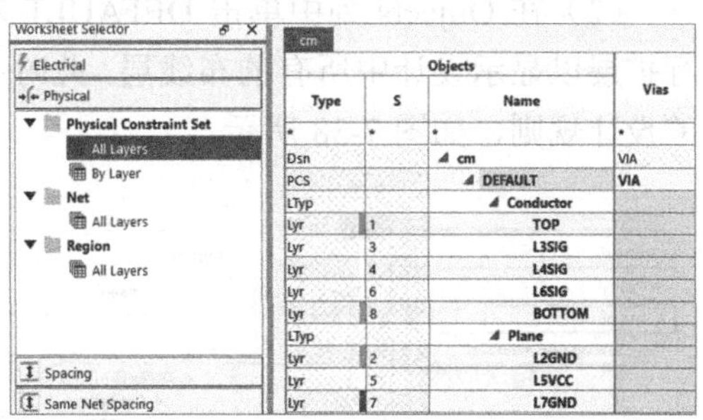

图 7-35　单击 Vias 列中的 DEFAULT 行

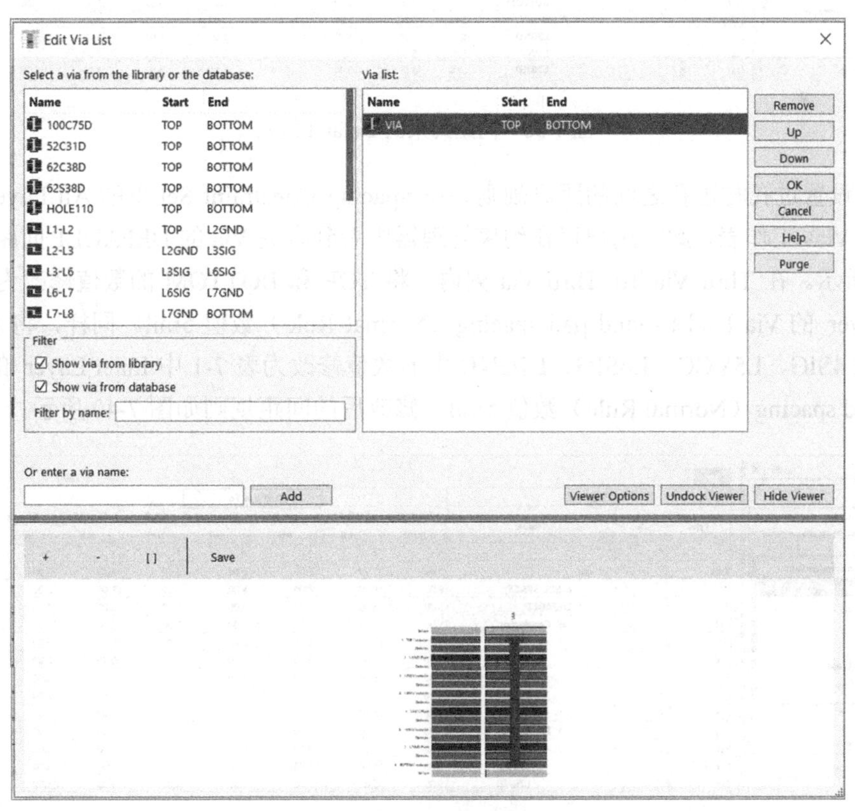

图 7-36　设置过孔类型

Objects			Vias
Type	S	Name	
*	*	*	*
Dsn		◢ cm	VIA
PCS		▷ DEFAULT	VIA
PCS		▷ STACKUP_BBVIA_O...	L1-L2:L2-L3:L3-L6:L6-L7:L7-L8:VIA

图 7-37　Vias 列内显示所设置的过孔类型

7.3.2　间距约束设置

（1）打开约束管理器，单击 Spacing 域中 Spacing Constraint Set 下的 All Layers 工作簿。

（2）在 Objects 列中单击 DEFAULT 左边的“▷”符号（单击后变为“◢”）对约束进行扩展以显示设计中所有的布线层，此时 DEFAULT 行中的数值为 Allegro PCB Editor 默认的设计规则，如图 7-38 所示。

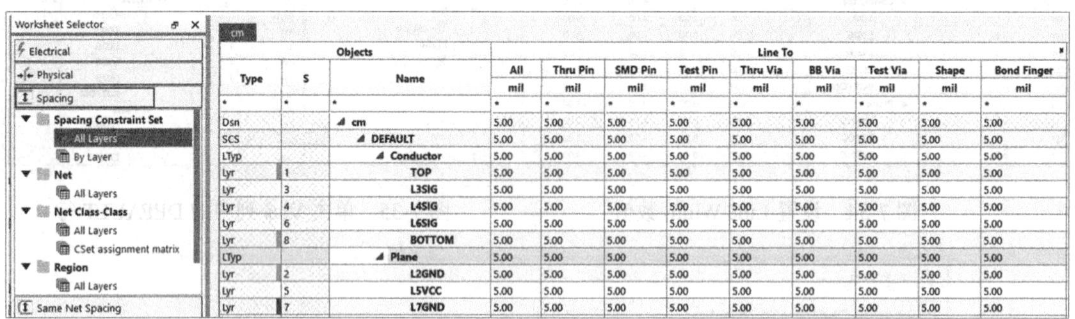

Objects			Line To								
Type	S	Name	All mil	Thru Pin mil	SMD Pin mil	Test Pin mil	Thru Via mil	BB Via mil	Test Via mil	Shape mil	Bond Finger mil
*	*	*	*	*	*	*	*	*	*	*	*
Dsn		◢ cm	5.00	5.00	5.00	5.00	5.00	5.00	5.00	5.00	5.00
SCS		◢ DEFAULT	5.00	5.00	5.00	5.00	5.00	5.00	5.00	5.00	5.00
LTyp		◢ Conductor	5.00	5.00	5.00	5.00	5.00	5.00	5.00	5.00	5.00
Lyr	1	TOP	5.00	5.00	5.00	5.00	5.00	5.00	5.00	5.00	5.00
Lyr	3	L3SIG	5.00	5.00	5.00	5.00	5.00	5.00	5.00	5.00	5.00
Lyr	4	L4SIG	5.00	5.00	5.00	5.00	5.00	5.00	5.00	5.00	5.00
Lyr	6	L6SIG	5.00	5.00	5.00	5.00	5.00	5.00	5.00	5.00	5.00
Lyr	8	BOTTOM	5.00	5.00	5.00	5.00	5.00	5.00	5.00	5.00	5.00
LTyp		◢ Plane	5.00	5.00	5.00	5.00	5.00	5.00	5.00	5.00	5.00
Lyr	2	L2GND	5.00	5.00	5.00	5.00	5.00	5.00	5.00	5.00	5.00
Lyr	5	L5VCC	5.00	5.00	5.00	5.00	5.00	5.00	5.00	5.00	5.00
Lyr	7	L7GND	5.00	5.00	5.00	5.00	5.00	5.00	5.00	5.00	5.00

图 7-38　间距约束的 Default 规则

（3）设置过孔与过孔之间的距离规则。在 Spacing Constraint Set 下的 All Layers 工作簿中，单击 Vias 工作表，此时用户可在约束管理器中看到有关 Via 的 DEFAULT 间距规则，如图 7-39 所示。在 Thru Via To Thru Via 列内，将 TOP 和 BOTTOM 的数值修改为表 7-1 中 Outer Layer 的 Via land to land pad spacing（Normal Rule）数值 5mil。同样，将 L2GND、L3SIG、L4SIG、L5VCC、L6SIG、L7GND 中的数值修改为表 7-1 中 Inner Layer 的 Via land to land pad spacing（Normal Rule）数值 5mil。修改后的间距规则如图 7-40 所示。

Objects			Thru Via To							
Type	S	Name	Thru Pin mil	SMD Pin mil	Test Pin mil	Thru Via mil	BB Via mil	Test Via mil	Shape mil	Bond Finger mil
*	*	*	*	*	*	*	*	*	*	*
Dsn		◢ cm	5.00	5.00	5.00	5.00	5.00	5.00	5.00	5.00
SCS		▷ 8_MIL_SPACE	8.00	8.00	8.00	8.00	8.00	8.00	8.00	8.00
SCS		◢ DEFAULT	5.00	5.00	5.00	5.00	5.00	5.00	5.00	5.00
LTyp		◢ Conductor	5.00	5.00	5.00	5.00	5.00	5.00	5.00	5.00
Lyr	1	TOP	5.00	5.00	5.00	5.00	5.00	5.00	5.00	5.00
Lyr	3	L3SIG	5.00	5.00	5.00	5.00	5.00	5.00	5.00	5.00
Lyr	4	L4SIG	5.00	5.00	5.00	5.00	5.00	5.00	5.00	5.00
Lyr	6	L6SIG	5.00	5.00	5.00	5.00	5.00	5.00	5.00	5.00
Lyr	8	BOTTOM	5.00	5.00	5.00	5.00	5.00	5.00	5.00	5.00
LTyp		◢ Plane	5.00	5.00	5.00	5.00	5.00	5.00	5.00	5.00
Lyr	2	L2GND	5.00	5.00	5.00	5.00	5.00	5.00	5.00	5.00
Lyr	5	L5VCC	5.00	5.00	5.00	5.00	5.00	5.00	5.00	5.00
Lyr	7	L7GND	5.00	5.00	5.00	5.00	5.00	5.00	5.00	5.00

图 7-39　Via 的 Default 间距规则

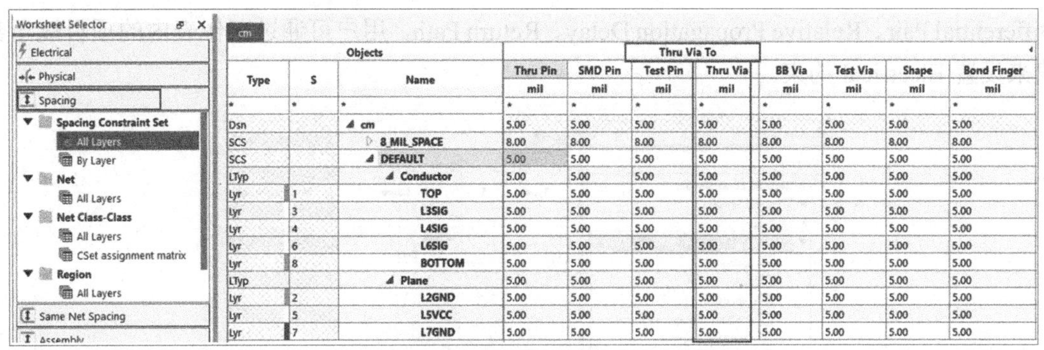

Type	S	Name	Thru Pin mil	SMD Pin mil	Test Pin mil	Thru Via mil	BB Via mil	Test Via mil	Shape mil	Bond Finger mil
*	*	*	*	*	*	*	*	*	*	*
Dsn		cm	5.00	5.00	5.00	5.00	5.00	5.00	5.00	5.00
SCS		8_MIL_SPACE	8.00	8.00	8.00	8.00	8.00	8.00	8.00	8.00
SCS		DEFAULT	5.00	5.00	5.00	5.00	5.00	5.00	5.00	5.00
LTyp		Conductor	5.00	5.00	5.00	5.00	5.00	5.00	5.00	5.00
Lyr	1	TOP	5.00	5.00	5.00	5.00	5.00	5.00	5.00	5.00
Lyr	3	L3SIG	5.00	5.00	5.00	5.00	5.00	5.00	5.00	5.00
Lyr	4	L4SIG	5.00	5.00	5.00	5.00	5.00	5.00	5.00	5.00
Lyr	6	L6SIG	5.00	5.00	5.00	5.00	5.00	5.00	5.00	5.00
Lyr	8	BOTTOM	5.00	5.00	5.00	5.00	5.00	5.00	5.00	5.00
LTyp		Plane	5.00	5.00	5.00	5.00	5.00	5.00	5.00	5.00
Lyr	2	L2GND	5.00	5.00	5.00	5.00	5.00	5.00	5.00	5.00
Lyr	5	L5VCC	5.00	5.00	5.00	5.00	5.00	5.00	5.00	5.00
Lyr	7	L7GND	5.00	5.00	5.00	5.00	5.00	5.00	5.00	5.00

图 7-40　设置 Thru Via To Thru Via 间距规则

（4）设置过孔与线、过孔与铺铜之间的距离规则。在 Thru Via To Line 列和 Thru Via To Shape 列内，将 TOP 和 BOTTOM 的数值修改为表 7-1 中 Outer Layer 的 Via land to trace/shape spacing（Normal Rule）数值 5mil。同样，将 L2GND、L3SIG、L4SIG、L5VCC、L6SIG、L7GND 中的数值修改为表 7-1 中 Inner Layer 的 Via land to trace/shape spacing（Normal Rule）数值 5mil。修改后的间距规则如图 7-41 所示。

（5）设置线与线之间的距离规则。在 Spacing Constraint Set 下的 All Layers 工作簿中单击 Line 工作表，此时用户可在约束管理器中看到有关 Line 的 DEFAULT 间距规则。在 Line To Line 列内，将所有层修改为表 7-1 中 Outer Layer/Inner Layer 的 Trace to trace spacing（Normal Rule）数值 5mil。修改后的间距规则如图 7-42 所示。

Type	S	Name	Thru Via To Line mil	Thru Via To Shape mil
*	*	*	*	*
Dsn		cm	5.00	5.00
SCS		8_MIL_SPACE	8.00	8.00
SCS		DEFAULT	5.00	5.00
LTyp		Conductor	5.00	5.00
Lyr	1	TOP	5.00	5.00
Lyr	3	L3SIG	5.00	5.00
Lyr	4	L4SIG	5.00	5.00
Lyr	6	L6SIG	5.00	5.00
Lyr	8	BOTTOM	5.00	5.00
LTyp		Plane	5.00	5.00
Lyr	2	L2GND	5.00	5.00
Lyr	5	L5VCC	5.00	5.00
Lyr	7	L7GND	5.00	5.00

图 7-41　设置 Thru Via To Line 和 Thru Via To Shape 间距规则

Type	S	Name	Referenced Spacing CSet	Line To Line mil	Line To Shape mil
*	*	*	*	*	*
Dsn		cm	DEFAULT	5.00	5.00
SCS		8_MIL_SPACE		8.00	8.00
SCS		DEFAULT		5.00	5.00
LTyp		Conductor		5.00	5.00
Lyr	1	TOP		5.00	5.00
Lyr	3	L3SIG		5.00	5.00
Lyr	4	L4SIG		5.00	5.00
Lyr	6	L6SIG		5.00	5.00
Lyr	8	BOTTOM		5.00	5.00
LTyp		Plane		5.00	5.00
Lyr	2	L2GND		5.00	5.00
Lyr	5	L5VCC		5.00	5.00
Lyr	7	L7GND		5.00	5.00

图 7-42　设置 Line To Line 间距规则

7.4　电气约束

7.4.1　电气约束介绍

用户可通过电气约束（Electrical Constraint）对设计中的高速信号进行约束设计，如图 7-43 所示。约束管理器将 Electrical 约束（电气约束）分成 8 类，并分别用 8 张不同的工作表与其对应：Wiring、Vias、Impedance、Min/Max Propagation Delays、Total Etch Length、

Differential Pair、Relative Propagation Delay、Return Path。用户可通过工作表内的项目赋予数值来设置 Electrical 约束。

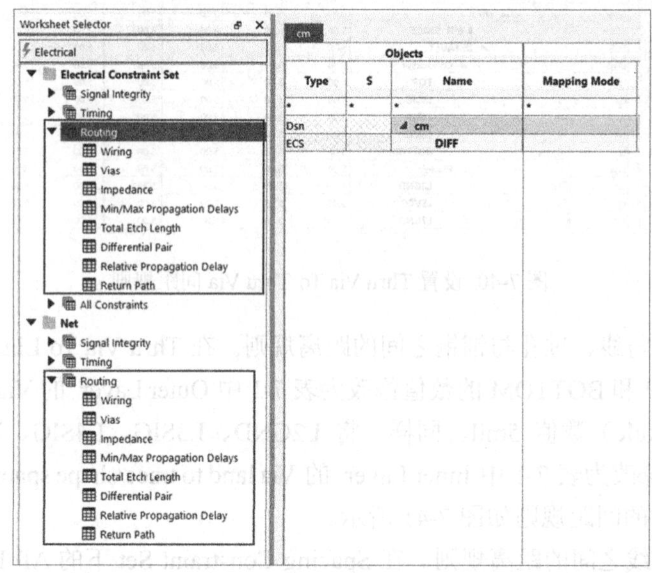

图 7-43 Electrical 约束

7.4.2 Wiring 工作表

Wiring 设计规则能帮助用户控制噪声和信号失真。首先在 Electrical Constraint Set 文件夹下建立约束，再将此约束分配给 Net 文件夹内的 Net 或者 Bus。

定义 Net 的拓扑结构，就是指此 Net（或 Xnet）在布线时实际的布线顺序。用户可先选择预先定义的 Schedules，如图 7-44 所示。

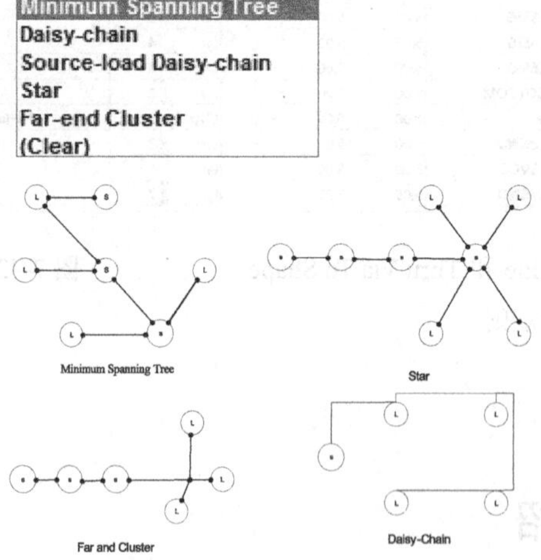

图 7-44 拓扑结构

Minimum Spanning Tree 结构用最短距离的线连接所有的 Pin。

Daisy-chain 结构以点到点的序列方式连接所有的 Pin，每个 Pin 最多连接另外两个 Pin。

Source-load Daisy-chain 结构类似于简单的 Daisy-chain 结构，只是先连接所有的驱动端，再连接所有的接收端。

Star 结构先将所有的驱动端以 Daisy-chain 结构连接起来，然后所有的接收端都连接到最后一个连入 Daisy-chain 的那个驱动端上，如图 7-44 所示。

Far-end Cluster 结构类似于 Star 结构，只是最后一个驱动端连接到一个 T 节点上，然后所有的接收端都连接到这个 T 节点上。

Wiring 工作表如图 7-45 所示。

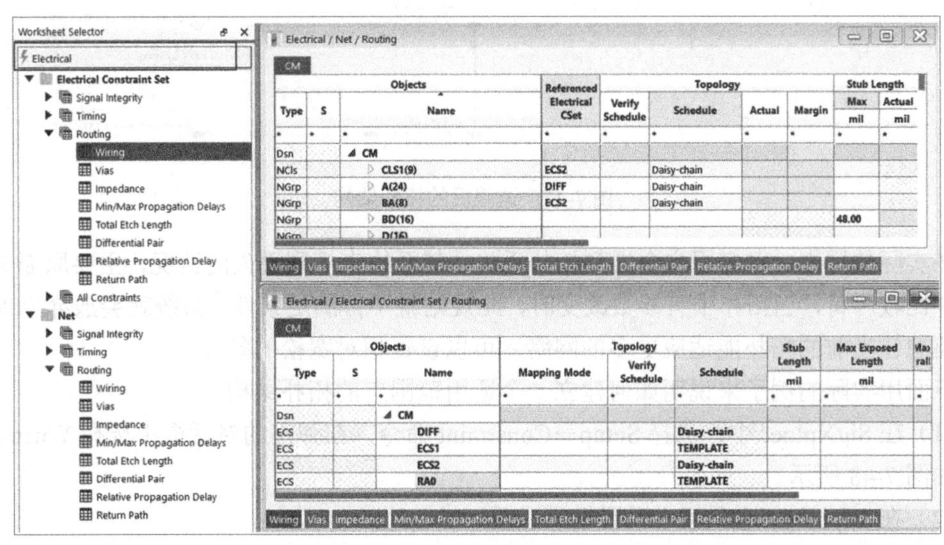

图 7-45 Wiring 工作表

在实际使用中，很少采用默认的拓扑结构，主要采用自定义的拓扑结构，下面用实例来说明。

打开 place.brd 文件，选择 Setup→Constraint→Electrical 命令，启动约束管理器。选择 Net RD4，右击，在弹出的快捷菜单中选择 SigXploer 命令，打开 SigXploer，拓扑结构如图 7-46 所示，图中是根据用户放置芯片的位置，系统自动产生的拓扑结构。如果用户不设置，在实际布线时可以任意相连，并不会按图 7-46 中的顺序来布线。

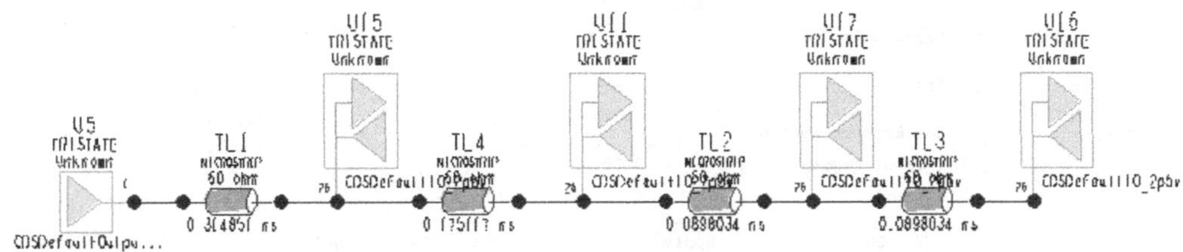

图 7-46 网络初始的拓扑结构

接下来，对当前拓扑结构进行调整，调整后的拓扑结构如图 7-47 所示。

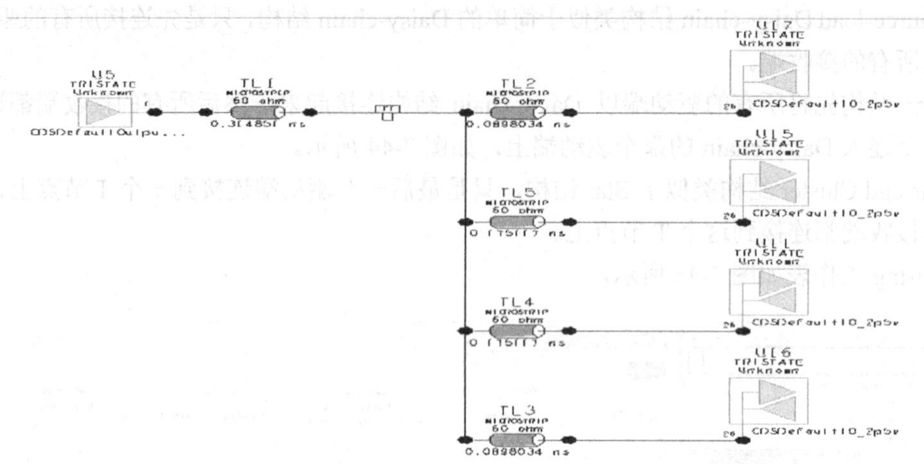

图 7-47　调整后的拓扑结构

在实际使用中，很多用户会遇到拓扑丢失，甚至约束规则丢失的情况，主要原因是设置的条件比较严苛，当拓扑中有参数改变时，此规则就不再满足条件，系统就会放弃当前的规则。要想让当前的拓扑能适应更多的网络，可以设置相对宽松的条件。

下面用实际的例子来说明如何建立一个适用范围广的拓扑结构。

（1）在 SigXploer 中，选择 Setup→Constraint 命令，在弹出的对话框中选择 Wiring 选项卡，如图 7-48 所示。

（2）在 Topology 选项组中设置相应选项。

- Mapping Mode。

Set Topology Constraints

Switch-Settle　Prop Delay　Impedance　Rel Prop Delay　Diff Pair
Max Parallel　Wiring　User-Defined　Signal Integrity　Usage

Topology
Mapping Mode: Pinuse and Refdes
Schedule: Template
Verify Schedule: Yes

Physical
Stub Length:
Max Via Count:
Total Etch Length: Min:
Max:
Layer Sets:

EMI
Max Exposed Length:
Current Exposed Length: 3728.03 MIL

OK　Apply　Cancel　Help

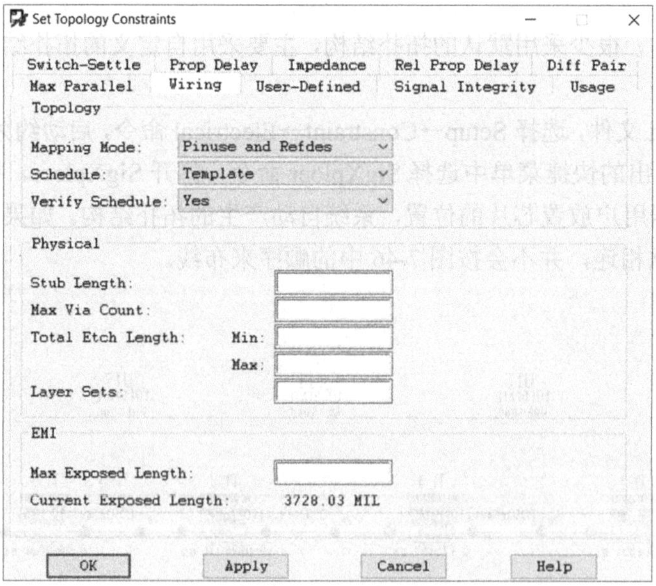

图 7-48　设置约束对话框

➢ Pinuse 表示按 Pin 的类型来映射网络。用户有时给零件赋 IBIS 模型后，Pin 的类型会根据 IBIS 模型来改变。举例：原来是 Output 类型，赋 IBIS 模型后，Pin 的类型变成了 I/O。如果是按 Pin 类型映射的，这时候拓扑的规则就会丢失。

➢ Refdes 表示按照零件位号来建立映射关系。如果需要多个映射，可以改变 Cell 的位号，例如，图 7-46 中 U5 可以改成 U8、U43 或 U5-9。这样使用范围就会广一些。

➢ Pinuse and Refdes 表示前两种方法都适用。只要一种满足条件就可以。笔者建议大家选择这种方法。

- Schedule 表示选择拓扑的形式。对于自定义的拓扑，选择 Template 即可。
- Verify Schedule 表示是否检查拓扑。Yes 表示检查，No 表示不检查。

（3）单击 OK 按钮，退出对话框。

（4）除了上面的措施，还可采用将 Cell 变成 Option 的方式来扩大适用范围。举例：选择 Set→Options Pins 命令，把鼠标指针放到 U16 上，单击，U16 就会变成 U16-optional，也可以继续单击。这样一来，这个拓扑的适用范围就会变大。

（5）选择 Update CM，单击 OK 按钮，弹出 Electrical CSet Apply Information 对话框。如果在对话框中没有错误信息，关闭此对话框。在约束管理器中，观察 RD4 已经被赋上拓扑。

（6）将鼠标指针放到 RD4 上，右击，在弹出的快捷菜单中选择 Create→Electrical CSet 命令，弹出 Create ElectricalCSet 对话框，如图 7-49 所示。

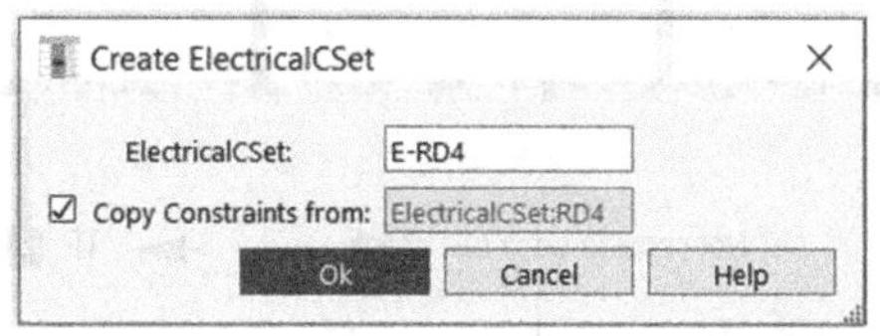

图 7-49　Create ElectricalCSet 对话框

（7）输入电气规则的名称，单击 Ok 按钮。

（8）选择要赋规则的网络，单击网络中 Referenced Electrical CSet，如图 7-50 所示。

Objects			Referenced Electrical CSet	Topology			
Type	S	Name		Verify Schedule	Schedule	Actual	Margin
*	*		*	*	*	*	*
Dsn		◢ place					
Bus		◢ @PROJECT1_LIB.ROOT(SCH_1):...					
Net		RD0	E-RD4	Yes	TEMPLATE	PASS	
Net		RD1	E-RD4	Yes	TEMPLATE	PASS	
Net		RD2	E-RD4	Yes	TEMPLATE	PASS	
Net		RD4	RD4	Yes	TEMPLATE	PASS	
Net		RD3	E-RD4	Yes	TEMPLATE	PASS	
Net		RD5	E-RD4	Yes	TEMPLATE	PASS	
Net		RD6	E-RD4	Yes	TEMPLATE	PASS	
Net		RD7	E-RD4	Yes	TEMPLATE	PASS	
Net		AEN	RD4	Yes	TEMPLATE	PASS	

图 7-50　赋 ECSet 给 Net

（9）把这个 E-RD4 规则赋给 A0，就会发现这时候规则变成红色，表明不满足拓扑的条件。选择 A0 行，将鼠标指针放到 E-RD4 上，右击，在弹出的快捷菜单中选择 Audit Electical CSet 命令，弹出 Electrical CSet Apply Information 对话框，用户就可以看到产生错误和警告的原因了。

（10）也可以直接在 PCB Editor 界面中设置拓扑结构。但要设置复杂的拓扑结构，还要到 SigXploer 里面才可以。有一种情况是例外，对于电源的拓扑，必须在 PCB Editor 中才可以设置。因为电源的拓扑是部分拓扑。一般情况下，电源输入的引脚首先连接到滤波元件，像大的电容、电感，对其他的并没有要求。可以采用下面这个方法：选择 Logic→Net Schedule 命令，单击目标 Net。

总结：拓扑的设置是电气约束中重要的约束之一。当发生约束丢失时，一定要分析约束丢失的原因。下面是几个简单的判别条件：

（1）检查 Xnet/Net 上节点的数量同已有的拓扑是不是吻合。

（2）检查 Pinuse/Class 是不是相对应。

（3）检查分离零件（电阻、电容）的值。

在 Wiring 里面还有几个约束。

Stub 指的是主要线路和引脚之间的连线，这个值越小越好。需要注意的是，这个值并不包括过孔的 Stub，如图 7-51 所示。

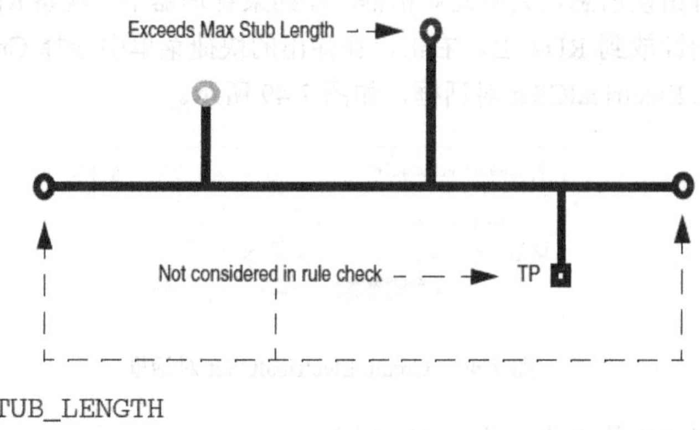

图 7-51 Stub

Exposed Length 表示当前网络在 PCB 外层的长度之和。这个值越小越好，可以有效地减少 EMC。

Parallel 表示当前 Net 同相邻线的允许平行长度，最大允许 4 级设置。举例：“1000：6：2000：8”表示当间距是 6mil 时，最大允许平行长度为 1000mil；当间距是 8mil 时，最大允许平行长度为 2000mil。这里不计算上下层线之间的平行长度，只计算同层线之间的平行长度。如果需要计算上下层平行线的长度，可以通过 Report 命令产生一个报告文件。

Layer Sets 表示当前网络必须布在某一层或者层对上。

7.4.3 Impedance 工作表

用户可通过 Impedance 工作表对线的阻抗进行约束，如图 7-52 所示。在 Net 文件夹下，用户可为一个 Net 或 Bus 设置目标阻抗和公差，公差可设置成绝对值或百分比值。首先用户在 Electrical Constraint Set 文件夹下建立约束以设定阻抗值，然后在 Net 文件夹下为 Net 或者 Bus 添加此约束。Allegro PCB Editor 会根据线宽、介质的介电常数、线和参考平面的间距等计算单根传输线的阻抗。布线完成后，约束管理器会在 Actual 栏内显示实际的阻抗值。Margin 栏中的数值是 Net 的实际阻抗值减去目标阻抗值后的数值。若实际阻抗值不符合目标阻抗的要求，则 Actual 和 Margin 栏中的数值颜色为红色，Allegro PCB Editor 中生成 DRC 标记。

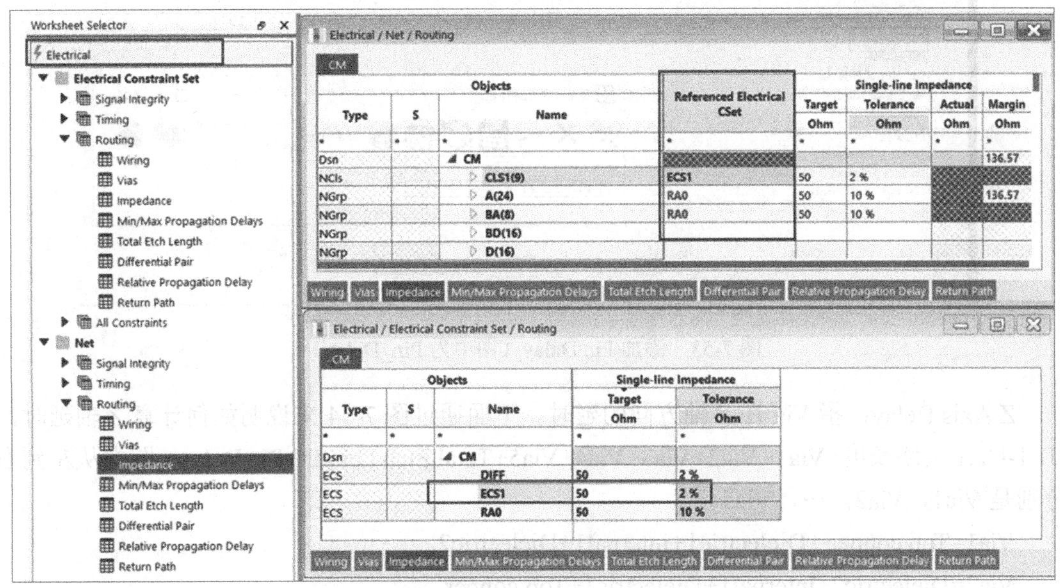

图 7-52　Impedance 工作表

7.4.4　Min/Max Propagation Delays 工作表

Min/Max Propagation Delays 工作表用来控制设计中 Driver/Receiver Pairs 或者 Pin Pairs 的传输延迟或长度，如图 7-53 所示。Pin Pairs 表示一对在逻辑上相互连接在一起的引脚，通常是驱动端和接收端。Pin Pairs 中的两个引脚无须直接用线连接，但必须存在于同一个 Net 或者 Xnet 中。在 Net 文件夹下，用户可直接为 Pin Pairs 指定类型。约束管理器提供以下 3 种 Pin Pairs 的类型。

- Longest/Shortest Pin Pair 或 L:S：一个 Net 或 Xnet 中，Pin Pair 之间最长或最短的延时。
- Longest/Shortest Driver/Receiver 或 D:R：一个 Net 或 Xnet 中，发送端和接收端最短或最长延时。
- All Drivers/All Receivers 或 AD:AR：一个 Net 或 Xnet 中，所有发送端和接收端需满足的最短或最长延时。

Pin Delay：指芯片或接插件内部的延时。这个延时同 Relative Propagation Delay、Propagation Delay、Differential Pair 有关。

可通过选择 File→import pin delay 命令来添加 Pin Delay。也可通过 Edit Property 对话框给 Pin 添加 Pin delay=100mil（根据实际情况输入实际值）的延时。

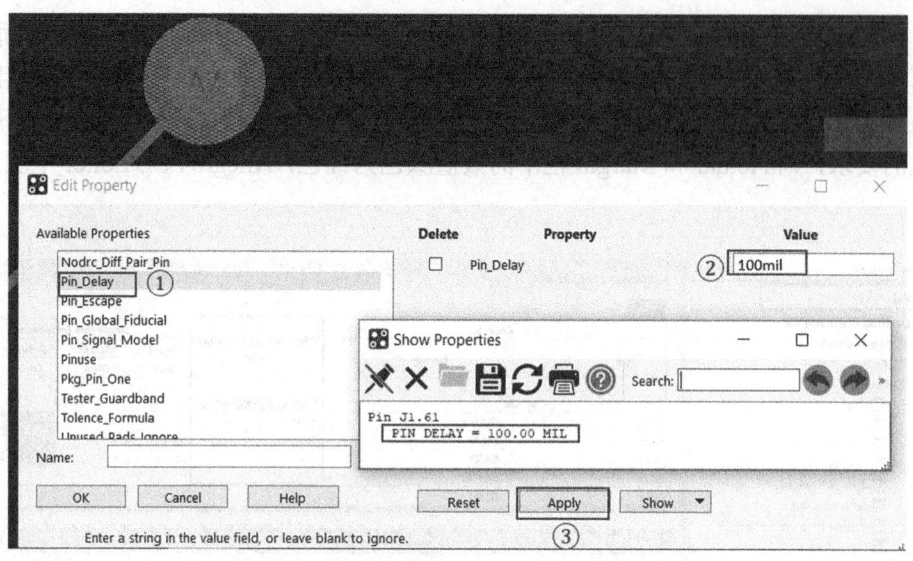

图 7-53　添加 Pin Delay（图中为 Pin_Delay）

Z Axis Delay：指 Via 在 *Z* 轴方向的延时。下面通过图 7-54 来说明如何计算 *Z* 轴延时。U1.1-U2.1 网络长度=Via1+Via2+Via3+Via4+Via5+Total Etch Length+Pin Delay，图中从左到右分别是 Via1，Via2，…，Via5。

Via1=Top copper +Dielectric1+internal1+Dielectric2。

Via2=Dielectric2+internal1+Dielectric1+Top copper。

Via3=Top copper+Dielectric1+internal1。

Via4=Dielectric2+internal2+Dielectric3。

Via5=Dielectric3+internal2+Dielectric2+internal1+Dielectric1+Top Copper。

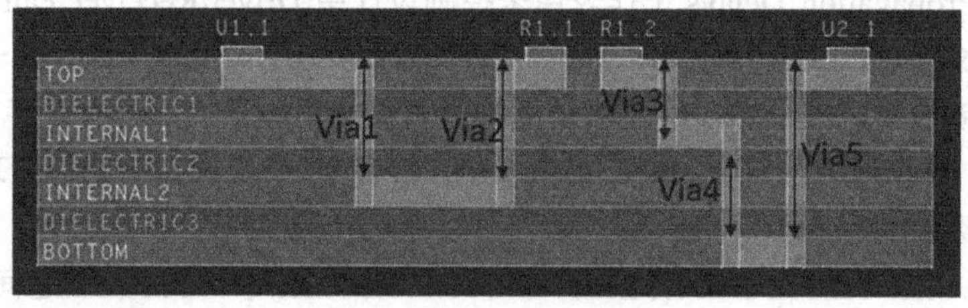

图 7-54　*Z* 轴延时计算

注意：①在实际计算铜的厚度时，只有同 Top、Bottom 层引脚相连时才计算。

②计算 Pin Delay、Z Axis Delay 时，需要打开开关。选择 Setup→Constraints→Modes 命令。单击 Electrical Options 按钮就可以找到选项及配置文件。

用户可将延迟设置成长度（单位：mil）、时间（单位：ns）或者曼哈顿长度的百分比值。若用户设置的数值没有单位，则约束管理器将采用当前的单位。用户添加 Electrical 约束的方式有两种，一是直接在 Net 文件夹下设置所有工作表的设计规则；二是先在 Electrical Constraint Sets 文件夹下建立约束，再将其分配给 Net 文件夹下的对象，如图 7-55 所示。

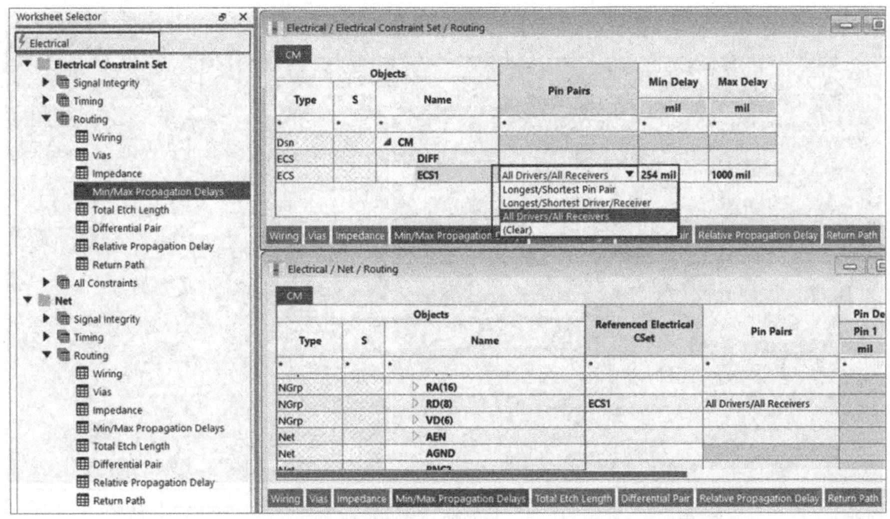

图 7-55　Min/Max Propagation Delays 工作表

7.4.5　Relative Propagation Delay 工作表

Relative Propagation Delay 主要用来约束一组 Net、Xnet 或 Net、Xnet 中的 Pin Pairs 等长或等延时，如图 7-56 所示。用户使用 Relative Propagation Delay 约束时可以设置一个 Target，这种类型称为相对延时（Relative Delay）；也可以不设置 Target，这种类型称为匹配延时（Match Delay）。Relative Propagation Delay 既可对属于同一个 Net 的 Pin Pairs 进行约束（比如要求一个驱动端分别连接到两个接收端的布线长度相等），也可对 Bus 内的 Net 或者 Xnet 的布线长度进行约束，使得各布线长度相同或者长度之差在一定的范围内。

Delta 数值为相对于 Target 长度的固定延迟，Tolerance 数值为允许的布线长度公差。当用户设定了 Delta 数值和 Tolerance 数值后，Pin Pair、Net 或 Xnet 的布线长度需等于 Target 长度加上或者减去固定延迟后的长度，允许的长度公差为 Tolerance 数值。

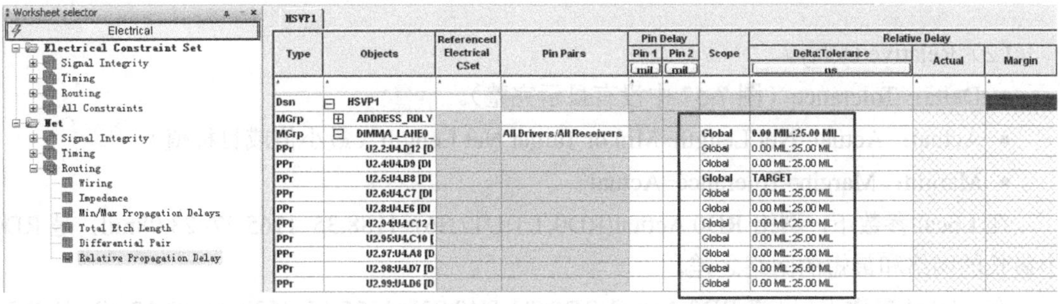

图 7-56　Relative Propagation Delay 工作表

（1）Scope（适用范围）。

- Local：同一网络之间进行匹配。
- Global：不同网络之间进行匹配。如图 7-57 所示，在相同的约束下，选择 Local 和 Global 可以看到不同的显示结果，即 Actual 和 Margin 的值是不同的。

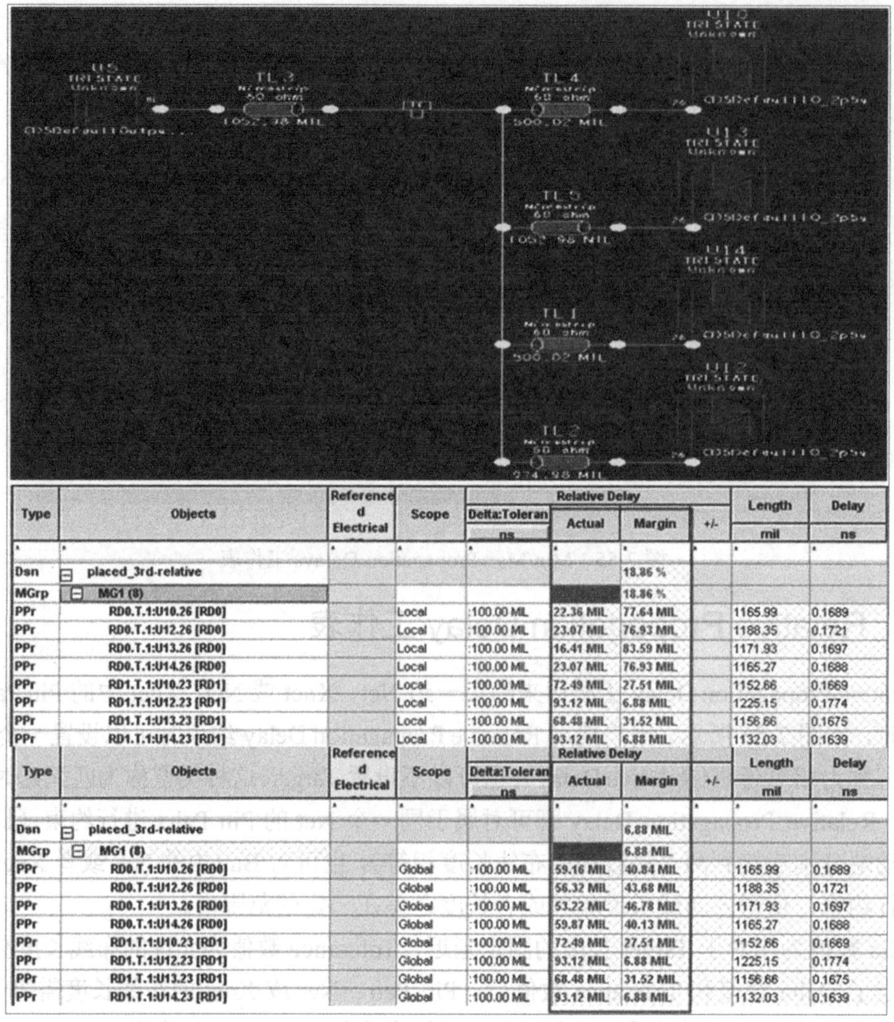

Type	Objects	Referenced Electrical	Scope	Relative Delay Delta:Toleran ns	Actual	Margin	+/-	Length mil	Delay ns
*	*	*	*	*	*	*	*	*	*
Dsn	⊟ placed_3rd-relative					18.86 %			
MGrp	⊟ MG1 (8)					18.86 %			
PPr	RD0.T.1:U10.26 [RD0]		Local	:100.00 MIL	22.36 MIL	77.64 MIL		1165.99	0.1689
PPr	RD0.T.1:U12.26 [RD0]		Local	:100.00 MIL	23.07 MIL	76.93 MIL		1188.35	0.1721
PPr	RD0.T.1:U13.26 [RD0]		Local	:100.00 MIL	16.41 MIL	83.59 MIL		1171.93	0.1697
PPr	RD0.T.1:U14.26 [RD0]		Local	:100.00 MIL	23.07 MIL	76.93 MIL		1165.27	0.1688
PPr	RD1.T.1:U10.23 [RD1]		Local	:100.00 MIL	72.49 MIL	27.51 MIL		1152.66	0.1669
PPr	RD1.T.1:U12.23 [RD1]		Local	:100.00 MIL	93.12 MIL	6.88 MIL		1225.15	0.1774
PPr	RD1.T.1:U13.23 [RD1]		Local	:100.00 MIL	68.48 MIL	31.52 MIL		1156.66	0.1675
PPr	RD1.T.1:U14.23 [RD1]		Local	:100.00 MIL	93.12 MIL	6.88 MIL		1132.03	0.1639

Type	Objects	Referenced Electrical	Scope	Relative Delay Delta:Toleran ns	Actual	Margin	+/-	Length mil	Delay ns
*	*	*	*	*	*	*	*	*	*
Dsn	⊟ placed_3rd-relative					6.88 MIL			
MGrp	⊟ MG1 (8)					6.88 MIL			
PPr	RD0.T.1:U10.26 [RD0]		Global	:100.00 MIL	59.16 MIL	40.84 MIL		1165.99	0.1689
PPr	RD0.T.1:U12.26 [RD0]		Global	:100.00 MIL	56.32 MIL	43.68 MIL		1188.35	0.1721
PPr	RD0.T.1:U13.26 [RD0]		Global	:100.00 MIL	53.22 MIL	46.78 MIL		1171.93	0.1697
PPr	RD0.T.1:U14.26 [RD0]		Global	:100.00 MIL	59.87 MIL	40.13 MIL		1165.27	0.1688
PPr	RD1.T.1:U10.23 [RD1]		Global	:100.00 MIL	72.49 MIL	27.51 MIL		1152.66	0.1669
PPr	RD1.T.1:U12.23 [RD1]		Global	:100.00 MIL	93.12 MIL	6.88 MIL		1225.15	0.1774
PPr	RD1.T.1:U13.23 [RD1]		Global	:100.00 MIL	68.48 MIL	31.52 MIL		1156.66	0.1675
PPr	RD1.T.1:U14.23 [RD1]		Global	:100.00 MIL	93.12 MIL	6.88 MIL		1132.03	0.1639

图 7-57　Local 和 Global 参数的比较

（2）Relative Delay。

- Delta：Tolerance（图 7-57 中没有显示完整）。
- Actual：Actual=Net Length−Min or Target Net Length（最小值或目标值）。
- Margin：Margin=Tolerance−Actual。

在 Local 参数下，网络 RD0 Actual(RD0.T.1:U12.26)=1188.35−1165.27=23.08mil，是 RD0 中最长的网络和最短的网络之差。

在 Global 参数下，网络 RD0 Actual(RD0.T.1:U12.23)=1225.15−1132.03=93.12mil，是 RD0 和 RD1 中最长的网络和最短的网络之差。

Margin=Tolerance−Actual=100−93.12=6.88（mil）。

上面是匹配延时的情况，下面看一下相对延时的情况。

在约束规则中，把 100mil 改成 0mil:100mil。系统会自动把最长线作为 Target 值，如图 7-58 所示。

Objects	Referenced Electrical	Scope	Relative Delay				Length	Delay
			Delta:Tolera ns	Actual	Margin	+/-	mil	ns
*	*	*	*	*	*	*	*	*
⊟ placed_3rd-relative-target					6.88 MIL			
⊟ MG1 (8)					6.88 MIL			
RD0.T.1:U10.26 [RD0]		Global	0.00 MIL:10...	59.16 MIL	40.84 MIL	-	1165.99	0.1689
RD0.T.1:U12.26 [RD0]		Global	0.00 MIL:10...	36.80 MIL	63.2 MIL	-	1188.35	0.1721
RD0.T.1:U13.26 [RD0]		Global	0.00 MIL:10...	53.22 MIL	46.78 MIL	-	1171.93	0.1697
RD0.T.1:U14.26 [RD0]		Global	0.00 MIL:10...	59.87 MIL	40.13 MIL	-	1165.27	0.1688
RD1.T.1:U10.23 [RD1]		Global	0.00 MIL:10...	72.49 MIL	27.51 MIL	-	1152.66	0.1669
RD1.T.1:U12.23 [RD1]		Global	0.00 MIL:10...	TARGET			1225.15	0.1774
RD1.T.1:U13.23 [RD1]		Global	0.00 MIL:10...	68.48 MIL	31.52 MIL	-	1156.66	0.1675
RD1.T.1:U14.23 [RD1]		Global	0.00 MIL:10...	93.12 MIL	6.88 MIL	-	1132.03	0.1639

图 7-58　相对延时

RD1 Actual(RD1.T.1:U12.23)作为 Target 值。实际长度是 1225.15mil。满足条件的网络长度在 1125.15～1325.15mil 之间。同上面的 Target 值相比较，匹配延时的范围是 1125.15～1225.15。

下面再来看一下如果把 Delta:Tolerance 变成-1000mil:100mil，结果会是什么样呢？

用 RD1 Actual(RD1.T.1:U12.23)作为 Target 值，RD0.T.1:U10.26 的长度范围就是（1225.15-1000）±100mil，即目标值为 125.15～325.15mil。

（3）Length：网络的实际长度。

（4）Delay：网络的延时。

7.4.6　Total Etch Length 工作表

Total Etch Length 工作表用来控制网络的布线总长，如图 7-59 所示。该规则是所有布线长度的总和，与 Pin Pairs 无关。当用户放置完一个元器件后，工作表就开始依据网络布线前的曼哈顿长度计算 Actual 和 Margin 的数值。使用 Total Etch Length 工作表可在布线前消除元器件放置位置的不合理。图 7-59 中，Routed/Manhattan Ratio=Total Etch Length Actual/Unrouted Net Length。

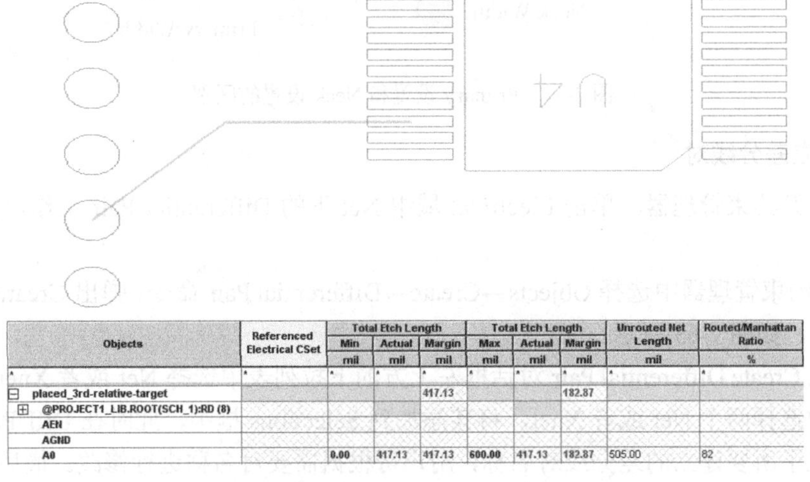

Objects	Referenced Electrical CSet	Total Etch Length			Total Etch Length			Unrouted Net Length	Routed/Manhattan Ratio
		Min	Actual	Margin	Max	Actual	Margin		
		mil	mil	mil	mil	mil	mil	mil	%
*	*	*	*	*	*	*	*	*	*
⊟ placed_3rd-relative-target				417.13			182.87		
⊞ @PROJECT1_LIB.ROOT(SCH_1):RD (8)									
AEN									
AGND									
A0		0.00	417.13	417.13	600.00	417.13	182.87	505.00	82

图 7-59　Total Etch Length 工作表

7.4.7　Differential Pair 工作表

用户可使用 Differential Pair 工作表（见图 7-60）建立和命名差分线对。当建立完差分线对后，用户可在 Electrical Constraint Set 文件夹下设置与差分线对有关的约束，然后在 Net 文件夹下将此约束分配给差分线对。约束中包括 Width 和 Gap 等有关差分线对的设计规则，如图 7-60 所示。若用户在某些区域进行差分布线时差分线对无法满足 Primary Width 和 Primary Gap 的数值，比如过孔密集的区域，此时，用户可使用 Neck Width 和 Neck Gap 的数值进行差分线对的布线以通过此区域。图 7-61 说明了 Primary 设置和 Neck 设置的区别。Primary Width 和 Primary Gap 两项设计规则可用于计算差分线对的阻抗。

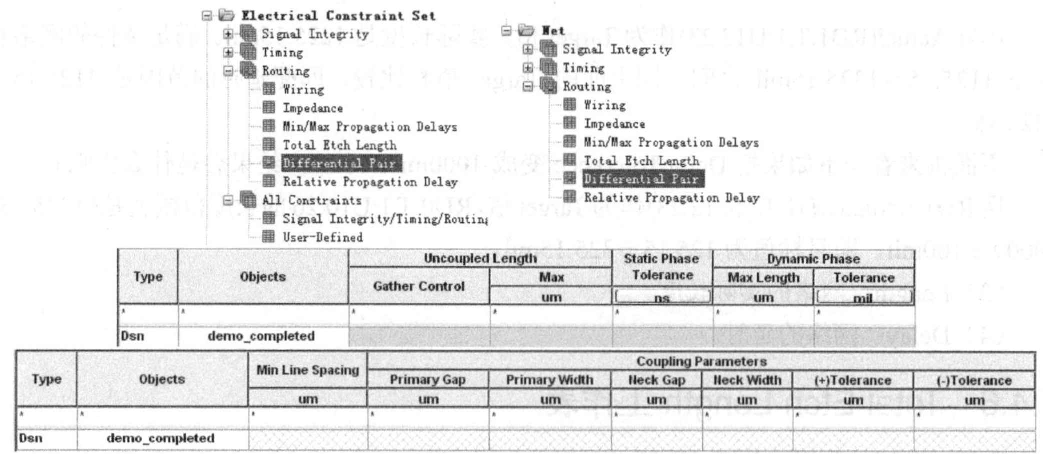

图 7-60　Differential Pair 工作表

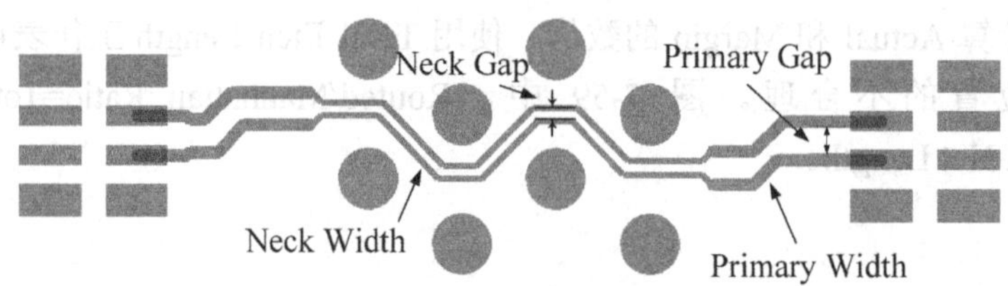

图 7-61　Primary 设置和 Neck 设置的区别

1．建立差分线对

（1）打开约束管理器，单击 Electrical 域中 Net 下的 Differential Pair 工作表，如图 7-62 所示。

（2）在约束管理器中选择 Objects→Create→Differential Pair 命令，弹出 Create Differential Pair 对话框，如图 7-63 所示。

（3）在 Create Differential Pair 对话框左上方的下拉列表中选择 Net 或者 Xnet，在其下方的列表框中选择两个 Net 或者 Xnet，将其添加到 Selections 框中，此时在 Diff Pair Name 框中自动生成了所要建立的差分线对名称，用户可根据需要对名称进行修改。最后单击 Create 按钮，完成差分线对的建立，重复这些操作可完成多个差分线对的建立。操作步骤如图 7-63 所示。

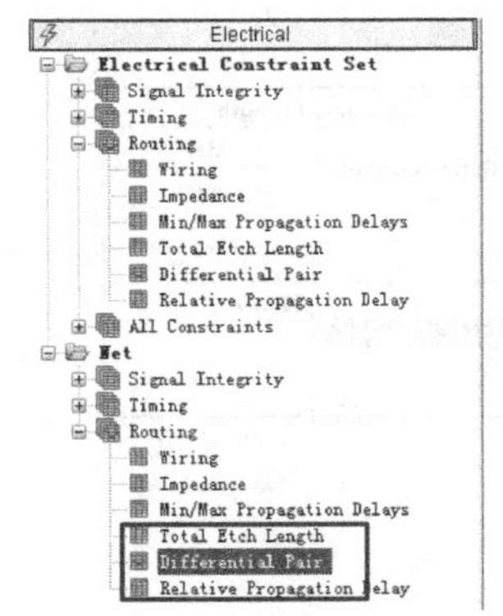

图 7-62　单击 Differential Pair 工作表

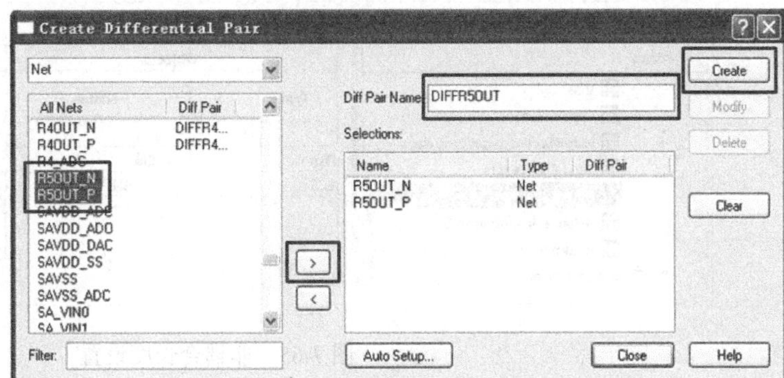

图 7-63　Create Differential Pair 对话框

对于差分线对有规律的网络名（一般网络名后加“_P”“_N”或“+”“-”），可以自动产生差分线对，如图 7-63 所示。

2. 耦合公差

Coupling Parameters 栏中的（+/-）Tolerance 一般用于计算差分线对布线的耦合程度。在 Allegro PCB Editor 中进行差分线对的布线时，因为几何问题，差分线对的 Gap 无法总是保持 Primary Gap 中设定的数值。约束管理器允许用户为 Primary Gap 设定 Tolerance 值，即允许差分线对布线的 Gap 存在小范围的变化，如图 7-64 所示。

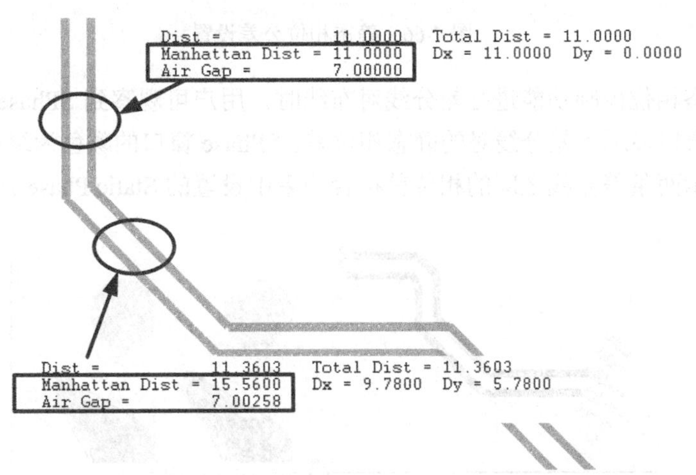

图 7-64　耦合公差

3. 非耦合长度（Uncoupled Length）

在设计中，若差分线对中两条差分线之间的 Gap 不在设定的 Primary Gap 范围之内，则此差分线对处于非耦合状态。如果差分线对中任意一条差分线的非耦合长度大于 Max Uncoupled Length 规则中设定的数值，即设计中允许的非耦合长度，则在约束管理器和 Allegro PCB Editor 中均会生成 DRC 标记，并且在 Allegro PCB Editor 中，差分线对非耦合的那段线会以与 DRC 标记相同的颜色高亮显示。若将 Gather Control 设置成 Ignore，则非耦合长度不包括与引脚相连的那段线的长度，如图 7-65 所示。

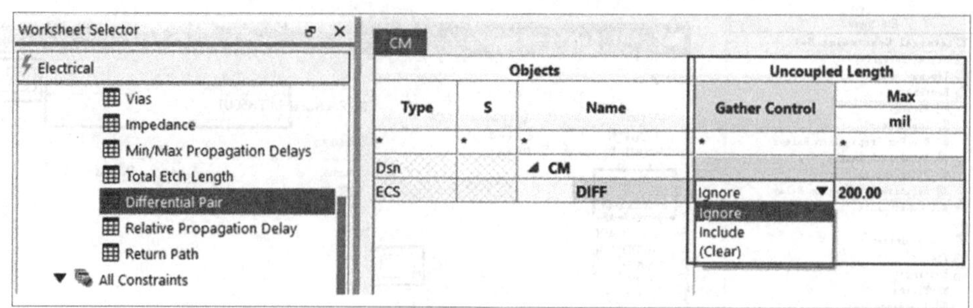

图 7-65　非耦合长度设置

4．静态相位控制

静态相位控制用于控制差分线对中两条差分线之间的长度偏差或者延迟，用户可使用长度单位或者时间单位来设置静态相位公差，如图 7-66 所示。静态相位控制只对差分线对中两条差分线之间的总长度偏差或者总延迟进行检查，不会对在布线过程中的某一段差分线对进行检查。

Type	Objects	Uncoupled Length		Static Phase Tolerance
		Gather Control	Max	
			um	um
*	*	*		*
Dsn	⊟ demo_completed			
ECS	ECS1			100 um

图 7-66　静态相位公差设置

在使用静态相位控制功能进行差分线对布线时，用户可观察到 SPhase 窗口，如图 7-67 所示。SPhase 窗口显示了差分线对的静态相位差。SPhase 窗口的颜色为绿色（进度条在中间一格）时，表示两条差分线之间的相位差符合约束中设置的 Static Phase Tolerance 数值。

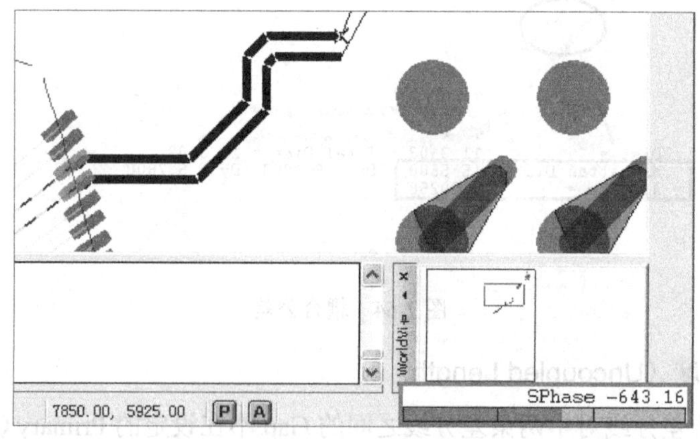

图 7-67　SPhase 窗口

5．动态相位控制

在某些高速数据信号传输电路设计中，用户往往需要在布线过程中对差分线对的相位差进行严格控制，比如 QPI、SMI、PCI Gen2、DDR2 等电路设计。若使用 Static Phase Tolerance

功能进行相位控制，用户只能确定差分线对中两条差分线之间总的相位差，不能实时了解布线过程中每段差分线对的相位差情况。此时，用户可使用 Constraint Manager 中的 Dynamic Phase 功能在布线过程中对差分线对的每一段进行动态相位控制，如图 7-68 所示。

- Max Length：允许两条差分线之间的相位差超过 Tolerance 数值的最长差分线段长度。其单位只能为长度单位。
- Tolerance：设置两条差分线之间所允许出现的相位差。

使用动态相位控制功能时，Constraint Manager 实时计算在布线过程中的每一段差分线对的相位差。若某段差分线对相位差超过 Tolerance 数值，并且该段差分线对的长度大于 Max Length 数值，则在该段差分线对的中间会出现一条高亮的线段，并且在该段差分线对中靠近 Driver pin 位置的第一个超出 Tolerance 数值的地方生成一个 DRC 标记，如图 7-69 所示。

Dynamic Phase			
Max Length um	Tolerance um	Actual	Margin
*	*	*	*
			-177.3
500.00	25 um		-66.13
500.00	25 um		-64.38
500.00	25 um		-62.17
50.00	5 um		-177.3

图 7-68　动态相位控制

图 7-69　采用动态相位控制的差分线对

图 7-70 所示是差分线对动态相移的例子。用户可选择 Display→Element 命令，软件自动高亮出 Find 选项卡，在 Find 中勾选 DRC，单击 DRC 提示，就可以看到图 7-70 中 Show Element 文档中的结果。当然也可以打开约束管理器查看结果。接下来，用户可选择 Route→Phase tune 命令，在 Options 面板中输入 Bump Length 和 Bump Height，控制 Length added per bump 的值等于 Dynamic Phase-Margin。然后，单击 Cline 按钮就可以清除动态相位的错位。

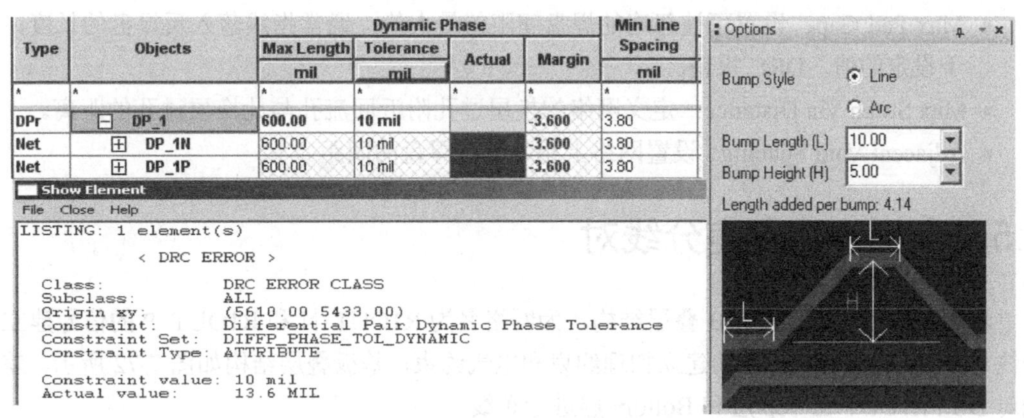

图 7-70　动态相移控制

6．为差分线对添加约束

当建立完差分线对的约束后，用户可直接为 Net 添加约束以完成差分线对的设置。建立完成的差分线对会显示在 Net 文件夹下 Routing 工作簿的 Differential Pair 工作表中。在

Differential Pair 工作表中，用户可在 Referenced Electrical CSet 栏中的下拉列表中选择合适的约束分配给差分线对，如图 7-71 所示。

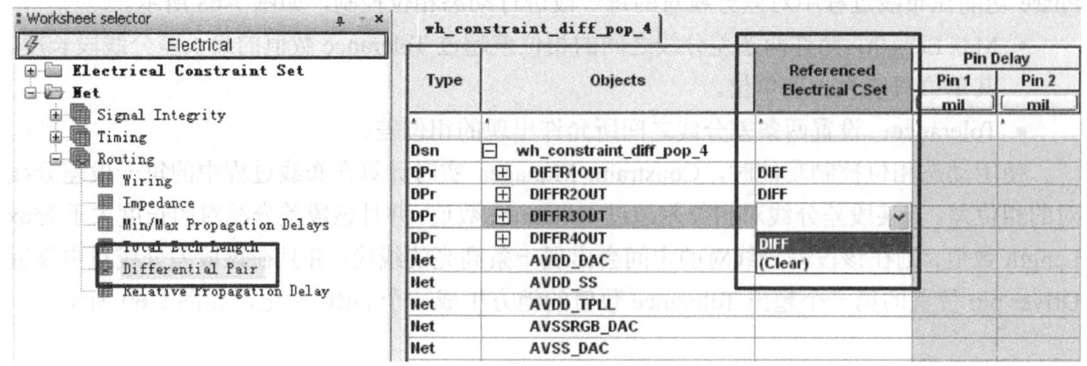

图 7-71　为差分线对添加约束

7.4.8　Vias 工作表和 Return Path 工作表

Vias 工作表主要用于设置网络上过孔的个数，使用起来比较简单。主要设置项介绍如下：

- Max via count：检查网络上最大过孔数。
- Via Count：计算网络上的过孔数最大值、实际值和实际值相对最大值的余量。
- Match Vias：差分网络上两个网络之间的过孔数比较，ON 代表进行这个比较，OFF 代表不进行这个比较。

Return Path 工作表用于指定信号的回流路径，主要设置项介绍如下：

- Reference Nets：设置选定网络的参考/回流的网络。
- Reference Layers：定义参考的平面。
- Length Ignore：布线长度小于此设定值时，忽略，DRC 不报错。
- Max Pad Gap：设置可被忽略的焊盘间隙的最大值，通常指线落入反焊盘的长度，大于设定的值，DRC 报错。
- Max Stitch Via Distance：定义网络的换层过孔附近回流孔与此换层过孔的距离。
- Adjacent Void Spacing：设置网络上相邻的反焊盘的间距。

7.5　实例：建立差分线对

本节实例采用 16 层 PCB 叠层结构，为网络名为 R1OUT_N 和 R1OUT_P 的信号建立差分线对 DIFFR1OUT，并为其建立物理约束和电气约束，基板叠层结构如图 7-72 所示。差分线对 DIFFR1OUT 在 Top 层和 Bottom 层进行布线。

在建立差分线对之前，先在 Layout Cross Section 对话框中进行 100Ω 差分阻抗控制计算，得出在 Top 层和 Bottom 层的 100Ω 差分阻抗所对应的线宽、线间距数据，详见表 7-2。

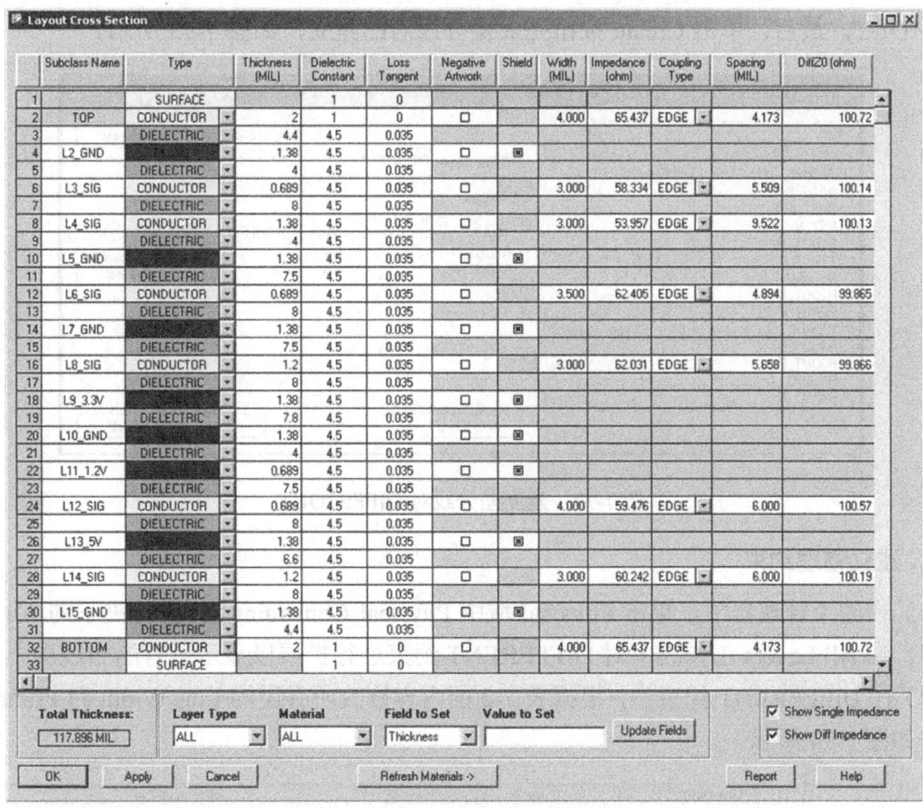

图 7-72　16 层基板叠层结构

表 7-2　差分线对阻抗控制

Layer	Width/mil	Spacing/mil	Impedance/Ω
Top	4	4.2	100.9
L3_SIG	3	5.5	100.11
L4_SIG	3	6.3	99.61
L6_SIG	3.5	4.9	99.87
L8_SIG	3	5.6	99.58
L12_SIG	4	6	100.57
L14_SIG	3	5	99.36
Bottom	4	4.2	100.9

1．建立差分线对

（1）打开约束管理器，单击 Electrical 域中 Net 文件夹下的 Differential Pair 工作表。

（2）在约束管理器中选择 Objects→Create→Differential Pair 命令，弹出 Create Differential Pair 对话框，如图 7-73 所示。

（3）在 Create Differential Pair 对话框左上方的下拉列表中选择 Net，在其下方的列表框中找到 R1OUT_N 和 R1OUT_P 网络，并双击，此时在 Selections 框中用户可看到添加到差分线对中的信号 R1OUT_N 和 R1OUT_P。在 Diff Pair Name 框中输入差分线对的名称

DIFFR1OUT。最后，单击 Create 按钮完成差分线对的建立，如图 7-73 所示。

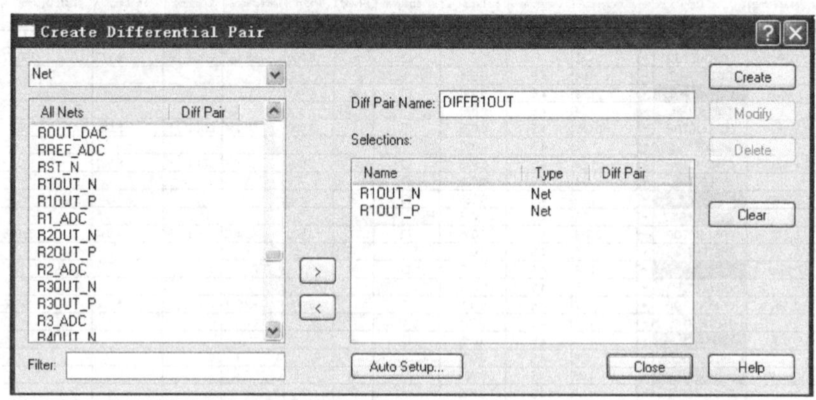

图 7-73　建立差分线对 DIFFR1OUT

2. 建立物理约束

（1）在约束管理器中，单击 Physical 域中 Physical Constraint Set 文件夹下的 All Layers 工作表。在 All Layers 工作表中对 DIFFERENT 约束进行扩展以显示所有的布线层。

（2）在 DIFFERENT 约束中，根据表 7-2 的内容修改所有层的 Line Width 和 Primary Gap 的值，如图 7-74 所示。

Type	Objects	Line Width		Neck		Differential Pair				
		Min	Max	Min Width	Max Length	Min Line Spacing	Primary Gap	Neck Gap	(+)Tolerance	(-)Tolerance
		mil	mil	mil	mil	mil	mil	mil	mil	mil
*	*	*	*	*	*	*	*	*	*	*
Dsn	⊟ different_pair	8.000	0.000	7.000	0.000	0.000	0.000	0.000	0.000	0.000
PCS	⊞ DEFAULT	8.000	0.000	7.000	0.000	0.000	0.000	0.000	0.000	0.000
PCS	⊟ DIFFERENT	4.000:8.0...	0.000	3.000	500.000	2.500	4.200:0.0...	0.000	0.100	0.100
Lyr	TOP	4.000	0.000	3.000	500.000	2.500	4.200	0.000	0.100	0.100
Lyr	L2_GND	8.000	0.000	3.000	500.000	2.500	0.000	0.000	0.100	0.100
Lyr	L3_SIG	3.000	0.000	3.000	500.000	2.500	5.500	0.000	0.100	0.100
Lyr	L4_SIG	3.000	0.000	3.000	500.000	2.500	6.300	0.000	0.100	0.100
Lyr	L5_GND	8.000	0.000	3.000	500.000	2.500	0.000	0.000	0.100	0.100
Lyr	L6_SIG	3.500	0.000	3.000	500.000	2.500	4.900	0.000	0.100	0.100
Lyr	L7_GND	8.000	0.000	3.000	500.000	2.500	0.000	0.000	0.100	0.100
Lyr	L8_SIG	3.000	0.000	3.000	500.000	2.500	5.600	0.000	0.100	0.100
Lyr	L9_3.3V	8.000	0.000	3.000	500.000	2.500	0.000	0.000	0.100	0.100
Lyr	L10_GND	8.000	0.000	3.000	500.000	2.500	0.000	0.000	0.100	0.100
Lyr	L11_1.2V	8.000	0.000	3.000	500.000	2.500	0.000	0.000	0.100	0.100
Lyr	L12_SIG	4.000	0.000	3.000	500.000	2.500	6.000	0.000	0.100	0.100
Lyr	L13_5V	8.000	0.000	3.000	500.000	2.500	0.000	0.000	0.100	0.100
Lyr	L14_SIG	3.000	0.000	3.000	500.000	2.500	5.000	0.000	0.100	0.100
Lyr	L15_GND	8.000	0.000	3.000	500.000	2.500	0.000	0.000	0.100	0.100
Lyr	BOTTOM	4.000	0.000	3.000	500.000	2.500	4.200	0.000	0.100	0.100

图 7-74　建立物理约束

（3）选择 Net→All Layers（Physical），把差分的规则分配给差分的 Nets。

3. 为差分线对分配电气约束

（1）在约束管理器中，单击 Electrical 域中 Electrical Constraint Set 文件夹下的 Routing 工作簿的 Differential Pair 工作表。

（2）在约束管理器中选择 Objects→Create→Electrical CSet 命令，弹出 Create Electrical CSet 对话框，在 Electrical CSet 框中输入电气约束的名称 DIFF，单击 OK 按钮。在 Differential Pair 工作表中，对 DIFF 约束进行设置，如图 7-75 所示。其中，Gather Control 设置为 Include，

表示在计算 Max Uncoupled Length 时，把引出 Pin 部分的连线考虑进去。Max Uncoupled Length 设置为 500mil，Static Phase Tolerance 设置为 50mil，Dynamic Phase Max Length 设置为 500mil，Tolerance 设置为 10mil。由于差分线对的线间距在物理约束中已设置，因此此处的 Primary Gap 不设置。

Type	Objects	Uncoupled Length		Static Phase	Dynamic Phase	
		Gather Control	Max	Tolerance	Max Length	Tolerance
			mil	mil	mil	mil
*	*	*	*	*	*	*
Dsn	⊟ different_pair					
ECS	DIFF	Include	500.000	50 mil	500.000	10 mil

图 7-75　设置 DIFF 约束

（3）在 Electrical 域中单击 Net 文件夹下的 Differential Pair 工作表。在 Differential Pair 工作表中，在差分线对 DIFFR1OUT 的 Referenced Electrical CSet 栏中选择 DIFF 约束，如图 7-76 所示。此时，电气约束 DIFF 分配给了差分线对 Nets。

Type	Objects	Referenced Electric	Pin Delay		Uncoupled Length					Static Phase			Dynamic Phase			
			Pin 1	Pin 2	Gather Control	Length Igno	Max	Actual	Margin	Tolerance	Actual	Margin	Max Length	Tolerance	Actual	Margin
			mil	mil		mil	mil	mil		mil			mil	mil		
*	*	*	*	*	*	*	*	*	*	*	*	*	*	*	*	*
DPr(M)	⊞ DP_D3_L1CLKOUT	DIFF			Include		500.000			50 mil			500.000	10 mil		
DPr(M)	⊞ DP_D3_L1DI0	DIFF			Include		500.000			50 mil			500.000	10 mil		
DPr(M)	⊞ DP_D3_L1DI1	DIFF			Include		500.000			50 mil			500.000	10 mil		
DPr(M)	⊞ DP_D3_L1DI2	DIFF			Include		500.000			50 mil			500.000	10 mil		
DPr(M)	⊞ DP_D3_L1DI3	DIFF			Include		500.000			50 mil			500.000	10 mil		
DPr(M)	⊞ DP_D3_L1DO0	DIFF			Include		500.000			50 mil			500.000	10 mil		
DPr(M)	⊞ DP_D3_L1DO1	DIFF			Include		500.000			50 mil			500.000	10 mil		
DPr(M)	⊞ DP_D3_L1DO2	DIFF			Include		500.000			50 mil			500.000	10 mil		
DPr(M)	⊞ DP_D3_L1DO3	DIFF			Include		500.000			50 mil			500.000	10 mil		
DPr(M)	⊞ DP_D4_L0CLKIN	DIFF			Include		500.000			50 mil			500.000	10 mil		
DPr(M)	⊞ DP_D4_L0CLKOUT	DIFF			Include		500.000			50 mil			500.000	10 mil		
DPr(M)	⊞ DP_D4_L0DI0	DIFF			Include		500.000			50 mil			500.000	10 mil		

图 7-76　为差分线对 DIFFR1OUT 分配电气约束 DIFF

4．差分线对 Spacing 规则设置

通常要求差分线对同其他 Net 和其他差分线对的间距大于两倍的 PrimaryGap。

（1）在约束管理器中，单击 Spacing 域中 Spacing Constraint Set 文件夹下的 All Layers 工作表。在 All Layers 工作表中对 DEFAULT 约束进行扩展以显示所有的布线层。

（2）在 DIFF 约束中，根据表 7-2 的内容修改所有层的 Line 和 Line 的间距，如图 7-77 所示。

Type	Objects	Line To										
		Line	Thru Pin	SMD Pin	Test Pin	Thru Via	BB Via	Test Via	Microvia	Shape	Bond Finger	Hole
		mil	mil	mil	mil	mil	mil	mil	mil	mil	mil	mil
*	*	*	*	*	*	*	*	*	*	*	*	*
Dsn	⊟ different_pair	6.000	6.000	6.000	6.000	4.000	4.000	4.000	4.000	7.000	4.000	6.000
SCS	⊞ DEFAULT	**6.000**	**6.000**	**6.000**	**6.000**	**4.000**	**4.000**	**4.000**	**4.000**	**7.000**	**4.000**	**6.000**
SCS	⊟ DIFF	**8.4...**	**6.000**	**6.000**	**6.000**	**4.000**	**4.000**	**4.000**	**4.000**	**7.000**	**4.000**	**6.000**
Lyr	TOP	8.400	6.000	6.000	6.000	4.000	4.000	4.000	4.000	7.000	4.000	6.000
Lyr	L2_GND	6.000	6.000	6.000	6.000	4.000	4.000	4.000	4.000	7.000	4.000	6.000
Lyr	L3_SIG	11.000	6.000	6.000	6.000	4.000	4.000	4.000	4.000	7.000	4.000	6.000
Lyr	L4_SIG	12.600	6.000	6.000	6.000	4.000	4.000	4.000	4.000	7.000	4.000	6.000
Lyr	L5_GND	6.000	6.000	6.000	6.000	4.000	4.000	4.000	4.000	7.000	4.000	6.000
Lyr	L6_SIG	9.800	6.000	6.000	6.000	4.000	4.000	4.000	4.000	7.000	4.000	6.000
Lyr	L7_GND	6.000	6.000	6.000	6.000	4.000	4.000	4.000	4.000	7.000	4.000	6.000
Lyr	L8_SIG	11.200	6.000	6.000	6.000	4.000	4.000	4.000	4.000	7.000	4.000	6.000
Lyr	L9_3.3V	6.000	6.000	6.000	6.000	4.000	4.000	4.000	4.000	7.000	4.000	6.000
Lyr	L10_GND	6.000	6.000	6.000	6.000	4.000	4.000	4.000	4.000	7.000	4.000	6.000
Lyr	L11_1.2V	6.000	6.000	6.000	6.000	4.000	4.000	4.000	4.000	7.000	4.000	6.000
Lyr	L12_SIG	12.000	6.000	6.000	6.000	4.000	4.000	4.000	4.000	7.000	4.000	6.000
Lyr	L13_5V	6.000	6.000	6.000	6.000	4.000	4.000	4.000	4.000	7.000	4.000	6.000
Lyr	L14_SIG	10.000	6.000	6.000	6.000	4.000	4.000	4.000	4.000	7.000	4.000	6.000
Lyr	L15_GND	6.000	6.000	6.000	6.000	4.000	4.000	4.000	4.000	7.000	4.000	6.000
Lyr	BOTTOM	8.4	6.000	6.000	6.000	4.000	4.000	4.000	4.000	7.000	4.000	6.000

图 7-77　差分线对的 Spacing 约束

5. 差分线对的区域约束规则

从 SPB 16.2 开始，差分线对就添加了区域约束的规则。此区域约束规则在 SPB 17.4 的版本中又从 Electrical Options 调整到 Electrical Modes 下，如果要使用这个规则，需要在设置中打开此开关。方法如下：选择 Setup→Constraint→Modes 命令，弹出 Analysis Modes 对话框，勾选图 7-78 所示复选框，打开区域约束开关。

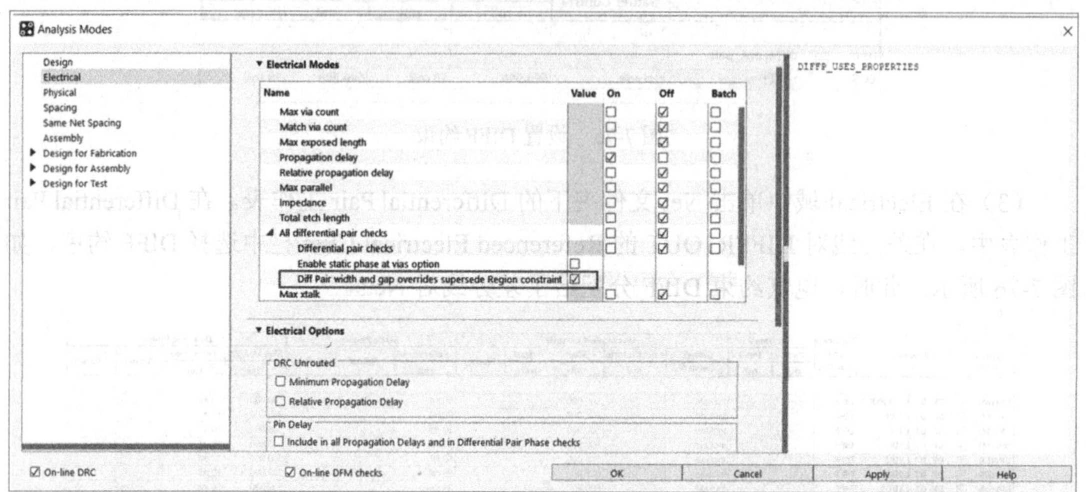

图 7-78　差分线对的区域约束

第 8 章　PCB 布局

本章导读：

- PCB 布局思路。
- PCB 布局的方法。
- SPB 17.X 布局方面的新功能。

8.1　PCB 布局要求

PCB 布局质量的好坏会直接影响系统的稳定，因此可以这样认为，良好的布局是 PCB 设计成功的前提。

布局的方式有手动布局和自动布局。在高速、高密度的 PCB 设计中，自动布局很难满足实际要求，一般采用手动布局。本章主要介绍手动布局经验，同时介绍 Cadence Allegro PCB Editor 平台人机交互式模式下手动布局的命令和技巧。

布局过程是一个综合考虑各种因素的过程，是多方面相互制约和相互平衡的过程，在布局的过程中需要着重关注以下 4 个方面。

1．满足 DFX 要求

PCB 最终是要生产制造出来的，因此在布局阶段必须考虑 PCB 设计中相关参数的合理性。在布局阶段要考虑的 DFX 主要包括 PCB 的可装配性（DFA）、PCB 的可维修性（DFS）和 PCB 的可测试性（DFT）。其中，对布局影响最大，最需要在设计之初就充分考虑的是 PCB 的可装配性。

1）PCB 的可装配性

参考 IPC 的分类，笔者把 PCB 的装配技术分为以下几类。

A 类：只包含插装零件的安装技术。

B 类：只含有表面安装零件的安装技术。

C 类：在同一块电路板上插装和表面安装并存的技术，简称混装技术。

1 型：零件只能安装在 PCB 的一面。

2 型：零件可安装在 PCB 的两面。

因此，装配工艺就有 6 种类型：A1 单面插件、A2 双面插件（非主流用法，适用于一面波峰焊，另一面手工焊接）、B1 单面贴片、B2 双面贴片、C1 单面混装、C2 双面混装（较少应用）。除去前面几种，还有一种，就是 A1B1，但零件不在同一面。多用在电源板，即插件在正面，少量表面安装零件（主要是能过波峰焊的表面安装零件）在背面。下面看一下各种工艺流程（见表 8-1）。每一种工艺流程对 PCB 布局有不同的影响。在布局之初，PCB 工程师应当知道当前 PCB 采用的工艺流程。

表 8-1　PCB 制造工艺流程

名称	工艺流程	备注
B1：单面贴片	焊膏涂覆→放置零件→回流焊→清洗	
B2：双面贴片	第一面焊膏涂覆→第一面贴装零件→干燥→第二面焊膏涂覆→干燥→回流焊→清洗	标准流程，有其他流程可用
A1：单面插件	插装零件→波峰焊	
A1+B1：正面插件，背面贴片	插装零件→第二面点胶→放置表面安装零件→波峰焊→清洗	多用在电源板上
C1：单面混装	焊膏涂覆→放置表面安装零件→干燥→回流焊→插装零件→第二面点胶→安装贴装零件→波峰焊→清洗	

下面主要讨论各种流程对 PCB 布局的要求和影响。

- 焊膏涂覆：需要钢网文件，对布局影响不大，满足零件间距要求即可。钢网间距检查可通过约束进行。
- 点胶：主要是为了将表面贴装零件粘在电路板上，当 PCB 翻转到另一面时能够让零件不脱落。一般点胶区不允许有通孔存在。
- 波峰焊：波峰焊是指将熔化的软钎焊料（铅锡合金），经电动泵或电磁泵喷流成设计要求的焊料波峰，也可通过向焊料池注入氮气来形成焊料波峰，使预先装有元器件的印制板通过焊料波峰，实现元器件焊端或引脚与印制板焊盘之间机械与电气连接的软钎焊。根据机器所使用波峰的几何形状不同，波峰焊系统可分为许多种。 波峰焊典型工艺流程：涂敷焊剂→预热→波峰焊。波峰焊示意图如图 8-1 所示，从图中可看出此工艺对电路板布局的要求。

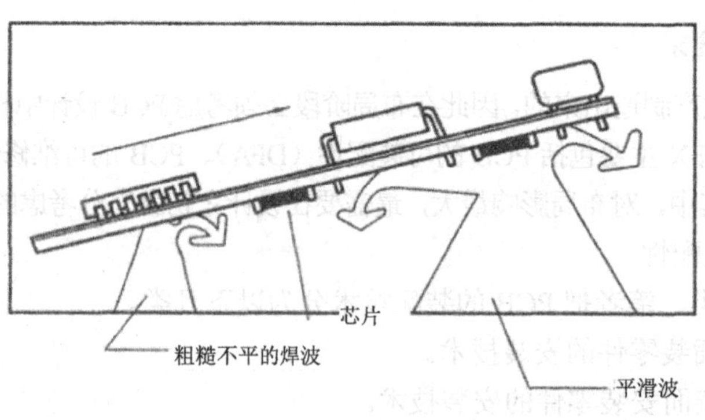

图 8-1　波峰焊示意图

➢ 采用波峰焊焊接贴片元器件时，常常因前面元器件挡住后面元器件而产生漏焊现象，最好使元器件引线垂直于波峰焊焊接时 PCB 的传送方向，即按照图 8-2 所示的正确布局方式进行元器件布局，且每相邻两个元器件必须满足一定的间距要求，否则将产生严重的漏焊现象。

➢ 为了防止焊料流到 PCB 另一面，通常要在 PCB 前留出安装挡板条的位置。

➢ 波峰焊需要将元器件放到传送带上，所以需要留出传送边。这个也需要在布局时考虑。

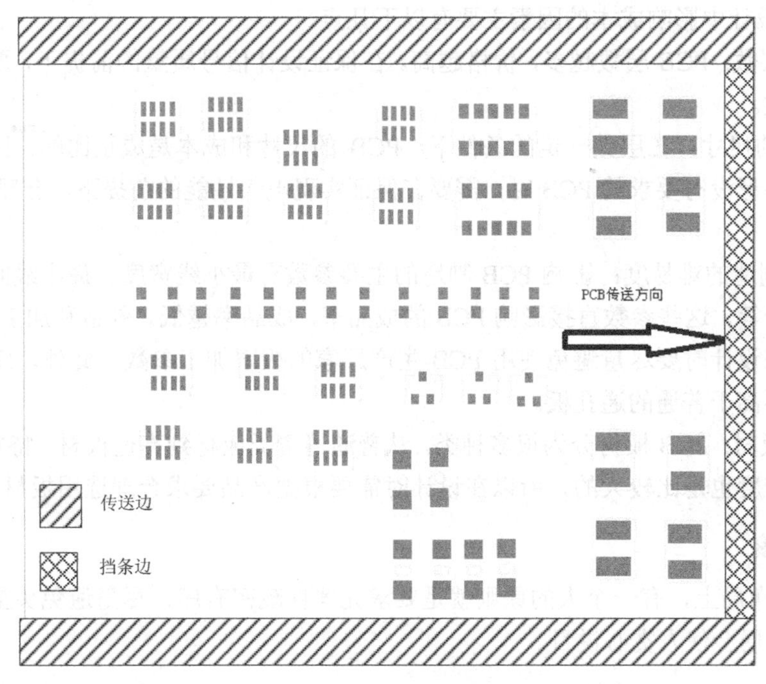

图 8-2 PCB 波峰焊工艺要求

- 回流焊：需要焊接的零件引脚与 PCB 焊盘紧密接触，并在其间放上一定量的焊料。当温度升高到超过焊料熔点时，焊料会浸润金属表面。温度下降时，焊料固化即完成焊接。

2）PCB 的可维修性

在设计 PCB 时，可维修性是不可忽视的。比如考虑拆卸方便，BGA 封装的元器件周围应留出合适的距离，这个需要在布局时考量。

3）PCB 的可测试性

测试是指通过将组件的电路性能与预定的公差相比较，来确定组件的电气功能。PCB 测试是必不可少的步骤，必须在 PCB 布局阶段考虑后续测试的需求。

- 测试用的元器件的位置必须合理，不能影响后续的测试。例如，测试用的连接器、测试点不能被扣板或散热片遮盖住等。
- 必须预留测试定位孔等。

2. 电气性能的实现

PCB 设计的基本要求是能够实现产品原理图设计的功能要求，以及符合其他的相关业界标准和强制认证要求等。

- 模拟电路和数字电路要分区摆放。

- 各个功能模块的摆放，需考虑 EMC、SI、PI 及散热方面的要求。

3. 合理的成本控制（Design For Cost，DFC）

在 PCB 设计中影响成本的因素主要有以下几点。

- PCB 层数：PCB 层数越多，价格越高。在保证设计信号质量的前提下，要使用尽量少的层数。
- PCB 的尺寸：在层数一定的条件下，PCB 的尺寸和成本是成正比的，因此在设计一些对外形没有要求的 PCB 时，需要在保证实现电气性能的前提下，合理缩小 PCB 的尺寸。
- PCB 制造的难易度：影响 PCB 制造的主要参数有最小线宽度、最小线间距、最小钻孔直径等。这些参数直接影响 PCB 的成品率，成品率越低，制造和加工成本就越高，所以在设计时要尽量避免使用 PCB 生产厂家的极限加工参数。此外，HDI 板的加工难度要高于普通的通孔板。
- PCB 板材：PCB 板材分为很多种类，从普通消费类板材到高速板材、特殊板材，其成本的跨度也是比较大的，所以在设计时需要根据产品要求合理选用板材。

4. 美观度

在 PCB 布局上，有一个大的原则就是要求元器件疏密有序，尽量避免头重脚轻或一头沉，合理的布局会使人赏心悦目。

8.2 PCB 布局思路

8.2.1 接口元器件，结构定位

结构定位是 PCB 布局工作的第一步，是为了使 PCB 设计能够满足产品结构的要求。一般需要结构定位的产品都是外设接口类元器件和指示灯类的元器件。例如，接口元器件或指示灯需要在机箱的前面板或机箱的某个位置做对应的开口，所以当机箱结构定下来之后，这些元器件的位置是固定的。与此同时，同该零件相连的零件位置也就基本固定下来。除此之外，板上还有一些定位孔，用来固定一些需要固定在 PCB 或板上的元器件。定位孔的位置也是相对固定的。

对元器件的结构进行定位大致有两种情况。

（1）按引脚坐标定位；需要精确定位的元器件，推荐使用元器件引脚来定位。当结构工程师绘制结构图时，建议把元器件引脚以圆圈或十字形标示出来，这样把结构导入 Allegro 中后能够直接显示这个引脚的坐标，后续操作就比较方便。

定位只需要在引脚定位模式下进行，并把 show 的坐标输入命令栏中即可，如图 8-3 所示。

（2）按外框或中心点坐标定位，如图 8-4 所示。因为元器件中心点不方便获取和元器件丝印框不够精确，所以有严格结构要求的项目不推荐使用这种方式定位。这种定位方式只适用于一些结构上没有严格要求的板子。

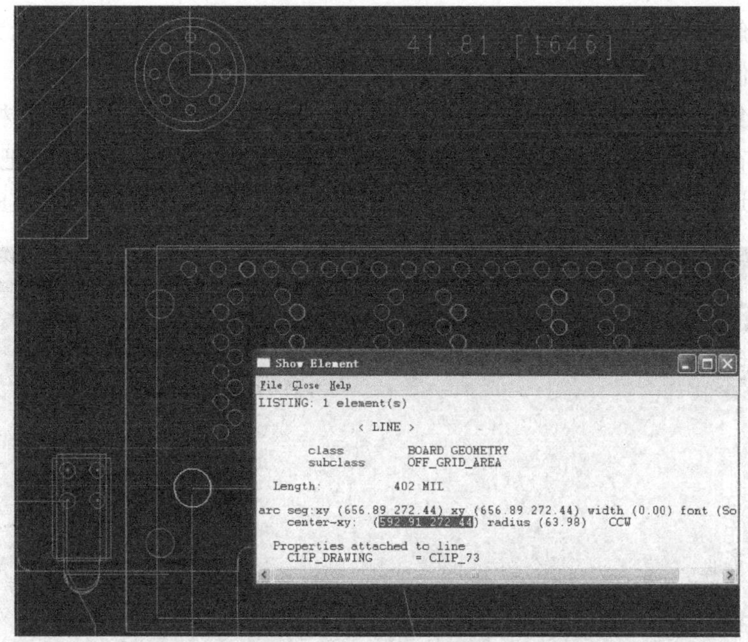

图 8-3　按引脚坐标定位

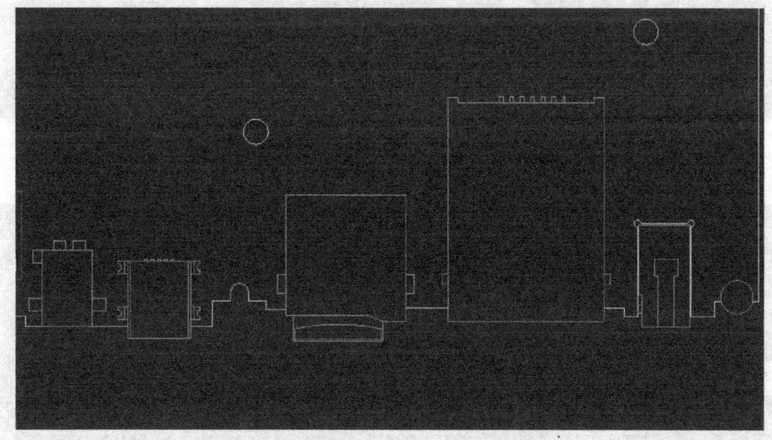

图 8-4　按外框或中心点坐标定位

当因为结构的影响，PCB 的工艺或电气特性方面的参数得不到保证时，设计者应优先考虑满足结构要求。

8.2.2 主要芯片布局

这一步是整个设计的关键，因为主要芯片的位置直接影响这个项目中关键信号的通道、电源通道及散热设计等。主要芯片布局主要考虑如下几点。

- 主要芯片虽然一般情况下不会通过结构定位，但是其布局要满足结构上的要求。主要芯片的布局会受到很多结构因素的制约，尤其对于一些外形结构比较复杂的项目，必须先了解其结构上的限定，包括限高、安装、操作等方面。图 8-5 所示为 PCB 区域的高度限制图。

- 芯片的集成度越来越高，功耗也越来越大，主要芯片往往是板上的高热器件，要考虑将其放在散热比较好的地方。有时候需要清楚系统的风道是怎样的，把主要芯片尽量放置在通风的上风口处，几个高热器件最好分散或者错开放置，如图 8-6 所示。

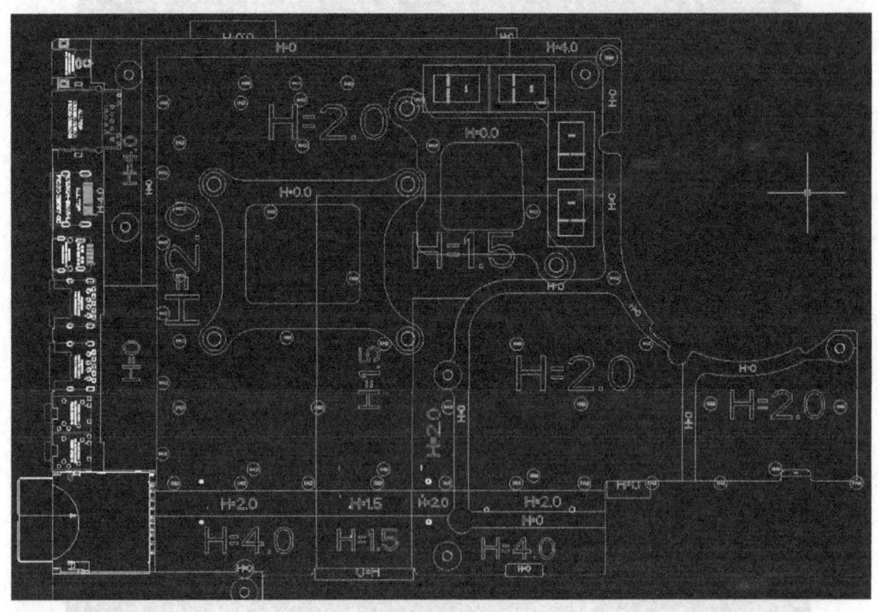

图 8-5　PCB 区域的高度限制图

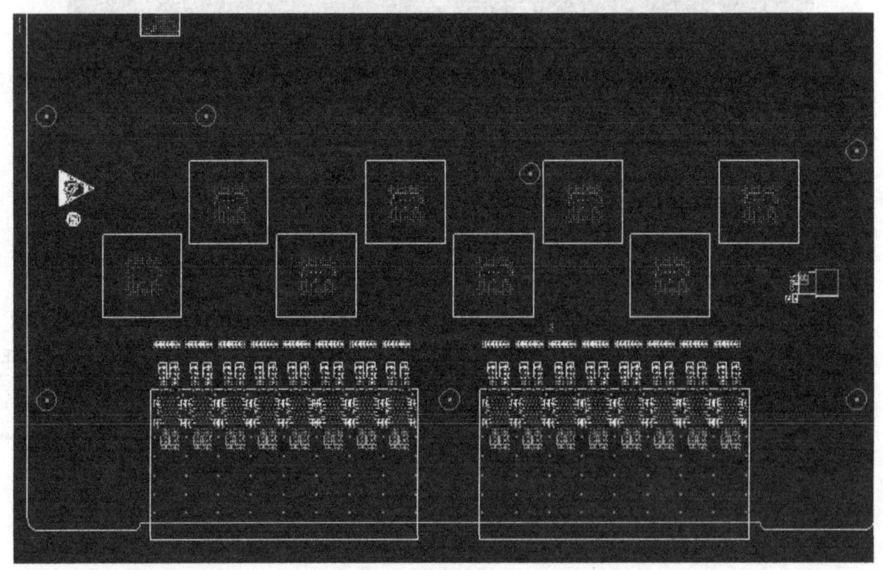

图 8-6　考虑散热的布局

- 主要芯片布局的时候，在满足结构及散热要求的前提下，还要考虑高速信号线的电气特性，同时满足高速信号线的布线要求，如图 8-7 所示。

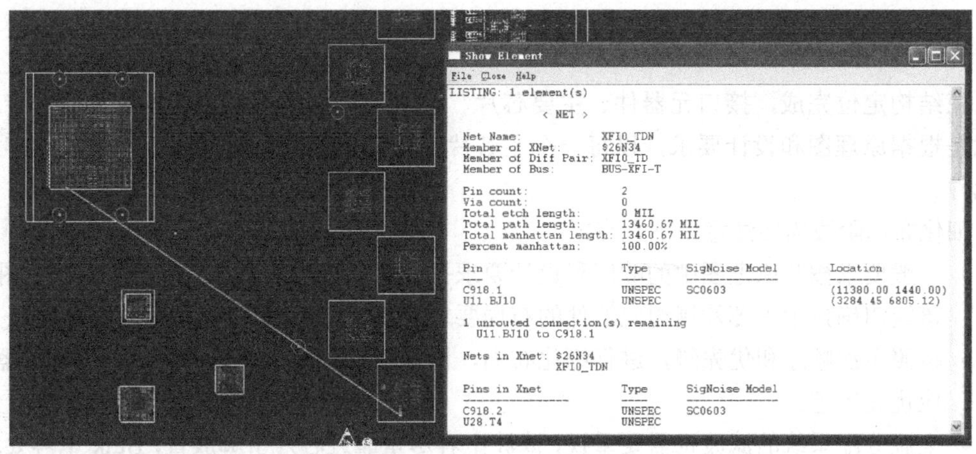

图 8-7 布局时对高速信号线的考量

8.2.3 电源模块布局

电源供电系统作为系统工作能量供应的核心，在布局的时候需要仔细评估，优先考虑。

- 首先考虑单板上的电源和系统（背板或者机柜）的连接，也就是电源的主要出入口，相应的电源处理模块尽量靠近电源连接器放置，通信板上常见的有 48V 供电模块，尽量放置在 48V 电源连接器附近。
- 接口电源从连接器进入的时候，要遵循先防护、后滤波的原则。
- 接口电源经过处理转换之后，给单板的主芯片及其他用电模块供电。一般情况下，主芯片的 Core 电源转换模块优先考虑靠近芯片放置，就近供电，可以确保 Core 电压的供电性能，有效避免电压降和干扰。所以，在布局上会首先根据各个主芯片的位置，放入各个芯片的核心电源的供电模块。
- 芯片的 I/O 电源，我们推荐尽量整合，比如常见的 2.5V、3.3V I/O 电源，整个单板可以使用同一电源网络进行供电，相应地在电源平面、地平面处理上可以使用一个较大且完整的平面，这时候，电源模块的位置可以比较灵活。
- 电源模块布局需要考虑散热问题，包括散热的方向以及与热敏感器件的距离等。

图 8-8 所示为一个常见的通信板的电源模块布局实例。

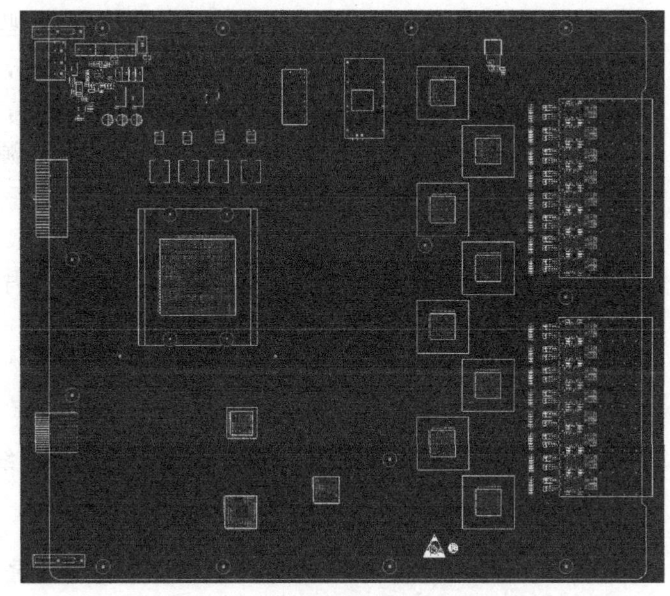

图 8-8 通信板的电源模块布局实例

8.2.4 细化布局

在结构定位完成，接口元器件、主要芯片、电源模块的布局都结束之后，下一步的工作就是根据原理图和设计要求，以每一个主芯片为中心，放置周边电路及电阻、电容等分立元件。

细化布局阶段需要注意以下几点：

- 一般要求按照原理图中的顺序和设计要求去做细化布局。一个符合要求的原理图，应该能明确指示主芯片周边元器件的布局要求。
- 按照主次顺序和优先级，进行细化布局，比如时钟处理电路（晶振、时钟分配器等）应优先考虑。
- 电源分配系统的滤波也需要重视，滤波电容尽量靠近芯片引脚放置，Bulk 电容要均匀放置在芯片周围。更加严格的情况下，需要使用 Cadence 的 PDN 软件进行详细仿真，指导滤波电容的选择和布局。
- 此外，还需要考虑工艺要求及一些操作空间要求。

下面举例说明一个 BGA 封装的主芯片周围的细化布局方法，不同的 PCB 工程师会有自己的思路，没有适合所有场合的布局方法。笔者认为，这恰恰是 PCB 设计的挑战和乐趣所在，同样的原理图，交给不同的 PCB 工程师，得到的布局布线是截然不同的。但是优秀的 PCB 工程师，都具备理解电路要求，熟练地运用相关知识，来实现符合要求的 PCB 设计的能力。

所有的举例，都是笔者认为可行的设计方案，而不是唯一正确的方案，大家如果有更好的设计思路，欢迎交流。

笔者认为，PCB 设计需要抓住关键问题，解决了这些关键问题，就能实现一个成功的设计。细化布局也一样，需要按照电路的重要性进行排序，优先考虑比较重要的电路。

首先，从原理图中找出关键信号及相应的附属电路，布局时线要尽可能短且顺畅。

其次，锁相环电源电路（参考电源电路）及其他电源的滤波电路，在布局时尽量靠近芯片引脚放置。

再次，信号线的匹配电阻及上、下拉电阻位置合理。

最后，保证 BGA 周围有合适的返修空间，确认芯片是否需要加装散热片，并且周边元器件布局均匀、整齐、紧凑。

8.2.5 布线通道、电源通道评估

布局和布线是密切相关的，在布局时就需要考虑布线通道和电源通道的可实现性。

1. 布线通道评估

影响布线通道的因素有关键芯片的物理位置及层叠设计的布线层数。在放置主要芯片时，在明晰信号流向的基础上，尽量把关键信号的引线缩短，并且避免与其他关键信号线

交叉。在高速信号线通道上避免布置其他电路元器件，尽量使高速线的布线通道通畅，如图 8-9 所示。

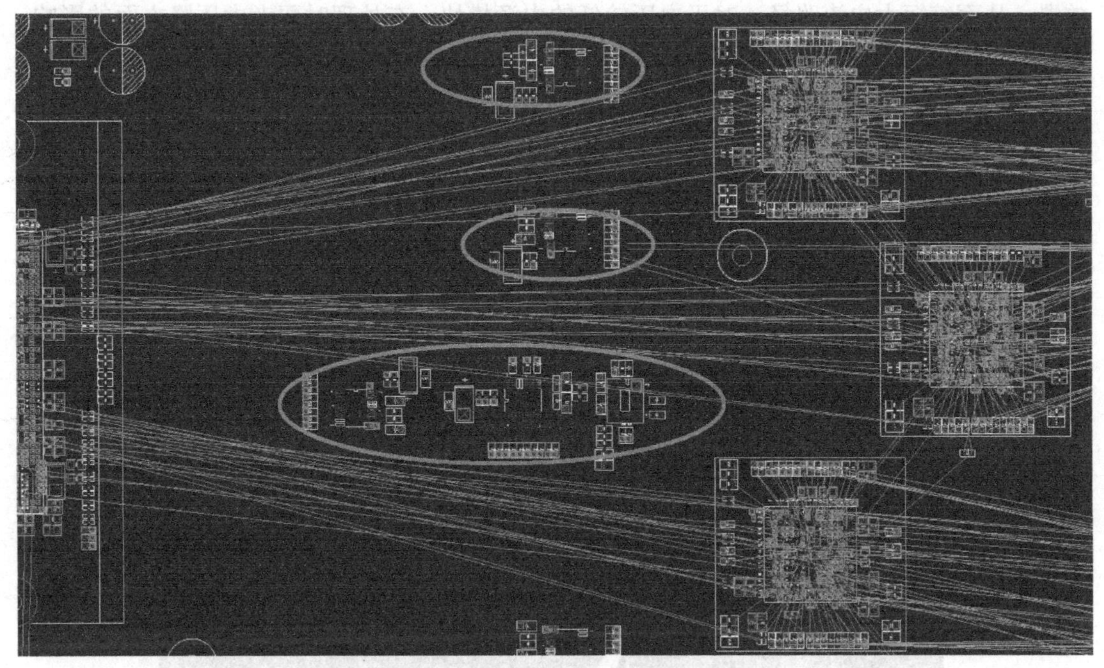

图 8-9　布线通道

同时通过查看信号网络的 Manhattan 值来评估关键信号线的长度是否过长和能否满足时序要求。评估时由于其他布线和过孔等方面的影响，信号网络的 Manhattan 值和实际布线长度会比较接近。也可以直接在约束管理器中加入约束，系统会将约束值同 Manhattan 值相比较，通过 DRC 给用户提示，如图 8-10 所示。

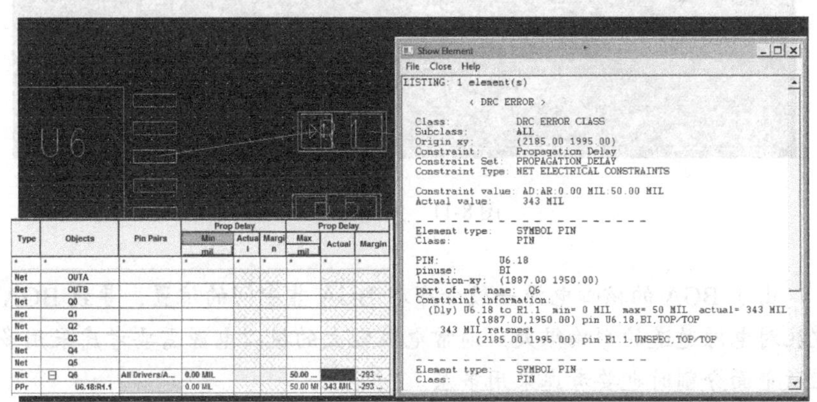

图 8-10　在约束管理器中加入约束和 DRC 提示

层叠设计对于布线通道会有影响，关于层叠设计会在第 9 章进行详细的介绍。在此对布线通道的评估，需主要考虑关键信号需要几个布线层，其他信号需要几个布线层，重点保障关键信号的布线层面。

2. 电源通道评估

在 PCB 设计中，电源设计也是非常重要的。大电流输出的电源模块应靠近主要用电芯片放置，从而缩短大电流路径。对于电压较低的电源模块，在处理时要考虑压降方面的影响；对于全局供电的电源模块，尽量将其放置在输入电源的主通道上。如果是大电压电路，需要注意满足安全间距的要求，最好用 Allegro PDN 前仿真功能来检查。

如果单板电源相对比较简单，可以考虑把一些电源集中放置，这样可以有效地预防电源对其他信号的干扰，如图 8-11 所示。

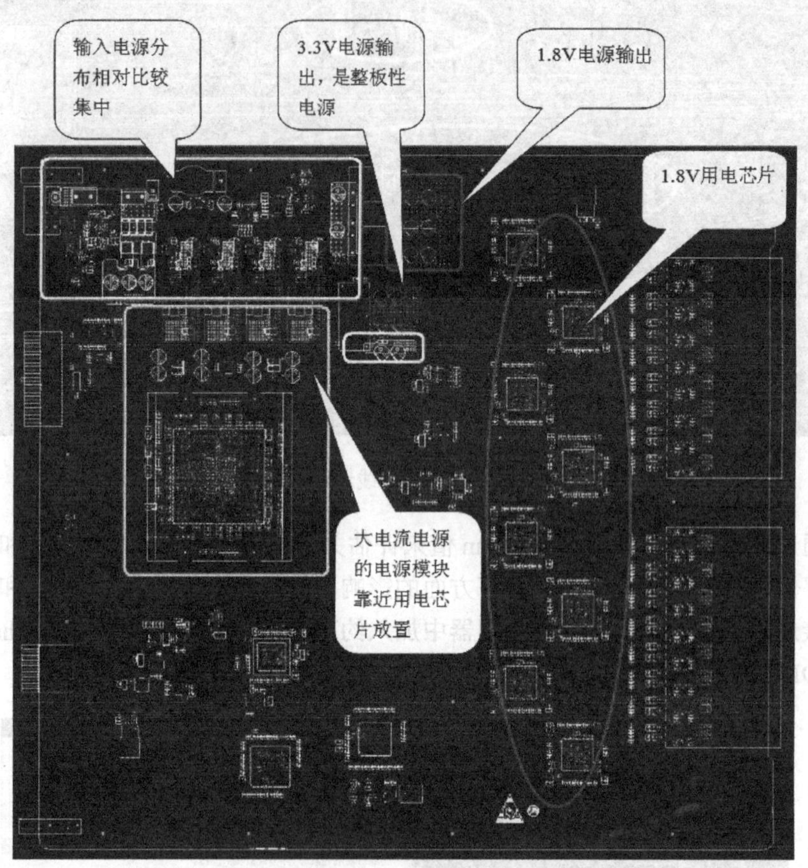

图 8-11　电源通道

由于 BGA 的核心电源一般分布在 BGA 靠中间的位置，导致 BGA 其他信号过孔对电源通道的影响很大，通常电流较大的核心电源需要考虑采用多层，所以在做平面分割时也要考虑采用多层。

3. 布局阶段的接口定义及效率提升

在布局阶段，大量飞线会干扰 PCB 工程师对电路整体的把握，如图 8-12 所示。大家都有类似的经历：在布局阶段频繁打开或者关闭飞线，或者按照元器件来显示飞线等。这样的切换会影响布局的效率，在板上飞线交叉比较多的时候，显示界面会显得比较乱，不能清晰地反映硬件整体结构。

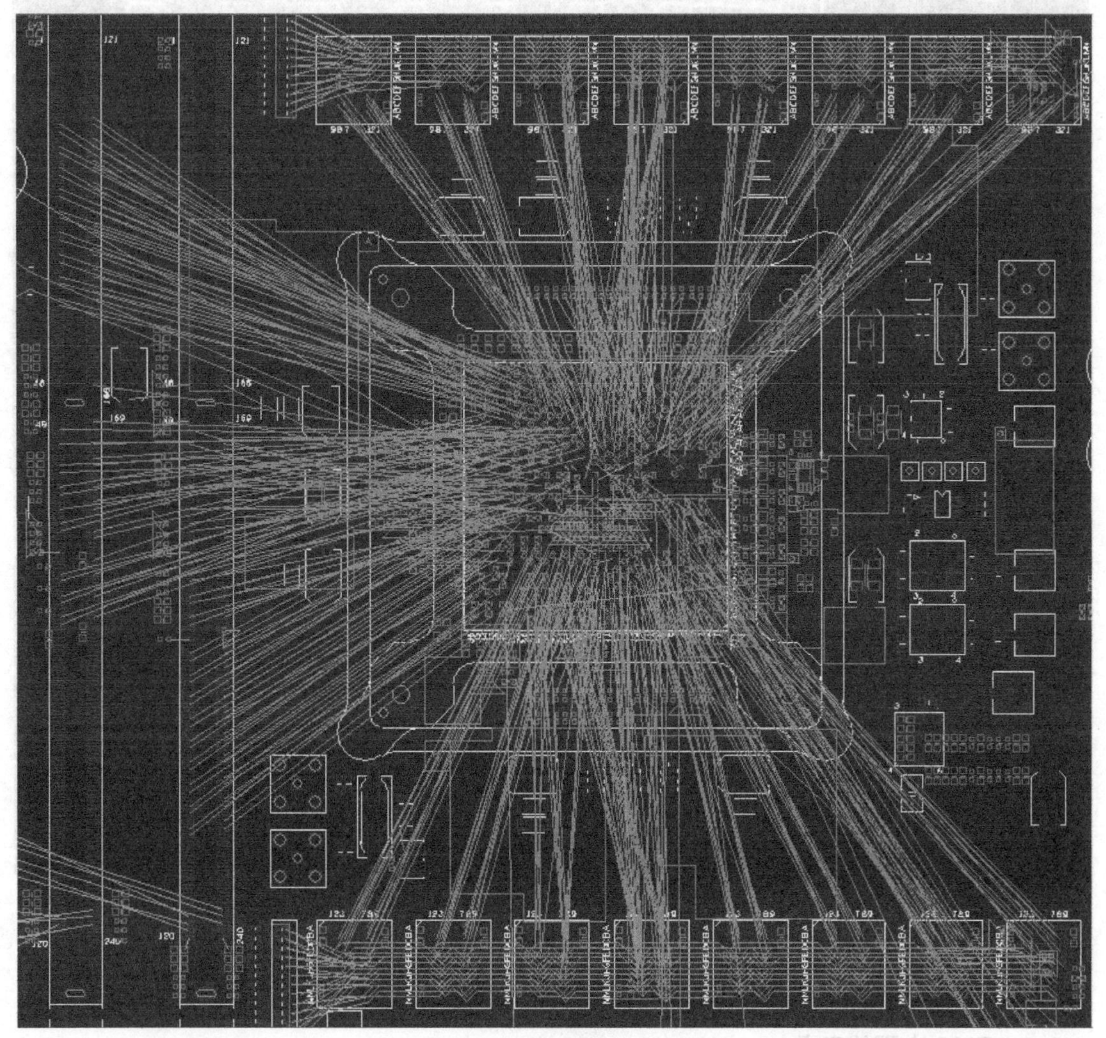

图 8-12　整板飞线的显示

我们采用 GRE 的接口定义功能，可以实现从整体构架角度识别器件之间的连接关系。图 8-13 所示为定义接口后的显示界面，这样在布局阶段就便于从顶层的角度来理解设计，还有利于在布局评审和检查阶段，更高级别的工程师如系统架构工程师或者产品经理等人员抛开细节的影响，从顶层架构角度来思考布局是否合理。

这些设计意图在 PCB 上实现并记录下来，在改板的时候，新的设计者可以通过 PCB 领会和继承之前设计者所有的思路与实现方法。

和 GRE 相关的更多布局布线功能及操作方法，请参看第 12 章。

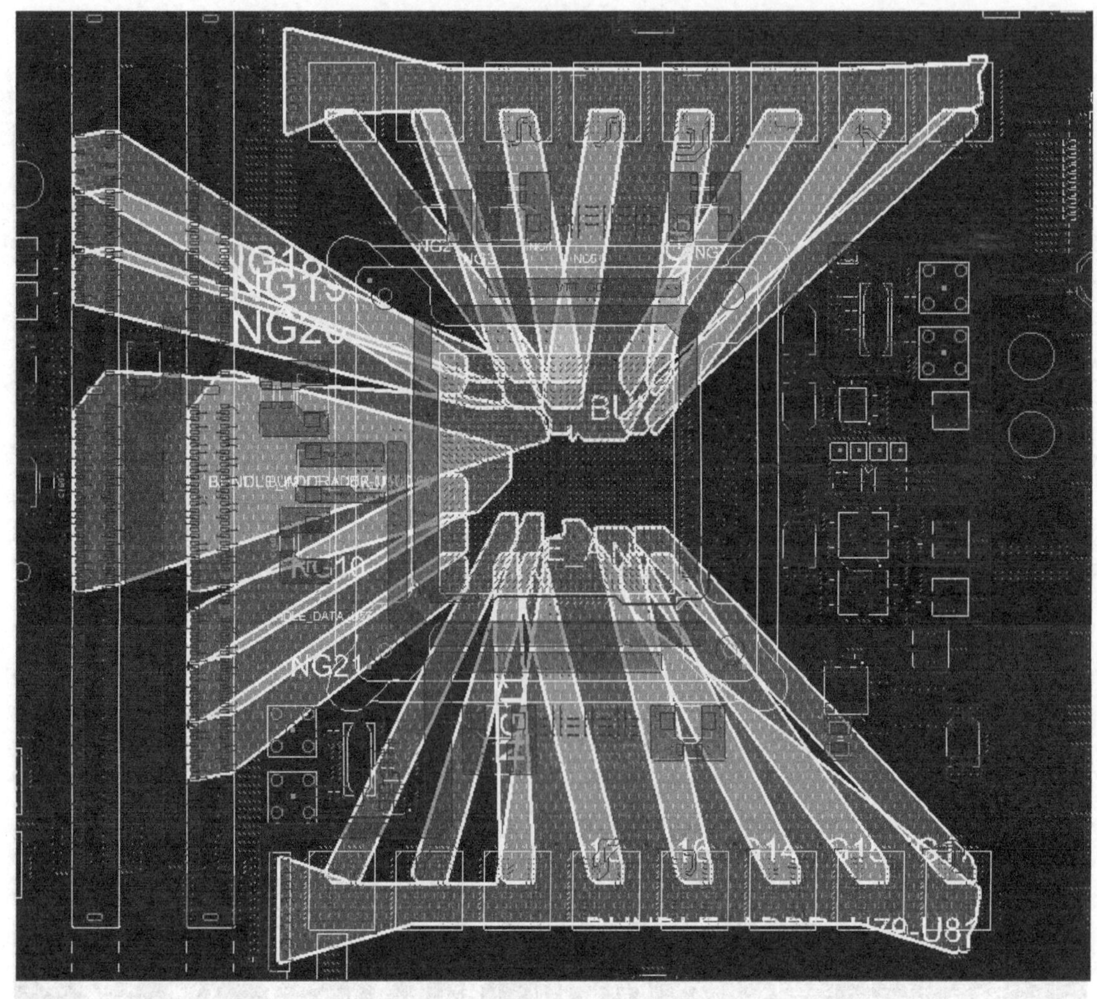

图 8-13　定义接口后的显示界面

8.2.6　EMC、SI、散热设计

1. EMC 方面的考虑

很多产品是强制通过相关 EMC 测试标准的，在布局之初就需要考虑 EMC，主要包括以下几方面。

- 高速模块与低速模块分开布局。
- 数字电路模块与模拟电路模块分开布局，如图 8-14 所示。
- 敏感电路与干扰性元器件分开布局。
- 接口类元器件与板内其他电路分开布局。
- 时钟电路中，时钟线的匹配电阻尽量靠近晶振。时钟电源尽量进行 LC 或 π 型滤波。
- 电源电路要遵循先防护后滤波的原则。必要时可通过部分拓扑功能先设置好规则，以免在设计时遗忘。
- 接口电路要遵循先防护后滤波的原则。

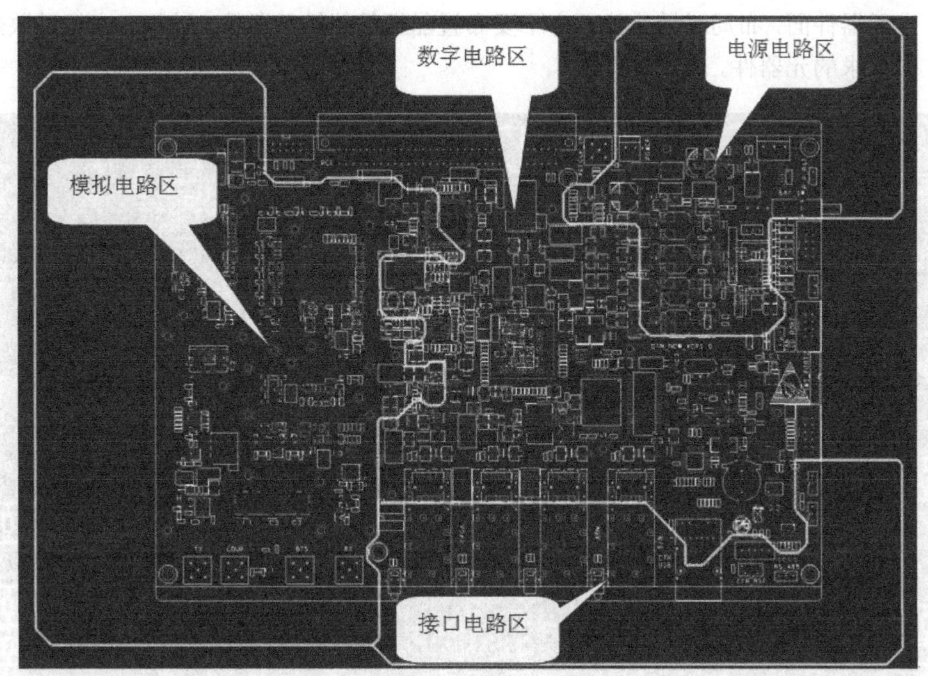

图 8-14　电路分区图

2. SI 方面的考虑

布局时 SI 方面的考虑如下。

- 滤波电容尽量靠近芯片的电源引脚，如图 8-15 所示。
- 储能电容应均匀放置在用电芯片周围。
- 布局能否满足绝对长度要求，相对长度是否容易实现。
- 满足总线的拓扑结构，满足系统要求。

3. 散热设计

环境温度过高会影响部分芯片的性能甚至使其损坏，同时芯片自身产生的热量辐射会影响其附近元器件的工作性能。所以 PCB 设计中，一定要考虑散热问题。

（1）高热芯片应放置在散热最佳的位置。把高热元器件尽量放置在通风的上风口处，几个高热元器件最好分散或者错开放置。在风道上不要放置高热元器件，尤其不要密集排放高热元器件以免阻碍甚至阻断通风或回流，并与其他芯片之间预留足够的散热空间。

（2）布局时避免大功率元器件集中放置，尽可能地把发热元器件平均分布在 PCB 上。

热敏元器件需要远离发热量大的元器件，比如一些要求环境温度较低的晶振或插装的钽电容尽量放置在风道的上方。

（3）部分项目中需要通过导风槽来实现通风，在布局时需要注意导风槽下不能有任何元器件，建议其周围禁布元器件。

（4）如果需要加散热片，布局时应注意：

- 所有有导风方向要求的散热片的方向需要和风向保持一致。

- 在元器件面，布局时散热片下方不要布置晶振等热敏元器件，以及高度超过散热片下限要求的元器件。

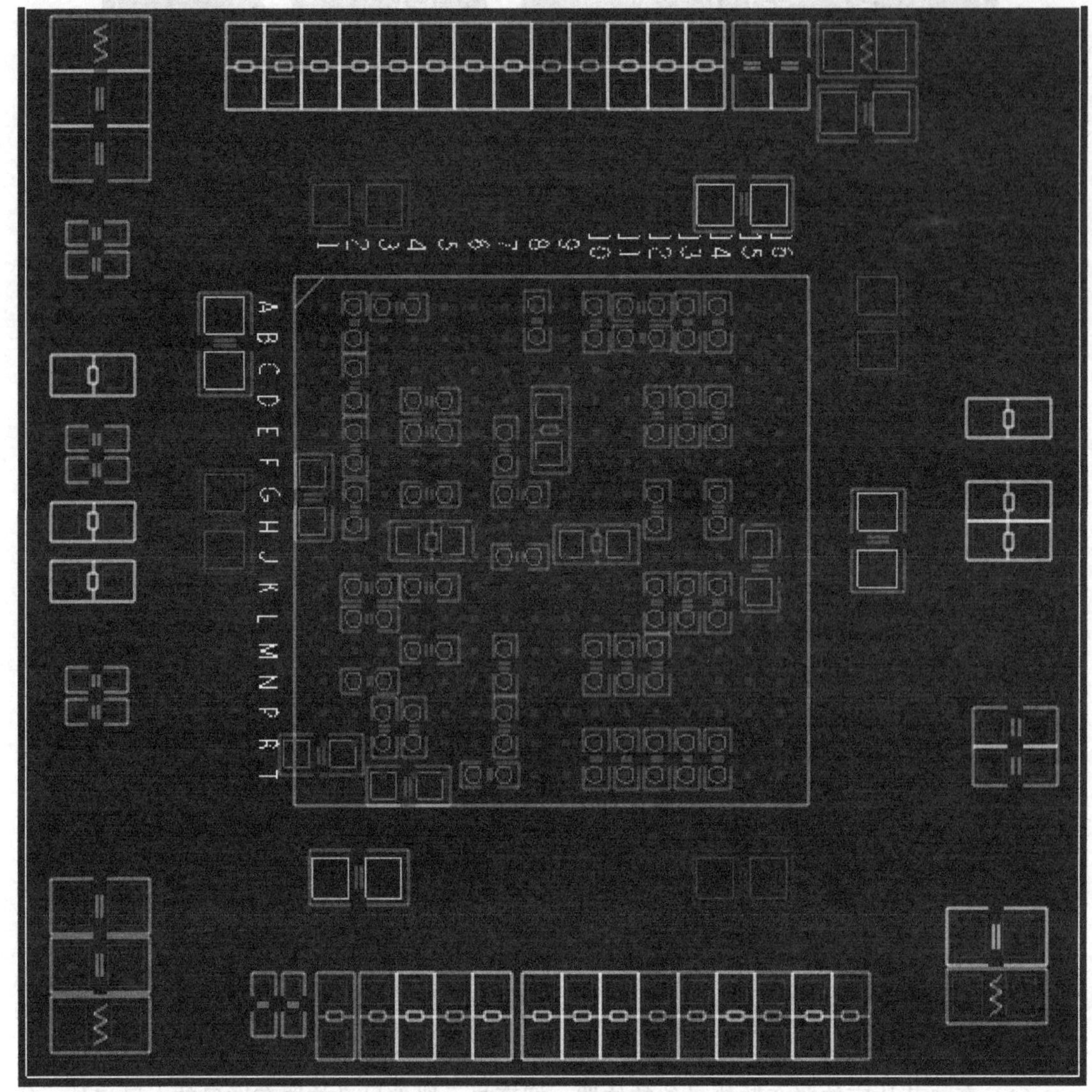

图 8-15　滤波电容的放置

- 在元器件面，散热片下方不能放置测试类元器件及后期有操作要求的元器件，如测试点、开关等元器件。
- 使用定位孔固定的散热片布局时，在定位孔周围一定区域内不要有任何过高的元器件。
- 整板冷板式散热片布局时，把测试类元器件靠板边放置或者集中放置，以方便冷板开口。

散热设计如图 8-16 所示。

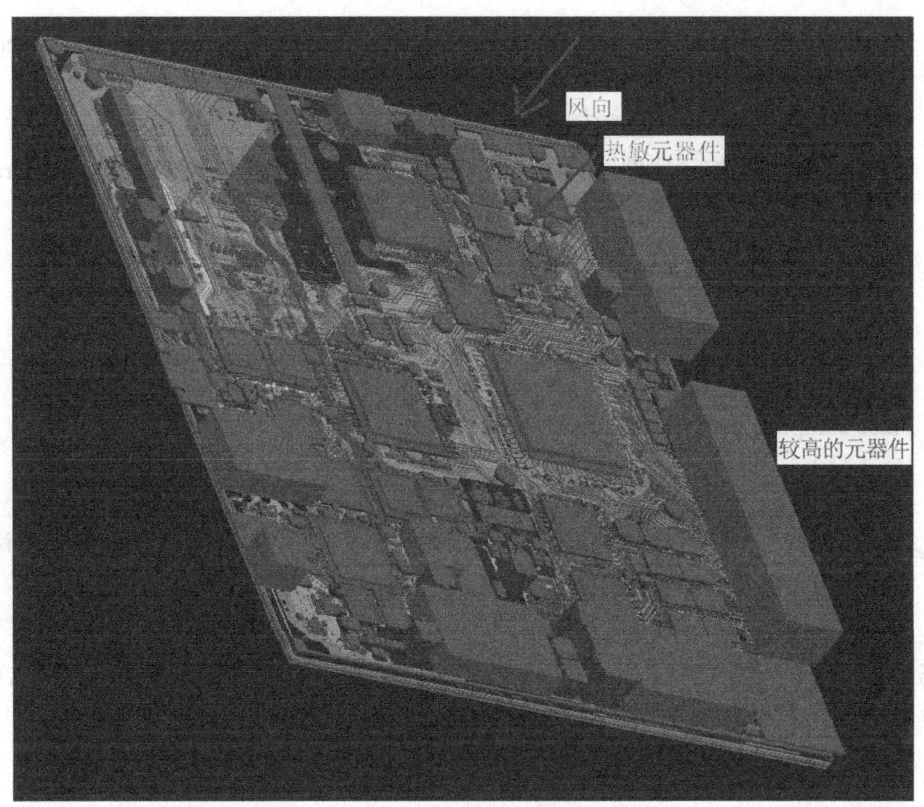

图 8-16　散热设计

8.3　布局常用指令

8.3.1　摆放元器件

1. 自动摆放元器件

Quickplace 是把元器件按一定要求快速放入板内的常用命令。使用 Quickplace 命令自动摆放元器件的操作步骤如下。

选择 Place→QuickPlace 命令，弹出 Quickplace 对话框，如图 8-17 所示。

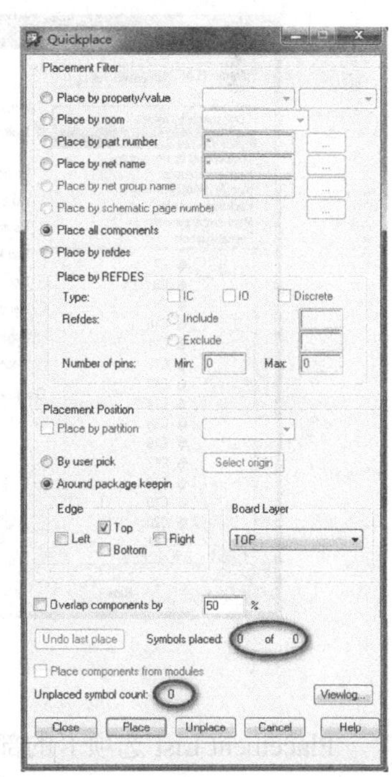

图 8-17　Quickplace 对话框

- Place by property/value：按照元器件属性和元器件值摆放元器件。
- Place by room：摆放元器件到 Room 中。
- Place by part number：按零件物料代码摆放。
- Place by net name：按网络名摆放。
- Place by net group name：按所建立的网络组摆放。

- Place by schematic page number：按原理图页放置。支持 Capture CIS 和 Concept-HDL 原理图。
- Place all components：摆放所有元器件。
- Place by refdes：按元器件序号摆放，可以按照元器件的类别（I/O、IC 和 Discrete）来摆放，或者三者的任意组合。
- Place by partition：利用 Design Entry HDL 绘制的原理图按照分区摆放。
- By user pick：在用户单击的位置摆放。
- Around package keepin：在允许摆放区域摆放。
- Symbols placed：显示摆放元器件的数目。
- Place components from modules：摆放模块元器件。
- Unplaced symbol count：未摆放的元器件数。

布局开始时，要确认一下图 8-17 中圆圈标记部分，确保元器件全部放置在板内。

完成图 8-17 所示设定后，单击 Place 按钮，就会把该项目的全部元器件自动摆放在 PCB 上。单击 OK 按钮，完成自动摆放元器件工作。

2. 手动摆放元器件

手动摆放元器件的操作步骤如下。

选择 Place→Manually 命令，弹出 Placement 对话框，按图 8-18 所示进行设置。

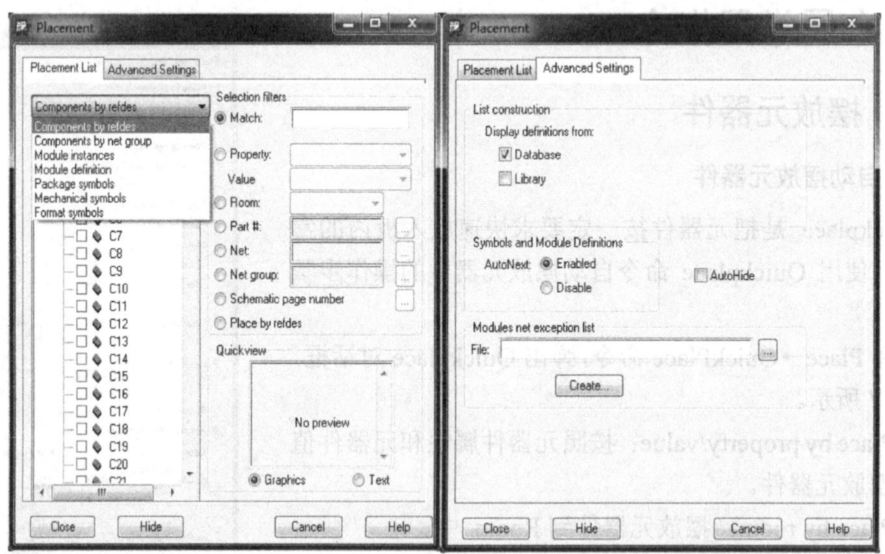

图 8-18　手动摆放设置

Placement List 选项卡的部分选项介绍如下。

- Component by refdes：按照丝印显示元器件。

- Module instances：按照模块的名称来显示元器件，这个模块是在原理图上定义好并打包到 PCB 上的。
- Module definition：和上一个选项相比，这里的模块可以不是来自原理图的，而是在 PCB 里面创建或者指定库路径下的模块。
- Package symbols、Mechanical symbols、Format symbols：分别对应封装符号库、机械符号库、图框标注库等。

Advanced Settings 选项卡的部分选项介绍如下。

- Database：当前 BRD 文件的数据库，例如，如果只选择 Database，需要放置 C15(C0603)，C0603 会直接从已有的板中提取。如果没有此封装就不放置。如果只选择 Library，用户又恰好修改了 C0603 封装，这时就会添加修改的 C0603 封装，但已经放置的不会修改。如果 Database 和 Library 都选择，就按顺序进行，先从当前的数据库中寻找此封装，如果没有，再到其他数据库中寻找。
- Library：显示库路径的所有元器件。

单击 Hide 按钮，隐藏当前选项卡，方便手工放置元器件。

8.3.2　按照 Room 放置元器件

PCB 上的元器件经常是需要按照功能模块来放置的，有一些特殊的电路，比如射频电路、大功率电源电路和模拟电路等需要在 PCB 上划定非常明确的功能区域。甚至需要这个区域唯一并且排外，必须把相关的元器件摆放在区域内，并且只能是相关的元器件，不能放入其他元器件。

采用传统的设计方法，针对这部分电路的设计，有几个难点。

- 原理图工程师和 PCB 工程师之间的设计意图传递。如果传递有遗漏或者错误，就会导致设计错误。
- 设计过程中的把控。设计过程中的把控可避免因为疏忽或者修改，导致本来已经放置好的区域被破坏。
- 设计结束后的检查。这是传统设计方法避免错误的唯一有效手段，但是完全依赖人工的检查方法效率低下，容易出错。
- 设计中的反复修改是不可避免的，每次的修改都要重复以上的过程。

因此，笔者推荐使用 Cadence 提供的 Room 功能，自动将元器件放置在指定区域中，并且有多种属性协助监控和检查。

1. 在 PCB 中添加 Room 区域

（1）选择 Setup→Outlines→Room Outline 命令，打开 Room Outline 对话框，如图 8-19 所示。

（2）在 Command Operations 栏中选择本次的操作，有 Create（创建）、Edit（编辑）、Move（移动）和 Delete（删除）4 个选项供选择。

（3）在 Room Name 文本框中输入 Room 的名称，比如“CPU”。

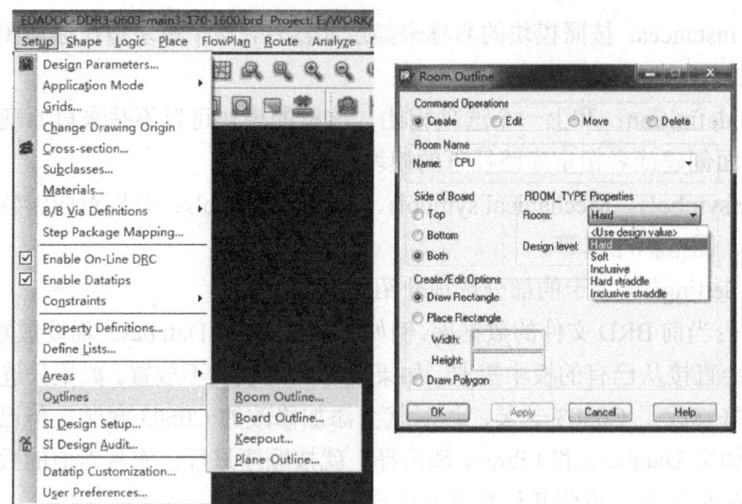

图 8-19　通过菜单命令打开 Room Outline 对话框

（4）选择在板的哪一面放置，可以选择 Top 面、Bottom 面或两面。

（5）Room 的类型选项有以下几个。

- Hard：强制性区域，只有属于这个 Room 的元器件才能放置在这个区域。属于 Room 的元器件放置在区域之外，或者不属于 Room 的元器件放置在区域之内，都会产生 DRC 错误提示。
- Soft：非强制性区域，在执行 Auto place By Room 命令时元器件可以被识别并自动放到相应区域，之后修改设置，导致元器件移入/移出区域，没有 DRC 显示。
- Inclusive：和 Hard 选项类似，元器件跨在 Room 边界时报错。
- Hard straddle：和 Hard 选项类似，但是允许属于 Room 的元器件跨在 Room 边界。
- Inclusive straddle：和 Hard 选项类似，但是允许所有元器件（包括不属于本 Room 的元器件）放入这个 Room 区域或者跨在 Room 边界。只有属于 Room 的元器件放在区域之外，才会产生 DRC 错误提示。

（6）完成以上设置之后，在 PCB 相应区域绘制 Room 的外形即可，如图 8-20 所示。

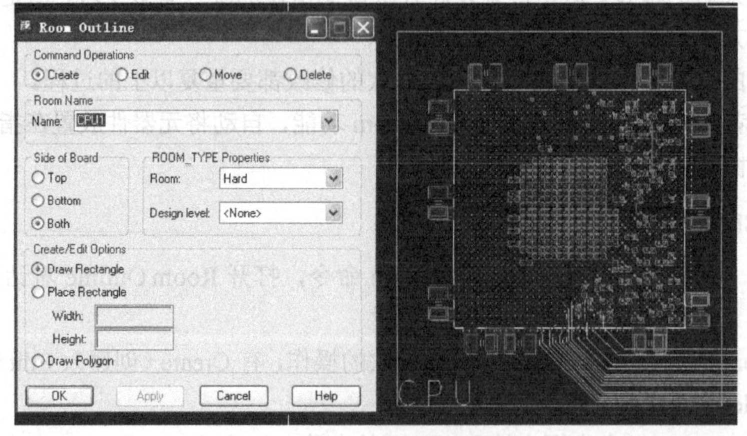

图 8-20　绘制 Room 的外形

2. 定义 Room 属性

一般来说，建议在原理图中给元器件添加 Room 属性，因为原理图工程师最清楚器件的归属。

如果在原理图上没有给元器件添加 Room 属性，也可以在 PCB Editor 里为其添加 Room 属性，这个方法不常用，这里简单介绍一下。

首先 PCB 工程师需要知道哪些元器件属于同一个 Room，如果名称有规律，可以在选择 Edit→Properties 命令后，在 Find 面板的 Find By Name 下拉列表中选择元器件。然后在 Edit Property 对话框中给元器件赋予相应的 Room 属性，如图 8-21 所示。

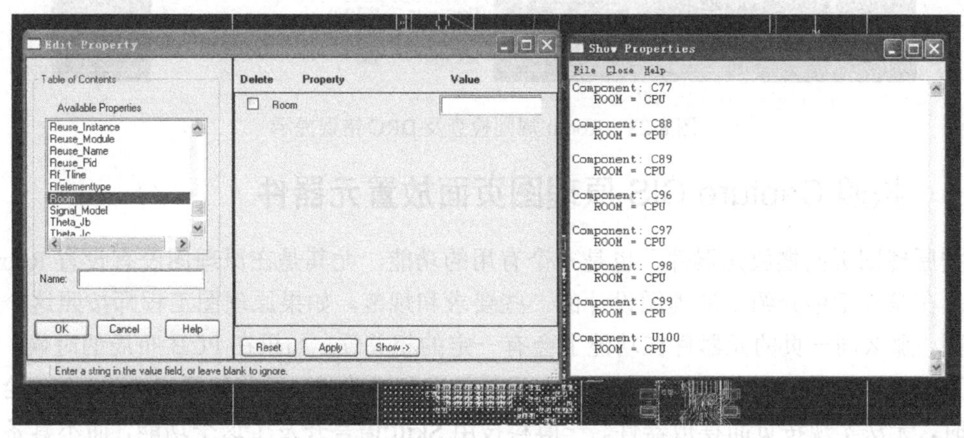

图 8-21　给元器件赋上 Room 属性

放置元器件的时候，可以通过 Place→Autoplace→Place by Room 命令来自动放置，也可以使用 Place→Manually 命令（打开图 8-22 所示对话框，进行相应设置）来手动放置。

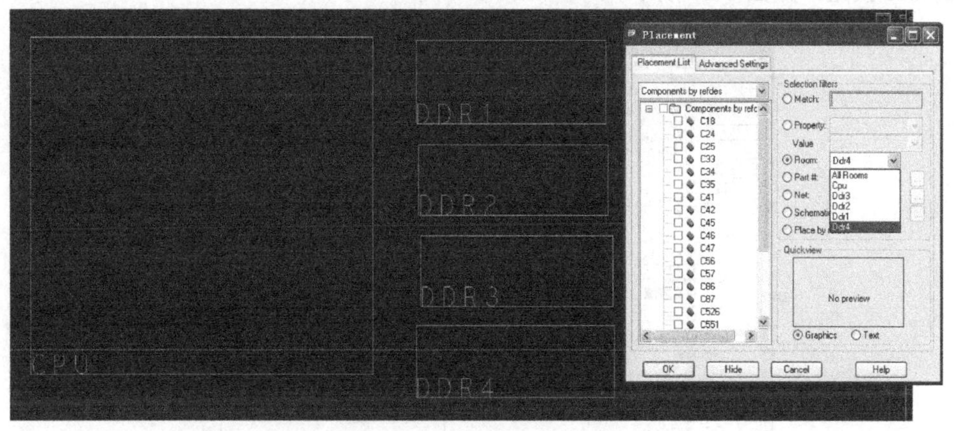

图 8-22　按照 Room 放置元器件

从图 8-23 可看到，属于 DDR1 模块的元器件放置在 Room 外，在元器件中心位置有一个 DRC 错误提示，说明这些元器件违反了 Room 设计规则。同样，不属于 DDR1 模块的两个电容被放置在了 DDR1 区域，也提示了 DRC 错误。重新把元器件放置到正确的区域，DRC 错误提示就会消失。

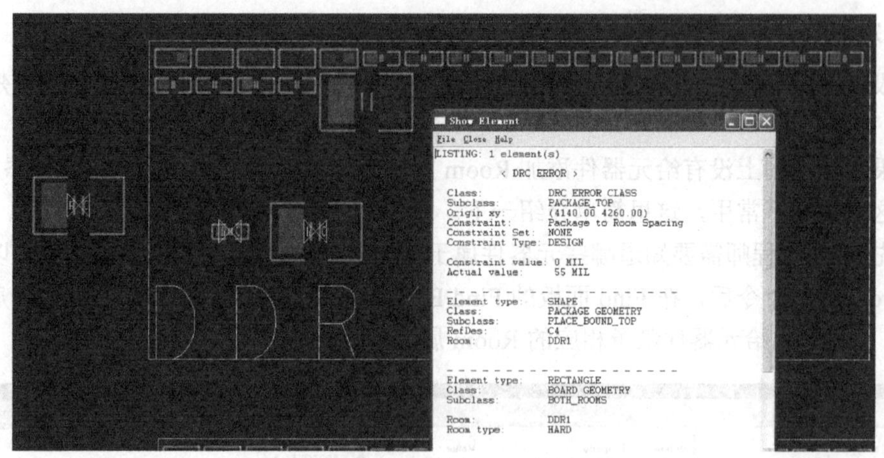

图 8-23 Room 规则检查及 DRC 错误提示

8.3.3 按照 Capture CIS 原理图页面放置元器件

按原理图页面摆放元器件，也是一个有用的功能，尤其是在原理图没有设置 Room 属性时。在第 3 章中介绍了原理图设计的一些要求和规范，如果原理图工程师按照这个规范来制图，那么同一页的元器件在功能上会有一定的相关性。如果在 PCB 布局的时候，能够按照页面把元器件进行分类，就会提高布局的效率和准确性。目前使用 Capture CIS 绘制原理图时，无法实现按页面摆放器件。一博科技用 Skill 语言开发了这个功能，而不具备二次开发能力的工程师可以使用以下操作步骤实现在 Allegro PCB Editor 中放置元器件时按照页面摆放。

（1）打开 Capture CIS 格式的原理图，选择 Edit→Browse→Parts 命令，在打开的对话框中单击 OK 按钮，如图 8-24 所示。

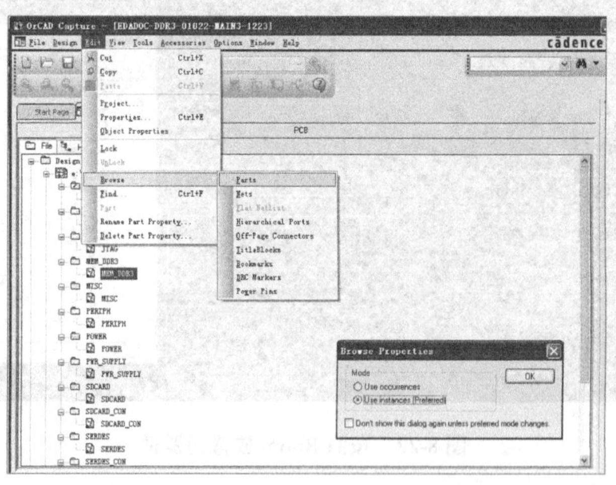

图 8-24 选择 Edit→Browse→Parts 命令

（2）选取这一页中所有的元器件之后，选择 Edit→Properties 命令，编辑元器件的属性，如图 8-25 所示。

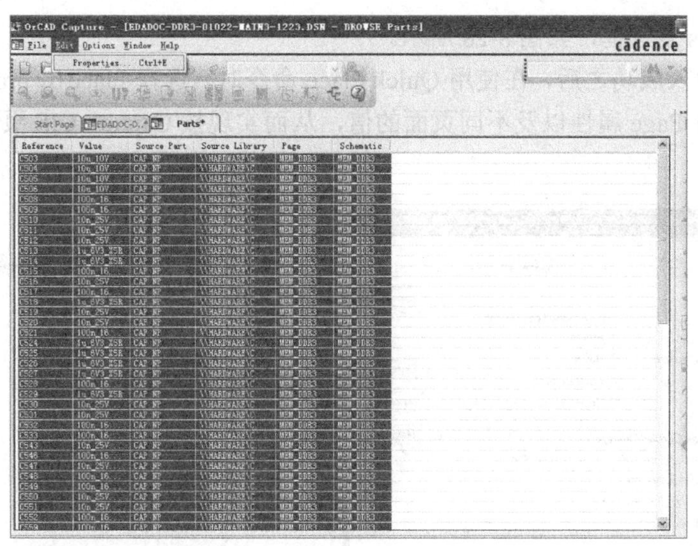

图 8-25 选择 Edit→Properties 命令

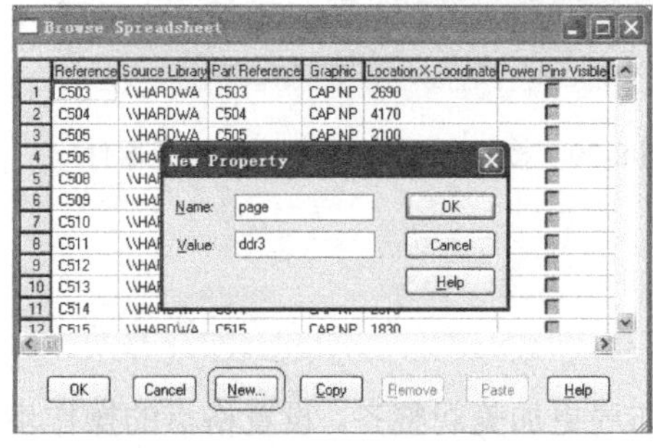

图 8-26 单击 New 按钮新建属性

（3）在打开的窗口中，单击 New 按钮，新建属性，如图 8-26 所示，设置属性名为 page，值为 ddr3。

（4）保存之后，正常完成原理图的设计，在生成网表的时候，在 PCB Editor 选项卡单击 Setup 按钮，在弹出的 Setup 对话框中单击 Edit 按钮，在打开的 allegro.cfg 文件中添加一行“PAGE=YES”，如图 8-27 所示。

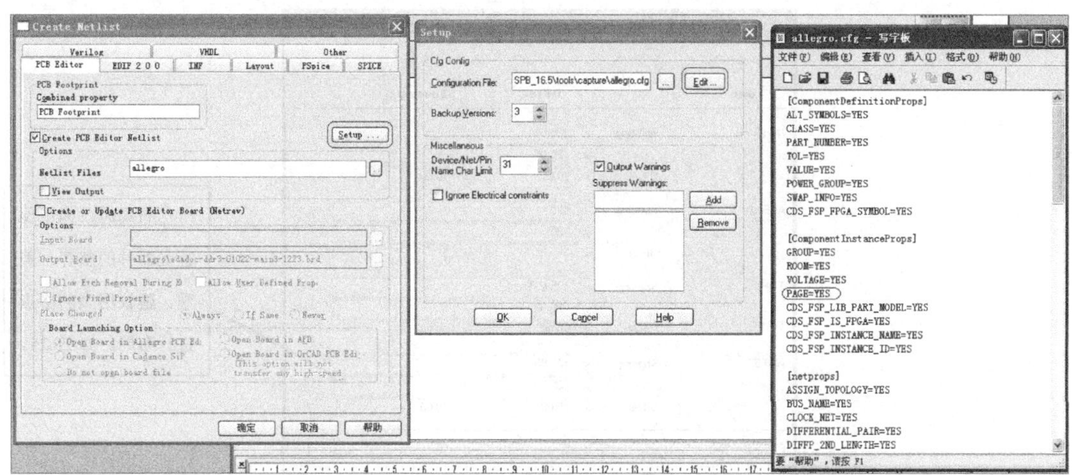

图 8-27 设置 allegro.cfg

（5）按照正常步骤生成网表后，在 Allegro 的 Import Logic 对话框中，勾选 Create user-defined properties 复选框，如图 8-28 所示。

（6）网表导入成功之后，在使用 Quick Place 命令时，选择 Place by property/value 单选按钮就可以设置 Page 属性以及不同页面的值，从而实现按 Capture CIS 页面放置元器件，如图 8-29 所示。

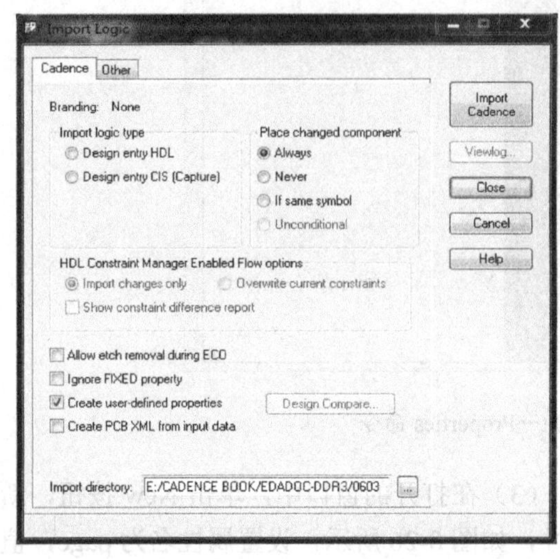

图 8-28 Import Logic 对话框

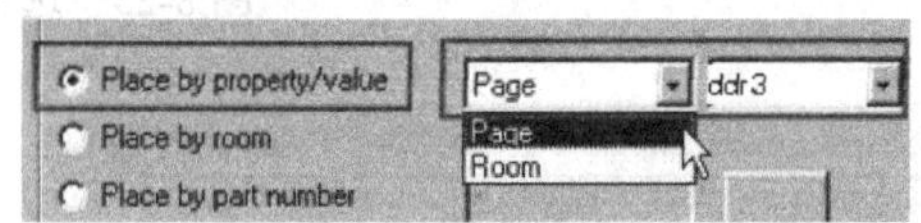

图 8-29 按 Capture CIS 页面放置元器件

8.3.4 布局准备

1．设置格点

合理的格点设置既可以提高工作效率，也可以让布局更加美观整齐。设置格点的操作步骤如下：

选择 Setup→Grids 命令，弹出 Define Grid 对话框，如图 8-30 所示。

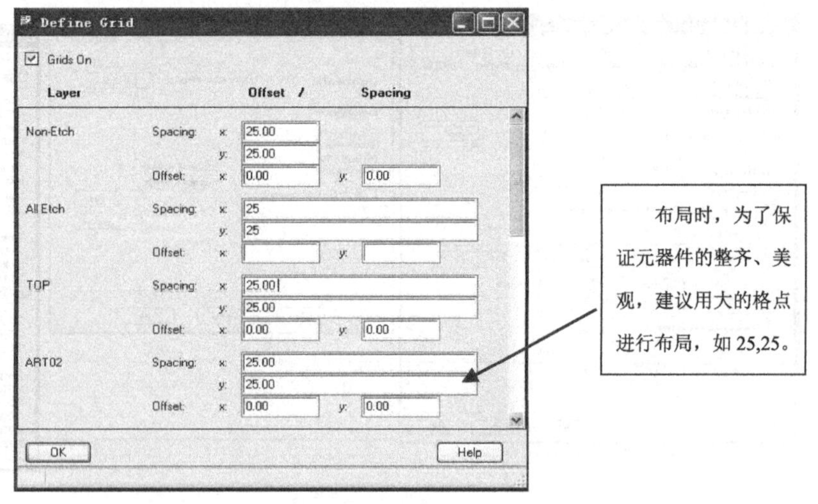

图 8-30 Define Grid 对话框

2. 飞线显示设置

在 PCB 布局过程中，需要查看各个模块之间的飞线（Rats）顺序是否合理，以便合理安排元器件的相对位置，从而确定布局思路。PCB 工程师在布局阶段对飞线的显示要求有：整个 PCB 打开或者关闭飞线，按照器件打开或者关闭飞线等。设置飞线显示的具体操作步骤如下：

（1）查看各个元器件之间的飞线，以便合理紧凑地布局。选择 Display→Show rats→Components 命令，单击想要显示飞线的元器件，结果如图 8-31 所示。

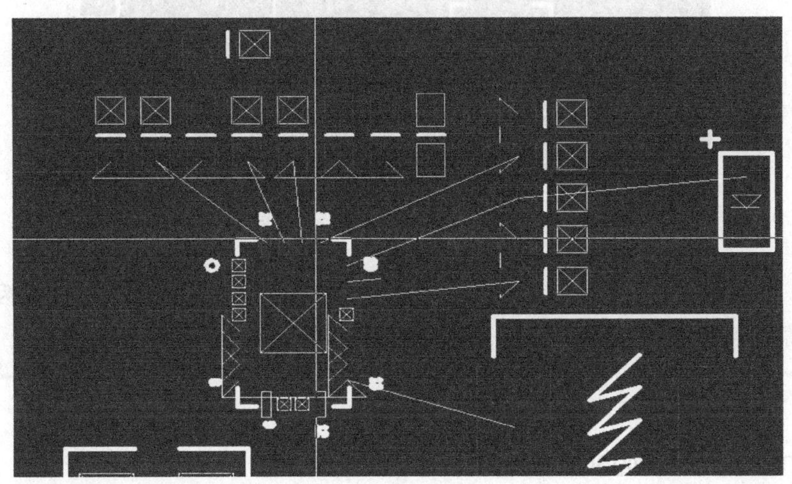

图 8-31　显示元器件之间的飞线

（2）显示整板所有的飞线。选择 Display→Show rats→All 命令或单击按钮，结果如图 8-32 所示。

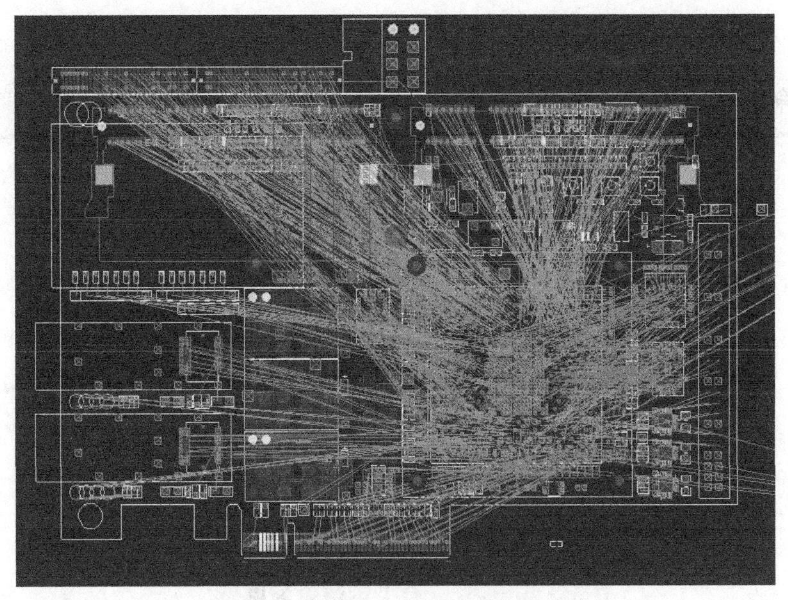

图 8-32 显示整板所有的飞线

（3）按照网络显示飞线。选择 Display→Show rats→Net 命令，在 Find 面板，选择 Nets 选项，结果如图 8-33 所示。

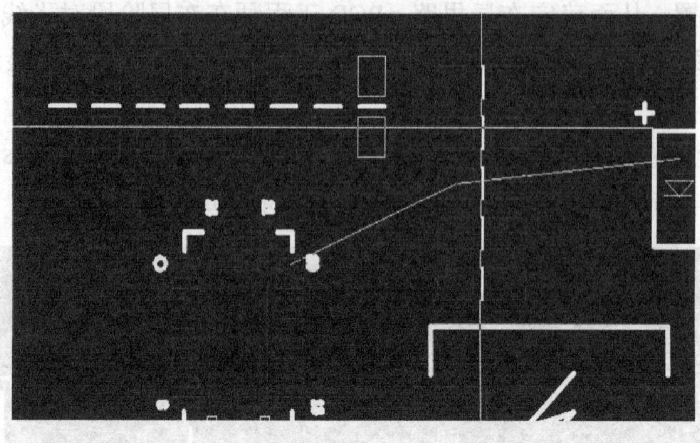

图 8-33 按照网络显示飞线

关闭飞线和打开飞线的命令类似，选项是相同的。合理利用这两种命令，能够更加方便地显示飞线，从而提高工作效率。

3. Highlight\Dehighlight

Highlight\Dehighlight 是布局阶段非常有用的一个命令，可以帮助工程师高效准确地布局。具体操作步骤如下：

（1）选择 Display→Assign Color 命令，在 Find 面板中勾选 Symbols 复选框，如图 8-34 所示。

在 SPB 16 及 SPB 17 中，建议使用 Assign Color 命令来代替 Highlight 命令。

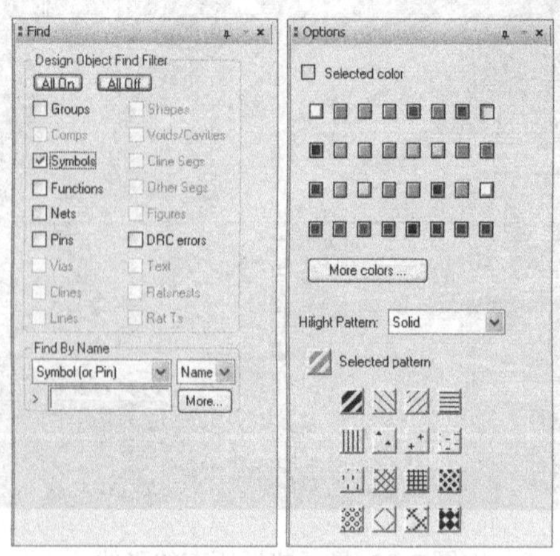

图 8-34 Find 面板和 Options 面板

（2）单击 Options 面板的颜色按钮（见图 8-34），选择要使用的颜色，本例选择黄色，使 Highlight 为黄色。

（3）单击需高亮的元器件，此时该元器件呈黄色，如图 8-35 所示。

（4）选择 Display→DeHighlight 命令，在 Find 面板中勾选 Symbols 复选框。

（5）单击要消除高亮的元器件，此时该元器件的高亮黄色消失。

移去所有 Nets、Symbols、Functions、Pins、All 的颜色：选择 Display→DeHighlight 命令，打开 Options 面板，分别单击 Nets、Symbols、Functions、Pins、All 按钮，如图 8-36 所示。

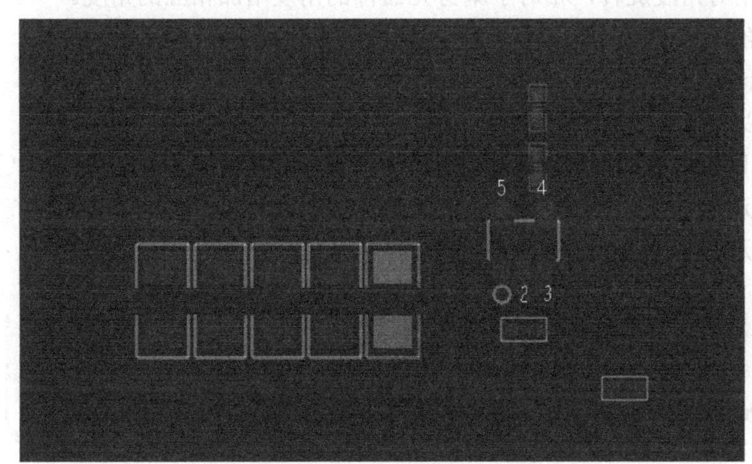

图 8-35　高亮元器件

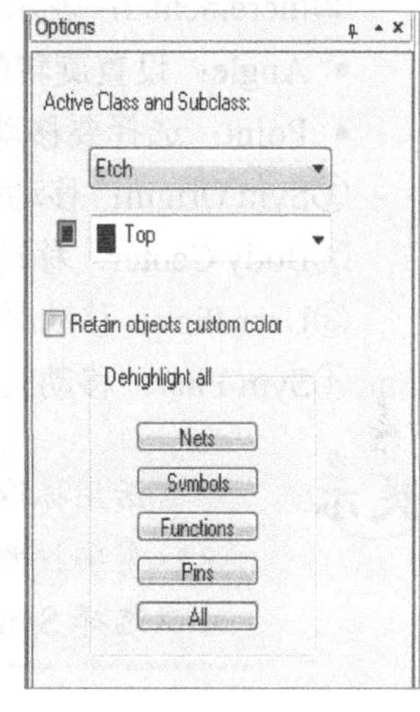

图 8-36　Options 面板

8.3.5　手动布局

1. Move（移动元器件）

选择 Edit→Move 命令或单击按钮，在 Find 面板中选择移动的对象，以移动元器件为例，在 Find 面板中勾选 Symbols 复选框，如图 8-37 所示。

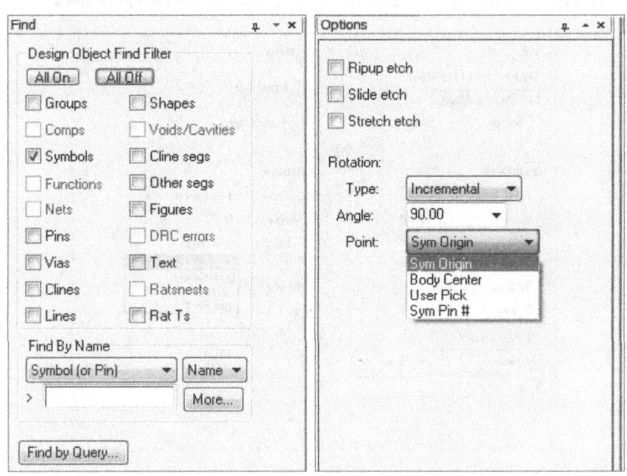

图 8-37　Find 面板和 Options 面板

此时，Options 面板（见图 8-37）中的选项如下。

- Ripup etch：表示移动元器件时，所移动元器件上已有的线会自动删除。
- Slide etch：表示移动元器件时，所移动元器件上已有的线会跟随按照 45° 角模式移动。
- Stretch etch：表示移动元器件时，已有的线跟随以任意角模式移动。
- Rotation：旋转，有如下选项。

Type：旋转方式。

①Absolute：表示以绝对角度旋转，直接旋转相应的度数。

②Incremental：表示以相对角度旋转，相对于本身元器件的角度增加相应的角度。

- Angle：设置旋转的角度。可以设置为 0，45，90，135，…，其中 0 表示任意角度。
- Point：选择要移动元器件的定位点。

①Sym Origin：移动时以元器件的原点为定位点。

②Body Center：移动时以元器件的中心为定位点。

③User Pick：移动时以元器件用户抓取点为定位点。

④Sym Pin#：移动时以元器件的某个引脚为定位点。

活用抓取元器件的定位点功能，可以实现很多不同的需求，比如定位需求：需要按照引脚定位的元器件，可以选择 Sym Pin#；中心定位的元器件，可以选择 Sym Origin。

2. Spin & Rotate（旋转元器件）

旋转是指将元器件或线等按顺时针或逆时针旋转，以下是以旋转元器件为例的操作步骤。

选择 Edit→Spin 命令，在 Find 面板中勾选 Symbols 复选框，如图 8-38 所示。在 Options 面板中，可以设置旋转角度、旋转的定位点。这部分的设置和 Move 命令部分的设置类似，下面分别以旋转一个元器件和旋转一组元器件为例来介绍操作步骤。

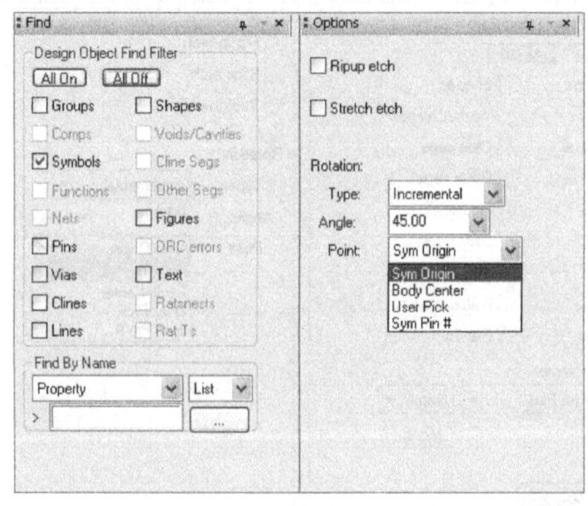

图 8-38　Find 面板和 Options 面板

1）旋转一个元器件

- 选择要旋转的元器件，在元器件上就会拉出一条基准线。
- 移动鼠标可以旋转元器件，并控制旋转的方向和角度，如图 8-39 所示。
- 右击，在弹出的快捷菜单中选择 Done 命令，结束操作。

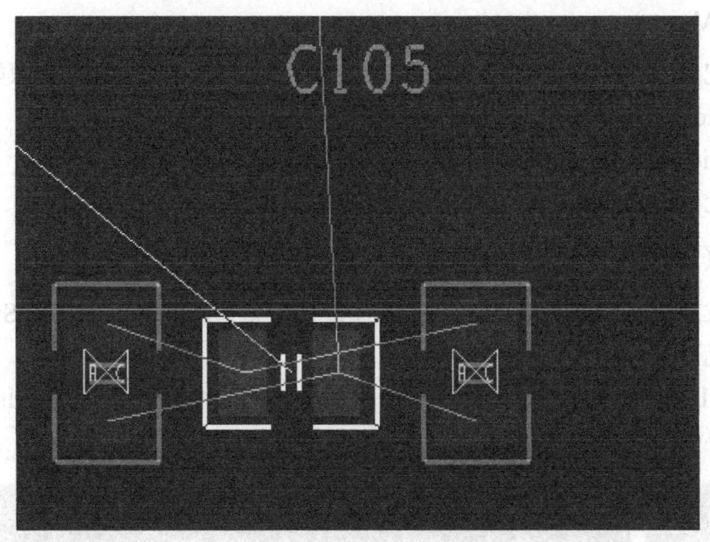

图 8-39　旋转单个元器件

2）旋转一组元器件

- 选择 Edit→Spin 命令后，在 Options 面板的 Point 下拉列表中选择 User Pick，其他选项按照需求设置。
- 选择要移动的一组元器件。
- 单击选取的一组元器件，选择旋转基准点，则选择的一组元器件将会整体旋转，如图 8-40 所示。

Spin 命令是让元器件在原地旋转一定角度，如果需要移动的同时旋转元器件，然后把元器件放置到不同的位置，可以使用右键菜单命令 Rotate，如图 8-41 所示。

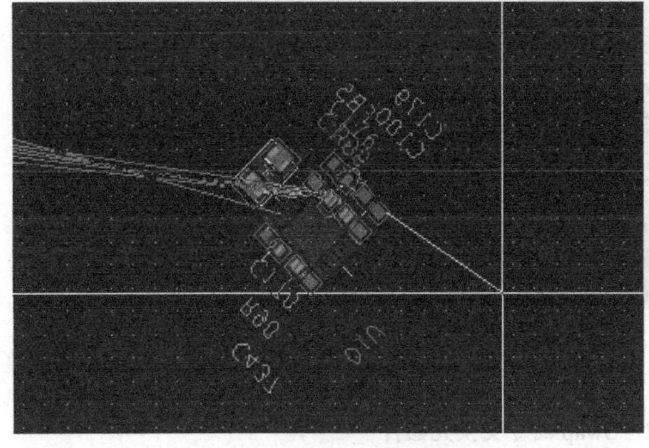

图 8-40　旋转一组元器件

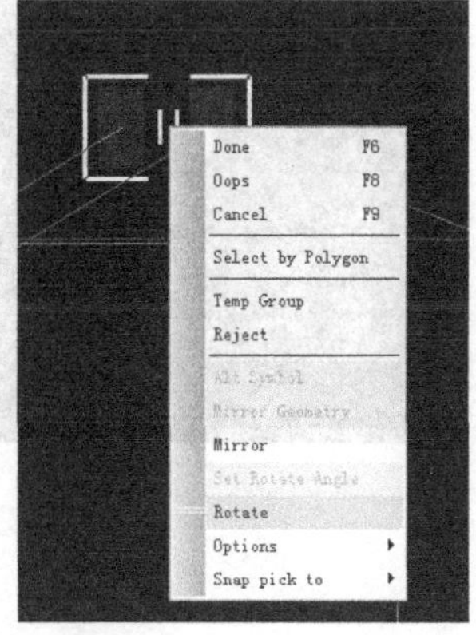

图 8-41　Rotate 命令

一次旋转多个元器件，不管是用 Spin 命令还是 Rotate 命令，如果定位点设置为元器件的中心，都会很难控制，这时候设置为 User Pick，会让工作变得简单。

3．镜像（Mirror）

镜像是指把元器件在 Top 层和 Bottom 层之间互相镜像，具体操作步骤如下。

（1）选择 Edit→Mirror 命令，在 Find 面板中勾选 Symbols 复选框。

（2）在 Options 面板中，选择要镜像到的那一层。

（3）单击元器件完成镜像，选择右键菜单中的 Done 命令。

4．Swap（元器件交换）

在布局完成后个别相同封装的元器件的位置会有交叉，此时可以使用 Swap 命令进行交换，无须移动元器件。

（1）选择 Place→Swap→Components 命令，在 Find 面板中勾选 Symbols 复选框。

（2）单击要交换的元器件即可，如图 8-42 所示。

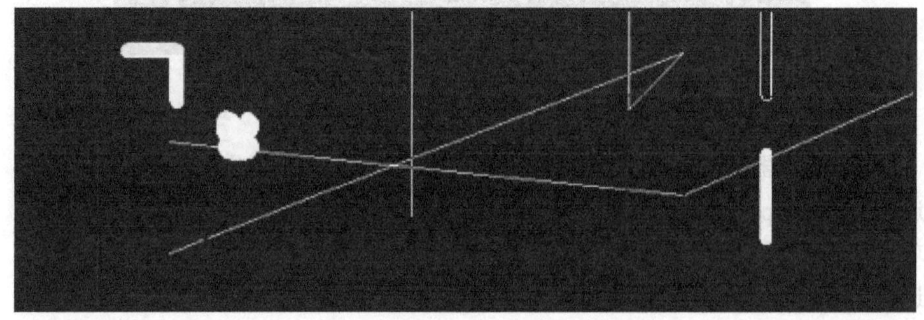

交换前

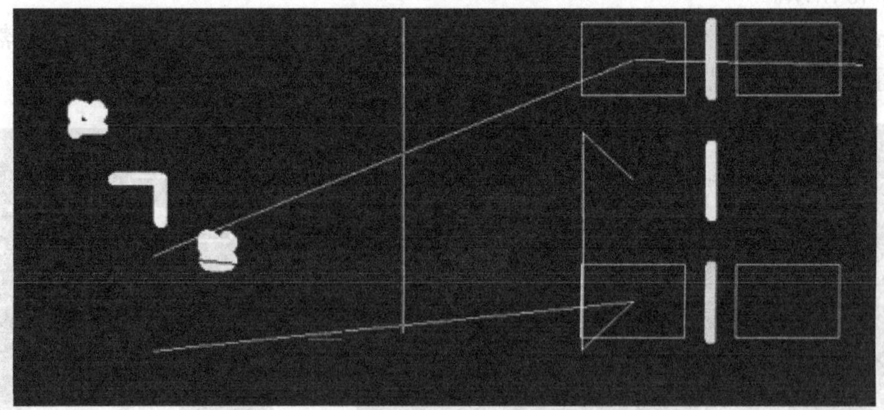

交换后

图 8-42　Swap 命令交换元器件

灵活运用 Swap 命令，可以实现模块布局，比如复制一个相同的区域，然后通过 Swap 命令置换元器件，两个相同模块的布局将完全一致。当然，后文还会介绍更加强大的自动模块重用功能。

加入 Fixed 属性后，在布线时具有该属性的元器件不允许移动，可以避免误操作。首先单击工具栏中的图标按钮。在 Find 面板中选择 Comps 选项，然后单击需要固定的元器件。

8.4　其他布局功能

8.4.1　导出元器件库

第 5 章提到，在摆放元器件之前，需要设置 PCB 封装库的搜索路径。同时，很多设计还需要用到当前 PCB 的 Database 上已有的元器件，或者某个其他设计用到的元器件（但是不在标准库路径下）。这时，我们就要用到导出元器件库功能，具体操作如下。

选择 File→Export→Libraries 命令，打开如图 8-43 所示的对话框，然后选择需要导出的各种库文件，一般情况下默认全部选择，再设置导出库的存储路径即可。

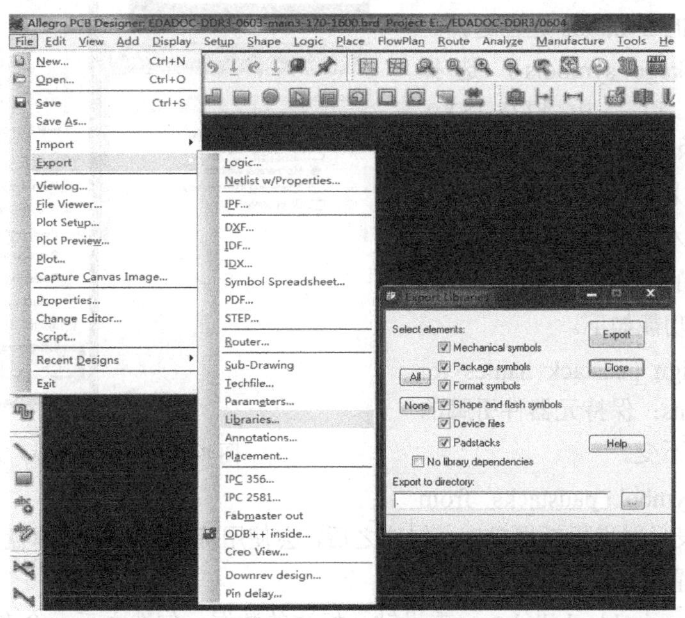

图 8-43　导出元器件库

导出的库文件包含第 5 章介绍的各种.*sm 文件、.dra 文件，还有第三方网表所需要的 Device 信息文件。

8.4.2　更新元器件

设计过程中，可能会出现以下情况，导致当前正在设计的.brd 文件中的封装库和标准封装库有差异。

- 设计中的误操作，如移动、删除或修改了库的丝印、位号、角标等。
- 设计中进行了焊盘编辑，如改变了焊盘的设置和属性值。
- 布局阶段使用了非标准元器件库。
- 设计过程中，标准封装库进行了升级，但是设计文件没有更新。

如果公司建有严格的标准封装库，同时不允许在当前.brd 文件中对库进行修改（有些公司明确规定，所有的库修改，都必须在标准封装库中进行）。这时，就需要保持板上用的元器件库和标准封装库完全一致。

选择 Place→Update Symbols 命令，进行相关的设置，可以使当前 PCB 的元器件库和标准封装库之间按照设定进行同步，如图 8-44 所示。

相关的设置介绍如下。

首先选择哪些元器件需要同步，在 Select definitions to update 列表框中，可以按照不同类型的 Symbols 进行选择。比如使用 Package symbols，选择 30001_2-160T 和 BGA135-15X9-1_0_MM、BGA484-1_0 这 3 种封装进行更新。或者在 or enter a file containing a list of symbols 文本框中输入或者选择一个列有封装种类的文本文件。

各复选框的功能如下。

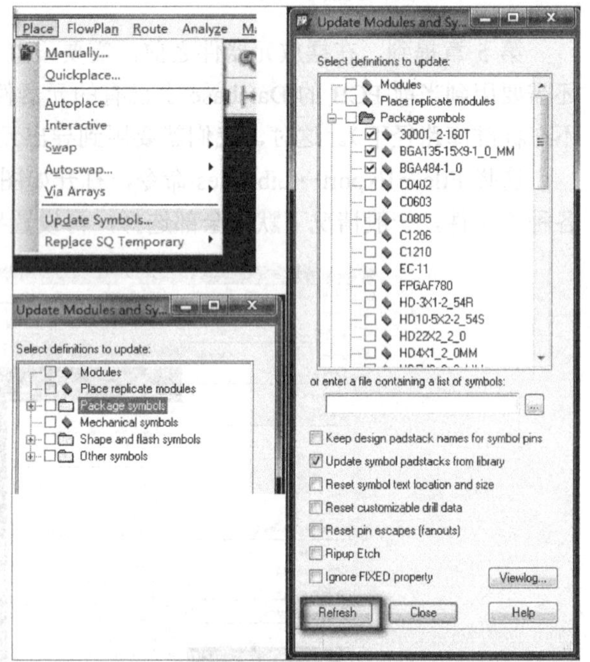

图 8-44　更新（同步）元器件

- Keep design padstack names for symbol pins：保持元器件引脚的焊盘名称不变。
- Update symbol padstacks from library：表示同步更新焊盘库，勾选之后，会使用标准库路径的焊盘库来更新 PCB 上焊盘的设置。
- Reset customizable drill data：重设钻孔标注的数据，勾选之后，会在钻孔信息表中更新 PCB 上的钻孔数据（包括正负公差、钻孔符号、钻孔标志等）。
- Reset symbol text location and size：重置 RefDes 位号的位置和大小。如果已经进行了位号调整，要谨慎勾选这个复选框。
- Reset pin escapes(fanouts)：重设引脚的出线，该复选框也要谨慎勾选。
- Ripup Etch：在更新封装的时候，删除相关的布线。
- Ignore FIXED property：更新封装时，忽略 Fixed 属性。也就是说被固定的元器件，也会进行封装同步更新。

> Update Symbols 是一个强大的命令，非常有用。但这个命令的操作不能被撤销，使用的时候要注意存盘，并谨慎选择和设置。

8.4.3　过孔阵列

在有些场合需要均匀布置过孔，常见的就是布线层大面积的 GND 铜皮，为了增强铜皮和地平面的连接性，要求保持一定的地过孔密度。常规的做法是手工打地孔，但操作烦琐，而且当铜皮变化时，或者改板时布局更新，这些地孔还要重新放置。Cadence 推出了自动增加过孔阵列的功能，把工程师从烦琐的手工操作中解放出来。

如图 8-45 所示，选择 Place→Via Arrays 命令，子菜单中有 3 个选项。

- Matrix：按照一定的阵列放置过孔。
- Boundary：按照边界放置过孔，常用于布线包地过孔，或沿着铜皮边缘包地过孔。
- Unplace：取消放置的过孔。

按照阵列放置过孔的时候，在右边的 Options 面板中可以设置过孔连接的网络、过孔的类型，以及阵列的水平、垂直间距等参数，然后利用鼠标选择放置过孔的区域，PCB Editor 软件就会自动进行过孔放置和 DRC 避让，在有同层布线或者焊盘的区域会自动避让，非常方便。

在改板的时候，如果需要删除这些过孔，直接使用 Unplace 功能即可。

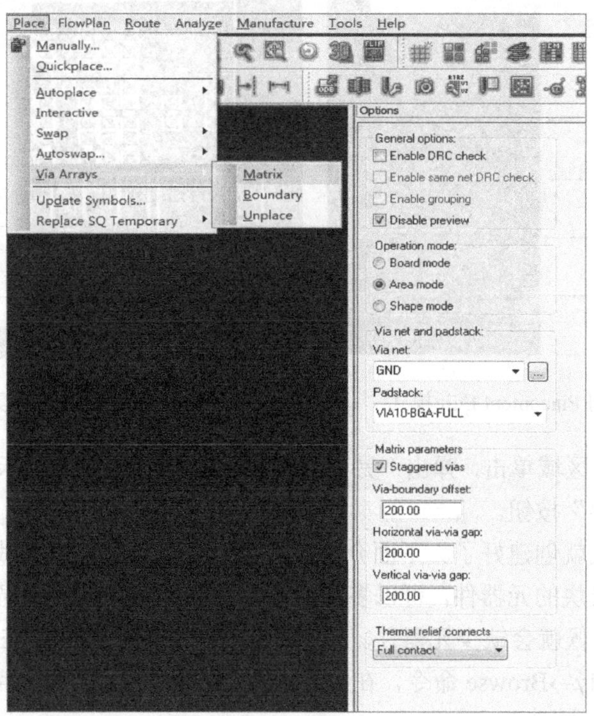

图 8-45　添加过孔阵列及 Options 面板

8.4.4 布局复用

在 PCB 设计中，经常遇到许多相同的模块，使用模块布局的方式进行复用，可以极大地节省设计时间。之前在介绍 Swap 的时候，提到了通过复制相同的模块进行复用的方式，这是旧版本的 Allegro 提供的方法，效率并不高。从 SPB 16.2 版本开始，Allegro 中提供了一种新的方法进行相同模块的布局，使用者只需要完成一个模块的布局，然后其他相同模块可以嵌套已完成的模块布局进行自动布局，从而减少大量的重复工作，提升工作效率。这个功能在 SPB 16.3 中得到增强，不仅可以复用布局，相应的布线、铜皮也能同时复用。

首先介绍如何创建复用模块，操作步骤如下。

（1）选择 Setup→Application Mode 命令，再选择 Placement Edit 模式，只有在该模式下才能进行布局复用，如图 8-46 所示。

（2）按住鼠标左键拖动已经完成好的布局模块，在高亮元器件上右击，在弹出的快捷菜单中选择 Place replicate create 命令，如图 8-47 所示，然后右击，在弹出的快捷菜单中选择 Done 命令。

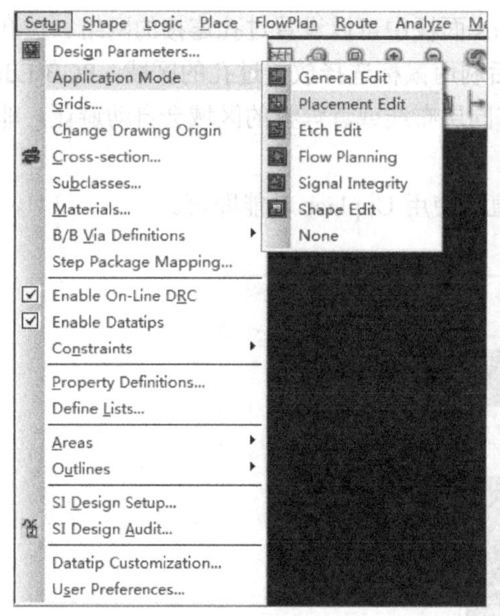

图 8-46 启用 Placement Edit 模式

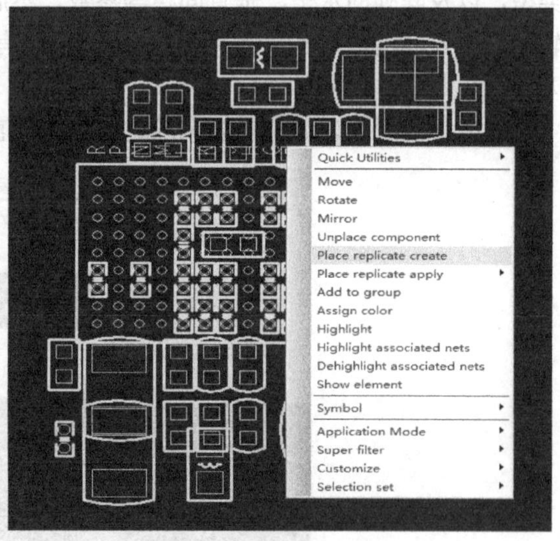

图 8-47 创建复用模块

（3）在无元器件区域单击，弹出“另存为”对话框，如图 8-48 所示，设置要保存的路径和名称，单击“保存”按钮。

至此，复用模块就创建好了。下面介绍如何把这个模块的布局布线复用到其他模块中。

选择需要复用模块的元器件，可以多选，无关元器件不会进行布局复用，但是注意不要漏选，否则复用的时候就会缺少元器件。然后在高亮元器件上右击，在弹出的快捷菜单中选择 Place replicate apply→Browse 命令，在打开的对话框中选择刚刚保存的模块的名称，这里选择 edadoc，如图 8-49 所示。

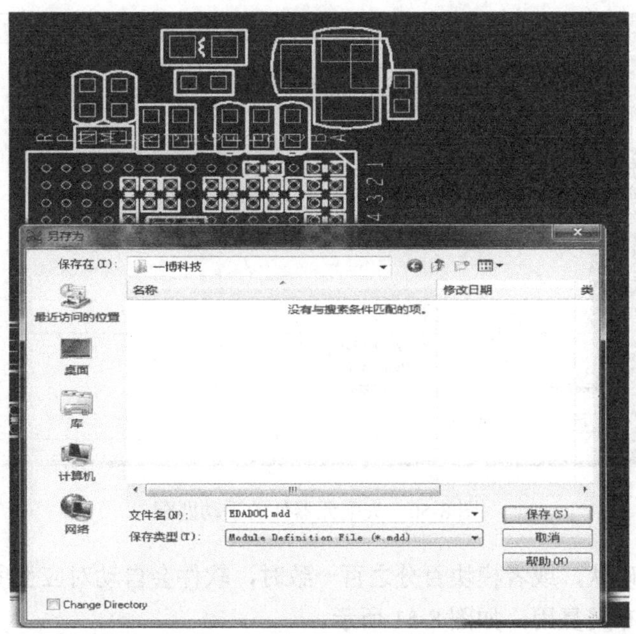

图 8-48 保存复用模块

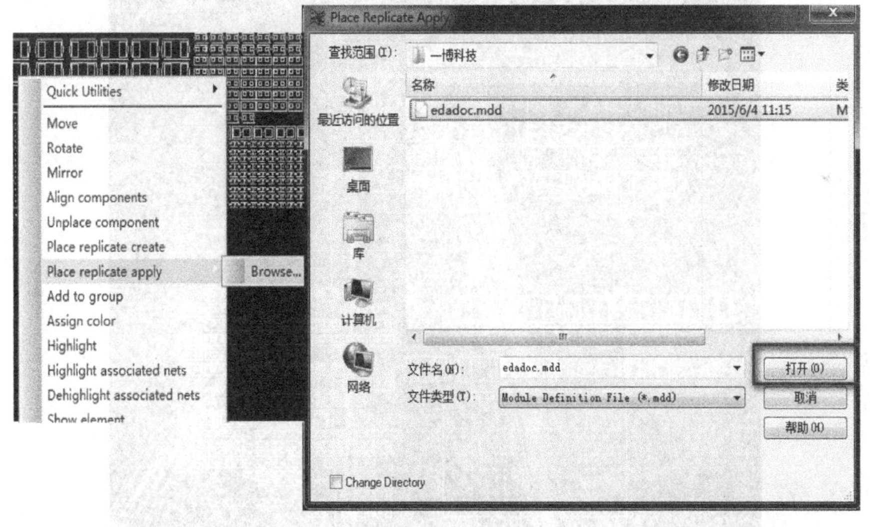

图 8-49 执行布局复用

这时，出现以下两种情况，有可能弹出一个布局复用时无法对应元器件的确认对话框。

- 目标模块不是百分之百和原始基准模块一致。Cadence 可以支持模糊复用，也就是说，尽量把相同的元器件进行模块复用，忽略其他元器件，以提高布局复用功能的适用性。
- 超过一个以上的目标模块。这时模块内部如通用滤波电容等元件，各种参数都是一致的，也就是说不具备唯一匹配性。从功能上，选择任何一个电容元件都是可行的。有的 PCB 工程师会希望按照原理图上的指示来放置，就可以在布局复用时在 Swappable 列表框中选择需要交换的元器件位号，在 Swap with 列表框中选择与之交换的元器件，如图 8-50 所示。

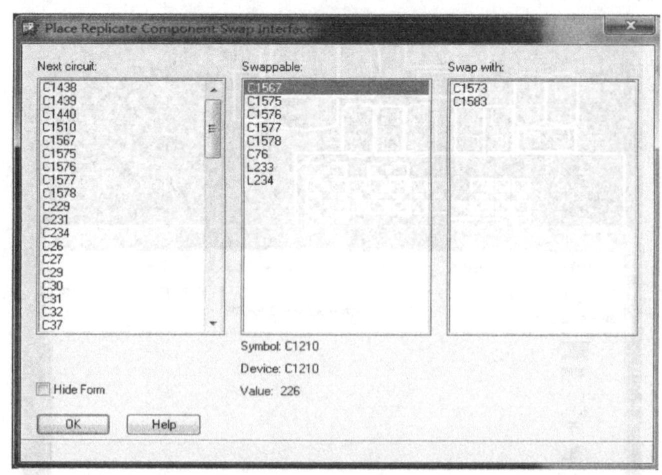

图 8-50　失配元器件的手动匹配

当以上选择被确认，或者模块百分之百一致时，软件会自动对应上所有元器件。这时，目标模块就会完成布局复用，如图 8-51 所示。

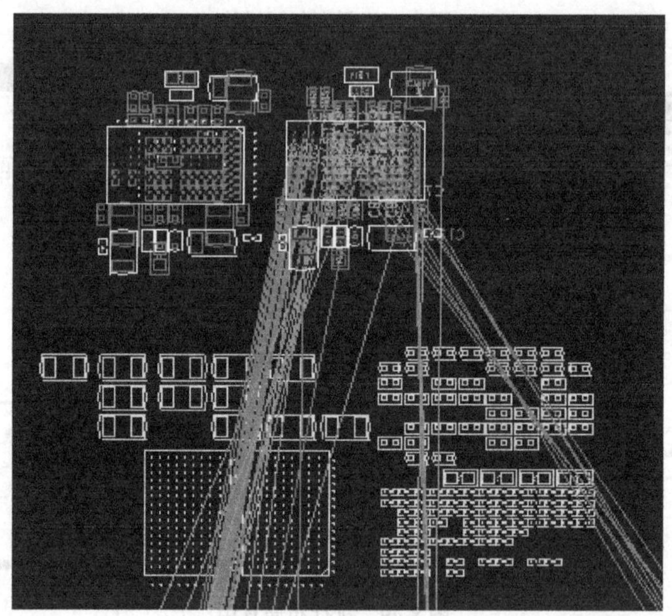

图 8-51　完成布局复用

按照正常布局的方式，选择合适的位置放置模块即可。

当标准模块需要变更时，在按照要求更新之后，重新建立模块，然后重复一遍上面的步骤即可。这时候为了避免再次选择电阻、电容等通用元件，可以单独对已经放置好的模块进行重新复用。

第 9 章　层叠设计与阻抗控制

本章导读：

- 层叠设计的基本原则。
- 层叠设计的经典案例。
- 如何进行阻抗的控制。

9.1　层叠设计的基本原则

9.1.1　PCB 层的构成

单板（PCB）的层由电源层、地层和信号层组成。信号层顾名思义就是信号线的布线层。电源层、地层有时统称为平面层。在少量 PCB 的设计中，也有在电源地平面层布线或者在布线层走电源、地网络的情况。

图 9-1 所示为六层板的典型层叠示意图。

No.	Construction	Stackup
	Silkscreen	
	Soldermask	
L1	Copper	TOP
	Prepreg	
L2	Copper	GND1
	Core	
L3	Copper	S1
	Prepreg	
L4	Copper	S2
	Core	
L5	Copper	PWR1
	Prepreg	
L6	Copper	BOTTOM
	Soldermask	
	Silkscreen	

图 9-1　六层板的典型层叠示意图

六层板层叠由两个芯板（L2～L3 层为一个芯板，L4～L5 层为另一个芯板），连同半固化片（Prepreg）、铜箔层压而成，外面是阻焊层（一般阻焊的油墨颜色为绿色，故此层也称为绿油层），最后是丝印层。本章重点讨论电气层的层叠排布，阻焊层、丝印层不再提及。在这个六层板中，有 1 个电源层（PWR1）、1 个地层（GND1）和四个信号层（TOP、S1、S2、BOTTOM）。

9.1.2 合理的 PCB 层数选择

在确定层数时，根据单板的电源、地的种类、分布确定电源地平面层的层数；根据整板的布线密度、关键器件的布线通道、主要信号的频率和速率、有特殊布线要求的信号种类、数量确定布线层的层数。电源层、地层的层数加上信号层的层数构成 PCB 的总层数。

在考虑 PCB 的最终层数时，往往需要综合考虑 PCB 的性能指标要求与成本。在消费类电子产品方面，由于批量生产数量巨大，研发阶段即使适当冒些技术风险也要用尽量少的层数来完成 PCB 设计，以降低批量生产 PCB 的成本。而在服务器、核心网络设备方面，产品的性能指标需要优先考虑，PCB 的成本可以忽略不计，设计时会适当增加 PCB 层数，以减少信号之间的串扰，确保参考平面的完整性，降低平面阻抗。PCB 工程师可以根据自己所设计 PCB 对应的产品类型、性能指标要求、成本、研发周期等进行综合考虑，确定所设计的 PCB 层数。

1. 电源层、地层的层数

电源层的层数由电源的种类、分布及单板性能指标要求决定。对于网络通信产品而言，单一电源供电的 PCB，一般情况下一个电源层即可满足需要。实际网络设备里，常常存在多个电源，如果这些电源的物理分布互不交叠或很少交叠，可考虑采用一个电源层，在此电源层按照对应电源分布进行分隔（需兼顾相邻层的关键信号布线不跨分隔区）。对于不同电源互相交错的单板，必须考虑采用两个或两个以上的电源层。

电源层的设置需满足以下条件：

- 单一电源或多个互不交错的电源。
- 避免相邻层的高速信号跨分隔区。

对于消费类电子产品，出于成本的控制，通常只有一个电源层，不能在电源层分隔的电源网络可以在布线层布线。

地层的层数除满足电源层的要求外，还要考虑：

- 主要元器件面对应的第二层为相对完整的地层。
- 高频、高速、时钟等关键信号参考地层。
- 单板主要电源层和对应地层相邻，降低电源层阻抗。

2. 信号层的层数

在 EDA 软件中，网表调入完毕后，一般会提供布局、布线密度参数报告，通过这些参数可对所需的信号层层数有个大致的判断。经验丰富的 PCB 工程师能根据以上参数，结合单板主要信号的工作频率、速率、有特殊布线要求的信号种类、数量及对单板的性价比要求，确定单板的信号层的层数。

9.1.3 层叠设计的常见问题

1. 参考平面的选择

由于 PCB 走线和参考平面的互感、耦合电容的存在，高速信号在传输过程中，会在与之相邻的平面层产生相反的电流，称为回流，对应的平面或导体称为参考平面或回流通道。电源平面、地平面均能作为高速信号的参考平面。从实际门电路的工作原理来看，常见电平信号均是从驱动端流向负载端的，再以地平面作为回流通道流回驱动端，构成一个回路，所以通常选择地平面作为回流通道。

虽然理论上与高速线相邻的任意导体或平面均能作为回流通道，但信号从驱动端流到负载端，再流回驱动端，地平面是最理想的参考平面。实际单板中，地信号在单板的分布比单一电源网络分布明显广而多，地过孔在板内分布广，高速信号线换层时附近往往有地过孔而无须额外增加回流地过孔，信号会沿着就近的地过孔回到另外一个地平面或回流通道上。加上各电源也是以地平面作为参考平面的，以地平面作为主参考平面较易在 PCB 设计中实现。在含两个以上地平面的多层板中，单板四周的地过孔带和多个地平面配合形成一个屏蔽腔体，可实现一定程度的屏蔽效果。综上所述，对于常规信号，笔者推荐以地平面作为信号回流参考平面。

2．主电源平面和地平面相邻

从 PI（电源完整性）的角度，主电源平面和地平面相邻，对应电源平面的阻抗低，且电源平面与地平面的距离越近，平面阻抗越小。从物理学的角度，单位面积的电源平面和地平面构成的平面电容的容值和两者的距离成反比，即距离越小，容值越大，储能越多。电源平面和地平面构成的平面电容为高速信号门电路快速翻转的能量供给提供了保障。

高速信号的门电路翻转时，由于速率高，翻转时间短，单板接口电源乃至去耦电容因对应的频段较低而难以响应，所以此时门电路翻转的能量首先来自就近的电源平面和地平面构成的平面电容。然后就近的去耦电容给平面电容供电，储能电容给去耦电容供电，单板电源给各储能电容供电，构成门电路翻转时的电源供给通道：单板电源→储能电容→去耦电容→平面电容→门电路，如图 9-2 所示。打个比喻来说，人口渴的时候，远水不解近渴；水库的水进入水厂，水厂灌装成桶装水，桶装水注入水杯，才能被大家所饮用。路径如下：水库→水厂→桶装水→水杯→饮用水，门电路翻转的能量供给如同大家饮水一样，需要逐级传递。

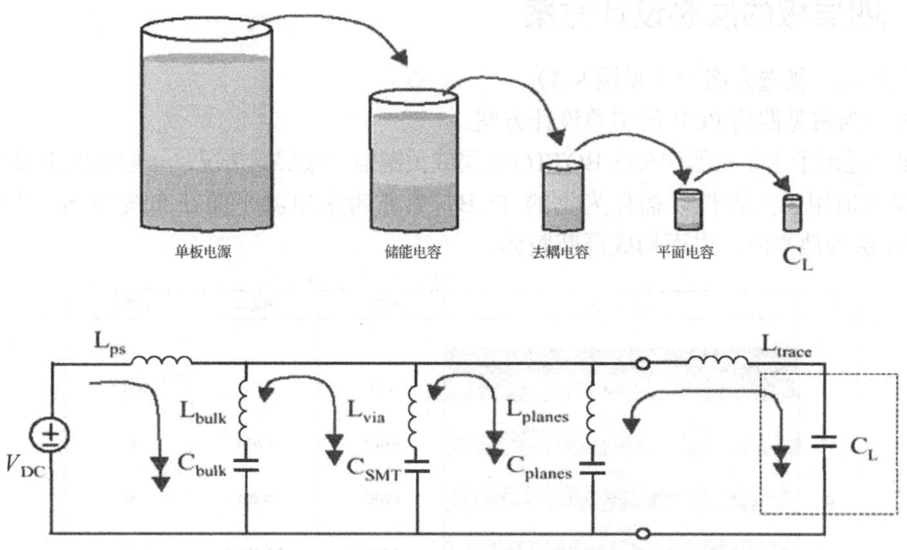

图 9-2　高速信号的门电路翻转时电源供给通道

9.1.4 层叠设计的基本原则

单板层叠设计的基本原则如下：

（1）元器件面相邻的第二层为地平面，提供器件屏蔽层，以及为顶层布线提供参考平面。

（2）所有信号层尽可能与地平面相邻，以保证完整的回流通道。

（3）尽量避免两信号层直接相邻，以减少串扰。

（4）主电源平面尽可能与其对应地平面相邻，构成平面电容，降低电源平面阻抗。

（5）兼顾层压结构对称，利于 PCB 生产时的翘曲控制。

以上为层叠设计的常规原则，在实际开展层叠设计时，PCB 工程师在通过增加相邻布线层的间距，缩小对应布线层到参考平面的距离，进而控制层间布线串扰率的前提下，可以使两信号层直接相邻。对于比较关注成本的消费类电子产品，可以弱化电源平面与地平面相邻降低平面阻抗的方式，从而尽可能减少布线层，降低 PCB 成本。当然，这样做有一定风险。

对于背板的层叠设计，由于常见背板很难做到相邻线互相垂直，因此不可避免地会出现平行长距离布线。对于高速背板，一般层叠原则如下：

（1）TOP 面、BOTTOM 面为完整的地平面，构成屏蔽腔体。

（2）无相邻层平行布线，以减少串扰；或者相邻布线层间距远远大于参考平面间距。

（3）所有信号层尽可能与地平面相邻，以保证完整的回流通道。

需要说明的是，在具体的 PCB 层叠设置时，要灵活运用以上原则，根据实际单板的需求，最终确定合适的层叠方案，切忌生搬硬套。

9.2 层叠设计的经典案例

以下为单板层的排布的具体探讨。

9.2.1 四层板的层叠设计方案

层叠建议：优选方案一（见图 9-3）。

方案一为常见四层 PCB 的层叠设计方案。

方案二适用于主要元器件布在 BOTTOM 层或关键信号底层的情况，一般情况下限制使用。

方案三适用于元器件以插件为主的 PCB，常常考虑电源平面在布线层 S2 中实现，BOTTOM 层为地平面，进而构成屏蔽腔体。

No.	Construction	方案一	方案二	方案三
	Silkscreen			
	Soldermask			
L1	Copper	TOP	TOP	GND1
	Prepreg			
L2	Copper	GND1	PWR1	S1
	Core			
L3	Copper	PWR1	GND1	S2
	Prepreg			
L4	Copper	BOTTOM	BOTTOM	PWR1
	Soldermask			
	Silkscreen			

图 9-3 四层板的层叠方案

9.2.2 六层板的层叠设计方案

层叠建议：优选方案三，可用方案一，备用方案二、方案四（见图 9-4）。

No.	Construction	方案一	方案二	方案三	方案四
	Silkscreen				
	Soldermask				
L1	Copper	TOP	TOP	TOP	TOP
	Prepreg				
L2	Copper	GND1	S1	GND1	GND1
	Core				
L3	Copper	S1	GND1	S1	S1
	Prepreg				
L4	Copper	S2	PWR1	PWR1	GND2
	Core				
L5	Copper	PWR1	S2	GND2	PWR1
	Prepreg				
L6	Copper	BOTTOM	BOTTOM	BOTTOM	BOTTOM
	Soldermask				
	Silkscreen				

图 9-4 六层板的层叠方案

对于六层板，优先考虑方案三，优先在 S1 层布线。可增大 S1 层和 PWR1 层之间的距离，缩小 PWR1 层和 GND2 层的间距，以减小电源平面的阻抗。

对成本要求较高的消费类电子产品，常采用方案一，优先在 S1 层布线。

与方案一相比，方案二保证了电源平面、地平面相邻，减少了电源阻抗，但所有线全部裸露在外，只有 S1 层才有较好的参考平面，不推荐使用。但在埋盲孔设计时，优先采用此方案。

对于局部、少量信号要求较高的场合，方案四比方案三更适合，它能提供极佳的布线层 S1。

9.2.3 八层板的层叠设计方案

层叠建议：优选方案二和方案三，可用方案一（见图 9-5）。

No.	Construction	方案一	方案二	方案三	方案四	方案五
	Silkscreen					
	Soldermask					
L1	Copper	TOP	TOP	TOP	TOP	TOP
	Prepreg					
L2	Copper	GND1	GND1	GND1	GND1	GND1
	Core					
L3	Copper	S1	S1	S1	S1	PWR1
	Prepreg					
L4	Copper	S2	GND2	PWR1	PWR1	S1
	Core					
L5	Copper	PWR1	PWR1	GND2	PWR2	S2
	Prepreg					
L6	Copper	S3	S2	S2	S2	GND2
	Core					
L7	Copper	GND2	GND3	PWR2	GND2	PWR2
	Prepreg					
L8	Copper	BOTTOM	BOTTOM	BOTTOM	BOTTOM	BOTTOM
	Soldermask					
	Silkscreen					

图 9-5 八层板的层叠方案

对于单电源平面的情况，方案二比方案一减少了相邻布线层，增加了主电源平面与对应地平面相邻，保证了所有信号层与地平面相邻，代价是少一个布线层。

对于双电源平面的情况，推荐采用方案三，方案三兼顾了无相邻布线层，层压结构对称、主电源平面与地平面相邻等优点，但 BOTTOM 层应减少关键布线。

方案四无相邻布线层，层压结构对称，但电源平面阻抗较高；应适当加大 L3 与 L4、L5 与 L6 之间的层间距，缩小 L2 与 L3、L6 与 L7 之间的层间距。

方案五与方案四相比，保证了电源平面、地平面相邻；但 S1 层、S2 层相邻，BOTTOM 层以 PWR2 层作参考平面；对于底层关键布线较少以及 S1 层、S2 层之间的串扰能控制的情况，此方案可以考虑。

9.2.4　十层板的层叠设计方案

层叠建议：推荐方案一、方案二（见图 9-6）。

No.	Construction	方案一	方案二	方案三	方案四	方案五
	Silkscreen					
	Soldermask					
L1	Copper	TOP	TOP	TOP	TOP	TOP
	Prepreg					
L2	Copper	GND1	GND1	GND1	GND1	GND1
	Core					
L3	Copper	S1	S1	S1	S1	S1
	Prepreg					
L4	Copper	S2	S2	GND2	S2	GND2
	Core					
L5	Copper	GND2	PWR1	S2	GND2	PWR1
	Prepreg					
L6	Copper	PWR1	GND2	GND3	PWR1	PWR2
	Core					
L7	Copper	S3	S3	PWR1	PWR2	GND3
	Prepreg					
L8	Copper	S4	S4	S3	S3	S2
	Core					
L9	Copper	GND3	PWR2	GND4	GND3	GND4
	Prepreg					
L10	Copper	BOTTOM	BOTTOM	BOTTOM	BOTTOM	BOTTOM
	Soldermask					
	Silkscreen					

图 9-6　十层板的层叠方案

对于单电源平面的情况，首先考虑方案一。层叠设置时，加大 S1 与 S2、S3 与 S4 的层间距可控制串扰。

对于需要双电源平面的情况，首先考虑方案二。层叠设置时，加大 S1 与 S2、S3 与 S4 的层间距可控制串扰。

方案五的 EMC 效果较佳，但与方案四相比，牺牲了一个布线层；对成本要求不高、EMC 指标要求较高且需要双电源层的核心单板，建议采用这种方案；优先布线 S1 层、S2 层。

9.2.5　十二层板的层叠设计方案

层叠建议：推荐方案一、方案三（见图 9-7）。

No.	Construction	方案一	方案二	方案三	方案四
	Silkscreen				
	Soldermask				
L1	Copper	TOP	TOP	TOP	TOP
	Prepreg				
L2	Copper	GND1	GND1	GND1	GND1
	Core				
L3	Copper	S1	S1	S1	S1
	Prepreg				
L4	Copper	GND2	GND2	S2	s2
	Core				
L5	Copper	S2	S2	GND2	PWR1
	Prepreg				
L6	Copper	GND3	PWR1	PWR1	GND2
	Core				
L7	Copper	PWR1	GND3	PWR2	S3
	Prepreg				
L8	Copper	S3	S3	GND3	PWR2
	Core				
L9	Copper	GND4	PWR2	S3	S4
	Prepreg				
L10	Copper	S4	S4	S4	S5
	Core				
L11	Copper	GND5	GND4	GND5	GND3
	Prepreg				
L12	Copper	BOTTOM	BOTTOM	BOTTOM	BOTTOM
	Soldermask				
	Silkscreen				

图 9-7　十二层板的层叠设计方案

以上方案中，根据单板的具体情况，选择不同的层叠方案。在方案三中，需要加大 L3 与 L4、L6 与 L7、L9 与 L10 的层间距，缩小 L2 与 L3、L5 与 L6、L7 与 L8、L8 与 L9、L10 与 L11 的层间距，以达到在电源地平面紧耦，降低平面阻抗的前提下，控制层间串扰的目的。如果受板厚因素制约，难以实现上述要求，可考虑采用方案二。虽然牺牲电源平面阻抗，但能较好地控制布线层间的串扰问题。

方案四在低成本方案中可以考虑，但存在层叠不对称、电源平面阻抗较高、布线层间串扰等问题。

9.2.6　十四层及以上单板的层叠设计方案

对于十四层及以上的单板，由于其层叠设计方案的多样性，这里不再一一列举。大家可按照以上排布原则，根据实际情况具体分析。

以上层叠设计方案仅供参考，具体设计过程中大家可根据需要的电源层数、布线层数、有特殊布线要求的信号的数量、比例及电源、地的分割情况，确定最佳的层叠设计方案。

9.3　阻抗控制

特征阻抗的理论和阻抗失配带来的反射等问题，会在第 16 章详细讨论，本节主要介绍 PCB 设计中进行阻抗计算及调整的具体方法。

9.3.1　阻抗计算需要的参数

首先，我们来看阻抗计算的公式，单线阻抗的计算分为两种情况。

（1）微带线阻抗的计算公式如下：

$$Z_0 = 87/\{(E_r+1.41)\times\ln[5.98H/(0.8W+T)]\}$$

式中，Z_0 为特征阻抗（Ω）；E_r 为介电常数；H 为信号线到参考平面的距离；W 为信号线宽；T 为信号线铜皮厚度。

（2）带状线阻抗的计算公式如下：

$$Z_0=60E_r\ln[1.9H/(0.8E+T)]$$

各参数意义同上。

关于差分阻抗：　对差分信号而言，我们要控制的重点是它的差分阻抗而非单线阻抗，差分阻抗是指一对差分线耦合以后的阻抗。

微带线：$Z_{diff}=2Z_0[1-0.48\exp(-0.96\times S/H)]$

带状线：$Z_{diff}=2Z_0[1-0.347\exp(-2.9\times S/H)]$

式中，Z_0 为单线阻抗；S 为线间距；H 为介质厚度，对于带状线，指两参考平面间的距离，对于微带线，指差分线到参考平面间的距离。

从中我们可以看出，影响阻抗的主要因素有：E_r（介电常数）、H（信号线到参考层的距离）、W（信号线宽）、T（信号线铜皮厚度）。对于差分阻抗，再增加一个重要的参数：差分线对之间的距离（线间距）。

我们进行阻抗控制，必须得到上面这些参数的具体取值，从而利用相应的工具进行计算。其中线宽、间距等和设计相关，是我们能把控的参数（当然还必须考虑可加工性和可生产性等因素）。铜厚、介电常数及介质的厚度（对应信号线到参考平面的距离）和板材息息相关，同时由于板材的多样性，不同板厂生产控制的多变性等因素，导致阻抗控制在实际操作中有一定的困难，下面举例介绍板材的具体参数。

铜厚：我们从板厂得到的铜厚数据是多少盎司（oz），盎司是质量的单位，怎么对应到厚度呢？在叠层里是这么定义的，在一平方英尺的面积上铺一盎司铜，其厚度为 1oz，通过计算，我们得到 1oz 对应的铜厚约为 1.35mil。这时候要注意，关于铜厚，有基铜和成品铜厚之分，基铜是指拿来做板的原材料的铜厚，成品铜厚是指最终做好的 PCB 的铜厚。我们说的 1oz，通常指基铜厚度，内层铜厚因为被打磨蚀刻而减少，表层则由于电镀铜而加厚。这样就得到了我们在进行阻抗控制时的经验值。1oz 铜厚，计算时内层取值为 1.2mil，表层视电镀次数及孔壁沉铜的要求，一般取值为 1.8～2.1mil。

芯板：芯板和铜箔及半固化片一起组成了 PCB 层压的基本元素。我们做阻抗控制计算的时候，必须了解板厂的芯片系列，因为芯板的厚度是按照系列取固定值的。下面是一个板厂的芯板厚度系列，也是比较常见的系列，在大部分板厂都有备料。

表 9-1 为芯板厚度对照表。

表 9-1　芯板厚度对照表

芯板厚度	标称值/mm	0.13	0.21	0.25	0.36	0.51	0.71	—
芯板厚度	英制/mil	5	8	10	14	20	28	—
芯板厚度	标称值/mm	1.0	1.2	1.6	2.0	2.4	2.5	0.8
芯板厚度	英制/mil	38.98	45.28	61.02	76.77	92.52	96.46	31.5

计算的时候需要注意，1.0mm 以下的芯板不含铜。其他的芯板厚度需包含铜厚。

半固化片：PCB 叠层的重要元素。在层压时，半固化片的环氧树脂熔化、流动、凝固，将各层电路压合在一起，并形成可靠的绝缘层。在计算阻抗的时候，由于半固化片的熔化、流动特性，给 PCB 工程师计算介质厚度，带来一定的困扰。

表 9-2 是半固化片的厚度及介电常数对照表。

表 9-2　半固化片的厚度及介电常数对照表

半固化片型号	厚度/mil	介电常数
1080	2.8	4.3
3313	3.8	4.3
2116	4.5	4.5
7628	6.8	4.7

从各家板厂很容易得到以上相关的数据，但是由于在层压过程中，半固化片的熔化、流动因素，相应的芯片已经完成了蚀刻，铜皮线条之间存在空隙，流动的半固化片材料会填补这些空隙，这就是我们通常所说的流胶率。同时我们经常会将几种不同的半固化片组合在一起进行层压，这时由于材料的混合，介电常数也会发生相应的变化，导致阻抗计算变得比较复杂。表 9-3 所列是一博科技在实践过程中积累的经验数值，在大多数情况下，可以简化计算中对上述因素的考量，推荐大家使用。

表 9-3　一博科技阻抗计算中介质厚度取值推荐（对应铜厚为 0.5oz 计算流胶率）

半固化片型号	Copper/GND	GND/GND	Copper/Signal	GND/Signal	Signal/Signal
1080	2.8	2.6	2.5	2.4	2.2
2116	4.6	4.4	4.2	4.0	3.8
7628	7.3	7.0	6.8	6.7	6.6

续表

半固化片型号	Copper/GND	GND/GND	Copper/Signal	GND/Signal	Signal/Signal
1080	2.8	2.6	2.5	2.4	2.2
2116	4.5	4.3	4.1	3.9	3.7
7628	7.1	6.8	6.6	6.5	6.4

表 9-3 所列是 3 种常用半固化片在不同条件下的介质厚度取值（mil），Copper 代表 TOP 层和 BOTTOM 层，GND 代表电源层或地层，Signal 代表信号层。

蚀刻因子：是在 GHz 以上高速设计被越来越重视的参数。由于铜箔被腐蚀，导线的横截面不呈矩形，实际上呈梯形。以 TOP 层为例，当铜箔厚度为 1oz 时，梯形的上底边比下底边短 1mil。比如线宽 5mil，那么其上底边约 4mil，下底边约 5mil。上、下底边的差异和铜厚有关。表 9-4 所列是一博科技在实际计算中根据不同情况采用的导线梯形截面参数。

表 9-4　导线梯形截面参数对照表

层别	基铜厚/μm	上线宽/mil(W)	下线宽/mil(W1)
内层	18	W1-0.5	W1
	35	W1-1	W1
外层	18	W1-1	W1
	35	W1-0.8	W1-0.5

注：W1 表示设计线宽。

Cadence 层叠设计，除了以上的参数，还需要下面两个参数。

Conductivity（电导率）：在介质中该量与电场强度之积等于传导电流密度。

Loss Tangent（损耗角）：从场的角度进行分析时非常重要的一个参数，表征了信号在介质中传播的损耗，常见的普通 FR4 材料，其损耗角是 0.035，比较常用的高频板材如 Nelco4000-13 的损耗角在 10GHz 时约为 0.01，Nelco4000-13-SI 的损耗角在 10GHz 时约为 0.009。这说明高频板材在传播高速信号时损耗较小，图 9-8 所示为普通 FR4 材料和 Nelco4000-13-SI 板材的插入损耗曲线，布线长度为 10 英寸，微带线，线到平面的距离为 3.8mil 左右，绿油覆盖，通过提取插入损耗进行比较，能看到板材的损耗角在高频的时候影响还是很大的。在本例的条件下，使用普通 FR4 材料和 N4000-13-SI 材料在 3.125GHz 时的损耗差别，大约是 3dB，随着频率的提高，影响会变大，所以具体是否选用高频板材，需要根据实际情况（布线长度、频率等）结合设计要求来决定。一些高速总线的协议标准，会严格定义不同条件下的无源通道特性要求，其中就包括插入损耗的要求。设计的时候，需要进行精确的无源通道建模和仿真，确保符合协议标准，如 802.3ap 定义的 10GB 背板传输要求。

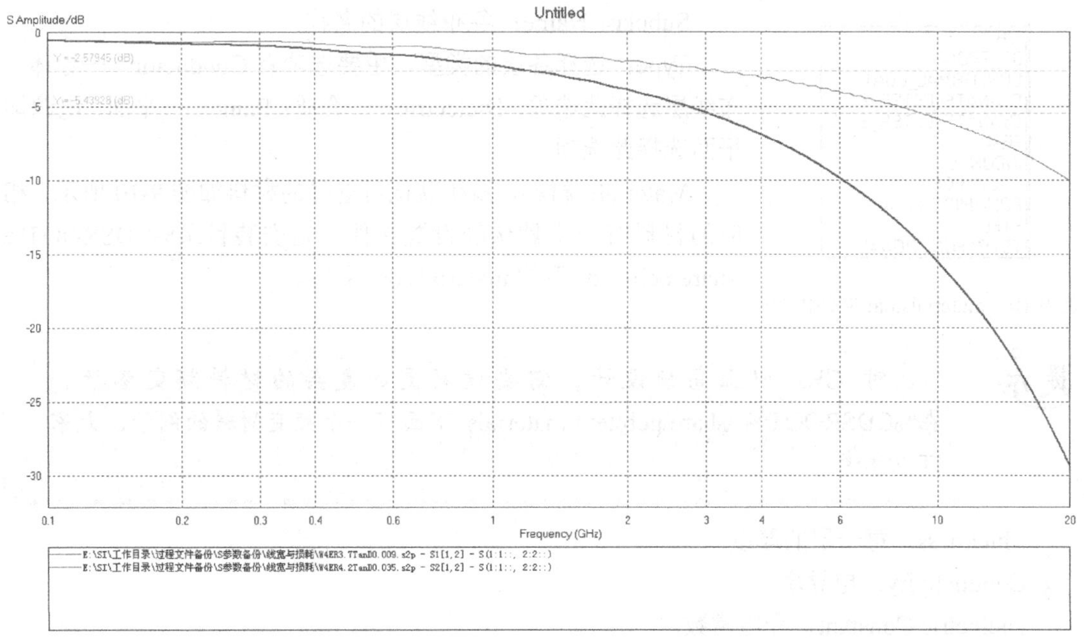

图 9-8　普通 FR4 材料和 Nelco4000-13-SI 板材的插入损耗曲线

9.3.2　利用 Allegro 软件进行阻抗计算

Allegro 提供了一个强大的层叠设计与阻抗计算控制工具，称为 Cross Section Editor，如图 9-9 所示。利用它可以非常直观地进行材料选择、参数确定，得到阻抗结果。

Cross Section Editor

Export　Import　View　Filters

Objects			Signal Integrity <<								
Type	#	Name	Width mil	Impedanc Ohm	Loss Tangent	Shield	Freq. Dep. File	Etch Factor	Diff Coupling Type	Diff Spacing mil	Diff Oh
*	*	*	*	*	*	*	*	*	*	*	*
Lyr					0						
Lyr					0						
Lyr	1	TOP	6.000	46.619000	0			90	Edge	8.000	82.486
Lyr					0.0045						
Lyr	2	L2_GND1			0	✓		90			
Lyr					0.008						
Lyr	3	L3_SIG1V	4.600	49.262000	0			90	Edge	6.000	93.098
Lyr					0.008						
Lyr	4	L4_GND2			0	✓		90			
Lyr					0.008						
Lyr	5	L5_SIG2H	4.600	49.262000	0			90	None		
Lyr					0.008				None		
Lyr	6	L6_GND3			0	✓		90	Edge		
Lyr					0.008						
Lyr	7	L7_SIG3V	4.600	49.262000	0			90	None		
Lyr					0.008						
Lyr	8	L8_GND4			0	✓		90			
Lyr					0.008						
Lyr	9	L9_SIG4H	4.600	48.592000	0			90	None		
Lyr					0.008						
Lyr	10	L10_GND5			0	✓		90			
Lyr					0.008						
Lyr	11	L11_VCC1			0	✓		90			
Lyr					0.008						

图 9-9　Cross Section Editor

其中，各选项的含义如下。

Subclass Name：各布线层的名称。

Type：选择各层的类型，主要选项有 Conductor——导体，布线层选择此选项；Dielectric——介质；Plane——平面，电源地平面选择此选项。

Material：材料，系统默认可选择的材料如图 9-10 所示，相应的材料有一个默认的设置文件，是安装目录%CDSROOT%\share\pcb\text 下的 materials.dat 文件。

```
AIR
BT_EPOXY
CONFORMAL_COAT
CYANATE_ESTER_E
CYANATE_ESTER_S
FR-4
INCONEL
POLYIMIDE
POLYIMIDE_FILM
PTFE
TETRAFUNCTIONAL
```

图 9-10　materials.dat 文件内容

对 GHz 以上高频设计，需要设置更加复杂的材料频变参数，在%CDSROOT% \share\pcb\text\materials 下面有一个频变材料的例子，大家可以参考。

Thickness：每一层的厚度。

Conductivity：电导率。

Dielectric Constant：介电常数。

通常介质需要设置介电常数，导体不用设置这个参数，在 Allegro 里，考虑到布线层大部分地方被蚀刻，在层压的时候，介质熔化并填充到导体空隙之中，相应的布线层介电常数要设置为相邻半固化片的参数。

Loss Tangent：损耗角。

Negative Artwork：负片光绘，选择该选项后，再出光绘的时候将相应层设为负片层。

Shield：选中的层，在计算阻抗的时候被认为是参考平面，仿真的时候会使用真实的铜皮边界作为传输线的参考平面。

Width：需要进行阻抗控制的线宽，用于阻抗计算，如果同一层有多种线宽需要控制阻抗，可以分别修改这个值，Allegro 会自动进行阻抗计算。

Impedance：单线阻抗，设定了以上参数之后，软件自动计算布线的特征阻抗。

下面的三项用于差分阻抗的计算。

- Coupling Type：耦合类型，有两个选项。
  - ➢ EDGE：边缘耦合，为常见的差分线类型。
  - ➢ BOARDSIDE：层间耦合，选择此选项，系统会自动提取层间距离作为差分线间距。这种类型的差分线不常见，并且层间介质的不均匀性，会对差分阻抗产生影响。
- Spacing：差分线对间距，如果同一层有多个间距需要控制阻抗，可以分别修改这个值，Allegro 会自动进行差分阻抗计算。
- DiffZ0：差分阻抗，设定了以上参数之后，软件自动计算布线的差分阻抗。

其他参数如下。

- Etch Factor：蚀刻因子，填入蚀刻之后梯形的角度值，在进行阻抗计算的时候，软件会考虑。图 9-11 所示为蚀刻因子设置为 85° 以及相应的效果。

Type	#	Name	Impedance Ohm	Loss Tangent	Shield	Freq. Dep. File	Etch Factor	Diff Coupling Type	Diff Spacing mil	Diff Z0 Ohm
Lyr				0						
Lyr				0						
Lyr	1	TOP	47.288000	0			85	Edge	8.000	83.935000
Lyr				0.0045						
Lyr	2	L2_GND1		0	✓		90			
Lyr				0.008						
Lyr	3	L3_SIG1V	49.544000	0			85	Edge	6.000	93.695000
Lyr				0.008						
Lyr	4	L4_GND2		0	✓		90			
Lyr				0.008						
Lyr	5	L5_SIG2H	49.544000	0			85	None		
Lyr				0.008						
Lyr	6	L6_GND3		0	✓		90			
Lyr				0.008						
Lyr	7	L7_SIG3V	49.544000	0			85	None		
Lyr				0.008						
Lyr	8	L8_GND4		0	✓		90			
Lyr				0.008						
Lyr	9	L9_SIG4H	48.592000	0			90	None		

Etch Factor = 85.00 degrees

Close

图 9-11　将蚀刻因子设置为 85° 及相应的效果

Freq Dep File：频变材料参数，从板厂取得的频变材料参数，可以添加到 Allegro 中，如图 9-12 所示。

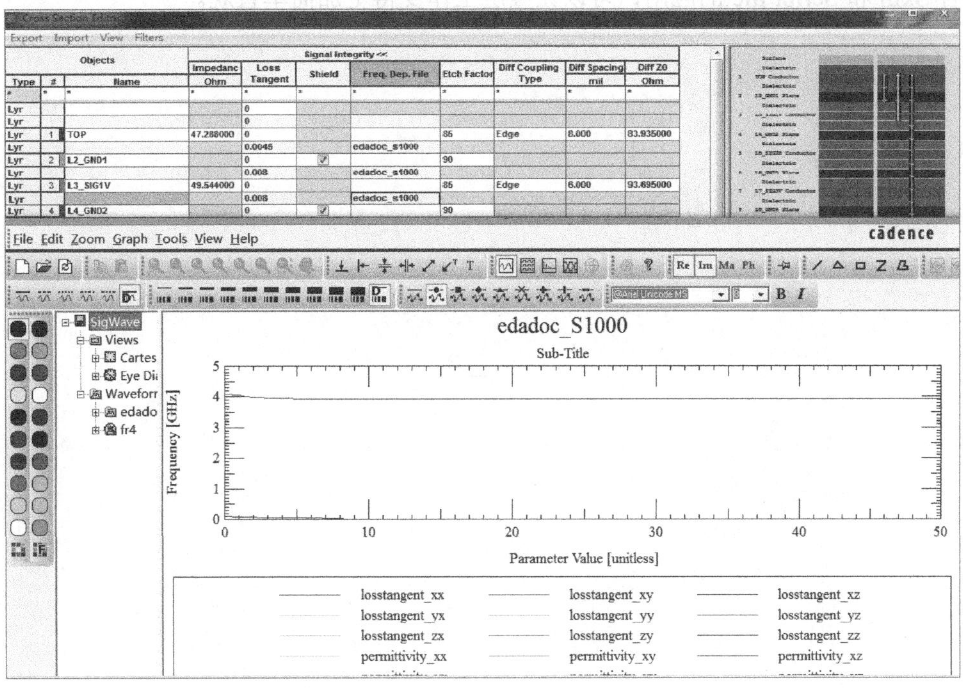

Type	#	Name	Impedance Ohm	Loss Tangent	Shield	Freq. Dep. File	Etch Factor	Diff Coupling Type	Diff Spacing mil	Diff Z0 Ohm
Lyr				0						
Lyr				0						
Lyr	1	TOP	47.288000	0			85	Edge	8.000	83.935000
Lyr				0.0045		edadoc_s1000				
Lyr	2	L2_GND1		0	✓		90			
Lyr				0.008		edadoc_s1000				
Lyr	3	L3_SIG1V	49.544000	0			85	Edge	6.000	93.695000
Lyr				0.008		edadoc_s1000				
Lyr	4	L4_GND2		0	✓		90			

图 9-12　频变材料参数

频变材料的文件格式如图 9-13 所示。

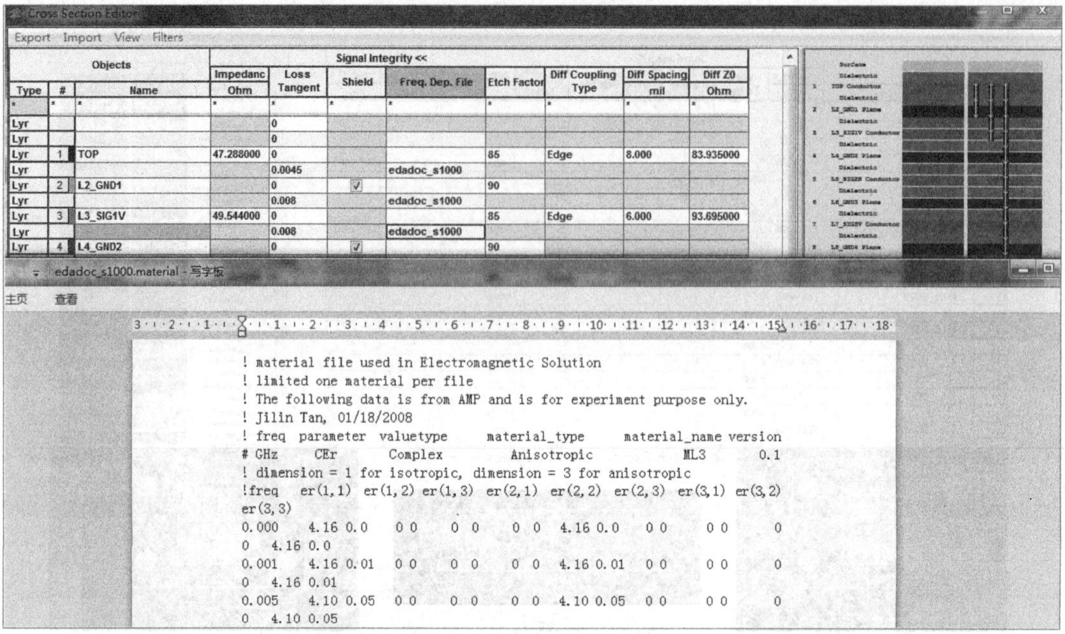

Cross Section Editor

Export Import View Filters

Objects			Signal Integrity <<							
Type	#	Name	Impedanc Ohm	Loss Tangent	Shield	Freq. Dep. File	Etch Factor	Diff Coupling Type	Diff Spacing mil	Diff Z0 Ohm
*	*	*	*	*	*	*	*	*	*	*
Lyr				0						
Lyr				0						
Lyr	1	TOP	47.288000	0			85	Edge	8.000	83.935000
Lyr				0.0045		edadoc_s1000				
Lyr	2	L2_GND1		0	√		90			
Lyr				0.008		edadoc_s1000				
Lyr	3	L3_SIG1V	49.544000	0			85	Edge	6.000	93.695000
Lyr				0.008		edadoc_s1000				
Lyr	4	L4_GND2		0	√		90			

edadoc_s1000.material - 写字板

主页 查看

```
! material file used in Electromagnetic Solution
! limited one material per file
! The following data is from AMP and is for experiment purpose only.
! Jilin Tan, 01/18/2008
! freq  parameter  valuetype     material_type     material_name version
# GHz     CEr       Complex         Anisotropic              ML3        0.1
! dimension = 1 for isotropic, dimension = 3 for anisotropic
!freq   er(1,1) er(1,2) er(1,3) er(2,1) er(2,2) er(2,3) er(3,1) er(3,2)
er(3,3)
0.000     4.16 0.0    0 0     0  0     0  0  4.16 0.0    0 0      0 0      0
0   4.16 0.0
0.001     4.16 0.01   0 0     0  0     0  0  4.16 0.01   0 0      0 0      0
0   4.16 0.01
0.005     4.10 0.05   0 0     0  0     0  0  4.10 0.05   0 0      0 0      0
0   4.10 0.05
```

图 9-13 频变材料的文件格式

Allegro 自带的层叠阻抗计算工具的功能比较强大，只要设置准确，其计算结果和业内阻抗计算的标准软件 Polar 的计算结果比较吻合，同时集成化的工具应用起来更加方便，如果结合 Skill 和 Script file 的应用，可以让叠层工作变得更加简单直观。

第 10 章　电源地处理

本章导读：

- 电源地处理的基本原理。
- 电源地平面的分割。
- 接地方式的处理。

10.1　电源地处理的基本原则

本章将要讨论电源地的处理，PCB 设计是一门没有最好只有更好的艺术。一个性能优良的 PCB 设计，常常面临电源地噪声的挑战。高速 PCB 普遍采用多层板设计，这时候电源、地通常采用平面来处理，除电源供电外，还作为信号的参考平面和回流通道。这时候，电源、地的噪声会直接串入以其为参考平面的信号。解决电源地噪声的问题，要考虑供电电源自身电平的稳定问题，它还是解决高速信号可靠性问题的关键。

在高速数字系统中地平面和电源平面主要有 3 个重要的作用：

- 为数字交换信号提供稳定的参考电压。
- 为所有逻辑器件提供均匀的电源。
- 控制信号间的串扰。

高速 PCB 的电源设计首先要理清电源树，分析电源通道的合理性。

首先，在考虑一定裕量的前提下，分配恰当的布线宽度来满足 PCB 上承载大电流的需要。

同时，因为实际布线有电阻，从电源输出端到实际负载有压降，而高速电路器件的电压特别是 Core 电压往往很低，压降对供电效果有直接影响。PCB 的载流能力与布线的线宽、铜的厚度、允许温升相关。

其次，在电源的滤波效果上，需要考虑电源的阻抗。因为电源通道实际上不是一个理想的通道，而是有电阻和阻抗的。高速电路在门电路翻转时，需要瞬间的电源供给，而电源模块给各个门电路翻转提供能量，是需要时间进行各级路径分配的，这可理解为一个分级充电的过程。如图 10-1 所示，可以看到，在高频状态下，元器件引脚上的电流，在板级首先是由电源平面、地平面组成的平板电容来供电的，因为由它们组成的供电系统阻抗最低、供电速度最快。

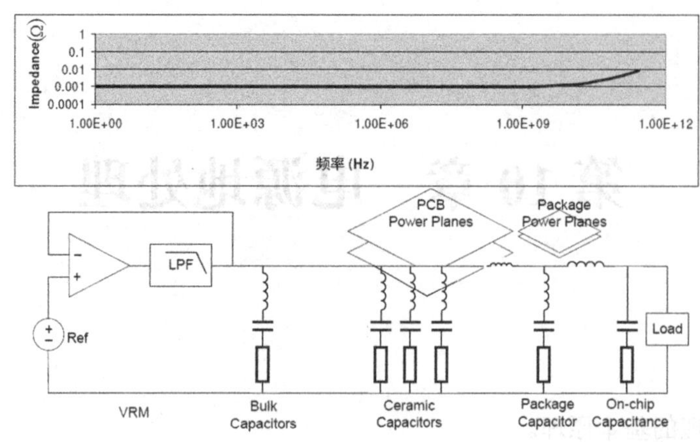

图 10-1 高频状态下的元器件

综上所述，电源系统在现代数字电路中具有以下基本功能。

- 为数字信号提供稳定的参考电压。
- 为所有的逻辑单元分配电源。
- 确保高速翻转的门电路的稳定电源供应。

下面详细讨论在 PCB 设计中电源地的处理问题。

10.1.1 载流能力

上文提到，载流能力是电源地设计的重点，尤其是在当前的高速 PCB 设计中，随着电压降低和功耗增大，板上承载的电流越来越大，一些 Core 电压的电流甚至达到或者超过 100A。需要在 PCB 设计上考虑承载大电流的能力和由此引起的电压跌落、温升等问题，是比较有挑战性的。

每个芯片工作时都要消耗一定的能量，这些能量的供给通道就是 PCB 上的布线，影响 PCB 上布线载流能力的关键因素有线宽、铜厚、温升、层面。

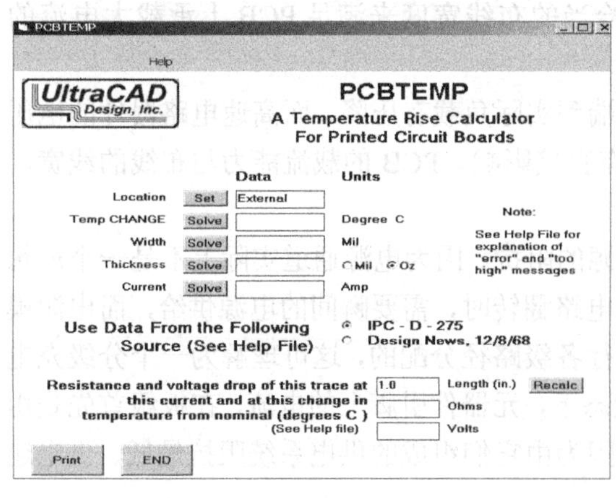

图 10-2 PCBTEMP 界面

（1）线宽：电源布线的宽度，如果用覆铜的方法来实现电源连接，则考虑铜皮的最细处的宽度，还要减去最细处其他网络过孔的避让宽度（这是简单计算时的处理方式，严格来说，有其他网络过孔时，不能用简单的减法来计算有效通道，因为铜皮的宽度和载流能力之间不存在线性比例关系。这时，PI 仿真的 IR Drop 功能可以帮助 PCB 工程师准确得到铜皮的载流能力和压降数据）。长距离布线时，需再增加 50%的裕量，保证 PCB 印制线不被熔断或烧损。符合载流能力要求的布线参数可以通过 PCBTEMP 软件进行计算，如图 10-2 所示。

（2）铜厚：电源布线所在层的铜厚，常见内层（电源、布线混合层）为 1oz。如果需要增加到 2oz 及以上，最好把电源地层设计到一个芯板的两面。布线载流能力与铜厚的关系如图 10-3 所示。

Temp Rise	10℃			20℃			30℃		
Copper	1/2 oz.	1 oz.	2 oz.	1/2 oz.	1 oz.	2 oz.	1/2 oz.	1 oz.	2 oz.
Trace Width	Maximum Current Amps								
0.010	0.5	1.0	1.4	0.6	1.2	1.6	0.7	1.5	2.2
0.015	0.7	1.2	1.6	0.8	1.3	2.4	1.0	1.6	3.0
0.020	0.7	1.3	2.1	1.0	1.7	3.0	1.2	2.4	3.6
0.025	0.9	1.7	2.5	1.2	2.2	3.3	1.5	2.8	4.0
0.030	1.1	1.9	3.0	1.4	2.5	4.0	1.7	3.2	5.0
0.050	1.5	2.6	4.0	2.0	3.6	6.0	2.6	4.4	7.3
0.075	2.0	3.5	5.7	2.8	4.5	7.8	3.5	6.0	10.0
0.100	2.6	4.2	6.9	3.5	6.0	9.9	4.3	7.5	12.5
0.200	4.2	7.0	11.5	6.0	10.0	11.0	7.5	13.0	20.5
0.250	5.0	8.3	12.3	7.2	12.3	20.0	9.0	15.0	24.5

图 10-3 布线载流能力与铜厚的关系

（3）温升：允许因电源布线温度升高而导致整个 PCB 的温度升高的范围。

（4）层面：布线根据层面分为外层电源布线和内层电源布线，通常外层电源布线比内层电源布线载流量大。

10.1.2 电源通路和滤波

明晰每一个电源的来龙去脉才可能清楚整个单板的电源分布，在布局前对整板的电源树要有直观的了解。每一种电源都有它的主要电源通路，合理地设计整板的电源通路是成功的关键。规划整板的电源主要有如下几个原则。

- 按照功能模块布局，电源流向明晰，避免输入、输出交叉布局。
- 各功能模块相对集中、紧凑，避免交叉、错位。
- 整个电源通路布线（或铜箔）宽度满足载流能力要求。

对电源模块或电源芯片，必须在其输入端加滤波电容，并且在满足 DFX 的前提下要将电容尽量靠近其电源输入端。该电容的作用有以下三点。

- 减小电源内部产生的反灌到输入侧的杂声电压。
- 防止当模块输入端接线很长时，输入电压产生振荡。这种振荡可能产生几倍于输入电压的电压尖峰，轻则使电源输出不稳定，重则对模块造成损坏。
- 如果模块输入端出现不正常的瞬态电压时，此电容的存在可抑制短暂的瞬态电压。

电源模块或电源芯片，必须在输出端加滤波电容，并且在保证热设计的前提下将电容尽量靠近电源输出端。该电容有如下作用。

- 减小输出纹波值。
- 改善模块在负载变化时的动态性能。
- 改善模块某些方面的性能（如启动波形、系统稳定性等）。
- 模块输出关闭后输出电压可以维持一段时间以保证负载电路的某些操作能正常完成（如存储数据）。

芯片端的滤波电容主要用于保证电压和电流的稳定。处理器的耗电量处于极不稳定的状态，可能突然增大，也可能突然减小，特别是在执行了一条待机指令或者恢复至正常工作状态的时候。对电压调节器来说，无论如何都不可能立即对这些变化做出响应。

对于一些功耗大、高频、高速的芯片，其电源设计要求如下。

- 在该芯片周围均匀放置几个储能电容。
- 对于芯片手册指定的电源引脚，必须就近放置滤波电容，对滤波无特殊需求的情况下，可酌情考虑放置适当的滤波电容。
- 滤波电容靠近IC的电源引脚放置，位置、数量适当。
- 对于一些特殊的芯片，需要考虑滤波电容的容值是否合理，以及不同容值应该对应哪些引脚设置。

此外，还需注意整板电源的滤波电容分布是否合理，数量是否足够。

10.1.3　直流压降

由于布线或铜皮本身有一定的阻值，电流通过后会产生压降，一般情况下可以不用考虑压降，但是在对电压有严格要求的地方必须考虑压降的影响。对更严格的设计需求，可用Cadence PDN中的IRDrop进行仿真。

要考虑电源层和地层的阻抗。动态阻抗可以通过Cadence的PDN工具仿真得到。电源的静态阻抗可以用下面的公式来预估。

$$Z_0=\frac{120\pi}{\sqrt{\varepsilon}}\times\frac{D}{W}$$

式中，D为电源平面同地平面之间的距离；W为平面之间的面积。从上面的静态阻抗计算公式，可知减少直流压降的措施。

- 电源平面要尽量靠近地平面，以减小电源的静态内阻。
- 在满足工艺设计要求的前提下，电源线和地线要尽量加宽。
- 尽量把电源放置到地平面以下。

10.1.4　参考平面

如果将 PCB 的信号视为一个回路模型，那么地平面也可以看作传输通道的一部分。因为只有构成完整的回路，整个电路才能正常运作。低频信号回路会选择电阻最小的路径，而高频数字电路会选择感抗最小的路径进行回流。这时候，电源、地平面就成为信号所选择的低感抗回流通道，也就赋予参考平面一定的作用。

当将电源、地平面作为参考平面进行设计时，需要遵循以下原则。

- 避免信号跨越电源地分割，保证信号的参考平面相对完整，这是层叠设计和 EMC 设计的首要原则。
- 层叠对称原则。
- 元器件面下尽量设置一个完整的地平面。

10.1.5　其他要求

- 电源、地分割方式简单、合理，分割区域的大小满足载流能力要求。分割线的粗细一方面要满足现在的工艺要求，另一方面要考虑不同电压的压差因素，压差越大，分割线应该越粗（对于 FR4 的板子，一般 1mm 间距可耐压 1000V，当前设计中分割线的宽窄取决于 PCB 制造工艺）。在 BGA 区域需要使用相对较细的分割线，以免因分割线太粗，导致部分电源引脚没有被有效覆盖而要用另外的层连接。如图 10-4 所示，BGA 区域的分割线粗细比较合适。
- 20*H* 准则：在地层（包括不同性质的地层）的边缘，地层要比电源层、信号层外延 20*H*（*H* 表示相邻的电源层与地层之间的距离），如图 10-5 所示。关键信号线不要布在地层的边缘，如果在与电源层相邻的信号层边缘设置一圈地（相当于一个护栏），并将这圈地与地层用间隔（推荐 200mil）较密的过孔连接起来，可更有效地降低辐射。
- 相邻分割区的电源压差不能过大，如果过大，需增大分隔线的直径。
- 对于高压的处理，需要满足安全要求。

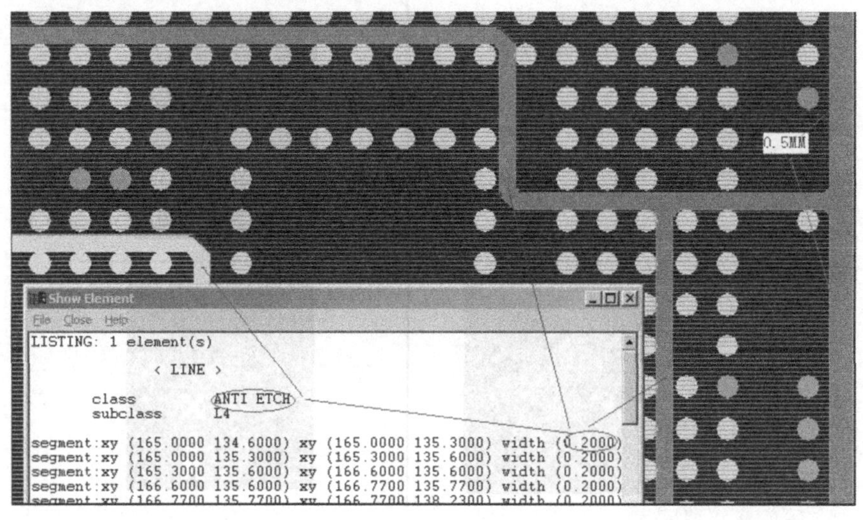

图 10-4　BGA 区域分割线粗细

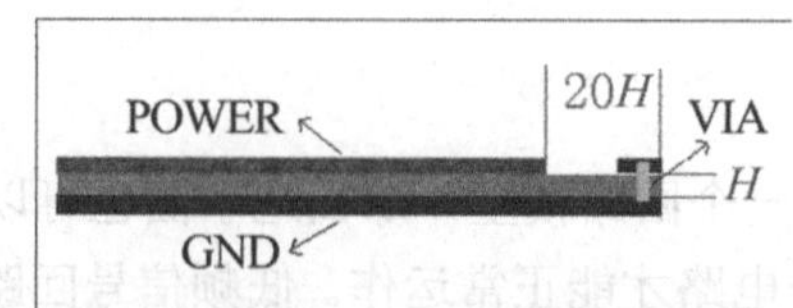

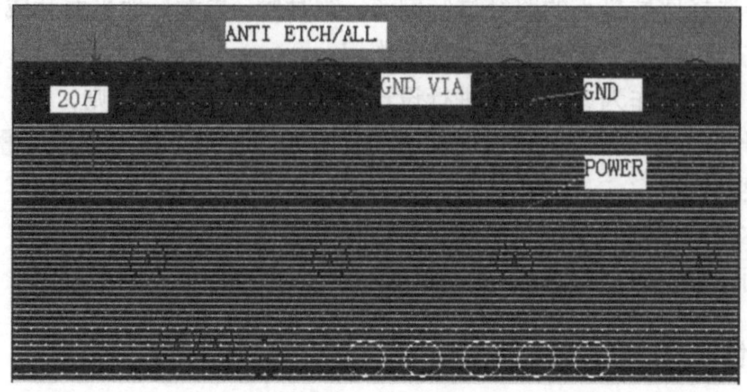

图 10-5　20*H* 规则

10.2　电源地平面分割

电源地平面层分为正片和负片，如图 10-6 所示，可见在光绘文件中，正、负片的差别不大，都可以用于电源地平面的处理。实际操作中，由于 PCB 的面积越来越大，铜皮的避让也越来越复杂，这时正片的数据量很大，单个光绘文件的大小甚至超过 100MB。这时会带来计算机计算时的系统资源问题，也给文件传输带来困难，所以在 PCB 设计中，大家习惯于在单纯的平面层使用负片。而对于芯片封装基板的设计，由于基板的面积一般比较小，相应的文件也不会很大。同时为了降低成本，经常使用混合平面，也就是在平面层会布少量线，这时正片更加容易处理。下面首先介绍使用负片的方式进行电源地平面分割。

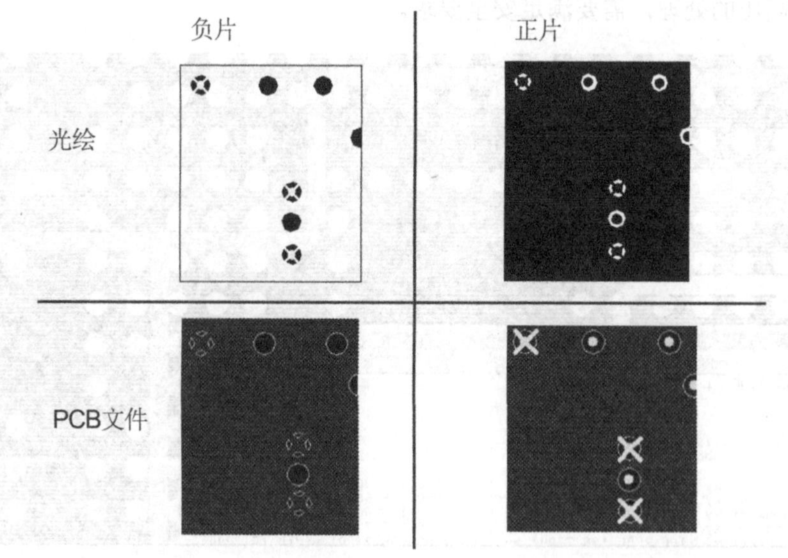

图 10-6　正片和负片

负片平面分割的操作步骤如下。

（1）检查前处理的部分流程是否完成，这些内容包括：

- 板子外形（Outline）的绘制是否正确。
- Route Keepin 区域是否设置正确。
- 层叠设置（Cross Section）中平面层是否设置成负片（Negative）。

（2）选择 Add→Line 命令，在 Option 面板中 Class 选择 Anti Etch，Subclass 选择相应的平面层，然后确定线宽，这个宽度就是实际不同铜皮之间的间隔，可以按照需要设置，比较排布宽松的板子，可以设置成 50；排布较密的板子，可以设置为 25 甚至更小。之后绘制分割线，如图 10-7 所示。

首先规划需要几个电源层（层叠部分在第 9 章有详细的介绍），然后确定把哪些电源规划到当前的平面层，最后给电源网络分配颜色，这样可非常方便地使用分割线进行分割。

分割的时候，除了满足不同电源的归属，还要注意不要让分割形状过于复杂，小部分引脚可以适当地使用粗短的线去连接。

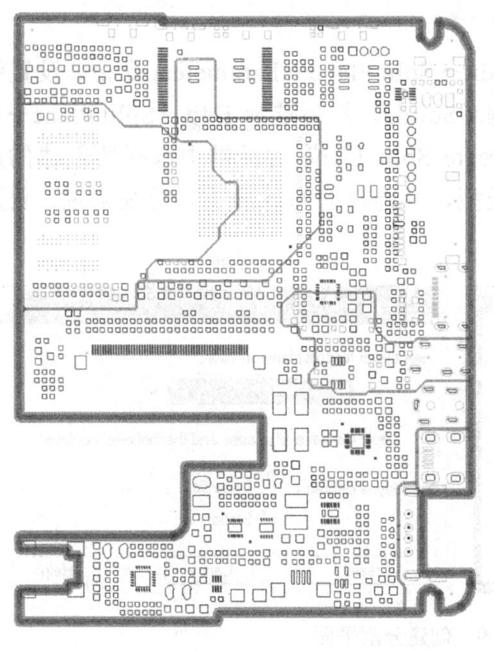

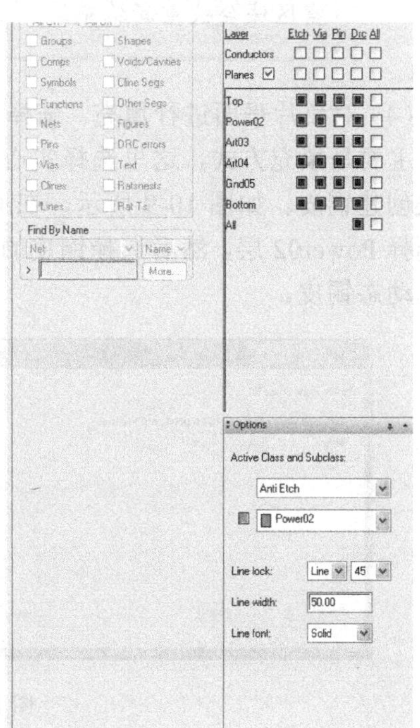

图 10-7　绘制分割线

（3）对于变压器下面需要平面层掏空的区域，可以使用分割线绘制出形状，也可以使用 Anti Etch 的 Shape 来定义掏空区域，或者使用 Route/shape Keepout 选项进行选择，如图 10-8 所示。

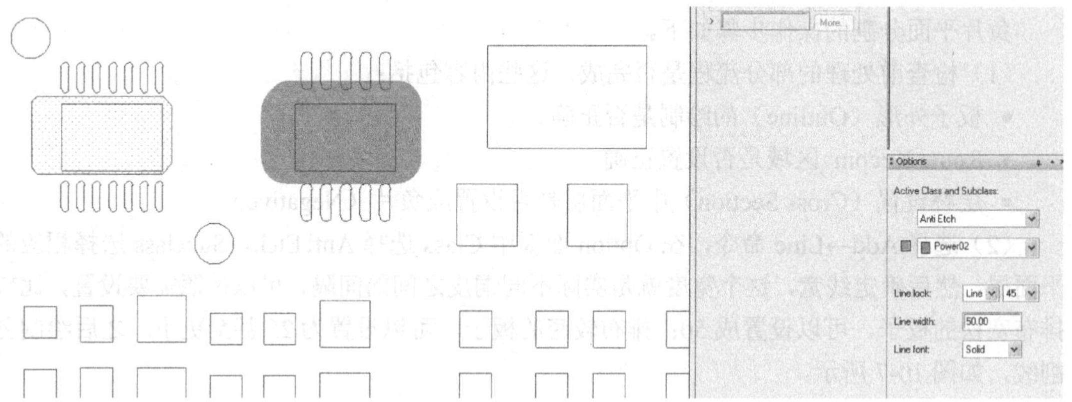

图 10-8　使用分割线的 Shape 来定义掏空区域

用 Anti Etch 的 Shape 来定义掏空区域更加方便。尤其是自 SPB 16 版本以来，分割线在绘制的时候要遵循一些规则，自由度不是很高。使用 Anti Etch 的 Shape 时，注意选用 Gerber6X00（274D）格式。出光绘的时候，光绘设置中不要选择 Suppress shape fill 选项，否则最终的光绘文件中这些掏空区域会被重新填充。

（4）对负片平面进行填充。选择 Edit→Split Plane→Parameters 命令，设置铜皮的参数，主要是填充方式，这里选择实心铜（Solid），然后选择 Edit→Split Plane→Create 命令来创建铜皮。如图 10-9 所示，在 Create Split Plane 对话框中选择所创建的层面，这里选择 Power02 层，然后选择铜皮的类型，可选择动态或静态，常规来说，负片平面层选择动态铜皮。

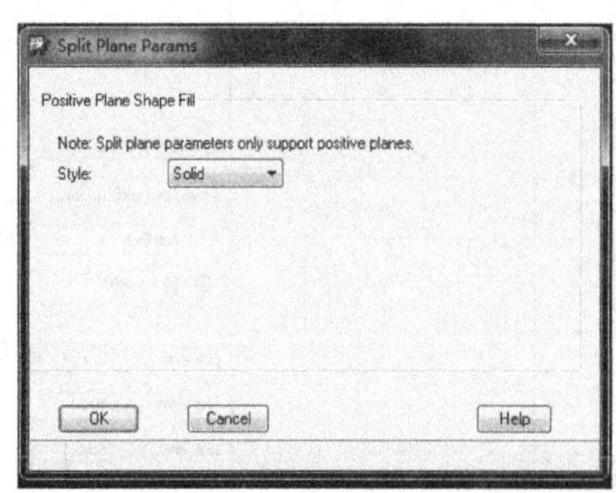

图 10-9　创建分割平面

（5）单击 Create 按钮，在弹出的对话框中选择每一部分铜皮的网络，如图 10-10 所示，主窗口会自动缩放到需要填充的区域，然后在 Select a net 对话框中选择网络名（可以使用通配符快速查找网络名）。

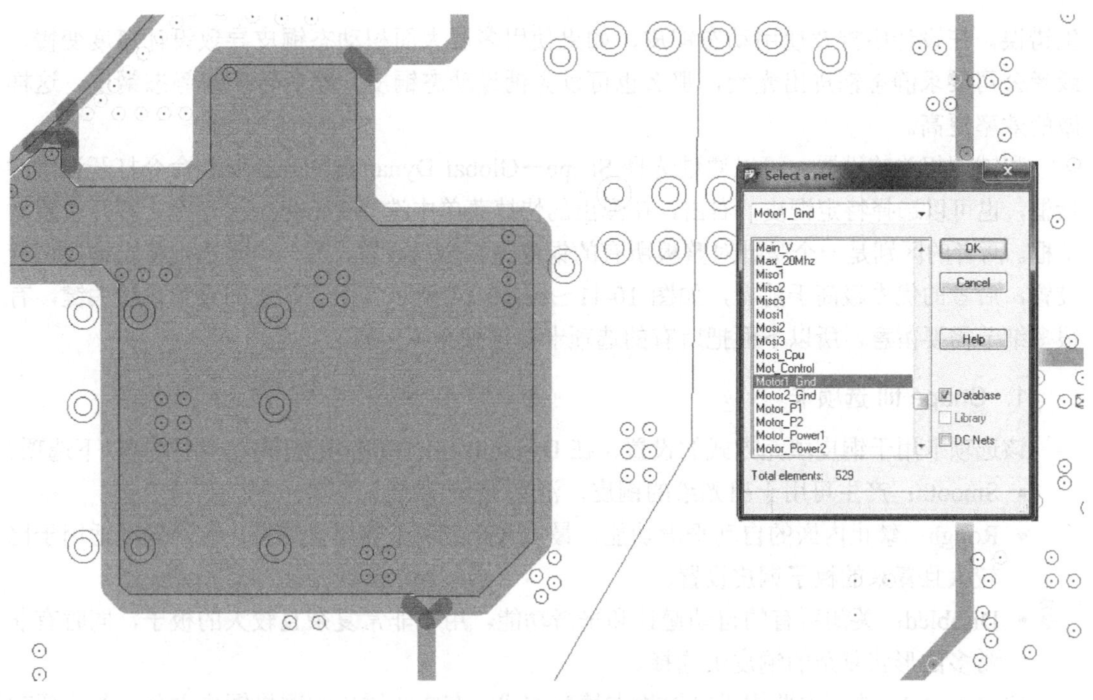

图 10-10　选择网络名

同一层分割的电源比较多时，对应的网络名比较复杂，这时可以通过单击 Rats（飞线）来赋予网络名。

完成以上步骤之后，一个电源平面层就分割好了。一个较好的习惯是选择 Show Element 命令后分别单击各个铜皮，确认选择的网络是正确的。

10.3　电源地正片铜皮处理

上面提到了负片平面层的好处，在实际设计中，正片的铜皮处理可能更加普遍，主要有以下情况会用到正片铜皮。

- MCM 或 SIP 等封装基板设计，由于面积小，采用正片来处理电源地平面。
- 部分电流比较小或连接简单的电源，在布线层进行正片铺铜处理。
- 开关电源或线性电源，在电源输出之前，使用正片铜皮来连接电容、电感等。
- EMC 设计考虑在表、底层空白处铺地铜皮。
- 对消费类电子产品，为了节省成本，要求层数尽量少，需要在布线层处理部分电源地平面。

下面详细介绍正片铜皮处理的命令和技巧。

首先正片铜皮分为动态铜皮和静态铜皮。由于静态铜皮处理比较复杂，若直接大面积铺设静态铜皮，则修改设计的工作量很大，更有甚者在产生光绘时由于避让的不圆滑而产生错误。在设计中推荐使用动态铜皮，如果使用多层大面积动态铜皮导致设计速度变慢，或者公司要求静态铜皮出光绘，那么也可以先铺设动态铜皮，然后转换成静态铜皮，这样做的效率更高。

和铺铜相关的设置，可以通过选择 Shape→Global Dynamic Parameters 命令打开设置对话框，也可以选择特定铜皮，右击，在弹出的快捷菜单中选择 Parameters 命令，打开设置对话框。两者的区别是一个是针对整板所有的铜皮进行全局设置，另一个是选定特定铜皮进行设置，后者的优先级高于前者，如图 10-11～图 10-14 所示（由于铜皮的设置比较关键，有很多细节需要留意，所以下面把所有的选项卡都详细介绍一遍）。

1. Shape fill 选项卡

该选项卡用于铜皮填充方式的设置，在 Dynamic fill（动态填充方式）组中有以下选项。

- Smooth：产生可用于出光绘的铜皮，消除所有 DRC。
- Rough：禁止内嵌的自动平滑功能，最多只产生两个热焊盘连接，这个选项适用于比较大且复杂的板子铜皮设置。
- Disabled：关闭所有的自动避让和平滑功能，用于非常复杂且较大的板子，同时有非常多的形状复杂的铜皮供选择。

Xhatch style 选项主要用于设置静态填充方式，有实心铜皮和网格铜皮之分，各选项对应的铜皮填充形状如图 10-11 所示。

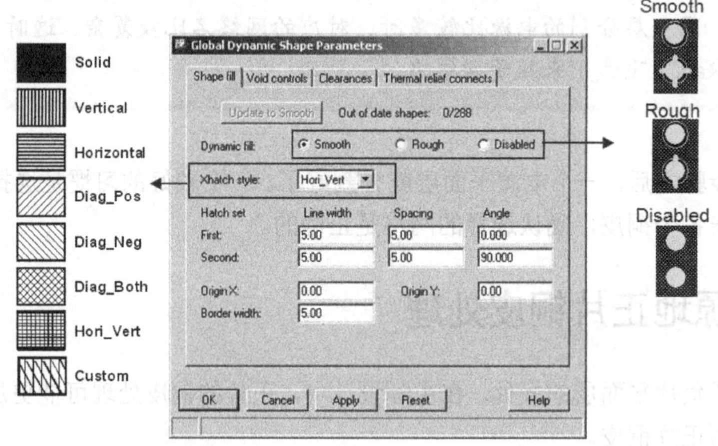

图 10-11 铜皮填充形状

2. Void Controls 选项卡

该选项卡用于控制铜皮的避让方式，主要有以下设置。

- Artwork format：对应光绘和加工处理的要求，把铜皮的填充方式优化为矢量方式或者光栅方式，这个设置必须和光绘设置一致，否则在后处理时会报错。
- Minimum aperture for artwork fill：光栅方式的最小填充宽度。
- Suppress shapes less than：铜皮自动避让时，如果孤立未连接网络的铜皮的形状值小于设定值，就会被删除。
- Create pin voids：有两个选项 Inline 和 individually，主要用于控制引脚之间的铜皮形

状是包围的还是挖空的，设置为 individually 表示铜皮包围引脚，如果设置为 Inline，又会多出一个选项 Distance between pins，将其设置为当引脚的间距较小时直接挖空，避免出现引脚间铜皮过细的情况。

- Fill Xhatch cells :设置填充栅格单位，这种铜皮形式在 Static crosshatch 模式下更直观。
- Snap voids to hatch grid：设置 Snap 打开或者关闭的选项，如图 10-12 所示，主要用于网格铜皮。

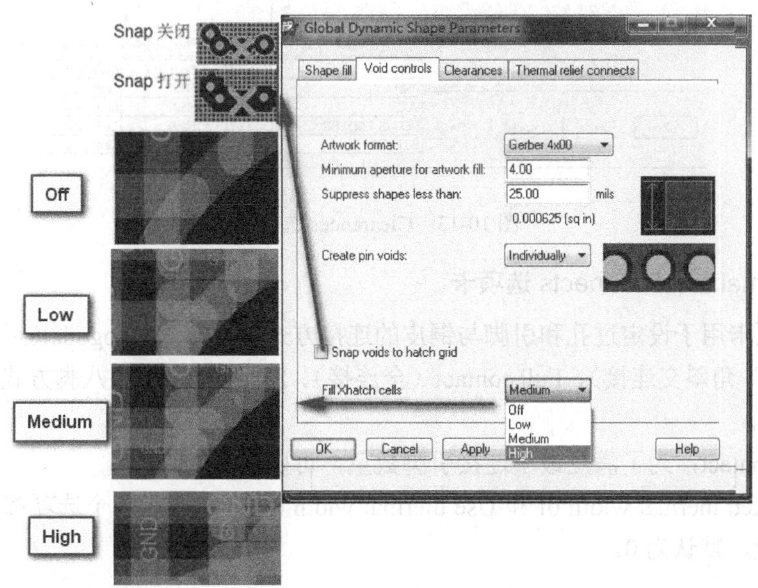

图 10-12　Void controls 选项卡

这个选项卡有几个比较关键的控制选项，特别需要注意 Suppress shapes less than，大面积动态铜皮的主要缺点是有时会隔出大量的小碎铜，也就是孤立铜皮，手工处理比较烦琐，这时合理设置这个选项，可以提高效率。

孤立铜皮可以通过 Display→Status 命令来查看，在 Shape 区域检查相关的孤立铜皮和无网络铜皮。

3. Clearances 选项卡

顾名思义，这个选项卡用于控制铜皮和其他元素的间距，如图 10-13 所示。

- DRC：使用 DRC 中的设置来控制铜皮间距，在这里能在 DRC 数值的基础上，再设置一个增量，对于单个铜皮控制不同间距非常有效。
- Thermal/anti：使用焊盘设置时 Thermal Relief（热焊盘）和 Anti Pad（反焊盘）的数值来决定铜皮的间距。这个设定可以用于大量使用正片层作为电源地平面，又希望正片铜皮的形状及间隔方式和负片一致的时候。
- Oversize value：设置增量，方便对铜皮的特殊处理，如铜皮与通孔比默认值大等。

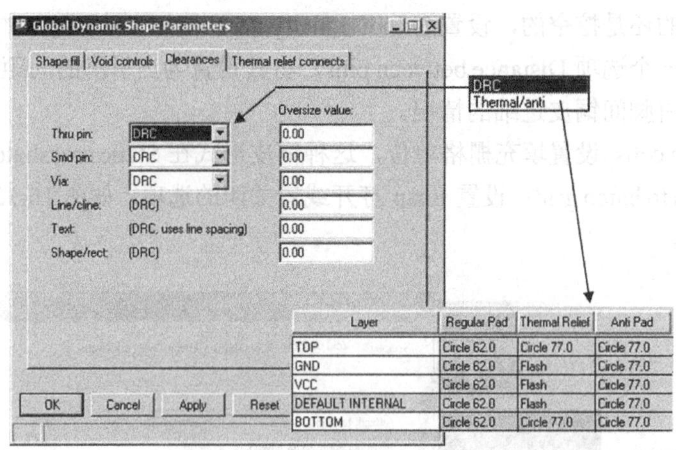

图 10-13　Clearances 选项卡

4．Thermal relief connects 选项卡

这个选项卡用于设定过孔和引脚与铜皮的连接方式，主要有 Orthogonal（正交方式连接）、Diagonal（45° 角斜交连接）、Full contact（全连接）、8 way connect（八脚方式连接）等，如图 10-14 所示。

- Best contact：为了满足最小连接引脚数量，可以旋转 15°。
- Use fixed thermal width of 和 Use thermal width oversize of：两个选项都用来设置不同的增量，默认为 0。

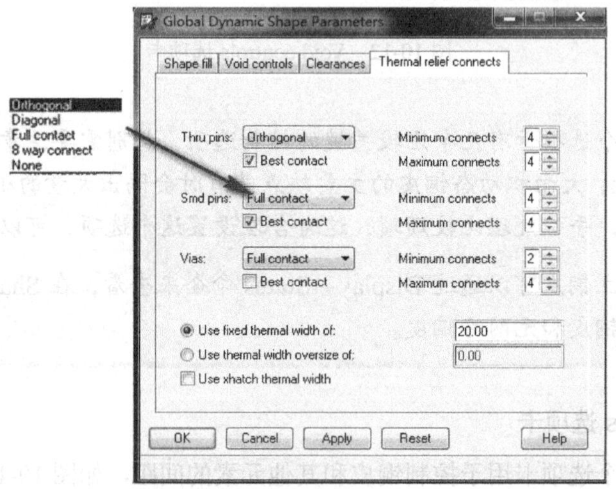

图 10-14　Thermal relief connects 选项卡

和 Shape 相关的菜单命令及快捷图标按钮如图 10-15 所示。

菜单的前 3 项是添加铜皮的命令，分别用于创建任意多边形和规则的矩形、圆形。其余的命令主要用于编辑铜皮。

- Select Shape or Void：选择铜皮或者隔离区域，以便进行编辑。
- Manual Void：手动创建隔离区域。

- Edit Boundary：编辑铜皮边界。
- Delete Islands：非常有用的一个命令，会自动高亮整板孤立铜皮，然后将其删除。
- Change Shape Type：切换铜皮为静态铜皮或者动态铜皮。可先铺设动态铜皮，然后通过这个命令转换成静态铜皮。
- Merge Shapes：合并铜皮，即把两块相互重叠的相同网络的铜皮合并成一块。
- Check：非常有用的一个命令，可以检查铜皮由于避让产生过于狭小的形状，导致无法生成光绘文件的错误。
- Compose Shape：把从 DXF 文件或者光绘文件导入的一些封闭的线条和圆弧等转换成铜皮；
- Decompose Shape：将铜皮打散成线条。

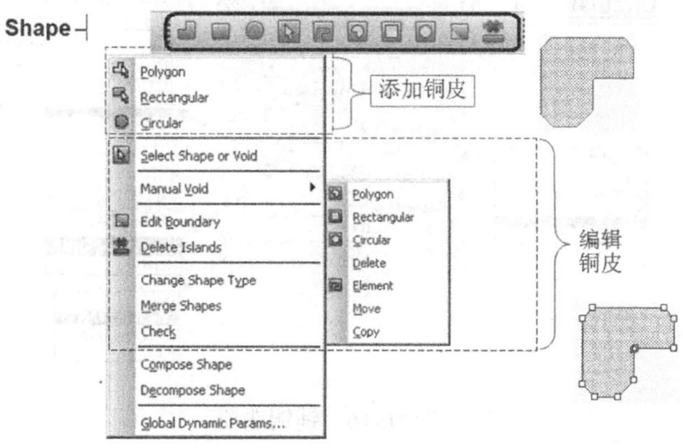

图 10-15　铺铜命令及快捷图标按钮

通常使用 polygon 命令来绘制铜皮边框，下面主要介绍 Options 面板（见图 10-16）中的各项设置。

首先设置正确的 Class 和 Subclass，然后设置铜皮的类型。铜皮有以下几种类型。

（1）Dynamic：顾名思义，就是铜皮可以自动避让各种元素。

- Dynamic crosshatch：动态网格铜皮。
- Dynamic copper：对于较大规模的板子，正片的动态铜皮会影响设计速度，建议设计过程中关闭正片动态铜皮的自动避让功能。
- Defer performing dynamic fill：推迟进行动态铜皮的填充，适用于较大规模较多动态铜皮的设计，出光绘前必须改回来。

（2）Static：顾名思义，就是铜皮不会进行任何自动避让，所有的隔离区域都需要手动设定，主要用于大面积的正片铺铜。

- Static crosshatch：静态网格铜皮。
- Static solid：静态实心铜皮。
- Unfilled：不填充的铜皮，主要用于 constraints、keepouts、keepins、rooms 等。

（3）Cavity：这是 SPB 17.X 新增的铜皮类型。

Assign net name：有 3 种方式对铜皮赋予网络名。

- 切换到 Browser 选项卡，从板子的所有网络名中选取。
- 从下拉列表中已经设置了 Power 属性的网络中选取。
- 单击板上的引脚或者飞线抓取网络名。

Shape grid：铜皮操作的格点。

- Current Grid：使用当前的格点绘制。
- None：关闭格点绘制。

Segment Type：绘制铜皮边框时使用的线的类型，有 45° 斜线、圆弧和正交线。

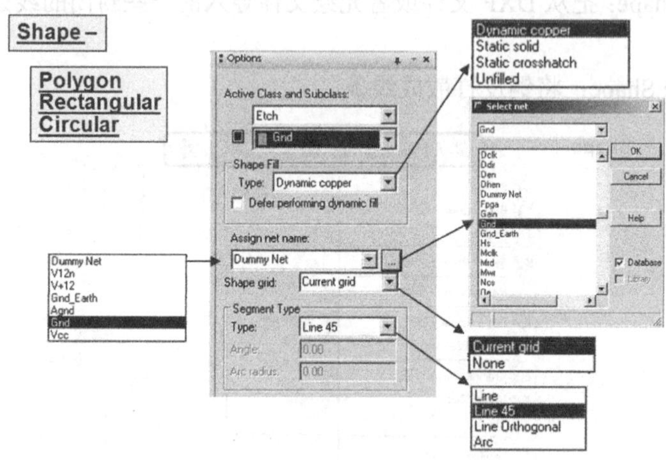

图 10-16　铺铜选项

10.4　电源地处理的其他注意事项

10.4.1　前期 Fanout

Fanout（扇出）的策略是电源设计的重要组成部分，涉及布线通道、电源通道、引线电感、平面层完整性等问题。

首先介绍 BGA 的 Fanout。由于 BGA 大多为规则的矩阵式封装，大多数 BGA 是无法全部用同层的线引出的，所以 BGA 基本以狗骨头形式出线。这样的弊端是 BGA 下面的过孔很密集，布线通道和电源通道受到了很大的影响，为了减少这方面的影响，在做 BGA Fanout 时注意尽量以 BGA 的正中心延伸一个十字通道。这样有利于增大布线通道、增大电源平面通道，也增强芯片本身的散热，如图 10-17 所示。

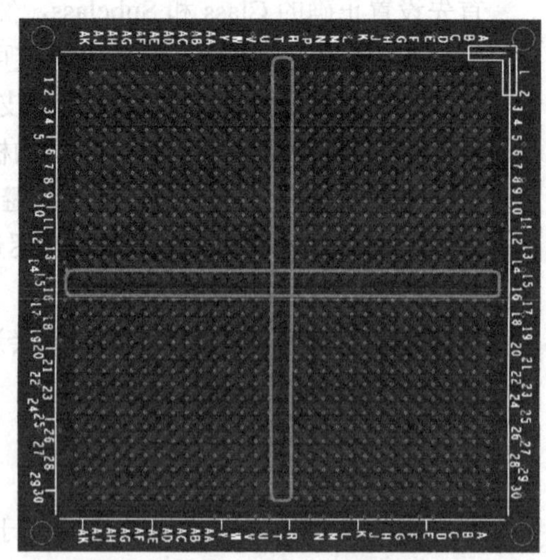

图 10-17　BGA Fanout 方式

一般 IC 的 Fanout：对于一般 IC 的打孔，需要注意不能把孔打得太过密集以免造成信号回流地平面和电源平面的不完整，所以在打孔时尽量交错打孔，如图 10-18 所示。这样做还有一个好处就是布线通道上每两个过孔之间可以通过 1～2 根线。

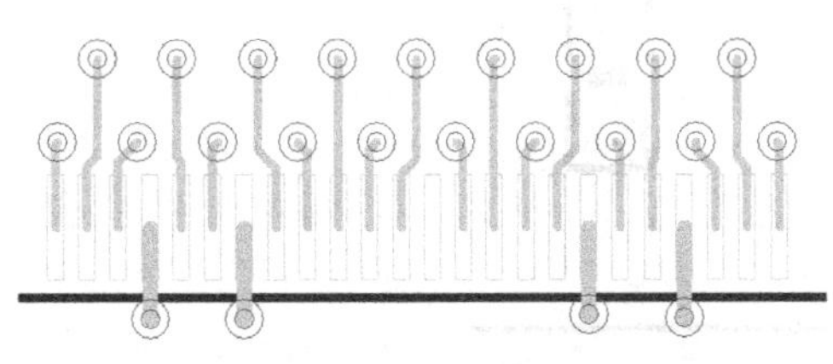

（a）一般 IC 的 Fanout

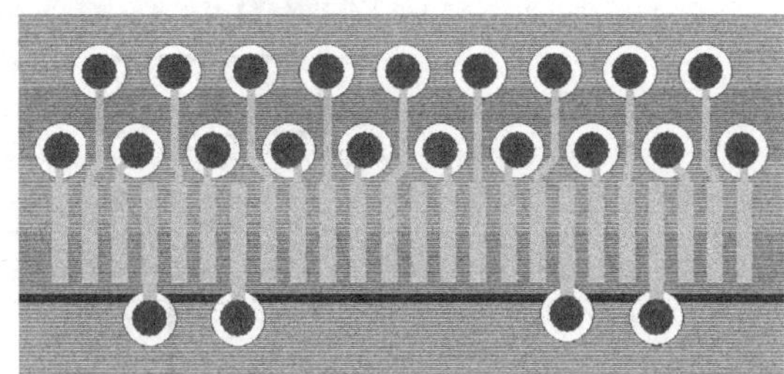

（b）相应的负片层

图 10-18　一般 IC 的 Fanout 和负片层

在 Allegro 的 Fanout 选项中，也有相应的设置，如图 10-19 所示。通过更改最小通道距离的设置，软件就可以自动规划出相应的通道。

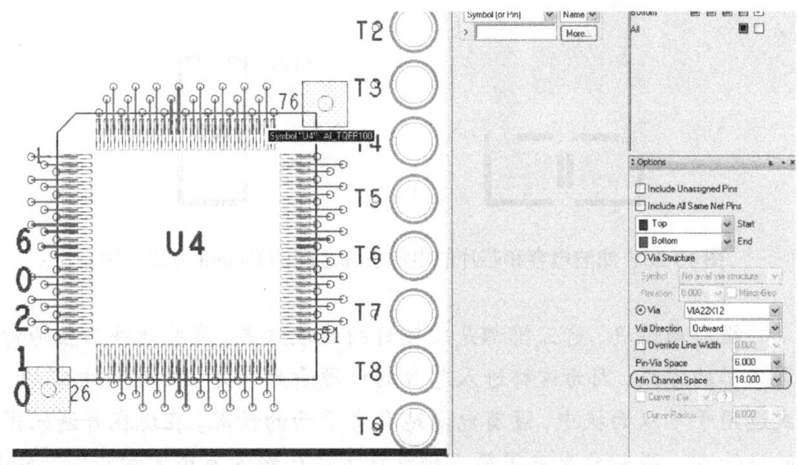

图 10-19　Allegro 的 Fanout 选项

滤波电容和芯片的电源引脚之间的 Fanout 方式如图 10-20 所示。

电源引脚的处理需要注意以下两点：

- 打孔尽量靠近引脚，目的是减小安装电感。
- 滤波电容要尽量靠近引脚，并且出线要尽量短粗。

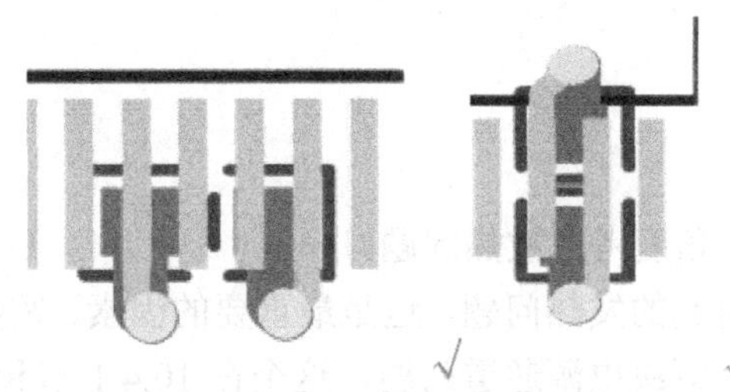

图 10-20　滤波电容和芯片的电源引脚之间的 Fanout 方式

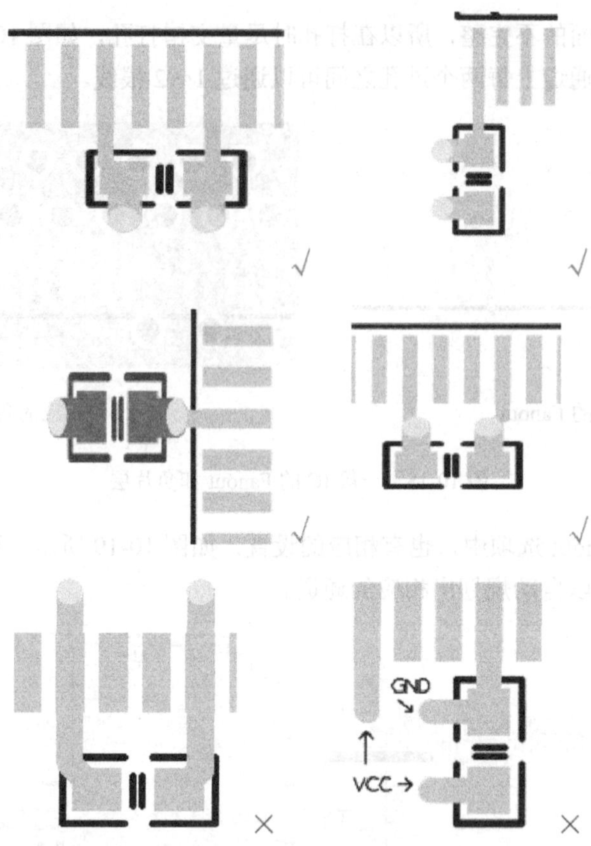

图 10-20 滤波电容和芯片的电源引脚之间的 Fanout 方式（续）

视布局情况，前三排都是比较好的处理方式。有些硬件工程师特别青睐第二排的方式，因为这样进入芯片的电源看起来是强制经过电容的。这种方式适用于单双面板中，没有电源地参考平面的情况。在现在普遍采用多层板的设计中，强制要求采用第二排设计方式已经没有现实意义了。正如第 15 章所描述的，滤波电容只是电源供电网络的一部分，有时会采用不同容值的电容来进行不同频率的滤波，同时电源地之间的平板电容担负高频段更加重要的滤波功能。从笔者的实际仿真研究结果来看，前三排的设计方式差异性并不是很大，都可以满足滤波电容的设计要求，具体选择时需要从板子空间和 DFM 角度来考虑。

10.4.2 散热问题

电源地设计需要从多个角度考虑散热问题。

- 载流能力和电压降引起的发热问题，这是最重要的因素，需要首先考虑，主要设计目的是满足载流能力，解决电源通道问题，这个在 10.4.1 节和本书的第 15 章都有详细的介绍。

- 元器件本身功耗较大，通过板子上的铜皮进行散热，这时通常在正反面都铺铜，然后通过过孔把热量带到另一面。元器件面的处理方式是适当露铜，让铜皮和元器件表面良好接触。
- 除通过铜皮来散热外，进一步的处理方式是使用金属基板，通过局部金属基板混压的工艺，来达到局部散热的目的。

此外，散热问题还与可加工性有关，要避免散热不均匀或者散热太快引起加工问题，主要有以下几个方面。

- 分立器件两个引脚之间的铜皮形状尽量均匀分布（特别是封装尺寸小于 0805 的器件），避免贴片时出现立碑现象。如图 10-21 所示，R668 的两端布线宽度相差较大，在贴片时由于散热速度不同会引起应力差异，导致器件被应力拉动，产生立碑现象。

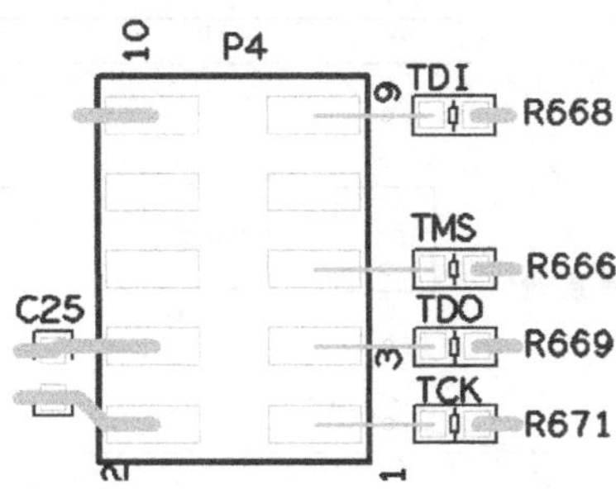

图 10-21　电阻两端布线宽度不平衡

建议采用小的分立电阻、电容元件，且两边的布线宽度比不要大于 1：3，这样，能在性能和可加工性之间找到比较好的平衡点，避免应力差异产生立碑现象。

- 分立器件两个引脚尽量不要直接放置在较大的铜面上，避免散热过快导致焊接不良，如图 10-22 所示，两端开窗是较好的处理方式。

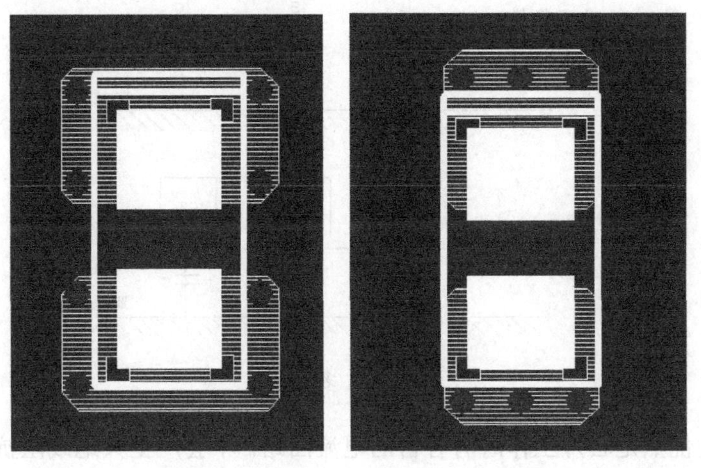

图 10-22　分立器件和铜皮的连接方式

- 通孔插件应避免与多层平面相连，建议不超过三层。
- 通孔插件尽量设计成热焊盘，多层板时采用热焊盘方式连接。

10.4.3 接地方式

系统接地是一个复杂的概念，本节所说的地主要是指 PCB 上的地，即信号地。信号地是一个低阻抗的路径，信号电流经此返回信号源。下面看一下单点接地和多点接地的概念。

单点接地：PCB 设计中，接地线路与单独的一个参考点相连。当零件、电路等工作在 1MHz 或更低的频率范围内时，采用单点接地最好，如图 10-23 所示。

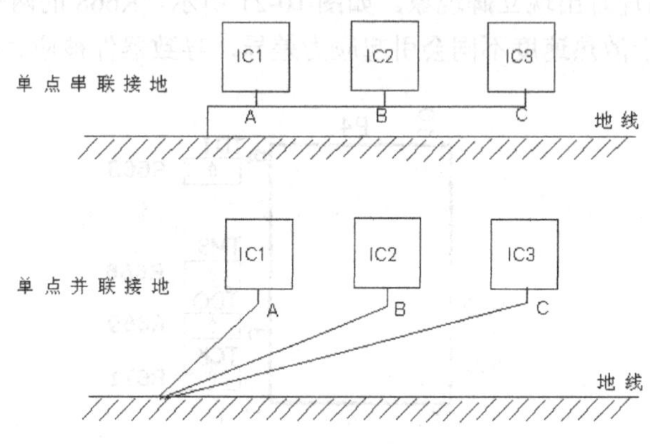

图 10-23 系统单点接地

单点接地的好处是接地线比较明确，成本较低；但最大的问题是地线较长，在高频时阻抗大，可能影响芯片自身的稳定工作，更多的时候产生的共阻抗能干扰或耦合到相邻的或者共地线的芯片上。对于单板工作频率高于 10MHz 的情况，应避免使用单点接地。

多点接地：高频率设计时为使接地阻抗最小，使用多个连接点并将其连接到一个公共的参考点上。如图 10-24 所示，混合接地也是一种多点连接方式。

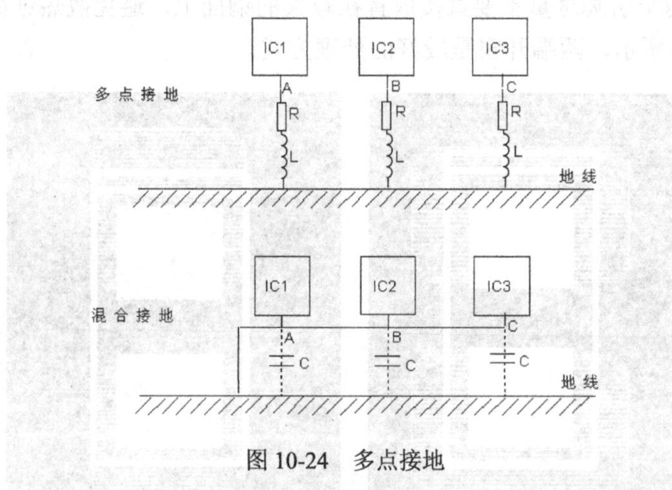

图 10-24 多点接地

多点接地的优点是芯片工作时有各自的电流回路，不会产生共地线阻抗的互扰问题，同时接地线可以很短，以减少地线阻抗；多点接地也有不足之处，即需要增加 PCB 的成本，最主要的问题是单板上高频回路数量剧增，这些高频的电流回路对磁场很敏感，所以在进行 PCB 设计时需要特别注意。

混合接地兼具单点接地和多点接地的特点，低频电流从串联单点接地线经过，高频电流将沿着各自 IC 的接地电容回流，相互独立。

下面介绍实际设计中针对数模的电源地的分区和分割问题，以及接地的技巧。

图 10-25 所示为数模混合设计进行地区域分割的几种常见方式。

（1）分割但不分区。对数模电源地区域进行严格分割，但是实际布线没有区分区域，导致跨分割情况严重，这是需要严格避免的设计方式，会带来严重的信号质量问题和 EMC 问题。

（2）分割同时搭桥。对数模电源地区域进行分割，同时保持某一点连接（单点连接，也就是搭桥，宽度视需要穿过分割区的网络数量而定）。如果网络太多，需要搭接的桥面太宽，也会失去分割的意义。如果数模之间的布线太多且无规律，则需要搭好几个连接点（桥面），否则这种设计也是没有意义的。

（3）分割且分区。这是分割同时搭桥方法的衍生，由于 A/D 器件的存在，直接把 A/D 器件作为桥，数模信号在 A/D 器件上进行桥接。

（4）分区但不分割。当不止一个 A/D 器件存在时，等同于桥面太宽，这时候分割的意义不大，但是仍需要数模部分电路严格分区。这种做法也适用于无 A/D 器件的其他数模混合设计的情况，如果大量的信号需要穿过数模区域，那么在布局的时候，要严格区分数模区域，但是在设计中，不对数模的电源地进行分割。

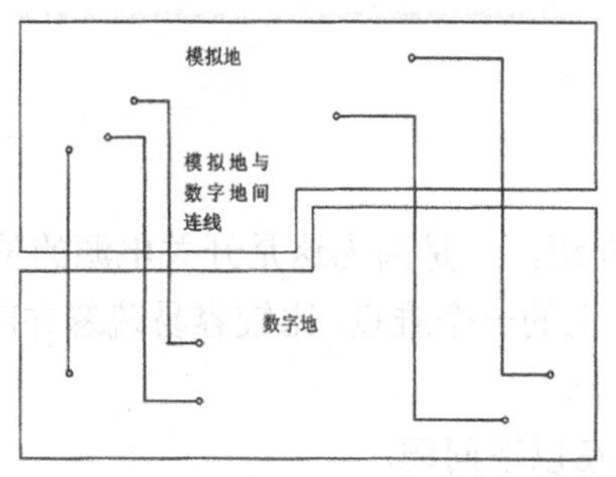

（a）分割但不分区

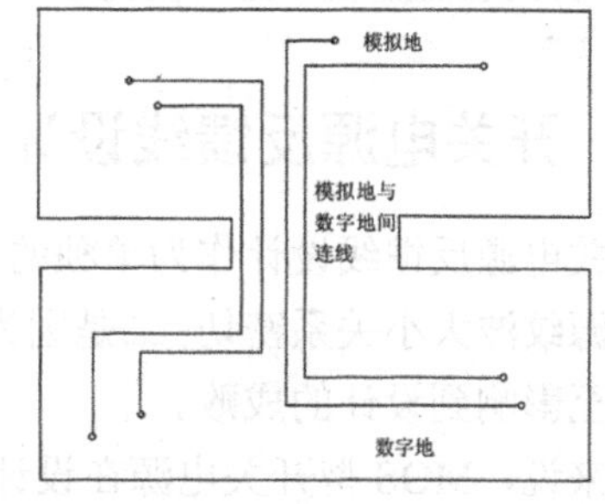

（b）分割同时搭桥

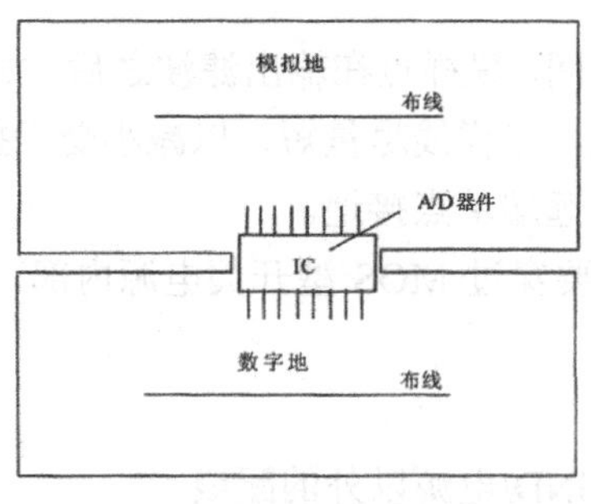

（c）分割且分区

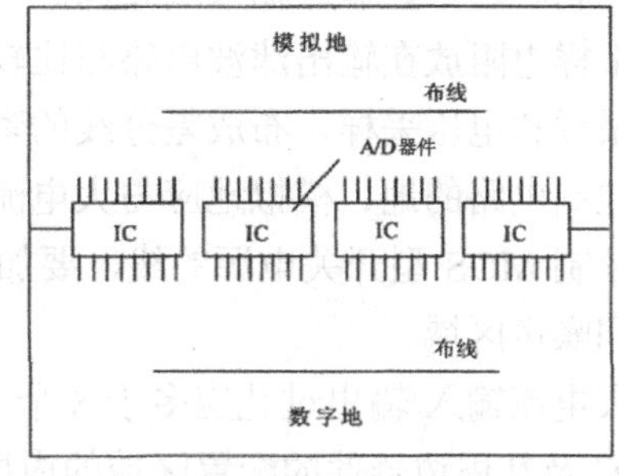

（d）分区但不分割

图 10-25 数模混合设计进行地区域分割的常见方式

单点接地通常使用 A/D 器件或者磁珠（电阻）。图 10-26 所示为使用磁珠进行单点接地的实际 PCB 设计案例。

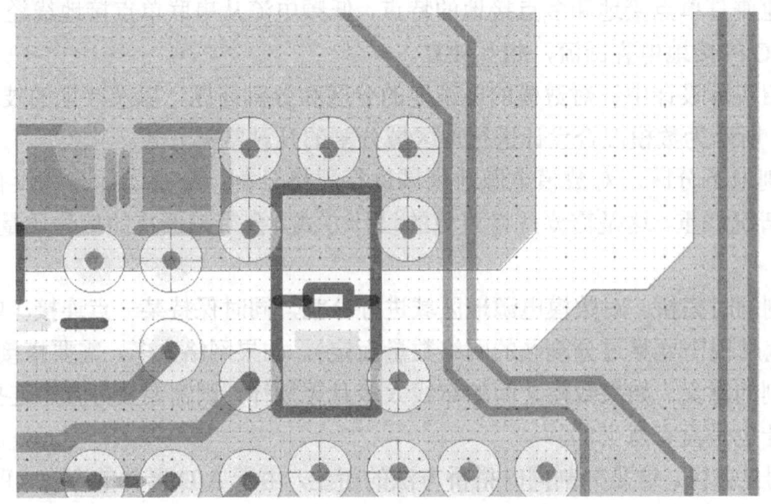

图 10-26　使用磁珠进行单点接地

业界曾经流行在出光绘阶段把分割线打开一部分，通过光绘设置把数字地、模拟地连通，来实现单点接地。这种做法的效果还不错，但是具有一定的风险，也不是标准的做法，这里就不做详细讨论。

10.4.4　开关电源反馈线设计

把开关电源反馈线设计作为单独的一节进行介绍，一是因为这是开关电源的重要部分，与最终电源纹波大小关系密切；二是因为这是设计上的一个难点，比较容易疏忽并产生错误，严重的甚至影响到设计的成败。

常规来说，MOS 型开关电源在设计时需要注意以下问题。

- 输入/输出滤波布局合理、流向顺畅。
- 控制芯片尽量靠近输入端布局。
- 采样电阻放在输出滤波电路与比较电路的中间。采样点在输出滤波之后，如果有电流采样和电压采样，布成差分线的紧耦合形式，采样线尽量短，以减小受干扰的空间。
- 控制电路的地、模拟地应与大电流地分开，远端单点接地。
- 控制 MOS 型开关电源的线，要加粗，且不要穿过 MOS 型开关电源内部，远离电感和噪声区域。
- 大电流输入/输出过孔应多于 8 个。
- IC 及其周边器件的配置区域的内层不可走 GND/电源以外的配线。
- 在空间足够的情况下，重要信号线尽量避让开关电源区域。

一个典型的 MOS 型开关电源的电路图如图 10-27 所示。

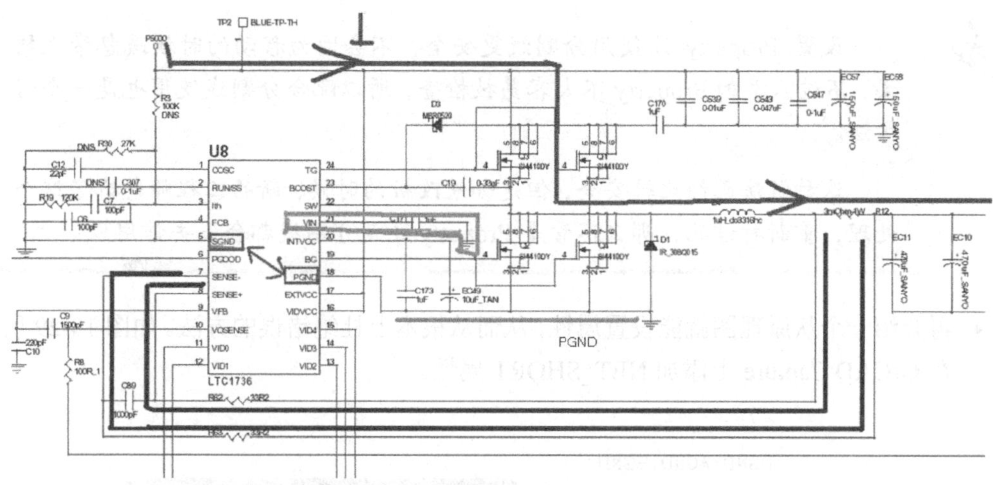

图 10-27　MOS 型开关电源的电路图

其中蓝色线指示的为反馈通道，这时电阻的另一端（右侧的蓝色线）由于直接接到电源输出端，所以网络名称和电源名称相同。又因为电源使用大铜面甚至平面层进行处理，而反馈线的采样点需要设置在电流变化较大的用电端，这时候距离开关电源主芯片往往有一定距离，不可避免地需要打孔换层。

这时问题就出现了，打孔的时候，软件默认在平面层形成热焊盘，直接连接到电源平面，反馈的采样点就变成就近的电源平面，而不是设计要求的采样电阻两端，也没有和另外一个采样网络形成差分布线。这样反馈电路就形同虚设，开关电源就无法得到正确的纹波反馈，失去了调节能力，带来的直接后果就是电源的纹波变大。

通常对电源采样信号打孔连接平面层问题，有如下处理方法。

- 使用分割线手工进行隔离，避免采样信号的过孔直接连接到电源平面层。这种处理方式最大的隐患就是当板子修改、过孔移动时需要注意检查，同步移动分割线，稍有疏忽，就会带来设计错误。
- 给采样信号的过孔设置 No_Shape_Connect 属性，配合分割线手工隔离，这时有 DRC 辅助检查，可以在一定程度上避免出错，如图 10-28 所示，两个过孔都设置了这个属性，一个手工添加了分割线，另一个保持不变。在没有重新灌铜的时候，由于铜皮没有被隔开，出现 DRC 错误提示。然后重新进行 Split plane，两个过孔不管是否添加了分割线，都进行了避让。

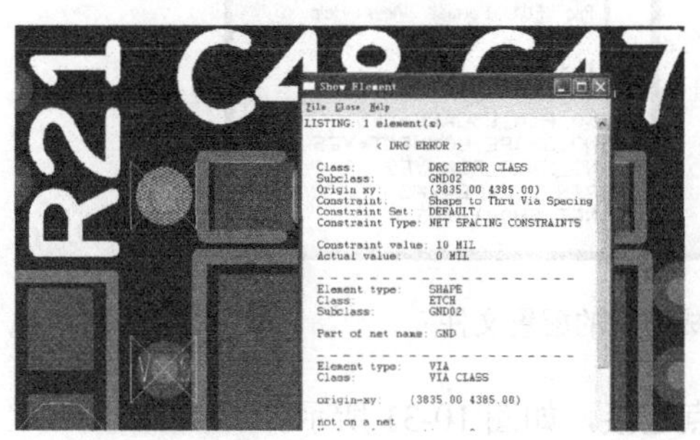

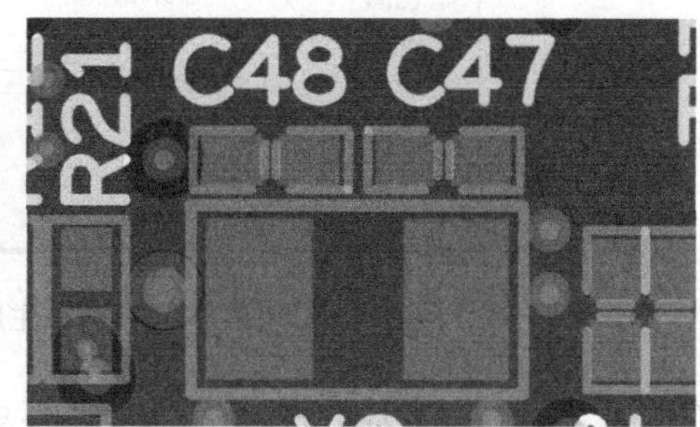

图 10-28　手工避让的两种方式

设置 Property 比使用分割线更安全，不会因为移动的时候疏忽带来错误，不过只添加 Property 不太容易被检查，所以配合分割线使用也是一个好方法。

这种做法已经比较安全，但是如果改板的时候，新的工程师忽略了这个处理，重新打过孔，那么不管是 Property 还是分割线都会失去作用。

- 再介绍一个从原理图就能设置属性，从而从根本上杜绝错误的方法。如图 10-29 所示，在 OrCAD Capture 上添加 NET_SHORT 属性。

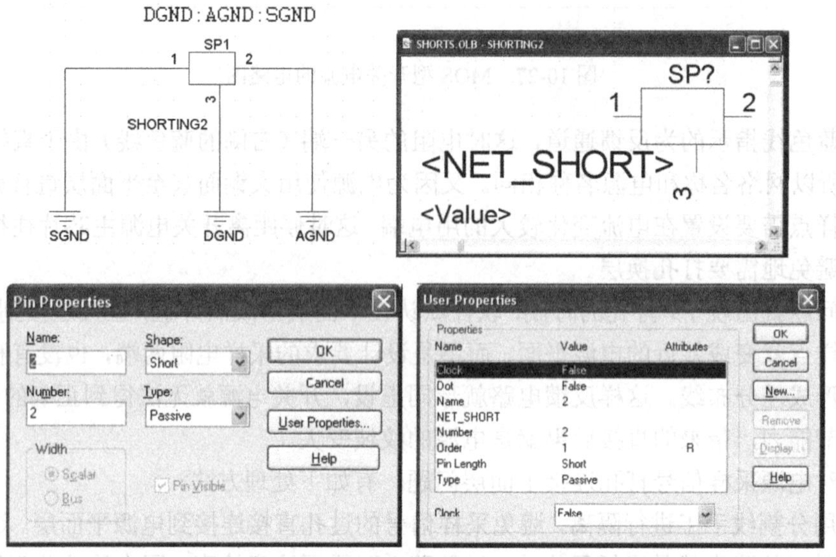

图 10-29　在 OrCAD Capture 上添加 NET_SHORT 属性

生成网表时，修改配置文件，在[pinprops]部分添加“NET_SHORT=YES”，如图 10-30 所示。

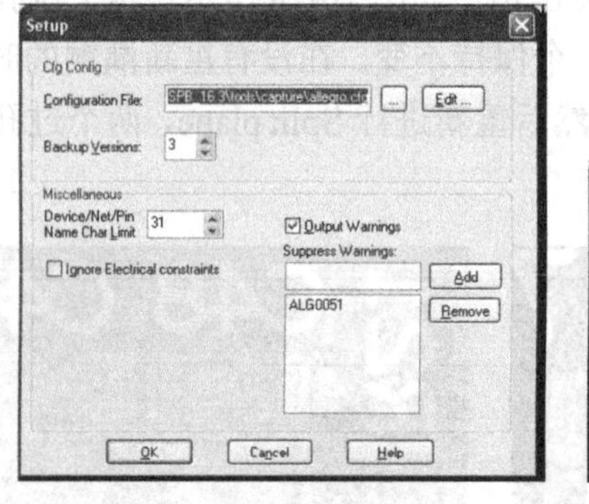

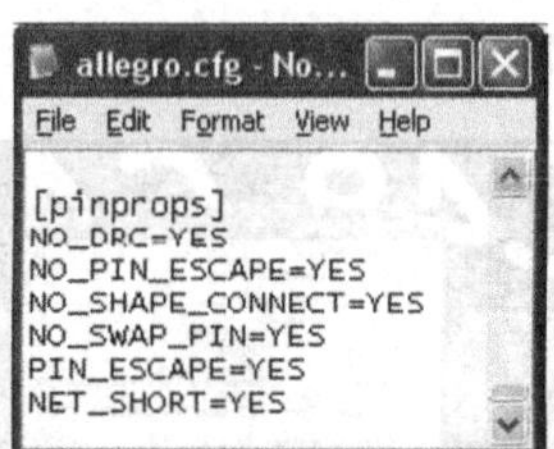

图 10-30　修改生成网表的配置文件

然后在 PCB 上就可以得到不同网络的单点连接，如图 10-31 所示。

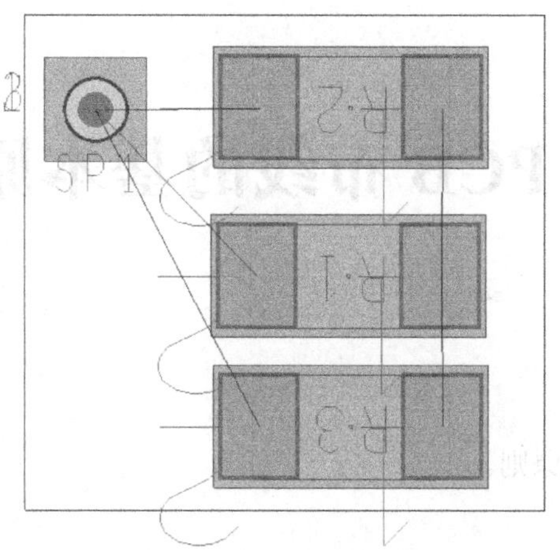

图 10-31　PCB 上的单点连接

该方法可以用于开关电源的反馈信号，这样反馈信号的网络名就和电源名不同，路径上怎么打孔都不会出现连接到平面层的错误。同时只要布局正确，把 SP1 放置到采样点，那么改板的时候即使没有留意开关电源的设计要求，也不会产生问题，从根本上杜绝了错误。

第 11 章　PCB 布线的基本原则与操作

本章导读：

- PCB 布线中遵循的原则。
- PCB 布线的方法。
- PCB 各类信号线布线注意事项。

11.1　布线概述及原则

传统的 PCB 设计，板上的布线只作为信号连通的载体，PCB 工程师不需要考虑布线的分布参数。随着电子行业的飞速发展，数据吞吐率从每秒几兆比特、几十兆比特发展到 10Gbit/s，带来了高速理论的飞速发展，PCB 布线已经不能看作简单的互连载体，而是要由传输线的理论来分析各种分布参数带来的影响。同时，PCB 的复杂度和密度也在不断增加，从普通的通孔设计到微孔设计，再到多阶盲埋孔设计，现在还有埋阻、埋容、埋藏器件设计等，高密度给 PCB 布线带来极大的困难，需要 PCB 工程师更加深入地了解 PCB 生产加工流程及其工艺参数。

高速和高密度 PCB 的发展使得 PCB 工程师在硬件设计中的重要性日益突出，相应的 PCB 设计上的挑战也越来越大，PCB 工程师需要了解的知识点越来越多。布线作为 PCB 设计的重要组成部分，是整个设计中工作量最大和最耗时的部分，设计前期的很多准备工作也是为了布线工作的顺利开展。面对不断缩短的硬件开发周期，在保证设计质量的前提下，缩短设计时间成为设计工程师不断追求的目标，所以合理的布线思路和方法是设计工程师技术能力的体现。在高密度、高速的 PCB 设计中，自动布线目前在很多方面还不能满足硬件工程师高标准的要求，所以一般用手动布线来实现。本章主要介绍手动布线的思路及方法。

不同类型的产品，布线关注点不同，布线的难易程度也是不同的。在布线中同样要关注 PCB 的可生产性、产品的稳定性、成本及美观度几个方面。

11.1.1　布线中的 DFM 要求

把 DFM 的要求放在第一位，是因为所有的 PCB 设计，都必须满足可制造性的要求，只考虑性能而忽视 DFM 的设计，在生产时会遇到各种困难，会因为加工成品率降低而导致成本增加、开发周期延长，严重的甚至无法加工，产品成为空中楼阁。

PCB 制造的 DFM 要求，主要反映在 PCB 上的各组成元素（蚀刻线、钻孔、阻焊层等）

的形状、大小和间距上，对应着 Cadence Allegro PCB Editor 中约束管理器中的物理约束和间距约束。下面讨论各组成元素相关的 DFM 问题。

对于 DFM，工程师需要考虑两个值，一个是推荐值，一个是工艺极限值。按照推荐值来设计，大部分板厂可以正常加工且成品率较高，大部分的产品在条件许可的情况下使用推荐值来规划设计参数；部分产品由于面临高密度、高速的挑战，比如小间距的 BGA（引脚间距为 0.65mm，又不使用 HDI 激光孔工艺）必须使用更小的过孔和间距来达到设计要求。对这部分产品，工程师必须使用工艺极限值来满足性能和设计的要求，甚至挑战工艺极限值，推动板厂工艺进步。

本书列举的各种参数默认为推荐值，有些甚至比较保守，是为了最大程度保证产品的可加工性，同时极限值也会因板厂的工艺而不同，需要 PCB 工程师咨询相关的合作板厂来取得。

1. 孔的 DFM 要求

1）孔的大小及形状要求

孔按照制程分为机械孔和激光孔，激光孔在第 18 章进行了详细讨论，本章讨论 HDI 工艺之外的常规设计要求。

机械钻孔的直径一般为 8mil 以上，直径 6mil 的钻孔加工上有难度。此外，还要考虑厚径比，也就是板厚和孔径的比值，一般为 8∶1，最好不要超过 10∶1。厚径比在一些多层板还有背板的设计中非常关键。机械钻孔焊环常规要求单边 5mil 以上，阻焊层单边也要求 3mil 以上。

机械钻孔的钻头是有一定规格的，不是任何孔径都可以实现的，直径 1mm 以下的钻头，从 0.2mm 开始，以 0.05mm 递增，也就是以 2mil 为增量。更大的钻头，会以 0.1mm 也就是 4mil 为增量。制作金属化孔时，一般会采用大一号的钻头，然后通过电镀、孔壁沉铜来满足最终的成品孔径要求。

2）孔和孔以及其他元素的间距要求

由于采用大一号钻头钻孔以及钻孔时常规有 3mil 以上的偏差，就要求孔和其他元素之间的距离足够大，具体如图 11-1 所示。

- 孔与孔之间的距离要求：$S \geqslant 5$mil。
- 孔到铜箔的距离要求：$S_1 \geqslant 5$mil，$S_2 \geqslant 5$mil；如果板内有引脚间距在 0.8mm 以下的 BGA，可以在 BGA 区域内设计为 4mil，BGA 区域外严格按照≥5mil 的安全间距设计。
- 金属化孔（PTH）到板边的距离（焊盘边缘到板边的距离）：$S_3 \geqslant 20$mil。
- 非金属化孔（NPTH）到板边的距离要求：依照结构而定，一般没有特殊要求，特殊情况下还可以进行少量破盘设计。

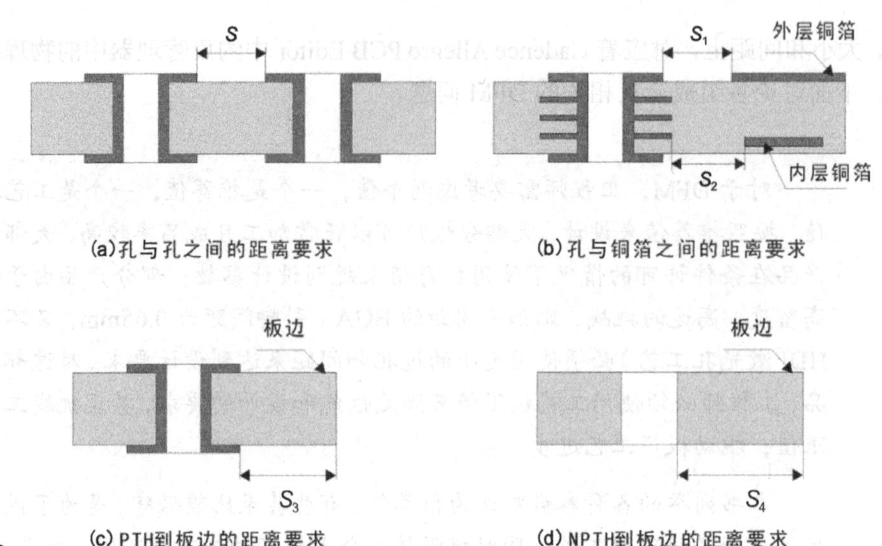

图 11-1　孔的间距要求

3）安装孔的特殊要求

安装孔的一些特殊要求如图 11-2 所示。

常用紧固件的类型	PCB打孔直径 /mm	表层最小禁布区直径范围 /mm	内层最小无铜区 /mm	
			金属化孔的孔壁与导线边缘的最小距离	电源层、接地层铜箔与非金属化孔孔壁的最小距离
螺钉	2	7.1	0.4	0.63
	2.5	7.6		
	3	8.6		
	4	10.6		
	5	12		
铆钉	4	7.6		
	2.8	6		
	2.5	6		
其他定位孔、安装孔等	≥2	安装金属件最大禁布区面积+孔与导线的最小间距(参照内层最小无铜区)		

图 11-2　安装孔的一些特殊要求

2．ETCH 线（蚀刻线）的 DFM 要求

布线时最小布线线宽和最小布线间距要满足可生产要求，目前国内主流制板厂的参数如表 11-1 所示。

表 11-1　布线（Cline）的间距要求

铜厚	外层线宽/线距/mil	内层线宽/线距/mil
1oz	4/5	4/4
2oz	6/6	6/6
3oz	8/8	8/8

- 所有电气层离板边至少 20mil。如果相应的板边有辅助边，所有电气层离板边至少 40mil。
- 小的分立器件两边布线要对称，如图 11-3 所示。

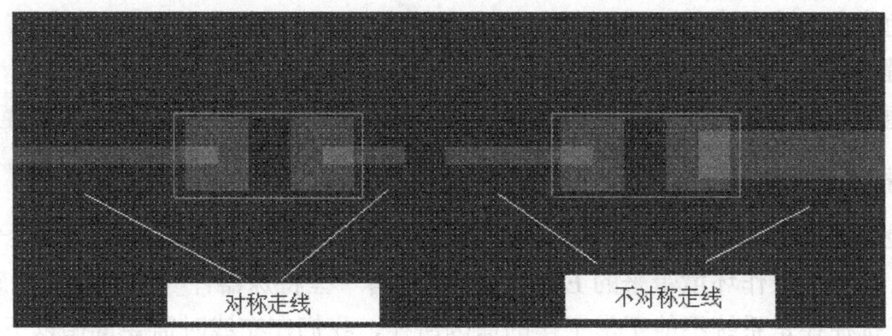

图 11-3　分立器件的出线

- 小间距的 SMT 焊盘引脚需要连接时，应从焊脚外部连接，不允许在焊脚中间直接连接，如图 11-4 所示。

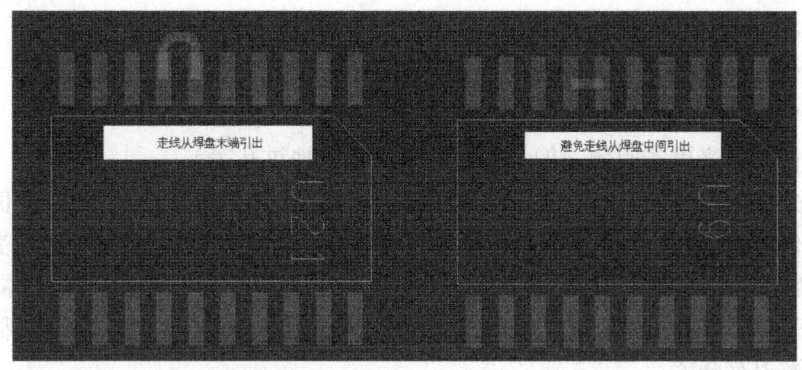

图 11-4　部分 IC（SOP、QFP 等）的出线

- PCB 上大面积无铜区域在不影响电气性能的前提下，可填充阻流块。
- SMT 焊盘在大面积铺铜时推荐使用花焊盘连接。
- 分割线分布均匀，防止加工后翘曲。

DFM 还有更多的相关要求，本书限于篇幅，没有对 DFM 要求做详细的展开，提及的这些 DFM 要求，更多的只是抛砖引玉，同时引起 PCB 工程师对 DFM 的关注。

11.1.2　布线中的电气特性要求

上文提到，高速设计带来的挑战，需要 PCB 工程师在布线的时候考虑电气特性要求，主要有以下几个方面。

1. 阻抗控制及阻抗连续性

第 9 章提到，阻抗控制是高速设计的基础，在布线之初，PCB 工程师要根据阻抗控制要求，计算线宽和间距，并设置约束条件。同时在布线时，还要注意以下细节来保证阻抗的连续性，减少阻抗突变。

- 避免尖角、直角布线。
- 关键信号线尽量使用较少的过孔。
- 高速信号线适当考虑圆弧布线（由于圆弧布线会带来额外工作量，需要谨慎采用）。

2. 串扰或者 EMC 等其他干扰的控制要求

有经验的 PCB 工程师，在布线时会严格控制各种干扰，这些干扰有长距离平行布线带来的串扰，有系统工作环境带来的 EMC 干扰，也有一些特殊器件（如晶振、电感等）的干扰。这些干扰往往是系统不能正常工作的原因所在，我们在布线时需要遵循以下原则。

- 高速信号线与低速信号线要分层分区布线。
- 数字信号线与模拟信号线要分层分区布线。
- 敏感信号线与干扰性信号线分层分区布线。
- 时钟信号线要优先走在内层。
- 在功率电感、变压器等感性器件的投影区下方不要布线铺铜。
- 关键信号线要布在优选层，以地为参考平面。
- 关键信号线考虑使用包地处理（包地会带来额外工作量，需要谨慎采用，同时不良包地反而会带来更多问题，如长距离地线没有打地过孔等）。
- 保证关键信号线的布线通道，尽量把关键信号的引线缩短，不与其他关键信号线交叉。
- 任何信号，包括信号的回流路径，都要避免形成环路，这是 EMC 设计的重要原则之一。

还有通常所说的高速布线的 3W 原则，层叠设计时需要考虑层间干扰等。需要 PCB 工程师对相关干扰产生的机理，以及如何控制有更多的了解，知其然并知其所以然，这样设计的时候就能游刃有余了。

3. 拓扑结构和时序要求

走线的拓扑结构是高速信号质量控制的重要手段之一，我们在第 15 章会对各种拓扑结构及相应的优缺点做详细的介绍。满足时序要求是保证系统正常稳定工作的关键，时延控制反映到 PCB 设计上就是走线的等长控制，绕等长已经成为布线工程师常说的一个术语。时序设计是非常复杂的，PCB 工程师不仅要会绕等长，还要真正理解等长后面的时序要求，这部分内容也在第 15 章详细介绍。

4. 电源及功率信号的布线要求

电源及功率信号的布线要求：需要满足载流能力，保证足够的宽度、合理的电源通道，尽量使电源路径短。具体的计算和考虑，可以参考第 10 章的电源设计部分。

- 电源入口电路要遵循先防护后滤波的原则。
- 芯片及其滤波电容的引脚要尽量短粗，储能电容要多打孔，减小布线带来的安装电感。
- 考虑安规要求，电源网络压差较大时需要远离，高电压网络插件引脚和过孔需要做挖空处理。

11.1.3　布线中的散热

电子设计还有一个重要趋势就是电压下降、功耗提升，越来越多的硬件工程师开始关注热设计，PCB 布线作为板级热设计的重要组成部分，因此变得更加重要。必要的时候，需要使用相关的电、热仿真工具来辅助进行热设计，Cadence 推出的 PDN 可以通过仿真压降来得到单纯的电热数据，再结合相应的流体散热分析工具，得到最终精确的热仿真分析结果。

在 PCB 布线时，需要遵循以下原则。

- 严格计算布线通道参数，满足载流要求。
- 关注过孔的载流能力，合理规划过孔的数量和位置。
- 发热量大的芯片下方有空的位置可以大面积地加铜，并添加地孔来加强散热。
- 大功率、发热量大的器件的投影区内，在所有层都不要走高速信号线和敏感信号线。
- 大电流电源，如果其布线路径比较长，需要对布线通道采取措施来减少热损耗。
- 已经添加散热焊盘的发热器件，在散热焊盘上添加过孔来加强散热。

11.1.4　布线其他总结

PCB 布线可以说是一个系统工程，本书多次提到 PCB 工程师需要具备多学科的综合知识，还要有较强的分析处理能力，综合各方面需求取得较好的平衡。可以这么说，死记硬背各种设计规范、布线要求的工程师，是不能成为真正优秀的工程师的。只有能融会贯通，理解各种设计要求背后真正的原因，才能不断成长。

上文的各种要求可以说非常有限，提出这些要求，更多的是想引导读者关注这些要求，并能在工作中不断总结，从而提升设计能力。

11.2　布线

布线思路是布局思路的延续，如果布局时能够把影响布线的工作提前考虑到位，那么布线工作就会相对容易一些。但是，对于一些相对复杂的项目在布局时是无法做出准确评估的，这时合理的布线思路和步骤就可以帮助 PCB 工程师少走一些弯路。

11.2.1　约束设置

约束驱动布局布线的理念现在已经得到工程师的认可并应用于设计中，关于约束设置的具体参数介绍及操作步骤请参考第 7 章。本节只是简单说明在布线之前，需要做哪些约束设置。

- 物理规则设置：主要设置线宽、过孔的形状和大小，板上不同网络的最大布线宽度、最小布线宽度、差分线对内间距及对内长度误差值、过孔，以及过孔与焊盘的连接方式等。需要按照上文提及的 DFM 要求设置。

- 安全间距设置：规定了板上不同网络的布线、通孔焊盘、贴片焊盘、测试焊盘、铜箔、及过孔、盲埋孔之间必须保持的距离。
- 电气规则设置：主要设置布线的时序等长规则、拓扑结构等和高速设计相关的约束，使得布线满足相应的电气要求。

合理的约束设置，是高效、正确布线的前提。约束管理器把 PCB 工程师从烦琐且容易犯错的各种规则检查工作中解放出来，我们要善于利用这个工具，争取在设计之初，就能全面考虑各种设计要求，设置正确的约束条件。

11.2.2 Fanout

第 10 章详细介绍了电源、地的处理，笔者再次强调电源、地作为系统供电电路，有着举足轻重的作用，必须在布线之前就完成电源、地平面处理，以及相应的通道规划。然后进入 Fanout 环节，在 Fanout 的同时，完成电源、地过孔的设计，同时为下一步的布线工作做好准备。

对于多层板来说，大部分的线和电源地都是通过内层来连接的，因此在开始做 PCB 上的长线前需要先做 Fanout，Fanout 是将表贴器件的引脚引出一小段线加入过孔，使得信号线可以通过内层布线来实现。有时根据设计的需要也直接将过孔打在焊盘上。Fanout 是进行自动或手动布线的必经步骤。好的 Fanout 可让自动或手动布线变得容易。下面来看几种典型的 Fanout。

（1）对 BGA 封装的器件 Fanout，最好呈十字形通道并且中间十字通道上不能有过孔，所有的过孔都放置在邻近的 4 个焊盘的正中间。需要注意的是，如果设计的 BGA 引脚不是每个都有网络，可根据实际情况来决定哪些有网络。

选择 Route→Create Fanout 命令，弹出 Options 面板，在 Via Direction 下拉列表中可以选择打孔的方向，采用 BGA 封装就选择 BGA Quadrant Style，如图 11-5 所示。

- Include Unassigned Pins：表示在 Fanout 时，包含没有网络的引脚。
- Include All Same Net Pins：包含所有相同网络的引脚。
- Via Structure：结构过孔，可通过手动操作，建立“种子”结构过孔，选择 Route→Via Structure 命令可创建结构过孔。这种方法多用在盲埋孔的设计中。
- Via：当前 Fanout 可选的过孔。
- Via Direction：选择过孔 Fanout 的方式，其中 BGA Quadrant Styl 表示 BGA 带曲线的 Fanout。
- Override Line Width：从引脚到 Fanout 过孔的一段线可用当前线宽替代原来约束的值。
- Pin-Via Space：设置引脚到过孔的距离。
- Min Channel Space：设置最小的布线通道间距。
- Curve：按圆弧出线。
- Curve Radius：设置圆弧的半径。

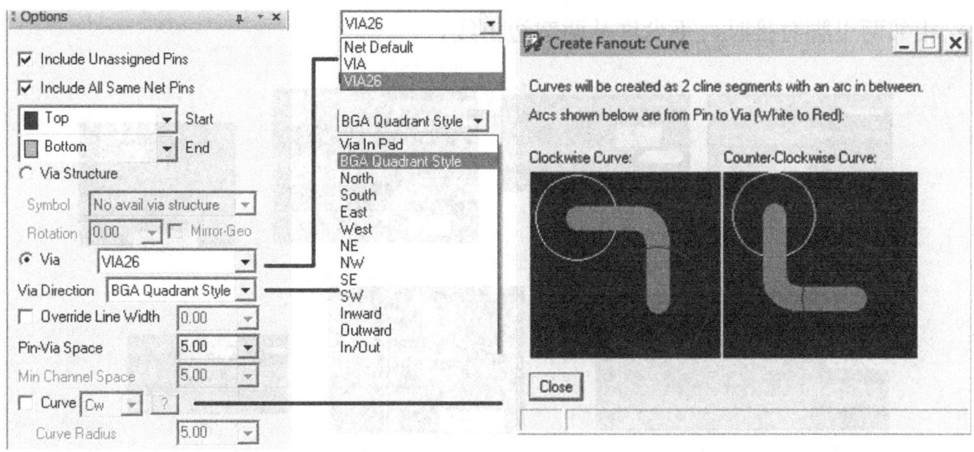

图 11-5　Create Fanout

在 PCB 上选择要做 Fanout 的器件，执行 Create Fanout 操作后 BGA 所有信号连接的引脚就都做好 Fanout 了，如图 11-6 所示。如果需要手动做局部 Fanout，在选择这个命令时，在 Find 面板中只选择 Pin，可进行部分引脚的 Fanout。这是一个不错的功能，可用于所有类型器件的 Fanout。

如图 11-7 所示，可以清楚地看到从 BGA 正中间分出的十字通道。即使手动做 Fanout，也不要忘记留出这个十字通道。

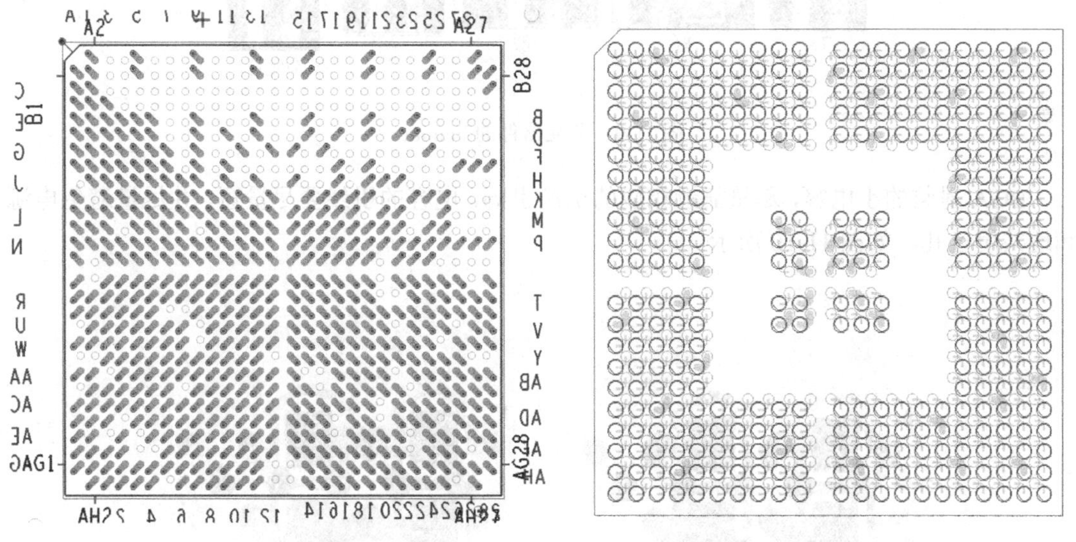

图 11-6　BGA Fanout 实例　　　图 11-7　BGA Fanout 后的十字通道

对于 BGA 的设计，布线通道和电源通道是设计中的难点，这个十字通道就是很好的通道补充，所以在后面布线时也不要因为一两条线的原因在十字通道上添加过孔。

（2）SOP/QFP 等小间距器件的 Fanout，如图 11-8 所示。

- SOP/QFP 等小间距器件不允许在引脚内有布线转角。
- 电源线或地线的出线宽度不要超过引脚的宽度。

- 相邻两引脚对接时，不允许从两宽边出线。

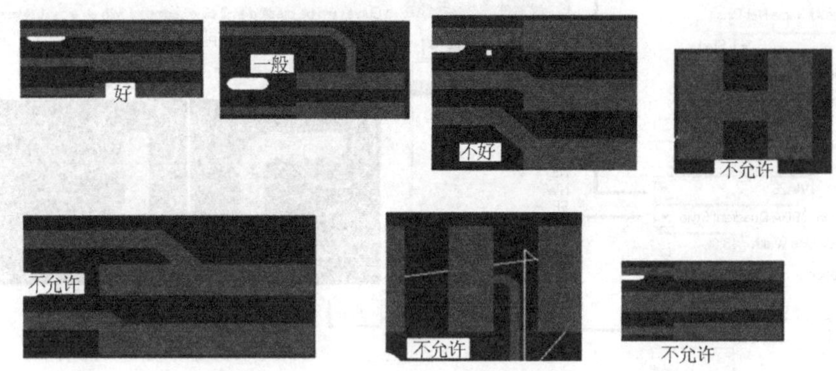

图 11-8　SOP/QFP 等小间距器件的 Fanout

（3）分立器件的 Fanout。

- 小电容的 Fanout，电源引脚最好先过电容再打过孔接到电源平面，且布线尽量短，电容的地孔尽量靠近电源孔，如图 11-9 所示。

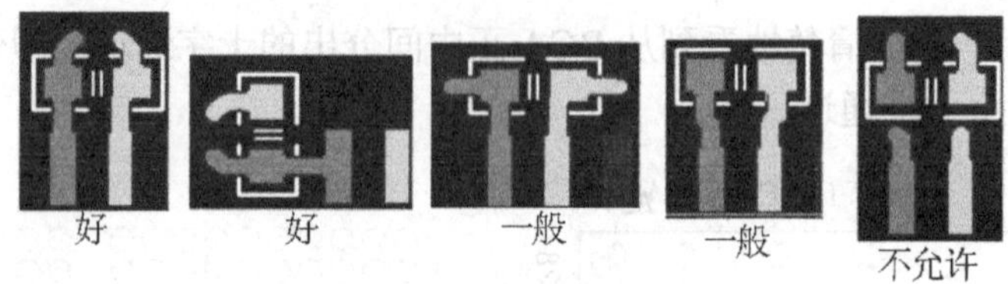

图 11-9　分立器件的 Fanout

BGA 封装的小电容，尽量靠近相应的电源引脚，电容的引线要尽量短，并尽量避免电源和地共用过孔，如图 11-10 所示。

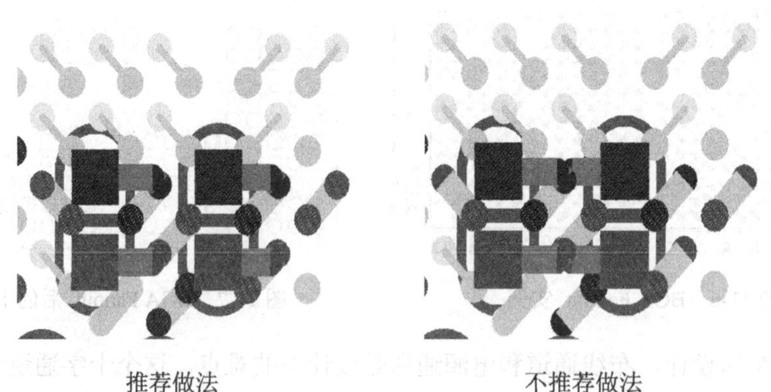

图 11-10　BGA 封装的小电容 Fanout

电源的大电容一般在设计中起到储能滤波的作用，在做 Fanout 时要多打孔，建议打两个以上孔，电容越大，需要的过孔越多，也可以采用覆铜的形式。电容的电源孔和地孔尽量靠近，如图 11-11 所示。

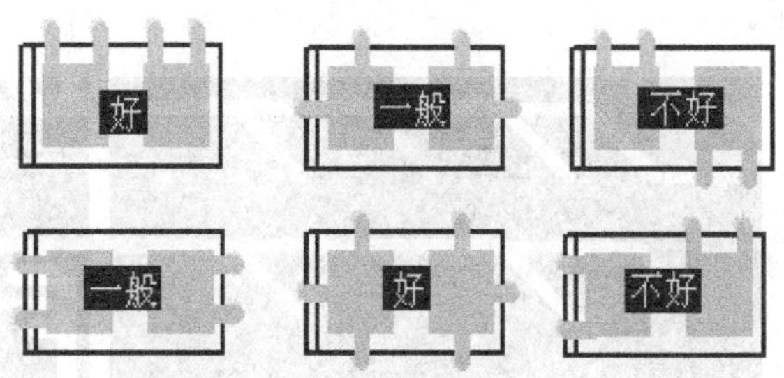

图 11-11　Bulk 电容的 Fanout

执行 Copy Fanout 命令后，在当前的设计中 Fanout 一个零件后，其他同此零件一致的 PCB Symbol 就会自动加入 Fanout。对于不需要 Fanout 的零件，可通过 Fixed 该零件来禁止。操作步骤：选择 Route→Copy Fanout 命令，单击需要复制的零件。这个命令只对同层的零件有效。

11.2.3　布线规划

首先要明确信号流向，由图 11-12 可以清楚地看到各个信号的流向，也可以看到这些信号的速率，以及整板的重要信号线及总线。需要依据信号的优先顺序做通道规划和层面规划。高速信号、敏感信号需要放在优选层。

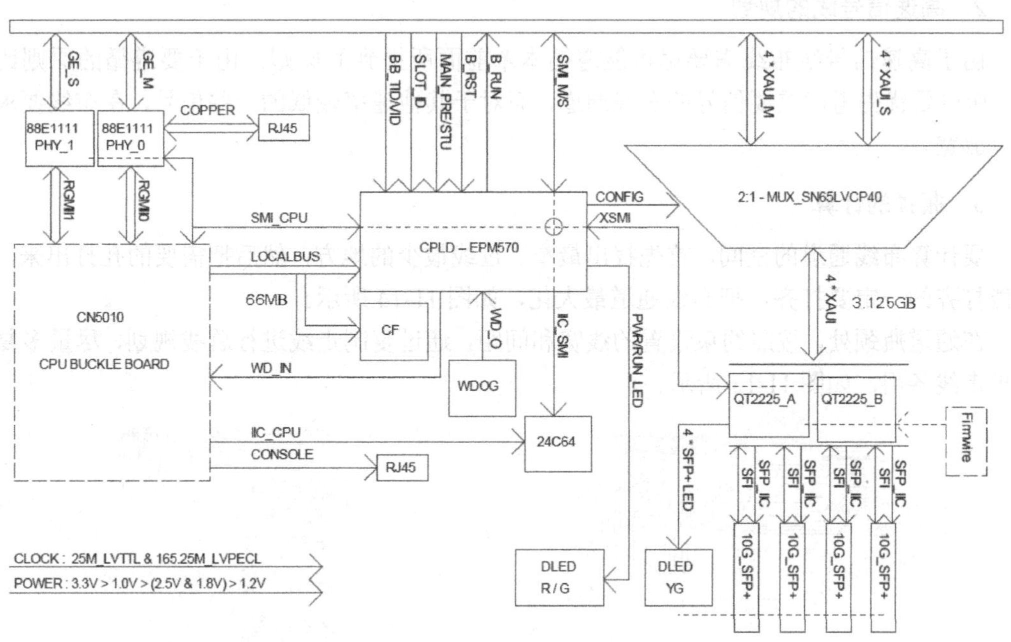

图 11-12　明确信号流向

1．对整板信号布线层面及布线通道进行评估规划

对 BGA 出线所需层面的评估，BGA 的深度和这个单板能承受的工艺值是关键，比如，

引脚间距为 1.0mm 的 BGA 在两个孔中间可以过两根线和只能过一根线的评估结果是截然不同的，如图 11-13 所示。

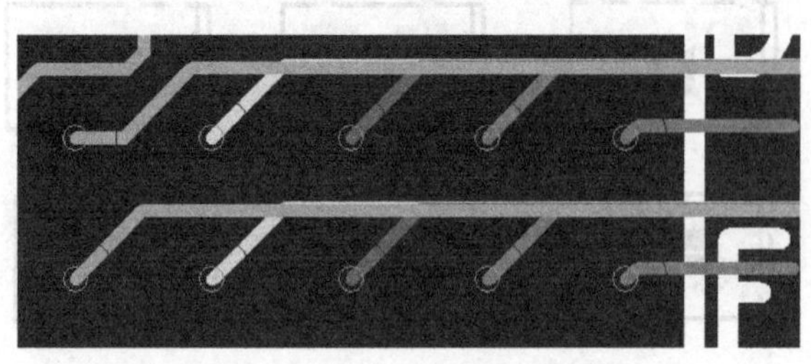

两个孔间只能过一根线的 BGA 出线，共用四个布线层

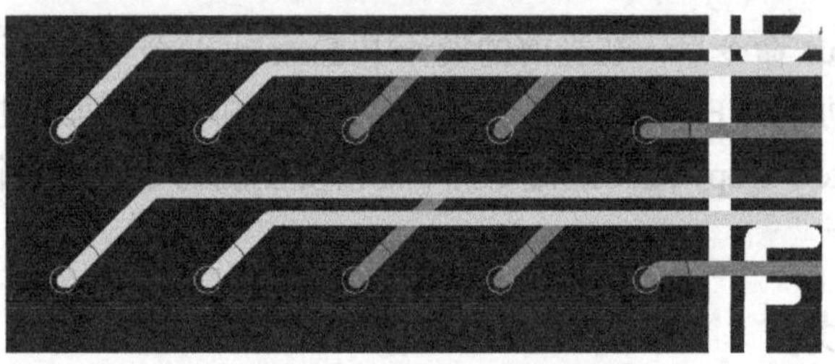

两个孔间能过两根线的 BGA 出线，共用两个布线层

图 11-13　BGA 出线策略

2. 高速信号线的规划

由于高速信号线布线需要尽可能遵循本章前面所提到的原则。由于要遵循的原则比较多，所以要优先考虑重要信号的布线通道，而对于其他速率较低的一些信号，在布线要求上可以放宽。

3. 瓶颈的计算

要计算布线通道的空间，首先找出最窄、过线最少的地方，然后把需要的孔打出来，而且能打齐的一定要打齐，把布线通道最大化，如图 11-14 所示。

在通道瓶颈处，按照约束设置的线宽和间距，通过复制走线进行总线规划，尽量多复制几根走线备用，如图 11-15 所示。

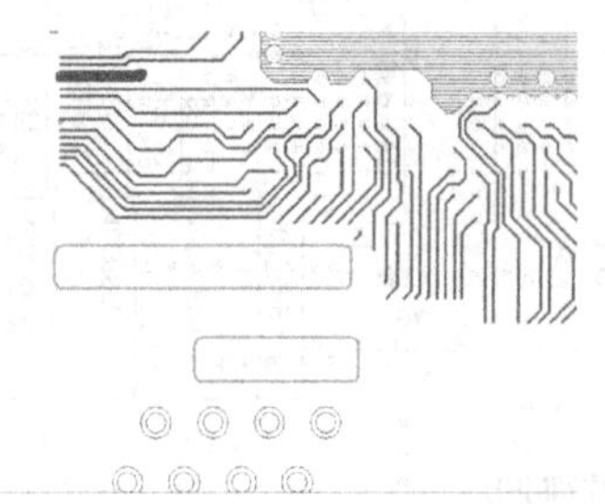

图 11-14　打孔使布线通道最大化

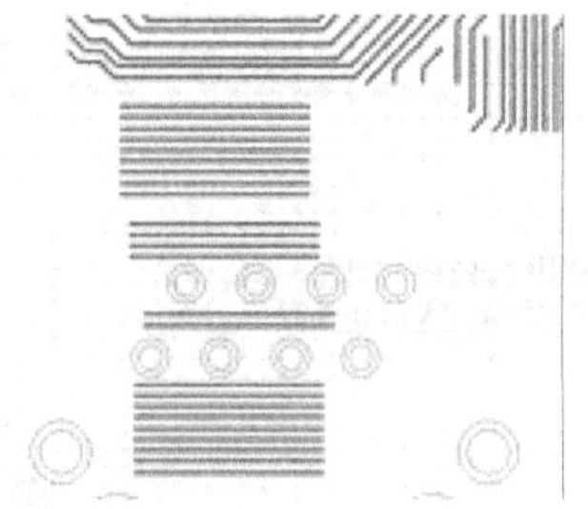

图 11-15　总线规划

最后把整组线（总线）完全布通，如图 11-16 所示。

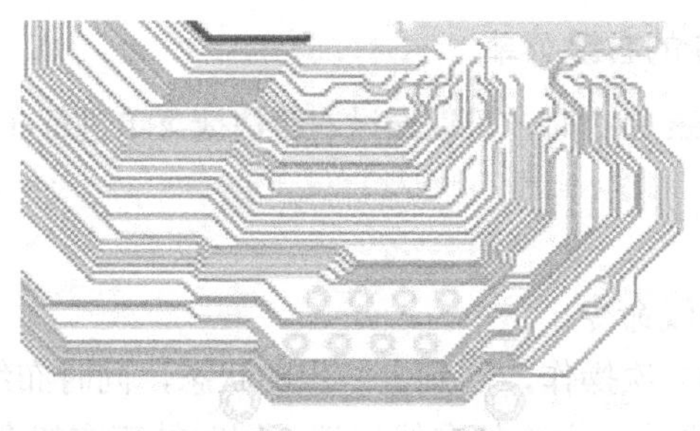

图 11-16　完成总线布线

11.3　手动布线

11.3.1　添加走线

布线命令的基础是 Add Connect，这是一个手动添加走线的命令，相关的设置比较多，具体操作步骤及选项介绍如下。

（1）启动 Allegro PCB Editor，选择 Route→Connect 命令，或者单击快捷按钮，开始手动布线，如图 11-17 所示。

（2）在 Options 面板内，分别在 Act（当前布线层）和 Alt（打孔后换线层）下拉列表中进行选择。

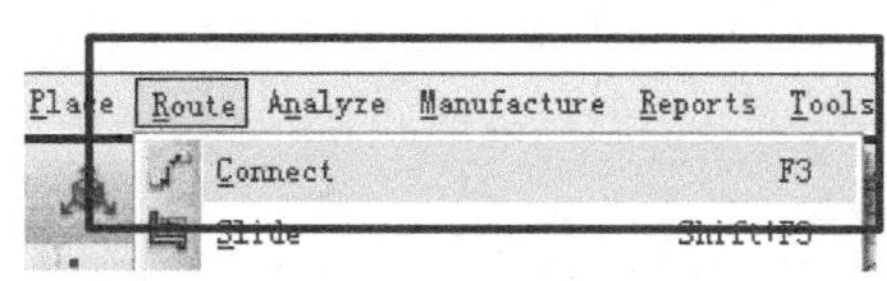

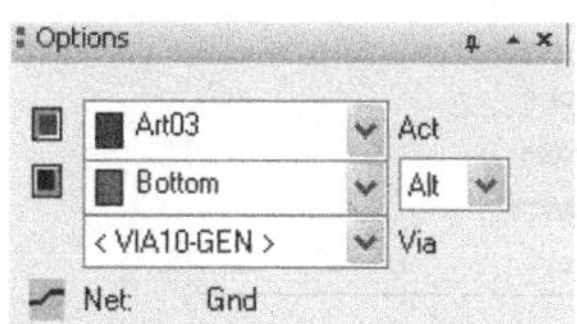

图 11-17　选择 Connect 命令和选择布线层

（3）使用鼠标布线的过程就不再赘述。Allegro 中被选中的 Net，与之相应的 Rats（飞线）net 会高亮显示，并跟随鼠标指针移动，指示布线的下一个端点，并且同属于这个 Net 的引脚或者过孔会临时高亮显示。可以在 Options 面板中看到当前布线的 Net 名称。

飞线是布线非常关键的指示，在多负载驱动的网络布线的时候，需要考虑走线的拓扑结构。这时，需要提前规划飞线的拓扑结构，可以通过 Logic → Net Schedule 命令来规划，这是多点网络布线的一个技巧，如图 11-18 所示。

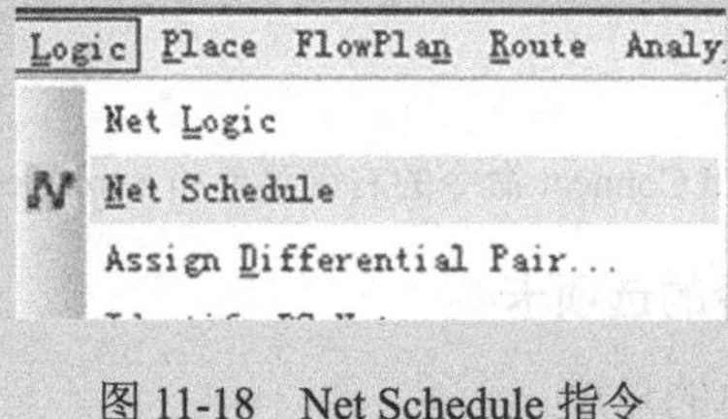

图 11-18　Net Schedule 指令

1. Add Connect 命令的右键菜单

用户在执行 Add Connect 命令时，可以通过右键快捷菜单进行布线操作的选择，如图 11-19 所示。

常用的命令说明如下。

- Done：结束当前布线命令。
- Oops：取消最近的一次操作，回到上一步的状态，同时布线命令继续生效。
- Cancel：撤销本次操作，本次的布线取消，同时结束布线命令。该命令和 Oops 命令之间的区别，工程师可以自己操作感受一下。
- Next：确认完成当前操作，布线命令继续生效，可以进行新的布线。
- Change Active Layer：让用户选择当前的布线层。
- Change Alternate Layer：让用户选择打孔后的换线层。
- Swap Layers：切换当前布线层和换线层，这是一个有用的命令，有的工程师甚至将它做成快捷键，来提高布线效率。
- Neck Mode：使用根据 Neck 规则设定的参数进行布线。
- Toggle：这是一个有用但会被工程师忽略的命令，用好了可以提高效率。这个命令控制走线引出的角度，可以在先直线后斜线和先斜线后直线之间切换。
- Finish：自动完成剩下的布线。这是手工布线中的简单自动化操作，可以体验一下，在部分场合可以提高效率。
- Options：集成了选项卡中的大部分选项，会在后文陆续介绍。

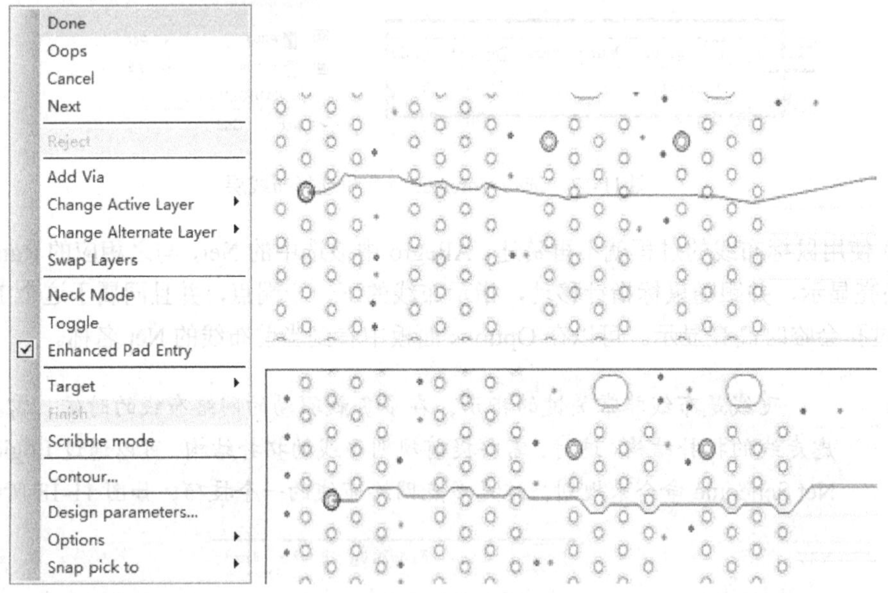

图 11-19 Add Connect 命令的右键菜单和 Scribble mode 命令的布线效果

2. Add Connect 命令的选项卡

1）走线的形状和拐角的角度

Add Connect 命令可设置走线的形状和拐角的角度，PCB Editor 提供两种走线的形状[直线（Line）和弧线（Arc）]和 3 种拐角角度[90°、45°和任意角度（Off）]。可以通过 Options 面板的 Line Lock 下拉列表中选择角度，也可以在右键快捷菜单中选择 Options→Corner 命令来设置角度，如图 11-20 所示。设置走线形状的方式与设置拐角角度的方式类似。

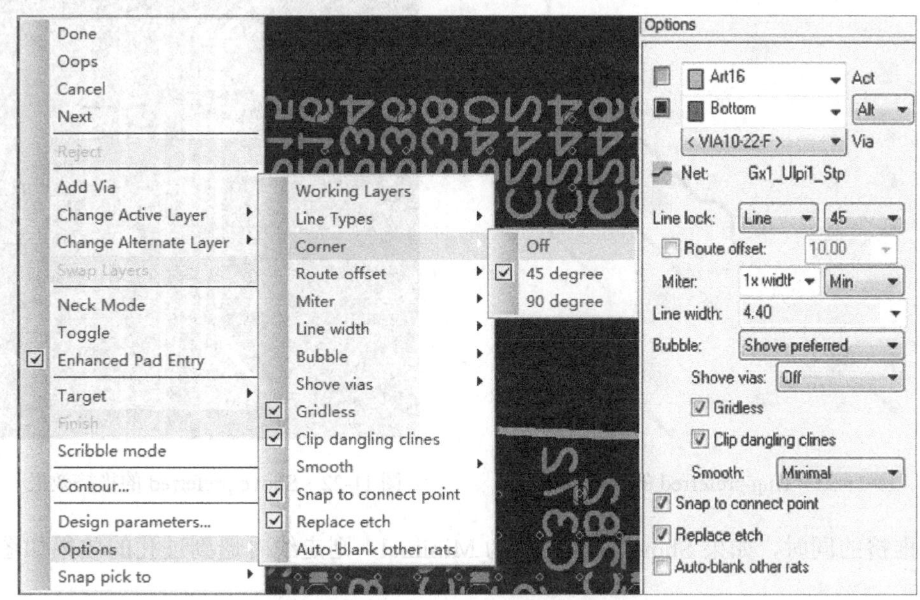

图 11-20　设置走线拐角角度

2）推挤功能选项

PCB Editor 提供了非常强大的推挤功能，在处理一些没有规律的单线时经常会因过孔密集或布线空间比较小而影响布线速度。如果在布线时选用了合适的布线推挤和优化功能，就可以大大提高布线效率。

Options 面板中的 Bubble 就用来设置自动避让功能，主要有以下几个选项。

Off：关闭自动紧靠或推挤功能。

Hug preferred：启动优先自动紧靠功能。

Shove preferred：启动优先自动推挤功能。

Shove vias：推挤过孔，共有 3 个选项。

- Off：关闭推挤过孔的功能。
- Minimal：启动最小幅度的推挤过孔功能。
- Full：启动完整的推挤过孔功能。

Smooth：自动调整，共有 3 个选项。

- Off：关闭自动调整功能。
- Minimal：启动最小幅度的自动调整功能。
- Full：启动完整的自动调整功能。

在布线时选择 Hug preferred 选项后，当走线路径上有需要绕过的孔时，走线会自动以满足间距规则的最小间距避让开过孔，效果如图 11-21 所示。

在布线时选择 Shove preferred 选项后，当走线路径上有需要绕过的孔时，走线会自动以满足间距规则的最小间距避让开过孔，并且其他邻近的线也会被推挤开，效果如图 11-22 所示。

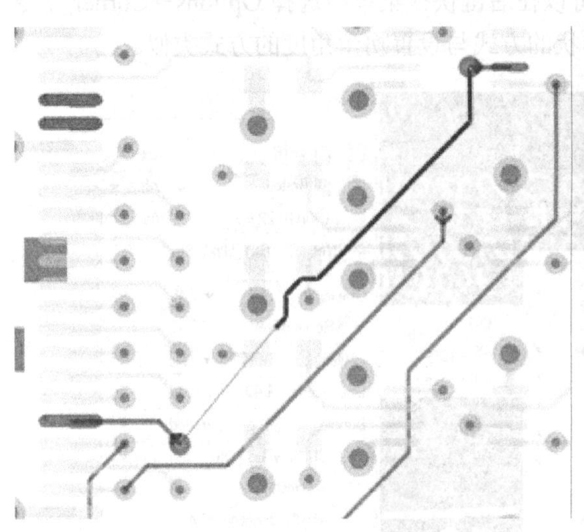

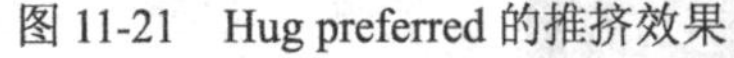

图 11-21　Hug preferred 的推挤效果

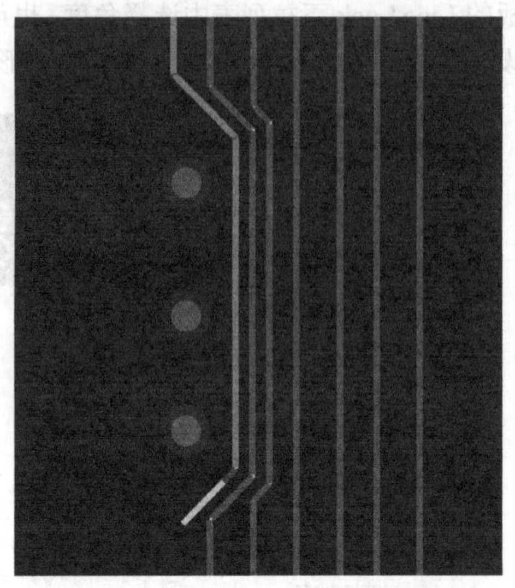

图 11-22　Shove preferred 的推挤效果

在推挤的同时，如果 Shove vias 设置为 Minimal，则走线时遇到过孔的效果如图 11-23 所示。

在推挤的同时，如果 Shove vias 设置为 Full，则走线时遇到过孔的效果如图 11-24 所示。

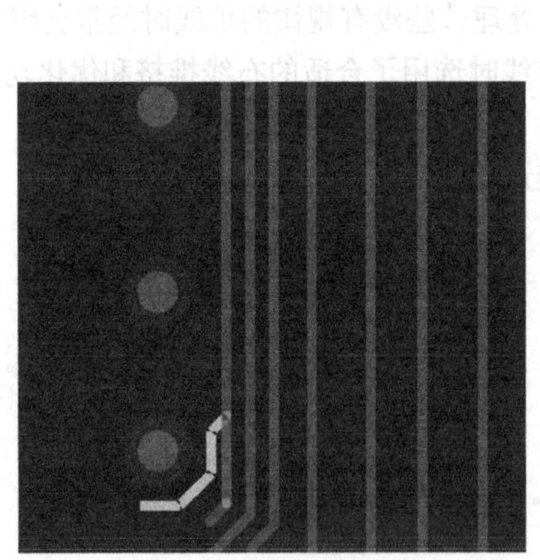

图 11-23　Shove vias 设置为 Minimal 的效果

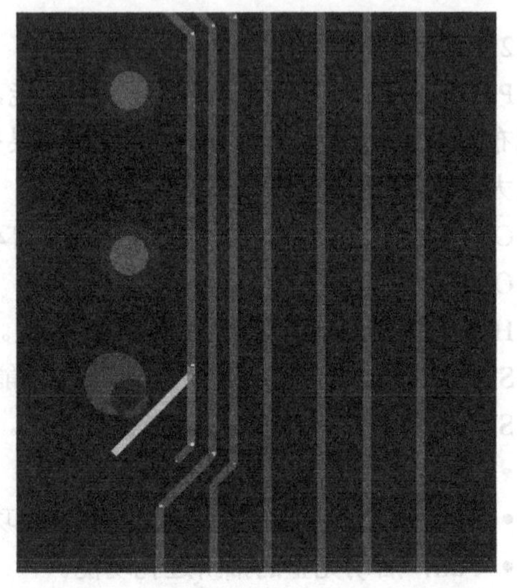

图 11-24　Shove vias 设置为 Full 的效果

3．其他常用选项

还有三个复选框是 Snap to connect point（抓取连接中心点）、Replace etch（替换布线）和 Auto-blank other rats（自动关闭其他飞线）。勾选 Snap to connect point 复选框，布线会自动捕捉选中的引脚或者过孔的原点。这是默认的选项，部分特殊情况会取消勾选这个复选框，走线会自动对齐到离鼠标指针最近的格点，而不是引脚或者过孔的原点，如图 11-25 所示。

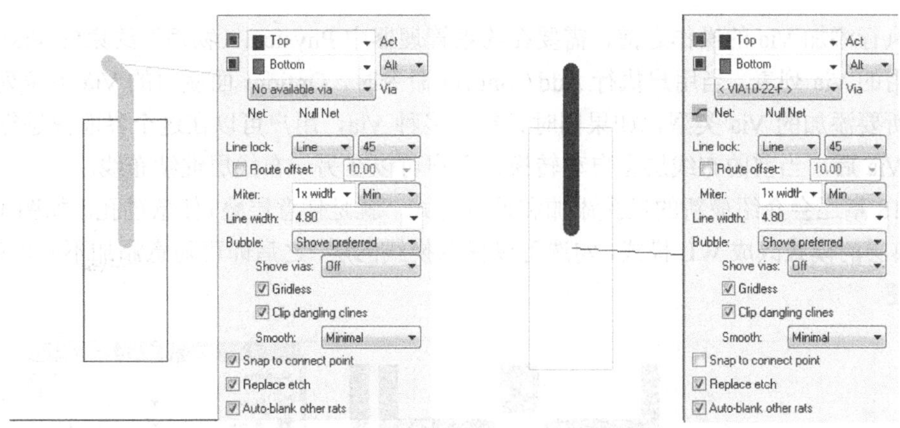

图 11-25　勾选与不勾选 Snap to connect point 复选框的效果

Replace etch 复选框用于设置新的布线是否替代原有的布线，默认勾选此复选框，这样在重复对同一网络布线时，新的布线会代替原有的布线，原有的布线会被自动删除。

Auto-blank other rats 复选框用于设置连接一个网络时，是否关闭其他网络的飞线，勾选该复选框时，飞线只剩下正在连接的网络，可以很清楚地看到整板，不会被其他杂乱的飞线干扰。

在一些特殊的应用场合，比如需要承载一定电流的走线，有可能会在不同层或者不同的布线通道对同一个网络重复布线，以提高载流能力，如图 11-26 所示。

使用这种方法，要注意 ECO 更改的时候，不要因为重新勾选了 Replace etch 复选框，然后对这个网络重新布线，导致之前的走线被替换，引起载流问题。

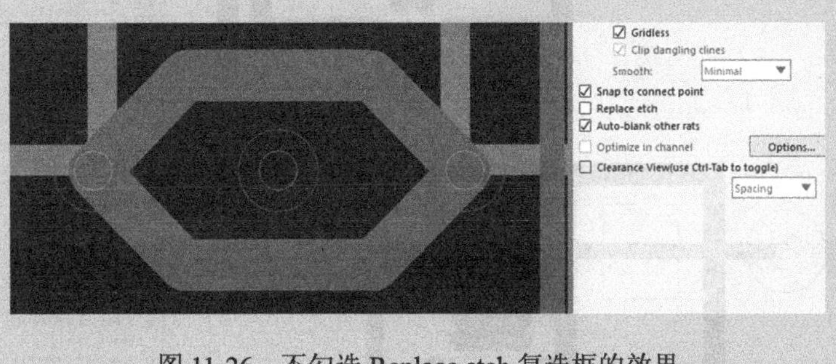

图 11-26　不勾选 Replace etch 复选框的效果

4．添加 Via

添加 Via 是在 Add Connect 命令执行过程中实现的，通过添加 Via（过孔或者盲/埋孔）来换层，图 11-27 显示了添加 Via 之前和添加 Via 之后的走线变化。在 Add Connect 命令被激活后，在需要添加 Via 的区域双击，就可以添加 Via，或者在需要添加 Via 的区域右击，在弹出的快捷菜单中选择 Add Via 命令。

在执行添加 Via 的操作之前，需要在约束管理器中 Physical（物理）约束的 Vias 栏中定义可使用的 Via 列表。当用户执行 Add Connect 命令时，Options 面板内的 Via 下拉列表会显示当前所要添加的 Via 类型，如果同时设定了多种 Via，用户可以在这个界面内进行选择。添加完 Via 后，当前的布线层会自动转换，用户可以在另一布线层继续布线。

第 18 章还会介绍最新的过孔添加和设置方式，就是任意层叠+任意过孔。如图 11-28 所示，把换层的模式改成 WL 模式，勾选可以任意换线的层，之后即可随意添加不同层的过孔，非常方便。

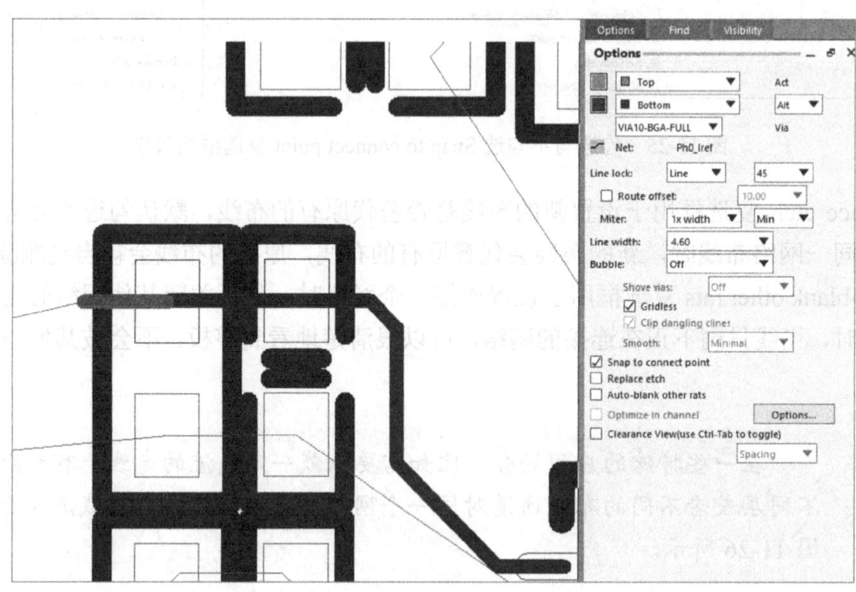

（a）添加 Via 之前

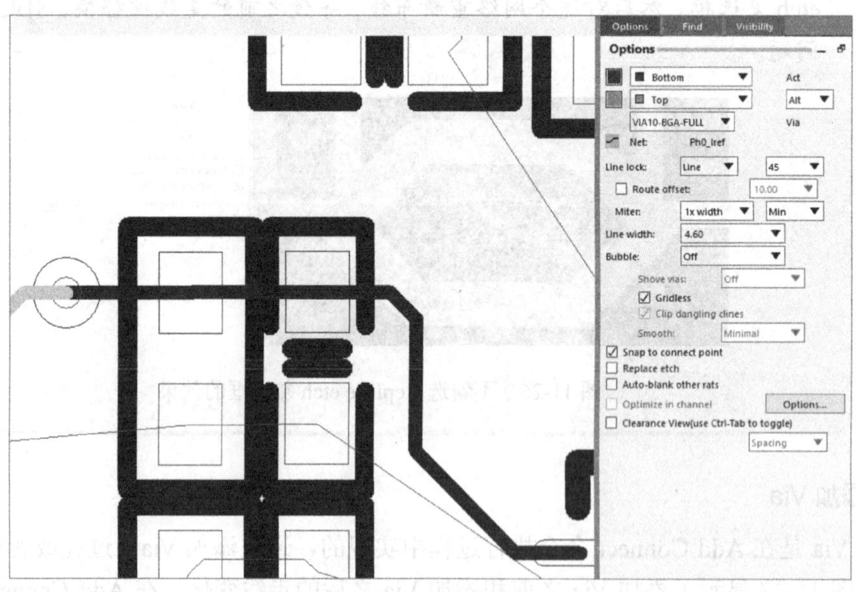

（b）添加 Via 之后

图 11-27　添加 Via

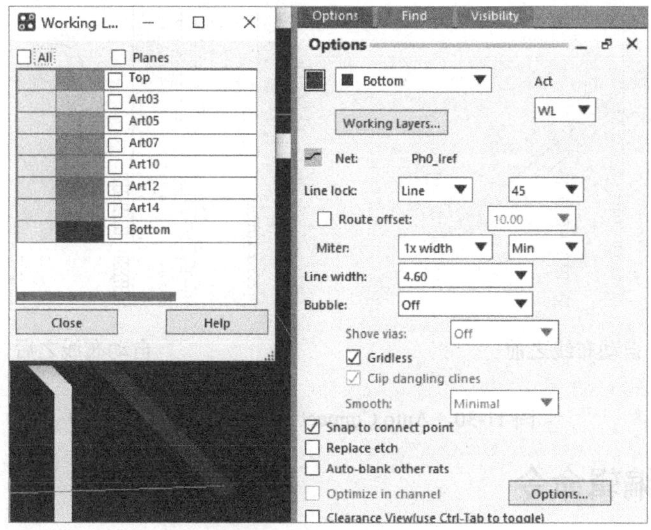

图 11-28　使用 WL 模式添加过孔

5. Auto Connect

Auto Connect 是一个很实用的命令，在布线过程中，合理地利用 Auto Connect（自动布线）功能，能够有效地提高布线效率。图 11-29 所示为 Auto Connect 命令及面板选项。

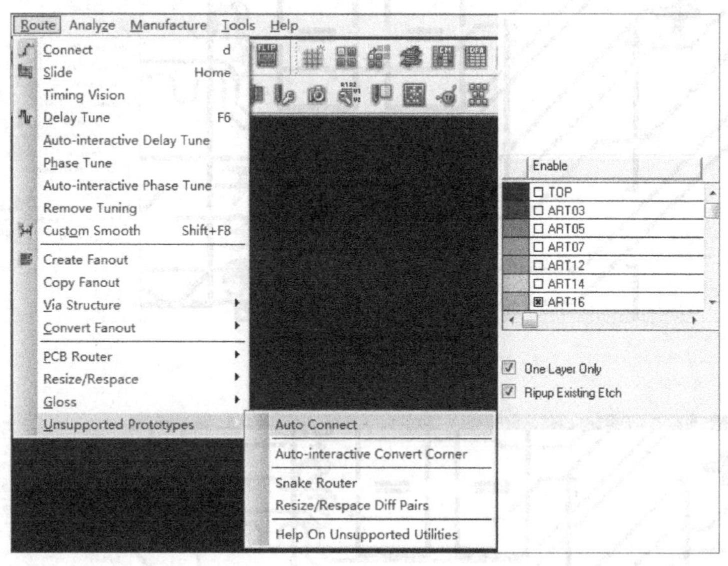

图 11-29　Auto Connect 命令及面板选项

One Layer Only：表示走线只能有一个层，中间不能换层。可以在 Enable 面板中，选择布线层面。

Ripup Existing Etch：表示选中的网络中已经存在的线会重新布置。

Auto Connect（自动布线）效果如图 11-30 所示。自动布线完成之后可能会有部分 DRC 错误，稍微调整就好，可能过程中需要一点时间，但是相对于手动布线而言，效率有很大提高。

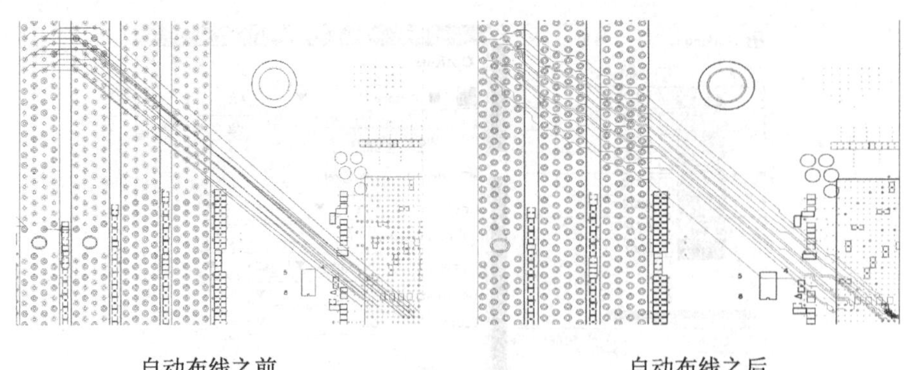

图 11-30　Auto Connect（自动布线）效果

11.3.2　布线编辑命令

1．Slide（调整布线）

Slide 命令可以编辑已经完成的布线，使布线变得更加合理。选择 Route→Slide 命令或使用快捷按钮便可运行 Slide 命令。使用 Silde 命令调整布线如图 11-31 所示。在 Options 面板中可设置 Slide 命令的选项，Slide 命令的选项设置类似于 Add Connect。

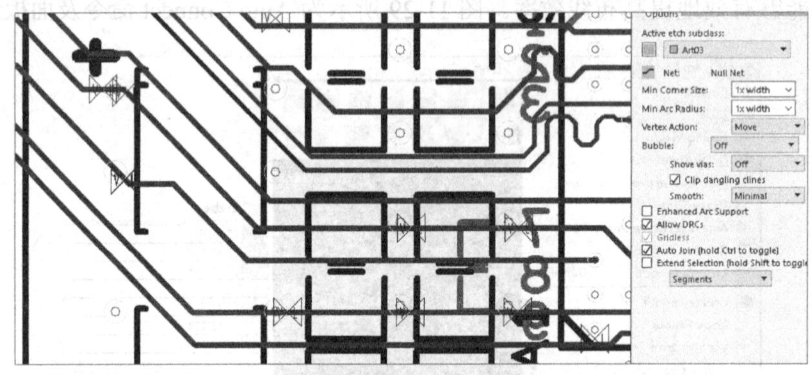

调整之前

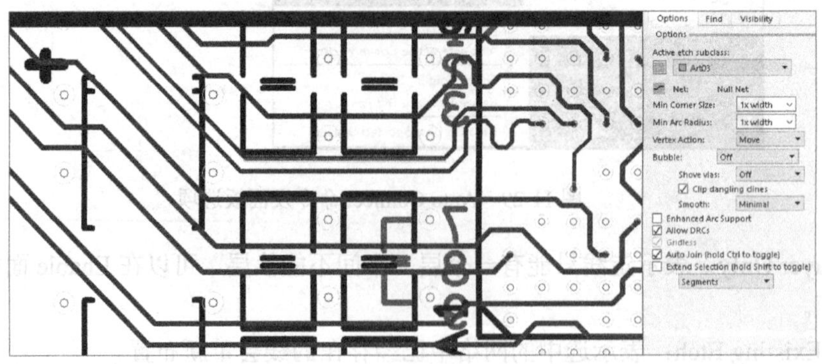

调整之后

图 11-31　使用 Slide 命令调整布线

2. Vertex（编辑拐角）

Vertex 是一个比较难控制的命令，用来移动走线中的拐角或为走线添加拐角。选择 Edit→Vertex 命令或者使用快捷按钮 便可运行 Vertex 命令。使用 Vertex 命令编辑拐角如图 11-32 所示。

也可选择 Edit→Delete Vertex 命令对拐角进行删除操作。运行 Delete Vertex 命令后，直接右击要删除的拐角，在弹出的快捷菜单中选择 Done 命令完成操作。

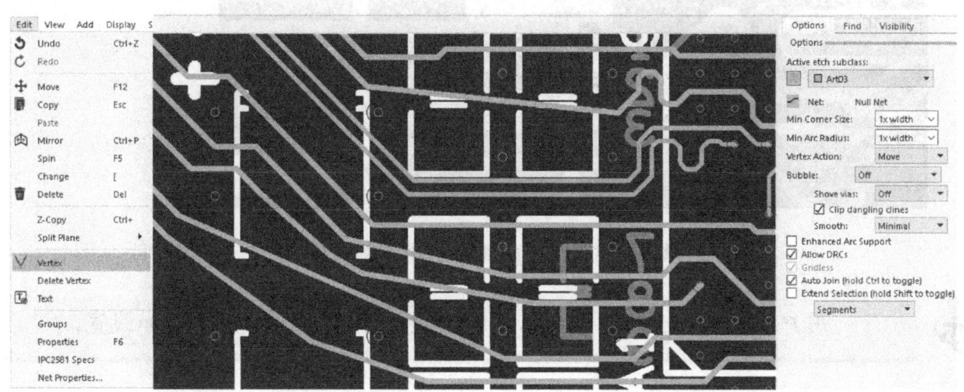

图 11-32　使用 Vertex 命令编辑拐角

3. Change 命令

Change 是一个常用命令，可以改变已经完成布线的布线层，或者修改布线线宽，如图 11-33 所示。具体操作如下。

- 改变信号线所在的布线层：单击目标信号线，选择 Edit→Change 命令，在右侧面板内的 New Subclass 栏中选择新的布线层。Allegro PCB Editor 会根据需要自动为信号线添加或者删除 Via。
- 修改信号线的线宽：单击目标信号线，选择 Edit→Change 命令，在 Options 面板的 Line Width 栏中输入新的线宽值。

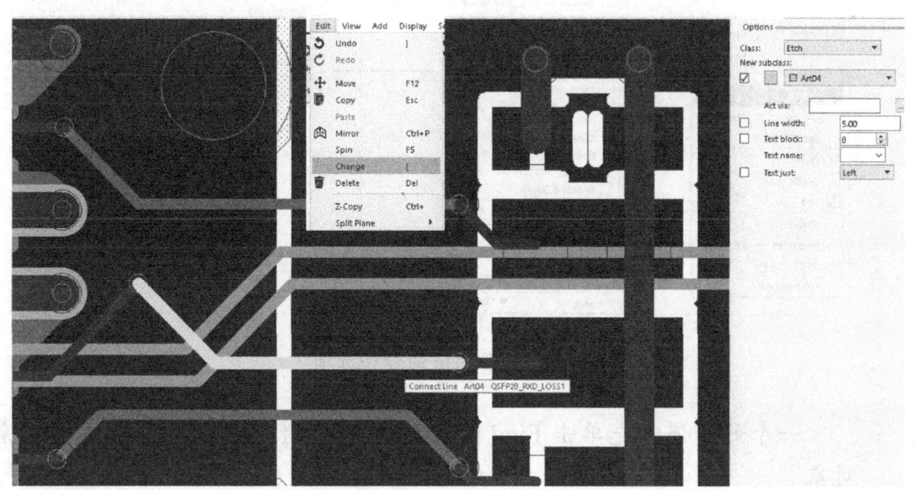

图 11-33　Change 命令应用示例

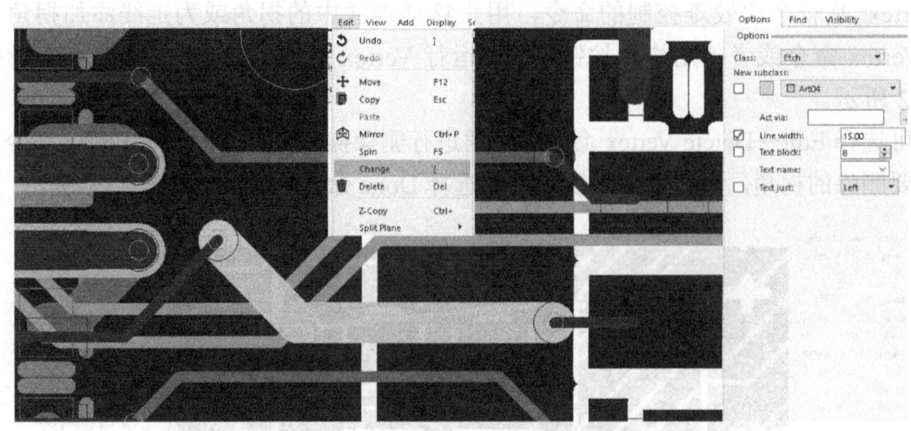

图 11-33　Change 命令应用示例（续）

用户使用 Change 命令可以同时改变信号线所在的布线层和线宽。

4．Delete（删除布线）

Delete 命令用来删除布线和 Via。具体操作：选择 Edit→Delete 命令或使用快捷按钮✖，如图 11-34 所示。Delete 命令是一个通用的指令，可以删除面板中勾选的各种对象，运行删除命令时需要小心设置 Options 面板及 Find 面板。注意准确选择要删除的对象。在默认情况下，用户只能删除在同一层上的走线，若用户在 Options 面板内勾选 Ripup etch 复选框，则可同时删除分布在不同布线层上的信号线和与信号线相连的过孔、盲/埋孔。

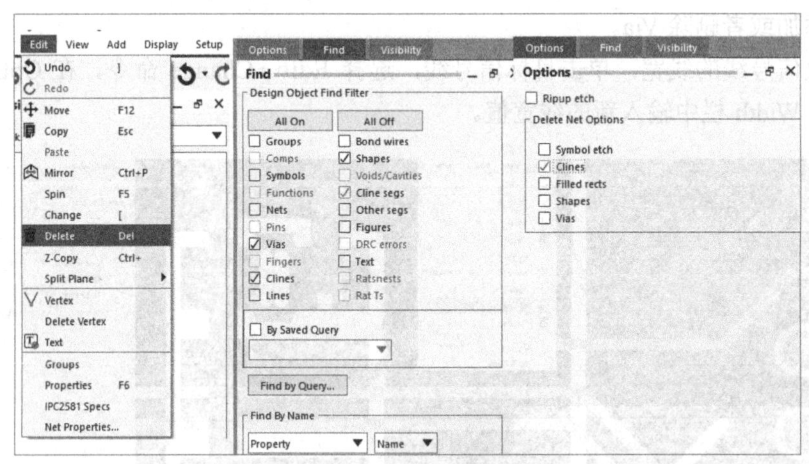

图 11-34　Delete 命令和选项

一个好习惯是先单击 Find 面板内的 All Off 按钮，再勾选需要删除的对象。

5. Cut 选项

Cut 是一个常用的选项，可以在运行 Delete、Slide、Change 命令时使用。执行相关命令后，右击，在弹出的快捷菜单中选择 Cut 命令，在操作对象上分别选取两点，此时可直接对两点之间的部分进行相应的命令操作，如图 11-35 所示。

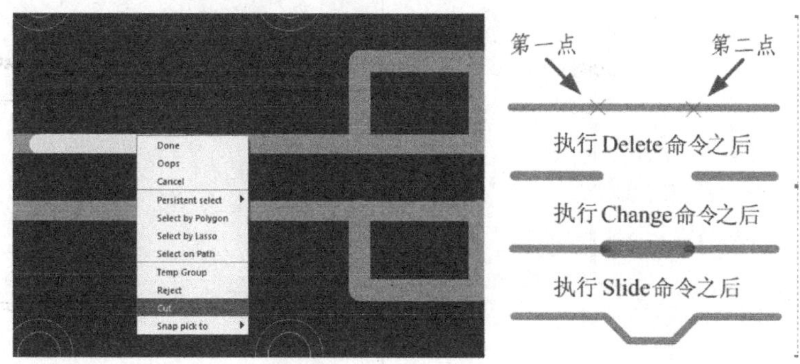

图 11-35　运行 Cut 命令

6. Auto-interactive Convert Corner

随着对 PCB 速率的要求越来越高，对于 PCB 中高速信号线的要求也越来越高，对于高速信号线，比较常见的一个要求是弧形布线。通常处理弧形布线是先进行 45° 角布线，然后将每个拐角的地方修改成弧形。现在运行 Auto-interactive Convert Corner 命令可以实现布线之后自动变弧形，如图 11-36 所示，可能之后需要做少量修改，但比起修改弧形，效率有了很大的提升。

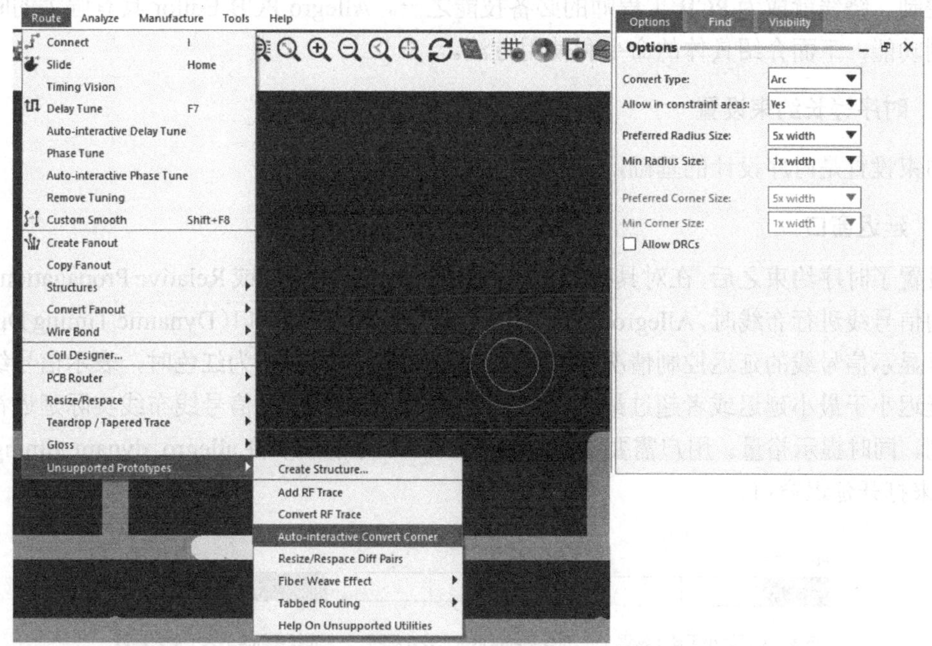

图 11-36　Auto-interactive Convert Corner 命令和相关选项

运行 Auto-interactive Convert Corner 命令之后，选择想要变弧形的信号线，效果如图 11-37 所示。

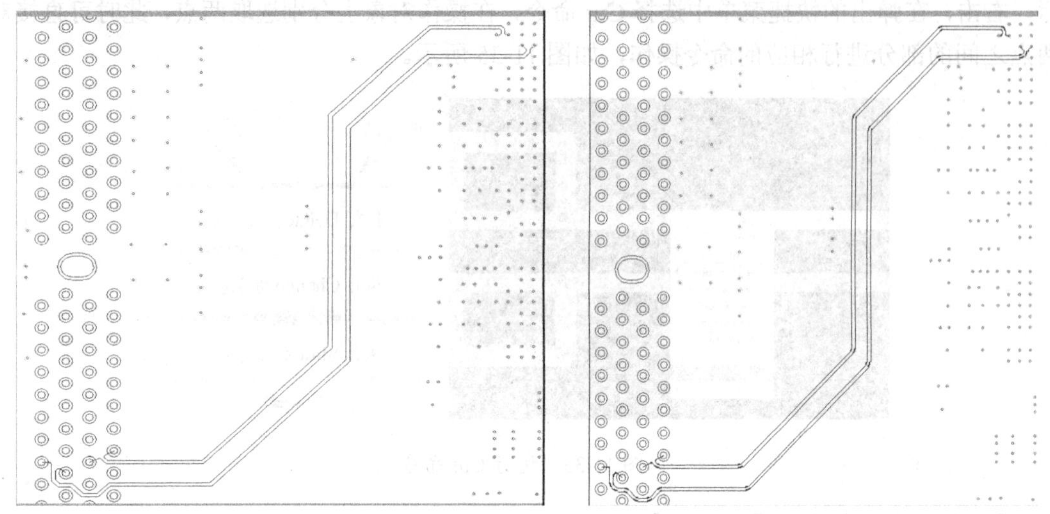

（a）执行 Auto-interactive Convert Corner 命令之前　（b）执行 Auto-interactive Convert Corner 命令之后

图 11-37 使用 Auto-interactive Convert Corner 命令使走线自动变弧形

11.3.3 时序等长控制

随着高速设计的发展，在 PCB 布线设计的时候涉及的各类同步总线，都需要进行时序等长控制。绕线就成为 PCB 工程师的必备技能之一。Allegro PCB Editor 具有强大的时序等长控制功能，下面介绍具体的命令和使用方法。

1. 时序等长约束设置

约束设置是时序设计的基础，详见第 7 章。

2. 延迟窗口

设置了时序约束之后，在对具有 Min/Max Propagation Delays 或 Relative Propagation Delay 属性的信号线进行布线时，Allegro PCB Editor 会弹出一个延迟窗口（Dynamic Timing Display）以实时显示信号线的延迟控制情况，如图 11-38 所示。延迟窗口为红色时，表示信号线布线实际延迟小于最小延迟或者超过最大延迟。窗口为绿色时，表示信号线布线实际延迟符合设计规则，同时提示裕量。用户需要在 User Preferences 对话框中将 allegro_dynam_timing 设置成 on 来打开延迟窗口。

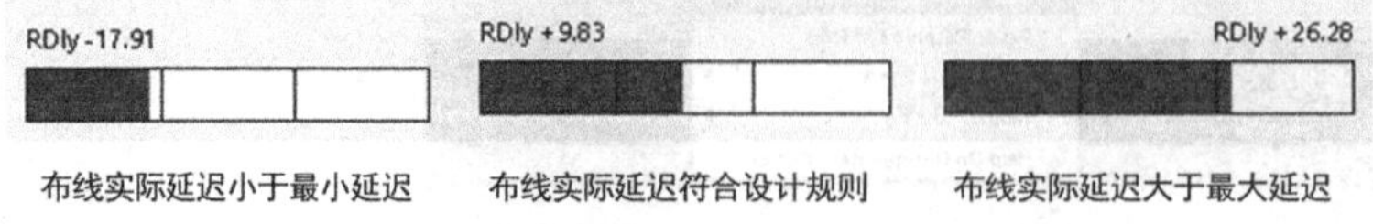

图 11-38 延迟窗口

如图 11-39 所示，在 User Preferences Editor 对话框中勾选 allegro_etch_length_on 复选框之后，布线的时候，会实时显示当前网络的布线长度和整个网络已经完成布线的长度。

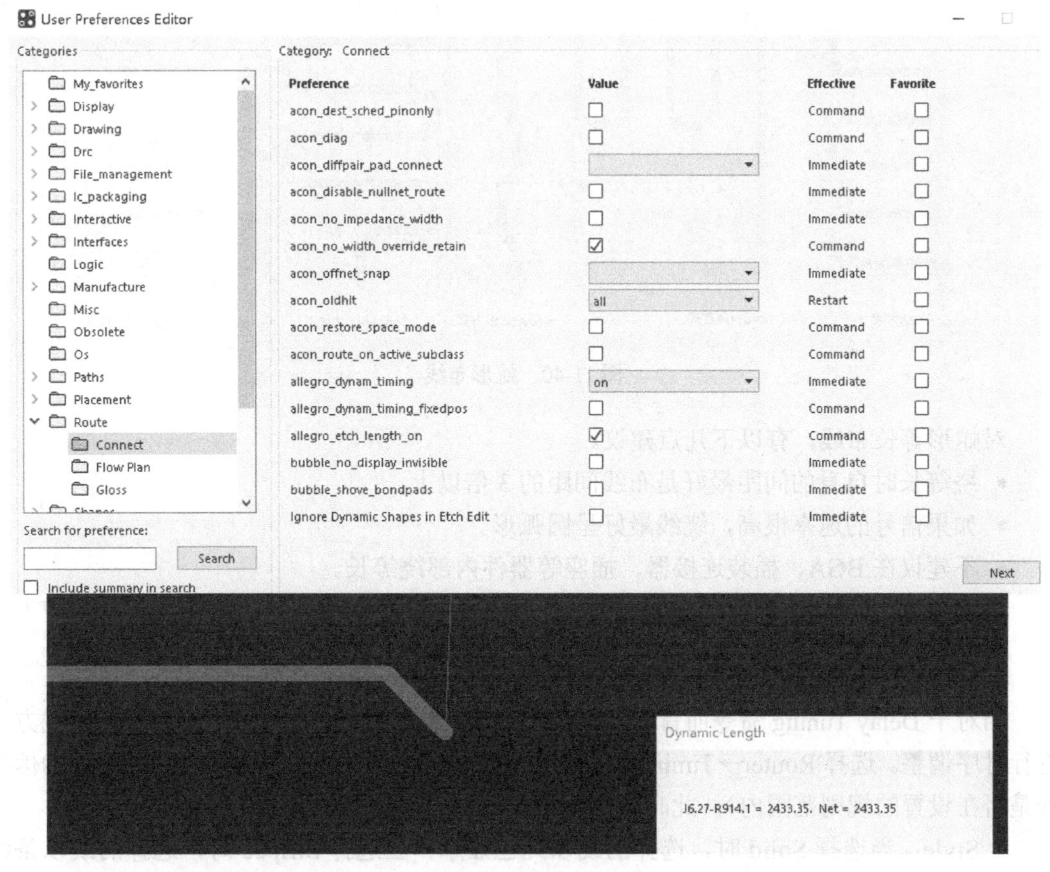

图 11-39　勾选 allegro_etch_length_on 复选框后的效果

3. 延迟调整（Delay Tuning）

Delay Tuning 命令用于对有延迟要求的信号线进行调整，调整的方法是使用蛇形线来补偿已经完成的布线长度。选择 Router→Delay Tune 命令，或者使用快捷按钮可运行 Delay Tuning 命令，此时 Options 面板有如下选项。

Accordion：手风琴式蛇形线，效果如图 11-40 所示。

Trombone：长号式蛇形线，效果如图 11-40 所示。

Sawtooth：锯齿式蛇形线，效果如图 11-40 所示。

Centered：勾选该复选框后信号线的两边同时添加蛇形线，效果如图 11-40 所示。

Gap：在文本框中输入数值或者布线线宽的倍数来设置相邻蛇形线之间的距离。

Corners：设定蛇形线拐角的角度，可设置为 90°、45° 或者圆弧状。

Miter Size：如果 Corners 设定为 45°，设定拐角的大小。

当用户对具有 Min/Max Propagation Delays 或 Relative Propagation Delay 属性的信号线进行布线时，结合延迟窗口的颜色及数值，再使用 Delay Tuning 命令，可非常方便地进行时序等长控制。

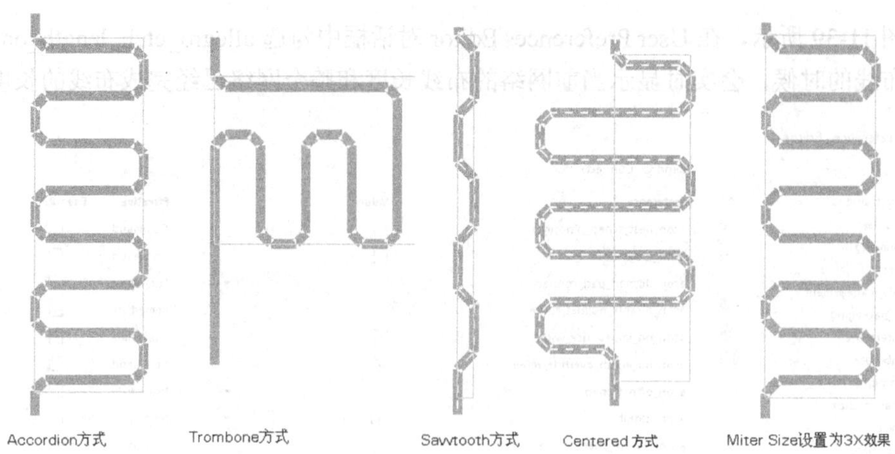

图 11-40　蛇形布线

对蛇形等长布线，有以下几点建议。

- 绕等长时自身的间距最好是布线间距的 3 倍以上。
- 如果信号的速率很高，绕线最好呈圆弧形。
- 不建议在 BGA、插装连接器、插座等器件内部绕等长。
- 不建议在禁止穿线的区域（如晶振、时钟驱动器、电源 MOS 管等）内绕等长。

4．Auto-interactive Phase Tune

相对于 Delay Tuning 命令而言，Auto-interactive Phase Tune 命令可以自动用蛇形线方式进行时序调整。选择 Router→Timing Vision 命令（通过这个命令可辨别需要控制时序的信号线是否在设置的规则范围内），此时 Options 面板有如下选项，如图 11-41 所示。

- Style：当选择 Solid 时，选择的线以纯色显示；当选择 Striped 时，选择的线以条纹显示。
- Satisfies required timing：当信号线长度达到要求时，信号线显示前面方框中的颜色。
- Shorter than required value：当信号线长度小于要求值时，信号线显示前面方框中的颜色。
- Longer than required value：当信号线长度大于要求值时，信号线显示前面方框中的颜色。
- Timing Mode：时序要求模式，有以下几种。
  - ➢ DRC Timing 和 Smart Timing：指信号线是否达到时序要求，一般用于判断各种 Bus（总线）是否达到要求。
  - ➢ DRC Phase 和 Smart Phase：指信号线是否达到相位要求，一般用于判断是否差分线对内等长。
  - ➢ Smart 和 DRC 主要存在灵敏度方面的区别，一般选择 Smart，要求严格一些。
- Match Group Selection Mode：勾选该复选框，时序规则按照约束管理器中 Match Group 的模式匹配。
- XNet Selection Mode：勾选该复选框，时序规则按照 Net 匹配。

- Update Goals：更新参考信号线。
- Remove Goals：移除参考信号线。
- Clear Selections：取消对信号线的选择，即所选择的信号线不再高亮显示。

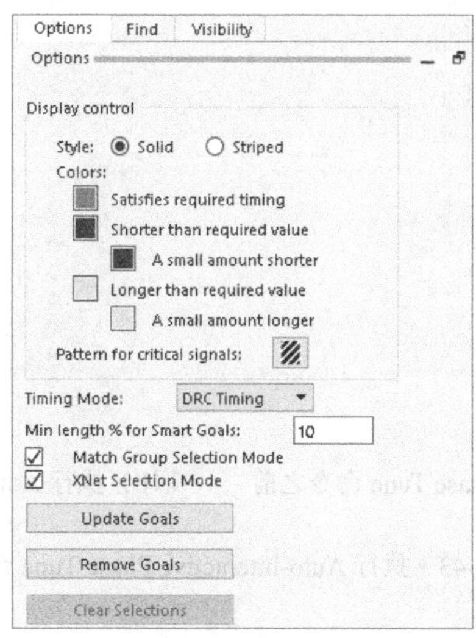

图 11-41　Options 面板

判断完信号线是否等长后，就可以选择 Route→Auto-interactive Phase Tune 命令，进行简单的设置，如图 11-42 所示，选择需要进行时序控制的信号线，即可实现自动等长，效果如图 11-43 所示。

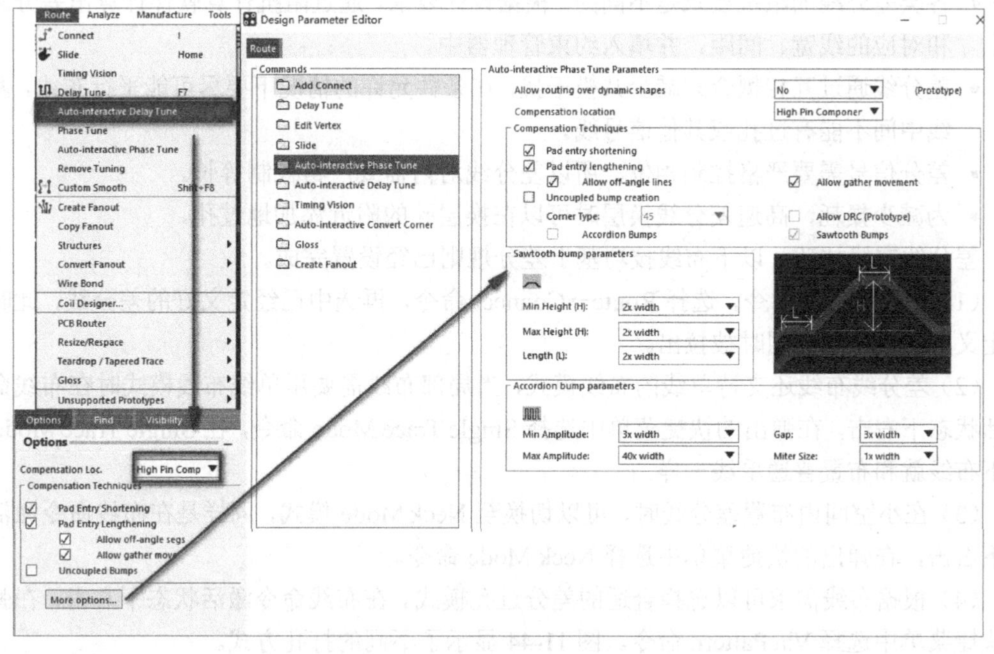

图 11-42　Auto-interactive Phase Tune 命令和相关设置

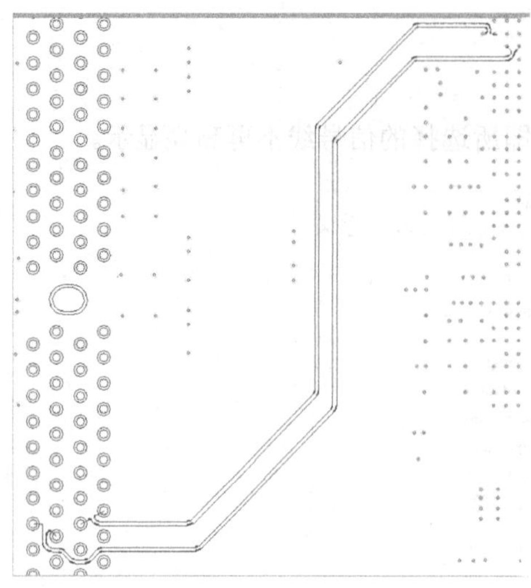

（a）执行 Auto-interactive Phase Tune 命令之前

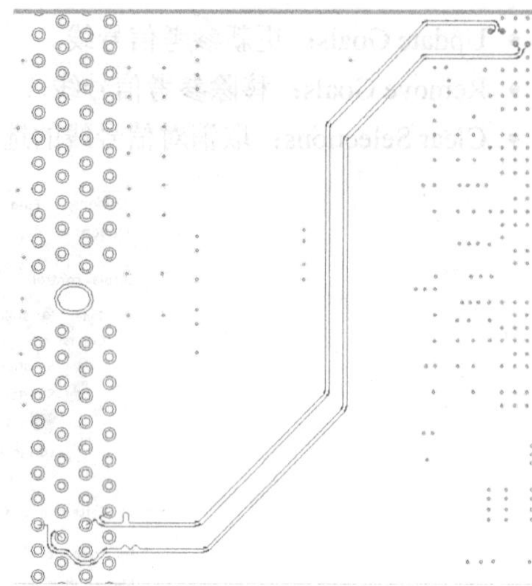

（b）执行 Auto-interactive Phase Tune 命令之后

图 11-43　执行 Auto-interactive Phase Tune 命令的效果

11.4　各类信号线布线注意事项及布线技巧

1. 差分信号

高速串行总线的普及，使得单板上差分信号越来越多，对高速差分信号线（以下简称差分线）主要有以下布线要求。

- 各类差分线的阻抗要求是不同的，根据设计要求，通过阻抗计算软件计算出差分阻抗和对应的线宽、间距，并填入约束管理器中。
- 差分线通过互相耦合来减少共模干扰，在条件允许的情况下要尽可能平行布线，两根线中间不能有过孔或其他信号线。
- 差分信号需要严格控制相位，所以差分线对内需要严格控制等长。
- 为减少损耗，高速差分线换层时可以在换层孔的附近添加地过孔。

差分线布线技巧：以下布线技巧基于差分规则已经设置完成。

（1）激活布线的指令，选择 Route→Connect 命令，再选中已经定义好的差分线，此时已经定义好的差分线会同时被拉出。

（2）差分线布线还支持单线的布线模式，当局部布线需要用单线布线模式时在布线命令激活状态下右击，在弹出的快捷菜单中选择 Single Trace Mode 命令，在 Single Trace Mode 模式下布线就和布置普通单线一样。

（3）在小空间内布置差分线时，可以切换至 Neck Mode 模式，同样是在布线命令激活状态下右击，在弹出的快捷菜单中选择 Neck Mode 命令。

（4）根据布线需求可以选择合适的差分过孔模式。在布线命令激活状态下右击，在弹出的快捷菜单中选择 Via Pattern 命令。图 11-44 显示了不同的打孔方式。

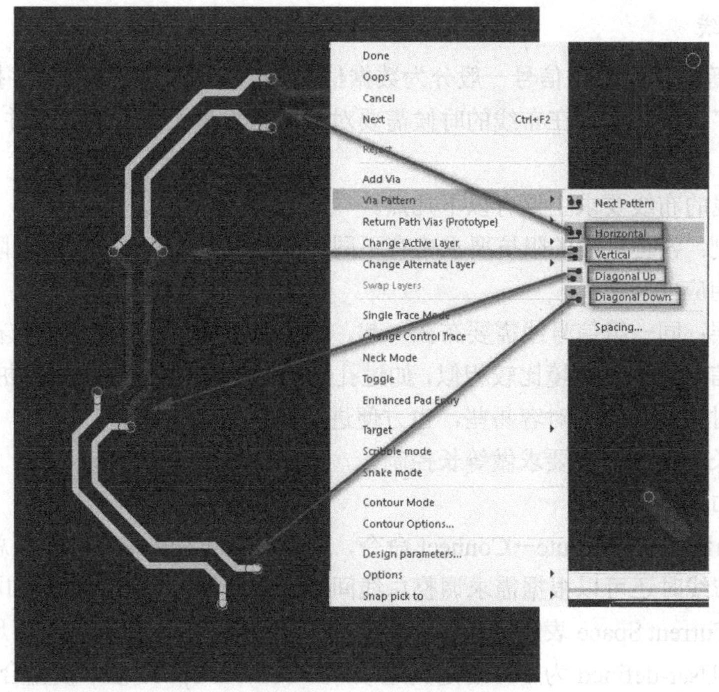

图 11-44　打孔方式选择

（5）差分信号的相位调整。差分线连接完成后，选择 Route→Phase Tune 命令，弹出 Options 面板，设置相应参数，然后单击差分线对中需要做相位调整的那根线，如图 11-45 所示。

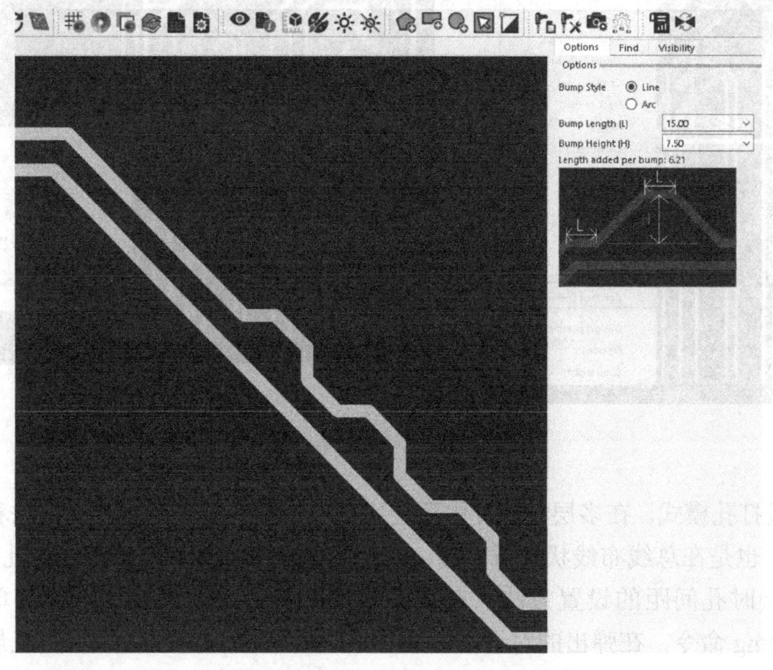

图 11-45　差分信号相位调整设置

2. 高速总线

DDR FSB 等高速总线的信号一般分为数据信号、地址信号、时钟信号、控制信号等，并且有相应的时序操作关系。在布线的时候需要对这些信号种类进行区分，并了解时序要求，进行等长控制。

对高速总线的布线要求主要有以下几点。

- 阻抗控制：各类总线的阻抗要求略有不同，可以根据设计要求，通过阻抗计算软件来计算出相应的阻抗。
- 同组同层：同一组信号线需要布在一起，条件允许的情况下，尽量布在同一层，这样同一组信号的周围环境比较相似，如过孔的长度和过孔的 STUB（残桩）也是一致的，在控制时序的时候相对容易些，也方便进行串扰控制。
- 时序等长：按照时序要求做等长控制。

布线技巧如下：

（1）总线布线。选择 Route→Connect 命令，选择需要布线的总线，整组总线就会跟随鼠标指针移动。布线时还可以根据需求调整总线间距。在布线时右击，弹出如图 11-46 所示的对话框。其中 Current Space 表示以当前间距布线，Minimum DRC 表示以满足规则设置的最小间距来布线，User-defined 为用户自定义选项，在 Contour Space 框中设置合适的间距即可。

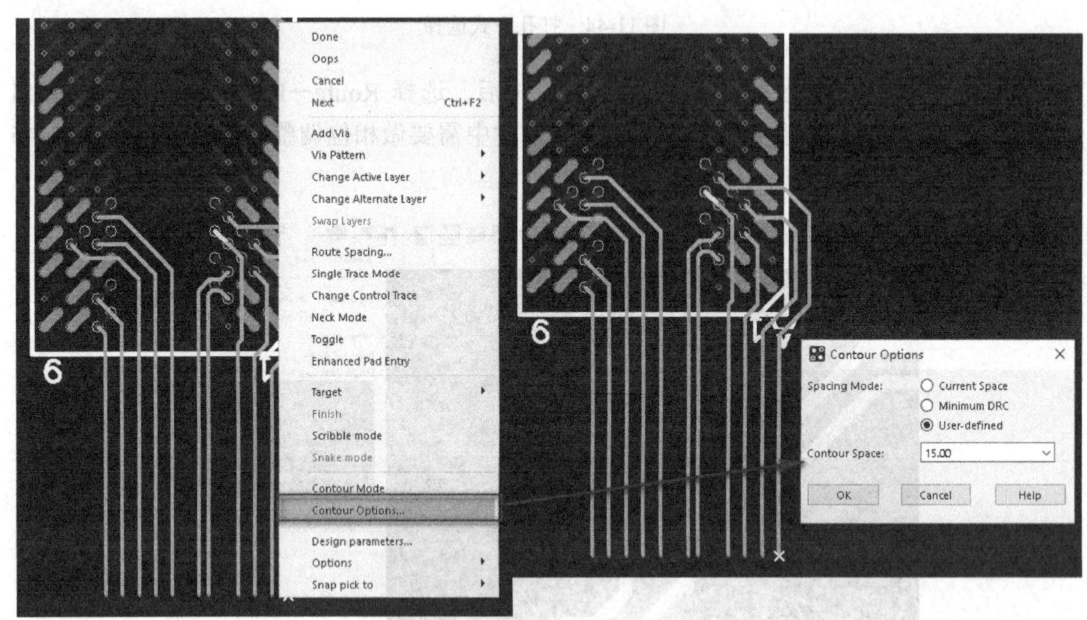

图 11-46　总线布线

（2）总线打孔模式。在多层板设计中还会用到总线打孔功能。其使用方法和差分线的打孔功能相似，也是在总线布线状态下右击，在弹出的快捷菜单中进行不同打孔方式的选择。

总线换层时孔间距的设置方法：在布线状态下右击，在弹出的快捷菜单中选择 Via Pattern→Spacing 命令，在弹出的对话框中的 Min Channel Space 框中填入打孔最小间距，如图 11-47 所示。

根据布线空间大小的不同来选择不同的打孔方式。

当走线为水平方向时 Perpendicular 模式的打孔示例如图 11-48 所示。

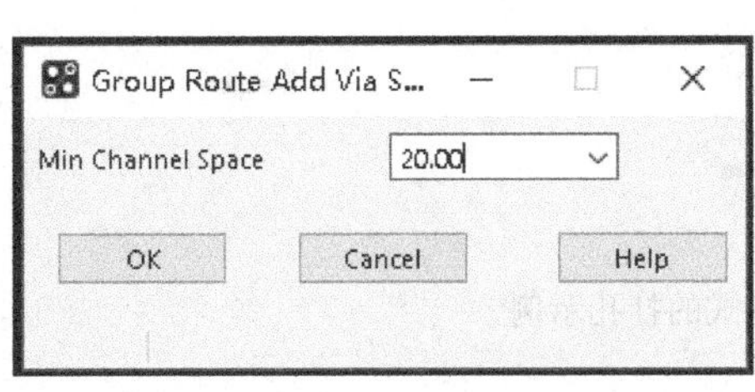

图 11-47　填入打孔最小间距

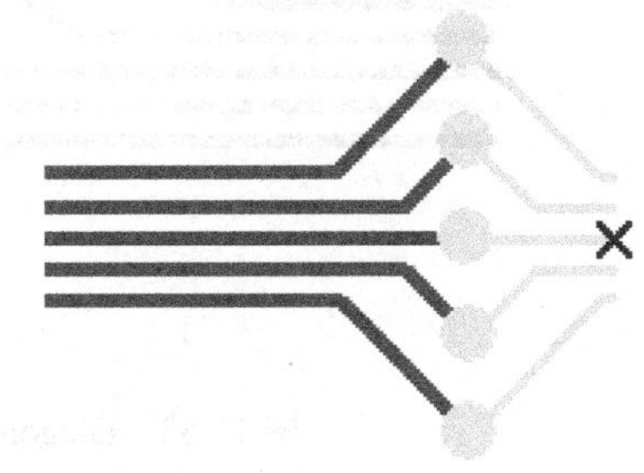

图 11-48　Perpendicular 模式的打孔示例（水平方向）

当走线为垂直方向时 Perpendicular 模式的打孔示例如图 11-49 所示。

当走线为 45° 方向时 Perpendicular 模式的打孔示例如图 11-50 所示。

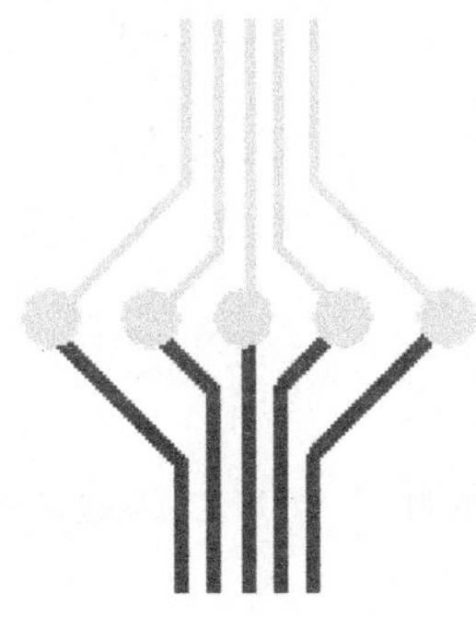

图 11-49　Perpendicular 模式的打孔示例（垂直方向）

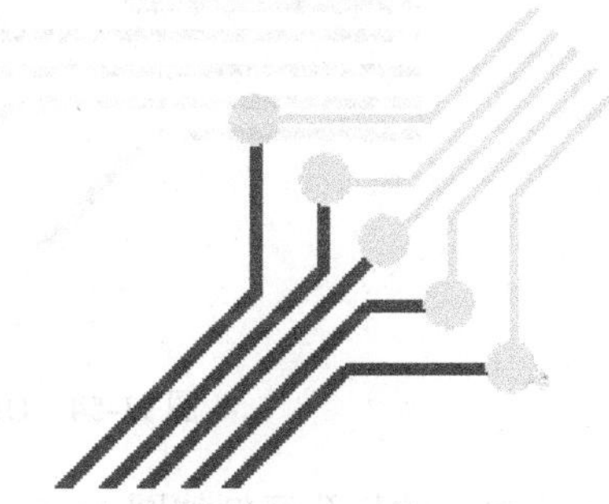

图 11-50　Perpendicular 模式的打孔示例（45° 方向）

Stagger 模式的打孔示例如图 11-51 所示。

Diagonal Right 模式的打孔示例如图 11-52 所示。

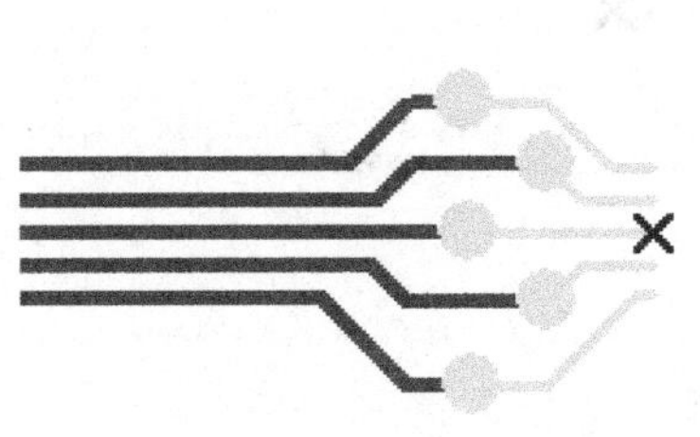

图 11-51　Stagger 模式的打孔示例

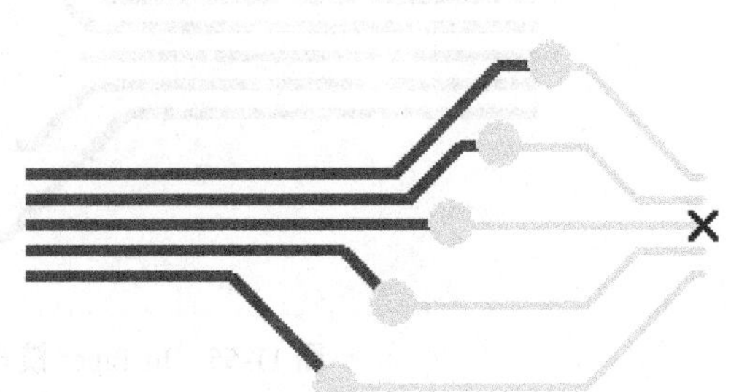

图 11-52　Diagonal Right 模式的打孔示例

Diagonal Left 模式的打孔示例如图 11-53 所示。

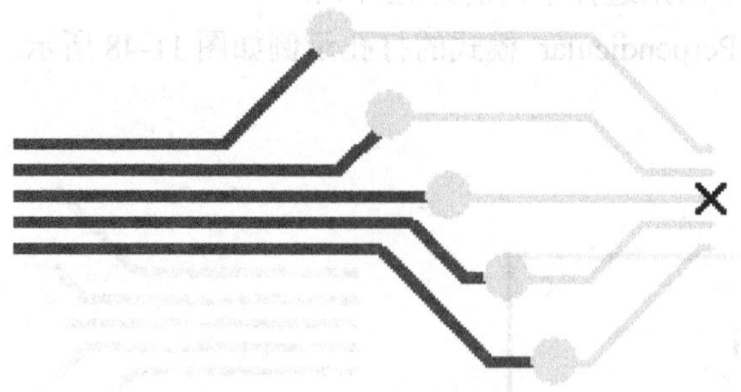

图 11-53　Diagonal Left 模式的打孔示例

Out Taper 模式的打孔示例如图 11-54 所示。

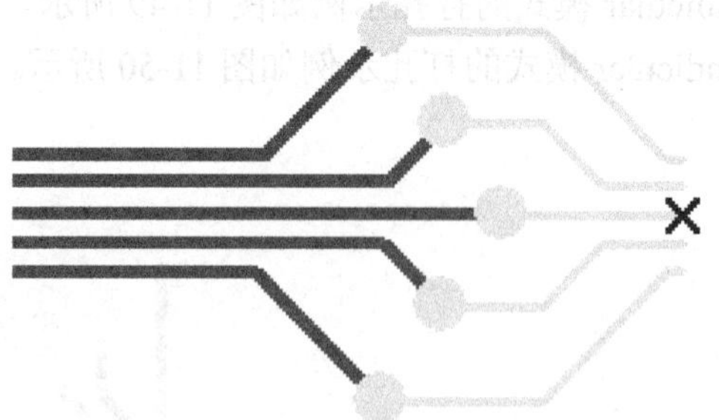

图 11-54　Out Taper 模式的打孔示例

In Taper 模式的打孔示例如图 11-55 所示。

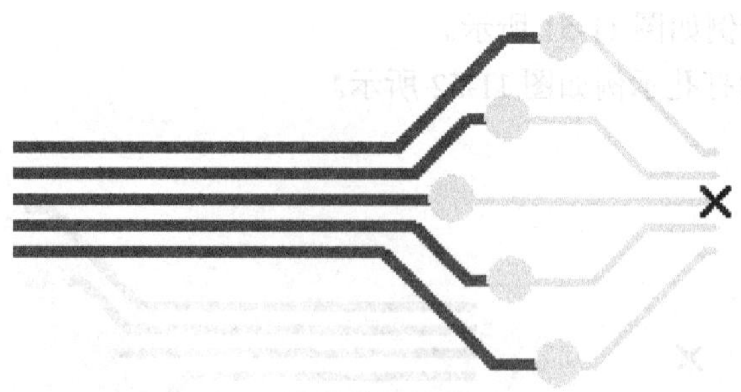

图 11-55　In Taper 模式的打孔示例

3. 时钟信号线

在 PCB 布线时，时钟信号线的布线需要特别重视。有经验的工程师会在一开始就明确各时钟信号线之间的关系，布线的时候就能处理得更好。并且时钟信号线也是 EMC 设计的难点，需要通过 EMC 测试的项目要尤其注意。

时钟信号线布线时除常规的阻抗控制和等长要求外，还需要注意以下问题。

- 按照第 9 章的介绍，时钟信号线尽量布在优选层。
- 时钟信号线尽量不要跨分割区，更不要沿着分割区布线。
- 注意时钟信号线与其他信号线的间距。
- 有 EMC 要求的设计，较长的时钟信号线尽量在内层布线。
- 注意时钟信号线的端接匹配。

4. 模拟信号线

模拟信号的主要特点是抗干扰性差，布线时主要考虑对模拟信号的保护。

对模拟信号线布线需要注意以下几点。

- 为增强模拟信号的抗干扰能力，走线要尽量短。
- 部分模拟信号线可以放弃阻抗控制要求，走线可以适当加粗。
- 尽量在模拟区域内完成布线，远离数字区域。

5. 接口信号线

常见的接口有 RJ-45、USB、HDMI 等，有高速的也有低速的。

在布线方面除需要遵循高速差分线的布线原则外，还需要注意以下几点。

- RJ-45 接机壳地（保护地 PGND），此地平面要从变压器下方开始与单板内部数字地隔离，变压器中间对应的所有层建议挖空。
- 所有外来信号都不得在变压器下方布线，更不允许信号从一、二次绕组间穿过。

第 12 章　全局布线环境

本章导读:

- 全局布线环境介绍。
- 全局布线环境设置及其详细用法。
- 利用全局规划进行团队协同设计。
- 自动互连技术 Auto-I.XX 的设置及详细用法。

12.1　GRE 功能简介

GRE 的全称为 Global Route Environment，即全局布线环境，顾名思义，就是提供从板子整体上进行布局布线规划的集成环境，是 Cadence 针对高速、高密、约束规则复杂的数字电路 PCB 设计提出的解决方案。尤其是以总线为基础，引脚数越来越多（3000 个以上）的大规模 FPGA 类数字电路设计，或者是高速背板类设计，使用 GRE 能极大地节约设计时间，把工程师从繁重的布线工作中解脱出来，从而更多地关注信号完整性、EMC 等关键领域。

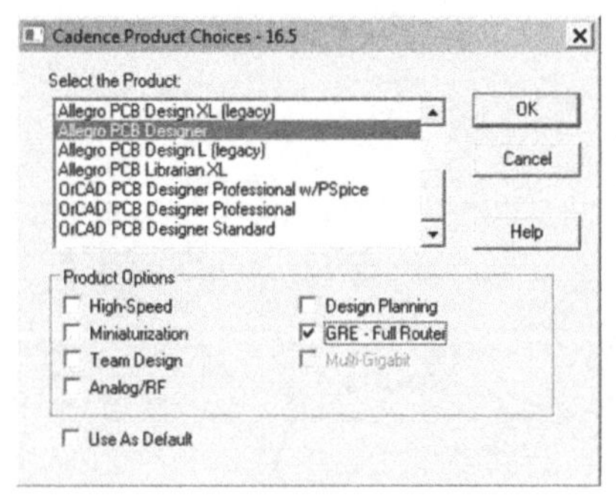

图 12-1　GRE 的 License 选项

GRE 是完全集成在 Cadence Allegro 平台里面的，统一的数据结构，方便 GRE 的用户使用 Cadence SPB 平台的 SI、PDN 工具及约束管理器等。同时 GRE 提供了不同的选项来满足不同的客户需求。手工布线的支持者，多人协同设计的团队喜欢选择 GRE 的设计规划选项，单板负责人可以在设计前期就通过 GRE 规划自己的设计意图，并传达给设计助手，避免了口头传达或者其他文档传达的低效率，以及理解偏差。自动布线的爱好者则致力于研究全部功能的 GRE，试图让软件在可控的情况下完成自动布线，从而节约设计时间。该功能可以在软件启动时选择，也可以通过 File→Change Editor 命令来选择，相关设置如图 12-1 所示。

12.1.1　新一代的 PCB 布局布线工具

自动布线，是 PCB 工程师的梦想，他们都想从繁重琐碎的布线任务中解脱出来，把更多的精力投入高速、EMC、DFX 等更有挑战性的领域中。可是传统自动布线工具的局限性，使得这个梦想一直没有实现的机会，PCB 工程师还是日复一日、年复一年地手工处理越来越密的布线要求。

那么，传统自动布线工具发展到今天，主要有哪些局限呢？这里，我们以 Cadence 公司的 Specctra 自动布线器为例来介绍。Specctra 自动布线器，又称 CCT，曾经是业内最有名的自动布线工具。可以使用 Do 文件对布线进行详细的控制，很多工程师投入大量精力研究 CCT 的使用技巧，也取得了很大的进展。笔者在之前的公司，用 CCT 在很多项目上成功实现了自动布线，并保证了产品的信号质量与功能实现。但是最终没有把 CCT 推广到更多的产品中，主要的原因有以下两点。

（1）传统的布线器，可以通过各种手段实现规则的约束，甚至可以局部实现布线路径的管理，但是总的来说，布线的规律性不强，无法实现和人手工布线一样的美观、可视性，这样给布线的检视工作带来困难。

（2）传统布线器对走线资源的占用，很难实现合理规划，这样的布线是资源耗尽型的，给改板带来较大挑战性。有些 CCT 的使用者甚至在改板时删除原有的走线，然后在 Do 文件的约束下重新自动布线。这样布线质量是可以保证的，但是需要重新布线。

GRE 作为新一代的布局布线规划工具，以完全可控的高效率自动布线为目标。通过把网络或网络组变成 Bundle，并通过对 Bundle 进行规划，把 Layout 工程师关于布局布线的经验，借助软件的辅助规划功能，来实现最合理的布线规划。在这个基础上，软件依赖于强大的布线算法进行自动布线，可实现和手工布线一样的美观和可视性，同时满足性能指标。

12.1.2　自动布线的挑战

研究自动布线的工程师经常会说：自动布线工具总是落后于设计需求 2～3 年。图 12-2 所示为当前的设计分类以及给工具带来的挑战，也印证了这个说法，布线工具无法满足类型 IV 的高密高速布线需求。

目前高密高速设计的现状如下。

- 尽可能地利用各种方法手工进行布局布线规划。
  - ➢ 利用白纸、白板等通过简单的计算和画图来辅助规划。
  - ➢ 在大脑中进行不完全的设计规划。
  - ➢ 规划的过程很难与人沟通。
  - ➢ 规划的结果很难传递给助手或者其他合作工程师。
- 手工处理所有器件的出线规划。
- 手工处理所有关键信号。
- 手工处理所有需要约束规则的信号。
- 有可能板上 70%以上的信号都有高速约束规则。
- 手工或者自动布线，清理杂线。
- 助手不理解布线意图，在合并设计之后，不得不重新优化布线。
- 不完全的设计规划，甚至是一边布线，一边整理规划，一个可能的后果就是到了布线后期才发现布线资源不够。

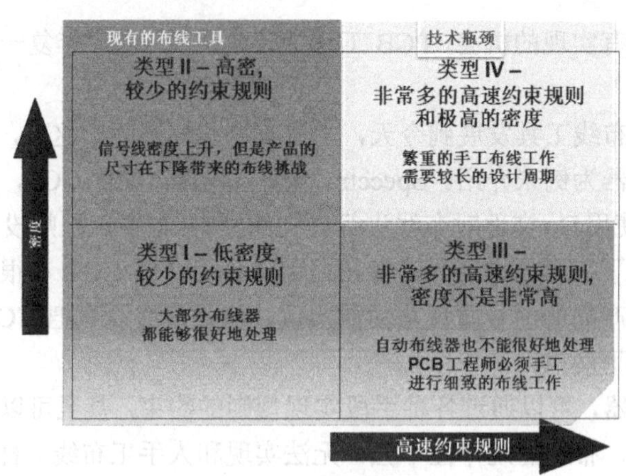

图 12-2　布线工具的现状及设计分类

12.1.3　使用 GRE 进行布局规划的优点

PCB 工程师迫切需要一个工具，它可以理解我们的设计意图，能够帮助我们在设计前期就进行全局的布线规划，这样的规划要能够被继承，同时方便传递给其他工程师和助手。这样的一个工具就是 Cadence 全新推出的 GRE，作为新一代的全局规划工具，GRE 具有以下优点。

- 全新的全局布线引擎和图形化的布局布线规划：GRE 是一个给 PCB 设计行业带来革命性变化的工具。
  - ➢ 把总线或者同类网络抽象成 Bundle 和 Flow，然后在抽象的基础上进行布局布线规划。
  - ➢ 是有效的捕捉和实现设计者意图的工具。
  - ➢ 利用智能化的工具快速解决一些具有挑战性的高速高密设计问题。
- GRE 适用于那些给 PCB 设计者带来巨大挑战的高速高密数字信号为主的设计。
  - ➢ 引脚数很多的 ASIC、FPGA 和 SiP 类芯片的 PCB 设计。
  - ➢ GHz 以上的高速串行接口。
  - ➢ 高速总线设计。
  - ➢ 常规总线设计。
- GRE 和传统自动布线器的区别在于，它更加依赖于设计工程师的经验。GRE 不只是单纯的自动布线工具，而是一个能够有效捕捉设计者意图，传达设计工程师经验的工具。使用 GRE 来进行布局布线规划，从而完成自动布线的设计，和工程师全程手工完成布局布线的工具在本质和外观上都会非常接近，工具实际上就是贯彻了设计工程师的意图，然后相对智能地去实现。
  - ➢ 基于设计整体进行的互连设计规划。
  - ➢ 理解设计工程师的习惯，领会设计意图。
  - ➢ 这些设计意图在 PCB 上实现并记录下来，不会丢失。新的设计者可以通过 PCB 领会和继承之前设计者所有的思路与实现方法。

原始的 PCB 设计文件如图 12-3 所示，这是一个典型的适合 GRE 规划的数字 PCB，基于总线的结构，走线密度高，高速约束规则多，但是整体呈现规律性。

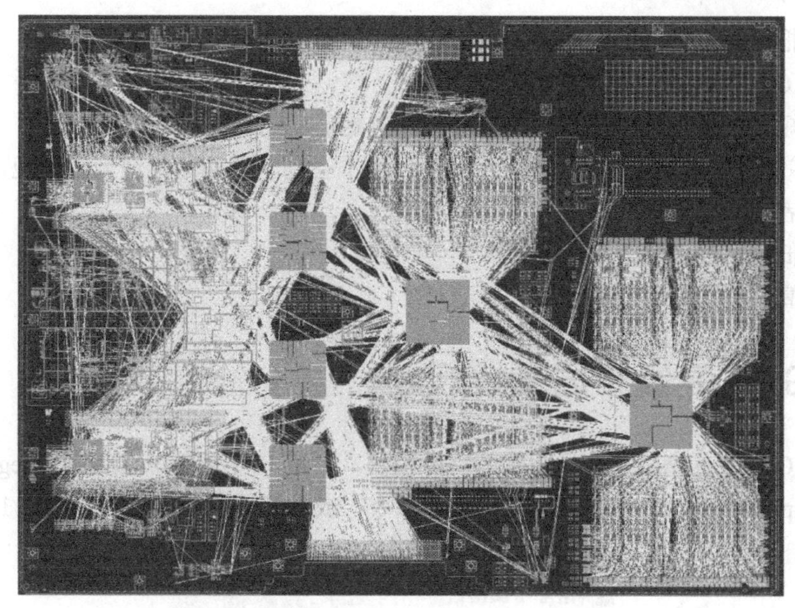

图 12-3　GRE 设计之前的 PCB 设计文件

通过 GRE 把总线或者相同类型的走线按照 Bundle 和 Flow 的形式进行抽象管理。设计工程师需要考虑和管理的网络数量大为降低，方便设计工程师从全局角度进行布局布线的规划。规划后的 PCB 设计文件如图 12-4 所示，布线资源得到合理的规划和分配。

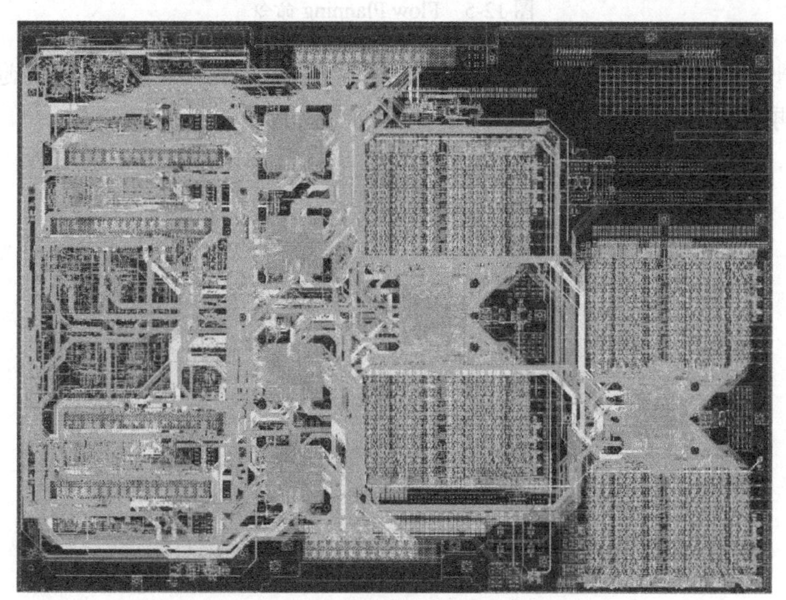

图 12-4　GRE 规划之后的 PCB 设计文件

- 这样的规划，并不需要：
  - ➢ 长达一个月或数个月的反复研究、修改、重复。
  - ➢ 长达一个月或数个月的手工布线。
  - ➢ 反复的关于设计意图的沟通。

➢ 手把手地指导助手理解你的设计意图，从而配合布线工作。

- 通过 GRE，用户可以实现：

➢ 缩短设计周期，虽然规划需要时间，但是后期的设计更加顺畅。

➢ 有效的日程规划，不会摸着石头过河，也不会到了后期才发现无法实现，推倒重来，或者增加成本。

➢ 降低项目的风险。

➢ 提高整体的效率。

12.2 GRE 高级布局布线规划

要启用 GRE，首先必须选择正确的功能模块，如图 12-1 所示，然后在 Allegro 界面中选择 Setup→Application Mode→Flow Planning 命令，或者使用快捷按钮，如图 12-5 所示。

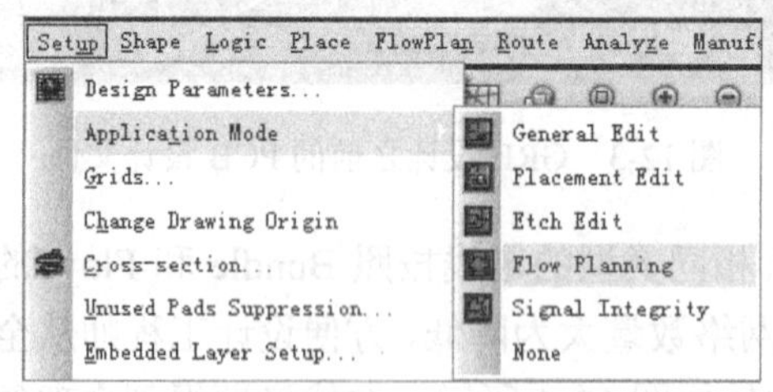

图 12-5 Flow Planning 命令

GRE 的设计流程如图 12-6 所示，灰底方框中为 GRE 的相应功能命令。通过双向的规划、验证，再规划、再验证，来指导 PCB 设计的布局布线工作。

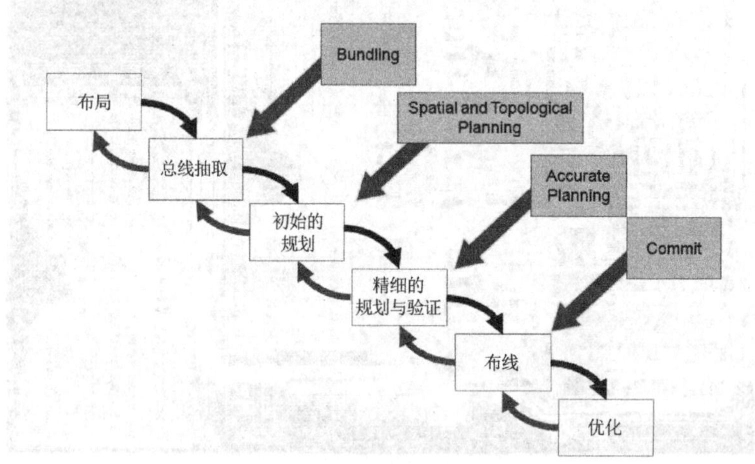

图 12-6 GRE 的设计流程

12.2.1 GRE 参数设置

GRE 相关的参数可以通过选择 Setup→Design Parameter 命令，在 Flow Planning 选项卡里面找到。

在 General 选项组里，Flow line relative width 和 Flow Via relative size 分别定义了把一组飞线抽象成 Bundle 或者 Flow 后的粗细和大小，图 12-7 显示了 100%和 150%的区别。实际设计时可以根据自己的经验及板子的实际密度情况选择合适的参数。

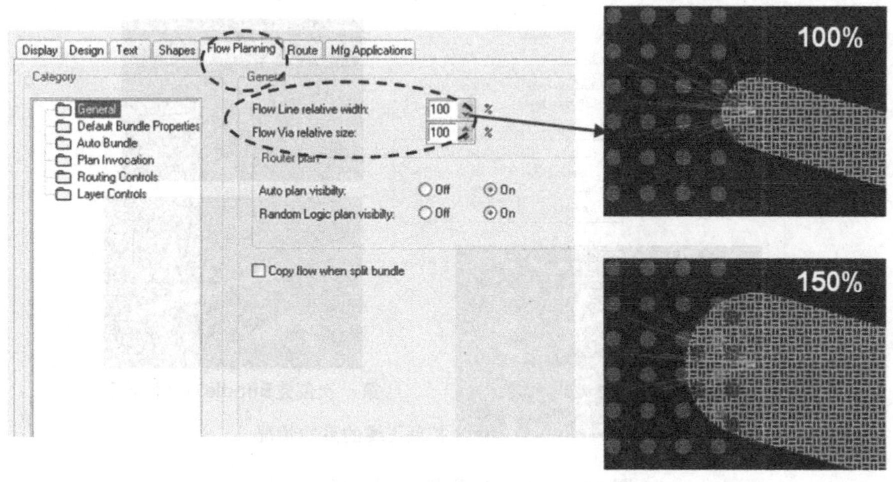

图 12-7　General 选项组设置

设置对整板的所有 Bundle 和 Flow 都生效，也就是说，所有的 Bundle 和 Flow 只能使用统一的设置。

图 12-8 所示为 Bundle 的名称设置，也可以针对单独的 Bundle 设置特殊的名称。

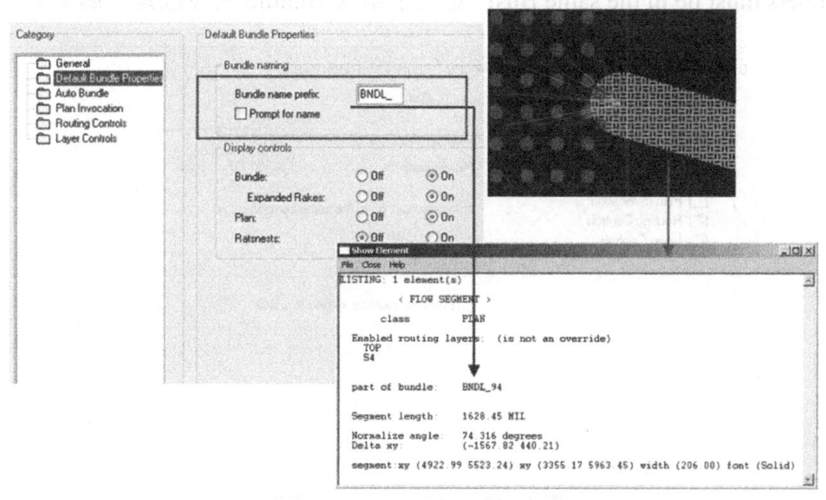

图 12-8　Bundle 属性设置之名称设置

图 12-9 所示的 Bundle 显示控制只针对设置后新创建的 Bundle，也就是说，设置之前已经存在的 Bundle，不受这个选项的控制。

比较有用的一个选项是 Expanded Rakes，该选项用于控制器件和 Bundle 之间的飞线显示，设置为 Off 的时候，飞线的显示如图 12-7 和图 12-8 所示，能看到所有的连接都是顺畅的，这不是真实的情况，只表明了两者之间有多少飞线。如果这个选项设置为 On，则如图 12-9 所示，两者之间的飞线是真实的连接情况，能看到这些线是顺畅或者不顺畅的。该选项建议设置为 On，这样在规划 Flow 时，方便工程师研究真实的布线情况。

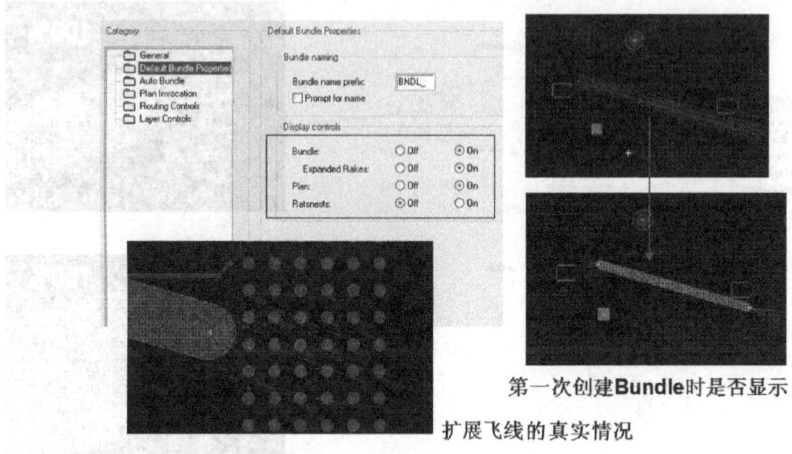

图 12-9　Bundle 属性设置之显示控制

图 12-10 所示是关于自动 Bundle 的设置。

- Minimum Rat Count：定义了组成一个 Bundle 的最小飞线数量，默认是 5。
- Pin proximity：定义了组成 Bundle 的引脚之间的最远距离。
- Members must go to the same component at：定义了组成 Bundle 的飞线是否属于同一器件。
- Members must be in the same Bus：定义了组成 Bundle 的飞线是否属于同一组总线。

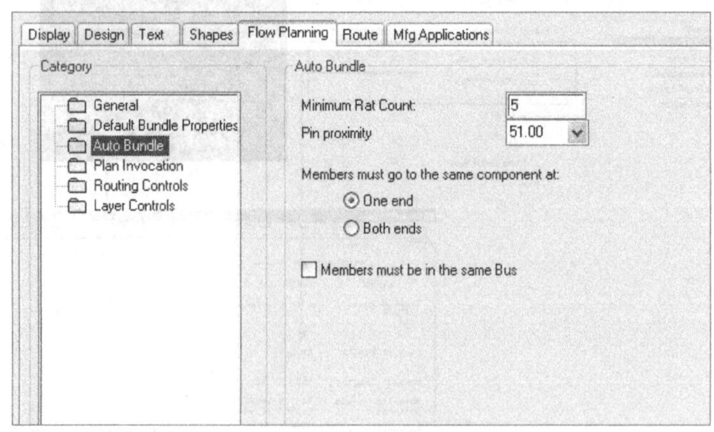

图 12-10　自动 Bundle 的设置

12.2.2　处理 Bundle

GRE 处理的基本元素就是 Bundle，需要软件能合理快速地创建 Bundle，方便地编辑管理 Bundle。由于 Bundle 是设计基本元素 Rats（飞线）的集合（见图 12-11），可以基于 Bundle 直接进行布线规划，设置规则。

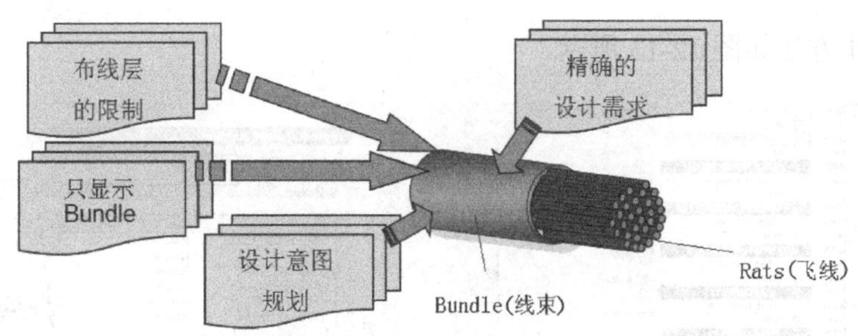

图 12-11 Bundle 和 Rats

创建 Bundle 的方法很多，比较常用的是自动创建、手工创建和通过约束管理器创建。

1. 自动创建 Bundle

首先正确定义 Auto Bundle 的设置，然后在右键快捷菜单中选择 Auto Bundle All 命令，GRE 就可以按照之前的设置在整板范围内创建 Bundle。对高速要求不是很高的板子，Auto Bundle 可以提高创建效率。对高速要求比较高的板子，也可以采用以自动创建为主，然后手工检查编辑的方式。

2. 手工创建 Bundle

手工创建 Bundle 的方法如图 12-12 所示，选择目标网络后，右击，在弹出的快捷菜单中选择 Create Bundle 命令即可。

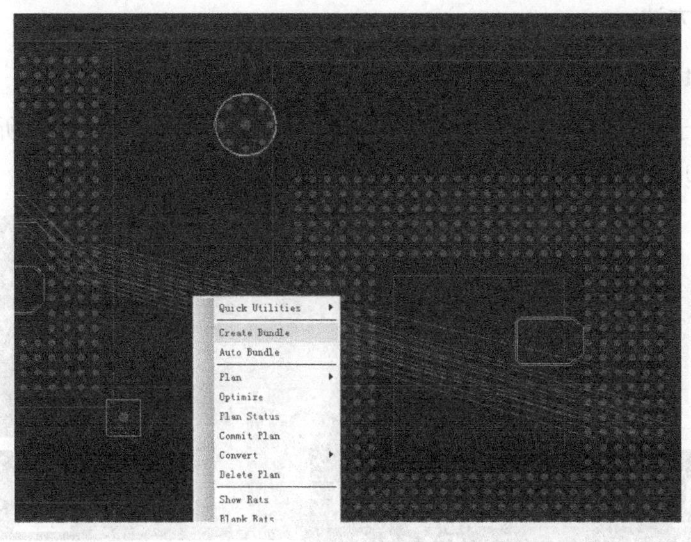

图 12-12 手工创建 Bundle

手工创建 Bundle 的要点是如何选择目标网络，这时可以综合利用打开/关闭飞线显示功能，以及按照网络名选择飞线等技巧。

3. 通过约束管理器创建 Bundle

该方法是最实用的方法，可在自动创建的快捷和手工创建的准确中找到一个折中平衡点，具体的操作方法如图 12-13 所示。

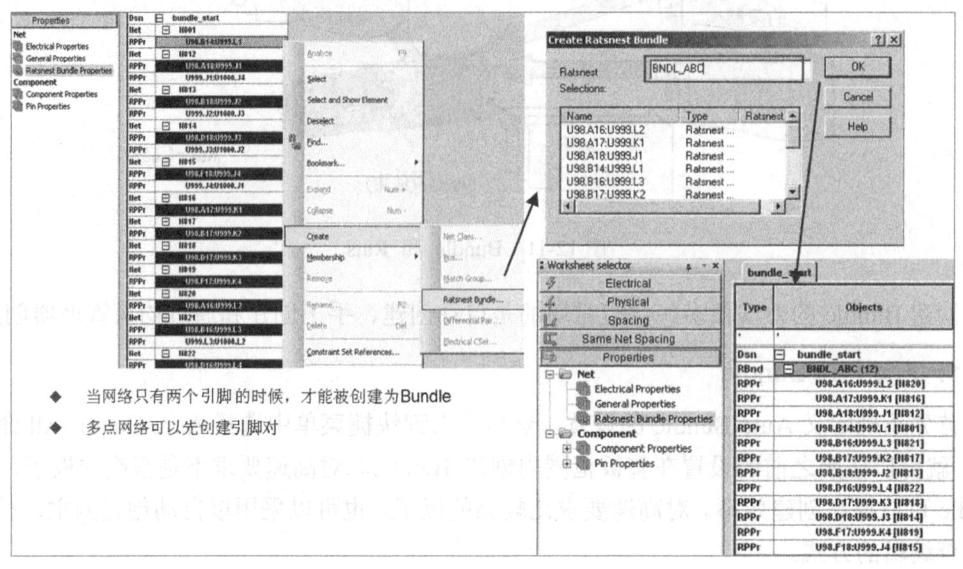

图 12-13　通过约束管理器创建 Bundle

一个比较实用的方法是，基于现成的高速设计本身所定义的 Bus、Match Group 和 Class 来创建 Bundle，这样可以大大提高效率。所以，通过约束管理器创建 Bundle 是一个推荐并且经常被采用的方法。

4．基于 Net Group 自动产生 Bundle

该方法是基于原理图或约束管理器中设定的 Net Group 最底端的层次所包含的网络，自动产生 Bundle 的。具体的操作方法如图 12-14 所示。

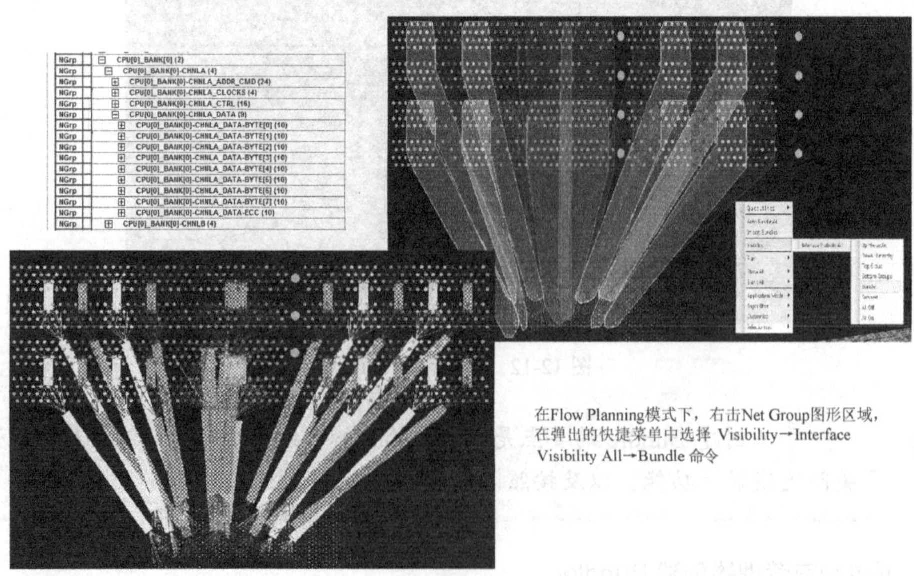

图 12-14　基于 Net Group 自动产生 Bundle

这种产生 Bundle 的方式，是基于电气特性的、最为合理的一种方式。而且所有的设计都是基于电路的 Net Group 的设定自动产生的，不需要手动创建和编辑。

5. 编辑 Bundle

GRE 提供了一些命令来对 Bundle 进行编辑，如图 12-15 所示。

- Edit Bundle：可以把 Bundle 之外的飞线加入 Bundle。
- Split Bundle：可以把 Bundle 分成两部分。
- Delete Bundle：删除 Bundle，变回飞线。

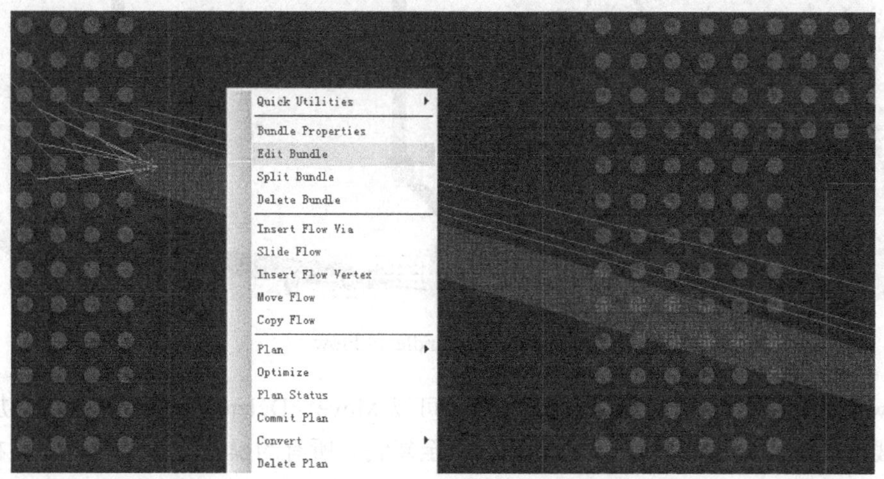

图 12-15　对 Bundle 进行编辑的命令

图 12-16 所示为 Spilt Bundle（拆分 Bundle）的步骤，编辑、拆分、删除 Bundle 都是非常方便的，大家稍微试一下就可以掌握。熟练掌握 Bundle 的处理是使用 GRE 的基础。

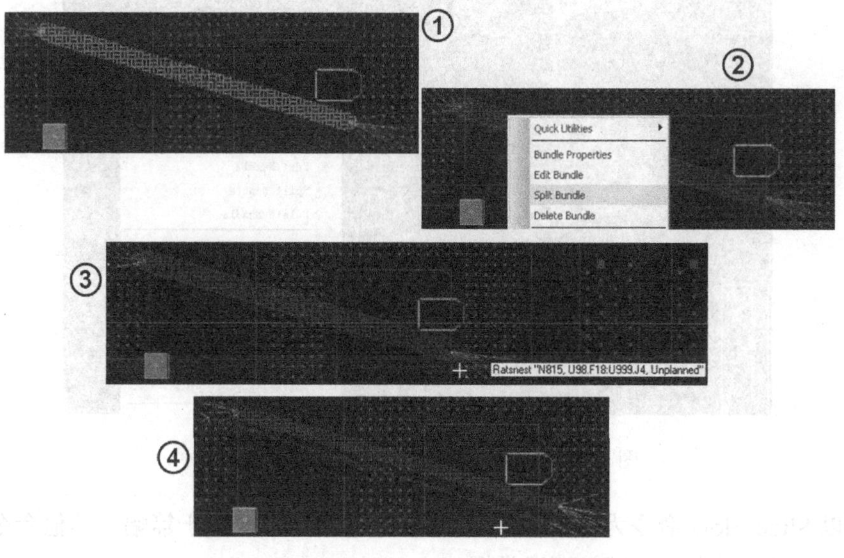

图 12-16　拆分 Bundle 的步骤

12.2.3 规划 Flow

Flow 是 Bundle 的图形表现方式，Bundle 的大小决定了 Flow 的粗细，也可以定义 Flow 的布线路径，包括层和层之间的转换等。Bundle 刚生成时，它的图形是网格状的，定义了 Bundle 的 Flow 之后，也就是编辑 Bundle 之后，Bundle 就变成实心的。如图 12-17 所示，左边是上述介绍的 Bundle，右边是进行了层面、布线路径、打孔位置等规划之后的 Flow。

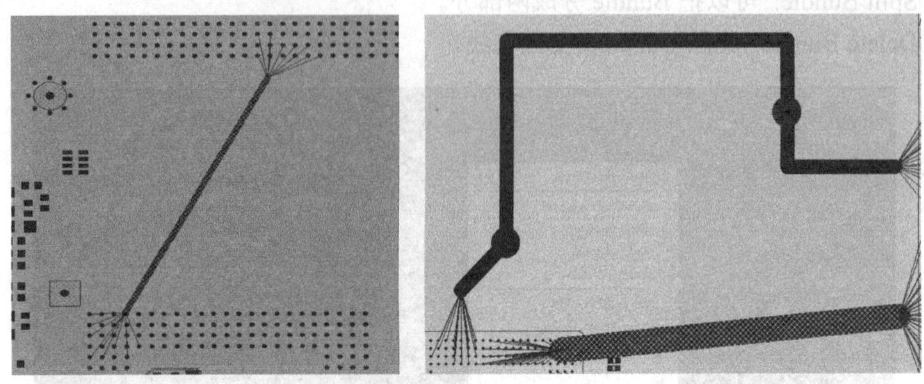

图 12-17 Bundle 和 Flow

Flow 的操作，就如同 Etch 的操作一样，可以 Move、Delete、Slide、Vertex、加过孔、指定布线层（Bundle 的布线层）、加拐角，甚至复制。所有的操作，都可以通过从右键快捷菜单中选择相应的命令来实现，如图 12-18 所示。如果觉得 Flow 规划得比较乱，想恢复最初的 Bundle 的形状，可以选择 Restore Default Flow 命令，取消所有的规划，回到 Bundle 的最初形态。

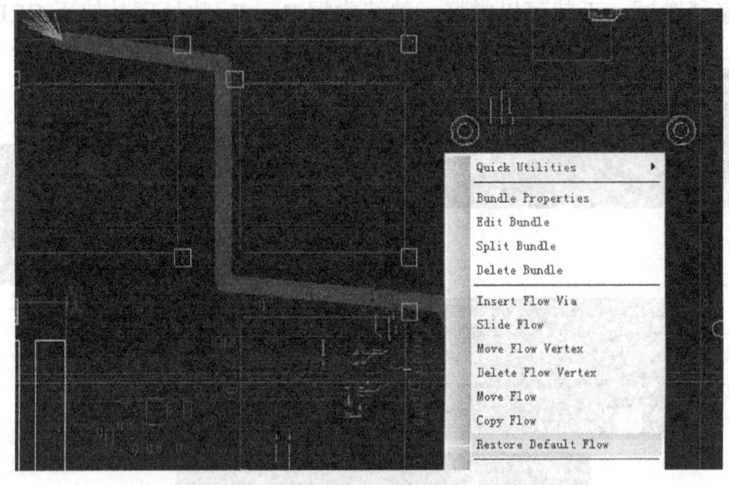

图 12-18 和 Flow 相关的右键快捷菜单命令

下面以 Slide Flow 命令为例，介绍对 Flow 的编辑处理。限于篇幅，其他命令就不一一介绍了，大家只要稍微试一试就可以掌握。

- 把鼠标指针移到 Flow 的上方。

➢ 右击，在弹出的快捷菜单中选择 Slide Flow 命令。

➢ 按住 Shift 键的同时单击需要移动的线段。

具体的操作如图 12-19 所示。

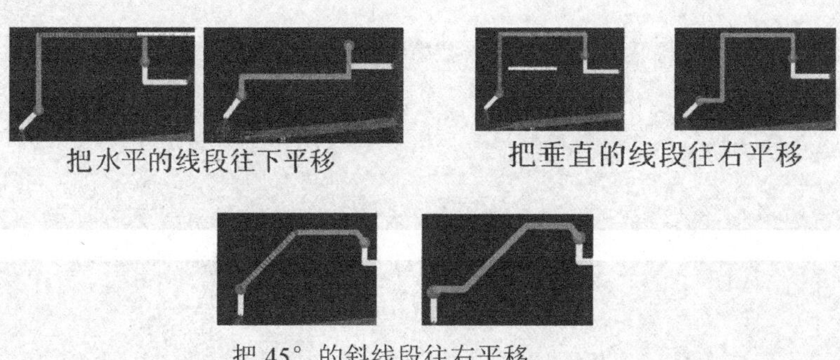

把水平的线段往下平移　　把垂直的线段往右平移

把 45° 的斜线段往右平移

图 12-19　对于 Flow 进行平移操作

对于规划 Flow，相关的操作命令和方法非常容易掌握，用起来也非常方便。规划 Flow 的关键是 PCB 工程师对布线的掌控能力，也就是常说的布线经验。在布线规划方面，笔者有以下经验和大家分享，由于 GRE 是一个新的功能，需要大家多体会。

- 仔细考虑把哪些线做成一个 Bundle 进行布线规划，尽量考虑细致，避免把太多的 Rats 组成一个 Bundle，如 64 位数据总线，若布线拓扑及方向一致，就把 64 位 Rats（飞线）一起组成 Bundle，给这个 Bundle 分配两层以上的布线层，试图让软件去计算，智能地分配哪些线走在哪一层。这样的做法对软件的计算能力是一个巨大的挑战。正确的方式是根据芯片（一般是 BGA）的引脚分布及自己的布线经验，确定哪些线可以在同一层布线，然后把这些线做成一个 Bundle。

除了定义好的换层，同一个 Flow 线段尽量不要在超过两个以上的布线层分配。

- 控制 Flow Via 的数量，芯片侧需要先进行扇出，这样 Flow 路径上的 Via 就会减少。GRE 要求所有的表贴器件都首先要有扇出，如果使用 Create Fanout 或 Fanout by pick 功能，则 Allegro 会在扇出上自动加上属性，GRE 会认识这个属性。如果手动扇出，那么可以用 Mark Fanout 命令来设置 Fanout 属性。

除了扇出，Flow 上的 Via 数量最好不要超过两个。

- 关注 Gather Point。如图 12-9 所示，把 Expanded Rakes 设置成 On，这样就能看到真实的飞线情况，规划时，可以看到不同的布线路径，布线顺畅与否。如图 12-20 所示，上图的路径导致布线比较曲折，下图在更改布线路径之后，布线变得非常顺畅。

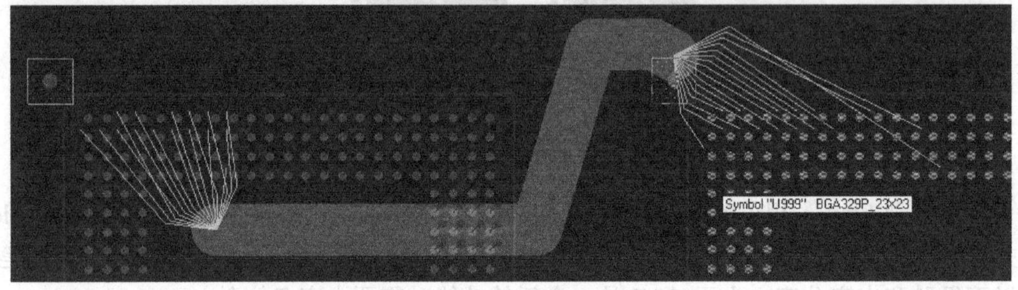

图 12-20 关注 Gather Point

注意 Gather Point 和引脚之间的距离，适当远一点，有利于 GRE 进行规划。

正如之前提到的一样，规划 Flow 需要实际的布线经验，Bundle 和 Flow 既然是 Rats 的提炼浓缩，规划的时候，也就当作真实布线来进行，只是换成用线束来布线。以这样的思路，GRE 就没有什么神秘的，很容易掌握。

12.2.4 规划验证

规划验证是指 GRE 软件按照工程师之前做好的 Flow，通过软件的算法来计算空间、拓扑、等长规则等，从而实现自动规划。即使我们最终打算通过手工布线来实现规划，并不想进行自动布线，规划验证功能也可以帮我们初步检查之前的规划是否合理，哪些地方是可以优化的。

规划验证又称 Plan，主要分为三步：空间规划（Spatial Planning）、拓扑规划（Topological Planning）、精确规划（Accurate Planning）。在 Plan 的过程中，GRE 会给出对话框，显示 Plan 的过程及重要信息，如 DRC 等，这些信息可以帮助工程师分析 Plan 是否满足要求。注意：尽管 GRE 允许直接进行精确规划，但笔者还是推荐按照顺序进行。如做完空间规划之后，用户就可以看到空间的利用情况，据此决定是否需要加层，或是否需要做 Swap Pin 等。在拓扑规划后，用户可以检查是否违反物理规则，是否需要增加或减少 Bundle 的成员，或是调整 Flow 的路径等。总而言之，如果一次只做几个 Bundle 的 Plan，然后按照流程做整板的 Plan，会得到更好的布线结果。

总之，规划的过程需要 PCB 工程师的参与，也需要工程师具备丰富的经验。

- 工程师用经验和 GRE 进行沟通。
- 将通过布线器的算法得到的结果反馈给工程师。
- 根据这些反馈，工程师基于自己的判断调整一些设置。

当用户在对设计进行规划的时候，了解关于 GRE 的处理技巧是很关键的。GRE 的算法是基于以下顺序进行求解的：首先初步计算初始的连接，然后通过反复重新规划来解决冲突，最后使用推挤的方式来解决冲突。需要特别关注的是推翻重新规划这个阶段，用户可以选择对整个 Bundle 推翻重新计算，也可以选择 Bundle 中的一部分来进行。较常见的情况是，用户会发现 Bundle 的大部分网络已经规划成功，只是部分地方还有冲突，这时用户只需要做很小的改动，如稍微移动器件，然后对没有规划成功的部分网络进行重新规划，这样能节约规划的时间，提高效率。规划涉及的一些步骤选项如表 12-1 所示。

表 12-1　规划涉及的一些步骤选项

选择	布线（Flow）	走线（推挤）
Bundle	X	X
Bits of Bundle	Rip-up itself but not other members of the bundle	X

在 Plan 的过程中，会给出一个 Plan Accurate Progress 对话框，它提供了 Plan 的进度、状况，也可以停止 Plan 的进程，如图 12-21 所示。

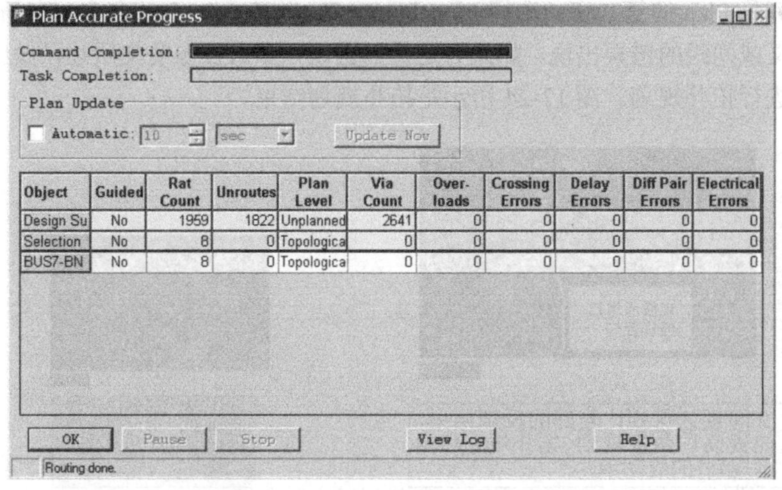

图 12-21　Plan Accurate Progress 对话框

Plan Status 是一个分析工具，如图 12-22 所示。选择某一个 Bundle，然后右击，在弹出的快捷菜单中选择 Select 命令，屏幕就会自动显示整个 Bundle，DRC 提示会显示错误的地方。若右击某个 Bundle，在弹出的快捷菜单中选择 View Errors 命令，则会有另一个对话框显示出错的内容。

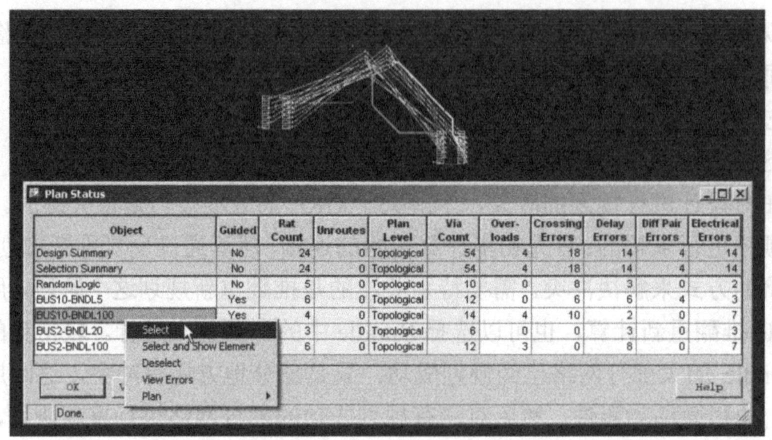

图 12-22　Plan Status 工具

1．空间规划

这是 Plan 的第一步，选择 Flow Plan→Plan→Spatial 命令。如上所述，用户可选择全板做 Plan，也可只选择几条 Bundle 做 Plan。空间规划是对器件的摆放及空间利用状况的一个很好的反馈。Plan 之后的线是一个大概的走线，不是 Etch，所以这时还不能把它们变成 Cline（Etch）。图 12-23 所示是空间规划结果。做完之后，如果只有很少的错误，那么下一步 Plan 就有可能是成功的。相反，如果有很多的错误，就要调整 Bundle 的走向、约束规则等。

2．拓扑规划

拓扑规划是 Plan 的第二步，选择 Flow Plan→Plan→Topological 命令。在拓扑规划之后，应该没有交叉或间距的错误出现，如果有这样的错误，那么要像前文所述，做出必要的修改之后再重新进行拓扑规划。图 12-24 所示是拓扑规划结果。

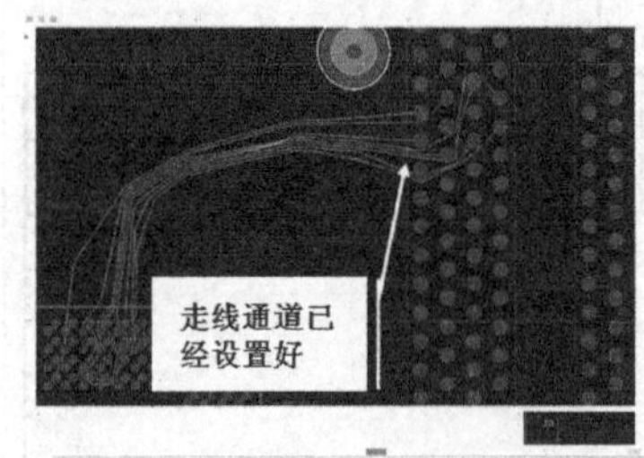

空间规划得到比较好的反馈结果，能提高后两步规划（拓扑规划和精确规划）的成功率

图 12-23　空间规划结果

拓扑规划得到比较好的结果，可以提高精确规划的成功率

图 12-24　拓扑规划结果

3．精确规划

精确规划是 Plan 的最后一步，即对细节进行详尽的规划。这个规划对所有的规则包括物理规则、电气规则都做了考虑。如果对这个规划的结果满意，就可以把 Plan 变成 Cline，可使用 Commit Plan 命令实现。图 12-25 所示是精确规划之后得到的实际布线结果，已经按照等长规则进行了绕线。

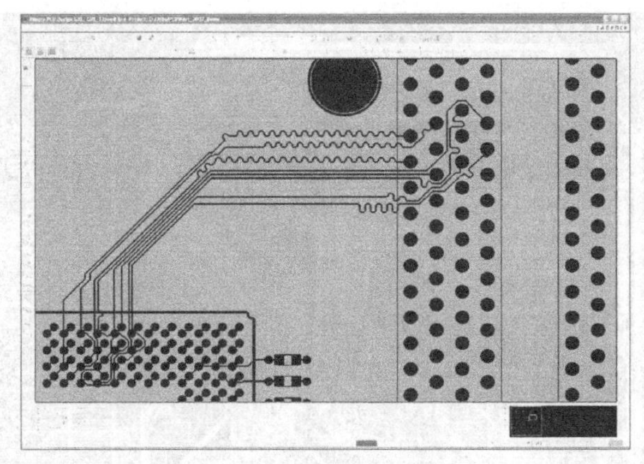

图 12-25 精确规划结果

4. Commit Plan（确认规划）

GRE 完成了规划之后，下一步工作就是把规划的 Flow 转化成 Etch（Cline），也就是确认和转化的过程。确认和转化之后，就可以按照正常的流程对 Cline 操作了。但要记住，确认和转化（Commit）的命令是不能返回的，虽然可以通过选择 FlowPlan→Convert→Topological 命令或 FlowPlan→Convert→Spatial 命令把 Cline 转化回拓扑规划或空间规划，但还是建议在确认和转化（Commit）之前做好备份。Commit Plan 命令可以是对整个 PCB 的，也可以是对某一个或几个 Plan 的。选中某个 Plan 后，右击，在弹出的快捷菜单中选择 Commit Plan 命令，如图 12-26 所示。

当然，可以把整板都做 Commit Plan，图 12-27 所示是把前面提到的 demo 板（演示板）上所有的 Plan 都做了 Commit Plan 之后的示意图。最后的步骤就是 Cleanup，也就是优化。选择 Setup→Application Mode→Etch Edit 命令，即可对 Etch 进行操作，如加蛇形走线、直角变成圆弧等。

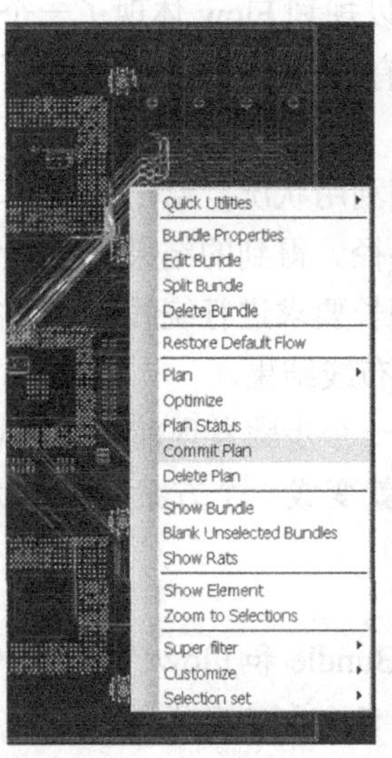

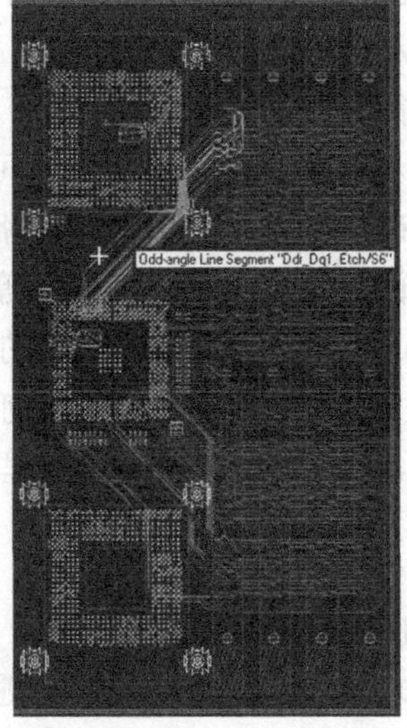

图 12-26 局部 Commit Plan

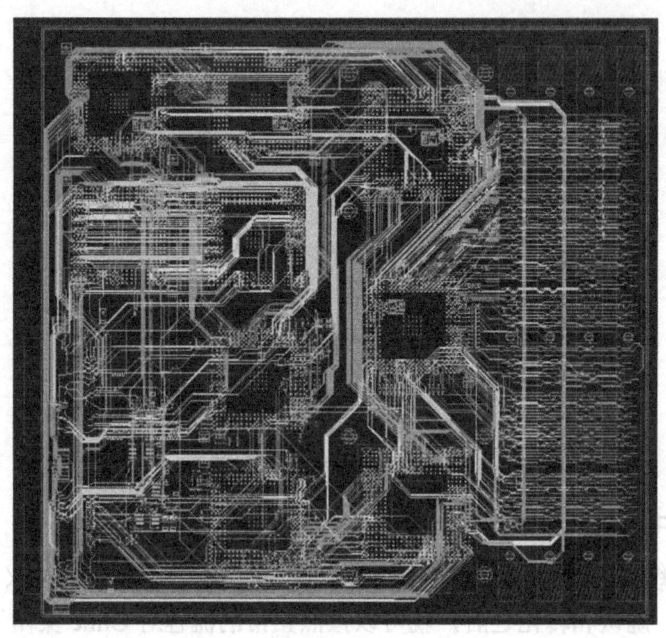

图 12-27 整板做 Commit Plan 结果

12.3 高级布局布线规划流程

高级布局布线规划流程，可以总结如下。

- 创建 Bundle 是 GRE 的核心，Bundle 是操作的基本元素，合理地创建 Bundle 可以提高布线成功率。
  - ➢ 自动创建 Bundle。
  - ➢ 手工创建 Bundle。
- 基于 Bundle 进行布线，就是 Flow，所以规划 Flow 体现了一个 PCB 工程师的布线功底，对于 Flow 的操作也和布线类似，有 Move、Slide、Copy、Delete、Vertex、打孔换层等各种功能。
- 空间规划，初步规划器件的摆放及空间利用状况，给出布线的草图。
- 拓扑规划，精确规划布线通道和布线路径。得到的结果已经类似于正常的布线了。
- 精确规划，全面考虑电气规则，按照等长要求进行绕线，得到符合要求的布线结果。
- 确认规划（Commit Plan），得到最终的布线结果。

GRE 的设计流程如图 12-28 所示，在任何一个步骤发现前期的规划需要优化调整，可以随时回到之前的步骤。这样，烦琐的布线过程就变成一个方案的调整优化过程，当方案成熟的时候，布线就完成了。

对 GRE 的使用也可以只利用 Bundle 和 Flow，有经验的工程师通过 GRE 整理，实现对布线的规划，然后进行全手工布线。

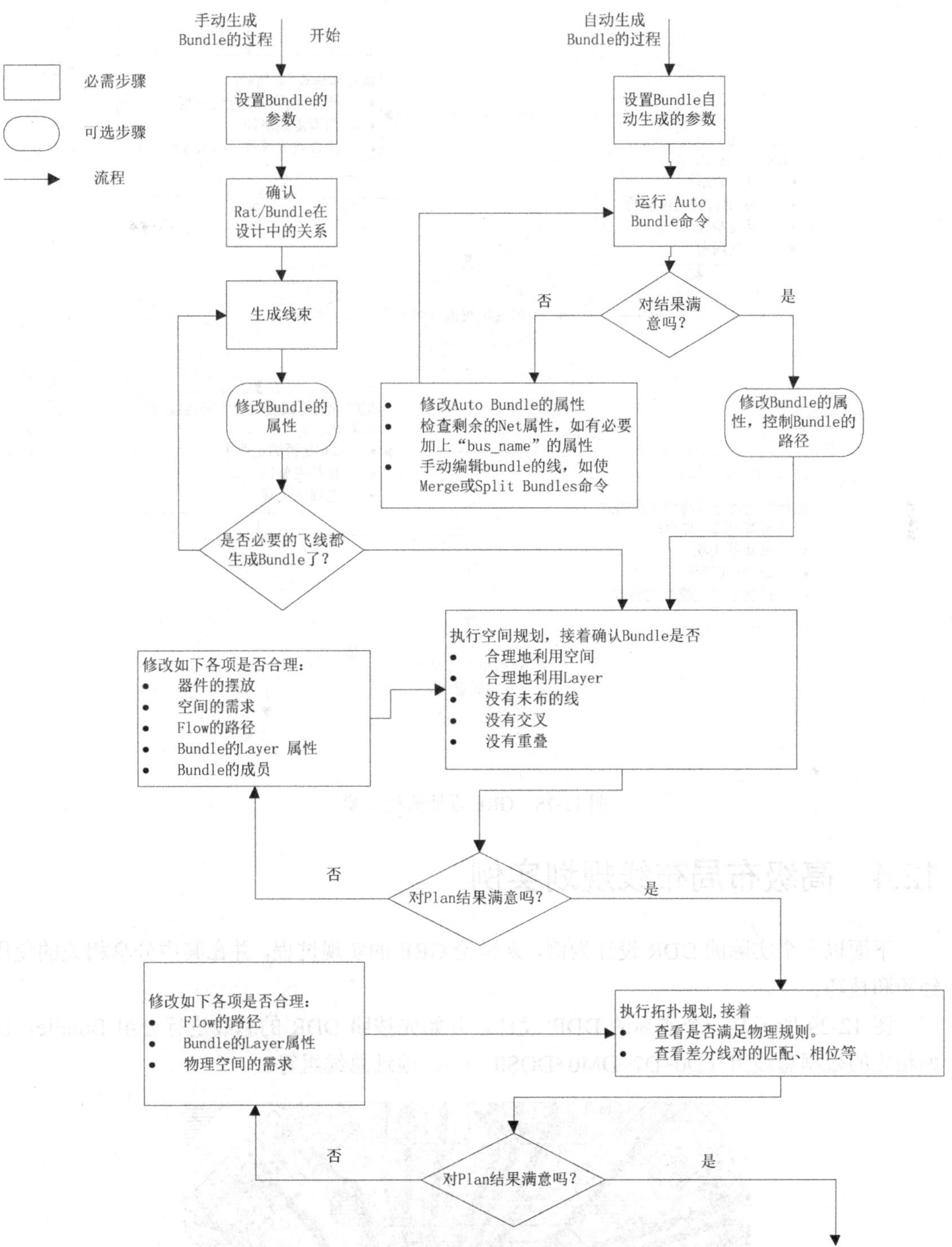

图 12-28 GRE 设计流程

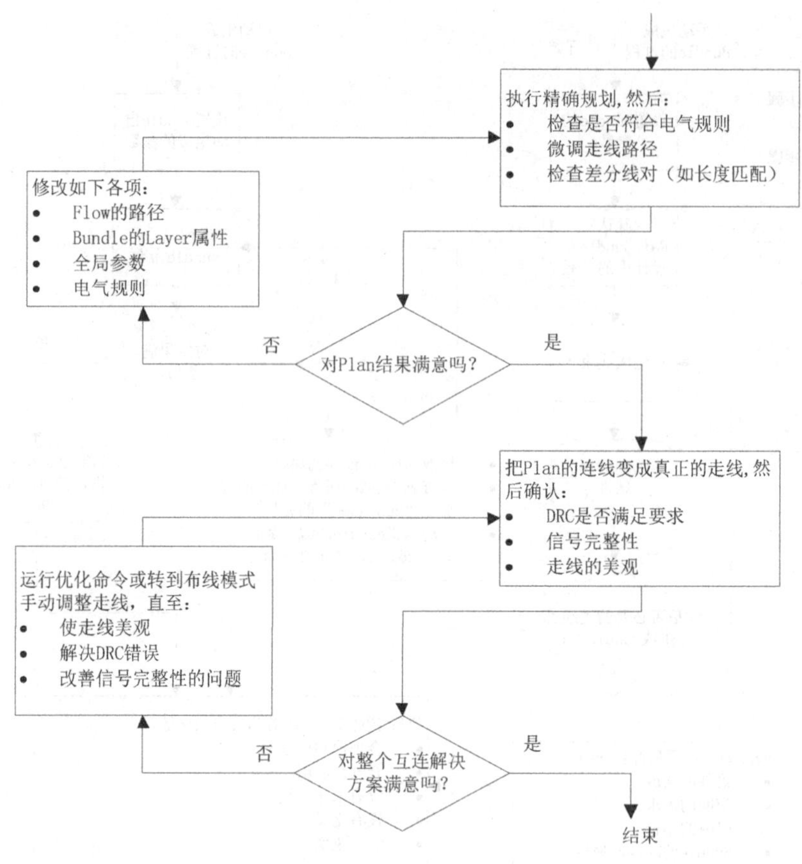

图 12-28 GRE 设计流程（续）

12.4 高级布局布线规划实例

下面以一个实际的 DDR 设计为例，来讨论 GRE 的实现过程，并在其中分享相关的使用经验和技巧。

图 12-29 所示是一个实际的 DDR 设计，开始先按照 DDR 的总线进行分组 Bundle，比如相应的数据总线组（D0~D7+DM0+DQS0+…）、地址总线组等。

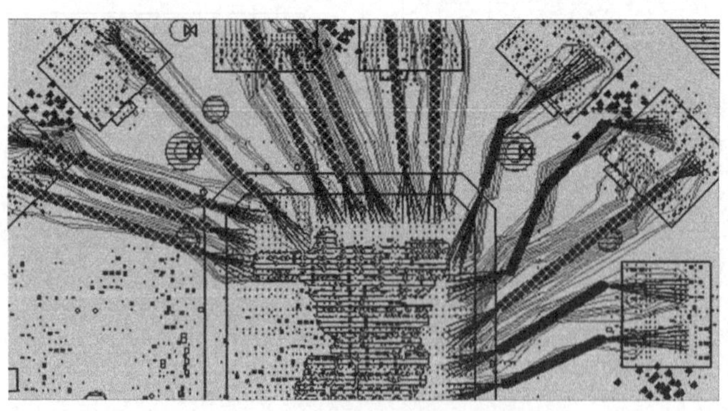

图 12-29 DDR 数据总线分组 Bundle

然后分配每个 Bundle 的布线层，以及定义布线的路径，这些都是按照工程师布线的经验进行的，要考虑布线通道。最复杂的部分就是和芯片（BGA 引脚）连接的部分，因为这里的布线资源最紧张。规划好 Flow 之后，先利用空间规划对布线资源做初始评估，这一步得到的结果好坏，对 GRE 规划是否成功影响很大。通常情况下，规划出来的布线并不是很理想，如图 12-30 所示。这个时候的策略是对每个组分别进行分析，看看哪些地方规划得不合理，是不是 Bundle 设置得不合适，层面资源不够，一个组的错误修复之后，再处理另一组。

优化的方式有：

- 对整个 Bundle 进行重新规划。
- 对特定的网络进行重新规划。

目的是解决所有规划的不合理和冲突问题。

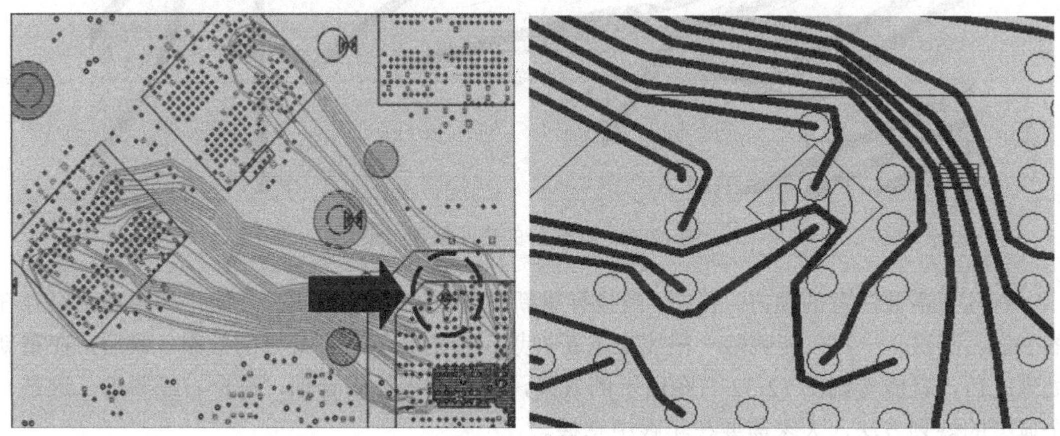

图 12-30　对空间规划布线结果进行分析

在这个例子中，笔者的主要目标是解决高亮网络存在的问题，但是即使笔者只考虑这一个网络，同一个 Bundle 的其他网络也会相互影响，互相推挤。在这里，笔者删除了 5 根线进行重新计算，具体的步骤如下：

- 删除 Plan 存在问题的网络。这个例子删除了 5 根线。
- 先修复高亮有问题的网络。
- 重新规划剩下的 4 根线。

最后得到了图 12-31 所示的比较好的空间规划结果。

想想为什么笔者并没有增加布线资源，没有调整布局？

➢ 提高了布线器对问题网络处理的优先级。

➢ 推挤功能。

还有个空间规划中常见的问题就是邻近的网络互相错位缠绕，看起来不太顺畅，而笔者不希望实际的布线出现这种情形，如图 12-32 左图所示。

优化的方法如下：首先，把包围其他引脚和网络的 Plan 删除；其次，重新规划其他的 Plan，优化的时候，GRE 软件自动进行清理；最后，重新规划被删除的 Plan。

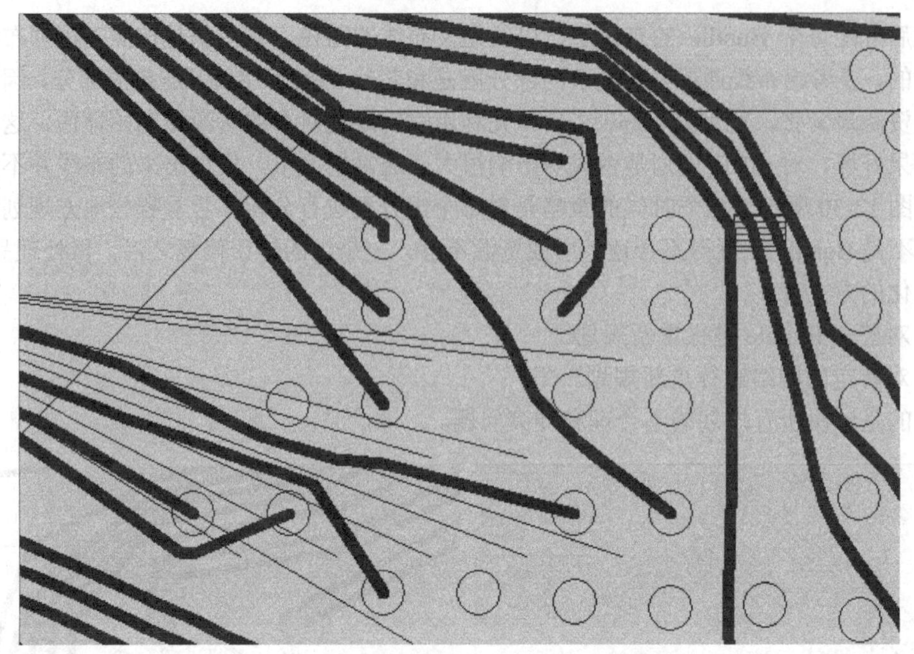

图 12-31　比较好的空间规划结果

有几点需要注意的地方，首先，当执行重新规划的命令时，GRE 会优化和清理已经存在的 Plan。其次，一次只能删除一根线来重新规划，否则会得不到最好的效果。最后，在重新处理之后，就能看到图 12-32 右图所示的效果，规划变得比较合理，符合布线要求。这是一个典型的规划方法，大家需要在实践中掌握。

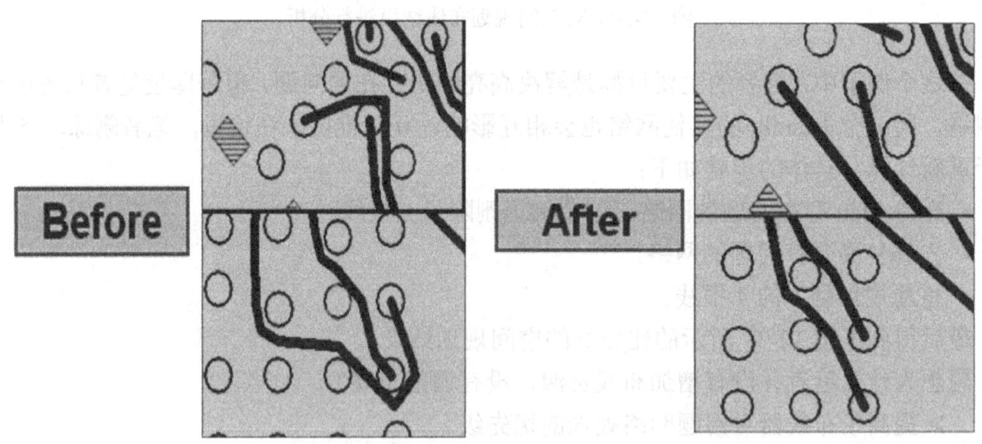

图 12-32　优化邻近网络互相错位缠绕的 Plan 的方法

经过之前步骤的精心处理，现在看起来所有的规划都很不错，如图 12-33 所示，符合实际布线需求，可以放心进入下一个流程。

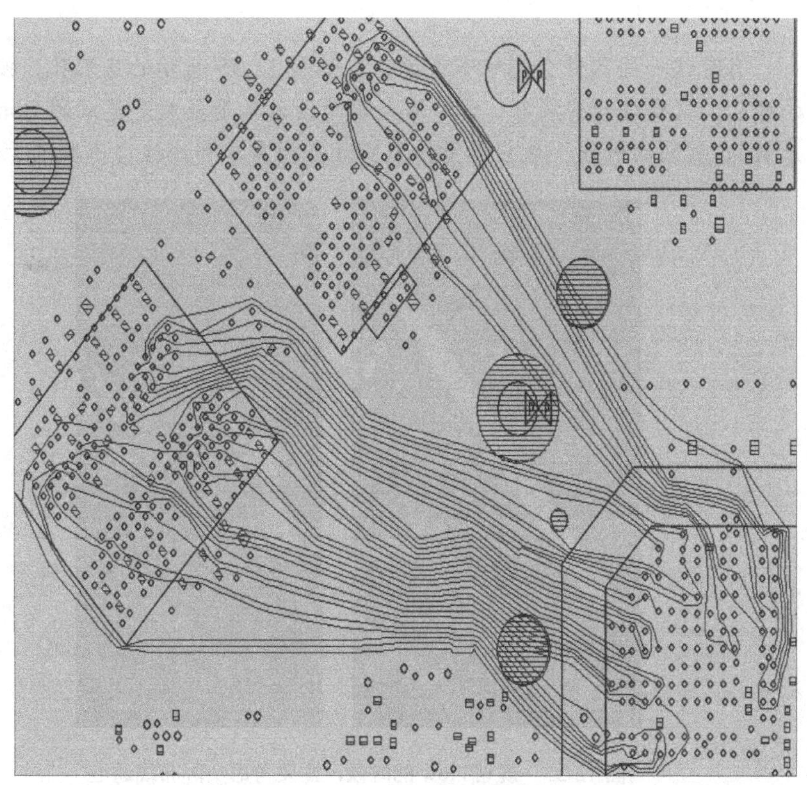

图 12-33　优化后的规划结果

还有一些其他的小技巧，如图 12-34 上图所示，看起来规划的结果也不错，但是和 BGA 引脚相连的 Plan 还可以优化，即不要把太多的网络放到一个 Bundle 中。我们可以试图在空间规划的过程中把 Bundle 拆分成两组，如图 12-34 下图所示，规划后得到更合理的结果，不仅 BGA 引脚显得更加合理，而且有更多的空间可以绕等长。

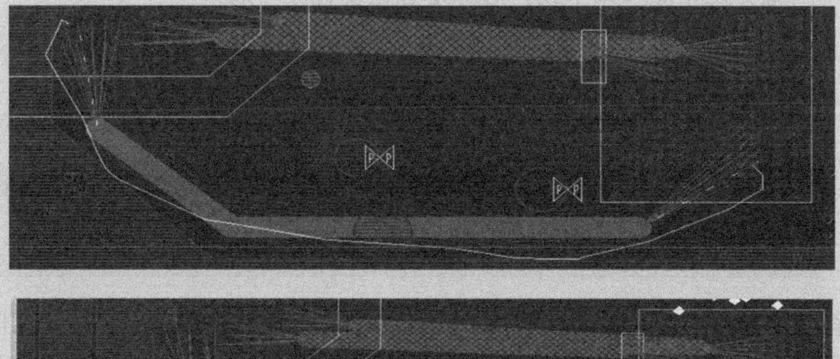

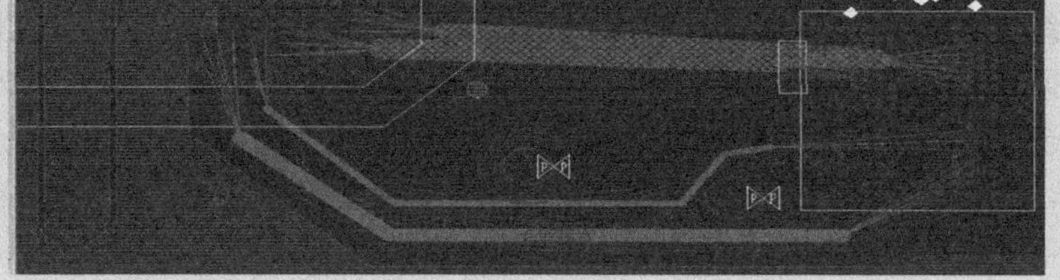

图 12-34　规划过程中拆分 Bundle

有时候一些器件会影响布线通道，如图 12-35 所示的安装孔，按照布线的经验，需要绕开安装孔，这个给大家的提示就是虽然是集成的 Bundle（线束），在规划的时候，也应尽量按照实际布线需求和经验，不要过于随意。

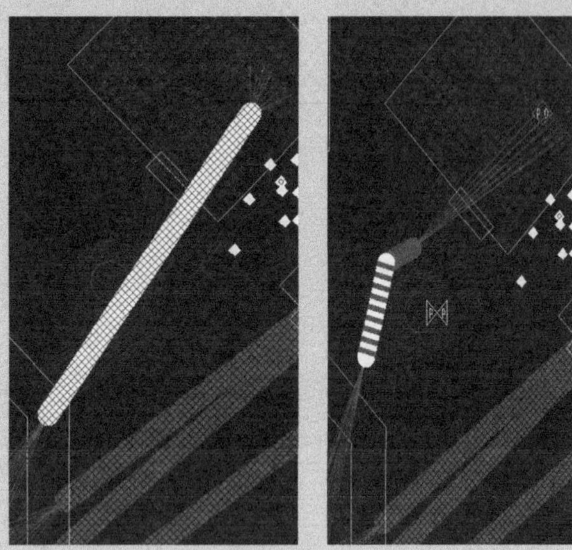

图 12-35　规划 Flow 的时候，需要考虑实际布线通道

有时候大家在掌握以上方法之后，还是不能很好地应用 GRE，其实最重要的一个问题是布局。有经验的工程师在布局的时候会注意尽量合理，会认真考虑布线通道，但是，总会有疏忽的地方，需要在手工布线的时候加以调整优化。GRE 虽然是自动化智能布线软件，却无法推翻或者优化我们的布局，只能在我们设定好的条件（布局和 Flow）下进行计算。所以，软件给出了提示，比如某些位置计算时间很长，结果不是最优的，甚至存在 DRC 的时候，需要设计者人工干预，思考是否需要优化布局。

GRE 也可以支持 Partition（分区同时协作），可以多人同时进行，这时候有两种思路，一是项目负责人对全局进行规划，然后分配给组员进行协同布线，这种模式适合经验丰富的设计者带领助手进行设计；二是在板子分好 Partition 之后，大家各自对自己负责的区域进行规划，再把规划合并，这种模式适合经验丰富的设计者共同完成一个大项目。

总结：正如开篇的时候所介绍的，传统的自动布线器由于种种原因，实际上没有太大的发展空间，PCB 工程师只能辛辛苦苦、日复一日地进行烦琐的手工布线。在刚开始使用 GRE 时，由于经验不足，会有很多琐碎的事情需要人工干预，需要手工处理，就觉得有这个时间和精力，还不如手工布线。实际上正如布线是一个需要时间来积累经验的工作一样，GRE 的使用也需要积累经验。当熟悉了 GRE 的处理规律，同时积累了足够多的经验的时候，可能你做好的 Bundle 和 Flow 在规划的时候一次就得到了最优的结果。这时候效率得到了提升，工程师就可以真正从布线的烦琐劳动中解脱出来，去关注更有价值的领域。

即使当前没有太多时间学习规划的技巧，Bundle 和 Flow 也是很有用的工具，尝试去使用它们，在设计前期把自己对于布线的规划具体化，对设计效率和设计质量的提升都会有很大的帮助。并且这些思路还可以被保留下来，让你在今后的修改设计中重新回忆起最开始的布线规划。

总结：先使用 Bundle 和 Flow 功能来提升自己的布线规划能力，理清思路，然后尝试提升自己的 Plan 能力，最终达到完全掌握 GRE 的目的。

12.5　自动互连技术 Auto-I.XX

自动互连，顾名思义就是自动把网络连接起来。读者可能会问，不是前面已经介绍了 GRE 的规划、验证、实现等功能了，为什么还要介绍自动互连技术 Auto-I.XX。大家从前文的介绍中可以了解到，GRE 的规划和验证，是基于计算机的算法而产生的走线，走线的合理性和美观程度都不令人满意。例如，BGA 的 Breakout 的形式并不符合设计要求；一组走线的间距虽然满足了 DRC，但并不是所要求的均匀的间距；在 BGA 做 Breakout 的时候，出线不太顺畅，能否交换引脚，使得出线更顺畅……这时可以应用自动互连技术 Auto-I.XX。Auto-I.XX 技术是对 GRE 的补充，也可以单独作为提高设计效率的一种新工具。

图 12-36 中圈出的即本节将会介绍的 Auto-I.XX 的功能。含有“（Prototype）”的功能，需要基于规划（Plan）后的 Flow 才能实现。

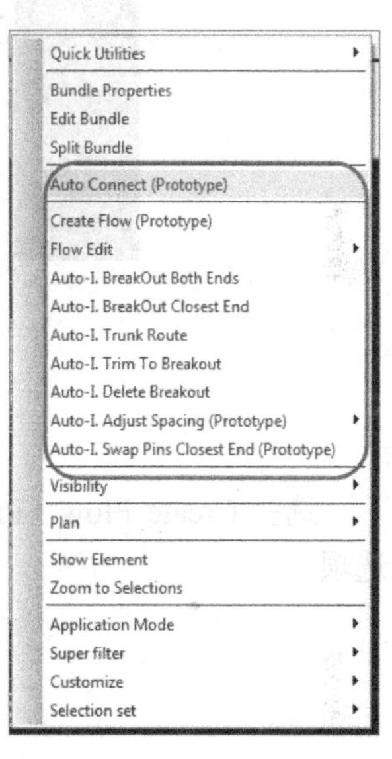

图 12-36　Auto-I.XX 的功能

12.5.1　Flow 的快速创建及连接

Flow 的创建通常是基于 Bundle 的规划而产生的，但是 GRE 系统也能基于网络快速创建 Flow，并且在创建 Flow 的同时完成自动连接，或者实现网络两端的 Breakout，甚至能够基于已有的走线自动调整走线的间距及走线的路径。

1．快速创建 Flow

创建 Flow 主要有两种应用：

- 规划未连接走线的 Flow，右击飞线（Ratsnests），在弹出的快捷菜单中选择 Create Flow（Prototype）命令，如图 12-37（a）所示。
- 修改当前已有走线，改变走线的路径，右击走线（Cline），在弹出的快捷菜单中选择 Create Flow（Prototype）命令，如图 12-37（b）所示。

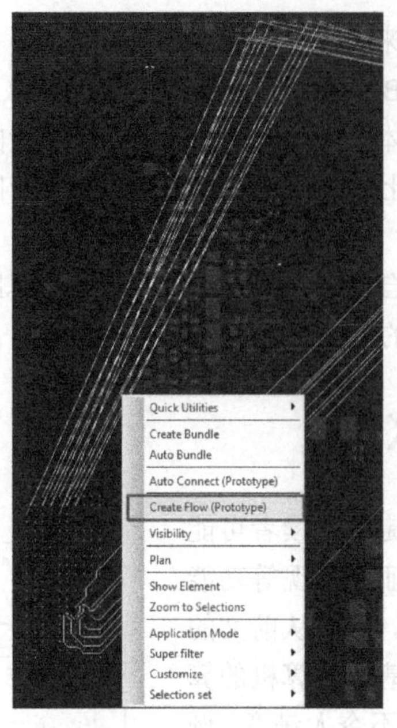

（a）飞线

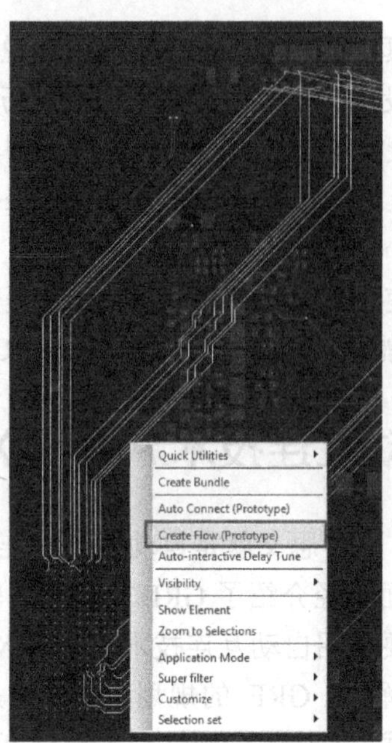

（b）走线

图 12-37　创建 Flow

选择 Create Flow（Prototype）命令以后，在图 12-38 所示的 Options 面板中设置相应的选项。

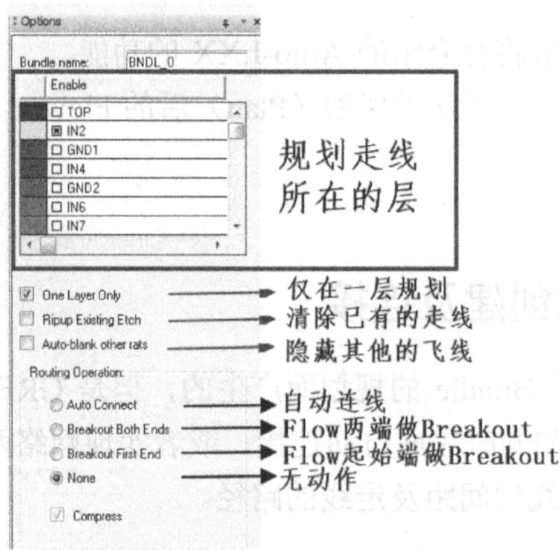

图 12-38　创建 Flow 相关的选项

2．自动连接 Auto Connect

Auto Connect 与前文所述的 Plan 功能完全不同，Plan 需要创建 Bundle，规划 Flow，经空间规划、拓扑规划、精确规划和确认规划以后才能变成真正的走线。而 Auto Connect（Prototype）命令运行后的结果直接是走线。

Auto Connect（Prototype）命令可以对一根或一组飞线（Ratsnests）进行操作。其结果是基于算法自动完成连接，如图 12-39 所示。

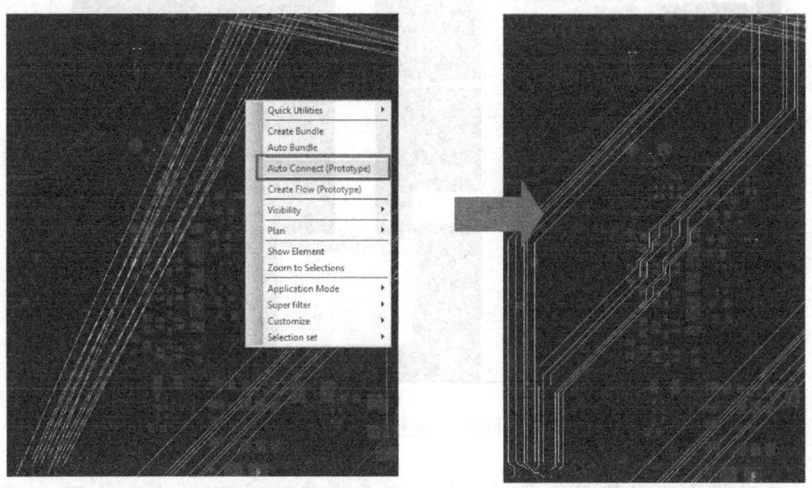

图 12-39　飞线的自动连接操作及结果

Auto Connect（Prototype）命令也可以对于一个 Flow 进行操作。相较于对飞线的操作，其走线更加合理，能贴合 Flow 所规划的路径，如图 12-40 所示。

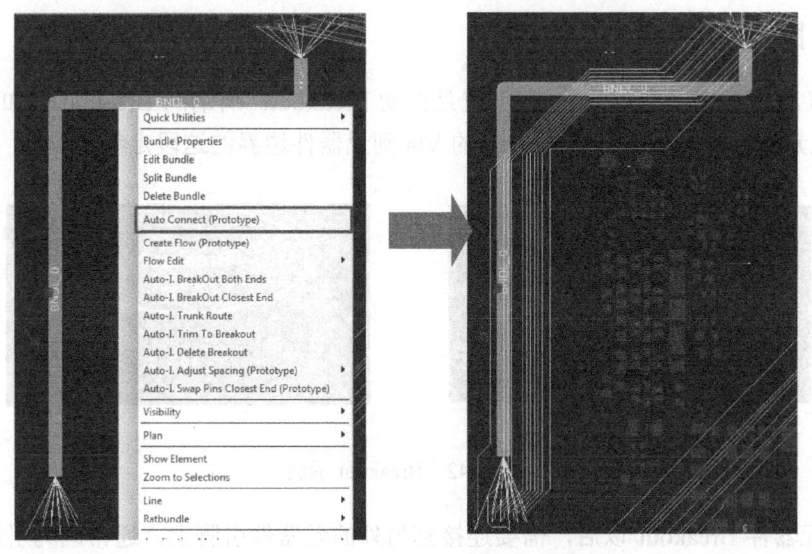

图 12-40　Flow 的自动连接操作及结果

3. 自动调整间距

Auto-I Adjust Spacing（Prototype）命令基于已有的 Flow，对完成的走线进行间距的调整。需要调整的间距，可以是约束管理器中定义的最小间距，也可以自定义所需的间距。该功能配合自动连接功能，可以大大提高走线效率，把烦琐的调线间距的工作，变得轻松。

如图 12-41 所示，经过规划 Flow，自动连接走线，自动调整间距后的走线结果，几乎不需要人工再次调整。

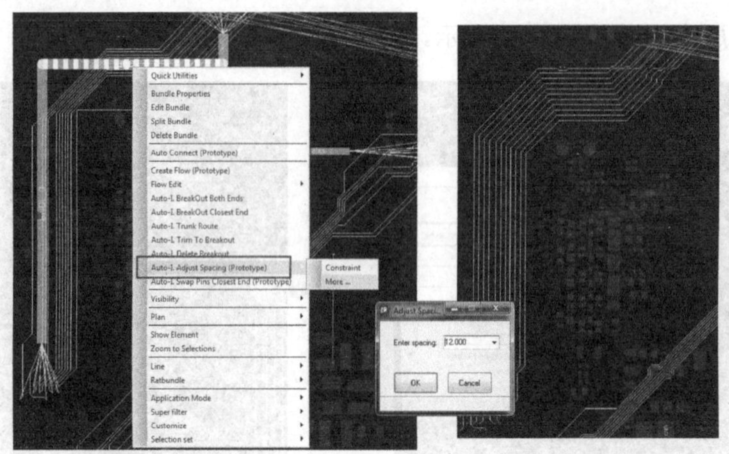

图 12-41　自动调整间距（选择 More 命令后输入间距值）

> 选择上述功能时，鼠标指针一定要先移动到 Flow 上，使 Flow 高亮。然后右击，选择相应的功能。自动连接操作，建议在规划好 Flow 以后再进行。如果 Flow 中包含比较复杂的 Breakout，建议在规划 Flow 之前做好 Breakout。

12.5.2 自动 Breakout 的应用

AiBT（Auto-Interactive Breakout）就是自动 Breakout。所谓的 Breakout，如图 12-42 所示，就是从元器件的引脚或者 Fanout 后的 Via 到元器件边界的这段走线。

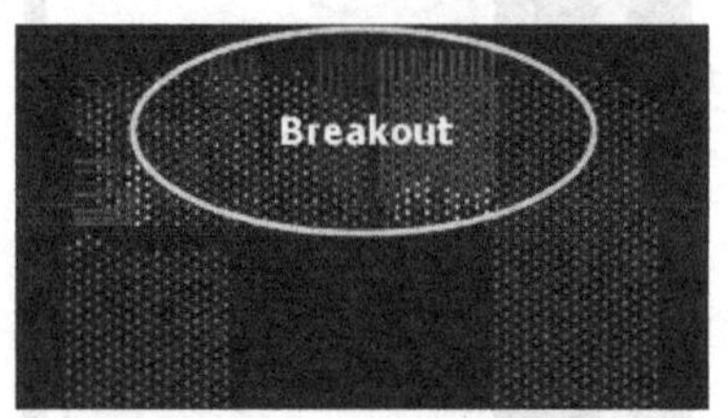

图 12-42　Breakout 示例

BGA 元器件 Breakout 以后，需要连接到另外的元器件引脚上，通常因为引脚排列顺序的关系，需要反复调整 Breakout 的出线序列，以便出线的两端能够顺畅连接。通常这部分工作需要耗费 PCB 设计者大量的时间来确定最终 Breakout。

AiBT 能够帮助设计者基于一端或者两端的顺畅连接，自动或按照设计者的出线意图半自动出线，从而大大缩短 Breakout 所耗费的时间。本章所介绍的 AiBT 不仅有这一种功能，还给出自动 Breakout 一个完整的解决方案。其中包含了序列飞线（Sequence）的编辑和使用，以及 Split View、Auto-I. Trunk Route、Auto-I. Trim Breakout 的应用。

1. 序列飞线（Sequence）的应用

序列飞线是在 Flow 的基础上，辅助设计者规划 Breakout 的一个功能。序列飞线能够清晰地显示出，连线两端连接的顺次关系。

1）序列飞线的创建

如图 12-43 所示，将鼠标指针移动到 Flow 上，使之高亮，然后右击，在弹出的快捷菜单中选择 Flow Edit→Sequence→Generate 命令。这时候就会在 Flow 的两端创建出序列飞线（Sequence），需要注意的是，此时的序列飞线的扇出飞线，是离鼠标指针较近的那一端的最佳扇出。换句话说，在 Flow 的两端分别执行该命令，则得到的飞线的扇出形式可能不一样。

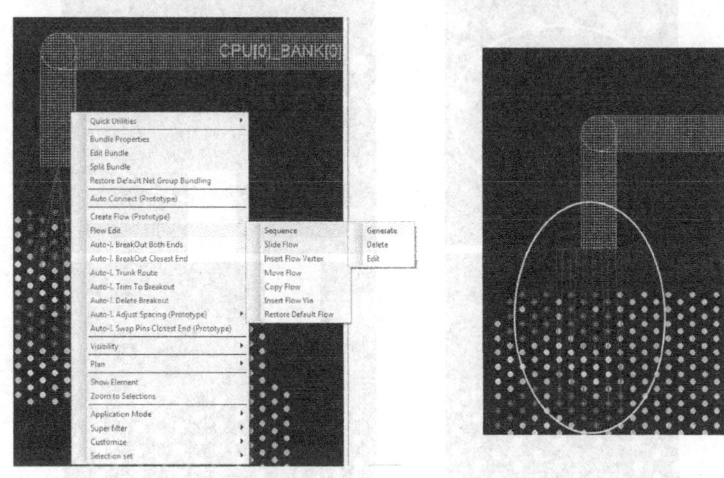

图 12-43　序列飞线的创建

2）序列飞线的调整

在做 Breakout 的时候，设计者总是希望 Flow 两端的出线是按顺序排列的，但实际上并非如此，AiBT 虽然能够按照算法自动出线，但是出线的方式并不一定是最合理的。所以要调整序列飞线，使 Flow 两端的飞线按顺序排列（尽量没有交叉的序列飞线）。

调整序列飞线时，通常需要来回看 Flow 两端的连线情况。选择 View→Split View 命令，可以把单个设计界面分成两个界面，如图 12-44 所示。在 Split View 模式下支持一个界面显示 Flow 一端的情况。在 Split View 模式下的两个界面中的任意一个界面都可以执行操作命令，同时在未操作命令的界面会实时显示操作的结果。如果用双屏显示，支持两个设计界面分别在不同屏幕显示。

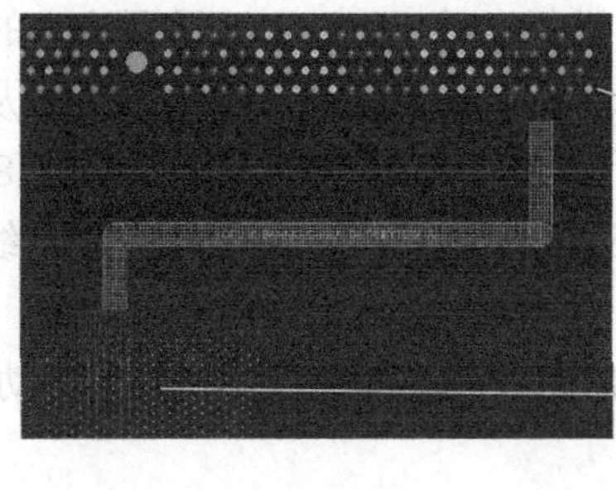

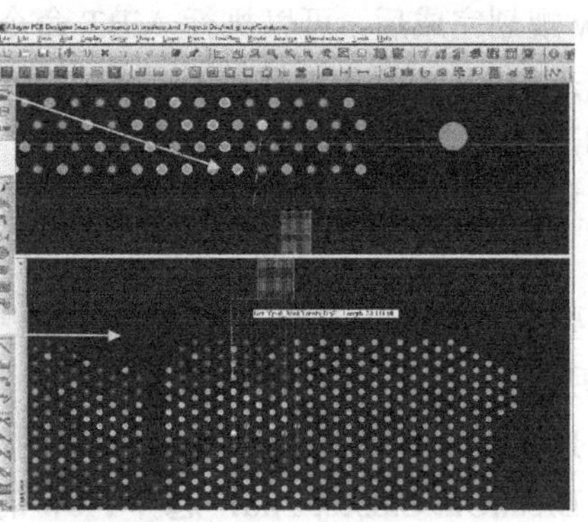

图 12-44　Split View 模式

在 Split View 模式下，设计者可以直观地看到飞线的扇出情况，根据 Flow 两端的情况进行修改。把鼠标指针移动到需要调整的 Flow 上使之高亮，右击，在弹出的快捷菜单中选择 Flow Edit→Sequence→Edit 命令，激活编辑序列命令。然后先后单击需要交换的序列飞线，尽可能使 Flow 两端的飞线没有交叉。在飞线没有交叉的情况下，AiBT 所做的 Breakout 通常是最优的结果。图 12-45 所示是调整前后序列飞线的状况。

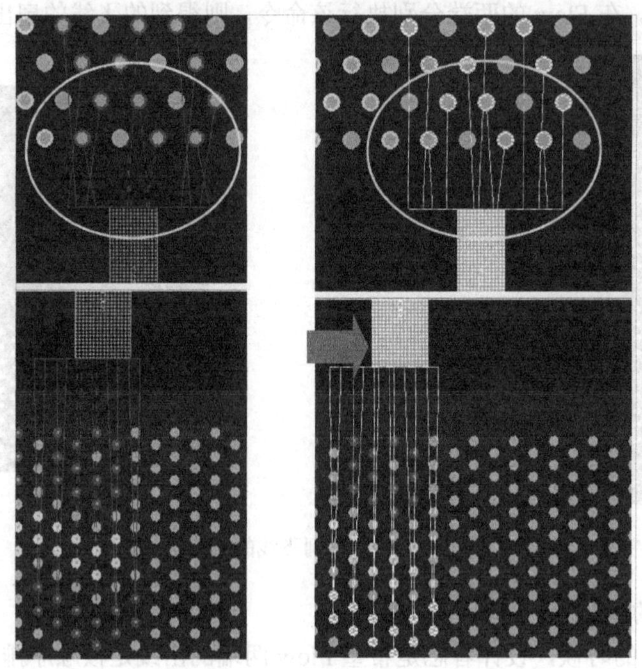

图 12-45　序列飞线调整前后对比

3）序列飞线的删除

如果对修改过的序列飞线不满意，或者要删除序列飞线，可将鼠标指针移动到要删除序列飞线的 Flow 上，使之高亮，然后右击，在弹出的快捷菜单中选择 Flow Edit→Sequence→Delete 命令。

2. AiBT（Auto-Interactive Breakout）

在 Flow 规划完成后，可以执行 AiBT 命令，进行自动 Breakout。需要注意的是，AiBT 的出线方式是与 Flow 所走的路径有关的。换句话说，Flow 是从左边绕，还是从右边绕，Breakout 的形式是完全不一样的。如图 12-46 所示，AiBT 出线的算法是通过 8 个方向、45° 出线的方式进行计算的。如果有序列飞线（Sequence），则优先基于序列飞线的出线方式出线。

选中需要做 Breakout 的 Flow 后，右击，在弹出的快捷菜单中选择相应的自动出线命令，如图 12-47 所示。

Auto-I. BreakOut Both Ends：对 Flow 的两端都进行 Breakout。

Auto-I. BreakOut Closest End：选择 Flow 的一端进行 Breakout。

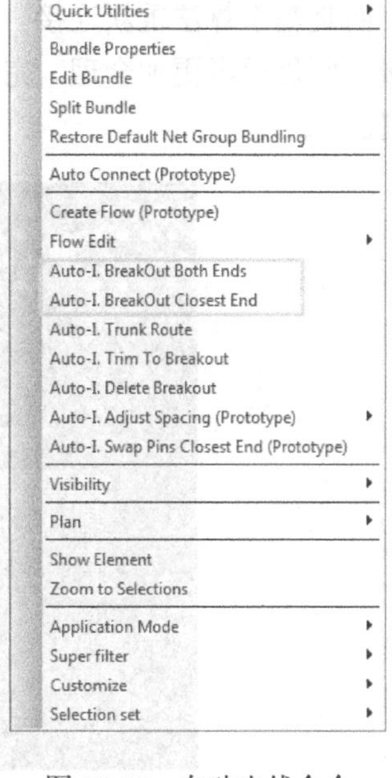

图 12-46　AiBT 操作

图 12-47　自动出线命令

执行 AiBT 命令时没有选项需要设置，但是出线的长度是由 Flow 的端点所在的位置来确定的，如图 12-48 所示，在调整 Flow 端点位置时出现的提示线（圆圈中）的位置，就是 Breakout 以后出线的截止位置。另外，需要特别注意的是，以图 12-48 所示为例，从元器件的引脚到提示线的距离，一定要大于或等于从提示线到 Flow 顶端的距离（该段距离是 Flow 宽度的一半）。如果小于这段距离，可能无法正确 Breakout。

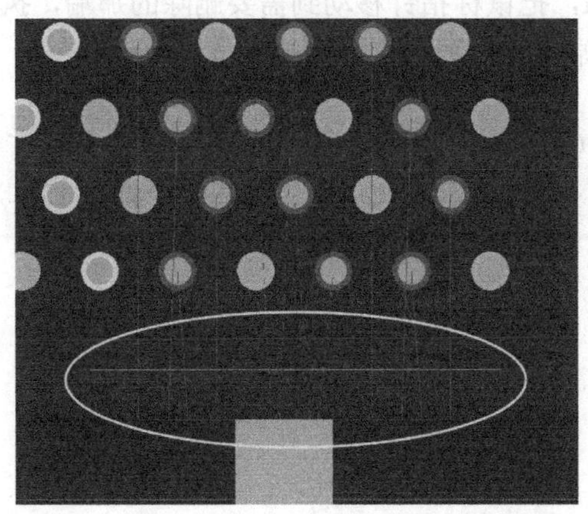

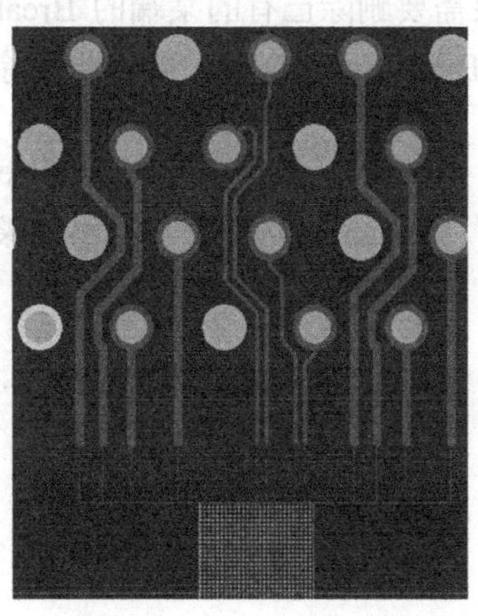

图 12-48　Flow 调整及 Breakout 结果

3. 其他 Breakout 相关命令

1）Auto-I. Trunk Route

把 Breakout 好的两端连接起来，这时候读者可能会有疑问：Auto Connect 不是可以完成自动连线的功能，还要这个功能做什么？Auto-I. Trunk Route 是在保持 Breakout 出线不变的情况下，把 Flow Trunk（见图 12-49）部分的线连接起来。而 Auto Connect 不会保留 Breakout

出线，而是基于算法重新连接。Auto Connect 方式与 Auto-I. Trunk Route 方式，在 Breakout 的连接上明显后者更加合理。完成连接后，还可以继续使用自动调间距功能，使走线更加美观合理。

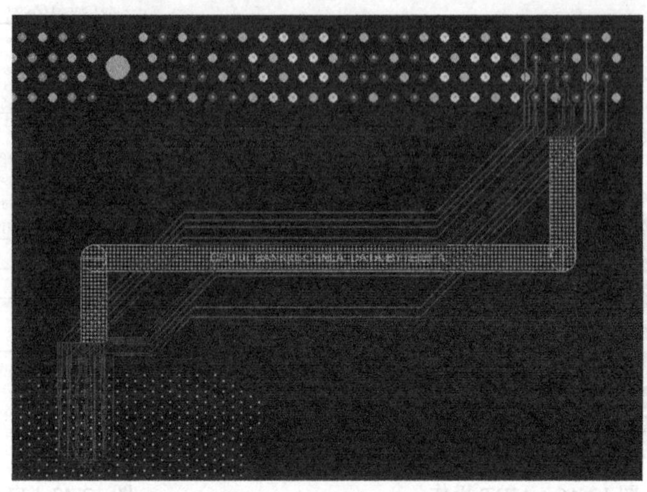

图 12-49　Auto-I. Trunk Route 命令执行结果

2）Auto-I. Trim to Breakout

Auto-I. Trim to Breakout，顾名思义就是把已经完成连接的 Breakout 的连线中 Flow Trunk 部分的连线删除，只保留部分 Breakout 出线。

3）Auto-I. Delete Breakout

如果需要删除已有的某端的 Breakout，把鼠标指针移动到需要删除的那端，执行 Auto-I. Delete Breakout 命令。如果需要删除两端，则需要分别在两端各自执行该命令。

上述 Auto-I. Delete Breakout、Auto-I. Trim to Breakout 等功能，都只对 Flow 进行过 AiBT 的走线才能操作。如果是人工走线，则上述命令都不支持。

第 13 章　PCB 测试

本章导读：

- 测试的基本方法。
- 如何加入测试点。

在 PCB 的设计流程中，测试是必不可少的。对于批量生产的 PCB，没有测试是不可思议的。本章介绍 PCB 测试的相关内容。

13.1　测试方法介绍

根据 PCB 上有无安装器件，测试方法可分两种，一种是裸板测试，顾名思义，就是没有安装器件的测试，主要测试 PCB 制造后的通、断路情况。裸板测试有需要夹具的和不需要夹具的两种。通常 PCB 生产厂家会进行裸板测试，如图 13-1 所示。

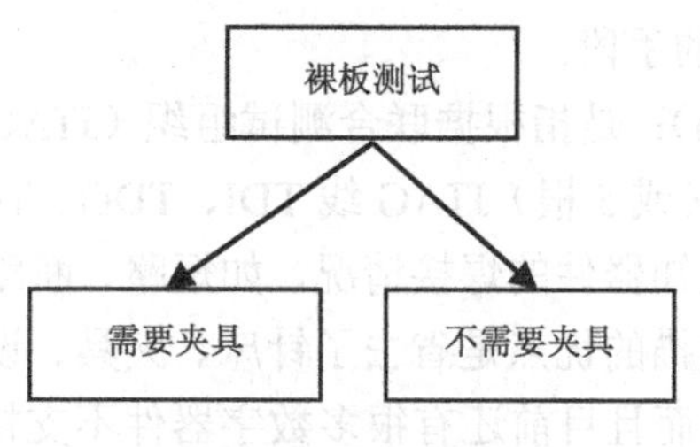

图 13-1　裸板测试

另一种测试，是在器件安装之后的检测。下面列出了几种主要的测试方法，如图 13-2 所示。

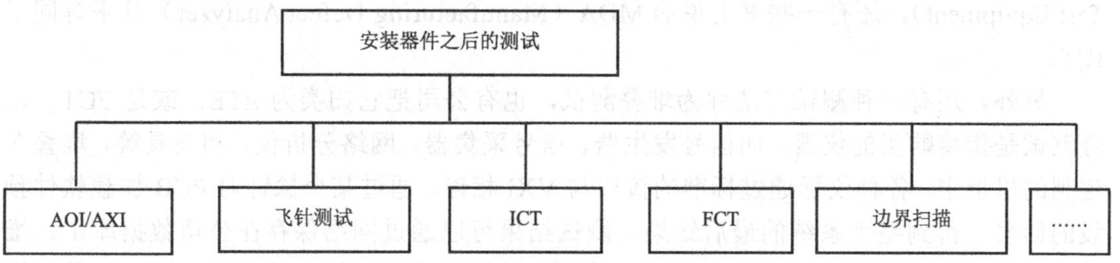

图 13-2　测试方法

自动光学检测（Automated Optical Inspection，AOI）、自动 X 射线检测（Automated X-ray Inspection，AXI）：之所以把两种方法放在一起，是因为它们都是光学检测，一种用可见光，另一种用 X 光。检测原理都是用光学仪器拍摄被检测物体的图像，然后转化成电信号，通过软件和标准产品的图像进行比较、分析，来判断被检测物体是否合格。AOI 基本上可以判断组装电路板上是否有缺件、立碑、错件、偏移、架桥、空焊等不良现象；但是对于高密度 BGA 或 QFN 而言，目前 AXI 是唯一能检查焊接质量的工具。它们的缺点是两者都不是电气特性检查，而且都有误报的可能。

飞针测试（Fly Probe）：通过移动的测针，通常将两个、四个或八个（又称为 2 头、4 头或 8 头）测针进行自由组合，可以灵活地测量 PCB 表面上的焊接情况及元器件值。PCB 被传动带输送到测试机内，所以它不需要夹具，前期准备工作少，但缺点是单块板的检测速度慢，适用于批量比较少又要快速上市的产品。

ICT（In Circuit Test）：主要通过固定在针床上的探针接触 PCB 测试点来检测，可分为开路测试、短路测试、电阻测试、电容测试、二极管测试、三极管测试、场效应管测试、IC 引脚测试等，可检测其他通用元器件的漏装、错装、参数值偏差等故障，并将故障位于哪个组件或短路位于哪个点准确告知用户。

所谓夹具（有的称为治具），通俗来说就是固定 PCB 的平台，下面有针床，可以同时探测几十至几百个探测点，优点是速度快，只需几秒或十几秒就可以测好整个板，缺点是制作夹具需要成本和时间。但如果需要快速地测试大批量的产品，那么 ICT 是不二选择。

FCT（Function Circuit Test）：是指对 PCB 局部的或整体的功能测试。FCT 是上电检测，可以加载一些简单的激励，用 LabVIEW 等软件可以测试局部电路的一些功能。对工程师来说，FCT 是 PCB 检测最直观的手段。

边界扫描（Boundary Scan）：是指根据联合测试组织（JTAG）颁布的 IEEE 1149.1 标准，通过 PCB 上串联起来的 4 根（或 5 根）JTAG 线 TDI、TDO、TCK、TMS（和 TRST），访问器件边缘的移位寄存器，来获知器件的焊接情况，如短路、断路等，也支持对器件的性能测试或简单的功能测试。边界扫描的优点是省去了针床、夹具、设备等投资，缺点是基本上只有数字器件才会有 JTAG 口，而且目前还有很多数字器件不支持 JTAG 口。

测试方法种类繁多，不一而足，而且随着各种测试方法本身的不断改进、完善，各种测试方法之间的界限越来越模糊。比如有些 ICT 检测也是上电的，可以测试一些简单的芯片功能。又比如，有些公司所说的 ICT，其实就是另外一个公司所说的 ATE（Automatic Test Equipment）。还有一些书上说的 MDA（Manufacturing Defect Analyzer）几乎等同于 ICT。

另外，还有一种测试方法称为堆叠测试，也有公司把它归类为 ATE，或是 FCT。堆叠测试是指将购买的仪器，如信号发生器、信号采集器、网络分析仪，和夹具等，堆叠在定制的机柜中，各种仪器通过标准的接口与 VXI 相连，通过某个探针对 PCB 加载软件预设的信号，得到整个系统的最后结果。测试结果可以通过网络保存在公司数据库中。堆叠测试的优点是功能比较强大，可以测试整个系统的功能，缺点是前期软硬件开发时间较长。

没有一种测试方法是完美的，各有优缺点，都不可能达到 100%的覆盖率。比如，ICT 检测通常只有 70%左右的覆盖率，而飞针测试能达到 80%以上的覆盖率。但如果同时使用两种方法，如 AOI 加上 ICT，理想情况下覆盖率可以达到 95%。在实际使用中应当优先使用不需要加测试点的测试方法，如边界扫描。

13.2 加测试点的要求

如果是光学检测或边界扫描，不要求加测试点。但是如果是飞针测试、ICT、FCT，就必须加测试点。以下是加测试点的一些通用的规则。

- 测试点尽量集中在焊接面，且要求均匀分布在单板上。
- 测试点焊盘直径最好大于 1mm，如果可以，优先选用直径为 1.2 mm 的测试点。

当前常用 PCB 设计的测试点焊盘直径为 0.8mm。

- 如果是通孔，要求外径≥0.9 mm（36 mil），内径≤0.5 mm（20 mil）。
- 所有测试点要求打开阻焊层。
- 测试点到 PCB 定位孔（安装孔，不是光学定位点）边缘的距离大于 5mm。
- PCB 定位孔为直径 3.3mm 的非金属化圆孔，至少有两个，最好有 3 个（以防方向弄错）。
- 相邻测试点边缘间距大于 1mm。

当前常用 PCB 设计很少做到 1mm 这么大的间距。

- 测试点到元器件边缘的距离大于 1mm，到元器件焊盘边缘的距离大于 0.5mm。
- 测试点中心到 PCB 边缘的距离大于 3mm。
- 测试点到相邻走线边缘的距离大于 0.5mm。

理论上，过孔和焊盘都可以作为测试点，但是专用的测试点优于过孔，过孔优于焊盘。

以上是一些通用的规则，但是不同的测试方法，规则略有不同，而且随着技术的发展，有些探针允许有一定角度的弯曲，所以测试点密度也可以相应提高。总之，在生成测试点之前，要和测试厂家或测试工程师确定最后的规则。图 13-3 所示为 Allegro 的 Constraint Manager 中按照以上要求输入的参数，供参考。

Test Via To									
Line	Thru Pin	SMD Pin	Test Pin	Thru Via	BB Via	Test Via	Microvia	Shape	Bond Finger
mm	mm	mm	mm	mm	mm	mm	mm	mm	mm
*	*	*	*	*	*	*	*	*	*
0.5000	0.5000	0.5000	1.0000	0.5000	0.5000	1.0000	1.0000	0.5000	0.5000
0.5000	0.5000	0.5000	1.0000	0.5000	0.5000	1.0000	1.0000	0.5000	0.5000

图 13-3 测试点间距

13.3 加入测试点

1. 自动加入测试点

（1）选择 Manufacture→Testprep→Parameters 命令，如图 13-4 所示。

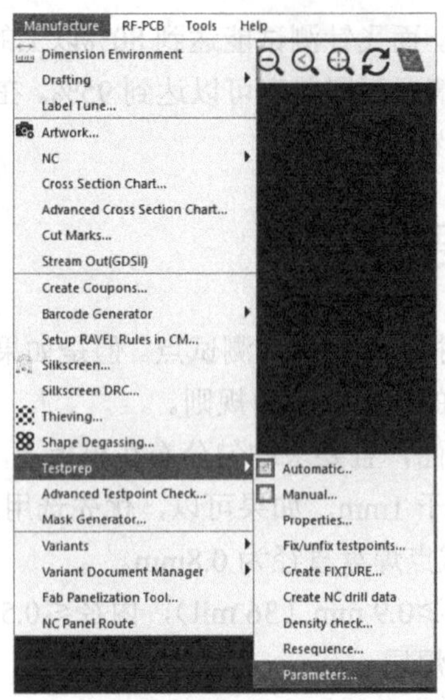

图 13-4　Parameters 命令

（2）弹出 Testprep Parameters 对话框，如图 13-5 所示。测试点的生成对测试成功与否至关重要，参数设置是关键的步骤之一。

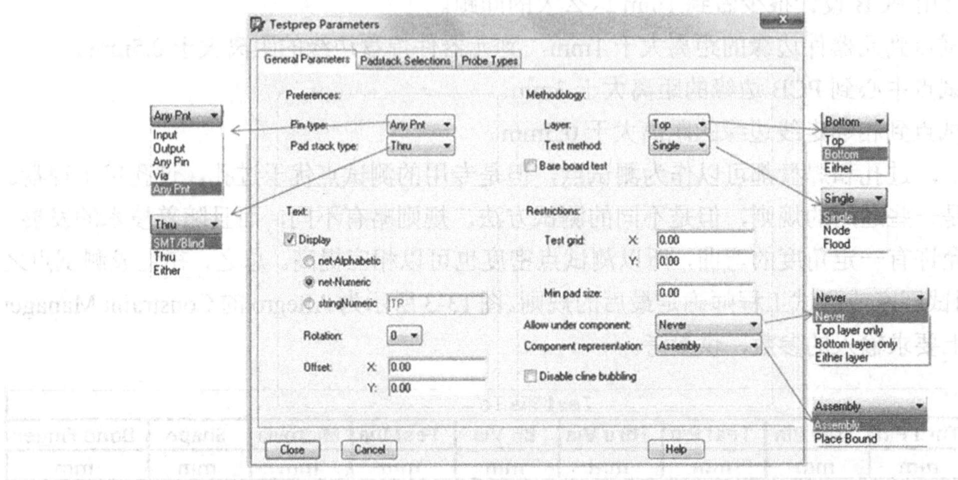

图 13-5　测试点参数设置

①General Parameters 选项卡。

a.Preferences 选项组。

- Pin type：引脚类型选择。

Input（输入口）、Output（输出口）、Any Pin（以输入口优先）、Via，或者 Any Pnt（任意点），即上面所有类型（Allegro 按照以上优先级顺序自动寻找测试点）。

- Pad stack type：焊盘类型选择。

SMT/Blind：表面贴装焊盘/盲孔。

Thru：通孔。

b.Methodology 选项组。

- Layer：测试焊盘层的选择。

Top：选择在顶层加入测试点。

Bottom：选择在底层加入测试点。

Either：两面都可以加入测试点。

- Test method：测试方法。

Single: 表示一个 Net 上有一个测试点。

Node: 表示在 Net 的每一个端点都加入测试点。相比 Flood，测试点密度减小。

Flood: 表示在一个 Net 上每一个引脚和过孔都应当加测试点，主要用于裸板测试。

Bare board test：裸板测试。

c.Text 选项组。

- Display：显示。

net-Alphabetic：Net 名加字母的表示方式，如 A0-A、A0-B，A0 为 Net 名。

net-Numeric：Net 名加数字的表示方式，如 A0-1、A0-2。

stringNumeric：字符串表示方式，在框中用户可自己添加字符串，如“TP”。

Rotation：测试点文字的旋转方向。

Offset：测试点文字同测试点之间的偏移量。

d.Restrictions 选项组。

Test grid：测试点所在的栅格，注意如果是针床测试，那么 grid 不能小于最小测试点所允许的间距。

Min pad size：最小测试点焊盘的尺寸。

Allow under component：允许测试点放到零件下面。

Never：不允许测试点放到零件下面。

Top layer only：仅仅在 Top 层允许测试点放到零件下面。

Bottom layer only：仅仅在 Bottom 层允许测试点放到零件下面。

Either layer：两个层都允许测试点放到零件下面。

Component representation：零件的范围。

Assembly：用装配层来表示零件的范围。

Place Bound：用 Place Boundary 层来表示零件的范围。

Disable cline bubbing：不勾选该复选框时，表示允许当手动或自动加入测试点时，为防止 DRC 错误而进行的推挤。

②Padstack Selections 选项卡。

- 上半部分指定新加入的测试焊盘的类型：

SMT Testpad：分别选择在 Top 层或在 Bottom 层作为测试点加入的焊盘类型。

如果上一步（见图 13-5）的 Methodology 选项组的 Layer 下拉列表中选择的是 Top，就在 TOP Side Testpoint 中选择焊盘，BOTTOM Side Testpoint 也是如此。如果上一步选择 Either，那么这里的 Top Side Testpoint 和 Bottom Side Testpoint 都要进行设置。

Thru Via：如果加入的是通孔，那么指定通孔的类型。

- 下半部分指定是否需要用特定的焊盘替换现在的测试孔。在当前的设计中，一般有几种 Via，所以可加入多种 Via 来替换测试孔。

可右击，加入已有的测试孔，在 Top/Bottom 层选择要替换的过孔。注意：如果要替换，必须勾选左边的 Enable 复选框，如图 13-6 所示。

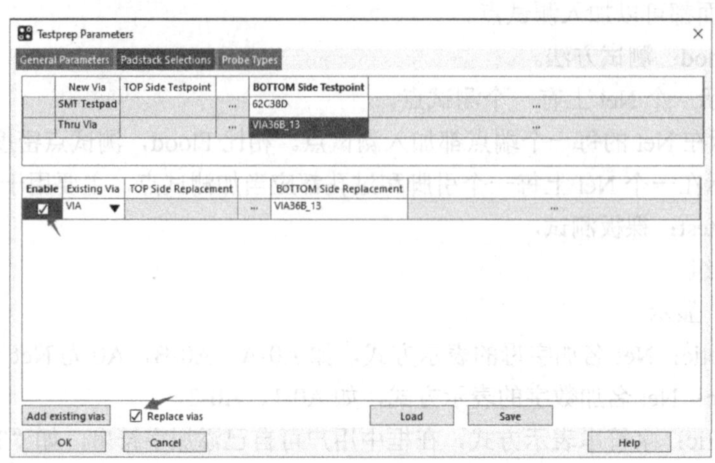

图 13-6　Testprep Parameters 对话框中的 Padstack Selections 选项卡

③Probe Types 选项卡（见图 13-7）。

在 Probe Type 下输入名称，名称必须用数字，比如 100、70、50，这个数字要和 Probe Spacing 相对应。

在 Probe Spacing 下输入测试点的最小中心距，数字 0 代表没有最小间距的限制。

Figure 用符号代表每个类型，没有加号和圆圈，因为加号在 PROBE_TOP/BOTTOM 层代表密度太高，圆圈在 FIXTURE_TOP/BOTTOM 层代表有测试点。

注意最左边的 Enable，只有选中的行才会执行。如果选中多行，就按照从大到小的次序执行，如先执行间距 100 的，如果找不到地方加测试点，就执行间距 70 的，然后执行间距 50 的。

Testprep Parameters

General Parameters　Padstack Selections　Probe Types

Enable	Probe Type	Probe Spacing	Figure
☑	100	100	Hexagon X
☑	70	70	Octagon
☑	50	50	Rectangle

NOTE: 'Cross' figure will be used for probes that are too close.　Load　Save

OK　Cancel　Help

图 13-7　Testprep Parameters 对话框中的 Probe Types 选项卡

（3）设置完毕之后，选择 Manufacture→Testprep→Automatic 命令，进入测试点生成过程，弹出 Testprep Automatic 对话框，如图 13-8 所示。

- Allow test directly on pad：允许焊盘和 Via 作为测试点。
- Allow test directly on trace：允许测试点加在走线上。
- Allow pin escape insertion：允许从引脚上扇出测试孔。
- Test unused pins：在没有使用的引脚上加测试点。
- Execute mode：执行模式，有两种，第一种为 Overwrite（覆盖模式），第二种为 Incremental（增加模式）。
- Via displacement：Min 表示允许自动产生的测试点到 Pin 或 Via 的最小距离。Max 表示允许自动产生的测试点到 Pin 或 Via 的最大距离。0 表示没有最大、最小的限制，这时 Allegro 选择 DRC 的值作为最小值。

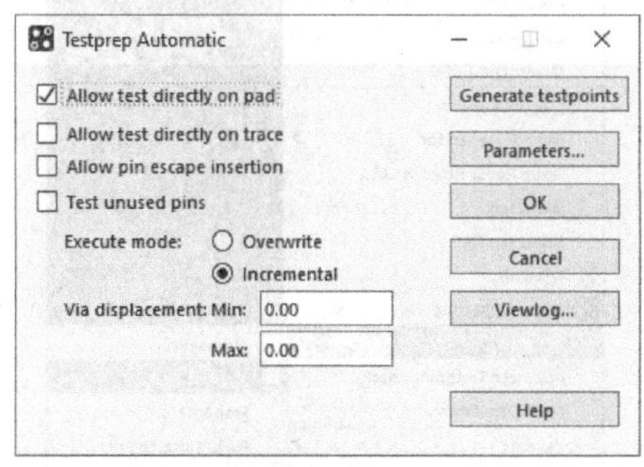

图 13-8 Testprep Automatic 对话框

（4）单击 Generate testpoints 按钮，加入测试点。单击 Viewlog 按钮，就会弹出测试报告窗口，如图 13-9 所示，同时会在 PROBE_TOP/BOTTOM 层产生一个三角形符号来表示测试点。

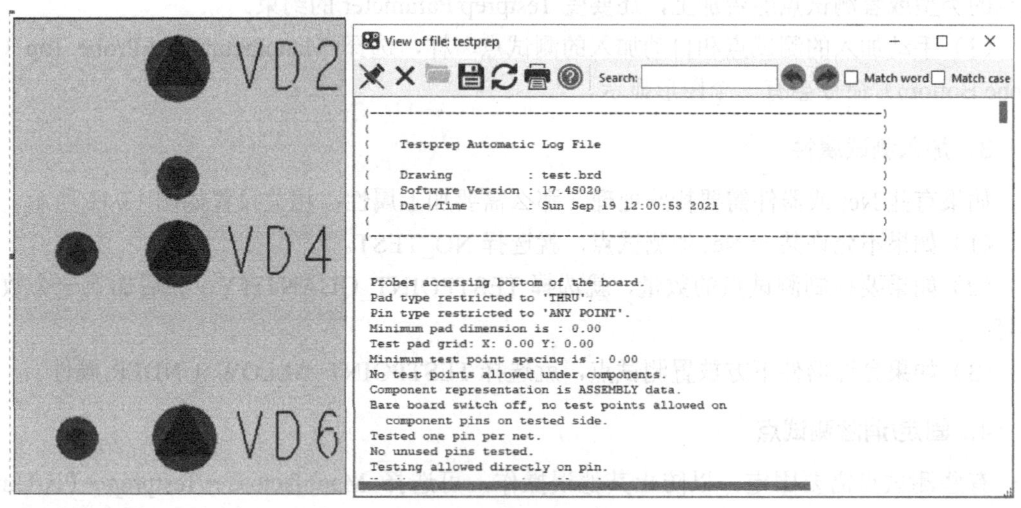

图 13-9 测试报告窗口

注意：测试点会对高速信号走线产生很大影响，如果是非常高速的走线，建议不加测试点，通过其他方式进行测试。

2. 手动加入测试点

前面讲了自动产生测试点的方法，下面介绍手动加入测试点的过程。手动加入测试点是必需的步骤。

（1）选择 Manufacture→Testprep→Manual 命令，如图 13-10 所示。

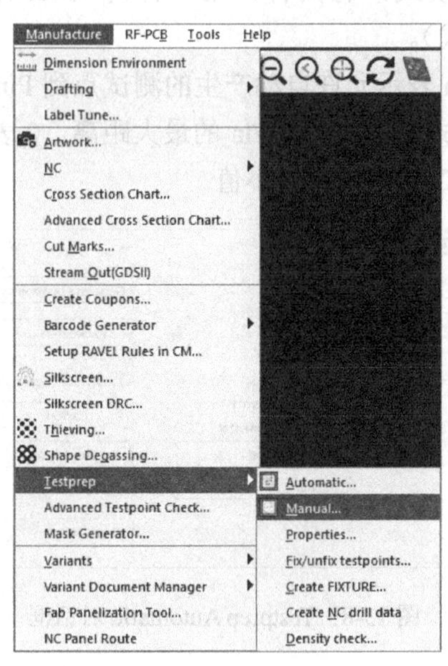

图 13-10　Manual 命令

（2）进入手动测试模式之后，就可以在想要添加测试点的位置手动添加测试点，但是测试点的类型或者测试点能否加上，还要受 Testprep Parameter 的约束。

（3）手动加入的测试点和自动加入的测试点一样，选择 Manufacturing→Probe Top（或 Probe Bottom）命令会有一个图形显示。

3. 加入测试属性

如果有些 Net 或器件需要特殊处理，那么需要加上属性，相关设置如图 13-11 所示。

（1）如果不允许某一 Net 加测试点，就选择 NO_TEST。

（2）如果要控制测试点的数量，就选择 TESTPOINT_QUANTITY，然后加上一个数字即可。

（3）如果允许器件下方放置测试点，就选择 TESTPOINT_ALLOW_UNDER 属性。

4. 固定/消除测试点

有些测试点需要固定，以防止其他误操作，可选择 Manufacture→Testprep→Fix/Unfix Testpoint 命令，在弹出的对话框中选择 Fixed 单选按钮，如图 13-12 所示，单击测试点就可以使测试点固定。如果要使测试点能被修改，选择 Unfixed 单选按钮就可以了。

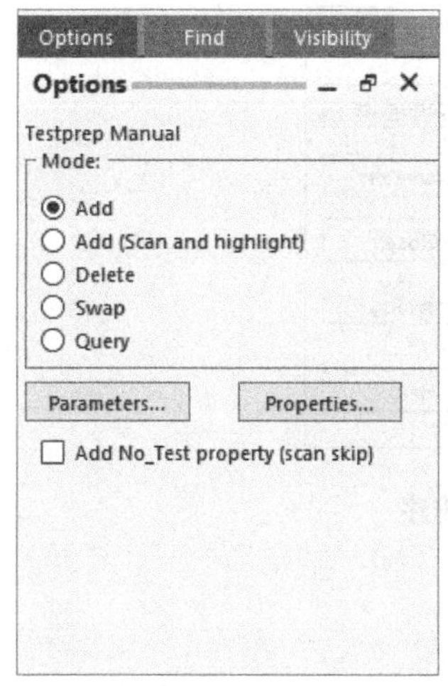

图 13-11　加入测试属性

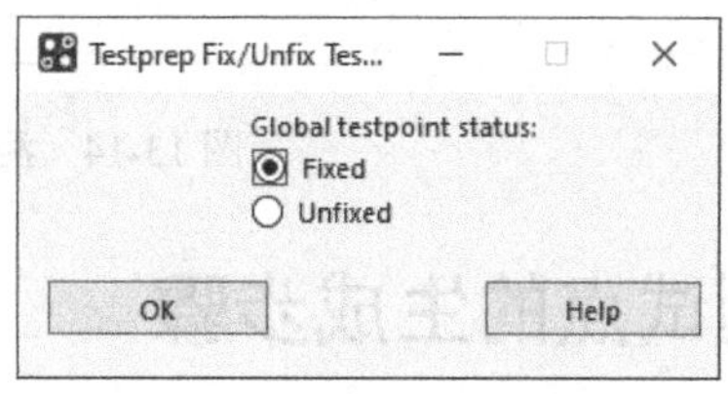

图 13-12　固定/消除测试点

5. 测试点密度检查（见图 13-13）

（1）Unit area check（单位面积密度检查），是指在单位面积内允许有多少测试点。

Unit area square size：单位面积的单边长度。

Unit area square displacement：一个单元到另一个单元的中心距。单元之间可以重叠或相邻，但是不能相离。所以这里输入的值不能超过刚才输入的单位面积的单边长度。

Max testpoints per unit area：每个单位面积允许的测试点数目（一般要求 30 个/in^2）。

（2）Component area check：器件区域内的密度检查。在器件的 PLACE_BOUND_TOP/BOTTOM 区域内所允许的最大密度。如果要进行此项检查，那么在测试之前，需要把 TESTPOINT_MAX_DENSITY 属性及数值赋到器件上。

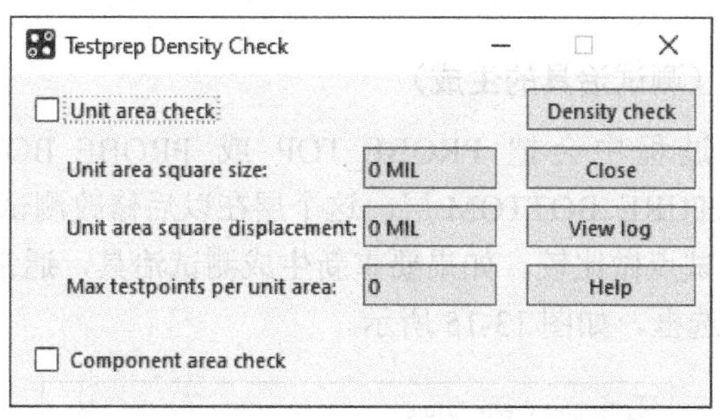

图 13-13　测试点密度检查

6. 测试点重新排序（见图 13-14）

把测试点的标记按照从下至上、从左到右、从 Top 层到 Bottom 层的顺序重新排序。

- Probe types：如果 Probe Types 有变化，会更新。
- Delete probes too close：勾选该复选框之前，必须勾选 Probe types 复选框，用于设置测试点之间靠太近时，是否要删除 Probe Types。如果不删除，那么测试报告中会显示“too close”字样。

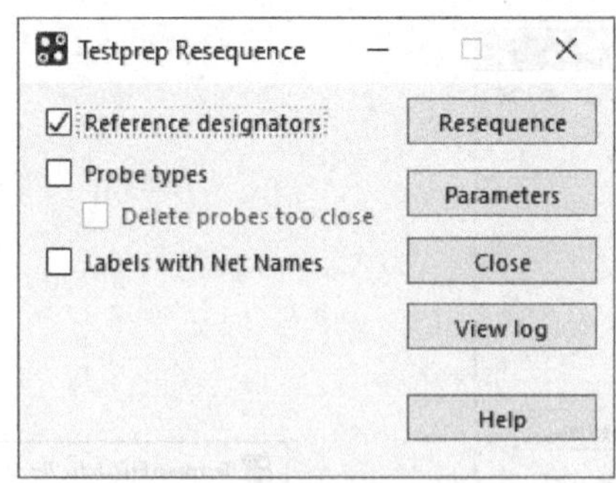

图 13-14　测试点重新排序

13.4　测试点的生成步骤

1. 测试报告

选择 Tools→Quick Report→Testprep Report 命令，生成测试报告，检查测试点是否 100% 生成，如果不是，需要检查日志文件。

2. 密度检查

密度检查可以防止某些地方密度太高。

3. IPC356 数据产生（可选）

如果要产生裸板测试数据，可选择 File→Export→IPC 356 命令。一般 CAM 软件都可以接收 IPC 文件，来检查 GERBER 文件是否有短路的情况。

IPC 有两种，即 IPC-D-356 和 IPC-D-365A，区别在于 IPC-D-356A 可以支持盲埋孔，而前者不支持。

4. Create Fixture（测试治具的生成）

测试治具的生成过程中会把 PROBE_TOP 或 PROBE_BOTTOM 的数据复制到 FIXTURE_ TOP 或 FIXTURE_BOTTOM 层。这个层在以后修改测试点的时候不会改变，所以可以和之后生成的测试点做比较。如果要重新生成测试治具，通常勾选 Overwrite existing FIXTURE subclasses 复选框，如图 13-15 所示。

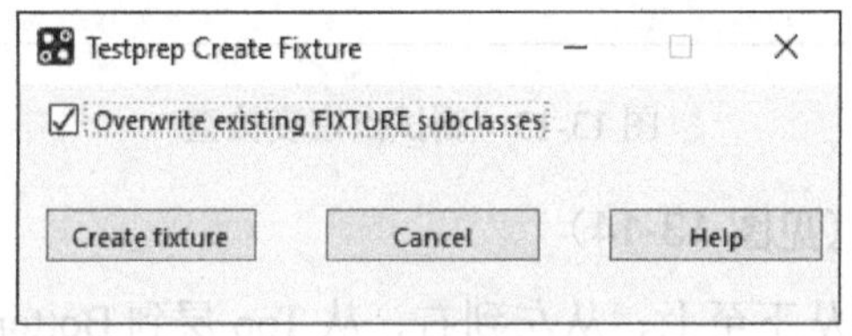

图 13-15　重新生成测试治具

5. Create NC drill DATA（生成数控钻孔文件）

选择这个命令和选择 Manufacture→NC→NC drill 命令是一样的，这里不再赘述。

6. Design for Test

约束管理器中提供了更高级的测试点检查功能，Allegro PCB Designer 提供了基础的检查功能，如图 13-16 所示。如果需要详细分类的 DFT 测试，可以选用 Allegro PCB Venture 或 Allegro Enterprise PCB Designer Suite 等高级 License 支持全功能的 DFT 检查，如图 13-17 所示。

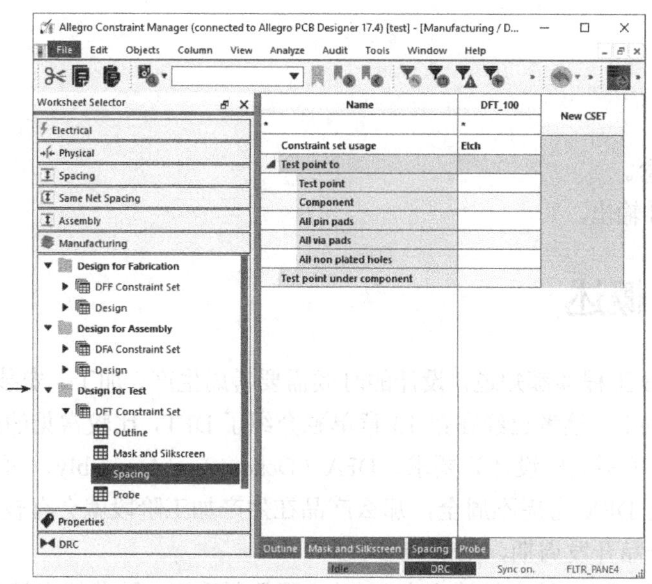

图 13-16 Design for Test（Allegro PCB Designer）

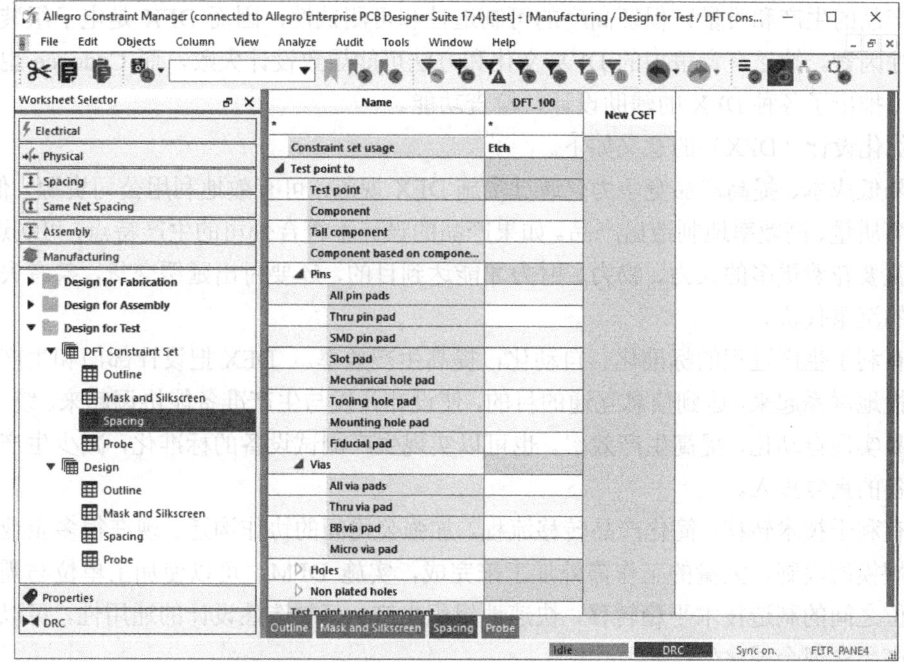

图 13-17 Design for Test（Allegro PCB Venture）

第 14 章　后处理和光绘文件输出

本章导读：

- DFX 的概念。
- Gerber 文件输出。

14.1　DFX 概述

有经验的 PCB 工程师都知道，设计的时候需要考虑生产、加工、安装、测试等需求，也就是通常所说的 DFX。笔者已经在第 13 章单独介绍了 DFT，比较常见的还有 DFM（Design For Manufacture，可制造性设计）要求、DFA（Design For Assembly，可装配性设计）要求等。如果设计之初 DFX 考虑不周全，那么产品在生产加工阶段就会有较多缺陷，就要修改设计，从而影响产品开发周期，增加成本。

在这种背景下，DFX 越来越被广大 PCB 工程师所重视，随着越来越多的公司引入 DFX 来提高利润和产量，最优化设计（DFX）的概念逐渐变得引人注目起来。成功实施 DFX，可以确保产品的生产和质量，保证高度的可制造性和可测试性，因而 DFX 是电子组装中的一个关键性因素。缺乏有竞争力的 DFX 文化和方法可能导致设计失败，而 Cadence 也顺应这一趋势，推出了各种 DFX 的辅助设计、检查功能。

最优化设计（DFX）的意义如下。

- 降低成本、提高产品竞争力。通过实施 DFX 规范，可有效地利用公司资源，低成本、高质量、高效率地制造出产品。如果产品的设计不符合公司的生产特点，可制造性差，就要花费更多的人力、物力、财力才能达到目的，还要付出延缓交货，甚者失去市场的沉重代价。
- 有利于生产过程的标准化、自动化，提高生产效率。 DFX 把设计部门和生产部门有机地联系起来，达到信息互通的目的，使设计开发与生产准备能协调起来。统一标准，易实现自动化，提高生产效率。也可以实现生产测试设备的标准化，减少生产测试设备的重复投入。
- 有利于技术转移，简化产品转移流程，加强公司间的协作沟通。现在很多企业受生产规模的限制，大量的工作需外加工来完成，实施 DFM，可以使加工单位与需加工单位之间的制造技术平稳转移，快速地组织生产。可制造性设计的通用性，可以使企业产品实现全球化生产。
- 是新产品开发及测试的基础。没有适当的 DFM 规范来控制产品的设计，在产品开发的后期，甚至在大批量生产阶段才发现组装问题，此时想通过更改设计来解决组装问题，无疑会增加开发成本并延长产品生产周期。所以新产品开发除要注重功能外，DFM 也是很重要的。

- 满足电子组装工艺新技术日趋复杂的要求。现在，电子组装工艺新技术日趋复杂，为了抢占市场，降低成本，公司开发产品时要使用最先进的组装工艺技术，并通过 DFM 来规范化。

14.1.1　可制造性（DFM）要求

要满足 DFM 要求，通常认为 PCB 设计必须符合板厂的加工要求。比如线宽和间距，随着板子越来越密，芯片的间距越来越小，工程师希望用更小的线宽和间距来进行布线，这时候就得考虑板厂的加工能力，太小的线宽和间距会带来加工的难度，导致生产报废率提高，甚至无法加工生产出来。

DFM 需要考虑的因素非常多，Cadence Allegro 与之对应的功能主要有：

- 约束管理器中的物理间距规则，这是最主要的 DFM 规则，主要是约束蚀刻元素的形状和间距，比如线宽、间距、过孔大小、焊环大小等。这一部分可以说是 PCB 设计的基础，大部分 PCB 工程师在入门的时候就会被导师叮嘱，但是在实际工作中仍会犯错。

有可能的情况下，参观工厂的生产流程，了解电路板的生产过程，是积累和掌握 DFM 知识的有效途径。有条件的公司还可组织新员工到生产一线实习，帮助员工更快地掌握 DFM 知识。

- 选择 Setup→Constraints→Modes 命令，在打开的对话框中进行规则设置，如图 14-1 所示。在 Design Options 和 Design Options（Soldermask）选项卡中，能够设置内层负片铜皮及测试点、非机械孔等元素的可生产性规则。

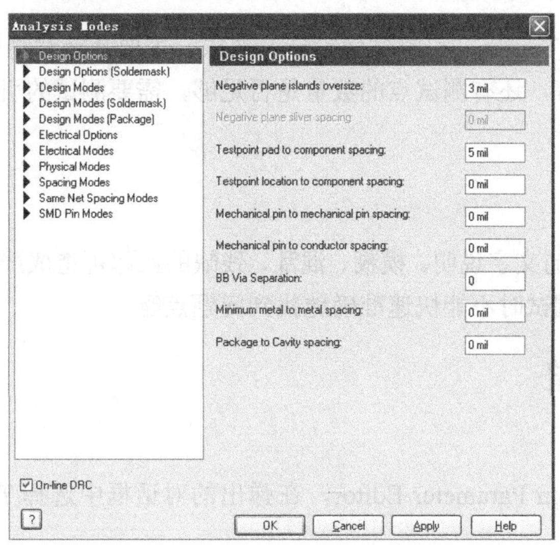

图 14-1　Analysis Modes 对话框

14.1.2　可装配性要求

DFA 要求主要对应贴片装配的要求，比如考虑 BGA 的返修，注意在 BGA 面周围 5mm 的区域，不要放置其他器件。关于装配的要求，大多考虑器件之间的距离，Cadence 只从 15.5.1 版本开始推出 DFA 规则检查。

可装配性规则中的一个大类是可焊接性规则，主要体现在 PCB 封装库及焊盘的建立上。比如 BGA 焊盘的大小，需要综合考虑走线空间及 BGA 焊接的可靠性。对分立器件，尤其是 0603 以下的小型分立器件，建库的合理性会极大地影响焊接的成功率。封装库的技巧可以参看第 5 章相应内容。

还有一个主要的 DFM 规则，就是走线、铺铜对焊接的影响，这也是比较容易忽略的一个项目。小型分立器件两个脚的走线（铺铜）的宽度不要相差太大，以免因为两个脚散热速度不同，在焊接的时候产生“立碑”现象，如图 14-2 所示。多层板设计时，需要焊接的通孔器件，要注意连接的大面积铜箔层数不要太多，同时要使用热焊盘设计，从而避免焊接时散热过快，导致焊接不良。

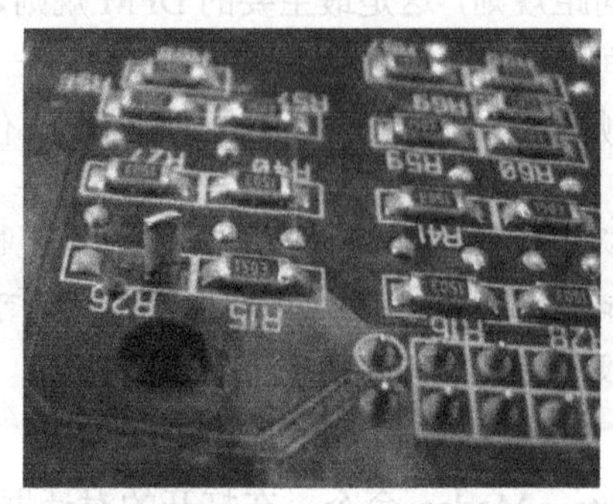

图 14-2　焊接中的“立碑”现象

14.1.3　可测试性要求

DFT（Design For Testing，可测试性设计）要求，主要是针对测试的一些规则，常见的如测试点大小、间距等，还有测试点的数量是否足够，需要测试的引脚是否引出了测试点。

14.2　丝印

丝印是 PCB 表面的文字说明。模糊、混乱、残缺的丝印可造成严重后果。例如，器件无法焊接，器件焊反，调试时不能快速准确地找到问题点等。

14.2.1　丝印调整

1．字号参数设置

选择 Setup→Design Parameter Editor，在弹出的对话框中选择 Text 选项卡，如图 14-3 所示。

单击 Setup text sizes 右边的按钮，在弹出的窗口中进行字号设置，如图 14-4 所示。

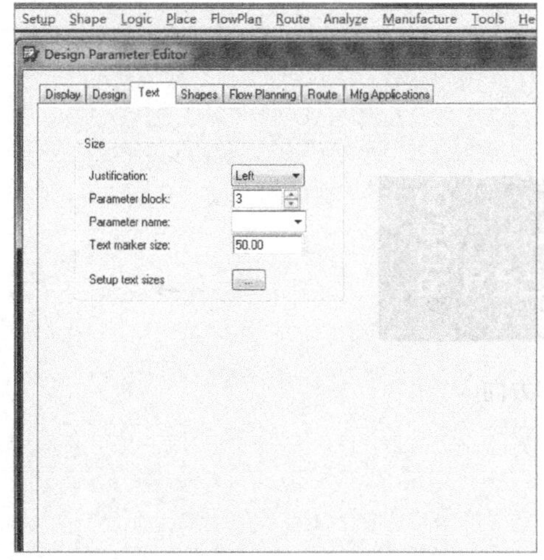

图 14-3　Design Parameter Editor 对话框

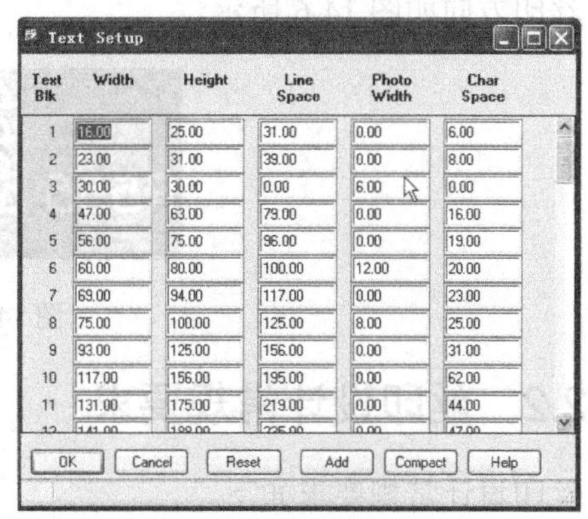
Text Setup

Text Blk	Width	Height	Line Space	Photo Width	Char Space
1	16.00	25.00	31.00	0.00	6.00
2	23.00	31.00	39.00	0.00	8.00
3	30.00	30.00	0.00	6.00	0.00
4	47.00	63.00	79.00	0.00	16.00
5	56.00	75.00	96.00	0.00	19.00
6	60.00	80.00	100.00	12.00	20.00
7	69.00	94.00	117.00	0.00	23.00
8	75.00	100.00	125.00	8.00	25.00
9	93.00	125.00	156.00	0.00	31.00
10	117.00	156.00	195.00	0.00	62.00
11	131.00	175.00	219.00	0.00	44.00

OK　Cancel　Reset　Add　Compact　Help

图 14-4　设置字号

2. 统一字符编号

选择 Edit→Change 命令。

- 在 Find 面板中，只勾选 Text 复选框。
- 在 Options 面板中，勾选 Text block 复选框并输入符合设计要求的数值，如 3。
- 框选整板丝印，此时整板丝印为 3 号字体。

统一字符编号设置如图 14-5 所示。

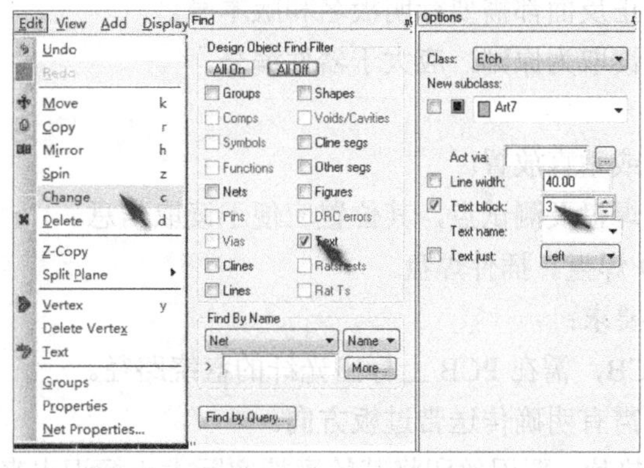

图 14-5　统一字符编号设置

3. 字号的使用

- 常规电阻、电容元件编号和引脚编号选用 3 号字体，具体参数值为 Width:30mil、Height:30mil、Line Space:0mil、Photo Width:6mil。
- 定位接插件、关键 IC 等主要器件编号选用 4 号字体，具体参数值为 Width:47mil、Height:63mil、Line Space:79mil、Photo Width:12mil。注意此处需修改其 Photo Width 值。

4. 丝印方向

丝印方向：以字母为基准。

- Top 面：从下向上、从左到右。
- Bottom 面：从下向上、从右向左。

丝印方向如图 14-6 所示。

图 14-6　丝印方向

14.2.2　丝印设计常规要求

丝印设计常规要求如下。

（1）避免丝印压过孔，尤其是 3、6、8 等字符不能压在过孔上。

（2）有极性与有安装方向的器件，其极性和方向需要在丝印层标明。

（3）由于空间限制，需取消部分器件的丝印符号时，必须保证在装配图上有这些器件的丝印符号，以便通过装配图来定位器件。

（4）丝印调整时应注意避开 Mark 点和 ICT 测试点。

（5）器件脚标调整时注意与引脚对应。

（6）板名、版本号：

- 应放置在 PCB 的器件面上。
- 双面布局及扣板正反面都需要标明板名和版本号。
- 整体大小以方便读取为原则，应大于器件编号。

（7）条形码：

- 条形码丝印水平或垂直放置。
- 条形码不应盖住焊盘及测试点，其位置应便于读取信息。
- 远离丝印、SMD 焊盘、插件焊盘。

（8）其他丝印设计要求：

- 有光纤盘绕的 PCB，需在 PCB 上标出光纤的盘绕路径。
- 过波峰焊的单板需有明确传送带过板方向。
- 如果有扣板、散热片，要用丝印将其轮廓按实际大小标识出来，若丝印与元器件干涉时，应用间隔的丝印线标识外形。
- 安规的防静电标记丝印，优先放在 PCB 的器件面。
- 高压标记，应放置于板上显眼的地方。

14.3　丝印重命名及反标注

PCB 上的器件编号（Ref Des，即 Reference Designator）是由原理图指定的，与该器件在 PCB 上的位置无关。为了让工程师能根据器件编号快速地找到该器件，我们会依据器件在 PCB 上的位置，依序重排器件的编号，而重排后的新器件编号，需要传回原理图，即 Back

Annotation，这样可使电路图与 PCB 的器件编号保持一致，如图 14-7 所示。

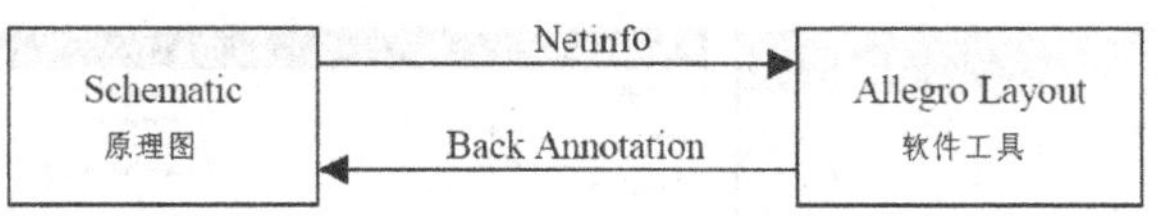

图 14-7　丝印重命名流程

14.3.1　器件编号重命名

1．为器件赋上 Auto_Rename 属性

（1）选择 Edit→Properties 命令。

（2）在 Find 面板中，只勾选 Comps 复选框，如图 14-8 所示。

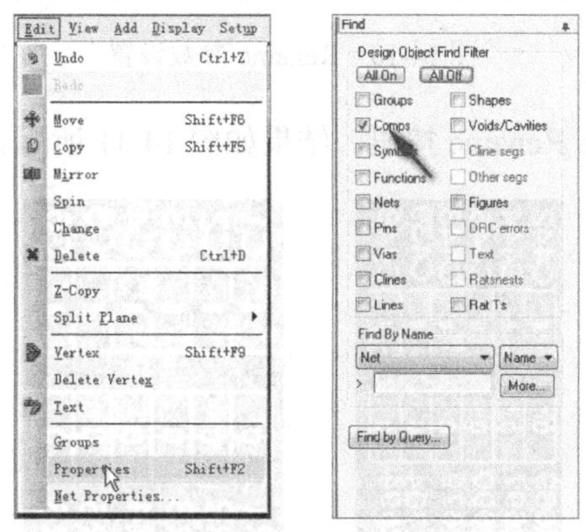

图 14-8　为器件添加属性

（3）框选器件，右击，在弹出的快捷菜单中选择 Temp Group 命令，给部分器件赋上 AUTO_RENAME 属性，如图 14-9 所示。

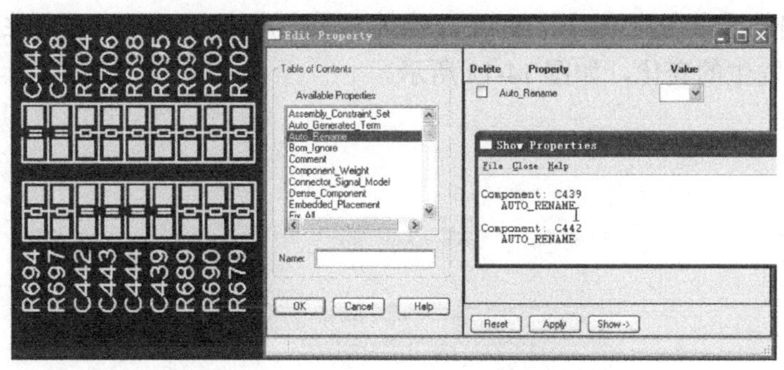

图 14-9　添加 Auto_Rename 属性

2．参数设置

（1）选择 Logic→Auto Rename Ref des/Rename 命令。

（2）在弹出的窗口中进行设置。注意 Rename 的起始方向，常规要求 Top 层为从左到右、从上到下；Bottom 层为从右到左、从上到下。

Rename 参数设置如图 14-10 所示。

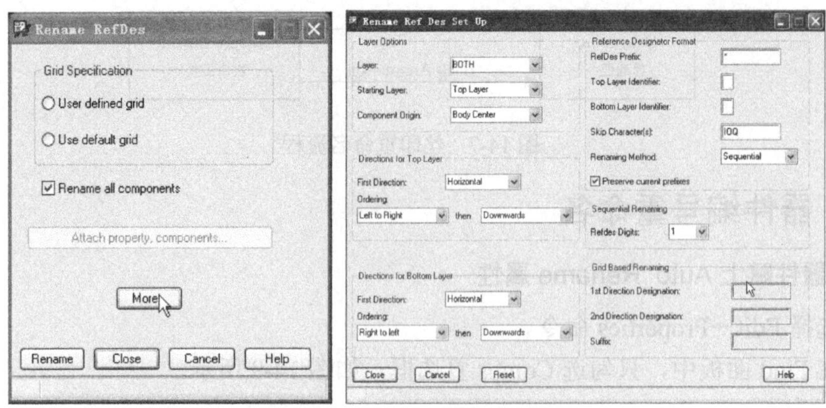

图 14-10　Rename 参数设置

（3）设置完成后，单击 Rename 按钮，结果如图 14-11 所示。

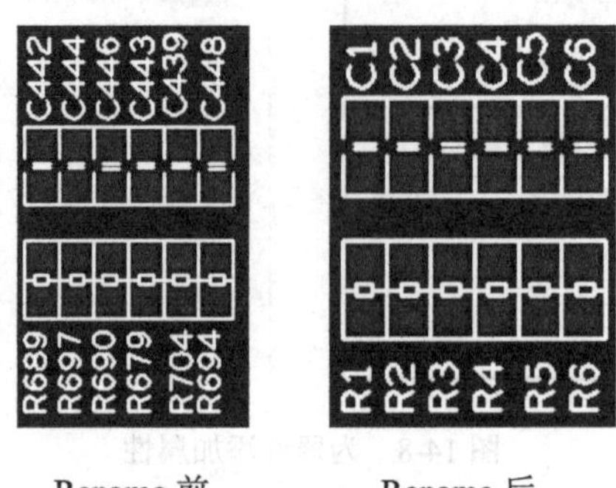

图 14-11　Rename 结果

（4）器件编号重命名完成后，在 PCB 当前目录中产生 rename.log 文件，其内容包括器件 Rename 前后发生的变化，如图 14-12 所示。

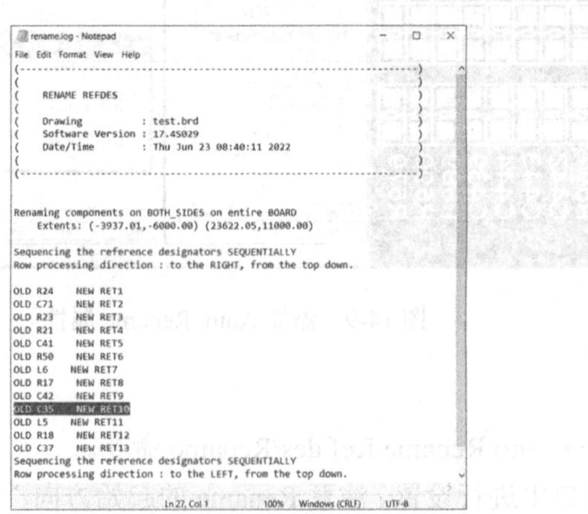

图 14-12　rename.log 文件

14.3.2　反标

（1）编辑 rename.log 文件，去除多余信息，保存成 OrCAD Capture 可识别的文件格式*.swp，如图 14-13 所示。

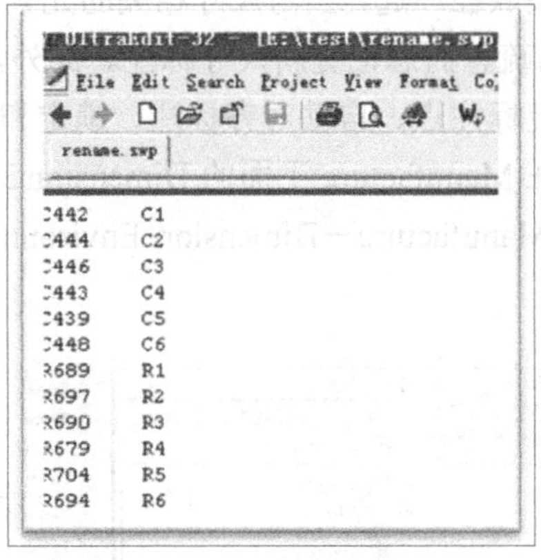

图 14-13　rename.swp 文件

（2）启动 OrCAD Capture，打开原理图，选择 Tools→Back Annotate 命令。

（3）弹出 Backannotate 对话框，单击 Browse 按钮，找到反标文件，单击“确定”按钮，如图 14-14 所示。

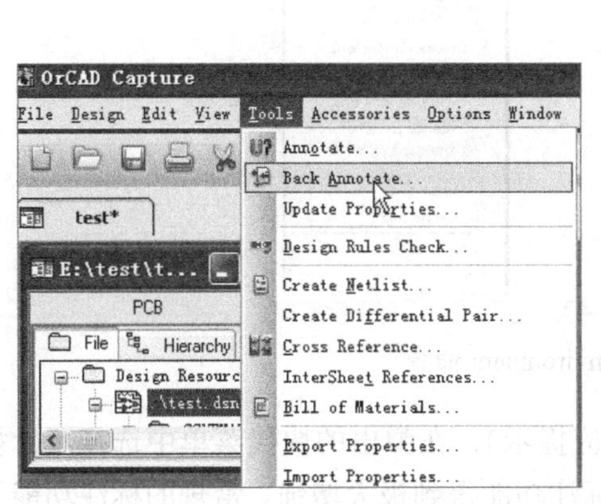

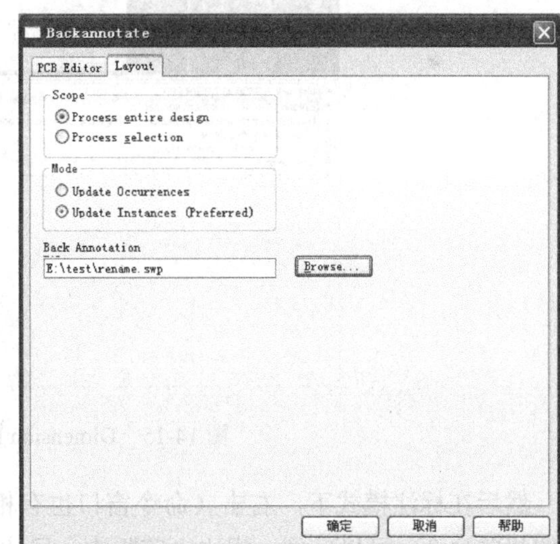

图 14-14　反标

（4）完成反标后将 PCB 的器件与原理图的器件比对一下，以保证反标的正确性。

14.4　工程标注

正确明晰的工程标注有利于制板。

14.4.1 尺寸标注

一个标准的 PCB 设计，需要对板框的外形尺寸及定位器件和安装孔的位置进行标注，方便相关流程人员检查和使用。最新版本的 Allegro PCB Editor 增加了较多的功能，可以将尺寸标注和相关的元素自动关联在一起，当与尺寸相关的元素的位置改变时，标注会动态更新，避免了 PCB 工程师因为疏忽而忘记更新尺寸标注。此外，它还增加了一些非常实用的功能，比如自动或者手动捕捉标注点、自动对齐标注、锁定和解锁标注等。

和标注相关的菜单命令在 Manufacture 下面的 Dimension Environment 和 Drafting 中，在进行尺寸标注之前，先选择 Manufacture→Dimension Environment 命令，进入标注模式，如图 14-15 所示。

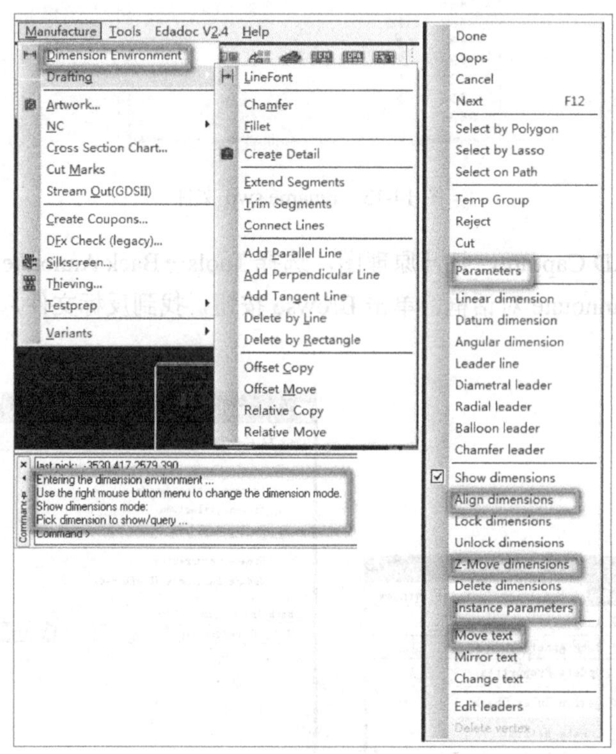

图 14-15 Dimension Environment 命令

然后在标注模式下，右击（命令窗口也有相应提示），在弹出的快捷菜单中选择尺寸标注的相关命令，可以看到，相比之前版本，尺寸标注功能得到极大增强。常规的标注功能及操作和之前差别不大，下面重点介绍新增加的几个功能：

右键快捷菜单中有关尺寸标注的命令如下。

- Angular dimension：角度标注。
- Datum dimension：基准标注。
- Linear dimension：线性标注。

通过右键快捷菜单，还能完成以下操作。

- 打开有关标注的参数设置窗口。

- 对已经完成的标注进行移动等操作。
- 对标注进行 Z-Copy 复制。

1．设置参数 Parameters

在右键快捷菜单中选择 Parameters 命令，出现如图 14-16 所示的参数设置界面，先介绍 General 和 Text 两个选项卡中的常用参数。

（1）Units（标注的单位）：选择 Inches（英寸）和 Millimeters（毫米）。

（2）勾选 Align text with dimension line 复选框，在标注的时候，文字会和标注线对齐并且进行相应旋转。

（3）Decimal places：标注的小数位数。

（4）Standard conformance：标准一致性，包括美国、英国、德国、法国、日本等国的标准。

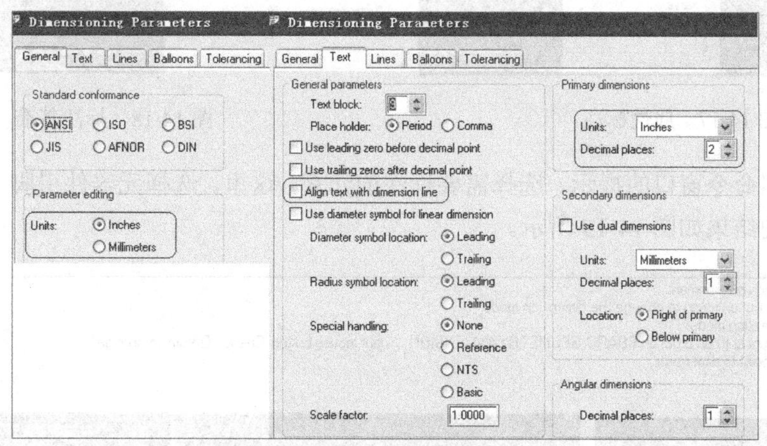

图 14-16　标注常用参数

标注的参数，可以进行全局设置，也可以只设置已经完成的标注。若需要对完成的标注进行设置，可在右键快捷菜单中选择 Instance Dimension 命令。

2．线性标注 Linear dimension

线性标注是常用的标注方式。设置好参数后，在右键快捷菜单中选择 Linear Dimension 命令，进入线性标注模式。然后选择需要标注的线段的两端，在选择过程中，可以使用 Snap Pick to 功能来进行精确选择，该功能可以捕捉到线段的端点、中点等，标注后的结果如图 14-17 所示。

新版本的 PCB Editor 中，标注信息和相关元素是关联的。比如，图 14-17 所示为对板子外形的标注，通过菜单命令 Shape Select 来移动板框，能看到标注随着板框尺寸的变化而变化。

3．基准标注 Datum dimension

基准标注也是通用的一种标注方式，同样在设置好参数后，在右键快捷菜单中选择 Datum Dimension 命令，进入基准标注模式。首先，我们要确定标注的原点（基准），如图 14-18 所示，在 Options 面板中设置 Value=0，Dimension axis 为 X 轴，标注的字体大小还可以直接设置。

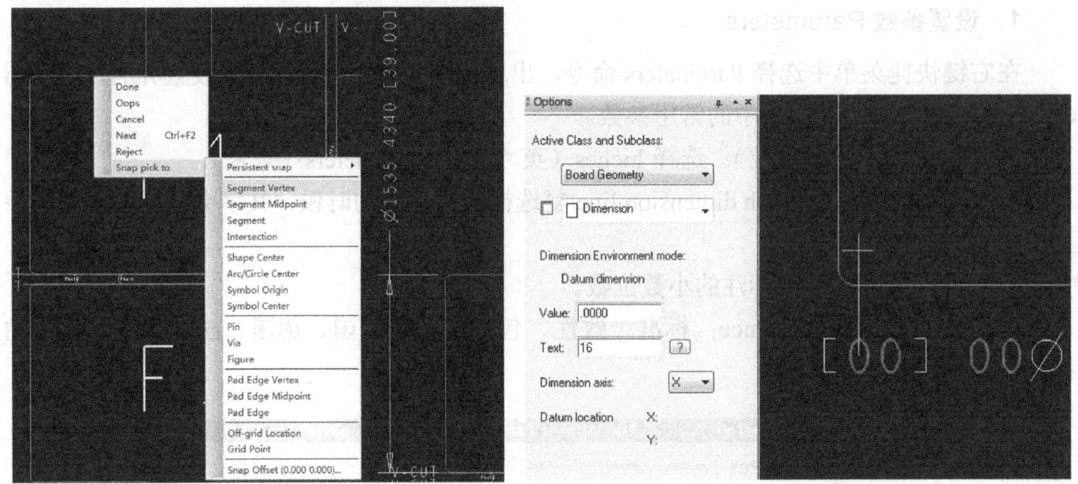

图 14-17　线性标注　　　　　　　　图 14-18　标注基准

然后根据命令窗口的提示，选择需要标注的元素，这里，选择元器件引脚（Pin）进行标注，标注后的结果如图 14-19 所示。

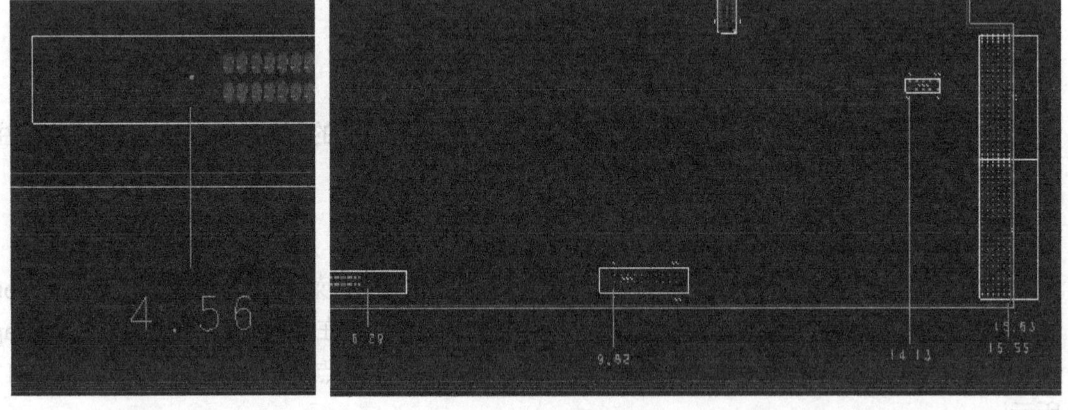

图 14-19　对元器件引脚参考基准进行标注

手工操作的标注，一般如图 14-19 所示一样，排列参差不齐，这时候可以使用右键快捷菜单中的 Align Dimensions 命令进行对齐，操作方式为先选择对齐的基准，即以哪一个标注的位置对齐，再选择需要对齐的标注即可。

和线性标注一样，标注是和元素关联的，也就是说，移动元器件的时候，基于元器件引脚的标注也会随着元器件而变化，不仅仅是标注的数值变化，标注的位置也会变化。有些情况下，位置的变化是我们不需要的，如图 14-20（a）所示。这时候可以使用右键快捷菜单中的 Lock Dimensions 命令来锁定标注的绝对位置，不管元器件怎么移动，标注的位置都相对固定，如图 14-20（b）所示。

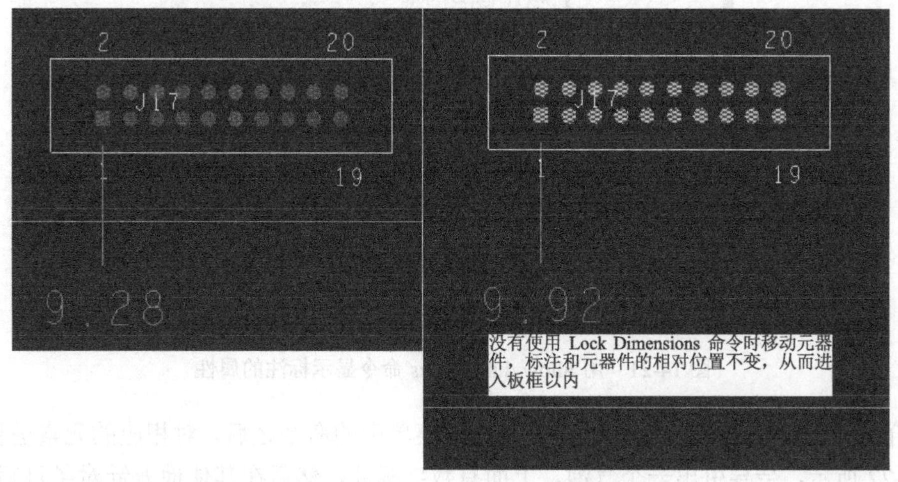

（a）没有使用 Lock Dimensions 命令

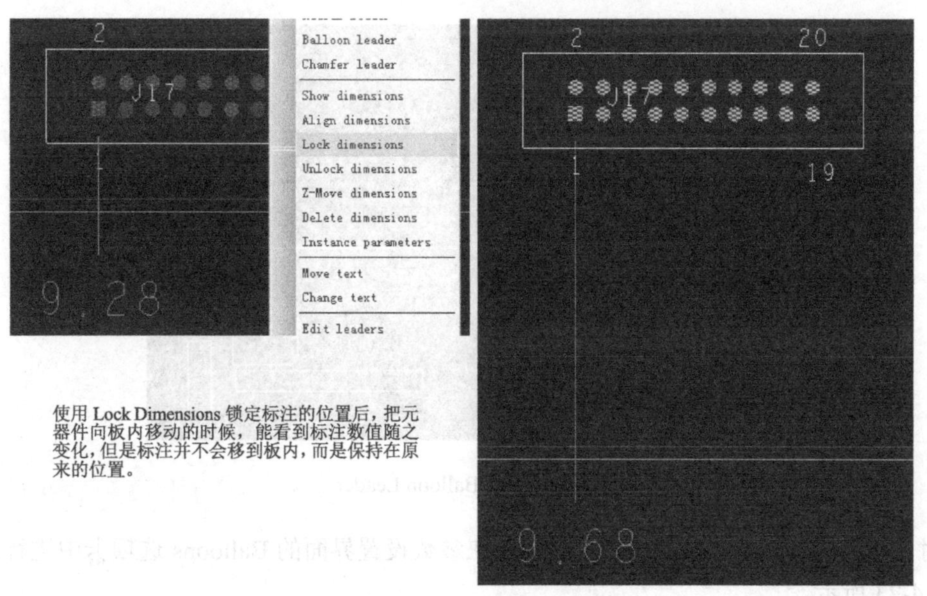

（b）使用 Lock Dimensions 命令之后

图 14-20　Lock Dimensions 命令的作用

从图 14-20 可以看出，Lock Dimensions 命令只是锁定了标注在板上的绝对位置。当然，也可以使用右键快捷菜单中的 Unlock Dimensions 命令来解锁。

4. 其他和标注相关的命令

Show dimensions 命令可以显示标注的属性，如图 14-21 所示，Delete Dimensions 命令

可删除标注，Z-Move dimensions 命令可以把标注移到其他的一些 Subclass 上去。这些命令比较容易掌握，就不一一介绍了。

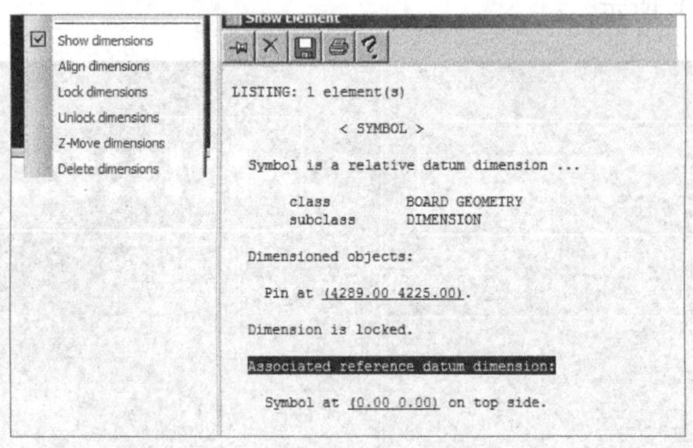

图 14-21　用 Show dimensions 命令显示标注的属性

再介绍一下 Balloon Leader，选择右键快捷菜单中的命令之后，对相应的元素进行标注，如图 14-22 所示，会导引出一个气泡，上面有数字标注，然后在其他地方针对条目写上详细的说明文字，这也是常见的标注方法。

图 14-22　Balloon Leader

对 Balloon Leader 的形状及文字都可以在参数设置界面的 Balloons 选项卡中进行设置，如图 14-23 所示。

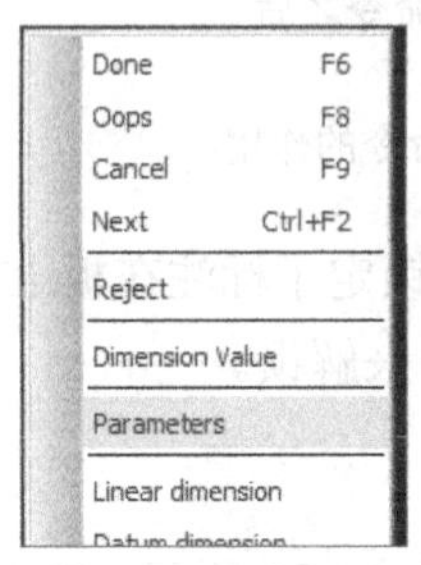

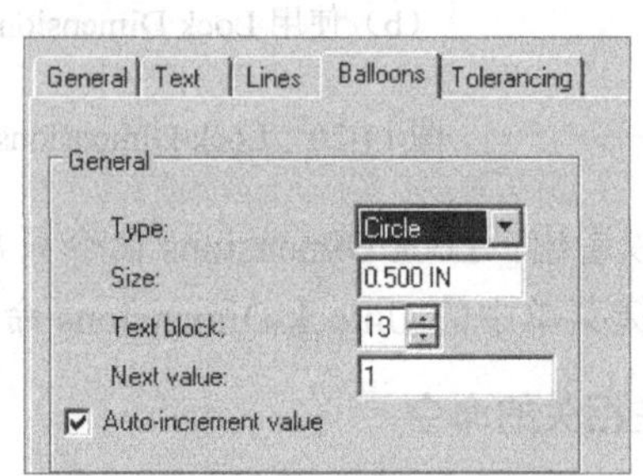

图 14-23　Balloon Leader 的参数设置

还可以使用 Edit leaders 命令对引导线进行修改，如图 14-24 所示。

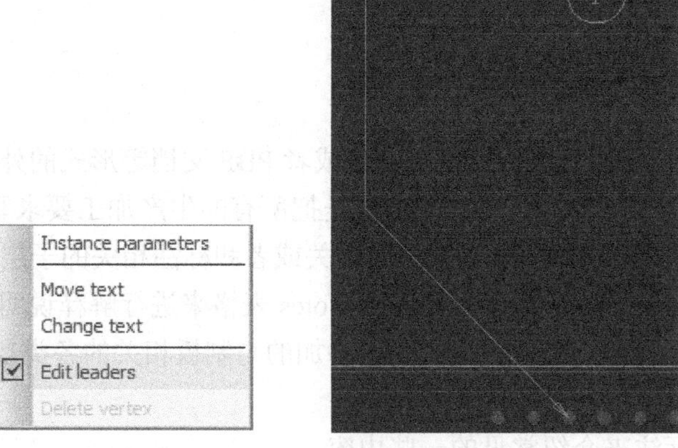

图 14-24　用 Edit leaders 命令修改引导线

标注尺寸的同时，经常需要标注公差范围，如图 14-25 所示，在参数设置界面的 Tolerancing 选项卡中进行设置后，即可显示标注的尺寸公差。

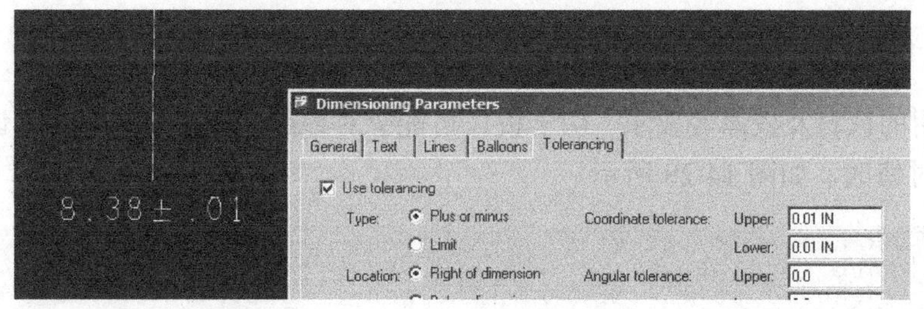

图 14-25　标注公差范围

最后介绍双单位标注，即英制、公制双单位标注，如图 14-26 所示，在参数设置界面的 Text 选项卡中的 Secondary dimensions 选项组中进行设置即可。

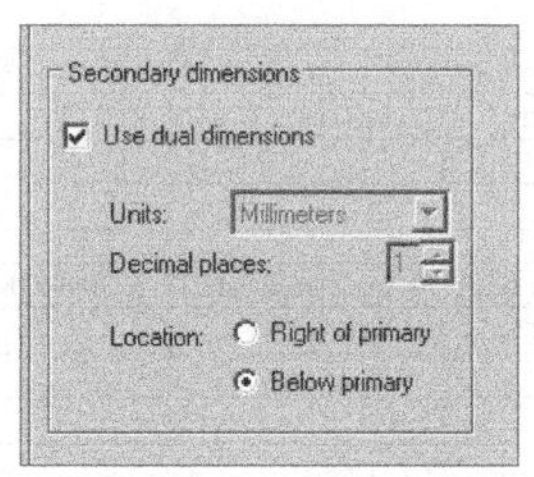

图 14-26　公制、英制双单位标注

14.4.2　技术说明文档资料（Drill 层相关生产需求说明）

后处理流程需要整理生产技术说明文档资料，主要目的是给下游合作厂商和相关工程人员提出生产和工艺等方面的需求。技术说明文档主要包括以下内容：

（1）材料。

（2）成品板厚度和允许公差。

（3）表面处理工艺。

（4）翘曲度。

（5）钢网。

（6）丝印。

这些文档资料可以是以邮件、Word 文档或者 PDF 文档等形式的外置文件，和投板的光绘文件一起发给相关人员。更加专业的做法是把所有的生产加工要求写到.brd 文件的 Drill 层，当然也可以是其他一些和 Manufacture 相关或者和标注相关的子层（Subclass）。一些专业的设计公司如一博科技，会制作出专门的 Notes 表格来进行解释说明，可读性和规范性更好。Notes 表格的内容为设计人员在 Drill 层添加的与制板相关的各类参数，主要包括板厚、层数、加工工艺、阻抗说明及其他重要参数。

下面以通用的标注来介绍常见的一些内容。

（1）一般来说，会首先注明需要符合的国际标准，常见的是 IPC 标准，如图 14-27 所示。

1.Board fabrication and quality acceptance as per requirements of IPC-6012B
Class 2 Type 3 and IPC-A-600F Class 2.The detailed notes and instructions
as follows may supersede IPC requirements.

图 14-27　基于 IPC 标准的标注

（2）选用的板材及板厚等要求。由于板厂可能会对参数有微小调整，得到调整的反馈之后，可以适时修改，如图 14-28 所示。

2.ISOLA 370HR Laminate and PrePreg shall be used.
3.Overall board thickness is minimal 0.062 inches -
4.PCB vendor should select appropriate pre-preg/Core thickness to achieve
trace impedance and overall board thickness.
Submit the layer stack-up for approval before fabrication.

图 14-28　板材、板厚标注

（3）阻抗控制要求。这是标注里面常见而且很重要的一个内容，如图 14-29 所示。

Single Impedance	Layer	Trace Width(mil)	Tolerance	Frequency(MHZ)	Remark
50 ohm	1,4	5.0	±10%	Default	

Diff Impedance	Layer	Trace W/S(mil)	Tolerance	Frequency(MHZ)	Remark
100 ohm	4	4.0/7.0	±10%	Default	

图 14-29　阻抗控制要求

- 单线阻抗：描述某线宽的单线在某层时需控制的阻抗值。
- 差分线阻抗：描述某线宽、某间距的差分线在某层时需控制的阻抗值。
- 不同线宽、间距和阻抗值的走线需分别描述，且差分线与单线的线宽要有所区别。

（4）层叠说明，就是把 PCB 工程师的层叠意图和思路写到相关文档中。在第 9 章中介绍了 Cross Section 工具。层叠设计完成之后，工程师希望能自动生成层叠表格，Allegro PCB

Editor 增加了这个非常实用的功能。

选择 Manufacture→Cross Section Chart 命令，弹出 Cross Section Chart 窗口，如图 14-30 所示，其中的参数主要有表格的大小及字体的大小等，以及需要生成标注的项目等，参数设置都比较简单，设置好之后单击 OK 按钮，就生成了如图 14-31 所示的层叠表格。

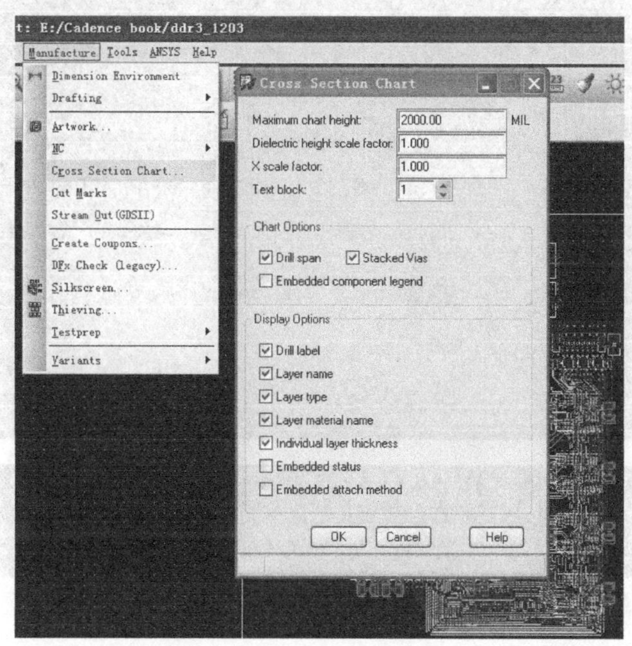

图 14-30　Cross Section Chart

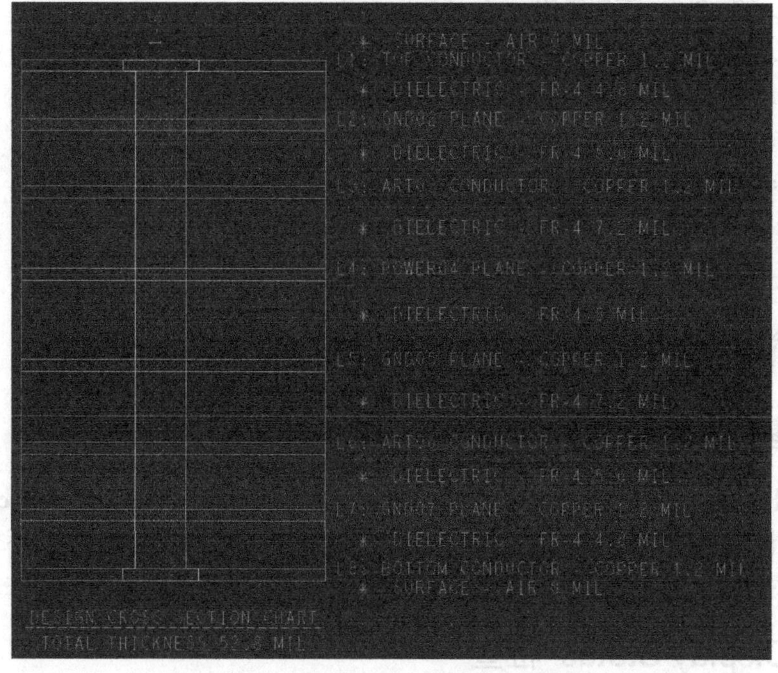

图 14-31　层叠表格

这个层叠表格是和 Cross Section（横截面）中的设置自动关联的，对所有的修改，这个表格都可以自动更新，不需要人为干预。

（5）加工工艺如图 14-32 所示。表格主要注明阻焊油标准、丝印油标准等。

Board Name: XXXXXXXXXXXXXXXXXXXX			Board Thickness: xxxx mm+/-10%	
Edadoc Code: XXXXXX	Layers: 04		Panel Mode: 3x3	
Silkscreen Color:	☑ White	☐ Yellow	☐ Black	☐ Other
Soldermask Color:	☐ Green	☐ Blue	☐ Red	☑ Black
Surface Finished	☐ HASL(Sn/Pb)	☐ HASL(Pb-Free)	☑ Immersion Gold(ENIG)	
	☐ OSP	☐ ImAg	☐ ImSn	☐ Other
	☐ Golden Finger,Others HASL(Pb-Free)		☐ Golden Finger,Others ENIG	
	☐ Golden Finger,Others HASL(Sn/Pb)		☐ Golden Finger,Others OSP	
Dielectric Material:	☑ FR-4	☐ Other		
Tg:	☑ Default	☐ Hi-Tg 150C	☐ Hi-Tg 170C	☐ Other
Compare With IPC File:	☑ Yes	☐ No		
Short Net NO: [XX]	Short Net Name: xxxxx			
DESIGN BY EDADOC	E-Mail:edadoc@pcbdoc.com		Tel: +86-755-88852189	

7.Apply solvent processable LPI solder mask (Green) to both sides in accordance with IPC-SM-840 Class H.
8.Screen printin to be in white using non-conductive epoxy ink.
9.Board finish shall be Electroless Nickel Immersion Gold (ENIG) in accordance with IPC-4552. The finish must cover all exposed copper and be as smooth a surface as can be reasonably achieved.

图 14-32　阻焊、丝印和表面处理等要求

常见的表面处理工艺有如下几种。

- HASL（Sn/Pb）：有铅喷锡。
- HASL（Pb-Free）：无铅喷锡。
- Golden Finger、Others XXX：金手指部分、其他表面处理方式。
- ENIG：化镍金。
- ImAg：化学银。
- ImSn：化学锡。
- OSP：有机保焊剂。

14.5　输出光绘前的检查流程

14.5.1　基于 Check List 的检查

投板输出光绘前，一般需要进行严格的检查，每个公司都会有自己的 Check List，包含原理图、设计、生产等各个环节的要求。由于私密性和专有性较强，这里就不一一阐述了。

下面会对软件提供的两个主要的检查功能进行介绍，提醒大家在投板前注意检查。

14.5.2　Display Status 检查

选择 Display→Status 命令，打开如图 14-33 所示的窗口，其中包含了常规检查的一些选

项，详细介绍如下。

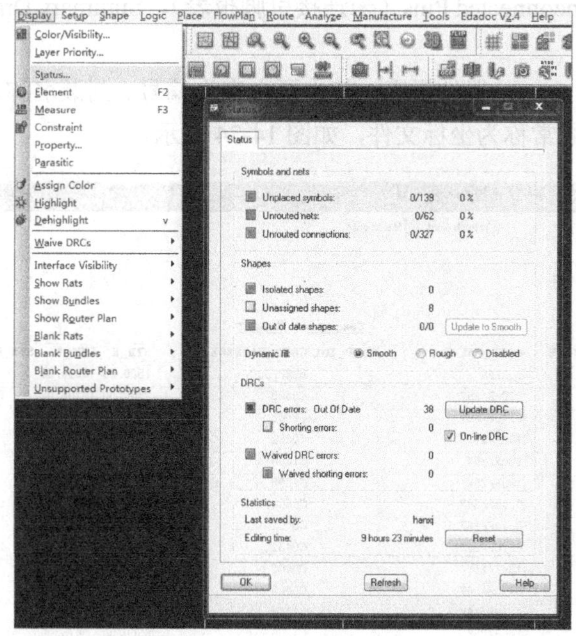

图 14-33　打开 Status 窗口

Symbols and nets：基于元器件和网络的完成度，正常情况下所有的状态灯都必须为绿色。

Shapes：基于铜皮的完成度和可用性状态。

- Isolated shapes 是孤立铜皮，右边的数字为孤立铜皮的数量。孤立铜皮原来有网络名，后来被其他元素（线条、元器件等）隔离，变成了孤立的铜皮，在物理上和所需连接的网络没有任何关联。正常情况下应该为 0 块，如果存在孤立铜皮，可以单击左边的黄色框，根据坐标进行删除。
- Unassigned shapes 是没有赋任何网络名的铜皮。
- Out of date shapes 是软件需要更新的铜皮，可以理解为超出了软件数据控制的铜皮。

DRCs：与 DRC 有关的状态，一般情况下红色状态灯不应该出现，主要的项目有如下几个。

- Out of date 的 DRC 错误，也需要进行更新（Update），让软件对这些 DRC 重新建立监控。
- Waived Shorting errors：会引起短路问题的严重 DRC 报告，这也是 Allegro 的新功能，读者可以重点关注。
- Waived DRC errors：被 Waived 的 DRC 状态。
- Statistics：是 SPB 17.X 的新功能，可增加对文件的保存说明，记录谁做了编辑并保存。

14.5.3　报表检查

设计中的各种数据都详尽地记录在报表中，便于数据统计及检查错误。常用的报表包括：Component Report（器件报表），Dangling Line、Via and Antenna Report（多余线、过孔、形成天线的过孔报表），Testprep Report（测试点报表），Unplaced Components（未布局到工作界面的器件报表），Unconnected Pins（未连接引脚报表），Summary Drawing Report（汇总报表）。

（1）Component Report：器件报表。其主要内容为编号、封装名称、Value 值、坐标、旋转角度、镜像信息，通常称为坐标文件，如图 14-34 所示。

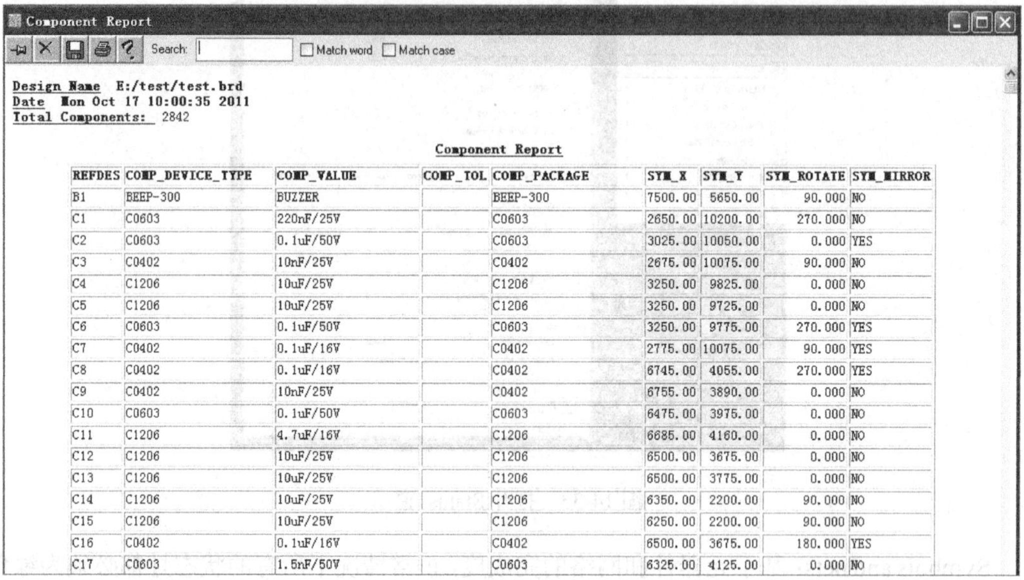

Component Report

Search: | Match word | Match case

Design Name E:/test/test.brd
Date Mon Oct 17 10:00:35 2011
Total Components: 2842

Component Report

REFDES	COMP_DEVICE_TYPE	COMP_VALUE	COMP_TOL	COMP_PACKAGE	SYM_X	SYM_Y	SYM_ROTATE	SYM_MIRROR
B1	BEEP-300	BUZZER		BEEP-300	7500.00	5650.00	90.000	NO
C1	C0603	220nF/25V		C0603	2650.00	10200.00	270.000	NO
C2	C0603	0.1uF/50V		C0603	3025.00	10050.00	0.000	YES
C3	C0402	10nF/25V		C0402	2675.00	10075.00	90.000	NO
C4	C1206	10uF/25V		C1206	3250.00	9825.00	0.000	NO
C5	C1206	10uF/25V		C1206	3250.00	9725.00	0.000	NO
C6	C0603	0.1uF/50V		C0603	3250.00	9775.00	270.000	YES
C7	C0402	0.1uF/16V		C0402	2775.00	10075.00	90.000	YES
C8	C0402	0.1uF/16V		C0402	6745.00	4055.00	270.000	YES
C9	C0402	10nF/25V		C0402	6755.00	3890.00	0.000	NO
C10	C0603	0.1uF/50V		C0603	6475.00	3975.00	0.000	NO
C11	C1206	4.7uF/16V		C1206	6685.00	4160.00	0.000	NO
C12	C1206	10uF/25V		C1206	6500.00	3675.00	0.000	NO
C13	C1206	10uF/25V		C1206	6500.00	3775.00	0.000	NO
C14	C1206	10uF/25V		C1206	6350.00	2200.00	90.000	NO
C15	C1206	10uF/25V		C1206	6250.00	2200.00	90.000	NO
C16	C0402	0.1uF/16V		C0402	6500.00	3675.00	180.000	YES
C17	C0603	1.5nF/50V		C0603	6325.00	4125.00	0.000	NO

图 14-34 器件报表

（2）Unplaced Components：未布局到工作界面的器件报表。其主要内容为编号、封装名称、Value 值，如图 14-35 所示。

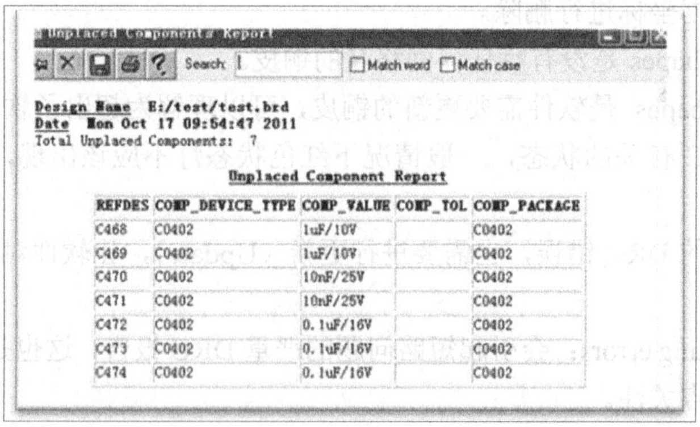

Unplaced Components Report

Search: | Match word | Match case

Design Name E:/test/test.brd
Date Mon Oct 17 09:54:47 2011
Total Unplaced Components: 7

Unplaced Component Report

REFDES	COMP_DEVICE_TYPE	COMP_VALUE	COMP_TOL	COMP_PACKAGE
C468	C0402	1uF/10V		C0402
C469	C0402	1uF/10V		C0402
C470	C0402	10nF/25V		C0402
C471	C0402	10nF/25V		C0402
C472	C0402	0.1uF/16V		C0402
C473	C0402	0.1uF/16V		C0402
C474	C0402	0.1uF/16V		C0402

图 14-35 未布局到工作界面的器件报表

（3）Unconnected Pins：未连接引脚报表。其主要内容为引脚名称、坐标，如图 14-36 所示。

（4）Dangling Line、Via and Antenna Report：多余线、过孔、形成天线的过孔报表。其主要内容为多余线段、多余过孔及形成天线的过孔的网络名及坐标，如图 14-37 所示。

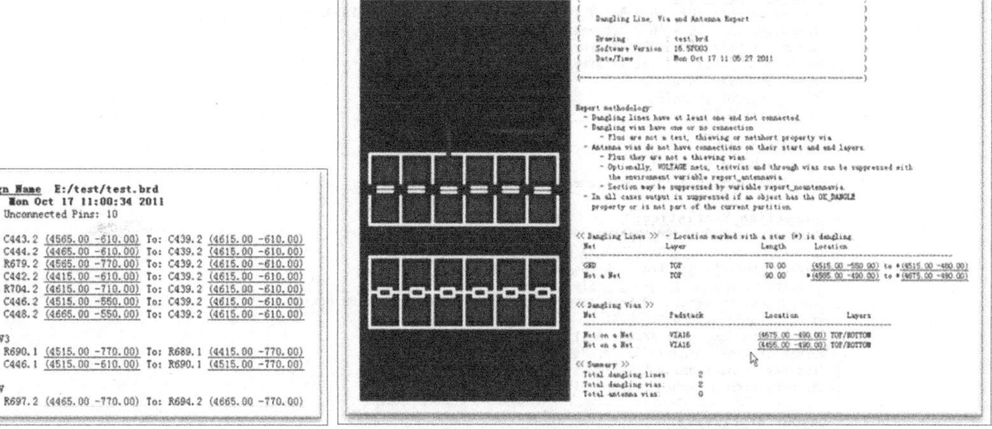

图 14-36　未连接引脚报表　　　　图 14-37　多余线、过孔、形成天线的过孔报表

（5）Testprep Report：测试点报表。其主要内容为 Net 数量、添加测试点的 Net 数量、没有添加测试点的 Net 数量、添加 NO_TEST 属性的 Net 数量、添加测试点的 Net 比例等，如图 14-38 所示。

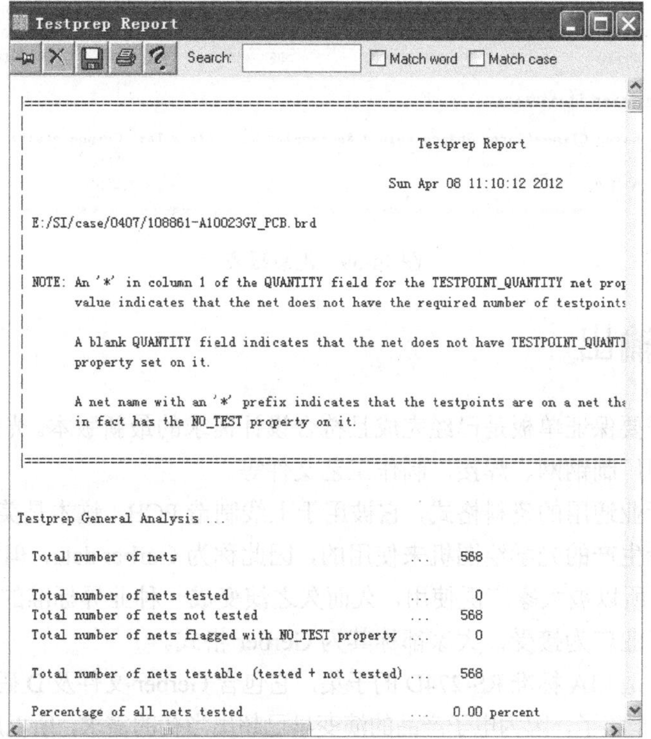

图 14-38　测试点报表

（6）Summary Drawing Report：汇总报表。其主要内容为 DRC、Unplaced、Missing Connections、Dangling Connections、Connection Completion，如图 14-39 所示。

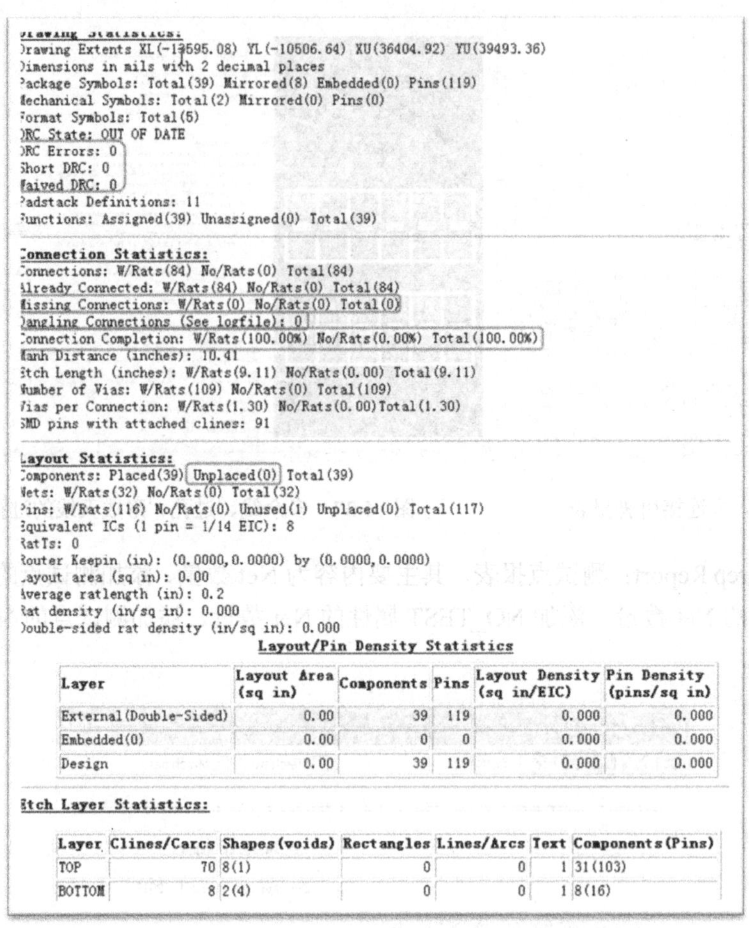

```
rawing Statistics:
rawing Extents XL(-13595.08) YL(-10506.64) XU(36404.92) YU(39493.36)
imensions in mils with 2 decimal places
ackage Symbols: Total(39) Mirrored(8) Embedded(0) Pins(119)
echanical Symbols: Total(2) Mirrored(0) Pins(0)
ormat Symbols: Total(5)
RC State: OUT OF DATE
RC Errors: 0
hort DRC: 0
aived DRC: 0
adstack Definitions: 11
unctions: Assigned(39) Unassigned(0) Total(39)

onnection Statistics:
onnections: W/Rats(84) No/Rats(0) Total(84)
lready Connected: W/Rats(84) No/Rats(0) Total(84)
issing Connections: W/Rats(0) No/Rats(0) Total(0)
angling Connections (See logfile): 0
onnection Completion: W/Rats(100.00%) No/Rats(0.00%) Total(100.00%)
anh Distance (inches): 10.41
tch Length (inches): W/Rats(9.11) No/Rats(0.00) Total(9.11)
umber of Vias: W/Rats(109) No/Rats(0) Total(109)
ias per Connection: W/Rats(1.30) No/Rats(0.00)Total(1.30)
MD pins with attached clines: 91

ayout Statistics:
omponents: Placed(39) Unplaced(0) Total(39)
ets: W/Rats(32) No/Rats(0) Total(32)
ins: W/Rats(116) No/Rats(0) Unused(1) Unplaced(0) Total(117)
quivalent ICs (1 pin = 1/14 EIC): 8
atTs: 0
outer Keepin (in): (0.0000,0.0000) by (0.0000,0.0000)
ayout area (sq in): 0.00
verage ratlength (in): 0.2
at density (in/sq in): 0.000
ouble-sided rat density (in/sq in): 0.000
```

Layout/Pin Density Statistics

Layer	Layout Area (sq in)	Components	Pins	Layout Density (sq in/EIC)	Pin Density (pins/sq in)
External(Double-Sided)	0.00	39	119	0.000	0.000
Embedded(0)	0.00	0	0	0.000	0.000
Design	0.00	39	119	0.000	0.000

tch Layer Statistics:

Layer	Clines/Carcs	Shapes(voids)	Rectangles	Lines/Arcs	Text	Components(Pins)
TOP	70	8(1)	0	0	1	31(103)
BOTTOM	8	2(4)	0	0	1	8(16)

图 14-39 汇总报表

14.6 光绘输出

光绘输出前需要保证单板是已经完成且符合设计需求的最新版本。光绘输出文件分别用于板厂制板、钢网厂制钢网、焊接厂制作工艺文件等。

光绘是电子行业通用的资料格式，它被用于上线制造 PCB，这本是美国 Gerber 公司制定出来给该公司所生产的光学绘图机来使用的，因此称为 Gerber data，但因为该格式颇符合电子行业的需求，所以被大家广泛使用，久而久之演变成一种业界标准的资料格式。后来因为该格式被电子行业广为接受，大家都称其为 Gerber 格式。

RS-274 D 格式是 EIA 标准 RS-274D 的子集，它包含 Gerber 文件及 D 码两部分。RS-274 D 码被使用至今已数十年了，因为电子产品的演变早已超出当初的需求，所以原用的 RS-274 D 格式慢慢地不再被使用，许多的定义已经不再适用，因此衍生出强化版的 Gerber 格式。

RS-274 X 格式是现今最常用的资料格式。扩展 Gerber 格式是 EIA 标准 RS-274D 格式的超集。RS-274X 增强了处理多边形填充、正负片图组合和自定义 D 码等功能。它还定义了 Gerber 数据文件中嵌入光圈表的规则。

国内一直以来都将 RS-274D 作为标准的光绘输出格式，RS-274D 作为成熟的光绘格式，非常规范严格，使用上也比较安全，但是随着单板设计规模越来越大，铜皮及复杂形状越来越多，RS-274D 的缺点也日益暴露。

- 生成的光绘文件体积庞大，传输困难。
- 对铜皮及复杂形状的处理能力不够，需要和厂家进行沟通协调。
- 由于 D 码文件和光绘文件是分开的，板厂需要对 D 码文件进行单独处理，处理环节产生的错误会影响所有光绘文件的正确性。
- 对大面积铜皮的处理效率极低，板厂需要花费大量时间用于铜皮处理，影响单板生产交货周期。
- 对于高速信号线导圆弧处理效率低。

RS-274X 为目前业界最常用的档案格式，定义比较灵活，相比 RS-274D 有很多优势，但是切换光绘格式时需要小心谨慎，并建立好完善的标准规范和检查表格。

- RS-274X 格式的档案很小，便于传输。
- RS-274X 内含 D 码的完整信息，所以除 Gerber 文件外，不需要再附上对应的 D 码给板厂，可以减少板厂在处理 D 码时的失误。
- RS-274X 具有较强的针对大面积铺铜及复杂图形的处理能力，能解决日益复杂的设计问题。
- RS-274X 对高速信号等重要信号的处理很到位。

14.6.1 钻孔文件

PCB 加工必须有钻孔信息表。 Allgero 生成的钻孔信息的命令集中在 Manufancture→NC 的菜单中。

1. 参数设置

选择 Manufacture→NC→NC Parameters 命令，弹出 NC Parameters 对话框，如图 14-40 所示。

- Parameter file：输出 NC 数据的文件名称和路径，默认名为 nc_param.txt。
- Header：在输出文件中指定一个或多个 ASCII 文件，默认值为 none。
- Leader：指定数据的引导长度。
- Code：指定数据的输出格式，默认为 ASCII。
- Format：输出 NC Drill 文件中坐标精度，关键是要和设计的精度匹配。
- Offset X: Y：指定坐标数据相对于图纸原点的偏移量。
- Coordinates：指定输出的文件是相对坐标还是绝对坐标。
- Leading zero suppression：省略前导零。
- Trailing zero suppression：省略后缀零。
- Equal coordinate suppression：简化相同的坐标。
- Enhanced Excellon format：在 NC Drill 和 NC Route 输出文件中产生头文件。

除了设置精度与设计文件匹配，大多数情况下保留所有默认设置即可，单击 Close 按钮，关闭 NC Parameters 对话框。相关参数被写入 nc_param.txt 文件中。

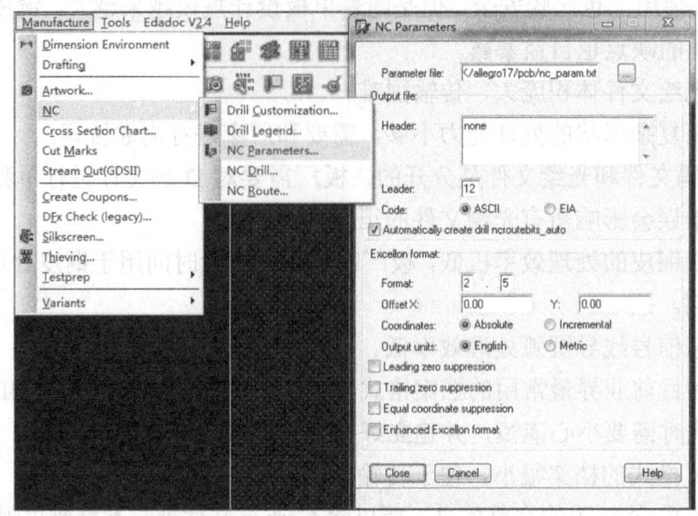

图 14-40　打开 NC Parameters 对话框

钻孔单位及精度。钻孔单位需要跟 PCB 设计单位一致。对于公制单位的 PCB 钻孔精度，需提高为 2.5，并且注意出光绘文件时要与这里的精度一致。

2．生成钻孔表

1）使用 Drill Legend 命令生成钻孔表

设置和钻孔表相关的参数选项及合适的可视区域，选择 Manufacture→ NC→Drill Legend 命令，弹出 Drill Legend 对话框，如图 14-41 所示。

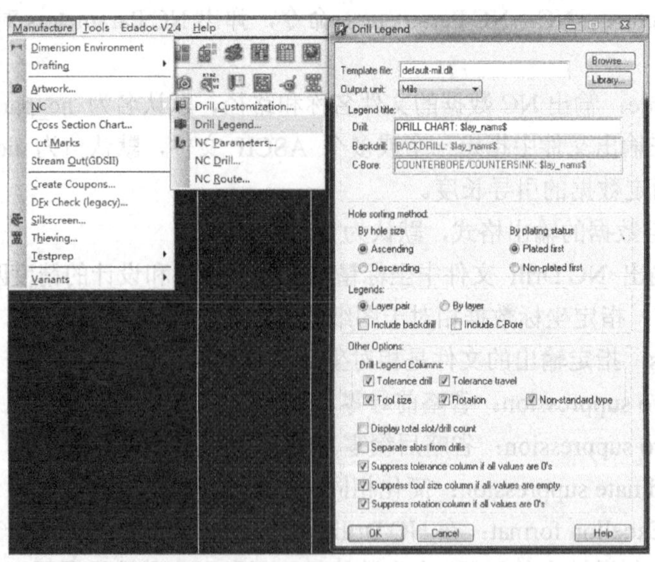

图 14-41　使用 Drill Legend 命令生成钻孔表

- Template file：钻孔图例表格的模板文件，默认为 default-mil.dlt。
- Output unit：钻孔的单位，设置单位应与设计中前面的设置一致。
- Legend title：钻孔数据的标题及格式。
  - ➢ Drill：格式按照默认选项，生成钻孔数据。
  - ➢ Backdrill：背钻，在前面 Layer Pair 或者 By Layer 设置的基础上，生成背钻数据。
  - ➢ C-Bore：沉头孔，如图 14-42 所示。

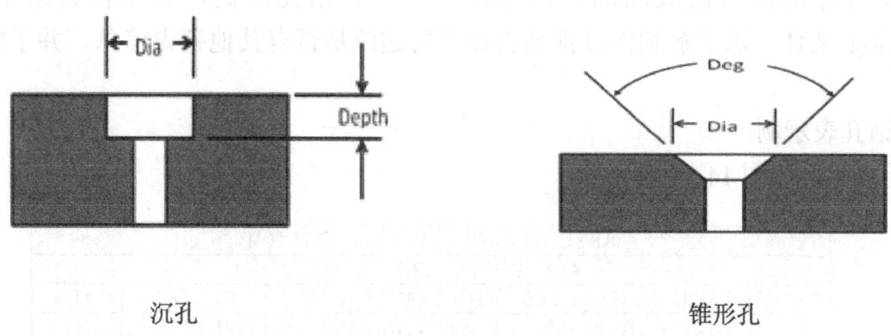

图 14-42　钻孔横截面示意图

- Hole sorting method：不同种类孔的排序方法。

By hole size：按孔的大小排序。

  - ➢ Ascending：升序。
  - ➢ Descending：降序。

By plating status：按是否为金属化孔排序。

  - ➢ Plated first：金属化孔排在前面。
  - ➢ Non-plated first：非金属化孔排在前面。

Legends。

  - ➢ Layer pair：非 HDI 的普通机械钻孔板子的设置，按照钻孔的层来产生钻孔文件。
  - ➢ By layer：专用于微型激光过孔的 HDI 设计，会按照每一层来生成钻孔数据文件。
  - ➢ Include backdrill：包含背钻数据。
  - ➢ Include C-Bore：包含沉头孔数据。

- Other Options：其他选项，这是 SPB 17.X 新增的选项。
- Drill Legend Columns：钻孔表栏选项。
  - ➢ Tolerance drill：钻孔公差。
  - ➢ Tolerance travel：孔位公差。
  - ➢ Tool size：工具类型，一般指钻头或铣刀。
  - ➢ Rotation：旋转。
  - ➢ Non-standard type：非标准类型。
- Display total slot /drill count：显示槽孔/钻孔总的数量。
- Separate solts from drills：区分槽孔与钻孔。

- Suppress tolerance column if all values are 0's：如果所有公差都是空值，在栏目中将其去除。
- Suppress tool size column if all values are empty：如果没有钻头值，在栏目中将其去除。
- Suppress rotation column if all values are 0's：如果无任何旋转信息，在栏目中将其去除。

大多数情况下保留所有默认设置即可，单击 OK 按钮。当处理完成后，光标处有一矩形，单击一个合适的区域摆放图例。调整画面，查看钻孔图例，在工作目录下可以查看 nclegend.log 文件，以了解制作过程是否存在问题或是否有其他警告信息，并了解最终的转换结果。

2）钻孔表示例

钻孔表示例如图 14-43 所示。

DRILL CHART: TOP to BOTTOM				
ALL UNITS ARE IN MILS				
FIGURE	FINISHED_SIZE	TOLERANCE_DRILL	PLATED	QTY
	8.0	+0.0/-0.0	PLATED	37
	10.0	+0.0/-0.0	PLATED	296
	78.74	+0.0/-0.0	PLATED	2
	82.68	+0.0/-0.0	PLATED	4
	40.0	+2.0/-2.0	NON-PLATED	2
	80.0	+0.0/-0.0	NON-PLATED	4

图 14-43　钻孔表示例

3）钻孔符号

- 钻孔符号尺寸合理，一般为 100mil×100mil。
- 尺寸不同的钻孔，其钻孔符号不能相同。
- 尺寸相同且形状相同的钻孔，其钻孔符号相同。
- Allegro 早期的版本，异形孔的钻孔符号需要特别标明。自从 Cadence 15 版本以来，Cadence 推出了 NC Route 功能，支持使用铣刀加工的异形孔，如图 14-44 所示。
- Separate files for plated/non-plated routing：分别输出金属化和非金属化洗槽。

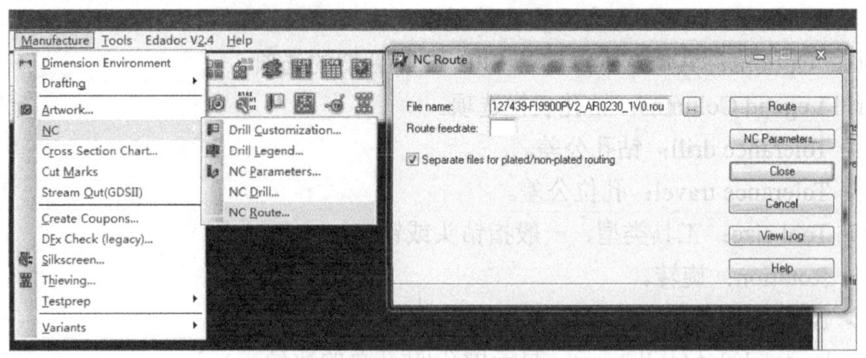

图 14-44　NC Route 功能

4）非常规板生成钻孔表常见问题

（1）盲埋孔板，生成钻孔表时会出现钻孔表重叠现象，如图 14-45（a）所示。这时需要把通孔、埋孔、盲孔的钻孔表分层打开，移动钻孔图，使不同层的钻孔表不重叠，移动后如图 14-45（b）所示。

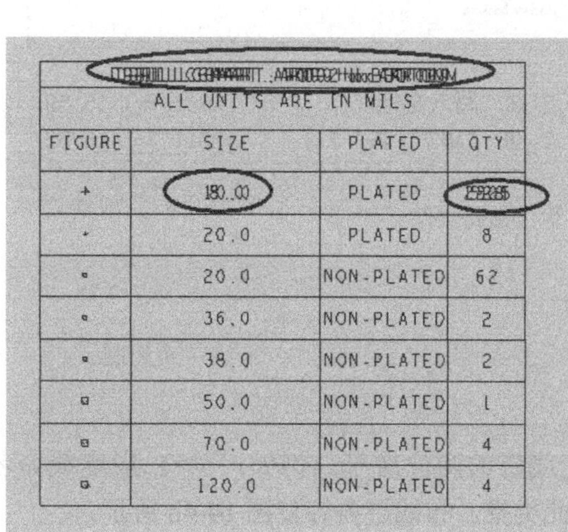

[illegible]			
ALL UNITS ARE IN MILS			
FIGURE	SIZE	PLATED	QTY
+	180.00	PLATED	[illegible]
·	20.0	PLATED	8
▫	20.0	NON-PLATED	62
▫	36.0	NON-PLATED	2
▫	38.0	NON-PLATED	2
▫	50.0	NON-PLATED	1
▫	70.0	NON-PLATED	4
▫	120.0	NON-PLATED	4

（a）

DRILL CHART: ART02 to ART09			
ALL UNITS ARE IN MILS			
FIGURE	SIZE	PLATED	QTY
+	8.0	PLATED	1525

DRILL CHART: TOP to ART02			
ALL UNITS ARE IN MILS			
FIGURE	SIZE	PLATED	QTY
+	5.0	PLATED	2201

DRILL CHART: ART09 to BOTTOM			
ALL UNITS ARE IN MILS			
FIGURE	SIZE	PLATED	QTY
+	5.0	PLATED	528

DRILL CHART TOP to BOTTOM			
ALL UNITS ARE IN MILS			
FIGURE	SIZE	PLATED	QTY
·	10.0	PLATED	2
·	20.0	PLATED	8

（b）

图 14-45　钻孔表重叠及修改

（2）背钻孔表及说明如图 14-46 所示。

BACKDRILL BOTTOM to POWER04				
ALL UNITS ARE IN MILS				
FIGURE	SIZE	TOLERANCE	PLATED	QTY
┘	10.0	+0.0/-0.0	PLATED	1

NOTES
- DRILL SIZES LISTED IN LEGEND ARE CONSIDERED FINISHED
- VENDOR IS REQUIRED TO SELECT TOOLING FOR OVERDRILLING
- LEGEND DOES NOT SPECIFY DEPTH INTO ADJACENT DIELECTRIC LAYER

图 14-46　背钻孔表及说明

3．钻孔文件的生成

选择 Manufacture→NC→NC Drill 命令，弹出 NC Drill 窗口，进行相关设置，如图 14-47 所示，产生钻孔文件。

注意：生成槽孔数据的方法为，选择 Manufacture→NC→NC Route 命令，并进行相关设置。

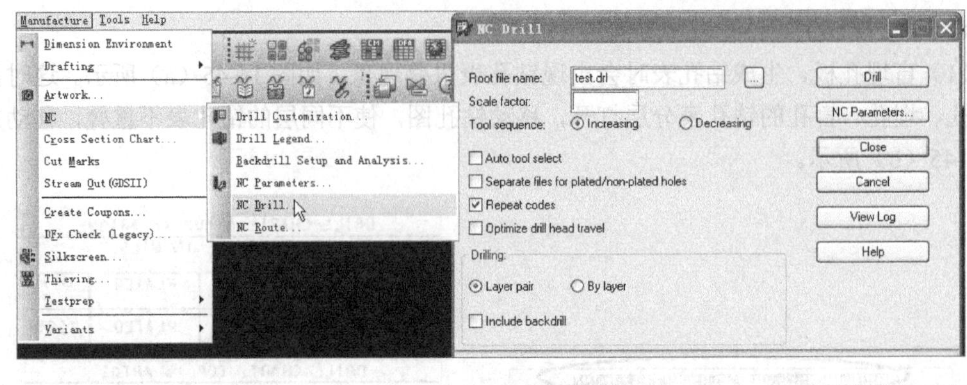

图 14-47　生成钻孔文件

14.6.2　CAM 输出

1. 层命名及层内容

（1）布线层：布线层指常规信号层。

布线层命名为 art**.art，其中**为该走线层的两位层号。例如，第 1 层走线命名为 art01.art；第 3 层走线命名为 art03.art……以此类推。布线层内容如图 14-48 所示。

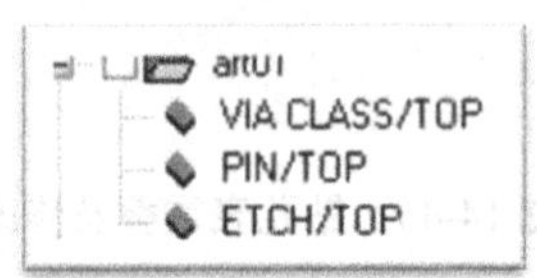

图 14-48　布线层内容

（2）平面层：通常指 GND 及 POWER 层，是完整铜箔层。

平面层命名为 pgp**.art，其中**为该平面层的两位层号。例如，第 2 层平面命名为 pgp02.art；第 5 层平面命名为 pgp05.art……以此类推。平面层内容如图 14-49 所示。

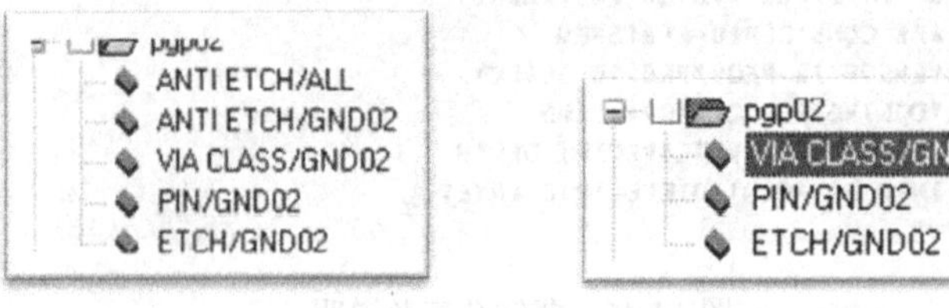

RS-274D 格式　　RS-274X 格式

图 14-49　平面层内容

（3）钻孔层：指设计文件中设计者手工添加的包含 PCB 加工信息的层面。

钻孔层命名为 drill.art，内容如图 14-50 所示。

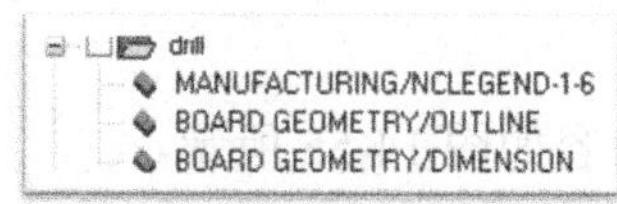

图 14-50　钻孔层内容

（4）装配层：指设计文件中供客户查看封装信息和器件位置的层面，在顶层（Top 层）和底层（Bottom 层）都有器件或有标记的情况下，就会有装配顶层和装配底层。

装配顶层命名为 adt.art，装配底层命名为 adb.art，装配顶层的内容如图 14-51 所示。

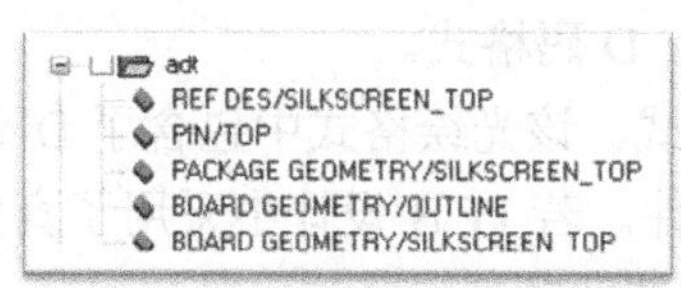

图 14-51　装配顶层的内容

（5）钢网层：指设计文件中为锡膏涂布提供加工信息的层面，在顶层和底层都有 SMD 器件的情况下，就会有钢网顶层和钢网底层。

钢网顶层命名为 pasttop.art，钢网底层命名为 pastbotm.art，钢网顶层的内容如图 14-52 所示。

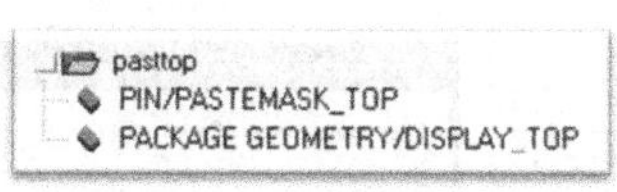

图 14-52　钢网顶层的内容

（6）丝印层：指设计文件中为加工丝印提供信息的层面，在顶层和底层都有器件或有标记的情况下，就会有顶层丝印和底层丝印。

顶层丝印命名为 silktop.art，底层丝印命名为 silkbotm.art，顶层丝印的内容如图 14-53 所示。

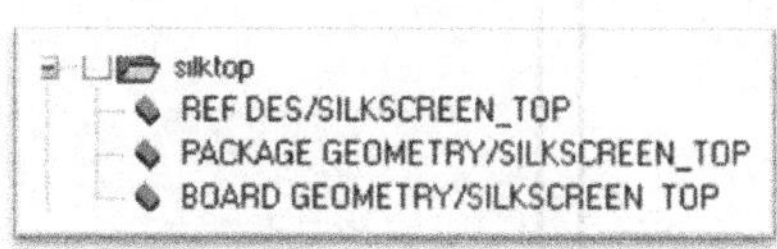

图 14-53　顶层丝印的内容

（7）阻焊层：指设计文件中为绿油涂布提供加工信息的层面。

阻焊顶层命名为 soldtop.art，阻焊底层命名为 soldbotm.art，阻焊顶层的内容如图 14-54 所示。

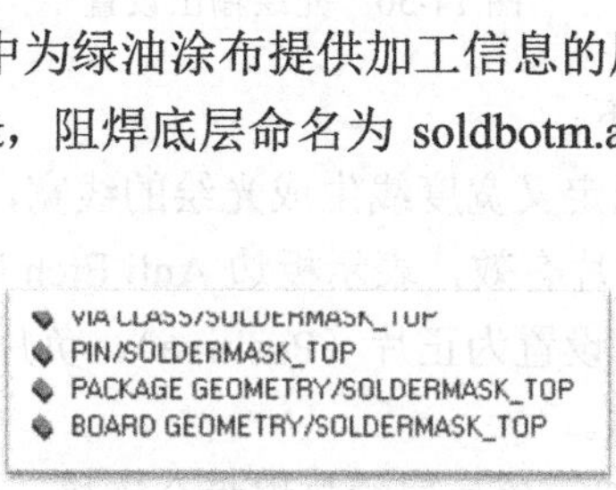

VIA CLASS/SOLDERMASK_TOP
PIN/SOLDERMASK_TOP
PACKAGE GEOMETRY/SOLDERMASK_TOP
BOARD GEOMETRY/SOLDERMASK_TOP

图 14-54　阻焊顶层的内容

（8）板框层：指 PCB 外形。

板框层命名为 Outline.art，内容如图 14-55 所示。

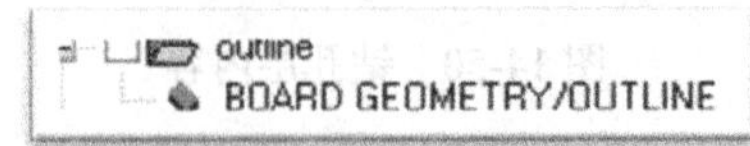

图 14-55　板框层内容

2. 光绘格式

- Gerber6x00 即 RS 274-D：D 码格式。
- GerberRS-274X：X 码格式。该光绘格式中包含了 D 码光圈参数和光绘图形信息，不需要另外的 D 码光圈文件。若 PCB 设计中采用了真实 Flash 的零件，需要在光绘中反映出 Flash 的效果，则选此项。

3. 光绘设置

选择 Manufacture→Artwork 命令，弹出 Artwork Control Form 窗口，在其中进行相关设置。

（1）光绘输出单位要与 PCB 设计单位一致。

（2）光绘输出精度默认为 5.3，若为公制单位或对精度要求较高，可设置为 5.5，如图 14-56 所示。

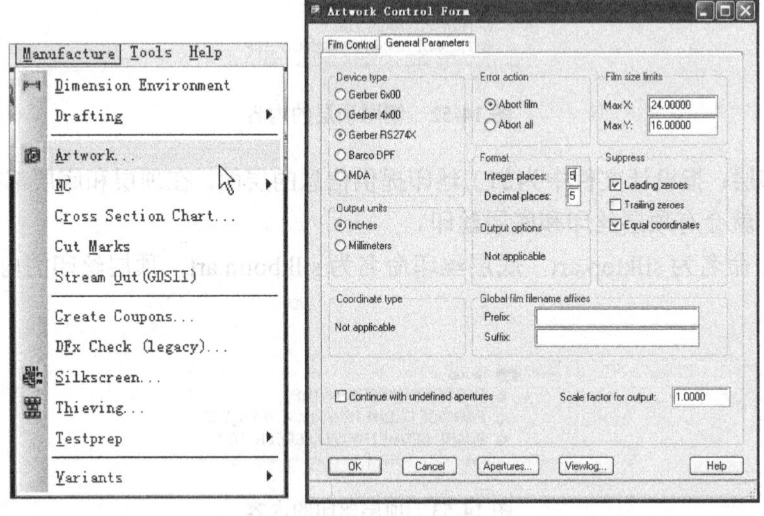

图 14-56　光绘输出设置

（3）各光绘层选项含义如下。

- Undefined line width：未定义宽度线生成光绘的线宽，常规设置为 6mil。
- Shape Bounding box：负片有效，表示板边 Anti Etch 向外加宽的宽度，可不设。
- Plate mode：层属性，可设置为正片（Positive）、负片（Negative）。
- Film mirrored：光绘镜像。
- Full contact thermal-reliefs：负片层的热焊盘全连接，忽略其热焊盘参数。
- Suppress unconnected pads：不生成没有连接的正片内层焊盘，如图 14-57 所示。

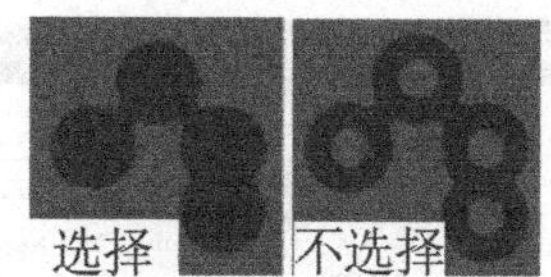

图 14-57　选择 Suppress unconnected pads 选项的效果

- Draw missing pad apertures：对找不到对应 D 码光圈的焊盘，用线来描述其图形。有非正常角度（除 0°、90°、180°、270°外）旋转的器件，需要选择此项。
- Use aperture rotation：使用旋转的 D 码光圈，通常不选择此项。
- Suppress shape fill：填充没有 Anti Etch 的区域，对负片层有效。
- Vector based pad behavior：在光绘格式为 RS-274X 时有效，用向量来描述光圈，文件体积较小，建议勾选该复选框，设置该选项的效果如图 14-58 所示。
- Draw holes only：只针对 Pin/Via　Class Layer（引脚/过孔类层次），并且其作用类似绘制标识，其实光绘输出文件中不需要选择这项。

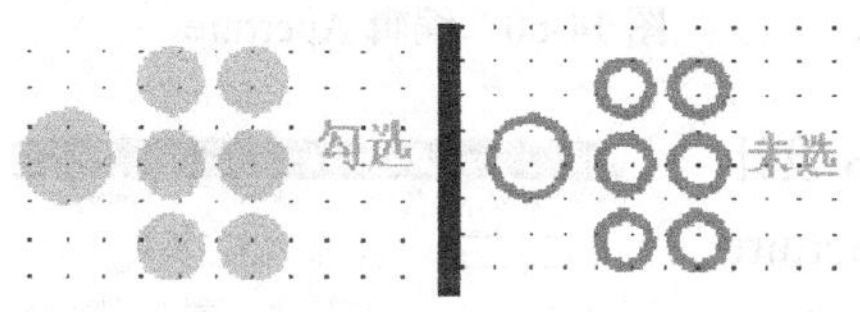

图 14-58　Vector based pad behavior 设置效果

（4）D 码文件生成。

- 选择 Manufacture→Artwork 命令，弹出 Artwork Control Form 窗口，如图 14-59 所示。

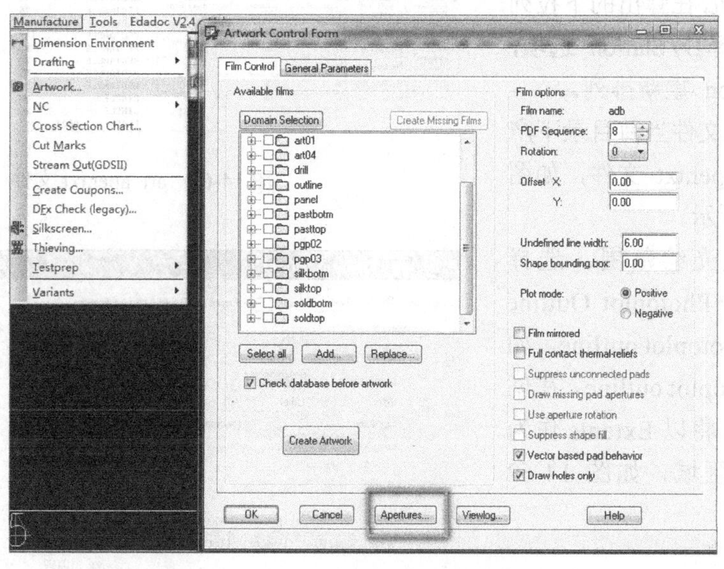

图 14-59　打开 Artwork Control Form 窗口

- 单击 Apertures 按钮，在弹出的窗口中单击 Delete 按钮，删除之前的 Aperture，如图 14-60 所示，再选择 Add→Edit 命令，生成新的 Aperture。

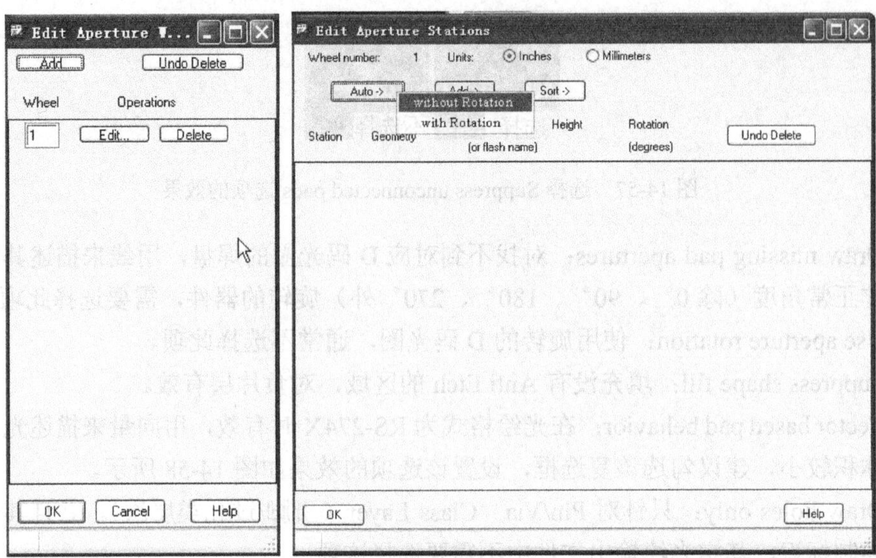

图 14-60　编辑 Aperture

- 设置 D 码单位与 PCB 设计单位一致。在 Edit Aperture Stations 窗口中，单击 Auto 按钮，在弹出的下拉列表中选择 Without Rotation 选项，如图 14-60 所示。单击 Sort 按钮，在弹出的下拉列表中选择 By Station 选项，以 Station 重新排列。
- 在 PCB 文件当前目录下产生 art_aper.txt 文件，如图 14-61 所示。

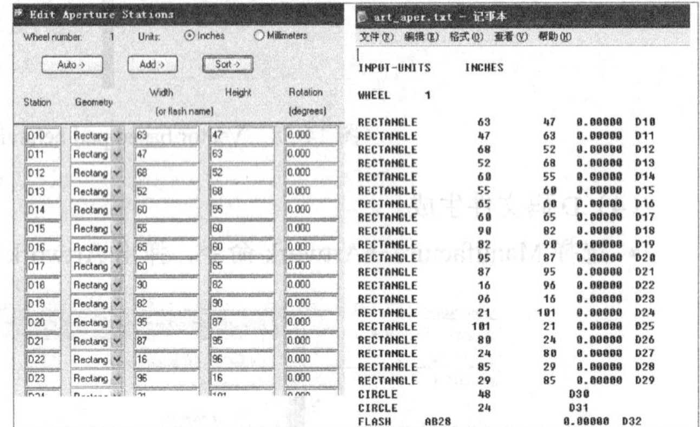

图 14-61　art_aper.txt 文件

（5）设置光绘范围。选择 Setup→Areas→Photoplot Outline 命令，定义 Photoplot outline。如果不设定 Photoplot outline，在创建 Artwork 时，将以 Extents 作为 Artwork 可视区域，如图 14-62 所示。

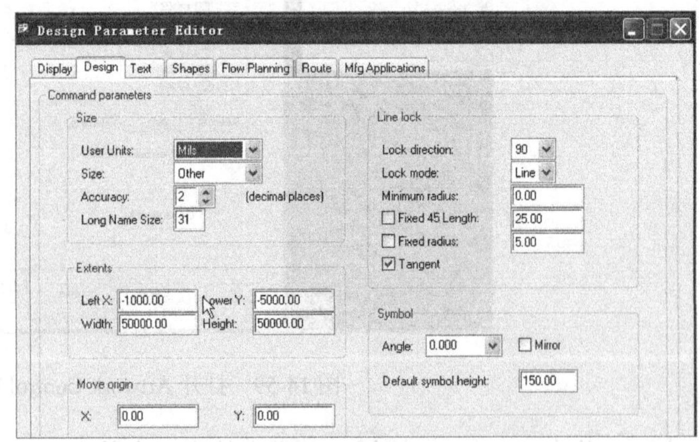

图 14-62　设置光绘范围和 Extents

如果设定 Photoplot outline，对 Artwork 旋转、镜像时，将以 Photoplot outline 的中心点为基准点，如果不设定 Photoplot outline，就以 Extents 的原点为基准点，因此建议不设定此项，建议设置尽量小的 Extents 区域，以减少光绘出错，如图 14-63 所示。

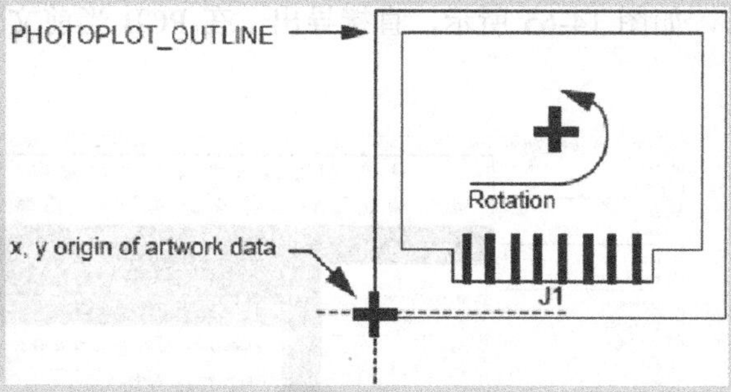

PHOTOPLOT_OUTLINE
Rotation
x, y origin of artwork data
J1

图 14-63　设定 Photoplot outline

14.7　其他

14.7.1　valor 检查所需的文件

（1）valor 是通过光绘文件和网表文件来检查的。

（2）valor 识别的网表文件为 IPC356。IPC356 网表文件的导出和网表格式如图 14-64 所示。

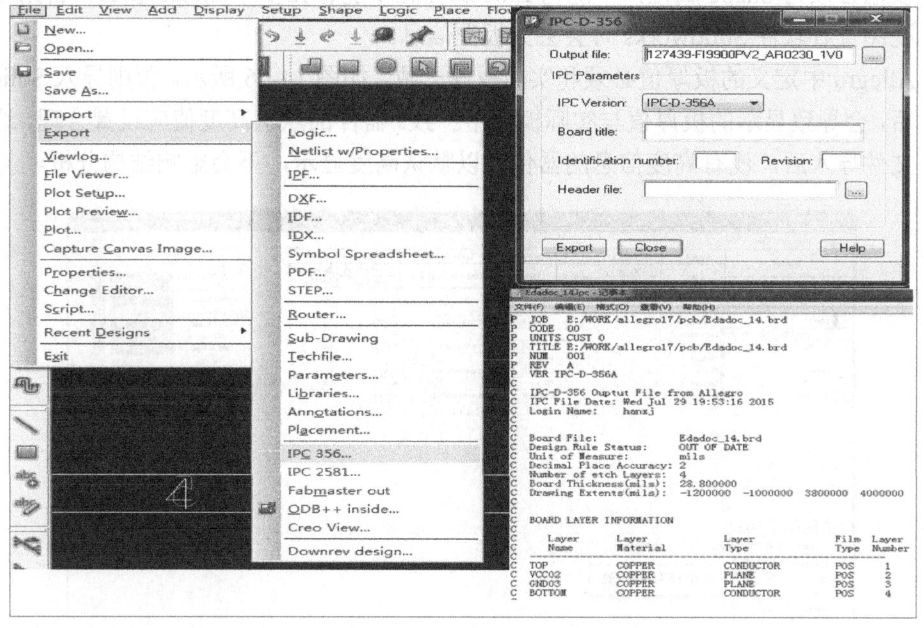

图 14-64　IPC356 网表文件的导出和网表格式

14.7.2　3D 视图

在 PCB 上可直观地看到器件高度，方便核对结构。图 14-64 导出的文件包含 IDF 文件及 BDF 文件。

（1）导出方式：选择 File→Export→IDF 命令，弹出 IDF Out 窗口，在 File Name Type 下拉列表中选择 IDF，如图 14-65 所示，直接导出，在 PCB 当前文件夹下会自动生成 IDF 文件、BDF 文件。

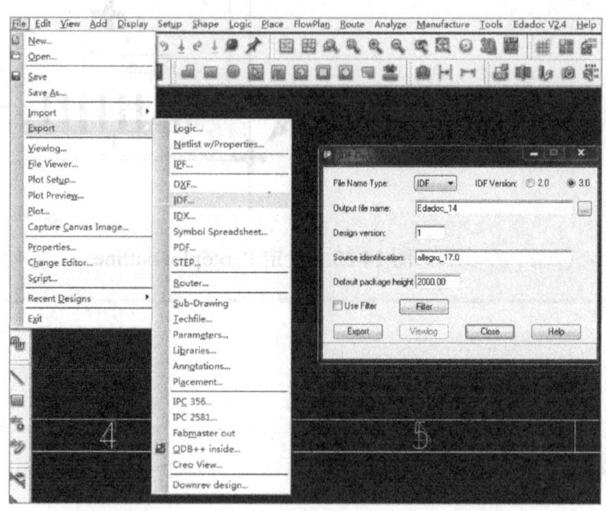

图 14-65　导出 IDF 文件和 BDF 文件

（2）导出 3D 文件前的注意事项：

- 板框必须为 Shape 属性，不能为 Line 属性且不能存在多个 Shape 叠加，否则导入 3D 视图查看软件 Solidworks 时会丢失板框信息。
- Allegro 中定义的板厚值必须和实际板厚一致，如图 14-66 所示，否则导入 Solidworks 后，会导致显示的板厚值与实际板厚不一致。器件的默认高度值应设置合理，这样 3D 文件导入后，没有高度信息的器件将以默认高度显示，不会影响结构分析。

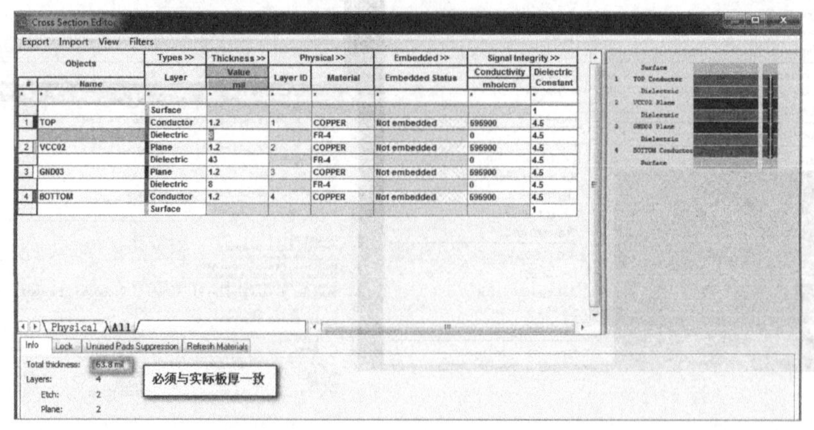

#	Name	Layer	Thickness Value (mil)	Layer ID	Material	Embedded Status	Conductivity (mho/cm)	Dielectric Constant
		Surface						1
1	TOP	Conductor	1.2	1	COPPER	Not embedded	595900	4.5
		Dielectric	[illegible]		FR-4		0	4.5
2	VCC02	Plane	1.2	2	COPPER	Not embedded	595900	4.5
		Dielectric	43		FR-4		0	4.5
3	GND03	Plane	1.2	3	COPPER	Not embedded	595900	4.5
		Dielectric	8		FR-4		0	4.5
4	BOTTOM	Conductor	1.2	4	COPPER	Not embedded	595900	4.5
		Surface						1

图 14-66　Allegro 中定义的板厚值必须和实际板厚一致

14.7.3 打印 PDF

传统的打印 PDF 的方法是选择 File→Plot 命令，按照打印需求选择相应的 Subclass，将其设为显示状态，然后启动 Plot 打印机打印。

- 选择 File→Polt Setup 命令，在打开的窗口中设置页面大小、是否镜像及颜色等，如图 14-67 所示。

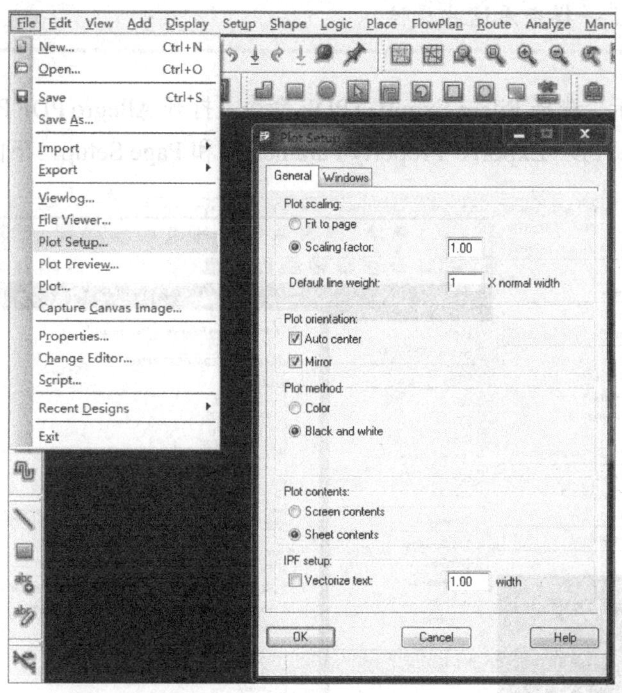

图 14-67 打开 Plot Setup 窗口

- 选择 File→Polt 命令，在弹出的对话框中设置纸张大小、方向等，如图 14-68 所示。可以直接用打印机打印输出，也可以使用 PDF 打印机来输出。

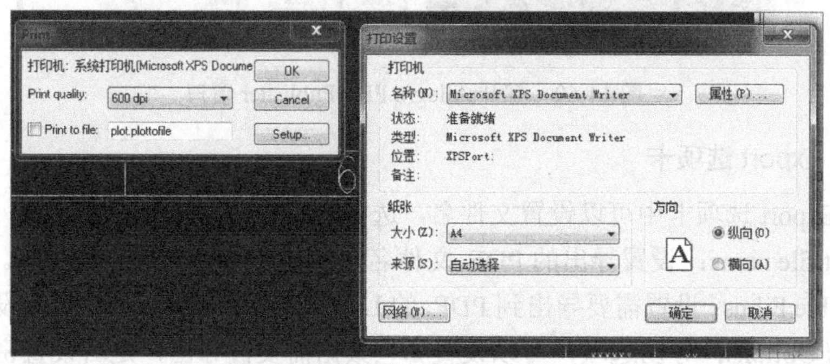

图 14-68 打印参数设置

同时，新版本的 Allegro 支持直接把各层线路导出到 PDF 文件，这个功能需要 Allegro PDF Publisher License（PA1220）的支持。Allegro 的导出 PDF 功能可以动态地选择元器件、走线或测试点等，用户可以指定哪些图层（Class/Subclass）或者哪些属性（Properties）需要被导出到 PDF 文件。可以根据光绘控制选项和当前的颜色设置来生成 PDF 文档，用户还可以修改页面大小、灰度级别和放大/缩小比例等。

通过设置，导出的 PDF 文档的所有数据都是和相应的元素关联的，比如 Properties、描述、refdes 等都和相应的元器件关联，换个说法，可以和在 PCB 原文件上一样查看这些属性。

如图 14-69 所示，选择 File→Export→PDF 命令，打开 Allegro PDF Publisher 窗口。该窗口中有 3 个选项卡：PDF Export、Property Parameters 和 Page Setup，下面分别详细介绍。

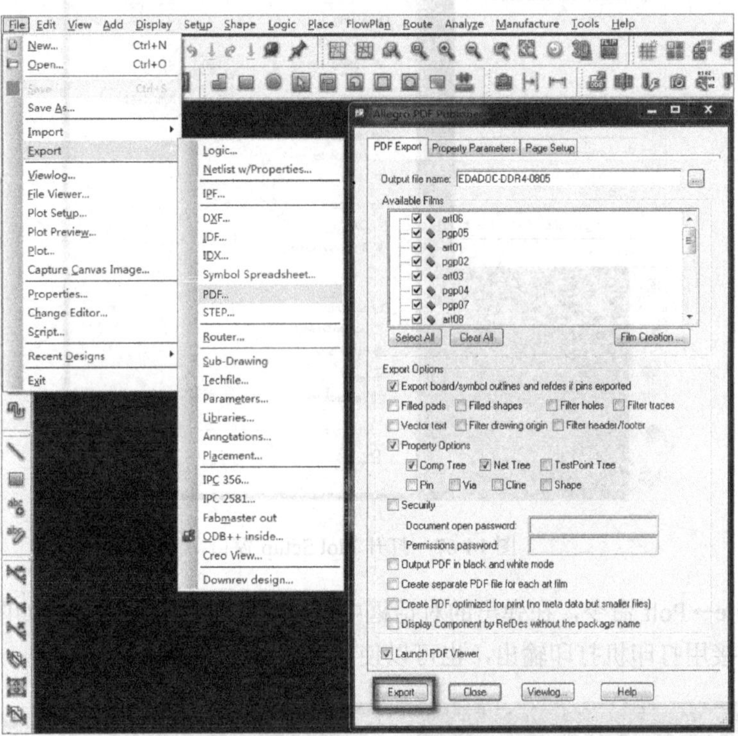

图 14-69 打开 Allegro PDF Publisher 窗口

1. PDF Export 选项卡

在 PDF Export 选项卡中可以设置文件名，选择 Layer 等。

- Output file name：设置导出的 PDF 文件名，默认目录为当前工作目录。
- Available Films：设置需要导出到 PDF 的 Layer，它是和 Gerber 文件的设置相关联的。
- Export Options：导出选项，可以设置哪些数据需要被导出，是否设置密码等。
- Export board/symbol outlines and refdes if pins exported：勾选这个复选框之后，一旦引脚作为元素被导出，相应的元器件丝印、位号及板框都会同时被导出，以供参考，如图 14-70 所示。

如果要完全忠实于 Gerber 文件的设置，则不要勾选这个复选框。

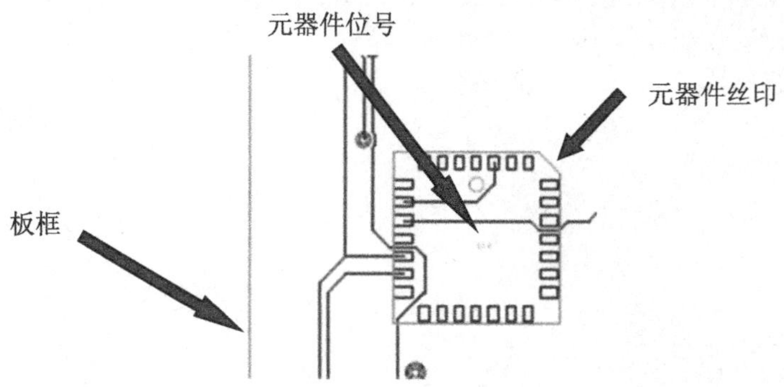

图 14-70　勾选 Export board/symbol outlines and refdes if pins exported 复选框后导出结果

- Filled pads：焊盘会被填实，如图 14-71 所示。

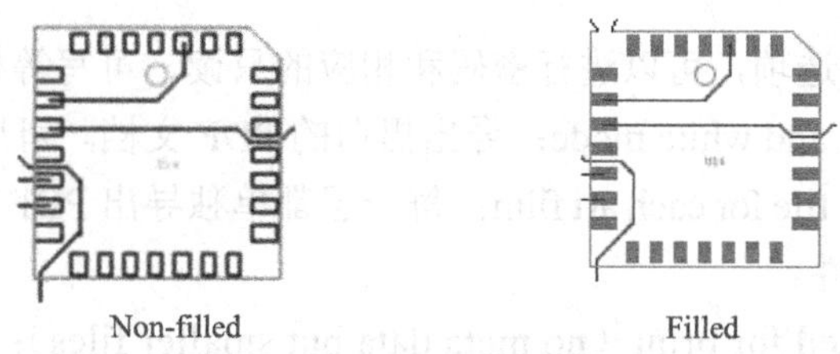

图 14-71　Pad Filled

- Filter holes：在孔的显示上，过滤到钻孔（Drilled Holes）的设置，如图 14-72 所示。

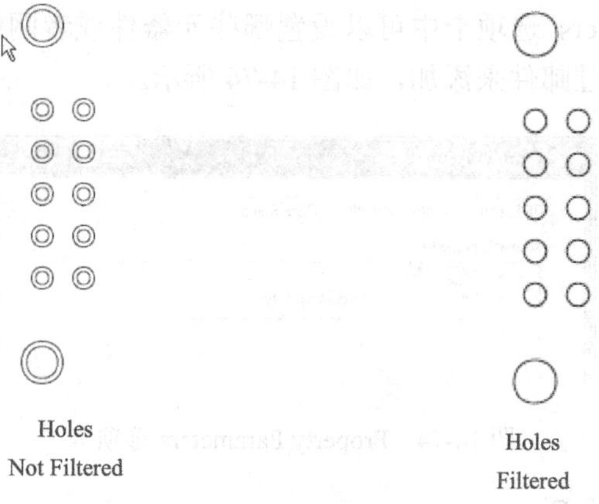

图 14-72　Filter holes

- Filter traces：过滤掉所有的走线，但是铜皮和焊盘还有其他的形状依然会被导出。
- Filled shapes：设置导出时铜皮是否已填充，如图 14-73 所示。

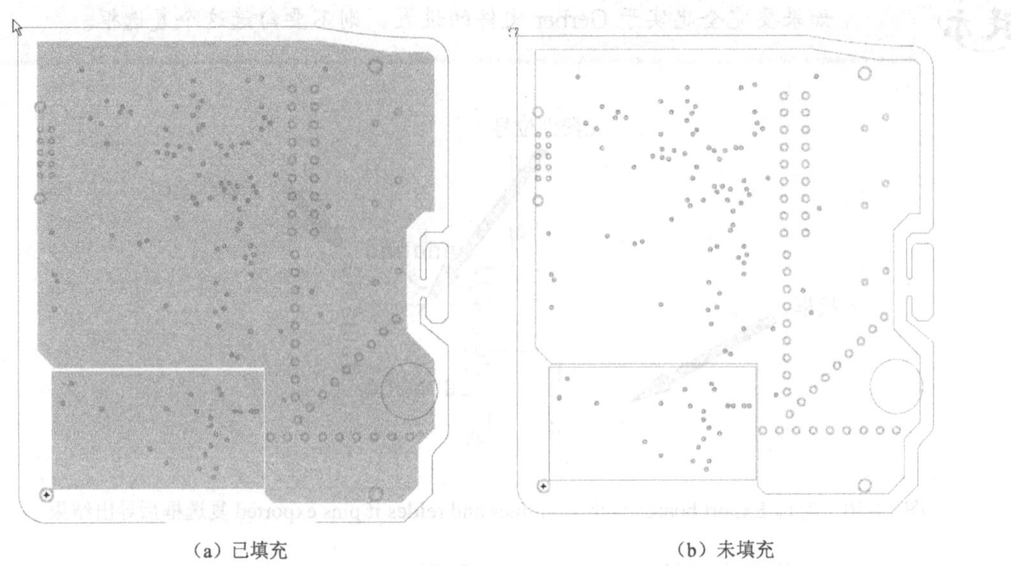

（a）已填充　　　　（b）未填充

图 14-73　已填充的铜皮和未填充的铜皮

- Security：文档安全选项，可以进行密码和相应的只读、可写等权限的设置。
- Output PDF in black and white mode：导出黑白的 PDF 文档，可用黑白打印机输出。
- Create Separate PDF file for each art film：每一层都单独导出 PDF 文件，否则默认所有层都导出到一个文件。
- Create PDF optimized for print（no meta data but smaller files）：导出的 PDF 文档不带 Properties 等属性，同时文档设置为黑白两色，如果只需要打印输出，建议选择这个选项。

2．Property Parameters 选项卡

在 Property Parameters 选项卡中可以设置哪些元器件或者网络的 Properties 会导出到 PDF 文件，用户可以通过邮件来添加，如图 14-74 所示。

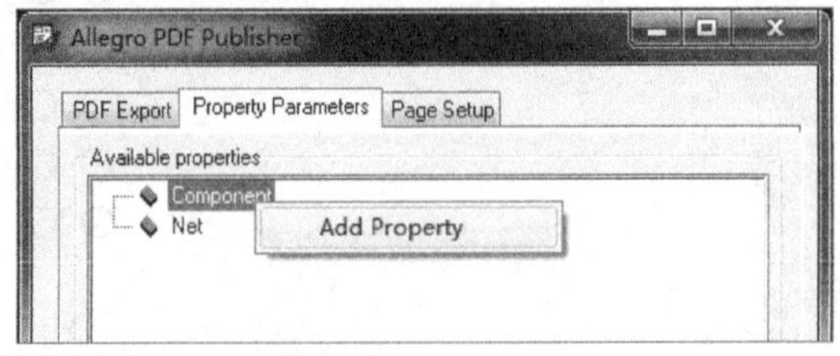

图 14-74　Property Parameters 选项卡

3．Page Setup 选项卡

在 Page Setup 选项卡中，可以设置页面的属性，比如单位、页面大小、边距、缩放比例等，如图 14-75 所示。

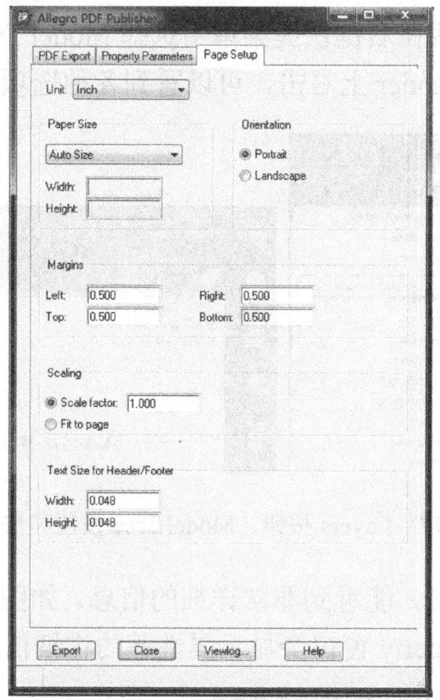

图 14-75　Page Setup 选项卡

完成以上设置后，在 PDF Export 选项卡中，单击 Export 按钮，即可生成 PDF 文件。正常的打印和查看功能就不介绍了，下面介绍使用 Adobe Reader 9.0 或者以上版本来进行 PCB 检视，它们在一定程度上可以代替 Allegro Free Viewer。

打开 PDF 文档后，单击 Pages 按钮，可以用小图标的方式显示所有页面，方便选择，如图 14-76 所示。

单击 Bookmarks 按钮，可以像在 Allegro 中一样按照光绘文件名显示。

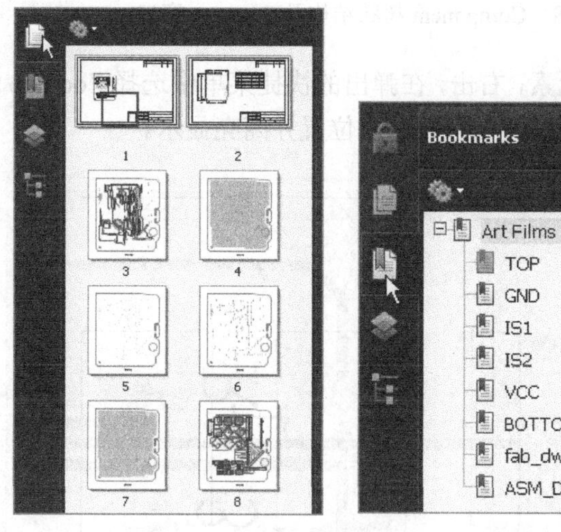

图 14-76　两种方式显示所有页面

单击 Layers 按钮（或在右键快捷菜单中选择 Layers 命令），可以非常方便地控制各种元素的显示与关闭。

单击 Model Tree 按钮（或在右键快捷菜单中选择 Model Tree 命令），可以树状结构显示各种 Allegro 设计元素，在 Banner 上右击，可以看到各种选项，如图 14-77 所示。

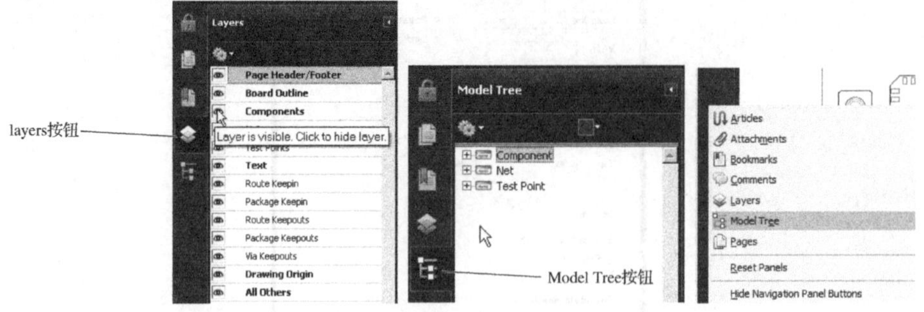

图 14-77　Layers 按钮、Model Tree 按钮和快捷菜单

展开 Component 树状结构，能看到非常详细的信息，如图 14-78 所示，选中相应元器件（如 C1）之后，在下方的 Property 窗口会显示属性等的详细信息。

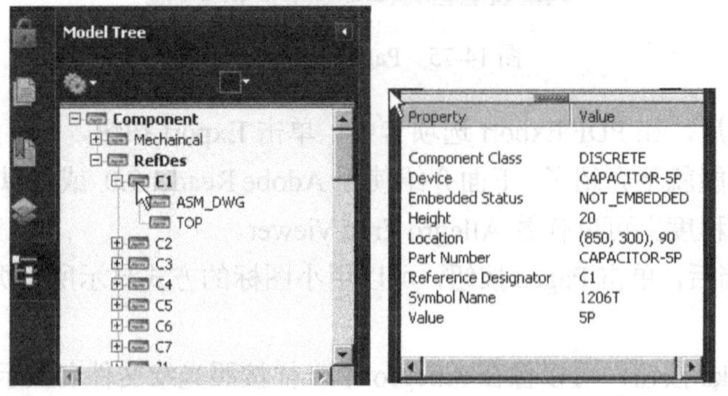

图 14-78　Component 树状结构及 Property 窗口

选择相关的一些层面或者元素，右击，在弹出的快捷菜单中选择 Zoom to Selection 命令，如图 14-79 所示，PDF 页面会缩放到相应元素的位置并高亮显示。

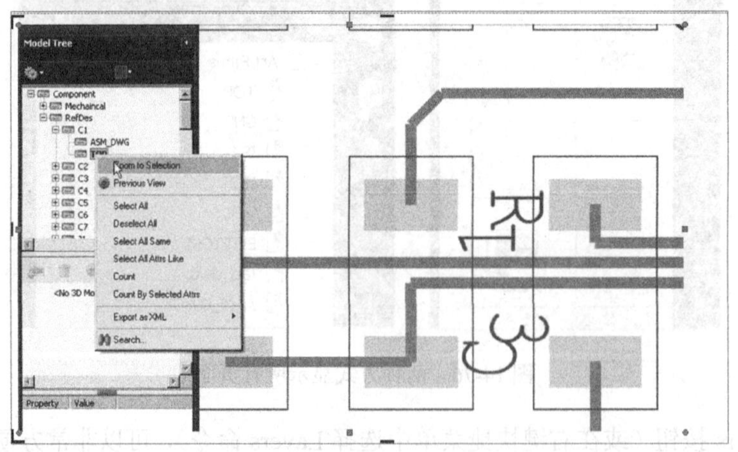

图 14-79　Zoom to Selection 命令

右击 Viewing 面板，在弹出的快捷菜单中选择 Select Tool 命令，然后在 PDF 文件上单击各个元素，比如 Pad、Via 等，可以显示相应的信息，如图 14-80 所示。

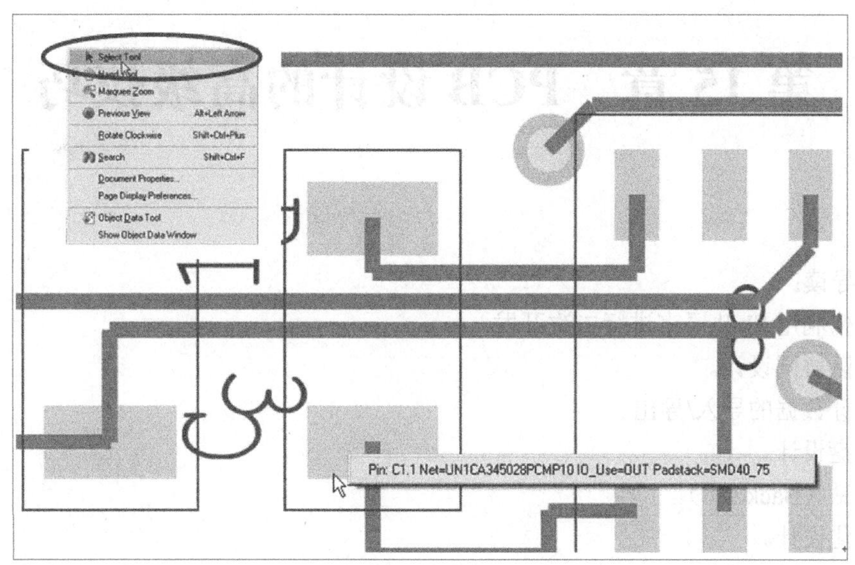

图 14-80　显示元素的信息

关于网络和测试点等的操作方式也是一样的，这些都是 PDF 工具的功能，由于篇幅关系，这里就不一一介绍了。在一定程度上，简单地测试一下功能，就不需要安装 Allegro Free Viewer 了，方便公司之间检查文件。

最后介绍在命令窗口批量导出 PDF 的命令。命令格式如下：

pdf_out <design_name> [options]　[output_file_name] [-f film_name –film_name]　[-c config_file_name] [password options]

相应的选项可以在帮助文件中查看。

第 15 章　PCB 设计的高级技巧

本章导读：

- 如何利用 Skill 语言进行二次开发。
- 团队协同设计。
- 设计数据的导入/导出。
- 无盘设计。
- 背钻（Backdrill）。
- 优化设计。

本章的主要内容是 Cadence Allegro 平台的一些高级应用技巧。之前介绍的是 PCB 设计的主要流程，也是 PCB 工程师必须掌握的技能。由于高级应用技巧比较多，本章更多的是提供一个思路，让读者知道有这些技巧可以去摸索、学习。

15.1　Skill 二次开发

把 Skill 二次开发放在本章的第一节，是因为 Allegro 平台的一个重要特性就是可定制化。Cadence 提供了一个开放的基于对象的程序语言 Skill，然后 Allegro 二次开发是利用 Cadence 公布的接口函数及特定的 Skill 语言，对现有的界面功能进行整合或者设计出更适合自动化操作的功能，如自动化检查、出报告、布局、布线等。

通过系统学习 Cadence Allegro Skill 语言的基础知识、函数、IPC 进程通信机制、开发环境及面向对象的编程方法，就可以掌握强大的定制化开发功能。

Skill 语言的语法与 C 及 C++语言类似，在 Allegro 中有一些指令便是利用 Skill 语言撰写的，并且制作成方便使用的用户接口。利用 Skill，可以：

- 建立一个新的 Allegro 命令。
- 取得一些用 Extracta 命令无法取得的数据。
- 定义一些显示及用户接口的功能。

图 15-1 形象地解释了 Skill 和 Allegro 内部数据库及人机界面交互的原理。

首先了解 Allegro PCB Editor 是怎么进行初始化的及相关配置的启动顺序。这样，读者就能掌握如何让 Allegro PCB Editor 在启动时自动装载二次开发程序。网络上有大量的开放源码的 Skill 程序，Cadence 的 Sourcelink 网站也提供了大量的 Skill 源码。安装试用这些二次开发程序，学习这些源代码，是学习 Skill 的一个捷径。同时这些公开的二次开发程序中，也有很多非常实用的程序，可以提高设计效率，甚至完全可以直接使用，或者在掌握了 Skill

的功能之后稍做修改，就可实现很好的定制化功能。

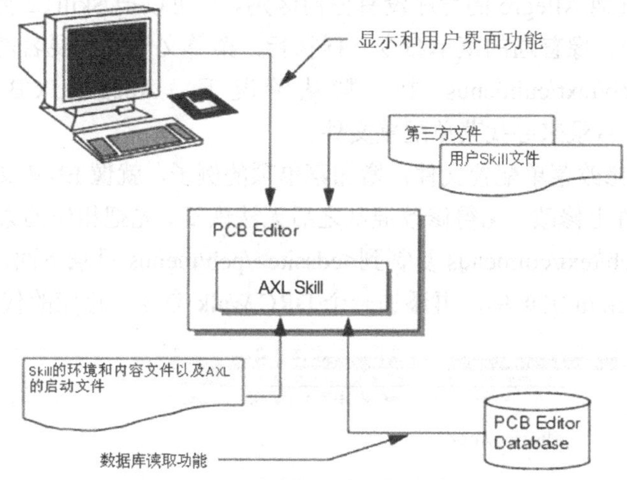

图 15-1　Skill 和 Allegro 内部数据库及人机界面交互的原理

Allegro PCB Editor 在启动的时候，首先读取 ENV 文件来进行环境变量初始化设置。然后读取 Skill 初始化文件，这是一个扩展名为.ilinit 的文件，文件名通常为 Allegro.ilinit。这个 Skill 初始化文件可以协助转载所有的定制化开发的 Skill 源程序。最后，会运行所有在命令行通过-s 参数指定的 Allegro PCB Editor Script 文件。图 15-2 所示为 Allegro Skill 初始化顺序。

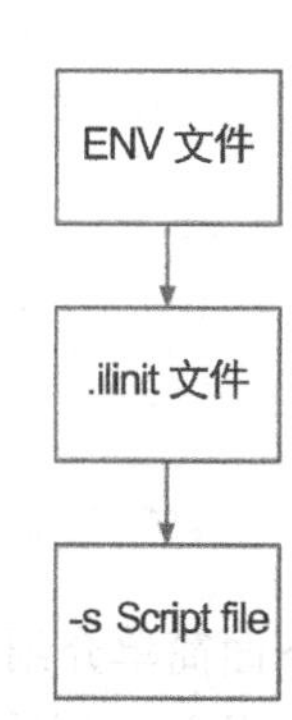

图 15-2　Allegro Skill 初始化顺序

图 15-3 所示为一个 Skill 运行实例，通过 Skill 源代码，对应 axlCmdRegister 函数，我们得到这个程序的执行命令是 drc walk。在命令行输入这个命令，二次开发程序开始执行，弹出相应的命令窗口。

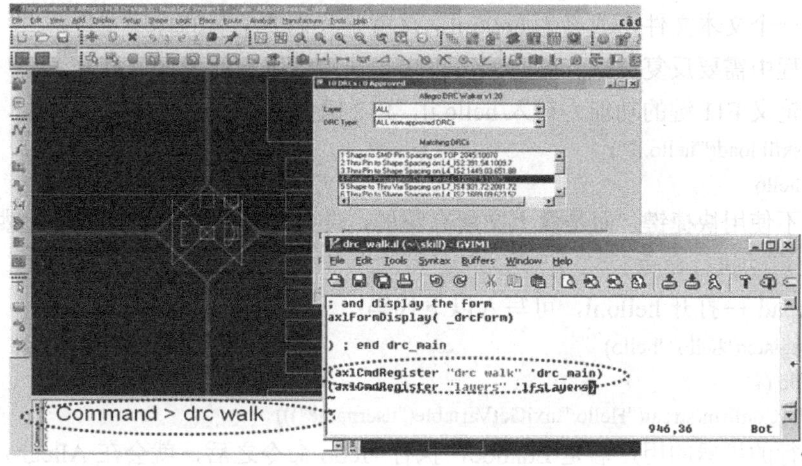

图 15-3　Skill 运行实例

一旦 Skill 程序被 Allegro PCB Editor 初始化的时候加载，就可以用以上方法在需要的时候随时调用，它和其他 Allegro 的程序没有任何区别。也可以把 Skill 二次开发程序命令添加到 Allegro 的菜单中，像普通的菜单命令一样执行。菜单文件的扩展名是.men，存放在安装目录下的 share/pcb/text/cuimenus 中。默认情况下，Allegro PCB Editor 会先搜索<cdssite>/pcb/menus 目录来寻找菜单配置文件。

图 15-4 所示为修改菜单配置文件，增加菜单项的例子。就像 ENV 文件的修改一样，不建议在安装原始文件上修改，免得修改混乱之后无法恢复。先把相应的菜单文件从安装目录的<cdsroot>/share/pcb/text/cuimenus 复制到<cdssite>/pcb/menus 目录下面，再进行修改。在本例中，增加一个 Custom 主菜单，再添加一个 DRC Walk 命令，相应的代码如图 15-4 所示。

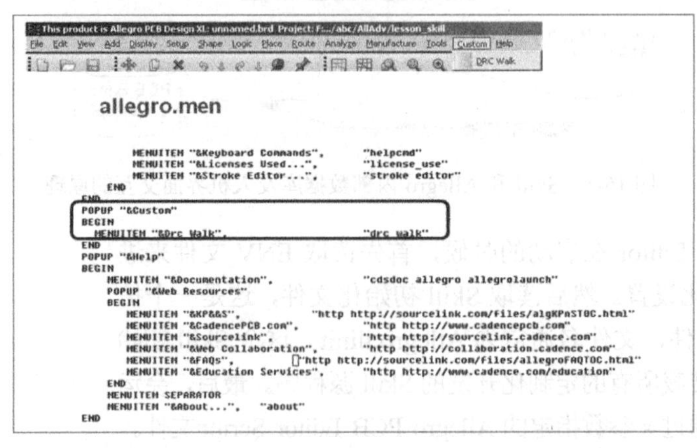

图 15-4　增加菜单项

下面简单介绍一下 Skill 的编程，限于篇幅关系，这里只介绍用 Skill 语言来编制一个弹出窗口界面，上面显示“hello world！”的程序。印象中这也是大多数程序语言入门的第一个例子。

首先选择一款适合自己的文本编辑器，常见的文本编辑器有微软的记事本、写字板，以及 Ultra Edit。笔者用的是 Notepad ++，有语法高亮功能，比较方便调试。然后在 PCBENV 目录下新建一个文本文件，改名为 hello.il，这就是我们要编写的程序文件。

编程过程中需要反复调试，这时候可以定义快捷键以方便调试。打开 ENV 文件，添加如下两行，定义 F11 键的功能为载入 hello.il，F12 键的功能为执行 hello 命令。

```
alias F11 skill load(''hello.il'')
alias F12 hello
```

也可以不使用快捷键，而是像上文所介绍的，直接在启动时转载 hello.il，然后在命令行输入 hello，启动执行命令。

用 Notepad ++打开 hello.il，可写入以下代码：

```
axlCmdRegister("hello",'hello)
defun( hello ()
    axlUIConfirm(strcat("Hello ",axlGetVariable("username")))
```

假设执行的机器的用户名是 Edadoc，执行 Hello 命令之后，就会在 Allegro 界面弹出一个窗口，显示“hello，edadoc”。这个 Hello World 程序用到了 axlUIConfirm、strcat、axlGetVariable

这几个函数。axlGetVariable("username")是用来获取 Username 的，strcat 是一个指令，可以将 Hello 这个字符串与用户名合并成一个字符串。axlUIConfirm：弹出提示框，内容为刚才 strcat 合并后的字符串。

这是一个非常简单的例子，只是让大家熟悉一下 Skill 的基本编写环境和调试方法，更多信息可以参考 Cadence 的帮助文件和 Sourcelink 网站，如图 15-5 所示，从中可以查到很多有用的 Skill 帮助信息和 Cadence 提供的 Skill 源代码。

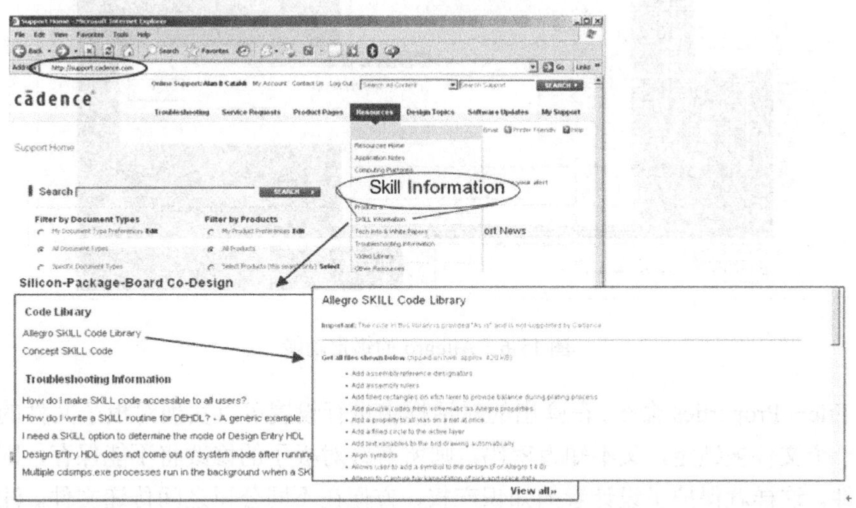

图 15-5　Skill 信息

Skill 其实并不难，更重要的是了解 PCB 设计的实际需求。如果已经是资深的 PCB 工程师，那么通过系统学习 Skill，在短短几周到数月的时间内，就可以成为一个二次开发的高手。

15.2　设计数据的导入/导出

实际工作中会遇到一些情况，需要把板子数据全部或者部分导入/导出。需要全部导入/导出，也就是我们通常说的重建 BRD 数据文件的情况，主要有如下几种：

- BRD 文件出现不可修复错误，即 DBDoctor 后仍提示有错误不能修复。
- 文件被意外锁定，忘记密码。

需要部分导入/导出数据的情况有：

- 设计重用，从其他文件中复制布局或者布线。
- 重用基本的单板设计数据，包括层叠设置数据、规则、参数等。
- 重用封装库文件，从已经设计验证的板子取得封装库并重用。

介绍数据导入/导出之前，先介绍 Allegro 的锁定功能，如图 15-6 所示。

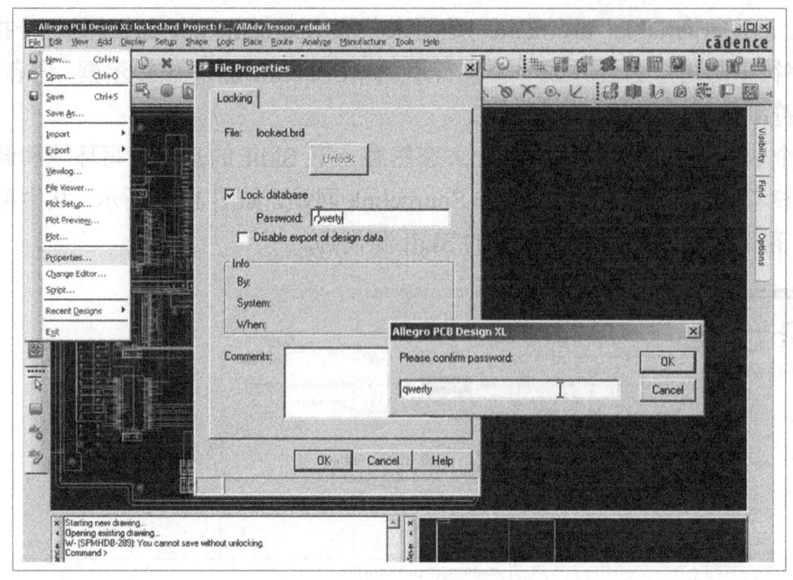

图 15-6 Allegro 的锁定功能

选择 File→Properties 命令，在弹出的对话框中进行设置可以实现对板子文件的锁定和解锁。如果一个文件被锁定，又不知道密码，则所有针对板子的修改将不能保存，同时不能输出光绘文件。这样就保护了设计者的知识产权，方便在不同公司之间传递文件。注意其中的一个选项 Disable export of design data。如果选择该选项，则所有数据将无法导出，本节介绍的所有功能都不能使用。如果没有选择这个选项，那么在忘记密码的情况下，可以使用本节介绍的方法重建数据。

1. 导出约束信息

Cadence 的老用户都知道 Tech file，可以通过 Tech file 进行单板之间层叠、约束设置的交换。自 SPB16.X 平台开始，物理约束和间距约束被迁移到约束管理器。所以现在导出约束的命令取代了原来的 Tech file。如图 15-7 所示，导出的约束文件的内容有物理约束、间距约束、电气约束和层叠设置及网络和器件的属性等。导出文件的扩展名是.dcf，可以被其他板子导入，来复用这些约束和层叠信息。

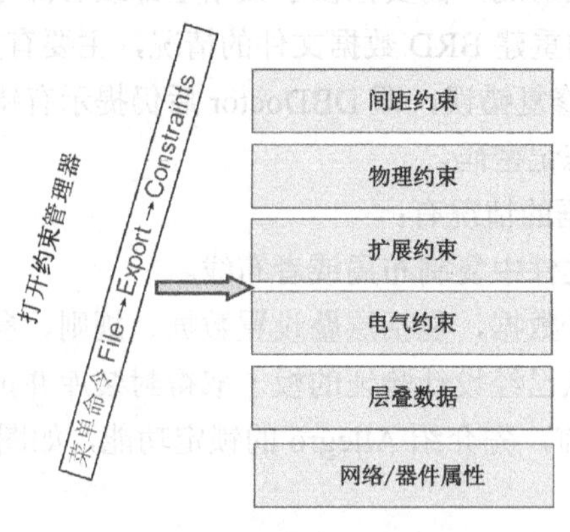

图 15-7 导出的约束文件的内容

原来的 Tech file 命令也可以继续使用，不过还是建议使用新的命令来取代 Tech file 命令。

2. 导出网表

导出网表，当然最直接、最安全的做法就是通过原理图导出。这里介绍的是重建数据，在没有原理图的情况下，也可以导出第三方网表，然后被其他设计文件导入，如图 15-8 所示，在 Reports 对话框中选择 Netin (non-back)选项。第三方网表的具体介绍可以参见第 6 章。

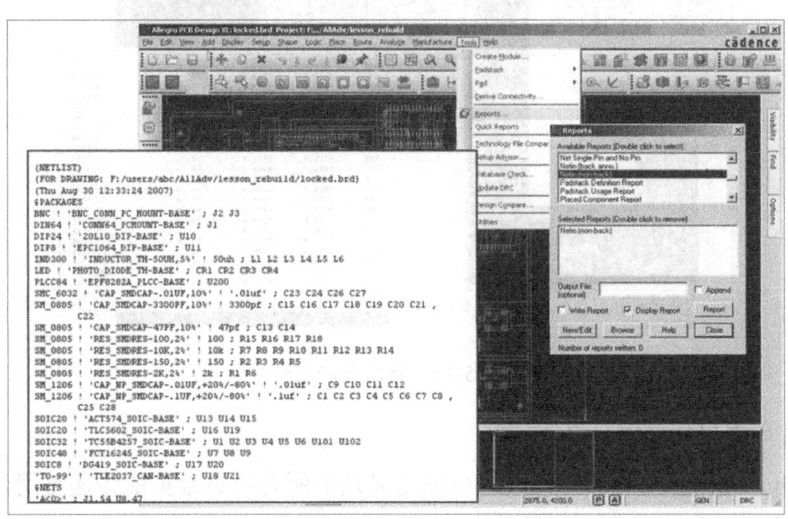

图 15-8 导出网表文件

3. 导出库文件

重建数据需要把当前设计用到的所有库文件也导出来，库文件也包含第三方网表需要的 Device 文件，如图 15-9 所示。导出库文件的时候，一般默认把所有选项都勾选。

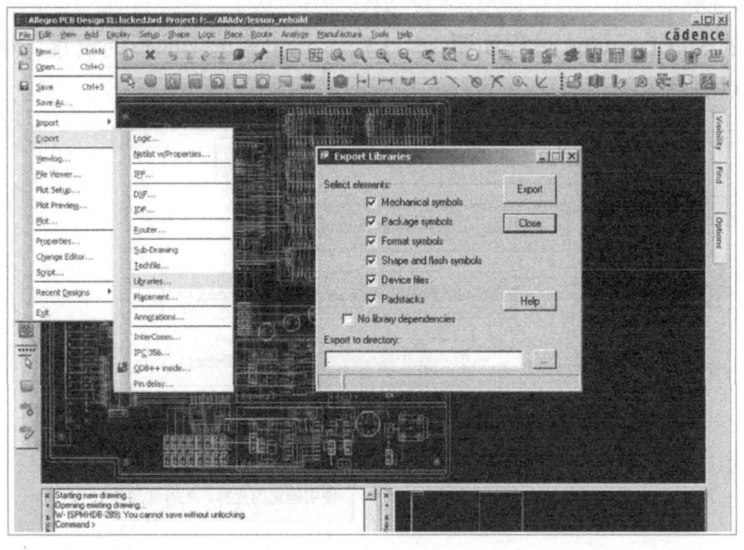

图 15-9 导出库文件

4．导出布局文件

Allegro 提供了非常简单的方式来导出布局文件，如图 15-10 所示，选择 File→Export→Placement 命令。然后注意在导出的时候使用统一的设置，如统一按照器件中心来定位。

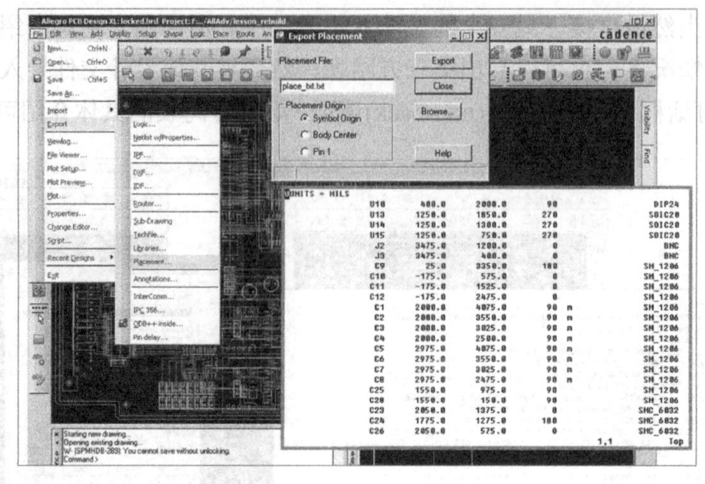

图 15-10　导出布局文件

5．导出 Sub Drawing

导出 Sub Drawing 功能非常强大，可以完成几乎所有可见数据的传递复用，包括布局、布线、标注等。

如果在传递布局时发现丝印信息丢失，变成默认的 REFDES#，记得导出 Sub Drawing 时选择 Preserve Refdes 选项，然后在导入的时候选择 Assign Refdes 选项。这个方法也可以作为上面介绍的布局复用的另一个方法。

导出布线的 Sub Drawing 过程如图 15-11 所示，注意选项面板的设置，注意保护铜皮的网络名和测试点属性。

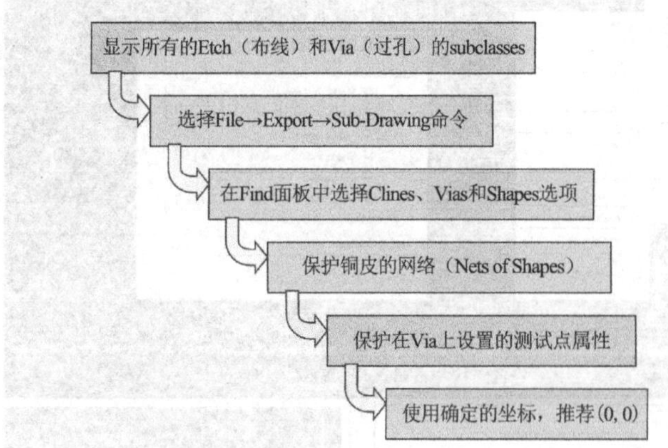

图 15-11　导出布线的 Sub Drawing 过程

导出丝印位置的 Sub Drawing 过程如图 15-12 所示。

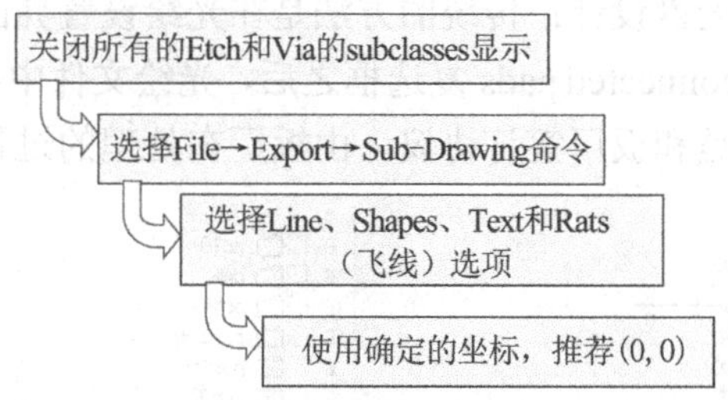

图 15-12　导出丝印位置的 Sub Drawing 的过程

在以上所有需要的数据都导出之后，新建一个 BRD 文件，然后按照如图 15-13 所示的流程，把相应数据分别导入，一个新的板子就建立起来了。只要设置正确，这个过程花费的时间并不长，但可以解决一些数据库（Database）错误的问题。

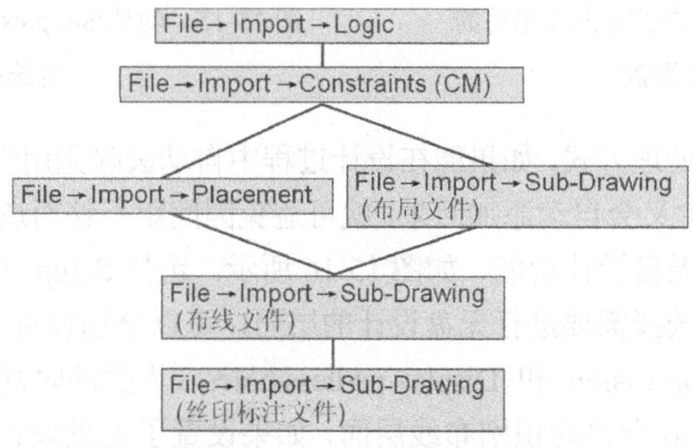

图 15-13　把相应数据分别导入

（1）导入的时候也需要注意选项设置，主要有 Assign Refdes 和 Preserve nets of shapes。

（2）可以考虑用二次开发工具实现自动重建数据，这样就可以在下班前执行，第二天来看结果。

（3）导入/导出的每一步骤都可以单独操作，也可以结合不同的需求，各自组合，灵活运用。

15.3　无盘设计

无盘设计，就是去除没有布线的层面的通孔焊盘，主要在以下场合会用到无盘设计技术：

- 高密场合，如高密 BGA 区域，通过无盘设计来增加布线资源。
- HDI 小型化设计，如间距为 0.65mm 的 BGA，又不想用盲埋孔来设计。
- 高速设计要求，去除无用的焊盘可以提升高速性能，如图 15-14 所示，去除无用焊盘的设计就是从 Intel 的 Romley 设计要求中提取出来的。

有两种方法可以实现无盘设计：传统的方法是在光绘设置界面中进行设置，如图 15-15 所示，在勾选 Suppress unconnected pads 复选框之后，光绘文件中会自动把无用的焊盘去除；业内还有一个常见的做法是和板厂签订协议，由板厂在处理的过程中帮助去除无用焊盘。

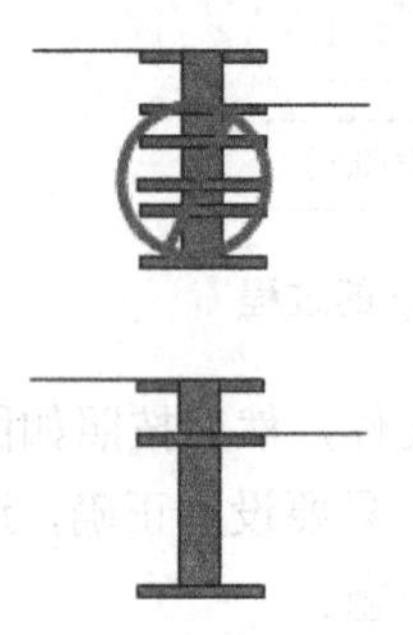

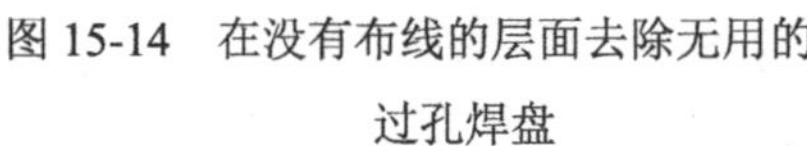

图 15-14　在没有布线的层面去除无用的过孔焊盘

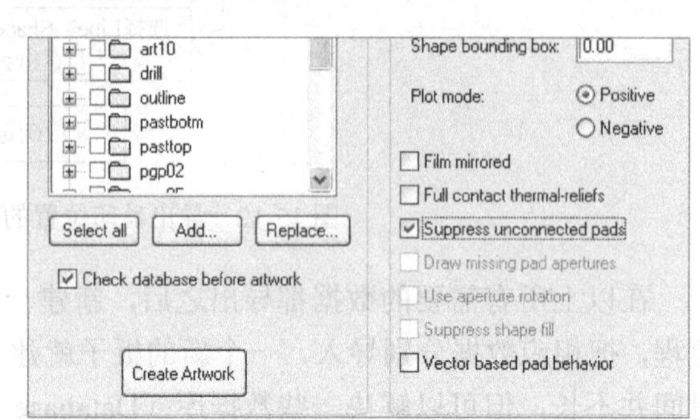

图 15-15　勾选 Suppress unconnected pads 复选框

以上方法都属于后处理方式，如果能在设计过程中自动去除无用焊盘，而一旦在某一层有布线，这些被去除的焊盘又会自动添加回来，就可避免因间距不够而造成设计错误。Allegro 自 SPB 16.2 以来就增加了无盘设计功能，如图 15-16 所示，选择 Setup→Unused Pads Suppression 命令，在弹出的窗口中选择需要进行无盘设计的层面，可以分别设置 Pads 和 Vias，最后勾选 Dynamic unused pads suppression 和 Display padless holes（无盘的时候显示孔）两个复选框。

布线的时候，Allegro 会自动识别布线层面，如果设置了无盘设计的层面没有布线，相应的孔的焊盘会自动去除，如图 15-16 所示的白色孔。

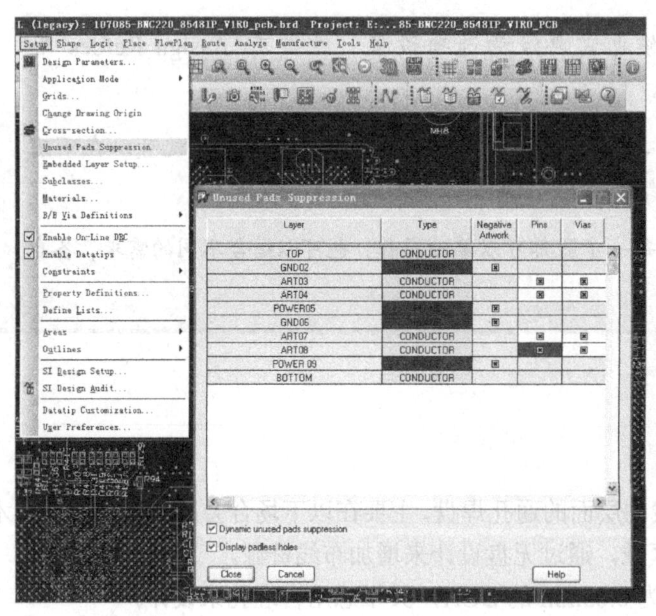

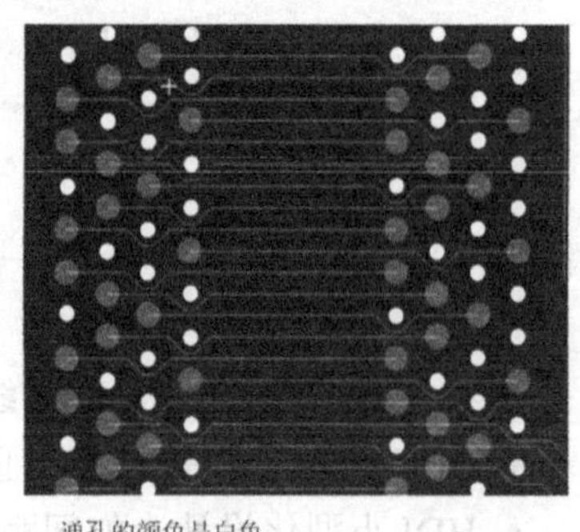

图 15-16　无盘设计

和无盘设计相关的两个技术如下：

（1）单独显示孔的颜色，并和背景区分开。

（2）设置孔到其他元素的物理约束和间距约束，如图 15-17 所示，SPB 16.2 及以上版本支持针对孔设置规则。

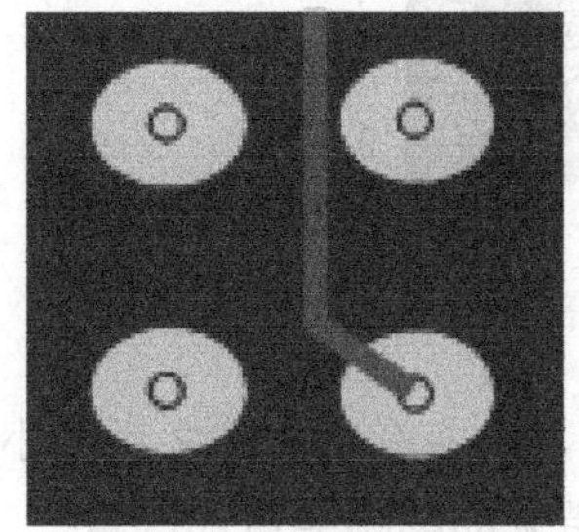

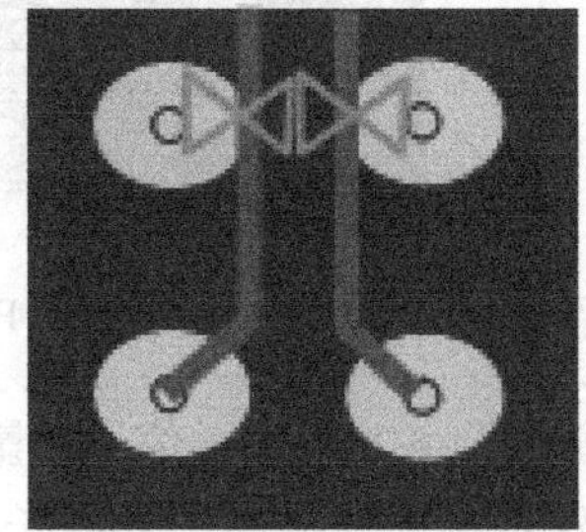

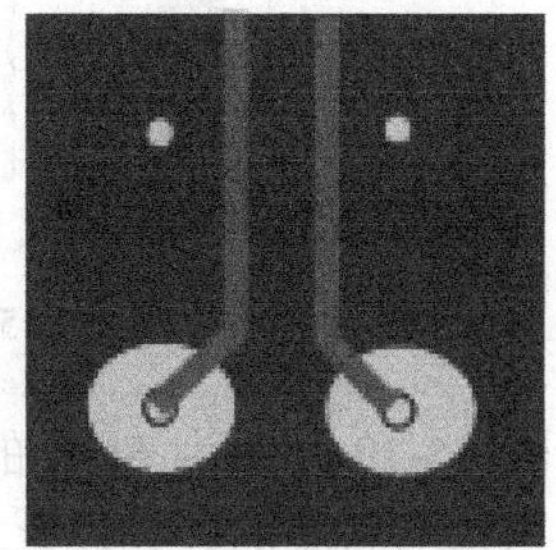

Type	Objects	Hole To				
		Line	Pin	Via	Shape	Hole
		mil	mil	mil	mil	mil
*	*	*	*	*	*	*
Dsn	⊟ 107085-BNC220_8548IP_V1R0_pcb	8.00	12.00	8.00	15.00	12.00
SCS	⊞ BGA-0.8MM-3ROW	7.00	15.00	8.00	7.00	15.00
SCS	⊞ BGA-1.0MM	7.00	15.00	8.00	8.00	15.00
SCS	⊞ CLK	8.00	12.00	8.00	15.00	12.00
SCS	⊞ DEFAULT	8.00	12.00	8.00	15.00	12.00
SCS	⊞ DIFF	8.00	12.00	8.00	15.00	12.00

图 15-17　设置物理约束和间距约束

要注意 Hole（孔）到走线或者铜皮的距离，不能和有焊盘时一样，设置为 4~5mil，大部分板厂不具备这样的加工能力。一般来说，大于 8mil 会比较保险，更小的设置需要和板厂进行确认。

15.4　背钻设计

现今的串行 I/O 技术已经达到甚至超过 5 Gbit/s 的速率，这给硬件设计带来很大的挑战。其中之一就是高速信号经过背板的时候，要求通孔的 Stubs（残桩）带来的影响尽量小。

背钻是一种移除无用的通孔 Stubs 的 PCB 制造工艺，通常用于连接器的 Pin（引脚）和信号 Via（过孔）。背钻是在钻孔电镀成型之后，通过二次反向可控深度的钻孔技术来移除孔壁多余的金属部分（也就是通常理解的通孔 Stubs）。Stubs 是引起阻抗不连续和信号反射的根源，而且信号反射会随着信号频率的上升变得非常严重。

背钻能从 PCB 的两面进行，并且支持不同的深度。通常来说，背钻的直径比原始的孔径大 6～10mil。加工难点在于必须小心控制背钻的深度，设计阶段就必须仔细权衡性能与价格，既要满足信号质量的要求，又要考虑背钻的成本。一般来说，背钻的种类越多，价格越高。所以通常情况下，背钻的种类不要超过 5 种。

图 15-18 所示为背钻的示意图和一个实际的 PCB 剖面图。要注意，背钻无法完全消除

Stubs，必须留出裕量。

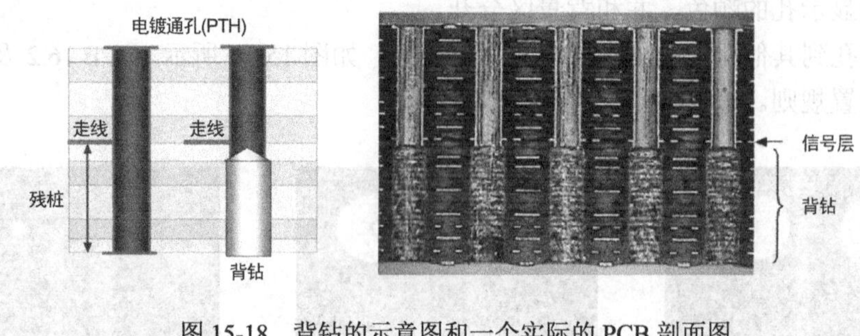

图 15-18 背钻的示意图和一个实际的 PCB 剖面图

图 15-19 所示为 Stub 的长度对于 6.125GHz 信号的影响，也能看出背钻之后减小过孔 Stub 对信号带来的好处。尤其是随着频率的提高，Stub 长度带来的影响会更加严重。

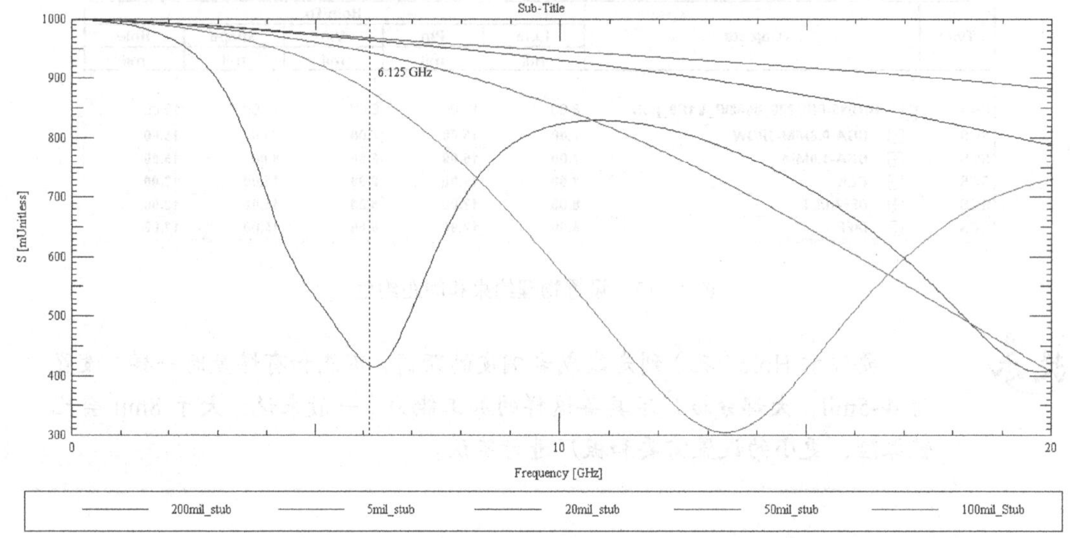

图 15-19 Stub 长度对 6.125GHz 信号的影响

一博科技的仿真工程师对过孔结构做了深入研究，包括孔径、反焊盘大小、回流地孔数量和距离等，得到了大量的一手数据来指导设计。图 15-20 所示只是其中一个例子，对过孔做了大量优化，包括回流地孔数量、距离、反焊盘优化等，但没有背钻，保留了较长的 Stub，能看到在高频（6.25GHz 以上）时背钻就是造成传输损耗的最大因素。

Cadence Allegro 自 15.7 版本开始提供背钻功能，下面主要介绍如何在 Allegro 中实现背钻的设置和操作。

菜单命令：Manufacturing→NC→Backdrill Setup and Analysis

命令行输入：backdrill setup

相关的一些属性（Properties）：

- BACKDRILL_MAX_PTH_STUB (net)。
- BACKDRILL_EXCLUDE (symbol, pin, via)。

- BACKDRILL_MIN_PIN_PTH (symbol, pin)。
- BACKDRILL_OVERRIDE (symbol, pin, via)。
- BACKDRILL_PRESSFIT_CONNECTOR (symbol)。

出光绘后处理阶段的相关设置：

- Drill Legend (Include Backdrill)。
- NC Drill (Include Backdrill)。

关联的 Subclasses：

- BACKDRILL-FLAG-TOP (violations-top)。
- BACKDRILL-FLAG-BOT (violations-bot)。
- NCBACKDRILL_LYR_LYR (legend)。

首先介绍和背钻相关的一些属性（Properties），这是背钻设置的关键参数。

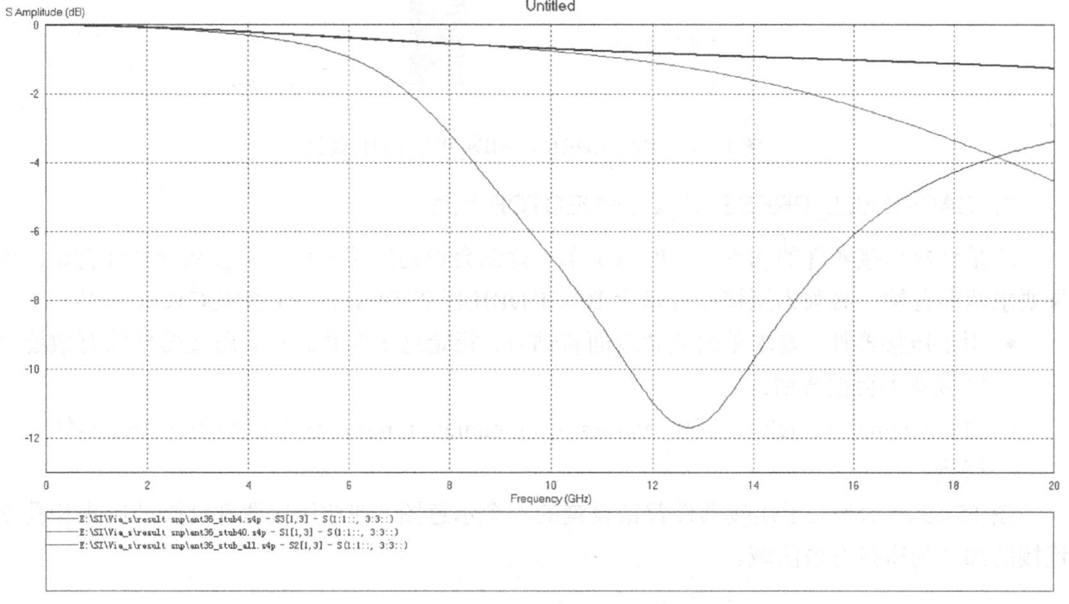

图 15-20　回流地孔数量、距离、反焊盘优化等对插入损耗的影响

1. BACKDRILL_MAX_PTH_STUB 属性

在 Constraint Manager（约束管理器）中给需要背钻的网络赋予 BACKDRILL_MAX_PTH_STUB 属性，这是背钻设计最基本的属性，只有设置了这个属性，软件才会识别出这个网络需要考虑背钻，也可以理解为背钻设计的开关。

在 Constraint Manager 的 Net 页打开 General Properties 的 Worksheet，找到 Backdrill 项，选择需要的项目并右击，在弹出的快捷菜单中选择 Change 命令，输入 Maximum Stub 的值即可。Stub 的计算原则为，Top 和 Bottom 两面的 Stub 都会被计入最大的 Stub 长度中。

2. BACKDRILL_EXCLUDE 属性

定义了这个属性之后，相关的目标就不进行背钻，即使打开了上面介绍的开关，赋予了 BACKDRILL_MAX_PTH_STUB 属性并且 Stub 超过了限制。BACKDRILL_EXCLUDE 属性可以被赋给 Symbols、Pins 或 Vias，甚至可以在建库的时候就附上属性。

3. BACKDRILL_OVERRIDE 属性

该属性可用来定义 Backdrill 的范围，这是比较有用的一个功能，尤其是针对结构简单、背钻深度一致的设计，非常方便。Value 的设置方法：TOP:<layer_name>:BOTTOM:<layer_name>，表示分别从 Top 层和 Bottom 层背钻到相应层数。

4. BACKDRILL_MIN_PIN_PTH 属性

该属性定义了背钻后必须保持的最小电镀引脚长度。

BACKDRILL_MIN_PIN_PTH 属性如图 15-21 所示。

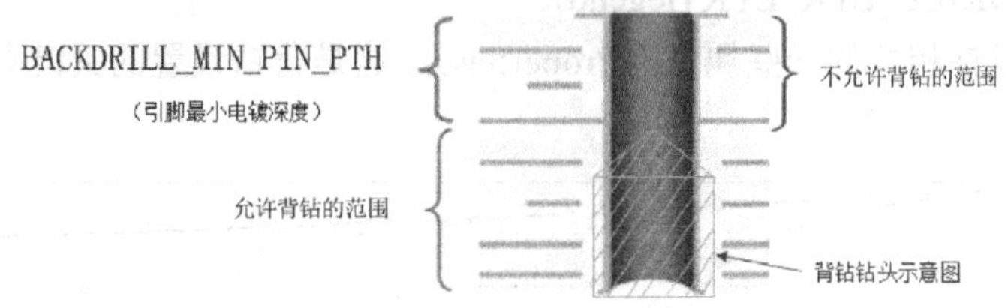

图 15-21 BACKDRILL_MIN_PIN_PTH 属性

5. BACKDRILL_PRESSFIT_CONNECTOR 属性

这是针对压接器件的属性，一般情况下，背钻会识别压接器件，不会从器件面背钻。如果要求两面背钻，必须为压接器件赋上 BACKDRILL_PRESSFIT_CONNECTOR 属性。

- 用于压接器件，要求单面或者双面背钻时，指定这个参数之后，压接器件的有效连接区域就不会被背钻。
- 值：<value1:value2>，其中 values = pin contact range，这个值必须从压接器件厂家得到。

图 15-22 所示为关于压接器件背钻设置的一个示意图，注意压接器件针脚凸出来和孔壁连接的部分为压接有效区域。

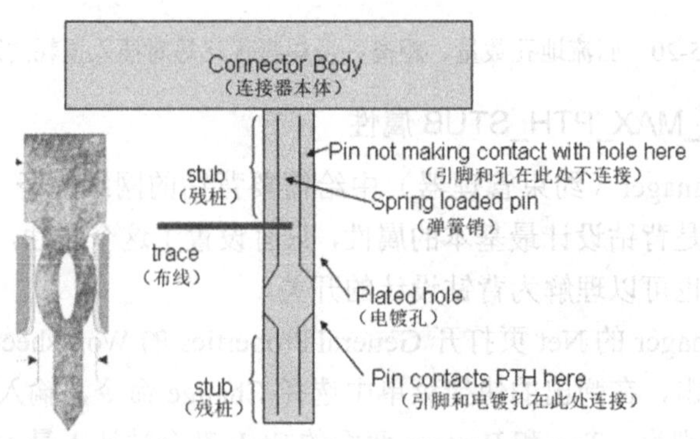

图 15-22 压接器件背钻设置

针对背钻的属性都设置完成之后，就要对背钻进行分析了。选择 Manufacture→NC→Backdrill Setup and Analysis 命令，打开背钻分析窗口，如图 15-23 所示。

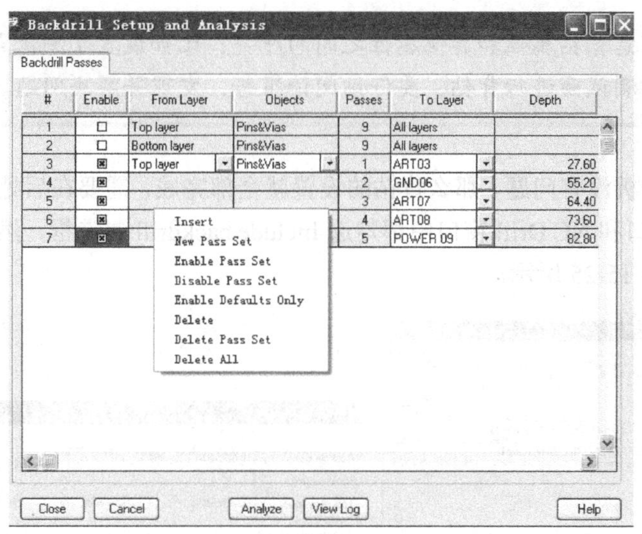

图 15-23　背钻分析窗口

选择 New Pass Set 命令，设置背钻的一些参数，比如从哪一面开始背钻、背钻的阶数等，还可以设置每一阶的背钻深度。设置完成之后单击 Analyze 按钮进行分析，会产生报告，如图 15-24 所示，报告会详细地说明每一个孔的背钻情况，如果设置和之前的属性冲突，都会有相应的说明。

```
|==========================================================================================|
|                                                                                          |
| Backdrilling exclusions ...                                                              |
|                                                                                          |
|==========================================================================================|
| Net Name          | Object         | Location                | Exclusion                 |
|==========================================================================================|


|==========================================================================================|
|                                                                                          |
| Backdrilling from the top side ...                                                       |
|                                                                                          |
| NOTES: An '*' preceding the object indicates that the backdrill was the result of a BACKDRILL_OVERRIDE. |
|                                                                                          |
|        A remaining stub length of '*********' indicates an override that created an etch violation. |
|                                                                                          |
|==========================================================================================|
|                   |                |                         |           | To    |          | Maximum  | Remaining |
| Net Name          | Object         | Location                | Hole Size | Layer | Depth    | Stub Len | Stub Len  |
|==========================================================================================|
| MCLK              |  Via           | (405.000 2680.000)      |    13.000 |     4 |   36.800 |    2.000 |     0.000 |
|------------------------------------------------------------------------------------------|

|==========================================================================================|
|                                                                                          |
| Backdrilling from the bottom side ...                                                    |
| NOTES: An '*' preceding the object indicates that the backdrill was the result of a BACKDRILL_OVERRIDE. |
|                                                                                          |
|        A remaining stub length of '*********' indicates an override that created an etch violation. |
|                                                                                          |
|==========================================================================================|
|                   |                |                         |           | To    |          | Maximum  | Remaining |
| Net Name          | Object         | Location                | Hole Size | Layer | Depth    | Stub Len | Stub Len  |
|==========================================================================================|
| RESET             |  Via           | (310.000 2615.000)      |    13.000 |     6 |   46.000 |    2.000 |     0.000 |
| MCLK              |  Via           | (405.000 3045.000)      |    13.000 |     6 |   46.000 |    2.000 |     0.000 |
| RESET             |  Via           | (345.000 3850.000)      |    13.000 |     6 |   46.000 |    2.000 |     0.000 |
|------------------------------------------------------------------------------------------|
```

图 15-24　分析报告

留意背钻属性和其他属性之间的冲突，比如设置了测试点属性的 Via，不能对测试面进行背钻，要仔细阅读报告，发现并解决问题。

如果背钻的分析没有问题，那么背钻的设置就全部完成，需要在后处理的光绘输出阶段的 Drill Legend 窗口和 NC Drill 窗口中都勾选 Include backdrill 复选框，然后生成背钻钻孔表和钻孔文件，如图 15-25 所示。

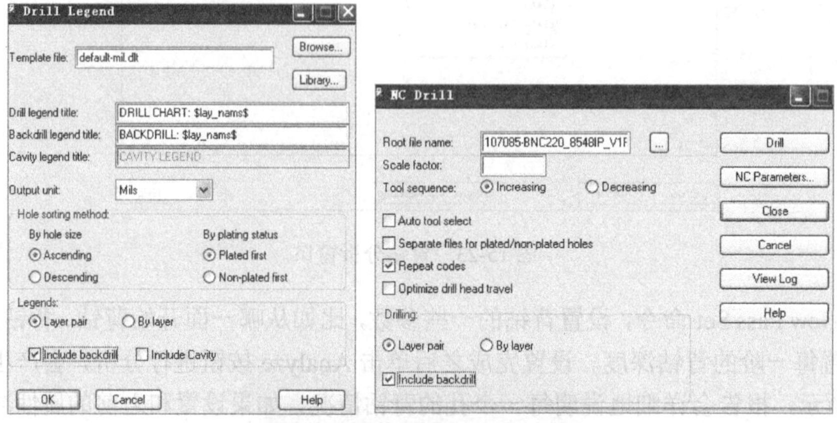

图 15-25　生成背钻钻孔表和钻孔文件

15.5　可装配性设计

设计必须考虑可生产性，也就是通常说的 DFX，可装配性设计（DFA）是其中的一个部分，也就是可装配性设计，主要是在设计阶段考虑生产装配方面的需求。举例来说，有以下常见的 DFA 需求：

- BGA 正面周围 5mm 区域为禁止布局区，因为返修 BGA 的时候需要用热风罩罩住，才能取下 BGA。
- 压接器件正面周围 2mm 区域不能有高于压接器件的器件，背面周围 1.5mm 区域不能有任何器件，因为压接的时候需要垫板，违反这些规则，压接的时候器件会被压力打碎。
- 功能测试点之间相距 1mm 以上。
- 器件与板边及 V-CUT（用于分板的 V 形槽）要有一定的距离。
- 普通 IC 和电阻、电容元件的间距在 0.7mm 以上。

- 要考虑高器件和周围矮小器件的间距。

关于 DFA 的规则很多，基本是针对器件间距的。Allegro 从 SPB 15.5 版本开始，提供了实时地进行 DFA 检查的功能。通过基于一个器件类型和封装排列的二维电子表格（见图 15-26），实时地检查器件的边到边、边到端或端到端的距离是否符合要求，使得 PCB 工程师可以同步地放置元器件以实现最优的可布线性、可生产性和信号时序要求。

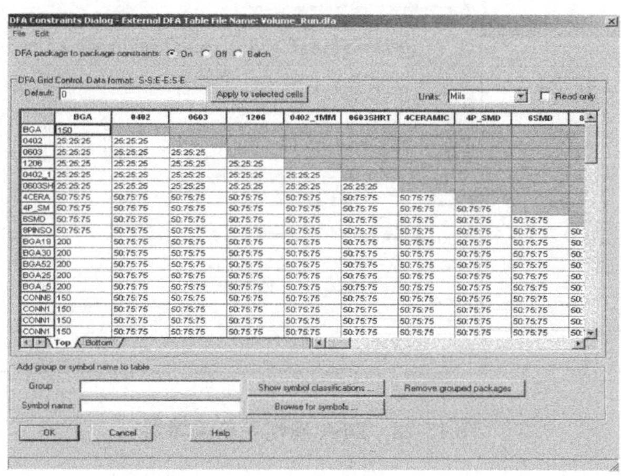

图 15-26　基于一个器件类型和封装排列的二维电子表格

从图 15-26 中可以看出，DFA 检查的本质是分别指定每两个器件的间距，而这个间距是通过测量 DFA_BOUND 得到的。这个 DFA 边界，需要在建库的时候进行考虑并设置。如果已经存在标准封装库，并且标准封装库的 PLACE_BOUND 属性的设置是准确的，那么 Cadence 提供了一个快捷的方式把所有封装的 PLACE_BOUND 属性复制到 DFA_BOUND 属性。在 Windows 环境下单击"开始"按钮，在"开始"菜单中找到 Cadence PCB Utilities 17.4-2019 目录，下面有两个和 DFA 相关的命令，即 DFA Spreadsheet Editor 和 DFA Symbol Update，执行后一个命令，打开如图 15-27 所示的窗口，选择需要转换的库文件，然后设置输出路径，之后单击 Update 按钮即可自动执行库的 DFA 升级。

手动把库文件名改为通配符*.dra，即可对当前路径的所有库文件进行一次性全部转换升级。

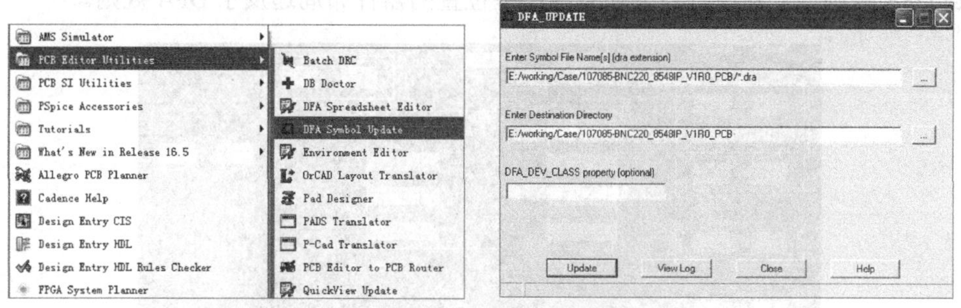

图 15-27　库的 DFA 升级

需要进行DFA检查的器件都添加或者升级了DFA_BOUND属性之后，就可以开始设置DFA的规则了。选择DFA Spreadsheet Editor 命令，打开如图15-28所示的DFA规则表单编辑器。

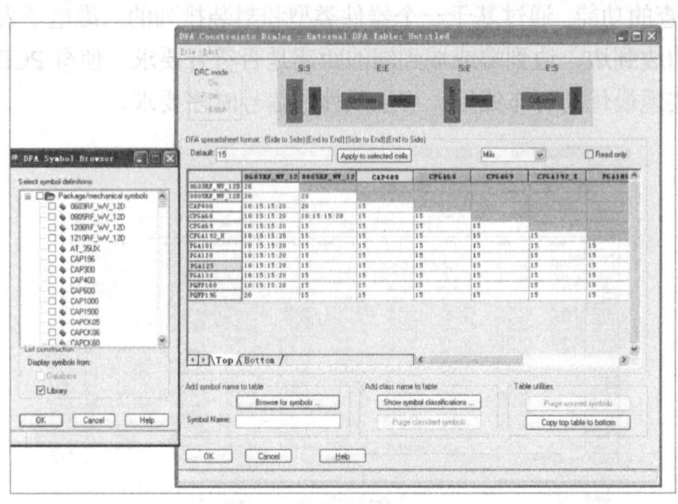

图 15-28　DFA 规则表单编辑器

DFA规则表单通过一个二维表格来设置器件到器件的距离，首先单击Browse for symbols按钮，在弹出的器件列表（以封装形式归类）中选择需要进行DFA规则设置的器件，这些器件就会被添加到表单的横竖栏内。窗口的顶部提示了4种不同方向，把长边称为Side，表示为S，短边称为End，表示为E，所以分别有side-to-side （S：S）、end-to-end （E：E）、side-to-end （S：E）和end-to-side （E：S）4种方向的间距值可以设置。举例来说，可以设置值为100：200：100：50，分别定义4个不同方向的间距，如果都设置为一个值，就代表4个方向都使用统一的设置。

可以把新创建的DFA表格保存下来，文件扩展名是.dfa，可以在以后的设计中对DFA规则进行复用，公司的封装名称是标准化的，各个器件之间的距离也是标准化的，这就给DFA规则的复用创造了条件，也可以将DFA规则整理成为公司的统一标准。

DFA规则被创建之后，布局的时候就可以使用这些规则，如图15-29所示。在使用Place by Manual 命令进行器件布局的时候，如果相应的间距小于DFA规则的设置，就会提示DRC错误，同时用一个圆形来表示间距要求，方便设计者进行器件放置。同时在约束管理器中也能看到DFA规则的汇总统计，方便查找哪些位置的器件布局违反了DFA规则。

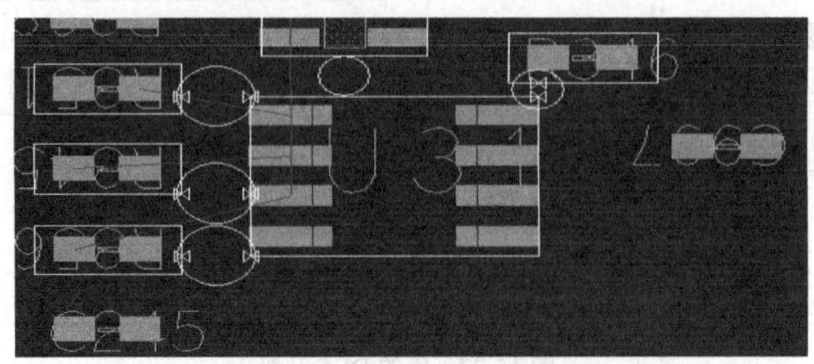

图 15-29　DFA 规则执行演示

15.6 走线跨分割检查

在很多情况下，走线跨分割都是 PCB 设计者不希望看到的，但是有的跨分割情形难以检查，比如连接器和 BGA 等密集通孔区域，由于反焊盘的存在，通常容易发生走线跨分割，也就是走线下面没有完整的地平面。图 15-30 所示为一个典型的走线跨分割的例子，由于高亮的网络布线不在 BGA 两排过孔的中心，所以这些布线下面的平面相对不完整，断断续续，而中间两个非高亮网络由于布线在正中间，所以参考平面相对比较完整。

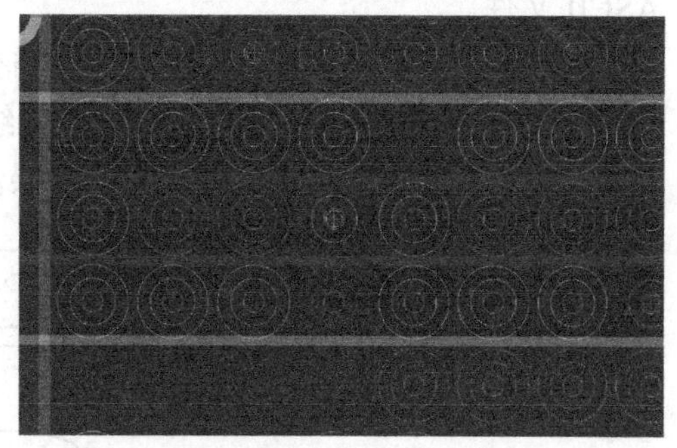

图 15-30 走线跨分割

这个高亮的网络布线并不是人工检查的，而是利用 Allegro SPB 15.7 的新功能 Segments over Voids 进行自动检查得到的结果。选择 Display→Segments over Voids 命令，软件运行检查功能之后，就会高亮所有走线下方地平面不完整的网络，这种不完整包括以下几种情况：

- 走线跨过分割区。
- 走线经过平面掏空区域。
- 走线穿过密集通孔区域，导致平面不完整。

所以这个检查包含了所有的参考平面不完整的情况，避免了人工检查的烦琐和遗漏。

另一个和走线跨分割相关的功能是 Spread Between Voids，它可以自动调整检查到的跨分割的布线。如图 15-31 所示，选择该命令之后，再选择跨分割线段邻近的焊盘或者 Via（过孔），如果空间足够，软件就会自动推挤，把跨分割的网络调整开。

图 15-31 Spread Between Voids

15.7 Extracta

Allegro 提供了 Extracta 命令，可以提取 Allegro 文件的二进制信息，并将其转化为 ASCII 文件。

Extracta 的流程如图 15-32 所示，需要用户提供一个 command.txt 的文本文件，用来指定所需提取的信息。运行 Extracta 命令的结果除了产生所需的.txt 文件，还产生 extract.log 文件，该文件记录了 Extracta 的过程及错误信息。

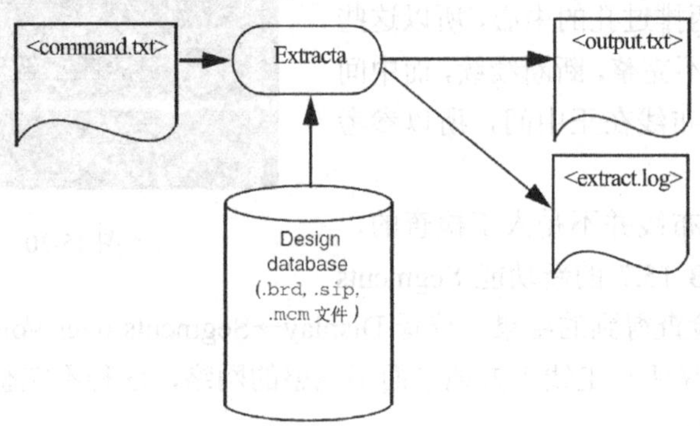

图 15-32　Extracta 的流程

下面介绍 command.txt 的格式，先看如下的例子，文件名是 brd_outline_view.txt。

```
# View name:
GEOMETRY
# Select:
CLASS = 'BOARD GEOMETRY'
SUBCLASS = OUTLINE
# Requesteddatafields:
CLASS
SUBCLASS
RECORD_TAG
GRAPHIC_DATA_NAME
GRAPHIC_DATA_NUMBER
GRAPHIC_DATA_1
GRAPHIC_DATA_2
GRAPHIC_DATA_3
GRAPHIC_DATA_4
GRAPHIC_DATA_5
GRAPHIC_DATA_6
GRAPHIC_DATA_7
GRAPHIC_DATA_8
GRAPHIC_DATA_9
FIXED
END
```

我们对上面的例子做详细阐述。

- 注释语句：以#开头的语句。

- 提取对象（Viewname Record）：文件的第一行，或是 END 之后的语句（不是注释语句或空行），指所要提取的对象，即例子中的 GEOMETRY。
- 数据行（Data Field Record）：除注释、选项、OR 语句和 END 语句之外的都是数据行，是指所要提取的内容，即例子中从 CLASS 到 GRAPHIC_DATA_9 的部分。
- 选择语句：带有符号等于（=）或不等于（！=）的语句。只有符合等号右边条件的对象才会被提取出来。如写成如下格式：

```
CLASS = 'BOARD GEOMETRY'
SUBCLASS = OUTLINE
```

那么只有 OUTLINE 的信息才会被提取出来。

- OR 语句：属于选择语句，符合 OR 左边或右边条件的对象皆会被提取，不符合的则被排除。

另外，还有描述器件属性的语句，可以作为数据行写在文件中，在例子中就是 FIXED，如果 OUTLINE 有这个属性，那么 Extracta 就会把它的值提取出来。

注意不同的 GEOMETRY 所代表的 GRAPHIC_DATA_#意义是不一样的。如果对象是线段，则 GRAPHIC_DATA_1 指线段左端的 *X* 坐标。如果对象是弧线，则 GRAPHIC_DATA_1 代表弧线中心的 *X* 坐标。

具体的意义请参考帮助文档中的 Extract Data Dictionary。

现在运行如下命令：

```
extracta -t test_board.brd brd_outline_view.txt outline.txt
```

那么 Extracta 就会从 test_board.brd 中按照 brd_outline_view.txt 的内容提取信息到 outline.txt 中。

outline.txt 的结果如下：

```
A!CLASS!SUBCLASS!RECORD_TAG!GRAPHIC_DATA_NAME!GRAPHIC_DATA_NUMBER!GRAPHIC_DATA_1!GRAPHIC_DATA_2!GRAPHIC_DATA_3!GRAPHIC_DATA_4!GRAPHIC_DATA_5!GRAPHIC_DATA_6!GRAPHIC_DATA_7!GRAPHIC_DATA_8!GRAPHIC_DATA_9!
J!/usr2/test_board.brd!Mon May 6 15:34:52
1991!-1500!-1500!4000!4500!1!mils!!!
S!BOARD GEOMETRY!OUTLINE!7 1!LINE!257!-300!3200!3700!3200!0!!!!!
S!BOARD GEOMETRY!OUTLINE!7 2!LINE!257!-300!1200!-300!3200!0!!!!!
S!BOARD GEOMETRY!OUTLINE!7 3!LINE!257!-200!1200!-300!1200!0!!!!!
S!BOARD GEOMETRY!OUTLINE!7 4!LINE!257!-200!1100!-200!1200!0!!!!!
S!BOARD GEOMETRY!OUTLINE!7 5!LINE!257!3600!1100!-200!1100!0!!!!!
```

可以看到文件分别由 A、J、S 开头，第一行通常由 A 开头，感叹号（!）为分隔符，感叹号和感叹号之间就是所要提取的信息，由 brd_outline_view.txt 指定。

第二行通常由 J 开头，按顺序分别记录了板子的路径及名称、命令执行时间、板子的坐标、精度、单位。

S 开头的行则按照 A 行的顺序记录了 OUTLINE 每一条线所在的 CLASS/SUBCLASS/坐标。如果感叹号和感叹号之间没有值，则表示对象中没有此项信息或属性。

另外，在安装目录$CDSROOT\share\pcb\text\views 中，Cadence 提供了 200 个 command.txt 文件以供参考。

15.8 优化

优化（Gloss）是指在布线后消除一些多余的过孔及把曲线拉直，或在连接部分增加雨滴等，使得走线更美观，更易于制造。Gloss 提供了如下 9 组功能。

- 走线和过孔的优化。
- 过孔的清理。
- 走线的平滑。
- 使走线走在两个焊盘的中间。
- 优化走线进入焊盘的角度。
- 加大线宽。
- 走线拐角变圆弧。
- 为焊盘和 T 形连接加 fillet（泪滴）。
- 产生绝缘层。

1. 准备工作

可以设定优化的范围：

- 选择 Route→Gloss→Design 命令：进行整板优化。
- 选择 Route→Gloss→Highlight 命令：对高亮的线进行优化。
- 选择 Route→Gloss→Room 命令：对指定的 Room（功能区）优化。
- 选择 Route→Gloss→Window 命令：可以临时画一个长方形区域进行优化。

当然，也可以用 NO_GLOSS、FIXED、NO_GLOSS_TOP、NO_GLOSS_BOTTOM、NO_GLOSS _ALL、NO_GLOSS_INTERNAL 属性把某些不需要优化的区域或是 Net 排除在优化范围之外。

2. 选择优化项

选择 Route→Gloss→Parameters 命令，弹出图 15-33 所示窗口，进行优化项的选择。

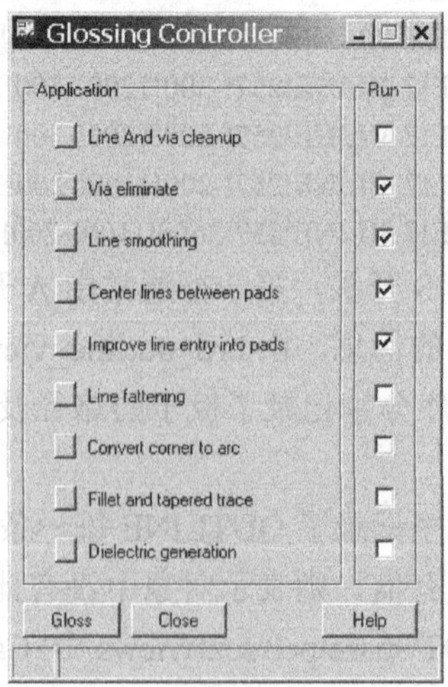

图 15-33　Glossing Controller 窗口

- Line And via Cleanup：尝试把原来的走线及过孔删除，查找更优化的走线以替代现在的走线，以减少过孔。
- Via eliminate：删除不必要的过孔。和上个优化项不一样，它不会试图删除走线，只会删除多余的 pin_escape 的过孔、独立的没有连线的过孔等。
- Line smoothing：把弯曲的线段变得平滑，这些弯曲的线段有可能是手工或自动走线时产生的（为满足时序规则的蛇形走线除外）；也可以用于把 90° 走线变成 45° 走线，这个功能经常会用到，它会缩短线段的长度，增加走线的通道。
- Center lines between pads：如今的规则允许在相邻的焊盘或过孔中有不止一根走线通道，所以为了提高制造的成品率，这个优化过程使走线尽可能从焊盘的中间穿过，离焊盘的距离足够远。注意，如果在焊盘中间只有一个走线的通道，那么这个优化项不起作用。另外，该优化最好在走线完成之后进行，因为它可能使走线不走在网格上。
- Improving line entry into pads：从焊盘走出的线，线和焊盘的边缘有时会有锐角产生，这可能导致成品率的下降。这个优化项可消除这些锐角。如图 15-34 所示，从中可以看到角度改善之前和改善之后的对比。

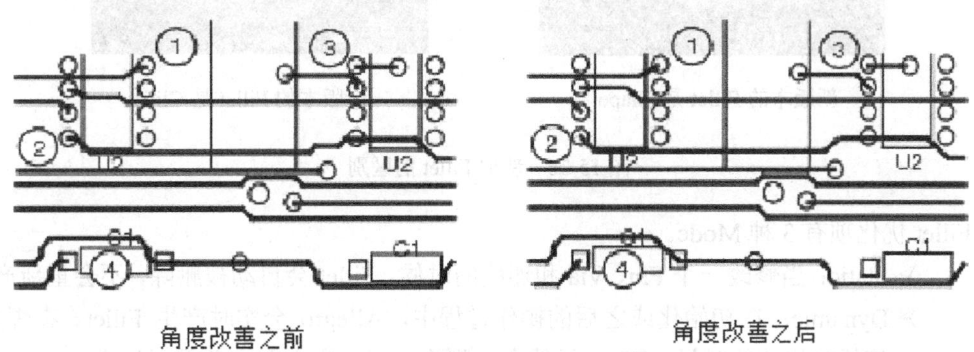

图 15-34　Improving line entry into pads

- Line fattening：在没有 DRC 产生的情况下，可以分别把某一层走线的宽度转变成某一特定的宽度。注意，很有可能是某一局部的走线变宽了，而不是整个 Net。所以在走高速线的时候要慎用该优化项，以免引起阻抗的变化。图 15-35 所示为 Line fattening 的例子，注意是某一局部线段变宽了。

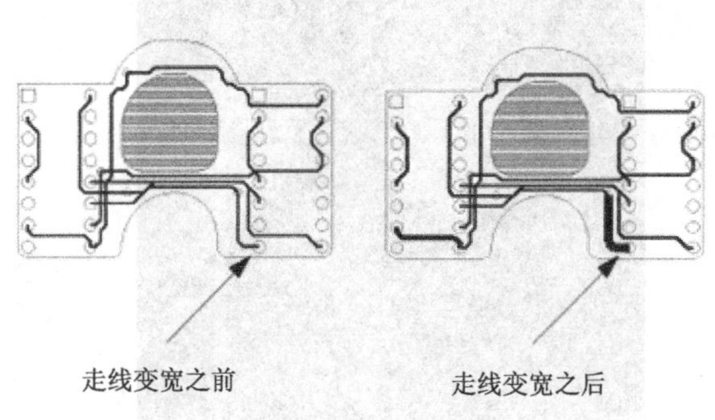

图 15-35　Line fattening

- Convert corner to arc：把 45° 或 90° 的走线变成圆弧线，在参数中可以指定圆弧的最大和最小曲率。
- Fillet and tapered trace：为了增加焊盘或过孔和走线之间的连接可靠性，在焊盘和走线连接的地方，或 T 形连接的地方添加一个 Shape（覆铜），也就是我们通常说的加雨滴，如图 15-36 所示。需注意的是，SPB 16.0 以前的版本中是添加一个线段，而不是 Shape。

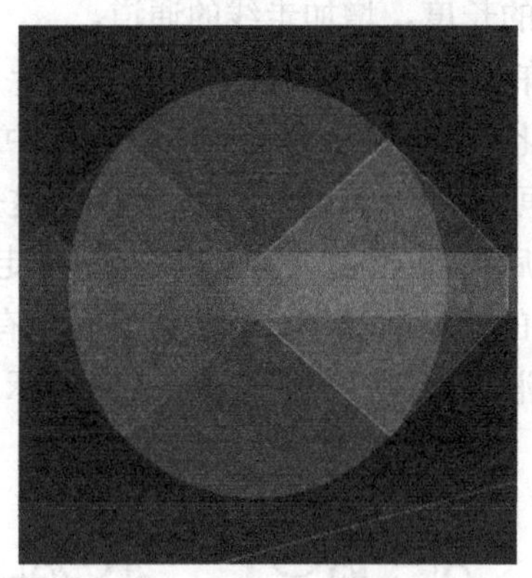

新版本的 Fillet 是 Shape

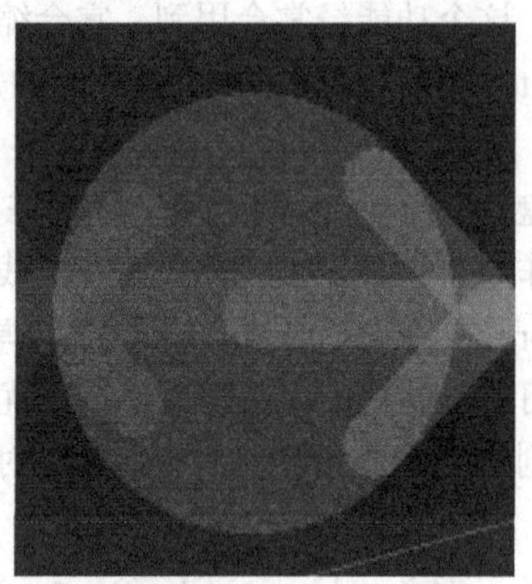

老版本的 Fillet 是 Cline

图 15-36 新旧 Fillet 的区别

Fillet 优化项有 3 种 Mode。

- Static：当修改一个 Pin、Via 和连线的时候，Fillet 会自动被删除，不会重新产生。
- Dynamic：在初始化或之后的操作过程中，Allegro 会实时产生 Fillet。在焊盘或连线被修改的时候，Fillet 虽然会被删除，但是它也会自动重新生成。
- Interactive：可以选择 Route→Gloss→Add Fillet 命令（执行添加 Fillet 的命令）或 Route→Gloss→Delete Fillet 命令（执行删除 Fillet 的命令）。

另外，在参数中，OFFSET 或角度的值是可以自行设置的，如图 15-37 所示。

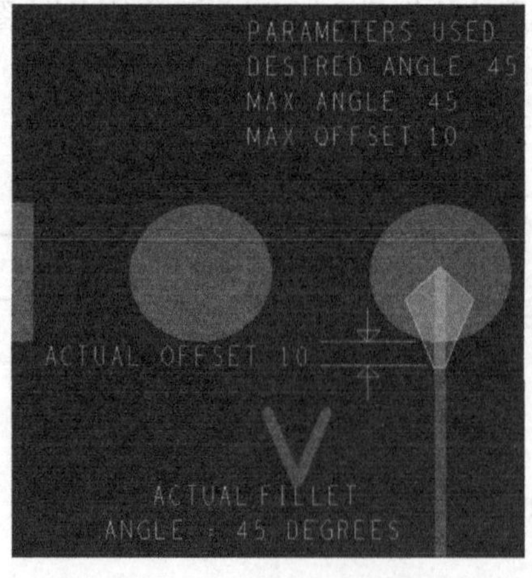

图 15-37 Fillet 的参数设置

- Dielectric generation：产生非导电区域。如图 15-38 所示，如果同一层有交叉的走线，那么该优化项的功能就是在交叉的区域覆盖一块绝缘区，使得它们不会短路。此优化项极少用到。

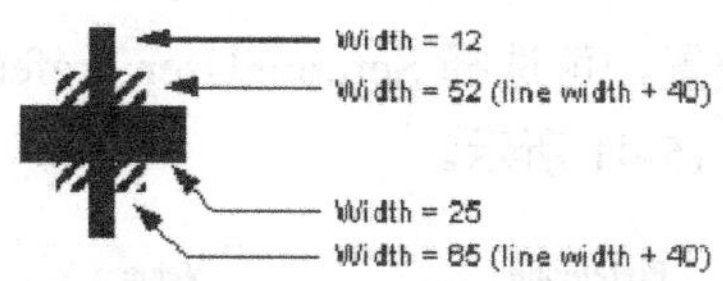

图 15-38　Dielectric generation

15.9　DataTips

DataTips 用来提示用户当前所选物体的具体属性。当用户把鼠标指针放到物体上，并停留一段时间（时间长度取决于设置），就会显示所选物体的属性。如图 15-39 所示，在 Find 面板中选择不同的物体的显示结果。该命令主要用来实时显示所选择的物体的信息，无须再用 Show→Element 命令来显示物体信息，为 PCB 工程师节约了很多时间。

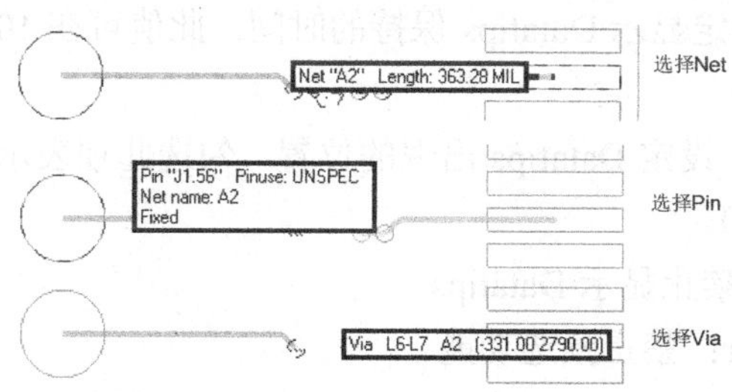

图 15-39　选择不同的物体的 Datatip 显示结果

下面来看一下该命令的配置和设置信息。选择 Setup→DataTips Customization 命令，弹出 DataTips Customization 对话框，如图 15-40 所示。

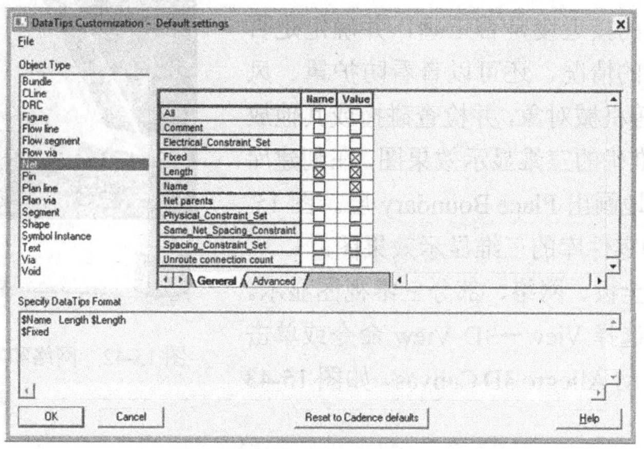

图 15-40　DataTips Customization 对话框

在 Object Type 列表框中选择需要设置的物体，右边就会出现所有可以设置的选项。下面以 Net 为例来说明参数。Name 是属性的名称，Value 是属性的值。如果用户需要修改属性的值，可通过 Edit→Properties 命令或在 Constraint Manager（约束管理器）中选择 Properties 选项来进行。

如果用户需要进行其他设置，可选择 Setup→User preferences 命令，在弹出的对话框中选择 Display→Datatips，如图 15-41 所示。

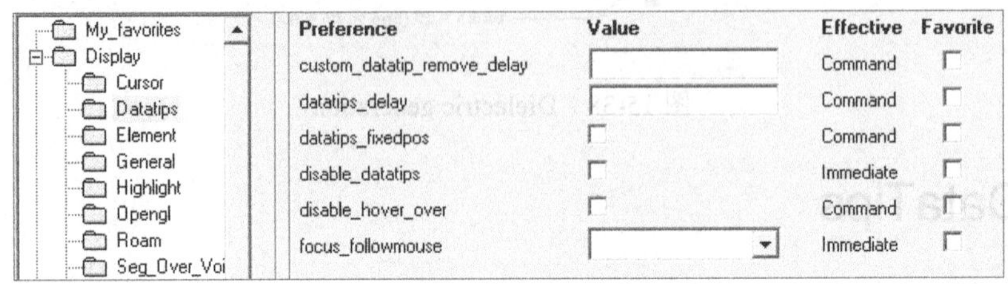

图 15-41　Datatips 设置

- custom_datatip_remove_delay：设定鼠标指针在物体上停留的时间，当实际时间大于设定值时显示 Datatips。此值可在 0～2000ms 之间设定，默认值是 250ms。
- datatips_delay：设定显示 Datatips 保持的时间。此值可在 100～2000ms 之间设定，默认值是 250ms。
- datatips_fixedpos：设定 Datatips 出现的位置，勾选此项表示 Datatips 出现在固定位置（命令窗口左上角）。
- disable_datatips：禁止显示 Datatips。
- disable_hover_over：禁止预选功能。

15.10　3D Canvas

3D Canvas 可以显示 PCB、PCB 上的网络或 PCB 上的零件的三维显示效果图，可以直观地检查符号位置和与其他符号的接近度是否正确，并确定是否发生违反设计约束的情况，还可以查看防护罩、风扇、散热器和外壳等机械对象，并检查碰撞或其他放置问题。要想得到准确的三维显示效果图，在创建库时，需要用户准确地画出 Place Boundary 层。图 15-42 所示就是网络和零件库的三维显示效果图。

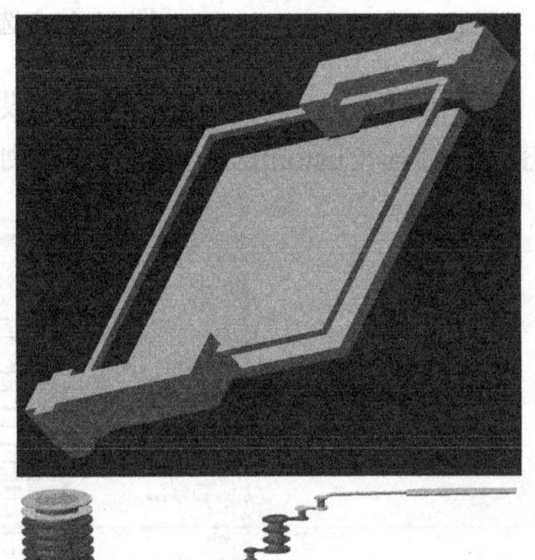

图 15-42　网络和零件库的三维显示效果图

该功能可实现全板、网络、部分三维视图显示。全板显示的方法：选择 View→3D View 命令或单击 3D 图标，就可以启动 Allegro 3D Canvas，如图 15-43 所示。

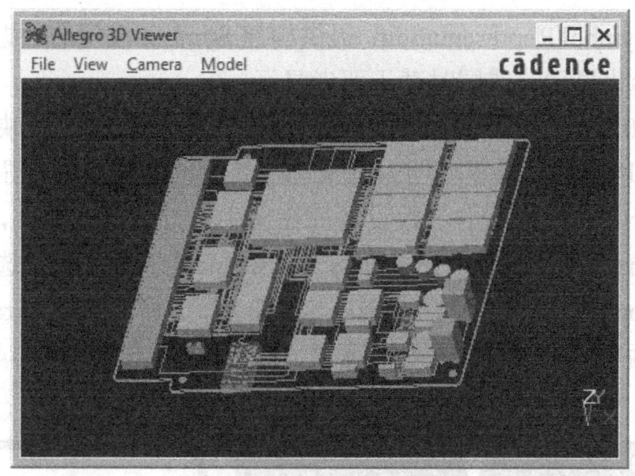

图 15-43　三维显示效果图

Allegro 3D Canvas 菜单中的命令介绍如下。

1. File 菜单命令

- File→Export Image：输出图形，可选择输出 JEPG、STEP、HMF 等格式。
- File→Output→Messages：输出 txt 格式的模型相关信息。
- File→Close：退出此窗口。

2. View 菜单命令

- View→Windows→Messages：控制 Messages（消息）窗口的显示或关闭。
- View→Windows→Options:：控制 Options（选项）面板的显示或关闭。
- View→Windows→Visibility：控制 Visibility（可视）面板的显示或关闭。
- View→Windows→Symbols：控制 Symbols（零件）面板的显示或关闭。
- View→Windows→Nets：控制 Nets（网络）面板的显示或关闭。
- View→Windows→Collision Detection：控制 Collision Detection（碰撞检测）面板的显示或关闭。
- View→Windows→3D Mapper：控制 3D Mapper（3 维映射）面板的显示或关闭。
- View→Camera→Zoom Fit：全局显示。
- View→Camera→Top：从 Top 层看下去的正视图。
- View→Camera→Bottom：从 Bottom 层看上去的正视图。
- View→Camera→Top Isometric：从 Top 层看下去的等距视图。此外，还有几个命令可以得到不同角度的视图，如 Front、Back 、Left 、Right。

3. Categories 菜单命令

- Categories→Appearance：提供编辑和保存 3D 画布的颜色主题和阴影的选项。
- Categories→Messages：控制新消息的显示或隐藏。
- Categories→Interactive：控制二维和三维的画布之间的交互。

- Categories→Symbol Representation：提供构建 Symbol 模型的数据源选项，基于 STEP 模型或位置形状显示，或同时基于两者显示。
- Categories→z0 Position：提供设置 Z 轴的原点坐标，方便模型映射/导入等操作。

下面以图 15-42 所示的三维零件图为例来进行参数设置。为了看得清楚，这里笔者把做好的一个三维库拆分，并把详细的参数设置放在图中。打开.dra 文件，选择 Shape→Filled Shape 命令，在 Options 面板中，在 Active Class and Subclass 下拉列表中选择 Package Geometry 下的 Place_Bound_Top 层。根据实际需要画好 Shape 后，选择 Setup→Areas→Package Height 命令，在 Options 面板中，加入零件的最大、最小高度，如图 15-44 所示。

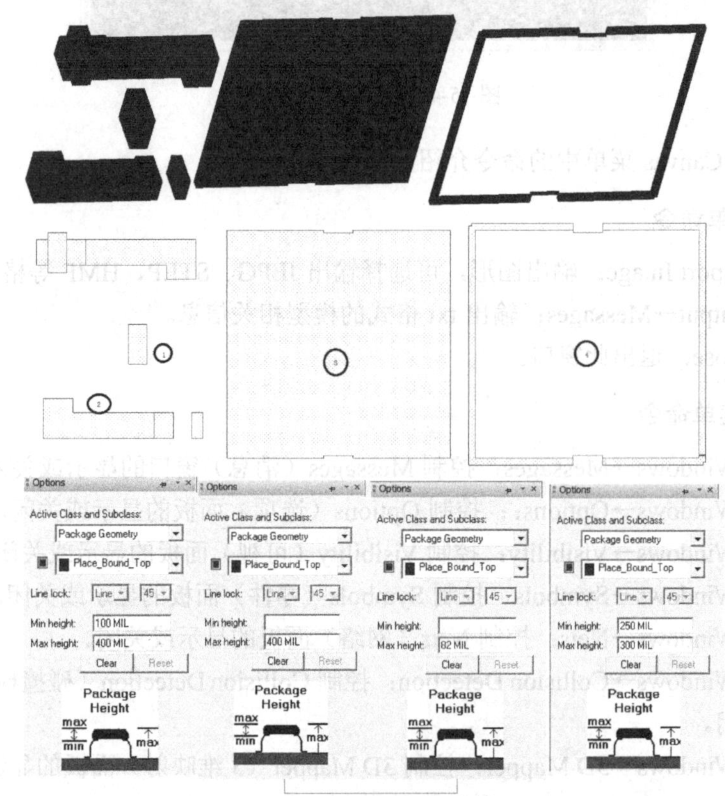

图 15-44　设置高度示例

15.11　任意角度走线

由于同 FR4 材料经线和纬线相平行，会影响信号线的信号质量，所以在 PCB 上需要对信号速率高、平行布线较长的信号线采用 11° 或 13° 走线。

启动 Allegro PCB Editor，选择 Route→Connect 命令。在 Options 面板中，用户可以勾选 Route offset 复选框，并在后面的框中填入需要布线的角度，如图 15-45 所示。选择 Net/Pin/Via，就可以按设置的角度布线了。

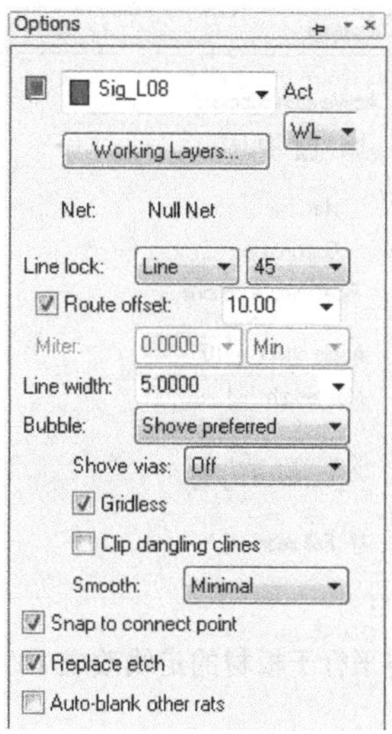

图 15-45　设置布线的角度

SPB 16.6 以后的版本针对这种情况提供了一种新的后处理方法，即在走线时不用考虑角度走线，但可以在后处理时将长的平行于板材的走线改成 10° 或其他角度走线。具体操作如下：选择 Route→Unsupported Prototypes→Fiber Weave Effect→Add ZigZag Pattern 命令，如图 15-46 所示，然后在 Options 面板中设置参数即可。

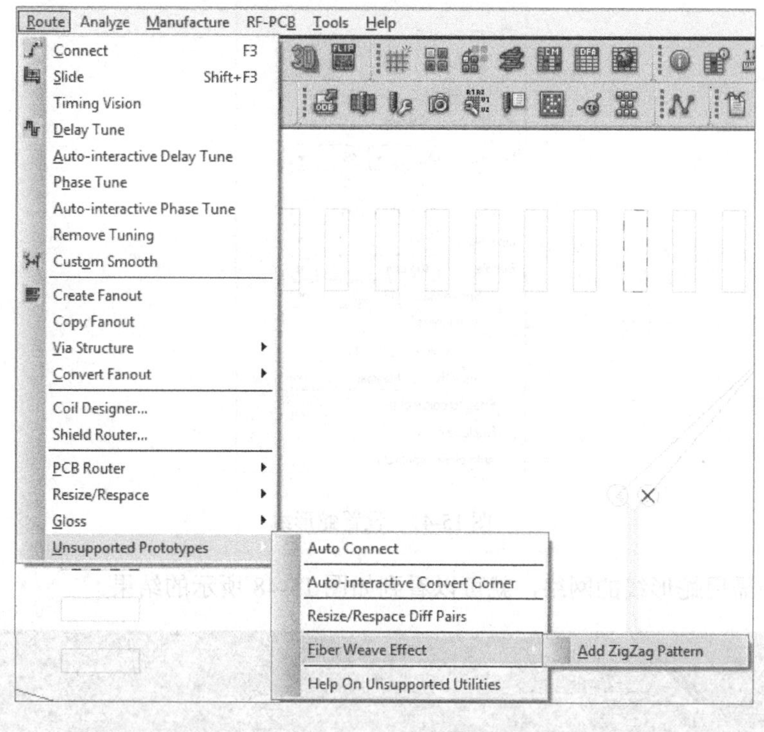

图 15-46　将平行于板材的走线改成 10° 走线

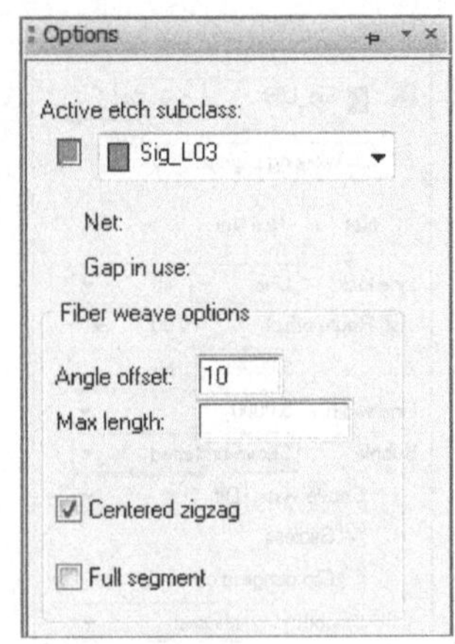

图 15-46 将平行于板材的走线改成 10° 走线（续）

15.12 超级蛇形线

当前，随着技术的发展，BGA 的引脚间距离从 1.27mm、1mm、0.8mm 发展到 0.5mm、0.4mm。目前又推出引脚错位的 BGA。

（1）选择 Route→Add connect 命令，在 Options 面板中按图 15-47 所示设置参数。

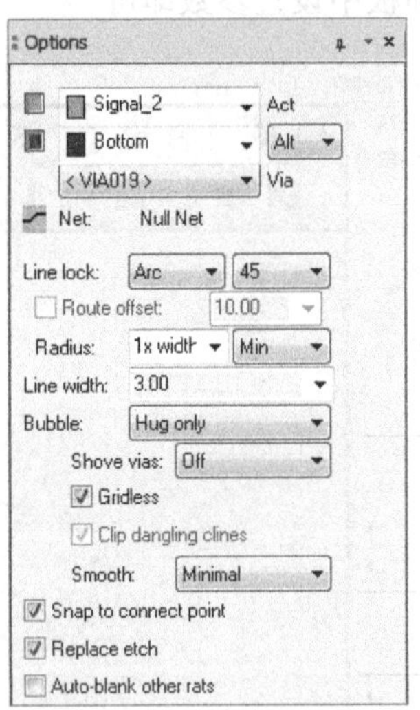

图 15-47 设置蛇形线

（2）选择需用蛇形线的网络，就可以看到如图 15-48 所示的结果。

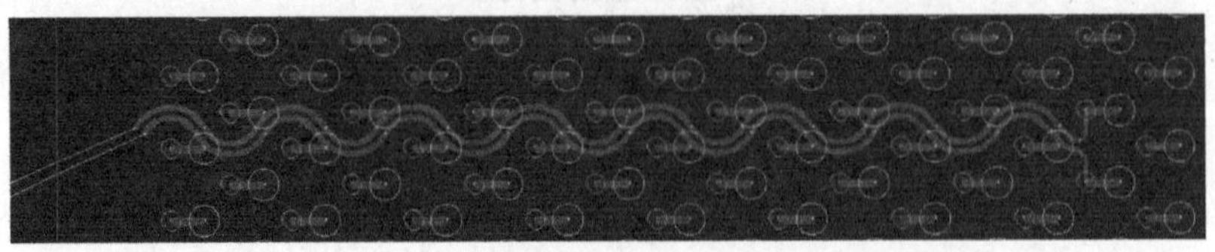

图 15-48 蛇形线

15.13 Ravel 语言

Ravel 语言是由 Cadence SPB Service Team 推出的一种全新的类 Lisp 语言。它是一种基于 Allegro DRC 系统的规则检查语言，简单易学。用户可以根据设计、生产和工艺的要求，编写相应的规则，再把这些规则嵌入 Constraint Manager（约束管理器），最后利用 Allegro 直观的 DRC 标记进行快速有效的检查、筛选和过滤。目前，Ravel 语言主要用于 Allegro PCB 和 SIP 平台。

与 Cadence 传统的 Skill 语言和 ARL 语言相比较，Ravel 语言的优势在于：

- 可以整合到 Constraint Manager，对规则的设定值可以随时、方便地进行修改，并在所有违反规则处产生 DRC 标记。而 Skill 语言一般需要自行定义相应的对话框（Form）或者 Report 去显示结果。
- 提供丰富的几何、图形运算函数，可直接调用，从而大大减少代码量，有利于多边形（Polygon）的运算。其中还包括对三维 *Z* 轴的几何运算函数，例如可以用于对 SIP 中的 Bounding Wire 的规则检查。
- 提供算法优化的接口函数，大大提高了程序运行效率。例如，对一些间距规则的检查，如果采用 Skill 或 ARL 语言来编写，用户需要充分考虑算法才能提高运行效率。而采用 Ravel 语言，只需要直接调用相应函数即可。
- 有更多类型的数据库方便直接调用。例如，在 Skill 和 ARL 语言中，不能直接访问 Drill 数据，需要用户先通过 Via（过孔）和 Pin（引脚）推导出 Drill（钻孔）的数据信息；而在 Ravel 语言中，可以直接访问 Drill 数据。

下面来看一个实例，用 Ravel 语言编写规则，检查 PCB 中 Drill to Drill Spacing（钻孔到钻孔的间距），如图 15-49 所示。

```
;;This rule is to check the drill to drill spacing

;;Set default Constraint Value
(constraint MIN_SPACING 50)

;;Define a relation. Format: (drill1 drill2 spacing)
(define ERROR_drill_drill_spacing
  (transform (d1 d2)
    (select (d1 d2)
      (combine drill drill)
      (and
        (ordered? d1 d2)
        (distance d1 d2)<(value MIN_SPACING)
      )
    )
    (d1 d2 (distance d1 d2))
  )
)

;;Report the violation and create the DRC data
(violation drill_drill_spacing (d1 d2 s) ERROR_drill_drill_spacing
  ("Drill ~A to Drill ~A < ~A" (center d1) (center d2) (value MIN_SPACING))
  ("Drill to Drill Sapcing" (value MIN_SPACING) s (midpoint (connecting_line d1 d2)) d1 d2)
)

;;Create the new CM rule
(rule ("Spacing" "Drill to Drill Spacing")
  check (drill_drill_spacing)
  constraints (MIN_SPACING)
)
```

图 15-49　Ravel 实例

我们可以看到，在这个例子中，Ravel 的代码量为 30 行，开发周期为 0.5 天，而且由于采用了优化算法的函数，运行效率很高。也可以考虑用 Skill 语言编写此规则，并且自定义 Form 来显示结果，这就需要用户充分考虑算法问题，代码量将会在 200 行左右，开发周期为 3 天。如果用 ARL 语言编写此规则，代码量在 100 行左右，开发周期为 3 天。

现在我们来详细说明一下，用 Ravel 语言编写的规则如何在 Allegro 中使用。

（1）将写好的.rav 源文件导入约束管理器中，导入成功后，会在约束管理器窗口中看到这条规则，如图 15-50 所示。

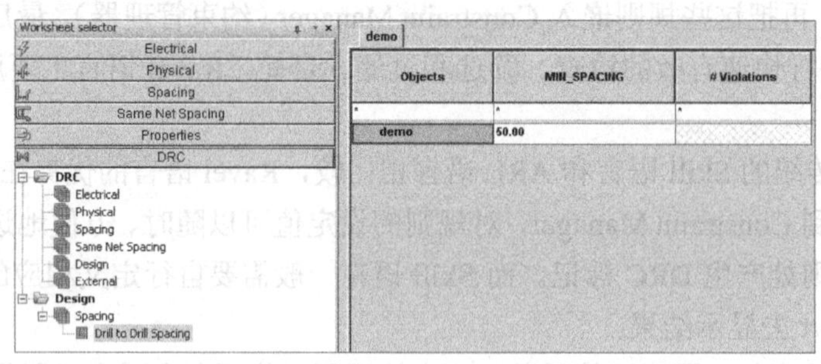

图 15-50　在约束管理器中加入编写的规则

（2）在约束管理器窗口中选中规则并右击，在弹出的快捷菜单中选择 Analyze 命令，如图 15-51 所示。

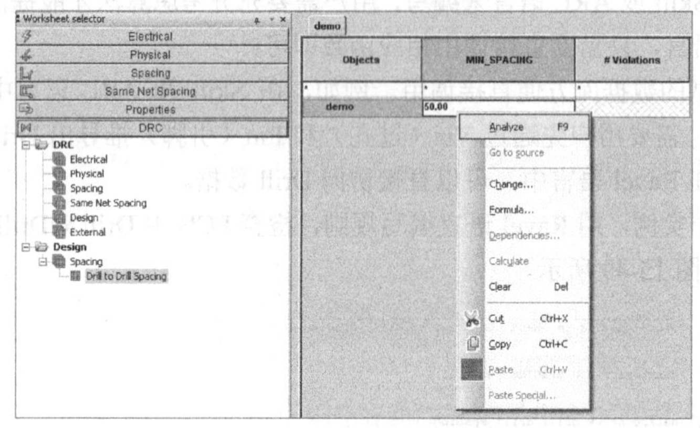

图 15-51　选择 Analyze 命令

（3）规则检查完之后，会在 Violations 栏中显示违反规则的总数量，如图 15-52 所示。

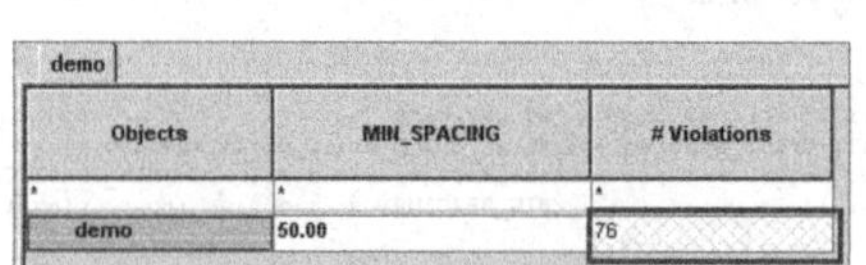

图 15-52　DRC 检查结果（显示违反规则的总数量）

（4）可以在约束管理器中查看 DRC 列表，或者直接到 Allegro 窗口中查看 DRC 标记。

15.14　差分线对的返回路径的过孔

差分线对返回路径过孔这个功能需要 High Speed Product Option License。返回路径的过孔（也称为参考地孔或伴生过孔），提供在 PCB 和封装互连中的电流返回路径，以减少信号的衰减。当信号传输时，电流必须返回到它们的源。若信号从一个层通过过孔到另一层，则返回电流将沿最小阻抗的路径返回。

SPB 17.4 中支持布差分信号线时直接添加返回路径过孔的功能。并在放置完成时形成一个组，在后面的移动中可以一起移动，防止遗忘伴生过孔。加入差分线对过孔后，右击，在弹出的快捷菜单中 Return Path Vias(Prototype)下的子菜单中，可以根据需要选择伴生过孔的种类，如图 15-53 所示。

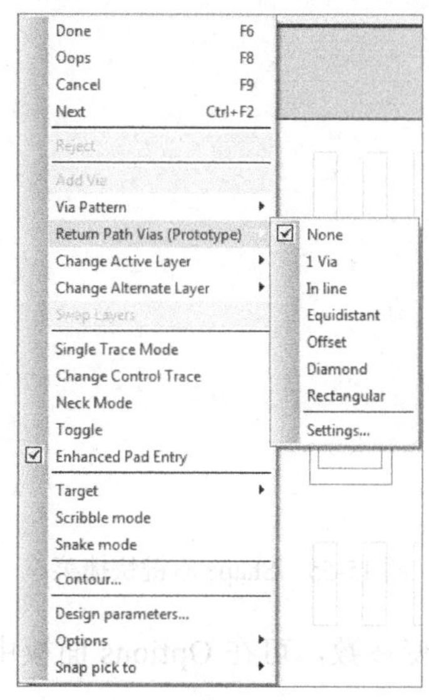

图 15-53　Return Path Vias(Prototype)下的子菜单

在 Spacing 选项卡中，有六个模板，如图 15-54 所示，用户可根据需要进行设置。

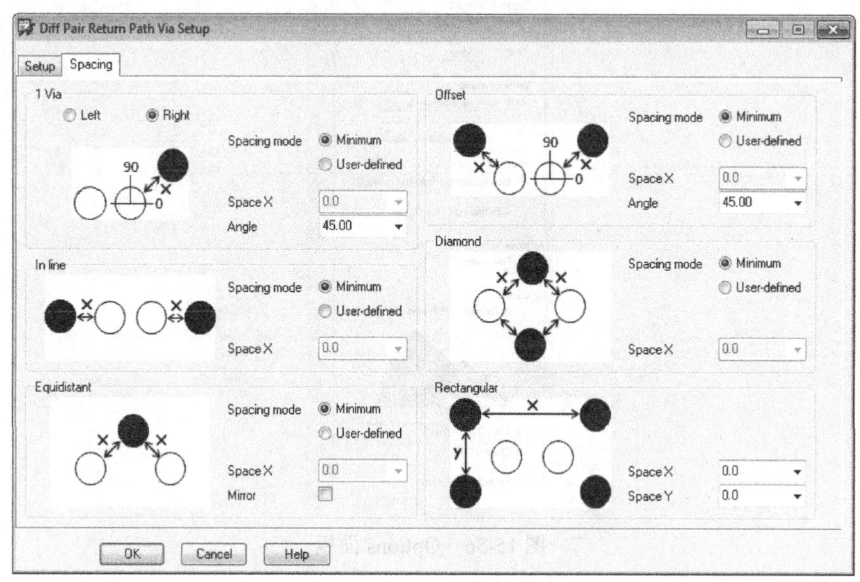

图 15-54　Spacing 选项卡

15.15　Shape 编辑应用模式

Shape 编辑应用模式是一个新的 Shape 编辑环境，主要用于提高编辑 Shape 边界的效率。它可用于所有 PCB 和封装产品的设计。在新的 Shape Edit 模式下，简化了移动 Shape 的边缘，添加了一个缺口或倒角/圆角功能，允许定制单击选取和拖动操作。

右击 Shape 边沿，弹出图 15-55 所示的快捷菜单，从中选择需要的命令。

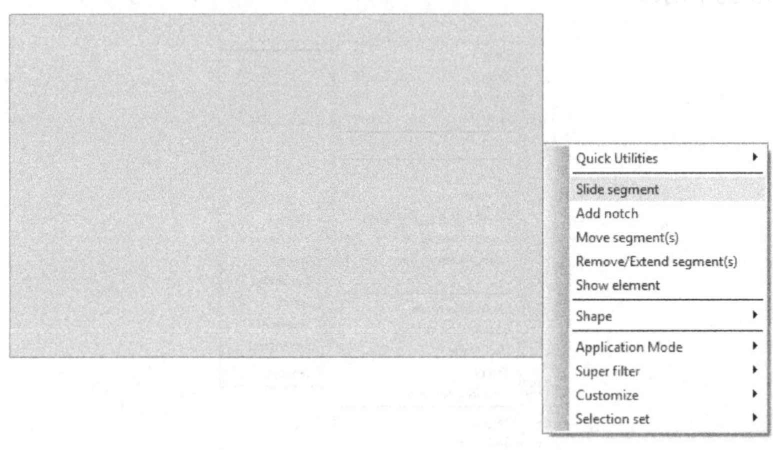

图 15-55　Shape 右键快捷菜单

在进行操作时，若需要改变参数，可在 Options 面板中进行设置，如图 15-56 所示。

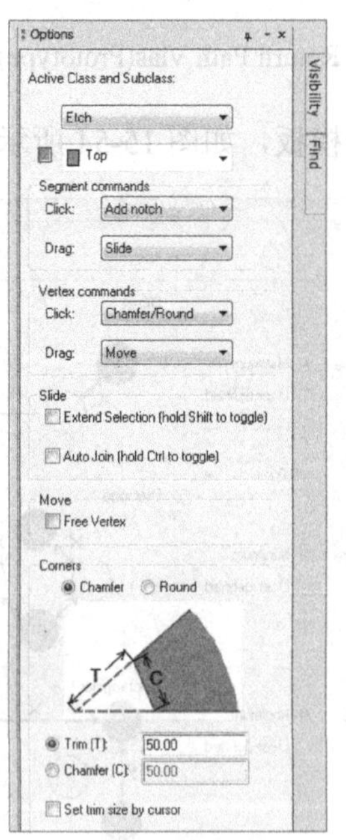

图 15-56　Options 面板

在 Segment commands 选项组中，有两个下拉列表，如图 15-57 所示。

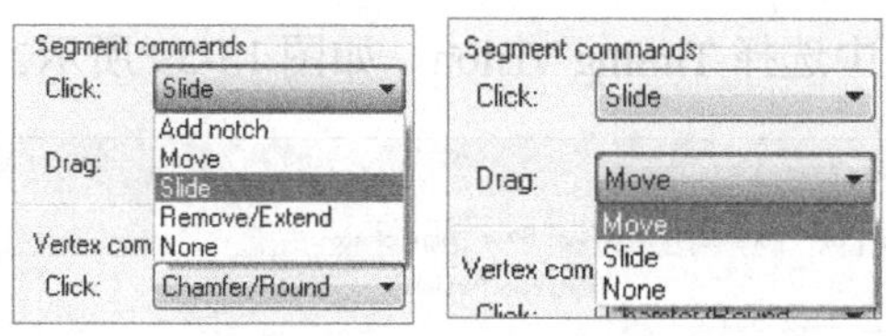

图 15-57 Segment commands 组中的下拉列表

Click 下拉列表中有 Add notch、Move、Slide、Remove/Extend、None 几个选项。

Add notch：在 Shape 的边沿选择两个点，进行移动。

Move：以任意角度移动选择的 Shape 边沿。

Slide：平移，以及在已有的基础上进行平移。

Remove/Extend：移动整个 Shape。选择该选项后，可通过右键快捷菜单进行针对 Shape 的操作，如图 15-58 所示。

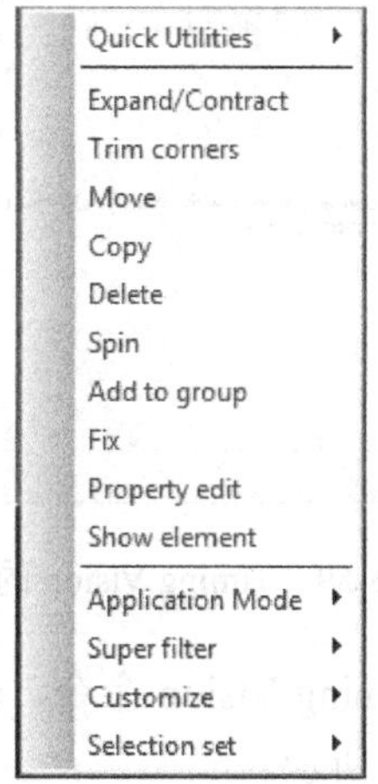

图 15-58 右键快捷菜单

Expand/Contract：扩展/缩小 Shape。

Trim corners：给 Shape 的角进行倒角操作。

Drag 下拉列表中为在拖动时可对 Shape 采取的操作。

15.16 Time Vision –High Speed Product Option

Timing Vision 是一种环境，允许以图形方式实时查看延迟和相位信息。传统上，让一组线等长需要多次打开约束管理器或利用 Show Element 命令来评估当前 DRC 的状态。新的 Timing Vision 使用特殊的图形技术，如定制的颜色显示、点画模式和定制的数据提示一组线中线长的情况。

对于需要等长设置的 DDRX 和 PCI Express 等，可通过设置来实时显示一组总线的等长情况，使设计者在绕线的同时能观察到本组线的情况。

参数设置方法：选择 Setup→Design Parameters 命令，在弹出的对话框中选择 Route 选项卡，在 Commands 列表框中选择 Timing Vision，如图 15-59 所示。

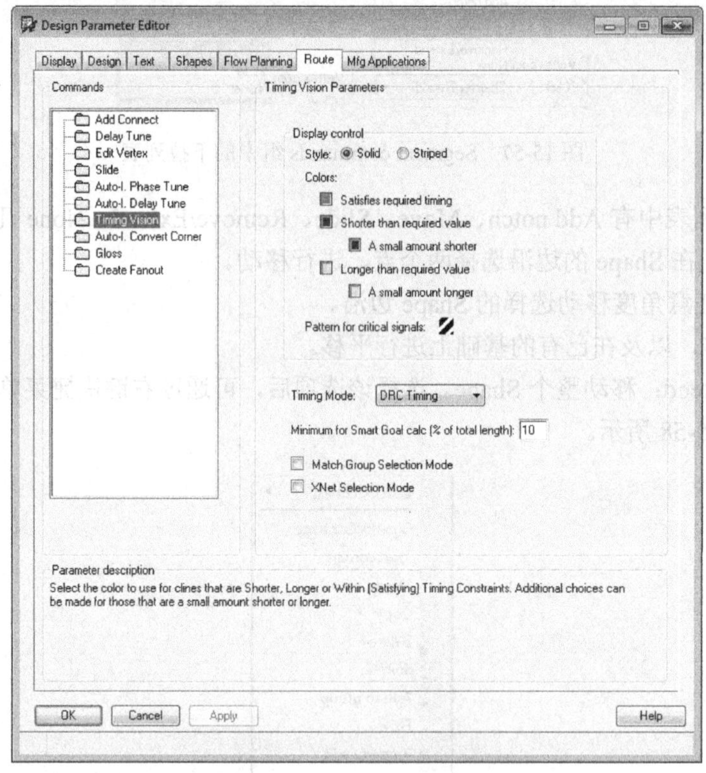

图 15-59　Timing Vision 的设置

设置好选项后，选择 Route→Timing Vision 命令，然后用鼠标框选这一组线就可以通过颜色来区分线的情况了，如图 15-60 所示。

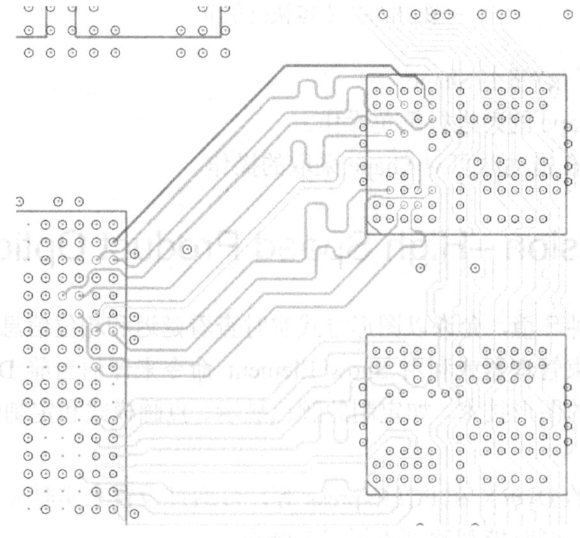

图 15-60　Timing Vision 环境下框选一组走线

第 16 章　高速 PCB 设计

本章导读：

- 高速 PCB 设计的定义。
- 高速 PCB 相关的一些基本理论。
- 高速 PCB 设计的基本原则。

16.1　高速 PCB 设计理论

正如第 1 章提到的，高速 PCB 已经成为当前 PCB 设计的主流，借用《信号完整性分析》一书作者 Eric 的话，世界上有两种硬件工程师：一种是已经遇到了信号完整性问题的；另一种是即将遇到信号完整性问题的。

本章主要介绍 PCB 设计涉及的高速问题及解决方案，而关于高速设计和仿真更详细的介绍，请参考相关图书。

16.1.1　高速 PCB 设计的定义

何为高速？这是考虑高速问题的基础，也是许多硬件工程师会问的一个问题。大家慢慢地达成了共识，信号的上升时间是决定速度的关键，当信号的上升时间和传输延时可以比拟的时候，即高速设计，如图 16-1 所示。

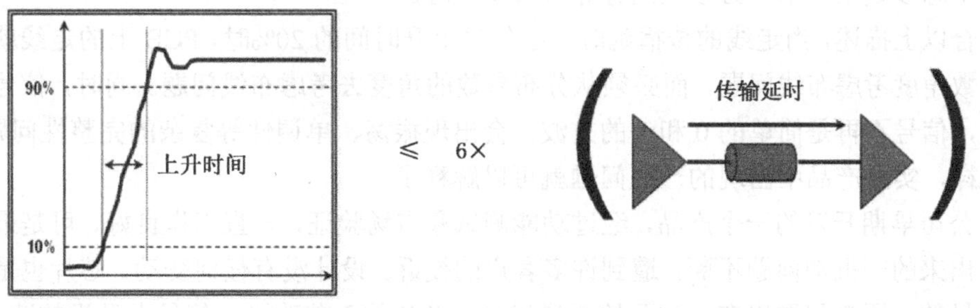

图 16-1　高速的定义

在这个定义的基础上，大家开始关注信号的上升时间。而最近的一些讨论，更关注下降时间，认为信号的下降时间更短。简而言之，就是信号的边沿速率，带来了高速问题。随着芯片制造工艺的提升，信号的开关速度也上升，很多频率并不是很高的设计，也都出现了信号完整性问题。这就给 PCB 工程师带来了更大的挑战，有些原来熟悉的设计领域也出现了问题，之前的设计经验突然失效了。在茫然的同时，大家也把眼光投向了高速，开始学习高速设计的理论知识，总结高速设计的经验。可以说，在这个时代，不懂高速设计的 PCB 工程师是不合格的。

那么，高速会带来什么问题呢？反射、串扰、地弹、电源噪声、轨道塌陷等，用一句话来简单概括就是：从模拟信号的角度来考虑数字信号问题。在高速领域，数字信号不是简单的 0 和 1，连线也不是简单的连通即好，要从分布参数的角度来看互连传输线。集总参数和分布参数如图 16-2 所示。

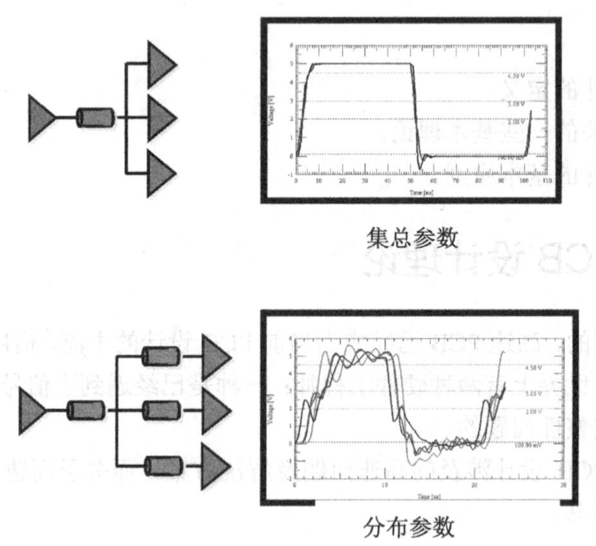

集总参数

分布参数

图 16-2　集总参数和分布参数

随着信号传输速率越来越高，上升时间也越来越短，PCB 走线已经表现出传输线的性质，在集总电路中视为短路线的连线上在同一时刻的不同位置的电流、电压已经不同，所以不能用集总参数来表示，必须采用分布参数来处理。

结合以上描述，当走线的传播延时大于信号上升时间的 20%时，PCB 上的走线就不能从集总参数角度考虑布线问题，而必须从分布参数的角度去考虑布线问题。同时，信号出现高速问题，信号不再是简单的 0 和 1 的方波，会出现振荡、单调性等复杂的完整性问题。

这样，实际产品中出现的一些问题就可以解释了。

- 公司早期开发的一个产品，经过功能测试和市场验证，一直工作良好，可是最近生产出来的一批却问题不断，遭到许多客户的投诉。设计没有任何变动，芯片也是同一型号的。原来问题出在：如开始所描述的，芯片的工艺改进，信号上升沿的速率变快，于是出现了反射、串扰等信号完整性问题，导致设计处于临界状态，功能调试正常，但是到了客户现场长时间工作就出现了不稳定问题。
- 硬件工程师产品经验丰富，设计出的单板功能一次就能调试通过，但是却卡在 EMC 环节，不停地改板，不停地测试，最终浪费了大量的产品上市时间，失去了市场先机。

这是因为信号边沿的速率提升，频谱分量变得丰富，相应 EMC 问题更加突出。

16.1.2　高速 PCB 设计的基本理论

1. 传输线理论

所有的高速理论方面的书籍，都会提到传输线理论，这是高速设计的基础。PCB 设计上常用的传输线是微带线和带状线，如图 16-3 所示。简单来说，在有参考平面的前提下，走在表层的布线就是微带线，内层的布线一般是带状线（特例是次外层有可能会设计成埋藏微带线）。

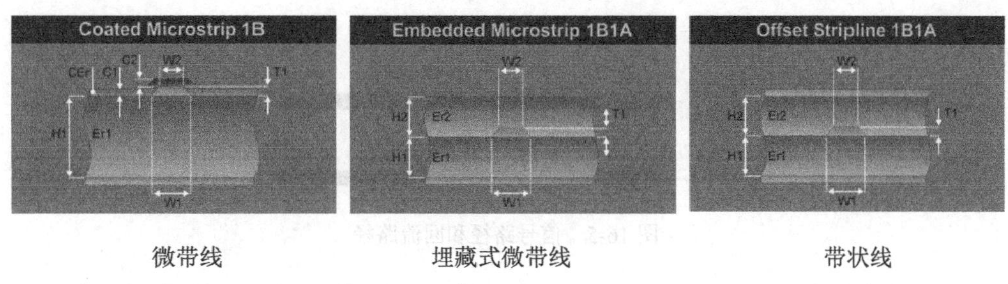

图 16-3　PCB 设计时常见的传输线结构

对传输线，主要考虑以下几个方面。

（1）特征阻抗：这是使用频率非常高的一个专业术语，在各种定义中，笔者最喜欢的描述是：特征阻抗是利用电容和电阻来描述的等效模型，它的物理意义是，入射波的电压与电流的比值，或反射波的电压与电流的比值的负值。这个定义方式直观明了地解释了很多高速设计问题，方便 PCB 工程师理解阻抗控制的概念。

$Z_0 = \sqrt{L/C}$ 是特征阻抗的近似计算公式，式中 L 为分布电感，C 为分布电容。

高频信号在传输的过程中其行为应该被视为波的传播，而波在介质中传播的特性可以用图 16-4 来描述。

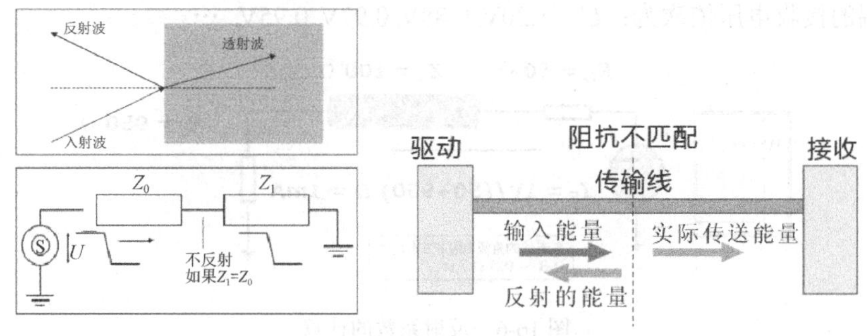

图 16-4　波的传播与阻抗匹配和反射

- 当波由一个介质入射到另一个介质中时，将在接口上产生反射波及透射波，但反射波的产生一方面可使得透射波的能量减小，另一方面产生了系统所不希望产生的反射噪声，干扰了后来的信号。
- 系统中的信号传输也有这种不连续接口存在，当信号从一个器件透过电路板上的传输线传到另一个器件时，其中的器件本身、封装、电路板上的传输路径的阻抗不一样，就产生了不连续的接口，从而造成了反射。

- 阻抗控制其实就是让系统中每一个部分都具有相同的阻抗值，即阻抗匹配。

（2）传输时延：传输线是有长度的，这个长度会带来延时。上文提到，当传输延时和信号上升时间可以比拟，即在同一数量级的时候，传输线的长度就直接影响信号的特性，或者说可能使信号在传输过程中产生畸变。

（3）信号回流：信号的返回路径是非常重要的概念，有经验的 PCB 工程师都会随时关注信号的回流，这是很多 EMC 问题的根源，如图 16-5 所示。

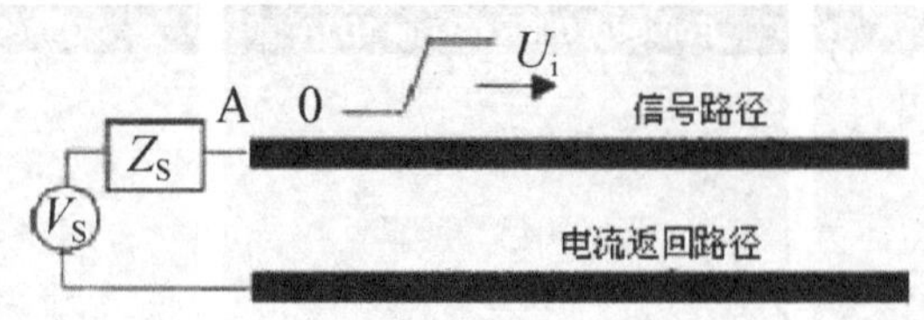

图 16-5 信号路径和回流路径

关于传输线理论的展开描述，大家可以参考相应的信号完整性方面的书籍，或者本丛书的仿真部分。作为 PCB 工程师，或许不需要掌握公式推导和理论分析，但是基本的原则和方法一定要掌握，还要在实际工程问题中灵活运用。

2. 反射问题

反射，归根结底是由阻抗失配造成的，图 16-4 有助于 PCB 工程师初步理解反射的机理。反射系数的计算如图 16-6 所示。若在传输路径的始端和终端阻抗都不匹配，则都会产生反射，反射系数的算法如下：

（1）源端：$\Gamma_D=(R_D-Z_0)/(R_D+Z_0)=(50-100)/(50+100)=-50/150\approx-0.333$。

（2）负载端：$\Gamma_L=(R_L-Z_0)/(R_L+Z_0)=(950-100)/(950+100)=850/1050\approx0.8095$。

源端的接收电压依次为：$U=0.67V, 1.03V, 0.93V, 0.96V, \cdots$

负载端的接收电压依次为：$U=1.20V, 0.88V, 0.97V, 0.95V, \cdots$

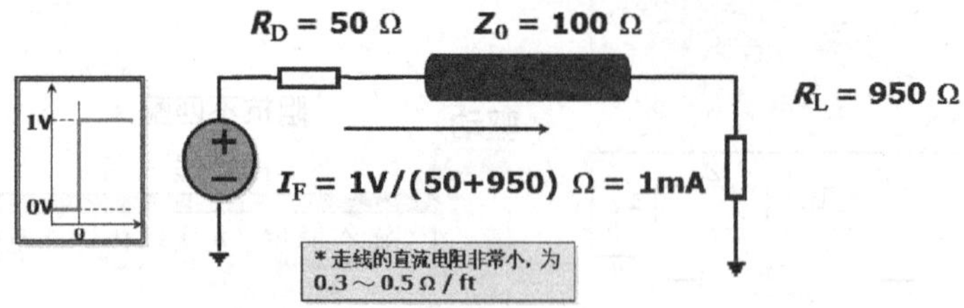

图 16-6 反射系数的计算

通过仿真，理论计算结果非常容易得到验证，电压的仿真波形如图 16-7 所示，能看到仿真结果和通过反射系数计算的结果匹配。图中 n3 为源端波形，传输延时为 1ns，在 1~2ns 的范围内测量到的电压是 0.67V，等到负载端反射回来的负载端波形和源端波形叠加之后，在 2~3ns 区域测到的电压是 1.03V，这和计算结果吻合。

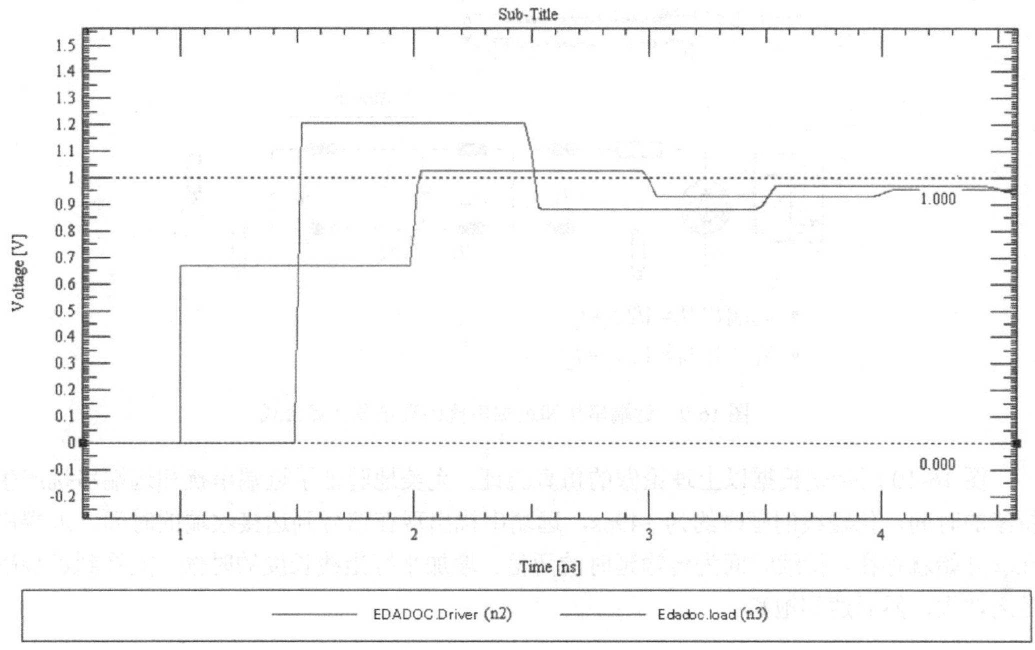

图 16-7 电压的仿真波形

3. 串扰问题

串扰的概念比起反射稍微复杂一些。串扰的分类通常有两种方式：一种是按串扰产生的原因来分类，分为容性串扰和感性串扰，如图 16-8 所示，这种分类方式比较直观，有助于 PCB 工程师理解并应用于实际布线；另一种是按串扰的表现和影响分类，分为远端串扰（也称为前向串扰）和近端串扰（也称为后向串扰），而远端串扰、近端串扰也是按照容性串扰、感性串扰计算出来的。

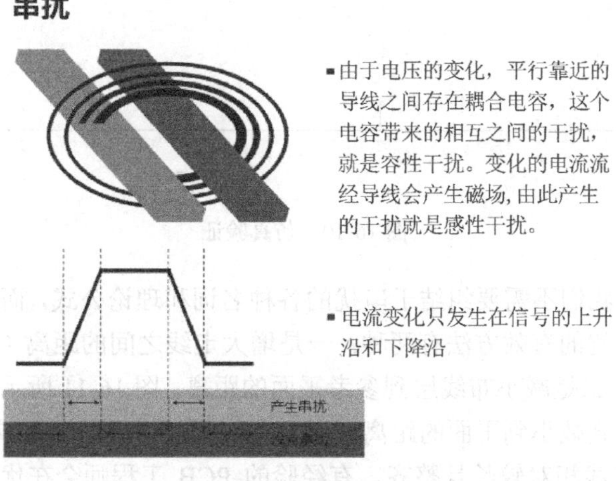

图 16-8 串扰的分类

图 16-9 所示为关于近端串扰和远端串扰的理论及计算公式。

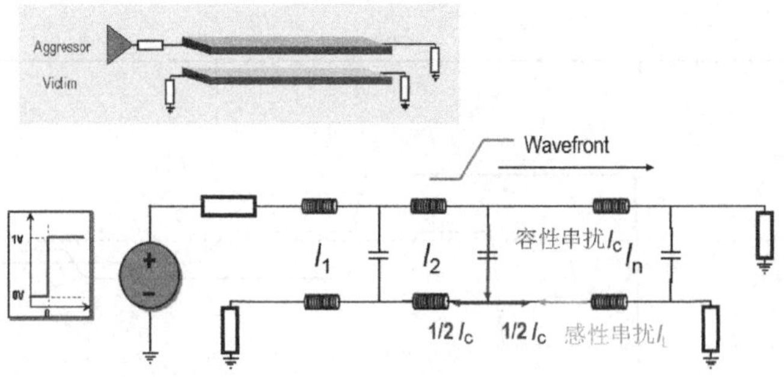

- 远端串扰= 1/2 $I_C - I_L$
- 近端串扰= 1/2 $I_C + I_L$

图 16-9　近端串扰和远端串扰的理论及计算公式

图 16-10 所示是根据以上理论做的仿真验证，完美地验证了近端串扰和远端串扰产生和持续的时间，传输线的延时约为 149ps，远端串扰出现在信号到达接收端的时间，近端串扰在一开始就存在，持续时间为传输延时的两倍。增加平行走线长度的时候，能看到远端串扰随之增大，然后达到饱和。

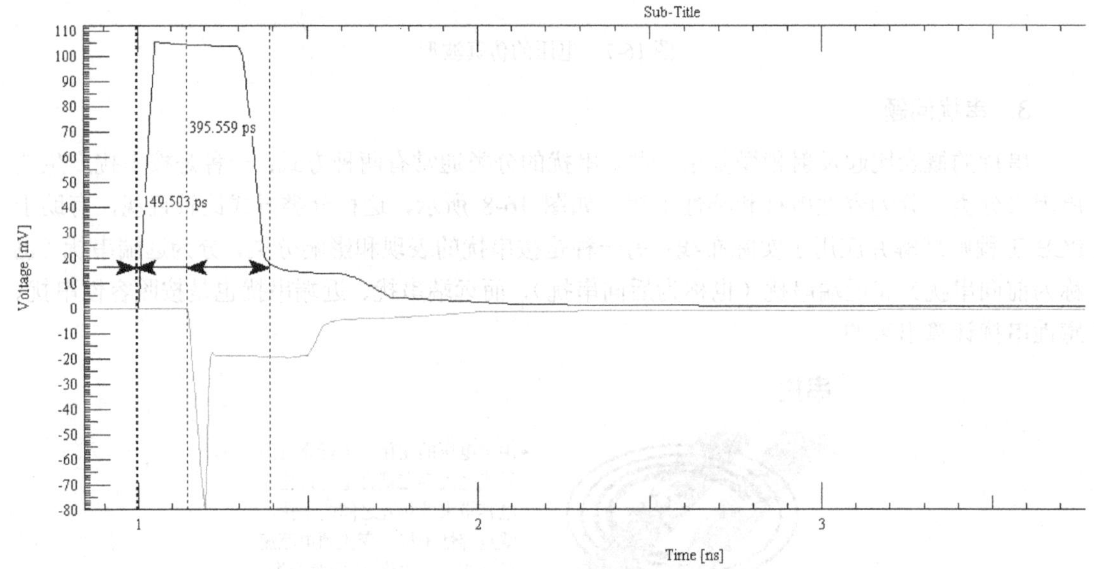

图 16-10　仿真验证

在实际应用中，我们不需要纠结于串扰的各种名词和理论公式，而是要致力于通过设计来减少串扰。减小串扰的有效方法有两种：一是增大走线之间的距离（如果相邻层有平行走线，也要重点考虑）；二是减小布线层到参考平面的距离。图 16-11 所示为一个简易的远端串扰的计算工具，能看到减小到平面的距离和增大走线间距都可以大大减小串扰。手工布线漂亮美观，但是平行走线相对较长且整齐，有经验的 PCB 工程师会在优化阶段检查哪些走线可以增加间距或者局部增加间距，以优化设计。

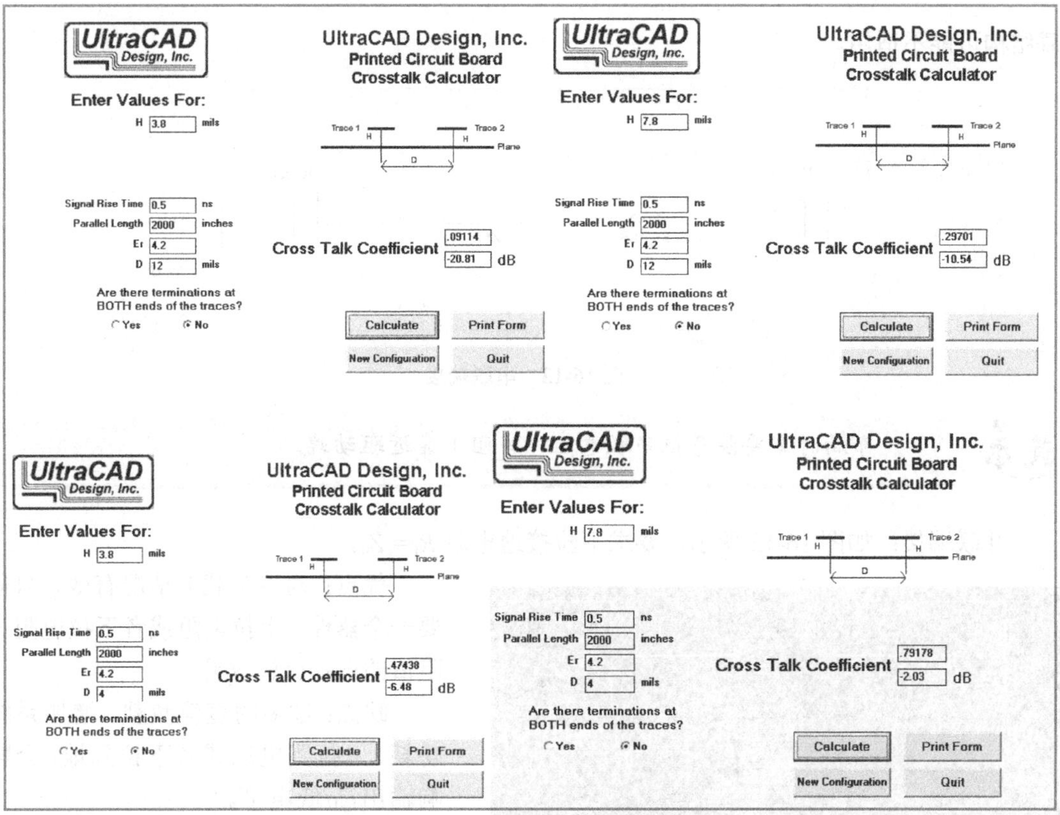

图 16-11　远端串扰计算工具

在图 16-11 中除了可以看出增加线间距以及到平面的距离对串扰的影响，还能推断出平常所说的 3W 规则，其实应该是 3H 规则。同时，当两根线的中心间距保持一定时，单纯地增大或减小线宽对串扰的影响不大。仿真结果也证明了这个结论，能看到远端串扰在以上条件下基本没有变化。

4．端接匹配

常见的端接匹配可以分为始端匹配和终端匹配。端接有如下作用：

- 阻抗匹配。
- 减小反射。
- 控制边缘速率。
- 减小信号波动。
- 始端匹配常见于始端串联电阻，多用于点对点的负载。

串联端接：如图 16-12 所示，要求串联电阻取值等于传输线特征阻抗 Z_0 和 Buffer（缓冲寄存器）输出内阻之差。串联匹配的优点是器件较少，没有直流功耗，有效抑制振铃（过驱动），在驱动端消除了二次反射，有效应对接收端负载变化的情况。至于缺点，则是接收端没有匹配，而且有一次反射存在，可能会影响信号上升时间，对比较长的布线或者多向多负载结构可能不适用。

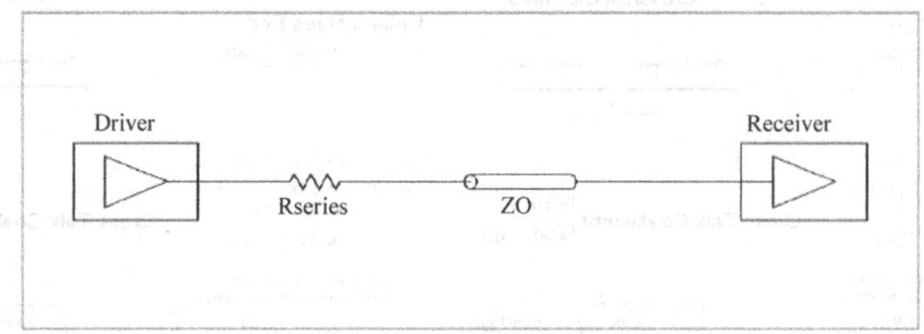

图 16-12　串联端接

布局时需要注意把串联电阻（串阻）靠近驱动端。

并联端接：如图 16-13 所示，要求下拉接地电阻 $R_t = Z_0$。

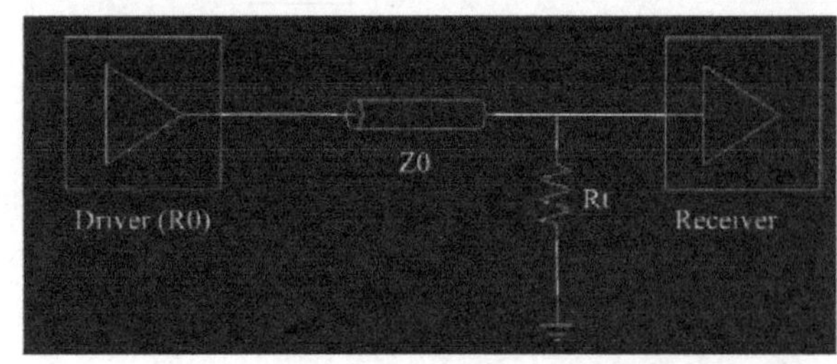

图 16-13　并联端接

优点：对多负载的情况有效，只需要一个器件（上拉电阻或者下拉电阻），阻值的选择比较容易。

缺点：过多的直流负载，增加系统功耗，上拉到电源或者下拉到地，会影响输出高/低电平。

由并联端接引申出来的戴维南端接、二极管端接，这里就不一一讨论。

这里再介绍一下 ODT，如图 16-14 所示，常见于 DDR2、DDR3，是在芯片内部的端接匹配。

优点：不需要增加器件，端接匹配接近 Buffer，有利于布局。

缺点：同样会带来直流功耗。

ODT 还有一个明显的优势是可以通过芯片控制 ODT 的打开、关闭和选择阻值，这样就解决了双向总线的端接问题。

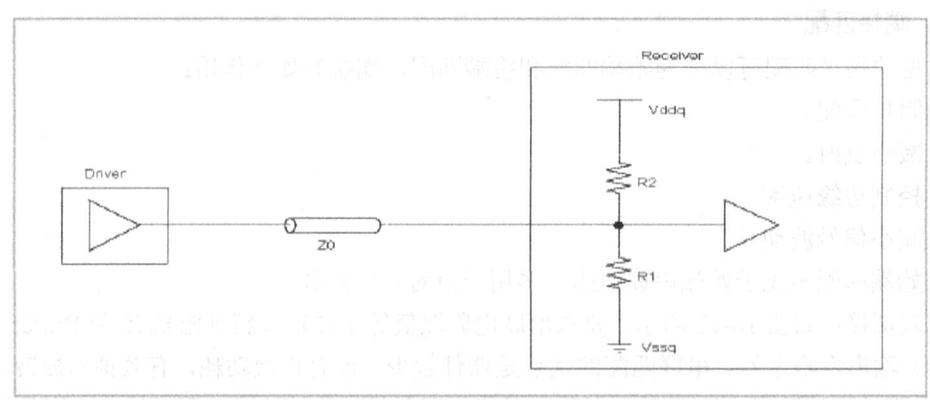

图 16-14　ODT

5. 信号拓扑结构

多负载导致的信号完整性问题可以用合适的拓扑结构解决，有经验的信号完整性分析工程师会发现有时候通过反复修改端接匹配无法解决的信号质量问题，在重新合理规划拓扑结构之后，信号质量问题迎刃而解。当然，对拓扑结构的规划有时候会增加布线的难度，但是为了信号质量，这些付出是值得的。

常见的拓扑结构类型有：

- 点对点结构。
- 菊花链结构。
- 星形结构。
- 树形结构。
- 远端簇状结构。

各种结构在布线上的要求在第 11 章已经详细介绍了，这里主要针对高速设计和信号完整性的概念进行讨论。

点对点结构：如图 16-15 所示，多用于时钟或其他重视边沿速率的信号，利于控制时延和信号质量（也利于双向总线），也利于特征阻抗控制（端接匹配方案丰富），多数情况不需要端接或者只需要串阻即可保证较好的信号质量。布线上不容易产生分支 Stubs（残桩），相对比较简单。

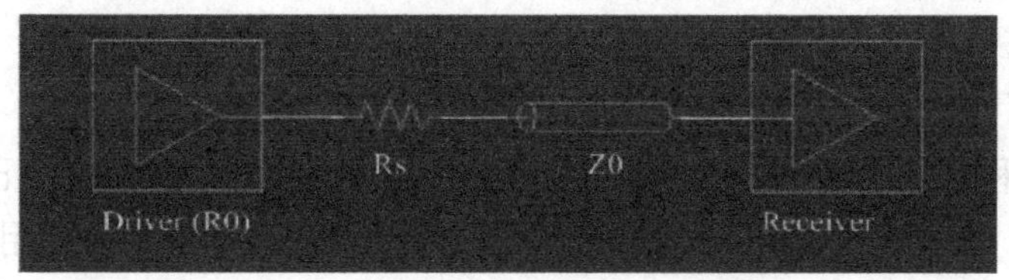

图 16-15　点对点结构

菊花链结构：如图 16-16 所示，作为常用的拓扑结构之一，主要针对点对多点的负载结构，可以使用并行端接或者戴维南匹配，比较容易控制信号质量；在布线上对 Stubs 比较敏感，要注意控制；缺点是双向总线难以确定匹配方式，不适用于非常高速的接口，总线上不同负载的时序不一样。PCI 总线通常使用菊花链布线，DDR3 Fly by 方式也选用菊花链布线，通过主干分支的阻抗控制，以及严格控制 Stubs，取得了比传统树形布线更好的信号质量。

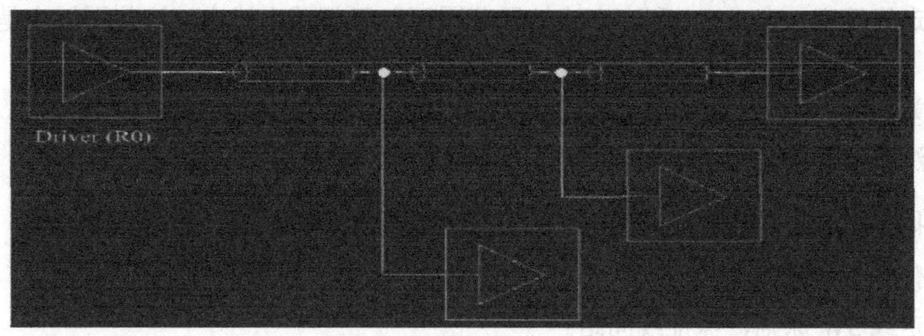

图 16-16　菊花链结构

树形结构：如图 16-17 所示，树形结构的应用非常普遍，常见于 DDR 的地址控制信号，合理、良好的布线可以保证不同接收端没有 Skew（延时差），这一点有利于时序设计；适用于多负载、单向驱动的总线结构（如 DDR 的地址、控制等）；缺点是布线相对比较困难，需要较多的布线资源；当布线不对称时，对信号质量影响很大。

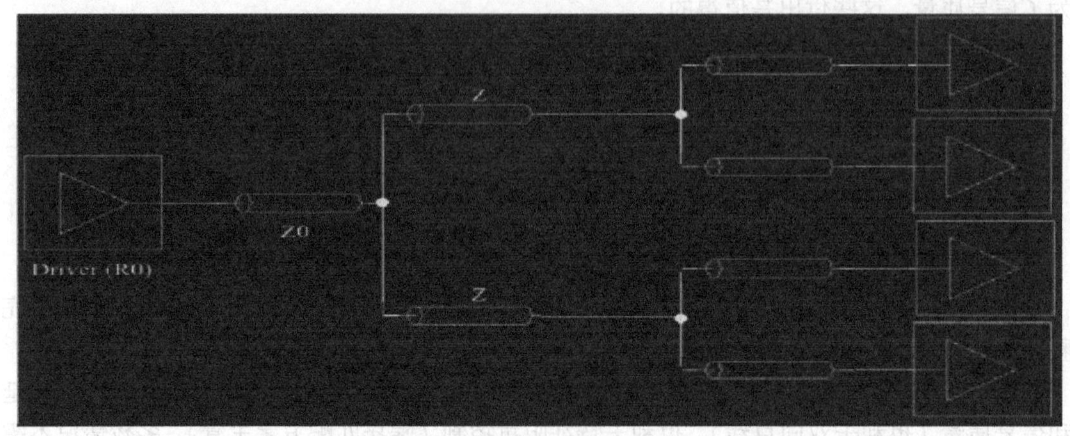

图 16-17　树形结构

此外，还有星形、远端簇状等结构，由于应用场合相对不是太多，这里就不一一介绍了。

16.1.3　高速 PCB 设计的基本原则

对于 PCB 工程师，在没有 SI 工程师仿真支持的情况下，怎样保证自己设计出来的板子符合高速要求呢？简单来说，在掌握必要的高速理论知识之后，有一些通用的原则可以遵循。

1．阻抗匹配原则

阻抗失配是引起反射，从而带来许多高速问题的根源。常规来说，一个没有进行阻抗匹配的板子，什么高速问题都无从谈起。由阻抗匹配原则衍生了以下 PCB 设计要求：

（1）少打过孔，过孔会使重要的阻抗不连续。

（2）层叠设置合理，保证信号换层之后阻抗一致，同时兼顾性能和价格。

（3）针对端接匹配设计，合理布局。

（4）注意走线拐角，90° 角和锐角会带来阻抗不连续。

（5）走线等宽，在 BGA 和高密连接器范围可以局部减小线宽，这些区域也是阻抗不连续点。

（6）差分线布线等间距，控制差分阻抗一致。

（7）注意信号跨分割，除回流问题外，跨分割位置也是阻抗不连续点。

2．抑制干扰原则

干扰包括板子内布线、元器件等的相互干扰，也包括外部电磁环境的干扰。

（1）走线 3W 原则，保证线间距。

（2）20H 准则，抑制信号对板外的辐射。

（3）在可能的情况下，减小信号层到参考平面的距离。

（4）注意层间干扰，避免相邻层平行布线。

（5）在可能的情况下，减小同层平行布线的长度，可以在布线完成后进行优化。

（6）关注快速上升沿的信号，如时钟信号和高速信号。

（7）关注弱信号，如复位信号、模拟信号，注意不要被干扰。

实际设计中，会有非常多的布局布线原则，在相应章节都有详细介绍，细心的读者会发现有些原则之间是相互矛盾的。是的，有人说 PCB 设计是平衡的艺术，DFM 原则可能会影响信号完整性，信号完整性的有些原则也会相互影响。一个有经验的 PCB 工程师，有时候就需要在这些原则之中寻找平衡点。所以不要轻信原则，要搞懂这些原则后面的原理，这样就能在各种原则相冲突的时候寻得最佳解决方案。

16.2　信号完整性仿真

业界对信号完整性仿真有多种划分方法，笔者比较认可的是把信号完整性问题分为普通信号完整性问题、时序问题和 GHz 以上串行信号问题。这也是 Cadence 仿真软件的划分方法，PCB SI XL 对应普通信号完整性问题，PCB SI GXL 对应 GHz 以上串行信号问题，而时序问题则在这两个产品之中进行解决。

16.2.1　普通信号完整性问题

普通信号完整性包括反射、串扰、过冲、下冲、单调性等，仿真的目的主要是解决驱动问题，进行端接电阻或串接阻尼电阻数值的计算、PCB 层压结构设计和特性阻抗计算、走线拓扑结构分析等。这部分仿真也就是通常说的基于“路”的仿真，其主要理论基础是传输线理论。仿真对传输链路模型的精度要求不高，若使用 PCB SI 作为仿真工具，对传输链路的模型提取采用 BEM2D 的方式，则可以得到仿真速度和效率的最佳结合点。

一个典型的仿真流程如图 16-18 所示。

- 使用 Model Integrity（模型信号完整性）验证修改模型。
- 通过约束管理器（Concept HDL 原理图和 PCB Editor 都可打开约束管理器）提取拓扑结构。
- 在 SigXP 中进行设置，并进行仿真得到波形。
- 在 SigWave 中分析仿真结果。
- 设置布线规则，用规则驱动设计。

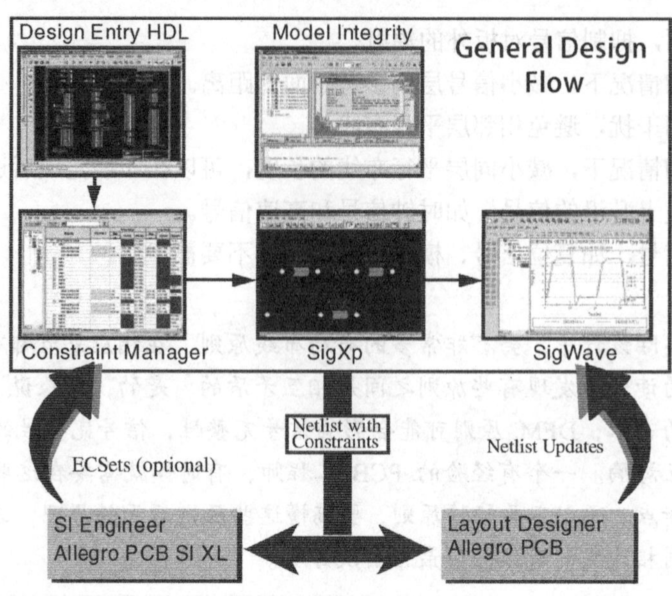

图 16-18　仿真流程

SigWave 中对过冲、下冲的测量如图 16-19 所示，要注意高、低阈值电平及测量相应的噪声裕量。

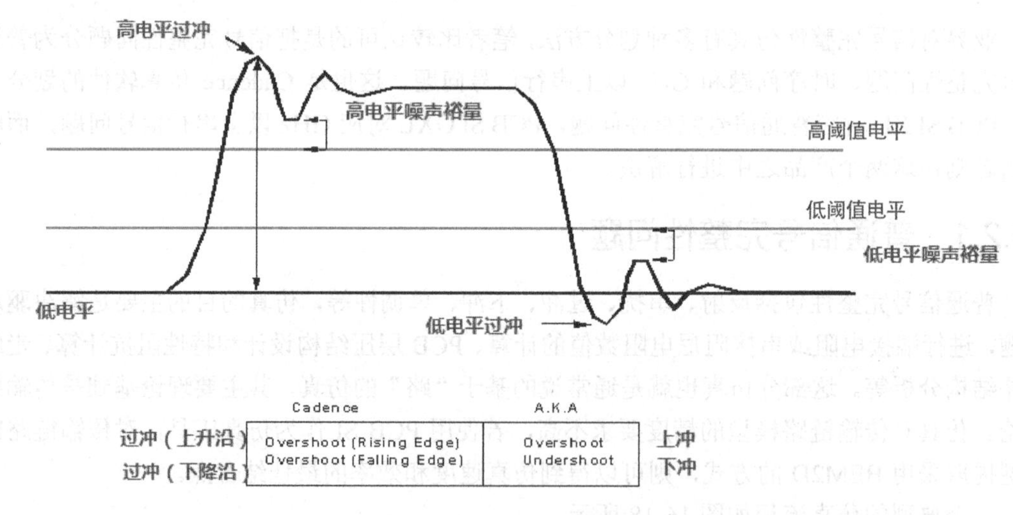

图 16-19　对过冲、下冲的测量

16.2.2　时序问题

时序（Timing）问题是关键问题，目前的设计者基本上采用核心芯片厂家的现成方案，因此设计中主要的工作是如何保证 PCB 能够符合芯片工作要求的时序。实际仿真中，时序问题主要分为共同时钟时序（还有一个变化的情况就是内时钟同步时序）、源同步时钟时序，以及高速串行信号时序。以下问题是典型的时序问题，可以通过时序仿真获得解决方案：

- 实际工作频率达不到总线的设计频率，达不到芯片的预期频率。
- 长时间工作出现误码，降频时改善。
- 系统之前可以顺利工作，使用新的芯片或者替换芯片后出现问题。

1．共同时钟时序

共同时钟的计算公式如下：

$$T_{\text{flight}} < T_{\text{clk}} - T_{\text{comax}} - T_{\text{setup}} + T_{\text{skew}} - T_{\text{jitter}} - T_{\text{crosstalk}}$$
$$T_{\text{flight}} > T_{\text{holdup}} - T_{\text{comin}} + T_{\text{skew}} + T_{\text{crosstalk}}$$

以上计算公式中的 T_{comax}、T_{comin}、T_{setup}、T_{skew} 等参数都可以从相应器件资料中查得，而 T_{flight} 和 $T_{\text{crosstalk}}$ 就必须通过仿真获得。其中最大、最小飞行时间并不等于传输延时。通过仿真得到波形后，如图 16-20（基于上升沿的测量方法）和图 16-21（基于下降沿的测量方法）所示。正确测得时序设计需要的参数，然后代入相应的时序计算公式，从而完成时序设计。

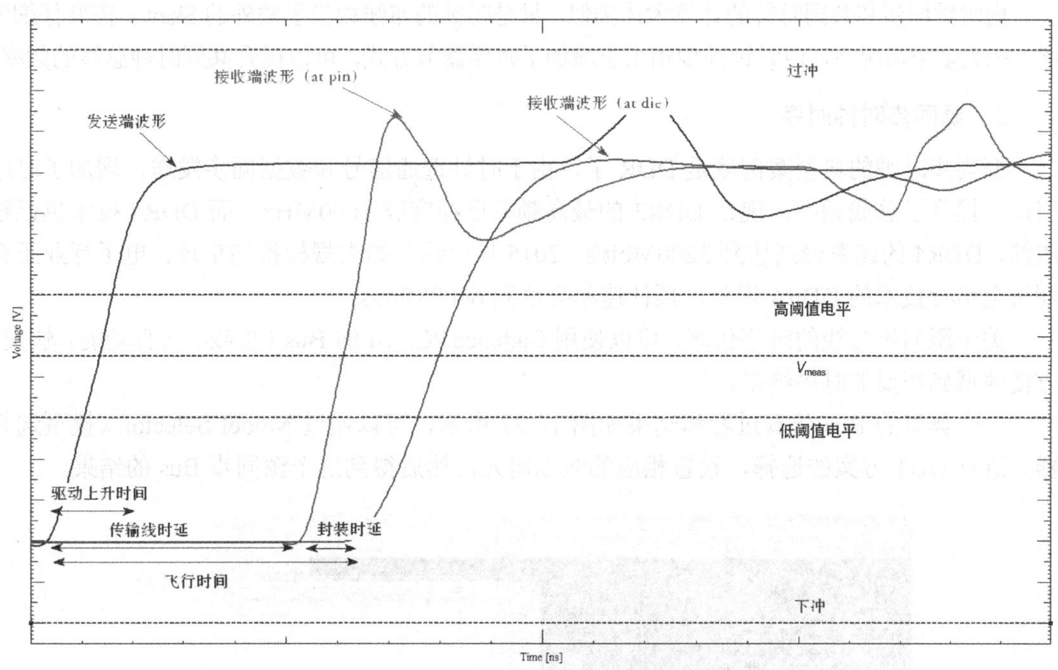

图 16-20　基于上升沿的测量方法

First Switch Delay = 最小飞行时间。

Final Settle Delay = 最大飞行时间。

测量必须考虑波形最后一次稳定在阈值电平上的位置。

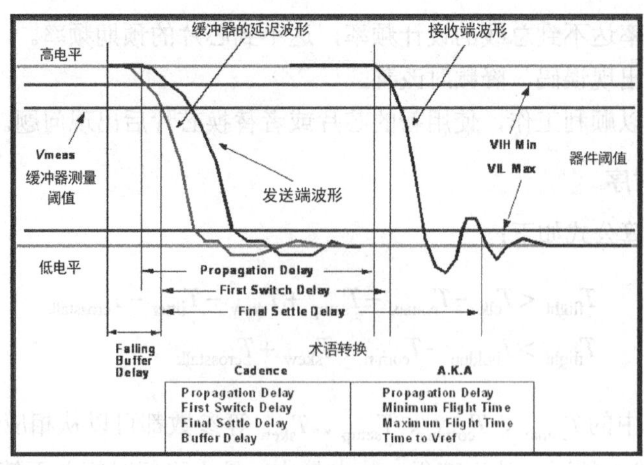

图 16-21　基于下降沿的测量方法

基于下降沿的测量方法和基于上升沿的类似，同样可以获得最大、最小飞行时间，用于实际时序计算。

内时钟同步和共同时钟的计算大体类似，只是时钟的布线相当于额外的 Skew，需要仔细考虑。在大多数情况下，内时钟同步相当于增加了时序调节方式，可以提升共同时钟总线的频率。

2. 源同步时钟时序

源同步时钟的典型案例就是 DDR 了，由于时钟选通信号和数据同步发送，增加了时序窗口，提升了总线频率。现在 DDR3 的最高频率已经突破 1600MHz。而 DDR4 技术也已经成熟，DDR4 的速率最高达到 3200Mbit/s，2015 年已经开始大规模推向市场。电子行业正在期待全串行技术的 DDR4 规范，预计速率会达到 6400Mbit/s。

关于源同步总线的时序仿真，可以使用 Cadence PCB SI 的 Bus（总线）仿真功能，快捷、方便地得到需要的时序结果。

一个典型的 Bus 仿真过程和结果如图 16-22 所示，可以通过 Model Selector（模型选择器）进行 ODT 方案的选择，设置相应的激励码元，然后得到这个源同步 Bus 的结果。

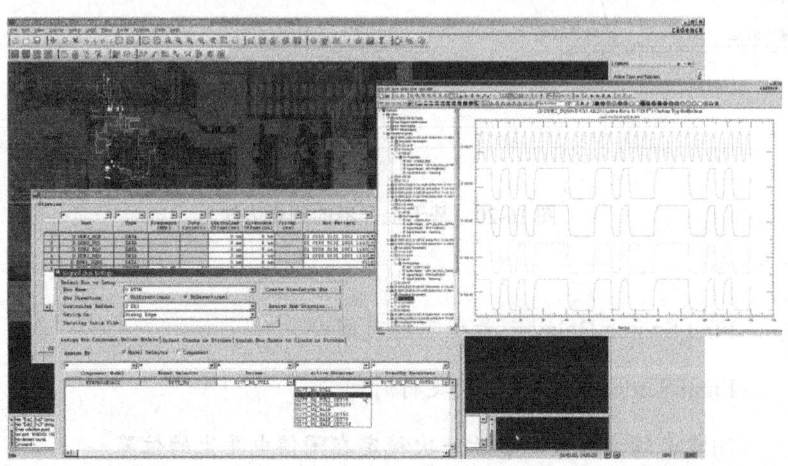

图 16-22　典型的 Bus 仿真过程和结果

16.2.3 GHz 以上串行信号问题

仿真的主要目的是解决传输链路上走线、过孔和材料等引起的各种通常只在微波领域才会考虑的问题。

由于研究的领域进入“场”的范畴，需要对传输链路的建模更加准确，这时候在 Field Solver 中可以选择 EMS2D 的求解方案，尤其是 5Gbit/s 以上的仿真，EMS2D 带来的精度提升非常明显。还有一个变化是串行信号的仿真通常使用眼图来研究，而眼图需要仿真足够的位宽，如图 16-23 所示，同样的网络，在仿真位宽变化的情况下，眼宽和眼高的差别十分明显。为了得到足够精度并符合实际运行情况的眼图，激励的位宽越大越好，这时候仿真需要的时间有可能会增大，甚至超出工程级设计能承受的极限。Cadence 的通道仿真可以在保证精度的情况下，大大提升仿真速度，1000000bit 的仿真，大约只需要 12min 就可以完成，如果使用统计分析技术，甚至能在 1min 之内得到结果，这样就方便仿真的时候改变参数进行各种研究。

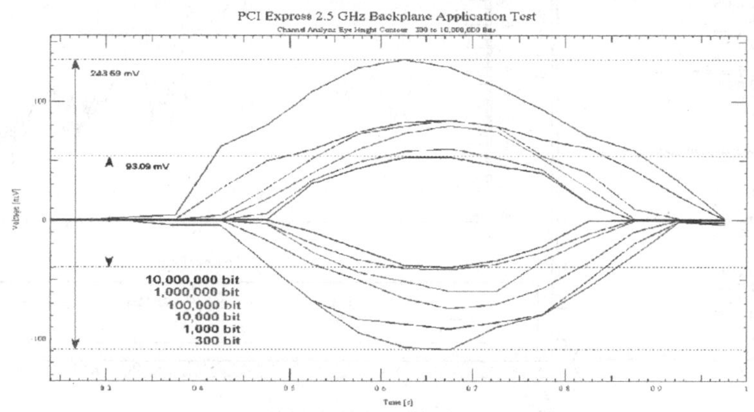

图 16-23 不同位宽下仿真得到的眼图

图 16-24 所示为 Cadence PCB SI GXL 的主要功能，它支持眼图仿真，能创建眼图模板；基于通道的统计分析可快速得到结果；支持预加重和均衡；支持 Ibis 5.0 的 AMI 模型；可以仿真浴盆曲线，评估误码率。

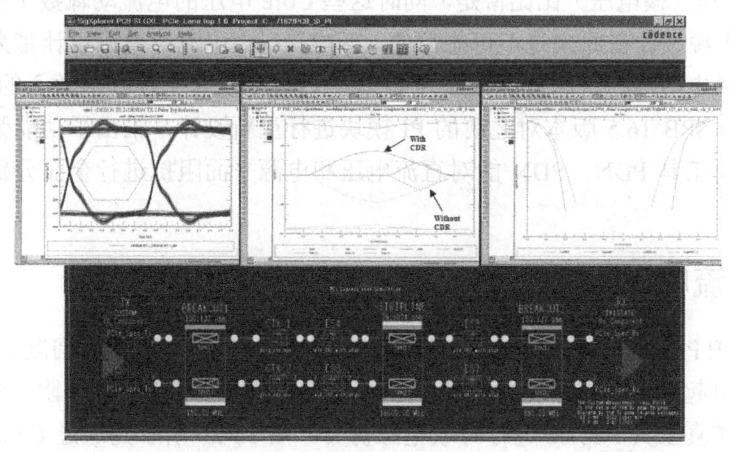

图 16-24 Cadence PCB SI GXL 的主要功能

此外，还支持 S 参数的提取和导入。在 GHz 频域，无源通道的建模和分析变得越来越重要，Cadence PCB SI GXL 可以支持标准 Touchstone 2.0 格式的 S 参数模型，通过模型处理工具 Model Integrity，可以方便地在 S 参数文件和 DML 格式文件之间进行转换。

SigWave 可以打开标准格式的 S 参数文件，运用 S 曲线来分析研究插入损耗、回波损耗等，如图 16-25 所示。

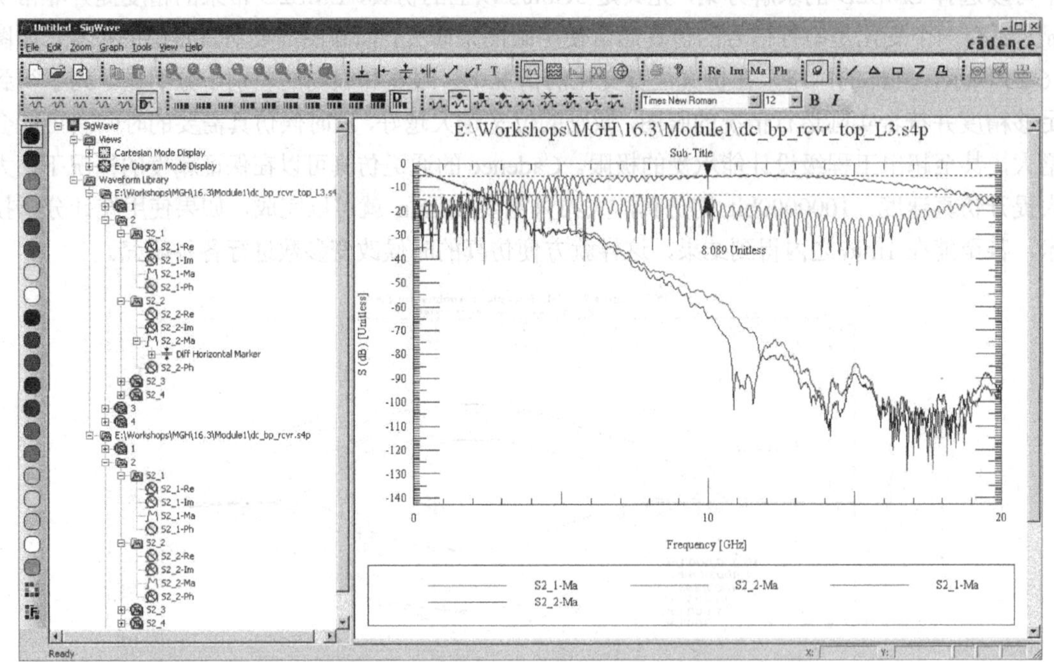

图 16-25　运用 S 曲线进行各种研究

16.3　电源完整性仿真设计

高速设计的趋势是频率上升、电平标准下降，同时系统的功耗增大。现在的设计，1V、0.9V 的 Core 电压（核电压）比比皆是，同时这些 Core 电压的电流动辄数十安培，甚至近百安培。这样的电源设计在原来是不可想象的，低电压、大电流给电源设计带来的挑战越来越大，如何保证供电网络的正确设计，成为 PCB 工程师和仿真工程师最关心的问题。Cadence 顺应这个趋势，SPB 16.5 版本对之前的 PI 模块进行重新设计，推出了功能强大的新的电源完整性仿真分析工具 PDN。PDN 能对直流电压和电源平面阻抗进行全面分析，帮助工程师进行电源设计。

16.3.1　直流电源问题

Allegro PCB PDN 可以进行直流电源的完整性分析，解决电压跌落问题、PCB 载流问题、电流密度过高引起温升及线路烧毁问题，同时可以求解电源网络直流电阻，通过 Cadence 的另一个功能级仿真工具 PSpice 进行时域电源仿真。图 16-26 所示为通过 Cadence PCB SI 的 PDN 工具得到的电流密度和电流流向的结果。

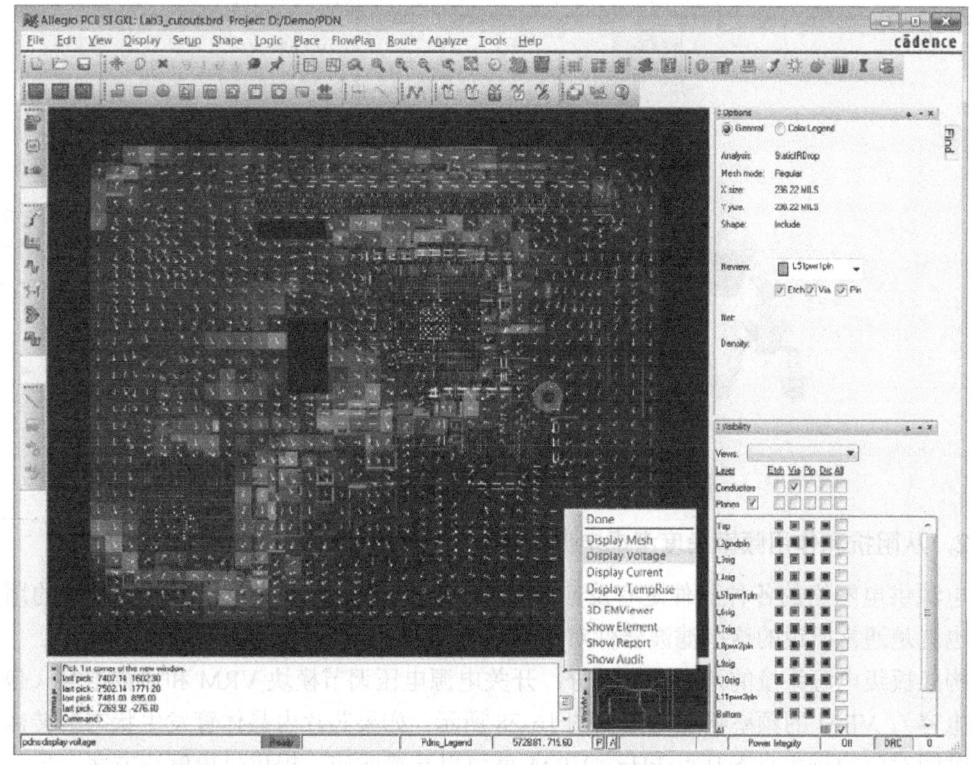

图 16-26 通过 PDN 工具得到的电流密度和电流流向的结果

Allegro PCB SI 从直流和交流两个角度来考虑电源完整性问题。静态电压跌落分析主要研究电源供电系统能否提供足够的瞬态电流来驱动信号。工程师主要通过 IR Drop 的仿真分析，检查供电网络是否存在瓶颈。前面的章节介绍了通过一些小工具或者查表来设计足够宽的电源通道，但是这些通道被密集的引脚和过孔所影响，实际的通道及载流特性更难被准确估计。这时候，推荐对 IR Drop 进行仿真分析，仿真软件基于精细的 Mesh 算法，把所有的引脚和过孔的影响都考虑在内。图 16-26 就是这样的一个仿真结果，还可以生成详细的仿真报告。仿真工程师不仅可以从全局直观地看到供电网络的实际性能，还可以在供电网络的任意点进行测量，得到每个位置的精确结果。

16.3.2 交流电源问题

Allegro PCB PDN 也可以进行交流电源的完整性分析。PCB 工程师通过设置目标阻抗，在感兴趣的频段范围对供电网络进行阻抗分析。Allegro PCB PDN 可帮助 PCB 工程师选择合适的滤波电容并放置在合理位置，从而达到优化电源纹波的目的。

1. 从储能角度考虑电源滤波

传统的电源滤波设计是基于储能角度来考虑的，有个形象的比喻就是开关电源就是水池，Bulk 电容是把水池的水挑回来放在水缸里，然后小的滤波电容就是水瓢，如果口渴，就拿起水瓢来喝水。图 16-27 所示为从储能角度对供电网络的形象解释，这样的解释直观易懂，但是对电路设计的帮助不大。

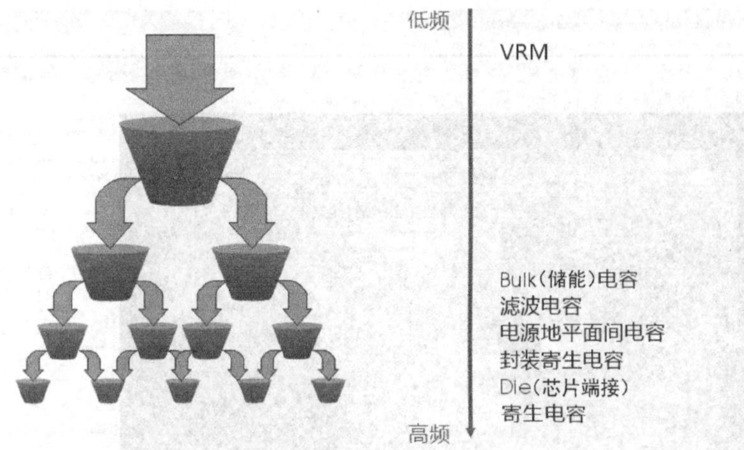

图 16-27　从储能角度对供电网络的形象解释

2. 从阻抗和作用频率角度考虑电源滤波

电源供电网络的各种器件是有反应速度的，能在多短的时间范围内响应芯片的用电需求，也就是通常所说的这些滤波器件对应的频率范围。

构成板级电源系统的两个重要部分：开关电源电压调节模块 VRM 和去耦电容（包括平板间电容）。VRM 的频率响应范围如图 16-28 所示，如果芯片内晶体管发生状态翻转需要的转换时间对应的频率小于几百 kHz，VRM 就可以直接响应，提供供电解决方案。但是现在的芯片处理器晶体管状态翻转的速度越来越快，同时发生状态翻转的晶体管电路越来越多，有可能在很短的时间（1ns 甚至皮秒级）内需要供应较大的电流，VRM 来不及响应这样快速的用电需求。如果稳压源不能给负载及时提供电流，就会产生轨道塌陷，于是出现电源噪声。因此，通常所说的频率响应范围，在时域对应的是一个响应时间问题。

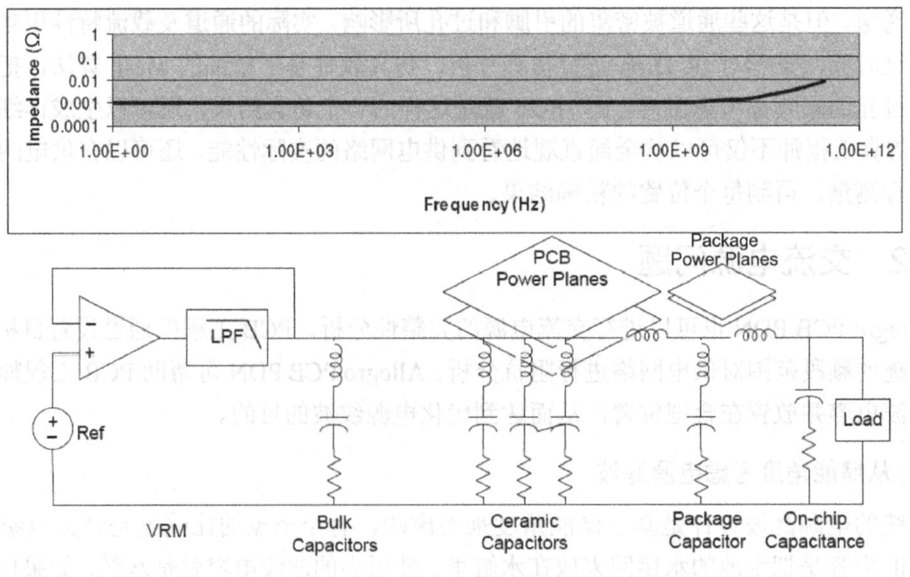

图 16-28　VRM 的频率响应范围

VRM 来不及反应，这时候就需要滤波电容了。电容同样存在响应时间，对应着电容的谐振频率。根据电容的容值和寄生电阻 ESR、寄生电感 ESL、安装电感，可以计算出电容的谐振频率，对应的就是电容的响应时间，高于这个频率的用电需求，电容也会来不及反应。由图 16-28 可见，Bulk 电容的谐振频率在几 MHz 以内，常用的小滤波电容作用范围从几十 MHz 到几百 MHz，大于几百 MHz 的用电需求往往需要电源地平面之间形成的平板电容。至于更高频率（1GHz 以上），就需要封装内部和 Die 内部的电容起作用了，本书不做讨论。

还要注意，不要孤立地看待各个频率点，对于用电需求，瞬态电流带宽很大，好的 PDN 设计需要从整个带宽范围考虑去耦。VRM 虽然响应速度慢，但是对瞬态电流中的低频成分起作用。小电容虽然在谐振频率范围之内的响应速度足够了，但是对于低频成分的大用电需求作用有限。所以 PDN 的各个部分都不是孤立的，大家协同工作，才能满足一个较大频带范围的用电需求。同时，Cadence 的 PDN 仿真可以帮助大家进行更好的管理，优化电容组合，指导布局布线。图 16-29 所示就是一个使用 PDN 仿真的例子，首先确定仿真的频率范围及系统需要的电源目标阻抗，目标阻抗的计算公式如下：

$$Z_{\text{target}} = \frac{V_{\text{DD}} \times \text{tolerance（电压波动容许范围）}}{I_{\max} - I_{\min}}$$

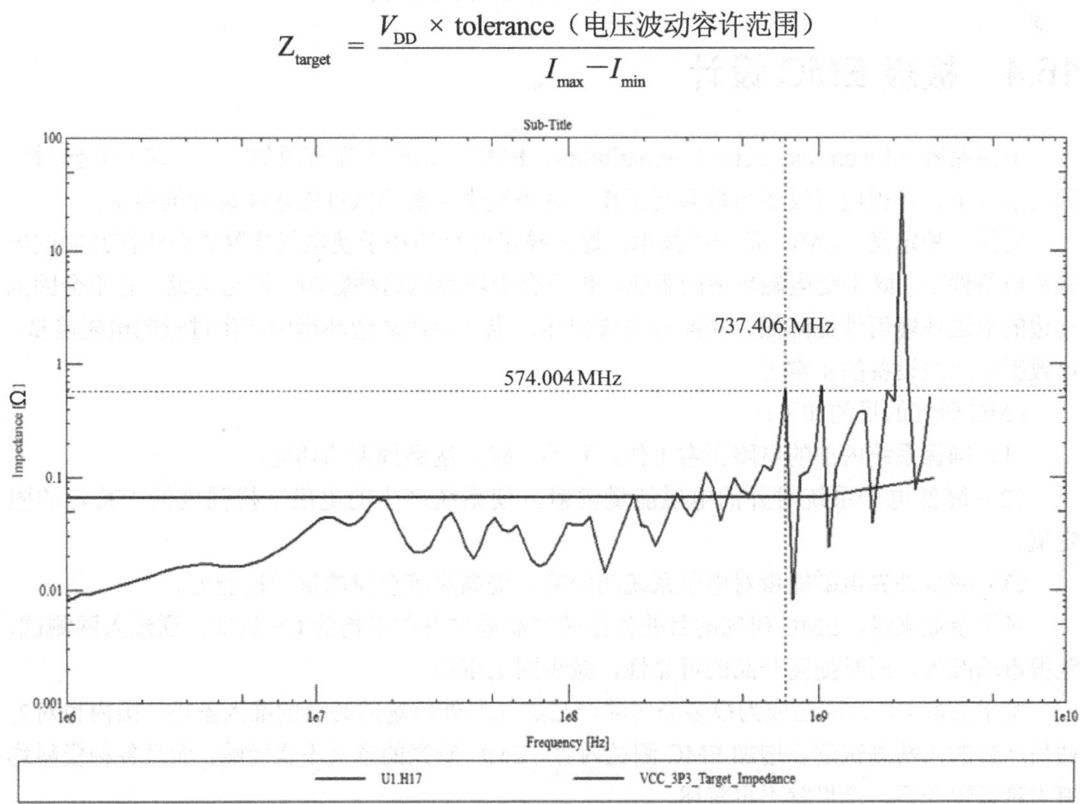

图 16-29　使用 PDN 仿真的例子

下面是一个关于电容组合优化的例子，把不同型号的电容按照数量需求进行组合，同时考虑安装电感的影响。如图 16-30 所示，电容的组合可在较大的范围内起作用，实际使用时能把目标阻抗压制到一个较小的范围内。

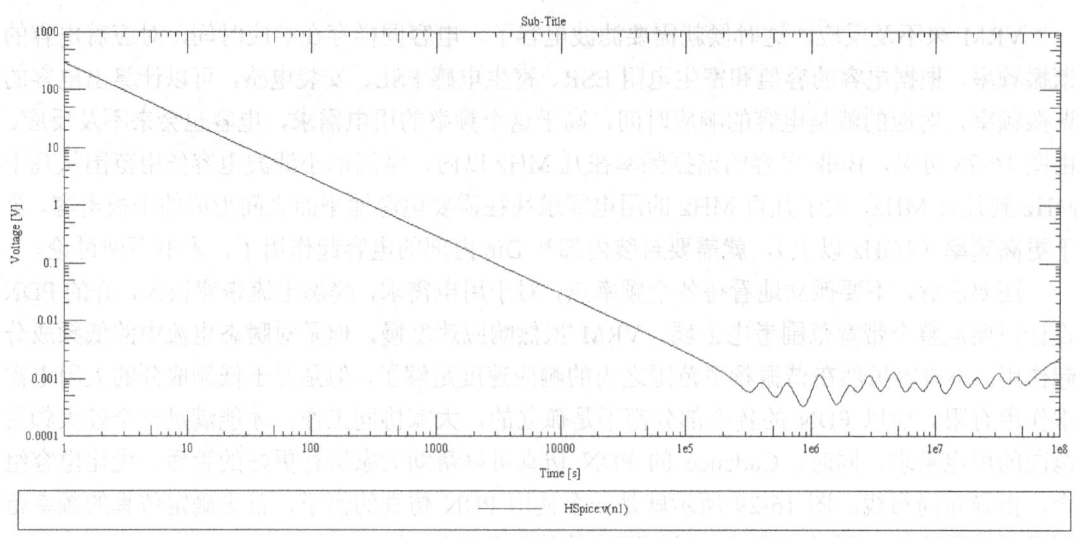

图 16-30 关于电容组合优化的例子

16.4 板级 EMC 设计

电磁兼容（Electromagnetic Compatibility，EMC）是研究在有限的空间、时间和频谱资源的条件下，各种电气设备可以共同工作，并不发生需要降低性能才能运行的科学。

另外一种定义：EMC 是一种技术，这种技术的目的在于使电气装置或系统在共同的电磁环境条件下，既不受电磁环境的影响，也不会给环境以这种影响。换句话说，它不会因为周边的电磁环境而性能降低、功能丧失或损坏，也不会在周边环境中产生过量的电磁能量，以致影响周边设备的正常工作。

EMC 研究的目的如下：

（1）确保系统内部的电路正常工作，互不干扰，达到预期的功能。

（2）降低电子系统对外的电磁能量辐射，使系统产生的电磁干扰强度低于特定的限定值。

（3）减少外界电磁能量对电子系统的影响，提高系统自身的抗干扰能力。

对于企业来讲，EMC 研究的目的就是使产品通过有关机构的 CE 认证，通过入网测试，获得市场准入，同时提高产品的可靠性，减少网上事故。

鉴于获取 CE 认证已成为很多公司的产品进入海外市场的必要的准入条件，国内也对各通信产品的入网测试逐步增加 EMC 测试内容，EMC 研究的意义不言而喻，而且各种资料均有大量篇幅介绍，这里就不再赘述。

16.4.1 板级 EMC 设计的关注点

1. EMC 三要素

谈到 EMC，就必须提到基本的 EMC 模型包括干扰源、耦合途径和敏感装置 3 个要素，如图 16-31 所示。

图 16-31　EMC 三要素

1）干扰源

- 时钟电路（包括晶振、时钟驱动电路）。
- 开关电源。
- 高速总线（通常为低位地址总线，如 A0、A1、A2）。
- 感性器件，如继电器等。

2）耦合途径

传播射频能量的各种媒质，如自由空间或互连电缆。按传播的方式，电磁干扰可以分成两种类型。

- 传导型干扰。传导型干扰是系统产生并返回到直流输入线或信号线的噪声，这个噪声的频率范围为 10kHz～30MHz，它既有共模方式，又有差模方式。LC 网络通常是抑制传导型干扰的主要方式。
- 辐射型干扰。辐射型干扰以电磁波的方式直接发射，线路中一个普通的例子是电源线扮演发射天线的作用，频率覆盖范围为 30MHz～1GHz，这个范围的电磁干扰可通过金属屏蔽的方式抑制。

3）敏感装置

PCB 上的各种敏感器件，易于接收来自 I/O 线缆的辐射干扰并把这些有害能量传播到其他敏感电路或器件上。单板中的敏感电路或器件主要有锁相环、光模块、模拟信号、复位信号和弱信号。

对于电磁干扰的产生，这 3 个要素缺一不可。如果任一要素不存在，电磁干扰也就不存在。工程师所要做的事情就是找到最容易解决的那一项。

2．EMC 对策

任何 EMC 问题的处理都是围绕三要素进行的。

- 抑制干扰源。
- 切断或削弱耦合途径。
- 提高设备的抗干扰能力。

通常来讲，合理的 PCB 设计是消除多数 RF 干扰的最经济有效的途径。有源器件是所有辐射的源头，PCB 设计所要做的是将电磁场能量限制在需要它们的地方，通过必要的布局、布线及采取屏蔽、接地措施来提高设备的抗干扰能力。

3．PCB 布局与 EMC

单板 PCB 布局的一般原则如下：

- 参照原理功能框图，基于信号流布局，各功能模块电路分开放置。
- 多种模块电路在同一 PCB 上放置时，数字电路与模拟电路、高速电路与低速电路、干扰源与敏感电路应分开布局。

- 小心处理敏感器件或强辐射器件的布局。
- 敏感信号、强辐射信号回路面积应最小。
- 晶体、晶振、继电器、开关电源等强辐射器件或敏感器件远离单板拉手条、对外接口连接器放置，推荐距离≥1000mil。

接口电路的 PCB 布局原则如下：

- 接口信号的滤波、防护和隔离等器件靠近接口连接器放置，先防护，后滤波。
- 接口变压器、光耦合器等隔离器件做到初、次级完全隔离。
- 变压器与连接器之间的信号网络无交叉。
- 变压器对应区域投影的另一面，尽可能没有其他器件放置。
- 接口芯片（网口、E1/T1 口、串口等）尽量靠近变压器或连接器放置。
- 网口、E1/T1 口、串口的接收端、发送端匹配电阻靠近对应的接口芯片放置。

时钟电路的布局原则如下：

- 时钟电路（晶振、时钟驱动电路等）尽量远离拉手条、对外接口电路（推荐距离≥1000mil）。
- 时钟驱动电路靠近晶振放置（推荐对应时钟曼哈顿距离≤1000mil）。
- 时钟输出的匹配电阻靠近晶振或时钟驱动电路的输出脚（推荐距离≤1000mil）。
- 晶振、时钟驱动电路必须进行 LC 或 π 形滤波，滤波电路的布局遵照前述电源滤波电路的布局要求。
- 时钟驱动电路远离敏感电路。

其他模块的 PCB 布局原则如下：

- 看门狗电路及复位芯片远离拉手条（推荐距离≥1000mil）。
- 隔离用器件如磁珠、变压器、光耦合器放在分割线上，且两侧分开。
- 扣板连接器周围的滤波电容布局数量、位置合理。
- 板内散热器接地（推荐多点接地），且远离拉手条、对外接口（推荐距离≥1000mil）。
- 用于隔离、桥接的器件（电阻、电容、磁珠等）放在分割线上。
- A/D、D/A 器件放在模拟、数字信号分界处，避免模拟、数字信号布线交叠。
- 对于同一差分线对上的滤波器件同层、就近、并行、对称放置。

4．PCB 布线与 EMC

优选布线层的一般原则如下：

- 优先考虑布内层。
- 优先考虑无相邻布线层的层，或虽有相邻布线层，但相邻布线层对应区域下无走线。
- 内层布线优先级别，G–L–G > G–L–P > P–L–P（优选地做参考平面）。
- 确保关键走线不跨分割区的布线层。

5．常见接口电路 PCB 布线的一般原则

- 接口变压器等隔离器件初、次级互相隔离，无相邻平面等耦合通路，对应的参考平面隔离宽度≥100mil。
- 接口电路的布线遵循先防护、后滤波的原则。

- 接口差分信号线严格遵循差分布线规则：并行、同层、等长，不同差分线对之间距离满足 3W 原则，且旁边没有本接口信号线以外的布线。
- 接口变压器与连接器之间的网络长度≤1000mil。
- 有外出电缆（≥3m）的接口变压器与对应连接器之间的平面层挖空，挖空区域内应无其他无关信号线。
- PGND 以外的参考平面与接口位置的 PGND 平面无重叠。
- 单板拉手条孔金属化，并接 PGND。
- 跨分割的复位线在跨分割处加桥接措施（地线或电容）。
- 接口芯片的电源地参考器件手册处理，如果需要分割，数字部分不能扩展到对外接口信号线附近。

6．时钟信号的布线要求

- 表层无时钟信号线或布线长度≤500mil（关键时钟信号线表层布线长度≤200mil），并且要有完整地平面做回流，未跨分割或跨分割位置已做桥接处理。
- 晶振及时钟驱动电路区域 TOP 层无其他布线穿过。
- 晶振、时钟驱动电路的滤波电路的布线遵照前述电源滤波电路的布线要求。
- 时钟信号线周围避免有其他信号线（推荐满足 3W 原则）。
- 不同时钟信号线之间拉开距离（推荐满足 3W 原则）。
- 当时钟信号线换层且回流参考平面也改变时，推荐在时钟信号线换层过孔旁布一接地过孔。
- 时钟信号线与 I/O 接口、拉手条的间距≥1000mil。
- 时钟信号线与相邻层平行布线的平行长度≤1000mil。
- 时钟信号线无线头，若出于增加测试点的需要，则线头长度≤500mil。

7．其他与 EMC 有关的 PCB 布线措施

- 对单板做传输线阻抗控制及匹配处理。
- 布线无线头或线头长度≤500mil。
- 无孤立铜皮，散热片/散热器做接地处理。
- 电源/地布线短而粗。
- 相邻布线层布线方向互相垂直或相邻层平行布线的平行长度≤1000mil。
- 地址总线（尤其是低 3 位的地址总线 A0、A1、A2）参照时钟信号线布线要求。

16.4.2 Cadence 的 EMC 设计规则

图 16-32 所示为传统的 EMC 设计流程，在这样的流程中，EMC 被大家称为“魔法黑盒子”。一旦 EMC 出了问题，测试无法通过，大家就束手无策，或者只能一遍一遍地改动设计，然后重新测试，周而复始，影响了产品上市，也让 PCB 工程师在不停的反复中丧失了信心。

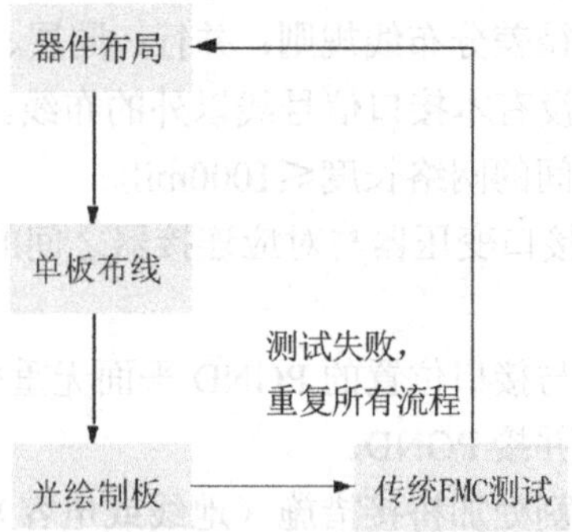

图 16-32　传统的 EMC 设计流程

通常一个 EMC 项目会有 3 种类型的工程师介入，他们各自的分工如下：

1. EMC 专家

- 了解 EMC 的需求，制定 EMC 测试计划，主持 EMC 测试。
- 有丰富的 EMC 经验，设计初期可以决定 EMC 规则。
- 可以根据技术进步和测试结果，制定改进的 EMC 规则。

2. 原理图设计工程师或者 PCB 工程师

- 理解 EMC 规则及相关参数。
- 定义和 EMC 相关的器件、网络、区域规则。
- 把规则真正赋给设计文件。

3. PCB 工程师

- 设置和运行这些 EMC 规则。
- 进行 EMC 规则驱动下的布局布线设计。
- 按照错误提示进行修正和优化。

在这样的流程下，如图 16-33 所示，把 EMC 设计的各个环节串联起来，大家作为一个团队协同工作。同时软件会进行自动检查，避免人为疏忽产生的影响。

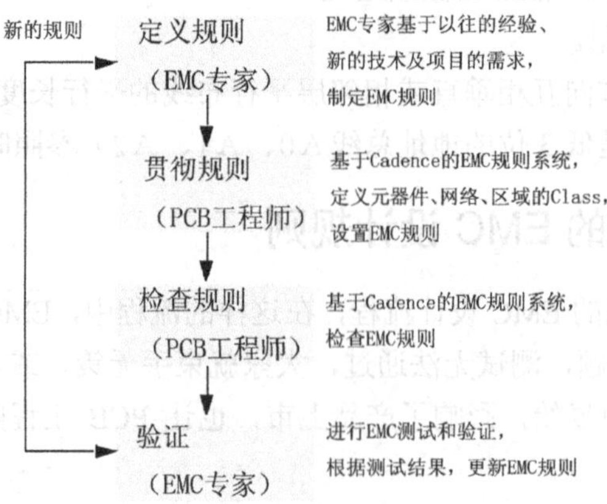

图 16-33　把 EMC 设计的各个环节串联起来

第 17 章　DDR3 的 PCB 设计实例

本章导读：

- DDR3 介绍。
- DDR3 应用实例。

17.1　DDR3 介绍

DDR SDRAM 的全称为 Double Data Rate SDRAM，中文名为“双倍数据速率 SDRAM”。DDR SDRAM 是在原有的 SDRAM 的基础上改进而来的。严格地说，DDR 应该称为 DDR SDRAM，人们习惯称为 DDR。

DDR 经过几代的发展，现在市面上的主流是 DDR3，DDR4 也已经有部分产品了，大有超越 DDR3 的趋势。本书还是以 DDR3 的设计为例，介绍 DDR3 设计的主要技术点和技巧，也顺带介绍 DDR4 的新功能，以及贯穿本书其他章节的内容。

图 17-1 所示为 DDR 的发展路线及速率图，从目前的趋势来看，DDR4 将越来越普及。

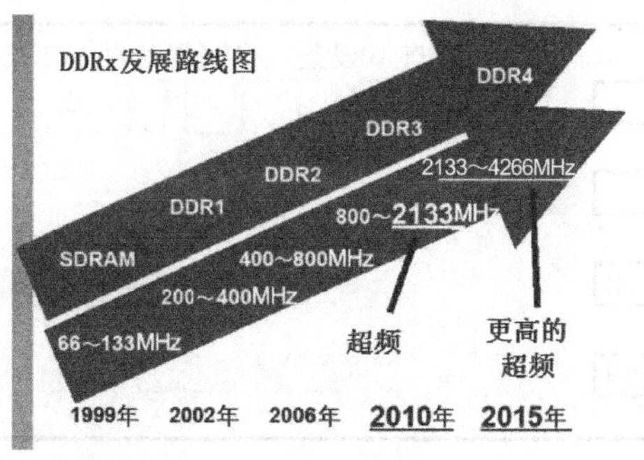

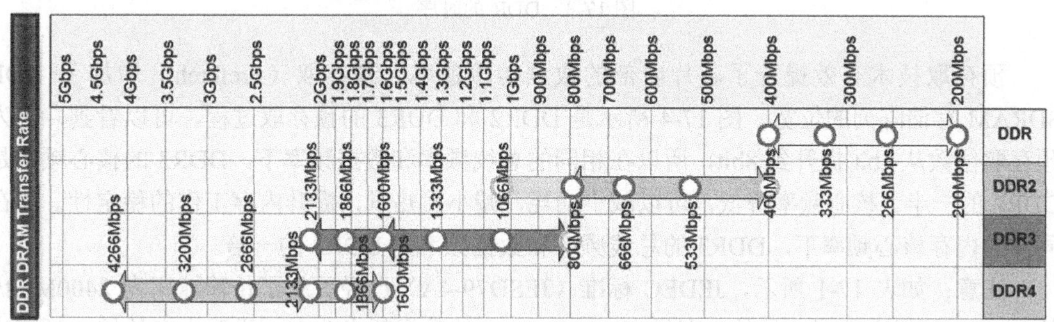

图 17-1　DDR 的发展路线及速率图（Gbps 的正确写法为 Gbit/s，Mbps 的正确写法为 Mbit/s）

图 17-2 所示为 DDR4 和 DDR3 的特性比较图。

特点	DDR3	DDR4	备注
电压(内核和I/O)	1.5V	1.2V	降低能耗
数据传输速率(Mbit/s)	800, 1066, 1333, 1600, 1866, 2133	1600, 1867, 2133, 2400, 2667, 3200	演进到更高速率
密度	512MB～8GB	2GB～16GB	满足更高容量的内存需求
数据组翻转（DBI）	无	有	更低功耗和更好的信号完整性
DQ驱动器(ALT)	40Ω	48Ω	为点到点应用优化
DQ总线电平	SSTL 15	POD 12	降低I/O噪声和能耗
片内端接（ODT）值	120, 60, 40, 30,20	240, 120, 80, 60, 48, 40, 34	支持更高的数据传输速率
堆叠引脚	否	是	适用于未来的更高密度的模块

图 17-2　DDR4 与 DDR3 的特性比较图

内存的传输速率得以快速提升，除芯片制造工艺的进步之外，关键的技术还包括双倍速率数据传输及预存取。实际上内存的内核频率基本上是保持一致的，都在 100MHz 到 200MHz 之间。一般认为，200MHz 内存的内核频率是当前技术的极限（超频除外）。DDR 技术使数据传输速率提升了一倍，如图 17-3 所示， DDR 在时钟信号上、下边沿同时采样数据。这样如果同样是 200MHz 的时钟，DDR 可以达到 400Mbit/s 的数据传输速率。

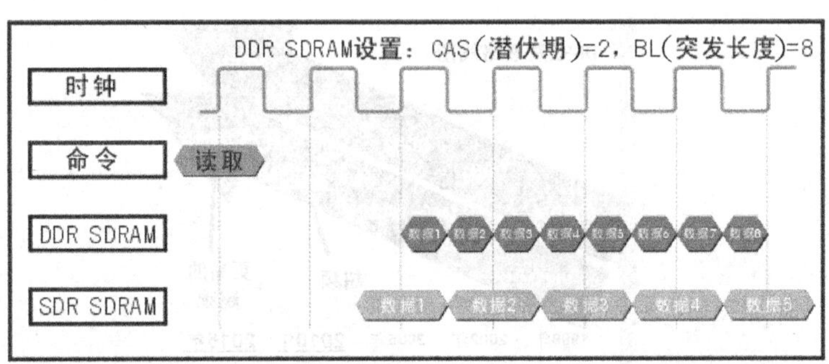

图 17-3　DDR 的时序

预存取技术有效提升了芯片内部的数据传输速率。预存取（Prefetch）增加了 DDR SDRAM 存储阵列的位宽。图 17-4 所示是 DDR2 和 DDR3 的预存取过程，可以看到，因为预存取位数从 4bit 提升到 8bit，所以在相同的总线频率和数据频率下，DDR3 的核心频率是 DDR2 的一半。核心频率降低，可以减小功耗，减小发热量，提升内存工作的稳定性。而在同样的内存核心频率下，DDR3 的总线频率和数据频率是 DDR2 的一倍。

注意：如表 17-1 所示，JEDEC 标准（JESD79-4A）已经更新了传输速率为 2400Mbit/s 的 DDR4 的标准数据，另外也有最高 3200Mbit/s 的数据暂未公布，说明内存的核心频率也将相应提升到最高 400MHz。

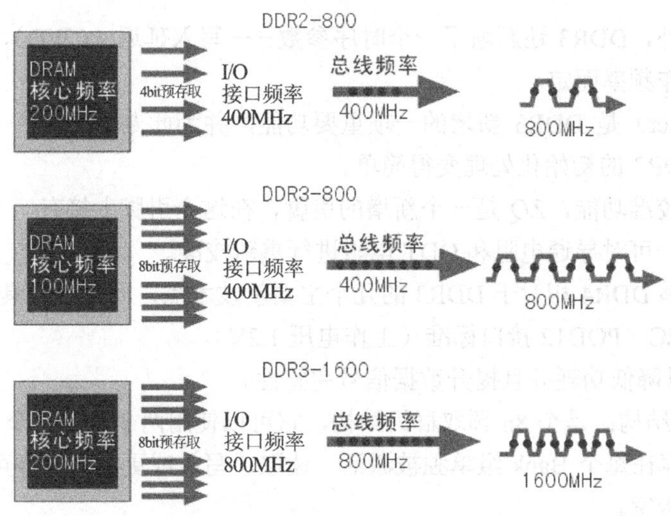

图 17-4 DDR2 和 DDR3 的预存取过程

表 17-1 JESD79-4A 的 DDR4 标准

Parameter	DDR4-1600	DDR4-1866	DDR4-2133	DDR4-2400	DDR4-2666	DDR4-3200	unit
Maximum peak amplitude above Max absolute level of Vin, Vout	0.16	0.16	0.16	0.16	TBD	TBD	V
Overshoot area Between Max Absolute level of Vin, Vout and VDDQ Max	0.24	0.24	0.24	0.24	TBD	TBD	V
Undershoot area Between Min absolute level of Vin, Vout and VSSQ	0.30	0.30	0.30	0.30	TBD	TBD	V
Maximum peak amplitude below Min absolute level of Vin, Vout	0.10	0.10	0.10	0.10	TBD	TBD	V
Maximum overshoot area per 1UI Above Max absolute level of Vin, Vout	0.0150	0.0129	0.0113	0.0100	TBD	TBD	V-ns
Maximum overshoot area per 1UI Between Max absolute level of Vin, Vout and VDDQ Max	0.1050	0.0900	0.0788	0.0700	TBD	TBD	V-ns
Maximum undershoot area per 1UI Between Min absolute level of Vin, Vout and VSSQ	0.1050	0.0900	0.0788	0.0700	TBD	TBD	V-ns
Maximum undershoot area per 1UI Below Min absolute level of Vin, Vout	0.0150	0.0129	0.0113	0.0100	TBD	TBD	V-ns
(DQ, DQS_t,DQS_c,DM_n,DBI_n,TDQS_t,TDQS_c)							

下面简单列举了 DDR3 相对于 DDR2 的几个主要新技术点，由于和 PCB 设计关系不大，所以不做具体的展开，有兴趣的读者可以查阅其他的资料。

- 突发长度（Burst Length，BL），由于 DDR3 的预存取位数为 8bit，所以突发长度也固定为 8。
- 寻址时序（Timing），DDR3 的 CL（CAS 延迟）周期比 DDR2 有所提高，DDR2 的 CL 范围一般在 2～5 之间，而 DDR3 则在 5～11 之间，且附加延迟（AL）的设计也有所变化。另外，DDR3 还新增了一个时序参数——写入延迟（CWD），这个参数将根据具体的工作频率而定。

- 重置（Reset）是 DDR3 新增的一项重要功能，并为此专门准备了一个引脚，这一引脚将使 DDR3 的初始化处理变得简单。
- 新增 ZQ 校准功能，ZQ 是一个新增的引脚，在这个引脚上接有一个 240Ω 的低公差参考电阻，可对导通电阻和 ODT 电阻进行重新校准。

下面简单列举 DDR4 相对于 DDR3 的几个主要新技术点，同样不做具体的展开。

- 新的 JEDEC　POD12 接口标准（工作电压 1.2V）。
- DBI：可以降低功耗并且提升数据信号完整性。
- Bank 群组结构：是个 8n 预取群组结构，它可以使用两个或者四个 Bank 组，这允许 DDR4 内存在每个 Bank 组单独被激活、读取、写入或更新，这样可以带来更高的内存速度和带宽。
- 取消了不同参考门限的偏差，时序仿真计算不再烦琐。
- DQ 动态确定 VREF（V_center），增加了眼图要求。
- 新的终止调度：在 DDR4 中 DQ 总线可以转移终止到 VDDQ，这样即使在 VDD 电压降低的情况下也能保证其稳定。
- 新的数据总线 CRC 技术，可以进行传输过程中的错误侦测，特别对非 ECC 内存进行写入操作有帮助。
- 针对命令和地址总线的新的 CA 奇偶校验。
- 突发长度和突发停止长度分别为 8 和 4。
- 正常和动态的 ODT：改进 ODT 协议，并且采用新的 Park Mode 模式可以允许正常终结和动态吸入终结，而不需要驱动 ODT 引脚。

17.1.1 Fly-by 设计

采用 Fly-by 拓扑结构是 DDR3 较大的更新之一，主要目的是提升信号质量，以支持更高频率的设计。图 17-5 所示是 Fly-by 拓扑结构和传统 T 形结构的区别，在 Layout 设计上，Fly-by 结构的布线更加简单，也更加节约布线的层数和空间。同时 DDR3 将地址线、控制线和时钟线的端接电阻移到了内存条上，所以主板上将不需要任何端接电阻，简化了主板的设计，节约了空间。

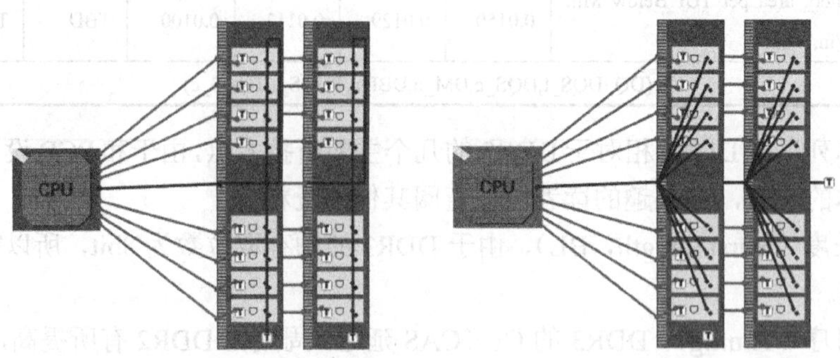

图 17-5　Fly-by 拓扑结构和 T 形结构以及信号质量对比

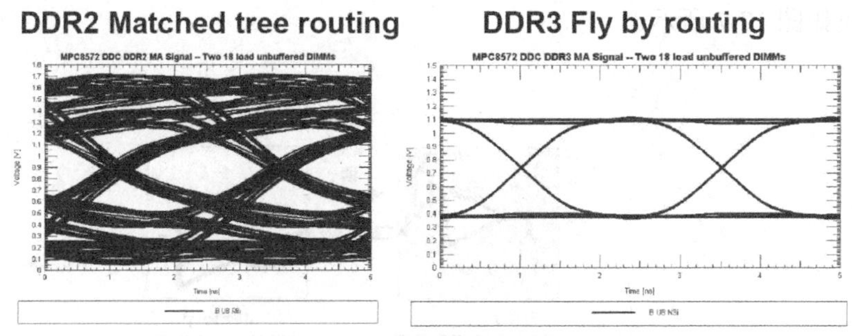

图 17-5 Fly-by 拓扑结构和 T 形结构以及信号质量对比（续）

图 17-6 所示是一个 DDR3 SDRAM 的 DIMM 条的读写平衡示意图，能看到由于 Fly-by 的原因，数据出现了偏移，这会降低 SSN（同步开关噪声）。

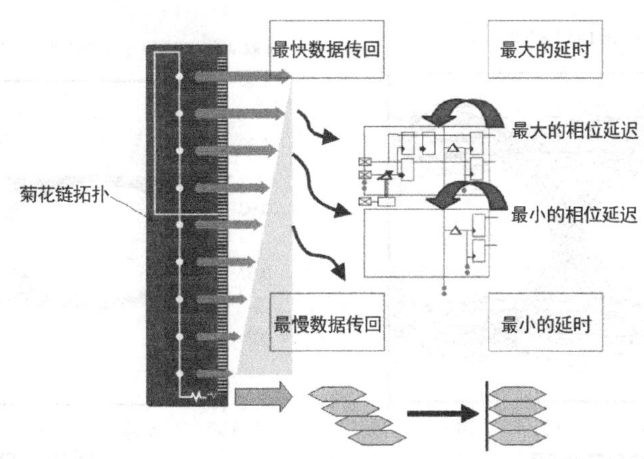

图 17-6 DIMM 条的读写平衡示意图

1）读均衡

在读取操作中，存储器控制器必须补偿由 Fly-by 拓扑引起的、影响读取周期的延时。均衡可以被视为出现在数据通道上的比输入/输出本身延时还要大的延时。每个 DQS 都要求一个同步时钟位置的独立相移（经过工艺、电压和温度补偿）。

2）写均衡

与读均衡类似，不过方向相反，DQS 组在不同的时刻发出信号，以便与到达 DIMM 上的器件的时钟一致。控制器必须通过创建反馈环路来调整 DQS 与 CK 的关系。在此过程中，控制器会将数据写入 DRAM，再通过顺序相位进行扫描读回，直到发现写入窗的终点。为了更好地建立和保持裕量，数据应该在窗口的中间点发出。

17.1.2 动态 ODT

并行和串行 ODT 为读写总线提供合适的线路端接和阻抗匹配，因此控制器周边不需要外接电阻，从而减少了外接元器件成本，节约了电路板面积，而且降低了布线复杂度。另外，它还大大降低了功耗，因为并联端接在写操作时可以有效地被旁路掉。有 ODT 和没有 ODT

的眼图的比较如图 17-7 所示。

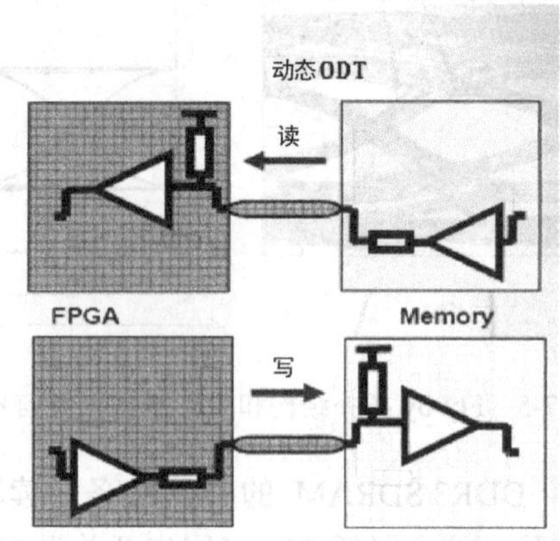

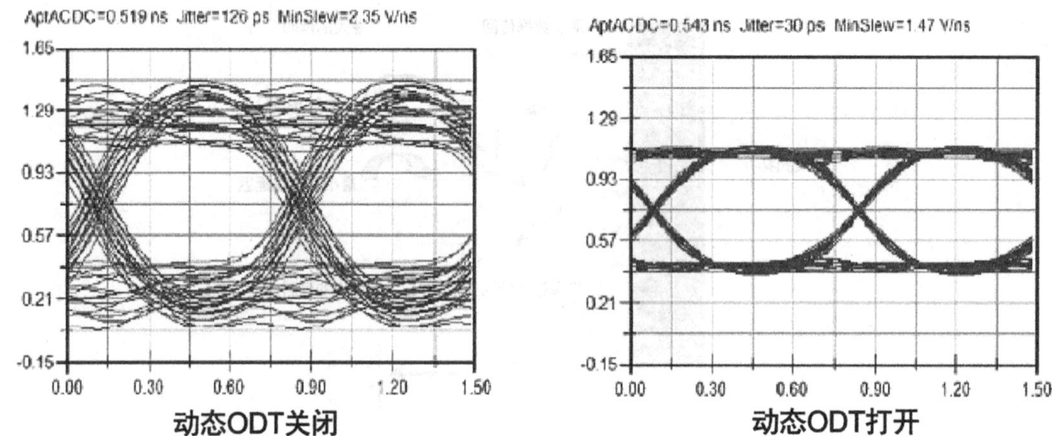

图 17-7　有 ODT 和没有 ODT 的眼图的比较

17.1.3　其他更新

DDR 的设计有三类电源，分别是 VDD、VTT 和 VREF。DDR3 的 VDD 降低至 1.5V，比采用 1.8V 的 DDR2 省电 20%左右。同样的速率下，DDR3 比 DDR2 更加省电，同样的功耗水平下，DDR3 能有更高的速率。

在 DDR3 系统中，对于内存系统工作非常重要的参考电压信号 VREF 将分为两个信号，即为命令与地址信号服务的 VREFCA 和为数据总线服务的 VREFDQ，这将有效地提高系统数据总线的信噪等级。在进行 PCB 设计时，VREF 的布局更加便于把各自的滤波电容处理到位，布线上也能区分开来，更加容易控制相互的干扰。

17.2　DDR3 PCB 设计规则

通过 17.1 节的介绍，DDR3 的新特性给 PCB 设计带来以下挑战：

- DDR3 工作在更高的速率下，带来更加复杂的高速问题。

- 速率提升带来时序裕量的降低。
- 电压降低，对电源完整性的要求更高。

以下通过一个 DDR3 设计实例，来介绍设计规则、布局布线流程及关于信号完整性设计的一些技巧。这个设计有 4 片 DDR3 DRAM 颗粒，单面布局。

以下是本实例的一些基本设计要求。

（1）PCB 单板设计厚度：1.6mm。

（2）阻抗控制如表 17-2 所示。

表 17-2 阻抗控制

信号组	阻抗
数据	40Ω
地址和命令	50Ω
地址、控制和命令	60Ω
时钟 CLK 和 DQS 差分	85Ω

（3）电源载流如表 17-3 所示。

表 17-3 电源载流

网络名称	电压	电流
VCC	1.1V	10A
V_1_5	1.5V	5A
V_0_75	0.75V	1A
VREF	0.75V	0.2A

（4）时序关系（建议去掉时钟信号组和 DQS 的约束关系）如表 17-4 所示。

表 17-4 时序关系

信号组	最短长度	最长长度
控制与时钟（CLK）	CLK−0.5in(1.27cm)	CLK
DQS 与时钟（CLK）	CLK−0.5in(1.27cm)	CLK+ 0.5in(1.27cm)
DQ 和 DQS	DQS−10mils(0.254mm)	DQS+10mils(0.254mm)

不同的项目，设计要求可能有些不同，建议参考相应的芯片手册。以上的设计要求仅供参考，不可覆盖所有 DDR3 设计的要求。

17.2.1 时序规则

越来越高的时钟速率让时序变得非常紧张，一个 DDR3 设计时序占最大份额的不是走线的偏差。

DDR3 的时序要求大体上和 DDR2 类似，作为源同步系统，主要有 3 组时序设计要求。一组是 DQ 和 DQS 的等长关系，也就是数据组和数据选通组（DQS）的时序；一组是 CLK 和 ADDR/CMD/CTRL 的等长关系，也就是时钟组和控制总线的关系；最后一组是 CLK 和

DQS 的关系，也就是时钟组和数据选通组（DQS）的关系。

如表 17-5 所示，要注意各组时序的严格程度是不一样的，作为同组的数据和数据选通（DQS），需要非常严格的等长关系，Intel 或者一些大芯片厂家，对 DQ 的等长关系经常控制在±25mil 以内，对高速的 DDR3 设计，甚至会要求到±5mil 以内。相对来说，控制总线和时钟组的时序关系会相对宽松一些，常见的都在几百 mil。这时候要留意 DQS 和 CLK 的关系，它们的关系在绝大多数的 DDR 设计中是松散的时序关系，DDR3 进行 Fly-by 设计后甚至不要求进行 DQS 和 CLK 的时序控制。

表 17-5　DDR2 和 DDR3 的基本参数比较

	DDR2	DDR3
最大时钟频率（MHz）/ 最高速率（Mbit/s）	533/1066	800/1600
电 源 要 求		
VDD (V)	1.8 ± 0.1	1.5 ± 0.075
VTT(V)	0.9 ± 0.04	0.75 ± TBD
VREF (V)	0.9 ± 0.018	0.75 ± 0.015
输 入 电 平 门 限		
Vih/Vil (V)	0.9±0.2	0.75 ± 0.175
等 长 要 求		
ADDR/CMD/CNTRL 和 CLK 严格等长	需要	需要
DQ<7,0>, DM0 和 DQS0 严格等长	需要	需要
DQ<15,8>, DM1 和 DQS1 严格等长	需要	需要
DQ<22,16>, DM2 和 DQS2 严格等长	需要	需要
DQ<31,23>, DM3 和 DQS3 严格等长	需要	需要
DQS0-3 和 CLK 比较松的等长	需要	不需要

要正确理解时序关系，等长也不是越严格越好的。比如在 DQS 和 CLK 本来是松散的时序关系的前提下（除非器件资料明确说明，比如飞思卡尔的设计要求：MPC8572 和 MPC8536 两款芯片 DQ 组之间必须等长（长度差为 100mil），其他芯片组可以设计为 2 英寸），强行要求把等长做得很严格（比如根据 MPC8572 和 MPC8536 的要求，把其他芯片组也规定 DQS 和 CLK 的长度差不超过 100mil），由此带来的结果是：各组的 DQS 由于相对 CLK 严格等长，所有的 DQ 都等长。最后就变成了数据、地址、控制、时钟等所有 DDR 相关的总线全部等长（长度差为 100mil），导致 DDR 部分过度绕线。绕线太多带来了串扰、电磁干扰等问题。

在笔者分析的 DDR 设计有问题的案例中，很大一部分是因为过度绕线产生的，所以建议不要在没有时序要求的情况下进行人为绕等长设计。

上文提到了 DDR3 设计的几组关键时序要求，其中 CLK 和地址、控制、命令总线的等长要求相对宽松一些，长度差控制在 500~1000mil。DQS 作为 DQ 的参考时钟，时序要求非常严格，本例要求长度差控制在±10mil。而传统 DDR2 要求 DQS 和 CLK 松散等长，在 DDR3 的布线中不需要考虑等长关系，而由控制器系统进行读/写平衡调节。

时序要求最终会在 Allegro PCB Editor 的约束管理器中体现，并实现规则驱动布局布线设计。本节后面的部分会做详细的讨论。

17.2.2 电源设计要求及层叠、阻抗方案

从表 17-6 中可以看出，DDR3 的时序设计中，电源的份额是不可忽视的。大家能看到，当数据总线组内等长的长度差做到 5mil 的时候，因为走线不等长带来的偏移只有不到 1ps（皮秒），属于完全可以忽略不计的因素，而这时，串扰、电源地干扰引起的时序偏移远远大于布线等长的影响。所以，一个良好的电源完整性设计，不仅要满足供电系统的要求，还要减少电源带给系统的干扰，提高时序裕量。而良好的层叠、阻抗控制方案是电源设计的基础。同时约束设置也需要提前确定好层叠、阻抗等，所以在设计之初就需要提前进行考虑和规划。

表 17-6 时序参数

Element	Skew Component	Setup	Hold	Units	Comments
Clock	Data/Strobe chip PLL jitter	0	0	ps	input clock jitter affects short loop timing but not data capture; except tJITper/duty below
	DRAM tJITper	0	0	ps	DRAM does not account for output jitter affects, must be derated
	Clock skew	**0**	**0**	ps	
Transmitter	0.5tCK - tQH	225		ps	0.5tCK to 0.47tCK accounted for in tQHS measurement
	tDQSQ	150		ps	
	tJITduty measured, not spec	72		ps	tJITduty measured, not spec; assume 80% of tJITper
	Duty cycle adjust	-28		ps	Duty cycle improvement from WC - 48.5% and not 47%, (tCH/Lavg(min))
	DRAM Skew	**238**	**238**	**ps**	tCK/2-(tQH+tDQSQ+duty cycle adjust+tJITper)
Interconnect	*Controller uses uncoupled package model, some increase can be expected pending Controller model used; probably in the 15ps to 30ps region				
	DQ Crosstalk and ISI*	25	25	ps	1 victim (1010...), 4 aggressors (PRBS)
	DQS Crosstalk and ISI*	5	5	ps	1 shielded victim (1010...), 2 aggressors (PRBS)
	Vref. Reduction (input eye reduction)	10	10	ps	+/- 30 mV included in DRAM skew, additional = (+/- 10 mV) / (1 V/ns)
	Path Matching (Board)	10	10	ps	Within byte lane: 165 ps/in * 0.1 in; Impedence mismatch within DQS to DQ
	Path Matching (Module)	10	10	ps	Module routing skew (30% reduction with leveling)
	Capacitance Matching	5	5	ps	strobe & data shift differently
	ODT Skew (1%)	5	5	ps	Estimated
	Total Interconnect	**70**	**70**	**ps**	
Receiver	Memory Controller Skew	**151**	**151**	**ps**	assume tDS, tDH from DRAM spec.derated for faster slew rate and to Vref
Total Loss	Total Skew	**459**	**459**	**ps**	Trans. + rec. + interconnect skew
Max Eye	**Time Allowed**	**469**	**469**	**ps**	
Budget 6L	**Timing Margin**	**10**	**10**	**ps**	6 layer board (stripline), 45-ohms, 0.135mm trace to trace spacing
6 to 4 layer	DQ Crosstalk and ISI	7	7	ps	increase using microstrip vs strip line
	DQS Crosstalk and ISI	17	17	ps	increase using microstrip vs strip line
Budget 4L	**Timing Margin**	**-14**	**-14**	**ps**	4 layer board (micronstrip) 45-ohms, 0.135mm trace to trace spacing

前面也提到了，DDR3 的数据传输速率为 800Mbit/s～1600Mbit/s，DDR3 的布线最好规划在以地为参考平面的优选层，从信号完整性和电源完整性的角度考虑，本实例采用 8 层来设置（后面小节会具体分析本实例的信号完整性和电源完整性设计，有些消费类电子产品出于成本控制的原因，会使用 6 层甚至更少的层数来设计，这时候对于 SI 和 PI 需要做更充分的考虑）。图 17-8 所示为层叠设计的具体参数。

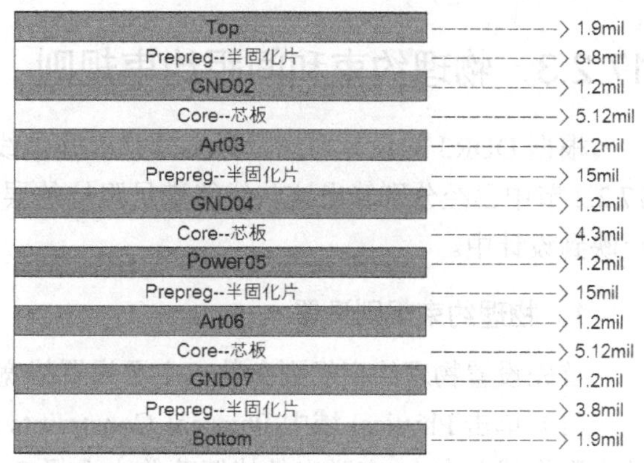

图 17-8 层叠设计的具体参数

以上层叠方案选用了 3 个地平面，作为布线的回流参考层使用，常用于比较注重性能的设计，如通信类等高端产品中。因为只需要 4 个布线层，在成本优先的产品上，会减少 2 个地平面，设计成 6 层板。GND04 和 Power05 组成电源、地平面对，尽量

减少电源和地之间的距离，达到电源、地的紧耦合，既可以减小电源平面阻抗，也可以形成平板电容，这个电容在高频的滤波上起非常重要的作用。

根据 DDR3 的设计要求，需要分别对数据线、地址线及控制线、时钟线进行阻抗控制，表 17-7 所列为用阻抗计算工具算出的各层线宽及差分线对的对内间距。

表 17-8 所列为根据高速信号线布线至少满足 3W 原则算出的布线间距，以及在 BGA 区域内能满足当前主流厂家的生产能力的参数。

表 17-7 各层的阻抗

层数	阻抗及线宽				
	60Ω 线宽（mil）	50Ω 线宽（mil）	40Ω 线宽（mil）	85Ω 差分线	
				线宽（mil）	线距（mil）
Top 表层	4	6	9	6.5	11
GND02	—	—	—	—	—
Art03	4	6	8	6.5	9
GND04	—	—	—	—	—
Power05	—	—	—	—	—
Art06	4	6	8	6.5	9
GND07	—	—	—	—	—
Bottom 底层	4	6	9	6.5	11

表 17-8 规则的设置

Rules	Via	Outer Layer		Inner Layer	
		Trace width	Spacing	Trace width	Spacing
3W Rule	12mil Drill hole with 26mil Pad	See table1	18mil	See table1	16mil
1.0BGA Rule	10mil Drill hole with 22mil Pad	MIN 5mil	MIN 5mil	MIN 5mil	MIN 5mil
0.8BGA Rule	8mil Drill hole with 17mil Pad	MIN 4mil	MIN 4.5mil	MIN 4mil	MIN 4.5mil

17.2.3 物理约束和间距约束规则

根据 DDR3 的设计要求，需要分别对数据线、地址线及控制线、时钟线进行阻抗控制，17.2.2 节中已经分别算出这些线能满足阻抗的层数及线宽。本节会详细介绍如何把所算结果反映到设计中。

1．物理约束规则设置

首先设置物理约束规则参数，主要设置线宽及所用的过孔等。

（1）单击 Physical 域中 Physical Constraints Set 下的 All Layers 工作表，在 Objects 栏下选中数据线并右击，在弹出的快捷菜单中选择 Create→Physical CSet 命令，弹出 Create Physical CSet 对话框。

（2）在 Physical CSet 文本框中输入“40ohm”，单击 OK 按钮，如图 17-9 所示。

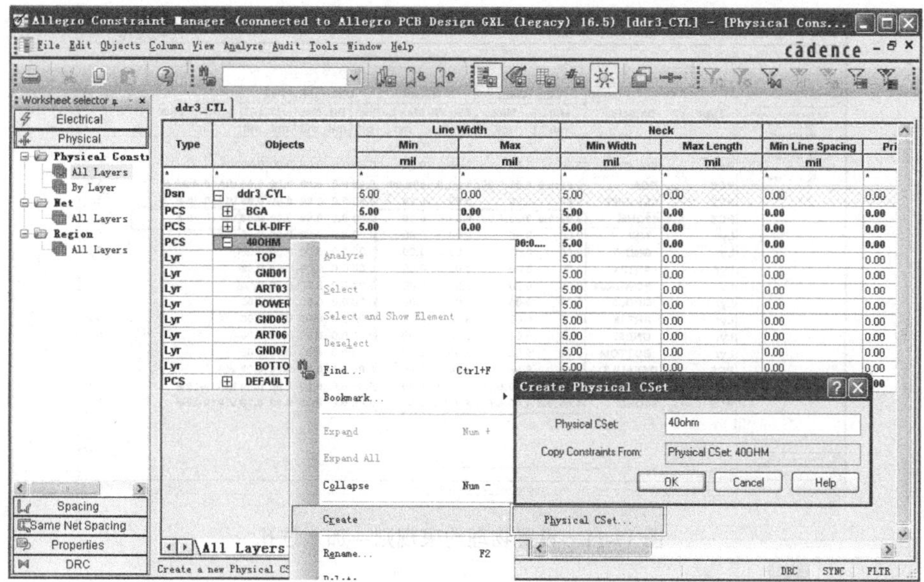

图 17-9　创建新物理约束规则

（3）在 Line Width 项中设置 40OHM 线在各层的线宽。为了能严格用规则来控制走线宽度，把 Line Width 下 Min 和 Max 在相应的层面都设置成计算出的相应宽度，如图 17-10 所示。

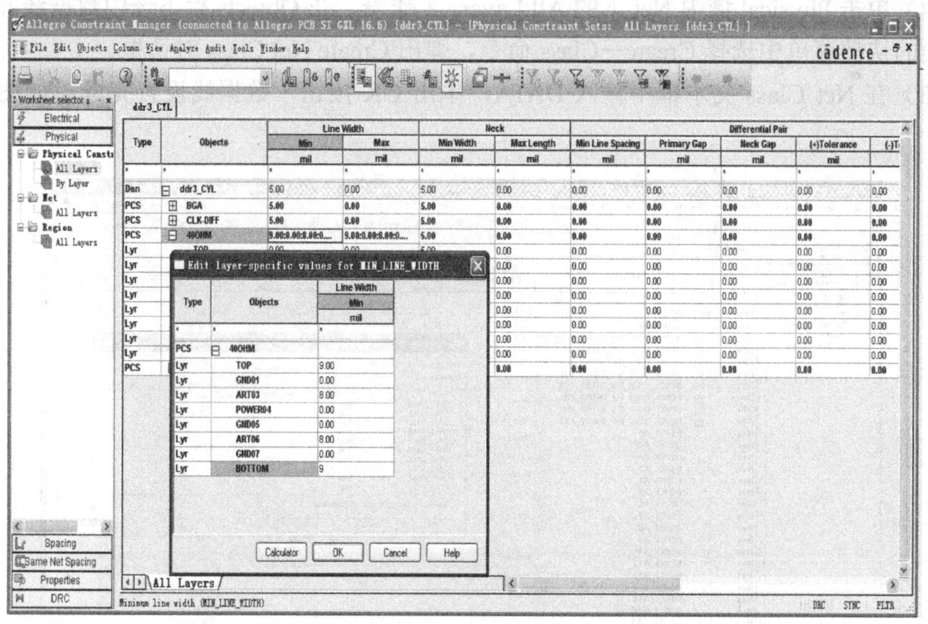

图 17-10　分层设置物理约束规则

（4）添加过孔。单击 40OHM 行中 Vias 列，弹出 Edit Via List 对话框，在 Edit Via List 对话框中的 Via 列表中，双击 Via12-GEN，单击 OK 按钮完成过孔设置。设置完成后，就可以在 Via 列表中看到 Vias 的类型了，如图 17-11 所示。

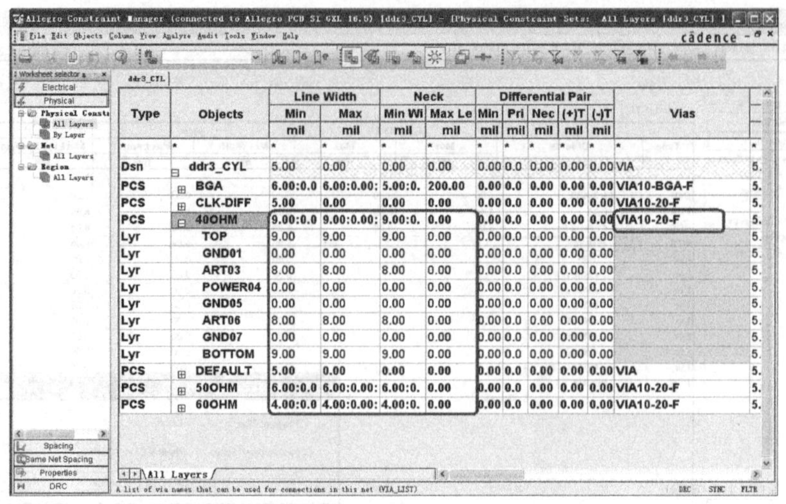

图 17-11　设置物理约束规则—加入过孔

以同样的操作步骤分别设置 50OHM、60OHM、1.0BGA 区域及 0.8BGA 区域的线宽参数和过孔。

下一步是分别建立数据线、地址线、控制线、时钟线的 Net Class。

（1）启动 Allegro PCB Editor，选择 Setup→Constraints→Constraints Manager 命令，进入约束管理器界面。

（2）单击 Physical 域中 Net 下的 All Layers 工作表，在 Objects 栏下选中数据线并右击，在弹出的快捷菜单中选择 Create→Class 命令，弹出 Create Net Class 对话框。

（3）在 Net Class 文本框中输入 DATA，单击 OK 按钮，数据线设置完成，如图 17-12 所示。

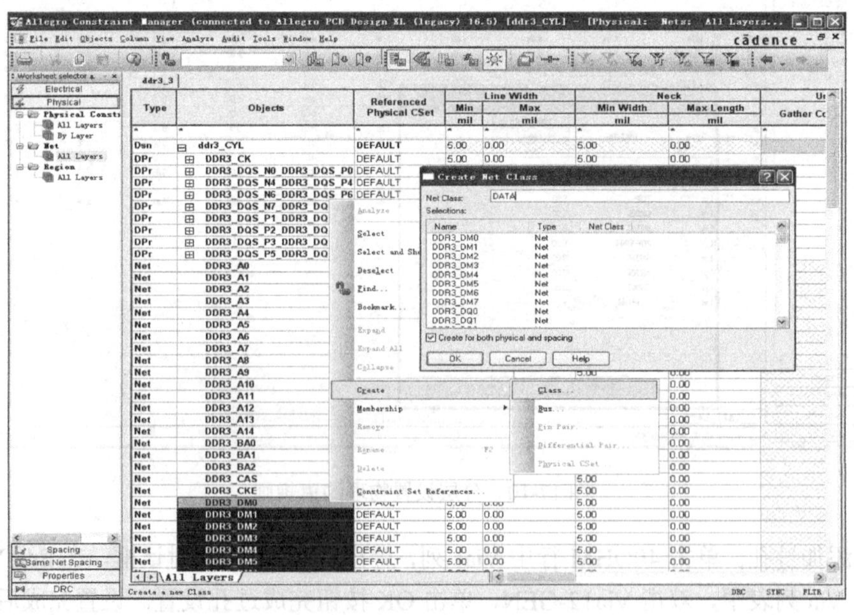

图 17-12　创建 Net Class

用同样的方法设置地址线、控制线及时钟线。为了后面讲解方便，这里指定地址线、控制线的 Net Class 名称为 ADD，时钟线及数据选通（DQS）线的 Net Class 名称为 CLK。

在创建Net Class 时，在弹出的 Create Net Class 对话框中最下方勾选 Create for both physical and spacing 复选框，则在 spacing 域下也创建了相同的 Net Class。

下一步需要指定属于相应 Net Class 的具体网络：

（1）选中 Net Class，右击，在弹出的快捷菜单中选择 Membership→Class 命令，弹出 Net Class Membership for DATA 对话框。

（2）在对话框左上角的下拉列表中选择对象的类型 Net，并在其下方的列表框中选择没有添加到 Net Class DATA 中的数据线，并添加到右边的 Current Members 列表框中，如图 17-13 所示。

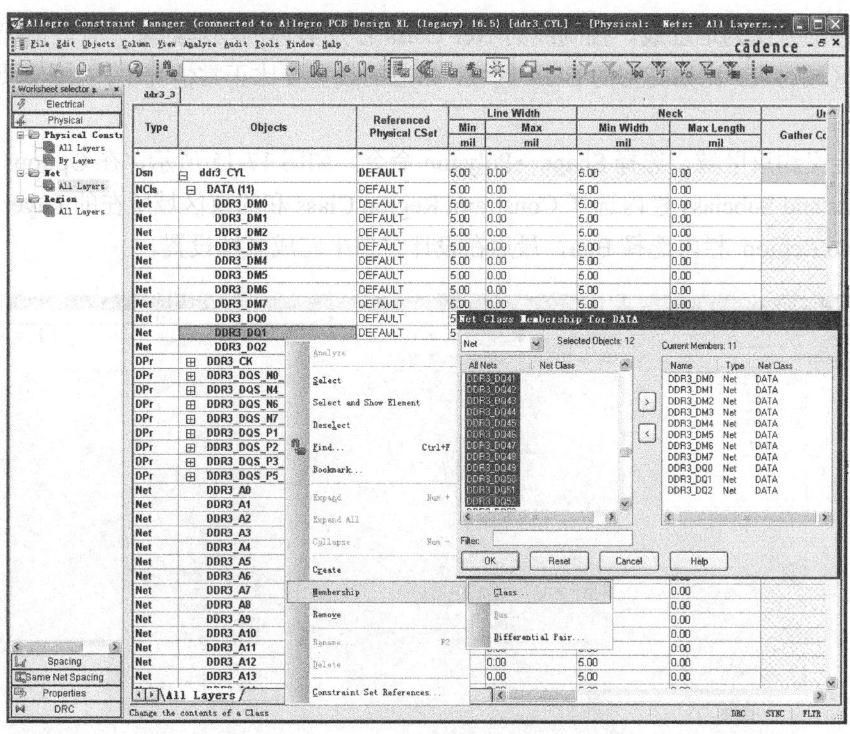

图 17-13 为 Net Calss DATA 添加数据线

用同样的方法给地址线、控制线的 Net Class 指定网络，最后为 Net Class 添加具体的物理约束条件：

单击 Physical 域中 Net 下的 All Layers 工作表，单击 Net Class DATA 行 Referenced Physical CSet 列的下拉按钮，弹出下拉列表，并在下拉列表中选择 DATA，如图 17-14 所示。

Allegro Constraint Manager (connected to Allegro PCB Design XL (legacy) 16.5) [ddr3_CYL] - [...

File Edit Objects Column View Analyze Audit Tools Window Help

Worksheet selector: Electrical; Physical; Physical Constraint Set (All Layers, By Layer); Net (All Layers); Region (All Layers); Spacing; Same Net Spacing; Properties; DRC

ddr3_CTL

Type	Objects	Referenced Physical CSet	Line Width Min (mil)	Line Width Max (mil)	Min Width (mil)
*	*	*	*	*	*
Dsn	⊟ ddr3_CYL	DEFAULT	5.00	0.00	5.00
NCls	⊞ ADD (25)	DEFAULT	5.00	0.00	5.00
NCls	⊞ CLK (9)	DEFAULT	5.00	0.00	5.00
NCls	⊞ DATA (72)		5.00	0.00	5.00
Net	DDR3_ZQ_1	DATA	5.00	0.00	5.00
Net	DDR3_ZQ_2	DEFAULT	5.00	0.00	5.00
Net	DDR3_ZQ_3	DEFAULT	5.00	0.00	5.00
Net	DDR3_ZQ_5	DEFAULT	5.00	0.00	5.00
Net	GND	DEFAULT	5.00	0.00	5.00
Net	VCC	DEFAULT	5.00	0.00	5.00
Net	VCCAUX	DEFAULT	5.00	0.00	5.00
Net	VCCA_PLL_B1	DEFAULT	5.00	0.00	5.00
Net	VCCA_PLL_B2	DEFAULT	5.00	0.00	5.00
Net	VCCA_PLL_L2	DEFAULT	5.00	0.00	5.00
Net	VCCA_PLL_L3	DEFAULT	5.00	0.00	5.00
Net	VCCA_PLL_R2	DEFAULT	5.00	0.00	5.00
Net	VCCA_PLL_R3	DEFAULT	5.00	0.00	5.00
Net	VCCA_PLL_T1	DEFAULT	5.00	0.00	5.00
Net	VCCA_PLL_T2	DEFAULT	5.00	0.00	5.00
Net	VCCBAT	DEFAULT	5.00	0.00	5.00

All Layers

source: Design ddr3_CYL　DRC　SYNC　FLTR

图 17-14　选择 DATA

用同样的方法为地址线、控制线的 Net Class 添加具体的物理约束。有些情况下，我们必须使用区域约束，比如高密的 BGA 区域，相应的线宽要比正常情况小，才能满足 BGA 的出线要求。

（1）定义约束区域。选择 Shape→Polygon 命令，如图 17-15 所示，在 Options 面板中的 Active Class and Subclass 栏内选择 Constraint Region Class 和约束区域所在的 Layer Subclass，在 Assign to Region 栏内选择 Bga，最后在设计窗口中完成区域设置。

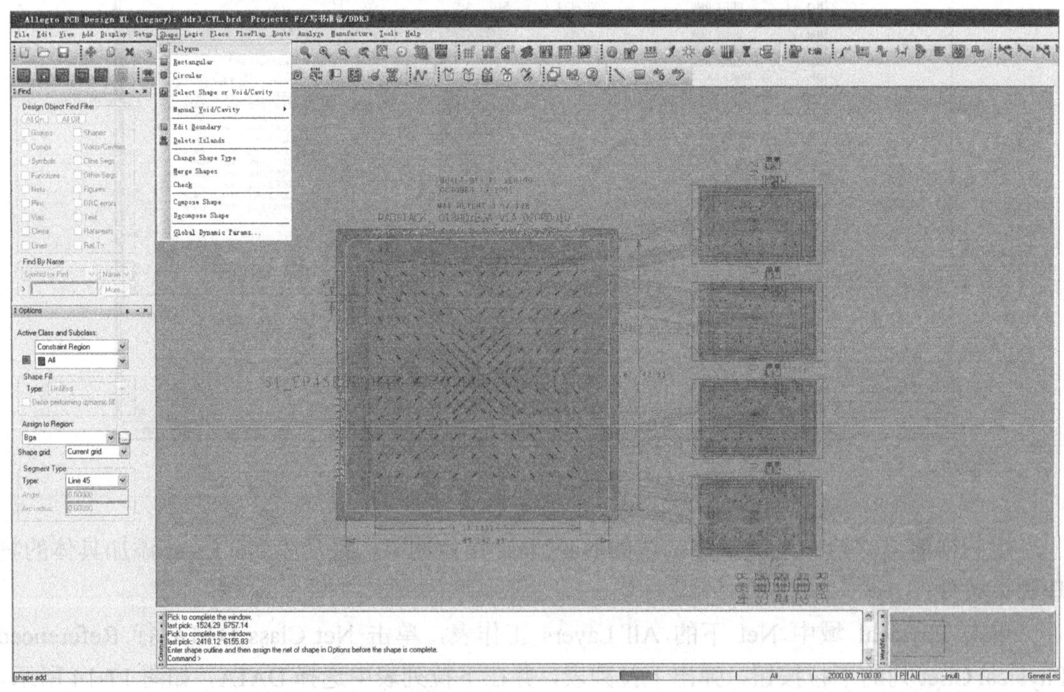

图 17-15　定义约束区域

（2）为区域添加约束。在约束管理器界面中，选择 Region 下的 All Layers 工作表，在 Objects 下可以看到新建的约束区域 BGA。在 Referenced Physical CSet 列的 BGA 行选择 BGA 区域的规则，如图 17-16 所示。

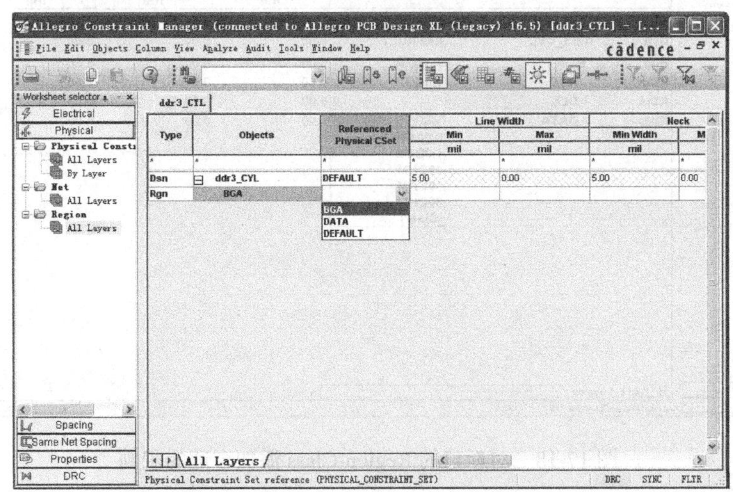

图 17-16　为区域添加约束

（3）在 BGA 区域中为不同的 Net Class 设置规则。BGA 区域中所有的 Net 和 Net Class 都将采用 BGA 区域约束，如果区域内有些 Net Class 需要不同的设计规则，则需要在 BGA 区域内建立不同的 Region-Class，如图 17-17 所示。

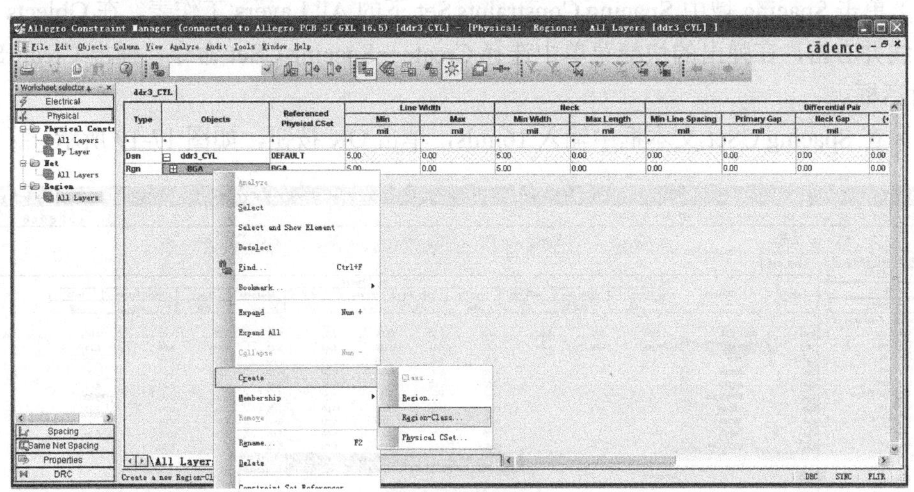

图 17-17　建立 Region-Class

（4）在约束管理器界面中，选择 Region 下的 All Layers 工作表，在 Objects 下可以看到新建的约束区域 BGA。选择 BGA 区域，右击，在弹出的快捷菜单中选择 Create→Region-Class 命令，弹出 Create Region-Class 对话框，在 Net Class 列表框中选择需要设置不同规则的 Net Class，单击 OK 按钮完成。最后，对新建的 Region-Class 添加合适的规则，如图 17-18 所示。

Type	Objects	Referenced Physical CSet	Line Width Min (mil)	Line Width Max (mil)	Neck Min Width (mil)
*	*	*	*	*	*
Dsn	ddr3_CYL	DEFAULT	5.00	0.00	5.00
Rgn	BGA	1.0BGA	5.00	0.00	5.00
RCls	ADD	1.0BGA	5.00	0.00	5.00
RCls	CLK		5.00	0.00	5.00
RCls	DATA	CLK-DIFF	5.00	0.00	5.00

图 17-18 对新建的 Region-Class 添加合适的规则

用同样的方法设置地址线、控制线的区域网络规则。

2. 间距规则设置

间距规则主要是设置各种元素之间的安全距离，设置方法和物理规则非常类似。

首先，设置间距规则的具体参数。

（1）单击 Spacing 域中 Spacing Constraints Set 下的 All Layers 工作表，在 Objects 栏下选中数据线并右击，在弹出的快捷菜单中选择 Create→Spacing CSet 命令，弹出 Create Spacing CSet 对话框。

（2）在 Spacing CSet 文本框中输入 16mils，单击 OK 按钮，如图 17-19 所示。

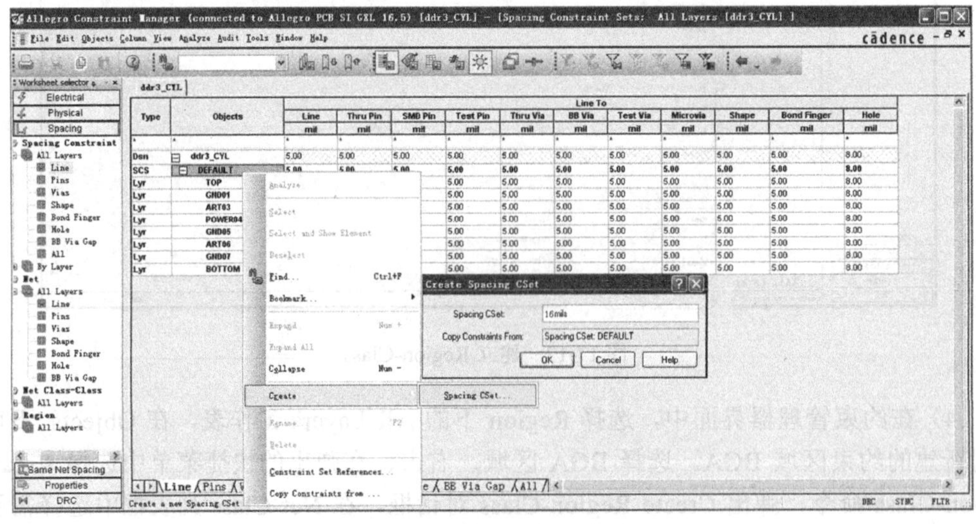

图 17-19 设置 Spacing CSet

（3）对名为 16mils 的 Spacing Constraint CSet 进行规则细化，需要分别在各层对 Line/Pins/Vias/Shape/Bond Finger/Hole/BB Via 等项目进行详细的间距约束设置，如图 17-20 所示。

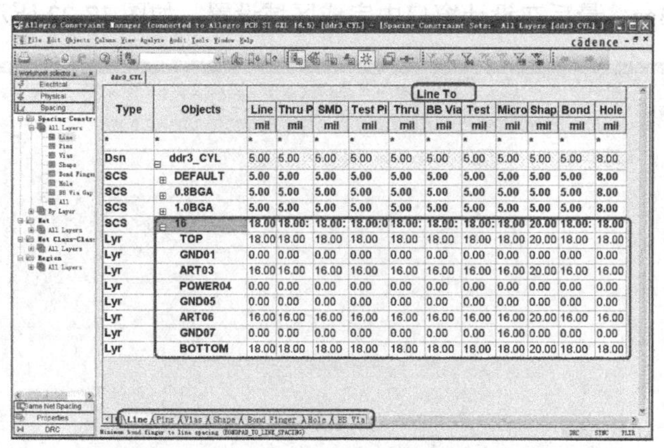

图 17-20　分别在各层进行间距的设置

用同样的方法设置其他间距的规则。

然后，分别建立数据线、地址线及控制线、时钟线的 Net Class。这部分的操作方法请参照物理规则设置中的步骤。为了后面讲解方便，这里指定数据线的 Net Class 名称为 DATA，地址线、控制线的 Net Class 名称为 ADD，时钟线及 DQS 线的 Net Class 名称为 CLK。

接着为 Net Class 添加对象，这部分的操作方法同样请参照物理规则设置中的步骤。

最后，为 Net Class 添加间距约束，单击 Spacing 域中 Net 下的 All Layers 工作表，单击 Net Class DATA 行 Referenced Spacing CSet 列的下拉按钮，弹出下拉列表，并在下拉列表中选择规则 16，如图 17-21 所示。

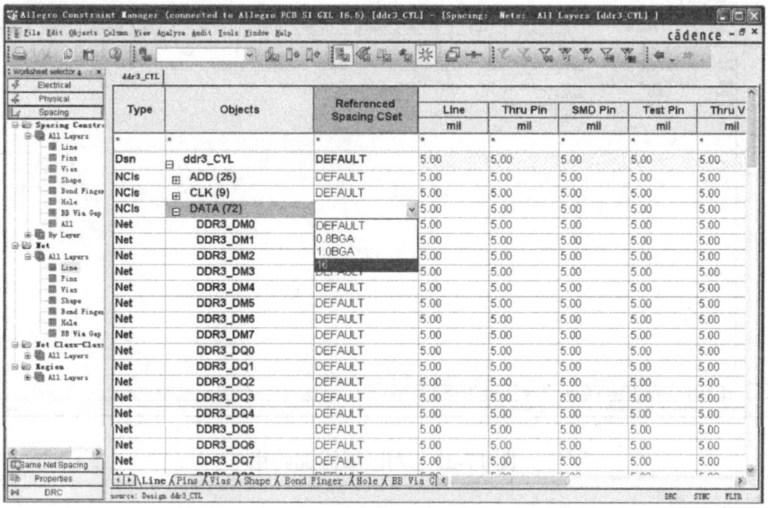

图 17-21　选择规则 16

用同样的方法设置地址线、控制线及时钟线的间距约束。

间距的区域约束规则设置如下。

（1）定义约束区域。选择 Shape→Polygon 命令，在 Options 面板中的 Active Class and Subclass 栏内选择 Constraint Region Class 和约束区域所在的 Layer Subclass，在 Assign to Region 栏内选择 Bga，最后在设计窗口中完成区域设置，如图 17-22 所示。

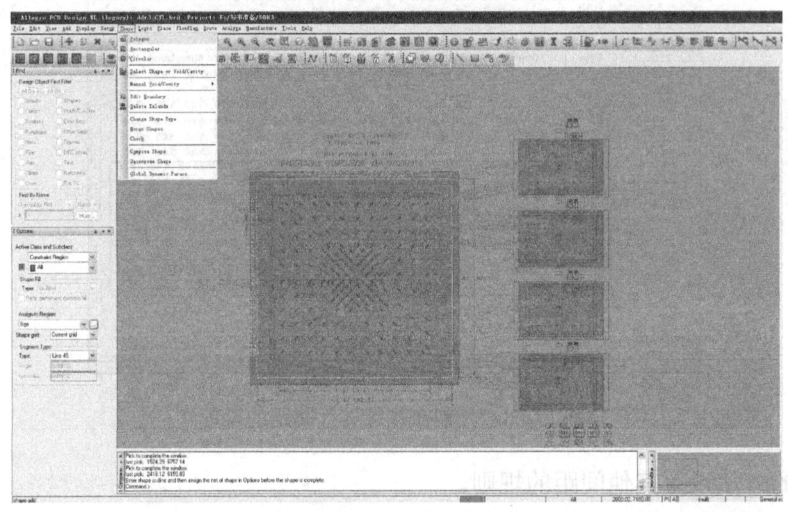

图 17-22　定义约束区域

（2）为区域添加约束。在约束管理器界面中，选择 Region 下的 All Layers 工作表，在 Objects 下可以看到新建的约束区域 BGA。在 Referenced Spacing CSet 列的 BGA 行选择事先设定好的 BGA 区域的规则 1.0-BGA，如图 17-23 所示。

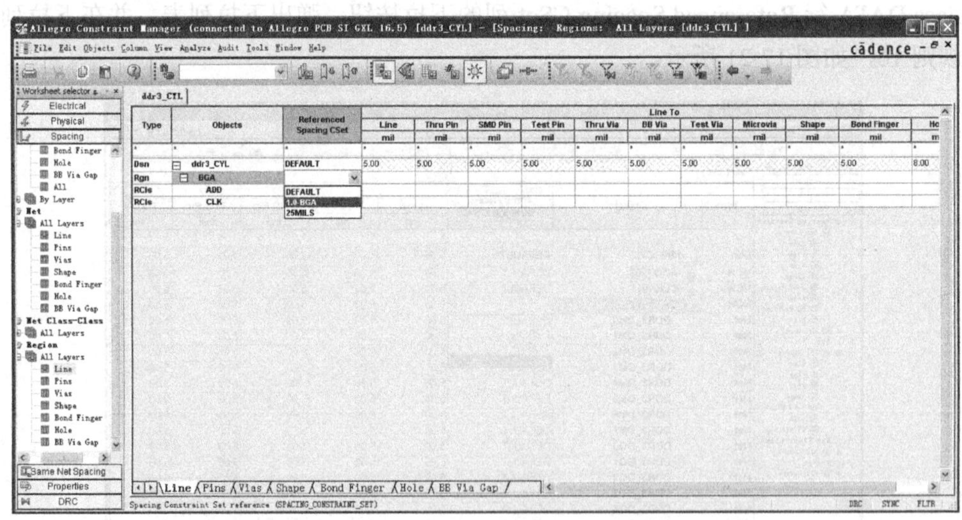

图 17-23　为区域添加约束

（3）在 BGA 区域中为不同的 Net Class 设置规则。BGA 区域中所有的 Net 和 Net Class 都将采用 BGA 区域约束，如果区域内有些 Net Class 需要不同的设计规则，则需要在 BGA 区域内建立不同的 Region-Class，如图 17-24 所示。

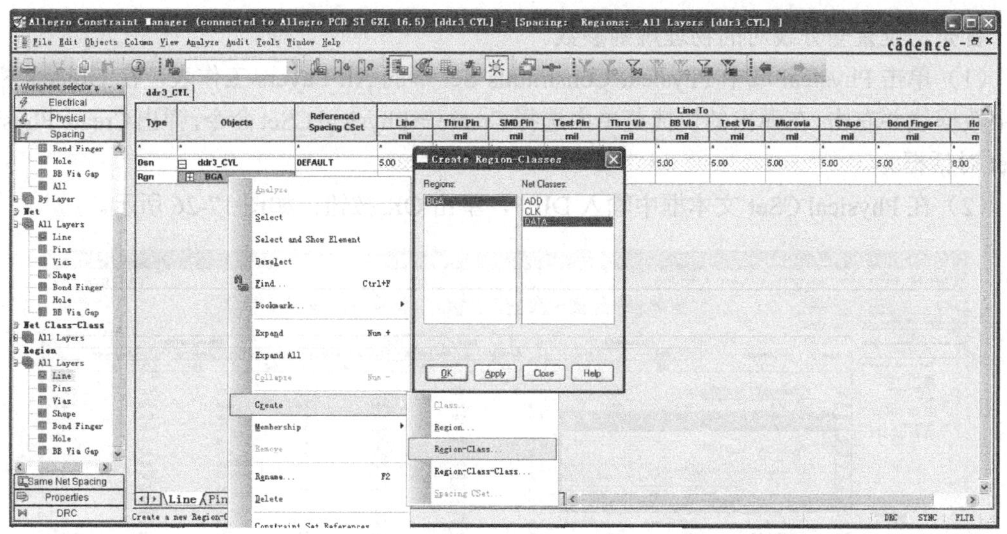

图 17-24 在 BGA 区域中为不同的 Net Class 设置规则

（4）在约束管理器界面中，选择 Region 下的 All Layers 工作表，在 Objects 下可以看到新建的约束区域 BGA。选择 BGA 区域，右击，在弹出的快捷菜单中选择 Create→Region-Class 命令，弹出 Create Region-Class 对话框，在 Net Class 列表框中选择需要设置不同规则的 Net Class，单击 OK 按钮完成。最后，对新建的 Region-Class 添加合适的规则，如图 17-25 所示。

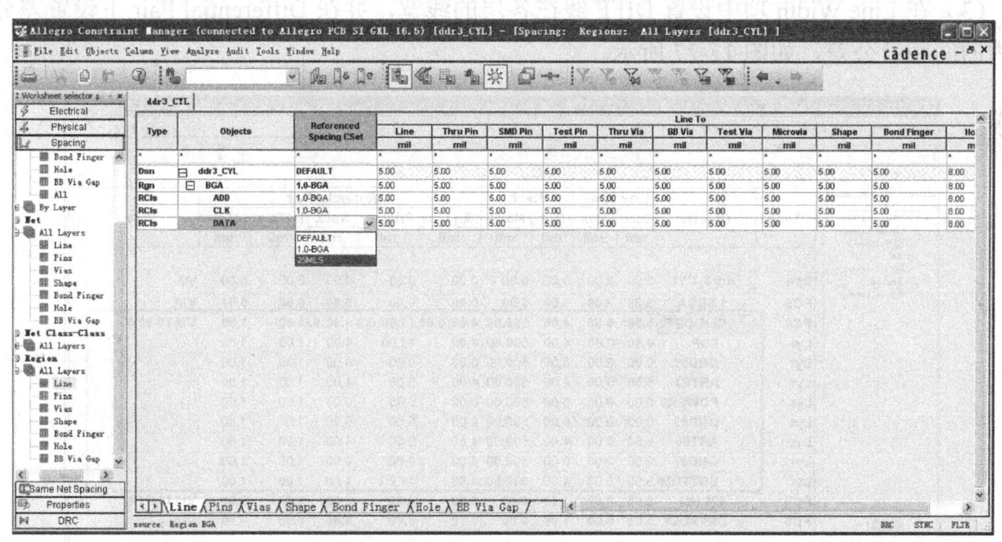

图 17-25 对新建的 Region-Class 添加合适的规则

用同样的方法设置地址线、控制线及时钟线。

3. 差分线规则设置

差分线约束主要是对线宽、过孔及差分线间距等参数进行设置。差分线的规则设置和一般单线设置不一样的地方就是其线宽、过孔及差分线对内间距都在 Physical 域中设置。

首先，设置差分线对的物理规则参数。

（1）单击 Physical 域中 Physical Constraints Set 下的 All Layers 工作表，在 Objects 栏下选中数据线并右击，在弹出的快捷菜单中选择 Create→Physical CSet 命令，弹出 Create Physical CSet 对话框。

（2）在 Physical CSet 文本框中输入 DIFF，单击 OK 按钮，如图 17-26 所示。

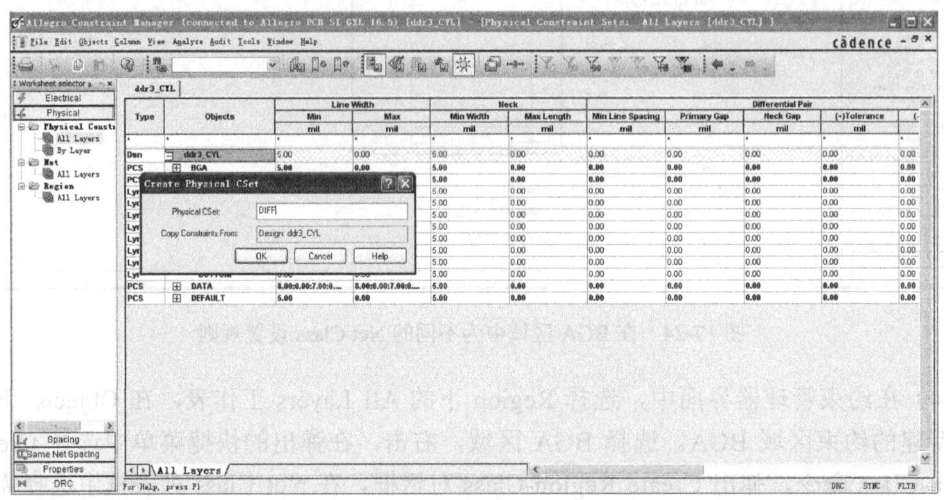

图 17-26 设置 Physical CSet

（3）在 Line Width 项中设置 DIFF 线在各层的线宽，并在 Differential Pair 下设置差分线对内的间距及公差，如图 17-27 所示。

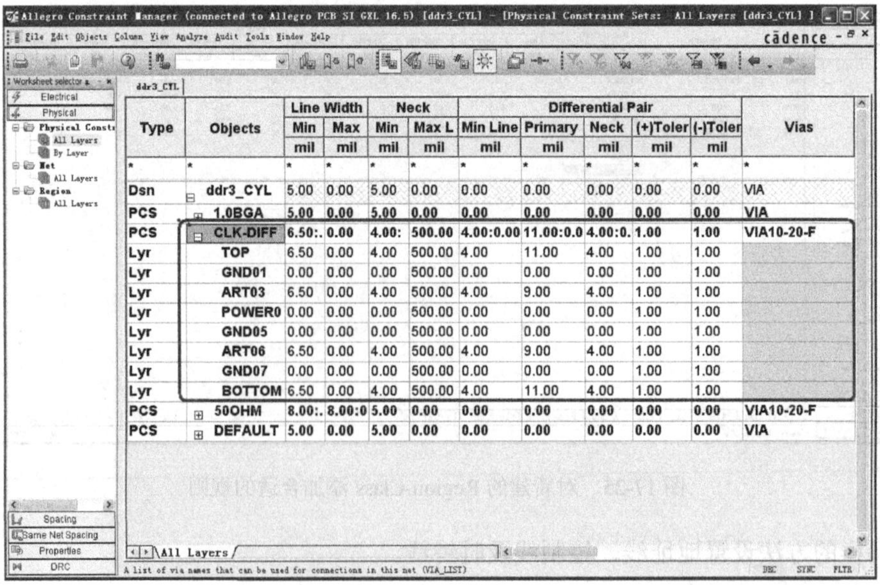

Type	Objects	Line Width		Neck		Differential Pair					Vias
		Min	Max	Min	Max L	Min Line	Primary	Neck	(+)Toler	(-)Toler	
		mil	mil	mil	mil	mil	mil	mil	mil	mil	
*	*	*	*	*	*	*	*	*	*	*	*
Dsn	ddr3_CYL	5.00	0.00	5.00	0.00	0.00	0.00	0.00	0.00	0.00	VIA
PCS	1.0BGA	5.00	0.00	5.00	0.00	0.00	0.00	0.00	0.00	0.00	VIA
PCS	CLK-DIFF	6.50:.	0.00	4.00:	500.00	4.00:0.00	11.00:0.0	4.00:0.	1.00	1.00	VIA10-20-F
Lyr	TOP	6.50	0.00	4.00	500.00	4.00	11.00	4.00	1.00	1.00	
Lyr	GND01	0.00	0.00	0.00	500.00	0.00	0.00	0.00	1.00	1.00	
Lyr	ART03	6.50	0.00	4.00	500.00	4.00	9.00	4.00	1.00	1.00	
Lyr	POWER0	0.00	0.00	0.00	500.00	0.00	0.00	0.00	1.00	1.00	
Lyr	GND05	0.00	0.00	0.00	500.00	0.00	0.00	0.00	1.00	1.00	
Lyr	ART06	6.50	0.00	4.00	500.00	4.00	9.00	4.00	1.00	1.00	
Lyr	GND07	0.00	0.00	0.00	500.00	0.00	0.00	0.00	1.00	1.00	
Lyr	BOTTOM	6.50	0.00	4.00	500.00	4.00	11.00	4.00	1.00	1.00	
PCS	50OHM	8.00:.	8.00:0	5.00	0.00	0.00	0.00	0.00	0.00	0.00	VIA10-20-F
PCS	DEFAULT	5.00	0.00	5.00	0.00	0.00	0.00	0.00	0.00	0.00	VIA

图 17-27 设置 DIFF 线在各层的线宽及间距和公差

（4）添加过孔，与上述物理规则中提到的操作方法一样，这里不再重复。

其次，需要创建差分线对。

（1）选择 Logic→Assign Differential Pair 命令，弹出 Assign Differential Pair 对话框，如图 17-28 所示。

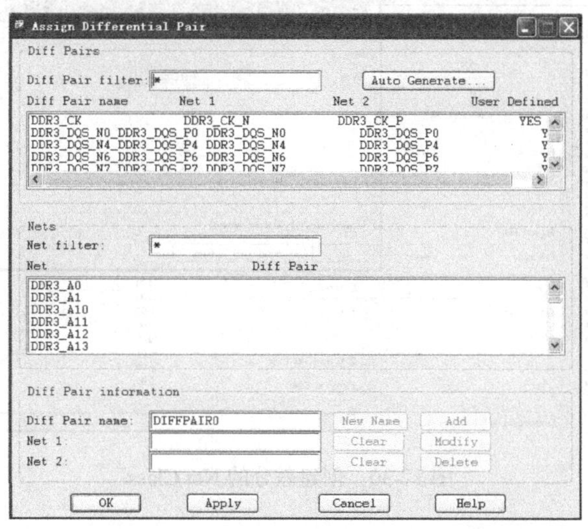

图 17-28　Assign Differential Pair 对话框

（2）定义差分线对。在保持 Assign Differential Pair 对话框不关闭的前提下，在 PCB 界面先后单击差分网络的两个 Net。这时在 Assign Differential Pair 对话框中的 Diff Pair information 区域的 Net 1 和 Net2 对应栏中会出现所选取的两个差分网络。单击 Apply 按钮，如图 17-29 所示。

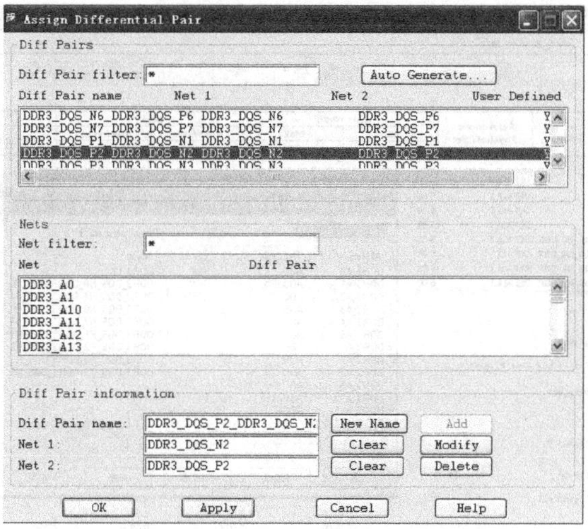

图 17-29　定义差分线对

然后，创建差分线的 Net Class。与前面物理规则中添加 Net Class 的方法一样，进入约束管理器，在 Physical 域中 Net 下的 All Layers 工作表中创建差分的 Net Class 并命名为 Diff，如图 17-30 所示。

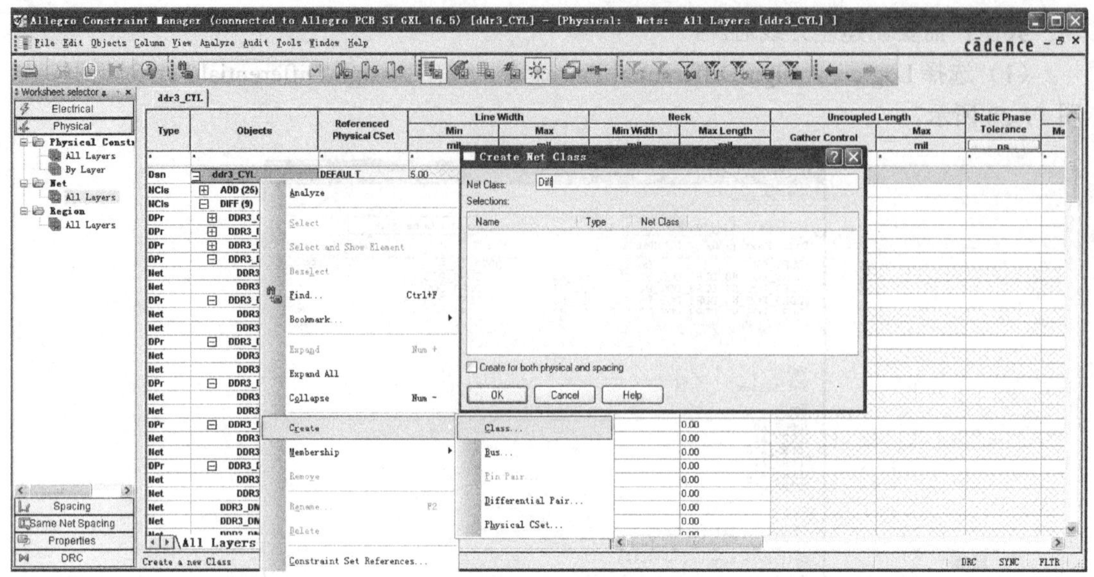

图 17-30　创建差分的 Net Class

最后，需要为 Net Class 添加对象。

（1）选中 Net Class，右击，在弹出的快捷菜单中选择 Membership→Class 命令，弹出 Net Class Membership for Diff 对话框。

（2）在对话框左上角的下拉列表中选择对象的类型 Net，并在其下方的列表框中选择没有添加到 Net Class Diff 中的差分线，并添加到右边的 Current Members 列表框中，如图 17-31 所示。

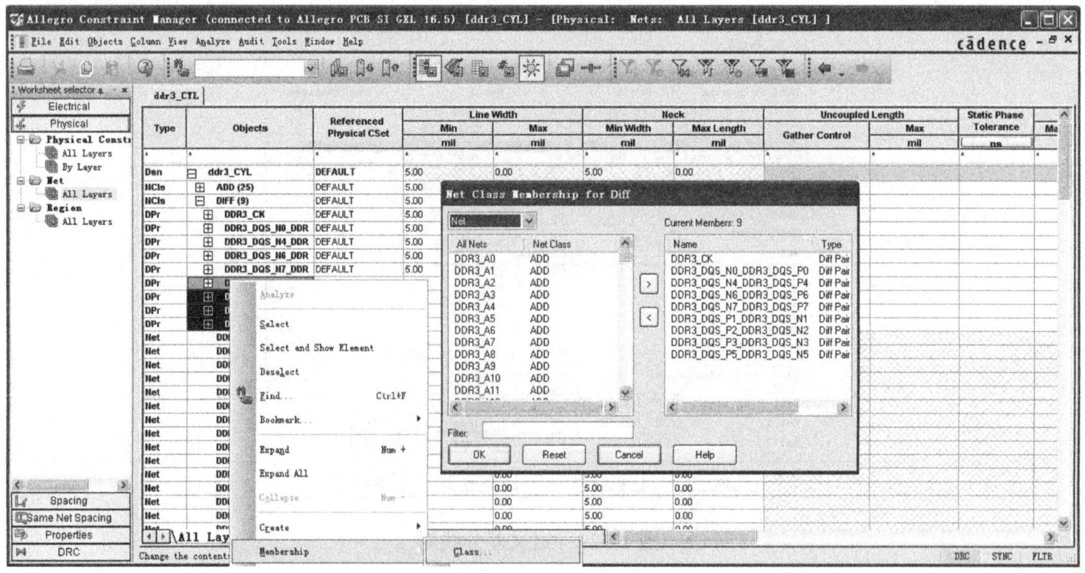

图 17-31　将没有添加到 Net Class Diff 中的差分线添加到右边的 Current Members 列表框中

17.2.4　电气规则

上文介绍了 DDR3 总线的各类时序关系，总的来说，4 位或 8 位的 DQ 和相应的 DQS 一起组成数据组，DQ 需要相对 DQS 严格等长；地址、控制、命令等总线和 CLK 组成另一种时序关系，也是相对于 CLK 等长，但要求相应宽松一些。使用传统树形结构设计的 DDR3，需要考虑 DQS 和 CLK 之间的松散等长的时序关系；而使用 Fly-by 设计的时候，DQS 和 CLK 不需要通过布线控制等长，由控制芯片的读/写平衡进行调节。

首先对 DDR 的电源地添加电压值。为了在做长度匹配的时候不把电源端的长度也加到 Xnet 长度中，需要对分立器件的电源和地附上电压值。

选择 Logic→Identify DC Nets 命令，弹出 Identify DC Nets 窗口，在 Net 列表框中找出需要附上电压值的电源，并在 Net selected 区域对应的 Voltage 文本框中填上相应的电压值，如图 17-32 所示。

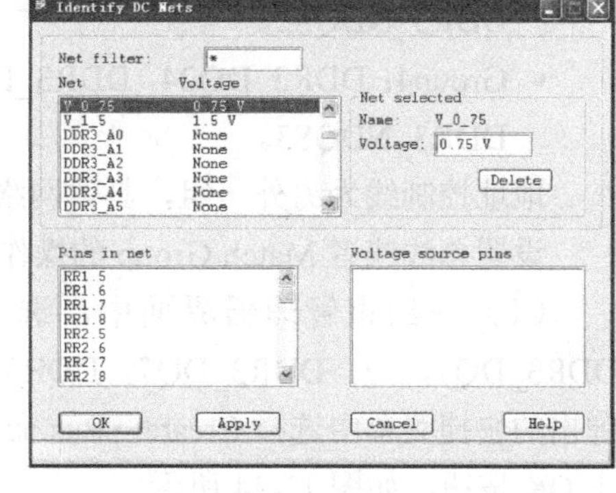

图 17-32　在 Voltage 文本框中填写相应的电压值

设置规则的时候，需要考虑创建 Xnet。创建 Xnet 是为了使无源元件（电阻、电容、电感）两端的走线长度加起来，以便对信号做长度匹配。

（1）单击 Analyze/SI/EMI sim/Model 或者单击按钮，弹出如图 17-33 所示的窗口。在 Devices 选项卡中设置需要赋模型的无源元件的 Device Type 值，即可选中此类型的所有元件。

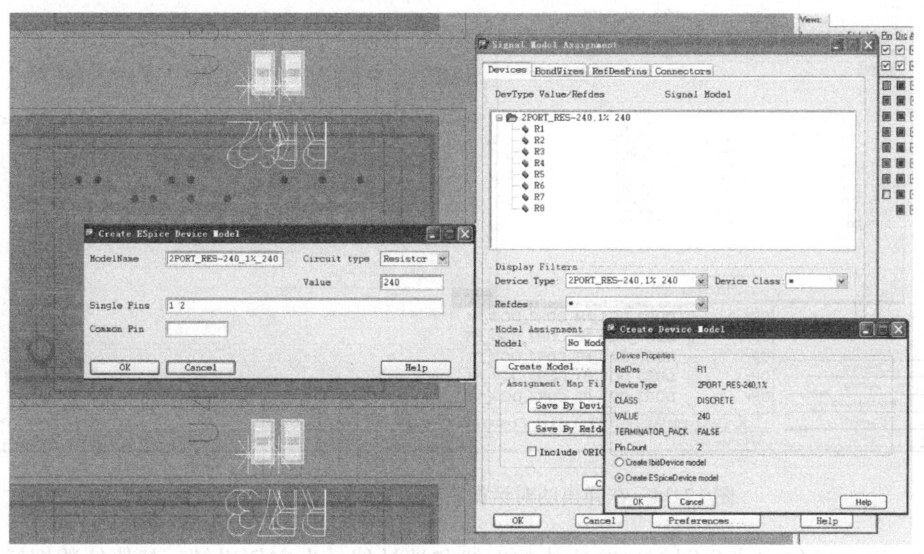

图 17-33　弹出的窗口

（2）单击 Create Model 按钮，在弹出的窗口中选择 Create Espice Device model 单选按钮，单击 OK 按钮后，在弹出的窗口中填入相应的值即可。

按照上文描述的时序关系创建总线。根据 DDR3 的时序关系，本设计的数据线分为以下 4 个组。

- Group1：DDR3_DQ00，DDR3_DQ01，…，DDR3_DQ07，DDR3_DM0，DDR3_DQS0，DDR3_NDQS0。
- Group2：DDR3_DQ08，DDR3_DQ09，…，DDR3_DQ15，DDR3_DM1，DDR3_DQS1，DDR3_NDQS1。
- Group3：DDR3_DQ16，DDR3_DQ17，…，DDR3_DQ23，DDR3_DM2，DDR3_DQS2，DDR3_NDQS2。
- Group4：DDR3_DQ24，DDR3_DQ25，…，DDR3_DQ31，DDR3_DM3，DDR3_DQS3，DDR3_NDQS3。

地址控制线为另外一组，具体网络名不再列出。

设置总线或者 Match Group 的操作方法如下：

（1）在约束管理器界面中，选中需要创建 Bus 的 Net、Xnet，如 DDR3_DQ0，DDR3_DQ1，…，DDR3_DQ7，DDR3_DM0，DDR3_DQS_P0，DDR3_DQS_N0；右击，在弹出的快捷菜单中选择 Create→Bus 命令，在弹出的对话框中输入 Bus 的名称 GROUP1，单击 OK 按钮，如图 17-34 所示。

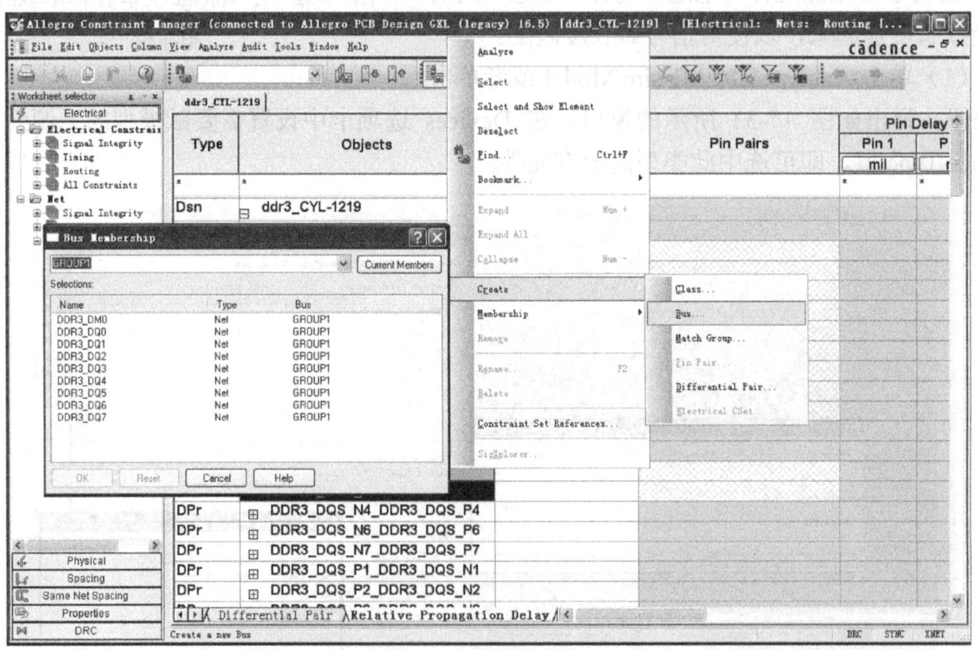

图 17-34　在弹出的对话框中输入 Bus 的名称 GROUP1

（2）用相同的方式分别创建其他的数据线和地址线。为方便讲解，其他的数据线和地址线分别命名为 GROUP2、GROUP3、GROUP4、ADD-CRT。

从 Pin（引脚）到 Pin 的时序控制，需要创建 Pin Pair（引脚对）。

在约束管理器界面中，选中要创建 Pin Pair 的一个 Net 或 Xnet，如 DDR3_DQ0，右击，在弹出的快捷菜单中选择 Create→Pin Pair 命令，在弹出的对话框的 First Pins、Second Pins

两个列表框中分别选中一个引脚即成一对 Pin Pair，单击 OK 按钮即可，如图 17-35 所示。

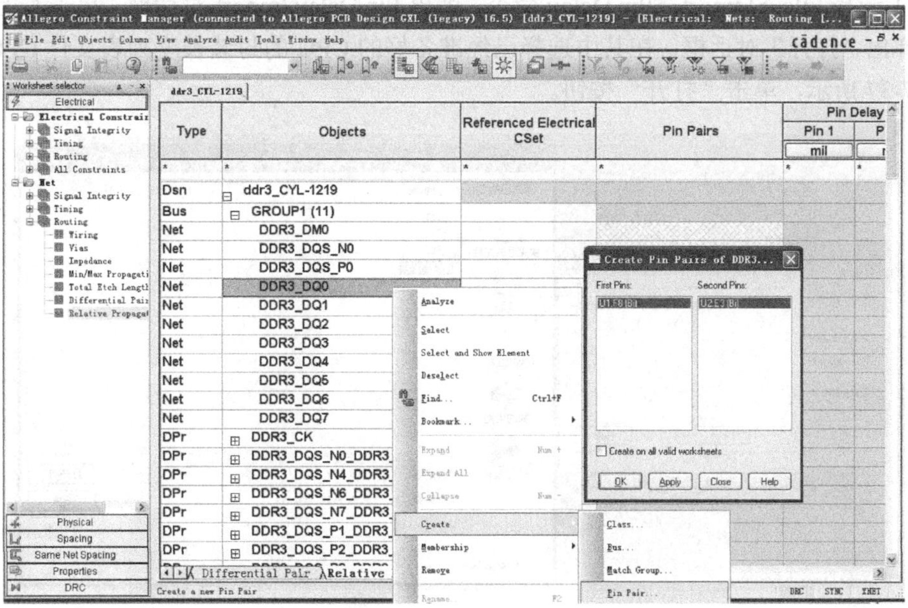

图 17-35　创建 Pin Pair

再用相同的方法分别创建其他的数据线和地址线的 Pin Pair。

随着频率的提升，时序要求越来越严格，封装内部的延时已经不能忽略，这时候，我们需要获得封装延时的数据，再将它添加到 Pin Delay 中。

方法一：直接在网络的 Pin Pair 对应的 Pin Delay（引脚延时）栏输入该网络在芯片上的封装长度，如图 17-36 所示。

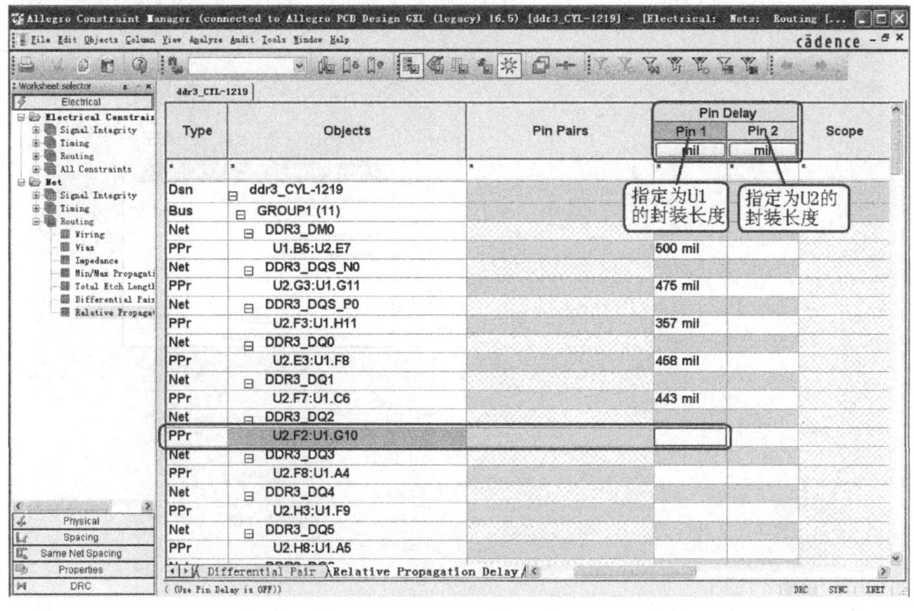

图 17-36　输入该网络在芯片上的封装长度

方法二：导入现成的 Pin Delay 数据。

（1）选择 File→Import→Pin Delay 命令，弹出 Pin Delay Import 对话框，单击右上角的按钮▢，弹出“打开”对话框，在其中选择已经准备好的 CPU 的封装长度列表文件 CPU.CSV，如图 17-37 所示，单击“打开”按钮。

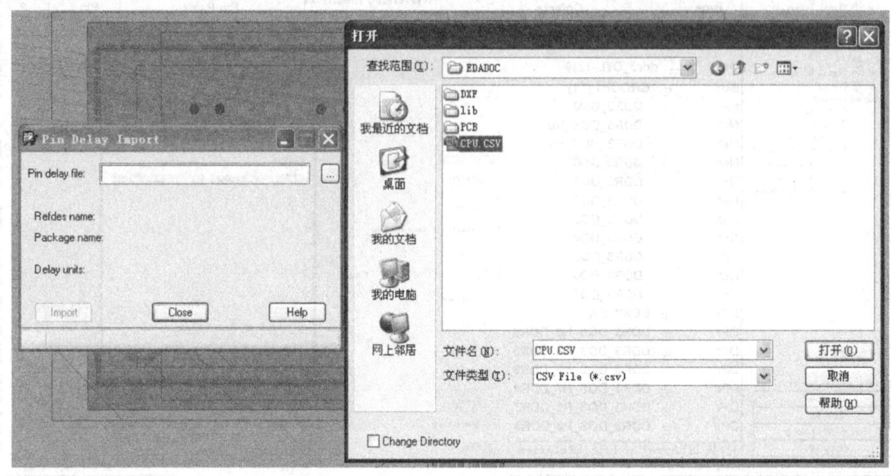

图 17-37　打开文件 CPU.CSV

CSV 文件是有一定格式要求的，同时导入数据的长度单位一定要和约束管理器中 Pin Delay 栏中的单位一致。

（2）在 PCB 上单击对应的芯片，被选中的芯片会显示为高亮状态，如图 17-38 所示。

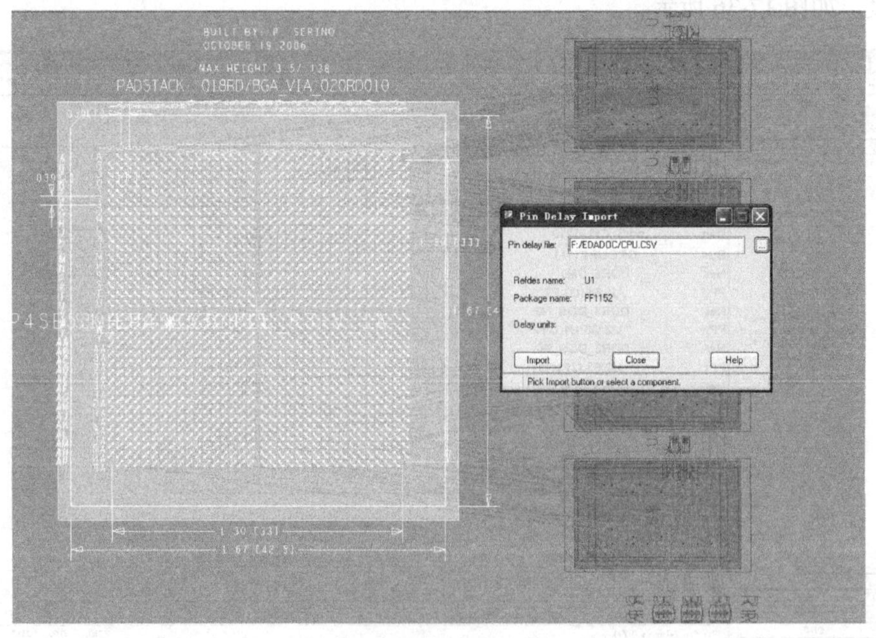

图 17-38　被选中的芯片高亮显示

（3）在 Pin Delay Import 对话框中单击 Import 按钮，即可将 U1 的所有引脚的 Pin Delay 全部导入，如图 17-39 所示。

Type	Objects	Referenced Electrical CSet	Pin Pairs	Pin Delay Pin 1 (mil)	Pin Delay Pin 2 (mil)
Bus	GROUP1 (11)				
Net	DDR3_DM0				
PPr	U1.B5:U2.E7			500.00 MIL	
Net	DDR3_DQS_N0				
PPr	U2.G3:U1.G11			475 mil	
Net	DDR3_DQS_P0				
PPr	U2.F3:U1.H11			357 mil	
Net	DDR3_DQ0				
PPr	U2.E3:U1.F8			458 mil	
Net	DDR3_DQ1				
PPr	U2.F7:U1.C6			443 mil	
Net	DDR3_DQ2				
PPr	U2.F2:U1.G10			423 mil	
Net	DDR3_DQ3				
PPr	U2.F8:U1.A4			457 mil	
Net	DDR3_DQ4				
PPr	U2.H3:U1.F9			433 mil	
Net	DDR3_DQ5				
PPr	U2.H8:U1.A5			418 mil	
Net	DDR3_DQ6				
PPr	U2.G2:U1.J12			464 mil	
Net	DDR3_DQ7				
PPr	U2.H7:U1.E7			482 mil	
DPr	DDR3_CK				

图 17-39 导入 Pin Delay

下面介绍创建 Match Group，并设置时序等长关系的方法。

方法一：

（1）选中前面已创建好的 Pin Pair（引脚对），右击，在弹出的快捷菜单中选择 Creat→Match Group 命令。在弹出的对话框中输入 Match Group 的名称 D1，如图 17-40 所示。

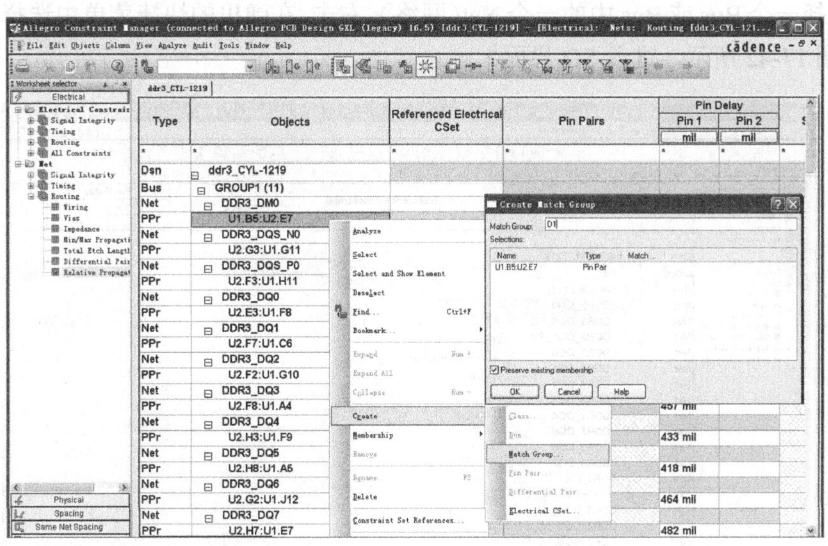

图 17-40 输入 Match Group 的名称

（2）把 Group1 的其他数据线及 DM DQS 的 Pin Pair 追加到 Match Group D1 中。选择同一 Bus（总线）任一剩下数据线的 Pin Pair，右击，在弹出的快捷菜单中选择 Membership

→Match Group 命令，在弹出的对话框中选择 D1。其他信号线的操作与此相同，如图 17-41 所示。

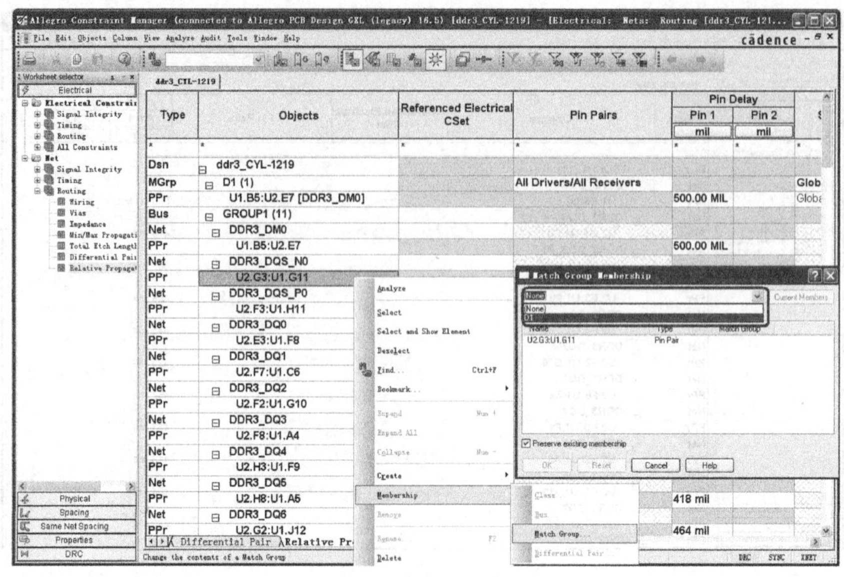

图 17-41　在弹出的对话框中选择 D1

这种方法操作比较烦琐，当需要设置的网络比较多时，效率比较低。

方法二：

(1)选择一个 Bus 或 Bus 中的一个 Net(网络)，右击，在弹出的快捷菜单中选择 SigXplorer 命令，如图 17-42 所示，进入 SQ 界面。

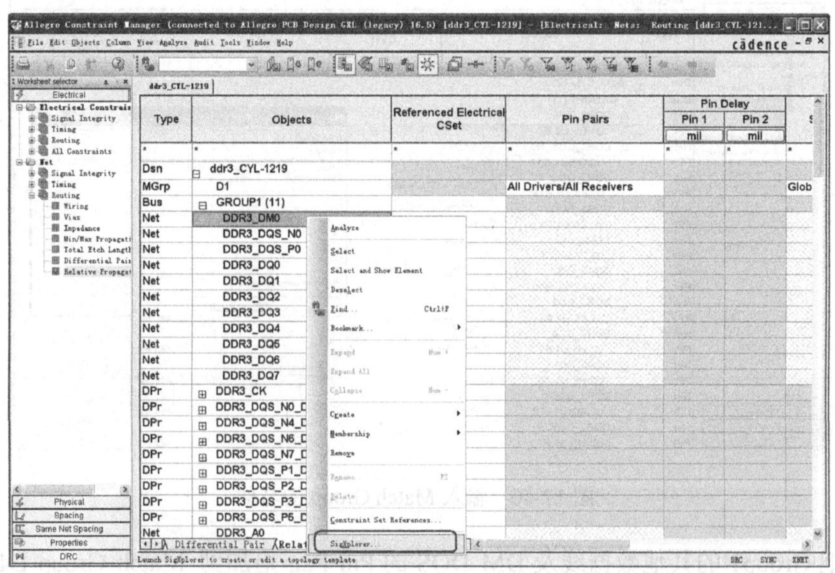

图 17-42　选择 SigXplorer 命令

（2）选择 Set→Constraints 命令，进行各约束规则的设置，在弹出的窗口中选择 Rel Prop Delay 选项卡，设置 Match Group 各参数，参数设置完毕后单击 OK 按钮，如图 17-43 所示。

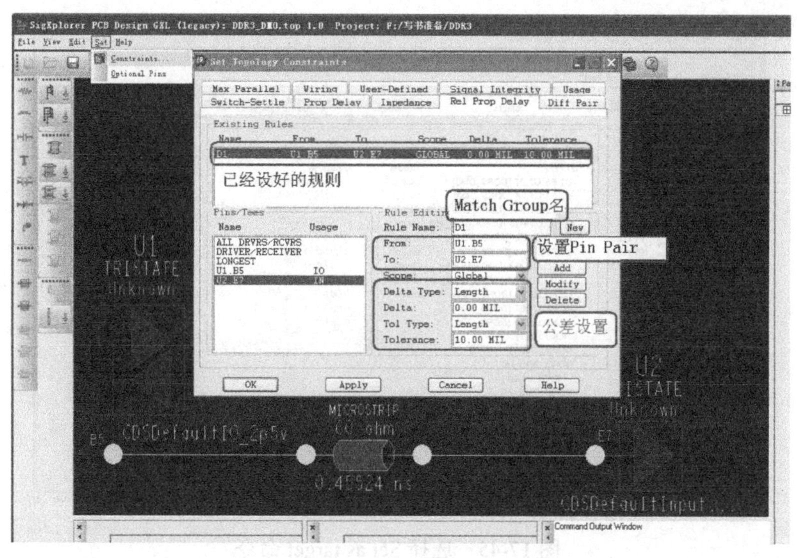

图 17-43　设置参数

（3）选择 File→Updata Constraints Manager 命令，即可将已设置好的规则加入约束管理器中，在 Electrical 域中 Net 下的 Routing→Relative Propagation Delay 中即可看到设置的规则，如图 17-44 所示。

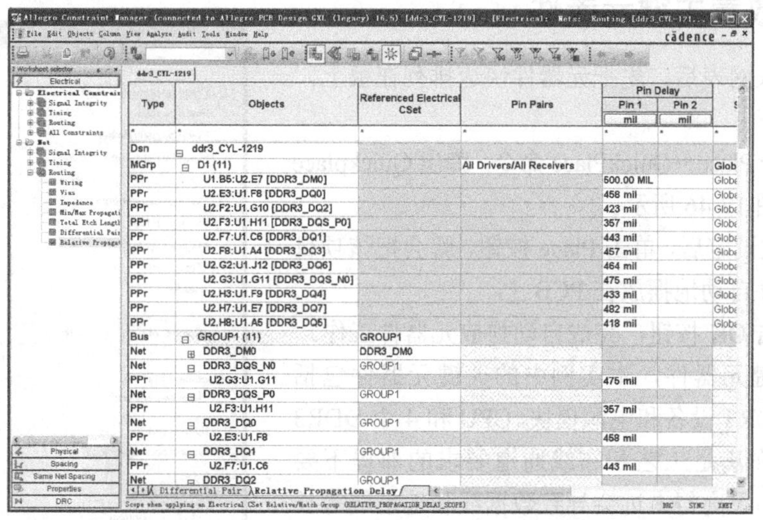

图 17-44　将设置好的规则加入约束管理器中

如果同一 Bus 中的 Net 的拓扑结构一致，直接用 Bus 来创建 Match Group，无须再追加已设的规则。若用 Net 来创建或拓扑结构不一致，则需把同组其他信号的 Pin Pair 追加到 Match Group 中。

（4）创建好 Match Group 后，在 DQS 对应的 Delta Tolerance 列右击，在弹出的快捷菜单中选择 Set as target 命令，将该 DQS 设为本 Match Group 的绕线基准，如图 17-45 所示。

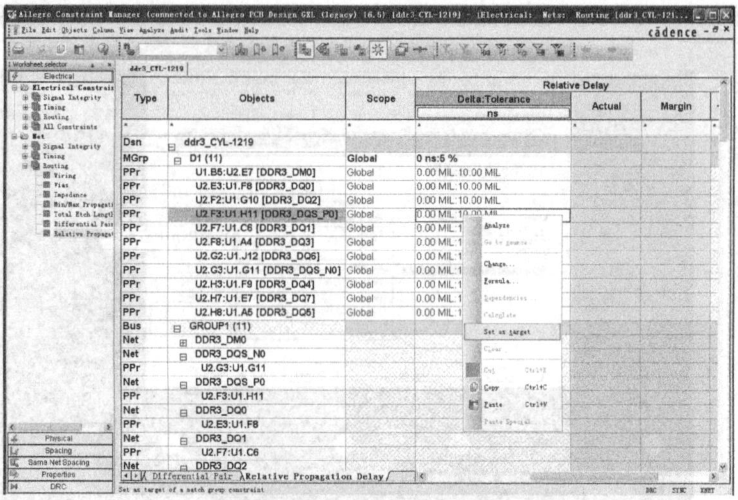

图 17-45　选择 Set as target 命令

用同样的方法设置其他组的 Match Group 及基准。

17.3　DDR3 布局

17.3.1　放置关键元器件

成功调入网表后，先把元器件快速排列在板上，操作步骤如下：

（1）选择 Place→QuickPlace 命令，弹出 Quickplace 对话框，如图 17-46 所示。

（2）完成设定后，单击 Place 按钮，就会把该项目的全部元器件自动地摆放在 PCB 上。

（3）单击 OK 按钮，完成自动摆放元器件工作。

摆放关键元器件，本实例中的关键元器件包括 CPU、4 个 DDR3 设备和电源模块。CPU 和 4 个 DDR3 设备的距离在满足工艺和布线通道要求的前提下要尽可能小；如果离得太远会导致数据线和地址线等长度过长，如图 17-47 所示。

DDR3 电源模块要尽量靠近 CPU 和 DDR3 设备放置，如图 17-48 所示。本实例中的 VDD 和 VTT 都是同一个电源芯片输出的，在放置电源模块时，要兼顾 VDD 电源通道和 VTT 电源通道，使这两个电源通

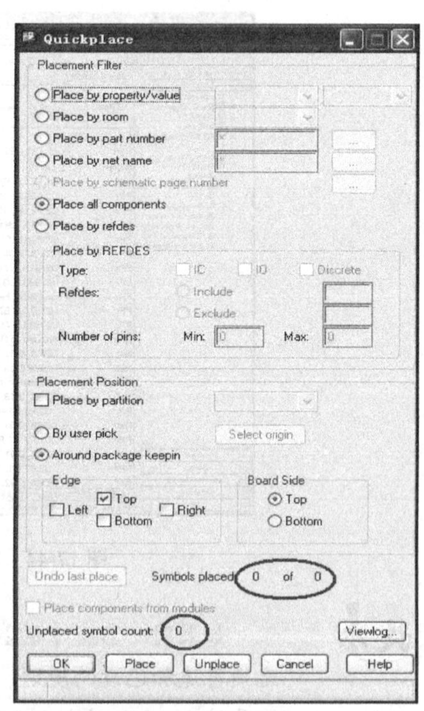

图 17-46　Quickplace 对话框

道顺畅不交叉。

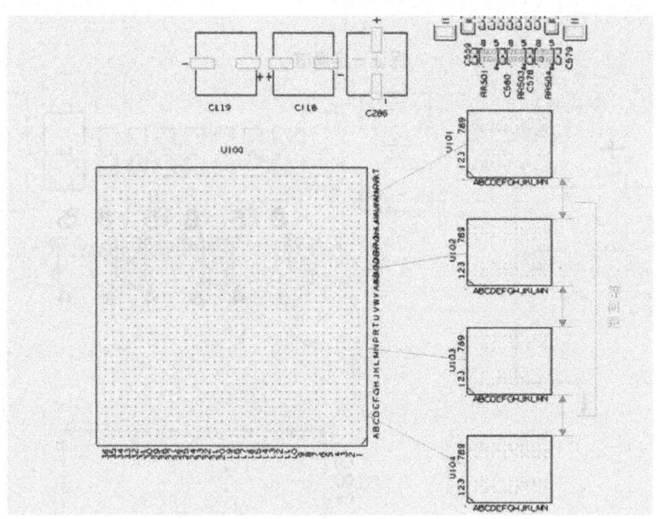

图 17-47　关键元器件摆放

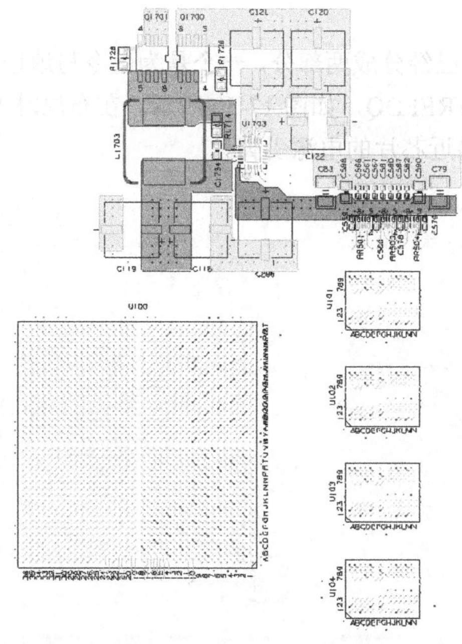

图 17-48　DDR3 电源模块的设置

17.3.2　模块布局

VTT 上拉电阻要放置在相应网络的末端，即靠近最后一个 DDR3 放置。另外，每个 VTT 上拉电阻附近要放置一个 VTT 的滤波电容。一般而言，VTT 电源直接在元器件面同层铺铜来完成连接，所以放置滤波电容时需要兼顾两方面：一方面，要保证有一定的电源通道（见图 17-49）；另一方面，滤波电容不能离上拉电阻太远，以免影响滤波效果。

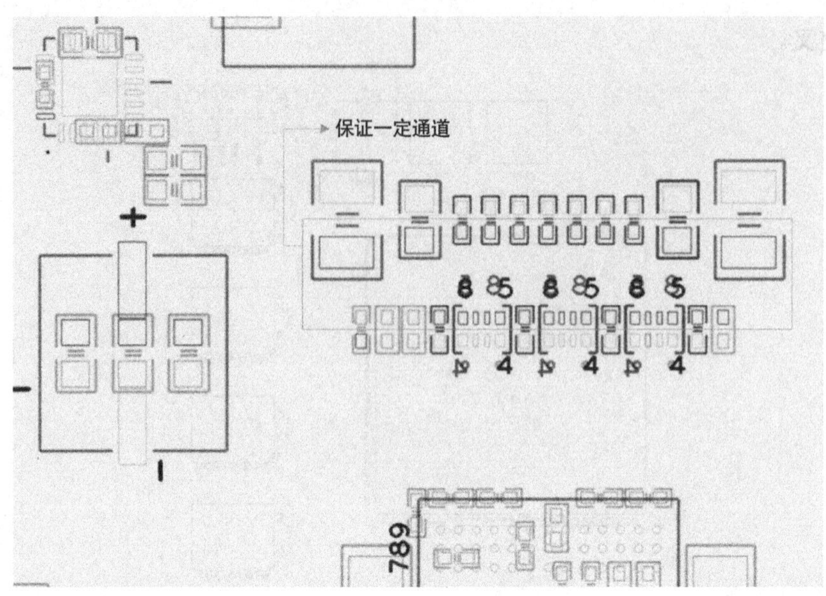

图 17-49　放置滤波电容

1. VREF 电路布局

在 DDR3 中，VREF 已经分成两部分，一个是为命令与地址信号服务的 VREFCA，另一个是为数据总线服务的 VREFDQ，如图 17-50 所示。在布局时 VREFCA、VREFDQ 的滤波电容及分压电阻要分别靠近芯片的电源引脚。

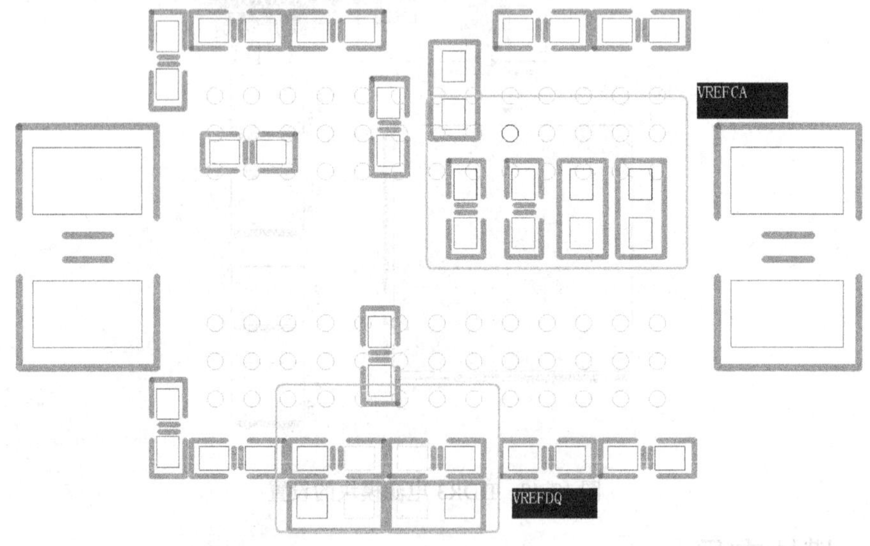

图 17-50　VREF 电路布局

2. VDD 小电容及大电容布局

在 CPU 端和 DDR3 端，VDD 的滤波电容要尽可能地靠近引脚放置，每个引脚对应一个滤波电容，同时要在 CPU 和 DDR3 周围均匀摆放一些储能电容，如图 17-51 所示。

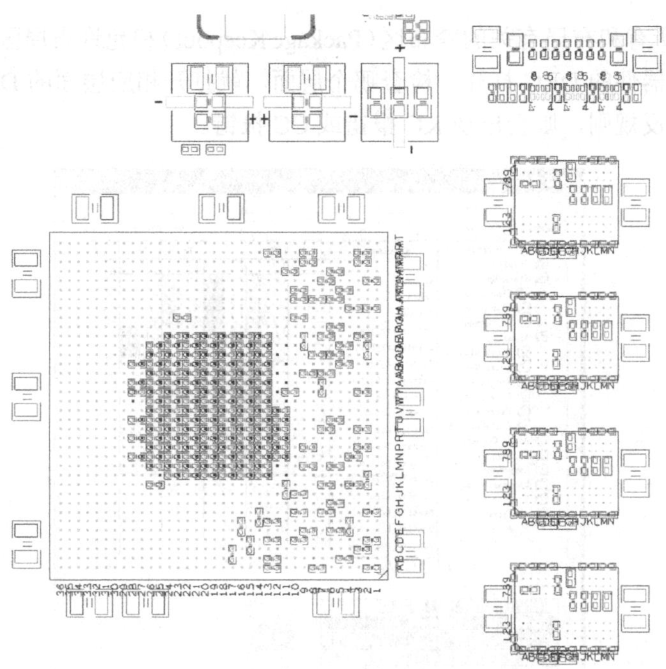

图 17-51 VDD 电容布局

BGA 周围的电阻、电容如果需要放置在 BGA 同面，要注意预留一定的返修空间。

在各个阶段，我们都需要关注 DRC。

首先确保元器件都已经放入板内，通过查看报告可以快速检查此项。选择 Tools→Reports 命令，弹出 Reports 对话框，报告中显示未放置元器件的数目，如图 17-52 所示。

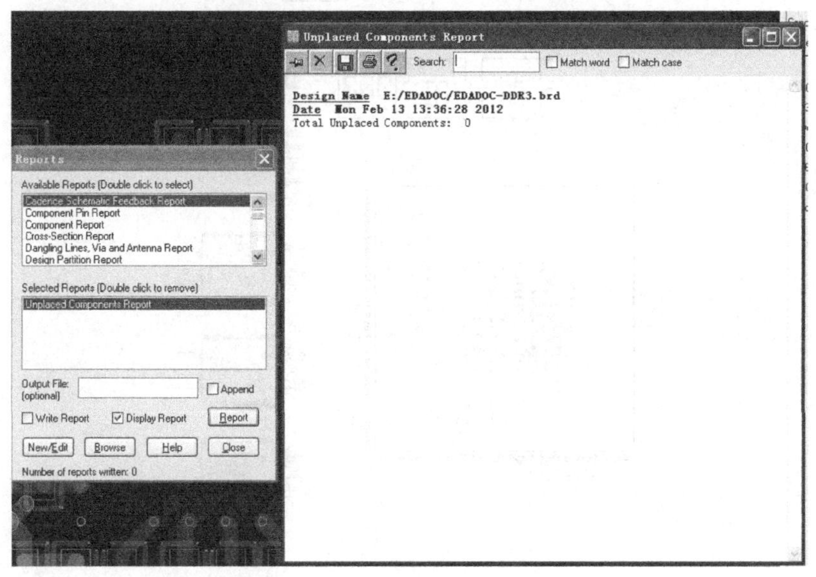

图 17-52 Reports 对话框和报告

然后，打开所有和布局有关的禁布区（Package Keepout）和允许布局区（Package Keepin）。同时，把关于元器件的 DRC 打开，检查哪个层面，就打开相应层面的 DRC，如图 17-53 所示。如果布局违反规则，则会出现 KC 报错或 CC 报错。

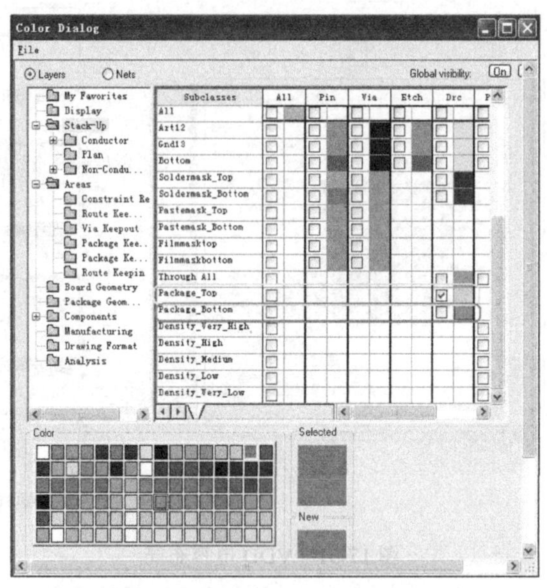

图 17-53　打开相应层面的 DRC

PCB 布局的效果如图 17-54 所示。

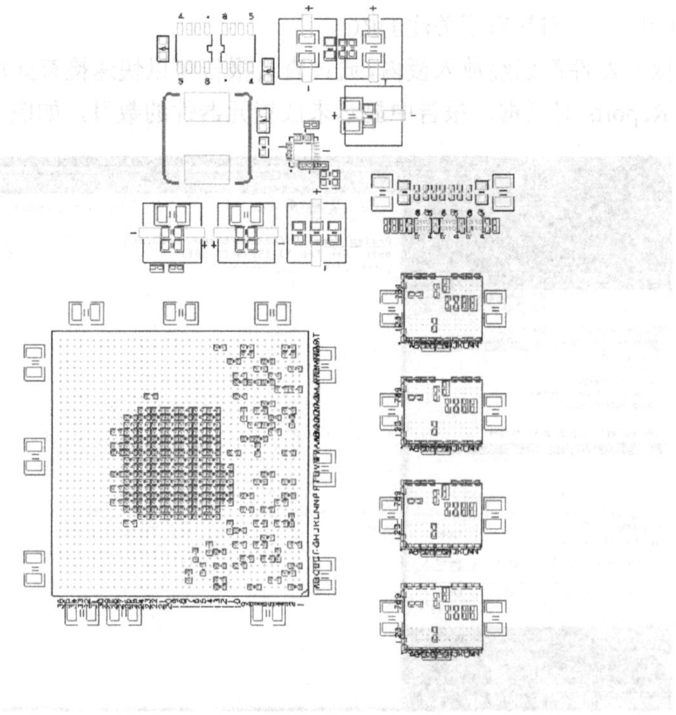

图 17-54　PCB 布局的效果

17.4 布线

17.4.1 电源处理

首先考虑电源的分配。DDR3 的电源主要有 VDD（1.5V）、VTT（0.75V）和 VREF（0.75V，包括 VREFCA 和 VREFDQ）。

1. VDD（1.5V）

VDD（1.5V）电源是 DDR3 的核心电源，其引脚分布比较分散，且电流相对比较大，需要在电源平面分配一个区域给 VDD（1.5V）。在本实例中，VDD（1.5V）将会被分配到 Power04 层。操作步骤如下：

（1）为 VDD（1.5V）电源在 Power04 层添加 Anti Etch（分割线）。先选择 Display→Color/Visibility→Stack-up 命令，选择 Power04 和 Anti Etch 的交点。再选择 Add→Line 命令，在 Options 面板中，设置 Class 为 Anti Etch，Subclass 为 Power04，如图 17-55 所示。

（2）为板子上覆盖 VDD（1.5V）网络的区域添加分割线，没有被划入区域的就是默认为 CPU 核心（Core）电源的区域。在画分割线时建议把分割线的转角设置为 45°，不要设置为 90°，避免出现直角铜皮，如图 17-56 所示。

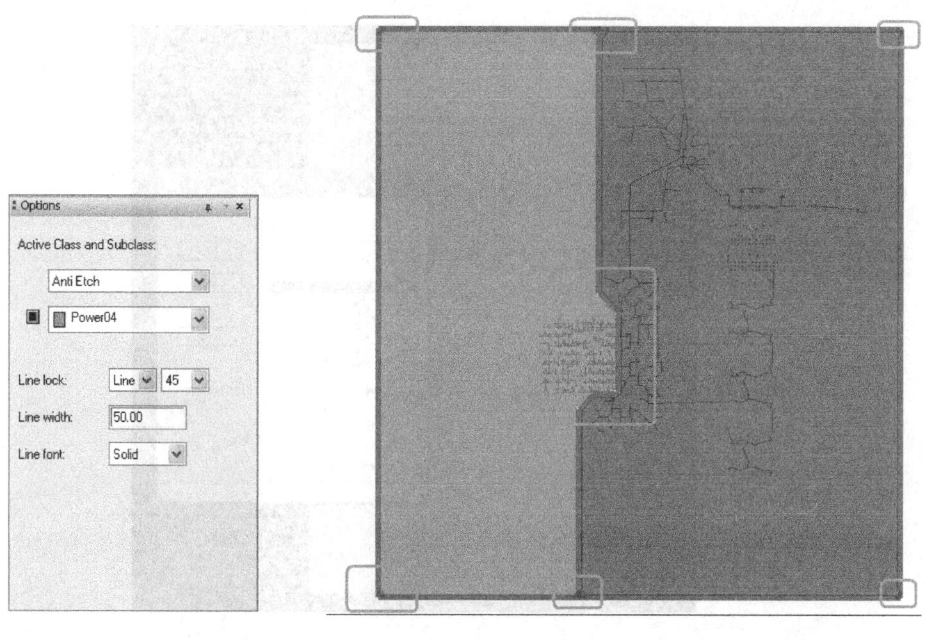

图 17-55 Options 面板　　图 17-56 分割线转角

（3）分配网络名，选择 Edit→Split Plane→Create 命令，弹出 Create Split Plane 对话框，其中 Shape type desired 设置为 Dynamic，如图 17-57 所示。

（4）单击 Create 按钮，弹出 Select a net 对话框，同时在 Allegro 工作区会出现高亮区，在 Select a net 对话框中选择这个高亮区的电源网络，图 17-58 中高亮区为核心（Core）电源的区域。

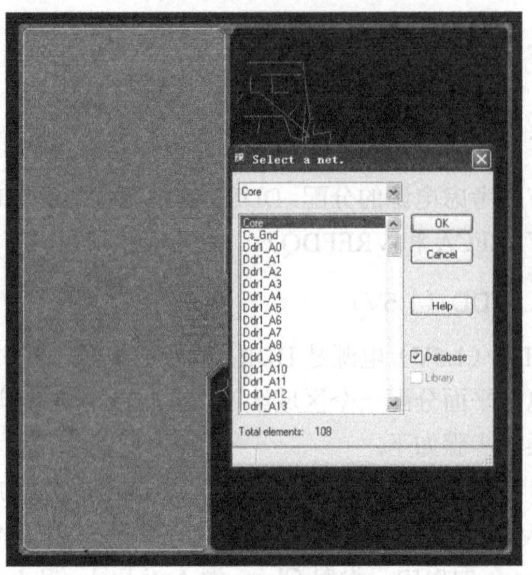

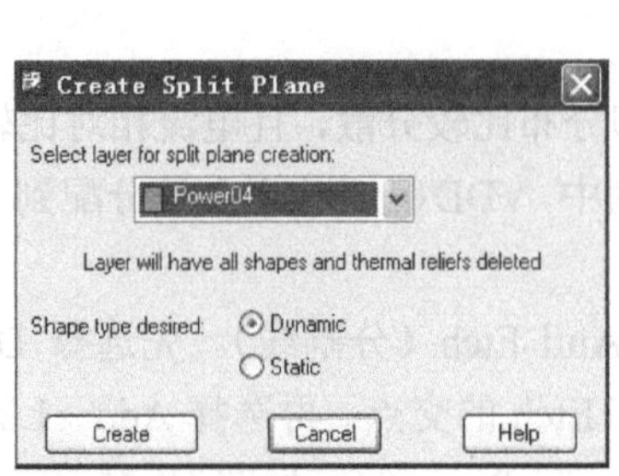

图 17-57 Create Split Plane 对话框　　图 17-58 Select a net 对话框和高亮区

（5）单击 OK 按钮，出现下一个高亮区，就是 VDD（1.5V）的区域，同样从网络列表框中选择 Vdd1.5V，再单击 OK 按钮，如图 17-59 所示，完成电源层的铺铜。

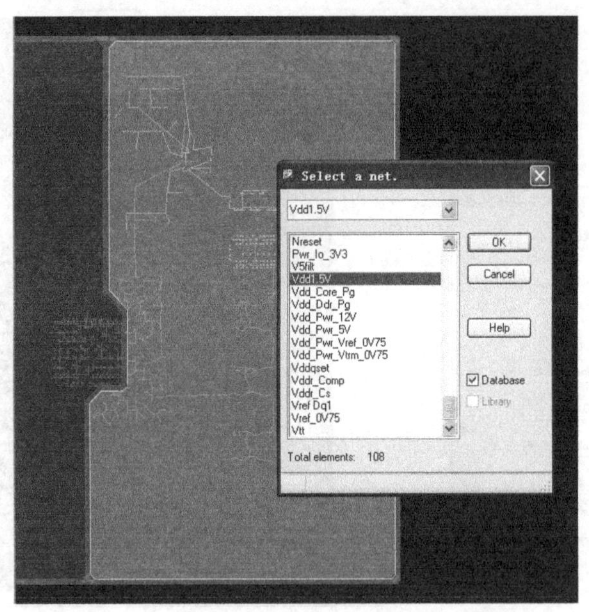

图 17-59 选择 Vdd1.5V

2. VTT 电源

设计中，VTT 电源集中在终端的上拉电阻处，不是很分散，对电流有一定的要求，如图 17-60 所示。在处理 VTT 电源时，一般在元器件面同层通过铺铜直接连接，铜皮要有一定的宽度。VTT 电源的这种处理方式比在内层划分平面的做法更普遍。

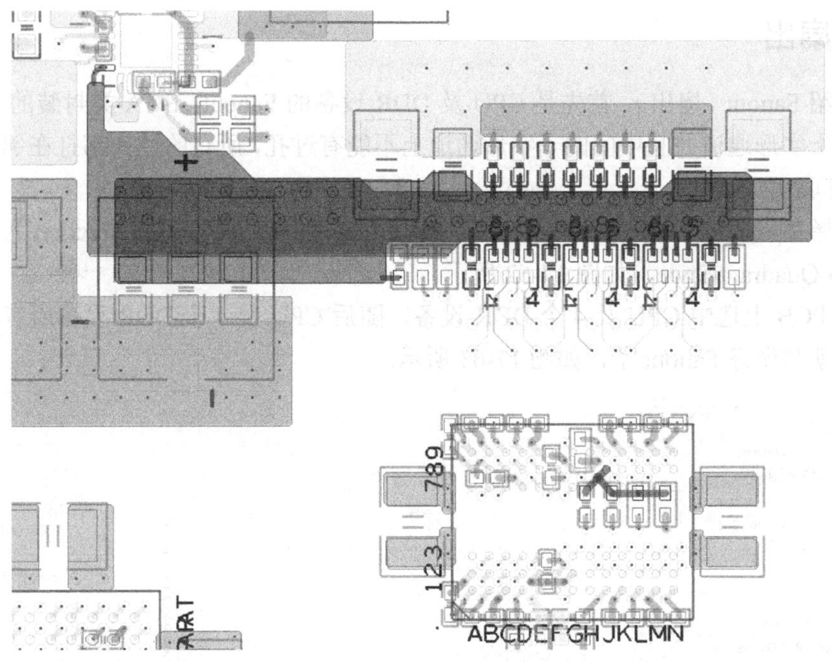

图 17-60 VTT 电源

3. VREF 电源

DDR3 的 VREF 电源已经分成 VREFCA 和 VREFDQ 两部分（见图 17-61），且每个 DDR3 设备都有单独的 VREFCA 和 VREFDQ，相对比较独立，其电流也不大。布线处理时用与器件同层的铜皮或走线直接连接，无须再在电源平面层为其分配电源。注意铺铜或走线时，要先经过电容再接到芯片的电源引脚，不要从分压电阻处直接接到芯片的电源引脚。

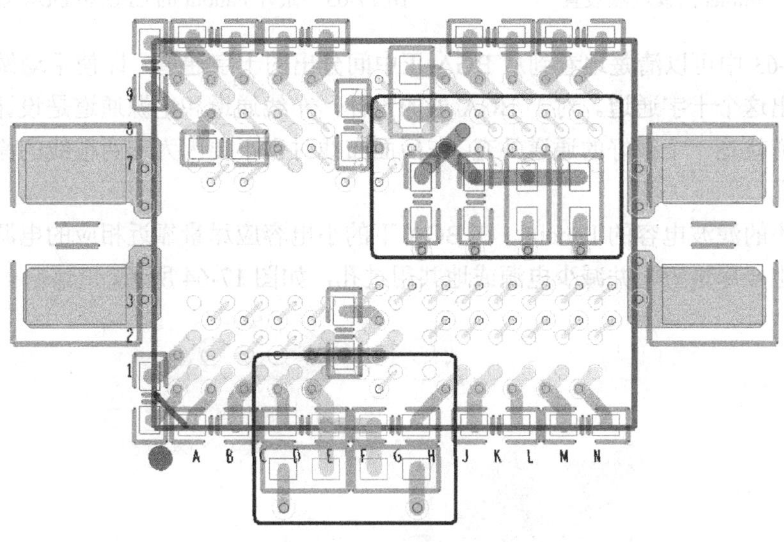

图 17-61 VREF 电源

17.4.2　扇出

下面介绍 Fanout（扇出）。首先是 CPU 及 DDR 设备的 Fanout。BGA 类封装的 Fanout 中间必须形成十字形通道并且中间的十字形通道上不能有过孔，所有的过孔都打在邻近的 4 个焊盘的正中间。

（1）选择 Route→Create Fanout 命令，弹出 Options 面板，设置 Via Direction 为打孔的方向，即 BGA Quadrant Style，如图 17-62 所示。

（2）在 PCB 上选中 CPU 及 4 个 DDR 设备，随后 CPU 及 4 个 DDR 设备所有有信号线连接的引脚就都做好 Fanout 了，如图 17-63 所示。

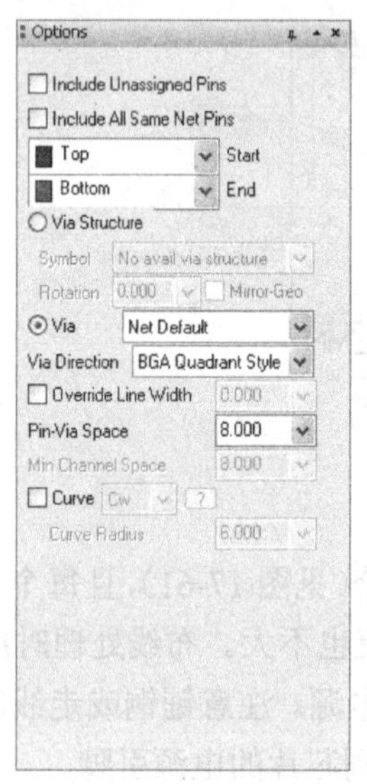

图 17-62　Options 面板选项设置

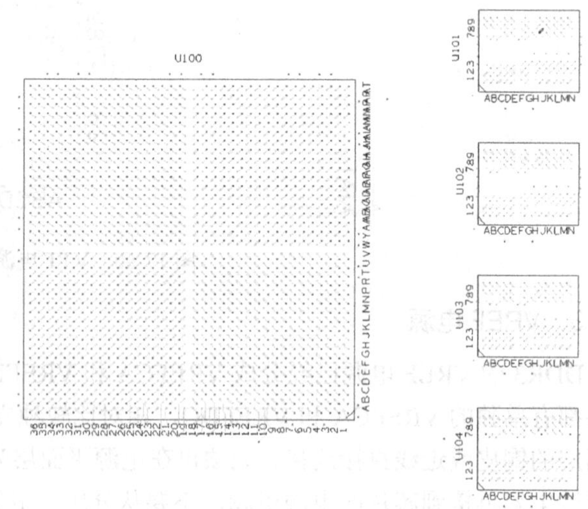

图 17-63　做好 Fanout 的 CPU 和 DDR 设备

从图 17-63 中可以清楚地看到从 BGA 正中间分出的十字通道，即使手动做 Fanout，也不要忘记留出这个十字通道。对于 BGA 处的设计，布线通道和电源通道是设计中的难点，这个十字通道就是一个很好的通道补充，在后面布线时也不要因为一两根线的原因在十字通道上添加过孔。

其次是小的滤波电容的 Fanout。在 BGA 下的小电容应尽量靠近相应的电源引脚放置，电容的引线也要尽量短，并减少电源或地共用过孔，如图 17-64 所示。

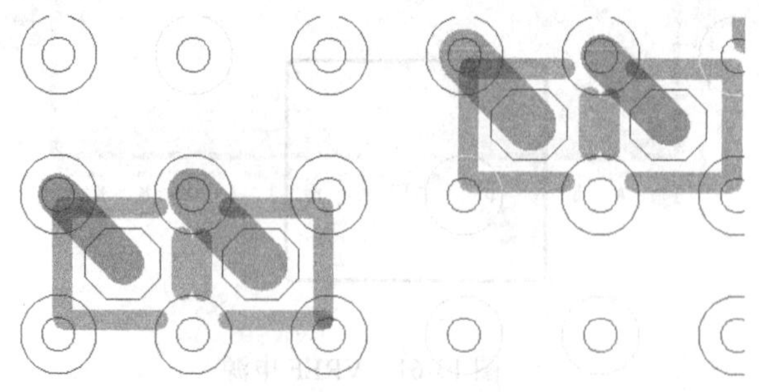

图 17-64　小滤波电容的 Fanout

最后是 Bulk 电容的 Fanout。电源的 Bulk 电容一般在设计中起到储能滤波的作用，在做 Fanout 时要多打孔，建议打 2 个以上孔，电容越大，需要的过孔越多，也可以用覆铜的形式来做。电容的电源孔应和地孔尽量靠近，如图 17-65 所示。

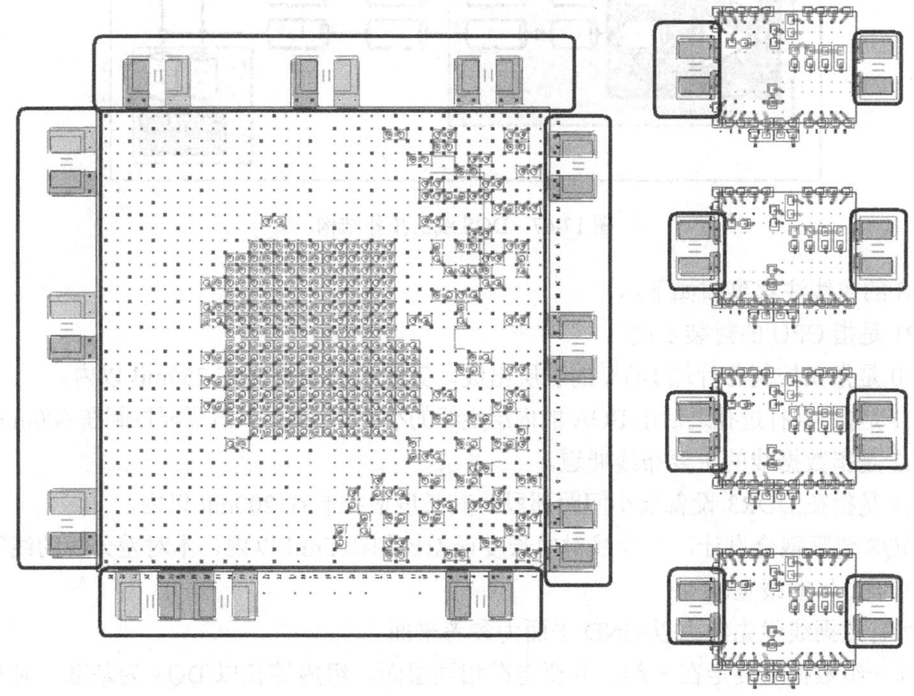

图 17-65　Bulk 电容的 Fanout

17.4.3　DDR3 布线

首先介绍数据线的布线。DDR3 数据线分组大部分的设计规则及截图参考 Intel 公司的资料。设计要求会因为芯片公司不同而有差异，具体以芯片手册的要求为准。

数据线的拓扑是点对点或一拖二，结构如图 17-66 所示。

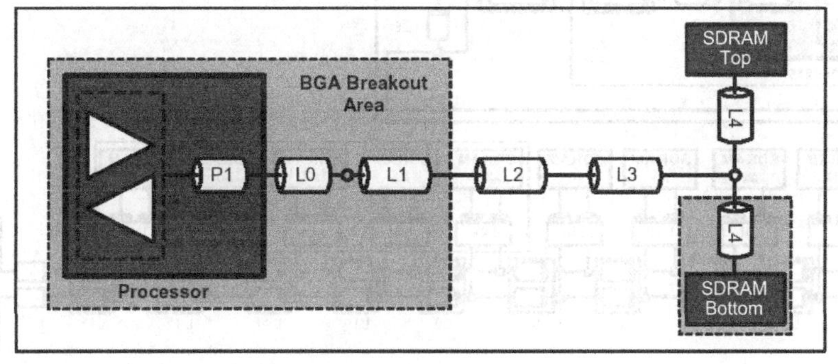

图 17-66　数据线的拓扑结构

DQS 线的拓扑结构如图 17-67 所示。

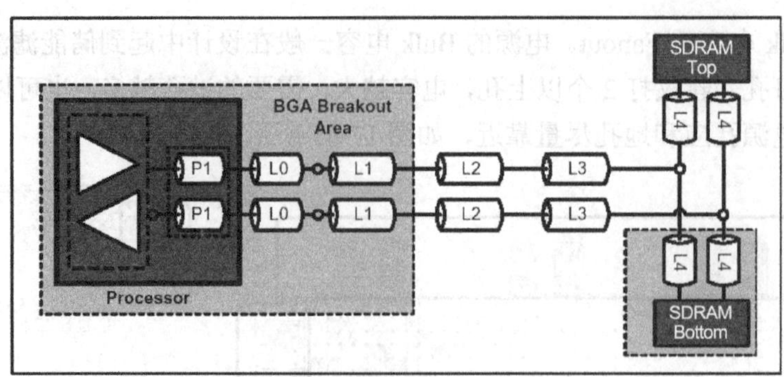

图 17-67　DQS 线的拓扑结构

DQS 的布线注意事项如下。

- P1 是指 CPU 的封装长度。
- L0 是指在控制芯片端 BGA 的表层出线，其长度要求控制在 250mil 以内。
- L1 是指 L0 打过孔之后出 BGA 的内层走线的小间距那段，长度需要控制在 600mil 以内。
- L2 是指数据线的主要布线通道。
- L3 是指在 DDR3 设备端小间距那段，其长度应控制在 200mil 以内。
- DQS 要紧耦合设计，差分线对内长度误差控制在 5mil 以内，本对差分线的线间距要小于 2 倍的线宽。
- 所有数据线优先考虑以 GND 平面为参考平面。
- 同一组数据线要走在一起，并要走在相同层面。组内等长以 DQS 为基准，且长度差控制在 20mil 以内。
- 数据线除需满足和时钟线的时序关系外，还需注意最长不要超过 6500mil。

时钟线 CLK 的拓扑结构如图 17-68 所示。

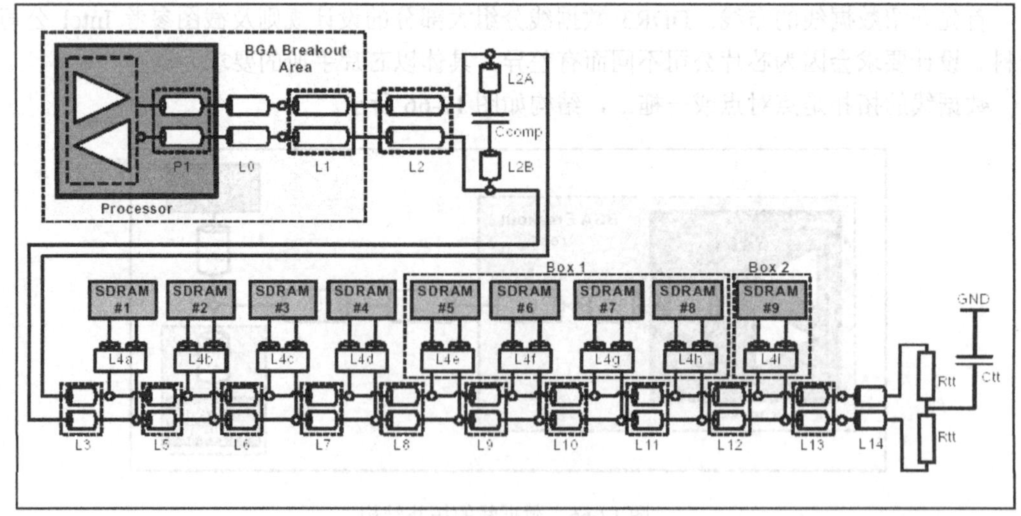

图 17-68　时钟线 CLK 的拓扑结构

时钟线 CLK 的布线注意事项如下。

- L0 是指在控制芯片端 BGA 的表层出线，长度要求控制在 250mil 以内。
- L1 是指 L0 打过孔之后，出 BGA 的内层走线的小间距那段，长度需要控制在 600mil 以内。
- L2 是指主要的布线通道。
- L2A 和 L2B 是指补偿电容层打孔的那段。其长度不能超过 50mil。
- L3 是指补偿电容层打孔后到第一个 DDR 颗粒的内层走线的长度。
- 时钟线要紧耦合设计，时钟线要走在以地平面为参考平面的内层。

各段的长度控制如下。

- L5~L12 是表示 CLK 菊花链拓扑结构中走在内层的那一段，设计时 L5~L12 需要严格控制等长，长度差控制在 5mil 以内。
- L4a~L4i 是指正反贴的 DDR 颗粒需要走在表层的那段长度，可以认为是 Fly-by 拓扑结构的 Stub（残桩）。走线需要全部等长，并且总长度控制在 200mil 以内。
- CLK 网络从控制器到第一个 DDR 颗粒的走线长度不要超过 6000mil，到最后一个 DDR 颗粒的长度不要超过 12000mil。
- CLK 网络最后一个 DDR 颗粒到端接电阻的长度不要超过 800mil，其中 L4 不要超过 200mil，L13 不要超过 500mil，L14 不要超过 100mil。
- 所有的差分线对（时钟线和 DQS）的对内等长的长度差控制在 5mil 以内。

下面介绍地址控制线组的设计要求。

地址/命令线的拓扑结构如图 17-69 所示。

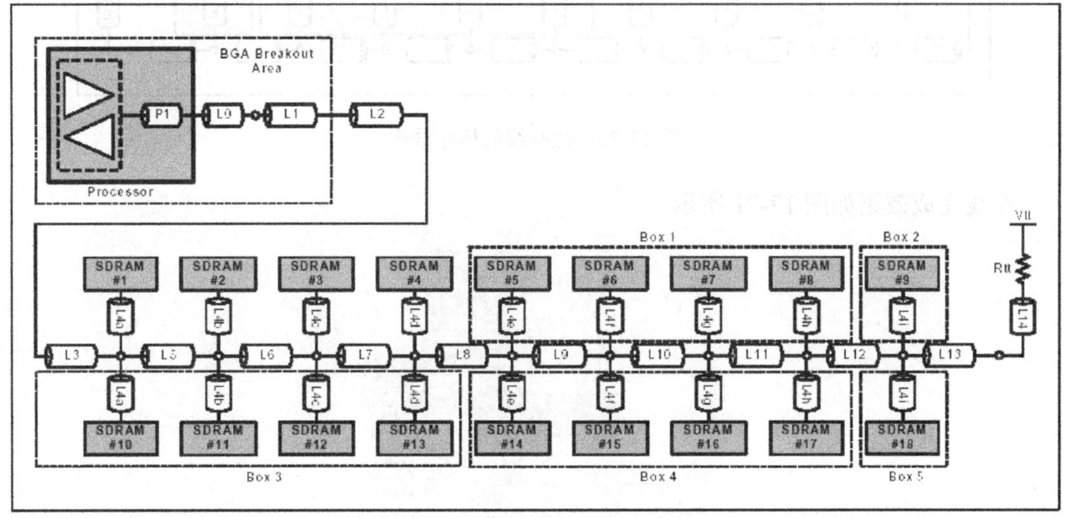

图 17-69　地址/命令线的拓扑结构

控制线的拓扑结构如图 17-70 所示。

控制线的布线注意事项如下。

- ADD/COM/CTRL 要走在以地平面为参考平面的内层。
- 拓扑中 L0 是指在控制芯片端 BGA 的表层出线，长度要求控制在 250mil 以内。
- L1 是指 L0 打过孔之后，出 BGA 的内层走线的小间距那段，长度需要控制在 600mil

以内。

- L2 和 L3 是指主要的布线通道。
- ADD/COM/CTRL 采用菊花链形式。
- L5~L12 表示 ADD/COM/CTRL 菊花链拓扑结构中走在内层的那一段，设计时 L5~L12 需要严格控制等长，长度差控制在 5mil 以内。
- L4a~L4i 是指 ADD/COM/CTRL 网络在正反贴的 DDR 颗粒上需要走在表层的那段长度，走线需要全部等长，并且总长度控制在 200mil 以内。
- ADD/COM/CTRL 网络从控制器到第一个 DDR 颗粒的走线长度不要超过 6000mil，到最后一个 DDR 颗粒的走线长度不要超过 12000mil。
- ADD/COM/CTRL 网络最后一个 DDR 颗粒到端接电阻的走线长度不要超过 800mil，其中 L4 不要超过 200mil，L13 不要超过 500mil，L14 不要超过 100mil。

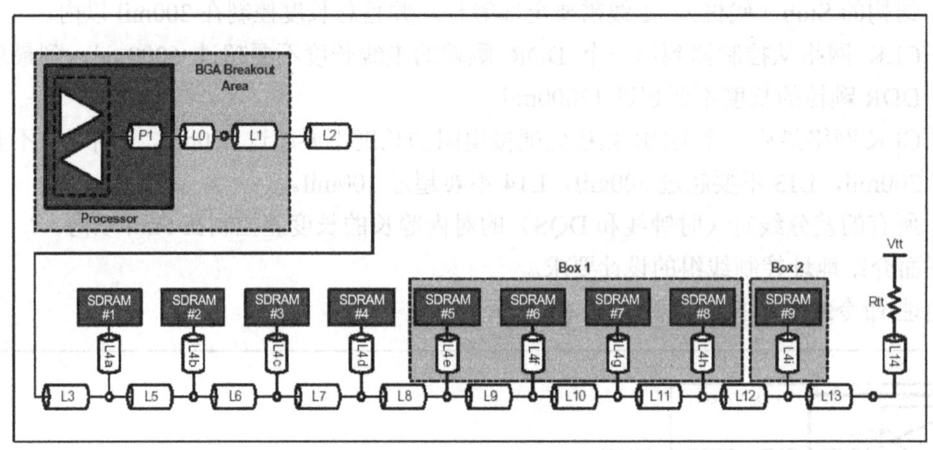

图 17-70　控制线的拓扑结构

布线完成效果如图 17-71 所示。

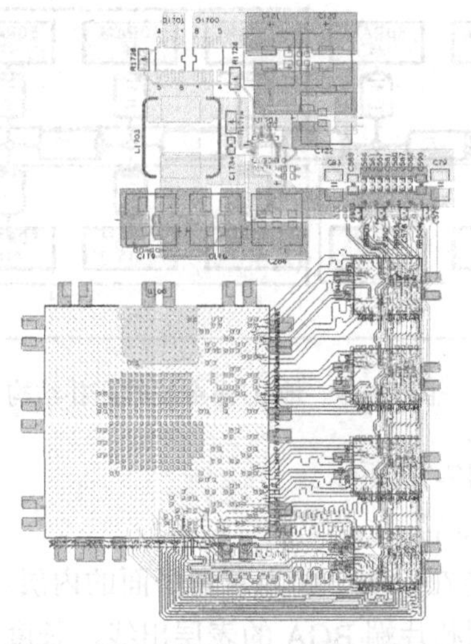

图 17-71　布线完成效果

17.5　信号完整性和电源完整性仿真设计

17.5.1　信号完整性仿真

由于 DDR3 的速率很高，相应的信号完整性问题和电源完整性问题比较突出，设计完成之后，建议进行仿真验证。Cadence 收购 Sigrity 后，一些仿真引擎就切换到 Sigrity 平台上，而之前 Cadence PCB SI 功能就没有进一步更新，这里简要介绍 Sigrity 在 DDR3 仿真上的一些功能，简单介绍利用 SystemSI 来仿真 DDRx 等并行信号的基本操作。

SystemSI 是 Cadence Allegro 的一款系统级信号完整性仿真工具，它集成了 Sigrity 强大的电路板、封装等互连模型及电源分布网络模型的提取功能。DDRx 信号使用 SystemSI 并行总线分析（Parallel Bus Analysis）模块，它支持 IBIS 和 HSPICE 晶体管模型，支持传输线、S 参数和通用 SPICE 模型，支持非理想电源地的仿真分析。

1．定义仿真模板

（1）打开 SystemSI。

（2）新建一个 Workspace，选择 File→New 命令，弹出如图 17-72 所示的对话框。

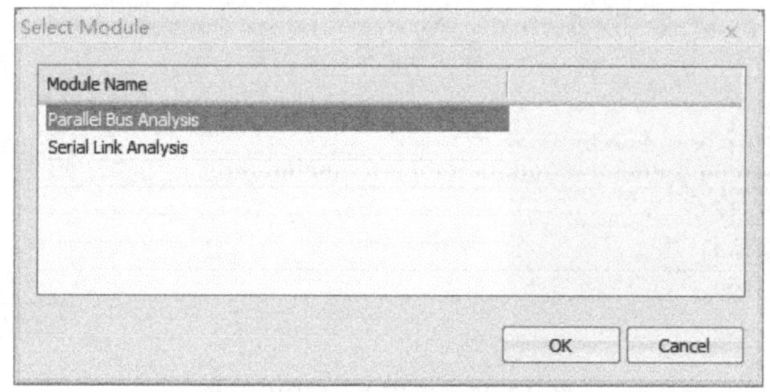

图 17-72　Select Module 对话框

（3）选择 Parallel Bus Analysis，单击 OK 按钮，弹出如图 17-73 所示的对话框。

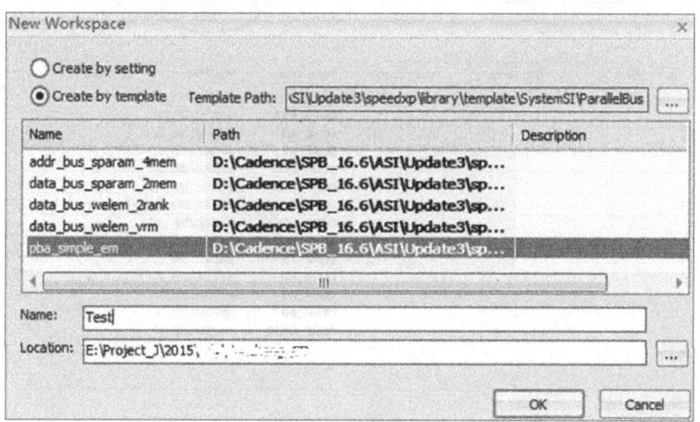

图 17-73　New Workspace 对话框

（4）选择 Create by template 单选按钮。

（5）选择一个模板 pba_simple_em 为工程文件，设置文件名和保存路径，单击 OK 按钮，弹出图 17-74 所示仿真模板。

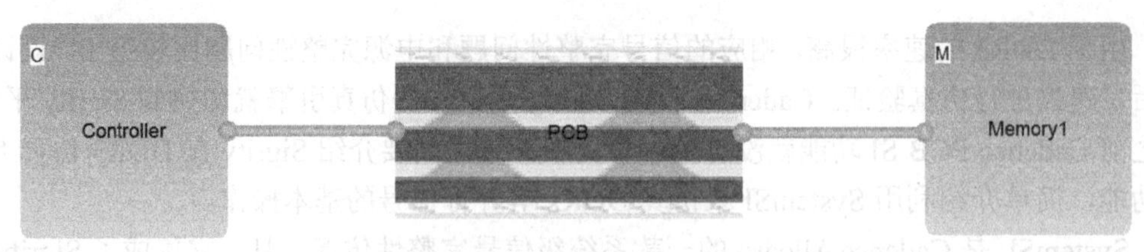

图 17-74　仿真模板

2．加载零件 IBIS 模型

（1）选择 Controller 选项卡，单击 load IBIS 按钮，如图 17-75 所示。

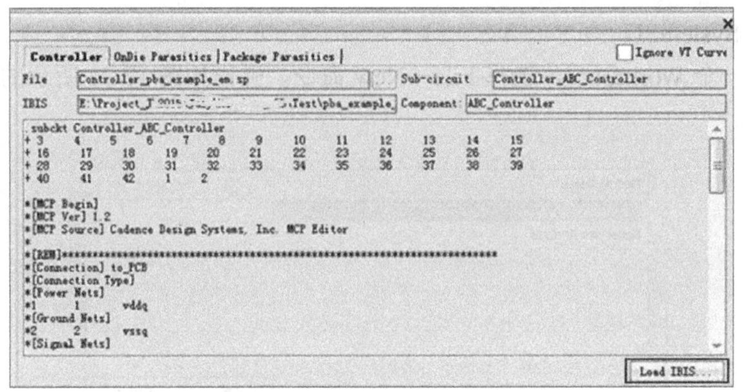

图 17-75　单击 load IBIS 按钮

（2）单击⊟按钮，加载 IBIS 模型，如图 17-76 所示。

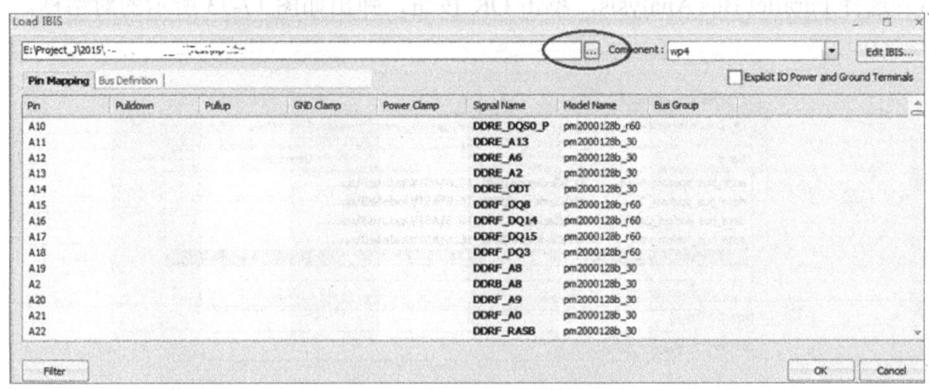

图 17-76　加载 IBIS 模型

（3）切换到 Bus Definition 选项卡，单击 Add 按钮，增加 Bus，如图 17-77 所示。

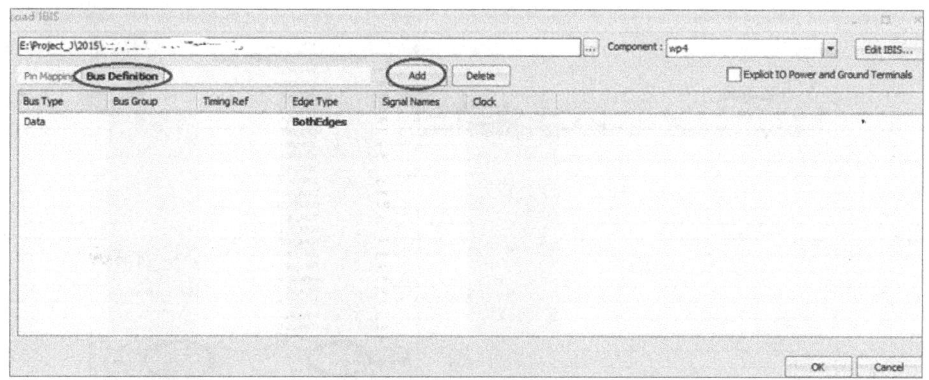

图 17-77　增加 Bus

（4）编辑 Bus。在 Bus Group 列编辑名称，单击 Timing Ref，编辑参考信号，然后单击 >> 按钮，单击 OK 按钮，如图 17-78 所示。

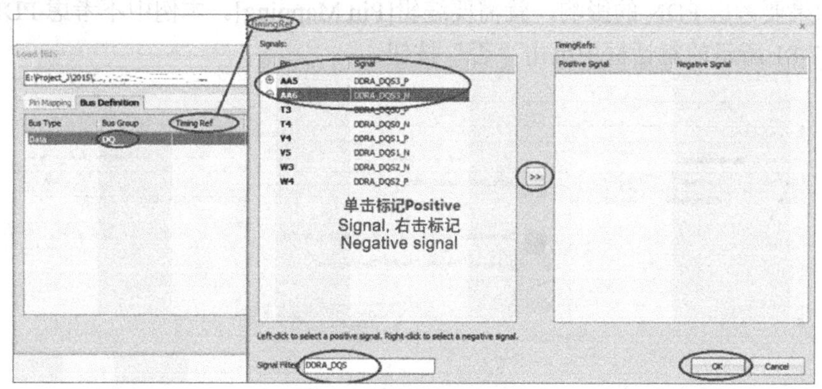

图 17-78　编辑 Bus

（5）编辑 Edge Type。数据组选择 BothEdges，控制组、地址组、命令信号组选择 RiseEdge，如图 17-79 所示。

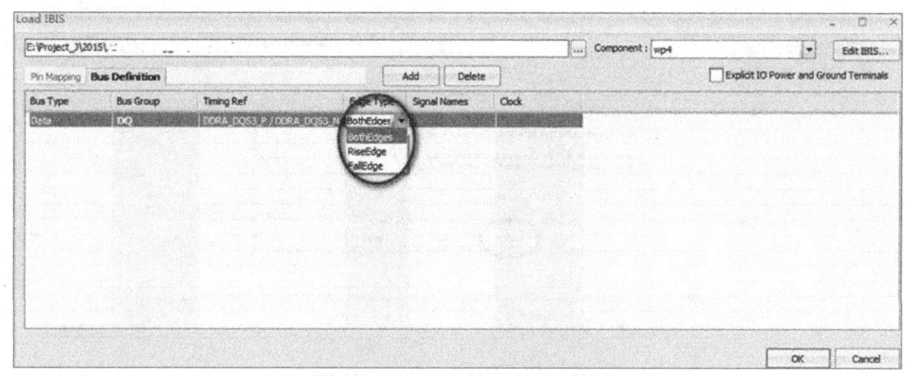

图 17-79　编辑 Edge Type

（6）编辑 Signal Names。在 Signal 对话框中勾选信号名复选框，单击 OK 按钮，如图 17-80 所示。

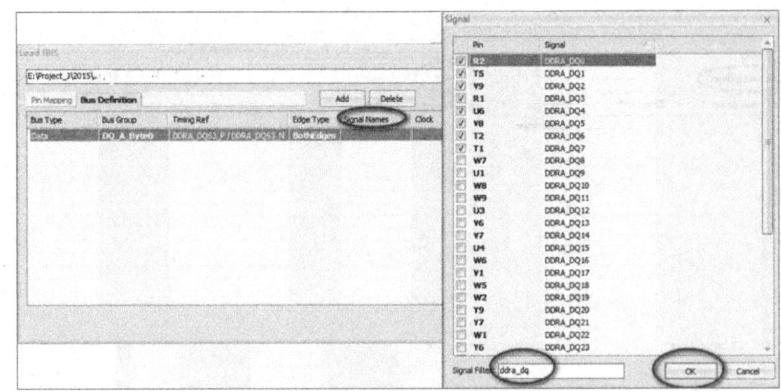

图 17-80　编辑 Signal Names

（7）[Pin Mapping]在 IBIS 文件中主要用于表明驱动端和接收端电源和地的连接情况，为可选项，有些 IBIS 文件中没有该项。如果 IBIS 文件中没有该项，在仿真中就默认是理想电源，如果要考虑 PDN 的影响，就需要编辑[Pin Mapping]。本例中不考虑 PDN 的影响，在图 17-81 所示的对话框中单击“否”按钮。

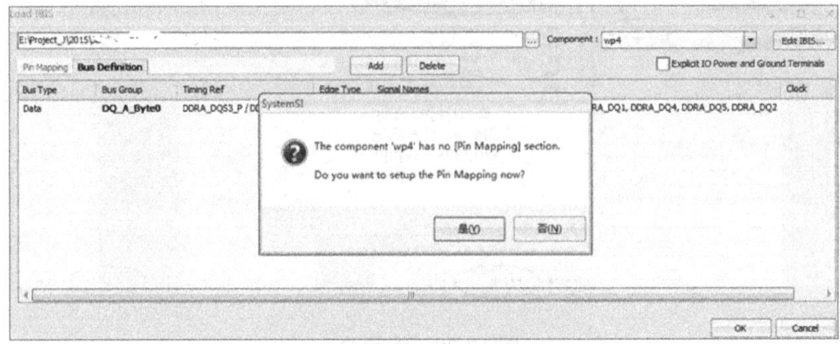

图 17-81　是否建立[Pin Mapping]

（8）在 Update IBIS File 对话框中单击 Update 按钮，如图 17-82 所示。

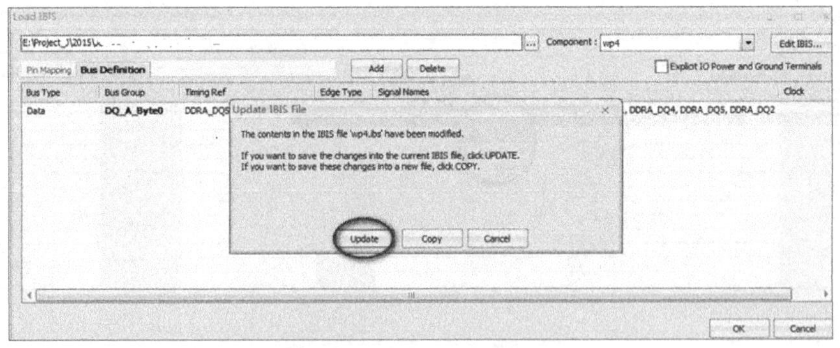

图 17-82　单击 Update 按钮

（9）零件的 IBIS 模型加载完成，软件会根据加载的 IBIS 文件自动生成子电路文件，如图 17-83 所示。另外，还可以加载 OnDie 和 Package 模型，如图 17-84 所示。

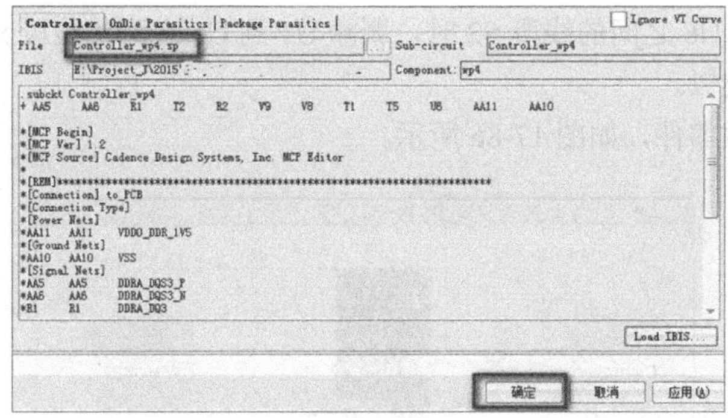

图 17-83 元器件子电路文件

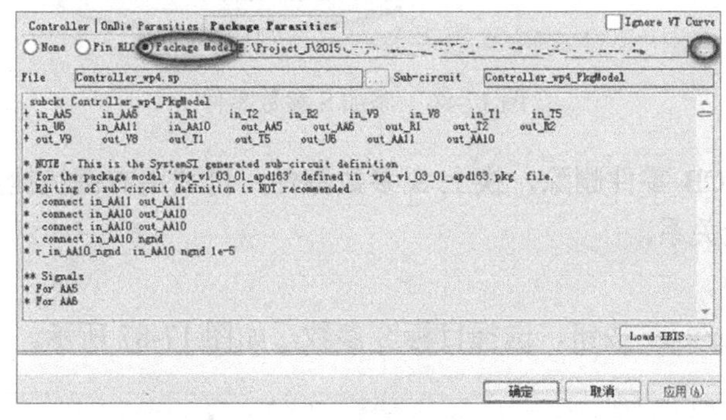

图 17-84 加载 Package 模型

（10）单击“确定”按钮，完成加载。

3. 编辑互连线模型

互连线模型包括 PCB 上的传输线、封装和连接器模型，可以直接编写 SPICE 网表文件，然后调用，也可以调用 S 参数。下面以调用 S 参数为例。

（1）利用 PowerSI 提取 S 参数。

DDR 仿真，需要提取的 S 参数较多，利用 PowerSI 提取会比较方便。如果遇到一条地址线上接两个或多个 DDR3 颗粒的时候，最好分段提取 S 参数，分段提取的时候删除该链路上其他不需要的线段。DDR 仿真拓扑图如图 17-85 所示。

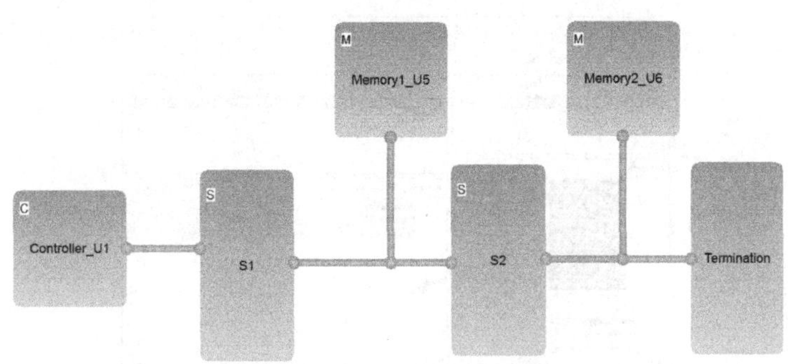

图 17-85 DDR 仿真拓扑图

比如提取 U5 到 U6 之间的线段 S2 时，删除 U1 到 U5 之间的线段 S1 和 U6 到端接电阻之间的线段，其他类似。

（2）添加 S 参数零件，如图 17-86 所示。

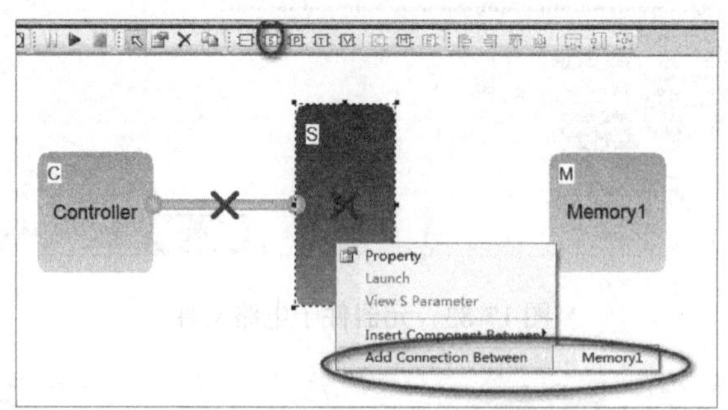

图 17-86　添加 S 参数零件

将原模板中的 PCB 零件删除，换上 S 参数零件，再利用右键快捷菜单命令与主控零件和颗粒零件建立连接关系。

（3）调用 S 参数。

单击 Load S Parameter 按钮，选择目标 S 参数，如图 17-87 所示。

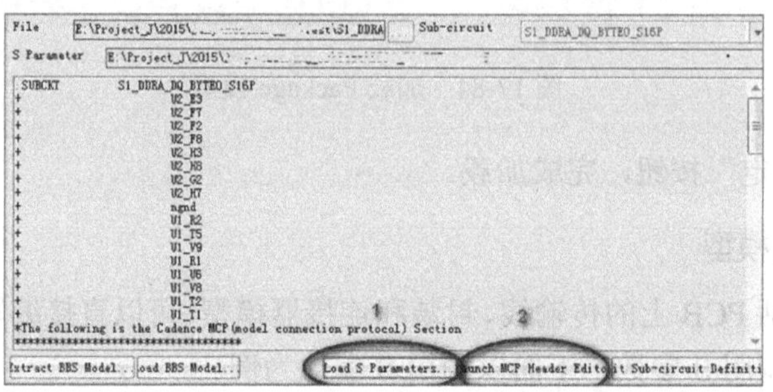

图 17-87　加载 S 参数文件

（4）编辑 MCP 模型。

单击 Lunch MCP Header Editor 按钮，弹出如图 17-88 所示对话框。

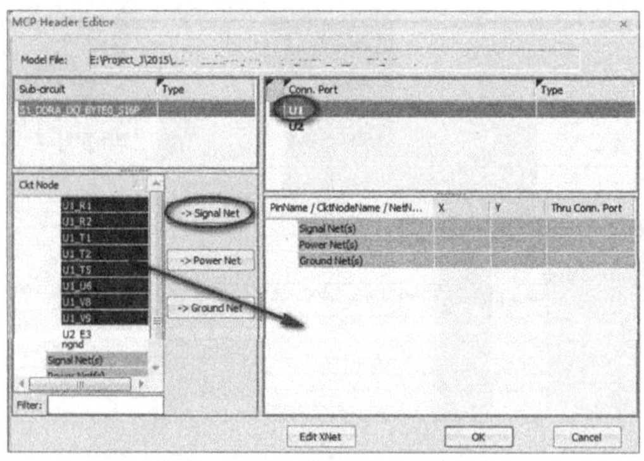

图 17-88　编辑 MCP 模型（1）

将左边的节点名移至对应的 Port 下面，单击 OK 按钮，如图 17-89 所示。

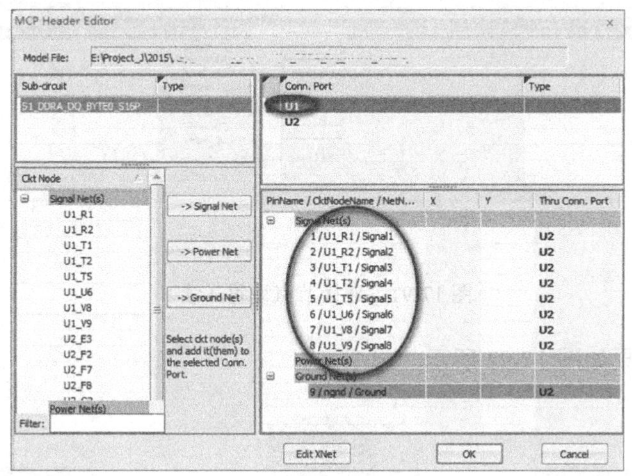

图 17-89　编辑 MCP 模型（2）

（5）连接节点。

双击连接线，如图 17-90 所示。

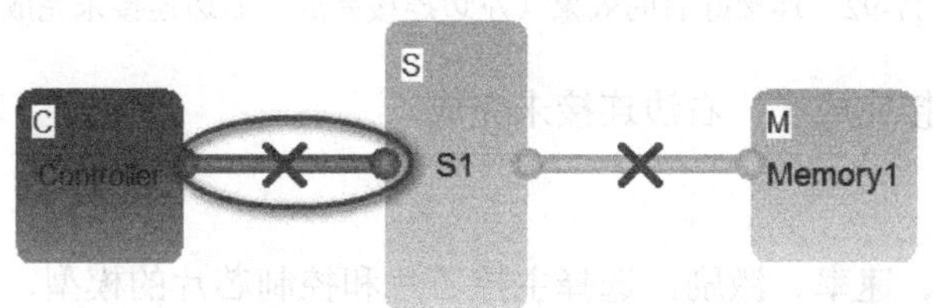

图 17-90　双击连接线

将两边的信号线都以电路节点名排序（Sort By Ckt Node），一般情况下这时候两边的节点是一一对应的关系，可以比对一下两边的 CktNodeName 是否对应。分别选中两边的信号线，右击，在弹出的快捷菜单中选择 Connect by Pin Pair 命令。另外，将两边的地线也连接在一起，可以选择不连电源，如图 17-91 所示。

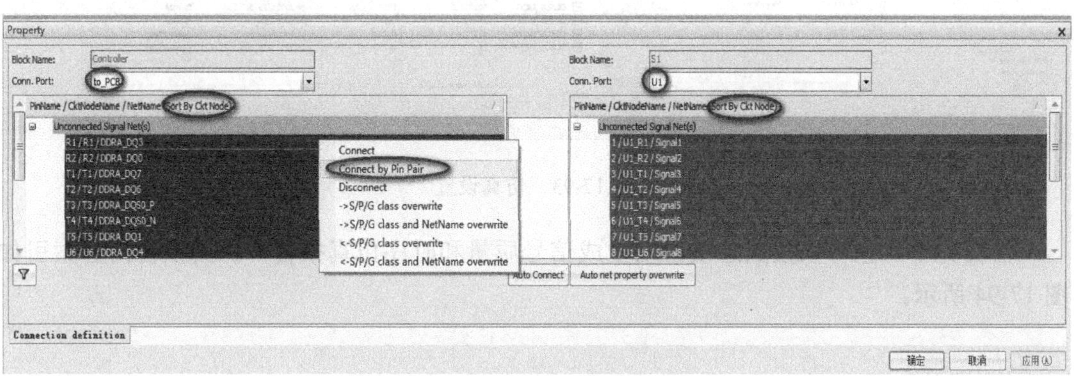

图 17-91　连接节点设置

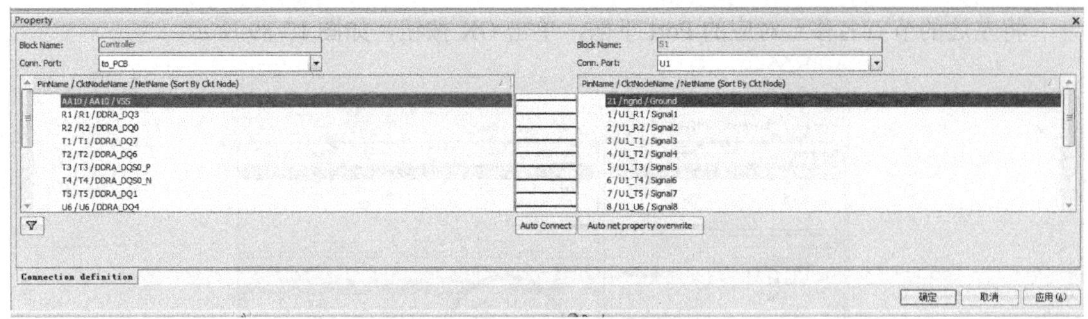

图 17-91　连接节点设置（续）

连接好后的效果如图 17-92 所示。

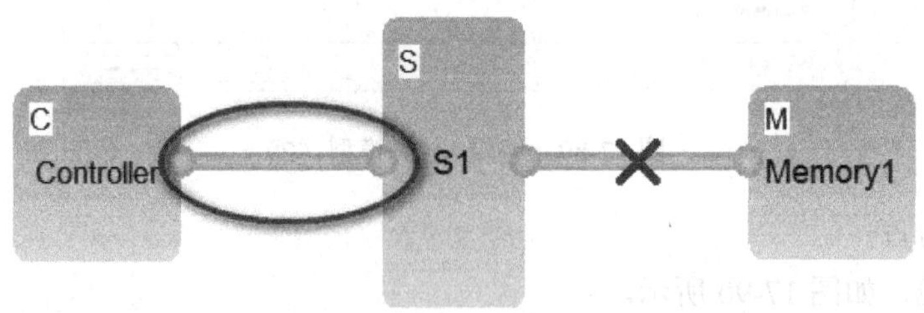

图 17-92　连接好后的效果（左边连接完成，右边连接未完成）

图 17-92 左边连接完成了，右边连接未完成。

4．仿真设置

选择仿真的 Bus、速率、激励，选择主控芯片和控制芯片的模型，如图 17-93 所示。设置完成之后，单击 Run Bus Simulation 按钮即可。

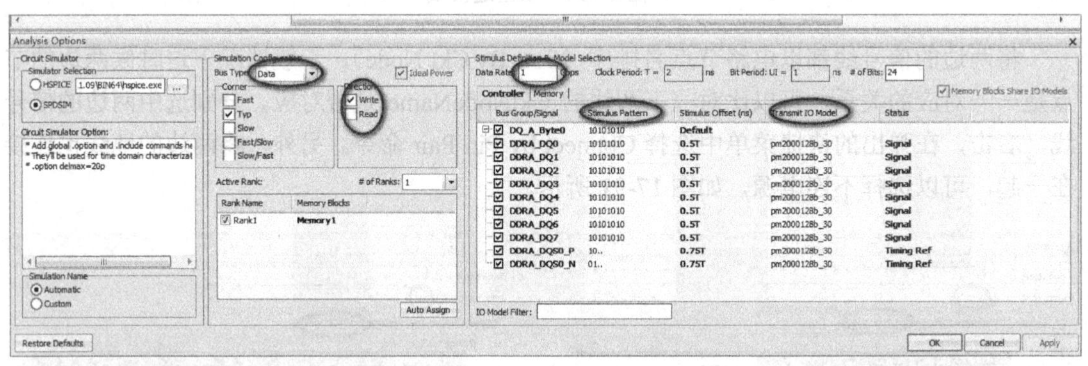

图 17-93　仿真设置

仿真完毕，也可以按照总线自动生成信号质量和时序仿真报告，仿真报告内容索引如图 17-94 所示。

Table of Contents

图 17-94 仿真报告内容索引

17.5.2 仿真结果展示

仿真平台：Allegro Sigrity System SI。

控制器模型：wp4.ibs。

DDR3 颗粒模型： i_k4b4g1646d_bcxx.ibs，一驱二结构。

1. 时钟信号线(800MHz)

时钟信号线仿真拓扑结构如图 17-95 所示。

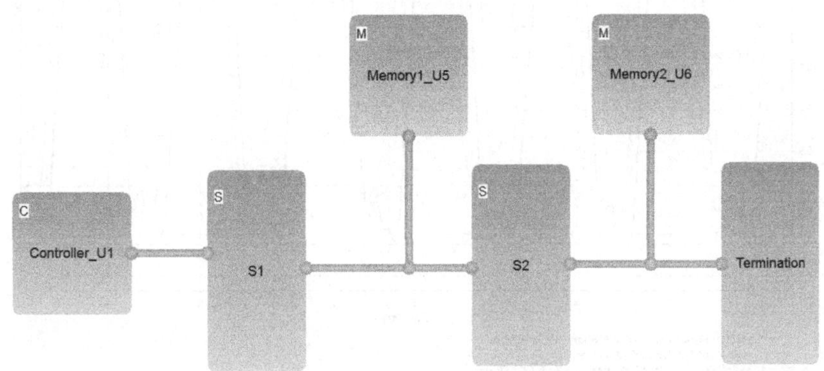

图 17-95 时钟信号线仿真拓扑结构

扫描的三种驱动模式：Fast（前）、Typical（中）、Slow（后），第一个接收颗粒 U5 处的仿真波形如图 17-96 所示。

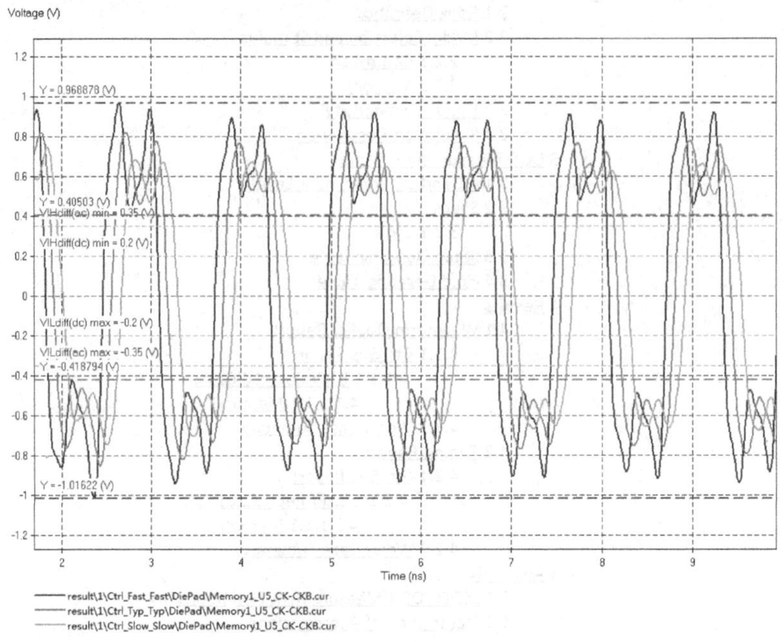

图 17-96　仿真波形（1）

第二个接收颗粒 U6 处的仿真波形如图 17-97 所示。

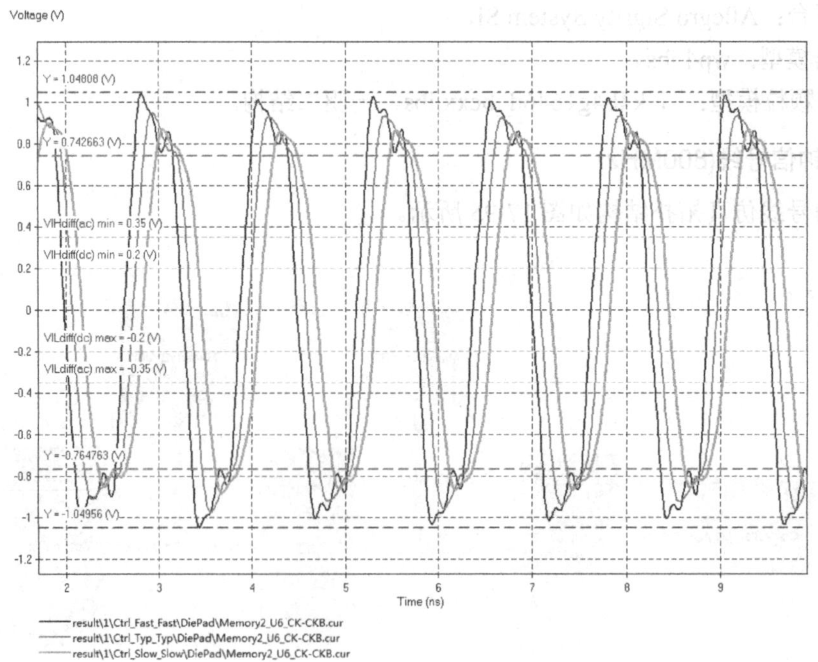

图 17-97　仿真波形（2）

2．控制信号线(800Mbit/s)

控制信号线仿真拓扑结构如图 17-98 所示。

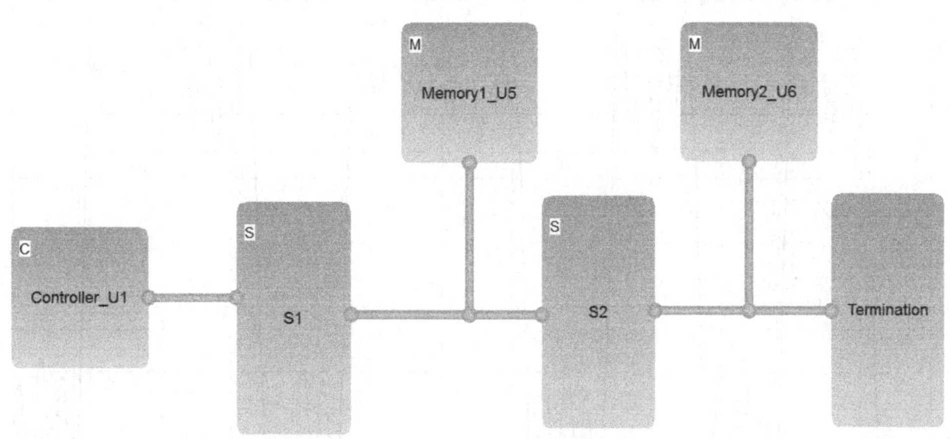

图 17-98　控制信号线仿真拓扑结构

扫描的三种驱动模式：Fast（前）、Typical（中）、Slow（后），第一个接收颗粒 U5 处的仿真波形如图 17-99 所示。

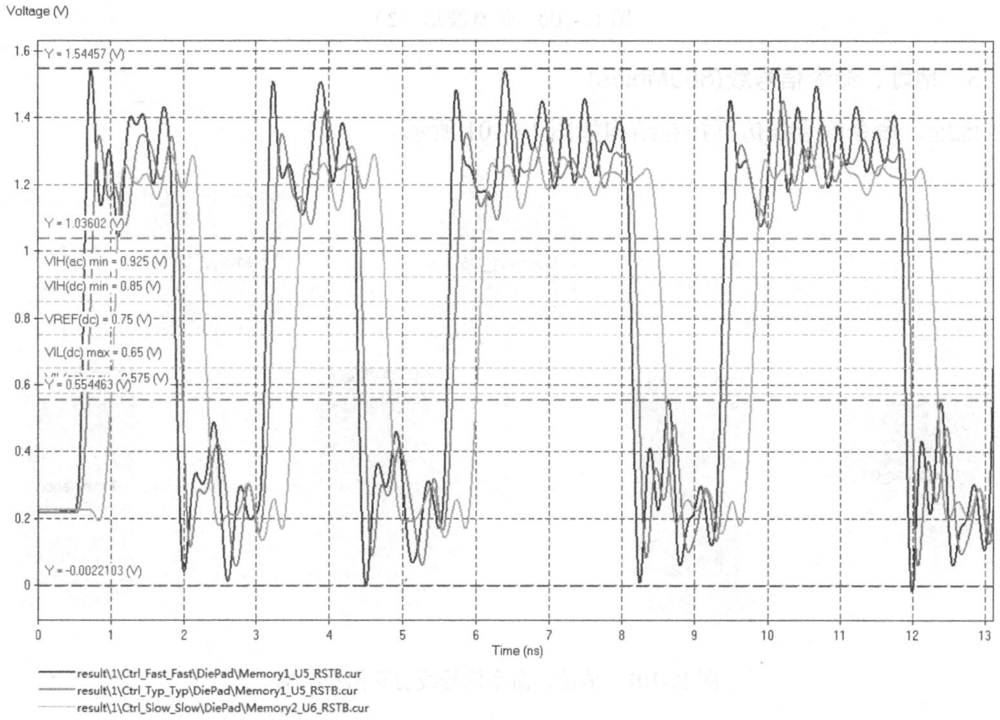

图 17-99　仿真波形（1）

第二个接收颗粒 U6 处的仿真波形如图 17-100 所示。

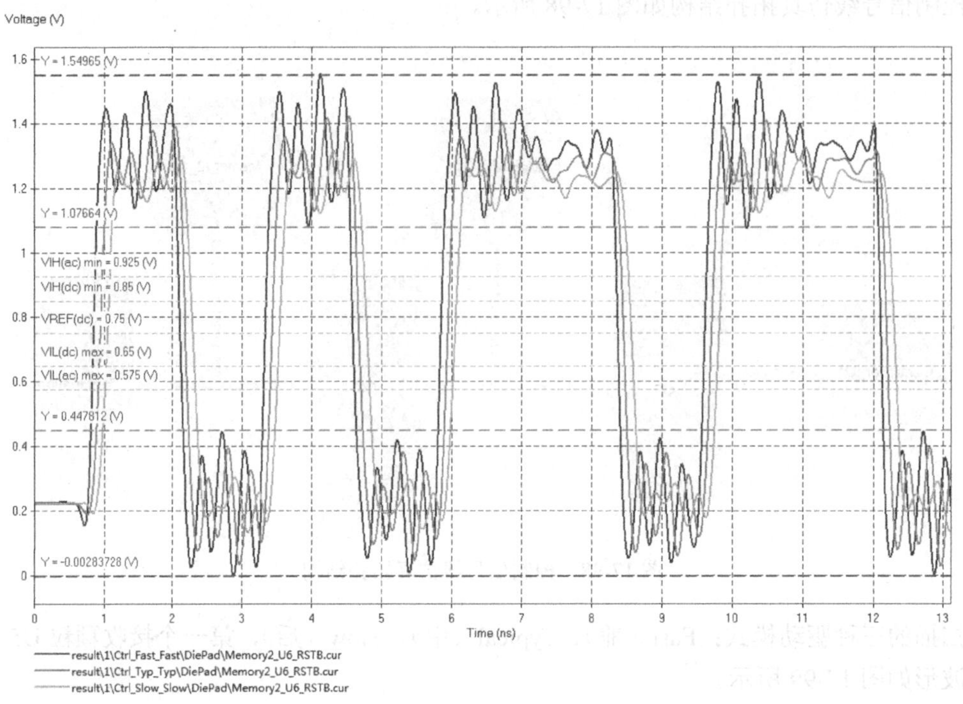

图 17-100　仿真波形（2）

3．地址、命令信号线(800Mbit/s)

地址、命令信号线仿真拓扑结构如图 17-101 所示。

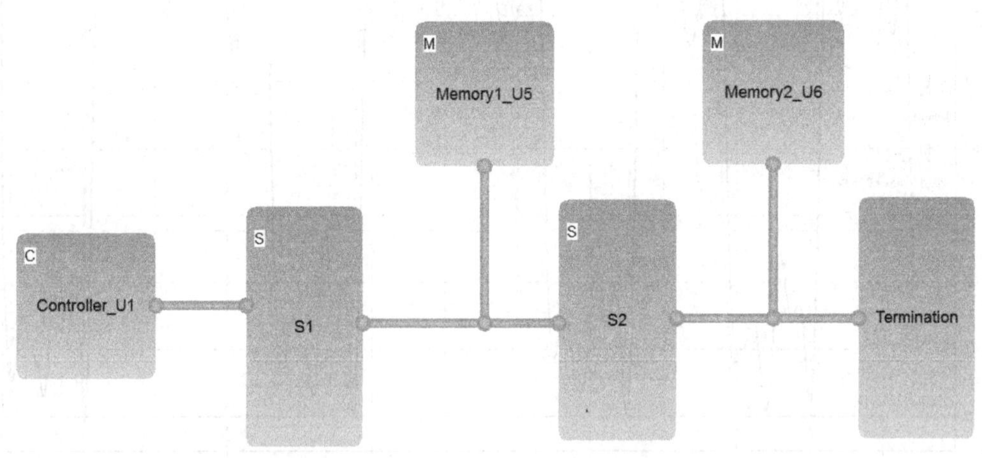

图 17-101　地址、命令信号线仿真拓扑结构

扫描的三种驱动模式：Fast（前）、Typical（中）、Slow（后），第一个接收颗粒 U5 处的仿真波形如图 17-102 所示。

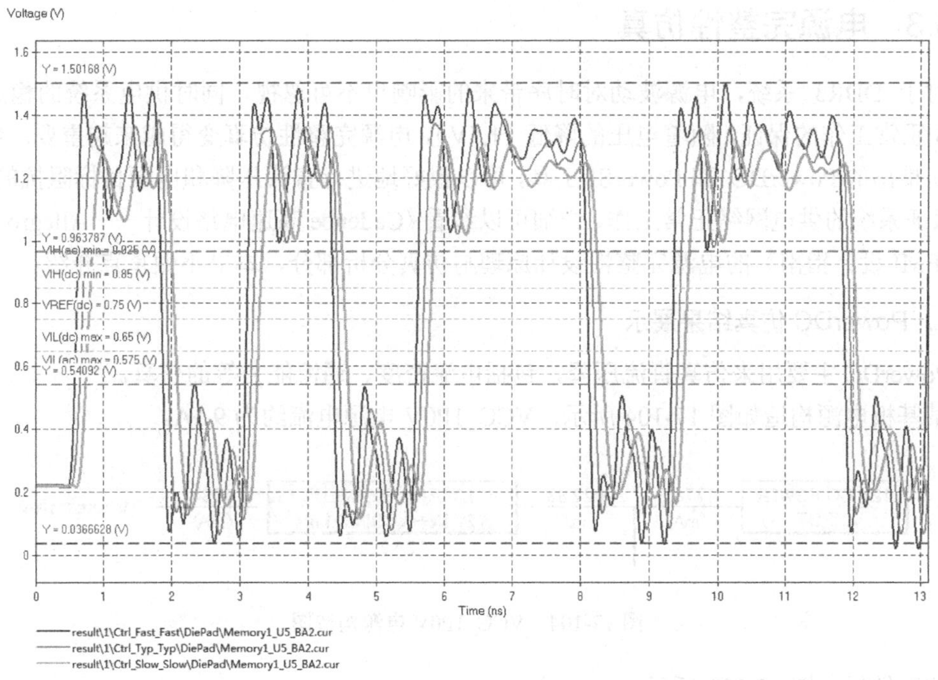

图 17-102　仿真波形（1）

第二个接收颗粒 U6 处的仿真波形如图 17-103 所示。

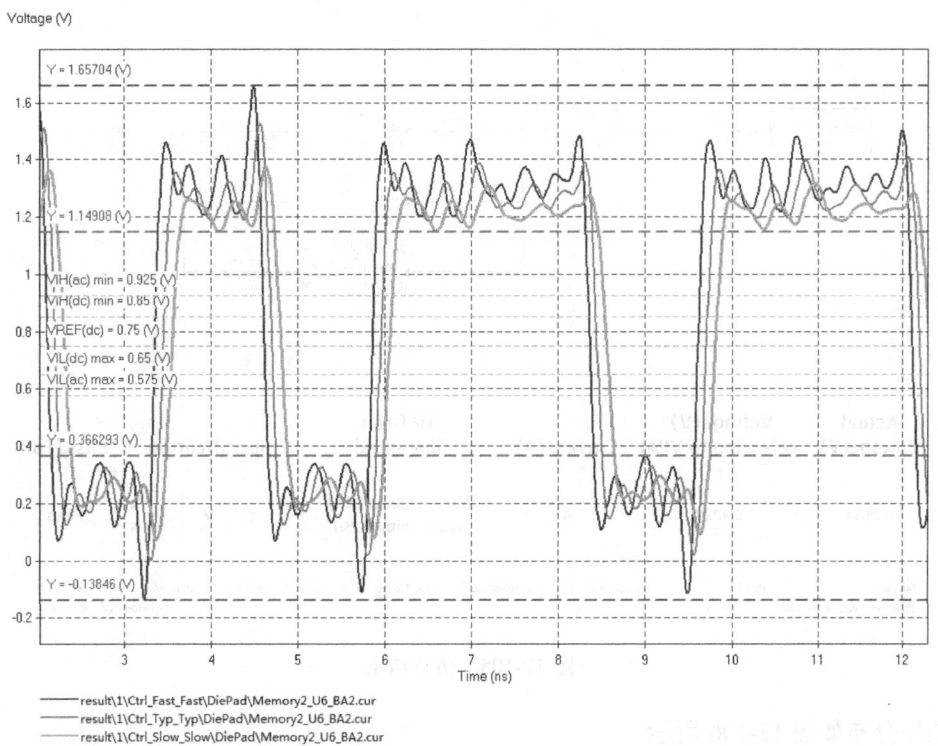

图 17-103　仿真波形（2）

17.5.3　电源完整性仿真

对于 DDR3 系统，电源波动对时序带来的影响也不可忽视，同时供电系统的稳定也是 DDR3 正常工作的保证，随着电压的降低（1.5V），电源完整性仿真变得越来越重要。Allegro Sigrity 推出的 PowerDC 和 PowerSI 工具，可以很好地进行直流压降和电源目标阻抗的 PI 仿真，保证系统的供电网络正常工作，详细可以参看《Cadence 高速电路设计——Allegro Sigrity SI/PI/EMI 设计指南》的电源完整性设计原理与仿真分析部分，本书不做重点介绍。

1. PowerDC 仿真结果展示

PowerDC 主要用来仿真直流压降，包括电流密度、通流能力等的仿真。

某基板电源构造如图 17-104 所示，VCC_1P0V 电源电流约为 9.1A。

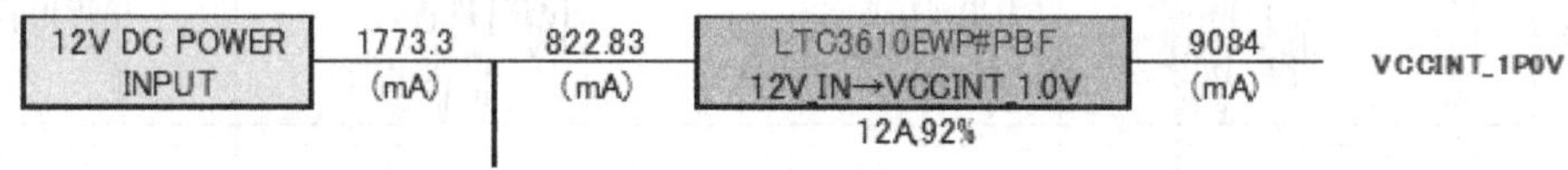

图 17-104　VCC_1P0V 电源构造图

仿真结果如图 17-105 所示。

网络名称	常规电压	电流	实际电压	允许压降偏差	直流电阻（mΩ）	结果
VCC_1P0V	1V	9.1A	0.98	2%	2.2	Pass

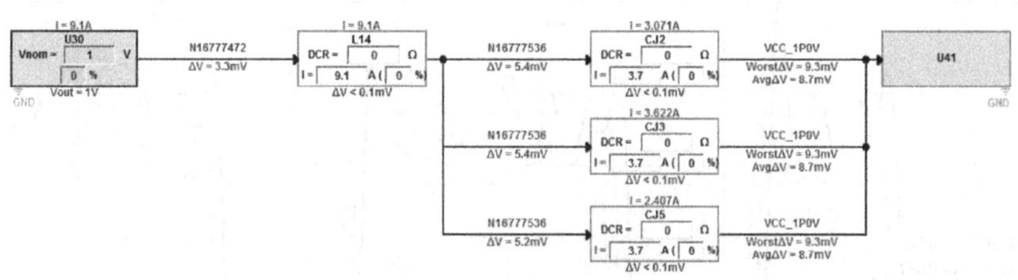

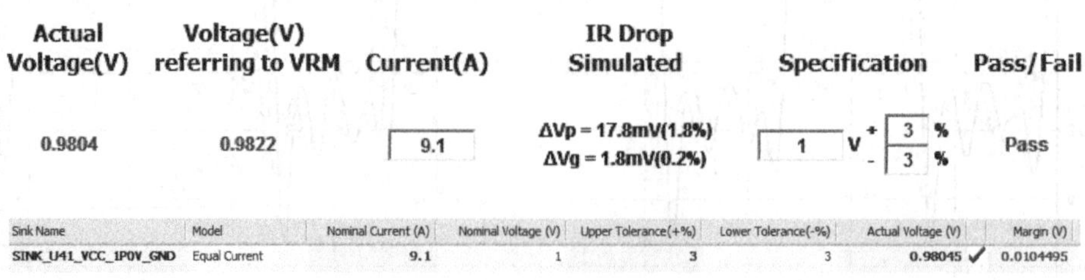

Actual Voltage(V)	Voltage(V) referring to VRM	Current(A)	IR Drop Simulated	Specification	Pass/Fail
0.9804	0.9822	9.1	ΔVp = 17.8mV(1.8%) ΔVg = 1.8mV(0.2%)	1 V +3 % -3 %	Pass

Sink Name	Model	Nominal Current (A)	Nominal Voltage (V)	Upper Tolerance(+%)	Lower Tolerance(-%)	Actual Voltage (V)	Margin (V)
SINK_U41_VCC_1P0V_GND	Equal Current	9.1	1	3	3	0.98045 ✓	0.0104495

图 17-105　仿真结果

电压分布如图 17-106 所示。

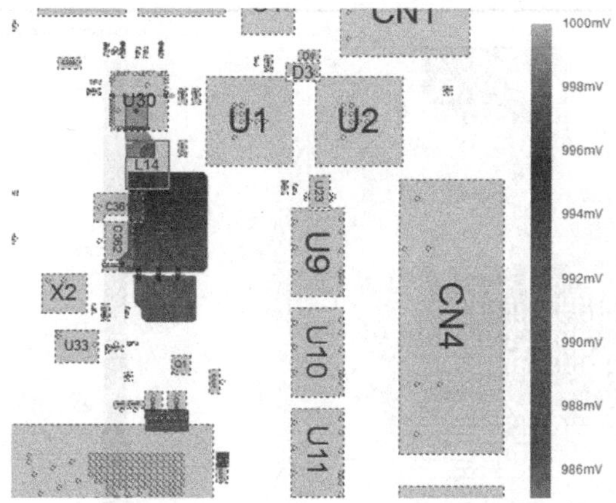

layer4

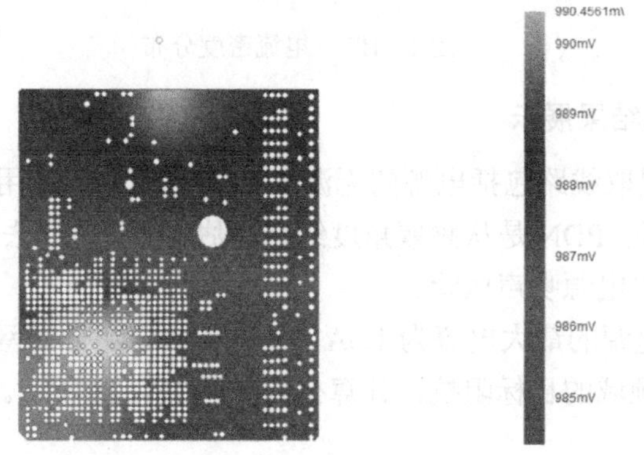

图 17-106 电压分布

电流密度分布如图 17-107 所示。

Top layer

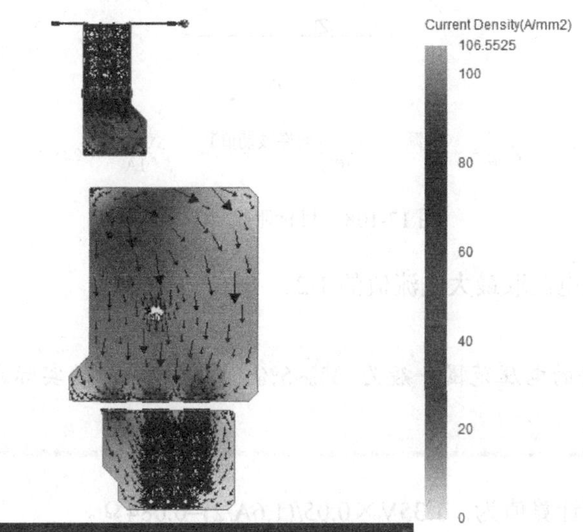

layer4

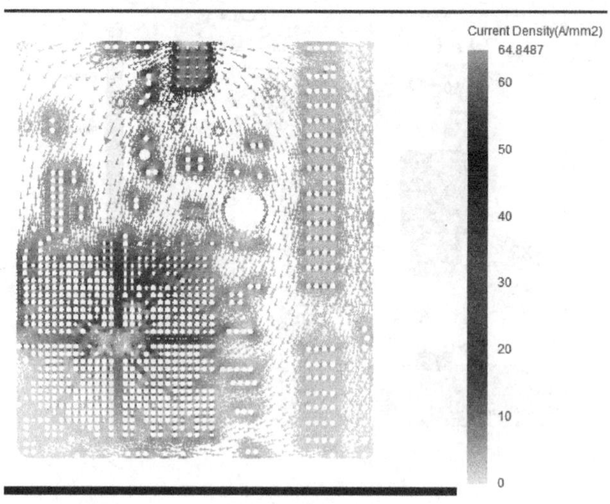

图 17-107 电流密度分布

2．PowerSI 仿真结果展示

PowerSI 主要是提取线路包括电源的无源 S 参数的工具，利用它进行电源 PDN 优化等仿真操作很方便。另外，PDN 是从频域角度综合评估电源平面、去耦电容效果的工具，在时域上也可以降低一定的电源噪声风险。

某 VDDQ1.35V 电源的最大电流为 1.6A，现评估其电源分布网络。

仿真判断依据为频域的目标阻抗，计算公式如图 17-108 所示。

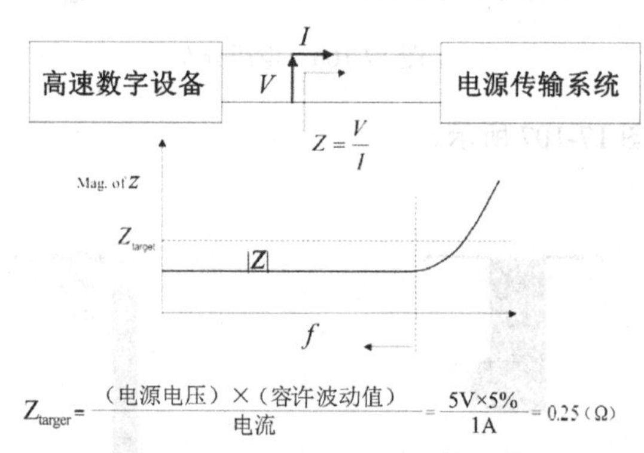

图 17-108 目标阻抗计算公式

通常计算的时候电流取最大电流值的 1/2。

> 允许的电压范围一般为 3%~5%，取决于芯片的实际容许范围，在此以 5%为例。

该电源目标阻抗计算值为：1.35V×0.05/(1.6A/2)=0.084Ω。

该电源网络所用电容及数量如表 17-9 所示。

表 17-9　电容及数量

封装大小	电容值	数量	对应的位号
0402	1 μ F	4	C1127,C1128,C1129,C1130
0603	22 μ F	2	C2309,C2310
0402	4.7 μ F	3	C1318,C1319,C1230
0402	0.47 μ F	16	C1200,C1201,C1202,C1203 C1207, C1206,C1208,C1209 C1300,C1301,C1302,C1303 C1307, C1306,C1308,C1309

主控芯片处 PDN 阻抗曲线如图 17-109 所示。

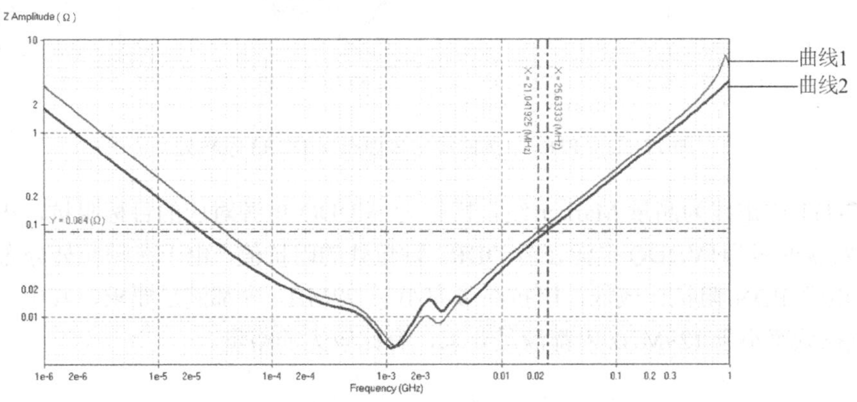

图 17-109　PDN 阻抗曲线（主控芯片处）

图 17-109 中虚线为测量 Marker 线，横轴为+VDDQ 电源对应的目标阻抗，纵轴为对应的频率；曲线 1 为单面布局时该电源网络实际分布对应的阻抗值，曲线 2 为双面布局时该电源网络实际分布对应的阻抗值。从图 17-109 中可以看出，当单面布局时该电源网络的频率在 21MHz 内，阻抗满足要求。

同样，若要使该电源在更高频率范围内满足阻抗要求，可以在该电源网络上靠近主控芯片引脚处增加 0.1μF 的电容，该电容的阻抗曲线如图 17-110 所示。

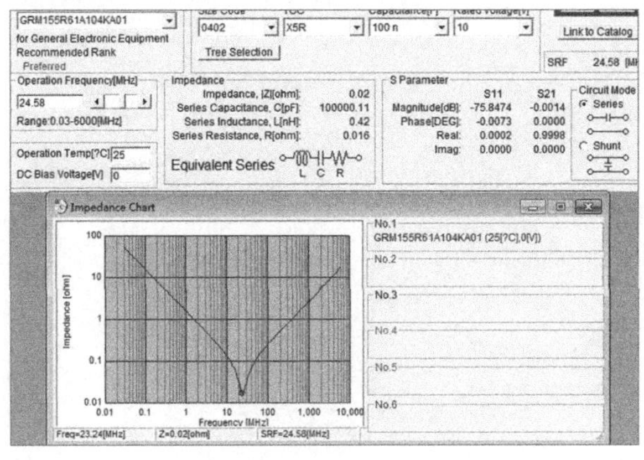

图 17-110　电容的阻抗曲线

DDR3 颗粒处 PDN 阻抗曲线如图 17-111 所示。

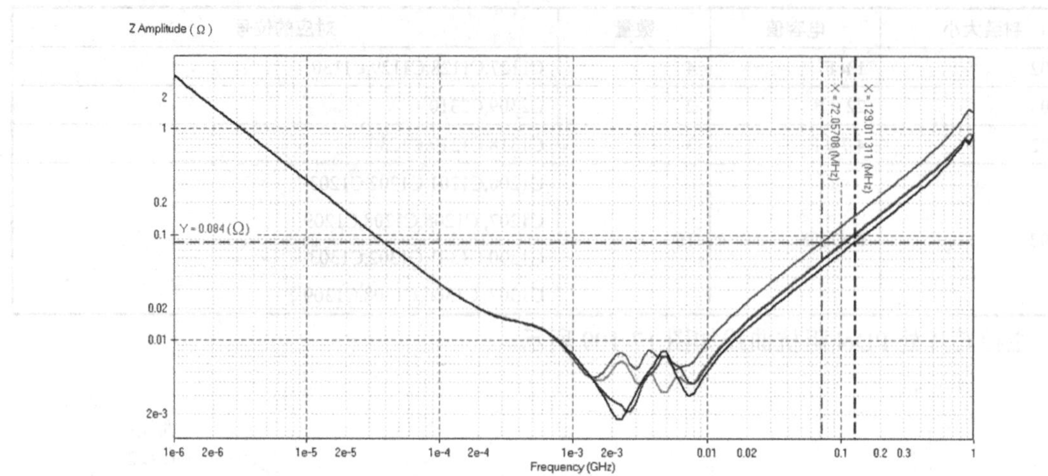

图 17-111　PDN 阻抗曲线（单面布局 DDR3 颗粒处）

图 17-111 中虚线为测量 Marker 线，横轴为+VDDQ 电源对应的目标阻抗，纵轴为对应的频率；实线曲线为+VDDQ 电源在各 DDR3 颗粒处的阻抗值，由于在颗粒处分布有 0.47μF 小电容，电源 PDN 阻抗比较低，阻抗在频率小于 72MHz 内都满足要求，其中一个颗粒处 PDN 阻抗在频率小于 129MHz 内都满足要求，有比较大的裕量。

第 18 章　小型化设计

本章导读:

- 小型化设计的特点。
- 埋入式零件设计。
- 盲埋孔设计规则和设计方法。

随着电子产品向轻、便、薄的趋势发展，设计出质量小、体积小，还具有强大功能和优良性能的产品是各个电子设计公司的首要任务。在系统层面上，SOC、POP 或 SiP 等方法都是很不错的方法。在 PCB 设计中，借助 PCB 厂加工工艺的提高，通过增加板层，盲埋孔设计，埋入零件到 PCB 中和柔板与硬板相结合的方式设计，可减小体积。本章将介绍在 PCB 设计中采用盲埋孔和埋入零件的设计方法。

18.1　小型化设计的工艺流程

下面介绍小型化设计采用的设计方法。

18.1.1　HDI 技术

1. HDI 技术的发展和加工流程

PCB 按照其使用钻孔的工艺不同可以分为通孔板和微孔板。

通孔通常指采用机械进行钻孔，孔径比较大。微孔也就是采用激光进行钻孔，孔径相对较小。这样可以减小孔盘所占的面积，从而加大走线的空间，提高板的连接效率。HDI 技术就是采用不同的过孔和多次层压工艺来完成 PCB 设计和制造的一种有效方法。

HDI（High Density Interconnect，高密度互连）也称 BUM（Build-up Multilayer 或 Build-up PCB），即积层法多层板，是 PCB 行业在 20 世纪末发展起来的一门较新的技术。传统的 PCB 的钻孔由于受到钻刀的影响，当钻孔直径达到 0.15mm 时，成本已经非常高，且很难再次改进。而 HDI 板的钻孔不再依赖于传统的机械钻孔，而是将激光钻孔和机械钻孔结合起来。HDI 也就是通常所说的盲埋孔技术。HDI 技术的出现，推进了 PCB 行业的发展，使得在 PCB 内可以排列更加密集的 BGA、QFP 等。

HDI 板的主要加工流程如下：开料（Cut）→内层干膜（Inner Dry Film）→黑化和棕化（Black Oxidation）→层压（Pressing）→钻盲埋孔（Drilling）→沉铜层与加厚铜层（孔的金属化）→第二次内层干膜→第二次层压（HDI 的压板）→开铜窗（Conformal Mask）→激光

钻孔（Laser Drilling）→激光钻孔的金属化→第三次内层干膜→机械钻孔（钻通孔）→去钻污与沉铜（P.T.H）→外层干膜与图形电镀（Dry Film and Pattern Plating）→外层干膜与图形电镀（Dry Film and Pattern Plating）→选择性沉金（Immersion Gold）→显示字符（C/M Printing）→铣外形（Profiling）→电子测试（E-Test）→最终检查（Final Audit）→包装（Packing）。

2. HDI 的分类

IPC-2315 上对 HDI 的分类有详细说明，这里按照激光孔深度的不同分为以下几种：一阶 HDI、二阶 HDI、三阶 HDI 和任意阶 HDI（ALIVH）。

一阶 HDI 技术是指盲孔仅连通表层及与其相邻的次外层的成孔技术。通常激光孔和盘采用 4/12mil 规格。内层的盲孔一般采用普通孔。图 18-1 所示为 1+4+1 钻孔示意图。

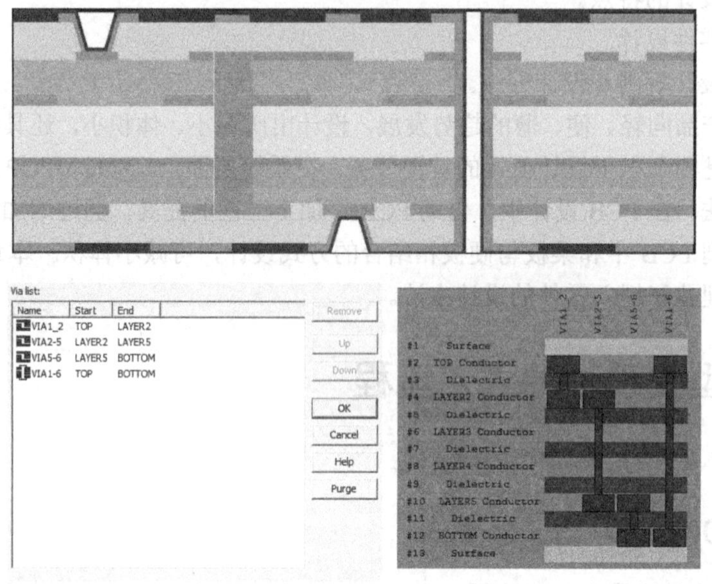

图 18-1　1+4+1（6 层一阶 PCB）钻孔示意图

一阶 HDI 板如图 18-2 所示。

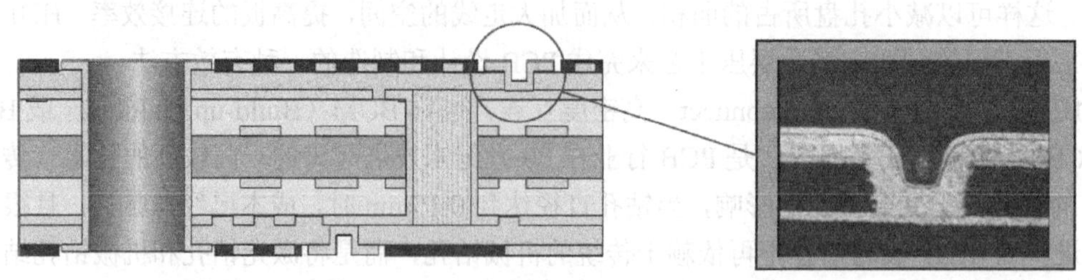

图 18-2　一阶 HDI 板（1+*N*+1）

二阶 HDI 技术在一阶 HDI 技术上进行了改进，它包含激光盲孔直接由表层钻到第三层（2+*N*+2）和由表层钻到第二层再由第二层钻到第三层（1+1+*N*+1+1）两种形式，其加工难度远远大于一阶 HDI 技术。图 18-3 所示为二阶 HDI 板钻孔示意图。

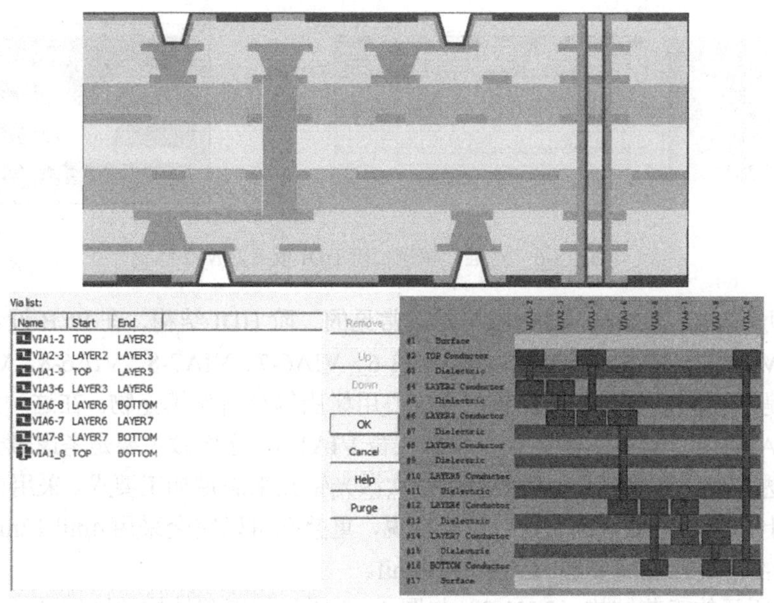

图 18-3　8 层二阶 HDI 板（2+4+2）钻孔示意图

图 18-4、图 18-5、图 18-6 所示为几种常见的二阶 HDI 工艺结构，它们所使用的钻孔及塞孔工艺略有不同，所以对成本有不同的要求，我们需要根据不同的设计要求采用不同的设计方法。

以 8 层板为例，图 18-4 所示的（1+1+*N*+1+1）结构，在设计中只能使用 VIA1-2、VIA2-3、VIA3-6、VIA6-7、VIA7-8、VIA1-8 孔；不能够使用 VIA1-3 及 VIA6-8 孔，如果将第一层的走线换到第三层，需要分别打一个 VIA1-2 孔及一个 VIA2-3 孔，且保证 VIA1-2 孔与 VIA2-3 孔的孔盘不能相交。这种工艺结构对层间对准度的要求相对较低，由于不能够使用 VIA1-3 及 VIA6-8 孔，有时也称为伪二阶。

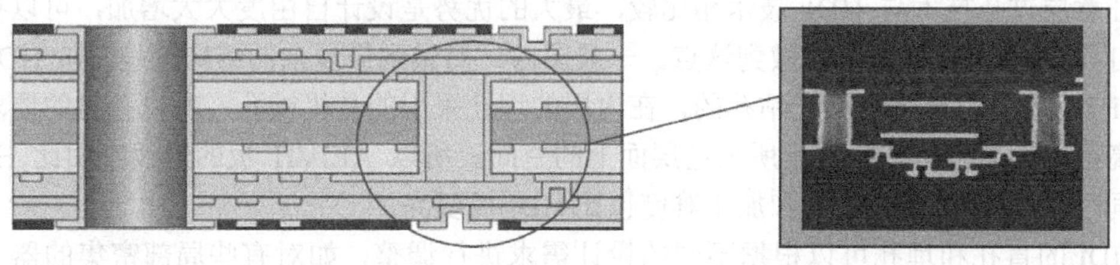

图 18-4　非对准二阶 HDI 板（1+1+*N*+1+1）

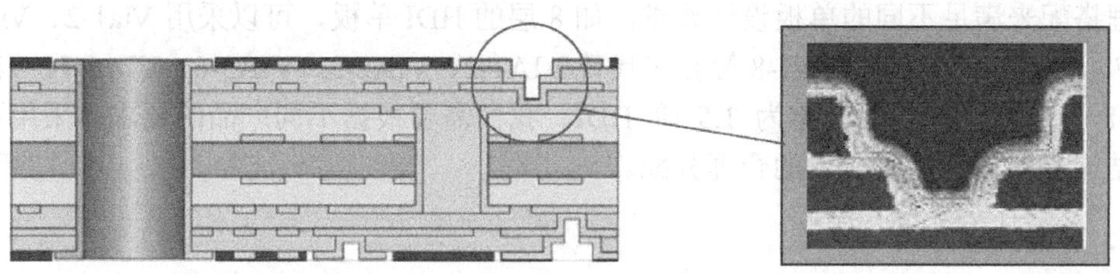

图 18-5　对准、非填铜二阶 HDI 板（2+*N*+2）

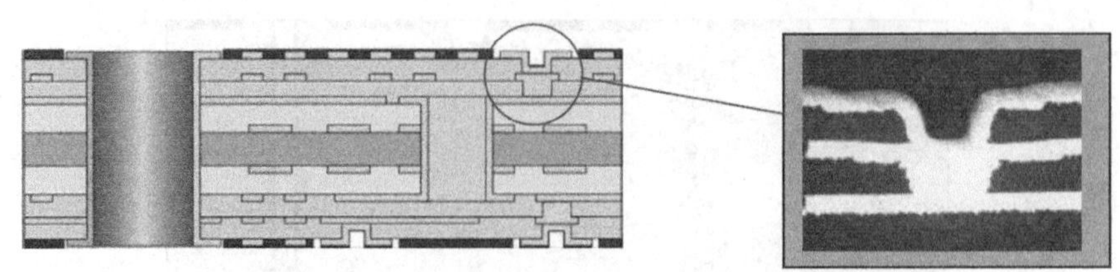

图 18-6　对准、填铜二阶 HDI 板（2+*N*+2）

图 18-5 所示的工艺结构（2+*N*+2）是最常见的二阶 HDI 结构，在 PCB 设计时使用这种工艺可以打 VIA1-2、VIA2-3、VIA1-3、VIA3-6、VIA6-7、VIA7-8、VIA6-8、VIA1-8 孔。但这种工艺只是在孔壁上电镀了一层铜，孔中心用树脂等材料作填充物。在这种结构中，有的推荐采用 VIA1-2 和 VIA2-3 的完全重叠来代替 VIA1-3。这样做主要是考虑激光的功率不一定能完全穿透从表层到第三层，需要采用二次激光钻孔来满足加工要求。采用重叠孔，在 drl 文件的设置上会更加方便。同时，对设计来说，重叠孔可以完全采用 4mil/12mil 的孔盘，如果采用 VIA1-3，则孔盘需要加大到 8mil/16mil。

图 18-6 所示的工艺结构（2+*N*+2）与图 18-5 所示的工艺结构的区别是：其在钻孔完成后在孔中心填满了铜/银，以保证更好的电气连接性能。由于这种工艺的成本比图 18-5 所示的工艺成本略高，故不如树脂塞孔的工艺应用广泛。但这种工艺的电气性能比图 18-5 所示的更好。对性能要求高的板子，建议采用这种工艺结构。

三阶 HDI 板的加工制作工艺与二阶基本相似，只是多了几种类型的孔。以 10 层板为例，其可以使用 VIA1-2、VIA2-3、VIA3-4、VIA4-7、VIA7-8、VIA8-9、VIA9-10、VIA1-10 孔。这时可以采用叠孔来满足 1~3 或者 1~4 的走线要求。

近些年来，为了满足一些高端消费类电子产品小型化的需要，芯片的集成度越来越高，BGA 引脚间距越来越小（小于或等于 0.4 倍引脚间距），PCB 的布局也越来紧凑；为了提高设计的布通率且不影响信号完整性等性能，Anylayer（任意阶）技术应用而生，如多层印制电路板任意过孔技术。

任意层过孔技术与 HDI 技术相比较，最大的优势是设计自由度大大增加，可以在层间随意打孔，而 HDI 技术不能做到这点。一般国内厂商做到最复杂的结构就是三阶 HDI 板，由于 HDI 不是完全采用激光钻孔的，在内层的埋孔采用的是机械孔，所以孔盘的要求比激光孔高很多，而机械孔要占用所经过层面上的空间。所以 ALIVH 板的走线空间比 HDI 更大。同时，ALIVH 板的成本和加工难度也比 HDI 板要高。

HDI 的盲孔和埋孔可以根据不同的设计需求进行调整，如对有些局部密集的器件，只采用盲孔即可，不需要埋孔。这样可以达到降低成本的目的。也可以通过将盲孔和埋孔进行合理搭配来满足不同的单板设计要求。如 8 层的 HDI 单板，可以采用 Via1-2、Via2-3、Via2-7、Via7-8、Via6-7、Via1-8 等孔来代替 VIA1-2、VIA2-3、VIA3-6、VIA6-7、VIA7-8、VIA1-8 孔。这种结构也被称为 1.5 阶 HDI。我们需要根据不同产品的要求，采用不同的 HDI 结构来实现性能和成本的合理分配。

3. 表面处理方式

1）表面处理工艺

这里的“表面”指的是 PCB 上为电子元器件或其他系统到 PCB 的电路提供电气连接的连

接点，如焊盘或接触式连接的连接点。虽然裸铜本身的可焊性很好，但是暴露在空气中很容易氧化，而且容易受到污染，因此需要对其进行表面处理。常见的 PCB 表面处理工艺有热风整平（HASL）、化学沉镍金（ENIG）、有机涂覆（OSP）、选择性沉金（ENIG+OSP）、电镀金等。

（1）热风整平。

热风整平（HASL）又称热风焊料整平，是指在 PCB 金属表面涂覆一层 Sn63/Pb37 合金并用加热压缩空气整平（吹平）的工艺，使其形成一层既可保护铜不被氧化，又可提供良好的可焊性的涂覆层。由于 HASL 工艺控制镀层厚度和焊盘图形较困难（平整性不好），不推荐用于含有小间距器件的 PCB 设计中。另外，其加工过程中的热冲击可能导致 PCB 翘曲，故不推荐厚度较小的 PCB 采用该工艺。同时，现在的无铅工艺也可以采用 HASL。无铅 HASL 技术比较常用的焊料成分有 Sn、Ni、Cu，主要优势是成本相对较低，工艺比较成熟。

（2）化学沉镍金。

化学沉镍金（ENIG）工艺是指在 PCB 的金属面上，利用氧化还原的方式将镍金属沉积在铜上，生成一层厚度为 0.05～0.152μm 的镍金合金的技术，镍金合金电性能良好并可以长期保护 PCB。其能提供较平整的表面，适合大型共面器件，如小间距 QFP 或者大引脚 BGA。ENIG 可焊性极佳，金会迅速融入熔化的焊锡里，从而露出新鲜的 Ni，所以焊接效果比较好。ENIG 工艺过程比较复杂，如果要达到很好的效果，必须严格控制工艺参数。最为麻烦的是，ENIG 处理过的 PCB 表面在沉金或焊接过程中很容易产生黑盘（Black Pad）效应，从而给焊点的可靠性带来灾难性的影响。

（3）有机涂覆。

有机涂覆（OSP）工艺是指在 PCB 的金属面上用化学方法镀上一层有机膜，常用两种药水：Entek Plus HT，厚度要求为 0.2～0.5μm；FII，厚度要求为 0.15～0.5μm。有机涂覆工艺简单，成本低廉，使得其在业界得以广泛的应用，但 OSP 膜对 PTH 孔的可焊性不好，且容易氧化，其在常温下完成所有焊接工序一般不能超过 48 小时。由于 OSP 膜透明无色，所以检查起来比较困难，很难辨别 PCB 是否涂过 OSP 膜。而且 OSP 膜本身是绝缘的，它不导电，会影响电气测试。OSP 膜也无法用来作为电气接触表面，比如按键的键盘表面。

（4）选择性沉金（ENIG+OSP）。

在 PCB 表面先对部分器件的焊盘使用 ENIG 工艺进行处理，然后对其余的焊盘使用 OSP 工艺进行处理。在含有小间距 BGA 的 PCB 上经常在 BGA 区域使用 OSP 工艺，其他的区域采用 ENIG 工艺。

（5）电镀金。

电镀金（Electroplated Gold）是指在 PCB 铜表面先镀镍，再电镀金。镍层厚度最小为 2.5μm，金层厚度最小为 0.8μm。镀层厚度根据插拔次数确定，一般 0.5μm 厚度可经受 500 次插拔，1μm 厚度可经受 1000 次插拔。常规金手指一般用这种电镀金工艺来处理。

2）表面处理方式的选择

在通孔器件占主导地位的场合，波峰焊是最好的焊接方法。采用 HASL 工艺处理过的表面可满足波峰焊的工艺要求，当然对于结点强度（尤其是接触式连接）要求较高的场合，多采用 ENIG 工艺。

组装技术发展到 SMT 以后，PCB 焊盘在组装过程中要求采用钢网印制和回流焊接工艺。在 SMT 场合，PCB 表面处理工艺最初沿用了 HASL 技术，但是随着 SMT 器件的不断缩小，焊盘和钢网开孔也在变小，HASL 技术的弊端逐渐暴露出来。HASL 技术处理过的焊盘不够平整，共面性不能满足小间距焊盘的工艺要求。

目前，在 HDI 板设计中，主要采用 ENIG、OSP 或 ENIG+OSP 表面处理工艺。根据 HDI 板上各类焊盘的用途及其特点，结合 ENIG、OSP 等各种表面处理工艺的特点选择合适的表面处理工艺。通常，光学定位点、测试点、金手指、压焊焊盘等需要长期暴露在空气中的焊盘采用 ENIG 工艺。由于 OSP 材料中含有助焊剂，适用于 Pitch 较小的、对焊接要求较高的器件，以保证焊接的可靠性；但由于 OSP 焊盘容易氧化，不易长期暴露在空气中，如果 PCB 上使用了 OSP 表面处理工艺，需要在拆开 PCB 真空包装的 24 小时内完成贴片焊接。这几种表面处理方式都可以满足无铅的要求。

3）钢网的制作

在对 SMT 器件使用回流焊进行贴片时需要在 PCB 上盖一张钢网，钢网上对应 PCB 焊盘相应位置开有与焊盘大小相近的开口，然后通过刮刀将焊膏涂抹到焊盘上。通常钢网是由钢网厂家根据 PCB 设计者提供的需要贴片的焊盘信息加工制作的，钢网的开口尺寸与焊盘实际的尺寸略有不同，钢网厂家会根据相应的规范在 PCB 设计者提供的数据的基础上进行修改。

钢网的制作方法通常有 3 种：化学蚀刻法、激光雕刻法、电铸成型法。

- 化学蚀刻法：在钢板上涂一层防酸胶，在需要开口的地方将胶除去，露出钢板，用酸腐蚀这块的钢板，形成开口。
- 激光雕刻法：用激光直接在需要开口的地方打孔。
- 电铸成型法：在激光雕刻的基础上在开口处电铸出内壁和开口倒角，使得开口内壁非常光滑，利于下锡，但加工成本非常高，一般很少使用，除非有工艺的特殊要求。

对于 HDI 板这样的高密或小间距的器件，钢网需要采用激光雕刻法来保证钢网的精度和开口的平整度。

4）HDI 板设计结构的电气优点

HDI 板由于采用盘中孔的设计要求，可以减小表层器件的寄生参数。同时，微孔的电感和电容大约只是一个标准过孔的十分之一。盲埋孔的电气参数如图 18-7 所示。

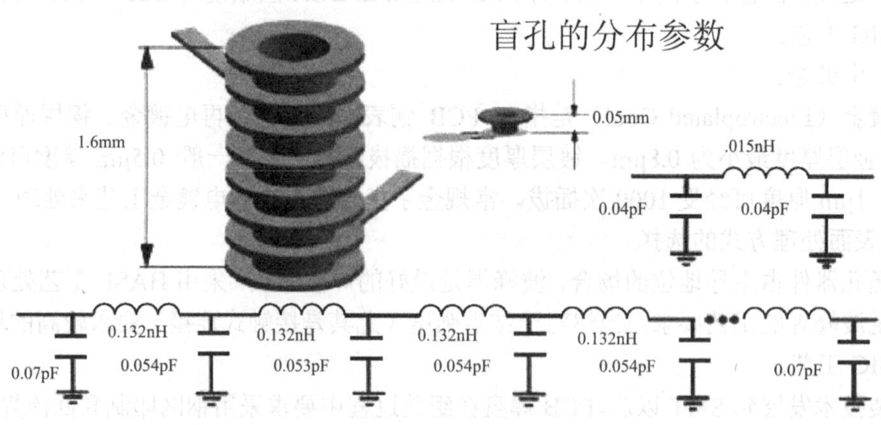

图 18-7　盲埋孔的电气参数

同时，对于高速信号，采用 HDI 工艺可以减少过孔的 Stub 长度，对信号的传输质量也有很大的提高。

可采用微孔填铜的方法来提高孔的载流能力。

HDI 板的设计规范可参考下面的标准：

- IPC-2226-Design Standard for HDI。
- IPC/JPCA-2315-Design Guide for High Density Interconnects(HDI) and MicroVias。

18.1.2　埋入零件

高速访问互联网，要求手持设备高集成和小型化。为了实现更高的互连密度，可在 PCB 和基板中埋入无源或有源的零件。在设计手机、数码相机等消费类电子产品时，考虑将无源和有源的零件埋入 PCB 和基板是当前设计的最好选择。这种方法可能因为采用不同的供应商而略有不同。埋入零件技术提供知识产权保护，可防止所谓的逆向设计。Allegro PCB Editor 可以提供很好的工业级解决方案。Allegro PCB Editor 还可以将 HDI 板、柔板和埋入式零件紧密结合，给出正确的参数和约束完成埋入式零件的设计。埋入式零件的设计不仅可以简化后面的 SMT 工艺，产品表面的整洁度也有很大的提高。

对于埋入式零件的设计，是从原理图设计开始还是从 PCB 设计开始，取决于不同的设计公司和不同的 PCB 制造商，可根据需要选取。

关于埋入式零件，可参考下面标准：

IPC-7092　Standard for Embedded Device Printed Circuit Boards(In process)。

18.2　实例：盲、埋孔设计

下面以 2+4+2 的 PCB 为例，介绍如何输入约束规则和操作步骤，如图 18-8 所示。

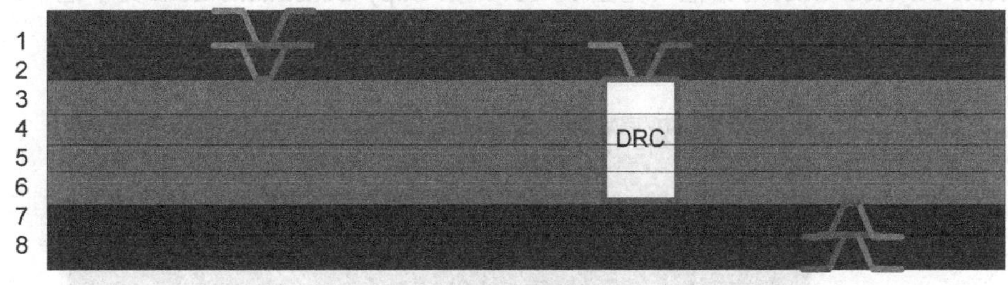

图 18-8　2+4+2 的 PCB

（1）选择 Start→Cadence PCB 17.4-2019→PCB Editor 17.4 命令，弹出 17.4 Allegro PCB Designer Product Choices 对话框，如图 18-9 所示，选择 Allegro PCB Designer 选项，并在 Available Product Options 选项组中勾选 High-Speed 和 Miniaturization 两个复选框，也可直接选择 Allegro PCB Venture 选项，单击 OK 按钮。

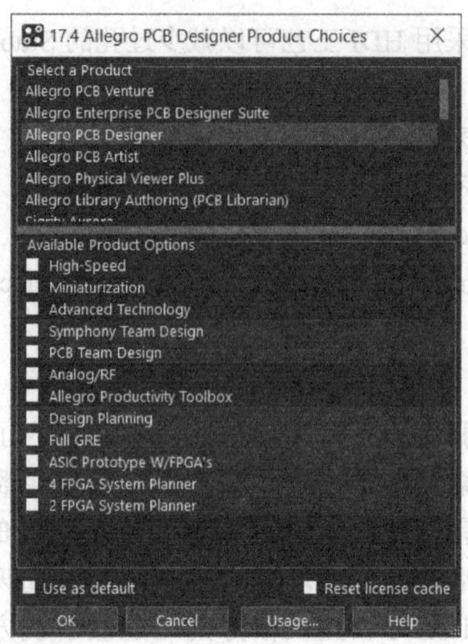

图 18-9　17.4 Allegro PCB Designer Product Choices 对话框

（2）选择 File→Open 命令，打开../PCBEditor/18/bbVIA.brd 文件。

（3）定义盲、埋孔。选择 Setup→Define B/B Via 命令，弹出 Blind/Buried Vias 窗口，如图 18-10 所示。VIA12_6 表示孔的直径是 6mil，焊盘的直径是 12mil。这个过孔用在 HDI 层。所以用这个过孔作为“种子”，创建 L1-L2、L2-L3、L6-L7 和 L7-L8 的盲、埋孔。VIA 用在基板（Core）上，焊盘直径是 24mil，孔径是 13mil。设置完成后，单击 OK 按钮。

注意：“种子”的过孔需要单独在 PadStack Editor 17.4 中完成，并通过设置 padpath 和 psmpath 路径确保 VIA 出现在 VIA List 中。

（4）选择 Setup→Constraints→Constraint Manager 命令，打开约束管理器，单击 Physical 域中的 All Layers 工作表，选择 Default 规则，右击，选择 Create→Physical CSet 命令，弹出 Create Physical CSet 对话框（见图 18-11）。在 Copy Constraints from 文本框中，用户可以看到 Physical CSet：DEFAULT，新的规则取决于选择创建的源。

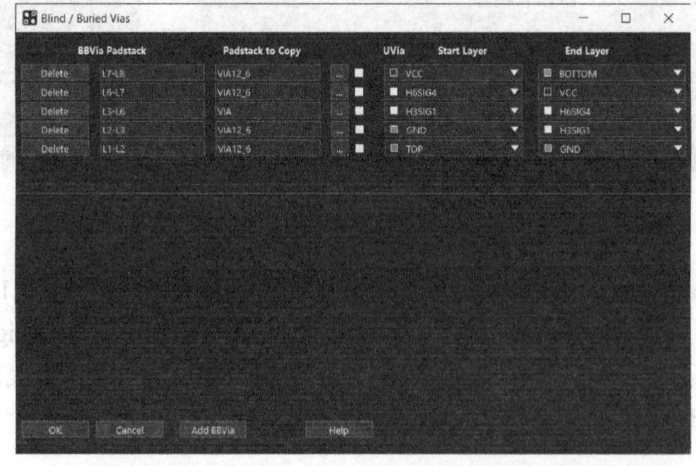

图 18-10　设置盲、埋孔

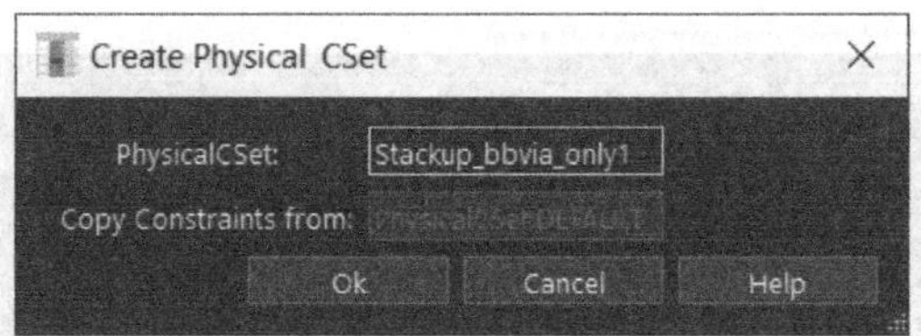

图 18-11 Create Physical CSet 对话框

（5）在 PhyscialCSet 文本框中输入 Stackup_bbvia_only1，单击 Ok 按钮完成创建。

（6）单击 Stackup_bbvia_only 行中的 VIA，弹出 Edit Via List 对话框，如图 18-12 所示。在 Select a via from the library or the database 框中选择需要使用的 Via List，图中选择了 L1-L2、L2-L3、L3-L6、L6-L7、L7-L8、VIA。需要注意的是，VIA List 中的排列顺序与实际操作中优选的 VIA 有关。

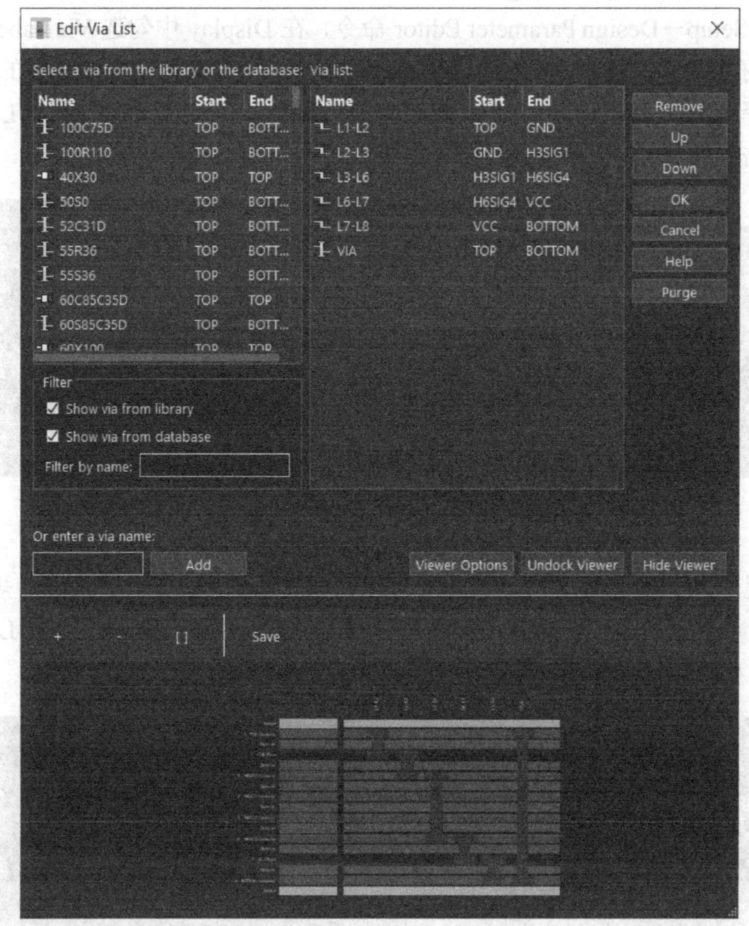

图 18-12 Edit Via List 对话框

（7）单击 OK 按钮，返回约束管理器，如图 18-13 所示。Pad-Pad Connect 有 6 个参数，这些参数是盲、埋孔设计的关键。以当前设计来说，用户允许 L1-L2 和 L2-L3 的盲孔和埋孔堆叠。所以在 TOP/BOTTOM 层上，此参数可选择为 VIAS_VIAS_ONLY。

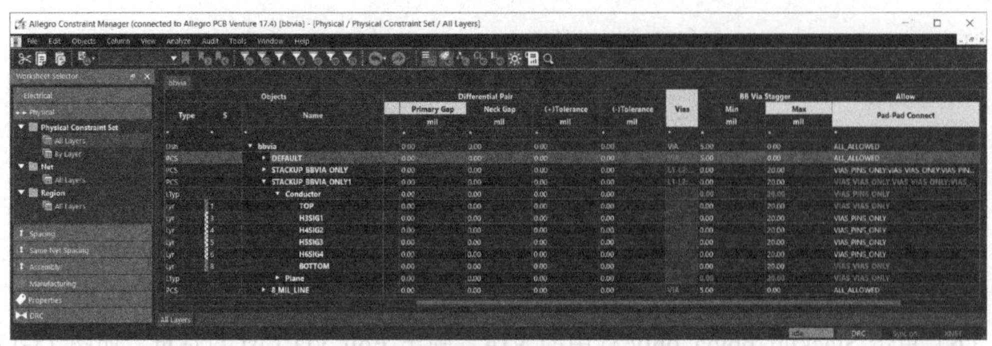

图 18-13　Pad-Pad Connect

（8）把设置好的 STACKUP_BBVIA_ONLY 规则分配给 Net。在 Physical 域中选择 Net→All Layers，把 STACKUP_BBVIA_ONLY 规则分配给 A3、A4 和 A5。

（9）选择 Setup→Design Parameter Editor 命令，在 Display 中勾选 Via Labels 复选框，表示显示盲、埋孔的层的范围。1-3 表示有堆叠的孔。3：6 表示从 3 层到 6 层的孔。

（10）选择 Route→Connect 命令，在 Options 面板的 Act 选项中选择 WL，选择从网络 A4 开始。双击 A4，弹出 Working Layers 窗口，如图 18-14 所示。

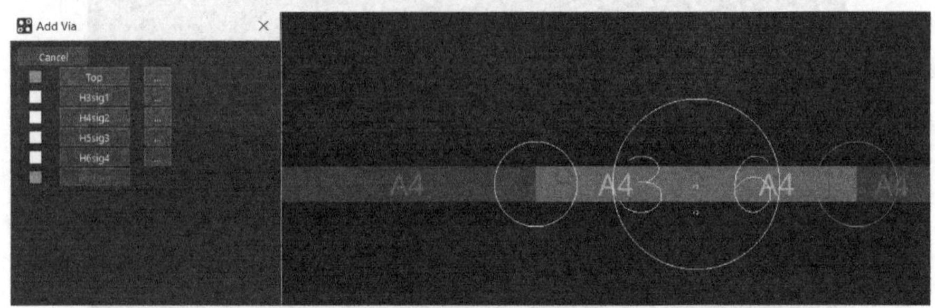

图 18-14　Working Layers 窗口

（11）设置 Same Net DRC，打开约束管理器，创建新的 Same Net Spacing 规则，设置 BB Via 到 BB Via 孔的距离为-1，Hole 到 Via 的距离为 0。这个规则就是让 L1-L2 与 L2-L3 的 BB Via 孔同焊盘相切，如图 18-15 所示。

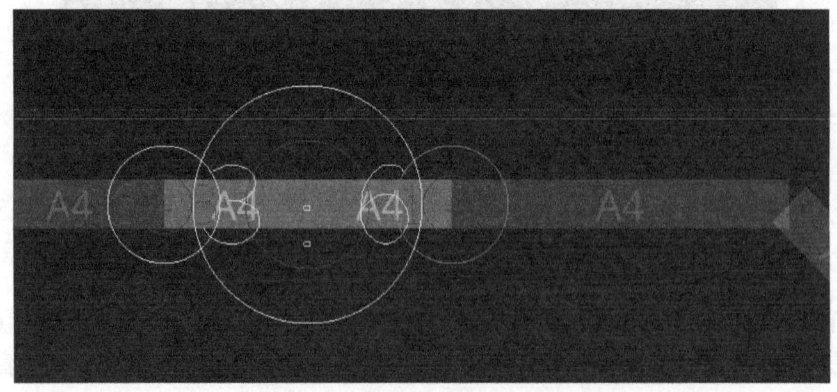

图 18-15　Same Net Spacing Hole-VIA=0

以上步骤是盲、埋孔的设置步骤，在实际操作中，一定要根据工艺情况设置好约束，然后按照约束走线即可。

18.3　盲、埋孔设计的其他设置

1. 微孔

微孔（Microvia）用于区分盲、埋孔。从制造过程来说，一般微孔是可以堆叠的。举例来说，如果把 18.2 节中的 L1-L2、L2-L3、L6-L7、L7-L8 修改成 Microvia，在 Same Net Spacing 中就可以设置 Microvia 到 BB Via 的距离（就是 L2-L3、L6-L7 和 L3-L6 之间的距离）。

如果需要建立微孔（Microvia），选择 Start→Cadence PCB Utilities 17.4→Padstack Editor 17.4 命令，可新建一个微孔，如图 18-16 所示。其他可参考创建 Via 的过程。

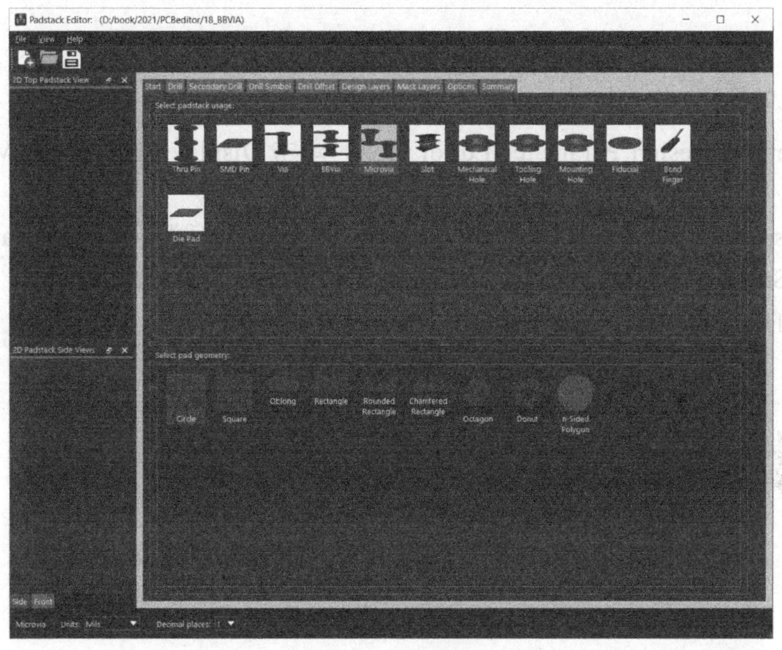

图 18-16　新建微孔

2. 非标准钻孔类型

Non-standard drill 表示非标准钻孔，主要包括以下几个类型。

- Layer：激光钻孔。
- Plasma：电浆钻孔。
- Plunch：冲击钻孔。
- Wet/dry Etching：干式/湿式钻孔。
- Photo Imaging：成像。
- Conductive Ink Formation：导电油墨。
- Other：其他。

在生成钻孔数据时，这里的设置可把微孔与其他孔相区别，产生不同的钻孔数据。

3. 用户定义 Mask 层

在 Padstack Designer 窗口中，Padstack layers 支持用户添加多达 16 个 Mask 层，这些层可以用来定义孔的类型。例如，孔的堵塞、灌装和金沉积，设置界面如图 18-17 所示。这个功能可在采用不同的工艺类型时，区分出这些孔。

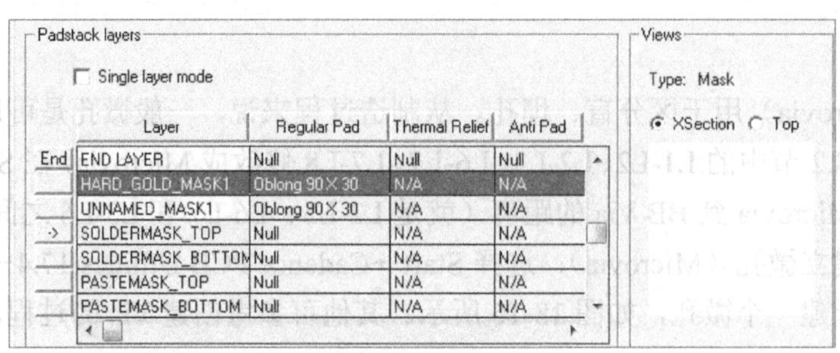

图 18-17　添加 Mask 层

4. 过孔的标记

选择 Setup→Design Parameter Editor 命令，单击 Display 按钮，勾选 Via Labels 复选框。

选择 Display→Color/Visibility 命令，弹出 Color Dialog 对话框，单击 Display 按钮，修改 Via label 和 Stacked via label 的颜色。如图 18-18 所示，6-8 表示堆叠的孔，3：6 表示从第 3 层到第 6 层的孔。

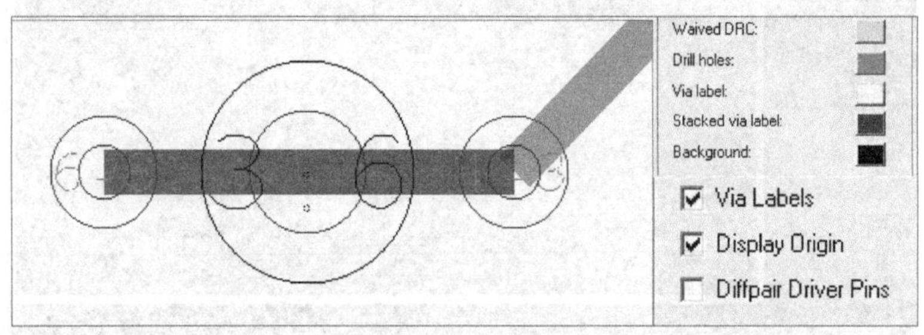

图 18-18　Via Span Labels

5. 清除不用的堆叠过孔

在可堆叠的盲、埋孔设计中，经常会发现下面的问题。当用户把线从第 5 层换到第 3 层，就会遗留不用的 4-5 层的孔，如图 18-19 所示。

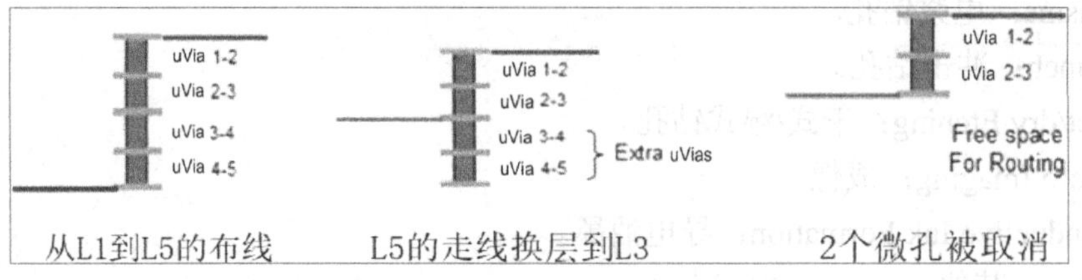

图 18-19　不同的堆叠过孔示例

清除多余的堆叠过孔的方法如下：选择 Route→Gloss→Parameters 命令，弹出 Glossing Controller 窗口。单击 Via eliminate 按钮，在弹出的窗口中勾选 Eliminate unused stacked vias 复选框，如图 18-20 所示。

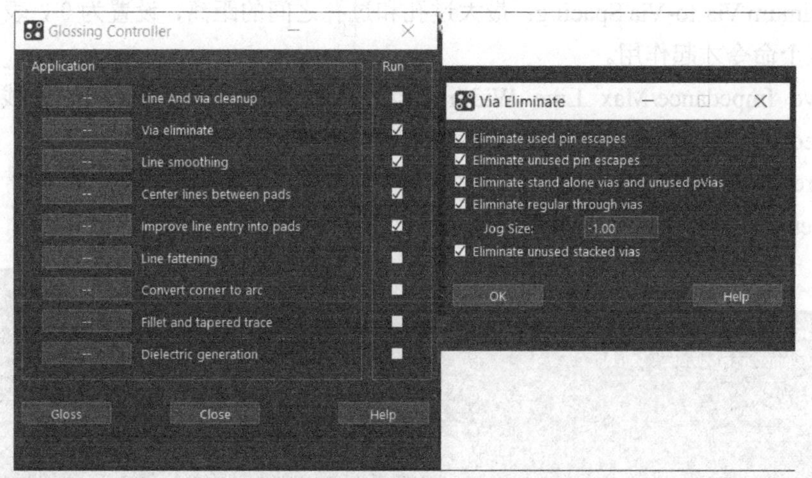

图 18-20　清除多余的堆叠过孔

6．其他关于盲埋孔的设置

选择 Setup→Constraints→modes 命令,进入 Analysis Modes 窗口，选择 Design for fabrication→Holes，可以看到埋盲孔相关设置，如图 18-21 所示。

Max stacked via count

定义微孔在垂直空间上最大可以堆叠在一起的数量。实际上就是定义是几阶盲埋孔。

Maximum count of uvias stacked on core via

定义最大允许堆叠在 Core 孔上的微孔数。

Maximum stacked uvia count

定义微孔、盲埋孔在垂直空间上的最大允许数。

Alignment between uvias/Alignment between uvias stacked on core via

定义堆叠的微孔/微孔和 Core 孔之间在垂直方向的中心偏差允许值。

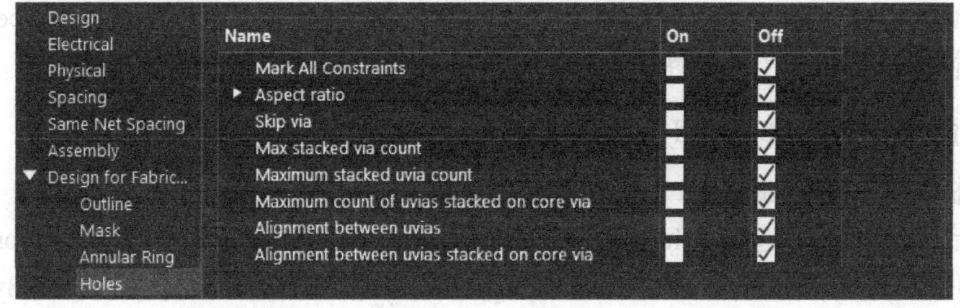

图 18-21　Via 设置

7．Via-Via Line Fattening

选择 Route→Resize/Respace→Via-Via Line Fattening 命令，弹出 Via-Via Line Fattening 对

话框，如图 18-22 所示，然后单击需要 Fatten（加粗）的走线。这个命令主要是防止第 2 层和第 6 层上两个过孔相切形成锐角，对加工和信号质量都不利，还可对 BBVia 进行补盘。

Via-Via Line Fattening 对话框中的选项介绍如下：

- Maximum Via-to-Via Spacing：最大过孔和过孔之间的距离，设置为 0，表示只有相切时这个命令才起作用。
- Waive Impedance/Max Line Width DRCs：当通过这个命令改变线宽而违背 Impedance/Max Line Width 而产生 DRC 时，自动推迟 DRC。
- Entire Design：对整个当前设计有效。
- Selected Clines Only：仅对当前所选的 Cline 有效。

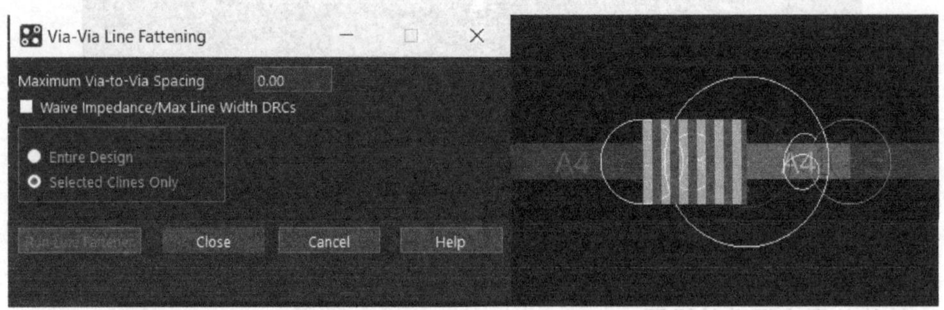

图 18-22　Via-Via Line Fattening 对话框

18.4　埋入式零件设计的基本参数设置

在当前的设计流程中，绝大部分客户从 PCB 或基板开始进行埋入式零件设计。给零件添加 Embeded_Placement 属性，可以让零件变成埋入式零件的候选件。可将此属性加到原理图设计和 PCB 设计中。

Embeded_Placement 属性有 3 个值。

- Required：用来确保零件放到内层，作为埋入式零件。此属性是 hard 属性（不可被工具自动编译的属性）。如果零件放到表层，会有 DRC 出现。
- Optional：此属性表明零件可放到表面和内层。
- External only：此属性是限制属性，阻止零件放到内层。在对整板加入 Embedded_soft 属性时，可以使用此属性来确保某些零件必须放到表层。

1．对整板加入 Embedded_soft 属性

对整板加入 Embedded_soft 属性，操作步骤如下。

（1）启动 Allegro，选择 Allegro PCB Designer License，同时勾选 Miniaturization 复选框。

（2）任意打开一个文件，选择 Edit→Properties 命令，在 Find 面板中的 Find By Name 列表框中选择 Drawing。

（3）弹出 Find by Name or Property 对话框，单击 Drawing Select 按钮，打开 Selected Objects 窗口，单击 Apply 按钮，弹出 Edit Property 窗口，如图 18-23 所示。

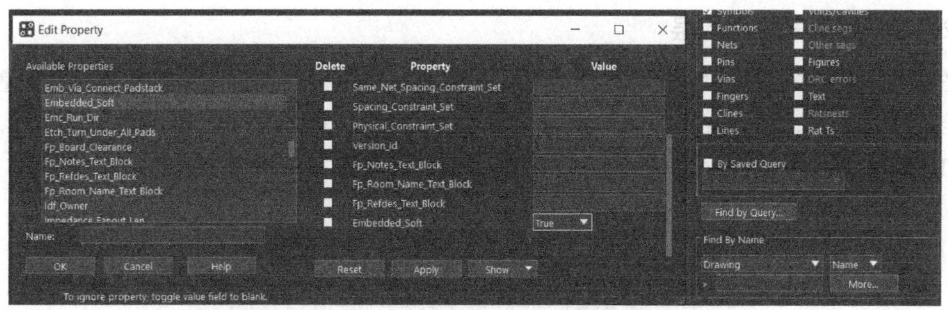

图 18-23　Edit Property 窗口

（4）在 Available Properties 列表框中选择 Embedded_Soft，设置该属性值为 True。

（5）单击 OK 按钮退出，就为全板加入该属性了。如果用户需要为全板加入其他属性，也可以使用此方法。

如果用户需要经常加入该属性，也可将其设置成快捷方式。下面举个例子，用户可以把它设置在 Env 文件中。

```
funckey e “ property edit;setwindow form.find;FORM find name_type Drawing;FORM find find_by_name, FORM findname objlist ‘Drawing Select’;FORM findname done”
```

可能有些用户要问，使用此功能对当前的库有影响吗？埋入式零件并不需要修改用户当前的库。它会利用已经存在的库的信息。

例如：埋入式零件的特征和当前库对应关系如下：

Assembly outline——Embedded Assembly outline。

Pastemask——Embedded Pastemask。

Placebound——Cavity outline。

理想的方式是创建一个新的 Cavity_Outline 去代替 Placebound。用户可以修改当前的库，在库中加入 Cavity_Outline 属性（Embedded Geometry），如图 18-24 所示。

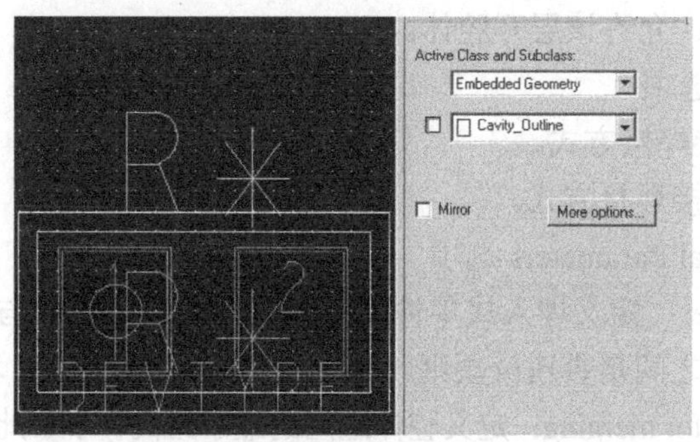

图 18-24　添加 Cavity_Outline 属性

当然也可以用 Alt symbol 属性来定义，Alt symbol 允许直接定义内层参数。

采用直接加入欧姆层的方式，常要用到此参数。因为采用直接加入欧姆层的方式，内层的图形和外层不一致。

2. 设计埋入式零件的层

在设置好零件的属性后，下一个环节是设计埋入式零件的层。在新的版本中，设置层的菜单已经加入。选择 Setup→Embedded Layer Setup 命令，弹出 Embedded Layer Setup 窗口，如图 18-25 所示。

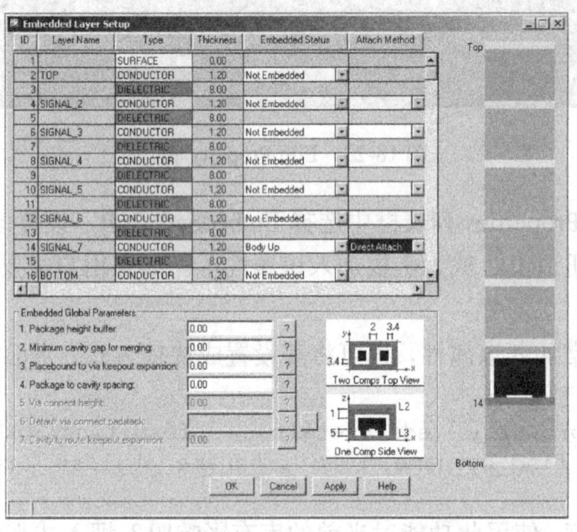

图 18-25　Embedded Layer Setup 窗口

图 18-25 中的方式是目前设计中用得最多的方式，就是零件直接焊接到一层上，到上一层介质的高度可以包含任何埋入式零件的高度。

1）Embedded Status 选项

Not Embedded：不允许该层埋入零件。

Body Up：零件向上。

Body Down：零件向下。

Protruding Allowed：允许该层开腔体。

2）Attach Method 选项

Direct Attach：直接焊接方式。

Indirect Attach：间接焊接方式。

3）Embedded Global Parameters 选项

Package height buffer：定义埋入式零件的高度，用来判断零件与相邻层是不是冲突，同时检查两个埋入式零件之间是否违反规则。两个零件采用 Body Up 和 Body Down 方式。

Minimum cavity gap for merging：定义腔体之间的最小距离，小于此值，则两个腔体将合并。

Placebound to via keepout expansion：定义 Placebound 到禁止过孔的距离。如果设定此值，系统将在 Placebound 的基础上自动创建此区域。此参数对已经放置的零件不起作用，此参数允许为负值。

Package to cavity spacing：定义零件到腔体的最小距离。此值也存在于 Setup→Constraints→Modes→Design Options 中。

Via connect height：定义采用 Indirect Attach 方式时，相连过孔的最高高度。

Default via connect padstack：在 Indirect Attach 方式下，此参数才起作用。如果一个零件放置时并没有包含 EMB_VIA_CONNECT_PADSTACK 属性，此盘将用来代替埋入式零件的引脚。在问号按钮后面可以单击选择焊盘。

Cavity to route keepout expansion：此参数用来创建禁止布线区。如果不更新，此值不影响已经放置的零件。

要点：

①给零件添加 Embedded_Placement 属性。

②此属性可以加入原理图或 PCB 中。

③请慎重加入整个板级的属性 Embedded_soft。加入该属性，则所有的零件都可以放置到内层。

④考虑直接使用专用的库。

选择 Setup→Embedded Layer Setup 命令，在弹出的窗口中：

在 Embedded Status 中选择 Body Up/Body Down。

在 Attach Method 中选择 Direct Attach 或 Indirect Attach。

若需扩展到相邻层，设置 Embedded Status 为 Protuding Allowed。

18.4.1　实例：埋入零件

本节通过一个实际的例子来说明埋入零件的操作步骤。

（1）启动 Allegro PCB Editor，选择 Allegro PCB Designer，并分别勾选 High-Speed 和 Miniaturization 复选框，打开 embedded.brd 文件。

（2）选择 Setup→Constraint 命令或单击图标，打开约束管理器，单击 Properties→Component Properties→General 选项。

（3）单击 RES_SMDRES-10K,2%选项，在 Embedded 下的 Placement 中选择 REQUIRED，如图 18-26 所示，退出约束管理器。

（4）选择 Setup→Embedded Layer Setup 命令，弹出 Embedded Layer Setup 窗口。在 Embedded Status 中选择 Body Up，在 Attach Method 中选择 Direct Attach，如图 18-27 所示。

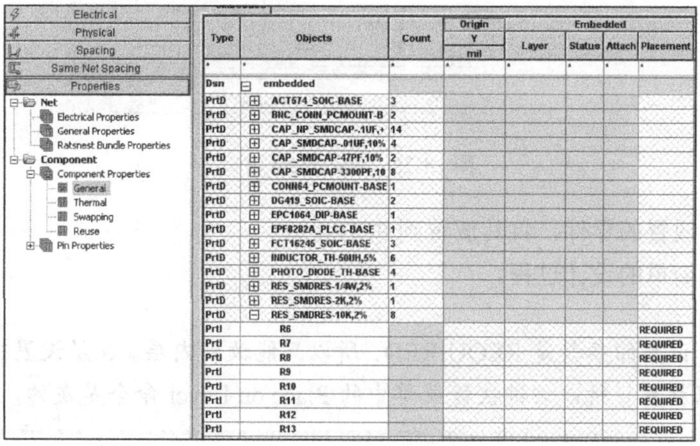

图 18-26　埋入零件参数设置

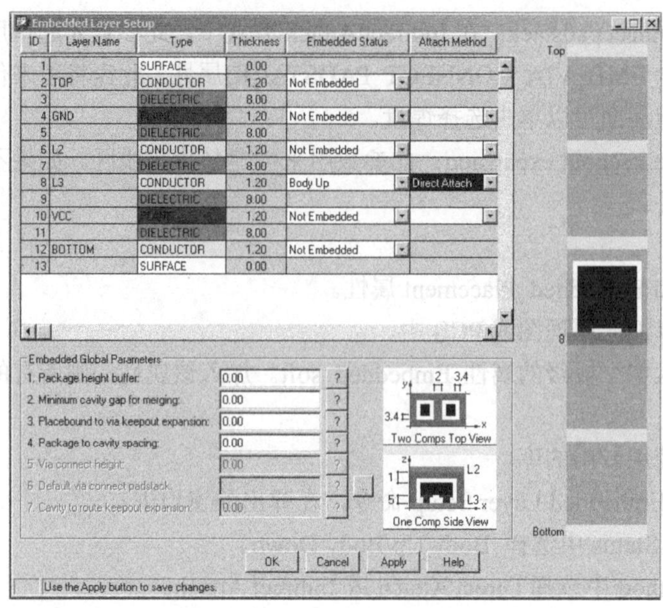

图 18-27　Embedded Layer Setup 窗口

（5）选择 Place→Manually 命令，弹出 Placement 窗口，如图 18-28 所示，图中 R7～R13 前有 E 的标记。

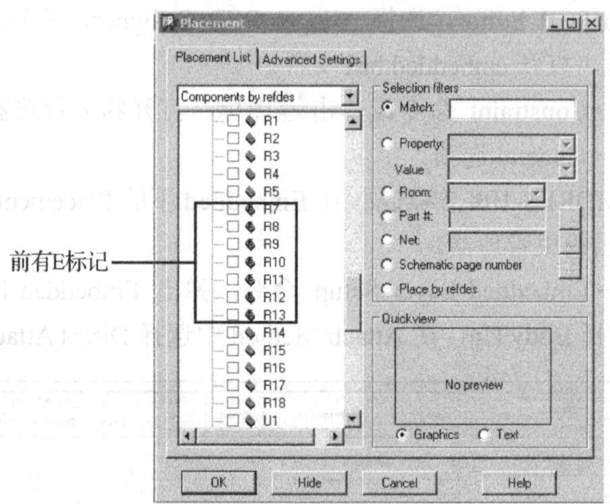

图 18-28　Placement 窗口

（6）选择要放置的零件，将其放置到 PCB 上。

以上就是最简单的设计过程。

设置的参数是 REQUIRED，所以只能放到内层。在层设置中，只设计 L3 可以放置。所以右键快捷菜单中的 Place on Layer 命令是灰的。

采用 Indirect Attach 方式的示例如下：

（1）启动 Allegro PCB Editor，选择 Allegro PCB Designer，并分别勾选 High-Speed 和 Miniaturization 复选框，打开 embedded.brd 文件。

（2）选择 Setup→Constraint 命令或单击图标，打开约束管理器，单击 Properties→Component Properties→General 选项。

（3）单击 RES_SMDRES-10K,2%选项。在 Embedded 下的 Placement 中选择 OPTIONAL，如图 18-29 所示，退出约束管理器。

Type	Objects	Count	Embedded Layer	Embedded Status	Embedded Attach	Embedded Placement
Dsn	embedded					
PrtD	ACT574_SOIC-BASE	3				
PrtD	BNC_CONN_PCMOUNT-BASE	2				
PrtD	CAP_NP_SMDCAP-.1UF,+20%/-80%	14				
PrtD	CAP_SMDCAP-.01UF,10%	4				
PrtD	CAP_SMDCAP-47PF,10%	2				
PrtD	CAP_SMDCAP-3300PF,10%	8				
PrtD	CONN64_PCMOUNT-BASE	1				
PrtD	DG419_SOIC-BASE	2				
PrtD	EPC1064_DIP-BASE	1				
PrtD	EPF8282A_PLCC-BASE	1				
PrtD	FCT16245_SOIC-BASE	3				
PrtD	INDUCTOR_TH-50UH,5%	6				
PrtD	PHOTO_DIODE_TH-BASE	4				
PrtD	RES_SMDRES-1/4W,2%	1				
PrtD	RES_SMDRES-2K,2%	1				
PrtD	RES_SMDRES-10K,2%	8				
PrtI	R6					OPTIONAL
PrtI	R7					OPTIONAL
PrtI	R8					OPTIONAL
PrtI	R9					OPTIONAL
PrtI	R10					OPTIONAL
PrtI	R11					OPTIONAL
PrtI	R12					OPTIONAL
PrtI	R13					OPTIONAL

图 18-29　埋入零件参数设置

（4）选择 Setup→Embedded Layer Setup 命令，弹出 Embedded Layer Setup 窗口，在 Embedded Status 中选择 Body Down，在 Attach Method 中选择 Indirect Attach，如图 18-30 所示。在 Default via connect padstack 后面，单击按钮，选择 Via。

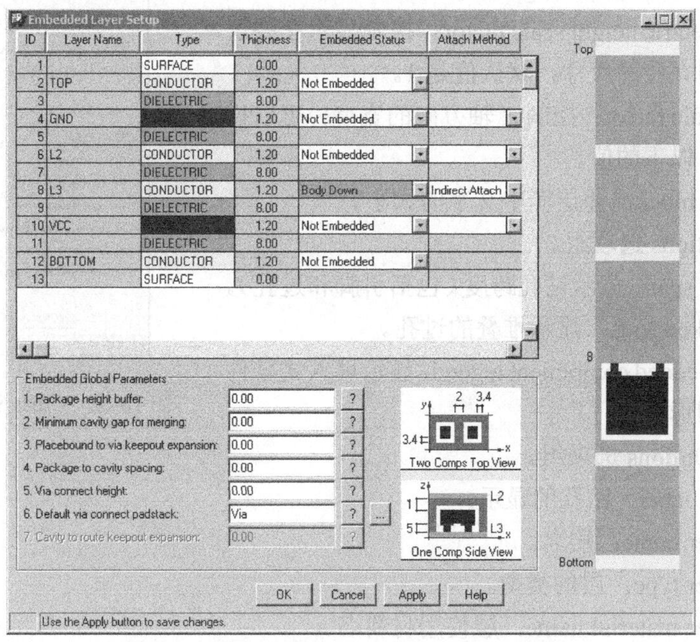

图 18-30　Embedded Layer Setup 窗口

（5）选择 Place→Manually 命令，弹出 Placement 窗口，选择 R7。右击，在弹出的快捷菜单中选择 Place on Layer→L3 命令，如图 18-31 所示。

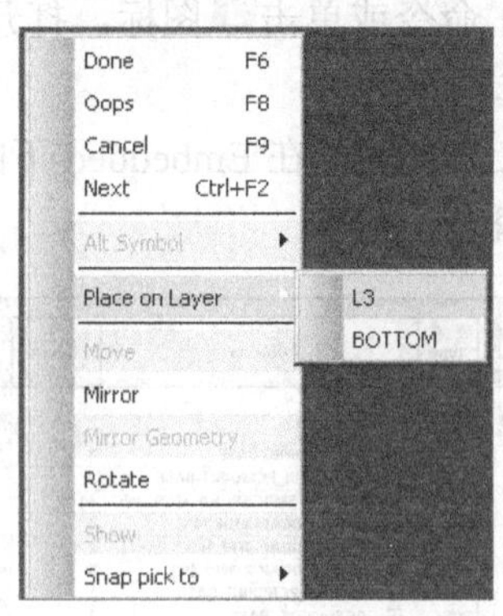

图 18-31　放置埋入式零件

以上是采用间接相连方式的设计过程。

18.4.2　埋入式零件生产数据输出

下面介绍埋入式零件制造输出的问题。先打开 embedded_full.brd 文件，然后按照如下步骤操作。

（1）创建叠层图。选择 Manufacturing→Cross Section Chart 命令，弹出 Cross Section Chart 窗口，如图 18-32 所示。

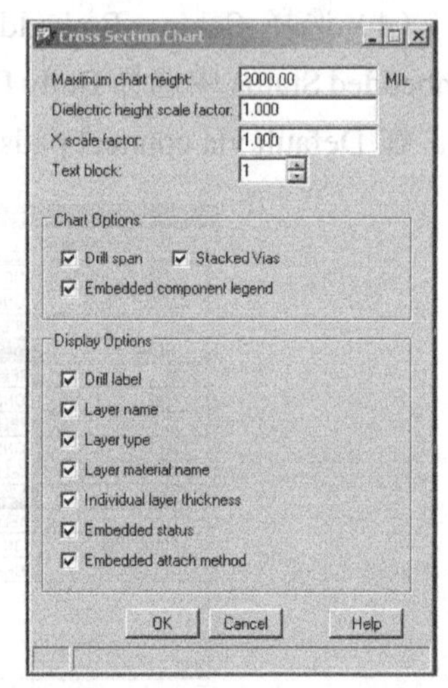

图 18-32　Cross Section Chart 窗口

- ➢ Maximum chart height：最大叠层图高度。
- ➢ Dielectric height scale factor：控制显示在叠层图中介质的尺寸，默认值是 1。
- ➢ X scale factor：控制 X 轴方向的宽度，可以设置 1 以下的值。
- ➢ Text block：叠层图中文字的大小。

- Chart Options 选项组。
  - ➢ Drill span：显示钻孔跨度（包括引脚和过孔）。
  - ➢ Stacked Vias：显示堆叠的过孔。
  - ➢ Embedded component legend：显示埋入式零件的图形。
- Display Options 选项组。
  - ➢ Drill label：钻孔的显示。
  - ➢ Layer name：层名。
  - ➢ Layer type：层的类型。
  - ➢ Layer material name：层使用材料名。
  - ➢ Individual layer thickness：单个层的厚度。

> ➢ Embedded status：埋入式零件的状态。
> ➢ Embedded attach method：埋入式零件的方法。

单击 OK 按钮，产生叠层图。用户可以选择 Edit→Move 命令，并在 Find 面板中勾选 Group 复选框，把叠层图移到合适的位置，如图 18-33 所示。

（2）创建钻孔图。选择 Manufacturing→NC Drill Legend 命令，弹出 Drill Legend 窗口，如图 18-34 所示。

> ➢ Template file：模板文件，如果有，可单击 Browse 按钮。
> ➢ Drill legend title：钻孔图标题。
> ➢ Backdrill legend title：背钻钻孔图标题。
> ➢ Cavity legend title：埋入式零件图标题。
> ➢ Output unit：输出单位。

- Hole sorting method：孔的排序方法。
  - ➢ By hole size：按孔径大小排序。Ascending 为从小到大，Descending 为从大到小。
  - ➢ By plating status：按孔的状态排序。Plated first 表示金属化孔排在前面，Non-plated first 表示非金属化孔排在前面。
- Legends 选项组。
  - ➢ Layer pair：按层对的方式产生孔图。
  - ➢ By layer：按层的方式产生孔图。
  - ➢ Include backdrill：图中包含背钻数据。
  - ➢ Include Cavity：图中包含埋入式零件的数据。

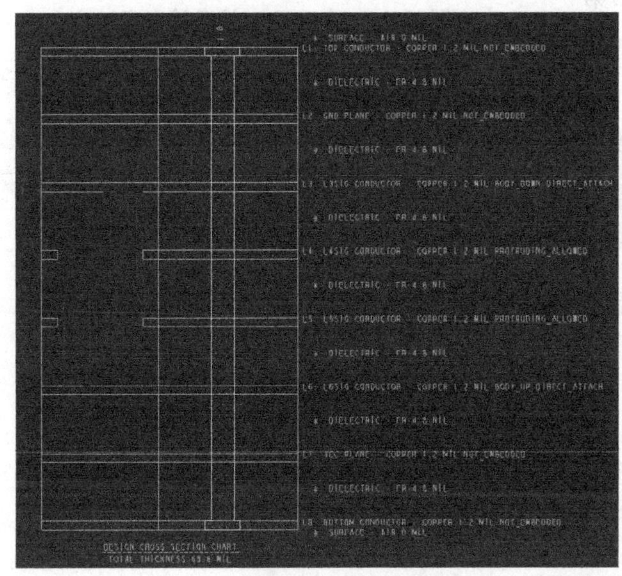

图 18-33　层叠图

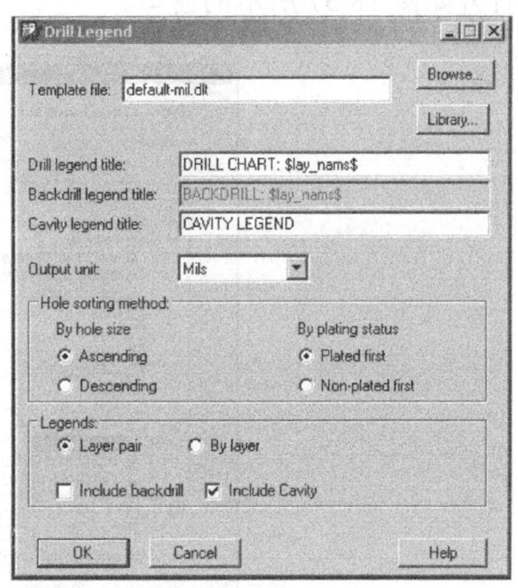

图 18-34　Drill Legend 窗口

单击 OK 按钮，产生钻孔图。选择 Display→Color/Visibility 命令，在弹出的对话框的 Manufacture 中仅选择 Nclegend→Cavity，生成的钻孔图如图 18-35 所示。

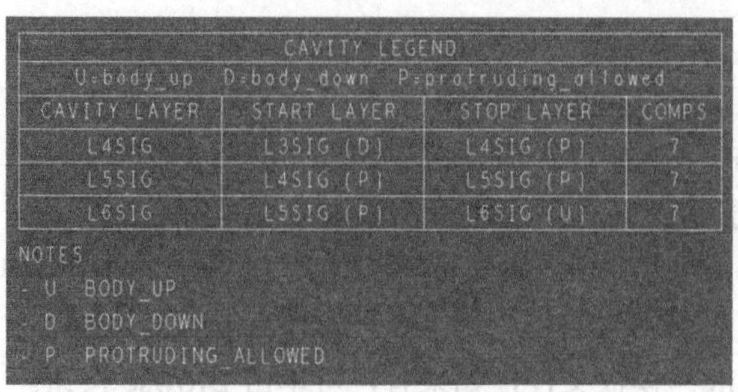

图 18-35　钻孔图

（3）选择 Tools→Quick Reports 命令，在弹出的对话框中选择报告类型。

- Embedded cavity report：埋入式零件腔体报告。
- Embedded component report：埋入式零件报告。
- Component Report：零件报告。

（4）选择 File→Export IPC-D-356 命令，完成后可以看到相关的告警/错误信息，如图 18-36 所示。

图 18-36　IPC-D-356 文件输出窗口

（5）输出光绘文件。

①输出光绘文件的其他流程见本书第 14 章。选择 Manufacturing→Artwork 命令，打开如图 18-37 所示的窗口。

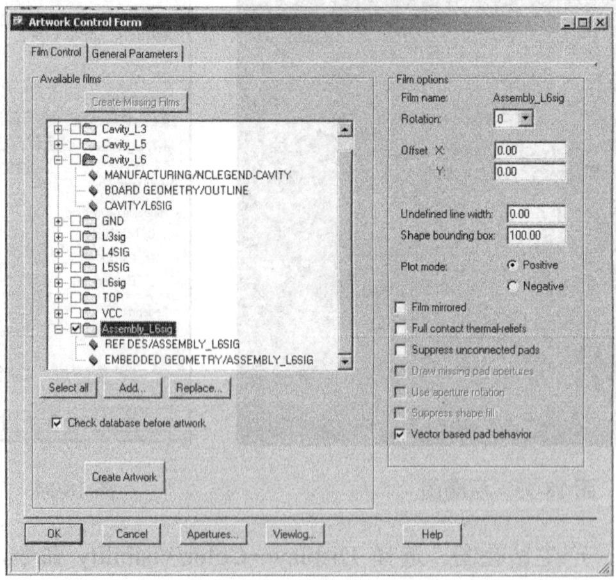

图 18-37　光绘文件输出窗口

②在输出 Artwork 中，在下面的参数中加入如下层。

Cavity_L5:

- Cavity/L5SIG。
- MANUFACTURING/NCLEGEND-CAVITY。

Assembly_L6sig:

- REF DES/ASSBLY_L6SIG。
- EMBEDDED GEOMETRY/ASSEMBLY_L6SIG。

Pastemsk_L6sig:

- EMBEDDED GEOMETRY/PASTEMASK_L6SIG。

第 19 章　射频设计

本章导读：

- RF PCB 设计背景和设计特点。
- RF PCB 设计流程介绍。
- 常用的 RF 设计命令介绍。

19.1　RF PCB 设计背景

在现代电子设计中，如手机、基站、Wi-Fi 产品、雷达、蓝牙耳机、消费电子产品、国防和航空航天应用中，印制电路板（PCB）的设计正变得越来越复杂，一个重要的原因是射频（RF）技术的广泛应用。为了满足“更小、更快、更便宜”的市场要求，将模拟电路、数字电路、RF 电路设计安装在同一块 PCB 上已经是十分普遍的做法。使用现有的电子设计自动化（EDA）工具进行上述产品的设计面临着许多挑战，例如，如何提高设计效率以缩短开发周期，如何便利地进行 RF 布线及其调整，如何避免 RF 信号的辐射和干扰，等等。这一系列的问题都是我们进行 RF PCB 设计时必须面对的。

RF 设计多少有点像“黑色魔术”。许多功能是由 PCB 版图控制的，包括铜皮的形状、尺寸及位置。实际上，它并不神秘，只需要应用良好的工艺和技术去解决相应的电磁场问题。为了求解一个电路的电磁性能，需要考虑它的内部和外部器件及其结构。当然这需要创建一个复杂的数学模型。然而，这并不表示 RF 设计就是一门黑色艺术；如果理解了 EM 现象出现的原因，就能借助合适的设计工具并遵循一些 EMC 规则很好地驾驭 RF、数字混合设计。

对于当今越来越多的模拟电路、数字电路和 RF 电路共享同一 PCB 的情况，RF 走线的任何微小的变动都可能导致电路性能的极大改变，所以必须有一整套的方法来精确控制、调整 RF 走线。通常，对于一个 RF、数字混合电路板设计，RF 电路的设计时间几乎占据整个设计过程的 2/3，所以提高 RF 设计效率是缩短整个设计周期的关键。

同一电路板上的 RF、数字混合设计，面临的挑战是多方面的，主要包括：

第一，设计流程和设计工具的集成问题。在理想的情况下，人们总是期望用单一的 EDA/CAD 工具去实现所有的设计：数模设计、RF 仿真、信号完整性、电源完整性、布局排版、机械设计等。然而，到目前为止，这是不切实际的。

在现实中，典型的设计流程包括以下步骤：在 RF 环境中创建 RF 原理图进行功能仿真，将仿真后的 RF 电路部分与其他电路部分合并，形成一个完整的原理图，对合并后的原理图进行统一的布局布线。如果有必要，可将 RF 电路送到专门的仿真工具中进行现场验证和参数调整，自动更新 RF 电路（如走线），反标原理图以实现原理图与版图的同步。

传统的设计流程中，RF-CAD 和 PCB-CAD 之间的数据转换过程中需要人工干预。例如，从 RF-CAD 转换到 PCB-CAD 的分立器件通常需要手工去检查、核对零部件编号；而从 PCB-CAD 送到 RF-CAD 的设计中经常没有层叠信息，要在 RF 工具中进行仿真时必须手工添加层叠信息。这种手工操作效率低、容易出错。所以必须考虑将 RF-CAD 和 PCB-CAD 工具尽可能紧密地集成在一起，实现数据的自动转换，以减少手工操作。

第二，不同于原理图驱动的数字设计，RF 设计通常是一个反复迭代的过程。版图（布局、布线）对功能的影响很大，所以大部分的 RF 设计都或多或少地使用版图驱动设计流程。对于 RF 设计，不同的公司可能有不同的设计流程，甚至在同一公司也有几种不同的流程在使用。对于混合设计而言，有时人们会先在专业的 RF-CAD 仿真工具中搭建 RF 电路并进行仿真设计，然后在 PCB-CAD 工具中将 RF 电路与数字电路合并在一起；有时人们会先在 PCB-CAD 工具中统一进行 RF 电路和数字电路的原理图和版图设计，再将 RF 部分送到 RF-CAD 工具中进行仿真。

对于典型的 RF 设计，在确定版图之前需要进行原理图功能仿真，但这并不意味着版图就此固定不变。设计工具应该允许任何时候对版图的编辑、修改，包括在原理图创建之前、创建之中及创建之后，同时应该能基于版图的变化自动进行原理图的更新，从而实现原理图与版图的同步。例如，由于 PCB 上布线空间的限制，有时候不得不在 PCB 上调整 RF 布局和布线。这种调整意味着现有的一些 RF 器件（如微带器件）可能要被删除或修改，可能要引入新的 RF 器件，这势必导致 RF 功能的变化。RF 功能对版图的修改十分敏感。

第三，在高频情况下，分立器件或集成电路的引脚之间的连线不能视为理想的短路线。所有的导体和连线都将是传输线，需要将它们当成整个电路中的一部分。PCB 布局、布线及其他 Layout 参数对 RF 电路的功能有重要的影响。例如，走线的长度和宽度，物理器件的位置和尺寸及基板材料的成分等都将影响电路的电气性能。所以 PCB-CAD 工具必须具有 RF 感知的功能，以便理解 RF 特性，同时提供自动生成和利用参数化 RF 器件的功能。

第四，RF 电路既是噪声源，又对外部的噪声非常敏感。所有的传输线都将辐射 RF 能量，对于多层板结构，平板谐振也会导致一些 RF 能量的辐射。我们不希望受到外部无用的 RF 噪声的干扰，也必须减少有用的 RF 信号在传输线中的损耗。

针对以上的问题和挑战，Cadence 提供了一整套新的 RF PCB 解决方案。本章将具体介绍如何联合使用 Allegro 和 ADS 在同一块 PCB 上进行数字电路、模拟电路和 RF 电路的设计。与 ADS 兼容的 RF 库保证了输入/输出电路与 ADS 的同步；ADS 与 Allegro 之间的有效通道确保了数据交换的简单和快捷；分立器件在 Allegro 和 ADS 之间的双向传递使得实际的封装信息能在 RF 仿真中得以体现；版图驱动（layout-driven）设计能力可以基于版图 Layout 的变化进行原理图的自动更新，以避免过多的手工操作；强大的 RF 布局、布线和编辑功能及灵活的铜皮处理功能大大提高了设计的效率。便捷的过孔阵列产生方式和非对称避让的处理能力较好地解决了 RF 电路的屏蔽和隔离问题，以减轻 EMI 的影响。

需要注意的是，如果需要从原理图开始设计，这个模块只支持 Allegro Designer Authoring 原理图，不支持 Capture CIS 原理图。

19.2　RF PCB 设计的特点

1. 精确的参数选择

RF 设计一定要进行阻抗控制，当然随着设计频率越来越高，许多设计都要进行阻抗控制，但 RF 设计要求更加严格。为了获得更好的阻抗结果，RF 设计一般选择介电常数稳定、切角损耗小的材料。当介电常数不稳定时，电路元器件和 PCB 间的分布电容会变化，从而引起电路的谐振频率、滤波器的中心频率发生变化。一般来说，FR4 的板材介电常数不稳定，损耗大。特别在频率大于 1GHz 时，介电常数更加不稳定。所以在 RF 设计中不建议使用该材料。

2. 精确的走线

RF 设计需要对连接的走线进行精确的控制，每一个走线的角度和线的参数，都会影响 RF 设计，所以如何设计精确的走线是设计的挑战之一。RF 设计如果走直角，拐角处的线宽会增大，阻抗减少，引起反射。因此要对转角进行精确处理。

3. 精确的隔离和屏蔽设置

RF 设计还需要考虑隔离和屏蔽，不能让其他信号影响到 RF 设计。在设计中，如何控制精确的隔离和屏蔽也是 RF 设计的特点之一。

19.3　RF PCB 设计流程

与高速数字电路设计流程相似，RF 设计也包括原理图设计、Layout 设计和仿真等主要步骤。不同的公司甚至同一公司内的不同部门可能使用不同的流程进行 RF、数字混合电路设计。对于复杂的 RF、数字混合电路，单纯的 RF 仿真工具或单纯的 PCB 设计工具都难以满足设计的需要，所以经常需要将两者结合在一起。

图 19-1 所示为一个典型的 RF、数字混合电路设计流程。

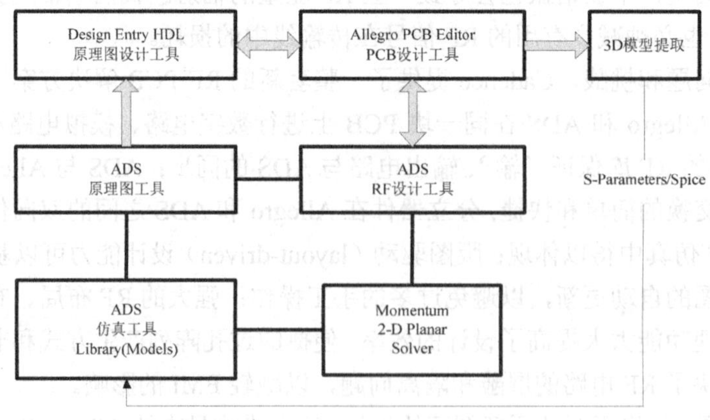

图 19-1　RF、数字混合电路设计流程

图 19-1 中给出了以下可能的流程。

流程一：RF 部分的原理图在 ADS 中设计并仿真好，再将 RF 部分集成到 Cadence 的原理图中与数字或其他部分原理图进行合并，然后在 Allegro PCB Editor 中一起生成 PCB Layout。在 Allegro Layout 中，可以进行 RF 电路参数的修改及增减 RF 器件等，之后可以将 Allegro 的 Layout 电路再送到 ADS 中进行电磁仿真、验证和优化，最后将优化后的电路反标回 Cadence 版图和原理图。这是目前使用最广泛的流程之一。

流程二：RF 部分的原理图和版图都在 ADS 中设计并仿真好，然后将 ADS 的原理图合并到 Cadence 的原理图中，将 ADS 的 Layout 与 Cadence 的 Layout 合并，以实现原理图和版图都与 ADS 完全同步。在 Cadence 原理图和版图中，仍然可以进行电路的修改，然后送到 ADS 中进行电磁仿真、验证和优化，最后将优化结果反标回 Cadence 版图和原理图中。这种流程适合于 RF 电路作为一个整体/模块，不需要对它进行经常修改/调整的情况。

流程三：RF 部分和数字部分的原理图和版图设计都在 Cadence 中进行，只是利用 ADS 进行最后的电磁仿真验证。这种流程适合于在原有的 Cadence 设计的基础上进行小的修改的情况。

流程四：纯 Layout 的 RF 设计。有些设计如测试板，它的电路比较简单，没有原理图，可以直接在 Allegro PCB Editor 中进行 Layout 设计，然后送到 ADS 中进行电磁仿真，再反标回 Cadence 中。

下面以流程一为例，详细介绍 RF PCB 设计的主要步骤。

1. 创建 RF 设计项目

（1）启动 Allegro Project Manager，在 Cadence Product Choices 对话框中选择 Allegro Design Authoring。选择 Create Design Project 命令，弹出 New Project Wizard 对话框，在 Project name 文本框中输入 rf_demo，在 Location 文本框中设置项目所在的位置，如图 19-2 所示。

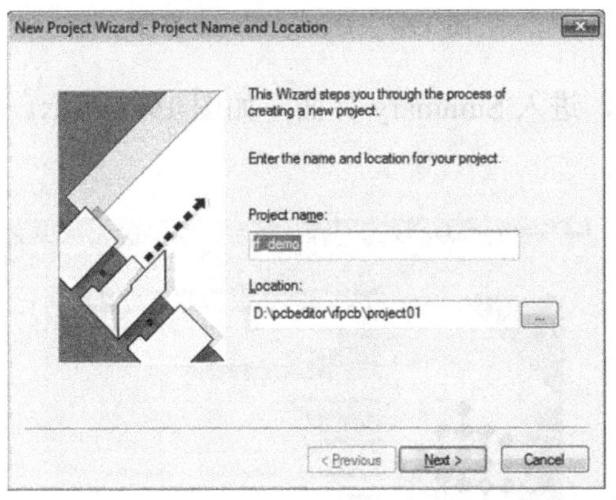

图 19-2　New Project Wizard 对话框

（2）单击 Next 按钮，进入 Project Libraries 界面。从 Available Libraries 列表框中选择 eesof_lib 和 rf_comp_lib，单击 Add 按钮，把 RF 库加入 Project Libraries 库中，如图 19-3 所示。

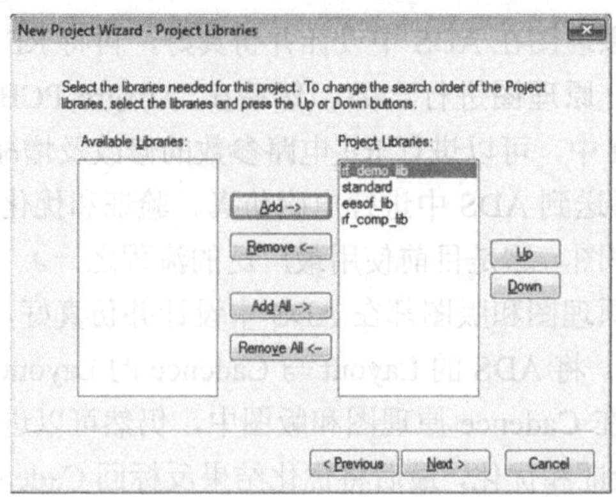

图 19-3　Project Libraries 界面

（3）单击 Next 按钮，进入 Design Name 界面，如图 19-4 所示。在 Design Name 文本框中输入 rf_demo。

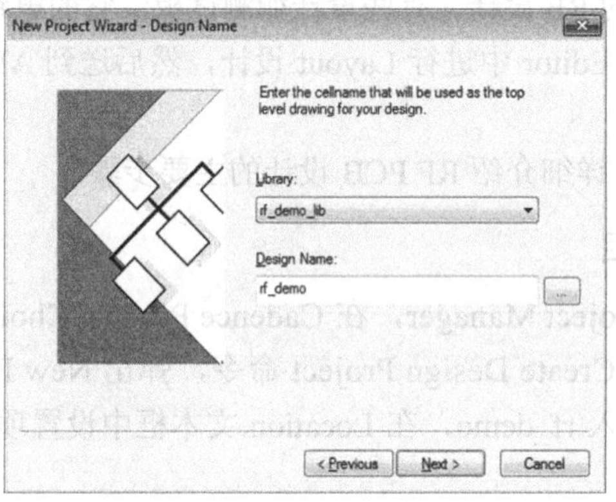

图 19-4　Design Name 界面

（4）单击 Next 按钮，进入 Summary 界面，如图 19-5 所示。单击 Finish 按钮，再单击 OK 按钮，完成设置。

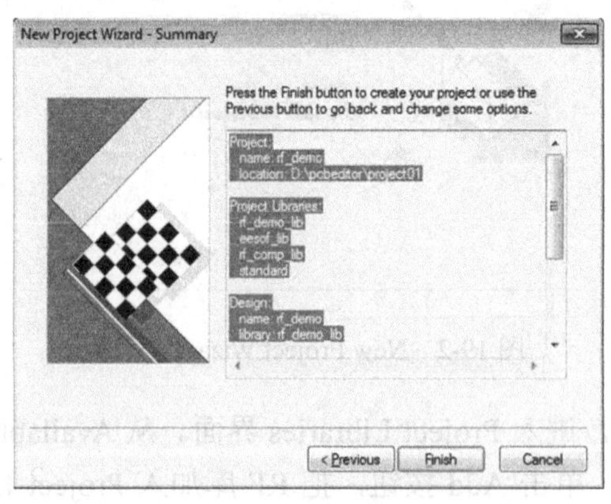

图 19-5　Summary 界面

2. 导入 ADS 原理图

（1）在 Project Manager 中选择 File→Import IFF 命令，弹出 Import IFF 对话框，如图 19-6 所示。在 File name 文本框中选择 ADS 原理图 schematic.iff，单击 Next 按钮。

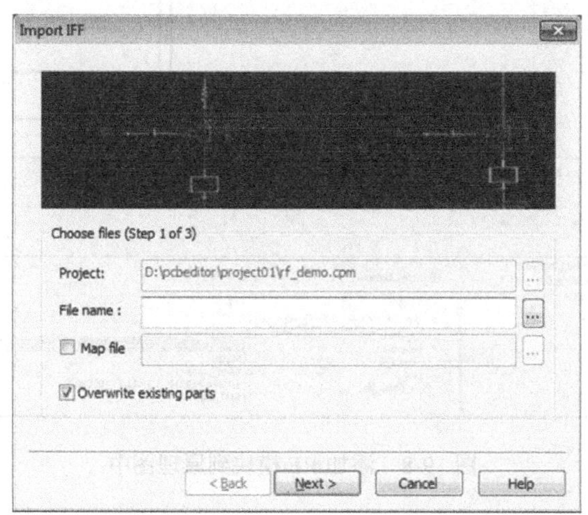

图 19-6　Import IFF 对话框

（2）弹出 RF-PCB Schematic IFF Import 对话框，如图 19-7 所示。单击“+”展开该项，并在 Type 栏中输入该器件的封装。

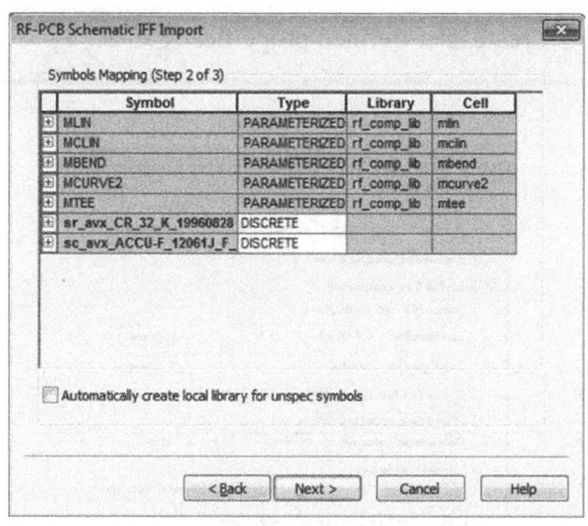

图 19-7　器件映射

（3）单击 Next 按钮，再单击 Finish 按钮，完成转换。

3. 加入 RF 组件

启动 Allegro Design Authoring，选择 Component→Add 命令，在 Library 列表框中选择 ads_circuits_prj，在 Cells 列表框中选择 Circuit2，单击 Add 按钮，如图 19-8 所示，在原理图中放置 RF 组件。单击 Save All 按钮，完成原理图。

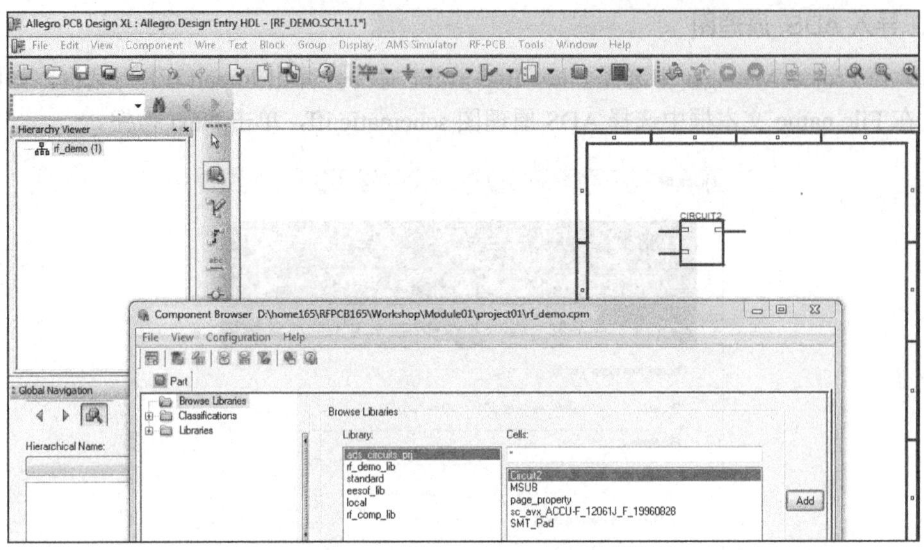

图 19-8　添加 RF 模块到原理图中

4．转换原理图到 PCB

在 Project Manager 中选择 Design Sync→Export Physical 命令，弹出 Export Physical 对话框，单击 Browse 按钮，并在 Input Board File 文本框中输入 rf_demo.brd。在 Output Board File 文本框中输入 demo.brd，如图 19-9 所示。

需要勾选 Create user-defined properties 复选框。

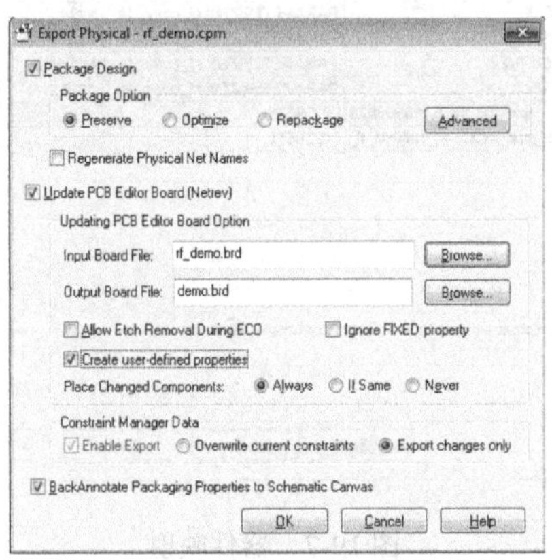

图 19-9　Export Physical 对话框

5．在 Allegro PCB Editor 中加入 RF 组件

（1）在 Project Manager 中单击 Layout 按钮，弹出 Cadence Product Choices -16.5 对话框，选择 Allegro PCB Designer，并勾选 Analog/RF 复选框，单击 OK 按钮。

（2）在开始进行 RF 设计前，用户需要进行一些基本的设置，例如微带线、带状线和共面波导（Co-planar Waveguide）。选择 RF-PCB→Setup 命令，打开 Options 面板，如图 19-10 所示。按照图 19-10 所示进行参数设置，单击 Apply 按钮，完成设置。

（3）选择 RF-PCB→Auto Place 命令，在 Options 面板中勾选 Enable relative rotation for non RF 复选框，Rotation lock 设置为 90。在 Select Group to Start 列表框中展开 U1，单击 Start 按钮，如图 19-11 所示。

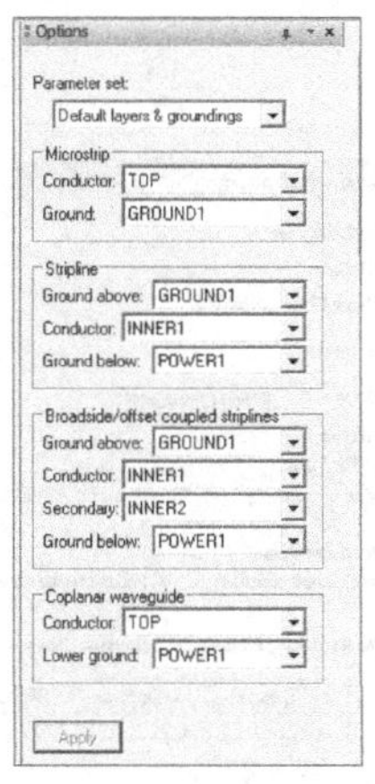

图 19-10　RF 设置

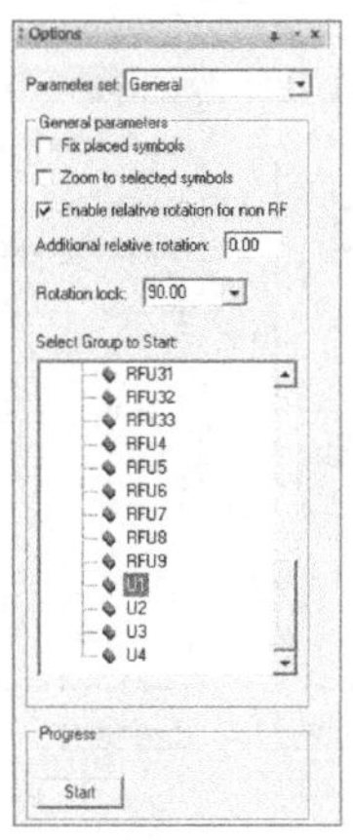

图 19-11　Auto Place 设置

6．在 Allegro PCB Editor 中修改 RF 设计

（1）选择 RF-PCB→Edit→Change 命令，在 Options 面板中会出现如下选项，如图 19-12 所示。

- Scaling Factor：缩放比例，默认为 1。
- AutoShove Connected Objects：勾选该选项，表示当现有组件的参数更改后保持连接。
- Enable DRC Check：勾选该选项，表示如果改变物体导致 DRC 产生，这个动作不能成功；不勾选，表示如果改变物体导致 DRC 产生，会保留结果并自动产生 DRC。
- Clearance：避让规则。一般 RF 组件放置好后，在避让区域内禁止走线和放置 Shape。这个参数可产生禁止布线区。
- Update clearance shapes to default：选中该选项，表示用默认的 Clearance 规则来更新。
- Retain clearance shapes：选中该选项，表示保持原来的 Clearance 规则。

（2）选择一个要编辑的物体，右击，在弹出的快捷菜单中选择 Show/Hide GUI Form 命令，如图 19-13 所示。

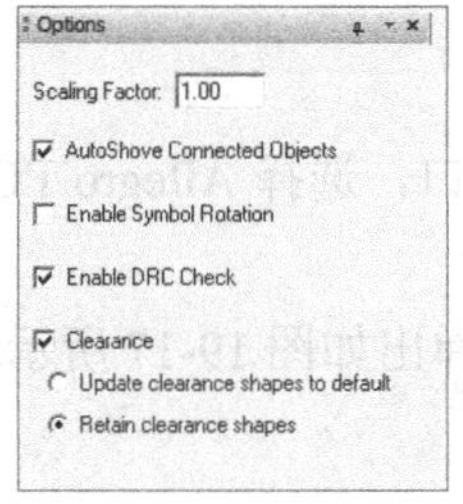

图 19-12　Change 设置

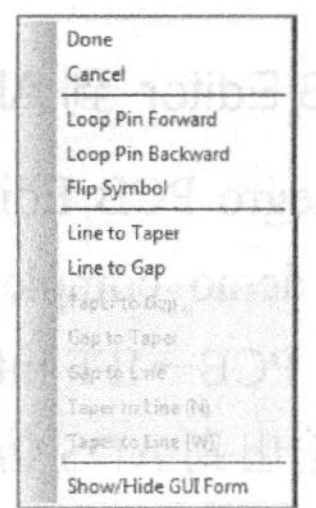

图 19-13　右键快捷菜单

（3）弹出 Microstrip Line 窗口（见图 19-14），选择 Parameters 选项卡，用户可以修改所选择的物体；选择 Nets 选项卡，用户可以修改网络。

7．从 Allegro PCB Editor 反标参数到原理图

（1）选择 Design Sync→Import physical 命令，在弹出的对话框中的 PCB Editor Board File 文本框中输入 demo.brd，如图 19-15 所示。

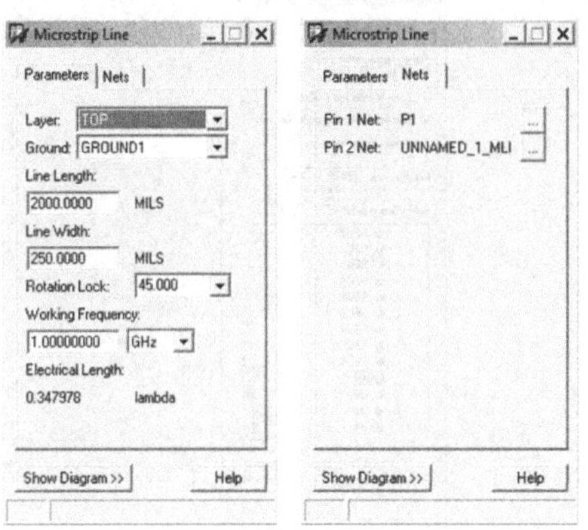

图 19-14　Microstrip Line 窗口

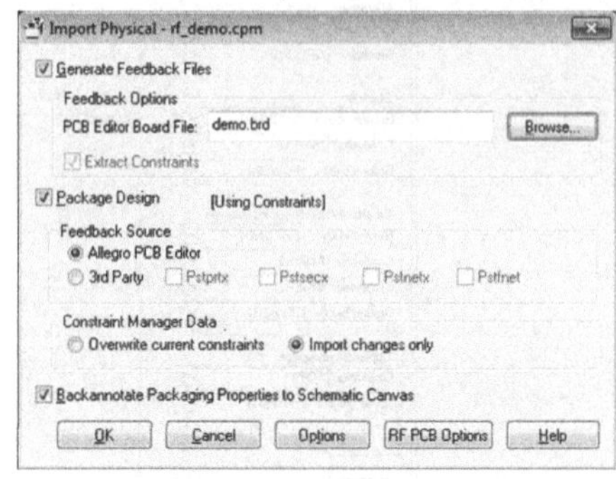

图 19-15　Import Physical 对话框

（2）单击 RF PCB Options 按钮，在弹出的对话框中勾选 RF PCB Import 复选框，如图 19-16 所示。

RF PCB Import Setings 对话框中的其他选项如下。

- Visibility：设置从 Allegro PCB Editor 导入原理图的零件的属性是否显示。
- Invisible：不可见。
- Name Only：只显示属性的名称。
- Value Only：只显示属性的值。
- Both Visible：属性的名称和值都显示。
- Alignment：导入原理图的零件的对齐方式。
- Left：左对齐。
- Center：中间对齐。
- Right：右对齐。
- Page Border Drawing Area Settings：原理图图框区域设置。
- Page Border Information File Path：原理图文件路径。

8．输出 PCB Editor 到 ADS

（1）启动 Allegro PCB Editor，在 License 选择窗口，选择 Allegro PCB Designer 和 RF PCB 选项，打开 demo_complete.brd 文件。

（2）选择 RF-PCB→IFF Interface→Export 命令，弹出如图 19-17 所示的窗口，用户可以根据需要选择要输出到 ADS 仿真的文件。

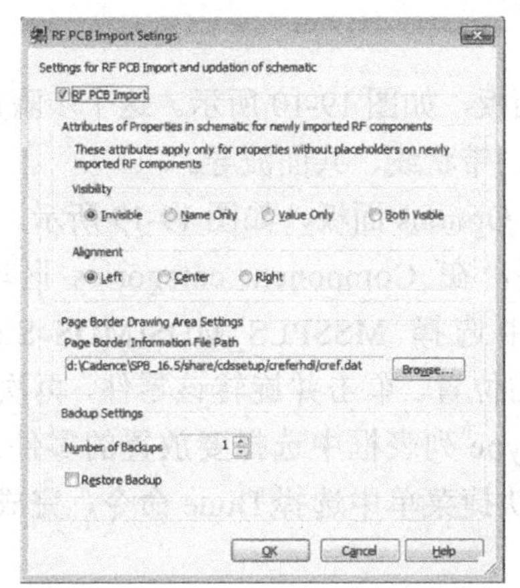

图 19-16　RF PCB Import Settings 对话框

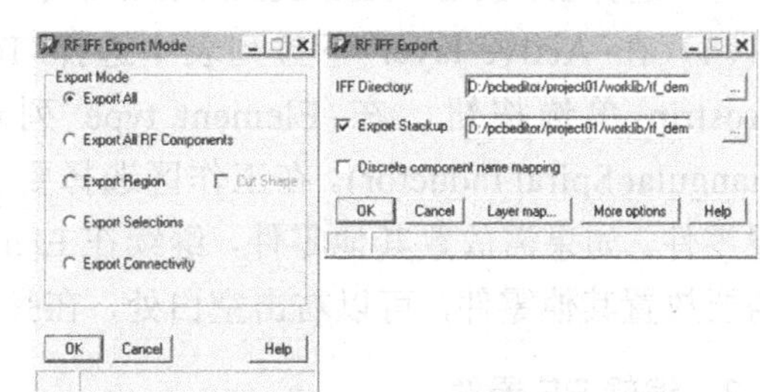

图 19-17　输出 IFF 文件

9. 输入 ADS 设计图到 PCB Editor

（1）如果设计送到 ADS 中进行仿真后需要对参数进行修改，可以将 ADS 电路输出到 Allegro PCB Editor 中。在 Allegro PCB Editor 中，选择 RF-PCB→IFF Interface→Import 命令，弹出如图 19-18 所示的窗口。

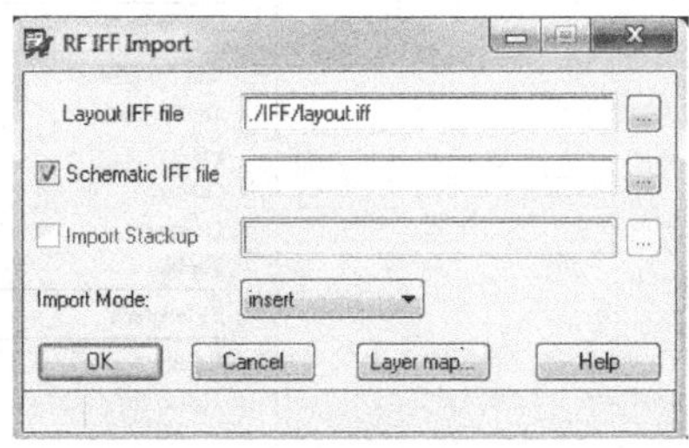

图 19-18　RF IFF Import 窗口

（2）如果只想单独输入 Layout，不需要勾选 Schematic IFF file 复选框。也可以同时输入原理图和版图到 Cadence，这样设计能自动与 ADS 同步。

有 3 种模式将导入的 RF 模块放到 Allegro PCB Editor 中。

- New Design：将 RF 模块放到一个新的板子中。
- Insert：将 RF 模块放到当前的板子中。
- Update：将 RF 模块放到当前的板子中并替代原先的器件。

以上就是采用流程一进行模拟、RF、数字电路混合设计的主要步骤，在实际工作中，有很多其他的设计流程，用户可以根据以上步骤选择需要的流程。

19.4　模拟/RF 电路设计常用的命令

1. 生成 RF 器件

使用 Add Component 命令可以加入 RF 组件，操作步骤如下。

（1）启动 Allegro PCB Editor，选择 Allegro PCB Designer License→Analog/RF 选项，打

开 rf_demo2.brd 文件。

（2）选择 RF-PCB→Setup 命令，打开 Options 面板，如图 19-10 所示。这个步骤是开始 RF 设计必需的步骤。按照图 19-10 所示设置微带线、带状线、共面波导。

（3）选择 RF-PCB→Add Component 命令，打开 Options 面板，如图 19-19 所示。

（4）在 Active layer 下拉列表中选择 Top 层，在 Component categories 区域选择 Microstrip 单选按钮，在 Element type 列表框中选择 MSSPLS_MDS(MDS Side-Fed Rectangular Spiral Inductor)。在工作区选择要放置的位置。单击并旋转该零件，再次单击，放置零件。如果需放置其他零件，继续在 Element type 列表框中选择要放置的零件。如果不需要放置其他零件，可以右击空白处，在弹出的快捷菜单中选择 Done 命令，完成放置。

2. 编辑 RF 器件

选择 RF-PCB→Edit 命令，对已经放置的零件进行编辑。

（1）选择 RF-PCB→Edit→Change 命令，可改变零件的参数，如图 19-20 所示。

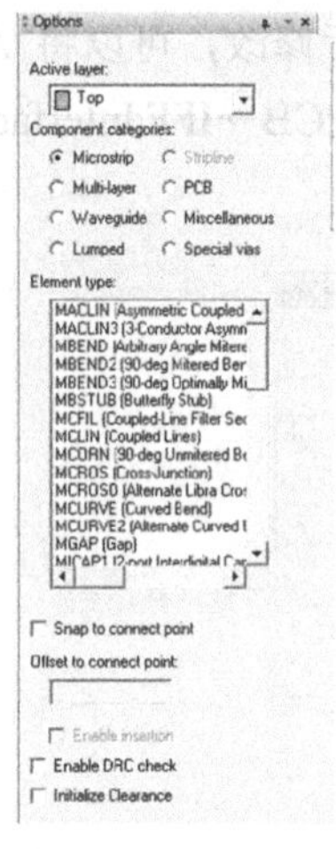

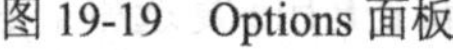

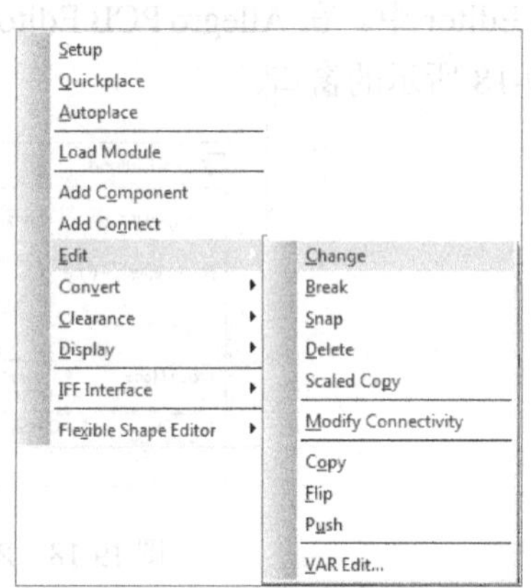

图 19-19 Options 面板　　图 19-20 编辑放置的零件

（2）在放置 RF 组件时，由于 RF 组件的敏感性，往往要求 PCB 上其他零件与 RF 组件保持一定的距离。右击，在弹出的快捷菜单中选择 Clearance Settings 命令，弹出如图 19-21 所示的窗口。如果用户需要对相邻层设置参数，可以勾选相邻层并设置参数。Sidewalk 指沿边沿放置 Clearance。Surrounding 指环绕 RF 组件放置 Clearance。

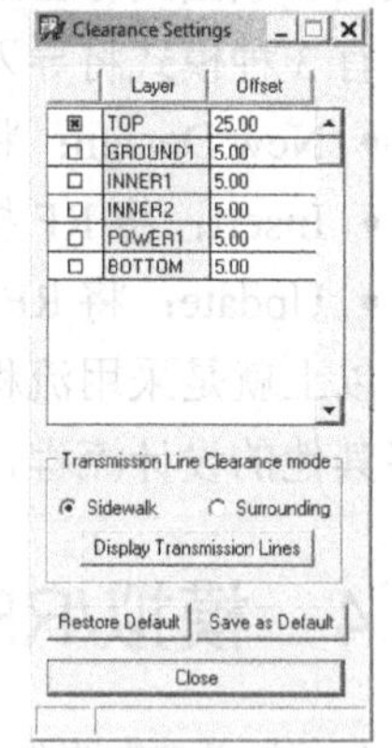

图 19-21 Clearance Settings 对话框

图 19-22 所示为选择 Sidewalk 和 Surrounding 的区别。

（3）选择 RF-PCB→Edit→Break 命令，可把 RF 零件分开，相关选项如图 19-23 所示。

- percentage：按比例拆分。
- length：按长度拆分。
- Split mode：直接拆分模式。

- Truncate mode：拆分并只保留一部分。
- AutoShove Connected Objects：当现有组件的参数更改后，保持连接。
- Clearance：一般 RF 组件放置下来，可能相邻的走线或相邻的层需要设置避让规则。这个参数可产生禁止布线区。
- Update clearance shapes to default：用默认的 Clearance 规则来更新。
- Retain clearance shapes：保持原来的 Clearance 规则。

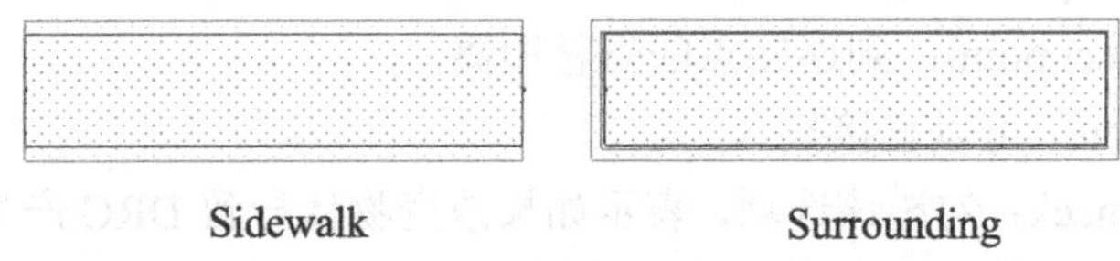

图 19-22 选择 Sidewalk 和 Surrounding 的区别

（4）选择 RF-PCB→Edit→Snap 命令，表示当两个或两个以上 RF 零件有连接关系时，可自动连接，相关选项如图 19-24 所示。

- Source component：源零件。
- Destination component：目标零件。
- Additional rotation：旋转的角度。
- Direction：连线的方向。
- Fix source component：固定源零件。
- Fix destination component：固定目标零件。
  - ➢ Autoshove：Snap 命令对包含目标组件的群组（Group）有效。
  - ➢ Snap to pad edge：直接连接到焊盘边沿。
  - ➢ Outer pad edge：焊盘外边沿，表示直接连接到零件焊盘外边沿。
  - ➢ Inner pad edge：焊盘内边沿，表示直接连接到零件焊盘内边沿。
  - ➢ Remove ratsnest：移除飞线。
- Zoom to selected pin：直接将鼠标指针移到所选择的零件的引脚。
- Ignore FIXED property：忽略固定属性。
- Include Clearance Assembly：包括 Clearance 规则。

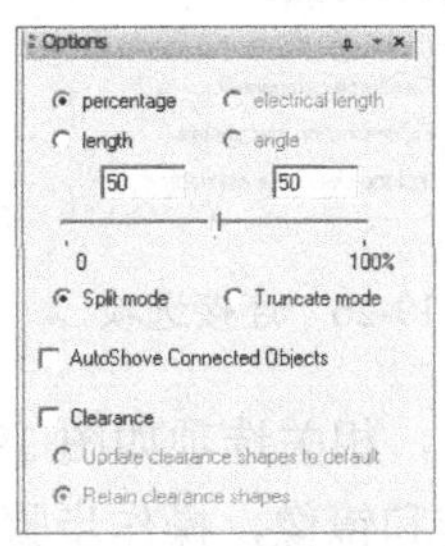

图 19-23 分开 RF 零件选项

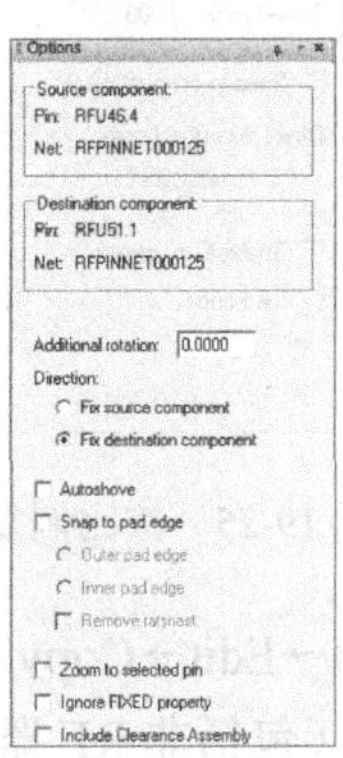

图 19-24 自动连接选项

（5）选择 RF-PCB→Edit→Delete 命令，可删除所选的 RF 组件。

（6）选择 RF-PCB→Edit→Scaled Copy 命令，可按照比例复制，相关选项如图 19-25 所示。

- Source：被复制的物体。
- Destination：系统自动赋位号，用户可根据需要自己修改位号。
- Scale factor：复制放大/缩小比例。
- Snap to connect point：连接到连接点。
- Offset to connect point：到连接点的偏移距离。
- Enable insertion：可以直接插入。
- Enable DRC check：勾选该选项，表示如果改变物体导致 DRC 产生，这个动作不能成功；不勾选该选项，表示如果改变物体导致 DRC 产生，会保留结果并自动产生 DRC。
- Clearance：一般 RF 组件放置下来，可能相邻的走线或相邻的层需要设置避让规则。这个参数可产生禁止布线区。
- Update clearance shapes to default：用默认的 Clearance 规则来更新。
- Copy clearance shapes：保持原来的 Clearance 规则。

（7）选择 RF-PCB→Edit→Modify Connectivity 命令，可将两个零件连接起来，相关选项如图 19-26 所示。

- Source component：源零件。
- Destination component：目标零件。
- Ignore FIXED property：忽略固定属性。
- Snap and auto shove：自动相连。
  - ➢ Fix source component：固定源零件。
  - ➢ Fix destination component：固定目标零件。
  - ➢ Include clearance assemble：包括 Clearance 规则。

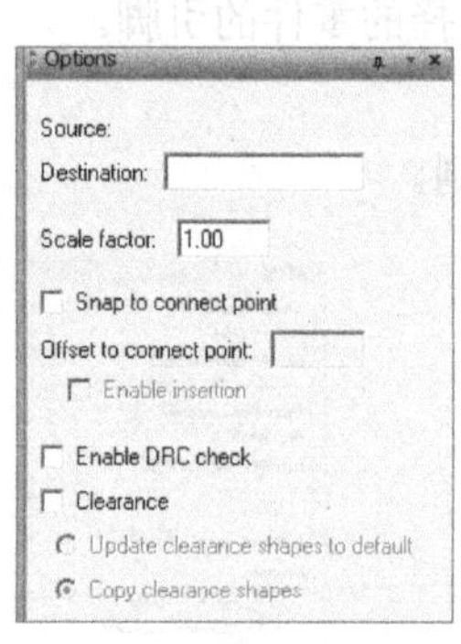

图 19-25　按比例复制选项

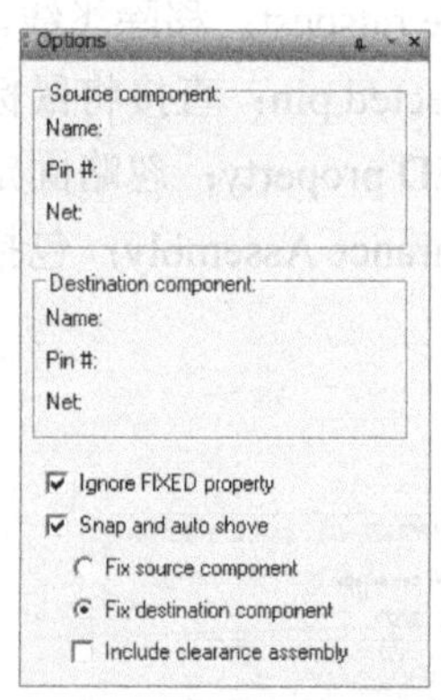

图 19-26　连接选项

（8）RF-PCB→Edit→Copy 命令，这是一个综合命令，相关选项如图 19-27 所示。它允许选择一组器件（包括非 RF 器件）一起进行复制、旋转和镜像，操作步骤如下。

①选择 Edit→Copy 命令。

②选择单个或多个要复制的组件。

③如果需要镜像，右击，在弹出的快捷菜单中选择 Flip 命令。

④在 Options 面板的 Flip axis mode 下拉列表中选择需要镜像的方式。

⑤完成命令。

Options 面板中的选项如下。

- Enable DRC check：进行 DRC 检查。
- Ignore Fixed property：忽略固定属性。
- Reference layer：参考层，提示当前源组件所在的层。
- Destination layer：需要把零件复制到的那个层。
- Flip axis mode：镜像的模式。
  - ➢ Horizontal Line：垂直方向对称。
  - ➢ Vertical Line：水平方向对称。
  - ➢ Diagonal Line：以所选的点为中心对称。
  - ➢ Odd Line：以所选的点水平和垂直方向对称。
  - ➢ Left Edge of Object BBox：以所选零件的左边镜像。
  - ➢ Right Edge of Object BBox：以所选零件的右边镜像。
  - ➢ Top Edge of Object BBox：以所选零件的上面镜像。
  - ➢ Bottom Edge of BBox：以所选零件的底面镜像。
- Rotation type：旋转类型。
  - ➢ Incremental：增量。
  - ➢ Absolute：绝对值。
- Rotation angle：旋转角度。
- Include clearance assembly：表示包括 Clearance 规则。

（9）选择 RF-PCB→Edit→Flip 命令，此功能与前面 Edit→Copy 中的 Flip 命令相同。

（10）选择 RF-PCB→Edit→Push 命令，相关选项如图 19-28 所示。

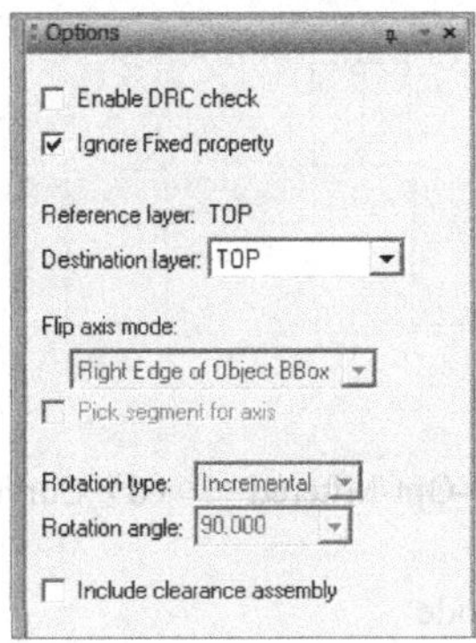

图 19-27　Copy 选项

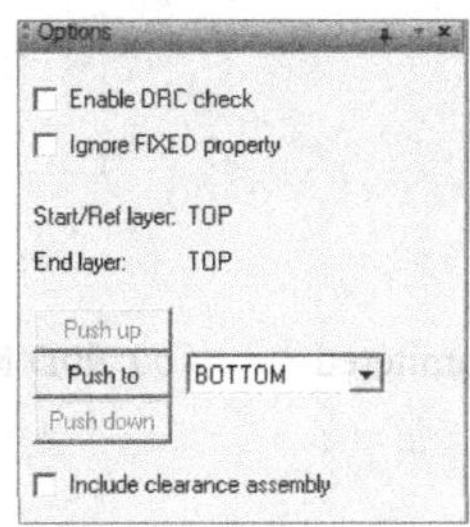

图 19-28　Push 选项

其中的选项如下：

- Enable DRC check：表示要进行 DRC 检查。

- Ignore FIXED property：表示忽略固定属性。
- Push to：表示将选择的零件切换到某一层。
- Include clearance assembly：表示包括 Clearance 规则。

3. RF 走线

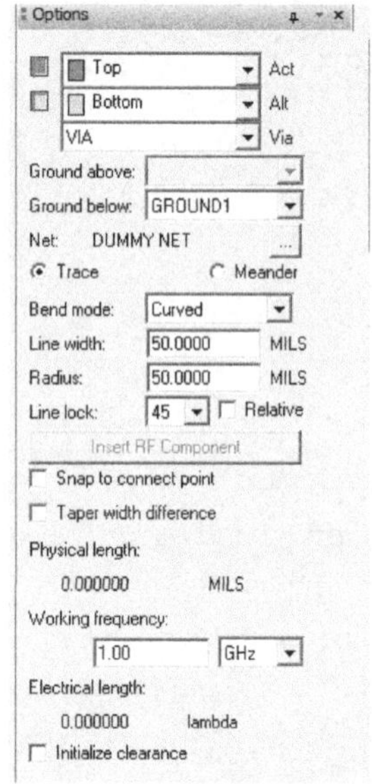

图 19-29　添加走线选项

使用 RF-PCB→Add Connect 命令可添加走线，相关选项如图 19-29 所示。用户可以用这个命令手动添加走线，具体操作步骤如下。

（1）选择 RF-PCB→Add connect 命令，可加入 RF 设计的连线。

（2）在 Options 面板中，Act 下拉列表中为需要走线的层，Alt 下拉列表中为通过过孔需要转换的层，Via 下拉列表中为当前可使用的过孔。

（3）选择 Trace 单选按钮，表示加入 RF 走线；选择 Meander 单选按钮，表示加入蛇形线。

（4）单击走线的起点，一般起点是 Pin、Via 或其他 Trace，在 Options 面板中勾选 Snap to connect point 复选框，走线自动连接到附近的 Pin、Via 或连线；一旦选择开始，在 Options 面板中可看到 Net 的名称、当前 Physical length 的长度和 Electrical length 的值。

（5）右击，在弹出的快捷菜单中选择 Add Via 命令，可添加过孔。

（6）右击，在弹出的快捷菜单中选择 Done 命令，完成走线。

Options 面板中的选项如下。

- Bend mode：可选择图 19-30 中的模式。

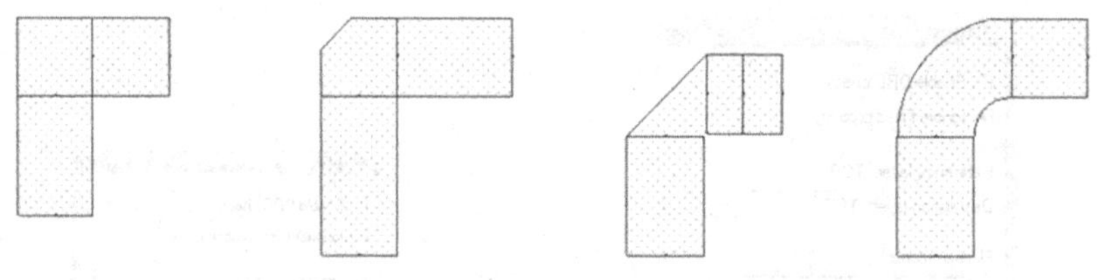

（a）90D Unmitered　（b）90D Mitered　（c）90D-Opt-Mitered　（d）Curved

图 19-30　Bend mode

- Line width：线宽，如果连接到走线上，会自动匹配线宽，如果需要修改，可在此修改。
- Radius：弧的半径。

- Line lock：走线的角度。
- Snap to connect point：选中 Pin 和 Via，则布线时自动连接到 Pin 和 Via 的连接点。
- Taper width difference：当两个走线线宽不同时，可用渐近线来连接不同线宽的线。
- Physical length：当前布线的长度。
- Working frequency：当前工作的频率。
- Electrical length：当前的电气长度。
- Initialize clearance：重新加入 Clearance 规则。

4．RF 器件转换

RF 器件的转换，包括 RF 器件之间的转换，RF 器件与 Shape 之间的转换以及 RF 器件与 Cline 之间的转换。

（1）RF-PCB→Convert→Tapered Pin Connect 命令。当走线与零件引脚的宽度不一致时，用此命令可以实现以渐近线的方式相连，如图 19-31 所示。用鼠标左键选择需要修改的零件的引脚，再次单击，确认修改。

Options 面板中的选项如下。

- Single Pin：所选零件当前的引脚。
- Single Component：所选零件的所有引脚。
- Taper Length：渐近线的长度。

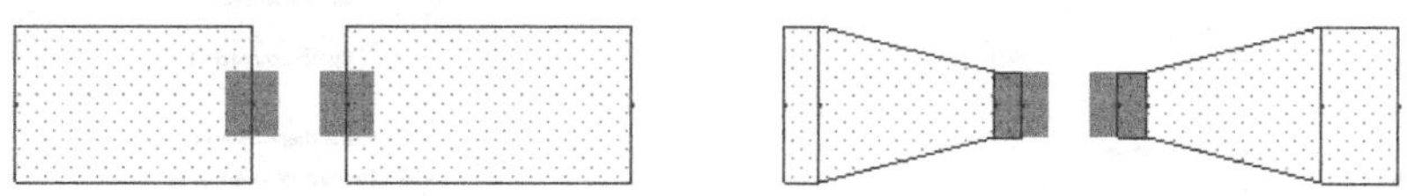

图 19-31　Convert Tapered Pin Connect

（2）Convert→Chamfer 命令。选择这个命令可以把走线的圆弧变成 45° 倒角或其他形式的倒角，如图 19-32 所示。

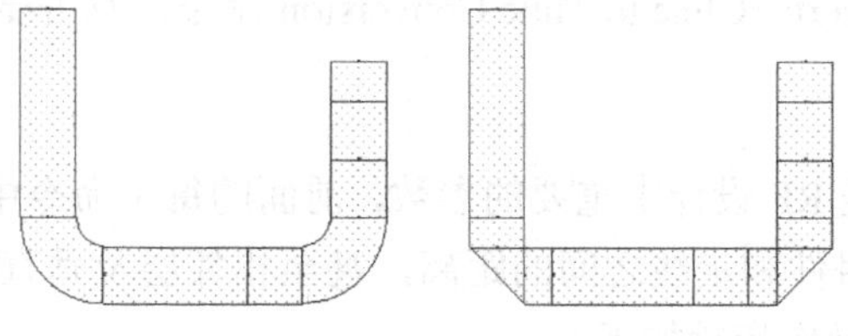

图 19-32　Convert Chamfer

（3）选择 RF-PCB→Convert→Shape to component 命令，可把静态的 Shape 转成 RF 组件，操作步骤如下。

①选择 Convert→Shape to component 命令，打开 Options 面板。单击需要转换的 Shape（过孔也可选入），在 Options 面板的 Number of pins 下拉列表中选择 Pin 的数量，如图 19-33 所示。

②单击 Locate Pin 按钮，选择 Pin1 的位置，再次单击 Locate Pin 按钮，选择 Pin2 的

位置。

③在 Options 面板上单击 Convert 按钮，完成转换。也可将转换后的器件存成一个库供以后使用。

（4）选择 RF-PCB→Convert→Component to shape 命令。

把 RF 的组件转换成 Shape，操作步骤如下。

选择 RF-PCB→Convert→Component to shape 命令，在 Options 面板（见图 19-34）中，选择 All RF symbols 单选按钮，表示转换所有的 RF 组件；选择 By user selection 单选按钮，表示转换选择的 RF 组件；选择 By logic connectivity 单选按钮，表示转换所有有连接关系的 RF 组件。

然后双击完成转换。

Options 面板中的其他选项如下。

- Merge shapes after conversion：转换完成后 Shape 自动合并。
- Delete clearance shapes：删除 Clearance Shapes。

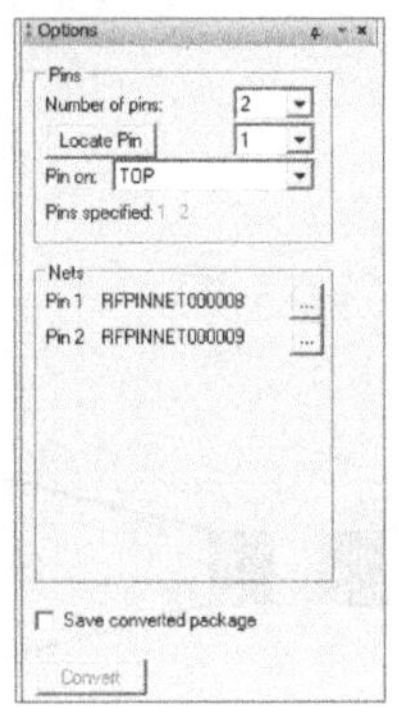

图 19-33　Convert Shape to Component 设置

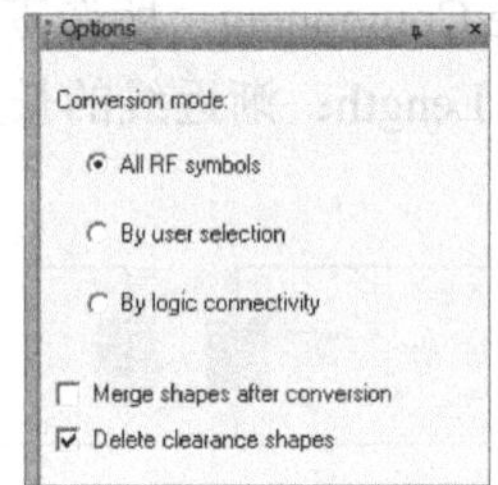

图 19-34　Convert Component to Shape 设置

（5）选择 RF-PCB→Convert→Cline to Tline Conversion 命令，把通过 Route→Connect 命令得到的走线，转换成 RF 组件，操作步骤如下。

选择 RF-PCB→Convert→Cline to Tline Conversion 命令，双击要转换的 Cline，完成转换。

5．非对称避让设计

避让（Clearance）是 RF 设计中重要的参数，前面的每个命令中都有相关的内容。 它能够确定 RF 组件与其他组件和走线之间的距离，甚至相邻层及垂直映射层同当前 RF 组件之间的距离。设置避让的操作步骤如下。

（1）选择 Clearance→Setting 命令。

设置 Clearance 规则的结果如图 19-35 所示。

（2）选择 Clearance→Initialize 命令，选择需要加入 Clearance 的 RF 组件，再次单击完成。

使用 Group Asymmetrical Clearances 选项，将所选的所有器件的外框作为一个整体据此进行避让区域的生成。

（3）组合 Clearance 与它的目标体（Objects）。通过 Assemble 命令可以将 Clearance 和它的实际目标组合到一起，形成一个整体 Assembly。选择 RF-PCB→Clearance→Assemble 命

令，用鼠标左键框选需要组合的 Route Keepout 和目标体（如 Shape、Cline、RF 器件等）。然后单击，所有相交的 Route Keepout 会自动合并在一起。

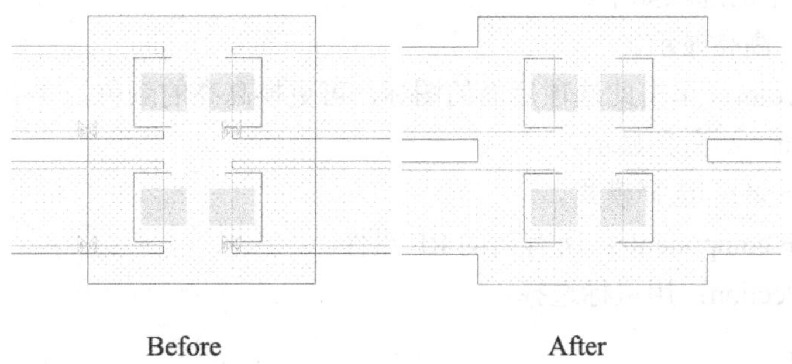

图 19-35　设置 Clearance 规则

（4）解除组合。选择 RF-PCB→Clearance→Disassemble 命令，单击选择一个 Assembly。这时 Route Keepout 与原先的目标体不再联系在一起。

（5）删除 Clearance。选择 RF-PCB→Clearance→Delete 命令，单击选择要删除的 Clearance Assembly，再次单击，RKO 删除。

6. 显示与测量

（1）显示 RF 组件的属性。选择 RF-PCB→Display→Information 命令，可看到 RF 组件的所有信息，如图 19-36 所示。

（2）显示 RF-PCB 的测量信息。

- General measurement：两点之间的测量。
- Segment measurement：一段 RF 组件的测量。
- Trace measurement：相互连接的 RF 组件的长度。
- Centered Spacing：两个 RF 组件中心的距离。

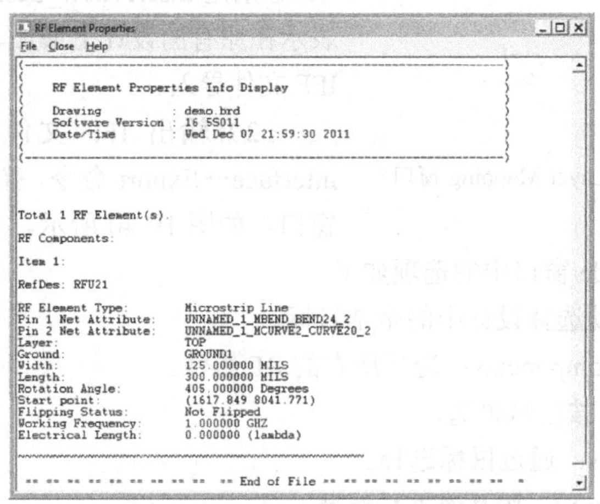

图 19-36　RF 组件的所有信息

（3）可高亮/不高亮显示 Layout 中新加入的 RF 组件。选择 RF-PCB→Display→New component 命令，在 Options 面板中选择 Highlight 单选按钮，如图 19-37 所示。

Options 面板中的选项如下。

- Highlight：高亮显示。
- Highlight color：单击此选项后面的图标，可更换高亮的颜色。
- Dehighlight：不高亮显示。
- Selection mode：选择模式。
- All new RF components：所有新的 RF 组件。
- By user selection：用鼠标选择。

7. IFF 接口

（1）从 ADS 导入 IFF 文件。选择 RF-PCB→IFF Interface→Import 命令，将 Layout IFF file 设置为 rfpcb_18.iff 文件，如图 19-38 所示。

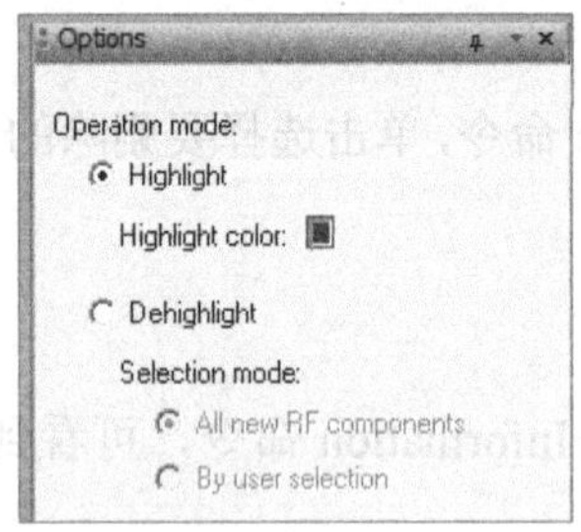

图 19-37　Display New Component 设置

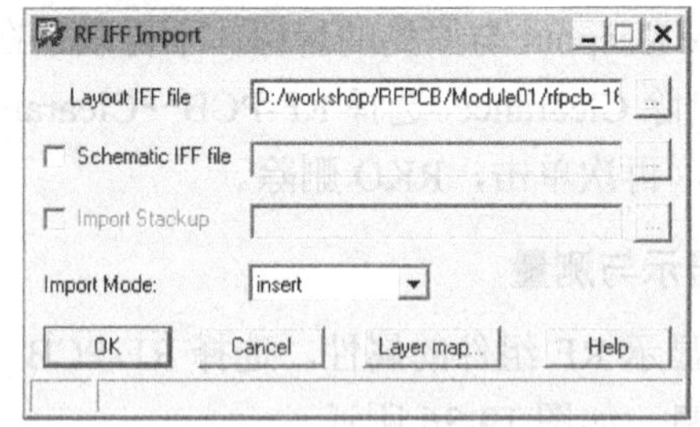

图 19-38　RF IFF Import 窗口

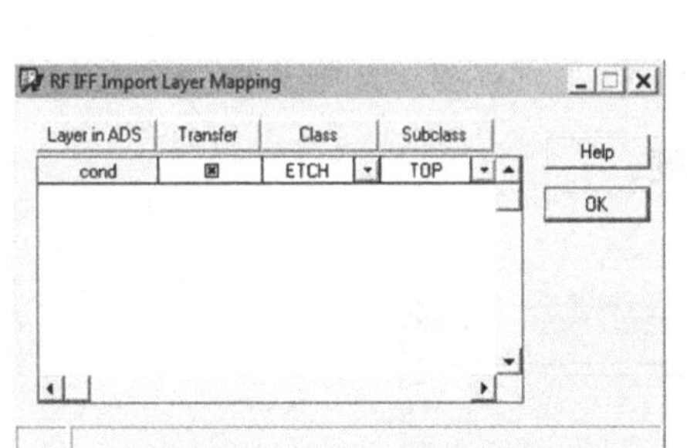

图 19-39　RF IFF Import Layer Mapping 窗口

单击 Layer map 按钮，弹出的窗口如图 19-39 所示。把 ADS 的层映射到 PCB 中。单击 OK 按钮，完成映射。Import Mode 下拉列表中有 3 个选项，分别是 insert、new_design、update。选择 insert，表示在原有的设计上增加。单击 OK 按钮，完成 IFF 文件导入。

（2）输出 IFF 文件。选择 RF-PCB→IFF interface→Export 命令，弹出 RF IFF Export Mode 窗口，如图 19-40 所示。

RF IFF Export Mode 窗口中的选项如下。

- Export All：自动选择设计中的全部目标。
- Export All RF Components：选择所有的 RF 组件。
- Export Region：按区域框选。
- Export Selections：通过鼠标选择。
- Export Connectivity：按互连关系选择。

根据需要选择参数，单击 OK 按钮。

弹出 RF IFF Export 窗口，如图 19-41 所示。单击 Layer map 按钮，弹出 RF IFF Export

Layer Mapping 窗口，与图 19-39 类似。不过这一次是把 PCB 的层映射到 ADS 上。完成后，单击 OK 按钮。如果需要其他设置，可单击 More options 按钮进行设置，如图 19-41 所示。

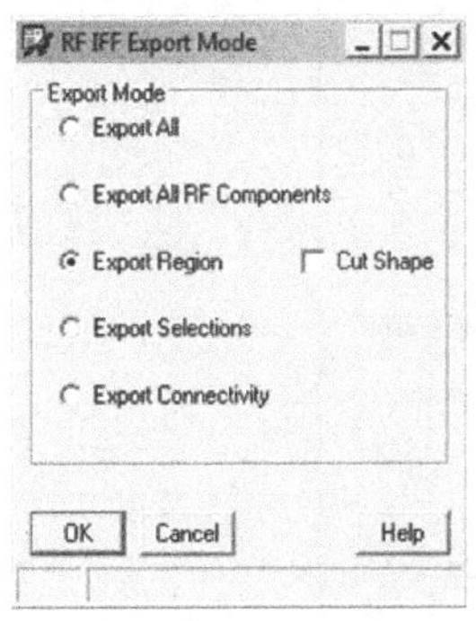

图 19-40　RF IFF Export Mode 窗口

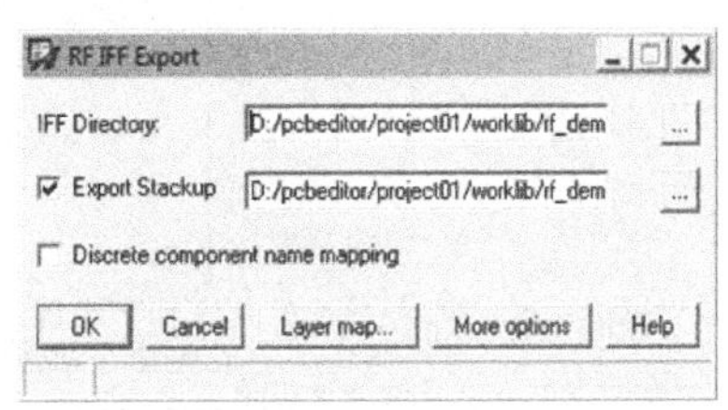

图 19-41　RF IFF Export 窗口

可在 Components、Shapes 和 Lines 中去掉不需要传递到 ADS 上的物体，如图 19-42 所示。完成选择后，单击 OK 按钮，完成设置，返回上一级窗口。

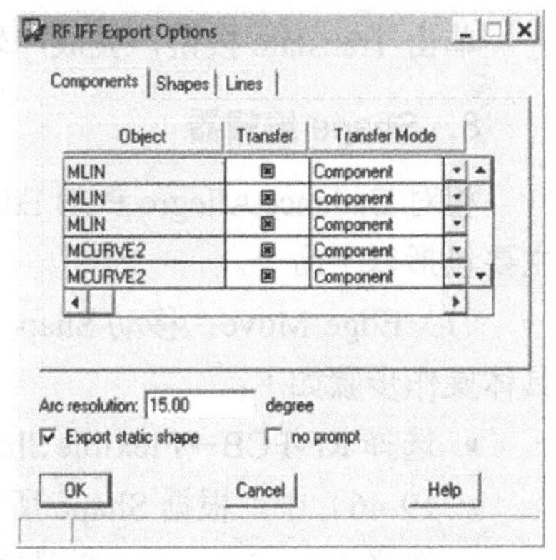

图 19-42　RF IFF Export Options 窗口

单击 OK 按钮，弹出 Finish exporting 窗口，单击 Yes 按钮，弹出 IFF Export Log 窗口，用户可在此窗口中看到输出的内容。

（3）从 ADS 器件库转换到 Cadence。转换 ADS 库到 Cadence 原理图和 PCB 库，可选择 RF-PCB→IFF Interface→SMT Library Translator 命令，找到从 ADS 输出的 IFF 文件（原理图和 PCB），指定 Cadence 中库存放的目录（原理图库、封装库及焊盘库），如图 19-43 所示。

单击 Next 按钮，弹出如图 19-44 所示的 ADS 库转换原理图界面设置窗口。

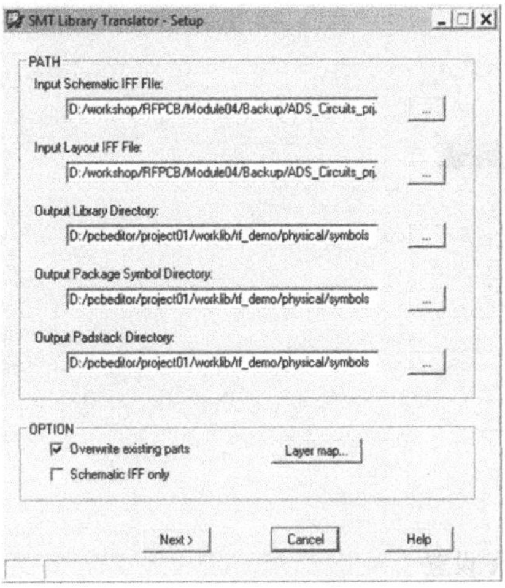

图 19-43　ADS 库转换到 Cadence

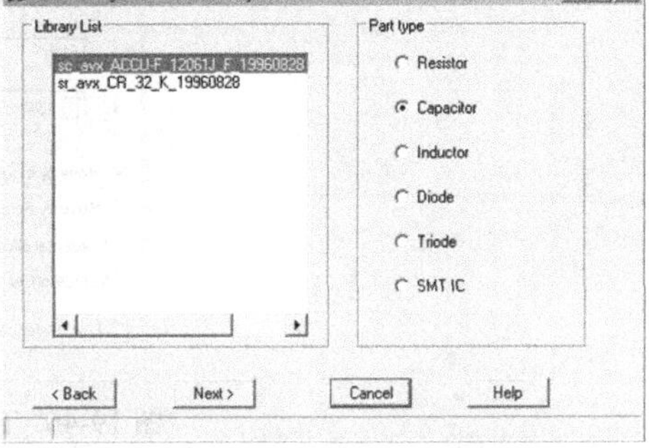

图 19-44　ADS 库转换原理图界面设置窗口

单击 Next 按钮，弹出如图 19-45 所示的封装库界面设置窗口。

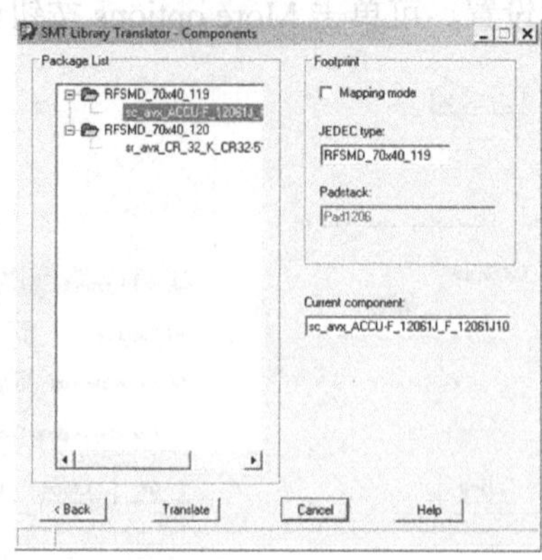

图 19-45　封装库界面设置窗口

单击 Translate 按钮，完成库转换。

8．Shape 编辑器

相对 Cadence Allegro PCB Editor，Flexible Shape Editor 中的 Shape 编辑功能大大增强，主要包括以下命令。

（1）Edge Move：移动 Shape 的边沿，可精确控制，也可用鼠标选择需要放置的位置。具体操作步骤如下：

- 选择 RF-PCB→Flexible Shape Editor→Edge Move 命令，在打开的 Options 面板（见图 19-46）中，根据 Shape 所在的层，在 Active Class and Subclass 下拉列表中进行选择。选择 Move by mouse 单选按钮，选择 Shape 的边沿，通过移动鼠标把边沿放到需要放置的位置，单击完成。
- Move by accurate offsets：表示需要精确的移动量。
    - Horizontal offset：水平方向移动量。
    - Vertical offset：垂直方向移动量。
- Use reference edge：用户选择参考的边沿。

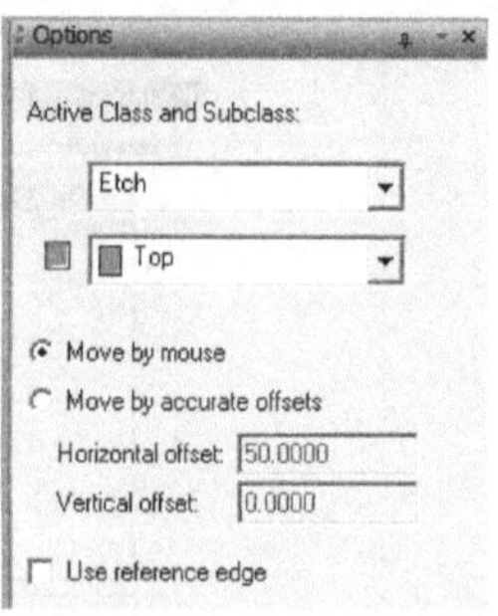

图 19-46　Edge Move 设置

（2）Edge Stretch：拉伸 Shape 的边沿，需要沿着原来的边（保持相同宽度）进行延伸。

这个命令的选项与前一个命令相同。

（3）Edge Spread：拉伸 Shape 的边沿，当物体为长方形时，这个命令与 Edge Stretch 相同；当物体为梯形时，随着长度方向的延伸，宽度会变化。如图 19-47 所示，使用 Edge Stretch 和 Edge Spread 命令得到不同的结果。

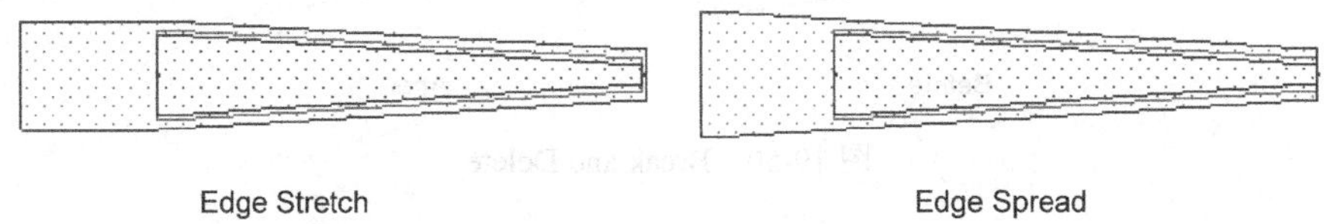

图 19-47　Edge stretch 和 Edge Spread 的区别

（4）Tangent Segment：加入圆或弧的切线。选择 RF-PCB→Flexible Shape Editor→Tangent Segment 命令，在 Options 面板中可设置参数，如图 19-48 所示。

- Pick tangent point by mouse：用鼠标选择切线相切的位置。
- Use end point as tangent point：以弧的终点或起点作为相切的位置。
- Tangent arc radius：切线弧的半径。
- Tangent line/arc length：系统根据鼠标的位置和切线弧的半径自动计算所走弧/线的长度。
- Use specified length：可指定要走的弧/线的长度，这时可修改 Tangent line/arc length 中的值。
- Clockwise：顺时针方向。
- Reverse direction：反向。

（5）Arc Tangent：以弧线为切线。Inner tangency 表示内切，如图 19-49 所示。

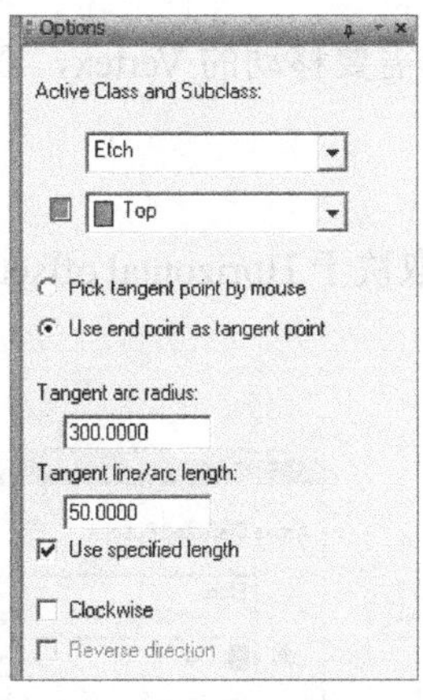

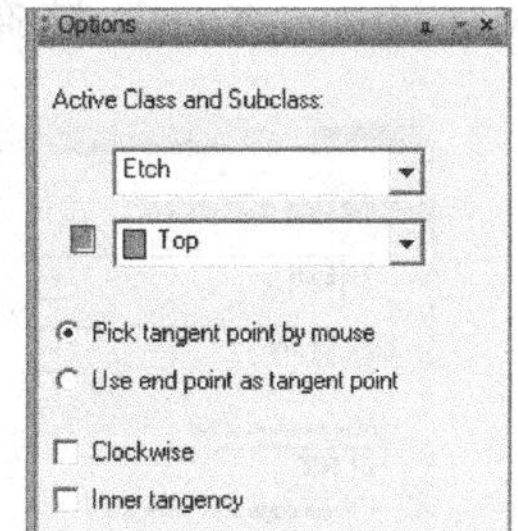

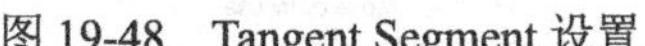

图 19-48　Tangent Segment 设置　　图 19-49　Arc Tangent 设置

（6）Line End Connect：用一线段来连接两段线/弧的终点，操作步骤如下：选择 RF-PCB→Flexible Shape Editor→Line End Connect 命令，用鼠标选择需要连线的两个端点，完成操作。

（7）Break and Delete：切断/删除弧或线，如图 19-50 所示。

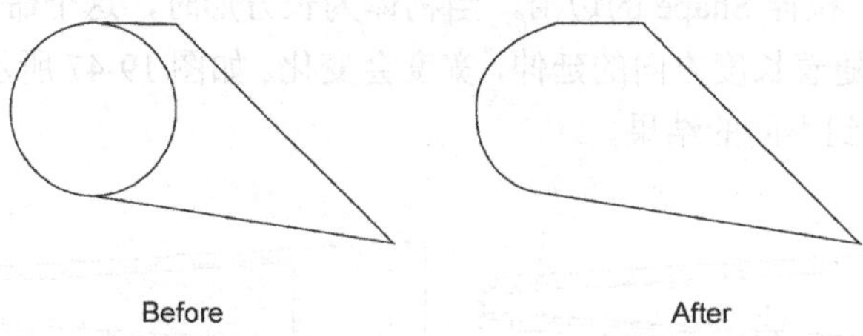

图 19-50　Break and Delete

（8）Vertex Insert：在 Shape 的边沿插入一个顶点，操作步骤如下。

①选择 RF-PCB→Flexible Shape Editor→Vertex Insert 命令，然后在 Options 面板中设置参数，如图 19-51 所示。

②在 Active Class and Subclass 下拉列表中选择需要修改的 Shape 所在的层。

③把鼠标指针放置到要修改的 Shape 的边沿，然后单击完成操作。

其他选项如下。

- From edge start point：表示从所选择的 Shape 的边沿的起点开始。
- From edge end point：表示从所选择的 Shape 的边沿的终点开始。
- Horizontal offset：指明水平方向的偏移量。
- Vertical offset：指明垂直方向的偏移量。
- Start remain：指明边沿段（从边缘起点测量）仍将保持完好的线段长度。
- End remain：指明边沿段（从边缘终点测量）仍将保持完好的线段长度。

（9）Vertex Move：移动 Shape 的顶点，具体操作步骤如下。

①选择 RF-PCB→Flexible Shape Editor→Vertex Move 命令，在打开的 Options 面板中设置参数，如图 19-52 所示。

②选择 Move by accurate offsets 单选按钮，选择需要移动的 Vertex，双击完成操作。

其他选项说明如下。

- Move by mouse：随鼠标移动而移动。
- Move by accurate offsets：精确移动，移动量取决于 Horizontal offset 和 Vertical offset。

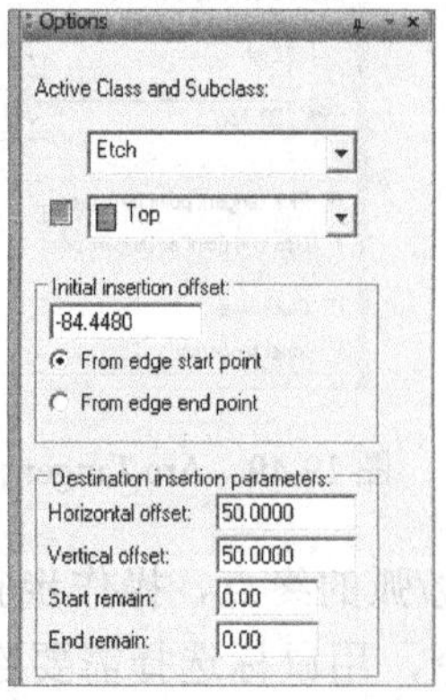

图 19-51　Vertex Insert 设置

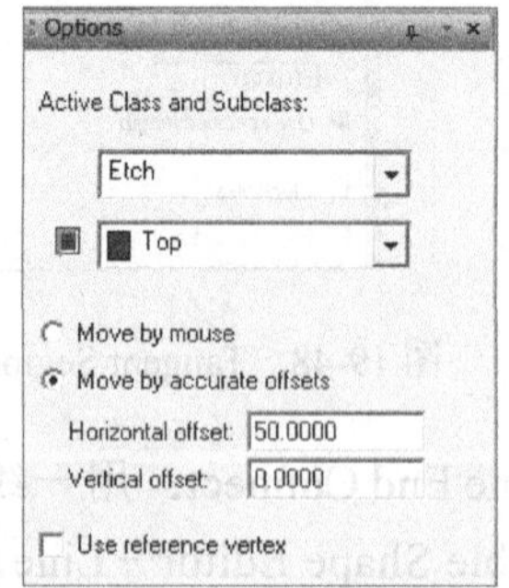

图 19-52　Vertex Move 设置

（10）Vertex Convert：转换 Shape 的 Vertex 到圆角或其他倒角。操作步骤如下：

①选择 RF-PCB→Flexible Shape Editor→Vertex Convert 命令，打开 Options 面板，如图 19-53 所示。在 Active Class and Subclass 下拉列表中选择 Shape 所在的层，选择 Convert to miter 单选按钮，并设置 Left miter length 和 Right miter length 均为 50。

②选择 Shape，单击完成操作。

其他选项如下。

- Convert to arc：转换成圆弧。
- Arc radius：弧的半径。
- Convert to miter：转换成倒角。
- Left miter length：倒角左面的长度。
- Right miter length：倒角右面的长度。

（11）Shape Operations：对两块或两块以上的 Shape 进行操作，具体操作步骤如下。

①选择 RF-PCB→Flexible Shape Editor→Shape Operations 命令，在 Options 面板中，设置参数，如图 19-54 所示。

②用鼠标选择需要进行操作的两块 Shape，完成操作。

各选项说明如下。

- Union：合并两块 Shape。
- Intersection：保留两块 Shape 重复的部分。
- Difference：第一块所选的 Shape 减去第二块所选的 Shape。
- Symmetric difference：去掉两块 Shape 相同的部分。

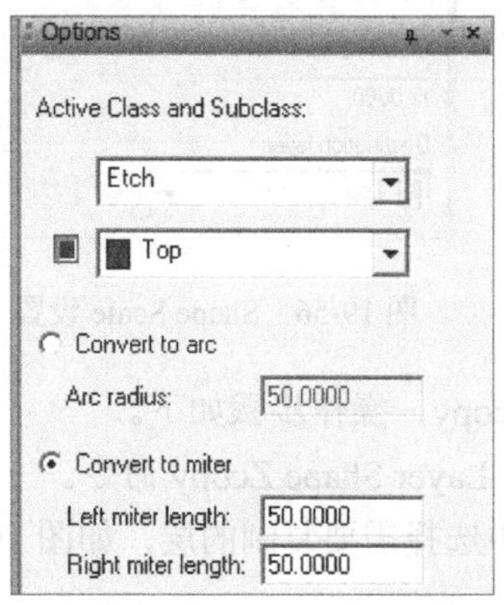

图 19-53　Vertex Convert 设置

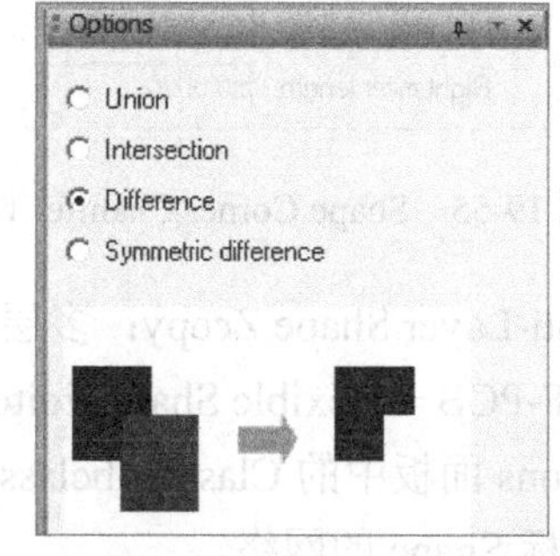

图 19-54　Shape Operations 设置

（12）Shape Corner Chamfer：对所选择的 Shape，把 Shape 的角转换成圆弧或倒角。操作步骤如下：

①选择 RF-PCB→Flexible Shape Editor→Shape Corner Chamfer 命令，打开 Options 面板，在 Active Class and Subclass 下拉列表中选择 Etch→Top，选择 Chamfer to arc 单选按钮，修改 Arc radius 为 50，如图 19-55 所示。

②选择需要转换的 Shape，完成操作。

各选项说明如下。

- Chamfer to arc：转换成圆弧。
- Arc radius：圆弧半径。
- Chamfer to miter：转换成倒角。
- Left miter length：倒角左面的长度。
- Right miter length：倒角右面的长度。

（13）Shape Scale：按比例放大或缩小 Shape。 操作步骤如下：

①选择 RF-PCB→Flexible Shape Editor→Shape Scale 命令。

②在 Option 面板中设置 Scale Factor 为 2，选择目标层为 Top，如图 19-56 所示。

③选择 Shape，单击完成操作。

各选项说明如下。

- Scale Factor：放大或缩小比例。
- Destination layer：目标层。

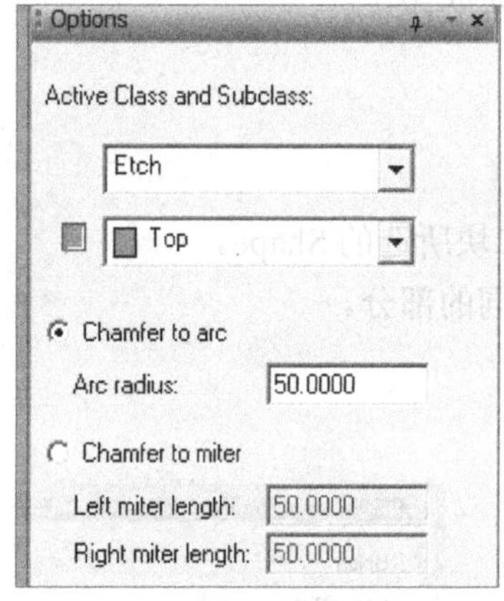

图 19-55 Shape Corner Chamfer 设置

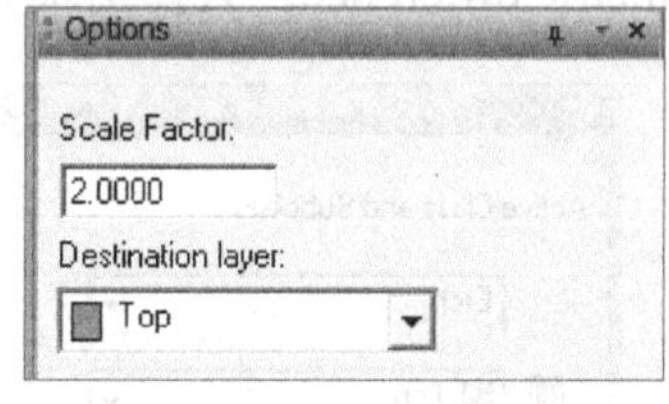

图 19-56 Shape Scale 设置

（14）Multi-Layer Shape Zcopy：多层 Shape Zcopy，操作步骤如下。

①选择 RF-PCB→Flexible Shape Editor→Multi-Layer Shape Zcopy 命令。

②在 Options 面板中的 Class/Subclass 列表框中选择需要复制的层，如图 19-57 所示。

③选择目标 Shape 的网络。

④在 Expand(+)/Contract(−)框中输入需要增大的值，正值表示增大，负值表示缩小。

⑤设置 Offset X、Offset Y 偏移量。单击完成操作。

（15）Multi-Layer Shape Zdelete：此命令可删除通过前面加入的 Shape。操作步骤如下：

选择 RF-PCB→Flexible Shape Editor→Multi-Layer Shape Zdelete 命令，选择需要删除的 Shape，单击确认。

也可直接在 Options 面板中，单击 Delete Selected Z-Copied Shapes 按钮，删除通过 Multi-Layer Shape Zcopy 添加的 Shape，如图 19-58 所示。

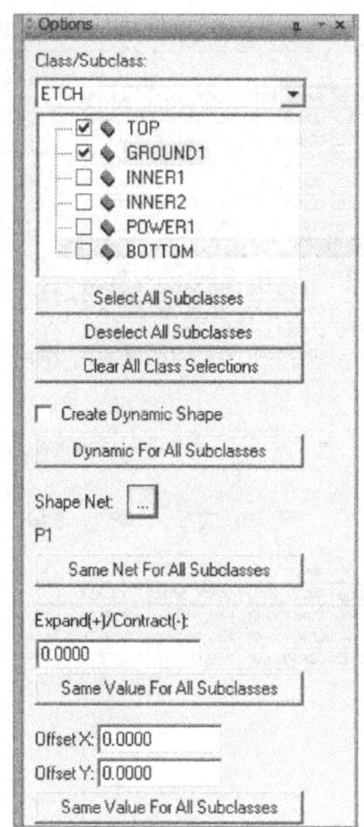

图 19-57　Multi-Layer Shape Zcopy 设置

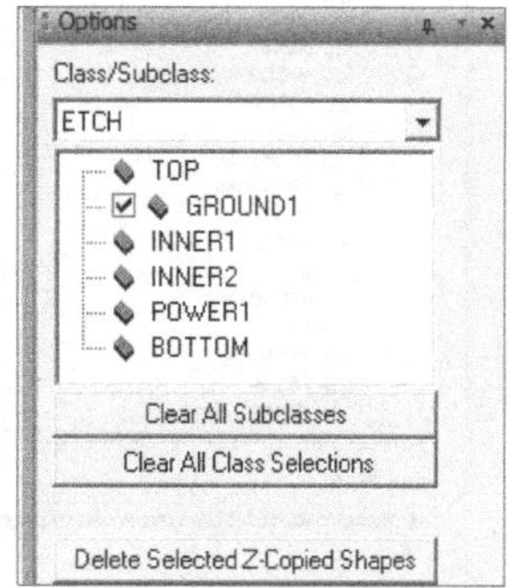

图 19-58　Multi-Layer Shape Zdelete 设置

9. 转换 Allegro 库到 ADS

为了确保在 ADS 中进行仿真时用到的分立器件与将来生产制造时用的器件一致，有必要将 Allegro 中的器件库转换到 ADS 中。以下是实现这一功能的主要操作步骤：

（1）创建一个设计项目，将要转换的 Allegro 库包含在 csd.lib 中，并确保所有封装库和焊盘库在 Allegro 指定的路径中可以找到。

（2）在 Project Manager 中选择 Tools→RF PCB→Allegro Discrete Library to Agilent ADS Translator 命令，如图 19-59 所示。

（3）在弹出的对话框中选择需要转换的器件并指定转换后文件存储的位置，然后单击 Translate 按钮完成转换，如图 19-60 所示。

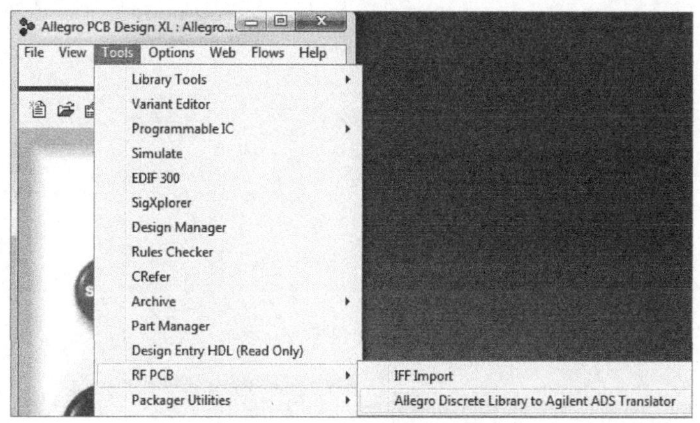

图 19-59　Allegro 库转换功能

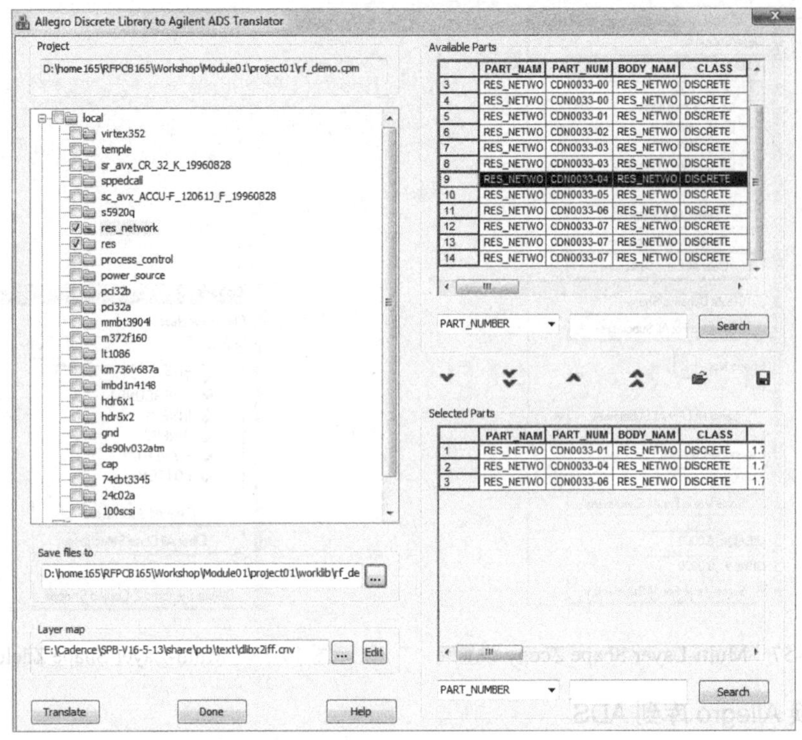

图 19-60　Allegro 库转换对话框

第 20 章　团队协作平台——Symphony

本章导读：

- 全新的工作模式——PCB 团队协作模式。
- 充分发挥团队成员的特长，打造高效交付团队。
- 缩短 PCB 研发周期，加速产品上市。

本章主要介绍 PCB 团队协作设计模式。Allegro PCB Symphony Team Design 提供了协同布局、布线、自动交互式布线、交互式布线和 Shape 设计功能，有助于团队高效运作，提升 PCB 设计团队的交付能力。

- 模块化团队设计：在多人设计的同时，保护敏感区域，充分保护产品知识产权。
- 多人在线并行设计：充分发挥团队成员的特长，提升设计效率。
- 规则编辑模式：SI/PI 工程师可实时获取设计数据并仿真，及时更新规则要求。
- 专家审查模式：通过特有的查看工具，设计专家可以随时进入或退出并行设计环境，及时发现并提交问题，不仅可保证设计质量，而且越早发现问题，更改的难度和潜在风险越小。

20.1　协作意识

随着产品推向市场的压力越来越大，电子设计的各个环节都需要加速进行。PCB 设计周期在电子产品设计周期中占有较大的比例，如何减少 PCB 设计时间，如何在设计的同时考虑信号完整性和电源完整性的影响，是使产品快速推向市场的关键。

团队协作平台 Symphony 提供以下工作模式：

（1）实时工作模式，可以让多人同时设计同一块 PCB。

（2）分区工作模式，可以把 PCB 分成不同的区域，工程师可以独立完成各自的区域，最后合并到一块 PCB 中。

（3）先分区再实时模式。

团队协作平台 Symphony 的实时工作模式，支持信号完整性、电源完整性，工程师可以加入团队中进行实时的仿真，发现问题进行实时的修改。

团队协作平台 Symphony 也支持专家审查模式，可以实现工程师一边做，专家一边进行审查，不需要利用其他软件，只需要 Allegro Physical View Plus 软件就可以在设计的同时进行审查，并加入标注，有效地避免在高密、高速的设计中，到后期审查阶段才发现问题，导致对 PCB 进行大的改动，带来时间的损失。

20.2　多人在线并行设计概述

团队协作已经成为高效交付团队不可或缺的工作方式。Cadence 提供了两种团队协作的并行设计方案：模块化团队设计方案和实时在线并行设计（Symphony Team Design）方案。两种方案各有优缺点，设计者可根据自己的需要，合理地选择一种方案或综合使用两种设计方案。

模块化团队设计方案要求将主设计划分为若干个子设计，实现多人协同设计，如图 20-1 所示。这些子设计是从主数据库作为分区数据文件导出的，以便每个团队成员都可以独立工作在其分配的子设计上。工作完成后，再将各分区数据导入主数据库，以合并子设计到主设计，得到完整设计。分模块设计对 Master（主设计工程师）要求较高，模块的划分，模块与模块之间的连接的处理都需要主设计工程师具有丰富的专业设计经验和对设计的深入理解。

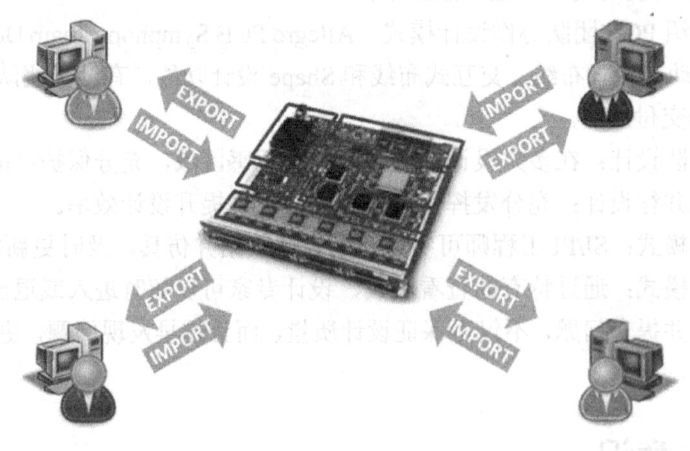

图 20-1　模块化团队设计方案

模块化团队设计方案的优势在于可以让每个团队成员专注于自己分配的区域，可以实现本地化操作，不受网络或区域的影响；劣势也显而易见，不同版本极易混淆，导入导出操作频繁、易出错，以及对主设计工程师要求较高。

提示：在实际设计中，如果有特殊的产品知识产权需要保护，我们可以利用模块化团队设计方案，将指定区域的电路设计输出成单独的文件，用主设计工程师的设计来开启多人在线的并行设计。例如，在手机主板的设计中，天线部分就是需要保护的，我们就可以通过 Export Partition 的功能将其输出，等需要的时候，再将对应的电路通过 Import Partition 的功能将其导入。

从 SPB 17.2 版本开始，Cadence 提供了另外一种新的实时在线并行设计方案，如图 20-2 所示，用户可以连接到一个共同的数据库，实现每个团队成员在同一数据库中进行协作设计，并实时更新每一个团队成员的操作。使用这种共同的数据库，无须生成或导入设计分区来查看其他团队成员的设计工作。无论是正式成立的项目团队，还是临时通知其他团队成员，设计者都可以简单地分享他们当前的设计，并邀请其他团队成员随时进入设计环境。

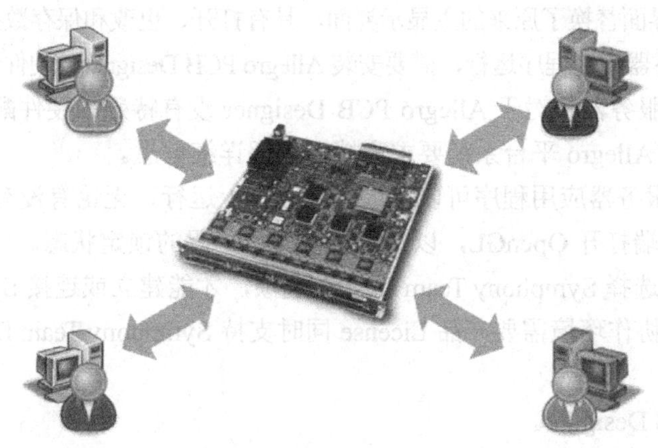

图 20-2　实时在线并行设计方案

图 20-3 所示为 Symphony 团队协作网络框架，服务器应用程序打开 Allegro 数据库，通过本地网络的 TCP-Socket（默认 4000~4005 端口）将四个 Allegro PCB Designer 设计客户端连接到一起，实现同一数据库的实时在线协同设计。

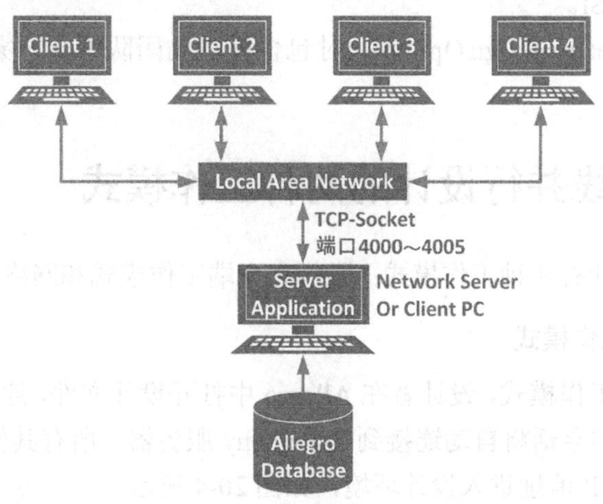

图 20-3　Symphony 团队协作网络框架

该框架的优势是，服务器程序通过本地网络 TCP-Socket 双向传输数据和命令，不需要文件共享，对设计版本很容易管控，不仅避免了文件共享可能带来的安全风险，也很好统一不同客户端的设计版本。四个客户端连接到主数据库的 Server Application 进程，每个客户端完成自己的设计更改，并将做出的变更返回服务器。然后，服务器将整合主数据库中的变化，并发送到其他客户端。Symphony Server Application 是一个全新的应用程序，它基于 Allegro PCB Designer 最小化的 UI 设计的数据库来读取和更新应用。

20.3　硬件、系统与 License 要求

Symphony 服务器应用实际上类似于 Allegro PCB Designer，为了更好地为设计服务，用最小

化服务器图形控制界面替换了原来的主显示界面，具有打开、更改和保存数据库的功能。因此，要使 Symphony 服务器应用程序运行，需要安装 Allegro PCB Designer。硬件与系统要求如下：

- Symphony 服务器相对于 Allegro PCB Designer 没有特殊的硬件配置或系统要求，请参阅最新的 Allegro 平台系统要求文档，了解详细信息。
- Symphony 服务器应用程序可以在虚拟计算机上运行，无论有没有图形界面。
- 建议在客户端打开 OpenGL，以查看正确颜色编码的锁定状态。
- 客户端需要选择 Symphony Team Design 选项，才能建立或连接 Symphony 服务器。

实时在线团队协作环境需要产品 License 同时支持 Symphony Team Design Option，具体产品 License 如下：

- Allegro PCB Designer。
- Allegro Venture PCB Designer。
- Allegro Enterprise PCB Designer(已经包含 Symphony Team Design Option)。
- Allegro Physical Viewer Plus。
- Allegro Package Designer+。
- SiP Layout XL。
- Allegro Sigrity SI。

注：Symphony Team Design Option 同时包含模块化团队设计方案和实时在线并行设计方案。

20.4　多人在线并行设计的两种工作模式

多人在线并行设计有两种工作模式：常规客户端工作模式和网络服务器工作模式。

1. 常规客户端工作模式

对于常规客户端工作模式，设计者在 Allegro 中打开设计文件，通过菜单启动 Symphony 服务器，然后所有者的会话将自动连接到 Symphony 服务器，所有其他团队成员可以通过所有者的计算机名称或 IP 地址进入设计环境，如图 20-4 所示。

图 20-4　常规客户端工作模式

2. 网络服务器工作模式

对于网络服务器工作模式，服务器管理员可以在远程服务器上打开服务器管理程序。设计负责人可以通过 Allegro 客户端远程上传/下载设计文件并开启并行设计模式，所有的团队成员可以通过 Allegro 服务器的计算机名称或 IP 地址进入设计环境，如图 20-5 所示。

图 20-5　网络服务器工作模式

在这两种工作模式下，主数据库由服务器控制，所有者将负责通过 Allegro 客户端或 Symphony 服务器用户界面中可用的命令打开和保存数据库。自动保存可以在 Symphony 服务器上配置，客户端不需要保存数据库，因为所有更改都集中在主数据库中。设计者可以通过 File→Write as 命令保存数据到本地。

20.5　常规客户端工作模式

常规客户端工作模式是从 Allegro 中开启独立 Symphony 服务器应用程序，从数据库所有者的本地系统共享数据库。要在此模式下启动 Symphony 服务器，启动 Allegro 并选择 Symphony Team Design 选项及其他支持产品。

注：高级产品可能包括 Symphony Team Design 产品（作为产品包的一部分），因此无法选择（比如 Allegro Enterprise PCB Designer）。在 APD/CDNSIP 等产品的 Symphony 环境中不支持需要单独许可证的产品，如 RF-Structure Editing、Package Analyze、3D Viewer、Advanced WLP 和 Advanced Package Router。

主设计工程师启动服务器，其他工程师进入并行设计环境，详细的操作步骤如下：

选择 Cadence PCB 17.4-2019→PCB Editor 17.4 命令，在弹出的对话框中选择对应的 License，如图 20-6 所示。单击 OK 按钮，选择 File→Open 命令，任意打开一个.brd 文件。选择 File→Start Symphony Server 命令，弹出两个窗口，如图 20-7、图 20-8 所示。主设计工程师可以打开 Symphony 服务器应用程序并共享当前保存的数据库，以便其他客户端可以连接到同一数据库并在并行环境中进行设计。

注：Symphony 服务器应用程序将使用当前打开的 PCB 文件的名称启动，并要求保存当

前设计。

以这种方式启动 Symphony 服务器的用户将自动连接到服务器数据库，从而可以在并行环境中工作。

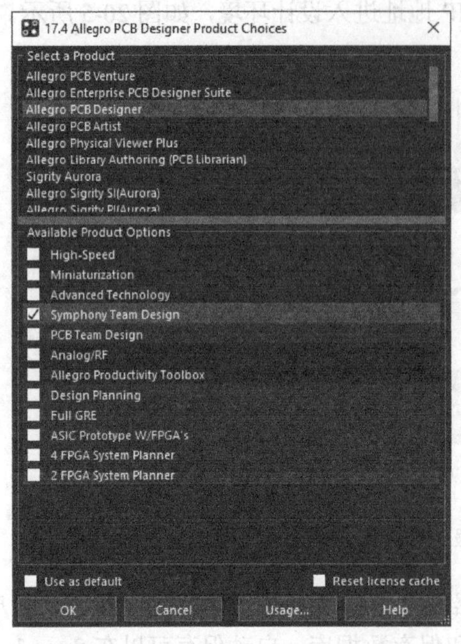

图 20-6　Symphony 许可证选择对话框

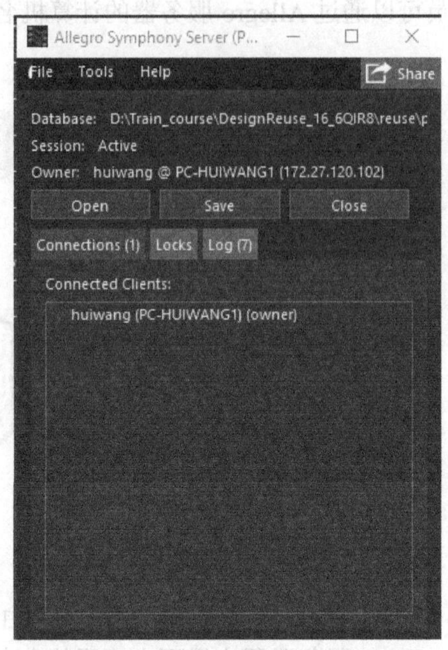

图 20-7　Allegro Symphony Server 窗口

- 单击 Open 按钮，可打开需要协同的 PCB 设计文件。
- 单击 Save 按钮，可对当前设计存盘。
- 单击 Close 按钮，可关闭当前打开的 PCB 文件。

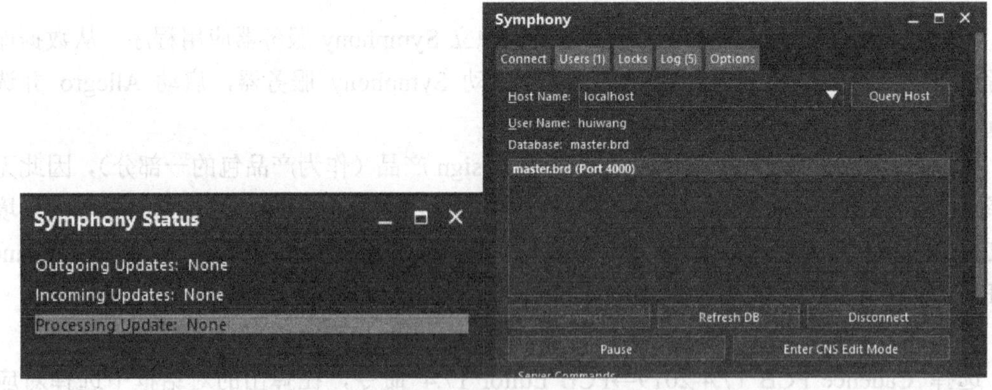

图 20-8　Symphony 状态栏和 Symphony 控制窗口

一旦 Symphony 服务器打开数据库，主机上的 TCP 端口变为可见，供其他客户连接到数据库。在连接之前，检查/验证 Options 选项卡下可用的设置，在 Symphony 窗口中选择 Options 选项卡，如图 20-9 所示。

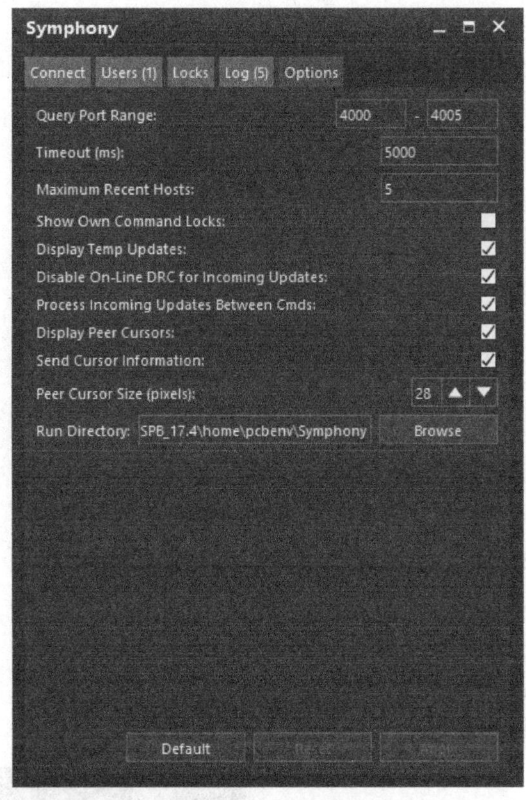

图 20-9　Symphony 窗口

- Query Port Range：指定 Symphony 服务器正在使用的端口范围。
- Timeout(ms)：查询 Symphony 数据库时的时间限制。需要注意的是，将超时时间降低到默认值以下 5000ms 可能会导致共享数据库连接失败。
- Maximum Recent Hosts：输入已保存主机名称数。
- Show Own Command Locks：禁止在执行命令中选择对象时生成并显示对象锁。

注：对象锁在选择对象时生成，以防止其他客户端对同一对象进行操作。

- Display Temp Updates：当导入更新时禁用在线 DRC，此设置禁止服务器更新本地数据时更新 DRC，以便改进性能。
- Display Peer Cursors：显示光标，在画布上显示来自其他客户的光标。默认值为“已禁用”。
- Send Cursor Information：发送光标信息，将光标位置发送给其他客户端。默认值为“已启用”。
- Peer Cursor Size(pixels)：光标尺寸调整。根据需要单击上下三角形按钮调整。
- Run Directory：运行目录，指定在 Symphony 运行期间生成的日志文件和其他版面编辑文件的基础客户端工作目录，将生成一个子文件夹，自动匹配设计名称。

注：运行目录（如标题栏上所见）在连接到 Symphony 数据库后将更改为此文件夹。此设置仅在连接到 Symphony 数据库之前起作用。

主设计工程师服务器端窗口，如图 20-7 所示。选择 File 菜单，如图 20-10 所示。

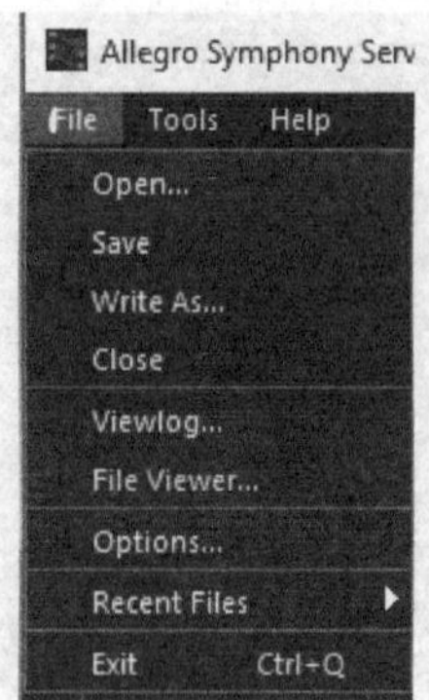

图 20-10　Symphony Server File 菜单

- Open：打开一个新的 PCB 设计。
- Save：存盘。
- Write As：另存为。
- Close：关闭当前服务。
- Viewlog：设计 LOG 文件。
- File Viewer：预览另外一个设计。
- Recent Files：最近打开过的文件。
- Exit：退出。

接下来选择 Options 命令，弹出图 20-11 所示对话框。

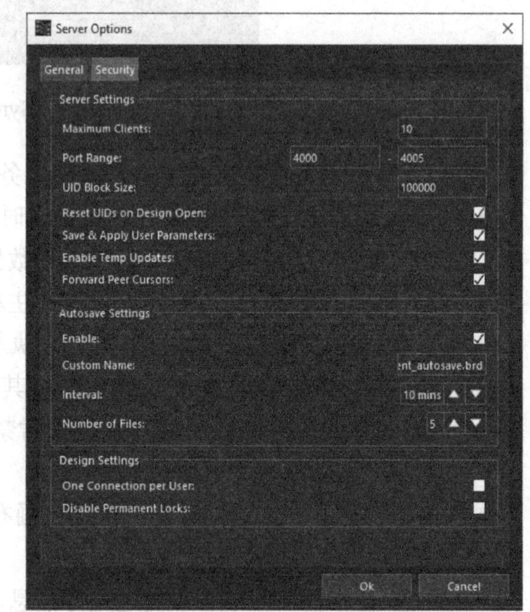

图 20-11　Symphony 服务器设置选项

在 Server Settings 选项组中，有以下选项：

- Maximum Clients：最大客户端数量，根据需要填写就可以。为了保证效率，建议不大于 10 个。
- Port Range：网络端口范围。
- UID Block Size：用于客户端对象跟踪的保留数字块，数据库对象从块中分配一个唯一号码作为 ID 来跟踪其移动。当给定客户端的跟踪数字用尽时，会自动提供新的数字块。增加块大小，可减小新区块请求的频率。
- Reset UIDs on Design Open：在设计文件打开时重置 UID，对象 UID 在 Symphony 会话期间保存在数据库中，新的 UID 从最后的最大数字开始分配。随着这些数字的增大，有可能达到数据库中允许的最大 UID 号码值。当选择该选项时，会重置数据库中的 UID，以防止达到 UID 编号限制值。
- Save & Apply User Parameters：自动保存用户参数，使客户端参数设置在断开会话后保存，并在客户端重新加入会话时应用。客户端参数涉及命令参数设置、缩放级别、层显示等。客户端参数文件存储在新创建的子文件夹中。

- Enable Temp Updates：启用临时更新，在其他客户端将更改提交到服务器之前显示临时更新。
- Forward Peer Cursors：转发同行光标，客户光标可以在 Symphony 会话期间在工作区上可见。此选项将启用客户端光标显示客户之间的通信。

在 Autosave Settings 选项组中，有以下选项：

- Enable：开启自动存盘。
- Custom Name：自定义名称。
- Interval：设置自动存盘间隔时间。
- Number of Files：设置自动存盘文件数。

在 Design Settings 选项组中，有以下选项：

- One Connection per User：允许一个客户端连接的数量。
- Disable Permanent Locks：禁止参数锁定。

选择 Security 选项卡，如图 20-12 所示。

- Allow List：允许连接客户端列表。
- Deny list：禁止连接客户端列表。
- Password：添加密码控制，需要连接的客户端必须输入密码。

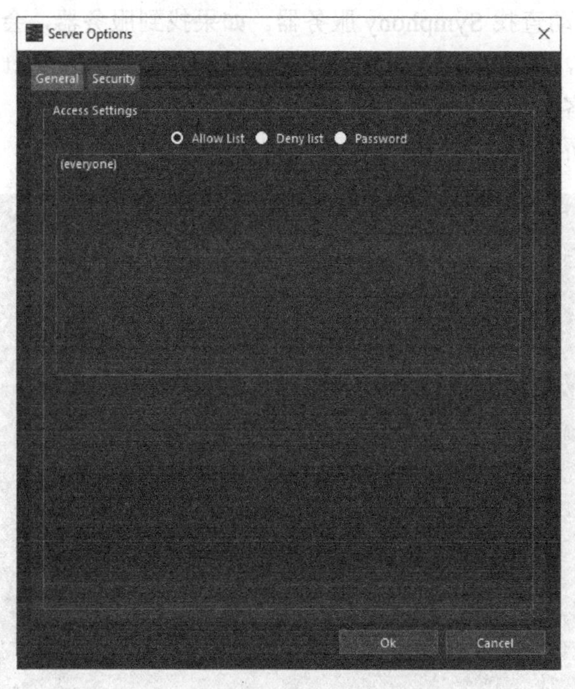

图 20-12　安全设置界面

以上介绍了 Symphony 服务器设置。下面来看一下其他工程师加入并行设计环境的操作步骤：

（1）其他工程师在自己的计算机上打开设计软件并选择 File→Symphony Connect 命令，弹出如图 20-13 所示窗口。

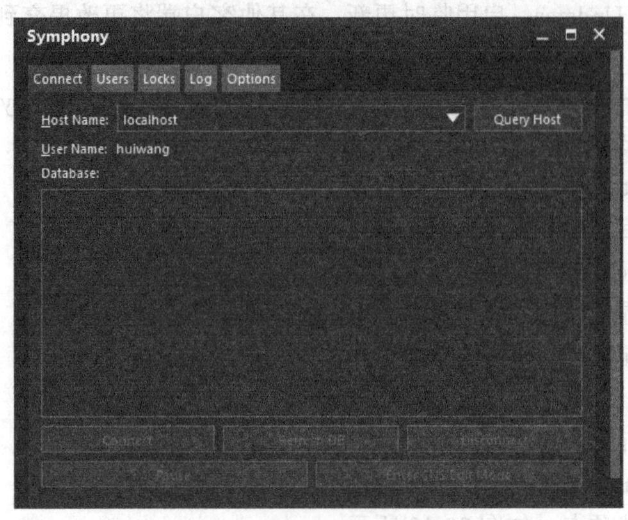

图 20-13　客户端 Symphony 窗口

在图 20-13 所示的窗口中，选择 Connect 选项卡。

（2）在 Host Name 文本框中输入需要连接 Symphony 服务器的名称，也可只单击 Query Host 按钮，系统会自动查找 Symphony 服务器。如果找到服务器，会在下面 Database 框中出现文件名和端口号，如图 20-14 所示。选择此文件，单击 Connect 按钮，就可以连接到 Symphony 服务器。客户端就可以正常工作了。

在图 20-14 所示界面中有如下几个命令按钮。

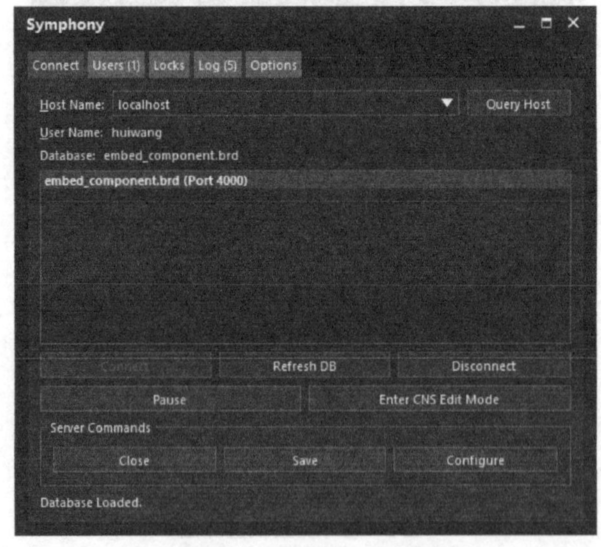

图 20-14　客户端连接界面

- Refresh DB：使用服务器上的版本更新本地数据库。这通常不需要操作，因为数据库更新会自动同步到每个客户端。

- Disconnect：断开与 Symphony 服务器数据库的连接，返回独立的 Allegro 环境（清除活动数据库）。
- Pause：允许客户端暂停会话并完全控制主数据库，以便可以在并行设计环境之外进行设计更改（网表导入、结构图导入等）。
- Enter CNS Edit Mode：每个客户端都可以进入约束编辑模式（CNS 编辑模式）以更改设计约束，而 Symphony 环境中的其他设计者都可以继续其并行设计工作（一次只有一个客户端进入）。

在 Server Commands 选项组中，有如下命令按钮：

- Close：关闭 Symphony 服务器应用程序并提示保存更改（注：这将断开所有客户端）。
- Save：保存 Symphony 服务器应用程序正在提供的活动数据库，使服务器激活。
- Configure：远程配置除端口范围以外的所有 Symphony 服务器应用程序选项。

20.6 网络服务器工作模式

可单独用 Symphony 服务器程序（muserver.exe）打开数据库，以便多个客户端连接到一个共同的数据库，并在并行环境中进行设计活动。服务器应用程序有一个主用户界面，如图 20-15 所示，包括当前打开的数据库的路径，三个命令按钮和三个额外的选项卡，以及连接用户列表、锁定对象列表和服务器活动日志。

- 单击 Open 按钮，浏览要打开的数据库。
- 单击 Share 按钮，生成服务器链接，该链接可以发送给团队成员，以便他们能够连接到服务器共享的数据库。

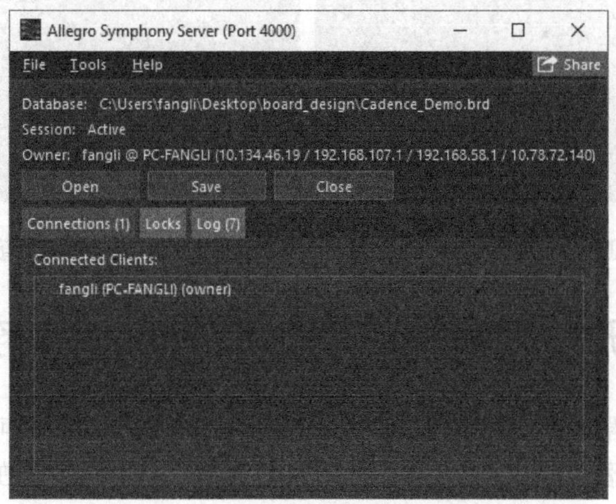

图 20-15 服务器应用程序主用户界面

- 当客户端连接到数据库时，它们将显示在 Connections 选项卡中。

虽然客户端可以从不同的平台连接，建议在客户端和服务器上具有相同的 Cadence 软件版本和 Hotfix 版本。如图 20-16 所示，客户端与服务器软件版本不同导致的连接错误提示。

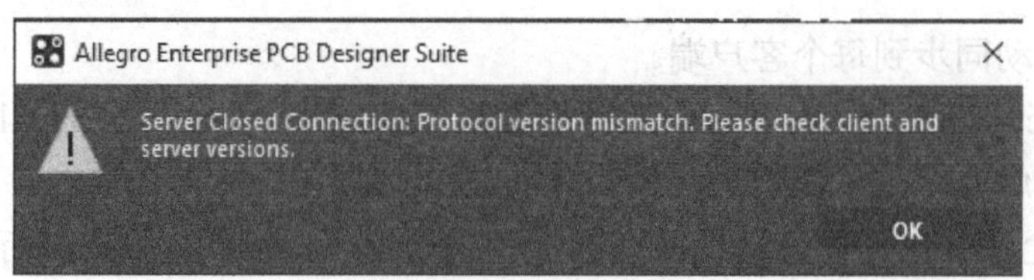

图 20-16　客户端与服务器连接错误提示

- 每个客户端连接将按照用户名、机器名称和颜色列出，以便可以清楚地识别每个用户。
- 当用户创建多用户对象锁时，在工作区域可看到对应的颜色编码。
- 文件菜单包含标准数据库操作（打开、关闭和保存），如图 20-17 所示，而 Write as 命令可以在不更改当前提供给 Allegro 客户端的活动数据库名称的情况下将数据库另存为新名称。

注：Close 按钮将断开服务器端的所有客户端，在退出 Symphony 服务器应用程序之前请保存数据库。

- Log 选项卡报告用户活动以及显示数据库检查结果的摘要，将鼠标指针悬停在日志条目上将显示数据提示中的时间戳，如图 20-18 所示。选择 File→Viewlog 命令，也可查看数据库检查日志文件。

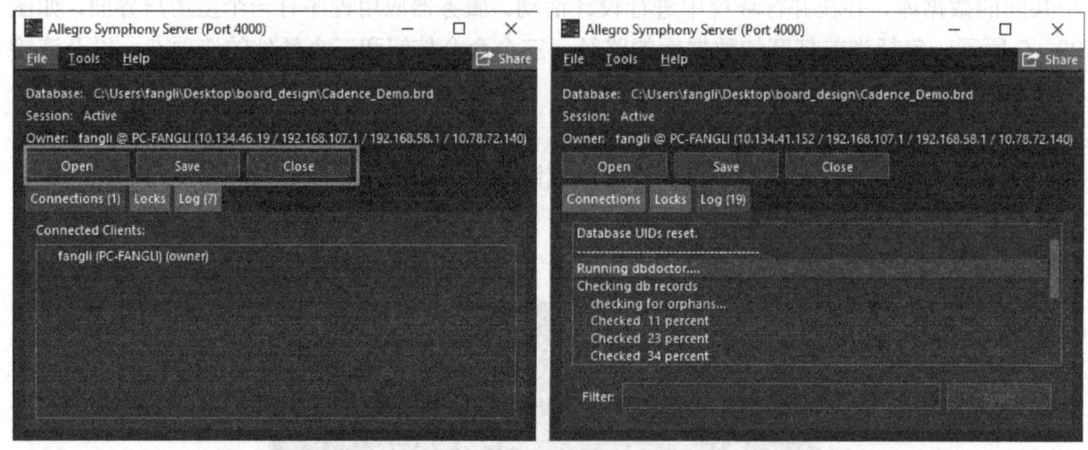

图 20-17　Symphony 服务器应用程序界面设置　　　　图 20-18　查看服务器日志

20.7　以无图形界面模式启动 Symphony 服务器

Symphony 服务器可以在虚拟机上运行，无论有没有图形界面。可在命令行中输入命令启动 Symphony 服务器，在启动过程中使用开关设置基本参数，并可在无图形界面模式下运行。以下是 muserver 命令的参数：

muserver [args] [database]

muserver -nographic <database>

[-safe]：运行时没有用户或 site 配置文件和设置。

[-nographic]：指定在没有用户界面的情况下调用服务器应用程序。

[-port <# or range>]：指定端口范围。

[-autosave]：启用自动保存系统。

[-autosave_name <name>]：指定 custom 自动保存文件的名称。

[-autosave_vers <#>]：指定自动保存版本的数量。

[-autosave_int <#>]：指定自动保存的时间间隔。

以下命令表示以无图形界面模式在 4000 端口上启动 Symphony 服务器通信：

muserver -port 4000　-nographic　Symphony_Demo.brd

注：在无图形界面模式下运行 Symphony 服务器应用程序，只能利用启动服务器的客户端的对话框进行。

图 20-19 所示为客户端控制服务器对话框。

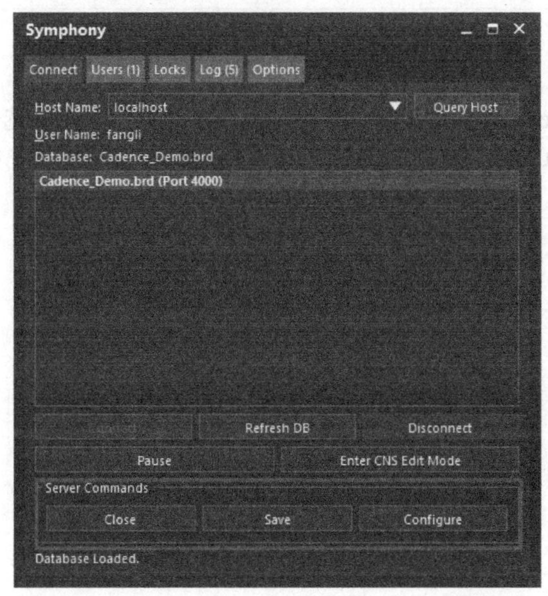

图 20-19　客户端控制服务器对话框

20.8　Symphony 服务管理器

Symphony 服务管理器（muservermgr.exe）用于 Symphony 服务器应用程序的远程管理。此应用程序可以在远程服务器上启动，无论有没有图形界面，都将监听 Allegro 用户的请求，以启动和管理 Symphony 服务器应用程序。与 Symphony 服务器应用程序一样，该管理器只需满足 Allegro 配置标准，没有特殊硬件配置要求。唯一的要求是在远程计算机上要有运行 PCB Editor 的能力。

Symphony 服务管理器的优点如下：

- 无须登录到远程服务器，即可启动 Symphony 服务器应用程序。
- 支持更可靠的在线和集中访问。
- Allegro Editor 中的远程管理器可用于上传数据库并启动 Symphony 服务器应用程序。
- 基于 Windows 系统服务进行配置，以便管理器可以自动运行。

（1）运行 muservermgr.exe，弹出如图 20-20 所示窗口。

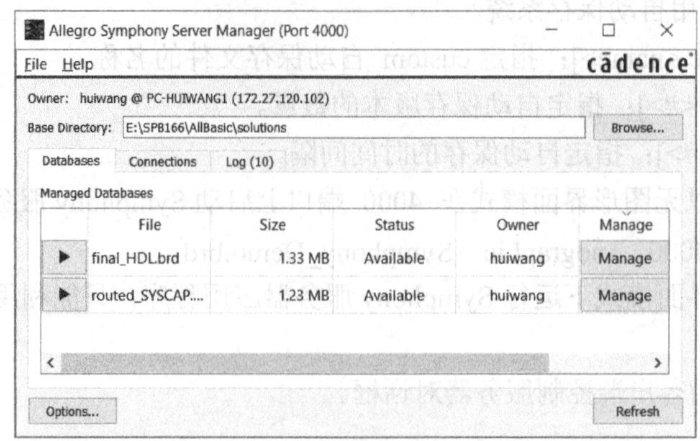

图 20-20　Allegro Symphony Server Manager 窗口

（2）单击 Base Directory 后面的 Browse 按钮，选择工作目录。选择 File→Add Design 命令，选择 PCB 文件。单击 ▸ 按钮或者单击文件后面的 Manage 按钮，弹出如图 20-21 所示的对话框。

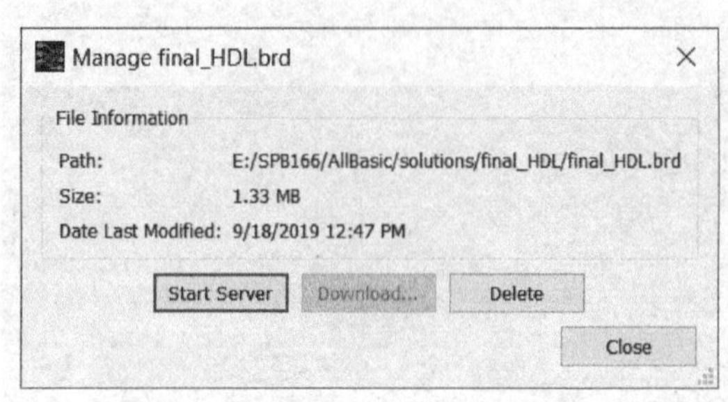

图 20-21　Manage final_HDL.brd 对话框

（3）单击 Start Server 按钮，进入运行状态。接下来的设置与前面的设置相同。

（4）启动客户端，接入服务器，就可以进行正常的工作了。

20.9　Allegro 与 Symphony 服务器应用程序之间的交互

在 Symphony 并行设计环境下，设计更新时将实时更新服务器数据库，当每个命令执行完成后，所有客户端都能看到设计更新。用户可以随时进入和离开并行设计环境。下面介绍工作时的 Symphony 状态栏，如图 20-22 所示。

- Outgoing Updates：将显示发送到服务器进行合并的更新数量，一旦服务器接收，该更新的数量将减少。
- Incoming Updates：将显示服务器上完成但尚未在本地完成的客户端更新数量。
- Processing Update：将显示正在更新的 DBUpdate 进程，包含追踪号码、对应的命令和发起更新请求的客户端。

除以上 3 个可见的状态栏提示，以下软件的交互细节可供参考。

- 在当前命令执行时将阻止服务器更新合并，检查状态窗口可获取更新，系统将显示服务器待决更新的数量。一旦完成当前命令，服务器将处理所有待决更新。
- 根据更新的数量/类型，Allegro 可能会进入忙碌状态以完成更新。应用模式命令可能允许更新更频繁地发生。
- 更新通常处理得很快，等待更新不是大问题。

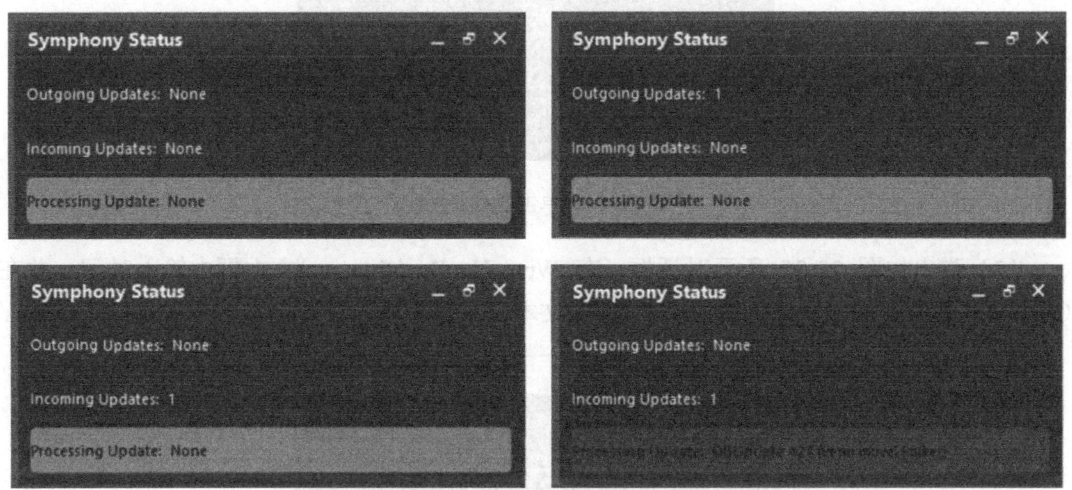

图 20-22　客户端状态变化

- 连接到会话的客户还可以单击 Share 按钮，生成共享链接，以便其他用户快速连接到会话，如图 20-23 所示。

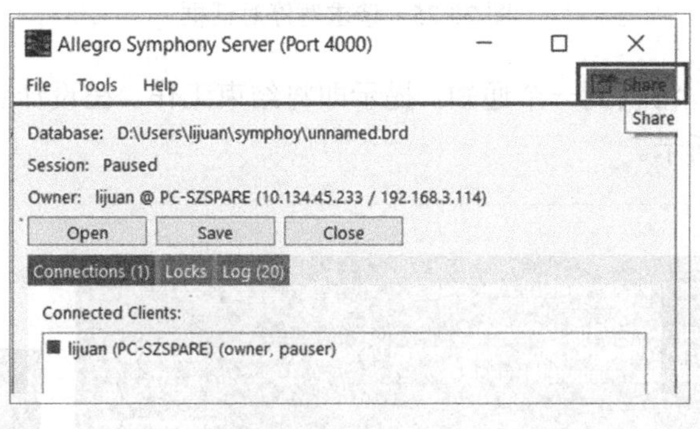

图 20-23　分享链接

20.9.1　暂停模式

每个客户端都能够暂时暂停会话，以便完全控制服务器数据库，从而可以在并行设计环境之外进行设计更新。

（1）在客户端 Symphony 窗口中，单击 Pause 按钮，如图 20-24 所示。

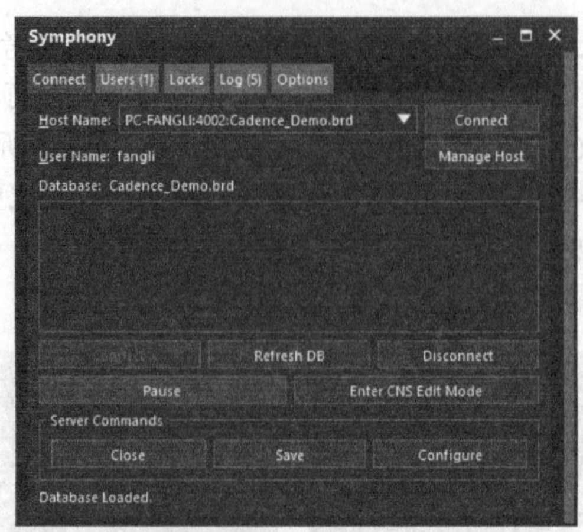

图 20-24　单击 Pause 按钮

（2）弹出如图 20-25 所示对话框，在 Wrap Up Duration(sec)文本框中输入时间，并在（Optional）Brief description of pause request 文本框中输入暂停的原因，然后单击 OK 按钮。

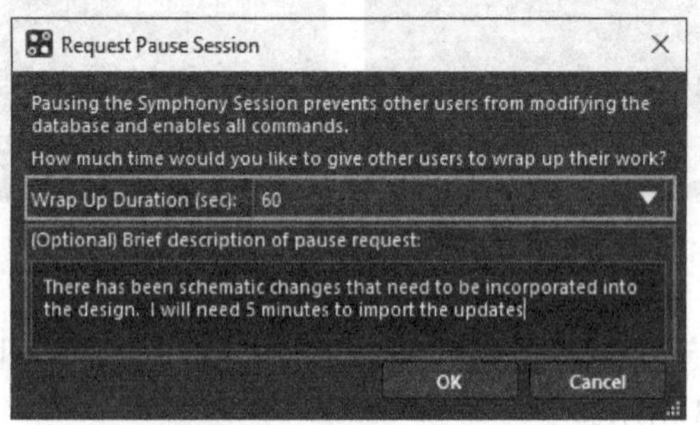

图 20-25　请求暂停对话框

（3）所有其他客户将收到一个通知，提示即将结束工作，在设计画布的右上角出现倒计时提示，如图 20-26 所示。

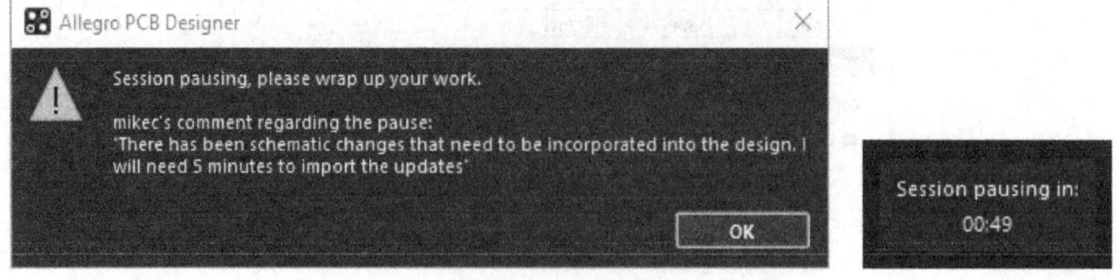

图 20-26　暂停提示对话框和倒计时提示

（4）如果其他客户需要更多时间来结束工作，可在控制窗口中单击 Cancel Pause 按钮，如图 20-27 所示。

（5）暂停服务器的客户端将在会话暂停后看到持续时间计数器，并获得服务器数据库的控制权。Symphony 服务器应用程序具有一个新的会话状态字段，该字段表示会话被客户端暂停。它还将报告哪个客户端暂停了会话，如图 20-28 所示。

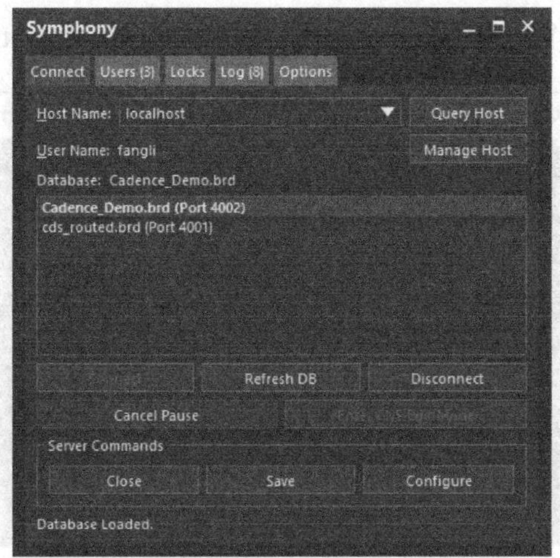

图 20-27　单击 Cancel Pause 按钮取消暂停

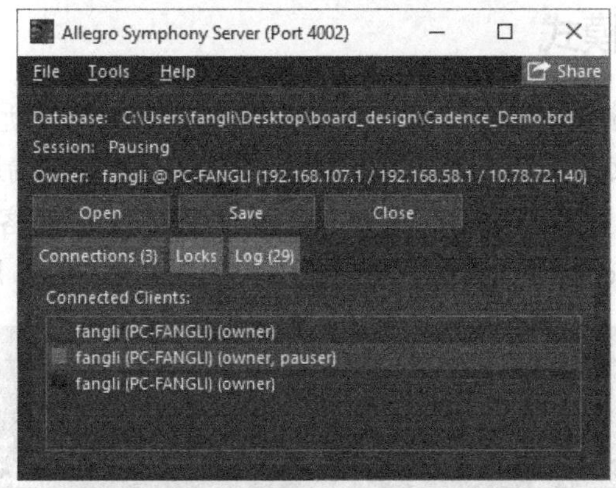

图 20-28　服务器客户端暂停状态显示

（6）暂停的 Symphony 数据库将在 Symphony 窗口的 Connect 选项卡下显示，但仍允许新客户端连接，如图 20-29 所示。

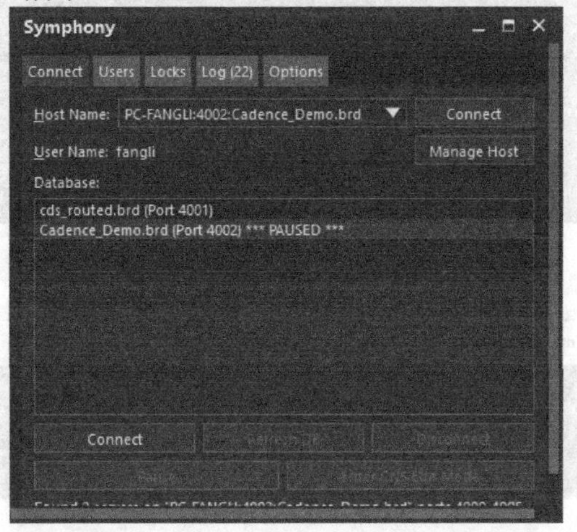

图 20-29　暂停的 Symphony 数据库在 Connect 选项卡下显示

（7）在主服务器应用窗口中 Session 框中从 Paused 转变为 Active，如图 20-30 所示。

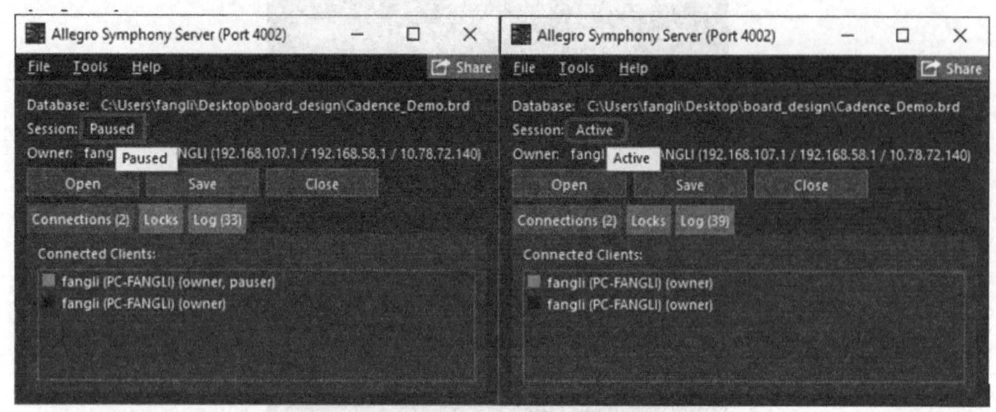

图 20-30　服务器状态更新

20.9.2　约束编辑模式

每个客户端都可以进入约束编辑模式（CNS 编辑模式）来更新设计约束，而 Symphony 会话中的每个人都可继续其并行设计工作。一次只能有一个客户端进入 CNS 编辑模式，一旦约束更新完成，服务器数据库和所有其他客户端都会被更新。在客户端 Symphony 窗口中，单击 Enter CNS Edit Mode 按钮，如图 20-31 所示，弹出如图 20-32 所示对话框。

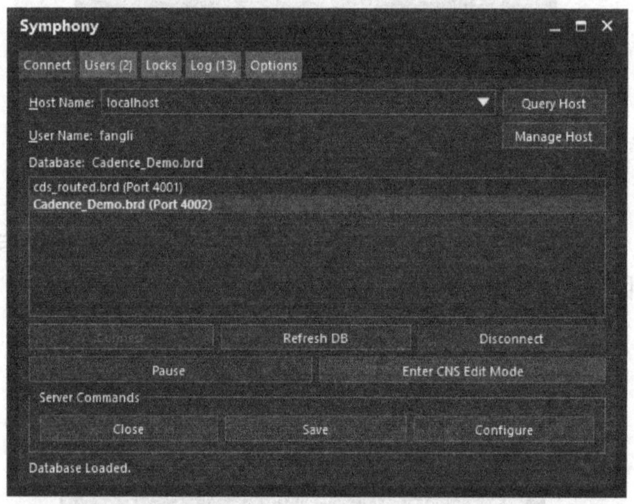

图 20-31　进入约束编辑模式

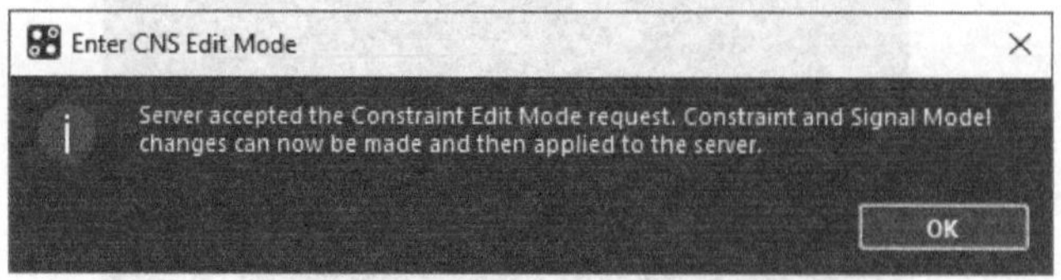

图 20-32　约束编辑模式开启提示

（1）单击 OK 按钮，Enter CNS Edit Mode 变成 Leave CNS Edit Mode。

（2）客户端和服务器端的 Symphony 窗口中，标记哪个客户端已进入约束编辑模式，如图 20-33 所示。

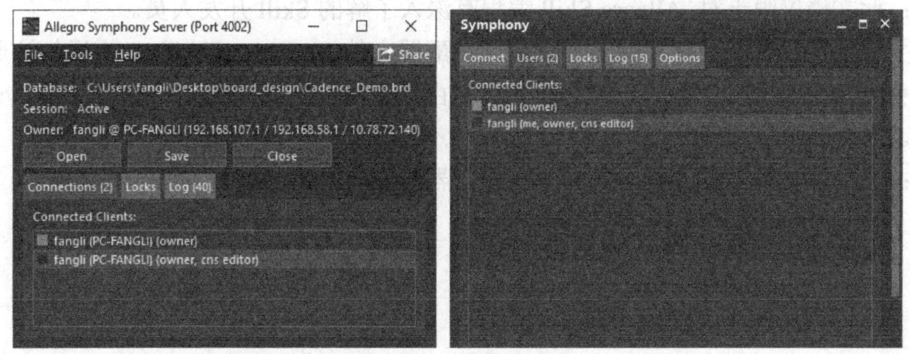

图 20-33　服务器端和客户端 Symphony 窗口

20.10　二次开发支持

在并行设计环境中不支持使用执行数据库更新操作的 Skill 程序的命令。为了避免执行 Skill 程序的注册命令时意外更改数据库，客户端默认禁用这些命令。

在多用户设计环境中执行只读操作且不需要数据库更新的 Skill 程序是安全的。新的配置文件 Symphony_skill.txt 可用于启用命令，在客户端执行只读数据库操作。此配置文件默认保存在 PCBENV 目录下。也可以将其保存在 CDS_SITE/PCB 目录中，从而在 Site 级别管理此文件。

注：连接到 Symphony 数据库，会自动创建 PCBENV 目录中的 Symphony_skill.txt。文件头描述了文件的使用情况，如图 20-34 所示。

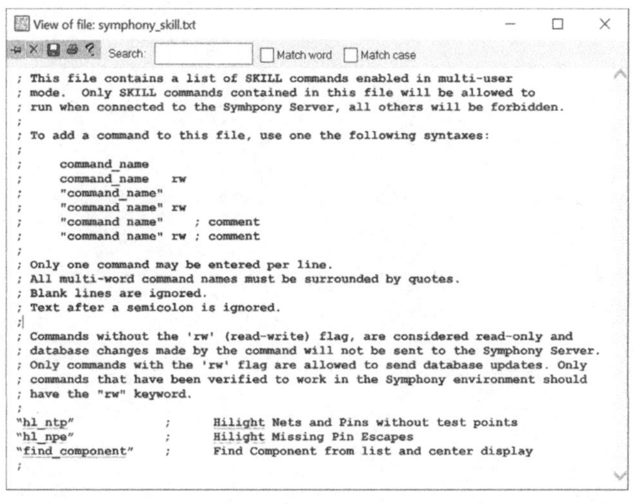
View of file: symphony_skill.txt

Search:　Match word　Match case

```
; This file contains a list of SKILL commands enabled in multi-user
; mode.  Only SKILL commands contained in this file will be allowed to
; run when connected to the Symhpony Server, all others will be forbidden.
;
; To add a command to this file, use one the following syntaxes:
;
;      command_name
;      command_name    rw
;      "command_name"
;      "command name" rw
;      "command name"    ; comment
;      "command name" rw ; comment
;
; Only one command may be entered per line.
; All multi-word command names must be surrounded by quotes.
; Blank lines are ignored.
; Text after a semicolon is ignored.
;
; Commands without the 'rw' (read-write) flag, are considered read-only and
; database changes made by the command will not be sent to the Symphony Server.
; Only commands with the 'rw' flag are allowed to send database updates. Only
; commands that have been verified to work in the Symphony environment should
; have the "rw" keyword.
;
"hl_ntp"              ;      Hilight Nets and Pins without test points
"hl_npe"              ;      Hilight Missing Pin Escapes
"find_component"      ;      Find Component from list and center display
;
```

图 20-34　Symphony_skill 文件示例

如果需要在并行设计环境中执行 Skill 开发程序，更新程序需要支持与 Symphony 服务器的相互通信。更新 Symphony Team Design 环境的关键 Skill 程序，可参考 Allegro User Guide: Symphony SKILL Reference。

注：此文档仅限于对 Allegro Skill 编程有深入了解的 Skill 开发人员。

在并行设计环境中运行被修改的例程须在配置文件 Symphony_skill.txt 中添加注册命令，并在命令名称后加“rw”标志。此标志允许将由新命令触发的数据库更新发送到 Symphony 服务器。

注：仅允许带有“rw”标志的命令向服务器发送数据库更新。

附录 A　帮助文件使用说明

使用过 Cadence 的工程师都知道帮助文件在 Cadence 的安装目录（../doc）下。但要想查找到对应的文档，还是有一点难度的。下面的文件主要对文档资料所在目录和命名方式进行说明，能够帮助工程师快速地找到对应的帮助文件。

*kpns – Known Problems and Solutions (eg. \capKPNS\capKPNS.pdf)

常见问题解答

*ug – User's Guide (eg. \cap_ug\cap_ug.pdf)

用户使用指南

*pn – What's New (eg. \capPN\capPN.pdf)

最新的更新

*tut – Tutorial (eg. \flowtut\flowtut.pdf)

浏览

*qrc – Quick Reference Card (eg. \capqrc\capqrc.pdf)

快速参考卡

*ref – Reference Guide (eg. \pspcref\pspcref.pdf) - (a document that just goes over all the menu picks and icons – great for beginners who like the details)

参考大全

*gs – Getting Started (eg. \assegs\assegs.pdf)

快速入门

*coms –Command Reference Files (eg. \acoms\acoms.pdf)

命令

下面是常见的文档资料。

Capture & CIS:

\cap_ug\cap_ug.pdf	OrCAD Capture User Guide
\capqrc\capqrc.pdf	OrCAD Capture Quick Reference
\orcadlibref\orcadlibref.pdf	OrCAD® Supplied Libraries Reference Guide (this is a 2000+ page list of all the libraries in Capture – I didn't know such a list existed!)
\cisug\cisug.pdf	OrCAD Capture CIS User Guide
\cisqrc\cisqrc.pdf	OrCAD Capture CIS Quick Reference

PSpice:

\pspug\pspug.pdf	PSpice® User's Guide
\pspcref\pspcref.pdf	PSpice A/D Reference Guide
\psphlp\psphlp.pdf	PSpice Help
\pspqrc\pspqrc.pdf	PSpice Quick Reference
\lib_list\lib_list.pdf	PSpice Library List
\pspaugca\pspaugca.pdf	PSpice® Advanced Analysis User's Guide
\optimChapt\optimChapt.pdf	PSpice Advanced Analysis Help (This one was new to me – notice the weird PDF name)
\aaliblist\aaliblist.pdf	PSpice Advanced Analysis Library List

Allegro:

\capgsg\capgsg.pdf	Getting Started with Allegro PCB Design CIS L and XL
\flowtut\flowtut.pdf	OrCAD Flow Tutorial
\aleg_spec_tut\aleg_spec_tut.pdf	Autorouting with Allegro PCB Editor Tutorial
\sptut\sptut.pdf	Allegro PCB Router Tutorial
\spug\spug.pdf	Allegro PCB Router User Guide

Allegro PCB Editor 用户手册（13 个文件）:

\algrostart\algrostart.pdf	Allegro PCB Editor User Guide: Getting Started with Physical Design
\algrolibdev\algrolibdev.pdf	Allegro PCB Editor User Guide: Defining and Developing Libraries
\algrologic\algrologic.pdf	Allegro PCB Editor User Guide: Transferring Logic Design Data
\algrolay\algrolay.pdf	Allegro PCB Editor User Guide: Preparing the Layout
\algrodesrls\algrodesrls.pdf	Allegro PCB Editor User Guide: Creating Design Rules
\algroplace\algroplace.pdf	Allegro PCB Editor User Guide: Placing the Elements
\algroroute\algroroute.pdf	Allegro PCB Editor User Guide: Routing the Design
\algrodescmp\algrodescmp.pdf	Allegro PCB Editor User Guide: Completing the Design
\algroman\algroman.pdf	Allegro PCB Editor User Guide: Preparing Manufacturing Data
\algroskill\algroskill.pdf	Allegro PCB Editor User Guide: SKILL Reference
\rfpcbug\rfpcbug.pdf	Allegro PCB Editor User Guide: Working with RF PCB
\greug\greug.pdf	Allegro PCB Editor User Guide: Working with Global Route Environment
\algroHDI\algroHDI.pdf	Allegro PCB Editor User Guide: High Density Interconnect (HDI)

Constraint Manager:
\cmug\cmug.pdf Allegro Constraint Manager User Guide
\cmref\cmref.pdf Allegro Constraint Manager Reference
\constraintcore\constraintcore.pdf Allegro Platform Constraints Reference

Allegro PCB SI:
\squg\squg.pdf Allegro PCB SI User Guide
\sigxpug\sigxpug.pdf Allegro SI SigXplorer User Guide
\assegs\assegs.pdf Getting Started with Allegro PCB SI SigXplorer L Series
\CAtutorial\CAtutorial.pdf Channel Analysis Introductory Tutorial
\chanalysis\ca_doc.pdf Channel Analysis in Allegro® SI SigXplorer
\miug\miug.pdf Model Integrity User Guide
\sqpi\sqpi.pdf Allegro PCB PI User Guide
\sqpdn\sqpdn.pdf Allegro PCB PDN Analysis User Guide

附表1. 文件说明和相关工具

文件目录	文件名	文件说明	相关工具
3dvu	3dvu.pdf	SiP Cadence 3D Design Viewer User Guide	SIP
aaliblist	aaliblist.pdf	PSpice Advanced Analysis Library List	PSpice
acoms	acoms.pdf	Allegro PCB and Package Physical Layout Command Reference: A Commands	PCB
ade_tut	ade_tut.pdf	System Connectivity Manager Tutorial	ASA
adwuidoc	adwuidoc.pdf	Allegro Design Workbench Interface Overview	ADE-HDL
adw_utils	adw_utils.pdf	Allegro Design Workbench Version Management Utilities Guide	ADE-HDL
aleg_spec_tut	aleg_spec_tut.pdf	Autorouting with Allegro PCB Editor Tutorial	PCB
algPN	algPN.pdf	Allegro PCB Editor: What's New in Release 16.2	PCB
algrobackdrill	algrobackdrill.pdf	Best Practices: Working with Backdrilling	PCB
algrodescmp	algrodescmp.pdf	Allegro PCB Editor User Guide: Completing the Design	PCB
algrodespart	algrodespart.pdf	Best Practices: Working with Design Partitions	PCB
algrodesrls	algrodesrls.pdf	Allegro PCB Editor User Guide: Creating Design Rules	PCB
algroDFA	algroDFA.pdf	Best Practices: Working with Real-Time DFA Analysis	PCB
algrofreeviewer	algrofreeviewer.pdf	Allegro Free Physical Viewer	PCB
algroHDI	algroHDI.pdf	Allegro PCB Editor User Guide: High Density Interconnect (HDI)	PCB
algroidf	algroidf.pdf	Best Practices: Working with IDF	PCB
algrolay	algrolay.pdf	Allegro PCB Editor User Guide: Preparing the Layout	PCB
algrolibdev	algrolibdev.pdf	Allegro PCB Editor User Guide: Defining and Developing Libraries	PCB

续表

文件目录	文件名	文件说明	相关工具
algrologic	algrologic.pdf	Allegro PCB Editor User Guide: Transferring Logic Design Data	PCB
algroman	algroman.pdf	Allegro PCB Editor User Guide: Preparing Manufacturing Data	PCB
algromast	algromast.pdf	Allegro PCB Editor User Guide	PCB
algroncdrill	algroncdrill.pdf	Working with the NC Drill Environment	PCB
algroplace	algroplace.pdf	Allegro PCB Editor User Guide: Placing the Elements	PCB
algroroute	algroroute.pdf	Allegro PCB Editor User Guide: Routing the Design	PCB
algroshapes	algroshapes.pdf	Best Practices: Working with Shapes	PCB
algroskill	algroskill.pdf	Allegro PCB Editor User Guide: SKILL Reference	SKILL
algrostart	algrostart.pdf	Allegro PCB Editor User Guide: Getting Started with Physical Design	PCB
algrotutorial	algrotutorial.pdf	Allegro PCB Editor Tutorial	PCB
apdHDI	apdHDI.pdf	Allegro IC Packaging High Density Interconnect (HDI)	APD
apdmast	apdmast.pdf	Allegro Package Designer	APD
apdPN	apdPN.pdf	Allegro Package Designer: What's New	APD
assegs	assegs.pdf	Getting Started with Allegro PCB SI SigXplorer L Series	SI
assetut	assetut.pdf	Allegro PCB SI SigXplorer L Series Tutorial	SI
bcoms	bcoms.pdf	Allegro PCB and Package Physical Layout Command Reference: B Commands	PCB
biaspointdisplay	biaspointdisplay.pdf	Bias Point Display Reference Guide	PSpice
BP_pkg_power_model	BP_pkg_power_model.pdf	Extracting 3-D Models for Power Analysis in Allegro Package SI and SiP Digital SI Environments: Best Practices	SI
BP_si_solver	BP_si_solver.pdf	Best Practices: Working with Allegro PCB SI Field Solvers	SI
caeviews	caeviews.pdf	CAE Views HDL Programming Guide	ADE-HDL
caiuser	caiuser.pdf	Cadence Application Infrastructure User Guide	ADE-HDL
caiuserKPNS	caiuserKPNS.pdf	Cadence Application Infrastructure Known Problems and Solutions	ADE-HDL
cap_ug	cap_ug.pdf	OrCAD Capture User Guide	Capture
cap2edif	cap2edif.pdf	OrCAD Capture to EDIF 200 Schematic Translator - CAP2EDIF	Capture
capgsg	capgsg.pdf	Getting Started with Allegro PCB Design CIS L and XL	Flow
capKPNS	capKPNS.pdf	OrCAD Capture Known Problems and Solutions	Capture
capPN	capPN.pdf	OrCAD Capture: What's New	Capture
capqrc	capqrc.pdf	OrCAD Capture Quick Reference	Capture
CAtutorial	CAtutorial.pdf	Channel Analysis Introductory Tutorial	SI
ccoms	ccoms.pdf	Allegro PCB and Package Physical Layout Command Reference: C Commands	PCB
cdnshelp	cdnshelp.pdf	Cadence Help	Misc

续表

文件目录	文件名	文件说明	相关工具
cdnshelpKPNS	cdnshelpKPNS.pdf	Cadence Help Known Problems and Solutions	Misc
cdnshelpWN	cdnshelpWN.pdf	What's New in Cadence Help	Misc
chanalysis	AppNote_enhanced _chars.pdf	Enhanced Channel Analysis Characterizations: Application Note	SI
chanalysis	ca_doc.pdf	Channel Analysis in Allegro SI SigXplorer	SI
chdllref	chdllref.pdf	Allegro Design Entry HDL Libraries Reference	ADE-HDL
checkplus	checkplus.pdf	Allegro Design Entry HDL Rules Checker User Guide	ADE-HDL
checkplusPN	checkplusPN.pdf	Allegro Design Entry HDL Rules Checker: What's New	ADE-HDL
cisKPNS	cisKPNS.pdf	OrCAD Capture CIS Known Problems and Solutions	CIS
cisPN	cisPN.pdf	OrCAD Capture CIS: What's New	CIS
cisqrc	cisqrc.pdf	OrCAD Capture CIS Quick Reference	CIS
cisug	cisug.pdf	OrCAD Capture CIS User Guide	CIS
cmadvcnstut	cmadvcnstut.pdf	Allegro Constraint Manager: Advanced Constraints Tutorial	CM
cman	cman.pdf	Communications Manager Reference	
cmdrefmast	cmdrefmast.pdf	Allegro PCB and Package Physical Layout Command Reference Table of Contents	PCB
cmref	cmref.pdf	Allegro Constraint Manager Reference	CM
cmug	cmug.pdf	Allegro Constraint Manager User Guide	CM
comm	comm.pdf	System Connectivity Manager TCL Commands	ASA
compatguide	compatguide.pdf	Compatibility Guide	SKILL
comp_browser	comp_browser.pdf	Component Browser User Guide	ADE-HDL
con2cm	con2cm.pdf	Allegro Design Entry HDL – Constraint ManagerUser Guide	CM
concepthdl	concepthdl.pdf	Allegro Design Entry HDL User Guide	ADE-HDL
concepthdl_tut	concepthdl_tut.pdf	Allegro Design Entry HDL Tutorial	ADE-HDL
concepthdl_ tutmast	concepthdl _tutmast.pdf	Allegro Design Entry HDL Tutorials and Flows	ADE-HDL
concepthdl_ut_ug	concepthdl_ut _ug.pdf	Design Entry HDL Utilities User Guide	ADE-HDL
concepthdl_wn	concepthdl_wn.pdf	Allegro Design Entry HDL: What's New in Release 16.2	ADE-HDL
concepthdl_wn \examples	dehdl_QRC_ updates_only_162.pdf	Allegro Design Entry HDL 16.2 Menus: Quick Reference Card	ADE-HDL
concepthdl_wn \examples	quick_ref_new_icons _ dehdl_160.pdf	Quick Reference: New-Look Icons in Allegro Design Entry HDL, Release 16.0	ADE-HDL

续表

文件目录	文件名	文件说明	相关工具
concepthdlFAQ	concepthdlFAQ.pdf	Allegro Design Entry HDL FAQ	ADE-HDL
concepthdlmast	concepthdlmast.pdf	Allegro Design Entry HDL Online Manuals	ADE-HDL
conceptsk	conceptsk.pdf	Allegro Design Entry HDL SKILL Reference	SKILL
conCM_tut	conCM_tut.pdf	Allegro Constraint Manager with Design Entry HDL Tutorial	CM
conref	conref.pdf	Allegro Design Entry HDL Reference Guide	ADE-HDL
consMgrPN	consMgrPN.pdf	What's New in Constraint Manager	CM
constraintcore	constraintcore.pdf	Allegro Platform Constraints Reference	CM
dcoms	dcoms.pdf	Allegro PCB and Package Physical Layout Command Reference: D Commands	PCB
decouplingcaps	decouplingcaps.pdf	Best Practices: Choosing and Placing Decoupling Capacitors to Reduce the Cost of PCB Designs	SI
des_reuse	des_reuse.pdf	Allegro Design Entry HDL Reuse Tutorial	ADE-HDL
demoswitch	demoswitch.pdf	OrCAD Demo Products Reference	Flow
designmgr	designmgr.pdf	Design Manager User Guide	ADE-HDL
dessync	dessync.pdf	Allegro Design Synchronization and Packaging User Guide	ADE-HDL
dessync_tut	dessync_tut.pdf	Allegro Design Synchronization Tutorial	ADE-HDL
diffpairs	diffpairs.pdf	Best Practices: Working with Differential Pairs	SI
discrete_to_ads	discrete_to_ads.pdf	Allegro Discrete Library to Agilent ADS Translator User Guide	PCB
ds_WN	ds_WN.pdf	System Connectivity Manager: What's New in Release 16.2	ASA
ds_WN\example	scm_icons.pdf	Quick Reference: New-Look Icons in System Connectivity Manager, Release 16.0	ASA
ds_WN\example	SCM_QRC.pdf	Allegro System Architect 16.2 Quick Reference Card	ASA
ecoms	ecoms.pdf	Allegro PCB and Package Physical Layout Command Reference: E Commands	PCB
edif2cap	edif2cap.pdf	EDIF 200 to OrCAD Capture Schematic Translator EDIF2CAP	Capture
edif3conuser	edif3conuser.pdf	Allegro Design Entry HDL EDIF 300 User Guide	ADE-HDL
ekv26	ekv26.pdf	The EPFL-EKV MOSFET Model Equations for Simulation	PSpice
emc	emc.pdf	EMControl User Guide	SI
fcoms	fcoms.pdf	Allegro PCB and Package Physical Layout Command Reference: F Commands	PCB

续表

文件目录	文件名	文件说明	相关工具
fe_cpm_dir	fe_cpm_dir.pdf	Allegro Front-End CPM Directives Reference Guide	ADE-HDL
FlowGuide	FlowGuide.pdf	System-in-Package Flow Guide	SIP
flowtut	flowtut.pdf	OrCAD Flow Tutorial	Flow
fsp_capture	fsp_capture.pdf	OrCAD Capture CIS - FPGA System Planner Flow Guide	FSP
fsp_dehdl	fsp_dehdl.pdf	Allegro Design Entry HDL-FPGA System Planner Flow Guide	FSP
fspdoc	fspdoc.pdf	Allegro FPGA System Planner User Guide	FSP
fsp_ug	fsp_ug.pdf	Allegro FPGA System Planner User Guide	FSP
fsp_wn	fsp_wn.pdf	Allegro FPGA System Planner: What's New in Release 16.5	FSP
fspkpns	fspkpns.pdf	in Release 16.5	FSP
gcoms	gcoms.pdf	Allegro PCB and Package Physical Layout Command Reference: G Commands	PCB
greug	greug.pdf	Allegro PCB Editor User Guide: Working with Global Route Environment	PCB
hcoms	hcoms.pdf	Allegro PCB and Package Physical Layout Command Reference: H Commands	PCB
hierEditor	hierEditor.pdf	Cadence Hierarchy Editor User Guide	ADE-HDL
hierEditorKPNS	hierEditorKPNS.pdf	Cadence Hierarchy Editor Known Problems and Solutions	ADE-HDL
hierEditorPN	hierEditorPN.pdf	Cadence Hierarchy Editor Product Notes	ADE-HDL
HS_Pkg_flows	HS_Pkg_flows.pdf	High Speed Package Flows	ASA
hspice	hspice.pdf	Allegro PCB SI – HSPICE Interface Guide	SI
IBIS_DS_AN	IBIS_DS_AN.pdf	Modeling Gigabit Pre-Emphasis Using IBIS [Driver Schedule]: Application Note	SI
icoms	icoms.pdf	Allegro PCB and Package Physical Layout Command Reference: I Commands	PCB
install	install.pdf	Cadence Installation Guide	Misc
IOPlanner	IOPlanner.pdf	Cadence I/O Planner: Application Note	FSP
jcoms	jcoms.pdf	Allegro PCB and Package Physical Layout Command Reference: J Commands	PCB
kcoms	kcoms.pdf	Allegro PCB and Package Physical Layout Command Reference: K Commands	PCB
l2aKPNS	l2aKPNS.pdf	OrCAD Layout to PCB Editor Known Problems and Solutions	PCB
lay_ug	lay_ug.pdf	OrCAD Layout User's Guide	Layout
layarug	layarug.pdf	OrCAD Layout Autorouter User's Guide	Layout
laygs	laygs.pdf	OrCAD Layout Getting Started	Layout
layKPNS	layKPNS.pdf	OrCAD Layout Known Problems and Solutions	Layout
layPN	layPN.pdf	OrCAD Layout: What's New	Layout

续表

文件目录	文件名	文件说明	相关工具
layqrc	layqrc.pdf	OrCAD Layout Quick Reference	Layout
laysrug	laysrug.pdf	OrCAD Layout SmartRoute User's Guide	Layout
lcoms	lcoms.pdf	Allegro PCB and Package Physical Layout Command Reference: L Commands	PCB
lib_list	lib_list.pdf	PSpice Library List	PSpice
libexp	libexp.pdf	Library Explorer User Guide	ADE-HDL
libManager	libManager.pdf	Cadence Library Manager User Guide	ADE-HDL
license	license.pdf	Cadence License Manager	Misc
lwbhdl	lwbhdl.pdf	Allegro Design Entry HDL Digital Simulation User Guide	NC
lwbhdl_tut	lwbhdl_tut.pdf	Allegro Design Entry HDL Digital Simulation Tutorial	NC
magparted	magparted.pdf	Magnetic Parts Editor Help	PSpice
magpeug	magpeug.pdf	Magnetic Parts Editor User's Guide	PSpice
mainwinPN	mainwinPN.pdf	MainWin Information	Misc
mcoms	mcoms.pdf	Allegro PCB and Package Physical Layout Command Reference: M Commands	PCB
mdledthelp	mdledthelp.pdf	Model Editor Help	PSpice
mdledthelp_concept	mdledthelp_concept.pdf	Model Editor Help	ADE-HDL
micmdref	micmdref.pdf	Model Integrity Command Reference	SI
miug	miug.pdf	Model Integrity User Guide	SI
ncoms	ncoms.pdf	Allegro PCB and Package Physical Layout Command Reference: N Commands	PCB
ocoms	ocoms.pdf	Allegro PCB and Package Physical Layout Command Reference: O Commands	PCB
optimChapt	optimChapt.pdf	PSpice Advanced Analysis Help	PSpice
optimChapt_concept	optimChapt_concept.pdf	AMS Simulator Advanced Analysis Help	ADE-HDL
orcadlibref	orcadlibref.pdf	OrCAD Supplied Libraries Reference Guide	Capture
orcadmsgref	orcadmsgref.pdf	OrCAD Capture Messages Reference Guide	Capture
pcb_ftb	pcb_ftb.pdf	Allegro Front-to-Back User Guide	ADE-HDL
pcb2lay	pcb2lay.pdf	Converting MicroSim PCBoards Designs to OrCAD Layout Designs	Layout
pcbflows	pcbflows.pdf	Allegro PCB Design Flows	ADE-HDL
pcbInstall	pcbInstall.pdf	Cadence SPB/OrCAD 16.3 Release Installation Guide for Windows	Misc
pcblibex	pcblibex.pdf	Allegro PCB Librarian XL	PCB

续表

文件目录	文件名	文件说明	相关工具
PCBmigration16x	PCBmigration16x.pdf	Migration Guide for Allegro Platform Products	Misc
pcbsystemreqs	pcbsystemreqs.pdf	Allegro Platform System Requirements	Misc
pcoms	pcoms.pdf	Allegro PCB and Package Physical Layout Command Reference: P Commands	PCB
pdf_publisher	pdf_publisher.pdf	Allegro Design Publisher User Guide	ADE-HDL
pdv	pdv.pdf	Part Developer User Guide	ADE-HDL
pdv_tut	pdv_tut.pdf	Part Developer Tutorial	ADE-HDL
pdv_tut\tutorial_data\datasheets	24919805.pdf	Intel Pentium 4 Processor in the 423-pin Package at 1.30GHz, 1.40GHz, 1.50GHz, 1.60GHz, 1.70GHz, 1.80GHz, 1.90GHz and 2 GHz	ADE-HDL
pdv_tut\tutorial_data\datasheets	n87c196nt.pdf	8XC196NT Chmos Microcontroller With 1 Mbyte Linear Address Space	ADE-HDL
pdvFAQ	pdvFAQ.pdf	Part Developer FAQ	ADE-HDL
pdvWN	pdvWN.pdf	Allegro PCB Librarian: What's New in Release 16.2	ADE-HDL
pic_tut	pic_tut.pdf	Allegro Programmable IC Tutorial	NC
pkgrteref	pkgrteref.pdf	Allegro Package Router Command Reference	APD
pkgrteug	pkgrteug.pdf	Allegro Package Router User Guide	APD
projmgr	projmgr.pdf	Allegro Project Manager User Guide	ADE-HDL
projmgrpnotes	projmgrpnotes.pdf	Allegro Project Manager: What's New	ADE-HDL
propref	propref.pdf	Allegro Platform Properties Reference	Flow
pspaaKPNS	pspaaKPNS.pdf	PSpice Advanced Analysis Known Problems and Solutions	PSpice
pspaaKPNS_concept	pspaaKPNS_concept.pdf	Advanced Analysis Known Problems and Solutions	ADE-HDL
pspaaPN	pspaaPN.pdf	PSpice Advanced Analysis: What's New	PSpice
pspaaPN_concept	pspaaPN_concept.pdf	Advanced Analysis: What's New	PSpice
pspaugca	pspaugca.pdf	PSpice Advanced Analysis User's Guide	PSpice
pspaugco	pspaugco.pdf	Allegro AMS Simulator Advanced Analysis User's Guide	ADE-HDL
pspcref	pspcref.pdf	PSpice A/D Reference Guide	PSpice
pspcref_concept	pspcref_concept.pdf	Allegro AMS Simulator Reference Guide	ADE-HDL
psphlp	psphlp.pdf	PSpice Help	PSpice

续表

文件目录	文件名	文件说明	相关工具
psphlp_concept	psphlp_concept.pdf	AMS Simulator Help	ADE-HDL
pspKPNS	pspKPNS.pdf	PSpice Known Problems and Solutions	PSpice
pspKPNS_concept	pspKPNS_concept.pdf	PSpice Known Problems and Solutions	ADE-HDL
pspPN	pspPN.pdf	PSpice: What's New	PSpice
pspPN_concept	pspPN_concept.pdf	Allegro AMS Simulator: What's New	ADE-HDL
pspqrc	pspqrc.pdf	PSpice Quick Reference	PSpice
pspug	pspug.pdf	PSpice User's Guide	PSpice
pspug_concept	pspug_concept.pdf	Allegro AMS Simulator User's Guide	ADE-HDL
ptf	ptf.pdf	Part Table Editor User Guide	ADE-HDL
pxl	pxl.pdf	Packager-XL Reference	ADE-HDL
pxl_ref	pxl_ref.pdf	Packager-XL Reference	APD
pxlss	pxlss.pdf	Packager-XL Reference (for SCALD Support)	APD
qcoms	qcoms.pdf	Allegro PCB and Package Physical Layout Command Reference: Q Commands	PCB
rcoms	rcoms.pdf	Allegro PCB and Package Physical Layout Command Reference: R Commands	PCB
rfpcbfe	rfpcbfe.pdf	Allegro RF-PCB IFF Import User Guide	PCB
rfpcbfe_layout_driven	rfpcbfe_layout_driven.pdf	Allegro Layout-Driven RF Design User Guide	PCB
rfpcblibref\examples	rfpcb_libref.pdf	Allegro RF PCB 16.0 Library Reference	PCB
rfpcblibref	rfpcblibref.pdf	Allegro RF PCB Library Reference	PCB
rfpcbug	rfpcbug.pdf	Allegro PCB Editor User Guide: Working with RF PCB	PCB
rfsip_tut	rfsip_tut.pdf	SiP RF Architect Tutorial	SIP
rfwb	rfwb.pdf	SiP RF Architect User Guide	SIP
sch2cap	sch2cap.pdf	Converting MicroSim® Schematics Designs to OrCAD Capture Designs Quick Start	PSpice
scm_demo	scm_demo.pdf	System Connectivity Manager Multimedia Demonstrations	ASA
scm_ug	scm_ug.pdf	System Connectivity Manager User Guide	ASA
scmcm	scmcm.pdf	System Connectivity Manager to Constraint Manager User Guide	CM
SCMFAQ	SCMFAQ.pdf	System Connectivity Manager FAQ	ASA
scoms	scoms.pdf	Allegro PCB and Package Physical Layout Command Reference: S Commands	PCB

续表

文件目录	文件名	文件说明	相关工具
sigwave_ref	sigwave_ref.pdf	SigWave Command Reference	SI
sigwave_ug	sigwave_ug.pdf	SigWave User Guide	SI
sigxpref	sigxpref.pdf	SigXplorer Command Reference	SI
sigxpug	sigxpug.pdf	Allegro SI SigXplorer User Guide	SI
sipassegs	sipassegs.pdf	Getting Started with SiP SigXplorer L Series	SIP
sipdiestack	sipdiestack.pdf	Best Practices: Setting Up a Die Stack in SiP Digital Layout	SIP
sipemc	sipemc.pdf	SiP EMControl User Guide	SIP
siphspice	siphspice.pdf	SiP Digital SI – HSPICE Interface Guide	SIP
sipmast	sipmast.pdf	SiP Digital Architect / SiP Layout	SIP
sipmicmdref	sipmicmdref.pdf	SiP Model Integrity Command Reference	SIP
sipmiug	sipmiug.pdf	SiP Model Integrity User Guide	SIP
sipsigwave_ref	sipsigwave_ref.pdf	SiP SigWave Command Reference	SIP
sipsigwave_ug	sipsigwave_ug.pdf	SiP SigWave User Guide	SIP
sipsigxpref	sipsigxpref.pdf	SiP SigXplorer Command Reference	SIP
sipsigxpug	sipsigxpug.pdf	SiP SigXplorer User Guide	SIP
sipspectre	sipspectre.pdf	SiP Digital SI – Spectre Interface Guide	SIP
sipsqdml	sipsqdml.pdf	SiP Device Modeling Language User Guide	SIP
sipsqug	sipsqug.pdf	SiP Digital SI User Guide	SIP
sip_pkg_power_model	sip_pkg_power_model.pdf	Extracting 3-DModels for Power Analysis in SiP Digital SI and Allegro Package SI Environments: Best Practices	SIP
sip_PN	sip_PN.pdf	System-in-Package: What's New	SIP
sip_unified_solver	sip_unified_solver.pdf	Best Practices: Using PakSI-E for 3-D Field Solving in Allegro Package SI and SiP Digital SI Environments	SIP
skdevref	skdevref.pdf	SKILL Development Functions Reference	SKILL
skhelp	skhelp.pdf	SKILL Development Help	SKILL
skipcref	skipcref.pdf	Interprocess Communication SKILL Functions Reference	SKILL
sklangref	sklangref.pdf	SKILL Language Reference	SKILL
sklanguser	sklanguser.pdf	SKILL Language User Guide	SKILL
sklanguserKPNS	sklanguserKPNS.pdf	SKILL Language User Guide Known Problems and Solutions	SKILL
skoopref	skoopref.pdf	SKILL++ Object System Functions Reference	SKILL
slpsug	slpsug.pdf	SLPS User Guide	PSpice
spbrdst	spbrdst.pdf	Allegro PCB Router Translator Guide for Mentor Board Station and Board Station 500	PCB
spbrdstPN	spbrdstPN.pdf	Allegro PCB Router to Mentor Board Station Translator: What's New in Release 16.01	PCB
spcmdref	spcmdref.pdf	Allegro PCB Router Command Reference	PCB
spdlr	spdlr.pdf	Allegro PCB Router Design Language Reference	PCB
specctraWN	specctraWN.pdf	Allegro PCB Router: What's New in Release 16.2	PCB
spectre	spectre.pdf	Allegro PCB SI – Spectre Interface Guide	SI
sptut	sptut.pdf	Allegro PCB Router Tutorial	PCB

续表

文件目录	文件名	文件说明	相关工具
spug	spug.pdf	Allegro PCB Router User Guide	PCB
sqdml	sqdml.pdf	Allegro SI Device Modeling Language User Guide	SI
sqpdn	sqpdn.pdf	Allegro PCB PDN Analysis User Guide	SI
sqpi	sqpi.pdf	Allegro PCB PI User Guide	SI
sqPN	sqPN.pdf	Allegro PCB SI: What's New in Release 16.2	SI
squg	squg.pdf	Allegro PCB SI User Guide	SI
stmed	stmed.pdf	Stimulus Editor Help	PSpice
stmed_concept	stmed_concept.pdf	Stimulus Editor Help (Design Entry HDL Version)	ADE-HDL
studiogs	studiogs.pdf	Getting Started with Allegro PCB Design HDL	ADE-HDL
targetimped	targetimped.pdf	Best Practices: Working with Power Delivery Systems	SI
tcoms	tcoms.pdf	Allegro PCB and Package Physical Layout Command Reference: T Commands	PCB
ucoms	ucoms.pdf	Allegro PCB and Package Physical Layout Command Reference: U Commands	PCB
unified_solver	unified_solver.pdf	Best Practices: Using PakSI-E for 3-D Field Solving in Allegro Package SI and SiP Digital SI Environments	SI
uprev	uprev.pdf	Allegro SCALD to HDL Evolution Guide	ADE-HDL
vcoms	vcoms.pdf	Allegro PCB and Package Physical Layout Command Reference: V Commands	PCB
vedit_tut	vedit_tut.pdf	Design Variance Tutorial	ADE-HDL
vedit_ug	vedit_ug.pdf	Design Variance User Guide	ADE-HDL
vedit_wn	vedit_wn.pdf	Variant Editor: What's New	ADE-HDL
wb_tut	wb_tut.pdf	Wire Bond Tutorial	APD
wcoms	wcoms.pdf	Allegro® PCB and Package Physical Layout Command Reference: W Commands	PCB
xcoms	xcoms.pdf	Allegro® PCB and Package Physical Layout Command Reference: X Commands	PCB
zcoms	zcoms.pdf	Allegro® PCB and Package Physical Layout Command Reference: Z Commands	PCB

参考资料

[1] Allegro PCB Editor Basic Techniques Lecture Manual Version 16.5.
[2] Allegro PCB Editor Basic Techniques Lab Manual Version 16.5.
[3] Allegro PCB Editor Intermediate Techniques Lecture Manual Version 16.5.
[4] Allegro PCB Editor Intermediate Techniques Lab Manual Version 16.5.
[5] Allegro PCB Editor Advanced Techniques Lecture Manual Version 16.5.
[6] Allegro PCB Editor Advanced Techniques Lab Manual Version 16.5.
[7] Cadence 系统级封装设计-Allegro SiP/APD 设计指南.
[8] Hinch S W. Hand Book of Surface Mount Technology.

后 记

《Cadence 印制电路板设计——Allegro PCB Editor 设计指南》一书最初成稿于 2012 年，自出版以来得到广大读者的认可，被业内人士称为“PCB 设计领域的红宝书”。作为作者之一，我一直觉得有所过誉并且重任在肩。本书已经历了一次大的改版，是从成书时软件版本 16.6 升级到 17.0。本次改版则从 17.0 升级到 17.4。虽然看起来版本号数字升级不多，但是实际上软件功能有了巨大的改变，并且前后历时 10 年，PCB 设计领域的技术也有很多的升级迭代，比如当时主流的 DDR3 设计，现在已经升级到 DDR5；PCIe 总线从 3.0 升级到 5.0；信号速率是从 8Gbit/s 到 32Gbit/s，已经算是质的飞跃了。

本书在两次修订过程中，得到很多业内人士的帮助，在这里表示感谢：

感谢一博科技的周伟、黄刚、肖勇超、陈亮、刘为霞、姜杰、孙宜文参与第 3、4、8、9、11、15 章的修改。

感谢所有关心和帮助本书出版的朋友们，感谢所有的读者朋友，你们的支持，是我们持续努力的动力。

吴均

2022 年 8 月

反侵权盗版声明

举报电话：（010）88254396；（010）88258888

传　　真：（010）88254397

E-mail：dbqq@phei.com.cn

通信地址：北京市万寿路173信箱

电子工业出版社总编办公室

邮　　编：100036